超伝導磁束状態の物理

筑波大学教授
理学博士

門脇和男 編

裳華房

PHYSICS

OF

VORTICES IN SUPERCONDUCTORS

edited by

Kazuo KADOWAKI

SHOKABO

TOKYO

序　　文

ゲオルグ・ベドノルツ（Georg Bednorz）とアレックス・ミュラー（Alex Müller）によって高温超伝導体が発見されてから，今年でちょうど30年が過ぎた．この時期に高温超伝導体の磁束状態に関するまとまった書を世に出すことができ，関係者の一人として大変嬉しく思っている．この分野を支えてこられた多くの研究者に敬意を表すると共に，原稿の執筆に当たってこられた多くの方々に心から感謝する次第である．

この30年という時間はずいぶん長い時間であった．発見当時，高温超伝導の研究の中心的役割を果たした人々の多くはすでに第一線から退かれ，駆け出しであった研究者でも，多くの方はもう，研究人生の終盤に入っていると思われる．編者はこの後者に属している．思い返せば，最近では初期の頃の熱狂は失われてきたけれども，それは必ずしも高温超伝導という現象の理解が進んだからというわけではないことに改めて気づかされる．酸化物というこの物質の特質に対する認識の甘さが根底に潜んでいるにもかかわらず，高温超伝導現象の強靱で，かつ一方では極めて繊細で緻密な複雑さを兼ね備えた2重性を無味にしたあげく，そこには燻製ニシンのにおいがそこはかとなく漂ってくるのである．魑魅魍魎が跋扈するとはまさにこのことではなかろうか．虚心坦懐に高温超伝導現象の本質に接する時，その計り知れない奥深さに驚嘆させられるのである．これを率直に記述したのが本書である．

超伝導という現象は物質の金属状態が示す最も顕著な現象であり，それが巨視的スケールで実現するもので，1911年，ヘイケ・カマーリン・オンネス（Heike Kamerlingh Onnes）の発見以来，多くの科学者を魅了してきた驚くべき自然現象である．液体ヘリウムや冷却原子ガスなどに見られる中性原子の超流動現象とも類似する現象であるが，荷電粒子が示す超流動現象である点，際立った違いがある．超伝導現象の場合は，電子がフェルミ粒子であることから対を形成する必要があり，形式的にはボーズ粒子化する必要がある．この対状態だけを取り上げても，p波やd波，さらに高次の角運動量状態の超伝導対も頻繁に議論されるようになってきた．特に，銅酸化物高温超伝導体はd波超伝導体の典型と見なされ，その超伝導の起源について，従来の超伝導体で有効な電子－格子相互作用以外の相互作用で超伝導が引き起こされているとする超伝導機構が提唱され，多くの実験研究がこの検証に長い時間を費やしてきた感がある．

しかしながら，多くの研究者が思うことは，高温超伝導体の理解はいまだ判然としないところが多々あり，完全に決着したとは到底，いいがたいということである．よく考えてみれば，波動関数の対称性など，超伝導という現象の1つの状態に過ぎないのであり，むしろ，超伝導現象自体を多方面から特徴づけることで全体像を形成するほうがより根源的なアプローチであって，アプリオリな仮説を基にした研究は多くの場合，過ちを犯してしまう可能性が強い．このような観点から振り返る時，これまでの高温超伝導体の研究には，実験事実をより広範な立場から精査するという研究が欠けていた．特に，磁場中の超伝導特性に関連する研究，すなわち，「磁束状態の研究」が不足していたことは否めない．この書は，磁場中の多様な超伝導状態の性質の総合的な報告書であり，より広い立場で超伝導を議論する上で極めて重要な情報を提供してくれると確信するのである．

執筆者の方々の中には高温超伝導発見当時，まだ大学にも入学されていなかった方も含まれており，こうした世代を超えた学問の伝承が，特に超伝導のような息の長い研究においては必要不可欠であると考えられる．今後も，この書が若者たちに超伝導の研究の面白さと，活力を与えてくれる原動力になることを，また，経験の多く積まれた研究者にはより深みのある研究のための一助となることを願ってやまない．

この拙文を終える前に，本書を読む上でご注意いただきたいいくつかのことを以下に述べる．

まず，できうる限り最新の知見を網羅するために，超伝導磁束状態について第一線で研究されている多くの方々に声をかけたところ，総勢43名の方にご自身の研究テーマについてご執筆いただけることになった．そのため，各章に責任者をおいて編者と連絡を密にとり，内容の調整と調和を心がけた．単位系や専門用語の統一などがそれにあたる．単位系は国際単位系

(SI) に準拠するようにし，また専門用語は初学者に配慮して統一を行うなど極力調整を行った．しかし，それぞれの研究分野の慣例を尊重して，執筆者のご意向を最優先したところもある．(例えば，「渦糸」という用語が本書では頻繁に出てくるが，これは「磁束」と同義語である．そのため，「渦糸状態」は「磁束状態」に，「渦糸格子」は「磁束格子」に，「渦糸スラッシュ」は「磁束スラッシュ」に，「渦糸液体」は「磁束液体」などとおきかえて読んでいただいても意味は変わらない．) 読者諸氏のご理解とご寛容をいただければ幸いである．

また，本書は，最新の研究成果を理解していただくために，多くの図表を用いた．その際には，いくつかの図表においては許可を得て利用させていただいた．そのようなものには，図表のキャプションに出典元を明示することで謝意を示した．また，そのままではなく，執筆者が図表の作製の際に参考とさせていただいたものもある．このようなものには，章末に記した参考文献の該当する文献番号を，図表のキャプションの上つき文字として明示することで謝意を示した．読者の方には，原論文を読まれる際の参考にしていただければ幸いである．

最後に，この書の出版に当たり，編者の怠慢によって大幅に遅れたことも大目に見ていいただき，常に叱咤激励してくださった，裳華房の石黒浩之氏に心から感謝する次第である．

平成 29 年 2 月

門脇和男

編　者

門　脇　和　男

執　筆　者　一　覧（50音順）

（氏　名）　（所　属）　（担　当）

池田　隆介　国立大学法人京都大学大学院理学研究科物理学・宇宙物理学専攻
（2.1 節，2.2 節，2.3 節，2.4 節，2.5 節）

石田　武和　公立大学法人大阪府立大学大学院工学研究科電子・数物系専攻
（3.4.1 項，3.4.2 項，3.4.3 項，6.3 節）

市岡　優典　国立大学法人岡山大学異分野基礎科学研究所
（2.8 節，第 2 章責任者）

伊豫　　彰　国立研究開発法人産業技術総合研究所電子光技術研究部門
（4.3.3 項）

宇治　進也　国立研究開発法人物質・材料研究機構機能性材料研究拠点
（3.5.2 項）

大井　修一　国立研究開発法人物質・材料研究機構機能性材料研究拠点
（3.2.3 項，5.4.2 項）

大熊　　哲　国立大学法人東京工業大学理学院物理学系物理学コース
（3.5.1 項）

太田　幸宏　一般財団法人高度情報科学技術研究機構　（2.6 節）

岡安　　悟　国立研究開発法人日本原子力研究開発機構先端基礎研究センター
（3.2.2 項）

荻野　　拓　国立研究開発法人産業技術総合研究所電子光技術研究部門
（4.3.4 項）

掛谷　一弘　国立大学法人京都大学大学院工学研究科電子工学専攻
（5.3.2 項，5.4.1 項，第 6 章責任者）

笠原　裕一　国立大学法人京都大学大学院理学研究科物理学・宇宙物理学専攻 (4.6.1 項)
加藤　　勝　公立大学法人大阪府立大学大学院工学研究科電子・数物系専攻 (3.3.1 項)
門脇　和男　国立大学法人筑波大学数理物質系物質工学域 (3.1.3 項，4.10.1 項，5.3.2 項，7.1 節)
川畑　史郎　国立研究開発法人産業技術総合研究所ナノエレクトロニクス研究部門 (6.1.1 項，6.1.2 項，6.1.4 項)
北　　孝文　国立大学法人北海道大学理学部物理学科 (第 1 章，第 1 章責任者)
北野　晴久　青山学院大学理工学部物理・数理学科 (6.1.3 項)
熊倉　浩明　国立研究開発法人物質・材料研究機構機能性材料研究拠点 (7.2 節)
小久保伸人　国立大学法人電気通信大学大学院情報理工学研究科基盤理工学専攻 (3.3.2 項)
小山　富男　国立大学法人東北大学金属材料研究所金属物性論研究部門 (2.6 節，5.2 節)
笹川　崇男　国立大学法人東京工業大学科学技術創成研究院フロンティア材料研究所 (4.1.3 項)
芝内　孝禎　国立大学法人東京大学大学院新領域創成科学研究科物質系専攻 (4.7 節)
高橋　博樹　日本大学文理学部物理学科 (4.9.1 項)
田中　康資　国立研究開発法人産業技術総合研究所電子光技術研究部門 (4.1.4 項)
田仲由喜夫　国立大学法人名古屋大学大学院工学研究科マテリアル理工学専攻 (6.2.1 項)
為ヶ井　強　国立大学法人東京大学大学院工学系研究科物理工学専攻 (3.2.2 項，4.1.1 項，4.3.2 項，4.10.2 項，第 4 章責任者)
永井　佑紀　国立研究開発法人日本原子力研究開発機構システム計算科学センター (2.6 節)

仲島　康行　アメリカ・セントラルフロリダ大学物理学科　(4.3.1 項)
西尾太一郎　東京理科大学理学部第 2 部物理学科　(3.4.4 項)
西嵜　照和　九州産業大学理工学部電気工学科
(3.1.1 項, 3.1.2 項, 3.3.3 項, 3.6.1 項, 4.1.2 項, 4.10.3 項, 第 3 章責任者)
野島　　勉　国立大学法人東北大学金属材料研究所低温物質科学実験室
(3.2.1 項, 3.6.2 項, 4.9.2 項, 7.4 節)
花栗　哲郎　国立研究開発法人理化学研究所創発物性科学研究センター
(4.4 節)
平田　和人　国立研究開発法人物質・材料研究機構機能性材料研究拠点
(3.1.4 項, 4.5 節, 5.4.2 項)
胡　　　曉　国立研究開発法人物質・材料研究機構国際ナノアーキテクトニクス研究拠点　(5.3.1 項, 6.2.3 項)
卞　　舜生　国立大学法人東京大学大学院工学系研究科物理工学専攻
(4.2.7 項, 4.8 節, 4.10.4 項)
前田　京剛　国立大学法人東京大学大学院総合文化研究科広域科学専攻
(3.1.5 項, 3.4.5 項)
町田　昌彦　国立研究開発法人日本原子力研究開発機構システム計算科学センター　(2.6 節, 5.1 節, 5.4 節, 6.3 節, 第 5 章責任者)
宮川　和也　国立大学法人東京大学大学院工学系研究科物理工学専攻
(4.6.2 項)
村上　雅人　芝浦工業大学学長　(7.3 節)
柳澤　　孝　国立研究開発法人産業技術総合研究所電子光技術研究部門
(2.6 節, 2.7 節)
山本　明保　国立大学法人東京農工大学大学院工学研究院先端物理工学部門
(4.2.1 項, 4.2.2 項, 4.2.3 項, 4.2.4 項, 4.2.5 項, 4.2.6 項)
山本　　卓　ベルギー・ハッセルト大学 IMO　(7.1 節, 第 7 章責任者)
横山　毅人　国立大学法人東京工業大学理学院物理学系物理学コース
(6.2.2 項)

目　　次

第1章　超伝導理論の基礎

第2章　超伝導磁束状態と非従来型超伝導の理論

第 3 章　第 2 種超伝導体の混合状態

第4章　さまざまな超伝導体

第5章　高温超伝導体と固有ジョセフソン効果

第6章　基礎から応用へ

第7章　超伝導材料

第1章

超伝導理論の基礎

1.1 超伝導研究の歴史

超伝導の発見（1911年）から，その微視的理論であるバーディーン‐クーパー‐シュリーファー（Bardeen‐Cooper‐Schrieffer）理論（BCS理論，1957年）[1]が構築されるまで，半世紀近い時間がかかり，数多くの著名な物理学者を悩ませた．まず，その歴史を，「超伝導の理論的記述で何が難しかったのか」という視点で，簡単にまとめる．より詳しい歴史は，他書[2,3]を参照されたい．

「超伝導」は，金属中を電流が電気抵抗なく流れる現象であり，オランダ・ライデン大学のオネス（Onnes）により，1911年に水銀（Hg）で発見された．その超伝導転移温度 T_c は，4.2 K という極低温領域にある．現在では，Al，V，Nb，Sn，Hg，Pb など30近い単元素金属が，常圧下で超伝導になることが確認されている[2,4]．しかし，それらの超伝導転移温度 T_c は 10 K を超えない．一方で，新たな合金や金属間化合物を作成して T_c を上げる努力が続けられた．1970年代半ばまでの成果は，文献 [5] に詳しくまとめられているが，転移温度が 25 K を超えることはなかった．

その後，1986年の暮れから1987年にかけて，ベドノルツ（Bednorz）とミュラー（Müller）による $T_c \simeq 35$ K の超伝導体発見[6]を契機として，窒素の沸騰（＝液化）温度 77 K を超える T_c をもつ一群の銅酸化物超伝導体が続々と合成された[7]．液体窒素を用いて比較的安価に冷却できるこれらの超伝導体は，現在では，超伝導マグネットや超伝導ケーブルとして実用化されつつあり，リニアモーターカーの磁気浮上にも応用されようとしている．

なおも，新たな超伝導体を開発する努力は続けられ，2001年に秋光純

(Akimitsu) らにより発見された MgB_2[8] や，2008 年に細野秀雄 (Hosono) らにより合成された鉄系超伝導体[9] などが大きな注目を集めてきた．夢の「室温超伝導」が実現された暁には，電力輸送などでのエネルギー損失が劇的に改善されることが期待でき，その実現への努力は今度も続くであろう．

オネスによる超伝導の発見は，極低温領域での物質の性質への飽くなき好奇心によるところが大きかった[2]．19 世紀後半に，ジュール - トムソン (Joule - Thomson) 過程などを用いた気体の冷却技術が発達し，酸素 (1877 年)，窒素 (1877 年)，水素 (1895 年) などが続々と液化された．それらの大気圧下における沸点は，それぞれ 90 K，77 K，20 K である．そのようにして，熱力学の正当性が実証され，さらなる低温の開拓が進んだ．しかし，20 世紀初頭においても，単元素気体として唯一液化されないで残っていたのがヘリウム (He) である．オネスは，同じオランダ人のファン・デル・ワールス (van der Waals) による「ファン・デル・ワールス方程式」を理論的指針としてヘリウムの冷却に取り組み，ついに 1908 年，それに成功した．ヘリウムの大気圧下での沸騰温度は 4.2 K の極低温である．この液化の成功は，同時に，液体ヘリウムを冷却媒体として用いる「(極) 低温物理学」という新たな領域が切り開かれたことを意味した．超伝導の発見は，その 3 年後である[†1]．

オネスはまた，1911 年に，2 K 付近で液体ヘリウムの密度が鋭い極大値を示すことを見出して発表している[10]．しかし，この現象は，当時としてはあまりに異常であったため，一般に受け入れられなかった．ようやく 1928 年にキーサム (Keesom) らにより，液体ヘリウムの比熱が 2 K 付近で λ 型のピークをもつことが確認され，「異常」の存在が一般に認識されるようになった．この異常が，粘性をもたない「超流動相」への転移であることを明らかにしたのは，旧ソビエト連邦のカピッツァ (Kapitza)[11]，およびケンブリッジ大学のアレン (Allen) とミセナー (Misener)[12] である (1938 年)．超流動は，減衰のない流れが可能という点で超伝導と共通しており，

†1　オネスには，この極低温領域の開拓と超伝導の発見により，ノーベル物理学賞が与えられた (1913 年)．

それらの流れの基本的性質の違いは，電荷の有無に起因する．

一方，この時期までの超伝導に関連する理論面での大きな発展として，次のようなものが挙げられる．量子力学の成立（1925 年 ～ 1926 年）[13,14]，光子に関する「ボーズ（Bose）統計」の理論（1924 年）[15]，アインシュタイン（Einstein）がそれを質量がある系に一般化して見出した「ボーズ‐アインシュタイン凝縮（略して BEC）」(1925 年)[16]，電子に関する「パウリ(Pauli）の排他原理」の提唱（1925年）[17]，それを有限温度の系に一般化した「フェルミ（Fermi）統計」の理論（1926年）[18] である．このようにして，量子力学に従う多粒子系が，「ボーズ粒子」と「フェルミ粒子」という 2 つの種類に大別できることが確立された．そして，この区別は，「構成粒子のスピンの大きさが整数か半整数か」という単純な指標と結びついていることが，後にフィエルツ（Fiertz，1939年）[19] やパウリ（1940年）[20] により示されている．この「スピン統計定理」によると，超伝導現象の主役である電子はスピン 1/2 をもつフェルミ粒子である．一方，液体ヘリウムの構成原子 He は，陽子 2 個，中性子 2 個，電子 2 個からなる．そして，各々の粒子が 1/2 のスピンをもつこととスピンの合成則から，全スピンが整数のボーズ粒子であることがわかる．実際，その基底状態の全スピンは 0 となっている．

特に，理想ボーズ気体に関する BEC は，超伝導現象に密接に関連している．ボーズ粒子系では，複数（多数）の粒子が同じ 1 粒子エネルギー状態を占めることが可能である．そのため，ある特定の凝縮温度 T_0 以下で最低 1 粒子エネルギー状態に巨視的な数の粒子が落ち込み，その状態を記述する巨視的波動関数が出現する．ロンドン（London）は，液体ヘリウムにおける超流動発見直後の 1938 年に，この液体に BEC のアインシュタイン理論を適用して[21]，転移温度の理論値 $T_0 = 3.09\,\mathrm{K}$ を得た．そして，その値が，液体ヘリウムの異常が観測される温度 2.19 K と近いことから，液体ヘリウムの超流動が BEC によるものであると解釈した．ロンドンのこの考えは現在では広く受け入れられ，転移温度に関する理論値と実験値の食い違いは，He 原子間の相互作用に起因するものと考えられている．

一方，金属で起こる超伝導の主役は，「フェルミ粒子」の電子である．したがって，パウリの排他原理により，同じ 1 粒子状態を複数の電子が占有することは不可能であり，単純なBECは起こり得ない．そのため，超伝導の微視的理論の構築は困難を極め，ボーア（Bohr），ハイゼンベルグ（Heisenberg），ファインマン（Feynman）などの著名な物理学者もその解明に挑戦したが，成功しなかった[3]．何が難しかったのか？　現在では，超伝導は，2粒子束縛状態への巨視的量子凝縮により発現することがわかっている．すなわち，フェルミ粒子系でも2粒子束縛ならば，パウリの排他原理に抵触することなく，巨視的な数の粒子がそこに落ち込むことが可能である．しかも，この束縛状態の形成は無限小の引力で可能なのである．この「2粒子束縛状態への巨視的量子凝縮」が超伝導の本質であり，解明に時間を要した原因であると考えられる．

その端緒を切り開いたのは，場の理論に詳しい若手研究者を求めるバーディーンの招請に応じ，プリンストン大学の高エネルギーグループからイリノイ大学のバーディーン研究室にポスドクとして加わった，「超伝導の門外漢」クーパーである[3]．クーパーは試行錯誤の末に，フェルミ面上につけ加えられた2電子間に引力がはたらく「クーパー問題」を考案し，無限小の引力で，それらの電子間に束縛状態が形成されることを発見した（1956年）[22]．クーパーの発見に触発され，同じバーディーン研究室の大学院生であったシュリーファーは，朝永振一郎の中間子に関する「中間結合理論」[23]を応用し，2粒子束縛状態への量子凝縮を記述する変分波動関数を書き下すことに成功した（1957年）[3]．シュリーファーの話を聞いたバーディーンは，すぐにその正しさを直観して3人でチームを組み，彼の超伝導に関する深い知識を存分に用いてBCS理論[1]へと導いた（1957年）．超伝導理論構築に際してのこの三人三様の貢献は，まさに「3本の矢」と称すべきものである．

ちなみにクーパーが，単純化された「クーパー問題（フェルミ面上につけ加えられた2電子に関する引力ポテンシャル問題）」の着想に至ったのは，1955年暮れにクリスマス休暇でニューヨークへ列車で帰省する際の17時間の車中であり，また，シュリーファーが変分波動関数を書き下して引力がはたらく場合にエネルギーが下がることを見出したのも，1957年の1月下旬に会議出席のため滞在していたニューヨークの地下鉄の車中であった[3]．

一方で，発見ふた月前のシュリーファーは，クーパーの研究成果を発展させるのをあきらめかけていた．そして，博士論文のテーマを超伝導から強磁性に変更することをバーディーンに相談したのであるが，その際のバーディーンの予言者のような言葉が，「発見・創造」の機微を示して伝説的に語り継がれているので，ここに原文で紹介しておく[3]．時は 1956 年の 12 月初め，バーディーンがトランジスタ発明に関するノーベル賞授賞式に出発する直前で，彼の気分と士気はとてつもなく高揚していたであろう．“Give it another month or month and a half, wait'til I get back, and keep working, and maybe something will happen and then we can discuss it a little later.” そして，シュリーファーは超伝導研究を続行し，ひと月半で「何か」が実際に起こったのである！

こうして完成した BCS 理論では，一様かつ等方的な s 波束縛状態への凝縮が扱われた．その後，この理論を契機として一般的な「超伝導平均場理論」が構成され，今日では，磁束状態や表面・界面近傍などの「非一様な超伝導状態」，および，「非等方的クーパー対状態」なども微視的に記述できるようになっている．また，高温超伝導体の発見に促されて，平均場を超える扱いも発展している．

そこで，ここでは歴史的発展の順序にとらわれず，超伝導理論の基礎をできるだけ明快に提示するため，文献 [24] に基づいて図 1.1 の順序で概説す

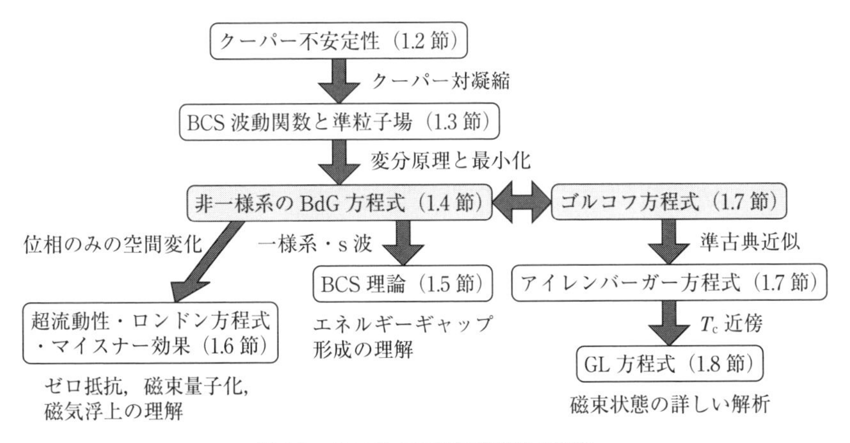

図 1.1 この章での超伝導理論の構成

る．まず，クーパー不安定性を議論した後，非一様系に拡張されたBCS波動関数を，「クーパー対生成演算子」を用いて，2粒子束縛状態への凝縮があらわな形に構成する．次いで，そこからの励起を記述する準粒子場を導き出す．それらと統計力学の変分原理を組み合わせ，超伝導平均場理論の基礎方程式である「ボゴリューボフ-ドジェンヌ（Bogoliubov-de Gennes）方程式（略してBdG方程式）」を導出する．このBdG方程式を一様系のs波クーパー対の場合に適用すると，BCS理論の結果が再現される．また，BdG方程式で位相のみが空間変化する近似を採用すると，超流動性が自然に理解でき，ロンドン方程式が導かれ，マイスナー（Meissner）効果や磁束量子化も説明できる．

後半では，BdG方程式を松原（Matsubara）グリーン関数に関する「ゴルコフ（Gor'kov）方程式」に書きかえ，準古典近似を施して「アイレンバーガー（Eilenberger）方程式」へと簡略化する．さらに，T_{c}近傍に着目して，アイレンバーガー方程式から「ギンツブルグ-ランダウ（Ginzburg-Landau）方程式（略してGL方程式）」を微視的に導出する．

従来の教科書では，ロンドン方程式やGL方程式などをまず現象論的に導入して説明し，「マックスウェル（Maxwell）方程式にロンドン方程式を加えるとマイスナー効果が説明できる」などと記述されることも多い．そして，BCS理論に関しては，その後に独立した観点からの説明が行われる．しかし，この流れでは，それらの相互関係や，超伝導の本質の理解が不明瞭になる恐れがある．実際には，上記のように，ロンドン方程式とGL方程式は，より基本的な方程式であるBdG方程式から導出できるのである．ここでのアプローチのその他の利点としては，巨視的量子凝縮により位相が揃って超流動性が生じることが自然に理解できること，電磁気学や固体物理学の知識があまり必要でないこと，などが挙げられる．

1.2　クーパー問題

金属中の電子系は，主にクーロン（Coulomb）力で斥力的に相互作用している．しかし，格子振動の影響まで考えると，この電子系のフェルミ面近傍に引力のはたらく可能性がある．クーパーは，この事実に着目して，相互作用のない電子系のフェルミ面上につけ加えられた2電子間に引力がはたらく，簡略化されたモデル（クーパー問題）を考え出した．そして，無限小の引力で，それら2電子の間に束縛状態が形成されることを明らかにした[22]．

ここでは，「2電子が重心運動なしで等方的なs波の束縛状態を形成する」という最も単純な可能性を考え，実際に「クーパー対」が形成されることを見ていこう．対応する軌道運動のシュレーディンガー（Schrödinger）方程式は，2つの電子の相対座標の絶対値$|\boldsymbol{r}_1-\boldsymbol{r}_2|$のみを用いて，

$$\left[\frac{\boldsymbol{p}_1^2}{2m}+\frac{\boldsymbol{p}_2^2}{2m}+\mathcal{V}(|\boldsymbol{r}_1-\boldsymbol{r}_2|)\right]\phi(|\boldsymbol{r}_1-\boldsymbol{r}_2|)=(E+2\varepsilon_{\mathrm{F}})\phi(|\boldsymbol{r}_1-\boldsymbol{r}_2|) \tag{1.1}$$

と表せる．ここでmは電子の質量，$\boldsymbol{p}_j\equiv-i\hbar\boldsymbol{\nabla}_j$はつけ加えられた電子$j=1,2$の運動量演算 子，$\mathcal{V}$は相互作用ポテンシャル，$\varepsilon_{\mathrm{F}}$はフェルミエネルギーである．また，$E$は，フェルミ面上にある2電子のエネルギーから運動エネルギー$2\varepsilon_{\mathrm{F}}$を除いた量で，$E<0$の解が束縛状態に対応する．この軌道波動関数$\phi(|\boldsymbol{r}_1-\boldsymbol{r}_2|)$は座標の入れかえ$\boldsymbol{r}_1\leftrightarrow\boldsymbol{r}_2$に対して対称なので，波動関数の反対称性の要請から，対応するスピン部分は反対称な1重項$(|\uparrow\rangle_1\times|\downarrow\rangle_2-|\downarrow\rangle_1|\uparrow\rangle_2)/\sqrt{2}$でなければならないことに注意しておく．ただし，$|\uparrow\rangle_j$と$|\downarrow\rangle_j$は，粒子$j=1,2$のスピン演算子$\hat{s}_{jz}$の固有値1/2と$-1/2$に属する固有関数である．

次に，軌道波動関数$\phi(|\boldsymbol{r}_1-\boldsymbol{r}_2|)$と相互作用ポテンシャルを，

$$\phi(|\boldsymbol{r}_1-\boldsymbol{r}_2|)=\frac{1}{V}\sum_{\boldsymbol{k}}\phi_k e^{i\boldsymbol{k}\cdot(\boldsymbol{r}_1-\boldsymbol{r}_2)},\qquad \mathcal{V}(r)=\frac{1}{V}\sum_{\boldsymbol{k}}e^{i\boldsymbol{k}\cdot\boldsymbol{r}}\mathcal{V}_k \tag{1.2}$$

と平面波展開する．なお，Vは系の体積であり，また，$\phi(r)$とϕ_k，および$\mathcal{V}(r)$と$\mathcal{V}_k$は異なる関数で，それらは引数で区別されている．ϕ_kと$\mathcal{V}_k$は，いずれも等方的な関数（$=|\boldsymbol{r}_1-\boldsymbol{r}_2|$の関数）のフーリエ（Fourier）係数なので，波数$k\equiv|\boldsymbol{k}|$のみに依存する．

(1.2)を(1.1)に代入し，両辺に$e^{-i\boldsymbol{k}'\cdot\boldsymbol{r}}$を掛けて空間積分を実行する．そして，$\boldsymbol{k}\leftrightarrow\boldsymbol{k}'$などの変数の入れかえを行うと，波数空間におけるシュレーディンガー方程式が，

$$2\varepsilon_k\phi_k+\frac{1}{V}\sum_{\boldsymbol{k}'}\mathcal{V}_{|\boldsymbol{k}-\boldsymbol{k}'|}\phi_{k'}=(E+2\varepsilon_{\mathrm{F}})\phi_k \tag{1.3}$$

となる．ただし，$\varepsilon_k \equiv \hbar^2 k^2/2m$ である．この方程式は，

$$\phi_k = \frac{C_k}{2(\varepsilon_k - \varepsilon_F) - E}, \qquad C_k \equiv -\frac{1}{V}\sum_{\boldsymbol{k}'} V_{|\boldsymbol{k}-\boldsymbol{k}'|}\phi_{k'}$$

へと書きかえることができる．さらに，上式の第1式を第2式の右辺に代入すると，C_k に対する積分方程式

$$C_k \equiv -\frac{1}{V}\sum_{\boldsymbol{k}'} \frac{\mathcal{V}_{|\boldsymbol{k}-\boldsymbol{k}'|}}{2(\varepsilon_{k'} - \varepsilon_F) - E} C_{k'} \tag{1.4}$$

となる．

ここに現れる相互作用ポテンシャル $\mathcal{V}_{|\boldsymbol{k}-\boldsymbol{k}'|}$ は，

$$\mathcal{V}_{|\boldsymbol{k}-\boldsymbol{k}'|} = \sum_{l=0}^{\infty} \mathcal{V}_l(k, k') \sum_{m=-l}^{l} 4\pi Y_{lm}(\hat{\boldsymbol{k}})\, Y_{lm}^*(\hat{\boldsymbol{k}}') \tag{1.5}$$

と球面波展開できる．ただし，$\hat{\boldsymbol{k}} \equiv \boldsymbol{k}/k = (\sin\theta_{\boldsymbol{k}}\cos\varphi_{\boldsymbol{k}},\ \sin\theta_{\boldsymbol{k}}\sin\varphi_{\boldsymbol{k}},\ \cos\theta_{\boldsymbol{k}})$ は球面上の外向き単位法線ベクトルである．また，$Y_{lm}(\hat{\boldsymbol{k}})$ は球面調和関数[25]で，極座標の立体角積分

$$\int d\Omega_{\boldsymbol{k}} \equiv \int_0^{\pi} d\theta_{\boldsymbol{k}} \sin\theta_{\boldsymbol{k}} \int_0^{2\pi} d\varphi_{\boldsymbol{k}} \tag{1.6}$$

に関する規格直交条件

$$\int d\Omega_{\boldsymbol{k}}\, Y_{l'm'}^*(\hat{\boldsymbol{k}})\, Y_{lm}(\hat{\boldsymbol{k}}) = \delta_{l'l}\delta_{m'm} \tag{1.7}$$

を満たす．特に，$Y_{00}(\hat{\boldsymbol{k}}) = 1/\sqrt{4\pi}$ である．なお，$*$ は複素共役である．

s 波の束縛状態を考察するために，(1.5) で $l = 0$ 項のみを残して (1.4) に代入すると，

$$C_k = -\frac{1}{V}\sum_{\boldsymbol{k}'} \frac{\mathcal{V}_0(k, k')}{2(\varepsilon_{k'} - \varepsilon_F) - E} C_{k'} \tag{1.8}$$

が得られる．ここで，単位体積・スピン成分当りの1粒子エネルギー状態密度を，

$$N(E) \equiv \frac{1}{V}\sum_{\boldsymbol{k}_1} \delta(E - \varepsilon_{k_1}) \tag{1.9}$$

で導入する．すると，(1.8) は，積分を用いた式

$$C_k = -\int_{\varepsilon_F}^{\infty} N(\varepsilon_{k'}) \frac{\mathcal{V}_0(k, k')}{2(\varepsilon_{k'} - \varepsilon_F) - E} C_{k'}\, d\varepsilon_{k'} \tag{1.10}$$

へと書きかえられる．ここで，積分の下限がフェルミエネルギー ε_F となっ

ているのは，パウリの排他原理により，電子が詰まっているフェルミ球内の1粒子状態が束縛状態の形成に使えないことによる．さらに，$|\varepsilon_k - \varepsilon_{\mathrm{F}}| \leq \varepsilon_{\mathrm{c}}$ のフェルミ面近傍のみに引力がはたらくモデル（図 1.2 参照）

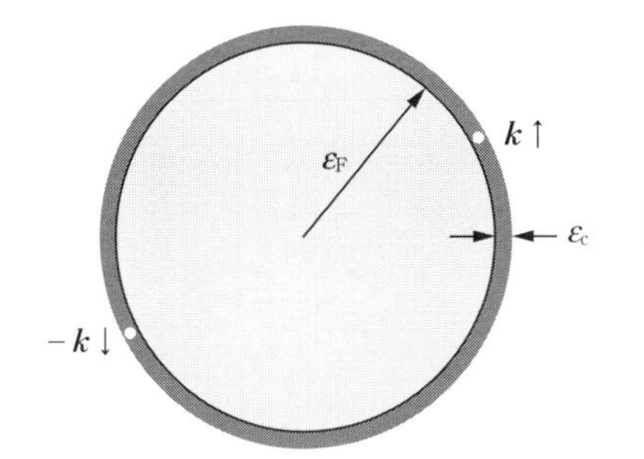

図 1.2 クーパー問題のモデル設定．電子の詰まったフェルミ球（半径 ε_{F}）と，その外側の引力相互作用する領域（厚さ ε_{c} の球殻），および，フェルミ面上の注目する 2 電子（白丸）．

$$\mathcal{V}_0(k,k') = \mathcal{V}_0^{(\mathrm{eff})}\theta(\varepsilon_{\mathrm{c}} - |\varepsilon_k - \varepsilon_{\mathrm{F}}|)\theta(\varepsilon_{\mathrm{c}} - |\varepsilon_{k'} - \varepsilon_{\mathrm{F}}|) \tag{1.11}$$

を採用する．なお，$V_0^{(\mathrm{eff})} < 0$ であり，また θ は

$$\theta(x) \equiv \begin{cases} 1 & (x \geq 0) \\ 0 & (x < 0) \end{cases} \tag{1.12}$$

で定義された階段関数で，その中に現れたカットオフエネルギー ε_{c} は，格子振動のデバイ（Debye）エネルギー程度の大きさ（温度にして数百 K のオーダー）をもち，フェルミエネルギー（温度にして数万 K のオーダー）よりもはるかに小さいものとする．すなわち，ここで採用したモデルでは，$\varepsilon_{\mathrm{c}} \ll \varepsilon_{\mathrm{F}}$ が成立する．

(1.11) を (1.10) に代入すると，C_k が定数 C を用いて

$$C_k = C\theta(\varepsilon_{\mathrm{c}} - |\varepsilon_k - \varepsilon_{\mathrm{F}}|) \tag{1.13}$$

と書けることがわかる．そこで，$|\varepsilon_k - \varepsilon_{\mathrm{F}}| < \varepsilon_{\mathrm{c}}$ となるように k を選び，さらに，$\varepsilon_{\mathrm{c}} \ll \varepsilon_{\mathrm{F}}$ を考慮して $N(\varepsilon_{k'}) \simeq N(\varepsilon_{\mathrm{F}})$ と近似し，$\xi_{k'} \equiv \varepsilon_{k'} - \varepsilon_{\mathrm{F}}$ へと変数変換を行う．すると，束縛状態のエネルギーを決める式 (1.10) が，

$$\frac{1}{g_0} = \int_0^{\varepsilon_{\mathrm{c}}} \frac{1}{2\xi_{k'} - E}\, d\xi_{k'} = \frac{1}{2}\ln\frac{2\varepsilon_{\mathrm{c}} - E}{-E} \tag{1.14}$$

へと簡略化できる．ただし，g_0 は，無次元の結合定数

$$g_0 \equiv -N(\varepsilon_{\mathrm{F}})\mathcal{V}_0^{(\mathrm{eff})} > 0 \tag{1.15}$$

である．$0 < g_0 \ll 1$ が成立する「弱結合」の場合，(1.14) の左辺は非常に

大きい正の値をとる．一方で，$E<0$ の関数としての右辺は，$E\to 0$ で $+\infty$ へと対数発散する．したがって，方程式 (1.14) は，$g_0\to 0$ でも常に解をもつことになる．その極限における束縛状態の固有エネルギーは，最右辺で $2\varepsilon_{\rm c}-E\simeq 2\varepsilon_{\rm c}$ と近似して，解析的に

$$E=-2\varepsilon_{\rm c}e^{-2/g_0} \tag{1.16}$$

と求まる．

以上の考察により，フェルミ面上につけ加えられた2電子間に引力がはたらく時，常に束縛状態が形成されることが明らかになった．それらの電子対は「クーパー対」とよばれている．この「無限小の引力による束縛状態の形成」は，$E\to 0$ に対し，(1.14) の積分がその下端で発散することに由来する．すなわち，フェルミ球の存在により，励起端の状態密度 $N(\varepsilon_{\rm F})$ が有限となっていることが本質的に重要である．この事情は，2次元の1粒子シュレーディンガー方程式の引力ポテンシャル問題で，無限小の引力によって束縛状態が形成されるのと同じである[24]．

なお，対凝縮が超伝導を引き起こすとのアイデアは，クーパーに先駆けて，シャフロス (Schafroth) により1954年に発表されていた[26]．その基礎となったのは，電荷のあるボーズ粒子系におけるマイスナー効果の理論的考察である[27]．しかし，彼のこのアイデアは，1957年当時，実験と定量的に比較できるような理論へとは発展しなかった．この点が惜しまれる．

1.3　BCS 波動関数と準粒子場

クーパーの考察により，自由粒子のフェルミ球が，無限小の引力で不安定化することが明らかになった．新たな基底状態は何か？　一様系の等方的 (s 波) 束縛状態の場合について，その波動関数を書き下したのがシュリーファーである[3]．ここでは，その変分波動関数を，非一様系や非等方な束縛状態も記述できるように一般化して提示する．

理想気体のボーズ - アインシュタイン凝縮は，最低1粒子状態に，巨視的な数の粒子が落ち込むことにより発現する．フェルミ粒子系でも，2粒子束縛状態に凝縮するのであれば，パウリの排他原理の制限を受けない．置換対称性を考慮しない場合，その波動関数は，

$$\widetilde{\Phi}^{(N)}(\xi_1, \xi_2, \cdots, \xi_N) \propto \phi(\xi_1, \xi_2)\phi(\xi_3, \xi_4)\cdots\phi(\xi_{N-1}, \xi_N) \tag{1.17}$$

と簡単に書き下せる．ここで，$\xi \equiv (\boldsymbol{r}, \alpha)$ は空間座標 $\boldsymbol{r}$ とスピン座標 $\alpha = \pm 1/2$ ($= \hat{s}_z$ の固有状態) の組であり，また，

$$\phi(\xi_1, \xi_2) = -\phi(\xi_2, \xi_1) \tag{1.18}$$

は 2 粒子レベルの置換対称性を考慮した束縛状態の波動関数を表す．系の粒子数 $N(\simeq 10^{-23})$ は，便宜上，偶数に選んだ．

しかし，波動関数 (1.17) は全体として反対称ではなく，いまだフェルミ粒子系の波動関数とはなっていない．この反対称化を効率よく実行するには，「クーパー対生成演算子」

$$\widehat{Q}^\dagger \equiv \frac{1}{2}\int d\xi_1 \int d\xi_2 \phi(\xi_1, \xi_2)\hat{\varphi}^\dagger(\xi_1)\hat{\varphi}^\dagger(\xi_2) \tag{1.19}$$

を導入すると便利である．ここで，ξ 積分は $\boldsymbol{r}$ 積分と α に関する和を意味する．また，場の演算子 $\hat{\varphi}$ と $\hat{\varphi}^\dagger$ は，交換関係

$$\hat{\varphi}(\xi)\hat{\varphi}^\dagger(\xi') + \hat{\varphi}^\dagger(\xi')\hat{\varphi}(\xi) = \delta(\xi, \xi'), \qquad \hat{\varphi}(\xi)\hat{\varphi}(\xi') + \hat{\varphi}(\xi')\hat{\varphi}(\xi) = 0 \tag{1.20}$$

と，真空ケット $|0\rangle$ へ作用したときの性質

$$\hat{\varphi}(\xi)|0\rangle = 0, \qquad 0 = [\hat{\varphi}(\xi)|0\rangle]^\dagger = \langle 0|\hat{\varphi}^\dagger(\xi), \qquad \langle 0|0\rangle = 1 \tag{1.21}$$

により数学的に定義されている[24]．演算子 (1.19) を用いると，(1.17) を反対称化したケットベクトルは，

$$|\Phi^{(N)}\rangle \equiv A_N(\widehat{Q}^\dagger)^{N/2}|0\rangle \tag{1.22}$$

と簡潔に書き表せる[28, 29]．ただし，A_N は規格化因子である．ケット (1.22) は，N 個の電子が，同じ 2 粒子束縛状態 $\phi(\xi_1, \xi_2)$ へと「クーパー対凝縮」を起こした状態を数学的に表現している．そして，フェルミ粒子系に要求される置換に関する反対称性は，場の演算子 $\hat{\varphi}$ と $\hat{\varphi}^\dagger$ の交換関係 (1.20) により自動的に実現されている[24]．

さらに，統計力学的計算に便利なように，クーパー対の数に関する重ね合わせを行って，波動関数 (1.22) をグランドカノニカル分布の状態ベクトルへと変換する．粒子数が非常に多い場合には，最終結果はその重ね合わせの詳細によらないと予想される．そこで，もっとも便利な形として，指数関数

的に重ね合わせた「BCS 波動関数」[29,30]

$$|\Phi\rangle \equiv A\sum_{n=0}^{\infty}\frac{(\widehat{Q}^{\dagger})^{n}}{n!}|0\rangle = A\exp(\widehat{Q}^{\dagger})|0\rangle \tag{1.23}$$

を採用する．ここで A は規格化定数である．

(1.23) は，シュリーファーが書き下した一様系におけるスピン 1 重項の変分波動関数を，非一様系かつ任意の 2 粒子束縛状態へと一般化したものになっている．そして，非一様系に適用できるというだけでなく，2 粒子束縛状態があらわに表現されている点においても優れている．さらに (1.23) は，対の半径が粒子間の平均間隔よりも小さくなる極限で，スダーシャン (Sudarshan) とグラウバー (Glauber) がフォトン場で導入した「コヒーレント状態」[31,32] へと移行することが示せる[24]．つまり，(1.23) は，クーパー対凝縮からボーズ－アインシュタイン凝縮までの統一的な記述を可能にするのである．

基底状態が (1.23) で与えられる場合，そこからどのような励起が可能であろうか．この励起を記述するのが，

$$\hat{\gamma}(\xi)|\Phi\rangle = 0 \tag{1.24}$$

を満たす準粒子場，すなわち，ボゴリューボフ－バラティン (Bogoliubov－Valatin) 演算子[33,34] で，具体的に

$$\hat{\gamma}(\xi) \equiv \int d\xi'\,[u(\xi,\xi')\hat{\psi}(\xi') - v(\xi,\xi')\hat{\psi}^{\dagger}(\xi')] \tag{1.25}$$

で与えられる[24,30]．ここで，u と v は，2 粒子波動関数 $\phi(\xi_1,\xi_2)$ を要素とする行列 $\underline{\phi} \equiv (\phi(\xi_1,\xi_2))$ と単位行列 $\underline{1} \equiv (\delta(\xi_1,\xi_2))$ を用いて，

$$\underline{u} \equiv (\underline{1} + \underline{\phi}\underline{\phi}^{\dagger})^{-1/2}, \qquad \underline{v} \equiv (\underline{1} + \underline{\phi}\underline{\phi}^{\dagger})^{-1/2}\underline{\phi} = \underline{u}\underline{\phi} \tag{1.26}$$

で定義され，関係式

$$\underline{u} = \underline{u}^{\dagger}, \qquad \underline{v} = -\underline{v}^{t}, \qquad \underline{u}\underline{u} + \underline{v}\underline{v}^{\dagger} = \underline{1}, \qquad \underline{u}\underline{v} = \underline{v}\underline{u}^{*} \tag{1.27}$$

を満たす．ただし，† と t は，それぞれエルミート共役と転置を表す．(1.24) の導出には，(1.23) に $\hat{\psi}(\xi)$ を作用させ，交換関係 $[\hat{\psi}(\xi), e^{\widehat{Q}^{\dagger}}] = [\hat{\psi}(\xi), \widehat{Q}^{\dagger}]e^{\widehat{Q}^{\dagger}}$ と $\hat{\psi}(\xi)|0\rangle = 0$ を用いて変形した後，左から行列 $\underline{u}$ を作用すればよい[24,30]．

(1.20) と (1.27) を用いると，準粒子場 (1.25) が，交換関係

$$\hat{\gamma}(\xi)\hat{\gamma}^\dagger(\xi') + \hat{\gamma}^\dagger(\xi')\hat{\gamma}(\xi) = \delta(\xi,\xi'), \qquad \hat{\gamma}(\xi)\hat{\gamma}(\xi') + \hat{\gamma}(\xi')\hat{\gamma}(\xi) = 0 \tag{1.28}$$

を満たす「フェルミ場の演算子」であることを示すことができる．(1.25) とその逆変換を，(1.26) の行列を用いて簡潔に表すと，

$$\begin{bmatrix} \hat{\gamma} \\ \hat{\gamma}^\dagger \end{bmatrix} = \begin{bmatrix} \underline{u} & \underline{v} \\ -\underline{v}^* & -\underline{u}^* \end{bmatrix} \begin{bmatrix} \hat{\varphi} \\ -\hat{\varphi}^\dagger \end{bmatrix}, \qquad \begin{bmatrix} \hat{\varphi} \\ -\hat{\varphi}^\dagger \end{bmatrix} = \begin{bmatrix} \underline{u} & \underline{v} \\ -\underline{v}^* & -\underline{u}^* \end{bmatrix} \begin{bmatrix} \hat{\gamma} \\ \hat{\gamma}^\dagger \end{bmatrix} \tag{1.29}$$

となる．

1.4 ボゴリューボフ‐ドジェンヌ方程式

波動関数 (1.23) で記述される状態が実現するためには，系の自由エネルギーが正常状態と比べて低くなる必要がある．水銀などの単元素金属超伝導体では，超伝導安定化の機構が，フォノンを媒介とした電子間の有効引力によりもたらされる[35]．しかし，引力が弱い「弱結合超伝導体」の物理的性質は，粒子間引力の起源によらない．ここでは，ハミルトニアン

$$\hat{\mathscr{H}} \equiv \int d\xi_1 \hat{\varphi}^\dagger(\xi_1)\hat{\mathscr{K}}_1\hat{\varphi}(\xi_1) + \frac{1}{2}\int d\xi_1 \int d\xi_2 \mathscr{V}(|\boldsymbol{r}_1 - \boldsymbol{r}_2|)\hat{\varphi}^\dagger(\xi_1)\hat{\varphi}^\dagger(\xi_2)\hat{\varphi}(\xi_2)\hat{\varphi}(\xi_1) \tag{1.30}$$

$$\hat{\mathscr{K}}_1 \equiv \frac{\hat{p}_1^2}{2m} - \mu \quad (\mu：\text{化学ポテンシャル}) \tag{1.31}$$

で記述される系を考え，相互作用ポテンシャル $\mathscr{V}(|\boldsymbol{r}_1 - \boldsymbol{r}_2|)$ が引力部分をもつ場合を念頭に，超伝導平均場理論の基礎方程式である BdG 方程式を導く．

1.4.1 変分原理による導出

BdG 方程式の明快な導出には，密度行列 $\hat{\rho}$ の汎関数としてのグランドポテンシャル $\Omega[\hat{\rho}]$ に関する変分原理

$$\Omega[\hat{\rho}] \equiv \mathrm{Tr}\left(\hat{\rho}\hat{\mathscr{H}} + \frac{1}{\beta}\hat{\rho}\ln\hat{\rho}\right) \geq \Omega_{\mathrm{eq}} \tag{1.32}$$

を用いることができる[24]．ここで，Tr は対角和を表し，β は温度 T とボルツマン（Boltzmann）定数 $k_{\mathrm{B}} = 1.38 \times 10^{-23}$ J/K を用いて $\beta = 1/k_{\mathrm{B}}T$ で定義されている．また，Ω_{eq} は，温度 T と化学ポテンシャル μ を独立変数とする真のグランドポテンシャルである．

変分密度行列演算子を，準粒子理想気体の形

$$\hat{\rho} = \exp\left[\beta\left(\Omega_0 - \sum_q E_q \hat{\gamma}_q^\dagger \hat{\gamma}_q\right)\right], \qquad \Omega_0 \equiv -\frac{1}{\beta}\sum_q \ln(1 + e^{-\beta E_q}) \tag{1.33}$$

に選ぼう．変分パラメーター E_q は，対凝縮状態 $|\Phi\rangle$ からの励起エネルギーという意味をもち，$|\Phi\rangle$ の安定性を仮定すると，$E_q \geq 0$ であるべきことが結論づけられる．また $\hat{\gamma}_q$ は，準粒子場を

$$\hat{\gamma}(\xi) = \sum_q \hat{\gamma}_q \varphi_q(\xi) \tag{1.34}$$

と展開した場合の展開“係数”であり，未定の関数系 $\{\varphi_q(\xi)\}_q$ が完全規格直交系であるとすると，(1.28) に由来する交換関係 $\hat{\gamma}_q \hat{\gamma}_{q'}^\dagger + \hat{\gamma}_{q'}^\dagger \hat{\gamma}_q = \delta_{qq'}$ および $\hat{\gamma}_q \hat{\gamma}_{q'} + \hat{\gamma}_{q'} \hat{\gamma}_q = 0$ を満たすことになる．

ハミルトニアン (1.30) で記述される系について，変分密度行列 (1.33) を用いてグランドポテンシャル (1.32) を評価する．その際，相互作用項の 4 つの演算子の積の期待値は，「ブロッホ - ドミニシス（Bloch - De Dominicis）の定理」を用いてウィック（Wick）分解できる[24]．ここでは簡単のため，ハートリー - フォック（Hartree-Fock）項を無視して異常対相関のみを残す近似を行う．すると，$\Omega[\hat{\rho}]$ の表式が，

$$\begin{aligned}\Omega[\hat{\rho}] = &\int d\xi_1 \hat{\mathcal{K}}_1 \langle \hat{\psi}^\dagger(\xi_2) \hat{\psi}(\xi_1)\rangle\big|_{\xi_2=\xi_1} \\ &+ \frac{1}{2}\int d\xi_1 \int d\xi_2 \mathcal{V}(|\boldsymbol{r}_1 - \boldsymbol{r}_2|) \langle \hat{\psi}^\dagger(\xi_1) \hat{\psi}^\dagger(\xi_2)\rangle \\ &\times \langle \hat{\psi}(\xi_2) \hat{\psi}(\xi_1)\rangle - \frac{1}{\beta}\sum_q [-\bar{n}_q \ln \bar{n}_q - (1 - \bar{n}_q)\ln(1 - \bar{n}_q)]\end{aligned} \tag{1.35}$$

と得られる．分布関数 $\bar{n}_q \equiv \langle \hat{\gamma}_q^\dagger \hat{\gamma}_q \rangle = (e^{\beta E_q} + 1)^{-1}$ を用いて表された最後の項は，エントロピー項 $-TS$ である．一方，場の演算子の期待値は，(1.29)

の第 2 式を代入して準粒子場を (1.34) のように展開し，等式 $\langle\gamma_q^\dagger\gamma_{q'}\rangle = \delta_{qq'}\bar{n}_q$ と新たな関数

$$u_q(\xi_1) \equiv \int d\xi_2 u(\xi_1,\xi_2)\varphi_q(\xi_2), \qquad v_q(\xi_1) \equiv \int d\xi_2 v^*(\xi_1,\xi_2)\varphi_q(\xi_2) \tag{1.36}$$

を用いて，

$$\rho^{(1)}(\xi_1,\xi_2) \equiv \langle\hat{\psi}^\dagger(\xi_2)\hat{\psi}(\xi_1)\rangle = \sum_q [u_q(\xi_1)u_q^*(\xi_2)\bar{n}_q + v_q^*(\xi_1)v_q(\xi_2)(1-\bar{n}_q)] \tag{1.37a}$$

$$\tilde{\rho}^{(1)}(\xi_1,\xi_2) \equiv \langle\hat{\psi}(\xi_1)\hat{\psi}(\xi_2)\rangle = \sum_q [u_q(\xi_1)v_q^*(\xi_2) - v_q^*(\xi_1)u_q(\xi_2)]\left(\frac{1}{2}-\bar{n}_q\right) \tag{1.37b}$$

と表せる．(1.37b) を導く際には，(1.27) の関係 $\underline{u}\underline{v} = \underline{v}\underline{u}^*$ と $\{\varphi_q(\xi)\}_q$ の完全性に基づいて導かれる等式 $\sum_q u_q(\xi_1)v_q^*(\xi_2) = -\sum_q v_q^*(\xi_1)u_q(\xi_2)$ を使った[24]．

次に，グランドポテンシャルを変分パラメーター E_q について最小化しよう．その表式 (1.35) は，(1.37) より，$\bar{n}_q$ を通してのみ E_q に依存していることがわかる．したがって，E_q についての最小化は $\bar{n}_q$ についての最小化に等価であり，そのための必要条件 $\delta\Omega[\hat{\rho}]/\delta\bar{n}_q = 0$ は，次のように書きかえられる．

$$\begin{aligned}
0 &= \int d\xi_1 [u_q^*(\xi_1)\hat{\mathcal{K}}_1 u_q(\xi_1) - v_q(\xi_1)\hat{\mathcal{K}}_1 v_q^*(\xi_1)] \\
&\quad + \frac{1}{2}\int d\xi_1 \int d\xi_2 \mathcal{V}(|\boldsymbol{r}_1-\boldsymbol{r}_2|) \\
&\qquad \times\{-\langle\hat{\psi}^\dagger(\xi_1)\hat{\psi}^\dagger(\xi_2)\rangle[u_q(\xi_2)v_q^*(\xi_1) - v_q^*(\xi_2)u_q(\xi_1)] \\
&\quad -\langle\hat{\psi}(\xi_2)\hat{\psi}(\xi_1)\rangle[u_q^*(\xi_2)v_q(\xi_1) - v_q(\xi_2)u_q^*(\xi_1)]\} - \frac{1}{\beta}\ln\frac{1-\bar{n}_q}{\bar{n}_q} \\
&= \int d\xi_1 \int d\xi_2 [u_q^*(\xi_1)\ v_q^*(\xi_1)]\begin{bmatrix} \hat{\mathcal{K}}_1\delta(\xi_1,\xi_2) & \varDelta(\xi_1,\xi_2) \\ -\varDelta^*(\xi_1,\xi_2) & -\mathcal{K}_1^*\delta(\xi_1,\xi_2)\end{bmatrix}\begin{bmatrix} u_q(\xi_2) \\ v_q(\xi_2)\end{bmatrix} - E_q
\end{aligned} \tag{1.38}$$

ただし，第 2 番目の等号では，演算子 (1.31) の作用先を部分積分により v_q^* から v_q に移し，また，ペアポテンシャル

$$\Delta(\xi_1, \xi_2) \equiv -\mathscr{V}(|\boldsymbol{r}_1 - \boldsymbol{r}_2|)\langle \hat{\psi}(\xi_1)\hat{\psi}(\xi_2)\rangle \tag{1.39}$$

を用いて方程式を簡略化した．その際，$\Delta(\xi_1, \xi_2)$ と $\Delta^*(\xi_1, \xi_2)$ の項は，変数変換 $\xi_1 \leftrightarrow \xi_2$ と対称性 $\Delta(\xi_1, \xi_2) = -\Delta(\xi_2, \xi_1)$ を用いて書きかえた．演算子 (1.31) の場合における (1.38) の行列の 2 行 2 列成分は，$-\mathscr{K}_1\delta(\xi_1, \xi_2)$ でもよいが，磁場がある場合への一般化も念頭に，より一般的な表式 $-\mathscr{K}_1^*\delta(\xi_1, \xi_2)$ を採用した．条件 (1.38) を満たす E_q，$u_q(\xi_1)$，$v_q(\xi_1)$ は，固有値問題

$$\int d\xi_2 \begin{bmatrix} \mathscr{K}(\xi_1, \xi_2) & \Delta(\xi_1, \xi_2) \\ -\Delta^*(\xi_1, \xi_2) & -\mathscr{K}^*(\xi_1, \xi_2) \end{bmatrix} \begin{bmatrix} u_q(\xi_2) \\ v_q(\xi_2) \end{bmatrix} = E_q \begin{bmatrix} u_q(\xi_1) \\ v_q(\xi_1) \end{bmatrix} \tag{1.40}$$

を解くことで求められる．ただし，$\mathscr{K}(\xi_1, \xi_2) \equiv \widehat{\mathscr{K}}_1\delta(\xi_1, \xi_2)$ であり，固有関数は

$$\int [|u_q(\xi)|^2 + |v_q(\xi)|^2]\, d\xi = 1 \tag{1.41}$$

と規格化する必要がある．方程式 (1.40) は，一様系に対してボゴリューボフが開発した準粒子演算子の方法[33]を，ドジェンヌが非一様系に拡張して導いた[36]．この理由から，「ボゴリューボフ - ドジェンヌ方程式」とよばれており†2，超伝導の平均場理論における基礎方程式となっている．(1.37b) からわかるように，ペアポテンシャル (1.39) の中には求めるべき固有値と固有関数が含まれている．すなわち (1.39) と (1.40) は，準粒子の固有値と固有関数を求める「自己無撞着方程式」となっている．

方程式 (1.40) には次のような性質がある[24]．まず，(1.40) の左辺に現れる行列演算子

$$\widehat{\mathscr{H}}_{\mathrm{BdG}}(\xi_1, \xi_2) \equiv \begin{bmatrix} \mathscr{K}(\xi_1, \xi_2) & \Delta(\xi_1, \xi_2) \\ -\Delta^*(\xi_1, \xi_2) & -\mathscr{K}^*(\xi_1, \xi_2) \end{bmatrix} \tag{1.42}$$

は，エルミート演算子である．これは，$\mathscr{K}(\xi_1, \xi_2) = \mathscr{K}^*(\xi_2, \xi_1)$ と $\Delta(\xi_1, \xi_2) = -\Delta(\xi_2, \xi_1)$ を用いて容易に示せる．これより，(1.40) の固有値 E_q は実数となることがわかる．次に，この行列演算子は $\hat{\sigma}_x$ をパウリ行列の x 成分

†2　次のことも指摘しておく必要があろう．すなわち，同じ方程式は，アンドレーエフ（Andreev）により，ドジェンヌより少し早い時期に導かれていた[37]．また，BdG 方程式の内容は，1959 年に導かれた[38]グリーン関数に関する以下のゴルコフ（Gor'kov）方程式 (1.123) と同じである．

として，$\hat{\sigma}_x \widehat{\mathscr{H}}^*_{\mathrm{BdG}}(\xi_1,\xi_2)\hat{\sigma}_x = -\widehat{\mathscr{H}}_{\mathrm{BdG}}(\xi_1,\xi_2)$ を満たすことも初等的に示せる．このことを用いると，BdG 方程式が，「粒子・空孔対称性」という重要な性質をもつことがわかる．すなわち，(1.40) の複素共役をとって左から $\hat{\sigma}_x$ を作用し，行列と固有ベクトルとの間に単位行列 $\hat{\sigma}_x^2$ を挿入すると，

$$\int d\xi_2 \begin{bmatrix} \mathscr{K}(\xi_1,\ \xi_2) & \Delta(\xi_1,\ \xi_2) \\ -\Delta^*(\xi_1,\ \xi_2) & -\mathscr{K}^*(\xi_1,\ \xi_2) \end{bmatrix} \begin{bmatrix} v_q^*(\xi_2) \\ u_q^*(\xi_2) \end{bmatrix} = -E_q \begin{bmatrix} v_q^*(\xi_1) \\ u_q^*(\xi_1) \end{bmatrix} \tag{1.43}$$

が成り立つことがわかる．つまり，固有値 $E_q \geq 0$ と固有関数 $[u_q\ v_q]^t$ が求まったとき，$[v_q^*\ u_q^*]^t$ は自動的に固有値 $-E_q$ に属する固有関数になっている．このように，BdG 方程式の固有値は 0 に対して対称的に分布しており，$E_q \geq 0$ の固有値が準粒子の励起エネルギーに対応している．

最後に，BdG 方程式 (1.40) を用いて Ω の表式 (1.35) を簡略化すると，

$$\begin{aligned}\Omega_{\mathrm{BdG}} = & -\frac{1}{\beta}\sum_q \ln(1+e^{-\beta E_q}) + \sum_q \int d\xi_1 \int d\xi_2 \Big[v_q(\xi_1)\mathscr{K}(\xi_1,\xi_2)v_q^*(\xi_2) \\ & -\frac{1}{2}u_q^*(\xi_1)v_q(\xi_2)\Delta(\xi_1,\xi_2) - \frac{1}{2}u_q(\xi_1)v_q^*(\xi_2)\Delta(\xi_1,\xi_2) \\ & +\frac{1}{2}\tilde{\rho}^{(1)}(\xi_1,\xi_2)\Delta^*(\xi_1,\xi_2)\Big]\end{aligned} \tag{1.44}$$

が得られる[24]．このようにして，超伝導状態を記述する方程式 (1.40) が導かれ，対応する熱力学ポテンシャルが (1.44) のように求まった．

1.4.2 スピン変数の行列表示

BdG 方程式 (1.40) においてスピン変数を分離して行列で表すと，実際の計算に便利である．具体的に，まず，2×1 のベクトル

$$\boldsymbol{u}_q(\boldsymbol{r}) \equiv \begin{bmatrix} u_q(\boldsymbol{r}\uparrow) \\ u_q(\boldsymbol{r}\downarrow) \end{bmatrix}, \qquad \boldsymbol{v}_q(\boldsymbol{r}) \equiv \begin{bmatrix} v_q(\boldsymbol{r}\uparrow) \\ v_q(\boldsymbol{r}\downarrow) \end{bmatrix} \tag{1.45}$$

を導入する．ただし，↑と↓は，それぞれ $\alpha = 1/2,\ -1/2$ 状態を表す．すると，(1.37b) を代入したペアポテンシャル (1.39) は，2×2 行列として

$$\underline{\Delta}(\boldsymbol{r}_1,\boldsymbol{r}_2) = -\mathscr{V}(|\boldsymbol{r}_1,\boldsymbol{r}_2|)\underline{\tilde{\rho}}^{(1)}(\boldsymbol{r}_1,\boldsymbol{r}_2) \tag{1.46}$$

$$\underline{\tilde{\rho}}^{(1)}(\boldsymbol{r}_1,\boldsymbol{r}_2) \equiv \sum_q [\boldsymbol{u}_q(\boldsymbol{r}_1)\boldsymbol{v}_q^\dagger(\boldsymbol{r}_2) - \boldsymbol{v}_q^*(\boldsymbol{r}_1)\boldsymbol{u}_q^t(\boldsymbol{r}_2)]\left(\frac{1}{2} - \bar{n}_q\right) \tag{1.47}$$

と表せる．さらに，(1.40) の演算子 $\mathscr{K}$ も 2×2 単位行列 $\underline{\sigma}_0$ を用いて，$\underline{\mathscr{K}}(\boldsymbol{r}_1, \boldsymbol{r}_2) = \widehat{\mathscr{K}}_1 \delta(\boldsymbol{r}_1 - \boldsymbol{r}_2)\underline{\sigma}_0$ と行列表示する．すると，BdG 方程式 (1.40) は

$$\int d^3 r_2 \begin{bmatrix} \underline{\mathscr{K}}(\boldsymbol{r}_1, \boldsymbol{r}_2) & \underline{\Delta}(\boldsymbol{r}_1, \boldsymbol{r}_2) \\ -\underline{\Delta}^*(\boldsymbol{r}_1, \boldsymbol{r}_2) & -\underline{\mathscr{K}}^*(\boldsymbol{r}_1, \boldsymbol{r}_2) \end{bmatrix} \begin{bmatrix} \boldsymbol{u}_q(\boldsymbol{r}_2) \\ \boldsymbol{v}_q(\boldsymbol{r}_2) \end{bmatrix} = E_q \begin{bmatrix} \boldsymbol{u}_q(\boldsymbol{r}_1) \\ \boldsymbol{v}_q(\boldsymbol{r}_1) \end{bmatrix} \tag{1.48}$$

と 4×4 行列の形に表せる．固有関数の規格化条件は，(1.41) より，

$$\int [|u_q(\boldsymbol{r})|^2 + |v_q(\boldsymbol{r})|^2]\, d^3 r = 1 \tag{1.49}$$

となる．平衡状態の熱力学ポテンシャル (1.44) は，次式へと書きかえられる．

$$\begin{aligned} \Omega_{\mathrm{BdG}} = & -\frac{1}{\beta}\sum_q \ln(1 + e^{-\beta E_q}) + \sum_q \int d^3 r_1 \int d^3 r_2 \Big[\boldsymbol{v}_q^t(\boldsymbol{r}_1)\underline{\mathscr{K}}(\boldsymbol{r}_1, \boldsymbol{r}_2)\boldsymbol{v}_q^*(r_2) \\ & + \frac{1}{2}\mathrm{Tr}\,\boldsymbol{u}_q^*(\boldsymbol{r}_1)\boldsymbol{v}_q^t(\boldsymbol{r}_2)\underline{\Delta}(\boldsymbol{r}_2, \boldsymbol{r}_1) + \frac{1}{2}\mathrm{Tr}\,\boldsymbol{u}_q(\boldsymbol{r}_1)\boldsymbol{v}_q^\dagger(\boldsymbol{r}_2)\underline{\Delta}^*(\boldsymbol{r}_2, \boldsymbol{r}_1) \\ & - \frac{1}{2}\mathrm{Tr}\,\underline{\tilde{\rho}}^{(1)}(\boldsymbol{r}_1, \boldsymbol{r}_2)\underline{\Delta}^*(\boldsymbol{r}_1, \boldsymbol{r}_2)\Big] \end{aligned} \tag{1.50}$$

1.4.3　一様系の BdG 方程式

系が一様な場合においては，周期的境界条件を採用することで，BdG 方程式の大幅な簡略化が可能である．まず，この一様系の固有状態 q は，波数 $\boldsymbol{k}$ とスピン量子数 $\tilde{\alpha} = 1, 2$ の組 $q \equiv \boldsymbol{k}\tilde{\alpha}$ で指定され，固有関数は

$$\begin{bmatrix} \boldsymbol{u}_{\boldsymbol{k}\tilde{\alpha}}(\boldsymbol{r}) \\ \boldsymbol{v}_{\boldsymbol{k}\tilde{\alpha}}(\boldsymbol{r}) \end{bmatrix} = \frac{1}{\sqrt{V}} e^{i\boldsymbol{k}\cdot\boldsymbol{r}} \begin{bmatrix} \boldsymbol{u}_{\boldsymbol{k}\tilde{\alpha}} \\ \boldsymbol{v}_{\boldsymbol{k}\tilde{\alpha}} \end{bmatrix} \tag{1.51}$$

と平面波で表せる．ここで V は系の体積である．添字 $\tilde{\alpha} = 1, 2$ で区別した BdG 方程式の固有スピン状態は，一般に $\hat{s}_z$ の固有状態 $\alpha = \pm 1/2$ 状態とは異なり，それらの線形結合となる．(1.51) の表式と相互作用ポテンシャルの展開式 (1.2) を (1.46) に代入すると，ペアポテンシャルも

$$\underline{\Delta}(\boldsymbol{r}_1, \boldsymbol{r}_2) = \frac{1}{V}\sum_{\boldsymbol{k}} \underline{\Delta}_{\boldsymbol{k}} e^{i\boldsymbol{k}\cdot(\boldsymbol{r}_1 - \boldsymbol{r}_2)} \tag{1.52}$$

と展開できることがわかり，その展開係数が

$$\underline{\Delta}_{\boldsymbol{k}} = -\frac{1}{V}\sum_{\boldsymbol{k}'} \mathcal{V}_{|\boldsymbol{k}-\boldsymbol{k}'|}\underline{\tilde{\rho}}_{\boldsymbol{k}'}^{(1)} \tag{1.53}$$

$$\underline{\tilde{\rho}}_{\boldsymbol{k}}^{(1)} \equiv \sum_{\tilde{\alpha}}\left[\boldsymbol{u}_{\boldsymbol{k}\tilde{\alpha}}\boldsymbol{v}_{\boldsymbol{k}\tilde{\alpha}}^{\dagger}\left(\frac{1}{2}-\bar{n}_{\boldsymbol{k}\tilde{\alpha}}\right)-\boldsymbol{v}_{-\boldsymbol{k}\tilde{\alpha}}^{*}\boldsymbol{u}_{-\boldsymbol{k}\tilde{\alpha}}^{t}\left(\frac{1}{2}-\bar{n}_{-\boldsymbol{k}\tilde{\alpha}}\right)\right] \tag{1.54}$$

と求まる．(1.51) と (1.52) を (1.48) に代入し，$e^{-i\boldsymbol{k}_1\cdot\boldsymbol{r}_1}$ を掛けて $\boldsymbol{r}_1$ 積分を実行した後，$\boldsymbol{k}_1\to\boldsymbol{k}$ とすると，一様系の BdG 方程式

$$\begin{bmatrix}\underline{\mathcal{K}}_{\boldsymbol{k}} & \underline{\Delta}_{\boldsymbol{k}}\\ -\underline{\Delta}_{-\boldsymbol{k}}^{*} & -\underline{\mathcal{K}}_{-\boldsymbol{k}}^{*}\end{bmatrix}\begin{bmatrix}\boldsymbol{u}_{\boldsymbol{k}\tilde{\alpha}}\\ \boldsymbol{v}_{\boldsymbol{k}\tilde{\alpha}}\end{bmatrix}=E_{\boldsymbol{k}\tilde{\alpha}}\begin{bmatrix}\boldsymbol{u}_{\boldsymbol{k}\tilde{\alpha}}\\ \boldsymbol{v}_{\boldsymbol{k}\tilde{\alpha}}\end{bmatrix} \tag{1.55}$$

が得られる．ただし，$\underline{\mathcal{K}}_{\boldsymbol{k}}$は

$$\underline{\mathcal{K}}_{\boldsymbol{k}} \equiv \xi_k\underline{\sigma}_0, \qquad \xi_k \equiv \frac{\hbar^2k^2}{2m}-\mu \tag{1.56}$$

と定義されている．固有ベクトルは，展開式 (1.51) が条件 (1.49) を満たすように，$|\boldsymbol{u}_{\boldsymbol{k}\tilde{\alpha}}|^2+|\boldsymbol{v}_{\boldsymbol{k}\tilde{\alpha}}|^2=1$ と規格化する必要がある．平衡状態の熱力学ポテンシャル (1.50) は，上の展開式を代入して積分を実行することで，

$$\begin{aligned}\Omega_{\mathrm{BdG}} = \sum_{\boldsymbol{k}\tilde{\alpha}}\Bigg[&-\frac{1}{\beta}\ln(1+e^{-\beta E_{\boldsymbol{k}\tilde{\alpha}}})+\boldsymbol{v}_{-\boldsymbol{k}\tilde{\alpha}}^{t}\underline{\mathcal{K}}_{\boldsymbol{k}}\boldsymbol{v}_{-\boldsymbol{k}\tilde{\alpha}}^{*}\\ &+\frac{1}{2}\mathrm{Tr}(\boldsymbol{u}_{\boldsymbol{k}\tilde{\alpha}}^{*}\boldsymbol{v}_{\boldsymbol{k}\tilde{\alpha}}^{t}\underline{\Delta}_{-\boldsymbol{k}}+\boldsymbol{u}_{\boldsymbol{k}\tilde{\alpha}}\boldsymbol{v}_{\boldsymbol{k}\tilde{\alpha}}^{\dagger}\underline{\Delta}_{-\boldsymbol{k}}^{*})-\frac{1}{2}\mathrm{Tr}\,\underline{\tilde{\rho}}_{\boldsymbol{k}}^{(1)}\underline{\Delta}_{-\boldsymbol{k}}^{*}\Bigg]\end{aligned} \tag{1.57}$$

へと書きかえられる．

1.4.4　相互作用ポテンシャルの固有関数展開

一様系の (1.53) は「ギャップ方程式」の名前でよばれ，さらに簡略化が可能である．まず，等方的な場合を考え，相互作用ポテンシャルの球面波展開 (1.5) を (1.53) に代入すると，ギャップ行列 $\underline{\Delta}_{\boldsymbol{k}}$ が

$$\underline{\Delta}_{\boldsymbol{k}} = \sum_{l=0}^{\infty}\sum_{m=-l}^{l}\underline{\Delta}_{lm}(k)\sqrt{4\pi}\,Y_{lm}(\hat{\boldsymbol{k}}) \tag{1.58}$$

と展開できることがわかり，その展開係数は (1.54) を用いて，

$$\underline{\Delta}_{lm}(k) = -\frac{1}{V}\sum_{\boldsymbol{k}'}\mathcal{V}_l(k,k')\sqrt{4\pi}\,Y_{lm}^{*}(\hat{\boldsymbol{k}}')\underline{\tilde{\rho}}_{\boldsymbol{k}'}^{(1)} \tag{1.59}$$

と表せる．通常は，ただ１つの l のみが有限の $\underline{\Delta}_{lm}(k)$ を与えることが知られ，$l=0,1,2,\cdots$ に対応して s 波, p 波, d 波, …の超伝導とよばれている．球面調和関数の対称性 $Y_{lm}(-\hat{\boldsymbol{k}})=(-1)^lY_{lm}(\hat{\boldsymbol{k}})$，および，置換対称性 $\Delta(\xi_1,\xi_2)=-\Delta(\xi_2,\xi_1)$ に由来する関係 $\underline{\Delta}_{\boldsymbol{k}}=-\underline{\Delta}_{-\boldsymbol{k}}^{t}$ を用いると，展開係数 (1.59) が，

$$\underline{\Delta}_{lm}(k)=(-1)^{l+1}\underline{\Delta}^{t}_{lm}(k) \tag{1.60}$$

を満たすことがわかる．

金属で発現する超伝導を扱う際には，1粒子エネルギーや相互作用ポテンシャルの異方性が重要となる場合がある．そのような系の1粒子エネルギー $\varepsilon_{\boldsymbol{k}}$ は，波数 $\boldsymbol{k}$ の方向にも依存する．これに対応して，等方的な場合の展開 (1.5) は，

$$\mathcal{V}_{\boldsymbol{k}\boldsymbol{k}'}=\sum_{\Gamma j\gamma}\mathcal{V}_{\Gamma j}\phi_{\Gamma j\gamma}(\boldsymbol{k})\phi^{*}_{\Gamma j\gamma}(\boldsymbol{k}') \tag{1.61}$$

へと一般化される．ここで，$\mathcal{V}_{\Gamma j}$ は，結晶を不変に保つ対称操作からなる群 G の既約表現 Γ に属する j 番目の固有値，また，$\phi_{\Gamma j\gamma}(\boldsymbol{k})$ はその γ 番目の固有ベクトルである．等方的な場合には，$\Gamma\to l$ に属する固有値は1つのみで j を除くことができ，加えて $\gamma\to m$ および $\phi_{\Gamma j\gamma}\to\sqrt{4\pi}\,Y_{lm}$ とすると (1.5) に帰着する．複数バンド ($b=1,2,\cdots$) やスピンが関与するより一般的な場合には，(1.61) で $\boldsymbol{k}\to\boldsymbol{k}\alpha b$ とすればよい．最後に，波数ベクトルについての和は，スピン依存性のない単バンド模型の場合，

$$\frac{1}{N_{\mathrm{a}}}\sum_{\boldsymbol{k}}=\int\frac{d^3k}{(2\pi)^3}=\int_{-\infty}^{\infty}d\varepsilon_{\boldsymbol{k}}\,N(\varepsilon_{\boldsymbol{k}})\int dS_{\boldsymbol{k}} \tag{1.62}$$

におきかわる．ここで N_{a} は結晶中の単位胞の数，$N(E)\equiv N_{\mathrm{a}}^{-1}\sum_{\boldsymbol{k}}\delta(E-\varepsilon_{\boldsymbol{k}})$ は単位胞・1スピン成分当りの状態密度，また，$dS_{\boldsymbol{k}}$ は $\varepsilon_{\boldsymbol{k}}=E$ となる曲面上における表面積分で，$\int dS_{\boldsymbol{k}}=1$ と規格化されている．

1.5　BCS 理論

1.5.1　固有エネルギーとギャップ方程式

BCS 理論[1]では，一様系における s 波クーパー対の可能性が考察された．それは，(1.58) で $l=0$ の項のみを残した場合に対応する．$Y_{00}(\hat{\boldsymbol{k}})=(4\pi)^{-1/2}$ に注意すると，この場合のギャップ行列は $\underline{\Delta}_{\boldsymbol{k}}=\underline{\Delta}_{00}(k)$ と等方的で，また (1.60) より，対称性 $\underline{\Delta}_{00}(k)=-\underline{\Delta}^{t}_{00}(k)$ をもつことがわかる．したがって，$\underline{\Delta}_{\boldsymbol{k}}$ を

$$\underline{\Delta}_{\boldsymbol{k}}=\begin{bmatrix}0 & \Delta_k\\ -\Delta_k & 0\end{bmatrix}=i\underline{\sigma}_y\Delta_k \tag{1.63}$$

と表すことができる．ただし $\underline{\sigma}_y$ は，パウリ行列の y 成分である．このよう

に，s 波超伝導では，$\Delta_{\uparrow\downarrow}(\boldsymbol{k}) = -\Delta_{\downarrow\uparrow}(\boldsymbol{k}) = \Delta_k$ および $\Delta_{\uparrow\uparrow}(\boldsymbol{k}) = \Delta_{\downarrow\downarrow}(\boldsymbol{k}) = 0$ が成立し，↑スピンと↓スピンの電子対が等方的な束縛状態を形成している．

ここで (1.63) を (1.55) に代入すると，固有値問題

$$\begin{bmatrix} \xi_k & 0 & 0 & \Delta_k \\ 0 & \xi_k & -\Delta_k & 0 \\ 0 & -\Delta_k^* & -\xi_k & 0 \\ \Delta_k^* & 0 & 0 & -\xi_k \end{bmatrix} \begin{bmatrix} u_{k\tilde{\alpha}}(\uparrow) \\ u_{k\tilde{\alpha}}(\downarrow) \\ v_{k\tilde{\alpha}}(\uparrow) \\ v_{k\tilde{\alpha}}(\downarrow) \end{bmatrix} = E_{k\tilde{\alpha}} \begin{bmatrix} u_{k\tilde{\alpha}}(\uparrow) \\ u_{k\tilde{\alpha}}(\downarrow) \\ v_{k\tilde{\alpha}}(\uparrow) \\ v_{k\tilde{\alpha}}(\downarrow) \end{bmatrix} \tag{1.64}$$

が得られる．この 4×4 行列の対角化は，(1,4) 行列成分と (2,3) 行列成分からなる 2 つの 2×2 小行列

$$\begin{bmatrix} \xi_k & \pm\Delta_k \\ \pm\Delta_k^* & -\xi_k \end{bmatrix} \begin{bmatrix} u_k \\ \pm v_k \end{bmatrix} = E_k \begin{bmatrix} u_k \\ \pm v_k \end{bmatrix} \tag{1.65}$$

の対角化問題に還元できる．ただし，複号の＋符号が (1,4) 小行列，－符号が (2,3) 小行列の場合であり，固有ベクトルの表記も簡便なものに書きかえた．それらの固有値方程式は同じで，$(\xi_k - E_k)(-\xi_k - E_k) - |\Delta_k|^2 = 0$ と表される．これより，正の固有値が

$$E_k = \sqrt{\xi_k^2 + |\Delta_k|^2} \tag{1.66}$$

と求まる．対応する固有ベクトルを得るには，(1.65) の第 2 行目の方程式 $\Delta_k^* u_k - (E_k + \xi_k) v_k = 0$ と規格化条件 $u_k^2 + |v_k|^2 = 1$ を用いればよい．これを解くと，固有ベクトルの要素が

$$u_k = \sqrt{\frac{E_k + \xi_k}{2E_k}}, \qquad v_k = \frac{\Delta_k^*}{\sqrt{2E_k(E_k + \xi_k)}} \tag{1.67}$$

と得られる．

ちなみに，元の固有値問題 (1.64) は，これらの u_k と v_k を要素とするユニタリー行列

$$\underline{U} \equiv \begin{bmatrix} u_k & 0 & 0 & -v_k^* \\ 0 & u_k & v_k^* & 0 \\ 0 & -v_k & u_k & 0 \\ v_k & 0 & 0 & u_k \end{bmatrix} \tag{1.68a}$$

を用いて，

$$\begin{bmatrix} \xi_k & 0 & 0 & \Delta_k \\ 0 & \xi_k & -\Delta_k & 0 \\ 0 & -\Delta_k^* & -\xi_k & 0 \\ \Delta_k^* & 0 & 0 & -\xi_k \end{bmatrix} \underline{U} = \underline{U} \begin{bmatrix} E_k & 0 & 0 & 0 \\ 0 & E_k & 0 & 0 \\ 0 & 0 & -E_k & 0 \\ 0 & 0 & 0 & -E_k \end{bmatrix} \quad (1.68\text{b})$$

と対角化される．$\underline{U}$ の第 1 列と第 2 列は正の固有値 E_k に対応しており，(1.51) における $\tilde{\alpha}=1,2$ の固有ベクトル

$$\boldsymbol{u}_{\boldsymbol{k}1} = \begin{bmatrix} u_k \\ 0 \end{bmatrix}, \quad \boldsymbol{v}_{\boldsymbol{k}1} = \begin{bmatrix} 0 \\ v_k \end{bmatrix}, \quad \boldsymbol{u}_{\boldsymbol{k}2} = \begin{bmatrix} 0 \\ u_k \end{bmatrix}, \quad \boldsymbol{v}_{\boldsymbol{k}2} = \begin{bmatrix} -v_k \\ 0 \end{bmatrix} \quad (1.69)$$

を表す．また，負の固有値 $-E_k$ に属する第 3 列と第 4 列の固有ベクトルは，(1.43) の下で述べた対称性を用いて，それぞれ第 1 列と第 2 列の固有ベクトルから得られた．

次に，Δ_k を決める自己無撞着方程式を導こう．(1.69) を (1.54) に代入すると，$\underline{\tilde{\rho}}^{(1)}(\boldsymbol{k})$ が

$$\underline{\tilde{\rho}}^{(1)}(\boldsymbol{k}) = \begin{bmatrix} 0 & u_k v_k^*(1-2\bar{n}_k) \\ -u_k v_k^*(1-2\bar{n}_k) & 0 \end{bmatrix} = i\underline{\sigma}_y \frac{\Delta_k}{2E_k} \tanh\frac{\beta E_k}{2} \quad (1.70)$$

と表せる．ただし，第 2 の等式では，$1-2\bar{n}_k=\tanh(\beta E_k/2)$ と (1.67) より得られる関係 $u_k v_k^* = \Delta_k/2E_k$ を用いた．さらに，(1.63) と (1.70) を $l=m=0$ とおいた (1.59) に代入し $Y_{00}(\hat{\boldsymbol{k}})=(4\pi)^{-1/2}$ に注意すると，Δ_k を決める「ギャップ方程式」が

$$\Delta_k = -\frac{1}{V}\sum_{\boldsymbol{k}'} \mathcal{V}_0(k,k') \frac{\Delta_{k'}}{2E_{k'}} \tanh\frac{\beta E_{k'}}{2} \quad (1.71)$$

のように得られる．E_k は (1.66) のように表されるので，(1.71) は Δ_k に対する非線形方程式となっている．平衡状態の熱力学ポテンシャルは，(1.63)，(1.69)，(1.70) を (1.57) に代入し，(1.66) と (1.67) を用いることにより，

$$\Omega_{\text{BdG}} = \sum_{\boldsymbol{k}} \left[-\frac{2}{\beta}\ln(1+e^{-\beta E_k}) + \xi_k - E_k + \frac{|\Delta_k|^2}{2E_k}(1-2\bar{n}_k) \right] \quad (1.72)$$

へと簡略化される．

以下では，超伝導転移温度 T_c とフェルミエネルギー ε_F との間に $k_\text{B}T_\text{c} \ll$

ε_F が成立する「弱結合」の場合を考察する．その場合には，(1.71) に現れる $\mathscr{V}_0(k,k')$ として，フェルミ面近傍の有効引力ポテンシャル (1.11) を採用できる[24]．(1.11) を (1.71) の $\mathscr{V}_0(k,k')$ に代入すると，エネルギーギャップも，$\Delta_k = \Delta\theta(\varepsilon_c - |\xi_k|)$ と表せることがわかる．この表式を (1.11) と共に (1.71) に再代入し，積分を状態密度 (1.9) を用いて書きかえると，

$$\frac{1}{g_0} = \int_{-\varepsilon_c}^{\varepsilon_c} \frac{1}{2E_{k'}} \tanh \frac{\beta E_{k'}}{2} d\xi_{k'} \tag{1.73}$$

が得られる．ただし，$\varepsilon_c \ll \varepsilon_F \sim \mu$ を考慮して，状態密度を $N(\xi_{k'} + \mu) \simeq N(\mu) \simeq N(\varepsilon_F)$ と近似し，結合定数 (1.15) を用いて表した．(1.73) は $\mathscr{V}_0^{(\mathrm{eff})} < 0$ の場合に解をもつ．つまり，フェルミ面近傍に有効引力がはたらくとき，超伝導が実現することになる．

以下では Δ の位相を 0 にとって正の実数とする．まず，超伝導転移温度 T_c は，(1.73) で $T = T_c$ および $\Delta = 0$ とおいた式

$$\frac{1}{g_0} = \int_0^{\varepsilon_c} \frac{1}{\xi} \tanh \frac{\xi}{2k_B T_c} d\xi \tag{1.74}$$

により決まる．この式は，$x \equiv \xi/2k_B T_c$ に変数変換して部分積分を行った後，$\varepsilon_c/2k_B T_c \gg 1$ を考慮して次のように変形できる．

$$\frac{1}{g_0} = \tanh x \ln x \Big|_0^{\varepsilon_c/2k_B T_c} - \int_0^\infty \frac{\ln x}{\cosh^2 x} dx \simeq \ln \frac{\varepsilon_c}{2k_B T_c} + \ln \frac{4e^\gamma}{\pi} \tag{1.75}$$

ここで，$\gamma = 0.57721\cdots$ はオイラー（Euler）定数である．これより，$k_B T_c$ の表式が

$$k_B T_c = \frac{2e^\gamma}{\pi} \varepsilon_c e^{-1/g_0} \simeq 1.13\varepsilon_c e^{-1/g_0} \tag{1.76}$$

と得られる．同様に，(1.73) で $T = 0$ とおくと，絶対零度のエネルギーギャップ $\Delta_0 \equiv \Delta(T = 0)$ を決める式が，

$$\frac{1}{g_0} = \int_0^{\varepsilon_c} \frac{d\xi}{\sqrt{\xi^2 + \Delta_0^2}} = \ln(\xi + \sqrt{\xi^2 + \Delta_0^2})\Big|_0^{\varepsilon_c} \simeq \ln \frac{2\varepsilon_c}{\Delta_0} \tag{1.77}$$

と求まる．よって，Δ_0 が解析的に

$$\Delta_0 = 2\varepsilon_c e^{-1/g_0} \tag{1.78}$$

と表せる．この表式をクーパー問題の束縛状態エネルギー (1.16) と比べる

と，指数関数の肩が因子 2 だけ小さくなり，Δ_0 の方が（絶対値が）大きくなっていることがわかる．これは，今の場合，引力相互作用が，フェルミ面の内側の深さ $-\varepsilon_c$ の所まで有効になっていることに由来する．(1.78) を 2 倍して (1.76) で割ると，

$$\frac{2\Delta_0}{k_B T_c} = 2\pi e^{-\gamma} \simeq 3.53 \tag{1.79}$$

が得られる．この関係は，実験結果と直接に比較できる BCS 理論の重要な予言である．

有限温度 $0 \leq T \leq T_c$ におけるエネルギーギャップ $\Delta \equiv \Delta(T)$ を決めるには，(1.73) から (1.74) を引いた式

$$0 = \int_0^{\varepsilon_c} \left(\frac{1}{E} \tanh \frac{E}{2k_B T} - \frac{1}{\xi} \tanh \frac{\xi}{2k_B T} \right) d\xi + \int_0^{\varepsilon_c} \frac{1}{\xi} \left(\tanh \frac{\xi}{2k_B T} - \tanh \frac{\xi}{2k_B T_c} \right) d\xi$$

$$\simeq \int_0^{\infty} \left(\frac{1}{E} \tanh \frac{E}{2k_B T} - \frac{1}{\xi} \tanh \frac{\xi}{2k_B T} \right) d\xi + \ln \frac{T_c}{T}$$

を用いると便利である．この式は，

$$\ln \frac{T_c}{T} = \int_0^{\infty} \left(\frac{1}{\xi} \tanh \frac{\xi}{2k_B T} - \frac{1}{E} \tanh \frac{E}{2k_B T} \right) d\xi \tag{1.80}$$

と表せる．さらに変数変換 $\xi \to x \equiv \xi / k_B T_c$ を行うと，この積分が T/T_c と $\Delta / k_B T_c$ のみの関数であることがわかる．つまり，(1.80) は，無次元化されたエネルギーギャップ $\Delta / k_B T_c$ を，還元温度 T/T_c の関数として決定する積分方程式になっている．

図 1.3 は，(1.80) を解いて得られた Δ の温度依存性である．エネルギーギャップが，転移点から温度低下と共に急激に立ち上がって，絶対零度の値へと飽和していくのが見てとれる．(1.80) を用いて，$T \lesssim T_c$ の振舞をより詳しく解析しよう．

まず，公式[39]

$$\frac{1}{x} \tanh \frac{x}{2} = \sum_{n=0}^{\infty} \frac{4}{x^2 + (2n+1)^2 \pi^2} \tag{1.81}$$

を利用して，(1.80) 右辺の被積分関数の第 2 項を，$\Delta / k_B T \ll 1$ についてテー

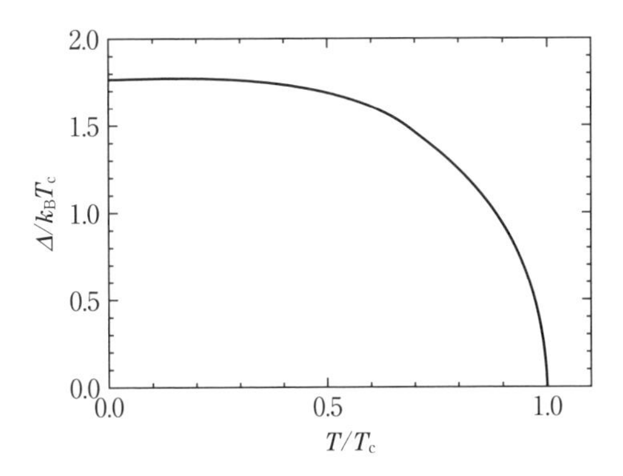

図 1.3　エネルギーギャップの温度依存性

ラー（Taylor）展開する．その過程は，「松原エネルギー」

$$\omega_n \equiv (2n+1)\pi k_{\mathrm{B}}T \tag{1.82}$$

を導入することにより，

$$\frac{1}{E}\tanh\frac{E}{2k_{\mathrm{B}}T} = \frac{1}{\xi}\tanh\frac{\xi}{2k_{\mathrm{B}}T} - 4k_{\mathrm{B}}T\sum_{n=0}^{\infty}\frac{\Delta^2}{(\xi^2+\omega_n^2)^2} + \cdots \tag{1.83}$$

と簡潔に表せる．この式を (1.80) に代入して Δ^2 の最低次項のみを残し，留数の定理を用いて積分を実行すると，ギャップ方程式 (1.80) が $T \lesssim T_{\mathrm{c}}$ において

$$\ln\frac{T_{\mathrm{c}}}{T} \simeq \frac{\Delta^2}{(\pi k_{\mathrm{B}}T)^2}\sum_{n=0}^{\infty}\frac{1}{(2n+1)^3} = \frac{\Delta^2}{(\pi k_{\mathrm{B}}T)^2}\left(1-\frac{1}{2^3}\right)\sum_{n=1}^{\infty}\frac{1}{n^3} = \frac{7\zeta(3)\Delta^2}{8(\pi k_{\mathrm{B}}T)^2} \tag{1.84}$$

へと簡略化できる．ただし，$\zeta(3) = 1.202\cdots$ はリーマン（Riemann）のツェータ関数である．この式の左辺は，$T \lesssim T_{\mathrm{c}}$ において，$\ln(T_{\mathrm{c}}/T) = -\ln[1-(T_{\mathrm{c}}-T)/T_{\mathrm{c}}] \simeq (T_{\mathrm{c}}-T)/T_{\mathrm{c}}$ と近似できる．一方，最右辺では $k_{\mathrm{B}}T \simeq k_{\mathrm{B}}T_{\mathrm{c}}$ とおくことができる．したがって，転移点直下におけるエネルギーギャップが，

$$\Delta(T \lesssim T_{\mathrm{c}}) \simeq \pi k_{\mathrm{B}}T_{\mathrm{c}}\left[\frac{8}{7\zeta(3)}\right]^{1/2}\left(\frac{T_{\mathrm{c}}-T}{T_{\mathrm{c}}}\right)^{1/2} \tag{1.85}$$

のように $(T_{\mathrm{c}}-T)^{1/2}$ に比例して増大することがわかる．この転移点近傍に

おける温度依存性は，平均場理論の典型的な振舞である．

1.5.2　熱力学量の温度依存性

ギャップ関数 Δ が決定できたので，次に，熱容量と自由エネルギーの温度依存性を明らかにしよう．まず，熱容量から始める．(1.35) の最後の項はエントロピー項 $-TS$ である．その表式で $q=\boldsymbol{k}\tilde{\alpha}$ とおいて熱容量 $C=T(\partial S/\partial T)$ を計算し，状態密度 (1.9) を用いて書きかえると，次のようになる．

$$\begin{aligned} C &= 2\sum_k E_k \frac{\partial \bar{n}_k}{\partial T} = 2V\int_{-\infty}^{\infty} N(\varepsilon_k) E_k \frac{\partial \bar{n}_k}{\partial T} d\varepsilon_k \\ &= 2V\int_{-\infty}^{\infty} N(\xi_k+\mu) E_k \frac{\partial \bar{n}_k}{\partial T} d\xi_k \\ &\simeq 2VN(\varepsilon_F)k_B\int_{-\infty}^{\infty}\left(x^2-\frac{1}{2k_B^2T}\frac{d\Delta^2}{dT}\right)\frac{e^x}{(e^x+1)^2}\bigg|_{x=\beta E} d\xi \end{aligned} \tag{1.86}$$

ただし，最後の表式では，状態密度を $N(\xi+\mu)\simeq N(\varepsilon_F)$ と近似した．ちなみに，熱容量は系の体積に比例する「示量変数」で，それを質量あるいはモル数で割って「示強変数」としたのが「比熱」である．

転移温度 $T=T_c$ では $E=|\xi|$ が成立する．(1.86) で変数変換 $\xi\to x=\beta\xi$ を行い，また，(1.85) を用いて $d\Delta^2/dT$ を評価すると，転移点直下の熱容量が

$$C(T_c)=C_n(T_c)+2VN(\varepsilon_F)k_B^2T_c\frac{4\pi^2}{7\zeta(3)} \tag{1.87}$$

と求まる．ただし，$C_n(T_c)=2VN(\varepsilon_F)\pi^2k_B^2T_c/3$ は，正常フェルミ気体の低温熱容量である．これより，転移点直下における熱容量の飛び $\Delta C\equiv C(T_c)-C_n(T_c)$ と $C_n(T_c)$ の比が，

$$\frac{\Delta C}{C_n(T_c)}=\frac{12}{7\zeta(3)}=1.43 \tag{1.88}$$

の値をもつことがわかる．これも，実験と直接比較可能な BCS 理論の重要な予言である．

図 1.4 は，(1.86) を数値的に解いて得られた熱容量の温度依存性を，正常フェルミ気体の低温熱容量 $C_n\propto T$ で規格化して描いたものである．転移

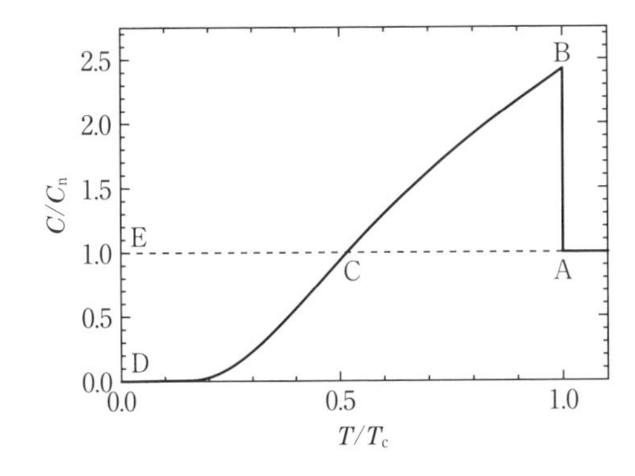

図 1.4 超伝導状態における熱容量の温度依存性（実線）．正常フェルミ気体の低温熱容量 $C_{\rm n}\propto T$ で規格化して描いてある．点線は $C_{\rm n}/T$.

温度での大きな飛びと共に，低温での指数関数的な減少が印象的である．これは，図1.3のようにエネルギーギャップが開くことで，低エネルギー領域に励起状態がなくなることに起因する．

この低温での振舞は，「準粒子状態密度」

$$N_{\rm s}(E)\equiv\frac{1}{2V}\sum_{\boldsymbol{k}\tilde{\alpha}}[\delta(E-E_{\boldsymbol{k}\tilde{\alpha}})+\delta(E+E_{\boldsymbol{k}\tilde{\alpha}})] \tag{1.89}$$

を導入することでよりよく理解できる．ただし，後の便宜上，独立変数 E の定義域は負の領域まで拡張されている．この状態密度を用い，今のs波の場合に $E_{\boldsymbol{k}\tilde{\alpha}}\to E_k>0\,(\tilde{\alpha}=1,2)$ であることに注意すると，熱容量の表式(1.86)が次のようにも表せる．

$$C=2V\int_0^\infty dE\,N_{\rm s}(E)E\frac{\partial\bar{n}(E)}{\partial T} \tag{1.90}$$

ただし，$\bar{n}(E)\equiv(e^{\beta E}+1)^{-1}$ である．

s波の励起スペクトル(1.66)に対する状態密度(1.89)は，次のように解析的に求められる．まず，偶関数(1.89)の $E>0$ の領域に着目し，$\boldsymbol{k}$ についての和を，正常状態の状態密度(1.9)を用いて

$$N_{\rm s}(E)=\int_{-\infty}^\infty d\varepsilon_k\,N(\varepsilon_k)\delta(E-E_k)\simeq N(\varepsilon_{\rm F})\int_{-\infty}^\infty d\xi_k\delta(E-E_k)$$

と書きかえる．ただし，$N(\varepsilon_k)\simeq N(\varepsilon_{\rm F})$ と近似し，積分変数を $\varepsilon_k\to\xi_k\equiv\varepsilon_k-\varepsilon_{\rm F}$ と変換した．次に，$E_k^2=\xi_k^2+\Delta^2$ の関係を利用し，変数変換 $\xi_k\to E_k$ を行う．その際には，多価関数 $\xi_k=\pm\sqrt{E_k^2-\Delta^2}$ の1つの分枝を選んで変数変換を適切に行う必要がある．ここでは，ξ_k と E_k の符号が一致するよう

に，$E_k > 0$ に対して $\xi_k = \sqrt{E_k^2 - \Delta^2}$ を，また，$E_k < 0$ に対して $\xi_k = -\sqrt{E_k^2 - \Delta^2}$ を用いる．領域 $E > 0$ を考えると，正の領域 $\xi_k = \sqrt{E_k^2 - \Delta^2}$ のみを考えればよく，準粒子状態密度が次のように計算できる．

$$
\begin{aligned}
N_{\mathrm{s}}(E) &= N(\varepsilon_{\mathrm{F}})\int_0^{\infty} d\xi_k\, \delta(E - E_k) = N(\varepsilon_{\mathrm{F}})\int_{\Delta}^{\infty} dE_k\, \frac{d\xi_k}{dE_k}\delta(E - E_k) \\
&= N(\varepsilon_{\mathrm{F}})\int_{\Delta}^{\infty} dE_k\, \frac{E_k}{\sqrt{E_k^2 - \Delta^2}}\delta(E - E_k) \\
&= \theta(E - \Delta) N(\varepsilon_{\mathrm{F}}) \frac{|E|}{\sqrt{E^2 - \Delta^2}}
\end{aligned}
\tag{1.91}
$$

ここで，$\theta(x)$ は階段関数 (1.12)，$N(\varepsilon_{\mathrm{F}})$ は正常状態のフェルミ面における状態密度である．最後の表式は，$N_{\mathrm{s}}(E)$ が偶関数であることを考慮しており，$-\infty < E < \infty$ で有効である．この準粒子状態密度を描いたのが図 1.5 の一番左のグラフで，$0 \leq |E| < \Delta$ の領域に状態がないのがわかる．したがって，低温では (1.90) の分布関数を $\bar{n}(E) \simeq e^{-\beta\Delta}$ と近似でき，熱容量が $e^{-\beta\Delta}$ に比例することがわかる．

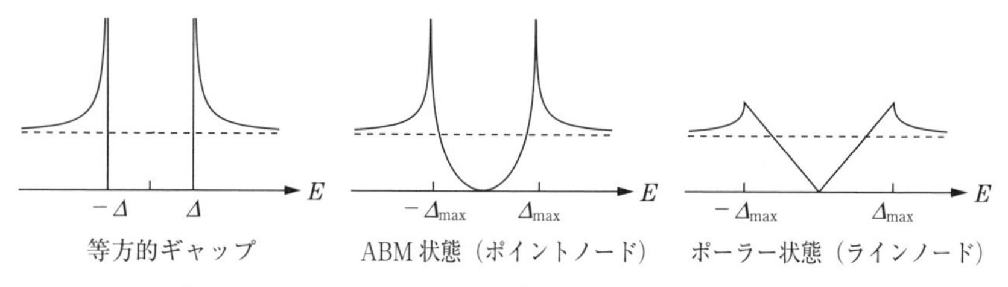

図 1.5　s 波（等方的ギャップ）の状態密度 (1.91) を，後の異方的ギャップ (1.97) の場合と一緒にして描いた図．破線は正常状態の状態密度を表す．

超伝導状態が安定であるには，その自由エネルギー $F = \Omega + \mu N$ が，正常状態の自由エネルギー $F_{\mathrm{n}} = \Omega_{\mathrm{n}} + \mu_{\mathrm{n}} N$ と比べて低くなっている必要がある．このことを，状態密度が $N(\varepsilon) \simeq N(\varepsilon_{\mathrm{F}})$ とする近似の下で確かめよう．その場合には $\mu = \mu_{\mathrm{n}}$ が成立し[24]，自由エネルギー差も $F_{\mathrm{sn}} \equiv F - F_{\mathrm{n}} = \Omega - \Omega_{\mathrm{n}}$ と熱力学ポテンシャル Ω を用いて表せる．そこで，(1.72) を状態密度 (1.9) を用いて書きかえ，$\Delta = 0$ とおいた正常状態の熱力学ポテンシャル Ω_{n} を差し引くと，F_{sn} が

$$F_{\rm sn} = VN(\varepsilon_{\rm F})\int_{-\infty}^{\infty}\left(-\frac{2}{\beta}\ln\frac{1+e^{-\beta E}}{1+e^{-\beta|\xi|}} + |\xi| - E + \frac{\Delta^2}{2E}\tanh\frac{\beta E}{2}\right)d\xi \tag{1.92a}$$

と表せる．これはξの偶関数である．特に絶対零度の自由エネルギー差は，

$$F_{\rm sn} = 2VN(\varepsilon_{\rm F})\int_{0}^{\infty}\left(\xi - E + \frac{\Delta_0^2}{2E}\right)d\xi = -\frac{1}{2}VN(\varepsilon_{\rm F})\Delta_0^2 \quad (T=0) \tag{1.92b}$$

と解析的に求まる．また，転移点近傍の$F_{\rm sn}$も，

$$F_{\rm sn} \simeq -\frac{4VN(\varepsilon_{\rm F})(\pi k_{\rm B})^2}{7\zeta(3)}(T-T_{\rm c})^2 \quad (T \lesssim T_{\rm c}) \tag{1.92c}$$

と表され，転移点から連続的かつ滑らかに減少する[24]．このようにして，有限のΔをもつ超伝導状態が，正常状態よりも低い自由エネルギーをもつことが確かめられた．この式より，エントロピー$S = -\partial F/\partial T$が転移点で連続である（＝潜熱がない）こと，すなわち$S_{\rm s}(T_{\rm c}) = S_{\rm n}(T_{\rm c})$がわかる．この事実を，熱容量$C = T(\partial S/\partial T)$を用いて

$$\int_0^{T_{\rm c}}\frac{C_{\rm s}(T) - C_{\rm n}(T)}{T}dT = 0 \tag{1.93}$$

と表すことができる．これは「エントロピーバランスの式」とよばれており，熱容量の実験データを解析する際によく用いられる．上の式は，図1.4において，領域ABCと領域CDEの面積が等しいことを表している．

凝縮自由エネルギーの絶対値$-F_{\rm sn}$を磁場のエネルギーとして表すと，$-F_{\rm sn} = \mu_0 H_{\rm c}^2/2$となる．ここで，$\mu_0$は真空の透磁率であり，対応する磁場

$$H_{\rm c} \equiv \sqrt{-2F_{\rm sn}/\mu_0} \tag{1.94}$$

は，「熱力学的臨界磁場」とよばれている．磁場を排斥する「第1種超伝導体」にこの大きさの外部磁場をかけると，一次相転移を起こして正常状態へと転移する．

1.5.3 ギャップの異方性と低温での熱力学的性質

前項までで，s波超伝導体の熱力学的性質を考察してきた．そのエネルギーギャップΔは等方的で，$\boldsymbol{k}$空間で角度依存性をもたない．しかし，後述の銅酸化物超伝導体を典型例として，ギャップが異方的な超伝導体も続々と

発見されてきている．一般に，超伝導体の低温における熱力学的性質は，ギャップがフェルミ面の全方向で残る（フルギャップの）場合，点上で消える（ポイントノードのある）場合，線上で消える（ラインノードのある）場合の3種類に大別することができる．ここでは，ギャップの異方性と熱力学的性質の関係を簡単に議論する[24]．等方的なフェルミ面の場合を扱うが，そこから得られる低温での性質に関する結論は，一般の異方的フェルミ面に対しても有効である．

考察するのは，超流動 ^{3}He[40, 41] で議論された3つのエネルギーギャップ

$$|\Delta_{\boldsymbol{k}}|=\begin{cases}\Delta & ：\text{等方的ギャップ}\\ \Delta_{\max}\sin\theta_{\boldsymbol{k}} & ：\text{ABM 状態}\\ \Delta_{\max}\cos\theta_{\boldsymbol{k}} & ：\text{ポーラー状態}\end{cases} \tag{1.95}$$

で，Δ と $\Delta_{\max}$ は定数，$\theta_{\boldsymbol{k}}$ は (1.6) で用いた極座標である．ABM（Anderson - Brinkmann - Morel）状態とポーラー状態のギャップは異方的で，それぞれポイントノードとラインノードをもつ（図 1.6 参照）．

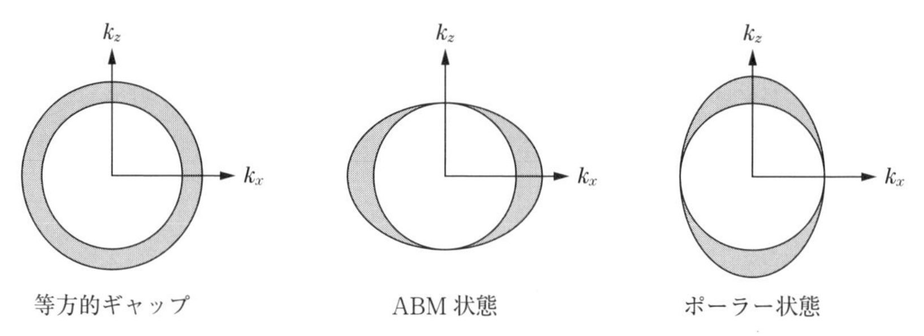

図 1.6　球形のフェルミ面上に描いた 3 種類のエネルギーギャップ（影領域）．ABM 状態とポーラー状態のギャップは異方的で，それぞれポイントノード（北極点と南極点）およびラインノード（赤道上）をもつ．

準粒子状態密度は (1.89) で定義され，s 波超伝導体の場合には (1.91) のように表せる．それをギャップが異方的な場合に拡張するには，$\Delta\to|\Delta_{\boldsymbol{k}}|$ としてギャップに異方性を取り込み，立体角についての積分 (1.6) を追加すればよい．すると，

$$N_{\mathrm{s}}(E)=N(\varepsilon_{\mathrm{F}})\int\frac{d\Omega_{\boldsymbol{k}}}{4\pi}\frac{|E|}{(E^2-|\Delta_{\boldsymbol{k}}|^2)^{1/2}}\theta(|E|-|\Delta_{\boldsymbol{k}}|) \tag{1.96}$$

が得られる．この式に (1.95) を代入して $t \equiv \cos\theta_{\boldsymbol{k}}$ と変数変換し，積分公式

$$\int \frac{dx}{\sqrt{x^2+c}} = \ln(x + \sqrt{x^2+c}), \qquad \int \frac{dx}{\sqrt{a^2-x^2}} = \arcsin\frac{x}{a}$$

を用いて領域 $|E| < \Delta_{\max}$ と $|E| > \Delta_{\max}$ を別々に積分すると，次式を得る．

$$\frac{N_{\mathrm{s}}(E)}{N(\varepsilon_{\mathrm{F}})} = \begin{cases} \dfrac{|E|}{(E^2-\Delta^2)^{1/2}}\,\theta(|E|-\Delta) & :\text{等方的ギャップ} \\ \dfrac{|E|}{2\Delta_{\max}}\ln\left|\dfrac{|E|+\Delta_{\max}}{|E|-\Delta_{\max}}\right| & :\text{ABM状態} \\ \dfrac{\pi|E|}{2\Delta_{\max}}\Big[\theta(\Delta_{\max}-|E|) & \\ \qquad +\theta(|E|-\Delta_{\max})\dfrac{2}{\pi}\arcsin\dfrac{\Delta_{\max}}{|E|}\Big] & :\text{ポーラー状態} \end{cases} \tag{1.97}$$

各々の状態密度を描くと，前出の図 1.5 のようになる．特に，$|E/\Delta_{\max}| \ll 1$ の低エネルギー領域における $N_{\mathrm{s}}(E)$ の振舞は，次のようにまとめられる．

$$\frac{N_{\mathrm{s}}(E)}{N(\varepsilon_{\mathrm{F}})} = \begin{cases} 0 & :\text{フルギャップ} \\ \left(\dfrac{|E|}{\Delta_{\max}}\right)^2 & :\text{ポイントノード} \\ \dfrac{\pi|E|}{2\Delta_{\max}} & :\text{ラインノード} \end{cases} \tag{1.98}$$

変数 $|E|$ の指数は，ギャップが閉じる領域の次元にのみ依存しており，フェルミ面が異方的な場合にも成立する．

低エネルギー領域における準粒子状態密度の異なる振舞は，低温におけるさまざまな熱力学量の温度依存性の違いとして実験的に観測できる．例として，熱容量を考察すると次のようになる[24]．

$$C(T\to 0) \propto \begin{cases} e^{-\Delta/k_{\mathrm{B}}T} & :\text{フルギャップ} \\ T^3 & :\text{ポイントノード} \\ T^2 & :\text{ラインノード} \end{cases} \tag{1.99}$$

すなわち，ギャップが異方的になればなるほど，低温での熱容量は大きくなる．この事実とエントロピーバランスの式 (1.93) を考慮すると，転移点での不連続の大きさ $\Delta C/C_{\mathrm{n}}(T_{\mathrm{c}})$ が，異方性の増大に応じて，(1.88) の値より

小さくなっていくことが結論づけられる．

銅酸化物高温超伝導体の場合，ラインノードが実現されているとの結果が報告されている[42,43]．それらのフェルミ面は，円柱に4回対称の異方性を加えた2次元的構造で，その上に開くエネルギーギャップも，やはり4回対称で垂直ラインノードをもつ．具体的に，(k_x, k_y) 平面のフェルミ面上のエネルギーギャップは，

$$\Delta(\boldsymbol{k}) \propto \hat{k}_x^2 - \hat{k}_y^2 \tag{1.100}$$

などとモデル化され，$d_{x^2-y^2}$ 波と呼称されることも多い．ただし，一般論としてのそのエネルギーギャップは，$l = 4, 8, 12, \cdots$ の球面調和関数の重ね合わせとして表現されるので，より複雑な構造をもつ可能性も否定できない．

1.6　超流動性・ロンドン方程式・マイスナー効果

1.6.1　超流動密度

超伝導の最も顕著な性質は，減衰のない電流が金属中を流れうることである．しかし，電荷をもった粒子の流れはアンペールの法則により磁場と結合するため，現象がより複雑になる．そこで，摩擦のない流れの本質を理解するため，まず電荷をもたない粒子系を考え，「超流動性」の由来を明らかにしよう．ここでの考察は1.6.2項で荷電系へと一般化され，ロンドン方程式が導かれる．

対波動関数のスピン自由度を，2×2 行列で $\underline{\phi}(\boldsymbol{r}_1, \boldsymbol{r}_2) \equiv (\phi(\boldsymbol{r}_1\alpha_1, \boldsymbol{r}_2\alpha_2))$ と表そう．すると，束縛粒子対が重心運動量 $\hbar\boldsymbol{q}$ で動いている状況は，

$$\underline{\phi}(\boldsymbol{r}_1, \boldsymbol{r}_2) = \frac{1}{V}\sum_{\boldsymbol{k}}\underline{\phi}(\boldsymbol{k})e^{i\boldsymbol{k}\cdot(\boldsymbol{r}_1-\boldsymbol{r}_2)}e^{i\boldsymbol{q}\cdot(\boldsymbol{r}_1+\boldsymbol{r}_2)/2} = \frac{1}{V}\sum_{\boldsymbol{k}}\underline{\phi}(\boldsymbol{k})e^{i\boldsymbol{k}_+\cdot\boldsymbol{r}_1 - i\boldsymbol{k}_-\cdot\boldsymbol{r}_2} \tag{1.101}$$

と表せる．それに応じて，(1.48) の行列は

$$\begin{bmatrix} \underline{\mathcal{K}}(\boldsymbol{r}_1, \boldsymbol{r}_2) & \underline{\Delta}(\boldsymbol{r}_1, \boldsymbol{r}_2) \\ -\underline{\Delta}^*(\boldsymbol{r}_1, \boldsymbol{r}_2) & -\underline{\mathcal{K}}^*(\boldsymbol{r}_1, \boldsymbol{r}_2) \end{bmatrix}$$

$$= \frac{1}{V}\sum_{\boldsymbol{k}}\begin{bmatrix} \underline{\sigma}_0 e^{i\boldsymbol{k}_+\cdot\boldsymbol{r}_1} & \underline{0} \\ \underline{0} & \underline{\sigma}_0 e^{i\boldsymbol{k}_-\cdot\boldsymbol{r}_1} \end{bmatrix}\begin{bmatrix} \underline{\mathcal{K}}_{\boldsymbol{k}_+} & \underline{\Delta}_{\boldsymbol{k}} \\ -\underline{\Delta}^*_{-\boldsymbol{k}} & -\underline{\mathcal{K}}^*_{-\boldsymbol{k}_-} \end{bmatrix}\begin{bmatrix} \underline{\sigma}_0 e^{-i\boldsymbol{k}_+\cdot\boldsymbol{r}_2} & \underline{0} \\ \underline{0} & \underline{\sigma}_0 e^{-i\boldsymbol{k}_-\cdot\boldsymbol{r}_2} \end{bmatrix} \tag{1.102}$$

と展開できる[24]．ただし，$\underline{\sigma}_0$ と $\underline{0}$ は，それぞれ 2×2 の単位行列と零行列である．(1.102) の表現を (1.48) に代入すると，固有関数が量子数 $\boldsymbol{k}\tilde{\alpha}(\tilde{\alpha}=1,2)$ で指定され，

$$\begin{bmatrix}\boldsymbol{u}_{\boldsymbol{k}\tilde{\alpha}}(\boldsymbol{r})\\ \boldsymbol{v}_{\boldsymbol{k}\tilde{\alpha}}(\boldsymbol{r})\end{bmatrix}=\frac{1}{\sqrt{V}}\begin{bmatrix}\underline{\sigma}_0 e^{i\boldsymbol{k}_+\cdot\boldsymbol{r}} & \underline{0}\\ \underline{0} & \underline{\sigma}_0 e^{i\boldsymbol{k}_-\cdot\boldsymbol{r}}\end{bmatrix}\begin{bmatrix}\boldsymbol{u}_{\boldsymbol{k}\tilde{\alpha}}\\ \boldsymbol{v}_{\boldsymbol{k}\tilde{\alpha}}\end{bmatrix} \tag{1.103}$$

と表せることがわかる．そして，展開係数は 4×4 の固有値問題

$$\begin{bmatrix}\underline{\mathcal{K}}_{\boldsymbol{k}_+} & \underline{\Delta}_{\boldsymbol{k}}\\ -\underline{\Delta}^*_{-\boldsymbol{k}} & -\underline{\mathcal{K}}^*_{-\boldsymbol{k}_-}\end{bmatrix}\begin{bmatrix}\boldsymbol{u}_{\boldsymbol{k}\tilde{\alpha}}\\ \boldsymbol{v}_{\boldsymbol{k}\tilde{\alpha}}\end{bmatrix}=E_{\boldsymbol{k}\tilde{\alpha}}\begin{bmatrix}\boldsymbol{u}_{\boldsymbol{k}\tilde{\alpha}}\\ \boldsymbol{v}_{\boldsymbol{k}\tilde{\alpha}}\end{bmatrix} \tag{1.104}$$

により決定される．その $\underline{\mathcal{K}}_{\pm\boldsymbol{k}_\pm}$ は，(1.56) より

$$\underline{\mathcal{K}}_{\pm\boldsymbol{k}_\pm}=\left[\frac{\hbar^2(\pm\boldsymbol{k}+\boldsymbol{q}/2)^2}{2m}-\mu\right]\underline{\sigma}_0\simeq\left(\xi_k\pm\frac{\hbar^2\boldsymbol{k}\cdot\boldsymbol{q}}{2m}\right)\underline{\sigma}_0 \tag{1.105}$$

と表せる．ただし，$q\ll k\sim k_{\mathrm{F}}$ を考慮して q^2 に比例する項を無視した．(1.104) は，一様系の固有値問題 (1.55) を，運動量 $\hbar\boldsymbol{q}$ の一様超流動流がある場合へ一般化した方程式となっている．

以下では，具体的に s 波クーパー対を考える．(1.63) と (1.105) を (1.104) に代入すると，対角化すべき行列として，(1.64) の 4×4 行列に単位行列の $\hbar^2\boldsymbol{k}\cdot\boldsymbol{q}/2m$ 倍を加えたものが得られる．したがって，正の固有値は，(1.66) に $\hbar^2\boldsymbol{k}\cdot\boldsymbol{q}/2m$ をつけ加えた表式

$$E_{\boldsymbol{k}\tilde{\alpha}}=E_k+\frac{\hbar^2\boldsymbol{k}\cdot\boldsymbol{q}}{2m}\quad(\tilde{\alpha}=1,2) \tag{1.106}$$

となることがわかる．また，固有ベクトルは変化せず，(1.68a) のままである．対応する 1 粒子密度行列 $\underline{\rho}^{(1)}(\boldsymbol{r}_1,\boldsymbol{r}_2)\equiv(\langle\hat{\psi}^\dagger(\boldsymbol{r}_2\alpha_2)\hat{\psi}(\boldsymbol{r}_1\alpha_1)\rangle)$ は，(1.69) を (1.103) に代入し，その結果と (1.106) を $q=\boldsymbol{k}\tilde{\alpha}$ とした (1.37a) に用いると，

$$\begin{aligned}&\underline{\rho}^{(1)}(\boldsymbol{r}_1,\boldsymbol{r}_2)\\&=\frac{1}{V}\sum_{\boldsymbol{k}}\begin{bmatrix}u_k^2\bar{n}_{\boldsymbol{k}1}+|v_k|^2(1-\bar{n}_{-\boldsymbol{k}2}) & 0\\ 0 & u_k^2\bar{n}_{-\boldsymbol{k}2}+|v_k|^2(1-\bar{n}_{-\boldsymbol{k}1})\end{bmatrix}e^{i\boldsymbol{k}_+\cdot(\boldsymbol{r}_1-\boldsymbol{r}_2)}\end{aligned} \tag{1.107}$$

と表せる．ただし，u_k と v_k は (1.67) に与えられている．

以上の準備のもとに，系の全運動量$\boldsymbol{P}$を計算しよう．それは，運動量演算子$\hat{\boldsymbol{p}}_1$を1粒子密度行列(1.107)に作用して対角和をとることにより，

$$\begin{aligned}\boldsymbol{P} &= \int d^3r_1 \,\mathrm{Tr}\,\hat{\boldsymbol{p}}_1 \underline{\rho}^{(1)}(\boldsymbol{r}_1, \boldsymbol{r}_2)\bigg|_{\boldsymbol{r}_2=\boldsymbol{r}_1} \\ &= \sum_{\boldsymbol{k}} \hbar \boldsymbol{k}_+ [2|v_k|^2 + u_k^2(\bar{n}_{\boldsymbol{k}1} + \bar{n}_{\boldsymbol{k}2}) - |v_k|^2(\bar{n}_{-\boldsymbol{k}1} + \bar{n}_{-\boldsymbol{k}2})]\end{aligned} \tag{1.108}$$

と表せる．次に(1.106)を考慮して，分布関数を$\bar{n}_{\boldsymbol{k}\tilde{\alpha}} \simeq \bar{n}_k + (\partial\bar{n}_k/\partial E_k) \times (\hbar^2\boldsymbol{k}\cdot\boldsymbol{q}/2m)$ $(\tilde{\alpha}=1,2)$と展開する．すると，全運動量$\boldsymbol{P}$の表式が

$$\begin{aligned}\boldsymbol{P} &\simeq \sum_{\boldsymbol{k}} \hbar\left(\boldsymbol{k} + \frac{\boldsymbol{q}}{2}\right)\left[2|v_k|^2 + 2(u_k^2 - |v_k|^2)\bar{n}_k + 2(u_k^2 + |v_k|^2)\frac{\partial\bar{n}_k}{\partial E_k}\frac{\hbar^2\boldsymbol{k}\cdot\boldsymbol{q}}{2m}\right] \\ &= \frac{\hbar\boldsymbol{q}}{2}\sum_{\boldsymbol{k}}[2|v_k|^2 + 2(u_k^2 - |v_k|^2)\bar{n}_k] + 2\sum_{\boldsymbol{k}}\frac{\partial\bar{n}_k}{\partial E_k}\hbar\boldsymbol{k}\frac{\hbar^2\boldsymbol{k}\cdot\boldsymbol{q}}{2m} \\ &= \frac{\hbar\boldsymbol{q}}{2}N + 2\sum_{\boldsymbol{k}}\frac{\partial\bar{n}_k}{\partial E_k}\hbar\boldsymbol{k}\frac{\hbar^2\boldsymbol{k}\cdot\boldsymbol{q}}{2m}\end{aligned} \tag{1.109}$$

と簡略化できる．ただし，2番目の等号では，「$\boldsymbol{k}$の角度積分に寄与するのは$\boldsymbol{k}$の偶数次項のみである」ことを考慮し，3番目の等号では，「1粒子密度行列(1.107)で，$\boldsymbol{r}_1 = \boldsymbol{r}_2$として対角和と$\boldsymbol{r}_1$積分を実行すると全粒子数$N$が得られる」ことを用いた．

続いて，第2項の和を状態密度(1.9)を用いて積分に書きかえる．その角度積分は，立体角積分(1.6)に関する等式

$$\int \frac{d\Omega_{\boldsymbol{k}}}{4\pi} k_\eta k_{\eta'} = \delta_{\eta\eta'}\frac{k^2}{3} \quad (\eta, \eta' = x, y, z) \tag{1.110}$$

を用いて容易に実行できる．また，エネルギー積分に関しては分布関数の微分が入っているので，低温での積分に寄与するのは$\xi_k \simeq 0$の領域のみであることがわかる．これらの考察から，第2項のη成分が

$$\begin{aligned}2\sum_{\boldsymbol{k}}\frac{\partial\bar{n}_k}{\partial E_k}\hbar k_\eta \frac{\hbar^2\boldsymbol{k}\cdot\boldsymbol{q}}{2m} &\simeq \frac{\hbar q_\eta}{2} 2VN(\varepsilon_{\mathrm{F}})\frac{\hbar^2 k_{\mathrm{F}}^2}{3m}\int_{-\infty}^{\infty} d\xi_k \frac{\partial\bar{n}_k}{\partial E_k} \\ &= -\frac{\hbar q_\eta}{2} N \int_{-\infty}^{\infty}\left(-\frac{\partial\bar{n}_k}{\partial E_k}\right) d\xi_k\end{aligned}$$

と変形できる．最後の等式では，$2VN(\varepsilon_{\mathrm{F}})\hbar^2 k_{\mathrm{F}}^2/3m = N$と書きかえた．

以上の結果を (1.109) に代入すると，超流動流の全運動量が，芳田関数[44]

$$Y(T) \equiv \int_{-\infty}^{\infty}\left(-\frac{\partial \bar{n}_k}{\partial E_k}\right) d\xi_k = \int_{-\infty}^{\infty} \frac{1}{4k_\mathrm{B}T}\,\mathrm{sech}^2 \frac{\sqrt{\xi^2 + [\Delta(T)]^2}}{2k_\mathrm{B}T}\, d\xi \tag{1.111}$$

を用いて，

$$\boldsymbol{P} = N[1 - Y(T)]\frac{\hbar \boldsymbol{q}}{2} = mN[1 - Y(T)]\boldsymbol{v}_\mathrm{s} \tag{1.112}$$

と表せる．なお，$\boldsymbol{v}_\mathrm{s} \equiv \hbar\boldsymbol{q}/2m$ は超流動速度である．(1.112) における $\boldsymbol{v}_\mathrm{s}$ の比例係数を体積 V と質量 m で割った量

$$n_\mathrm{s} \equiv \frac{N}{V}[1 - Y(T)] \tag{1.113}$$

は，「超流動密度」とよばれる．なお，$\rho_\mathrm{s} \equiv mn_\mathrm{s}$ で定義される質量密度を超流動密度とよぶことも多い．

表式 (1.112) は次のように解釈できる．$Y(0) = 0$ の成立する絶対零度では，すべての粒子が同一の 2 粒子束縛状態 (1.101) に凝縮し，位相をそろえて減衰なしに運動する．一方，有限温度においては準粒子励起のために超流動密度が減少し，$T = T_\mathrm{c}$ において $Y(T_\mathrm{c}) = 1$ となって超流動性が消失する．このように，対凝縮波動関数 (1.23) から出発した定式化では，超流動性が自然に理解できる．つまり，減衰しない超流動流は，$N \sim 10^{23}$ なる莫大な数の粒子が位相をそろえて運動している状態である．

超伝導体内に不純物が存在すると，以上の議論は定量的な変更を受ける．例えば，s 波超伝導体内に非磁性不純物がある場合，n_s の値は有限温度において (1.113) より小さくなることがわかっている†3．しかし，超流動性そのものは，不純物散乱が対束縛状態を破壊しない限りなくなることはない．

1.6.2　ロンドン方程式

超伝導で対凝縮を起こすのは，電荷 $e < 0$ をもつ電子である．その場合の超流動流を表す超伝導電流密度 $\boldsymbol{j}(\boldsymbol{r})$ は，アンペール（Ampère）の法則

†3　この点に関しては，以下の (1.152) あるいは文献 [24] を参照されたい．

$$\boldsymbol{\nabla}\times\boldsymbol{B}(\boldsymbol{r})=\mu_0\boldsymbol{j}(\boldsymbol{r})\quad(\mu_0：真空の透磁率) \tag{1.114}$$

に従って準巨視的な長さで磁束密度 $\boldsymbol{B}$ を変化させる．ただし，μ_0 は真空の透磁率である．ここでは，電流密度 $\boldsymbol{j}(\boldsymbol{r})$ の表式を微視的に求め，ロンドン方程式 $\boldsymbol{j}\propto-\boldsymbol{A}$ が得られることを示す．

磁束密度 $\boldsymbol{B}(\boldsymbol{r})=\boldsymbol{\nabla}\times\boldsymbol{A}(\boldsymbol{r})$ が有限である場合の電流密度の表式は，ベクトルポテンシャル $\boldsymbol{A}$ と 1 粒子密度行列(1.37a) を用いて，

$$\boldsymbol{j}(\boldsymbol{r}_1)=e\sum_{\alpha_1}\frac{(\hat{\boldsymbol{p}}_1-e\boldsymbol{A}_1)+(\hat{\boldsymbol{p}}_2-e\boldsymbol{A}_2)^*}{2m}\rho^{(1)}(\xi_1,\xi_2)\bigg|_{\xi_2=\xi_1} \tag{1.115}$$

と表せる[24]．ここでの $\rho^{(1)}$ は，超伝導電流の大きさと方向が空間変化する可能性を考慮して，束縛状態の波動関数 (1.101) における重心座標の位相 $\boldsymbol{q}\cdot(\boldsymbol{r}_1+\boldsymbol{r}_2)/2$ を，空間的にゆっくりと変化する関数 $[\varphi(\boldsymbol{r}_1)+\varphi(\boldsymbol{r}_2)]/2$ でおきかえたものを採用する．より具体的には，(1.107) の位相因子を，$\boldsymbol{q}\cdot\boldsymbol{r}_j\to\varphi(\boldsymbol{r}_j)$ とおきかえる ($j=1,2$)．その表式を (1.115) に代入し，(1.108) → (1.112) と同じ計算を行うと，電流密度が超流動密度 (1.113) を用いて，

$$\boldsymbol{j}(\boldsymbol{r})=en_{\mathrm{s}}\boldsymbol{v}_{\mathrm{s}}(\boldsymbol{r}),\qquad \boldsymbol{v}_{\mathrm{s}}\equiv\frac{\hbar}{2m}\left(\boldsymbol{\nabla}\varphi-\frac{2e}{\hbar}\boldsymbol{A}\right) \tag{1.116}$$

と表せることがわかる．この式は，超伝導電流に関してロンドンが現象論的に導入した「ロンドン方程式」[45] と本質的に同じである．実際，ゲージ変換を行って $\boldsymbol{\nabla}\varphi\to0$ とすると，ロンドンの仮定した関係 $\boldsymbol{j}\propto-\boldsymbol{A}$ が得られる．このようにして，「BdG 方程式で位相のみの空間変化を考えるとロンドン方程式が導かれる」ことがわかった．

1.6.3　マイスナー効果

マイスナー効果は，（弱い）外部磁場が試料表面を流れる超伝導電流により遮蔽されて超伝導体内部に入り込めないという現象であり，1933 年，マイスナー（Meissner）とオクセンフェルト（Ochsenfeld）により発見された[46]．

(1.116) を用いると，マイスナー効果が理論的に説明できる．具体的に (1.116) を (1.114) に代入すると，超伝導電流に対するアンペールの法則が

$$\boldsymbol{\nabla}\times\boldsymbol{B}=\frac{\mu_0en_{\mathrm{s}}\hbar}{2m}\left(\boldsymbol{\nabla}\varphi-\frac{2e}{\hbar}\boldsymbol{A}\right) \tag{1.117}$$

と表せる．この式に演算子 $\boldsymbol{\nabla}\times$ を作用し，ベクトル解析の恒等式 $\boldsymbol{\nabla}\times\boldsymbol{\nabla}\times\boldsymbol{B} = \boldsymbol{\nabla}\boldsymbol{\nabla}\cdot\boldsymbol{B} - \boldsymbol{\nabla}^2\boldsymbol{B}$, $\boldsymbol{\nabla}\times\boldsymbol{\nabla}\varphi = \boldsymbol{0}$[47]，および，電磁気学のガウスの法則 $\boldsymbol{\nabla}\cdot\boldsymbol{B} = 0$ を用いる．すると，

$$\boldsymbol{\nabla}^2\boldsymbol{B}(\boldsymbol{r}) = \frac{1}{\lambda_{\mathrm{L}}^2}\boldsymbol{B}(\boldsymbol{r}), \qquad \lambda_{\mathrm{L}} \equiv \sqrt{\frac{m}{\mu_0 n_{\mathrm{s}} e^2}} \tag{1.118}$$

を得る．ここで導入した λ_{L} は，長さの次元をもち，「ロンドンの磁場侵入長」とよばれている．

では，方程式 (1.118) を解いてマイスナー効果が起こることを確かめよう．簡単な具体例として，$x < 0$ に一様な磁束密度 B_0 が z 方向にかかっており，$x \geq 0$ を超伝導体が占めている系を考える．この場合の超伝導体内の磁束密度は，対称性から $\boldsymbol{B}(\boldsymbol{r}) = (0, 0, B(x))$ と表せるであろう．対応する (1.118) は，

$$\frac{d^2B(x)}{dx^2} = \frac{1}{\lambda_{\mathrm{L}}^2}B(x)$$

に簡略化される．この方程式の一般解は，定数 C_1 と C_2 を用いて $B(x) = C_1 e^{-x/\lambda_{\mathrm{L}}} + C_2 e^{x/\lambda_{\mathrm{L}}}$ と表せる．$x = 0$ での磁束密度の連続性から，条件 $B(0) = C_1 + C_2 = B_0$ が出る．また，$x \to \infty$ でも磁場が有限であるとする物理的条件をおくと，$C_2 = 0$ が結論づけられる．したがって，方程式の解が

$$B(x) = B_0 e^{-x/\lambda_{\mathrm{L}}} \tag{1.119}$$

と求まる．このように，磁場は，表面から λ_{L} 程度の距離で減衰し，超伝導体内部には侵入できない．その場合の超伝導電流は，(1.114) より $\boldsymbol{j}(\boldsymbol{r}) = (0, B(x)/\mu_0\lambda_{\mathrm{L}}, 0)$ と表され，やはり表面近傍のみを y 方向に流れることがわかる．このように，マイスナー効果は，体系内で磁場エネルギーと運動エネルギーを共に低くするように超伝導体が応答したものとして理解できる†4.

1.6.4 磁束量子化

次に，ドーナツ状の超伝導体を考え，中心の空洞部に弱い磁場が存在する場合を考える（図 1.7 参照）．ドーナツ環の内周半径 R_1 と外周半径 R_2 の差

†4 この点に関しては，後述の GL 自由エネルギー (1.150) も参照されたい．マイスナー効果が起こると，その被積分関数の第 3 項と第 4 項がバルクでゼロとなるのである．

が $R_2 - R_1 \gg \lambda_L$ を満たす場合には，マイスナー効果から，磁場はドーナツ環の奥深くには侵入できない．その領域にある閉曲線 C に沿って (1.117) を線積分すると，左辺は $\boldsymbol{B} = \boldsymbol{0}$ よりゼロとなる．残る右辺の積分は，波動関数の1価性とストークス（Stokes）の定理[47] を用いて，

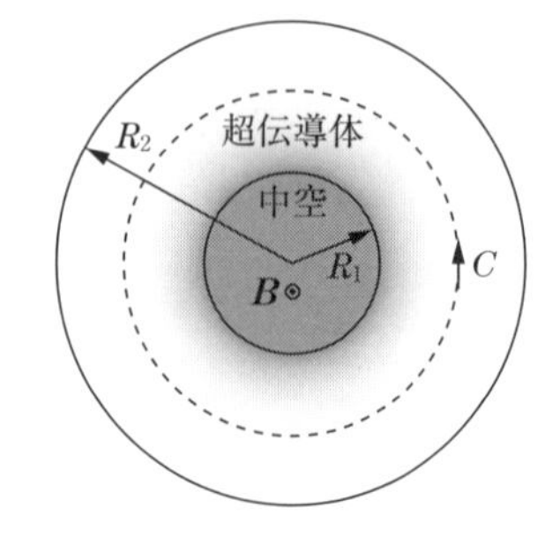

図 1.7　中空に弱い磁場のあるドーナツ形の超伝導体

$$0 = \oint_C \left(\boldsymbol{\nabla}\varphi - \frac{2e}{\hbar}\boldsymbol{A} \right) \cdot d\boldsymbol{r}$$

$$= 2\pi n - \frac{2e}{\hbar}\int_{C\text{内}} (\boldsymbol{\nabla} \times \boldsymbol{A}) \cdot d\boldsymbol{S} = 2\pi n - \frac{2e}{\hbar}\Phi \qquad (1.120)$$

と変形できる．ただし，Φ は積分路 C 内の全磁束で，実質的に中空内に閉じ込められている全磁束である．また，$2\pi n$ は勾配 $\boldsymbol{\nabla}\varphi$ の周回積分による積分定数であり，φ が対波動関数 $\underline{\phi}(\boldsymbol{r}_1, \boldsymbol{r}_2)$ の重心座標 $(\boldsymbol{r}_1 + \boldsymbol{r}_2)/2$ に関する位相であることを思い起こすと，対波動関数の1価性により，n は整数とならなければならないことが結論づけられる．これより，中空内の全磁束が，$\Phi = -(h/2|e|)n$ （$n = 0, \pm 1, \pm 2, \cdots$） と量子化されることがわかる．右辺の係数

$$\Phi_0 \equiv \frac{h}{2|e|} = 2.068 \times 10^{-15}\,\text{Wb} \qquad (1.121)$$

は，超伝導状態の磁束量子であり，電子対凝縮が起こっていることに由来して，正常状態の磁束量子 $h/|e|$ の半分の値をもつ．

磁束量子化は，ロンドンによって，1948年に理論的に予言された[48]．しかし，電子対凝縮の概念が形成される以前に発表されたこの理論では，(1.121) で $2|e| \to |e|$ とした量が超伝導状態の磁束量子として導かれた．この因子2に関する不定性は，後の磁束量子に関する2つの実験[49, 50] により決着がつけられ，(1.121) が正しいことが明らかになった．すなわち，これらの実験により，クーパー対凝縮が起こっていることが実験的に確立された．

1.7 アイレンバーガー方程式

超伝導状態の特筆すべき特徴の1つは，準巨視的スケールの非一様性をもつ熱平衡状態が実現されることであり，その典型例としては，第2種超伝導体が外部磁場下で示す磁束格子が挙げられる．ここでは，非一様な超伝導状態を簡便に扱うために，BdG 方程式の簡略化を行い，「アイレンバーガー方程式」[51, 52] を導く．この簡略化は，準粒子エネルギーの離散的な分布を塗りつぶして連続分布でおきかえることに対応する．この事実から，アイレンバーガー方程式は「準古典方程式」ともよばれている[52]．

この準古典方程式は，BdG 方程式 (1.48) のグリーン関数表現である「ゴルコフ方程式」を用いて導出される．ここでは，その概要を電荷のない系について説明して，電荷をもつ系への一般化に言及する[24]．グリーン関数 $\widehat{G}(\boldsymbol{r}_1, \boldsymbol{r}_2\,;\omega_n)$ を，演算子 $i\omega_n\delta(\boldsymbol{r}_1-\boldsymbol{r}_2)\hat{1}-\widehat{\mathscr{H}}_{\rm BdG}(\boldsymbol{r}_1,\boldsymbol{r}_2)$ の逆演算子として定義しよう．ここで，ω_n は (1.82) で導入された松原エネルギー，$\hat{1}$ は 4×4 の単位行列，$\widehat{\mathscr{H}}_{\rm BdG}$ は (1.48) の行列演算子

$$\widehat{\mathscr{H}}_{\rm BdG}(\boldsymbol{r}_1,\boldsymbol{r}_2)\equiv\begin{bmatrix}\underline{\mathcal{K}}(\boldsymbol{r}_1,\boldsymbol{r}_2) & \underline{\Delta}(\boldsymbol{r}_1,\boldsymbol{r}_2)\\ -\underline{\Delta}^*(\boldsymbol{r}_1,\boldsymbol{r}_2) & -\underline{\mathcal{K}}^*(\boldsymbol{r}_1,\boldsymbol{r}_2)\end{bmatrix} \tag{1.122}$$

である．この定義から，$\widehat{G}$ は方程式

$$\int d^3r_3\left[i\omega_n\delta(\boldsymbol{r}_1-\boldsymbol{r}_3)\hat{1}-\widehat{\mathscr{H}}_{\rm BdG}(\boldsymbol{r}_1,\boldsymbol{r}_3)\right]\widehat{G}(\boldsymbol{r}_3,\boldsymbol{r}_2\,;\omega_n)=\delta(\boldsymbol{r}_1-\boldsymbol{r}_2)\hat{1} \tag{1.123}$$

を満たす．これが，BdG 方程式 (1.48) のグリーン関数表現である「ゴルコフ方程式」で，演算子が左側にあることから，特に「左ゴルコフ方程式」[38] とよぶことにする．歴史的には，ゴルコフ方程式が BdG 方程式よりも先に導出されている．

次に，$\widehat{G}(\boldsymbol{r}_1,\boldsymbol{r}_2\,;\omega_n)$ に座標変換 $\boldsymbol{r}\equiv(\boldsymbol{r}_1+\boldsymbol{r}_2)/2$, $\bar{\boldsymbol{r}}\equiv\boldsymbol{r}_1-\boldsymbol{r}_2$ を施し，$\bar{\boldsymbol{r}}$ に関するフーリエ変換

$$\widehat{G}(\boldsymbol{r}_1,\boldsymbol{r}_2\,;\omega_n)=\int\frac{d^3k}{(2\pi)^3}\widehat{G}(\omega_n,\boldsymbol{k},\boldsymbol{r})e^{i\boldsymbol{k}\cdot\bar{\boldsymbol{r}}} \tag{1.124a}$$

を行う．これを「ウィグナー（Wigner）変換」とよぶ[24]．ここで，関数形は $\widehat{G}(\boldsymbol{r}_1,\boldsymbol{r}_2\,;\omega_n)$ と $\widehat{G}(\omega_n,\boldsymbol{k},\boldsymbol{r})$ で異なり，それらは引数で区別されている

ことに注意されたい．同様に，(1.123) における $\widehat{G}$ の逆演算子も

$$i\omega_n\delta(\boldsymbol{r}_1-\boldsymbol{r}_2)\hat{1}-\widehat{\mathscr{H}}_{\rm BdG}(\boldsymbol{r}_1,\boldsymbol{r}_2)=\int\frac{d^3k}{(2\pi)^3}[i\omega_n\hat{1}-\widehat{\mathscr{H}}_{\rm BdG}(\boldsymbol{k},\boldsymbol{r})]e^{i\boldsymbol{k}\cdot\bar{\boldsymbol{r}}} \tag{1.124b}$$

とウィグナー変換すると，その展開係数 $\widehat{\mathscr{H}}_{\rm BdG}(\boldsymbol{k},\boldsymbol{r})$ は，(1.55) の行列を一般化した形

$$\widehat{\mathscr{H}}_{\rm BdG}(\boldsymbol{k},\boldsymbol{r})=\begin{bmatrix}\xi_k\underline{\sigma}_0 & \underline{\Delta}(\boldsymbol{k},\boldsymbol{r})\\ -\underline{\Delta}^*(-\boldsymbol{k},\boldsymbol{r}) & -\xi_k\underline{\sigma}_0\end{bmatrix}=\xi_k\hat{\sigma}_z+\widehat{\Delta}(\boldsymbol{k},\boldsymbol{r}) \tag{1.125}$$

に表せる．ただし，$\hat{\sigma}_z$ と $\widehat{\Delta}$ は，

$$\hat{\sigma}_z\equiv\begin{bmatrix}\underline{\sigma}_0 & \underline{0}\\ \underline{0} & -\underline{\sigma}_0\end{bmatrix},\qquad \widehat{\Delta}(\boldsymbol{k},\boldsymbol{r})\equiv\begin{bmatrix}\underline{0} & \underline{\Delta}(\boldsymbol{k},\boldsymbol{r})\\ -\underline{\Delta}^*(-\boldsymbol{k},\boldsymbol{r}) & \underline{0}\end{bmatrix} \tag{1.126}$$

で定義されている．(1.124) を (1.123) に代入すると，左ゴルコフ方程式が，

$$[i\omega_n\hat{1}-\widehat{\mathscr{H}}_{\rm BdG}(\boldsymbol{k},\boldsymbol{r})]\otimes\widehat{G}(\omega_n,\boldsymbol{k},\boldsymbol{r})=\hat{1} \tag{1.127a}$$

へと変換される[52, 53]．ここで，演算子 $\otimes$ は $\otimes\equiv\exp[(i/2)(\overleftarrow{\boldsymbol{\nabla}}_r\cdot\overrightarrow{\boldsymbol{\nabla}}_k-\overleftarrow{\boldsymbol{\nabla}}_k\cdot\overrightarrow{\boldsymbol{\nabla}}_r)]$ で定義された「モヤル（Moyal）積」で，左向き（右向き）の矢印は左側（右側）の関数に作用させることを意味する．同様に，右ゴルコフ方程式からは，

$$\widehat{G}(\omega_n,\boldsymbol{k},\boldsymbol{r})\otimes[i\omega_n\hat{1}-\widehat{\mathscr{H}}_{\rm BdG}(\boldsymbol{k},\boldsymbol{r})]=\hat{1} \tag{1.127b}$$

が得られる．

(1.127b) の左右から $\hat{\sigma}_z$ を掛けた後，(1.127a) との差をとり，微分演算子の 1 次まで残すと，

$$\begin{aligned}&[i\omega_n\hat{\sigma}_z-\widehat{\mathscr{H}}_{\rm BdG}\hat{\sigma}_z,\hat{\sigma}_z\widehat{G}]-\frac{i}{2}\left(\frac{\partial\widehat{\mathscr{H}}_{\rm BdG}\hat{\sigma}_z}{\partial\boldsymbol{r}}\cdot\frac{\partial\hat{\sigma}_z\widehat{G}}{\partial\boldsymbol{k}}+\frac{\partial\hat{\sigma}_z\widehat{G}}{\partial\boldsymbol{k}}\cdot\frac{\partial\widehat{\mathscr{H}}_{\rm BdG}\hat{\sigma}_z}{\partial\boldsymbol{r}}\right)\\&\qquad+\frac{i}{2}\left(\frac{\partial\widehat{\mathscr{H}}_{\rm BdG}\hat{\sigma}_z}{\partial\boldsymbol{k}}\cdot\frac{\partial\hat{\sigma}_z\widehat{G}}{\partial\boldsymbol{r}}+\frac{\partial\hat{\sigma}_z\widehat{G}}{\partial\boldsymbol{r}}\cdot\frac{\partial\widehat{\mathscr{H}}_{\rm BdG}\hat{\sigma}_z}{\partial\boldsymbol{k}}\right)=\hat{0}\end{aligned} \tag{1.128}$$

となる．第 1 項の交換子では，(1.125) の $\xi_k\hat{\sigma}_z$ 項が相殺する．一方，第 3 項では，$k_{\rm B}T_{\rm c}\ll\varepsilon_{\rm F}$ より，$\partial\widehat{\mathscr{H}}_{\rm BdG}\hat{\sigma}_z/\partial\boldsymbol{k}\simeq(\partial\xi_k/\partial\boldsymbol{k})\hat{1}\simeq\hbar\boldsymbol{v}_{\rm F}\hat{1}$ が非常によい近似で成立する．ここで，$\boldsymbol{v}_{\rm F}\equiv\hbar\boldsymbol{k}_{\rm F}/m$ はフェルミ速度である．最後に，$\widehat{\Delta}(\boldsymbol{k},\boldsymbol{r})\simeq\widehat{\Delta}(\boldsymbol{k}_{\rm F},\boldsymbol{r})$ と近似して ξ_k に関する主値積分を実行すると，第 2 項からの寄

与もなくなる．そのようにして得られる方程式は，「準古典グリーン関数」

$$\hat{g}(\omega_n, \boldsymbol{k}_{\mathrm{F}}, \boldsymbol{r}) \equiv \frac{P}{\pi}\int_{-\infty}^{\infty} i\hat{\sigma}_z \widehat{G}(\omega_n, \boldsymbol{k}, \boldsymbol{r})\, d\xi_k \tag{1.129}$$

を用いて，

$$[i\omega_n\hat{\sigma}_z - \widehat{\Delta}\hat{\sigma}_z, \hat{g}] + i\hbar\boldsymbol{v}_{\mathrm{F}}\cdot\boldsymbol{\nabla}\hat{g} = 0 \tag{1.130a}$$

と表せる．さらに，この非斉次方程式の解は，規格化条件

$$[\hat{g}(\omega_n, \boldsymbol{k}_{\mathrm{F}}, \boldsymbol{r})]^2 = \hat{1} \tag{1.130b}$$

に従うべきことが示せる[24]．(1.130) を「アイレンバーガー方程式」という．

準古典グリーン関数は，$\widehat{G}^{-1}(\boldsymbol{r}_1, \boldsymbol{r}_2\,;\,\omega_n)$ の対称性に由来して，

$$\hat{g}(\omega_n, \boldsymbol{k}_{\mathrm{F}}, \boldsymbol{r}) = \begin{bmatrix} \underline{g}(\omega_n, \boldsymbol{k}_{\mathrm{F}}, \boldsymbol{r}) & -i\underline{f}(\omega_n, \boldsymbol{k}_{\mathrm{F}}, \boldsymbol{r}) \\ -i\underline{f}^{*}(\omega_n, -\boldsymbol{k}_{\mathrm{F}}, \boldsymbol{r}) & -\underline{g}^{*}(\omega_n, -\boldsymbol{k}_{\mathrm{F}}, \boldsymbol{r}) \end{bmatrix} \tag{1.131}$$

と表すことができ，その上成分 $\underline{g}$ と $\underline{f}$ は，関係式

$$\underline{g}(\omega_n, \boldsymbol{k}_{\mathrm{F}}, \boldsymbol{r}) = -\underline{g}^{\dagger}(-\omega_n, \boldsymbol{k}_{\mathrm{F}}, \boldsymbol{r}), \qquad \underline{f}(\omega_n, \boldsymbol{k}_{\mathrm{F}}, \boldsymbol{r}) = -\underline{f}^{t}(-\omega_n, -\boldsymbol{k}_{\mathrm{F}}, \boldsymbol{r}) \tag{1.132}$$

を満たす[24]．(1.131) を (1.130b) に代入して (1, 1) 小行列を書き出すと，$\underline{g}^2 - \underline{f}\,\underline{f}^{*} = \underline{\sigma}_0$ となる．これより，$\underline{g} = \underline{g}(\omega_n, \boldsymbol{k}_{\mathrm{F}}, \boldsymbol{r})$ が，$\underline{f} = \underline{f}(\omega_n, \boldsymbol{k}_{\mathrm{F}}, \boldsymbol{r})$ と $\underline{f}^{*} = \underline{f}^{*}(\omega_n, -\boldsymbol{k}_{\mathrm{F}}, \boldsymbol{r}) = -\underline{f}^{\dagger}(-\omega_n, \boldsymbol{k}_{\mathrm{F}}, \boldsymbol{r})$ を用いて，

$$\underline{g}(\omega_n, \boldsymbol{k}_{\mathrm{F}}, \boldsymbol{r}) = \mathrm{sgn}(\omega_n)[\underline{\sigma}_0 - \underline{f}(\omega_n, \boldsymbol{k}_{\mathrm{F}}, \boldsymbol{r})\underline{f}^{\dagger}(-\omega_n, \boldsymbol{k}_{\mathrm{F}}, \boldsymbol{r})]^{1/2} \tag{1.133}$$

と表せることがわかる．ここで，$\mathrm{sgn}(\omega_n) \equiv \theta(\omega_n) - \theta(-\omega_n)$ は，一様系の結果と整合するように決めた符号因子である[24]．(1.133) より，アイレンバーガー方程式 (1.130a) は，その (1, 2) 小行列部分のみを解けばよいことがわかる．そこで，(1.131) を (1.130a) に代入して (1, 2) 小行列部分を取り出すと，

$$2\omega_n\underline{f} + \hbar\boldsymbol{v}_{\mathrm{F}}\cdot\boldsymbol{\nabla}\underline{f} = \underline{\Delta}\underline{g}^{*} + \underline{g}\underline{\Delta} \tag{1.134}$$

が得られる．電荷 $e < 0$ をもつ電子系の場合には，方程式 (1.134) で

$$\boldsymbol{\nabla} \to \boldsymbol{\partial} \equiv \boldsymbol{\nabla} - i\frac{2e}{\hbar}\boldsymbol{A}(\boldsymbol{r}) \tag{1.135}$$

のおきかえをすればよい[24]．

最後に，ペアポテンシャルと電流密度に関する結果をまとめる[24]．まず，

ペアポテンシャル $\underline{\Delta}(\boldsymbol{k}_{\mathrm{F}}, \boldsymbol{r})$ は，一様系の (1.58) と同様に

$$\underline{\Delta}(\boldsymbol{k}_{\mathrm{F}}, \boldsymbol{r}) = \sum_{m=-l}^{l} \underline{\Delta}_{lm}(\boldsymbol{r})\sqrt{4\pi}\, Y_{lm}(\hat{\boldsymbol{k}}) \tag{1.136}$$

と展開でき，その展開係数 $\underline{\Delta}_{lm}(\boldsymbol{r})$ は，

$$\underline{\Delta}_{lm}(\boldsymbol{r}) \ln \frac{T_{\mathrm{c}}}{T} = \frac{\pi}{\beta} \sum_{n=-\infty}^{\infty} \left[\frac{\underline{\Delta}_{lm}(\boldsymbol{r})}{|\omega_n|} - \int \frac{d\Omega_{\boldsymbol{k}}}{4\pi} \sqrt{4\pi}\, Y_{lm}^{*}(\hat{\boldsymbol{k}})\, \underline{f}(\omega_n, \boldsymbol{k}_{\mathrm{F}}, \boldsymbol{r}) \right] \tag{1.137}$$

を満たす．なお，立体角積分は (1.6) で定義されている．一方，電流密度 $\boldsymbol{j}(\boldsymbol{r})$ は，

$$\boldsymbol{j}(\boldsymbol{r}) = -i \frac{\pi e N(\varepsilon_{\mathrm{F}})}{\beta} \sum_{n=-\infty}^{\infty} \int \frac{d\Omega_{\boldsymbol{k}}}{4\pi}\, \boldsymbol{v}_{\mathrm{F}}\, \mathrm{Tr}\, \underline{g}(\omega_n, \boldsymbol{k}_{\mathrm{F}}, \boldsymbol{r}) \tag{1.138}$$

により計算できる．

ここで，アイレンバーガー方程式について補足説明をする．対応する自由エネルギーについては，アイレンバーガーが s 波超伝導に対して発見論的に与えた表式[51] の他に，いくつかの異なるものが存在し[52]，それらの間には表面項の違いがある．平均場を超えた多体効果の取り込みは文献 [52] に詳しい．境界条件については文献 [54] を参照されたい．また，超伝導電流にもローレンツ（Lorentz）力がはたらくが，その効果はアイレンバーガー方程式には含まれておらず，ゴルコフ方程式のゲージ変換性を考慮した高次項の取り込みが必要である[55]．

アイレンバーガー方程式を用いると，全温度領域の上部臨界磁場 H_{c2} や磁束格子構造などを定量的に記述することができる．特に，不純物濃度が低いクリーンな超伝導体の H_{c2} や低温の磁束構造の定量的理解においては，フェルミ面の詳細な構造を考慮する必要があるが，アイレンバーガー方程式では，フェルミ面構造を考慮した理論計算も可能となる[56, 57]．

1.8 ギンツブルグ－ランダウ方程式

ギンツブルグとランダウは，BCS 理論に先立つ 1950 年，ロンドン方程式に超伝導秩序変数の自由度を持ち込むことにより，GL 方程式を現象論的に書き下した[58]．その具体的な手順は，次の通りである．

まず，ゼロ磁場での超伝導転移が2次相転移であることに着目して，ランダウの2次相転移理論を適用することを考え，その秩序変数を有効波動関数 $\Psi(\boldsymbol{r})$ に選ぶ．次に，転移点近傍の自由エネルギーとして，空間変化を記述するゲージ不変な運動エネルギー項と磁場エネルギー項を追加した形

$$F_{\mathrm{sn}} = \int d^3r \left[\alpha |\Psi|^2 + \frac{\beta}{2} |\Psi|^4 + \Psi^* \frac{(-i\hbar\boldsymbol{\nabla} - e^*\boldsymbol{A})^2}{2m^*} \Psi + \frac{(\boldsymbol{\nabla}\times\boldsymbol{A})^2}{2\mu_0} \right] \tag{1.139}$$

を採用する．ここで，$\alpha \propto T - T_{\mathrm{c}}$，$\beta > 0$，$e^*$，$m^*$ は現象論的な定数で，第3項と第4項が追加された運動エネルギー項と磁場エネルギー項である．この自由エネルギーに対して，極値条件である $\delta F_{\mathrm{sn}}/\delta\Psi^*(\boldsymbol{r}) = 0$ と $\delta F_{\mathrm{sn}}/\delta\boldsymbol{A}(\boldsymbol{r}) = 0$ を課すとGL方程式が得られる．そのGL方程式は，転移点近傍における超伝導体の磁気的性質を記述するのに輝かしい成功を修め，現象論の華ともいうべき存在である．

しかし，同じく有効波動関数 $\Psi(\boldsymbol{r})$ が秩序変数となると思われるBEC相には，($\boldsymbol{A} \to \boldsymbol{0}$ とした) GL理論は適用できないことが知られている．また，定数 α，β，e^*，m^* などの微視的な意味も，上の表現からは不明である．そこで，転移温度 T_{c} 近傍における s 波超伝導体を考え，アイレンバーガー方程式を簡略化してGL方程式[58]を微視的に導き，現象論的定数の意味を明らかにすることにする．

初めに，ペアポテンシャルと準古典グリーン関数は，(1.63) と同じ形

$$\underline{\Delta}(\boldsymbol{k}_{\mathrm{F}}, \boldsymbol{r}) = \Delta(\boldsymbol{r}) i\underline{\sigma}_y, \qquad \underline{f}(\omega_n, \boldsymbol{k}_{\mathrm{F}}, \boldsymbol{r}) = f(\omega_n, \boldsymbol{k}_{\mathrm{F}}, \boldsymbol{r}) i\underline{\sigma}_y \tag{1.140}$$

に選ぶ．対応する (1.133) は，$\underline{g} = g\underline{\sigma}_0$ と単位行列に比例し，そのスカラー関数 g は

$$g(\omega_n, \boldsymbol{k}_{\mathrm{F}}, \boldsymbol{r}) = \mathrm{sgn}(\omega_n)[1 - f(\omega_n, \boldsymbol{k}_{\mathrm{F}}, \boldsymbol{r}) f^*(-\omega_n, \boldsymbol{k}_{\mathrm{F}}, \boldsymbol{r})]^{1/2} \tag{1.141}$$

と表せる．関数 $f(\omega_n, \boldsymbol{k}_{\mathrm{F}}, \boldsymbol{r})$ は，(1.132) より $f(\omega_n, \boldsymbol{k}_{\mathrm{F}}, \boldsymbol{r}) = f(-\omega_n, -\boldsymbol{k}_{\mathrm{F}}, \boldsymbol{r})$ を満たし，これを (1.141) に用いると，$g(\omega_n, \boldsymbol{k}_{\mathrm{F}}, \boldsymbol{r}) = g^*(\omega_n, -\boldsymbol{k}_{\mathrm{F}}, \boldsymbol{r})$ が成立することがわかる．以上の結果を (1.134) に代入すると，スカラー関数 $f = f(\omega_n, \boldsymbol{k}_{\mathrm{F}}, \boldsymbol{r})$ に対する方程式が

$$2\omega_n f + \hbar\boldsymbol{v}_{\mathrm{F}}\cdot\boldsymbol{\partial} f = 2\Delta g \tag{1.142}$$

と得られる．ここで，演算子 (1.135) を用いた．

この方程式を，$\Delta = \Delta(\boldsymbol{r})$ に関する摂動展開で解こう．具体的に，f と g を

$$f = \sum_{\nu=1}^{\infty} f^{(\nu)}, \qquad g = \mathrm{sgn}(\omega_n) + \sum_{\nu=2}^{\infty} g^{(\nu)} \tag{1.143}$$

と展開する．$g^{(1)} = 0$ は (1.141) から明らかであろう．この展開を (1.142) に代入し，微分演算子 $\hbar\boldsymbol{v}_{\mathrm{F}} \cdot \boldsymbol{\partial}$ を $O(\Delta)$ と見なすと，ν 次の方程式が

$$f^{(\nu)} = \frac{\Delta g^{(\nu-1)}}{\omega_n} - \frac{\hbar\boldsymbol{v}_{\mathrm{F}} \cdot \boldsymbol{\partial} f^{(\nu-1)}}{2\omega_n} \tag{1.144}$$

と得られる．初期条件は，$f^{(0)} = 0$，$g^{(0)} = \mathrm{sgn}(\omega_n)$，$g^{(1)} = 0$ である．これより 1 次の解は，容易に

$$f^{(1)} = \frac{\Delta}{|\omega_n|} \tag{1.145a}$$

と求まる．これを (1.141) に代入して (1.143) における g の展開と見比べると，$g^{(2)}$ が

$$g^{(2)} = -\mathrm{sgn}(\omega_n) \frac{|\Delta|^2}{2\omega_n^2} \tag{1.145b}$$

と得られる．次に，(1.144) で $\nu = 2$ とおいた方程式からは，$f^{(2)}$ が

$$f^{(2)} = -\frac{\hbar\boldsymbol{v}_{\mathrm{F}} \cdot \boldsymbol{\partial} f^{(1)}}{2\omega_n} = -\frac{\hbar\boldsymbol{v}_{\mathrm{F}} \cdot \boldsymbol{\partial}\Delta}{2\omega_n|\omega_n|} \tag{1.145c}$$

と求まる．さらに (1.141) より，$g^{(3)}$ が $f^* = f^*(-\omega_n, \boldsymbol{k}_{\mathrm{F}}, \boldsymbol{r})$ と略記して，

$$g^{(3)} = -\mathrm{sgn}(\omega_n) \frac{f^{(1)*} f^{(2)} + f^{(2)*} f^{(1)}}{2} = \hbar\boldsymbol{v}_{\mathrm{F}} \cdot \frac{\Delta^* \boldsymbol{\partial}\Delta - \Delta\boldsymbol{\partial}\Delta^*}{4|\omega_n|^3} \tag{1.145d}$$

と得られる．最後に，(1.144) で $\nu = 3$ とおいた式からは，$f^{(3)}$ が

$$f^{(3)} = \frac{\Delta g^{(2)}}{\omega_n} - \frac{\hbar\boldsymbol{v}_{\mathrm{F}} \cdot \boldsymbol{\partial} f^{(2)}}{2\omega_n} = -\frac{|\Delta|^2\Delta}{2|\omega_n|^3} + \frac{(\hbar\boldsymbol{v}_{\mathrm{F}} \cdot \boldsymbol{\partial})^2\Delta}{4|\omega_n|^3} \tag{1.145e}$$

と求まる．以上で，GL 方程式の導出に必要な準古典グリーン関数の展開式が準備できた．

次に，ペアポテンシャルに対する方程式を導出しよう．(1.137) で $l = m = 0$ の場合を考え，$\underline{\Delta}_{00} \to \underline{\Delta}$ と書きかえて (1.140) と $Y_{00}(\hat{\boldsymbol{k}}) = (4\pi)^{-1/2}$ を代

入する．そして，全体に $N(\varepsilon_{\mathrm{F}})$ を掛け，(1.143) における f の展開式を代入すると，

$$N(\varepsilon_{\mathrm{F}})\Delta(\boldsymbol{r})\ln\frac{T}{T_{\mathrm{c}}}+N(\varepsilon_{\mathrm{F}})\frac{\pi}{\beta}\sum_{n=-\infty}^{\infty}\left[\frac{\Delta(\boldsymbol{r})}{|\omega_n|}-\sum_{\nu=1}^{\infty}\int\frac{d\Omega_{\boldsymbol{k}}}{4\pi}f^{(\nu)}(\omega_n,\boldsymbol{k}_{\mathrm{F}},\boldsymbol{r})\right]=0 \tag{1.146}$$

となる．さらに，T_{c} 近傍での展開 $\ln(T/T_{\mathrm{c}})=\ln[1+(T-T_{\mathrm{c}})/T_{\mathrm{c}}]\simeq(T-T_{\mathrm{c}})/T_{\mathrm{c}}$ を用いると共に，括弧内第 2 項では $\nu\leq 3$ まで考慮して (1.145a)，(1.145c)，(1.145e) を代入すると，

$$a_2\Delta(\boldsymbol{r})+a_4|\Delta(\boldsymbol{r})|^2\Delta(\boldsymbol{r})-b_2\boldsymbol{\partial}^2\Delta(\boldsymbol{r})=0 \tag{1.147}$$

が得られる．ここで，係数 a_2，a_4，b_2 は以下のように定義されている．

$$a_2\equiv N(\varepsilon_{\mathrm{F}})\frac{T-T_{\mathrm{c}}}{T_{\mathrm{c}}} \tag{1.148a}$$

$$a_4\equiv N(\varepsilon_{\mathrm{F}})\frac{\pi}{2\beta}\sum_{n=-\infty}^{\infty}\frac{1}{|\omega_n|^3}\simeq\frac{7\zeta(3)N(\varepsilon_{\mathrm{F}})}{8(\pi k_{\mathrm{B}}T_{\mathrm{c}})^2} \tag{1.148b}$$

$$b_2\equiv N(\varepsilon_{\mathrm{F}})\frac{\pi(\hbar v_{\mathrm{F}})^2}{12\beta}\sum_{n=-\infty}^{\infty}\frac{1}{|\omega_n|^3}\simeq\frac{(\hbar v_{\mathrm{F}})^2}{6}a_4 \tag{1.148c}$$

(1.148b) では，(1.84) の右辺と同じ変形を用いた．a_4 と b_2 は正である．一方，a_2 は転移点で符号を変え，$T<T_{\mathrm{c}}$ で負の値をとる．

次に，マックスウェル方程式に移ろう．(1.143) の g の展開を (1.138) に代入し，$\nu\leq 3$ の寄与を取り込んで (1.145b) と (1.145d) を用いる．その結果を (1.148c) を使って表し，(1.114) に代入すると，

$$\boldsymbol{\nabla}\times\boldsymbol{B}=-\frac{2ie\mu_0 b_2}{\hbar}(\Delta^*\boldsymbol{\partial}\Delta-\Delta\boldsymbol{\partial}\Delta^*) \tag{1.149}$$

が得られる．

(1.147) と (1.149) が GL 方程式で，BCS 理論（1957 年）に先立つ 1950 年に，ギンツブルグとランダウが現象論的に書き下した[58]．それらを微視的に基礎づけて係数 a_2，a_4，b_2 の表式を与えたのがゴルコフである[38]．

(1.147) と (1.149) は，また，自由エネルギー汎関数

$$F_{\mathrm{sn}}=\int d^3r\left[a_2|\Delta|^2+\frac{a_4}{2}|\Delta|^4+b_2\Delta^*\left(-i\boldsymbol{\nabla}-\frac{2e}{\hbar}\boldsymbol{A}\right)^2\Delta+\frac{(\boldsymbol{\nabla}\times\boldsymbol{A})^2}{2\mu_0}\right] \tag{1.150}$$

の $\Delta^* = \Delta^*(r)$ と $\boldsymbol{A} = \boldsymbol{A}(\boldsymbol{r})$ に関する極値条件 $\delta F_{sn}/\delta\Delta^*(r) = 0$ と $\delta F_{sn}/\delta\boldsymbol{A}(\boldsymbol{r}) = \boldsymbol{0}$ に等価であることも容易に示せる[24]．非一様な系に特徴的な項は，(1.150) のカッコ内における第3項と第4項であり，それぞれ，超伝導電流の運動エネルギーと超伝導体内の磁場エネルギーを表している．運動エネルギー項の電荷は，クーパー対形成を反映して $2e$ となっている．また，(1.139) における記号との間に，

$$\left.\begin{aligned} \Psi(\boldsymbol{r}) = \frac{\sqrt{2m^* b_2}}{\hbar}\Delta(\boldsymbol{r}), \quad \alpha = \frac{\hbar^2}{2m^* b_2}a_2, \quad \beta = \left(\frac{\hbar^2}{2m^* b_2}\right)^2 a_4 \\ e^* = 2e, \quad m^* = 2m \end{aligned}\right\} \tag{1.151}$$

の関係がある．ギンツブルグとランダウの原論文では，(1.139) の e^* が e，m^* が m となっており，対凝縮の概念が生まれていなかったことがわかる．

なお，ここでは考慮しなかった不純物散乱の効果をs波散乱のボルン近似で取り込むと，(1.148c) が，

$$b_2 = \frac{(\hbar v_F)^2}{6}a_4\chi, \quad \chi \equiv \frac{8}{7\zeta(3)}\sum_{n=0}^{\infty}\frac{1}{(2n+1)^2(2n+1+\hbar/2\pi k_B T_c\tau)} \tag{1.152}$$

へと変更されることが解っている[24, 38]．ここで，τ は不純物散乱の緩和時間である．不純物散乱の効果で τ が小さくなると，(1.150) のカッコ内第3項の寄与が減少する．すなわち，不純物散乱により，超伝導電流に伴う運動エネルギーの増大が抑制されるのである．$e^* = 2e$，$m^* = 2m$ の結果に加えて，この点が明らかになったのは微視的導出の大きな成果である．

参考文献

[1]　J. Bardeen, L. N. Cooper and J. R. Schrieffer：Phys. Rev. **108** (1957) 1175.

[2]　恒藤敏彦 著：「超伝導の探求」(岩波書店，1995年)．

[3]　L.N. Cooper and D. Feldman (eds.)："*BCS：50 Years*" (World Scientific, Hackensack, 2011)．

[4]　C. Kittel："*Introduction to Solid State Physics*" (Wiley, New York, 2005)．

[5]　B. W. Roberts：J. Phys. Chem. Ref. Data **5** (1976) 581.

[6]　J. G. Bednorz and K. A. Müller：Z. Phys. **B 64** (1986) 189.

[7]　C. Fischer, G. Fuchs, B. Holzapfel, B. Schüpp－Niewa and H. Warlimont："*Springer Handbook of Condensed Matter and Materials Data*", ed. by W. Martienssen, and H. Warlimont (Springer－Verlag, Berlin, 2005) Chap. 4.2. さまざまな超伝導物質とそれらの転移温度についての簡便なデータ集.

[8]　J. Nagamatsu, N. Nakagawa, T. Muranaka, Y. Zenitani and J. Akimitsu：Nature **410** (2001) 63.

[9]　H. Takahashi, K. Igawa, K. Arii, Y. Kamihara, M. Hirano and H. Hosono：Nature **453** (2008) 376.

[10]　W. E. Keller："*Helium－3 and Helium－4*" (Plenum, New York, 1969).

[11]　P. Kapitza：Nature **141** (1938) 74.

[12]　J. F. Allen and A. D. Misener：Nature **141** (1938) 75.

[13]　W. Heisenberg, Z. Phys. **33** (1925) 879, M. Born and P. Jordan：Z. Phys. **34** (1925) 858, M. Born, W. Heisenberg and P. Jordan：Z. Phys. **35** (1926) 557.

[14]　E. Schrödinger：Ann. d. Physik **79** (1926) 361, 489, 734, **80** (1926) 437, **81** (1926) 109, Phys. Rev. **28** (1926) 1049.

[15]　S. N. Bose：Z. Phys. **26** (1924) 178.

[16]　A. Einstein：Sitzungsber. Kgl. Preuss. Akad. Wiss. **22** (1924) 261, **23** (1925) 3, 18.

[17]　W. Pauli：Z. Phys. **31** (1925) 765.

[18]　E. Fermi：Rend. Lincei **3** (1926) 145, Z. Phys. **36** (1926) 902.

[19]　M. Fierz：Helv. Phys. Acta **12** (1939) 3.

[20]　W. Pauli：Phys. Rev. **58** (1940) 716.

[21]　F. London：Nature **141** (1938) 643.

[22]　L. N. Cooper：Phys. Rev. **104** (1956) 1189.

[23]　S. Tomonaga：Prog. Theor. Phys. **2** (1947) 6.

[24]　北 孝文 著：「統計力学から理解する超伝導理論」(サイエンス社, 2013年), T. Kita："*Statistical Mechanics of Superconductivity*" (Springer Japan, Tokyo, 2015).

[25]　森口繁一, 宇田川銈久, 一松信 著「岩波 数学公式 III」(岩波書店, 1960年).

[26]　M.R. Schafroth, Phys. Rev. **96** (1954) 1442, see also, M.R. Schafroth, S.T.

Butler and J. M. Blatt：Helv. Phys. Acta **30** (1957) 93.

[27] M. R. Schafroth：Phys. Rev. **96** (1954) 1149, **100** (1955) 463.

[28] V. Ambegaokar：“*Superconductivity*”, ed. by R. D. Parks, Vol. 1 (Marcel Dekker, New York, 1969) Chap. 5.

[29] M. Ishikawa：Prog. Theor. Phys. **57** (1977) 1836.

[30] T. Kita：J. Phys. Soc. Jpn. **65** (1996) 1355.

[31] E. C. G. Sudarshan：Phys. Rev. Lett. **10** (1963) 277.

[32] R. J. Glauber：Phys. Rev. **131** (1963) 2766.

[33] N. N. Bogoliubov：Zh. Eksp. Teor. Fiz. **34** (1958) 58 [Sov. Phys. JETP **7** (1958) 41]；Nuovo Cimento **7** (1958) 794.

[34] J. G. Valatin：Nuovo Cimento **7** (1958) 843.

[35] “*Superconductivity*”, Vol. 1, ed. by R. D. Parks (Marcel Dekker, New York, 1969).

[36] C. Caroli, P. G. de Gennes and J. Matricon：Phys. Lett. **9** (1964) 307, P.G. de Gennes：“*Superconductivity of Metals and Alloys*” (W.A. Benjamin, New York, 1966).

[37] A. F. Andreev：Zh. Eksp. Teor. Fiz. **46** (1964) 1823 [Sov. Phys. JETP **19** (1964) 1228].

[38] L. P. Gor'kov：Zh. Eksp. Teor. Fiz. **36** (1959) 1918 [Sov. Phys. JETP **9** (1959) 1364], Zh. Eksp. Teor. Fiz. **37** (1959) 1407 [Sov. Phys. JETP **10** (1960) 998].

[39] 森口繁一，宇田川銈久，一松信 著：『岩波 数学公式 II』(岩波書店，1960 年).

[40] A. J. Leggett：Rev. Mod. Phys. **47** (1975) 331.

[41] D. Vollhardt and P. Wölfle：“*The Superfluid Phases of Helium 3*” (Taylor & Francis, London, 1990), p. 31.

[42] W. N. Hardy, D. A. Bonn, D. C. Morgan, Ruixing Liang and Kuan Zhang：Phys. Rev. Lett. **70** (1993) 3999.

[43] D. A. Wollman, D. J. Van Harlingen, W. C. Lee, D. M. Ginsberg and A. J. Leggett：Phys. Rev. Lett. **71** (1993) 2134.

[44] K. Yosida：Phys. Rev. **110** (1958) 769.

[45] F. London：“*Superfluids, Vol. I*” (Dover, New York, 1961).

[46] W. Meissner and R. Ochsenfeld：*Naturwissenschaften* **21** (1933) 787.

[47] 矢野健太郎，石原繁 著：「大学演習 ベクトル解析」(裳華房，1964 年).

[48] F. London：Phys. Rev. **74** (1948) 562.

[49] B. S. Deaver, Jr. and W.M. Fairbank：Phys. Rev. Lett. **7** (1961) 43.

[50] R. Doll and M. Näbauer：Phys. Rev. Lett. **7** (1961) 51.

[51] G. Eilenberger：Z. Phys. **214** (1968) 195.

[52] J.W. Serene and D. Rainer：Phys. Rep. **101** (1983) 221.

[53] T. Kita：Prog. Theor. Phys. **123** (2010) 581.

[54] Y. Nagato, S. Higashitani, K. Yamada and K. Nagai：J. Low Temp. Phys. **103** (1996) 1.

[55] T. Kita：Phys. Rev. **B 64** (2001) 054503.

[56] T. Kita and M. Arai：Phys. Rev. **B 70** (2004) 224522.

[57] H. M. Adachi, M. Ishikawa, T. Hirano, M. Ichioka and K. Machida：J. Phys. Soc. Jpn. **80** (2011) 113702.

[58] V. L. Ginzburg and L.D. Landau：Zh. Eksp. Teor. Fiz. **20** (1950) 1064.

第2章
超伝導磁束状態と非従来型超伝導の理論

2.1 はじめに — 超伝導磁束状態とは？

電気抵抗の消失（ゼロ抵抗），磁束の量子化，といった超伝導特性の根幹にあるのが，外部磁場による磁束を完全に排除するマイスナー効果である．しかし，外部磁場がある程度強まれば，超伝導物質に磁束が侵入せざるを得ない．磁束が侵入した状態が平衡状態において正常金属相にしかなれない超伝導物質もあれば，磁束が侵入した相がゼロ抵抗という意味での超伝導相となりうる超伝導物質もある．後者の磁束を有する超伝導相のことを本書では超伝導磁束状態とよび，この磁束状態を有する超伝導体のことを第2種超伝導体とよぶ．そして，第2種超伝導体では侵入した磁束の担い手が渦糸という，磁場が誘起する線状の励起であるため，磁束状態のことを渦糸状態ともよぶ．実用上対象となるのは，永久磁石と反発する超伝導状態であるが，これがまさに磁束状態，あるいは渦糸状態，のことであるため，磁束状態の物理を理解することは重要である．

この章ではまず，磁束状態を有する第2種超伝導体を定義するために，一様な外部磁場下にある超伝導体の電磁的性質に基づいた分類をするところから話を始める．

2.2 磁場下での2つのタイプの超伝導

超伝導体の電磁的性質による分類を行うのに物質における電子状態の詳細に立ち入る必要はないため，第1章で導出されたギンツブルク - ランダウ（Ginzburg - Landau, GL）自由エネルギーに基づいた記述を利用する．秩序パラメーターを振幅と位相に分けて $\Delta = |\Delta| \exp(i\varphi)$ と表して，第1章の

(1.150) を書き直すと[†1]，超伝導状態におけるギブス（Gibbs）自由エネルギーは，

$$G_S(H) = G_N(0) + N(0)\int d^3r\left[\varepsilon_0|\Delta|^2 + \frac{b}{2}|\Delta|^4 + \xi_0^2(\nabla|\Delta|)^2 + \left(\frac{2\pi}{\Phi_0}\xi_0|\Delta|\right)^2\left(\boldsymbol{A} + \frac{\Phi_0}{2\pi}\nabla\varphi\right)^2\right] + \frac{1}{2\mu_0}\int d^3r\,[\boldsymbol{B}^2 - 2\mu_0\boldsymbol{H}\cdot\boldsymbol{B}] \tag{2.1}$$

となる．ただし，$\boldsymbol{B} = \nabla\times\boldsymbol{A}$，$\varepsilon_0 = \ln(T/T_{c0})$，$b > 0$，$T_{c0}$ が平均場近似で得られたゼロ磁場での転移温度である．また，$G_N(H)$ が磁場 $\boldsymbol{H}$ の下での正常相の自由エネルギーで，それは上式において $\Delta = 0$ とおいて与えられる．

超伝導状態に着目する時，第1章で説明された平均場近似解からのずれは小さいとする仮定がしばしば有用となる．そこで，(2.1) 2行目の最初の係数にある $|\Delta|$ を，その平均場の値 $|\Delta_e| \equiv \sqrt{(-\varepsilon_0)/b}$ におきかえ，そして，$|\Delta|$ やベクトルポテンシャル $\boldsymbol{A}$ に関する2次項を見ることにより，Δ と $\boldsymbol{A}$ に関する特徴的な長さがそれぞれ，

$$\left.\begin{aligned} \xi(T) &= \frac{\xi_0}{\sqrt{|\varepsilon_0|}} \\ \lambda(T) &= \frac{1}{\xi_0|\Delta_e|\sqrt{2\mu_0 N(0)}}\frac{\Phi_0}{2\pi} = \xi(T)\frac{\Phi_0}{2\pi\xi_0^2}\sqrt{\frac{b}{2\mu_0 N(0)}} \end{aligned}\right\} \tag{2.2}$$

で与えられることがわかる．秩序パラメーターの変化のスケールである $\xi(T)$ をコヒーレンス長といい，$\lambda(T)$ は，電磁場のスケールである磁場侵入長で，正常相において $\lambda(T)$ は無限に長い．

これらの2つの長さの比

$$\kappa \equiv \frac{\lambda(T)}{\xi(T)} = \frac{\Phi_0}{2\pi\xi_0^2}\sqrt{\frac{b}{2\mu_0 N(0)}} \tag{2.3}$$

の値に応じて，2つのタイプの超伝導体に分類されることがわかる．それを

---

†1 ここでは，第1章の (1.150) の係数 a_2，b_2，a_4 をそれぞれ，$N(0)\varepsilon_0$，$N(0)\xi_0^2$，$N(0)b$ と表記する．$N(0)$ は，各スピン成分の伝導電子のフェルミ面上での状態密度である．

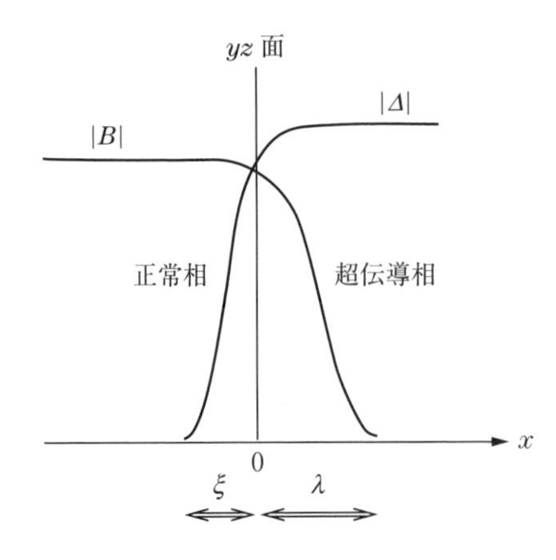

図 2.1　yz 面が正常相と超伝導（マイスナー）相との界面を形成している状況．正常相への超伝導秩序の侵入と超伝導相への磁束の侵入を表す長さがそれぞれ，コヒーレンス長 ξ と磁場侵入長 λ である．

見るには，正常相と超伝導相とが平面境界で隔てられた場合（図 2.1）において，この境界面の表面張力[1,2]

$$\alpha_{\mathrm{N,S}} \equiv \frac{1}{S_{\mathrm{A}}}\left(G_{\mathrm{S}}(H) - G_{\mathrm{N}}(H)\right) \tag{2.4}$$

に着目するとよい．S_{A} は境界面の面積である．

図 2.1 の状況では，$|\Delta|$ と $\boldsymbol{A}$ は共に x にのみ依存する．位相 φ の微分が現れているが，位相が実空間で特異点をもたない限りゲージ変換により位相は消去できるので，初めから無視してよい．さらに，ロンドン（London）ゲージ $\boldsymbol{\nabla}\cdot\boldsymbol{A} = dA_x/dx = 0$ を選ぶことにより，$\boldsymbol{A}$ はその横成分だけ保持すればよい．結果として，(2.4) の右辺は 1 次元の積分計算の問題になるが，これはきちんと解析でき，$\kappa = 1/\sqrt{2}$ の時に $\alpha_{\mathrm{N,S}} = 0$ となることが示される[1]．

ここでは特に，$\kappa \gg 1$ という極端な場合に目を向けてみる[2]．この極限を ξ_0 が無限小の場合と見なせば，図 2.1 で Δ が $x = 0$ で不連続に変化する場合に相当する．したがって，$G_{\mathrm{GL}} \equiv G_{\mathrm{S}} - G_{\mathrm{N}}(0)$ におけるすべての $|\Delta|$ をその平衡値 Δ_{e} で以下のようにおきかえることにする[3,4]．

$$G_{\mathrm{GL}} \simeq -V\frac{\mu_0 H_{\mathrm{c}}^2(T)}{2} + \frac{1}{2\mu_0}\int d^3r\Bigg[(\boldsymbol{\nabla}\times\boldsymbol{A} - \mu_0 H\hat{z})^2 - (\mu_0 H)^2 + \frac{1}{\lambda^2(T)}\left(\boldsymbol{A} + \frac{\Phi_0}{2\pi}\boldsymbol{\nabla}\varphi\right)^2\Bigg] \tag{2.5}$$

これをロンドン極限という．上式の右辺第 1 項が凝縮エネルギーである（(1.94) を参照せよ)．振幅 $|\Delta|$ を一定にしたため，このロンドンモデルでは，コヒーレンス長 $\xi(T)$ が特徴的長さとして登場しない．この (2.5) を (2.4) に代入して，マックスウェル (Maxwell) 方程式 $\boldsymbol{\nabla}\times\boldsymbol{B}=\mu_0\boldsymbol{j}=-(\boldsymbol{A}+\Phi_0\boldsymbol{\nabla}\varphi/2\pi)/\lambda^2(T)$ と，界面での解 $B=\mu_0H\exp(-x/\lambda)$ ((1.119)) を用いると

$$\alpha_{\mathrm{N,S}}=\frac{1}{2\mu_0}\int_0^\infty dx\,[(\boldsymbol{B}-\mu_0\boldsymbol{H})^2+\lambda^2(T)(\partial_x\boldsymbol{B})^2-(\mu_0H_{\mathrm{c}})^2]$$
$$=-\mu_0\frac{H_{\mathrm{c}}^2}{2}\lambda(T) \tag{2.6}$$

となり，表面張力が負であることがわかる．ここで，相平衡で $H=H_{\mathrm{c}}$ とおけることを用いた．

さらに詳細な解析から，$\kappa>1/\sqrt{2}$ では $\alpha_{\mathrm{N,S}}<0$，$\kappa<1/\sqrt{2}$ では $\alpha_{\mathrm{N,S}}>0$ であることがわかる[1]．アルミニウムなどの単体の金属などは $\kappa<1/\sqrt{2}$ の第 1 種超伝導体に属し，磁場下でマイスナー（Meissner）相（完全反磁性を示す超伝導相）は平衡状態では正常相へ 1 次転移する．一方，$\kappa>1/\sqrt{2}$ である第 2 種超伝導体では表面張力が負で，より広い表面を有する構造，つまり正常相領域とマイスナー相領域とが混在した不均一な状態が平衡状態として起こる．これがこの後で述べる磁束（渦糸）状態であり，図 2.1 の正常相の領域が磁束を通す渦糸の芯に相当する．

2.3　渦糸格子の平均場理論

2.3.1　弱磁場下の渦糸格子

$\kappa>1/\sqrt{2}$ を満足する超伝導体，すなわち第 2 種超伝導体における渦糸状態の記述の手始めとして，1 本の量子渦の芯付近の状況をまず考えよう．量子渦糸はトポロジカル励起とよばれ，エネルギーギャップ $|\Delta|$ を有する 1 粒子フェルミ（Fermi）励起よりも有効な形で超伝導状態の変化や破壊に寄与する．しばらくの間，直線状の 1 本の量子渦を対象とするので，理論的な記述に磁束密度方向の座標 z への依存性は現れない．式の上では，これは 2 次元系の取り扱いになるので，2 次元系の点渦 1 個を以下の議論で考えてい

ると見てもよい．点渦の中心は 2 次元面での位相の特異点で，それが原点 $\boldsymbol{r} = 0$ にあるとすると，この点周りの任意の閉曲線 C に対して線積分

$$\int_C d\boldsymbol{l} \cdot \boldsymbol{\nabla}\varphi = 2\pi n_\phi \tag{2.7}$$

が成り立つが，これは，ストークス（Stokes）の定理を使って微分形

$$\left(\frac{\partial^2}{\partial x \partial y} - \frac{\partial^2}{\partial y \partial x}\right)\varphi = 2\pi n_\phi \delta^{(2)}(\boldsymbol{r}) \tag{2.8}$$

で表現してもよい．このように，渦中心の周りを一周すると位相 φ が 2π の整数 n_ϕ 倍変化する．秩序パラメーターが原点の周りで円筒対称であることを要求すると，この位相は単に 2 次元での方位角の n_ϕ 倍，つまり $\varphi = n_\phi \tan^{-1}(y/x)$ となる．

次に，秩序パラメーターの振幅 $|\varDelta|$ の原点周りでの振舞を GL 自由エネルギーを使ってみてみよう．渦糸 1 本なので，系の円筒対称性を仮定してよい．λ が十分長いとして，渦付近ではベクトルポテンシャルが寄与しないと考えよう．(2.2) から，1 つの見方として，λ が長い原因は電荷 $2\pi/\phi_0$ が小さいことにあると観ることもできるので，この状況では，ベクトルポテンシャルの変化が位相勾配 $\boldsymbol{\nabla}\varphi$ に追随できないと見ることもできよう．(2.1) で $\boldsymbol{A}$ を無視して，$|\varDelta|$ と φ について変分をとると，

$$\left.\begin{aligned} \xi_0^2(-\boldsymbol{\nabla}^2|\varDelta| + |\varDelta|(\boldsymbol{\nabla}\varphi)^2) + \varepsilon_0|\varDelta| + b|\varDelta|^3 = 0 \\ \boldsymbol{\nabla}(|\varDelta|\boldsymbol{\nabla}\varphi) = 0 \end{aligned}\right\} \tag{2.9}$$

となるが，$\boldsymbol{\nabla}\varphi$ が大きさは $|n_\phi|/r$（ただし，$r = \sqrt{x^2 + y^2}$）だが，動径に垂直方向に向いているので，上の第 2 式は自動的に成立している．そして，第 1 式を渦芯近くで満たす解として

$$\varDelta = |\varDelta| e^{i\varphi} \simeq \left(x + i\frac{n_\phi}{|n_\phi|}y\right)^{|n_\phi|} \tag{2.10}$$

が得られる．つまり，渦芯は位相の特異点だが，振幅 $|\varDelta|$ がそこで消失することで秩序パラメーターの 1 価性は保たれている．一方，渦から遠くでは $|\varDelta|$ は一様解 $|\varDelta_{\mathrm{e}}|$ に近づくので，例えば $|\varDelta|/|\varDelta_{\mathrm{e}}|$ に関する式として (2.9) の第 1 式を書きなおせば，$\xi(T)$ が渦芯の特徴的サイズを表すということもわかる．

ただ，振幅が小さい渦芯付近は自由エネルギーへの寄与が小さい．そし

て，渦芯から遠くになると今度は $\boldsymbol{A}$ を一般には無視できない．そこで次に，渦中心から遠くでは $|\Delta|=|\Delta_e|$ とおいて得られる前出のロンドン極限により自由エネルギーを評価しよう．(2.5) の $-\boldsymbol{H}\cdot\boldsymbol{B}$ 項により，磁場が増えると量子渦の侵入が起こりやすくなることは容易に予見できる．(2.5) を $\boldsymbol{A}$ で変分して得られるのが前出のマックスウェル方程式で，それを電流密度 $\boldsymbol{j}$ の 2 乗積分に相当する (2.5) の最後の項に適用すると，自由エネルギー (2.5) の凝縮エネルギーからの増分 ΔG_{GL} は

$$\Delta G_{\mathrm{GL}}=\frac{1}{2\mu_0}\int d^3\boldsymbol{r}\,[\lambda^2(\boldsymbol{\nabla}\times\boldsymbol{B})^2+\boldsymbol{B}^2]-HB_0V \tag{2.11}$$

となる．ここで，$B_0=\hat{\boldsymbol{z}}\cdot\langle\boldsymbol{B}\rangle_{\mathrm{s}}$ は磁束密度の一様成分，$H=\hat{\boldsymbol{z}}\cdot\boldsymbol{H}$ は外部磁場の大きさ，$\langle\ \rangle_{\mathrm{s}}$ は空間平均を表す．一方，上記のマックスウェル方程式を微分して (2.8) を用いると，原点にある 1 個の渦に伴う磁束密度 $\boldsymbol{B}(\boldsymbol{r})$ は $(-\lambda^2\boldsymbol{\nabla}^2+1)\boldsymbol{B}(\boldsymbol{r})=\Phi_0 n_\phi\hat{\boldsymbol{z}}\delta^{(2)}(\boldsymbol{r})$ に従い，これの解は

$$\boldsymbol{B}(\boldsymbol{r})=\hat{\boldsymbol{z}}\frac{\Phi_0 n_\phi}{2\pi\lambda^2}K_0\left(\frac{r}{\lambda}\right) \tag{2.12}$$

となる．ここで，$K_0(x)$ は変形ベッセル（Bessel）関数で，$|x|\ll 1$ で $\simeq -\ln|x|$ で近似される．

これらの式を用いて，渦 1 本の場合における渦の単位長さ当りの自由エネルギー $\Delta G_{\mathrm{GL}}/L_z$（$L_z$ は渦糸の長さ）は，結局

$$\begin{aligned}\frac{\Delta G_{\mathrm{GL}}}{L_z}&=-\frac{\Phi_0 n_\phi}{2\mu_0}\hat{\boldsymbol{z}}\cdot\boldsymbol{B}(0)-\Phi_0 H\\&=\frac{(\Phi_0 n_\phi)^2}{4\pi\mu_0\lambda^2}\ln\kappa-\Phi_0 H\end{aligned} \tag{2.13}$$

となる．この結果から，下部臨界磁場，つまり磁束が侵入してマイスナー効果が壊れ始める磁場 $H_{\mathrm{c1}}(T)$ は

$$H_{\mathrm{c1}}(T)=\frac{\Phi_0}{4\pi\mu_0\lambda^2(T)}\ln\kappa=\frac{H_{\mathrm{c}}(T)}{\sqrt{2}\kappa}\ln\kappa \tag{2.14}$$

で与えられ，ロンドン極限が正しい第 2 種極限では，第 1 種超伝導体の熱力学的臨界磁場 $H_{\mathrm{c}}(T)$ より小さい．一旦，磁束線が入ればマイスナー相ではないので，前節の考察と合致して，第 2 種超伝導体において $H_{\mathrm{c}}(T)$ という磁場ではもはや何も起こらない．磁場 H が増えれば渦の数が増えて，さら

に磁束は侵入し，渦間の平均間隔 a_ϕ が磁場侵入長より十分に長ければ，((2.12) の $K_0(r)$ の遠方での漸近形を反映して) 渦間の相互作用は指数関数的に弱いが，それでも無視はできなくなる．磁束の量子化により渦の数密度は B_0/Φ_0，つまり $a_\phi=\sqrt{\Phi_0/B_0}$ であるから，この低磁場領域は $B_0 \ll \mu_0 H_{c1}$ と定義される．この領域での B_0 の磁場依存性の導出過程[4,5] は少々複雑なのでここでは割愛して，その結果だけをここで与えておこう．

$$B_0 \simeq \frac{2\Phi_0}{\sqrt{3}\lambda^2(T)}\left[\ln\left(\frac{18H_{c1}(T)}{H-H_{c1}(T)}\right)\right]^{-2} \tag{2.15}$$

このように，$H=H_{c1}(T)$ での転移は連続転移で B_0 をその秩序パラメーターとして選ぶことができるが，その磁場依存性は先述の指数関数的に落ちる相互作用の結果として対数関数に従う弱い関数形となる．ただ，ここでは渦が低密度であって，渦糸間の弱い相互作用が実際の系に含まれる不純物による渦のピン止め効果で遮蔽されやすいために，実験的にこの関数形を得ることは容易ではない．

次に，磁束密度が十分侵入して，$\xi(T) \ll a_\phi \ll \lambda(T)$ が成り立ち，それでもロンドン極限が依然として適用できる状況に話を移そう．今，渦糸が多数励起されて格子を組んでいる（渦糸格子，あるいは渦糸固体）とする．渦糸のトポロジカル数の大きさ $|n_\phi|$ は小さいほどエネルギーを下げられるのですべて1だとすると，渦が多数の場合，(2.8) の右辺は閉曲線 C で囲まれた渦についての和の形をとる．つまり，渦格子における ν 番目の渦の2次元面での座標（磁場に垂直方向の座標）を $\boldsymbol{R}_\nu$ とすれば，マックスウェル方程式が線形なので，(2.8) の右辺はデルタ関数の重ね合わせ $\sum_\nu \delta^{(2)}(\boldsymbol{r}-\boldsymbol{R}_\nu)$ でおきかえられる．格子の単位胞の面積が a_ϕ^2 であることとポワッソン (Poisson) の和公式

$$\sum_\nu \delta^{(2)}(\boldsymbol{r}-\boldsymbol{R}_\nu)=a_\phi^{-2}\sum_{\boldsymbol{K}}\exp(i\boldsymbol{K}\cdot\boldsymbol{r}) \tag{2.16}$$

を通して，逆格子ベクトルが導入される．こうして，

$$\left.\begin{aligned} B &= \sum_{\boldsymbol{K}}\frac{B_0}{1+\lambda^2K^2}e^{i\boldsymbol{K}\cdot\boldsymbol{r}} \\ \frac{\Delta G_{GL}}{V} &= \frac{B_0^2}{2\mu_0}\sum_{\boldsymbol{K}}\frac{1}{1+\lambda^2K^2}-HB_0 \end{aligned}\right\} \tag{2.17}$$

を得る.

中間磁場領域 $\xi(T) \ll a_\phi \ll \lambda$ でこの式を用いて，三角格子が四角格子よりエネルギーが低いことが示される．ただし，$\boldsymbol{K}$ に関して高次の項を考慮すると，対関数がフェルミ面にわたって 4 回対称性を示す d 波超伝導体では，四角格子が広い磁場域で安定化されることがわかる[6]．また，この磁場領域では $1 + \lambda^2 K^2$ を $\lambda^2 K^2$ でおきかえることができ，反磁性磁化を与える式

$$\mu_0 M = B_0 - \mu_0 H \simeq -\frac{\Phi_0}{4\pi\lambda^2} \ln\left(\frac{\Phi_0}{B_0 \xi^2}\right) \tag{2.18}$$

が得られる．上記のおきかえ $(1 + \lambda^2 K^2 \to \lambda^2 K^2)$ は，磁場の空間変化 $\delta\boldsymbol{B} = \boldsymbol{B} - B_0 \hat{\boldsymbol{z}}$ が無視できることを意味する．このように温度変化する磁化を有する以上，この渦糸格子状態は静的なマイスナー効果をもたない[7]．後述する渦糸フロー抵抗の存在はこれと合致する．

2.3.2 超伝導状態における磁性

これまで，第 1 章の磁場がない場合の BCS 理論から導出された GL 自由エネルギーを基に，磁場下の超伝導に話が及んでいたが，超伝導への別の磁場効果にはまだ触れていない．上述の磁場効果は，電子のローレンツ（Lorentz）運動（軌道自由度）に由来し，秩序パラメーターの位相勾配 $\boldsymbol{\nabla}\varphi$ に比例するクーパー（Cooper）対の速度と結合するものであるが，電子スピンによるゼーマン（Zeeman）項を通しての磁場効果は考慮されていなかった．実は，準粒子エネルギーギャップという新たなエネルギースケールの出現により，このスピンへの磁場効果は多くの超伝導体の超伝導相において無視できることがわかる．ここでは，このことについて簡潔に説明しておこう．

正常金属相の伝導電子を自由電子モデルで描写した場合，伝導電子はそのスピンの磁場への応答による（1）常磁性と，その軌道運動に関する（2）反磁性，の 2 つの磁性を有する．フェルミ縮退した絶対零度近くで，（1）はパウリ（Pauli）常磁性，（2）はランダウ（Landau）反磁性とそれぞれよばれ，正常相では伝導電子系のエネルギースケールがバンド幅，あるいはフェルミエネルギー（化学ポテンシャル）しかないことを反映して，上記 2 つの

磁性の帯磁率への寄与は自由電子の場合ではそれぞれ，$2\mu_0 N(0)\mu_B^2$，$-2\mu_0 \times N(0)\mu_B^2/3$ となる．つまり，互いに符号は反対だが，同程度の大きさとなる．ここで，$\mu_B = |e|\hbar/2m$ はボーア（Bohr）磁子の大きさである．

次に，超伝導状態においての軌道磁場効果を見るために，ランダウが提案した流れの場の中での超流動安定性の議論[1] を利用してみる．それによれば，一定の流速 $\boldsymbol{V}$ で流れる量子流体の流れに乗った座標系での素励起の励起エネルギーは，ガリレイ（Galilei）変換により

$$E_{\boldsymbol{k}} + \hbar \boldsymbol{V} \cdot \boldsymbol{k} \tag{2.19}$$

で与えられ，これが正であれば，仮定した超流動という基底状態は安定となる．ここで，$E_{\boldsymbol{k}}$ は静止座標系での波数 $\boldsymbol{k}$ の素励起のエネルギー（第1章の(1.66)参照）である．今，$E_{\boldsymbol{k}}$ は（正常状態での）フェルミ面上で $|\Delta(T)|$ 以上の値をとるため，$|\boldsymbol{V}| \equiv v_F Q/k_F$ として流速に相当する長さのスケール $2\pi/Q$ を導入すると，流れが弱く，$Q^{-1} > \xi(T) = \hbar v_F/|\Delta(T)|$ であれば超流動は安定であることになる．通常，BCS 理論に従うと，伝導電子間の平均間隔よりクーパー対のサイズに相当するコヒーレンス長ははるかに長い．そして，$\xi(T)$ $(>\xi_0)$ が超流動性の安定性にとっての最短のスケールになっていることは，$\xi(T)$ が量子渦の最短スケールである芯のサイズになっていることと符合する．

今，その量子渦が大量に出現して超伝導が壊れる状況を考えよう．図 2.2 にあるように，接近する渦の芯同士が重なり合う状況がクーパー対破壊に相当し，正常相と超伝導相の間における相境界の上限に相当するであろう．この状況では $H - B_0/\mu_0 \ll H$ であり，渦は，第1章で紹介された磁束の量子化の具体例であるから，渦間の平均間隔 $r_B \equiv a_\phi/\sqrt{2\pi}$ が $\xi(T)$ に近づくというのが図 2.2 の状況である．こうして，クーパー対破壊磁場

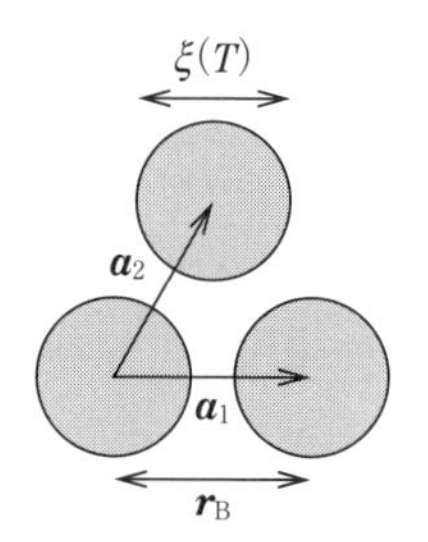

図 2.2　渦の三角格子とその格子ベクトル $\boldsymbol{a}_1$，$\boldsymbol{a}_2$．円内の灰色部分が渦糸芯を表す．渦糸芯の直径はコヒーレンス長のオーダーである（(2.10) に続く文章を参照せよ）．

$$H_{c2}(T) = \frac{\Phi_0}{2\pi\mu_0\xi^2(T)} = \sqrt{2}\kappa H_c(T) \tag{2.20}$$

が定義される．ここで，$H_c(T)$ は第 1 章で定義された第 1 種超伝導体の熱力学的臨界磁場である．歴史的な理由で，対破壊磁場 H_{c2} はしばしば上部臨界磁場とよばれるが，後述するように実際には超伝導転移線ではない．

一方，渦とは独立に，電子のスピンへの磁場効果，つまりゼーマン効果によるクーパー対破壊も可能である．この対破壊磁場 H_P の大きさは，パウリ常磁性による磁場エネルギーと超伝導凝縮エネルギー $N(0)|\varDelta|^2$ との比較，あるいはゼーマンエネルギーと超伝導ギャップとの比較で評価でき，$H_P = |\varDelta|/(\sqrt{2}\mu_B)$ となる．しかし，しばしば，真木パラメーター α_M とよばれる 2 つの対破壊磁場の比 $H_{c2}(0)/H_P(0)$ は，ボーア磁子の表式を使うと $\alpha_M = |\varDelta(0)|/(4\sqrt{2}E_F) = O(T_c/E_F)$ となり，多くの超伝導体においては十分に小さい．つまり，パウリ常磁性は多くの系において磁場下の超伝導を語る際に無視できるのである．しかし，フェルミ液体論[1] に従って，一般に超伝導のクーパー対を形成するのは斥力相互作用による“衣を着て”大きくなった有効質量 $m^*(>m)$ をもつ準粒子であって，その結果，物質によっては真木パラメーターがオーダー 1 の量になることが可能となる．最近研究対象となることの多い重い電子系物質などでは，パウリ常磁性対破壊が高磁場領域で無視できず，高磁場超伝導状態が新奇な相にとって代わられている実例がある[8, 9]．このように例外もあるが，ここでは先述の内容に従って，パウリ常磁性を無視した記述を続けることにする．

2.3.3　強磁場下での渦糸格子

十分磁場 H が強い場合，渦糸間の距離が縮まり，振幅 $|\varDelta|$ の座標依存性も無視できない．以下では，GL 自由エネルギー (2.1) を直接用いて，高磁場側からの渦糸状態の記述を行う．まず，磁束密度を一様成分（平均）と変調（ゆらぎ）とに分けて $\boldsymbol{B} = (B_0 + \delta B)\hat{\boldsymbol{z}}$ と書こう．ただし，$\delta B\hat{\boldsymbol{z}} = \boldsymbol{\nabla} \times \delta\boldsymbol{A}$，$\langle \delta B \rangle_s = 0$ である．渦は磁場に沿ってまっすぐで，一方で渦糸格子により $\varDelta$ は xy 面内では変調するので，$\varDelta$ は x, y のみの関数であるとしてよい．その時，GL 自由エネルギーは

$$
\left.
\begin{aligned}
G_{\mathrm{GL}} &= F_\varDelta + \frac{L}{2\mu_0}\int d^2r\,[(B_0-\mu_0H)^2-(\mu_0H)^2] \\
\frac{F_\varDelta}{L} &= N(0)\int d^2r\Big[\xi_0^2|\boldsymbol{\varPi}\varDelta|^2+\varepsilon_0|\varDelta|^2+\frac{b}{2}|\varDelta|^4 \\
&\quad + \frac{2\pi\xi_0^2}{\varPhi_0}\Big(\delta\boldsymbol{A}\cdot[\varDelta^*\boldsymbol{\varPi}\varDelta+\mathrm{c.c.}]+\frac{2\pi}{\varPhi_0}\delta\boldsymbol{A}^2|\varDelta|^2\Big)\Big]+\int d^2r\,\frac{\delta B^2}{2\mu_0}
\end{aligned}
\right\}
\tag{2.21}
$$

と表される．L は磁場 (z) 方向の系のサイズで，$B_0\hat{z}=\boldsymbol{\nabla}\times\boldsymbol{A}_0$，$\boldsymbol{\varPi}=-i\boldsymbol{\nabla}+2\pi\boldsymbol{A}_0/\varPhi_0$ である．

次に，$F_\varDelta$ の第1項を対角化できるように，一様磁束密度 $B_0\hat{z}$ 下のシュレーディンガー（Schrödinger）方程式に従う荷電粒子の固有状態である，ランダウ準位モードで $\varDelta$ を展開する．その場合，対破壊磁場 $H_{c2}(T)$ に近い高磁場域での渦状態の記述は，ランダウ準位の基底状態（LLL）で記述できるはずである．今，$\boldsymbol{A}_0$ のゲージを $\boldsymbol{A}_0=(-B_0y,0,0)$ と選べば，LLL に属する $\varDelta\equiv\varDelta_0$ は $(\varPi_x-i\varPi_y)\varDelta_0=0$ を満たし，交換関係 $[\varPi_x,\varPi_y]=-i2\pi B_0/\varPhi_0$ が成り立つことを使うと $F_\varDelta$ の第1項は

$$\int d^2r\left(\frac{\xi_0}{r_B}\right)^2|\varDelta_0|^2 \tag{2.22}$$

となる．ただし，$r_B=\sqrt{\varPhi_0/(2\pi B_0)}$ である．

一方，$\delta\boldsymbol{A}$ の寄与を考える際に，δB は以下に見るように $O(|\varDelta|^2)$ なので，$F_\varDelta$ における $O(|\varDelta|^4)$ 項までに興味がある限り，(2.21) の $O(\delta A^2)$ 項は無視してよい．そうすれば，$F_\varDelta$ の $\delta\boldsymbol{A}$ に関する変分方程式は

$$\boldsymbol{\nabla}\times(\delta B\hat{\boldsymbol{z}})=-\mu_0N(0)\frac{2\pi\xi_0^2(0)}{\varPhi_0}\left[\varDelta_0^*\left(-i\boldsymbol{\nabla}+\frac{2\pi}{\varPhi_0}\boldsymbol{A}_0\right)\varDelta_0+\mathrm{c.c.}\right] \tag{2.23}$$

となり，$\langle\delta B\rangle_{\mathrm{s}}=0$ に注意して上式を積分すると，この式は

$$\delta B=\mu_0N(0)\frac{2\pi\xi_0^2}{\varPhi_0}(\langle|\varDelta_0|^2\rangle_{\mathrm{s}}-|\varDelta_0|^2) \tag{2.24}$$

となる．これらを (2.21) に代入して，結局

$$\frac{F_\varDelta}{N(0)V}=\left[\varepsilon_0+\left(\frac{\xi_0}{r_B}\right)^2\right]\langle|\varDelta_0|^2\rangle_{\mathrm{s}}+\frac{b}{2}\left[\beta_{\mathrm{A}}\left(1-\frac{1}{2\kappa^2}\right)+\frac{1}{2\kappa^2}\right](\langle|\varDelta_0|^2\rangle_{\mathrm{s}})^2 \tag{2.25}$$

となる．

ただし，アブリコソフ（Abrikosov）因子

$$\beta_{\mathrm{A}} = \frac{\langle|\varDelta_0|^4\rangle_{\mathrm{s}}}{(\langle|\varDelta_0|^2\rangle_{\mathrm{s}})^2} \tag{2.26}$$

は温度，磁場によらず，格子のタイプのみに依存する．シュワルツ（Schwarz）の不等式 $\langle AB\rangle \geq \langle A\rangle\langle B\rangle$，さらには $|\varDelta_0|$ にゼロ点があって空間的に一様でないことを反映して，一般に $\beta_{\mathrm{A}} > 1$ である．これと，第2種超伝導体の条件 $\kappa \geq 1/\sqrt{2}$ から，$\langle|\varDelta_0|^2\rangle_{\mathrm{s}}$ を秩序パラメーターの2乗と見なすと，上式は，$H = H_{c2}(T)$ での渦糸格子から正常金属相への相転移が，2次転移であることを示している．ただし，後に示すように，超伝導秩序のゆらぎを考慮に入れると，平均場近似でのこの結論は正しくない．また，平均場近似を仮定したとしても，$H = H_{c2}(T)$ が2次相転移であるという結論自体が変更を受ける場合があるので後述しよう．

上式において，$F_{\varDelta}$ を $\langle|\varDelta_0|^2\rangle_{\mathrm{s}}$ で変分し，B_0 に関する極小化条件 $\delta G_{\mathrm{GL}}/\delta B_0 = 0$ が渦糸格子での磁化 M

$$\begin{aligned} M = \mu_0^{-1}B_0 - H &= \frac{B_0 - \mu_0 H_{c2}(T)}{\mu_0[(2\kappa^2-1)\beta_{\mathrm{A}} + 1]} \\ &= \frac{H - H_{c2}(T)}{(2\kappa^2 - 1)\beta_{\mathrm{A}}} \end{aligned} \tag{2.27}$$

を与えることになる．

なお，(2.27) は，$\kappa = 1/\sqrt{2}$ の時に磁化が不連続に消失することを示唆する．このことは，本章の冒頭で触れたように，磁場下の超伝導状態の形態が $\kappa = 1/\sqrt{2}$ を境に第1種，第2種の物質に分かれ，第1種超伝導体の磁場誘起超伝導転移が1次相転移であることを表している．

次に，渦糸格子状態を記述するLLL内で表された秩序パラメーター $\varDelta_0(\boldsymbol{r})$ を具体的に調べよう．$\boldsymbol{A}_0$ のゲージとして，$\boldsymbol{A}_0 = -B_0 y\hat{\boldsymbol{x}}$ を選ぶと，LLLへの射影を表す式 $(\varPi_x - i\varPi_y)\varDelta_0 = 0$ は

$$\left[-i\frac{\partial}{\partial x} - \frac{y}{r_B^2} - \frac{\partial}{\partial y}\right]\varDelta_0 = 0 \tag{2.28}$$

となるが，これは $\Delta_0 = \exp(-y^2/2r_B^2)f(x-iy)$ という一般解をもつ．$f(\xi)$ は複素数 $\xi = x - iy$ の解析関数であるため，因数分解できるので，

$$\Delta_0 \equiv |\Delta_0| \exp(i\varphi) = \exp\left(-\frac{y^2}{2r_B^2}\right)\prod_\nu (x - X_\nu - i(y - Y_\nu)) \tag{2.29}$$

と書ける．ただし，$\boldsymbol{R}_\nu = (X_\nu, Y_\nu)$ である．

各渦中心の近傍で，上式は (2.10) の形をしていることに注意しよう．実際，(2.29) の両辺の対数をとるとわかるように，位相 φ が

$$\varphi = \sum_\nu \tan^{-1}\left(\frac{Y_\nu - y}{x - X_\nu}\right) \tag{2.30}$$

つまり

$$\boldsymbol{\nabla} \times \boldsymbol{\nabla}\varphi = -2\pi \sum_\nu \hat{z}\delta^{(2)}(\boldsymbol{r} - \boldsymbol{R}_\nu) \tag{2.31}$$

という，トポロジカル数−1 の渦の集団を表す式を満たしている．しかも，(2.29) に現れる渦の数の面密度が磁束の量子化により B_0/Φ_0 に等しいので，そこに現れている渦はすべて，磁束密度の大きさの分だけ現れる磁場誘起渦糸のみであり，反渦糸，すなわち，磁束密度に沿わない反対符号のトポロジカル数をもつ渦糸はこの解に含まれていない．また，f を x の解析関数と見てフーリエ（Fourier）級数展開すれば

$$\Delta_0 = \sum_n c_n \exp\left(-\frac{y^2}{2r_B^2} + ikn(x - iy) - \frac{k^2 r_B^2 n^2}{2}\right) \tag{2.32}$$

と書くこともできる．ここで，x 方向の周期を $2\pi/k$ と表記した．

渦糸格子のタイプを表すには，(2.32) の表示の方が便利である．x，y について周期的な $|\Delta|$ を得るには，(2.32) の x 依存性は単純なので y 依存性に着目すれば十分である．その構成の仕方については他書に説明があるので[5]，ここではその結果のみを示す．一般に，Δ 自体は $\boldsymbol{A}_0$ のゲージによるので周期的になる必要はないが，ゲージ不変量 $|\Delta|^2$ や $\boldsymbol{j}$ が周期関数になることにより渦糸状態はエネルギーを下げるのである．また，磁束の量子化により，得られる渦糸格子の単位胞の面積は Φ_0/B_0 でなければならない．その結果，三角格子の場合，渦中心の座標は単位胞の中心 $(3\pi/2k, kr_B^2/2)$ となり，

$$\left.\begin{aligned} \varDelta_0 = \alpha_0\varphi_0(\boldsymbol{r}\,;0) = \frac{(kr_B)^{1/2}}{\pi^{1/4}}\exp\left(-\frac{y^2}{2r_B^2}\right)\theta_3\left(\frac{k(x-iy)}{2}\,\middle|\,\frac{1+i\sqrt{3}}{2}\right) \\ k = \pi^{1/2}3^{1/4}r_B^{-1} \end{aligned}\right\} \tag{2.33}$$

と表される．ここで，$\theta_3(z|\tau) = \sum_n e^{in(2z+\pi n\tau)}$ はヤコビ（Jacobi）の楕円関数の1つである．アブリコソフ因子 β_{A} は，三角格子の場合に1.1596，四角格子では1.18，などとなり，上記のGL自由エネルギー(2.1)で表される系では結局，三角格子が最も安定な構造となり，ロンドン極限と同じ結論に達する[2]．

では，どうすれば上記の最低ランダウ準位（LLL）モードで表した渦糸格子の高磁場解を，式の上でロンドン極限で表した低磁場解につなぐことができるであろうか？数学的には，高次ランダウ準位モードを逐次的に加えていくことでこれは遂行できるはずである．実際，LLLモードの6回対称な三角格子解とは，ランダウ準位インデックス n が6の倍数の高次ランダウ準位のみがカップルすることがわかる．このように，ロンドン極限でも三角格子が平衡状態で期待される構造になることが理解できる．ちなみに，4回対称な四角格子が実現できるとすれば，n が4の倍数の高次ランダウ準位がLLLモードとカップルして解を構成することになる．

このように，等方的なs波クーパー対がもたらす第2種超伝導の $H_{\mathrm{c1}}(T) < H < H_{\mathrm{c2}}(T)$ における秩序状態は，どの磁場領域においても三角格子の渦糸格子になると考えられる．ただし，格子構造が変更を受ける要因が複数考えられる．最も単純な要因が，母体となる物質の結晶構造である．以下では，超伝導の微視的機構に関わる別の2つの要因を紹介しておこう．

1つは，クーパー対状態の対称性である．(2.1)のGL自由エネルギーの導出にはs波対称性が仮定されたが，多くの超伝導物質で実現している $\mathrm{d}_{x^2-y^2}$ 対のような異方的クーパー対対称性を仮定しても，グラディエント $\boldsymbol{\varPi}$ について最低次まででは GL自由エネルギーの結果に対状態による差異は現れない．しかし，$O(|\varDelta|^2)$ 項，$O(|\varDelta|^4)$ 項の中で(2.1)では無視されている $\boldsymbol{\varPi}$ についての高次の項には，対状態のもつ異方性が反映し，例えば $\mathrm{d}_{x^2-y^2}$ 対の場合その4回対称性が反映する．上述の通り，この4回対称性から n

が4の倍数である高次ランダウ準位が誘起され，自由エネルギーを下げるように n が6の倍数のモードと拮抗することになるが，$\boldsymbol{\Pi}$ の高次項は高磁場になるほど無視できなくなるので，4の倍数のモードがもたらす正方格子構造が高磁場でエネルギーの低い構造となり，磁場が誘起する三角格子から四角格子への構造転移が起こる．これは，高温超伝導体などで実験的に繰り返し見られている[10-12]．

しかし，d波超伝導でのこの磁場誘起正方格子は普遍的なものではなく，さらに高磁場領域で再び三角格子をもたらす機構が存在する．これが以前に無視したスピン対破壊，すなわちパウリ常磁性の効果である．ゼーマン項を落とすための規準を理解するために，準粒子のスピン結合と軌道運動に関するエネルギースケールを比較する．前者のゼーマンエネルギーを，しばしば用いられるように $g\mu_{\mathrm{B}}H$（μ_{B} はボーア磁子，g は数因子）と表して，後者を(2.19)に従って，v_{F}/r_H と書こう．ここで，変調の波数 Q を渦糸間の平均間隔の逆数でおきかえた．これらを比較することによって，

$$H \ll \alpha_{\mathrm{M}}^{-2}\frac{\Phi_0}{\mu_0\xi_0^2} \tag{2.34}$$

であれば，パウリ常磁性効果を無視したことは正当化できる．

最近，新奇超伝導の盛んな研究対象の1つとなっている重い電子系d波超伝導体 $\mathrm{CeCoIn_5}$ では，真木パラメーター α_{M} がオーダー1を超えており，前述の磁場誘起三角格子転移のような異常現象を示すことが知られている[11,12]．これは，パウリ常磁性が渦芯付近の磁束分布を等方的にする効果をもっており，軌道対破壊とd波対称性により正方格子を安定化させる傾向とパウリ常磁性との拮抗により起きる構造転移である．また，この系の高磁場・低温下では，$H_{c2}(T)$ における平均場近似での1次転移や（渦糸構造とは原因の異なる）Δ の不均一構造を有した一種のフルデ‐フェレル‐ラーキン‐オヴチニコフ（Fulde‐Ferrell‐Larkin‐Ovchinnikov，略して FFLO）超伝導相と思われる新奇超伝導相が，パウリ常磁性の帰結として見出されている[8,9,13]．

2.3.4 渦糸格子の電磁応答 — 渦糸フロー

以下では，ゼロ磁場下のマイスナー効果と比較しながら，渦糸格子状態における電磁応答である渦系フローについて説明していこう．理想的にきれいな超伝導体を想定すれば，渦糸格子は全体として一様に動くことができる．渦系フローは単にその反映であるが，具体的な結果をみるためにまず，位相のみのモデルに基づいた導出法を紹介しよう．

そのためにまず，個々の渦糸が格子状態から微小変位することを考える．ν 番目の渦の 2 次元座標（磁場に垂直方向の座標）を $\boldsymbol{r}_\nu$ としよう．渦が動くと，トポロジカル条件 (2.8) が満たされるように渦の変位による位相の変化 $\delta\varphi$ が生じる．ν 番目の渦の変位ベクトル

$$\boldsymbol{s}_\nu = \boldsymbol{r}_\nu - \boldsymbol{R}_\nu = \int \frac{d^2\boldsymbol{k}}{(2\pi)^2} \boldsymbol{s}_{\boldsymbol{k}} \exp(i\boldsymbol{k}\cdot\boldsymbol{R}_\nu) \tag{2.35}$$

に関して最低次までで $\delta\varphi$ を表してみよう．(2.8) の右辺の $O(\boldsymbol{s})$ の項をポワッソンの和公式 (2.16) を使って，

$$\frac{2\pi B_0}{\Phi_0} \sum_{\boldsymbol{K}} \int \frac{d^2k}{(2\pi)^2} (-i\boldsymbol{Q}\cdot\boldsymbol{s}_{\boldsymbol{k}}) e^{i\boldsymbol{Q}\cdot\boldsymbol{r}} \tag{2.36}$$

と書きかえることができる．ただし，$\boldsymbol{Q} = \boldsymbol{K} + \boldsymbol{k}$ で $\boldsymbol{K}$ は先述の渦糸格子の逆格子ベクトル，$\boldsymbol{k}$ は渦糸格子の第 1 ブリルアン（Brillouin）ゾーン内で定義された波数である．したがって，逆格子ベクトルの大きさ $|\boldsymbol{K}|$ に比べて長波長の位相変化に着目すれば，$\boldsymbol{\nabla}\delta\varphi(\boldsymbol{r}) = 2\pi(\boldsymbol{B}_0 \times \boldsymbol{s}(\boldsymbol{r}))/\Phi_0$ を得る．

よって，得られる $G_{\rm L}$ の平衡状態からのずれは調和近似（ガウス（Gauss）近似）で

$$\frac{\delta G_{\rm GL}}{L_z} = \frac{1}{2}\int d^2r \left[\frac{1}{\mu_0}\left(\frac{1}{\lambda^2(T)}\left(\frac{\Phi_0}{2\pi}\boldsymbol{\nabla}\chi + \boldsymbol{B}_0 \times \boldsymbol{s} + \delta\boldsymbol{A}\right)^2 + (\boldsymbol{\nabla}\times\delta\boldsymbol{A})^2\right) + C_{66}(\partial_i s_j)^2\right] \tag{2.37}$$

となる[14]．ここで，ゲージ場の長波長のゆらぎ $\delta\boldsymbol{A}$ を導入した．説明は省略するが，最後の項は渦糸格子のせん断（shear）弾性エネルギーを表し，三角格子の弾性定数 C_{66} はロンドン極限で

$$C_{66} = \frac{\Phi_0 B_0}{16\pi\mu_0\lambda^2(T)} \tag{2.38}$$

で与えられることが知られている[3]．この項はゼロでない $\boldsymbol{K}$ の位相ゆらぎのフーリエ（Fourier）成分，つまり短波長の位相変化から生じる．また，渦の変位に関わらない位相のゆらぎ χ も含めたが，これは上式ではゲージ変換で消せるので，そのダイナミクスを考慮しない限り無視してもよい．

さて，(2.37) は，もし渦の変位がなければ，マイスナー相での有効作用そのものである．$\boldsymbol{s}=0$ の場合に位相 χ について統計和をとって，マイスナー（永久）電流密度は，ゲージ場の横成分 $\delta\boldsymbol{A}_{\mathrm{T}}$ に関する変分により

$$\boldsymbol{j} = -\frac{1}{\mu_0\lambda^2}\,\delta\boldsymbol{A}_{\mathrm{T}} \tag{2.39}$$

と表される．そして，スカラーポテンシャルがゼロのゲージで電場 $\boldsymbol{E} = -\partial\boldsymbol{A}/\partial t$ と書けることを使うと，交流電気伝導度 σ（の実部）が

$$\sigma = \frac{\pi}{\mu_0\lambda^2}\,\delta(\omega) \tag{2.40}$$

と表されることがわかる．ここで，$\delta(x)$ はデルタ関数である．つまり，マイスナー効果があるから直流電気抵抗がゼロとなるわけで，ゼロ磁場の超伝導の本質はマイスナー効果にある，ということがわかる．

一方，渦糸が自由に動ける場合，(2.37) がもたらす電磁場に関する自由エネルギーにおいて，$\boldsymbol{s}$ について統計和（汎関数積分）を行うと，長波長極限では $\delta\boldsymbol{A}$ 依存性は消えてしまうので，電流密度 $\simeq\delta(\delta F_{\mathrm{L}})/\delta\boldsymbol{A}$ の $O(\delta\boldsymbol{A})$ 項はなくなる．これはすなわち，渦糸が一様に動ける状況では静的なマイスナー効果は生じないことを意味する．量子渦が存在すること自体は磁束の量子化を通して（局所的な）マイスナー効果の帰結であるといえるが，その量子渦の動きが大局的なマイスナー効果を消失させるのである．

次に，マイスナー効果の消失を反映して有限な渦糸フロー抵抗が得られること，すなわち渦糸格子相では磁場に垂直方向の電磁応答はオーム（Ohm）則に従うこと，を次に示そう．そのために，ロンドン極限の近似内で渦の運動が散逸ダイナミクスに従うことを仮定した解析から始めよう．渦の座標に相当する変位場 $\boldsymbol{s}$ が，散逸項を伴う運動方程式

$$m_{\mathrm{v}}\frac{d^2\boldsymbol{s}}{dt^2}=-\frac{\delta G_{\mathrm{GL}}}{\delta\boldsymbol{s}}-\frac{2\pi B_0}{\Phi_0}\gamma_{\mathrm{v}}\frac{d\boldsymbol{s}}{dt} \tag{2.41}$$

に従うとしよう．ここで，正の係数 γ_{v} の項を通して，渦の運動の散逸ダイナミクスを仮定している．金属中の伝導電子によるオーム則をドルーデ (Drude) の取り扱いで導出する時と同様，有限な γ_{v} 値の詳細をこのモデル内で説明することはできない．この散逸ダイナミクスは渦芯が $|\Delta|=0$ の状態にあることに起因する，というのが 1 つの解釈である．上式では渦糸格子における渦の変位が一様で渦糸格子は一切歪まないこと，さらには渦の“質量” m_{v} の存在も仮定した．しかし，散逸項があるので定常状態では (2.41) の左辺はゼロとおくことができる．

(2.37) の第 1 項から，長波長極限で $\delta(\delta G_{\mathrm{GL}})/\delta\boldsymbol{s}=-\boldsymbol{B}_0\times\delta(\delta G_{\mathrm{GL}})/\delta\boldsymbol{A}=-\boldsymbol{j}\times\boldsymbol{B}_0$ が成り立つことを使うと

$$\gamma_{\mathrm{v}}\frac{d\boldsymbol{s}}{dt}=\frac{\Phi_0}{2\pi}\boldsymbol{j}\times\hat{\boldsymbol{z}} \tag{2.42}$$

となる．また，$\boldsymbol{s}$，$\delta\boldsymbol{A}\simeq\exp(-i\omega t)$ とおいて，ω に関し最低次までで $\boldsymbol{s}+B_0^{-1}(\delta\boldsymbol{A}\times\hat{\boldsymbol{z}})=0$，つまり

$$\boldsymbol{E}=-\frac{\partial\boldsymbol{A}}{\partial t}=-\frac{d\boldsymbol{s}}{dt}\times\boldsymbol{B}_0 \tag{2.43}$$

が成り立つことに注意すると，(2.42) はオーム則 $\boldsymbol{j}=\sigma_{\mathrm{v}}^{\mathrm{L}}\boldsymbol{E}$ に書きかえられる．この

$$\sigma_{\mathrm{v}}^{\mathrm{L}}=\frac{2\pi}{\Phi_0 B_0}\gamma_{\mathrm{v}} \tag{2.44}$$

は，渦糸フロー伝導度とよばれる．

このように，渦格子相は磁場に垂直方向には金属と同じ電磁応答を示す．一方，磁場に平行にかけられた電流に対しては伝導度は依然として発散する．したがって，3 次元超伝導体の渦糸格子は異方的な超伝導相ともいえるが，面に垂直な磁場下の 2 次元超伝導体の渦糸格子相は超伝導でなく，金属相のままだということになる．しかし，渦糸格子は磁場下で正常相から相転移して生じた相である．このジレンマは，後述する平均場近似を超えた議論に入らなければ解消されない．

渦糸フロー伝導度の導出法は，他にもある[15]．ここで，後述する超伝導

ゆらぎの理論と整合する形で再び導出しよう．そのために，超伝導秩序パラメーター$\varDelta$が従うダイナミクスを規定する必要がある．微視的な理論から，有限温度では，次の散逸ダイナミクスを伴った時間依存ギンツブルク－ランダウ（TDGL）方程式[16]

$$
\begin{aligned}
& N(0)\gamma\left(\frac{\partial}{\partial t}+i\frac{2\pi}{\Phi_0}\Phi\right)\varDelta \\
& \quad = -\frac{\delta F_{\varDelta}}{\partial \varDelta^*} \\
& \quad = -N(0)\left[\varepsilon_0+(\xi_{\mathrm{GL}}(0))^2\left(-i\boldsymbol{\nabla}+\frac{2\pi}{\Phi_0}A_0\right)^2+b|\varDelta|^2\right]\varDelta
\end{aligned}
\tag{2.45}
$$

に$\varDelta(\boldsymbol{r},t)$は従う．ここで，静電場$\boldsymbol{E}=E\hat{\boldsymbol{y}}$をスカラーポテンシャル$\Phi$を通して導入する．(2.43)により，電場$E\hat{\boldsymbol{y}}$中で渦糸格子は速度$\boldsymbol{v}_\phi=B_0^{-1}E\hat{\boldsymbol{x}}$で動くことを用いて，$\varDelta$が$x-B_0^{-1}Et$の関数とすると，TDGLの左辺は

$$
-iN(0)\gamma\frac{E}{B_0}\left(-i\frac{\partial}{\partial x}-\frac{2\pi}{\Phi_0}B_0 y\right)\varDelta \tag{2.46}
$$

と書きなおされる．Eの最低次までで，(2.46)の$\varDelta$は最低ランダウ準位での平均場渦糸格子の解(2.33)でおきかえてよい．微分演算の後，上式は次に低いランダウ準位関数$\varphi_1(\boldsymbol{r}|0)$に比例するので，(2.45)の右辺の$\varDelta$として励起状態$\varDelta_1\equiv\alpha_1\varphi_1(\boldsymbol{r}|0)$を代入する．こうして得られた$\alpha_1$を用いて電流密度を計算すると，電気伝導度が

$$
\begin{aligned}
\sigma_{\mathrm{v}} &= \frac{\langle j_y\rangle_{\mathrm{s}}}{E} = -E^{-1}N(0)(\xi_{\mathrm{GL}}(0))^2\frac{2\pi}{\Phi_0}\left\langle\varDelta^*\left(-i\partial_y+\frac{2\pi}{\Phi_0}A_{0,\,y}\right)\varDelta+\mathrm{c.c.}\right\rangle_{\mathrm{s}} \\
&= \langle|\varDelta_0|^2\rangle_{\mathrm{s}}\frac{2\pi}{\Phi_0 B_0}\gamma N(0)
\end{aligned}
\tag{2.47}
$$

という形で得られる（$\langle|\varDelta_0|^2\rangle_{\mathrm{s}}=|\varepsilon_0+h|/(b\beta_{\mathrm{A}})$）．$\gamma_{\mathrm{v}}=\langle|\varDelta_0|^2\rangle_{\mathrm{s}}\gamma N(0)$であれば，(2.44)と(2.47)の結果は本質的に同じものである．

2.3.5　準2次元系での渦糸格子

近年，研究対象となっている多くの超伝導体は，準2次元的な結晶構造とフェルミ面をもっており，これに伴って超伝導秩序の巨視的な記述においても準2次元的なモデルでの記述が必要となる．GL自由エネルギーの準2次

元系での最も単純な拡張は，その微分項においてコヒーレンス長の異方性のみを新たに加えて行われる．2 次元面を XY 面，異方軸を Z 軸と書くと，この異方的 GL モデルでは (2.1) の微分項が次のようにおきかえられる．

$$\int d^3r\,\xi_0^2\left|\left(-i\boldsymbol{\nabla}+\frac{2\pi}{\Phi_0}\boldsymbol{A}\right)\Delta\right|^2 \to$$

$$\int d^3r\,\xi_0^2\left[\sum_{j=X,Y}\left|\left(-i\partial_j+\frac{2\pi}{\Phi_0}A_j\right)\Delta\right|^2+\Gamma^{-1}\left|\left(-i\partial_Z+\frac{2\pi}{\Phi_0}A_Z\right)\Delta\right|^2\right] \tag{2.48}$$

ここで，ξ_0 が面内方向のコヒーレンス長，$\xi_{c0}=\xi_0/\sqrt{\Gamma}$ が面間方向のコヒーレンス長と定義される．

この準 2 次元系に固有な現象として，磁場を Z 軸（物質に基づいてよべば，c 軸）から傾けた時の角度依存性がある．図 2.3 にあるように，磁場方向（z 軸）を c 軸から傾けた時の角度を θ として回転変換を施す．そして，格子を組んだ渦糸が磁場方向に沿って伸びているとして秩序パラメーターが z によらないと仮定し，ベクトルポテンシャルを y 方向にとると，(2.48) は

$$L_z\xi_0^2\gamma_\theta\int d\tilde{x}\,d\tilde{y}\left[|\,\partial_{\tilde{x}}\Delta\,|^2+\left|\left(-i\partial_{\tilde{y}}+\frac{2\pi}{\Phi_0}B_0\tilde{x}\right)\Delta\right|^2\right] \tag{2.49}$$

となる．ここで，$\gamma_\theta=\sqrt{\cos^2\theta+\Gamma^{-1}\sin^2\theta}$，$\tilde{x}=x/\sqrt{\gamma_\theta}$，$\tilde{y}=y\sqrt{\gamma_\theta}$ である．

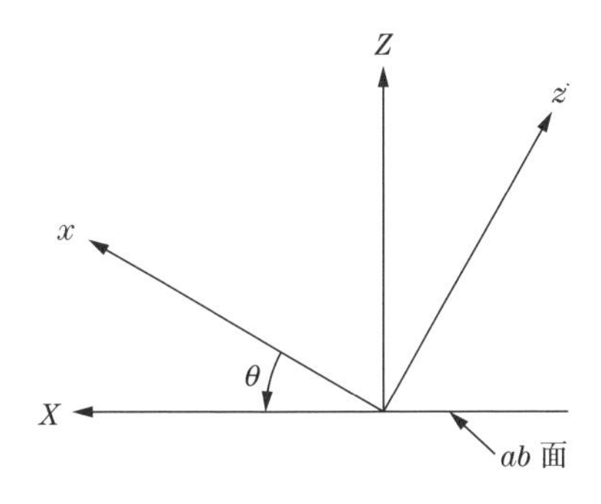

図 2.3 ab 面内の Y 軸周りに回転させた座標系．磁束の平均的な方向が z 方向である．

この変換した座標系で最低ランダウ準位を定義して，$T_{c2}(B_0)=T_{c0}(1-2\pi\xi_0^2B_0\gamma_\theta/\Phi_0)$，つまり

$$H_{c2}(\theta)=\gamma_\theta^{-1}H_{c2}(\theta=0) \tag{2.50}$$

を得る．なお，ここでは，磁場がγ_θでスケールされるという結果を平均場近似内で導出したが，第2種極限の範囲内である限り，この事実は超伝導ゆらぎや弾性ゆらぎが無視できない状況でも正しいことがわかる[3,17]．

(2.50)の結果として，面に平行な磁場下 ($\theta = \pi/2$) でのH_{c2}線は異方性因子$\Gamma^{1/2}$の分だけ増強され，その渦糸格子解は

$$\Delta(y, Z) = \Gamma^{1/8}\pi^{-1/4}(kr_B)^{1/2}\exp\left(-\frac{\Gamma^{1/2}Z^2}{2r_B^2}\right) \times \theta_3\left(\frac{k}{2}(y + i\Gamma^{1/2}Z)\middle|\frac{1}{R} + i\frac{k^2r_B^2}{2\pi}\Gamma^{1/2}\right) \tag{2.51}$$

となる．ここで，Rは通常の鏡映対称性のある三角格子では1/2だが，一般に有理数であれば，この解は周期的な渦糸格子構造となる．ただし，Z軸に関して線対称な構造になるとは限らない（以下の図2.5(c)参照）[18,19]．

しかし，面間コヒーレンス長ξ_{c0}が十分短い系では，この異方的GLモデルの記述は特に高磁場側で適用できなくなる．現実の準2次元超伝導体では，超伝導に関わる2次元面がc軸方向に弱くカップルしているため，ξ_{c0}が面間距離s以下 ($\sqrt{2}\xi_{c0} < s$) では2次元的な超伝導特性が必ず顔を出す．このような系の記述には，以下のローレンス－ドニアック（Lawrence－Doniach：LD）モデル[3]から出発する必要がある．磁場のゆらぎのない第2種極限で，それは

$$\begin{aligned}
\frac{G_{\rm LD}}{N(0)} &= s\sum_j\int dX\,dY\left[\varepsilon_0|\Delta_j|^2 + \xi_0^2\left|\left(-i\boldsymbol{\nabla}_\perp + \frac{2\pi}{\Phi_0}\boldsymbol{A}_\perp\right)\Delta\right|^2 + \frac{\xi_{c0}^2}{s^2}|\Delta_j - \Delta_{j+1}|^2 + \frac{b}{2}|\Delta_j|^4\right] \\
&= N(0)\sum_m\int dX\,dY\,dZ\,e^{i2\pi mZ/s}\left[\varepsilon_0|\Delta(Z)|^2 + \xi_0^2\left|\left(-i\boldsymbol{\nabla}_\perp + \frac{2\pi}{\Phi_0}\boldsymbol{A}_0\right)\Delta(Z)\right|^2 + \frac{\xi_{c0}^2}{s^2}|\Delta(Z) - \Delta(Z+s)|^2 + \frac{b}{2}|\Delta(Z)|^4\right]
\end{aligned} \tag{2.52}$$

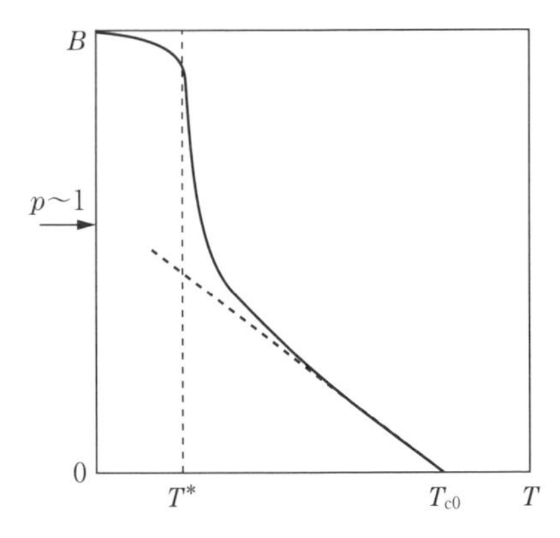

図 2.4　LD モデルで表された関係式 $\sqrt{2}\xi_{c0} \ll s$ を満たす層状超伝導体の層に平行な磁場下での $H_{c2}(T)$ 線（実線）．斜めの点線は異方的 3 次元 GL モデルの $H_{c2}(T)$ 線．高磁場でパウリ常磁性が無視できなくなると，H_{c2} の発散的振舞は頭打ちになる．対応する層に垂直磁場下の H_{c2} 線は，多くの系では斜めの点線より下方にある．

と表される．ここで，s は超伝導層間の距離で，超伝導層自体の厚さは無視できるとする．(2.52) 最右辺の表現は，アブリコソフ解を用いて層平行磁場での渦糸格子構造を調べるのに有用である[18]．$s \to 0$ 極限で $m = 0$ 項のみが寄与すること，つまり異方的 3 次元 GL モデルに帰着することがわかる．このモデルを用いた場合，層に平行な磁場下での $H_{c2}(T)$ 線を決めるための固有関数はマシュー（Mathieu）関数となり，その固有値から H_{c2} は図 2.4 に示したように

$$T^* = T_{c0}\left(1 - 2\frac{\xi_{c0}^2}{s^2}\right) \tag{2.53}$$

で発散傾向になる．

さらに，一般に渦糸格子構造も，この多層構造により磁場値と共に変化する．それを解析的に見るには，例えば (2.52) の第 2 の表現に，(2.51) を代入してエネルギーの比較を行えばよい．その時，磁場は必ず無次元パラメーター

$$p \equiv \frac{2\pi}{\Phi_0} B_0 s^2 \Gamma^{1/2} \tag{2.54}$$

で測られることがわかる．格子構造に関する主な結果は，（1）$p > 1$ 域では次頁で示した図 2.5 のようにどの層間も渦で埋まり，かつ x 軸に関し線対称な三角格子のままで，p の増大と共に y 方向に連続的に渦間隔は狭まり，渦芯が密に重なるようになる．（2）$p < 1$ 域では，図 2.5(a) を傾けた図 2.5(c) のような構造と，渦糸芯のない層間を含んだ三角格子との間で，p の変化と共に不連続構造転移が繰り返し起こる．

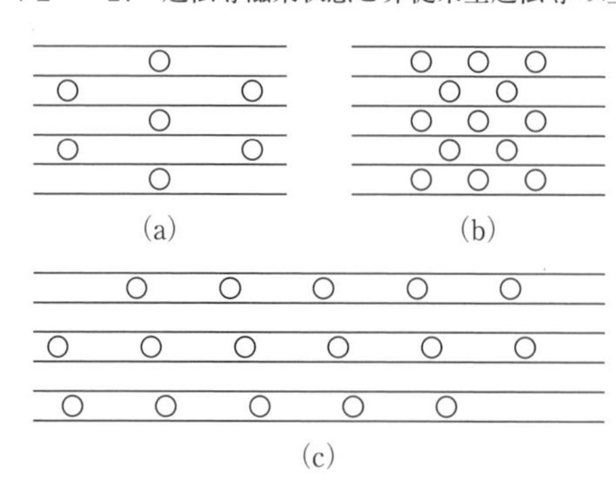

図 2.5 xy 平面で見たジョセフソン渦格子の例．水平な直線が超伝導層を，丸がジョセフソン渦の芯の場所をそれぞれ表す．高磁場域 $p>1$ では，渦格子のパターンは磁場の上昇と共に (a) の構造から (b) へと連続的に変化していく．逆に低磁場 $p<1$ では (a) の構造を回転させて x 軸（Z 軸）に関して非対称な (c) のような構造が磁場の変化と共に繰り返し現れる．

上記の渦糸格子の問題は，通常 LD モデルをロンドン極限と同様に位相のみの近似にした式

$$\mathcal{H}_{\rm J} = s\sum_j \int dX\,dY \left[\frac{1}{2\mu_0\lambda^2}\left(\frac{\Phi_0}{2\pi}\boldsymbol{\nabla}_\perp\varphi_j + \boldsymbol{A}_\perp\right)^2 + J(1-\cos(\varphi_j - \varphi_{j+1}))\right] \tag{2.55}$$

を数値的に調べて行うことが多く[19]，ここで生じる渦の芯はすべて層間の秩序パラメーターがゼロの場所にあり，ジョセフソン（Josephson）渦糸状態の問題とよばれることが多い．

ただ，十分 p が小さいと，上記の磁場誘起転移の繰り返しの微細構造を実験で見るのは困難であり，多くの目的のために前出の異方的 GL モデル (2.48) による記述で十分である．

しかし一方で，渦の運動と関わる電磁応答では，LD モデルの結果と異方的 GL モデルのそれとの間に決定的な違いが生じる．渦糸フローを考えるために，磁場に対して垂直方向の渦の運動を考えよう．層に沿った渦の運動は，一様な超伝導体における場合と本質的違いはなく，$Z(=x)$ 軸（c 軸）方向の電流下で有限な電気抵抗をもたらす．一方，層に平行な電流をかけて生じる渦の運動は層構造により妨げられ，電気伝導度が無限大になる．この内容はしばしば，固有ピン止め効果とよばれる．実際，層に垂直（x）方向の渦の運動は次のようなエネルギー項

$$E_{ip} = \frac{\alpha_{ip}}{2}\int d^3r\, s_x^2 \tag{2.56}$$

を伴うはずであるので，この項と (2.37) の和を変位場 $\boldsymbol{s}$ について統計和を

とって得られるゲージ場 $\delta\boldsymbol{A}$ の2乗項の係数から，x，y 方向の永久電流密度の係数である超流動密度が次のように得られる．

$$\rho_{s,x} = 0, \qquad \rho_{s,y} = \frac{1}{\mu_0 \lambda^2 + \alpha_{ip}^{-1} B_0^2} \tag{2.57}$$

このことは，x 方向の電流に対しては上記の通り渦糸フローによるオーム則に従う応答が生じる一方で，(2.39) から (2.40) が得られるのと同様に，y 方向の電流では無限大の伝導度を得ることを表している．後者の有限な超流動密度は，z 方向に伸びた渦糸が横方向（x 方向）に傾くことができず，そのため横方向の磁束成分が侵入できないことを意味している．この理由から，横マイスナー効果とよばれる．このマイスナー応答は，磁場が弱く（$p \ll 1$)，熱力学的特性が異方的3次元 GL モデルでよく近似できる場合においても，厳密にいえば存在する，という点には注意しておきたい．

2.4　平均場近似を超えた超伝導渦糸状態の記述

2.4.1　弾性ゆらぎと位相ゆらぎ

前節では，平均場近似で，磁場下の超伝導相として渦糸格子状態を理論的に記述した．実は，超伝導秩序パラメーターのゆらぎを考慮することで，この平均場近似の描像は変更を迫られることがわかる．その説明のためにまず，平均場解の周りのガウスゆらぎを仮定して，位相相関を考えよう．

(2.37) において，$\boldsymbol{s} = 0$ とおいた特殊な状況から始めよう．渦糸が存在しないゼロ磁場下の場合や，あるいは渦が周期配置のまま全く動けないという特別な渦糸格子の場合がこの状況に当てはまるが，ここでは平均場近似の転移温度 T_{c0} より十分低温でのゼロ磁場下の超伝導体に話を限定しよう．(2.37) の中で，電磁場や位相の勾配に関係した項は

$$\mathcal{H}_{\rm ph} = N(0) \int d^3 r\, \xi_0^2 \left[(\boldsymbol{\nabla} \tilde{\chi})^2 + \left(\frac{2\pi}{\Phi_0} \delta \boldsymbol{A}_{\rm T} \right)^2 \right] \tag{2.58}$$

に分けられる．ただし，$\boldsymbol{\nabla}\tilde{\chi} = \boldsymbol{\nabla}\chi + 2\pi\delta\boldsymbol{A}_{\rm L}/\Phi_0$ と書いた．添え字 L(T) はベクトルの縦成分（横成分）を表す．渦が存在しない状況では，第2項は秩序パラメーターに関係ないので，第1項のゲージ不変位相 $\tilde{\chi}$ に関係する相関関数 $C(r) = \langle \exp[i(\tilde{\chi}(\boldsymbol{r}) - \tilde{\chi}(0))] \rangle$ で測られる位相相関を確率密度 $P \propto$

$\exp(-\beta\mathcal{H}_{\rm ph})$ の下で考える．この P のように $\tilde{\chi}$ がガウス分布の場合，一般に

$$C(r) = \langle \exp[i(\tilde{\chi}(\boldsymbol{r}) - \tilde{\chi}(0))]\rangle = \exp[-V^{-1}\sum_{\boldsymbol{k}}\langle|\tilde{\chi}_{\boldsymbol{k}}|^2\rangle(1-\cos(\boldsymbol{k}\cdot\boldsymbol{r}))] \tag{2.59}$$

であることを使えば，$C(r)$ は計算できる．3 次元系では，波数 $\boldsymbol{k}$ にわたる積分が収束するため，$C(r\to\infty)$ は正に保たれ，超伝導位相長距離相関があることがわかる．

一方，z 方向に伸びた 1 次元系（x, y 方向のサイズを a とする）では

$$\left.\begin{aligned} C_{\rm 1D}(|z|\,;H=0) &= \exp\left(-\frac{|z|}{L_1}\right) \\ L_1 &= \frac{2}{\pi}\Lambda(T)\left(\frac{a}{\lambda(T)}\right)^2 \end{aligned}\right\} \tag{2.60}$$

となる．ここで，導入された熱ゆらぎを特徴づける長さ[20]

$$\Lambda(T) = \frac{\Phi_0^2}{4\pi\mu_0 k_{\rm B}T} \tag{2.61}$$

は 1 K で 2 cm に達する．上式により，1 次元で位相は短距離相関しかもたない．この理由で，1 次元では超伝導の長距離秩序はない．この相関長 L_1 は a をコヒーレンス長 ξ_0 程度に選んでも極めて長いが，実際の 1 次元系では位相すべり励起が熱ゆらぎとして頻繁に起こり，実際の相関長はもっと短距離となる．

2 次元として，膜厚 D で xy 平面に沿って拡がった超伝導薄膜では，

$$C_{\rm 2D}(x, y\,;H=0) \simeq \frac{1}{r_\perp^{\eta(T)}} \tag{2.62}$$

となり $(r_\perp = \sqrt{x^2+y^2}, \eta(T) = \lambda^2(T)/(2D\Lambda(T)))$，位相相関長が無限に長い超伝導相であることを表す．長距離相関とも短距離相関ともいえないこの臨界的とよばれる状況においても，位相すべりをもたらす渦糸励起は重要で，実際，渦糸励起による特殊な超伝導相転移†2 が生じることが知られている．

---

†2　ベレジンスキー－コステリッツ－サウレス（Berezinskii－Kosterlitz－Thouless：BKT）転移とよばれる無限次転移である．2 次元 XY スピンモデルの有限温度での相転移として知られ，今の場合，転移温度 $T_{\rm BKT}$ は近似的に $\eta(T)=1/4$ で与えられる．

上記のゼロ磁場下の場合と同じ方針で，渦糸格子相での位相相関を調べてみよう．この場合，ゆらぎ $\boldsymbol{A}_{\mathrm{T}}$ も関わってくる．その効果を含めるために，$\boldsymbol{A}$ で (2.37) を変分して得られるマックスウェル方程式に着目する．その縦成分は

$$\nabla^2 \tilde{\chi} = \frac{2\pi}{\Phi_0}(\nabla \times \boldsymbol{s}) \cdot \boldsymbol{B}_0 \tag{2.63}$$

となり，その横成分は

$$(1 - \lambda^2 \nabla^2)\delta \boldsymbol{B} = B_0(\partial_z \boldsymbol{s} - \hat{\boldsymbol{z}} \nabla \cdot \boldsymbol{s}) \tag{2.64}$$

となる．後者は，渦糸の変位や曲がりが及ぼす磁束密度の変化を表し，磁束が渦糸にくっついて変化することを意味している．この理由から，超伝導での渦糸格子は磁束格子ともいわれている．

(2.64) を (2.37) に用いて $\boldsymbol{A}$ を消去すると，(2.37) は弾性エネルギー

$$E_{\mathrm{el}} = \frac{1}{2V}\sum_{\boldsymbol{q}}[C_{44}(\boldsymbol{q})|q_z \boldsymbol{s}_{\boldsymbol{q}}|^2 + \boldsymbol{q}_{\perp}^2(C_{11}(\boldsymbol{q})|\boldsymbol{s}_{\boldsymbol{q}}^{(\mathrm{L})}|^2 + C_{66}|\boldsymbol{s}_{\boldsymbol{q}}^{(\mathrm{T})}|^2)] \tag{2.65}$$

になる．ここで，q_z は $\boldsymbol{q}$ の z 成分，$\boldsymbol{q}_{\perp} = \boldsymbol{q} - q_z \hat{\boldsymbol{z}}$，$\boldsymbol{s}^{(\mathrm{L})}$ ($\boldsymbol{s}^{(\mathrm{T})}$) は渦の変位場の縦（横）成分，弾性定数 C_{11}，C_{44} は今の場合，

$$\left.\begin{aligned} C_{11}(\boldsymbol{q}) &= \frac{B_0^2}{\mu_0(1 + \lambda^2(T)q^2)} \\ C_{44}(\boldsymbol{q}) &= C_{11}(\boldsymbol{q}) - B_0 M \end{aligned}\right\} \tag{2.66}$$

で与えられる．また，電磁場と位相のゆらぎの高調波成分を取り入れたもっと一般的な解析によれば，せん断曲げ弾性定数 $C_{44}(\boldsymbol{q})$ は

$$\begin{aligned} C_{44}(\boldsymbol{k}) = {} & \frac{B_0^2}{\mu_0}\frac{1}{1 + \lambda^2 k^2} \\ & + \frac{\Phi_0 B_0}{4\pi\mu_0\lambda^2}\left[\ln\left(\frac{\kappa^2}{1 + \lambda^2(K_{\mathrm{BZ}}^2 + k_z^2)}\right) + \frac{1}{\lambda^2 k_z^2}\ln(1 + \lambda^2 k_z^2)\right] \end{aligned} \tag{2.67}$$

となる[3,7]．

準 2 次元系でのせん断曲げ弾性定数は，結晶軸に相対的な磁場の方向に依存して結果が著しく変わる．ここでは，熱ゆらぎの効果が特に強い c 軸方向の磁場下の準 2 次元系の状況に限って，せん断曲げ弾性定数の表式を拡張し

ておく．異方的3次元モデル (2.48) で導出すると，(2.66) の C_{44} や (2.67) の第1項の分母 $\lambda^2 k^2$ は $\lambda^2(\Gamma k^2 + (1-\Gamma) k_c^2)$ となり，(2.67) の第2項は Γ^{-1} 倍だけ小さくなる．ここで，k_c は波数ベクトル $\boldsymbol{k}$ の c 軸方向成分である．しかし，(2.67) の第3項は電磁カップリングによるので，異方性 Γ にはよらない．このため，極端に異方性の強い ($\Gamma \gg 1$) 系では (2.67) の第3項がむしろ主要項になる．

一方，第2種極限を仮定する範囲で低磁場極限をとると，第2項が主要項となり，等方的3次元系でそれは

$$C_{44} \simeq \frac{\Phi_0 B_0}{2\pi\mu_0\lambda^2}\ln\left(\frac{1}{|\xi_0 k_z|}\right) \tag{2.68}$$

となる．これは渦糸1本の張力を反映した結果で，ボーズ（Bose）超流動での，渦糸のケルビン（Kelvin）モードをもたらす寄与に他ならない．

この弾性エネルギーの表式 (2.59)，(2.63) から，相関関数 $C(\boldsymbol{r})$ は分布 $P \propto \exp(-\beta E_{\mathrm{el}})$ の下で $H=0$ の場合と同様な計算により得られる．等方的3次元系において，その結果は

$$\left.\begin{aligned} C(\boldsymbol{r}_\perp, z=0\,;B_0) &= \exp\left(-\frac{|\boldsymbol{r}_\perp|}{l_\perp}\right) \\ C(\boldsymbol{r}_\perp=0, |z|\,;B_0) &= \exp\left(-\frac{|z|}{l_{/\!/}}\right) \\ l_\perp &\simeq \Lambda(T)\frac{r_B}{\lambda(T)} \\ l_{/\!/} &\simeq \Lambda(T)\left(\ln\left(\frac{\lambda(T)}{r_B}\right)\right)^{-1} \end{aligned}\right\} \tag{2.69}$$

となる．このように，相関長は極端に長いものの，渦糸格子は3次元においても位相長距離相関をもたないことがわかる[14, 21]．通常の意味での超伝導長距離秩序が存在しない，というジレンマは，渦糸格子状態の真の秩序パラメーターが超伝導秩序パラメーター Δ ではなく，渦配置に関する相関が真の超伝導転移を特徴づけている，と考えれば回避される．不純物の一切ない超伝導体での磁場下の超伝導転移は，対破壊磁場 $H_{c2}(T)$ で起きるのではなく，もっと低温側にある渦糸液体 - 固体（渦糸格子融解）転移で起こる，ということになる．

2.4.2 超伝導ゆらぎ

上記の渦糸格子の位相長距離相関の欠如は，磁場下における超伝導秩序パラメーターの熱ゆらぎの振舞が $H=0$ でのそれと本質的に異なることを示唆する．ここでは，金属相（高温相）から降温と共にゆらぎとして成長する超伝導秩序パラメーターの振幅を描写し，このゆらぎの理論と平均場近似の渦糸格子の結果との関連について説明する．

熱力学量へのゆらぎの効果を見るために，第 2 種極限 ($\kappa \gg 1$) を仮定して，磁場のゆらぎ（前節の $\delta\boldsymbol{A}$）と超伝導ゆらぎとのカップリングを無視できるとしよう．秩序相（超伝導相）への転移より高温側は無秩序相（金属相）であるため，磁場のゆらぎの無視は妥当である．外部磁場に相当するベクトルポテンシャル $\boldsymbol{A}_0(\boldsymbol{B}_0 = \boldsymbol{\nabla} \times \boldsymbol{A}_0)$ を含めると，扱うべきモデルは平均場近似の GL モデルの拡張で

$$\left.\begin{aligned} \mathscr{H} &= N(0)\int d^3r\left[\varepsilon_0|\varDelta|^2 + \xi_0^2\left|\left(-i\boldsymbol{\nabla} + \frac{2\pi}{\varPhi_0}\boldsymbol{A}_0\right)\varDelta\right|^2 + \frac{b}{2}|\varDelta|^4\right] \\ f &= -(\beta V)^{-1}\ln[\mathrm{Tr}\exp(-\beta\mathscr{H})] \end{aligned}\right\} \tag{2.70}$$

と与えられる．ここで，統計和（Tr）は $\varDelta(\boldsymbol{r})$ に関する汎関数積分を表す．平均場近似は，この統計和を行わずに $\varDelta$ を単にその鞍点解でおきかえたことに相当する．ゆらぎが小さいはるか高温域では，非線形 ($\simeq|\varDelta|^4$) 項を無視したガウスゆらぎの近似が使えるが，臨界点（転移点）に近づくと非線形項が寄与し始め，それによりくりこまれた臨界ゆらぎとしての記述が必要となり，ガウスゆらぎの近似による結果とは異なる温度変化を物理量が示すようになる．ここでは簡単のために，ハートリー（Hartree）近似で非線形項を扱う．これは，次のおきかえ

$$|\varDelta|^4 \rightarrow 2\langle\langle|\varDelta|^2\rangle\rangle_{\mathrm{s}}|\varDelta|^2 \tag{2.71}$$

により，ガウス近似と同等な解析でくりこみの効果を含めることのできる方法である．上式で，$\langle\ \ \rangle_{\mathrm{s}}$ は空間平均を表す．ガウス近似の結果は，ハートリー近似による結果において非線形項の係数 b をゼロにおけば容易に得られる．

それでは，具体的な結果をゼロ磁場 ($H=0$)，磁場中 ($H\neq 0$) のそれぞ

れの場合で導出しよう．$H=0$ の場合，$\Delta(\boldsymbol{r})$ を $\Delta=V^{-1/2}\sum_{\boldsymbol{k}}\varphi_{\boldsymbol{k}}e^{i\boldsymbol{k}\cdot\boldsymbol{r}}$ と平面波で展開することにより，$\mathcal{H}$ はハートリー近似では

$$\left.\begin{aligned}\mathcal{H}_R &= N(0)\sum_{\boldsymbol{k}}(r+\xi_0^2\boldsymbol{k}^2)|\varphi_{\boldsymbol{k}}|^2\\ r &= \varepsilon_0 + bV^{-1}\sum_{\boldsymbol{k}}\langle|\varphi_{\boldsymbol{k}}|^2\rangle\end{aligned}\right\}\tag{2.72}$$

でおきかえることになる．(2.72) の下の式の $\boldsymbol{k}$ - 積分を実行して，

$$\left.\begin{aligned}r^{1/2} &= \left(Gi_{(3)}\frac{T}{T_{c0}}\right)^{1/2}\frac{t}{1+\sqrt{1+t}}\\ t &= \frac{T-T_c(0)}{TGi_{(3)}}\\ T_c(0) &\simeq T_{c0}\left(1-\frac{4}{\pi}k_0\xi_0\sqrt{Gi_{(3)}}\right)\end{aligned}\right\}\tag{2.73}$$

を得る．ここで，k_0 は $O(\xi_0^{-1})$ の波数のカットオフ

$$Gi_{(d)}=\left(\frac{(\lambda(0))^2}{4\Lambda(T_{c0})a_{\min}}\right)^{2/(4-d)}\tag{2.74}$$

は，d 次元系のギンツブルク（Ginzburg）数とよばれ，実際の転移点 $T_c(0)$ から測った臨界領域の幅を定義する．長さのカットオフ $a_{\min}$ は 3 次元系では ξ_0，2 次元系では膜厚 D となる．

ここで，(2.74) の結果を秩序パラメーターの相関長 $\xi(T)=\xi_0/r^{1/2}$ を使って説明すると次のようになる．臨界領域の外 $(t\gg 1)$ では $\xi(T)$ がガウスゆらぎの結果 $\simeq(T-T_c(0))^{-1/2}$ になるが，臨界領域内 $(t<1)$ では $\xi(T)\simeq(T-T_c(0))^{-1}$ となり，その臨界指数が 1/2 から 1 へと大きくなる．ただし，(2.73) の第 3 式が表すように，$Gi_{(d)}$ はゆらぎによる転移温度のシフトをも与える．現実の超伝導体では一般に $Gi_{(3)}\ll 1$ なので，臨界領域の幅 $\simeq T_c(0)Gi_{(3)}$ より転移温度のシフト $T_{c0}-T_c(0)$ の方がはるかに大きいことに注意しよう．

さらに，自由エネルギーに対して類似の計算を行うと，

$$f=f_0(T)-\frac{1}{6\pi\beta}(\xi(T))^{-3}\tag{2.75}$$

となる．この f_0 は $T-T_{c0}$ に関して解析的で，物理量の臨界現象にとって重要でない．一方，第 2 項は熱ゆらぎによるエントロピーの増大の結果，物

理量の臨界現象を生む項である．例えば，ガウス近似ではこの項から比熱の$(T - T_c(0))^{-1/2}$に比例する振舞が生じる．ただ，ハートリー近似において比熱は$T = T_c(0)$で発散しない．これはゆらぎのくりこみが取り入れられ過ぎていることを意味し，相関長の臨界指数1が実際のXYスピンモデルでの値2/3より大きすぎるというところにもこのことは現れている．

(2.75)と関連した物理量として，反磁性帯磁率χ_{dia}についてもここで触れておく．この量も，(2.75)の非解析的（第2）項から比熱と同様の発散的増大をその臨界現象として示す．パウリ常磁性を無視する限り，秩序パラメーターのゆらぎへの磁場効果は，GL自由エネルギーにおいて空間微分と$\boldsymbol{A}/\phi_0$とが同様にスケールされることに着目すると，(2.75)の第2項に解析関数$\Xi(B_0(\xi(T))^2/\phi_0)$を乗じる形で表現できる．反磁性なので，この関数の磁束密度B_0について2次の項が自由エネルギー密度の増分を与える．これをd次元の場合に

$$\delta f_{\mathrm{dia}}^{(d)} = \frac{1}{2\mu_0}(-\chi_{\mathrm{dia}}^{(d)})B_0^2 \tag{2.76}$$

と書くと，ガウス近似では3次元，2次元のそれぞれの場合で

$$\left.\begin{aligned} -\chi_{\mathrm{dia}}^{(3)} &= \frac{1}{24}\frac{\xi(T)}{\Lambda(T)} \\ -\chi_{\mathrm{dia}}^{(2)} &= \frac{1}{12}\frac{\xi^2(T)}{D\Lambda(T)} \end{aligned}\right\} \tag{2.77}$$

となることがわかる．(2.77)のように数係数まで詳しく求めるには，後述の電気伝導度の久保公式を用いた導出と同様な計算が必要となる[5]．

次に，高磁場下での超伝導ゆらぎをハートリー近似で調べよう．秩序パラメーター$\Delta(\boldsymbol{r})$をランダウ準位の固有関数$u_{np}(x, y)$で

$$\Delta \equiv \sum_{n\geq 0}\Delta_n = \frac{1}{V^{1/2}}\sum_{n,G}\varphi_n(G)u_{np}(x,y)e^{ik_z z} \tag{2.78}$$

と表して，(2.72)に対応して

$$\mathcal{H}_R = N(0)\sum_{n,G}(\varepsilon_0 + (2n+1)h + \xi_0^2 k_z^2 + b\langle\langle|\Delta_0|^2\rangle\rangle_{\mathrm{s}})|\varphi_n(G)|^2 \tag{2.79}$$

となる．ここで，$h = B_0/\mu_0 H_{c2}(0)$，Gは波数の組(p, k_z)を表す．また，最

後の項では，最低ランダウ準位モードのみがゆらぎのくりこみに参加すると仮定した．エネルギーの高いモードほど希薄であるという理由から行ったこの近似は，低温であるほど正しいと思われる．その結果，くりこみがランダウ準位の指標 n によらずに，$h=0$ の場合と同様，次の $r_0=\varepsilon_0+h+b\langle\langle|\Delta_0|^2\rangle\rangle_s$ というパラメーター表示が便利となる．ただし，

$$\langle\langle|\Delta_n|^2\rangle\rangle_s=\frac{H}{\Phi_0 L_z}\sum_{k_z}\langle|\varphi_n(k_z)|^2\rangle=\frac{1}{\beta N(0)L_z}\frac{H}{\Phi_0}\sum_{k_z}\frac{1}{r_0+2nh+\xi_0^2k_z^2} \tag{2.80}$$

であり，具体的に r_0 は3次元で，

$$r_0=\varepsilon_0+h+2(Gi_{(3)})^{1/2}\frac{T}{T_{c0}}\frac{h}{\sqrt{r_0}} \tag{2.81}$$

に従う．

最後の項に見られる磁場依存性は，各ランダウ準位における縮退から生じる．ここで，平均場近似での $H_{c2}(T)$ 線，あるいは $T_{c2}(H)$ 線は $\varepsilon_0+h=0$ で与えられる．しかし，上式は r_0^{-1}，つまり磁場方向の相関長が温度を下げても発散しないことを意味する．したがって，H_{c2} はクロスオーバー線に過ぎず，H_{c2} 線での2次相転移は存在しないことを (2.81) は示している．この結論は，ハートリー近似に固有の結果ではなく，磁場に対して垂直方向に秩序パラメーターの「固有状態」がランダウ量子化されたことによる．(2.80) における波数依存性から，各ランダウ準位におけるゆらぎが1次元的に振舞うことに注意してほしい．

一方，2次元で r_0 を満たす式は r_0 について解くことができて，

$$r_0=2\left(Gi_{(2)}h\frac{T}{T_{c0}}\right)^{1/2}\left[\frac{T_{c0}^{1/2}(\varepsilon_0+h)}{4(hTGi_{(2)})^{1/2}}+\sqrt{\frac{T_{c0}(\varepsilon_0+h)^2}{16hTGi_{(2)}}+1}\right] \tag{2.82}$$

となる．3次元の場合，(2.82) に相当する式は，$r_0/(Gi_{(3)}(Th)^2)^{1/3}$ が $(\varepsilon_0+h)/((Th)^2Gi_{(3)})^{1/3}$ の関数という形で与えられる．これらの式は物理量にスケール則

$$T-T_{c2}(B_0)\simeq(TB_0)^{2/(6-d)} \tag{2.83}$$

が成り立つことを示唆する（d は系の次元）．このクロスオーバー線 $H_{c2}(T)$

の周辺で見られるべきスケール則は，磁場下の超伝導ゆらぎの基本的な特徴の1つである[22, 23]．

さらに，上記のハートリー近似の結果を（熱ゆらぎが減退する）低温側（$r_0 \to 0$）に拡張して使おう．そこでは，系の次元によらず，$\langle\langle|\Delta_0|^2\rangle\rangle_s$ が平均場近似の結果 $-(\varepsilon_0 + h)/b$ に近づくことがわかる．ただし，ハートリー近似では2.3.1項の末尾で触れた渦糸液体 - 固体転移を記述することはできない．例えば，前節で述べたアブリコソフ因子 $\beta_A = \langle\langle|\Delta_0|^4\rangle\rangle_s / (\langle\langle|\Delta_0|^2\rangle\rangle_s)^2$ は，本来渦格子では1より大きくなるはずだが，ハートリー近似においては低温（$r_0 \to 0$）でこの量は1に近づくことになる．つまり，渦糸状態を正しく記述していないので，その格子相への相転移を記述できない．それでも，この単純な近似は，電気伝導度などの多くの物理量についてもっともらしい結果を与えるという意味で，便利な記述法である．

次に，反磁性帯磁率と同様に，超伝導性を見るのに重要なプローブである電気伝導度へのゆらぎの効果に話を進める．ガウスゆらぎ，あるいはハートリー近似の範囲内で，ゆらぎ（電気）伝導度に寄与する項は

（1）　電子状態密度へのゆらぎ補正の項

（2）　真木 - トンプソン（Maki - Thompson）項

（3）　アスラマゾフ - ラーキン（Aslamasov - Larkin）項

の3つに分けることができる[5, 24]．このうち（1），（2）は，それぞれ正常相での伝導度への自己エネルギー補正，バーテックス補正に相当し，（3）は超伝導ゆらぎが電気の担い手となった項で，(2.75) の非解析的項から生じると見なせる寄与である．この（3）のみが秩序パラメーターのダイナミクスを記述する TDGL 方程式から得られるので，超伝導転移近くでは常に（3）が主要項になると思えるが，いわゆる汚い極限（dirty limit）にある s 波の超伝導薄膜では，（2）の寄与が（3）と同程度になることもあり，主要項を決めるには微視的過程（電子状態）に関する仮定に依存して注意深い検討が必要になる．

上記3つの寄与の相対的大きさについて，ここでは，d 波超伝導を前提に述べておく．まず，3次元系に考察を限れば，d 波超伝導では（1）と（2）の寄与の双方が転移点に接近した時に発散的な振舞を示さず，無視できる．

一方，2次元系では，(1)，(2)の寄与は共に $\ln(T-T_{c0})^{-1}$ に比例する弱い発散を示すが，それらの符号は互いに逆である．しかも，銅酸化物高温超伝導を対象とした弱結合近似を超えた解析では，擬ギャップ領域とよばれる転移温度より高温域における((3)の寄与と逆に伝導度を減少させる)(1)の寄与の重要性の方が主張された[24,25]．それでも，平均場近似での転移点付近，あるいはそれ以下の温度では(3)の寄与が問題なく主要項となる．これらの理由から，以下では超伝導ゆらぎが電気の担い手となる電気伝導度への寄与(3)を，平均場近似の渦糸フローの場合と同様にTDGL方程式を用いて調べるにとどめる．

ハートリー近似で，TDGL方程式は

$$N(0)\gamma\frac{\partial\Delta}{\partial t}=-\frac{\delta H_R}{\delta\Delta^*} \tag{2.84}$$

と書くことができる．この時，時間依存性を振幅 $\varphi_n(G)$ に背負わせて，

$$\left.\begin{aligned}\varphi_n(G\,;t)&=\varphi_n(G)\exp\left(\frac{-|t|}{\tau_n(k_z)}\right)\\ \tau_n(k_z)&=\frac{\gamma}{r_0+2nh+k_z^2\xi_0^2}\end{aligned}\right\} \tag{2.85}$$

となる．そこで，これらを伝導度 σ_{ij} の久保公式

$$\left.\begin{aligned}\sigma_{ij}(\omega)&=\beta\int_0^\infty dt\,e^{i\omega t}\langle\langle j_i(0)\rangle_{\mathrm{s}}\langle j_j(t)\rangle_{\mathrm{s}}\rangle\\ \boldsymbol{j}(t)&=-\frac{\delta H_R}{\delta\boldsymbol{A}}(\Delta\to\Delta(t))\end{aligned}\right\} \tag{2.86}$$

に用いる．ハートリー近似では，各ランダウ準位モードは互いに独立であることから，dc伝導度の計算は単純に行えて，3次元系の場合では次の結果になる．

$$\left.\begin{aligned}\sigma_{xx}^{(d=3)}&=\frac{(2e)^2}{4\pi\hbar\xi_0}\frac{\gamma k_{\mathrm{B}}T}{\hbar}\sum_{n\geq0}(n+1)\left(\frac{1}{\sqrt{r_n}}+\frac{1}{\sqrt{r_{n+1}}}-\frac{2\sqrt{2}}{\sqrt{r_n+r_{n+1}}}\right)\\ \sigma_{zz}^{(d=3)}&=\frac{(2e)^2}{16\pi\hbar\xi_0}\frac{\gamma k_{\mathrm{B}}T}{\hbar}\frac{B}{\mu_0H_{c2}(0)}\sum_{n\geq0}\frac{1}{\sqrt{r_n^3}}\end{aligned}\right\} \tag{2.87}$$

ここで，$r_n=r_0+2nB/\mu_0H_{c2}(0)$ で，r_0 は(2.81)に従う．これらの式のゼ

ロ磁場極限 ($B \to 0$) は共に，先述のおきかえ ($2nB/\mu_0 H_{c2}(0) \to \xi_0^2 \boldsymbol{k}_\perp^2$) により，ゼロ磁場でのアスラマゾフ - ラーキンのゆらぎ伝導度の式

$$\sigma_{\mathrm{AL}} = \frac{e^2}{4\pi\hbar\xi_0} \frac{\gamma k_{\mathrm{B}} T}{\hbar\sqrt{r}} \tag{2.88}$$

に帰着する[24]．ただし，r は対応するゼロ磁場での式 (2.73) に従う．また，2 次元で σ_{xx} は

$$\sigma_{xx}^{(d=2)} = \frac{(2e)^2}{\pi\hbar D} \frac{\gamma k_{\mathrm{B}} T}{\hbar} \sum_{n\geq 0} \frac{2h^2(n+1)}{r_n r_{n+1}(r_n + r_{n+1})} \tag{2.89}$$

となる．

ゼロ磁場下の場合と対照的に，有限磁場下では，熱ゆらぎが無視できる $H_{c2}(T)$ 線より低温側 ($r_0 \to 0$) で，上記の σ_{xx} は渦糸フローの式 (2.47) に帰着する[22]．このように，渦糸固体相への相転移が起きていない正常相の低温域においても，渦糸固体相に似た振舞が熱力学量と共に輸送係数にも見られる．実際，ハートリー近似を超えて，さらに洗練された近似を用いると，この温度領域は，磁場によって誘起された渦糸集団が格子構造の長距離秩序をもたずに液体状態を形成している領域になっていることがわかる．$H_{c2}(T)$ 線より低温かつ低磁場側のこの領域は，正常相の一部なので新たな相ではないが，通常の正常金属相と区別して渦糸液体状態とよばれる．

この熱的超伝導ゆらぎの理論で得られる結果の例として，(2.82) と (2.89) とから得られる電気抵抗率の温度依存性 $\rho(T)$ の例を，図 2.6 に実線で示してある．平均場近似での転移線 $H_{c2}(T)$，つまり温度 $T_{c2}(H)$ は抵抗 $\rho(T)$ 線が曲率 $\partial^2\rho/\partial T^2$ の符号を変える温度に相当する．低温側の $\partial^2\rho/\partial T^2 > 0$ の振舞が，さらに低温で渦糸フローの振舞にクロスオーバーする．ゆらぎが弱い場合（細い実線）では，このクロスオーバーは $R \simeq R_{\mathrm{N}}/200$ で起こるにすぎない．

一方，ギンツブルク数 $Gi_{(d)}$ が比較的大きく，熱的超伝導ゆらぎが目立つ系では太い実線のような電気抵抗データが見られる．しかし，ゆらぎがもっと極端に強い系や γ が小さい系では，上記の理論では無視されている量子超伝導ゆらぎが，抵抗カーブを図 2.6 の点線のように，つまりゆらぎが十分弱いために平均場近似内でよく理解できる場合のように，急峻する振舞に変え

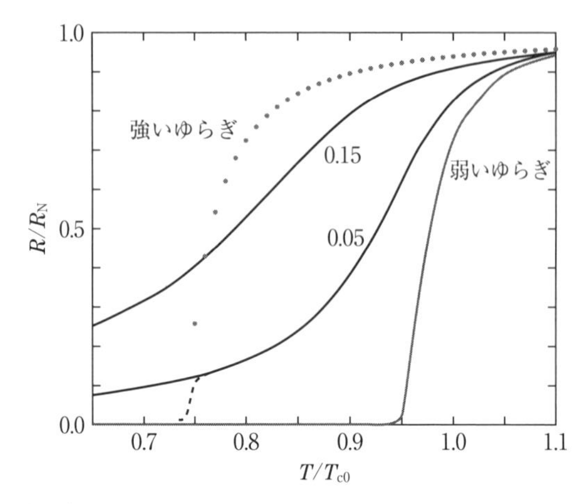

図 2.6　(2.89) から得られる電気抵抗の温度変化．正常相での抵抗 R_N は定数としてある．太い実線は $T_{c0}=90$ K，$\lambda(0)=10^2$ nm，$D=1.5$ nm で得られた $B_0=\mu_0H_{c2}(0)=0.05$ ($T_{c2}/T_{c0}=0.95$)，0.15 ($T_{c2}/T_{c0}=0.85$) での結果で，右のゆらぎが弱い時の線は $\lambda(0)=10$ nm，$T_{c0}=9$ K で $B_0=\mu_0H_{c2}(0)=0.05$ での結果である．ゆらぎが極端に強い場合を表す左の点線では $\lambda(0)=10^3$ nm，$T_{c0}=90$ K としてある．太い実線 ($T_{c2}/T_{c0}=0.95$) と左の点線の $T/T_{c0}=0.74$ での急峻は，渦糸格子の形成に伴い，弱い乱れによりグラス相（超伝導相）への転移が起こる 3 次元系の結果を模写したものである（本文を参照）．

る．ただし，この場合にはその抵抗の落ちる温度は T_{c2} ではなく，T_{c2} よりはるかに低温のグラス転移温度になる[26]．

2.4.3　渦糸格子融解

超伝導ゆらぎの理論を拡張すれば，熱的ゆらぎの寄与も含んだ超伝導の正しい磁場中相図は原理的には得られるはずである．しかし実際には，解析計算に関する困難からモンテカルロシミュレーションにより系統的に調べられた．その主要な結果は，理想的な（乱れのない）系における磁場下の超伝導転移は渦糸格子融解という 1 次転移で，通常のゼロ磁場での超伝導転移と同様の位相長距離秩序化は起こらない，というものであった．ここでは，渦糸格子融解という 1 次転移が起こる温度の磁場依存性について述べておく．

3 次元液体 - 固体転移温度 T_m を決める方法としてよく用いられるのが，リンデマン（Lindemann）基準による評価法である．これは単に，

$$\langle \boldsymbol{s}^2 \rangle = c_{\rm L}^2 a_\phi^2 \tag{2.90}$$

の利用からなる．ここで，$c_{\rm L}^2$ は 0.1 程度の定数で，平均格子間隔 a_ϕ は 2.2.1 項において定義された．ここでは，ロンドン極限が正しい磁場，温度域での結果のみを示そう．せん断弾性定数 (2.38) を用いて，(2.90) は

$$\frac{T_{\rm c2}(B) - T_{\rm m}}{T_{\rm m}} = \frac{2}{c_{\rm L}} \sqrt{\frac{2\pi\xi_0^2 B}{\Phi_0} Gi_{(3)}} \tag{2.91}$$

で与えられる[3]．この式，および以下の 2 次元での対応する式の導出に，磁場のゆらぎ δB は寄与していないことを指摘しておく．したがって，$H_{\rm c1}(T)$ 線に近い，つまり極端に低磁場域では上式は適用できず，$H_{\rm c1}$ 付近で正しいせん断弾性定数 $C_{66} \simeq \exp(-\sqrt{\mu_0 H_{\rm c1}/B_0})$ やせん断曲げ弾性定数 (2.67) を使ったリンデマン評価によって融解線を決定する必要がある[3]．一方，高磁場域で重要なことは，一般に融解線は $T_{\rm c2}(B)$ 線とは全く異なる磁場依存性をもつ，という点である．上式が示すように，超伝導ゆらぎの弱い系では $T_{\rm m}$ は $T_{\rm c2}$ に近づく．また，現実の系において，後述する乱れの効果が十分弱ければ，この渦糸格子融解転移はブラッググラス（Bragg glass）相の融解転移として生き残ることができる．

一方，2 次元ではゼロ磁場の超流動転移での位相ゆらぎと同様に，弾性ゆらぎの振幅は対数発散するので，単純に上記のリンデマン評価法の適用は意味がない．それでも，膜厚 D の超伝導薄膜においても渦固体は低温で起こることができ，融解転移温度はその機構によらず，ロンドン極限内で

$$\lambda^2(T_{\rm m}) = c_{\rm L}^2 D \Lambda(T_{\rm m}) \tag{2.92}$$

と与えられ，磁場によらない．厚さ D の超伝導薄膜における磁場侵入長の役目は $\lambda^2(T)/D$ が果たす[2] ので，この式は，磁場侵入長と熱ゆらぎの特徴的な長さ $\Lambda(T)$ が同程度の長さになる条件と見ることができる．また，(2.92) は，ゼロ磁場第 2 種極限での 2 次元超伝導の BKT 転移の温度 $T_{\rm BKT}$ が満たす式と同じ関数形であるが，$c_{\rm L} \ll 1$ のため，$T_{\rm m} \ll T_{\rm BKT}$ である．先述の通り，平均場近似での 2 次元渦格子では電気抵抗は決してゼロにはならない．実は，後述する乱れによる渦のピン止め効果を含んだ現実の 2 次元渦状態では，有限温度でグラス転移が起こらないと考えられるため，磁場中での電気抵抗は決してゼロにならず，絶対零度でのみ磁場中超伝導相は実現する．

2.4.4　乱れの効果

先述の通り，平均場近似で述べた渦糸格子は，磁場に垂直方向の電流下において，磁場に垂直な面内での渦糸の運動により金属と同じ電磁応答を示す．一方，現実の3次元超伝導体では，この磁場誘起渦糸の運動を妨げる要因があるために，低温側では磁場下においても，磁場に垂直な面内における電流下での電気抵抗もゼロとなる．ここでは，現実の超伝導体での応答に近づけるために考慮する必要がある，系の乱れの効果に関する理論を簡潔に紹介しよう[27]．

通常，外的なポテンシャルは物質の「密度」とカップルするので，乱れによるエネルギー項として，次の2つのタイプのモデルが通常考えられる．

$$\int_{\boldsymbol{r}} v_{\Delta}(\boldsymbol{r})\,(|\Delta|^2 - |\Delta_{\mathrm{e}}|^2) \tag{2.93}$$

$$\int_{\boldsymbol{r}} v_{\phi}\left(n_{\mathrm{v}}(\boldsymbol{r}) - \frac{B_0}{\Phi_0}\right) \tag{2.94}$$

ここで，渦の数密度 $n_{\mathrm{v}}(\boldsymbol{r}) = \sum_n \delta(\boldsymbol{r} - \boldsymbol{R}_\nu - \boldsymbol{s}(\boldsymbol{R}_\nu, z))$ を導入した．(2.94)において，右辺を簡単化することをまず考えてみる．ただし，$\int_{\boldsymbol{r}}$ は空間積分を表す．1次元周期系で数密度を $n_1(x) = \sum_n \delta(x - X_n - u(X_n))$ と表現した場合に，ポワッソンの和公式 $\sum_n \delta(x - n) = \sum_m \exp(i2\pi mx)$ を使って

$$\begin{aligned} n_1(x) &= \frac{1}{a}\sum_K \int dX\, e^{iKx}\delta(x - X - u(X)) \\ &= \frac{1}{a}[1 - \partial_x u(x) + \sum_{K\neq 0} \cos\{K(x - u(x))\}] \end{aligned} \tag{2.95}$$

と書きなおすことができる．このことを3次元系に応用するのは平易で，例えば(2.95)最右辺の第2項は $-\boldsymbol{\nabla}\cdot\boldsymbol{s}$ におきかわる．前節の融解転移のように，せん断変形が重要な場合では“圧縮”$|\boldsymbol{\nabla}\cdot\boldsymbol{s}|$ は無視してよい．一方，(2.95)の K 依存項の引数は3次元では $\boldsymbol{K}\cdot(\boldsymbol{r} - \boldsymbol{s}(\boldsymbol{r}))$ におきかわる．この項を $\boldsymbol{s}$ について最低次までとると，ランダム力による項

$$\left.\begin{aligned} E_{\mathrm{pin}}^{(1)} &\simeq -\boldsymbol{s}\cdot\boldsymbol{f}_{\mathrm{ran}} \\ \boldsymbol{f}_{\mathrm{ran}} &\propto v_\phi \boldsymbol{\nabla} n_{\mathrm{v}}^{(0)}(\boldsymbol{r}) \end{aligned}\right\} \tag{2.96}$$

を弾性エネルギーにつけ加えた問題と同等になる．$n_{\mathrm{v}}^{(0)}$ は乱れのない周期的な渦格子構造の渦糸の数密度である．ランダム力による項は，(2.93)の第1

モデルからも導出でき，その場合は f_{ran} は $\boldsymbol{\nabla}|\Delta|^2$ で引き起こされることがわかる[5]．つまり，渦糸状態での超伝導秩序パラメーターの不均一性（非一様性）が，乱れの効果をもたらしている．パウリ常磁性が誘起する空間変調超伝導相（FFLO 相）への転移においても同じことがいえて，渦糸状態と同様に強い乱れの効果が理論的に指摘されている[9]．

このランダム力近似で見出される顕著な事実が，渦糸格子の並進長距離秩序の破壊である．今，長波長での振舞に興味があるので，ランダム力 f_{ran} の相関は短距離と考えて，乱れに関する平均は

$$\overline{f_{\mathrm{ran},\,i}(\boldsymbol{r})f_{\mathrm{ran},\,j}(\boldsymbol{r}')} = \Delta_{\mathrm{r}}\delta^{(3)}(\boldsymbol{r}-\boldsymbol{r}')\delta_{i,\,j} \tag{2.97}$$

に従うとしよう．その時，渦糸密度の波数 $\boldsymbol{K}$（$\boldsymbol{K}$ は逆格子ベクトル）のフーリエ成分が $\exp(-i\boldsymbol{K}\cdot\boldsymbol{s}(\boldsymbol{r}))$ であるから，$\boldsymbol{s}$ の相関を調べればよい．絶対零度を仮定して，$\boldsymbol{s}$ の変分方程式を用いて，

$$\begin{aligned}\overline{(\boldsymbol{s}(0)-\boldsymbol{s}(\boldsymbol{r}))^2} &= \int_{\boldsymbol{k}} \frac{\Delta_{\mathrm{r}}}{(C_{44}k_z^2 + C_{66}\boldsymbol{k}_\perp^2)^2}(1-e^{i\boldsymbol{k}\cdot\boldsymbol{r}}) \\ &\propto \left(\frac{\xi^2}{Lr_B}\right)^3\sqrt{\frac{\boldsymbol{r}_\perp^2}{\lambda^2}+\frac{r_B^2z^2}{\lambda^4}}\end{aligned} \tag{2.98}$$

となる．ここで，$L \propto {\Delta_{\mathrm{r}}}^{-1/3}$ はラーキン（Larkin）長とよばれる．また，熱ゆらぎを無視して相関関数を計算したが，これは長距離の振舞に関する限り正当化される．この結果は渦糸の密度相関 $\propto \exp(-\overline{(\boldsymbol{s}(0)-\boldsymbol{s}(\boldsymbol{r}))^2})$ が乱れによって誘起された相関長 $\propto L^3$ をもった，短距離相関にしかならないことを意味し，（前節で述べた通常の超伝導相関と同様）渦糸格子の並進長距離秩序も乱れのある系では失われることを意味する[28]．

ただ，この系の乱れがもたらす渦のピン止め効果によって歪んだ渦糸固体状態は，同時に電気抵抗ゼロの超伝導相であると期待するのが自然である．その説明のためにまず，前項で得られた渦糸液体領域での渦糸フローを示す状況に話を戻そう．渦糸液体領域では，渦糸状態の実空間での相関は短距離なので，上記のようなピン止め力に着目するより，渦糸の熱的な運動がスローになることをモデル化するのが自然である．何か活性化エネルギー U があって，このエネルギー障壁を熱ゆらぎによって乗り越える過程を直観的に考える場合，しばしばアーレニウス（Arrhenius）則に従って，TDGL 方程

式の時間スケール γ が付加的に $\delta\gamma \simeq \exp(U/(k_B T))$ のように増大すると期待される．渦糸状態の場合や，乱れの分布の不均一さが巨視的な場合，渦糸液体領域での短距離相関をもった渦糸格子のサイズが大きいほど，活性化エネルギー U は大きい．他方で，乱れが引き起こしているので，この $\delta\gamma$ は乱れの強さ Δ_r に比例する．

伝導度は時間スケールに比例するので，電気抵抗は $\rho = (\sigma_n + \sigma_s + C_r\delta\gamma)^{-1}$ で，低温では最後の項が主要項となり，

$$\rho \simeq \frac{1}{C_r \Delta_r} \exp\left(-\frac{U}{k_B T}\right) \quad (C_r > 0) \tag{2.99}$$

となる．係数はピン止めが弱いほど大きいので，図 2.6 に描かれたように，系の乱れが弱いと，渦糸格子融解転移付近での抵抗の消失は狭い温度域でシャープに起こると考えられる．

一方，乱れのない系で渦糸格子相であった「低温側」では，ランダム力 $\boldsymbol{f}_{ran}$ の 2 乗平均からピン止めエネルギー $\mathscr{E}_{pin}$ が $\mathscr{E}_{pin} \simeq \sqrt{\boldsymbol{f}_{ran} \cdot \boldsymbol{f}_{ran}}$ と定義される．これとローレンツ力をつり合わせて，$\mathscr{E}_{pin}$ に比例する臨界電流 I_c が定義される．もちろん，有限な I_c 以下の低電流下では，電気抵抗がゼロになると期待される．しかし，この単純な議論が成立するには，乱れがある系での磁場下の超伝導転移が何であるのかを明確にする必要がある．

強いピン止めの場合，ピン止め力を上記のランダム力ではなく，

$$\boldsymbol{f}_{pin} = -\alpha_L \boldsymbol{s} \tag{2.100}$$

と表すことがある．これは，層状超伝導体における固有ピン止め効果に関して，(2.57) で述べた内容を等方的な場合に拡張したものである．つまり，このピン止め力の導入は，例えばピン止め箇所が 1 つの場合，ピン止めエネルギー項

$$E_L = \frac{\alpha_L}{2} \int_{\boldsymbol{r}} \boldsymbol{s}^2 \tag{2.101}$$

を元のロンドンハミルトニアンに加えることに等価であり，(2.37) と (2.101) とから，磁場に垂直な 2 次元面内で定義された超流動密度が

$$\rho_{s,2D} = \frac{1}{\mu_0 \lambda^2 + \alpha_L^{-1} B^2} \tag{2.102}$$

と与えられることがわかる．ピン止めが強い極限 ($\alpha_{\rm L} \to \infty$) では，$\rho_{\rm s,\,2D}$ はマイスナー相の結果 $1/(\mu_0\lambda^2)$ に帰着し，弱い極限 ($\alpha_{\rm L} \to 0$) では平均場近似の渦糸格子の結果 $\rho_{\rm s,\,2D} = 0$ に帰着する．つまり，$\alpha_{\rm L} > 0$ である限り，渦糸はどの方向にも傾けないため，前述の横マイスナー効果（2.2 節の末尾を参照）をもち，2 次元面方向の電流に対する電気抵抗さえゼロとなる渦糸状態を記述することになる．

一方，ランダムネスとしてのみ渦糸のピン止め効果を導入した場合，$\rho_{\rm s,\,2D}$ は常にゼロである．このため，次項で述べる，電気抵抗がゼロとなるグラス相（超伝導相）において静的なマイスナー応答は存在しえない．ただし，交流帯磁率の低周波数極限において，マイスナー応答に類する現象を見ることになる[7]．

2.4.5 グラス相

上記の通り，渦糸状態での超伝導転移は，部分的には渦糸格子融解転移だが，実験的に見られる磁場に垂直な電流下での電気抵抗の消失が起こるには，系の乱れによるグラス転移が融解転移に伴って，あるいはそれより低温側で，起きているのでなければ説明がつかない．これまで，この渦糸状態のグラス相，つまり磁場中の超伝導相としては，2 つのモデルが理論的に提案されてきた．

弾性論的記述を拡張して得られるブラッググラスの理論をまず説明する．前項では，(2.95) を変位 $\boldsymbol{s}$ の最低次までとる近似で話を進めたが，その最後の項の周期性をフルに考慮すると，基底状態に関する違った可能性が見えてくる．それを理解するために，弾性エネルギーが 1 つの項のみからなる次のモデル

$$\mathcal{H}_{\rm oc} = \frac{C}{2}\int_{\boldsymbol{r}}(\partial_i u_j)^2 + \int_{\boldsymbol{r}} V(\boldsymbol{r})\cos[\boldsymbol{K}_0\cdot(\boldsymbol{r} - \boldsymbol{s}(\boldsymbol{r}))] \quad (2.103)$$

を次元解析で考えてみる．系のサイズに匹敵するスケール L を導入すると，弾性エネルギーのスケール依存性は $E_{\rm el} \simeq L^{d-2}\overline{u^2(L)}$ となる．一方，ピニングから生じるエネルギー $E_{\rm pin}$ はランダムポテンシャル $V(\boldsymbol{r})$ に長距離相関がないとすれば，

$$E_{\rm pin} \simeq \sqrt{\int_r \overline{\exp(i\boldsymbol{K}_0 \cdot \boldsymbol{s})}} \simeq L^{d/2} \exp\left(-\frac{K_0^2}{2}\overline{\boldsymbol{s}^2}(L)\right) \quad (2.104)$$

である．$E_{\rm el}$ と $E_{\rm pin}$ の間のつり合いから，

$$\overline{\boldsymbol{s}^2}(L) = (4-d)\ln\left(\frac{L}{L_{\rm m}}\right) - O\left(\ln\ln\left(\frac{L}{L_{\rm m}}\right)\right) \quad (2.105)$$

が得られる．d は空間の次元である．$\mathscr{H}_{\rm oc}$ 中の係数 C，K_0 やピニングの強さといったパラメーターはすべて $L_{\rm m}$ に含まれている．この結果は，渦糸密度の 2 体相関 $\overline{n_{\rm v}(0)n_{\rm v}(\boldsymbol{r})}$ が有限な相関長のない準長距離相関 $\simeq r^{-(4-d)}$ となっていることを意味している．この状態をブラッググラス（Bragg glass），弾性グラスなどとよび，強い乱れにより渦糸の並進秩序が壊れた渦糸状態や，平均場近似が記述する理想系での渦糸格子と区別される[3, 29]．上記の結果が，弾性論で記述できるという仮定の下で得られたという点には注意が必要である．すなわち，渦糸格子の転位（dislocation）のようなトポロジカル励起は考慮されていない．その意味で，系の乱れが十分弱いことが仮定されている．このブラッググラスでは，(2.99) の活性化エネルギー U が，渦の位置の準長距離相関のために系のサイズのベキでスケールし，そのため無限系で無限大である．その意味で，ブラッググラス相は電気抵抗ゼロの超伝導相であり，融解転移と共に不連続に渦糸液体状態，あるいは後述の渦糸グラス相へ融解するという，渦糸状態の低温相である．

一方，渦糸状態の位置相関の度合いに関わらず，系の乱れと超伝導ゆらぎの相乗効果が，電気抵抗の消失につながるという磁場下の超伝導転移の理論も提案されている．これは，超伝導秩序パラメーターの実部と虚部をそれぞれ XY スピンの 2 成分に対応づけて，スピングラス相に相当する超伝導相が渦糸状態では可能となる，というアイデアである．この理由で，ここで生じる低温相を渦糸（ボルテックス）グラス相とよぶ[20]．だが，議論の基となる磁場下の超伝導体は格子上の離散系ではなく，連続体的な系であること，磁場が一種のフラストレーションの役割を果たすために，フラストレーションのない XY スピン系よりもグラス相が起こりやすいこと，といったスピン系との違いがあるため，アイデアの正当化には類推だけでなく，具体的な数値研究が必要であった．ここでは，その詳細は割愛して，実験との関

連性から渦糸グラス転移付近で期待される電気抵抗の振舞について触れるにとどめる．超伝導ゆらぎの理論に用いた，最低ランダウ準位モードで渦糸状態が記述できるという近似を適用すれば，電気伝導度への渦糸グラスゆらぎによる寄与は具体的に求められ，

$$\sigma_{\rm vg} \simeq \Delta_{\rm r}^2 (T - T_{\rm vg})^{\nu_{\rm g}(z_{\rm g}-1)} (1 + c_1 \Delta_{\rm r}^{-1} (T - T_{\rm vg})) \qquad (2.106)$$

となる[30]．ここで，$z_{\rm g}(>2)$，$\nu_{\rm g}$ は，このグラス転移の臨界現象を記述する臨界指数である．グラス転移温度 $T_{\rm vg}$ は乱れの強さに顕著に依存する．重要なことは，十分乱れが弱くなると，$T_{\rm vg}$ は乱れのない系での渦糸融解転移温度 $T_{\rm m}$ の直下になることである．そのため，ブラッググラスに基づく描像と同様に，乱れた系での渦糸格子融解転移のすぐ低温側は，（渦糸グラスという）超伝導相であると主張することになる．

2.5　高温超伝導体における磁場中相図

1986 年の銅酸化物高温超伝導体の発見を契機に，その異常な磁場下の超伝導現象の解明が 90 年代を含む長期にわたって，超伝導の基礎研究の主要題材であった．その異常な磁場下の現象の原因は，これら物質群に共通した極端に強い超伝導ゆらぎの効果にある．こういった超伝導の統計力学的な側面を理解するには，GL 自由エネルギー (2.1) に基づいた解析を行えばよい．その時，熱的超伝導ゆらぎの強さの指標となるのはギンツブルク数で，その定義式 (2.74) に従うと，2 次元性の強い銅酸化物超伝導体の場合，超伝導ゆらぎは平均場近似でのゼロ磁場転移温度 $T_{\rm c0}$ が高いほど，また $T=0$ での磁場侵入長 $\lambda(0)$ が長いほど強い，というシンプルな解釈に至る．この熱的超伝導ゆらぎが磁場中相図を大きく変えるという理論的提案は，国内外から独立に提案された[20, 31, 32]．重要な事実として，$H_{\rm c2}(T)$ 線，いわゆる上部臨界磁場，は相転移線ではない[32, 33]，という点がある．

さらに相転移線やゆらぎの特徴などの相図の詳細を記述するための理論的方針として，大別して以下に挙げる 3 つのアプローチが提案された．

（1）　平均場近似に立脚した，ロンドン極限に基づいた磁場誘起渦糸の熱的ゆらぎ[31, 33]，

（2）　平均場近似に立脚した，第 2 種極限，かつ高磁場近似での GL モデル

に基づいた臨界ゆらぎ[32],

（3）第2種極限，かつ低磁場下でのフラストレート XY スピンモデルに基づいた，極端に強い臨界ゆらぎ[20, 34].

（1）と（2）はそれぞれ，渦糸格子に対する平均場近似の低磁場からの手法，高磁場からの手法，を拡張したものである．前節で紹介された超伝導ゆらぎの概説は，（2）の手法に基づいて書かれている．しかし，熱的ゆらぎが強くなるほど，平均場近似の結果からのずれがより低温・低磁場側から現れると考えられるため，超伝導秩序パラメーターの位相の自由度だけを考慮する（1）に基づいて，磁場中高温超伝導体の強いゆらぎ現象の解明が試みられた．しかし，（1）の方針だけでは，磁場方向の電気抵抗がゼロとなる渦糸液体相という現実の系に見られない中間渦糸相が出現するなど，実験との十分な同意には至らなかった[3]．むしろ，同じ位相のみのモデルとして XY スピンモデルから出発するアプローチ（3）では，渦輪（vortex loop）励起が新たに加わり，正常相の低温域である渦糸液体から渦糸固体相への1次転移という実験事実と符合する結果に達した．渦輪励起はゼロ磁場の超伝導転移の臨界現象の要因になっており，(2.32) の上で述べたように高磁場側からの手法であるアプローチ（2）には反渦や渦輪は含まれていないため，（3）は低磁場，かつ T_{c0} 付近からのアプローチと見るべきである．最適ドープ域の銅酸化物高温超伝導体では，$H_{c2}(0)$ は 100 T のオーダーで，通常実験が行われる数 T 域を低磁場領域とみる見方も1つの方針となりうる（図2.6参照）．他方，渦糸格子融解を含む相図に関するモンテカルロシミュレーションは，（2），（3）の双方の方向からも行われており，渦糸格子（固体）は1回の1次転移により融解し，融解した状態は正常金属相になることが見出されている[34, 35]．この辺りの話題のさらに詳細については，以前に書かれた解説を参照してほしい[27]．また，（2）と（3）の領域の間のクロスオーバーを記述する理論的試みも過去に提出されている[36].

上記の超伝導ゆらぎに関する描像は，イットリウム系（YBCO）物質の相図の理解に適用できたが，実は桁違いに2次元性の強いビスマス（Bi）系高温超伝導体がグラス相を示す低磁場域の相図の理解には十分でなかった．本節を終える前に，この題材について簡単に触れておく．図2.7に Bi 系渦糸

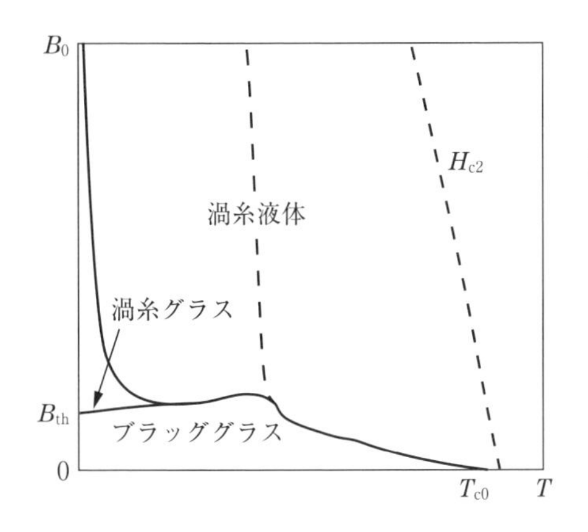

図 2.7　Bi 系の低磁場域の相図（概念図）．典型的に B_{th} は数十 G で，$B<B_{th}$ では主として電磁カップリングにより 3 次元的に振舞い，$B>B_{th}$ では十分低温域を除けば系は 2 次元的に振舞う．ブラッググラス相は渦糸液体，あるいは渦糸グラスへ太い実線上で 1 次転移により融解する．渦糸グラスから渦糸液体（正常相）への 2 次転移の存在は Bi 系では確立していない．点線はすべて，クロスオーバー線である．

（磁束）相図のスケッチを示す．図の B_{th} 以上の磁場域では系は 2 次元系とほぼ等価で，磁場依存性をほとんど示さない 2 次元渦格子融解転移線（(2.92) 参照）を反映するクロスオーバー線（点線）を有している．実際に渦糸格子構造が実現しているのは B_{th} より低磁場で，低温相は厳密にいえば前述のブラッググラスである．B_{th} 以下の磁場域では 3 次元的ではあるが，磁場が低すぎて第 2 種極限が成り立たず，電磁カップリングによる 3 次元性が重要な役割を果たす（(2.67) 以下の議論を参照）．つまり，ほとんど 2 次元的な系であるため，層間のジョセフソン結合よりも，磁場のゆらぎによって c 軸方向のカップリング（3 次元性）が生じていると見る方が，この Bi 系の低磁場域をよく表現していると考えられている．

2.6　多バンド超伝導

2.6.1　はじめに — 複数バンドのおもしろさ

超伝導が出現する舞台となる固体は，種々の原子が規則的に整列した結晶であり，電子はバンドを形成する．構成原子種とその規則配列の違いは異なるバンドを与え，現れる超伝導状態も異なるものとなる．第 1 章では，バンドが 1 つとすることで問題を単純化し，超伝導の本質を明らかにする議論をしたが，固体によっては複数バンドが超伝導に寄与することを考える必要がある（むしろ，多くの金属では，多数のバンドから構成された電子状態をとるのが普通である）．

孤立原子の電子軌道は，角運動量により s, p, d, f, … 軌道に分類されるが，s 軌道以外は非球対称な縮退した複数の軌道をもつ．よって，原子が固体内で整列した場合，隣接原子間で電子軌道の重なり方向に応じて縮退は破れ，複数のバンドが形成される．こうして，複数のバンドがフェルミ面を横切れば，多バンド超伝導の舞台が成立することがわかる．

物理学では，現れる現象の本質を理解するため，その本質に直接関係しない自由度を取り除いて定式化することが多い．しかし，複雑な多自由度の系であるために出現する現象も存在し，本来の多自由度系を考察することで全く新しい現象が見つかることがある．本節では，バンド数が複数の場合に初めて現れるユニークな超伝導現象について説明する．

2.6.2　多バンド BCS モデルと GL 自由エネルギー

多バンド超伝導では，複数のフェルミ面でギャップが開くため，複数の電子バンドの寄与を考慮した記述が要求される．ここでは，その要求を満たす「ミニマルモデル」として多バンド BCS モデル[37, 38]を示す（現実的なモデル化には，バンドを構成する複数の電子軌道に関する分析を要する[39]）．また，そのモデルに立脚し，超伝導磁束状態の現象論的記述に有用な GL 方程式を示す．磁束状態の物理を調べる上では，GL 方程式に加え，アイレンバーガー方程式も有用である．その多バンド超伝導体への適用については，専門的な文献，例えば文献 [40 - 42] を参照してほしい．

多バンド BCS モデルから始めよう．バンドからの寄与を明確にすべく，電子が関わる式にバンド添字 $i, j(=1, 2, \cdots, N)$ を割り当てる（第 1 章では "b" でバンド添字を表していることに注意）．クーパー対の組み方について，次のモデルを採用してみよう．バンド内相互作用 $\mathscr{V}^{i,i}$ と，バンド間相互作用 $\mathscr{V}^{i,j}(i \neq j$ および $\mathscr{V}^{i,j} = \mathscr{V}^{j,i})$ を導入する．前者により同一バンド内電子によるクーパー対が組まれ，後者によりバンドごとのクーパー対に対する相対的情報が決定される．対応するハミルトニアンは次式で与えられる[37, 38]．

$$\widehat{\mathscr{H}}_{\rm BCS}^{(N)} = \int d^3\boldsymbol{r} \sum_{i=1}^{N} \sum_{\alpha=\uparrow,\downarrow} \widehat{\varphi}_{\alpha,i}^{\dagger} \mathscr{K}_i \widehat{\varphi}_{\alpha,i} + \int d^3\boldsymbol{r} \sum_{i,j=1}^{N} \mathscr{V}_0^{i,j} \widehat{\varphi}_{\uparrow,i}^{\dagger} \widehat{\varphi}_{\downarrow,i}^{\dagger} \widehat{\varphi}_{\downarrow,j} \widehat{\varphi}_{\uparrow,j} \tag{2.107}$$

簡単のため，バンド内引力の接触相互作用（s 波的な超伝導対称性に相当）$\mathcal{V}^{i,j}=\mathcal{V}_0^{i,j}\delta(\boldsymbol{r}_1-\boldsymbol{r}_2)$ を採用した（$\mathcal{V}_0^{i,i}<0$，$\mathcal{V}_0^{i,j}=\mathcal{V}_0^{j,i}$）．パラメーター $\mathcal{V}_0^{i,j}$ は，フェルミ面近傍の有効ポテンシャルに現れる定数 $\mathcal{V}_0^{(\mathrm{eff})}$ に相当する．ここで，$\mathcal{V}^{i,j}(\boldsymbol{r}_1-\boldsymbol{r}_2)$ のフーリエ成分を計算してみるとよい．一様系のギャップ方程式は第 1 章の議論を繰り返せば得られる．カットオフエネルギー ε_{c} 以下において，ペアポテンシャルは運動量によらない温度の関数 Δ_i であり，次式のように決定される．

$$\Delta_i=-\sum_{j=1}^{N}\mathcal{V}_0^{i,j}\Delta_j N_j\int_{-\varepsilon_{\mathrm{c}}}^{\varepsilon_{\mathrm{c}}}\frac{1}{2E_j}\tanh\frac{\beta E_j}{2}\,d\xi \tag{2.108}$$

なお，N_j はフェルミエネルギー ε_{F} でのバンド i における電子の状態密度，および $E_j=\sqrt{\xi^2+|\Delta_j|^2}$ である．転移温度 T_{c} 近傍で，Δ_i について線形化されたギャップ方程式は $\sqrt{N_i}\,\Delta_i=\sum_j\eta_0\Lambda_{ij}\sqrt{N_j}\,\Delta_j$ となる．ただし，$\Lambda_{ij}=-\mathcal{V}_0^{i,j}\sqrt{N_iN_j}$，および $\eta_0=\int_{-\varepsilon_{\mathrm{c}}}^{\varepsilon_{\mathrm{c}}}\frac{1}{2\xi}\tanh\frac{\beta\xi}{2}\,d\xi$ である．これは行列 $\eta_0\Lambda$ に対する固有値方程式であり，ベクトル $(\sqrt{N_i}\Delta_i)$ は固有値 1 に属する固有ベクトルとなる．T_{c} は Λ の最大固有値 $\lambda_{\max}$ を使い，$\eta_0(T=T_{\mathrm{c}})\lambda_{\max}=1$ により決定される[37, 43, 44]．以上の議論を $N=1$ の結果と比較してみるとよい．この固有ベクトルから，ギャップ比，バンド間相対位相の情報も得られる．ギャップ方程式を数値計算により自己無撞着に解く際に，こうした情報はしばしば有用となる．

ここで，多バンド BCS モデルの T_{c} に関する興味深い示唆を紹介したい．上の議論では，バンド内結合は引力的であった．しかし，バンドごとの電子軌道に差異があり得ることを考えれば，引力型に制約する必然性はないだろう．近藤[45] は，遷移金属系超伝導体に関する考察の中で，次のような設定を提案した（2.7 節も参照）．すなわち，バンド内結合のうち，一方は引力型で，もう一方は斥力型の相互作用を有する，という設定である．平均場近似により T_{c} が評価され，前者のみが超伝導となる時の T_{c} と比較し，2 バンド超伝導の T_{c} は高くなり得ることが指摘された．この議論で T_{c} 上昇のカギを握るのは，斥力型相互作用を有するバンドの状態密度，あるいはバンド間結合強度の増加であった．この提案は，多バンド性に起因する自由度の制御に基づく物質設計というアイディアを示唆するだろう．

次に，GL 自由エネルギーを示す．バンド間相互作用がゼロならば，バンドごと独立に Δ_i が自由エネルギーに寄与する．エネルギーは示量的な状態量なので，その寄与を標準的な GL 自由エネルギーで評価して加算すればよい．さて，バンド間相互作用に起因する補正項を自由エネルギーに加えよう．GL 自由エネルギーはペアポテンシャルについて 4 次までの展開なので，補正の主要項として 2 次形式 $\Delta_i^* \gamma_{ij} \Delta_j$ を加えればよいだろう（この議論は弱結合超伝導を扱う場合に正当化されることに注意）．係数 γ_{ij} は行列形式でまとめられる．すなわち，$\Gamma = (\gamma_{ij})$ とする．一様系および T_c 近傍を考え，線形 GL 方程式と線形ギャップ方程式が一致すべきことから，$(\Gamma^{-1})_{ij} = -\mathcal{V}_0^{i,j}$ がわかる．GL 自由エネルギーは次式で与えられる．

$$F = \int d^3\boldsymbol{r} \sum_{i=1}^{N} \left[a_{2,i} |\Delta_i|^2 + \frac{a_{4,i}}{2} |\Delta_i|^4 - b_{2,i} \Delta_i^* \left(\boldsymbol{\nabla} - i \frac{2e}{\hbar} \boldsymbol{A} \right)^2 \Delta_i \right] + \int d^3\boldsymbol{r} \sum_{i \neq j} \Delta_i^* \gamma_{ij} \Delta_j + \int d^3\boldsymbol{r} \, \frac{(\boldsymbol{\nabla} \times \boldsymbol{A})^2}{2\mu_0} \tag{2.109}$$

上式において，係数 $a_{2,i}$，$a_{4,i}$ および $b_{2,i}$ は，常伝導状態の性質で決定される（例えば文献 [43] を参照）．これは，GL 方程式は T_c 近傍の摂動展開で得られるためである．第 4 項は，接合系におけるジョセフソン結合の類推で，バンド間ジョセフソン結合とよばれることがある[46]．$\Delta_i = |\Delta_i| e^{i\varphi_i}$ とおき，超伝導位相 φ_i に着目すれば，その位相差に関するコサイン型ポテンシャルを見出すことができる．この結合項は，電気的に中性な超流動体間の相対ゆらぎが起源であるため，通常のジョセフソン結合とは異り，第 4 項にはベクトルポテンシャルの直接の寄与は出現しない．また，GL 方程式は $0 = \delta F / \delta \Delta_i^*(\boldsymbol{r})$ により与えられる．この定式化により，MgB_2 を念頭にして，上部臨界磁場 H_{c2} が評価された[43]．2 バンド系 GL 理論から得られる渦状態についても議論された[47, 48]．

多バンド GL 理論で予測される現象に関する感触を得るため，ロンドン極限（$|\Delta_i(\boldsymbol{r})|$ の空間変調が無視できる状況）で，磁場と超伝導位相の間の関係を調べよう[48]．バンド数 $N = 2$ とする．ペアポテンシャルを $\Delta_i(\boldsymbol{r}) \approx |\Delta_i| e^{i\varphi_i(\boldsymbol{r})}$ とおく．GL 自由エネルギーを使い，$0 = \delta F / \delta \boldsymbol{A}(\boldsymbol{r})$ を計算するこ

とで，アンペールの法則が導出される．汎関数微分に慣れていない場合は，ベクトルポテンシャルの成分ごとに $A_k \to A_k + \delta A_k$ と微小変位させて，1 次の微少量 δA_k に関する係数を調べてみよう．計算の結果，次式を得る．

$$\tilde{\lambda}^2 \nabla \times (\nabla \times \boldsymbol{A}) = \sum_{i=1}^{2} \frac{\Phi_i}{2\pi} \left(\nabla \varphi_i - \frac{2\pi}{\Phi_0} \boldsymbol{A} \right) \tag{2.110}$$

なお，$\Phi_0 = h/2e$ で磁束量子を表す．Φ_i は次式で定められる $(i = 1, 2)$．

$$\Phi_i = \Phi_0 \left(\frac{\tilde{\lambda}}{\lambda_i} \right)^2, \quad \left(\frac{1}{\tilde{\lambda}} \right)^2 = \sum_{i=1}^{2} \left(\frac{1}{\lambda_i} \right)^2, \quad \lambda_i = \sqrt{\frac{\hbar^2}{2\mu_0 b_{2,i} (2e)^2 |\Delta_i|^2}} \tag{2.111}$$

アンペールの法則の右辺が超伝導電流に相当する．興味深いことに，それはバンドごとの超伝導電流に関する和である．バンドごとに流れる超伝導電流の比は Φ_i で定まる．λ_i は長さの次元を有し（確認してみること），バンドごとのロンドン侵入長に相当する．超伝導体全体の侵入長は $\tilde{\lambda}$ である．さらに，$\Phi_0 = \Phi_1 + \Phi_2$ がわかる．以上の定式化は，全体としては 1 本の磁束だが，λ_i の値に応じて，バンドごとに分数的な磁束渦糸が発生する可能性を示唆している[47-49]．2 バンド GL 自由エネルギーにおける分数磁束渦糸の発生は，ゲージ場を導入し，ファイバー束を定めることで，トポロジーの言葉により議論することもできる[50]．

ここまでは，どこにもバンド間ジョセフソン結合は現れていない．2 バンド超伝導の磁束状態の物理に，それは何も寄与しないのだろうか．文献 [48] で，2 バンド超伝導薄膜（膜厚 d）について，渦糸配位に付随するエネルギー安定性が議論された．ある渦糸配位が定まるということは，位相 $\varphi_i(\boldsymbol{r})$ および超伝導体中の磁場の空間変化が決定されたことを意味する．そこで，アンペールの法則を使い，GL 自由エネルギーから $\boldsymbol{A}$ を消去し，（$\nabla \times \boldsymbol{A}$ から定まる）磁場と φ_i からなるエネルギー（汎）関数を導出することで，渦糸配位のエネルギー安定性は議論される．よって，バンド間ジョセフソン結合に関連するエネルギー項は，次式で与えられる[49]．

$$E_{\mathrm{rel}} = d \int d^2 \boldsymbol{r} \left\{ \frac{\Phi_1 \Phi_2}{8\mu_0 \pi^2 \tilde{\lambda}^2} [\nabla (\varphi_1 - \varphi_2)]^2 - g_{12} \cos(\varphi_1 - \varphi_2) \right\} \tag{2.112}$$

結合定数 g_{12} は Γ の非対角成分を計算することで得られる（$\gamma_{12}=\gamma_{21}$ に注意）.

$$g_{12}=\frac{-2\mathcal{V}_0^{1,2}}{\mathcal{V}_0^{1,1}\mathcal{V}_0^{2,2}-(\mathcal{V}_0^{1,2})^2}|\Delta_1||\Delta_2| \tag{2.113}$$

$\mathcal{V}_0^{1,2}$ は負（引力相互作用）であることを思い出してほしい．エネルギー項 E_{rel} は，位相差 $\varphi_1-\varphi_2$ に対するサイン - ゴルドン（sine - Gordon）型ポテンシャルに相当する．すなわち，結合定数 g_{12} の強度に応じて，多バンド超伝導特有の渦糸間ポテンシャルの存在が示唆される．多バンド GL 方程式が相対位相差に関するサイン - ゴルドン方程式を内包していることは興味深く，そのソリトン解についても議論されている[49, 51]．

2.1 節で議論されたように，GL 理論には超伝導ギャップとベクトルポテンシャルに付随する特徴的な長さスケールが存在する．前者がコヒーレンス長，後者が磁場侵入長である．そして，これらの比に応じて超伝導体のタイプは，第 1 種と第 2 種に分別される．前段落の議論で示されたように，磁場侵入長は $\tilde{\lambda}$ であり，バンドごとで形式的に定められた侵入長を合成して得られる．これは，1 個のベクトルポテンシャル $\boldsymbol{A}$ が複数存在する超伝導ギャップと結合しているためである．一方，超伝導ギャップの空間スケールはバンドごとに異なることが許される（GL 自由エネルギーの運動項における係数 $b_{2,i}$ に着目してほしい）．このことから，単一バンド GL 理論とは異なる磁束状態，および渦糸間相互作用の可能性が指摘され，現在まで活発な議論が行われている[52 - 54]．多バンド超伝導の磁束状態については，3.4 節で議論される．

最後に，多バンド（あるいは多成分）GL 理論の構築について注意点を述べる．ここで紹介した方法は，微視的な多バンド BCS モデルから出発しており，弱結合超伝導に対する理論である．電子状態の詳細や結合強度によらずに GL 理論を構築するには，バンドの既約表現に着目した群論的手法が系統的である[44]．その手法によれば，例えば，GL 方程式の非線形項にも成分間結合の出現が許されることがわかる[44]．そうして得られた多成分 GL 理論について，安定な基底状態の相図，および分数磁束渦糸など興味深い現象も議論されている[55]．2.6.3 項および 2.6.4 項では，議論の明確化のため，本項で取り上げたようなタイプのバンド間ジョセフソン結合項に集中して議論されている．

2.6.3　多バンド超伝導体のコレクティブモード

本項および次項では，バンド間ジョセフソン結合項に着目して，多バンド超伝導特有の現象を探る試みを紹介する．簡単のため，2.6.4 項までは，並進不変性がある一様超伝導系に焦点を絞る．

本項では，多バンド超伝導体のコレクティブモード，特に位相モードとバンド間ジョセフソン結合項の関わりを見ていく．2.6.2 項で示した GL 自由エネルギーで，ペアポテンシャル Δ_i の位相を少しだけ変化させてみよう．いろいろな変化のさせ方があり得るが，素朴なものとして，位相を空間的には一様に，バンド添字については非一様に変化させる．すなわち，$\varphi_i \to \varphi_i + \theta_i$ とする（ここで，$\Delta_i = |\Delta_i| e^{i\varphi_i}$ および $\theta_i \neq \theta_j$）．この変化に対する応答が位相モードに相当する．バンドに依存した位相ずらし変換の結果，GL 自由エネルギーは変換前とは異るものとなる．変換前後でのエネルギー差は，バンド間ジョセフソン結合項に起因する．簡単のため，ペアポテンシャルの位相はゼロ（$\varphi_i = 0$），すなわち Δ_i は実数であるとし，余分に現れるエネルギー項を書き下そう．$\theta_i - \theta_j$ を微小変位とし，その 2 次まで展開すると，複数の調和振動子から構成されたポテンシャルを得る．

$$\sum_{i<j} \frac{1}{2} g_{ij} (\theta_i - \theta_j)^2, \qquad g_{ij} = 2\gamma_{ij} |\Delta_i| |\Delta_j| \tag{2.114}$$

よって，このポテンシャル強度と関係した振動数をもつ（相対位相差に関する）ゆらぎが発生することがわかる．バンド数 $N = 2$ のときは調和振動子ポテンシャルそのものであり，ゆらぎの振動数は $\omega \propto \sqrt{g_{12}}$ となることが予測される．この予測は最初にレゲット（Leggett）により提案され[46]，レゲットモードとよばれている．一般の N バンド GL 自由エネルギーにおいて，バンド間ジョセフソン結合項の存在と，ゼロでない振動数を有する位相モードの出現の関係も議論されている[50]．

レゲットモードの振動数は，超伝導ギャップのエネルギースケールで特徴づけられる．これは，超伝導体でよく知られた位相モード，プラズマ振動モードと対照的である．プラズマモードの振動数は，その起源は自発的対称性の破れと関係するが，常伝導状態にある電子で完全に特徴づけられてしまう．一般に，自発的対称性の破れが起きると，励起エネルギーがゼロの南部‐ゴールドストーン（Nambu‐Goldstone：NG）モードが存在する[56,57]．超伝導状態は位相対称性を自発的に破った状態であるので，ギャップレスな分散を有する位相モードとして，NG モードの存在が期待される（位相の一様なずらし，$\varphi_i \to \varphi_i + \theta$ で GL 自由エネルギーは変化しないことを確認してみるとよい）．

ただし，荷電系である超伝導体においては，NG モードは $1/r$ のクーロン相互作用と結合してプラズマモードとなり，超伝導ギャップよりはるかに高い励起エネルギー（数 eV 程度）をもつ状態となる[58]．そのため，バルク超伝導体においては位相から来る励起状態は通常考えなくてもよい，という背景があった．（この事情は，ジョセフソン接合系では全く異なるので注意してほしい．そこでは，プラズマ振動はジョセフソンプラズマ振動となり超伝導ギャップ内の励起となり得る．銅酸化物超伝導体は，その単結晶自身をジョセフソン接合系と見なせるため，バルク超伝導体でギャップ内のプラズマ振動が観測された初めての例である．加えて，これによって，交流ジョセフソン効果により電磁場を発振させることができるため，工学応用と密接に関わる．詳細は，第 5 章を参照．）

文献 [59] において，2 ギャップ超伝導体 MgB_2 に対するデーターを利用して，レゲットモードの振動数の値は 1.6 あるいは 2 THz 程度と見積られた（1 THz は 4.1 meV に相当）．MgB_2 の超伝導ギャップの大きさは，小さいギャップ Δ_1（π バンド）が 1.2 meV から 3.7 meV の間，大きいギャップ Δ_2（σ バンド）が 6.4 meV から 6.8 meV の間と評価される[60]．すなわち，その振動数は $2\Delta_1$ より上にあり，その観測は非常に難しいことが予想される．しかし，2007 年に MgB_2 でのラマン散乱[61] によりレゲットモードの観測が報告された[61,62]．さらに，その後の鉄系超伝導体の発見もあり，研究が進められている[63]．

では，$N = 2$ について，乱雑位相近似で得られる位相モードの分散関係に対する結果[59] を示し，上述の議論を整理してみよう．文献 [64] では，

BCSモデルの $U(1)$ 対称性からワード - 高橋（Word - Takahashi）恒等式を利用することで，より厳密な議論が実施された．コレクティブモードの評価は，場の量子論による超伝導の理論定式を理解する題材を提供する．そうした話題に関心がある場合は文献 [64] をあたっていただきたい．

ここでは，フェルミ面を球面とし，フェルミエネルギーでのバンド i に対する状態密度を N_i，フェルミ速度を $v_{\mathrm{F},i}$ とする．中性な超流動系について，NGモードおよびレゲットモードの長波長極限（波数ベクトル $\boldsymbol{k}$ で，$|\boldsymbol{k}| \to 0$ の場合）の分散関係は，それぞれ次式で与えられる．

$$\omega^2 = v^2\boldsymbol{k}^2 + \mathcal{O}(\boldsymbol{k}^4), \quad v^2 = \frac{1}{3}\frac{N_1 v_{\mathrm{F},1}^2 + N_2 v_{\mathrm{F},2}^2}{N_1 + N_2} \tag{2.115}$$

$$\omega^2 = \omega_{\mathrm{L}}^2 + u^2\boldsymbol{k}^2 + \mathcal{O}(\boldsymbol{k}^4), \quad u^2 = \frac{1}{3}\frac{N_2 v_{\mathrm{F},1}^2 + N_1 v_{\mathrm{F},2}^2}{N_1 + N_2} \tag{2.116}$$

ω_{L} がレゲットモードの角振動数であり，$\omega_{\mathrm{L}} = \sqrt{2g_{12}(N_1 + N_2)/(N_1 N_2)}$ で与えられる．（角振動数に現れる因子 $(N_1 + N_2)/(N_1 N_2)$ は，2質点系における換算質量に相当する量である．レゲットモードは，相対位相差ゆらぎに起因するので，こうした量が現れる．）荷電系である超伝導では，長波長極限でのプラズマ振動モードおよびレゲットモードの分散関係は，次式で与えられる．

$$\omega^2 = \omega_{\mathrm{P}}^2 + v^2\boldsymbol{k}^2 + \mathcal{O}(\boldsymbol{k}^4) \tag{2.117}$$

$$\omega^2 = \omega_{\mathrm{L}}^2 + \tilde{u}^2\boldsymbol{k}^2 + \mathcal{O}(\boldsymbol{k}^4), \quad \tilde{u}^2 = \frac{v_{\mathrm{F},1}^2 v_{\mathrm{F},2}^2}{9v^2} \tag{2.118}$$

ここで，ω_{P} はプラズマ角振動数である．この分散関係は $\omega_{\mathrm{P}} \gg \omega_{\mathrm{L}}$ という条件で計算された．上式によると，中性超流動系から超伝導へ移行したことで，音波的な分散関係をもつモードがプラズマ振動へ転化したことが確認される（分散関係に現れる音速 v は変化していないことに注意）．一方，レゲットモードの振動数は，中性系か荷電系かを問わず，共通である．さらに，その値はバンド間ジョセフソン結合の大きさと関係している．ただし，u と $\tilde{u}$ が異なるので，分散関係そのものは両者の間で違いがある．この結果は，レゲットモードは，位相ゆらぎを通じて，間接的に電場と結合することを示唆する．コレクティブモードの分散関係は，磁場下での電場応答を通じて測定することが可能である[65]．こうした実験設定では，レゲットモードにおける分散関係の量的変化は重要になるだろう．

2.6.4　フラストレーションによる時間反転対称性の破れ

多バンド超伝導体では，バンド数が3以上の時，1バンド系や2バンド系では起こらないさまざまな現象が起こる．なかでも，バンド間ジョセフソン項のフラストレーションから生じる，時間反転対称性の破れは興味ある現象である．この項では，多バンド超伝導体における時間反転対称性の破れ[66-77]について解説する．時間反転対称性が破れた超伝導状態に関する記述は文献 [78] も参考になるので，併わせて読んでいただきたい．

2.5.2項で示したギャップ方程式に基づいて，時間反転対称性の破れを議論してみよう．ここでは，3バンドの場合を考える，すなわち $N=3$ である．ギャップ方程式の右辺に現れるエネルギー積分を

$$\eta_j = \int_{-\varepsilon_c}^{\varepsilon_c} \frac{1}{2E_j} \tanh \frac{\beta E_j}{2}\, d\xi_j \tag{2.119}$$

とおき，さらに，バンド間ジョセフソン結合の強さを示す定数からなる行列 Γ を用いることで，ギャップ方程式は次式のように書きかえることができる．

$$\begin{pmatrix} \gamma_{11} - N_1\eta_1 & \gamma_{12} & \gamma_{13} \\ \gamma_{21} & \gamma_{22} - N_2\eta_2 & \gamma_{23} \\ \gamma_{31} & \gamma_{32} & \gamma_{33} - N_3\eta_3 \end{pmatrix} \begin{pmatrix} \Delta_1 \\ \Delta_2 \\ \Delta_3 \end{pmatrix} = \begin{pmatrix} 0 \\ 0 \\ 0 \end{pmatrix} \tag{2.120}$$

このギャップ方程式が複素数の解をもつと，その解は時間反転対称性が破れた超伝導状態を表す．一番簡単なのは3つのバンドが等価な場合であり，N_j，η_j および γ_{ij} をすべてのバンドに対して等しいとした場合である．

今，バンド間ジョセフソン結合定数の積が正であるとしよう，すなわち，$\gamma_{12}\gamma_{23}\gamma_{31} > 0$ とする．この時，ギャップ方程式は縮退した解をもち，それらの複素係数の1次結合も解であるので，時間反転対称性の破れた状態が実現する．3つの超伝導ギャップの位相を $(\theta_1, \theta_2, \theta_3)$ とすると，2つの解は $(0, 2\pi/3, 4\pi/3)$ と $(0, 4\pi/3, 2\pi/3)$ となり，右手系と左手系の関係にある[67,68]．すなわち，カイラル状態である．位相を回転角として表すと，図2.8

のようになる．カイラリティを $\kappa = (2/3\sqrt{3})\,[\sin(\theta_2 - \theta_1) + \sin\ (\theta_3 - \theta_2) + \sin\ (\theta_1 - \theta_3)]$ により定義すると，それぞれカイラリティ $\kappa = 1$, $\kappa = -1$ をもつ．

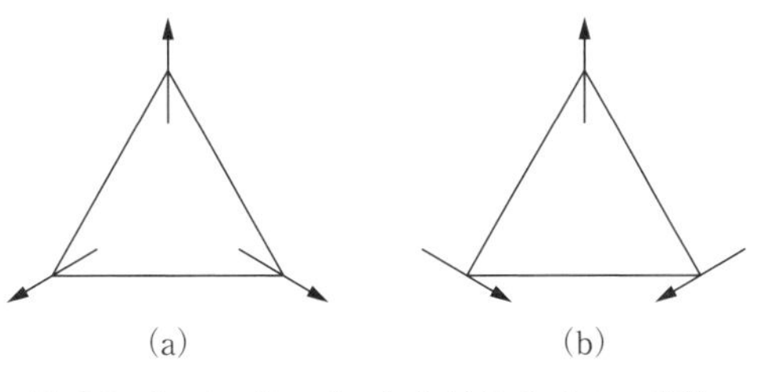

図 2.8 3 バンドモデルにおけるカイラル状態．カイラリティは，(a) $\kappa=1$, (b) $\kappa=-1$ である．

このカイラル解以外にも，ギャップ方程式は広いパラメーター領域で複素数解をもつ．それを見るためには，ギャップ方程式の虚部を調べてみるとよい．γ_{ij} は実数とし，簡単のため $\varDelta_1$ は実数としよう．すると，ギャップ方程式の虚部は次のようになる．

$$\begin{cases} \gamma_{12}\,\mathrm{Im}\,\varDelta_2 + \gamma_{13}\,\mathrm{Im}\,\varDelta_3 = 0 \\ (\gamma_{22} - N_2\eta_2)\,\mathrm{Im}\,\varDelta_2 + \gamma_{23}\,\mathrm{Im}\,\varDelta_3 = 0 \\ \gamma_{32}\,\mathrm{Im}\,\varDelta_2 + (\gamma_{33} - N_3\eta_3)\,\mathrm{Im}\,\varDelta_3 = 0 \end{cases}$$

これらが非自明な解（0 でない解）をもつためには，$\mathrm{Im}\,\varDelta_2$ と $\mathrm{Im}\,\varDelta_3$ に対する 3 つの行列の行列式が 0 にならなければならない．ここで，バンド間ジョセフソン結合定数 γ_{ij} は対称であるとしよう，すなわち $\gamma_{ij} = \gamma_{ji}$ とする．この時，複素数解が安定になるためには

$$\gamma_{12}\gamma_{23}\gamma_{31} > 0 \tag{2.121}$$

でなければならないことがわかる[76]．ギャップ方程式の 2 番目の式から，$\gamma_{21}\varDelta_1 + (\gamma_{22} - N_2\eta_2)\varDelta_2 + \gamma_{33}\varDelta_3 = 0$ であるので，虚部が非自明であるための（行列式 ＝ 0 の）条件を使うと

$$\frac{\varDelta_1}{\gamma_{23}} + \frac{\varDelta_2}{\gamma_{31}} + \frac{\varDelta_3}{\gamma_{12}} = 0 \tag{2.122}$$

が得られる[76]．これは，$\varDelta_1/\gamma_{23}$ などは，複素数として足し合わせると三角形を作ることを示している．この時に時間反転対称性が破れる．図 2.8 で示したカイラル状態は，これを満たす一番簡単な場合である．このように，3 バンド（以上）の超伝導体においては，広いパラメーター領域で，時間反転対称性の破れた状態が存在し得る．

本項では，バンド間ジョセフソン結合項のフラストレーションが導く時間

反転対称性の破れた秩序状態について紹介したが，バンド間フラストレーションはこの他にも興味深い現象を起し得る．2.6.3 項では，ゼロでない振動数を有する位相モードであるレゲットモードの出現について論じた．実は，$N \geq 3$ の場合（すなわち，バンド間フラストレーションが発生し得る場合），バンド間ジョセフソン結合がある条件を満たす時には，その振動数がゼロとなり，再びギャップレスモードが出現することが予測されている[50, 79-81]．N が 3 以上であるような多バンド超流動・超伝導系に特有の低エネルギー励起モードは文献 [82] でも議論されている．

2.6.5　BdG 方程式による非一様な多バンド超伝導の理論

ここまでは GL 理論に立脚し，多バンド超伝導のおもしろさを論じてきた．本項では視点を変えて，電子状態に着目して議論を展開していこう．超伝導体中の壁や磁束においては，準粒子束縛状態が生じることが知られている[83]．2.6.2 項で示した GL 方程式はペアポテンシャルの空間的変動の記述に焦点を絞った手法であり，準粒子，すなわち，電子状態の記述のためには別の枠組みが必要となる．非一様な超伝導体中の電子状態に対する理論は，1.4.1 項で導出された BdG 方程式に基づくものである．本項では，多バンド超伝導体におけるその理論手法をまとめよう．

BdG 方程式を多バンド超伝導体へと適用するためには，空間座標 $\boldsymbol{r}$ とスピン座標 α の組 $\xi = (\boldsymbol{r}, \alpha)$ にバンド添字 i を加え，$\xi = (\boldsymbol{r}, \alpha, i)$ とすればよい（第 1 章では記号“b”でバンド添字を表していることに注意）．また，多バンド BdG 方程式を解くことで得られる $u_q(\xi)$ および $v_q(\xi)$ を利用すれば，壁や磁束の存在により生じた，ペアポテンシャルの空間分布を得ることができる．すなわち，$u_q(\xi)$ および $v_q(\xi)$ を実空間表示のギャップ方程式に代入し，自己無撞着に解けばよい（1.5 節を参照）．2.5.2 項で示した一様系におけるギャップ方程式がどのように変更されるかを考えながら読み進めてほしい．

多バンド BdG 方程式とギャップ方程式を用いて，壁や磁束が存在する系を調べる手法は，大きく分けて 2 つある．1 つは，BdG 方程式がエルミート（Hermite）行列の固有値問題であることに着目し，数値的対角化を利用する方法である．この手法は，格子模型のような離散化された空間座標を想定する場合に適すると期待される．すなわち，多バンド BdG 方程式は有限サイズ行列の固有値問題となる．しかし，通常使われる数値的対角化法では，行列サイズの 3 乗に比例して計算時間が長くなる．よって，実空間多バンド BdG 方程式を直接的に解くのは，現実的なアプローチではなかった．この困難を克服すべく，さまざまな研究が行われている．

ここでは，多項式展開法に基く手法を紹介しよう[84]．その特徴は，行列の固有値と固有ベクトルを直接計算せずとも，ギャップ方程式を解くことで達成される点にある．ギャップ方程式をグリーン関数で表現し，そのグリーン関数をチェビシェフ（Chebyshev）多項式などの直交多項式で展開することで，問題をベクトル多項式の漸化式計算に還元する．BdG 方程式における対角化すべき行列は，典型的な問題では疎行列なので，疎行列ベクトル積のアルゴリズムを適用でき，高速に計算ができる．一旦，多項式展開法によりペアポテンシャルが決定されれば，指定範囲の固有値を抽出する「櫻井－杉浦（Sakurai－Sugiura）法」[85] を用いることで，さまざまな物理量の計算ができる．

もう 1 つの手法は，1.7 節で紹介されたような，BdG 方程式のグリーン関数表現「ゴルコフ方程式」を使う摂動論的アプローチである．壁が存在する非一様超伝導体を例にとり，文献 [86, 87] に従い，この手法の骨子を説明する．

まず，壁存在下の超伝導体という設定に対応する実験状況を述べよう．壁とは，それを横切り電子が移動することができないような非常に高いポテンシャルを意味する．すなわち，壁を境界面として，その内側は超伝導体，その外側は，電子が存在しないという意味で，真空となる．このような超伝導－真空界面は，ポイントコンタクトスペクトロスコピー実験に相当する超伝導－常伝導接合界面（点探針が常伝導体に対応）において，接合間障壁ポテンシャルを極限的に高くしたケースと見なせる．常伝導体を真空と見なすことで，理論手法は大幅に簡単化される．ポイントコンタクトスペクトロスコピーは，超伝導体表面における状態密度に関する情報を提供する．その情報と，界面における準粒子束縛状態の理論予測を比較することで，超伝導対称性に関する知見を得ることができる．

それでは，具体的な計算手法の紹介に移ろう．超伝導 - 真空の接合を考えるため，次のような $x=0$ に存在するデルタ関数型ポテンシャルを導入する．

$$\widehat{U}(\boldsymbol{r})=\begin{pmatrix} U\delta(x) & O \\ O & -U\delta(x) \end{pmatrix}=\tau_3 U\delta(x) \tag{2.123}$$

ここで，τ_3 は南部空間におけるパウリ行列（の z 成分）である．多バンド系では，U は行列であることに注意してほしい．このポテンシャルの強度を無限大にすると，$x=0$ で系が分断され，超伝導 - 真空接合界面が記述される．壁は yz 面に対応することになる．$x<0$ 側から飛んできた電子が，壁で反射されてしまい，$x>0$ 側には入ることができず，再び $x<0$ 側を飛んでいく様子を想像してみるとよいだろう．

摂動論を考える上で南部空間におけるグリーン関数が便利である．簡単のため，座標 $\boldsymbol{r}$ を離散化し，(1.123) を書き直すことで次式を得る．

$$(i\omega_n\hat{1}-\widehat{\mathscr{H}}_{\mathrm{BdG}})\widehat{G}_0(\omega_n)=\hat{1} \tag{2.124}$$

ハミルトニアン $\widehat{\mathscr{H}}_{\mathrm{BdG}}$ に対して，摂動 $\widehat{U}$ が加えられるとしよう．摂動を受けた系におけるグリーン関数 $\widehat{G}(\omega_n)\equiv(i\omega_n\hat{1}-\widehat{\mathscr{H}}_{\mathrm{BdG}}-\widehat{U})^{-1}$ は，次式のように表現される．

$$\widehat{G}(\omega_n)=\widehat{G}_0(\omega_n)+\widehat{G}_0(\omega_n)\widehat{U}\widehat{G}(\omega_n) \tag{2.125}$$

この式は $\widehat{U}\widehat{G}$ に関する無限級数であることを確認してほしい．ここで，離散座標を元の連続変数に戻せば，南部空間で定義されたダイソン方程式，すなわち以下に示すゴルコフ方程式を得る．

$$\widehat{G}(\boldsymbol{r}_1,\boldsymbol{r}_2)=\widehat{G}_0(r_1,\boldsymbol{r}_2)+\int d\boldsymbol{r}_3\,\widehat{G}_0(\boldsymbol{r}_1,\boldsymbol{r}_3)\widehat{U}(\boldsymbol{r}_3)\widehat{G}(\boldsymbol{r}_3,\boldsymbol{r}_2) \tag{2.126}$$

$\widehat{G}_0(\boldsymbol{r}_1,\boldsymbol{r}_2)$ は，ポテンシャルがない系のグリーン関数である．局所状態密度などの物理量は，グリーン関数を解析接続することで計算される．ポテンシャルがない系にも関わらず，グリーン関数 $\widehat{G}_0$ の引数に 2 個の空間座標が指定されていることに注意してほしい．これは，ペアポテンシャルとして，s 波だけでなく，一般的なものを想定しているためである．壁における束縛状態の有無の議論では，ペアポテンシャルはフェルミ面における値で近似される．

さて，(2.123) をゴルコフ方程式に代入し，並進対称性が存在する y，z 方向についてフーリエ変換する．さらに，壁の高さを無限大の極限とする．こうして，次式を得る[86]．

$$\hat{G}(x_1, x_2\,;\boldsymbol{k}_{/\!/}) = \hat{G}_0(x_1, x_2\,;\boldsymbol{k}_{/\!/}) - \hat{G}_0(x_1, 0, \boldsymbol{k}_{/\!/})[\hat{G}_0(0, 0, \boldsymbol{k}_{/\!/})]^{-1}\hat{G}_0(0, x_2, \boldsymbol{k}_{/\!/}) \tag{2.127}$$

ここで，$\boldsymbol{k}_{/\!/}$ は壁と平行な方向の運動量である．よって，あるエネルギーで $\hat{G}_0(0, 0, \boldsymbol{k}_{/\!/})$ の行列式がゼロとなる時，グリーン関数に極があることを意味する．すなわち，$x = 0$ に準粒子束縛状態が存在する．

グリーン関数 $\hat{G}_0(0, 0, \boldsymbol{k}_{/\!/})$ の詳細な評価は文献 [87] に譲り，ここではその結果を利用することで，空間非一様性が存在する場合に対する単一バンド系と多バンド系の違いを考察しよう．球状フェルミ面をもつ単一バンド系について，束縛状態が存在する条件式は次式で与えられる．

$$\mathrm{sgn}[\varDelta(k_{\mathrm{F}x}^{\mathrm{in}})] + \mathrm{sgn}[\varDelta(k_{\mathrm{F}x}^{\mathrm{out}})] = 0 \tag{2.128}$$

ここで，$k_{\mathrm{F}x}^{\mathrm{in(out)}}$ は入射（反射）した x 方向（壁）のフェルミ波数である．よって，入射波のフェルミ波数と反射波のフェルミ波数における超伝導ギャップの符号が反転している時，壁で束縛状態が生じる．これはアンドレーエフ束縛状態とよばれる．符号反転がない s 波超伝導状態では壁に束縛状態は出現しないことから，この結果は納得できるものであろう．

N バンド系 ($N \geq 2$) において，そのすべてのバンドがフェルミ面の構成に寄与する場合（この条件は鉄系超伝導では成立しないことに注意[87]），ゼロエネルギーで準粒子束縛状態が存在する条件は，行列 $\hat{L}$

$$\hat{L} = -i\sum_i\sum_l \frac{\mathrm{sgn}[\varDelta_i(k_{\mathrm{F}x}^{i,l})]}{2|v_{\mathrm{F}x}^{i,l}|}\hat{M}_i(k_{\mathrm{F}x}^{i,l}) \tag{2.129}$$

を使い，$\det\hat{L} = 0$ で与えられる．添字 i はバンドの種類を示すラベルである．添字 l は $\boldsymbol{k}_{/\!/} = \mathrm{const.}$ とフェルミ面との交点を示すラベルである．また，$k_{\mathrm{F}x}^{i,l}$ および $v_{\mathrm{F}x}^{i,l}$ はそれぞれ x 方向のフェルミ波数とフェルミ速度を表す．さらに，$\hat{M}_i(k_{\mathrm{F}x}^{i,l})$ は，フェルミ波数 $k_{\mathrm{F}x}^{i,l}$ における軌道の混成を表す行列であり，$[\hat{M}_i]_{jk} \equiv [\hat{P}]_{ji}[\hat{P}]^*_{kl}$ である（$\hat{P}$ はポテンシャルがない系のハミルトニアンを対角化するユニタリー行列）．条件 $\det\hat{L} = 0$ は，先に挙げた単一バンド系における条件を内包していることに注意してほしい．このように，単一バンド系に比べ，束縛状態ができるための条件は非常に複雑であることが見てとれる．すなわち，多バンド系においては，非自明な形で行列式がゼロになることがあり，これが複数の束縛状態を生じさせて多彩な現象を引き起こす[87]．非一様系の多バンド超伝導においては，BdG 方程式の行列サイズが大きいことに起因する，単一バンド系とは異なる現象が引き起こされるため，行列を適切に扱った理論を用いることが重要である．

2.7　電子相関と超伝導

2.7.1　高温超伝導は可能か

電子 - フォノン機構による超伝導体は s 波の超伝導体であり，ほとんどが BCS 理論（1.5 節）により実験結果を説明できる．1975 年までに発見された超伝導体は，ロバーツ（Roberts）によりまとめられている[88]．この時点ですでに 5000 個を超える化合物のデータがあり，参考文献の数はおよそ 2000 である．これらの超伝導体はほとんどが s 波の超伝導体であり，電子 - フォノン機構によるものと考えられる．BCS 理論はこれらの超伝導物性の説明に成功を収めた．BCS 理論により，超伝導ギャップの 2 倍と $k_B T_c$ との比が 3.528，また，T_c での比熱の飛び ΔC と T_c 直上での正常状態の電子比熱との比は 1.426 という普遍的な値になることが示され，多くの実験により確認された．超伝導状態は，摂動が時間反転対称性を破るかどうかで反応が大きく異なることが予言され，実際に超音波吸収の実験や核磁気緩和時間の測定における T_c でのピークの存在により確認された．超伝導状態は時間反転対称性を破らない摂動に対しては緩やかに反応するが，時間反転対称性を破る摂動に対しては強く反応する．

また，BCS 理論は超伝導臨界温度 T_c に同位体効果が存在することを示した．化合物の構成元素をその同位体におきかえると T_c が変化する．その原子の質量を M とすると

$$T_c \propto M^{-\alpha} \tag{2.130}$$

と表される．BCS 理論は $\alpha = 0.5$ と予言した．実際，水銀に対する質量 M（統一原子質量単位にて）の 199.5 から 203.4 への置換において，4.185 K から 4.146 K への T_c の変化が観測され，$\alpha \simeq 0.50$ という結果が得られた．

これは，電子－フォノン機構による超伝導であることを明快に示している．すず（Sn），鉛（Pb）においては，α の測定値はそれぞれ 0.505，0.478 であり，0.5 に近い．

超伝導特性が BCS 理論の予言からのずれを示す超伝導体を，強結合超伝導体という．例えば，遷移金属超伝導体の中には，α が 0.5 からずれているものがあり，これはクーロン相互作用または強結合の効果により説明される．α が 0.5 より小さくなることは，クーロン相互作用の効果により説明できる．モレル（Morel）とアンダーソン（Anderson）が最初に考えたように，電子間のクーロン斥力の大きさを $\mu \equiv U/\varepsilon_{\mathrm{F}}$ とすると，くりこみの効果によりクーロン斥力は μ そのものではなく

$$\mu^* = \frac{\mu}{1 + \mu \ln(\varepsilon_{\mathrm{F}}/\omega_{\mathrm{D}})} \tag{2.131}$$

により表される[89]．ここで，ε_{F} はフェルミエネルギーであり，ω_{D} はデバイエネルギーである．ω_{D} に M 依存性があるために，μ^* から同位体効果の係数 α への補正が現われる．それが α を小さくするのである．強結合超伝導の理論は，電子－フォノン相互作用におけるスペクトル構造（エネルギー依存性）を考慮したものであり，グリーン関数法により記述される．このような取り扱いは，エリアシュベルグ（Eliashberg）により始められた．なお，近藤淳により超伝導体の 2 バンドモデルが考察されたが，その動機は α の 0.5 からのずれを弱結合理論の枠組みで説明しようというところにあった[45]．電子対のバンド間トランスファー項（すなわちジョセフソン項）が同位体効果に補正を与え，α が 0.5 からずれる．これは実際に，鉄ヒ素系超伝導体において実現していると考えられる[90, 91]．

電子－フォノン相互作用による超伝導において，どれくらいの高さの臨界温度 T_{c} が可能であろうか．エリアシュベルグ方程式に基づいた強結合理論を使い，マクミラン（McMillan）は T_{c} に対して，次の表式を与えた[92]．

$$T_{\mathrm{c}} = \frac{\theta_{\mathrm{D}}}{1.45} \exp\left(-\frac{1.04(1 + \lambda)}{\lambda - \mu^*(1 + 0.62\lambda)} \right) \tag{2.132}$$

ここで，λ は電子－フォノン相互作用の強さを表す結合定数である．また，$\theta_{\mathrm{D}} = \hbar\omega_{\mathrm{D}}/k_{\mathrm{B}}$ であり，μ^* はすでに導入したクーロン相互作用の効果を表す

パラメーターである．μ^* の値は，通常の金属ではおよそ 0.1 程度でよいと考えられている．μ^* は現象論的パラメーターであり，T_c，デバイ振動数 ω_D，同位体効果の係数 α が実験から求まれば決定することができる．そのように決められた値がおよそ 0.1 である．この μ^* を，ミクロな計算から決めるのは難しいであろう．

ここで，フェルミ面上で平均化された電子－フォノン相互作用の強さを $\alpha(\omega)$，フェルミ面でのフォノンのスペクトル関数と状態密度との積を $F(\omega)$ とすると，λ は次式で与えられる．

$$\lambda = 2\int_0^\infty d\omega \, \frac{\alpha(\omega)^2 F(\omega)}{\omega} \tag{2.133}$$

電子－フォノン相互作用の行列要素を I と書くと，λ は近似的に次のように表わされる．

$$\lambda \simeq \frac{N(\varepsilon_F)\langle I^2\rangle}{M\omega_D^2} \tag{2.134}$$

ここで，$N(\varepsilon_F)$ はフェルミ面における状態密度，M は原子の質量である．$K \equiv M\omega_D^2$ は原子の振動のばね定数に対応する．

マクミランの式は，基本的には，BCS 理論による式にくりこみの補正 $1+\lambda$ とクーロン相互作用による補正 μ^* を考慮したものとなっている．この式によると，結合定数 λ が大きくなっても，くりこみ効果 $1+\lambda$ および $\lambda-\mu^*$ のために，そのまま T_c の上昇は期待できない．マクミランは，この式に基づいた考察から，T_c には上限があり高くても 30 K 程度であろうと予想した．これは，BCS の壁とよばれている．マクミランの予想が正しいかどうかはわからないが，これまで見つかっている電子－フォノン相互作用によると考えられる超伝導体は，いくつかの例外を除いて 30 K 以下の臨界温度を示している．例外的に高い T_c を示す超伝導体について次項で議論する．

なお，アレン（Allen）とダインズ（Dynes）はマクミランの式を再検討し[93]，マクミランの式の因子 $\theta_D/1.45$ を $\omega_{\log}/1.2$ でおきかえた．ここで，$\omega_{\log}$ は，$\ln\omega$ の重み関数 $g(\omega)=(2/\lambda\omega)\alpha^2F(\omega)$ による平均 $\langle\ln\omega\rangle$ を使い，$\omega_{\log}=\exp(\langle\ln\omega\rangle)$ と表される．すなわち，

$$\omega_{\log} = \exp\left(\frac{2}{\lambda}\int_0^{\infty} d\omega\, \alpha(\omega)^2 F(\omega)\, \frac{\ln\omega}{\omega}\right) \tag{2.135}$$

となる．また，電子－フォノン相互作用が大きい場合を議論し，$\lambda \gg 1$ なら漸近的に $T_c \propto \sqrt{\lambda}$ であり，結晶が安定なら高温超伝導も可能であろうとした．

2.7.2　電子－フォノン相互作用による高温超伝導体 MgB_2

MgB_2 は電子－フォノン相互作用による超伝導体であると考えられるが，T_c は 39 K であり 30 K を超えている[94]．MgB_2 においては，幸運にも T_c を高くする要因がいくつか重なり，高い T_c が実現していると考えられる．それらを挙げると次のようになる[95]．

（i）　ホウ素（B）は軽い元素であるため，対応するデバイ振動数 ω_D が大きい．

（ii）　s 軌道と p 軌道が強く混成しているため，固い結晶が実現している．$\omega_D \simeq 100$ meV と見積もられている．

（iii）　マクミランの式に現われる μ^* が小さい．$\mu^* \leq 0.1$ と考えられている．また，フェルミエネルギーはデバイ振動数より十分大きい：$\varepsilon_F \gg \hbar\omega_D$.

（iv）　電子－フォノンの結合定数 λ が大きい：$\lambda \simeq 1$.

（v）　強い電子－格子相互作用にも関わらず，格子の不安定性が起きにくい．2 次元的なフェルミ面が関係していると考えられる．

MgB_2 はこのような条件が重なると，電子－フォノン機構においても 40 K 級の超伝導が可能であることを示している．

（1）　**$Ba_{1-x}K_xBiO_3$**

ビスマス（Bi）を含む酸化物 $Ba_{1-x}K_xBiO_3$（BKBO）は，T_c が約 30 K である（$T_c \simeq 30$ K[96-99]）．等方的なギャップをもつ s 波超伝導体であり，主たる超伝導の起源は電子－フォノン相互作用であると考えられている．母物質の $BaBiO_3$ はペロブスカイト構造をした酸化物である．バンド計算によると，$BaBiO_3$ は金属的[100-102] または半金属的[102] であるが，実際は絶縁体である．現実の $BaBiO_3$ においては，ギャップの値が約 2 eV の電荷密度波が形成されている[103]．これは，Bi^{+3} と Bi^{+5} のビスマスが交互に並んだ電荷密度波状態である．これにカリウム（K）をドープすると，約 $x \simeq 0.3$ で電荷密度波から超伝導へと相転移が起こる．BKBO に対して，電子－フォノン相互作用によるエリアシュベルグ理論に基づいた計算があり，x の増加と共に T_c は増加し，$x = 0.7$ で $T_c \simeq 30$ K も可能であろうと主張されている[104]．しかし，現実には比較的小さな x に対して 30 K の超伝導が実現していることから，電子間相互作用が T_c を押し上げているという考えもある．

ビスマスは $BaBiO_3$ においては+3 価と+5 価として存在し，平均の価数は+4 価である．このように，結晶中では+3 価と+5 価は存在するが+4 価は存在しない（あるいは+1 価と+3 価は存在するが+2 価は存在しない，または+2 価と+4 価は存在するが+3 価は存在しない）という元素が，自然界には多数存在する．このような現象は価数スキップとよばれている[105-108]．これは，価数が+3 価と+5 価の間でゆらいでいると見ることもでき，実効的に引力がはたらいていると解釈することもできる．これにより，比較的高い T_c が実現している可能性がある．

（2） ドープされた C_{60}

ドープされたフラーレンも，電子－フォノン超伝導体としては高い T_c を示す[109,110]．フラーレン C_{60} 分子は面心立方格子（fcc）をなしている．セシウム（Cs）をドープしたフラーレン Cs_3C_{60} において，最高 $T_c = 38$ K が実現した[111]．セシウムをドープした C_{60} は，面心立方格子ではなく A15 型の体心立方格子（bcc）をなしている．常圧では絶縁体であり，4 kbar の加圧により超伝導体となり，7 kbar 下で最高 T_c に達する．軽い炭素原子のフォノン振動数が高いこと，および絶縁体の近くにあるためバンド幅が小さく電子の状態密度も高いことが T_c を上げている要因であろう．超伝導が絶縁体・金属転移の近くに存在することから，単純な電子－フォノン相互作用による超伝導ではなく，電子相関が何らかのはたらきをして T_c を上げていると考えられる．常圧でモット（Mott）絶縁体であるため，クーロン相互作用の効果を無視することはできないであろう．

（3） マティアス則

T_c を上げるにはどうしたらよいであろうか．マティアス（Matthias）はそのための指針を与えた[112]．それらは次のようである．

（i） 結晶は立方格子がよい．対称性が高い方がよい．

（ii） d 電子系がよい．d 電子数は 3，5，7 のように奇数がよい．

（iii） 磁性をもたない方がよい．磁気秩序状態の近くにない方がよい．

（iv） 金属絶縁体転移の近くにない方がよい．

d 電子数は奇数がよいといっているのは，状態密度にピークがあると考えたからである．マティアス則は，基本的には状態密度の形状に関係していると考えられる[113, 114]．また，磁性は超伝導を壊し，絶縁体の近くでは T_c は上がらないだろうというのは，当時としては自然な考えであった．マティアスの考えは A15 化合物において成功した．Nb_3Ge は A15 化合物の中で最高の $T_c = 23.9$ K を示した[115]．実際に全電子数が 19 個，すなわち 1 原子当り 4.75 個の時に最高の T_c が実現した．また，Pb，Bi，Tl などを含む $AuCu_3$ 構造の超伝導体に対して，電子数を変えた時の T_c の変化も報告されている[116, 117]．しかし，その後の超伝導の歴史をたどればわかるように，マティアス則に従って高温超伝導体が発見されたことは残念ながらなかった．

（4） T_c を上げるには

それでは，高い T_c の超伝導を実現するためにはどうすればよいであろうか．電子－フォノン相互作用による超伝導の T_c が一般に高くなれないのは，カットオフのエネルギーであるデバイ温度が数百 K と低いからである．弱結合の BCS 理論では，臨界温度はデバイ温度より 2 桁近く小さくなってしまい，エリアシュベルグの強結合理論においてもデバイ温度に比べかなり小さくなる．軽い元素を構成原子とする化合物は，一般にデバイ温度が高いであろう．究極的には金属水素が実現すれば高温超伝導体になると予想される．ダイアモンド（デバイ温度：2000 K ～ 2200 K）やグラフェン（デバイ温度：≃2800 K）も高温超伝導体の候補であろう．層状構造は状態密度を増大させるため，超伝導にとって有利である．電子－フォノン結合定数 λ も大きいほどよいが，理論的な計算により求めることは難しい．

高い T_c を期待するには，エネルギースケールの大きい相互作用に基づく超伝導機構を考える必要がある．電子－フォノン相互作用以外に候補に挙がるのが，電子間相互作用の強い強相関電子系である．電子間のクーロン相互作用は数 eV $\simeq$ 10000 K のエネルギーの相互作用であるので，高い T_c が期待できるのである．問題は，そのような非フォノン機構により本当に超伝導が可能であろうか，ということにある．これについて次項以降で考察していきたい．

2.7.3　電子相関とは

ここで考える電子相関は，主として電子間のクーロン相互作用によるものである．クーロン相互作用といっても，$1/r$ のポテンシャルで与えられる長距離力のクーロン相互作用ではなく，同じ原子にいる電子間にはたらくクーロン相互作用や，フント結合などの交換相互作用である．長距離のクーロン相互作用は遮蔽効果により小さくなっていると考え，同一原子上のクーロン相互作用のみを考慮するモデルをハバード（Hubbard）モデルという[118-120]．簡単のため，1つの原子上には1つの軌道状態のみを考えると，ハバードモデルは

$$H = -\sum_{ij\sigma} t_{ij} c_{i\sigma}^{\dagger} c_{j\sigma} + U \sum_{i} n_{i\uparrow} n_{i\downarrow} \tag{2.136}$$

で与えられる．ここで，$c_{i\sigma}^{\dagger}$，$c_{i\sigma}$ は伝導電子の生成，消滅演算子であり，$n_{i\sigma} = c_{i\sigma}^{\dagger} c_{i\sigma}$ は数演算子を表す．t_{ij} はサイト i とサイト j の間の電子の飛び移りを表す行列要素であり，トランスファー積分または重なり積分などとよばれる．近接サイトへのトランファー積分を t，次近接へを t' と書く．U はクーロンエネルギーの大きさであり，正の時 $(U > 0)$ は斥力を表す．同じサイトにスピンアップおよびダウンの電子が来ると U だけエネルギーが高くなり，U が大きいほど電子は避け合って動かなければならなくなるため動きにくくなる．これが電子相関効果である．第一原理計算においては，密度汎関数法により長距離クーロン相互作用の効果も含めた電子状態計算がなされているので，第一原理計算の結果を再現するような重なり積分 $\{t_{ij}\}$ を用いれば，長距離クーロン相互作用の効果を含めていると考えることができる．

これから考える電子相関は，オンサイト相互作用 U によるものである．一見簡単そうなモデルであるが，いろいろな物理的相が存在し奥の深いモデルである．1原子当り1つの電子がいる場合（すなわちハーフフィリングの場合），U が大きくなると系は絶縁体状態となる．強相関効果による絶縁体を議論するために，ハバードは，現在ハバードモデルといわれているモデル

を考えたのである．クーロン相互作用 U からは磁性も現われる．U/t が非常に大きいとし，t/U についての摂動展開により隣接原子上の電子間に反強磁性の交換相互作用がはたらくことが導かれる[121]．すなわち，スピンモデルはハバードモデルから導くことができる．実際，芳田奎 著「磁性」[122, 123]（岩波書店，1991 年）においては，磁性の記述はハバードモデルから始まっている．

銅酸化物高温超伝導体や重い電子系は強相関系の典型であるが，多くの超

表 2.1 特異な超伝導物質の例．電子対対称性については，いまだに確定していないものが多い．有力と考えられている対称性を記した．

物質	T_c	電子対対称性	結晶構造	参考文献
$CeCu_2Si_2$	0.6 K	d 波	体心正方晶	[173, 174]
UPt_3	0.52 K	p or f 波	六方晶	[175, 176]
UBe_{13}	0.86 K	p 波	立方晶	[177]
URu_2Si_2	1.2 K		体心正方晶	[178, 179]
$CeRu_2$	6.2 K	s 波	ラーベス型立方晶	[180]
UPd_2Al_3	2 K	d 波	六方晶	[181, 182]
UNi_2Al_3	1 K	p 波?	六方晶	[182, 183]
$CeCoIn_5$	2.3 K	d 波	$HoCoGa_5$ 型	[184, 185]
$CeRhIn_5$	2.1 K (16.3 kbar)	d 波	$HoCoGa_5$ 型	[186]
$CeRh_2Si_2$	0.35 K (9 kbar)		体心正方晶	[187]
UGe_2	0.8 K (13.5 kbar)	p 波?	斜方晶	[188]
URhGe	0.25 K	p 波?	斜方晶	[189]
Sr_2RuO_4	1.5 K	p or f 波	ペロブスカイト	[190]
$PrOs_4Sb_{12}$	1.85 K	点ノード?	スクッテルダイト	[191]
$Na_xCoO_{2-y}\cdot H_2O$	5 K	p 波?	三角格子	[192]
$Ba_{1-x}K_xBiO_3$	30 K	s 波	ペロブスカイト	[96]
MgB_2	39 K	s 波	六方晶	[94]
$La_{2-x}Sr_xCuO_4$	36 K	d 波	ペロブスカイト	
$YBa_2Cu_3O_{6+x}$	90 K	d 波	ペロブスカイト	
$Tl_2Ba_2Ca_{n-1}Cu_nO_{2n+4}$	125 K	d 波	ペロブスカイト	
$HgBa_2Ca_{n-1}Cu_nO_{2n+2+\delta}$	135 K	d 波	ペロブスカイト	
$LaO_{1-x}F_xFeAs$	26 K		ZrCuSiAs 型	[193]
$NdFeAsO_{1-y}$	54 K		ZrCuSiAs 型	[194]

伝導体が見つかっている．セリウム（Ce）などのf軌道の電子をもつ希土類元素を含む化合物は重い電子系とよばれている[124]．f電子はd電子に比べ非常に局在しているため，f電子間には強い電子相関がはたらいている．また，近藤効果とも密接な関係をもっている[122, 123, 125 - 128]．電子 - フォノン相互作用によって形成される電子対はスピン1重項のs波状態にあるが，重い電子系における電子対は異方的な対称性をもち，ギャップ関数がゼロとなるノードがフェルミ面上に存在する．これは，重い電子系における超伝導が電子 - フォノン相互作用によるのではない，すなわち非フォノン機構による超伝導であることを示している．非フォノン機構による超伝導は非BCS型超伝導とよばれることがある．銅酸化物高温超伝導体においても，電子対（クーパー対）は異方的な対称性をもっている[129 - 131]．したがって，非フォノン機構による超伝導であると考えられている．非BCS型超伝導の可能性がある化合物の例を表2.1に掲げた．

非フォノン機構の相互作用の有力な候補が，同じ原子上の電子にはたらくオンサイトの斥力クーロン相互作用である．クーロン相互作用はeV（$\simeq$10000 K）という大きなエネルギーをもちながら，重い電子系の超伝導転移温度は残念ながらほとんどが数K以下であり非常に低い．このようにT_cが低いのは，f電子間の強いクーロン斥力のために，電子の有効質量があまりに大きくなりすぎているためである．重い電子系では，電子の有効質量の増大因子が大きいもので数百から数千にも達する．これはエネルギーのカットオフが小さくなることを意味している．重い電子系では，近藤温度T_Kが有効的なバンド幅のエネルギースケールを与える．これは，バンド電子の質量mに対して有効質量をm^*と書くと，ほぼ$m^*/m \simeq D/T_K$の関係が成り立つことを示している（Dはバンド幅）．有効的なバンド幅$D/(m^*/m)$がほぼT_Kとなっている．また，経験的に有効質量が大きいほどT_cが低いという傾向がある．式で表すと，

$$k_B T_c \simeq \frac{0.1t}{(m^*/m)} \qquad (2.137)$$

である．ここで，tは重なり積分（トランファー）を表し，$t_{\mathrm{eff}} = t/(m^*/m)$

は有効的重なり積分である．銅酸化物高温超伝導体においては，有効質量の増大はそれほど大きくなく5〜10倍の程度である．エネルギーカットオフを重い電子系と銅酸化物高温超伝導体とで比べると，その比はおよそ100であり，ほぼT_cの比となっている．これらのことは，銅酸化物高温超伝導体と重い電子系の超伝導は共に電子相関を起源とすることを示唆している．また，有機物の超伝導体[132]に対しても同様の議論を当てはめることができる．

斥力であるクーロン相互作用が，本当に超伝導を引き起こすのだろうかという疑問は当然ながら生じる．実は，この疑問に対する答はまだ完全には与えられていない．この疑問に対する研究が，高温超伝導の研究であるともいえる．

2.7.4 電子相関と超伝導

電子間相互作用により超伝導が引き起こされるかどうかは古くから研究されていた．電子間に引力がはたらくならそれが非常に弱いものであっても（フェルミ面の存在により）電子対ができる，というのがクーパーの結果であった．この引力がもっと一般的な，引力とは限らない相互作用の場合にはどうなるであろうか．電子相関が超伝導に及ぼす効果は，古くから研究の対象とされてきた．コーン（Kohn）とラッティンジャー（Luttinger）はこの問題を考察し，相互作用の形に関わらず温度を下げていけば，温度は非常に低いかもしれないがある温度で電子対を形成するであろうと予想した[133]．彼らは，長距離の振動部分から引力が現れるであろうと考えた．ギャップ方程式は次の形に表される（(1.71) 参照）．

$$\Delta_{\boldsymbol{k}} = -\frac{1}{N}\sum_{\boldsymbol{k}'} V_{\boldsymbol{k}\boldsymbol{k}'}\Delta_{\boldsymbol{k}'}\frac{1-2f(E_{\boldsymbol{k}'})}{2E_{\boldsymbol{k}'}} \tag{2.138}$$

ここで，$E_{\boldsymbol{k}} = \sqrt{\xi_{\boldsymbol{k}}^2 + \Delta_{\boldsymbol{k}}^2}$ である．$V_{\boldsymbol{k}\boldsymbol{k}'}$ は電子対間にはたらく相互作用を表す．(1.71) では球面調和関数で展開して $l = m = 0$ の項のみを残しているが，ここでは，$l = m = 0$ に限定しないより一般的な相互作用を考える．コーンとラッティンジャーは，図2.9に示すような相互作用を考えた．ここで，点線はクーロン相互作用などの電子間にはたらく相互作用を表してい

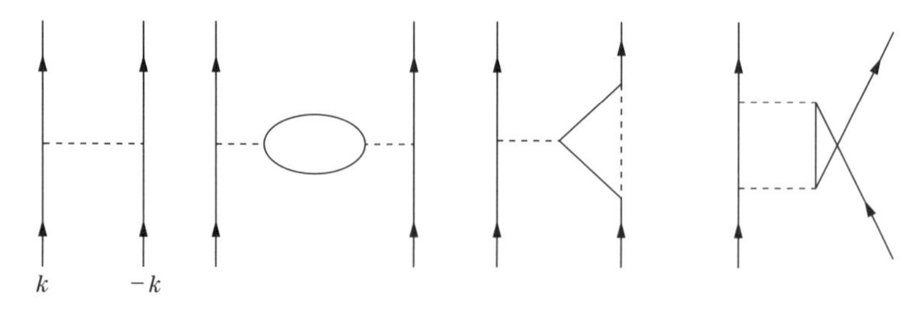

図 2.9　2 次のオーダーまでの電子対相互作用．点線がクーロン相互作用などの電子間相互作用を表し，実線は電子の伝播関数（グリーン関数）を表している．

る．図 2.9 の一番左は，電子対が電子間相互作用により散乱されるプロセスを表している．第 2 項以下は，相互作用の 2 次のプロセスを表している．

この相互作用とギャップ関数を球面調和関数で展開しよう（(1.5) および (1.58) を参照）．温度 T は十分低いとして弱結合の近似をし，波数についての角度積分はフェルミ面上の積分で近似する．$\boldsymbol{k}$ と $\boldsymbol{k}'$ のなす角を θ とすると，$V_{\boldsymbol{k}\boldsymbol{k}'}$ は θ の関数 $V(\cos\theta)$ としてよい．すると，球面調和関数による展開はルジャンドル（Legendre）関数による展開となり，$\Delta_{\boldsymbol{k}}$ も θ の関数 $\Delta(\theta)$ としてルジャンドル関数で展開して，$\Delta(\theta) = \sum_l \Delta_l P_l(\cos\theta)$ とする．両辺の Δ_l の係数を比較すると，T_{c} を決める式は次のようになる．

$$-\frac{1}{2} N(\varepsilon_{\mathrm{F}}) V_l = \lambda_l \tag{2.139}$$

ここで，

$$V_l = \int_0^\pi d\theta \sin\theta P_l(\cos\theta) V(\cos\theta) \tag{2.140}$$

であり，$N(\varepsilon_{\mathrm{F}})$ はフェルミ面における状態密度である．T_{c} は，λ_l により $k_{\mathrm{B}} T_{\mathrm{c}} = \omega_{\mathrm{c},l} \exp(-1/\lambda_l)$ で与えられる（チャンネル l のカットオフを $\omega_{\mathrm{c},l}$ とした）．相互作用が斥力であると図 2.9 の初項が正の寄与をし，ギャップ方程式は解をもち得ない．しかしながら，l が大きければこの初項からの寄与は小さくなり，ギャップ方程式は解をもち，超伝導状態が実現するであろう．したがって，電子間に相互作用があるならば，温度を下げていけばいつかは超伝導になるであろう．ただし，強磁性などの他の秩序状態にならないと仮定している．（ハバードモデルについて次に議論するが，ここでの議論をハバードモデルに適用したものが文献 [134 - 136] にある．ハバードモデルにおいては，相互作用が短距離斥力相互作用であるので，図 2.9 の初項は $l>0$ に対しては寄与しない．）

超伝導に対する電子相関の効果は，バーク（Berk）とシュリーファー（Schrieffer）によっても考察された[137]．モレル（Morel）とアンダーソン（Anderson）はクーロン相互作用の効果を 1 つのパラメーター μ^* で表したが，バークらはより詳しく電子 - フォノン機構の強結合理論に基づいて，超伝導に対する強磁性スピン相関の効果を調べた．その結果，強磁性スピン相関が強ければ超伝導は起こらず，パラジウム（Pd）のように強磁性相関の強い物質は超伝導にならないだろうと予想した．しかし，彼らは異方的電子対の可能性は考えなかった．

銅酸化物高温超伝導体は d 電子と p 電子が伝導に関わっており，重い電子系も f 電子と，より軌道が広がった d 電子などが伝導に関与しており，共に多バンド系であるが，簡単のため d 電子のみの 1 バンド系を考え，d 電子間にオンサイトのクーロン相互作用がはたらいているとしよう．

ハバードモデルに基づいて，電子対生成について考察してみよう．コーンとラッティンジャー，あるいはバークとシュリーファーの方法のハバードモデルへの応用と見ることもできる．まず，クーロン相互作用 U は電子間に反強磁性的な相関を引き起こす．すなわち，隣り合う電子は ⇈ と並ぶよりも ⇅ と並びたがる．エネルギー U を損して中間状態で 2 重占有状態 ⇅ を作ることにより，エネルギーを得するからである．クーロン相互作用はスピンによらない相互作用であるが，パウリの排他原理によりスピンに依存した相互作用となるのである．

この反強磁性相関から超伝導が引き起こされないだろうか，というアイデアから出発するのが，ハバードモデルにおける超伝導理論である．反強磁性相関はスピン感受率により表され，摂動の最低次では次で与えられる．

$$\chi_0(\boldsymbol{q},0)=\frac{1}{N}\sum_{\boldsymbol{p}}\frac{f_{\boldsymbol{p}+\boldsymbol{q}}-f_{\boldsymbol{p}}}{\xi_{\boldsymbol{p}}-\xi_{\boldsymbol{p}+\boldsymbol{q}}} \tag{2.141}$$

ここで，$f_{\boldsymbol{p}}$ はフェルミ分布関数であり，$\xi_{\boldsymbol{p}}$ は電子のエネルギー分散である．また，振動数は 0 とした．$U^2\chi_0$ は図 2.9 の第 4 項で表される有効相互作用

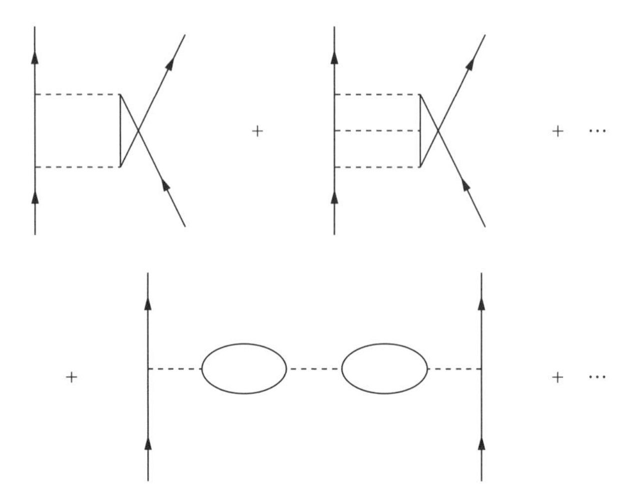

図 2.10　ハバードモデルにおける電子対間の有効相互作用

である．電子対に対する有効相互作用は，高次項を含めると図 2.10 のようにダイアグラムで表すことができる．ここでは，スピン↑，↓の電子からなる電子対への有効相互作用を示した．波数 $\boldsymbol{k}$，$-\boldsymbol{k}$ の電子対が $\boldsymbol{k}'$，$-\boldsymbol{k}'$ に散乱される時，$\boldsymbol{q}=\boldsymbol{k}-\boldsymbol{k}'$ とおいて，$\chi_0=\chi_0(\boldsymbol{q}, i\omega_m)$ と書くと

$$\begin{aligned} V_{\mathrm{pair}}(\boldsymbol{q}, i\omega_m) &= U+\frac{U^2\chi_0}{1-U\chi_0}+\frac{U^3\chi_0^2}{1-(U\chi_0)^2} \\ &= U+\frac{3}{2}U^2\frac{\chi_0}{1-U\chi_0}-\frac{1}{2}U^2\frac{\chi_0}{1+U\chi_0} \end{aligned} \tag{2.142}$$

となる．ギャップ方程式は，グリーン関数法により

$$\begin{aligned} \Delta(k, i\varepsilon_n) = -\frac{1}{\beta N}\sum_{k'n'} V_{\mathrm{pair}}(k-k', i\varepsilon_n-i\varepsilon_{n'})G(k', i\varepsilon_{n'}) \\ \times G(-k', -i\varepsilon_{n'})\Delta(k', i\varepsilon_{n'}) \end{aligned} \tag{2.143}$$

と求まる．ここで，$G(k, i\varepsilon_n)$ は 1 電子のグリーン関数，$\Delta(k, i\varepsilon_n)$ はギャップ関数である．

特に，弱結合の近似においては，ギャップ方程式が次のようになる．

$$\Delta_{\boldsymbol{k}}=-\frac{1}{N}\sum_{\boldsymbol{k}'} V_{\boldsymbol{k}\boldsymbol{k}'}\Delta_{\boldsymbol{k}'}\frac{1-2f(E_{\boldsymbol{k}'})}{2E_{\boldsymbol{k}'}} \tag{2.144}$$

ここで，$E_{\boldsymbol{k}}=\sqrt{\xi_{\boldsymbol{k}}^2+\Delta_{\boldsymbol{k}}^2}$ である．U の 2 次までの有効相互作用は

$$V_{\boldsymbol{k}\boldsymbol{k}'}=U+U^2\chi_0(\boldsymbol{k}-\boldsymbol{k}',0) \tag{2.145}$$

で与えられる．この有効相互作用は正準変換によっても求めることができる[134 - 136]．このギャップ方程式は左辺と右辺の符号が異なるために，単純にギャップ関数 $\Delta_{\boldsymbol{k}}$ を定数とすると解をもたない．すなわち，s 波の解は存在しない．スピン感受率 $\chi_0(\boldsymbol{q},0)$ は $\boldsymbol{q}=(\pi,\pi)$ にピークをもつことから，$k-k'\simeq(\pi,\pi)$ の時，$\Delta_{\boldsymbol{k}}$ と $\Delta_{\boldsymbol{k}'}$ の符号が異なるようにすると解が得られる（図 2.11 参照）．こうして，d 波の対称性をもつ解の存在が示される．このように，ハバードモデルには d 波の超伝導相が存在する可能性がある．

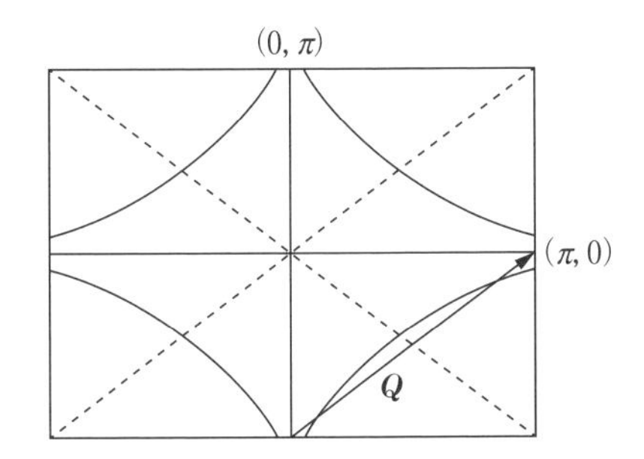

図 2.11 ベクトル $\boldsymbol{Q}=(\pi,\pi)$ が符号の異なるギャップ関数をつなぐことにより，ギャップ方程式に解が存在する．点線においてギャップ関数はゼロとなり，点線を横切る時に符号を変える．細い実線はフェルミ面を表す．このフェルミ面は LSCO 系の高温超伝導体のフェルミ面に対応している．

このような考えに基づいた研究が，ある種の乱雑位相近似（RPA）[138 - 141] あるいはゆらぎ交換近似（FLEX）[142 - 144] などによりなされてきた．また，この方法は多軌道系にも拡張でき，鉄ヒ素系超伝導体などに応用されている[145]．異なる軌道間の感受率が大きい場合，軌道間のペアリングにより超伝導が引き起こされる可能性がある．

ここで，電子相関の超伝導状態に及ぼす効果を議論しよう．電子相関により引き起こされる超伝導は電子対の対称性が異方的になるため，等方的な s 波とは異なった物性が現れてくる．電子相関系における超伝導の特異性は異方的対称性から生じる．s 波超伝導は，非磁性不純物によっては超伝導状態が壊されず，T_{c} は下がらないが，d 波超伝導体においては非磁性不純物によっても対破壊効果により T_{c} の低下が起こる．渦糸状態においても s 波とは異なった物性が現われ，それらは渦糸の章で議論される．超伝導状態が磁気秩序と共存する可能性もあり，銅酸化物高温超伝導体では反強磁性と共

存し，低ドープ域ではストライプ的秩序状態と共存している[146-149]．磁場依存性に関しても，s 波とは異なる物性を示す可能性がある．

2.7.5 強相関領域における超伝導

ハバードモデルにおいて，超伝導状態が実現する可能性が示されたが，高温超伝導が実現するのは強相関領域であろう．乱雑位相近似やゆらぎ交換近似で扱えるのは弱相関の領域である．U がバンド幅より大きい強相関領域においては，電子相関を考慮した計算が必要となる．実際に，銅酸化物高温超伝導体は強相関領域にあると考えられる．

量子変分モンテカルロ法により，ハバードモデルを調べた結果を紹介しよう[150-152]．この方法は，次で与えられる相関のある BCS 波動関数に基づいている．

$$\psi_{\mathrm{G}} = P_{\mathrm{G}} \prod_{\boldsymbol{k}} (u_{\boldsymbol{k}} + v_{\boldsymbol{k}} c_{\boldsymbol{k}\uparrow}^{\dagger} c_{-\boldsymbol{k}\downarrow}^{\dagger}) |0\rangle \tag{2.146}$$

ここで，$u_{\boldsymbol{k}}$ および $v_{\boldsymbol{k}}$ は BCS のパラメーターであり（1.5 節参照），P_{G} は電子相関を制御する演算子である．$u_{\boldsymbol{k}}$，$v_{\boldsymbol{k}}$ は規格化条件 $u_{\boldsymbol{k}}^2 + |v_{\boldsymbol{k}}|^2 = 1$ を満たしており，比は

$$\frac{v_{\boldsymbol{k}}}{u_{\boldsymbol{k}}} = \frac{\Delta_{\boldsymbol{k}}}{\xi_{\boldsymbol{k}} + (\xi_{\boldsymbol{k}}^2 + \Delta_{\boldsymbol{k}}^2)^{1/2}} \tag{2.147}$$

で与えられる．$\xi_{\boldsymbol{k}}$ は，化学ポテンシャル μ から測った電子分散を表している（$\xi_{\boldsymbol{k}} = \varepsilon_{\boldsymbol{k}} - \mu$）．$\Delta_{\boldsymbol{k}}$ はギャップ関数であり，波動関数を最適化するための変分パラメーターである．2 次元格子上においては，次のような形のギャップ関数が使われる．

$$\text{d 波：} \Delta_{\boldsymbol{k}} = \Delta(\cos(k_x) - \cos(k_y)) \tag{2.148}$$

$$\text{s}^* \text{ 波：} \Delta_{\boldsymbol{k}} = \Delta(\cos(k_x) + \cos(k_y)) \tag{2.149}$$

$$\text{s 波：} \Delta_{\boldsymbol{k}} = \Delta \tag{2.150}$$

それぞれ，d 波，異方的 s 波および（等方的）s 波の電子対に対応している．Δ が変分パラメーターである．また，P_{G} は，$P_{\mathrm{G}} = \prod_j (1 - (1-g) n_{j\uparrow} n_{j\downarrow})$ と表される．g は変分パラメーターである．なお，アンダーソン（Anderson）は，この波動関数を共鳴電子価結合状態（RVB）を表す波動関数と考えた[153]．

図 2.12 は，ハバードモデルに対する基底状態のエネルギーを超伝導ギャ

ップパラメーターΔの関数として計算したものである[150]．計算は，2次元ハバードモデルの基底状態に対してなされたものである．2次元系においては，有限温度では一般に長距離秩序は存在しないが[154, 155]，基底状態（絶対零度 $T=0$）では長距離秩序が存在し得る（2.6.6項を参照）．実際，計算結果を見ると，d波のギャップに対しては，有限のΔにおいてエネルギーが最小になることを示している．すなわち，d波の超伝導状態が安定になる．系のサイズを大きくした極限では，1原子当りの超伝導凝縮エネルギーは 10^{-4} eVのオーダーである．銅酸化物高温超伝導体と比較するために $t=0.5$ eVとすると，サイズ無限大の極限で

$$\frac{E_{\mathrm{cond}}}{N_{\mathrm{s}}} \simeq 0.2\,\mathrm{meV} \tag{2.151}$$

となる[156, 157]．

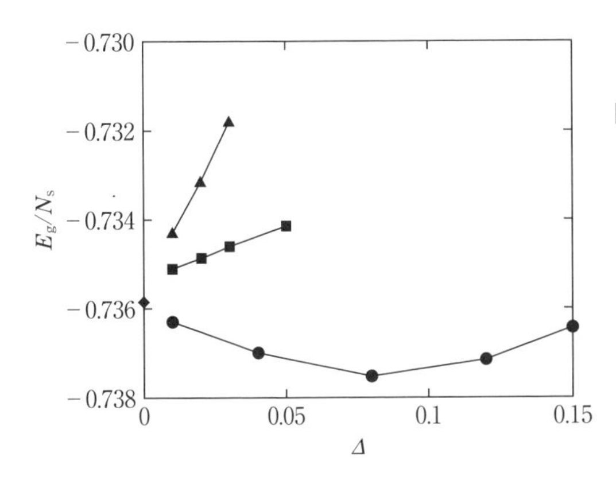

図 2.12 基底状態のエネルギーの Δ 依存性（10×10 格子）．丸はd波，四角は異方的s波，三角はs波に対するエネルギーを表す．相互作用パラメーターを $U/t=8$，次近接トランスファー $t'=0$，電子数密度を $n_e=0.84$ とした．（T. Nakanishi, K. Yamaji and T. Yanagisawa: J. Phys. Soc. Jpn. **66** (1997) 294 より許可を得て転載．）

YBCO系の高温超伝導体に対する比熱のデータから超伝導凝縮エネルギーを見積もると，銅原子1個を含む単位格子当り 0.17～0.26 meV となる[151, 158]．臨界磁場のデータからもほぼ同様の結果が得られる[159]．このように，計算値と実験値は非常に近い値であることがわかる．この値が，銅酸化物高温超伝導体における特徴的なエネルギースケールである．

超伝導凝縮エネルギーはUの増加と共に増大し，非常に大きくなると減少に転ずる．次頁に示す図2.13にそのU依存性の概形を示す．強相関領域といってよい $U/t=10$～12 において極大を示し，この領域で高温超伝導

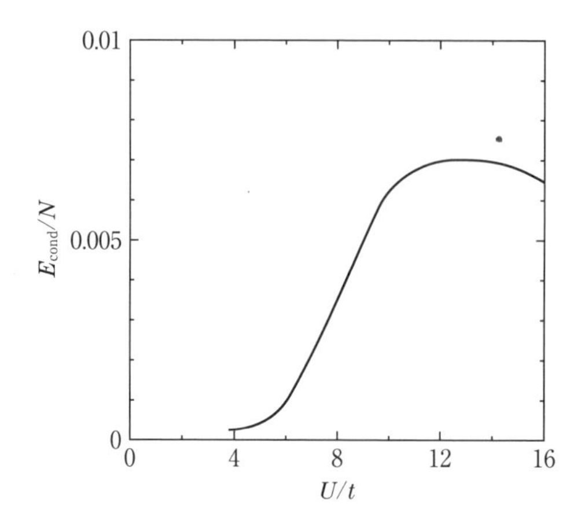

図 2.13　基底状態の超伝導凝縮エネルギーの U 依存性（10×10 格子）．$t'/t = -0.2$，電子数密度は $n_e = 0.84$ とした．

が可能であることを示している．U が非常に大きくなると，電子間のスピン相関が弱くなり，超伝導を引き起こすことができなくなる．変分モンテカルロ法による計算では，$U/t \simeq 7$ を境にして，強相関領域と弱相関領域に分かれて大きく電子状態の性質が異なっている[160, 161]．すなわち，超伝導には最適なパラメーター領域がある．

なお，擬 2 次元系物質ではあっても，現実には弱いながらも 3 次元方向にも自由度があり，2 次元系で発達した電子対相関が 3 次元的な秩序として実現して超伝導転移が起こると考えられる．電子相関のある系に対しては 2 次元系において計算がなされることが多いが，2 次元系で超伝導が起きるというよりも，3 次元方向の相関も成長することにより超伝導が実現すると考えられている．とはいえ，銅酸化物超伝導体などの層状構造化合物に対しては，3 次元系での計算も必要であろう．そのような計算も行われている．

ハバードモデルにおける超伝導の可能性に関しては，実は問題が残っている．それは，量子モンテカルロ法による数値計算の結果との整合性である．量子モンテカルロ法は，統計誤差の範囲内で厳密な結果を与える計算方法である．量子モンテカルロ法はその方法の性格上，U/t が比較的小さい弱相関領域を取り扱うことができる．2 次元ハバードモデルに対してなされてきた量子モンテカルロ法による結果の多くが，超伝導相関は大きくならず，超伝導相の存在には否定的である[162, 163]．第一の理由は，U/t が小さい弱相関領域における計算であるからである．強相関領域においてもそうであるのかどうかは，明らかにすべき課題である[164]．

2.7.6 2次元系における相転移について

2次元系においては，有限温度では相転移が起こらないことが知られている．これは，マーミン（Mermin）とワグナー（Wagner）[154] およびコールマン（S. Coleman）[155] により示された．長距離秩序が存在すると自発的対称性の破れに伴った南部－ゴールドストーンボソンが存在するが，低次元系ではそのゆらぎが大きくなるために長距離秩序が壊されてしまう．絶対零度ではマーミン－ワグナー－コールマンの定理は適用できないため，長距離秩序の存在は否定されない．例えば，2次元反強磁性ハイゼンベルグモデルには，基底状態に長距離秩序が存在することが知られている[165]．2次元古典 XY モデルには，コスタリッツ－サウレス（Kosterlitz－Thouless）の相転移が存在するが，相関関数は $r^{-T/(2\pi J)}$ のように振舞い，指数は温度 T に比例する[123, 166, 167]．$T=0$ では長距離秩序が存在する．2次元ハバードモデルにおいては，s波電子対の相関関数に対して次の不等式が示されている[168]．

$$|\langle c_{x\uparrow}^{\dagger} c_{x\downarrow}^{\dagger} c_{y\downarrow} c_{y\uparrow} + \mathrm{h.c.}\rangle| \leq 2|x-y|^{-\alpha f(\beta)} \tag{2.152}$$

ここで，α は定数であり，$f(\beta)$ は低温において $f(\beta) \simeq 1/\beta$ のように振舞う（$\beta = 1/k_{\mathrm{B}}T$）．s波の超伝導は斥力ハバードモデルではあり得ないので，この不等式は引力ハバードモデル（$U<0$）に対するものと考えるべきであるが，$T=0$ では長距離秩序の存在を否定していない．

また，コールマンが論文において指摘しているように，コールマンの議論はゴールドストーンヒッグス（Higgs）系に対しては適用できないため，ゴールドストーンヒッグス系には相転移がないとはいえない．超伝導体もゴールドストーンヒッグス系と見ることができ，南部－ゴールドストーンモードである位相のゆらぎは，クーロン相互作用と結合してプラズマモードとなり，長距離秩序を壊すはずのゆらぎのモードが消えてしまう．超伝導体にコールマンの定理を適用してよいかは自明でないであろう．したがって，2次元系に超伝導相転移が存在しないかどうかは微妙な問題となる．

2.7.7 銅酸化物超伝導体の有効モデルについて

銅酸化物超伝導体の有効ハミルトニアンとして，t-J モデルがよく知られている．ここでは，t-J モデルについても考えてみよう．ハミルトニアンは次で与えられる．

$$H=\sum_{ij\sigma}t_{ij}(1-n_{i,-\sigma})c_{i\sigma}^{\dagger}c_{j\sigma}(1-n_{j,-\sigma})+J\sum_{\langle ij\rangle}\boldsymbol{S}_i\cdot\boldsymbol{S}_j \quad (2.153)$$

伝導電子からは，アップスピンとダウンスピンの2重占有状態が排除されている．ハバードモデルにおいて，U/t が無限大の極限からの展開を考えると，運動エネルギーの項と t/U のオーダーのいくつかの項が現れ，t-J モデルと類似したモデルが得られる．運動エネルギーとスピンの交換相互作用 $J\boldsymbol{S}_i\cdot\boldsymbol{S}_j$ を残したものが t-J モデルである．J/t がある程度以上の大きさであるならば，交換相互作用は異方的電子対をもつ超伝導を引き起こすと考えられる[169]．J/t が大きければ高温超伝導が実現しても不思議ではない．その超伝導は，ハバードモデルの強相関領域における超伝導と類似のものであろう．しかしながら，t-J モデルは1つの理想化されたモデルと捉えるべきであろう．現実の物質では，U/t は決して無限大ではないからである．また，無限大と近似できるほど大きくはないからである．

また，t-J モデルは，銅酸化物高温超伝導体に対するより基本的モデルである d-p モデル[152, 170, 171]（図2.14参照）からも導かれるとされている[172]．d-p モデルのハミルトニアンは次のように書かれる．

$$\begin{aligned}H_{\rm dp}=&\varepsilon_{\rm d}\sum_{i\sigma}d_{i\sigma}^{\dagger}d_{i\sigma}+\varepsilon_{\rm p}\sum_{i\sigma}(p_{i+\hat{x}/2\sigma}^{\dagger}p_{i+\hat{x}/2\sigma}+p_{i+\hat{y}/2\sigma}^{\dagger}p_{i+\hat{y}/2\sigma})\\&+t_{\rm dp}\sum_{i\sigma}[d_{i\sigma}^{\dagger}(p_{i+\hat{x}/2\sigma}+p_{i+\hat{y}/2\sigma}-p_{i-\hat{x}/2\sigma}-p_{i-\hat{y}/2\sigma})+{\rm h.c.}]\\&+t_{\rm pp}\sum_{i\sigma}[p_{i+\hat{y}/2\sigma}^{\dagger}p_{i+\hat{x}/2\sigma}-p_{i+\hat{y}/2\sigma}^{\dagger}p_{i-\hat{x}/2\sigma}\\&-p_{i-\hat{y}/2\sigma}^{\dagger}p_{i+\hat{x}/2\sigma}+p_{i-\hat{y}/2\sigma}^{\dagger}p_{i-\hat{x}/2\sigma}+{\rm h.c.}]\\&+U_{\rm d}\sum_{i}d_{i\uparrow}^{\dagger}d_{i\uparrow}d_{i\downarrow}^{\dagger}d_{i\downarrow}\end{aligned} \quad (2.154)$$

$d_{i\sigma}$ および $p_{i+\hat{\alpha}/2\sigma}(\alpha=x,y)$ が，それぞれ銅原子上の d 電子と酸素原子上の p 電子の演算子を表している．$t_{\rm dp}$ が d 電子と p 電子の間の重なり積分，$t_{\rm pp}$ が p 電子間の重なり積分である．$U_{\rm d}$ は銅電子上のクーロン相互作用であり，酸素原子上での p 電子間のクーロン相互作用も考えてもよい．

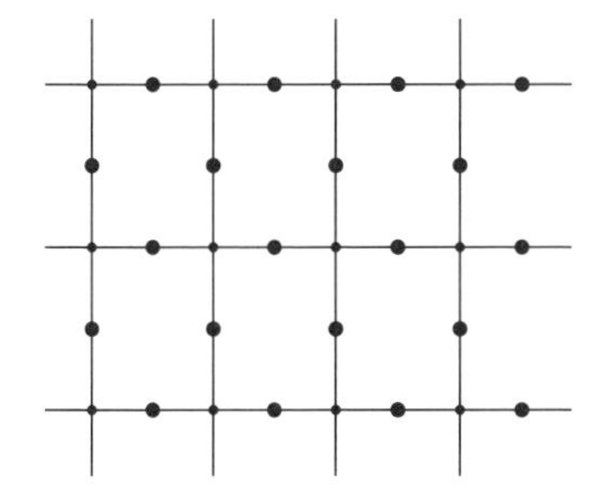

図 2.14　銅酸化物高温超伝導体の銅-酸素面の格子．大きな丸が酸素原子，小さな丸が銅原子を表している．銅原子上のスピンと，その周りの 4 つの酸素原子の上にいるスピンが作るスピン 1 重項状態をツァン-ライス 1 重項という．

ツァン（Zhang）とライス（Rice）は，銅原子と酸素原子上のホールからなる局所的 1 重項状態を考え，銅原子上のホールに対する有効的な運動エネルギー項を導いた．ホールの 1 重項を電子が存在しない状態と考えると，その項は，$U/t \to \infty$ のハバードモデルと同じである．すなわち，ツァンとライスの局所 1 重項を考えると，U が無限大のハバードモデルが導かれる．d 電子間の交換相互作用 J は，酸素原子を介した超交換相互作用から現れる．これら 2 つを加えると t-J モデルとなる．簡単にいうと，局所的な 1 重項をフェルミオンが存在しない状態と考えてしまうと，後は局所 1 重項を作っていない銅原子上のホール（フェルミオン）のみを考えればよい，という考えである．ドープされたホールが銅原子上のホールと強い 1 重項状態を作ると仮定しており，交換相互作用 J は導いたのではなく手で加えている．また，酸素原子上にドープされたホールは，両側の 2 つの銅原子にあるホールのスピン相関をフラストレーションの効果により乱すはたらきもする．これは，t-J モデルには含まれていない効果である．

2.8　渦糸電子状態と異方的超伝導

2.8.1　渦糸周りの局所電子状態

本節では，渦糸周りの局所電子状態と，それに伴う磁場下の物性を扱い，その中で，磁束状態の物理に現れる d 波など異方的超伝導の寄与に着目する．渦糸の周りでは，超伝導秩序変数 $\Delta(\boldsymbol{r}) = |\Delta(\boldsymbol{r})|e^{i\varphi}$ の振幅 $|\Delta(\boldsymbol{r})|$ が渦中心に向かってゼロとなるように減少していく．この渦芯領域は超伝導が壊れた常伝導的な状態となっているため，渦芯外の超伝導ギャップ Δ_0 より小

さな励起エネルギーをもつ電子の束縛状態が渦糸芯領域に現れる．

渦糸や表面状態のように，超伝導秩序変数が空間的に変化している場合の局所電子状態を計算するためには，BdG 方程式やアイレンバーガー方程式が用いられる．1.4 節で紹介された BdG 方程式は，量子力学のシュレーディンガー方程式の超伝導版である．等方的 s 波超伝導での 1 本の渦の場合には，波動関数は

$$u_{\varepsilon,n}(\boldsymbol{r}) = \tilde{u}_{\varepsilon,n}(r)e^{in\varphi}, \qquad v_{\varepsilon,n}(\boldsymbol{r}) = \tilde{v}_{\varepsilon,n}(r)e^{i(n-1)\varphi} \tag{2.155}$$

のように与えられる．ここで量子数 $\boldsymbol{q}$ は，渦糸周りの角運動量に対応する整数 n と半径方向の振動に関する量子数 ε に分けられ，そのエネルギー固有値を $E_{\varepsilon,n}$ とする．

この渦糸電子束縛状態の計算はカロリ - ドジェンヌ - マトリコン（Caroli - de Gennes - Matricon）[195] によって行われ，図 2.15(a) のように，渦芯領域に離散的な束縛状態が現れることが示された．そのエネルギー準位は低エ

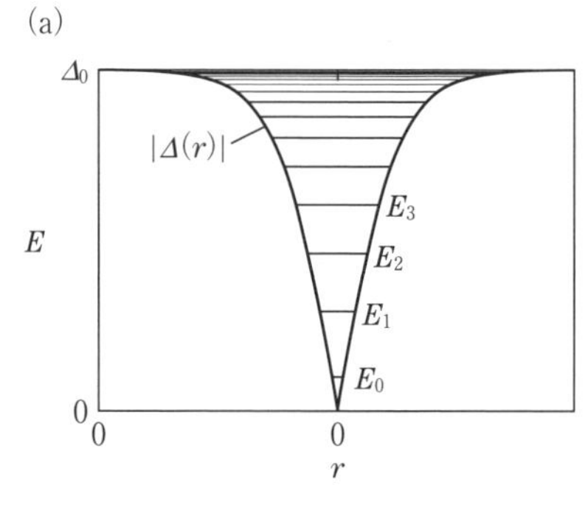

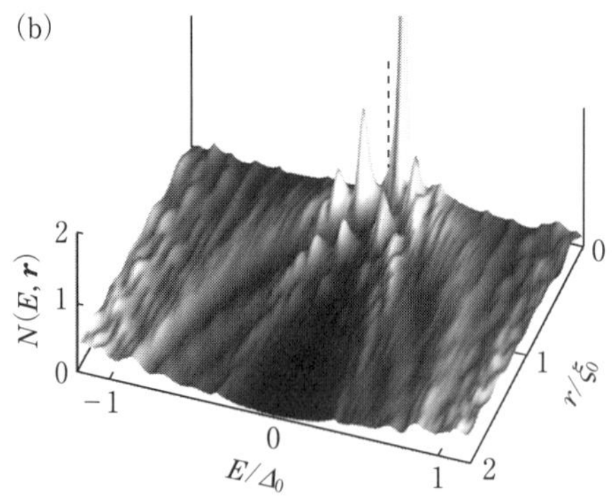

図 2.15　(a) 渦糸芯領域に束縛された状態の離散的なエネルギー準位（概念図）．(b) BdG 方程式による渦糸周りの局所状態密度 $N(E, \boldsymbol{r})$．川上拓人氏提供．

ネルギー領域で $(n+1/2)\,\varDelta_0^2/\varepsilon_{\mathrm{F}}$ となる．この様子は BdG 方程式の数値計算でも確かめられ，この離散的な準位による局所状態密度

$$N(E,\boldsymbol{r})=\sum_{\varepsilon,n}\{|u_{\varepsilon,n}(\boldsymbol{r})|^2\delta(E-E_{\varepsilon,n})+|v_{\varepsilon,n}(\boldsymbol{r})|^2\delta(E+E_{\varepsilon,n})\}\tag{2.156}$$

は，図 2.15(b) に示すように，渦中心でフェルミエネルギーの上下で非対称なスペクトルをもち，低温で渦糸芯半径が収縮するとエネルギー準位間隔が増大する[196, 197]．局所状態密度の観測は走査型トンネル顕微鏡（STM）で観測可能であるが，離散的な渦糸束縛状態の特徴については，$\varDelta_0/\varepsilon_{\mathrm{F}}$ の値がそれほど小さくない超伝導体 YNi_2B_2C[198] や LiFeAs[199] において観測されたとの報告がある．なお，カイラル p 波超伝導体においては，束縛状態のエネルギー準位が $n\varDelta_0^2/\varepsilon_{\mathrm{F}}$ となり[200]，$n=0$ では厳密に $E=0$ の準位が現れ，これが渦に伴うマヨラナ状態として注目されている[201]．

一方，多くの超伝導体においては $\varDelta_0$ は ε_{F} に比べて小さく（$\varDelta_0 \ll \varepsilon_{\mathrm{F}}$），束縛状態の離散的エネルギー準位幅は無視できて，連続的なエネルギー分布として扱うことができる．この場合は，準古典理論での扱いが適しており，1.7 節で導入したアイレンバーガー方程式により渦糸状態を計算することができる．電子状態については，$i\omega_n \to E+i\delta$（δ は正の微小量）と解析接続したアイレンバーガー方程式を解いて得られる準古典グリーン関数より，フェルミ面上の波数 $\boldsymbol{k}_{\mathrm{F}}$ の電子に特定した局所状態密度を $N(E,\boldsymbol{r},\boldsymbol{k}_{\mathrm{F}})=N(\varepsilon_{\mathrm{F}})\times \mathrm{Re}\{g(E,\boldsymbol{k}_{\mathrm{F}},\boldsymbol{r})\}$ と得ることができる．

$N(E,\boldsymbol{r},\boldsymbol{k}_{\mathrm{F}})$ の分布は図 2.16(a) に示すように，特定の角運動量をもった成分として，渦糸中心から一定距離 $r_\perp$ 離れた $\boldsymbol{k}_{\mathrm{F}}$ 方向の直線上に立つ板状ピーク（図の太線部分）として現れる[202]．おおまかな議論では，距離 $r_\perp$ は板状ピークの中心位置にいて $\boldsymbol{k}_{\mathrm{F}}$ 方向に進む準粒子が感じる超伝導ギャップの大きさ $|\varDelta(\boldsymbol{r})\phi(\boldsymbol{k}_{\mathrm{F}})|$ と，準粒子のエネルギー E が等しくなるという条件の下で決まる．ここで，$\phi(\boldsymbol{k}_{\mathrm{F}})$ はフェルミ面上の $\boldsymbol{k}_{\mathrm{F}}$ に依存した超伝導異方性の因子である．$|\varDelta(\boldsymbol{r})|$ は渦糸中心からの距離の増加関数であるので，E が大きくなる時や $|\phi(\boldsymbol{k}_{\mathrm{F}})|$ が小さくなる時には $r_\perp$ が大きくなり，板状ピークは渦糸中心から離れていく．なお $r_\perp$ が大きくなるにつれ，板状ピークの

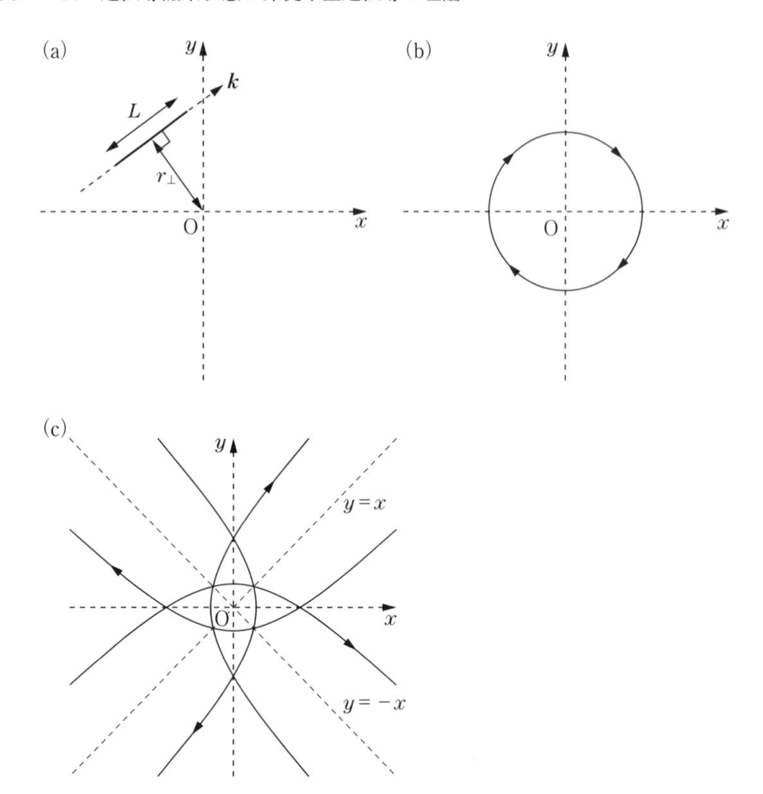

図 2.16　(a) 角度分解局所状態密度 $N(E, \boldsymbol{r}, \boldsymbol{k}_{\mathrm{F}})$ の空間分布の概略図．太線部分にほとんどの準粒子状態が存在する．渦糸中心は原点 O にある．(b) 局所状態密度 $N(E, \boldsymbol{r})$ の空間分布の概略図．等方的 s 波 $\phi(\boldsymbol{k}_{\mathrm{F}}) = 1$ の場合．(c) 同じく，$\mathrm{d}_{x^2-y^2}$ 波 $\phi(\boldsymbol{k}_{\mathrm{F}}) = \cos 2\theta$ の場合．（市岡優典，林伸彦，町田一成：日本物理学会誌 **53** (1998) 611 より許可を得て転載．）

高さは低くなり $\boldsymbol{k}_{\mathrm{F}}$ 方向の幅 L は広がっていく．

$N(E, \boldsymbol{r}, \boldsymbol{k}_{\mathrm{F}})$ のすべての $\boldsymbol{k}_{\mathrm{F}}$ の寄与を足し合わすと局所状態密度 $N(E, \boldsymbol{r})$ が得られる．等方的 s 波の場合は $\phi(\boldsymbol{k}_{\mathrm{F}}) = 1$ なので，$r_\perp$ は一定値を保って渦糸の周りを一周する．よって，$\boldsymbol{k}_{\mathrm{F}}$ のすべての寄与を足し合わせると，$N(E, \boldsymbol{r})$ の空間分布は図 2.16(b) のように渦糸周りの円周上に分布する．$|E|$ の上昇と共に，この渦糸電子状態の分布する円の半径は増加する．一方，異方的超伝導の場合には $r_\perp$ が一定値でなく，$\boldsymbol{k}_{\mathrm{F}}$ の方向が 360° 回転するうちに，超伝導ギャップの弱い $\boldsymbol{k}_{\mathrm{F}}$ 方向については $r_\perp$ が大きくなるので，

$N(E, \boldsymbol{r})$ の空間分布の形は超伝導異方性を反映した形状になる[202, 203]．$d_{x^2-y^2}$ 波の場合は，$\boldsymbol{k}_{\mathrm{F}}$ が 45° 方向で $\phi(\boldsymbol{k}_{\mathrm{F}})=0$ となることを反映して，図 2.16(c) のように 45° 方向へ遠ざかっていく 4 つの開軌道上に主に分布している．例えば，左下から近づく軌道では，$|\phi(\boldsymbol{k}_{\mathrm{F}})|=0$ となる 45° 方向から出発して $\boldsymbol{k}_{\mathrm{F}}$ の方向を変えながら渦糸に近づき，$|\phi(\boldsymbol{k}_{\mathrm{F}})|=1$ となる 0° 方向を向く時に最も渦糸中心に接近する．そして，再び $|\phi(\boldsymbol{k}_{\mathrm{F}})|$ が小さくなるにつれ渦糸から離れていき，最後は，$|\phi(\boldsymbol{k}_{\mathrm{F}})|=0$ となる −45° 方向（右下）を向いて無限遠に遠ざかっていく．

アイレンバーガー方程式による渦糸電子状態の計算方法としては，アイレンバーガー方程式，またはそれから導出されるリカッチ（Ricatti）方程式を解くことになるが，計算手法としては，（1）渦糸芯の外側のみ注目して渦電流の寄与をドップラーシフトで扱い，異方的超伝導のノードの寄与を評価する方法[204, 205]，（2）ペッシュ（Pesch）近似や BPT（Brandt - Pesch - Tewordt）近似を行い，渦格子状態での解析解から計算する方法[205]，（3）KP（Kramer - Pesch）近似で，渦糸芯近くの解析解を用いて計算する方法[206]，（4）これらの近似を用いずに，数値的に解く方法[203, 207, 208] などがある．

物理量を定量的に知る必要がある場合には，渦糸芯半径の磁場や温度に対する依存性を正しく評価する必要があり，準古典グリーン関数と $\Delta(\boldsymbol{r})$ をセルフコンシステントに計算する必要がある．その方法で計算した局所電子状態密度 $N(E, \boldsymbol{r})$ の空間分布を，図 2.17 に示している．異方的超伝導におい

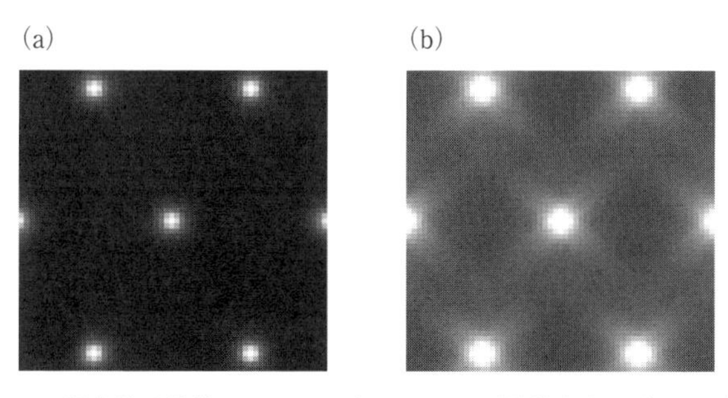

図 2.17　渦糸格子状態でのゼロエネルギー局所状態密度 $N(E=0, \boldsymbol{r})$ の空間分布．渦糸中心近くの明るい箇所で $N(E=0, \boldsymbol{r})$ が大きい．(a) 等方的 s 波超伝導の場合．(b) $d_{x^2-y^2}$ 波超伝導の場合．ギャップ関数のノード方向は渦中心から状態が伸びる方向である．

ては，渦糸電子状態が$|\phi(\boldsymbol{k}_\mathrm{F})|$のギャップ異方性を反映して，渦糸の外側へ放射状に広がった空間分布となるので，超伝導異方性を直接観測する手段の1つとなりうる．特に$E=0$の場合は，図2.17(b)のように，渦芯から放射状に伸びる方向が超伝導ギャップの最も小さい$\boldsymbol{k}_\mathrm{F}$の方向となる．実際に，$NbSe_2$[209, 210]や$YNi_2B_2C$[206]などにおけるSTM観測で，このような放射状に広がる渦糸像が観測されており，そのE依存性も含めて系の超伝導異方性との関係で理解されている．

なお，銅酸化物高温超伝導体の低ドープ域では，渦芯での局所状態密度の増大が抑制されていることが，STMによる局所電子状態[211]やNMRによる局所核磁気緩和率[212]の観測で得られている．これを説明するため，反強磁性などの秩序のゆらぎと競合して超伝導が起きている場合に，渦芯内の超伝導が抑制された領域で，これらの秩序が発達する可能性が指摘されている[213]．

2.8.2　低温比熱などの磁場依存性

渦糸周りの局所電子状態$N(E=0,\boldsymbol{r})$における超伝導異方性の効果は，磁場中の物理量の振舞にも大きく影響する．特に，ゼロエネルギーの$N(E=0,\boldsymbol{r})$を空間平均した状態密度$N(E=0)$は，低温での電子比熱$C=\gamma T$の係数γを与える．そこで，渦糸状態の$N(E=0)$の磁場依存性を図2.18(a)に示したが，超伝導対称性により低磁場での振舞が異なることがわかる．従来型s波超伝導の場合には図2.17(a)に示すように，$N(E=0,\boldsymbol{r})$は渦糸芯に局在するため，$N(E=0)$は渦糸の本数に比例する．渦糸の本数は磁場に比例するので，低磁場では$N(E=0)\propto H$の関係となる．

一方，異方的超伝導の例として$\mathrm{d}_{x^2-y^2}$波超伝導の場合は，図2.17(b)に示すように，$N(E=0,\boldsymbol{r})$は渦糸の外側に放射状に広がる．その広がりの長さは渦糸間隔（$\propto H^{-1/2}$）の程度なので，それに渦糸の本数（$\propto H$）を掛けて$N(E=0)\propto H\cdot H^{-1/2}=\sqrt{H}$の依存性となる．このノードがある場合の低磁場での$\sqrt{H}$依存性はボロビック（Volovik）効果[204]とよばれており，超伝導ギャップにおいて，磁場と垂直な運動量方向のフェルミ面にノードが存在することを知る1つの実験手段となっている[214]．渦糸電子状態から熱伝導[215]やフラックスフロー抵抗[216]への寄与の理論計算もされている．

また，$N(E=0)$ の磁場依存性からは，常磁性対破壊効果や多バンド超伝導などの寄与を知ることもできる．磁場による超伝導の抑制については，これまで見てきた軌道対破壊効果の他に，常磁性対破壊効果がある．常磁性対破壊効果はハミルトニアンにおけるゼーマンエネルギーに起因し，磁場によって上向きスピンと下向きスピンのフェルミ面が分裂するために起こる．スピン1重項のように，上向きスピンと下向きスピンでクーパー対を形成している場合，磁場が増加しゼーマン分裂のエネルギーが超伝導ギャップの程度となると，超伝導が消滅する．この常磁性対破壊が強い場合には，図2.18(a) において点線で示すように，低磁場では常磁性の効果は小さいが，高磁場になるにつれ超伝導抑制効果が顕著になって H_{c2} が低下し，その H_{c2} を目

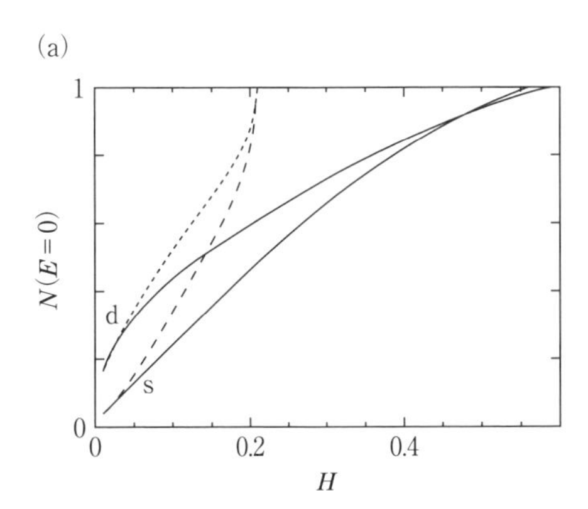

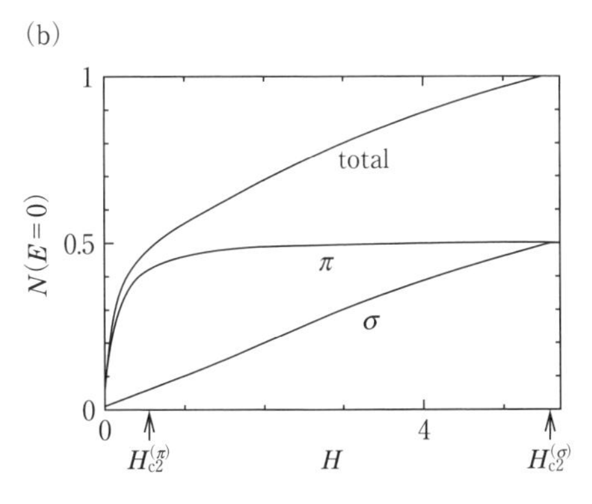

図 2.18 低温電子比熱に対応する状態密度 $N(E=0)$ の磁場依存性（実線）．(a) 超伝導対称性の s 波と $d_{x^2-y^2}$ 波の比較．常磁性対破壊効果が顕著な場合（破線）は高磁場で超伝導が抑制される．(b) 多バンド超伝導体 MgB_2 の面内方向に磁場をかけた場合のパラメーターで計算．$N(E=0)$ を超伝導ギャップの大きな σ バンドの寄与と小さな π バンドの寄与に分けたものも示している．π バンドの実効的な $H_{c2}^{(\pi)}$ を矢印で示している．

指して $N(E=0)$ が高磁場で急上昇する[207]．常磁性効果が非常に大きな場合には，この H_{c2} が1次転移となる．重い電子系など，このような振舞が見られ，常磁性効果の程度を知る目安になる．

2.6節で扱った多バンド超伝導の場合には，バンドごとの超伝導ギャップの大きさやフェルミ面形状により，フェルミ面ごとに実効的な上部臨界磁場 H_{c2} をもつ．実際はバンド間クーパー対トランスファーの寄与により，最も高い H_{c2} の磁場まで各バンドの超伝導秩序変数は消失しないが，図2.18(b)に示すように，ゼロエネルギー電子状態を見ると，各バンドの実効的 H_{c2} で超伝導ギャップのない常伝導的な電子状態となる．そのため，$N(E=0)$ において，H_{c2} の小さなバンドの寄与は低磁場で増加する．そのため，多バンド超伝導体では $N(E=0)$ は低磁場で急な上昇を示すことが特徴である[217]．

また，$d_{x^2-y^2}$ 波超伝導のように，フェルミ面上で4回対称な超伝導異方性を特定する場合には，磁場を ab 面内で回転させ，比熱や熱伝導率などの物理量の変化の様子から，フェルミ面上のノード位置の場所を特定することができる[218]．$d_{x^2-y^2}$ 波超伝導の場合，$N(E=0)$ に対応する低温比熱が磁場の面内回転で変化する割合は1%程度であるが，磁場がノード方向に向いた場合に比熱の値が極小となる．ただし，十分に低温・低磁場でない場合には，面内回転での比熱の極小方向が変わる場合もあるので注意が必要である．

参考文献

[1]　E. M. Lifshitz and L. P. Pitaevskii：“*Statistical Physics Part 2：Theory of the condensed state*”, Course of theoretical physics Vol. 9 (Butterworth - Heinemann, 1991).

[2]　P. G. de Gennes：“*Superconductivity of Metals and Alloys*” (Addison - Wesley, 1966).

[3]　G. Blatter and V. B. Geshkenbein：“*Superconductivity*”, Vol. 1, ed. by K. H. Bennemann and J. B. Ketterson (Springer - Verlag 2008).

[4]　A. L. Fetter and P. C. Hohenberg：“*Superconductivity*”, Vol. 2, ed. by R. D. Parks (Dekker 1969).

[5]　池田隆介 著：「超伝導転移の物理」（丸善出版，2012 年）.

[6]　M. Franz, I. Affleck and M. H. S. Amin：Phys. Rev. Lett. **79**（1997）1555.

[7]　D. S. Fisher：“*Phenomenology and Applications of High－Temperature Superconductors*”, ed. by K. S. Bedell, *et al.*（Addison－Wesley, 1992）.

[8]　Y. Hatakeyama and R. Ikeda：Phys. Rev. **B91**（2015）094504.

[9]　R. Ikeda：Phys. Rev. **B81**（2010）060510(R).

[10]　M. Ichioka, A. Hasegawa and K. Machida：Phys. Rev. **B59**（1999）8902 and references therein.

[11]　N. Hiasa and R. Ikeda：Phys. Rev. Lett. **101**（2008）027001.

[12]　A. Bianchi, *et al.*：Science **319**（2008）177.

[13]　A. Bianchi, *et al.*：Phys. Rev. Lett. **91**（2003）187004.

[14]　R. Ikeda, T. Ohmi and T. Tsuneto：J. Phys. Soc. Jpn. **61**（1992）254.

[15]　C. Caroli and K. Maki：Phys. Rev. **159**（1967）306.

[16]　E. Abrahams and T. Tsuneto：Phys. Rev. **152**（1966）416.

[17]　R. Ikeda：Physica **C201**（1992）386.

[18]　R. Ikeda：J. Phys. Soc. Jpn. **71**（2002）587.

[19]　Y. Nonomura and X. Hu：Phys. Rev. **B74**（2006）024504.

[20]　D. S. Fisher, M. P. A. Fisher and D. A. Huse：Phys. Rev. **B43**（1991）130.

[21]　M. A. Moore：Phys. Rev. **B45**（1992）7336.

[22]　R. Ikeda, T. Ohmi and T. Tsuneto：J. Phys. Soc. Jpn. **59**（1990）1397.

[23]　U. Welp, *et al.*：Phys. Rev. Lett. **67**（1991）3180.

[24]　A. I. Larkin and A. A. Varlamov：“*Superconductivity*”, Vol. 1, ed. by K. H. Bennemann and J. B. Ketterson（Springer－Verlag, 2008）.

[25]　Y. Yanase, *et al.*：Phys. Rep. **387**（2003）1.

[26]　R. Ikeda：J. Phys. Soc. Jpn. **72**（2003）2930.

[27]　池田隆介：固体物理 **33**（1998）510.

[28]　A. I. Larkin：JETP **31**（1970）784.

[29]　T. Giamarchi and P. le Doussal：Phys. Rev. **B52**（1995）1242.

[30]　R. Ikeda：J. Phys. Soc. Jpn. **66**（1997）1603.

[31]　D. R. Nelson：Phys. Rev. Lett. **60**（1988）1973；M. Feigel'man, V. B. Geshkenbein and V. Vinokur：JETP Lett. **52**（1990）546.

[32] R. Ikeda, T. Ohmi and T. Tsuneto：J. Phys. Soc. Jpn. **58** (1989) 1377.
[33] M. P. A. Fisher and D.H. Lee：Phys. Rev. **B39** (1989) 2756.
[34] Y. Nonomura and X. Hu：Phys. Rev. Lett. **86** (2001) 5140.
[35] R. Sasik and D. Stroud：Phys. Rev. Lett. **75** (1995) 2582.
[36] Z. Tesanovic：Phys. Rev. **B59** (1999) 6449.
[37] H. Shul, B. T. Matthias and L. R. Walker：Phys. Rev. Lett. **3** (1959) 552.
[38] V. A. Moskalenko：Fiz. Met. Metalloved. **8** (1959) 503 [Phys. Met. Metallogr. (USSR) **8** (1959) 25].
[39] K. Kuroki, H. Usui, S. Onari, R. Arita and H. Aoki：Phys. Rev. **B79** (2009) 224511.
[40] P. Miranović, K. Machida and V. Kogan：J. Phys. Soc. Jpn. **72** (2003) 221.
[41] T. Kita and M. Arai：Phys. Rev. **B70** (2004) 224522.
[42] Y. Nagai, N. Hayashi, N. Nakai, H. Nakamura, M. Okumura and M. Machida：New J. Phys. **10** (2008) 103026.
[43] M. E. Zhitomirsky and V.-H. Dao：Phys. Rev. **B69** (2004) 054508.
[44] M Sigrist and K. Ueda：Rev. Mod. Phys. **63** (1991) 239.
[45] J. Kondo：Prog. Theor. Phys. **29** (1963) 1.
[46] A. J. Leggett：Prog. Theor. Phys. **36** (1966) 901.
[47] E. Babaev：Phys. Rev. Lett. **89** (2002) 067001.
[48] J. Goryo, S. Soma and H. Matsukawa：Europhys. Lett. **80** (2007) 17002.
[49] Y. Tanaka：Phys. Rev. Lett. **88** (2001) 017002.
[50] T. Yanagisawa and I. Hase：J. Phys. Soc. Jpn. **82** (2013) 124704.
[51] A. Gurevich and V. Vinokur：Phys. Rev. Lett. **90** (2003) 047004.
[52] E. Babaev and M. Speight：Phys. Rev. **B72** (2005) 180502(R).
[53] V. Moshchalkov, M. Menghini, T. Nishio, Q. H. Chen, A. V. Silhanek, V. H. Dao, L. F. Chibotaru, N. D. Zhigadlo and J. Karpinski：Phys. Rev. Lett. **102** (2009) 117001.
[54] V. G. Kogan and J. Schmalian：Phys. Rev. **B83** (2011) 054515.
[55] Y. A. Izyumov and V. M. Laptev：Phase Transitions **20** (1990) 95.
[56] Y. Nambu：Phys. Rev. **117** (1960) 648.
[57] J. Goldstone：Nuovo Cimento **19** (1961) 154.

[58] P. W. Anderson：Phys. Rev. **112** (1958) 1900.

[59] S. G. Sharapov, V. P. Gusynin and H. Beck：Eur. Phys. J. **B30** (2002) 45.

[60] H. J. Choi, D. Roundy, H. Sun, M. L. Cohen and S. G. Louie：Nature **418** (2002) 758.

[61] G. Blumberg, A. Mialitsin, B. S. Dennis, M. V. Klein, N. D. Zhigadlo and J. Karpinski：Phys. Rev. Lett. **99** (2007) 227002.

[62] M. V. Klein：Phys. Rev. **B82** (2010) 014507.

[63] S.－Z. Lin：J. Phys.：Condens. Matter **26** (2014) 493202.

[64] T. Koyama：J. Phys. Soc. Jpn. **83** (2014) 074715.

[65] R. V. Carlson and A. M. Goldman：Phys. Rev. Lett. **34** (1975) 11.

[66] V. Stanev and Z. Tesanovic：Phys. Rev. **B81** (2010) 134522.

[67] Y. Tanaka and T. Yanagisawa：J. Phys. Soc. Jpn. **79** (2010) 114706.

[68] Y. Tanaka and T. Yanagisawa：Solid State Commun. **150** (2010) 1980.

[69] R. G. Dias and A. M. Marques：Supercond. Sci. Technol. **24** (2011) 085009.

[70] T. Yanagisawa, Y. Tanaka, I. Hase and K. Yamaji：J. Phys. Soc. Jpn. **81** (2012) 024712.

[71] X. Hu and Z, Wang：Phys. Rev. **B85** (2012) 064516.

[72] V. Stanev：Phys. Rev. **B85** (2012) 174520.

[73] S. Z. Lin and X. Hu：New J. Phys. **14** (2012) 063021.

[74] C. Platt, R. Thomale, C. Honerkamp, S. C. Zhang and W. Hanke：Phys. Rev. **B85** (2012) 180502(R).

[75] S. Maiti and A. V. Chubukov：Phys. Rev. **B87** (2013) 144511.

[76] B. J. Wilson and M. P. Das：J. Phys.：Condens. Matter **25** (2013) 425702.

[77] Y. Takahashi, Z. Huang and X. Hu：J. Phys. Soc. Jpn. **83** (2014) 034701.

[78] G. E. Volovik：“*The universe in a helium droplet*” (Oxford University Press, Oxford, 2003).

[79] Y. Tanaka, T. Yanagisawa, A. Crisan, P. M. Shirage, A. Iyo, K. Tokiwa, T. Nishio, A. Sundaresan and N. Terada：Physica **C471** (2011) 747.

[80] S. Z. Lin and X. Hu：Phys. Rev. Lett. **108** (2012) 177005.

[81] K. Kobayashi, M. Machida, Y. Ota and F. Nori：Phys. Rev. **B88** (2013) 224516.

［82］ T. Yanagisawa and Y. Tanaka：New J. Phys. **16** (2014) 123014.

［83］ S. Kashiwaya and Y. Tanaka：Rep. Prog. Phys. **63** (2000) 1641.

［84］ Y. Nagai, Y. Ota and M. Machida：J. Phys. Soc. Jpn. **81** (2012) 024710.

［85］ Y. Nagai, Y. Shinohara, Y. Futamura, Y. Ota and T. Sakurai：J. Phys. Soc. Jpn. **82** (2013) 094701.

［86］ M. Matsumoto and H. Shiba：J. Phys. Soc. Jan. **64** (1995) 1703.

［87］ Y. Nagai and N. Hayashi：Phys. Rev. **B79** (2009) 224508.

［88］ B. W. Roberts：J. Phys. Chem. Ref. Data **5** (1976) 581.

［89］ P. Morel and P. W. Anderson：Phys. Rev. **125** (1962) 1263.

［90］ P. M. Shirage, K. Kihou, K. Miyazawa, C.-H. Lee, H. Kito, H. Eisaki, T. Yanagisawa, Y. Tanaka and A. Iyo：Phys. Rev. Lett. **103** (2009) 257003.

［91］ T. Yanagisawa, K. Odagiri, I. Hase, K. Yamaji, P. M. Shirage, Y. Tanaka, A. Iyo and H. Eisaki：J. Phys. Soc. Jpn. **78** (2009) 094718.

［92］ W. L. McMillan：Phys. Rev. **167** (1968) 331.

［93］ P. B. Allen and R. C. Dynes：Phys. Rev. **B12** (1975) 905.

［94］ J. Nagamatsu, N. Nakagawa, T. Muranaka, Y. Zenitani and J. Akimitsu：Nature **410** (2001) 63.

［95］ S. Uchida："*High Temperature Superconductivity The Road to Higher Critical Temperature*" (Springer Japan, 2015).

［96］ C. Chaillout, J. P. Remeika, A. Santoro and M. Mareizo：Solid State Commun. **56** (1985) 829.

［97］ L. F. Mattheiss, E. M. Gyorgy, D. W. Johnson, Jr.：Phys. Rev. **B 37** (1988) 3745(R).

［98］ R. J. Cava, *et al.*：Nature **332** (1988) 814.

［99］ D. G. Hinks, *et al.*：Nature **333** (1988) 836.

［100］ A. W. Sleight, J. L. Gillson and P. E. Bierstedt：Solid State Commun. **17** (1975) 27.

［101］ C. Chaillout, *et al.*：Solid State Commun. **65** (1988) 1363.

［102］ L. F. Mattheiss and D. R. Hamann：Phys. Rev. **B28** (1983) 4227.

［103］ S. Uchida, K. Kitazawa and S. Tanaka：Phase Transitions **8** (1987) 95.

［104］ M. Shirai, N. Suzuki and K. Motizuki：J. Phys.：Condens. Matter. **2** (1990)

3553.

[105] P. W. Anderson：Phys. Rev. Lett. **34** (1975) 953.

[106] C. M. Varma：Phys. Rev. Lett. **61** (1988) 2713.

[107] W. A. Harrison：Phys. Rev. **B74** (2006) 245128.

[108] I. Hase and T. Yanagisawa：Phys. Rev. **B76** (2007) 174103.

[109] A. F. Hebard, *et al.*：Nature **350** (1991) 600.

[110] K. Tanigaki, *et al.*：Nature **352** (1991) 222.

[111] A. Y. Ganin, *et al.*：Nat. Mater. **7** (2008) 367.

[112] B. T. Matthias：Phys. Rev. **97** (1955) 74.

[113] L. F. Mattheiss：Phys. Rev. **B1** (1970) 373.

[114] B. M. Klein, L. L. Boyer, D. A. Papaconstantopoulos, L. F. Mattheiss：Phys. Rev. **B18** (1978) 6411.

[115] L. R. Testardi, J. H. Wernick and W. A. Royer：Solid State Commun. **15** (1974) 1.

[116] E. E. Havinga, H. Damsma and M. H. Van Maaren：J. Phys. Chem. Solids **31** (1970) 2653.

[117] A. Iyo, *et al.*：Sci. Rep. **5** (2015) 10089.

[118] J. Hubbard：Proc. Roy. Soc. **A276** (1963) 238.

[119] M. C. Gutzwiller：Phys. Rev. Lett. **10** (1963) 159.

[120] J. Kanamori：Prog. Theor. Phys. **30** (1963) 275.

[121] A. B. Harris and R. V. Lange：Phys. Rev. **157** (1967) 295.

[122] 芳田奎 著：「磁性 I，II」(朝倉書店，1972 年).

[123] 芳田奎 著：「磁性」(岩波書店，1991 年).

[124] 上田和夫，大貫惇睦 共著：「重い電子系の物理」(裳華房，1998 年).

[125] 山田耕作 著：「電子相関」(岩波書店，1993 年).

[126] 斯波弘行 著：「電子相関の物理」(岩波書店，2001 年).

[127] 近藤淳 著：「金属電子論」(裳華房，1983 年).

[128] J. Kondo：“*The Physics of Dilute Magnetic Alloys*” (Cambridge University Press, 2012).

[129] J. G. Bednorz and K. A. Müller：Z. Phys. **B64** (1986) 189.

[130] “*The Physics of Superconductors*”, Vol. I, Vol. II, ed. by K. H. Bennemann

and J. B. Ketterson (Springer - Verlag, 2003).

[131] "*Handbook of high-temperature superconductivity - theory and experiment*", ed. by J. R. Schrieffer and J. S. Brooks (Springer - Verlag, 2007).

[132] T. Ishiguro, K. Yamaji and G. Saito："*Organic Superconductors*" (Springer - Verlag, 2001).

[133] W. Kohn and J. M. Luttinger：Phys. Rev. Lett. **15** (1965) 524.

[134] J. Kondo：J. Phys. Soc. Jpn. **70** (2001) 808.

[135] R. Hlubina：J. Phys.：Condens. Matter **19** (2007) 125214.

[136] T. Yanagisawa：New J. Phys. **10** (2008) 023014.

[137] N. F. Berk and J. R. Schrieffer：Phys. Rev. Lett. **17** (1966) 433.

[138] K. Miyake, S. Schmitt-Rink and C. M. Varma：Phys. Rev. **B34** (1986) 6554 (R).

[139] D. J. Scalapino, E. Loh, Jr. and J. E. Hirsch：Phys. Rev. **B34** (1986) 8190(R).

[140] T. Moriya, T. Takahashi and K. Ueda：J. Phys. Soc. Jpn. **59** (1990) 2905.

[141] P. Monthoux, A. V. Balatsky and D. Pines：Phys. Rev. Lett. **67** (1991) 3448.

[142] N. E. Bickers, D. J. Scalapino and S. R. White：Phys. Rev. Lett. **62** (1989) 961.

[143] C. - H. Pao and N. E. Bickers：Phys. Rev. **B49** (1994) 1586.

[144] P. Monthoux and D. J. Scalapino：Phys. Rev. Lett. **72** (1994) 1874.

[145] H. Kontani and S. Onari：Phys. Rev. Lett. **104** (2010) 157001.

[146] J. M. Tranquada, B. J. Sternlieb, J. D. Axe, Y. Nakamura and S. Uchida：Nature **375** (1995) 561.

[147] J. M. Tranquada, J. D. Axe, N. Ichikawa, A. R. Moodenbaugh, Y. Nakamura and S. Uchida：Phys. Rev. Lett. **78** (1997) 338.

[148] M. Matsuda, *et al.*：Phys. Rev. **B62** (2000) 9148.

[149] Y. Ando, A. N. Lavrov, S. Komiya, K. Segawa and X. F. Sun：Phys. Rev. Lett. **87** (2001) 017001.

[150] T. Nakanishi, K. Yamaji and T. Yanagisawa：J. Phys. Soc. Jpn. **66** (1997) 294.

[151] K. Yamaji, T. Yanagisawa, K. Nakanishi and S. Koike：Physica **C304** (1998) 225.

[152] T. Yanagisawa, S. Koike and K. Yamaji：Phys. Rev. **B64** (2001) 184509.

[153] P. W. Anderson：Science **235** (1987) 1196.

[154] N. D. Mermin and H. Wagner：Phys. Rev. Lett. **17** (1966) 1133.

[155] S. Coleman：Commun. Math. Phys. **31** (1973) 259.

[156] K. Yamaji, T. Yanagisawa and S. Koike：Physica **B284** (2000) 415.

[157] T. Yanagisawa, M. Miyazaki and K. Yamaji：J. Phys. Soc. Jpn. **78** (2009) 013706.

[158] J. W. Loram, *et al.*：Phys. Rev. Lett. **71** (1993) 1740.

[159] Z. Hao, *et al.*：Phys. Rev. **B43** (1991) 2844.

[160] H. Yokoyama, M. Ogata and Y. Tanaka：J. Phys. Soc. Jpn. **75** (2006) 114706.

[161] T. Yanagisawa and M. Miyazaki：Europhys. Lett. **107** (2014) 27004.

[162] S. Zhang, J. Carlson and J. E. Gubernatis：Phys. Rev. **B55** (1997) 7464.

[163] T. Aimi and M. Imada：J. Phys. Soc. Jpn. **76** (2007) 113708.

[164] T. Yanagisawa：New J. Phys. **15** (2013) 033012.

[165] J. A. Riera and A. P. Young：Phys. Rev. **B39** (1989) 9697(R).

[166] J. M. Kosterlitz and D. Thouless：J. Phys. **C6** (1973) 1181.

[167] N. Goldenfeld："*Lectures on Phase Transitions and the Renormalization Group*" (Perseus Books, Massachusetts, 1992).

[168] T. Koma and H. Tasaki：Phys. Rev. Lett. **68** (1992) 3248.

[169] H. Yokoyama and M. Ogata：J. Phys. Soc. Jpn. **65** (1996) 3615.

[170] V. J. Emery：Phys. Rev. Lett. **58** (1987) 2794.

[171] S. Koikegami and K. Yamada：J. Phys. Soc. Jpn. **69** (2000) 768.

[172] F. C. Zhang and T. M. Rice：Phys. Rev. **B37** (1988) 3759(R).

[173] F. Steglich, *et al.*：Phys. Rev. Lett. **43** (1979) 1892.

[174] 最近は，ギャップ関数がゼロとなるノードが存在しない可能性を示唆する報告もなされている：S. Kittaka, *et al.*：Phys. Rev. Lett. **112** (2014) 067002. この対称性が比熱のデータを説明できるかどうかは明らかではない．

[175] G. R. Stewart, *et al.*：Phys. Rev. Lett. **52** (1984) 679.

[176] 藤秀樹 他：固体物理 **31** (1996) 763.

[177] H. R. Ott, *et al.*：Phys. Rev. Lett. **50** (1983) 1595.

[178] T. T. M. Palstra, *et al.*：Phys. Rev. Lett. **55** (1985) 2727.

[179] H. Amitsuka, *et al.*：Phys. Rev. Lett. **83** (1999) 5114.
[180] M. Hedo, *et al.*：J. Phys. Soc. Jpn. **67** (1998) 272.
[181] C. Geibel, *et al.*：Z. Phys. **B84** (1991) 1.
[182] M. Kyogaku, *et al.*：J. Phys. Soc. Jpn. **62** (1993) 4016.
[183] K. Ishida, *et al.*：Phys. Rev. Lett. **89** (2002) 037002.
[184] C. Petrovic, *et al.*：Europhys. Lett. **53** (2001) 354.
[185] K. Izawa, *et al.*：Phys. Rev. Lett. **87** (2001) 057002.
[186] H. Hegger, *et al.*：Phys. Rev. Lett. **84** (2000) 4986.
[187] R. Movshovich, *et al.*：Phys. Rev. **B53** (1996) 8241.
[188] S. S. Saxena, *et al.*：Nature **406** (2000) 587.
[189] D. Aoki, *et al.*：Nature **413** (2001) 613.
[190] Y. Maeno, *et al.*：Nature **372** (1994) 532.
[191] E. D. Bauer, *et al.*：Phys. Rev. **B65** (2002) 100506(R).
[192] K. Takada, *et al.*：Nature **422** (2003) 53.
[193] Y. Kamihara, *et al.*：J. Am. Chem. Soc. **130** (2008) 3296.
[194] H. Kito, H. Eisaki and A. Iyo：J. Phys. Soc. Jpn. **77** (2008) 063707.
[195] C. Caroli, P. G. de Gennes and J. Matricon：Phys. Lett. **9** (1964) 307.
[196] F. Gygi and M. Schlüter：Phys. Rev. **B43** (1991) 7609.
[197] N. Hayashi, *et al.*：Phys. Rev. Lett. **80** (1998) 2921.
[198] S. Kaneko, *et al.*：J. Phys. Soc. Jpn. **81** (2012) 063701.
[199] T. Hanaguri, *et al.*：Phys. Rev. **B85** (2012) 214505.
[200] M. Matsumoto and M. Sigrist：J. Phys. Soc. Jpn. **68** (1999) 724.
[201] D. A. Ivanov：Phys. Rev. Lett. **86** (2001) 268.
[202] 市岡優典，林伸彦，町田一成：日本物理学会誌 **53** (1998) 611.
[203] M. Ichioka, *et al.*：Phys. Rev. **B53** (1996) 15316.
[204] G. E. Volovik：JETP Lett. **58** (1993) 469.
[205] T. Dahm, *et al.*：Phys. Rev. **B66** (2002) 144515.
[206] Y. Nagai, *et al.*：Phys. Rev. **B76** (2007) 214514.
[207] M. Ichioka, *et al.*：“*Superconductivity – Theory and Applications*”, ed. by A. M. Luiz (InTech, Croatia, 2011), Chap. 10.
[208] K. Watanabe, *et al.*：Phys. Rev. **B71** (2005) 144515.

[209]　H. F. Hess, *et al.*：Phys. Rev. Lett. **62** (1989) 214；**64** (1990) 2711；Physica **B169** (1991) 422.

[210]　N. Hayashi, *et al.*：Phys. Rev. Lett. **77** (1996) 4074；Phys. Rev. **B56** (1997) 9052.

[211]　Ch. Renner, *et al.*：Phys. Rev. Lett. **80** (1998) 149.

[212]　K. Kakuyanagi, *et al.*：Phys. Rev. Lett. **90** (2003) 197003.

[213]　M. Takigawa, *et al.*：Phys. Rev. Lett. **90** (2003) 047001.

[214]　P. Miranovic, *et al.*：Phys. Rev. **B68** (2003) 052501.

[215]　H. Adachi, *et al.*：J. Phys. Soc. Jpn. **76** (2007) 064708.

[216]　M. Eschrig, *et al.*：Phys. Rev. **B60** (1999) 10447；E. Arahata and Y. Kato：J. Low Temp. Phys. **175** (2014) 346.

[217]　M. Ichioka, *et al.*：Phys. Rev. **B70** (2004) 144508.

[218]　T. Sakakibara, *et al.*：J. Phys. Soc. Jpn. **76** (2007) 051004.

第3章

第2種超伝導体の混合状態

3.1　酸化物高温超伝導体の渦糸状態

3.1.1　酸化物高温超伝導体の渦糸状態の特徴

酸化物高温超伝導体が1986年に発見されてから，その発現機構だけではなく高温超伝導に起因する特異な渦糸状態が注目されるようになり，第2種超伝導体の渦糸相図とその相転移が精力的に調べられるようになった[1-7]．高温超伝導体は ab 面内のコヒーレンス長が $\xi_{ab} \simeq 1 \sim 3$ nm，磁場侵入長が $\lambda_{ab} \simeq 100 \sim 200$ nm であるため，ギンツブルク - ランダウパラメーターが $\kappa = \lambda/\xi \simeq 100$ 程度の典型的な第2種超伝導体である[8, 9]．

また，超伝導性を担う CuO_2 面と電荷の供給層であるブロック層が c 軸方向に積層した層状の結晶構造をもつため，超伝導パラメーターも2次元的な異方性を示す．異方性パラメーターは有効質量を用いて $\gamma = (m_c/m_{ab})^{1/2} = \xi_{ab}/\xi_c = \lambda_c/\lambda_{ab}$ と表され，その値は物質の種類やキャリアドープ量に依存する．最適ドープの場合，$YBa_2Cu_3O_{7-\delta}$ で $\gamma \simeq 7$，$Bi_2Sr_2CaCu_2O_{8+\delta}$ で $\gamma \simeq 150$ 程度である．

このような2次元的な異方性，短いコヒーレンス長 ξ，高い臨界温度 T_c のために高温超伝導体の渦糸状態は熱ゆらぎの影響を強く受け，従来の第2種超伝導体で予測されていたアブリコソフ渦糸格子[10]とは異なる状態になる．超伝導秩序パラメーターに対する熱ゆらぎの強さは，ギンツブルク数 $Gi = (\mu_0 k_B T_c \gamma / 4\pi B_c^2 \xi_{ab}^3)^2/2$（つまり，熱エネルギーと凝縮エネルギーの比）で表すことができる．ここで，B_c は熱力学的臨界磁場である．ギンツブルク数は従来型超伝導体の Nb では $Gi \simeq 10^{-10}$ であるが，高温超伝導体である $YBa_2Cu_3O_{7-\delta}$ で $Gi \approx 10^{-2}$，$Bi_2Sr_2CaCu_2O_{8+\delta}$ で $Gi \simeq 1$ となり，T_c や γ

が大きく，ξ が短い方が熱ゆらぎの効果が顕著である．

高温超伝導体の渦糸状態を議論する場合，熱ゆらぎに加えて乱れの強さも重要になるが，その指標として臨界電流密度 J_c と対破壊電流密度 J_0 の比 J_c/J_0 を考える．J_c は，電流密度 J によって渦糸にはたらく駆動力 $|\boldsymbol{J} \times \boldsymbol{B}|$ がピン止め力 F_p を超えて運動を始める電流密度である．J_c の値は輸送電流法や磁化測定から実験的に求めることができ，体積的ピン止め力 $F_p = J_c B$ を反映した量である．高温超伝導体の単結晶では $J_c/J_0 \simeq 10^{-3} \sim 10^{-2}$ 程度であり，従来型超伝導体の値 $10^{-2} \sim 10^{-1}$ よりも小さい．高温超伝導体では，良質な単結晶の場合でも酸素欠損などのように無数の点欠陥が存在するため，現実の系で渦糸相図を議論する場合には，熱ゆらぎと同時にランダムに分布する点欠陥などの乱れの効果を考慮する必要がある[1-7]．

一般に，超伝導体中の渦糸は結晶中の乱れのポテンシャルと相互作用する1次元のひも状の自由度をもつが，2次元性が強い高温超伝導体の場合には CuO_2 面内でパンケーキ渦糸を形成する．渦糸間には斥力相互作用がはたらく他，電流からはローレンツ力，欠陥からはピン止め力が作用するなどその振舞は複雑な多体問題になる．

以下で示すように，高温超伝導体の渦糸状態は液体や固体などの多様な相を示し，それらの間で相転移を示す複雑物質と見なすことができる．このような渦糸の系は，原子や分子で構成された従来の物質と対比してボルテックスマター（vortex matter）とよばれることもあり，統計力学や相転移論の観点からも興味深い系である[3]．

3.1.2 $YBa_2Cu_3O_{7-\delta}$ の渦糸構造と相図

高温超伝導体の渦糸相図として，比較的3次元性が強い $YBa_2Cu_3O_{6.95}$（非双晶単結晶）における磁場（$H \mathbin{/\!/} c$ 軸）と温度の相図[11-15]を図3.1に示す．臨界温度が $T_c \simeq 92$ K と高い $YBa_2Cu_3O_{6.95}$ では，渦糸に対する熱ゆらぎが大きく，高温，高磁場で個々の渦糸が自由に動き回れる渦糸液体（vortex liquid）相[16-18]が現れる．平均場理論では，上部臨界磁場 $H_{c2}(T)$ は2次相転移であるが，強い熱ゆらぎの下では常伝導から渦糸液体へのクロスオーバーとなり，超伝導の長距離秩序が形成される相転移は $H_{c2}(T)$ より十分低温

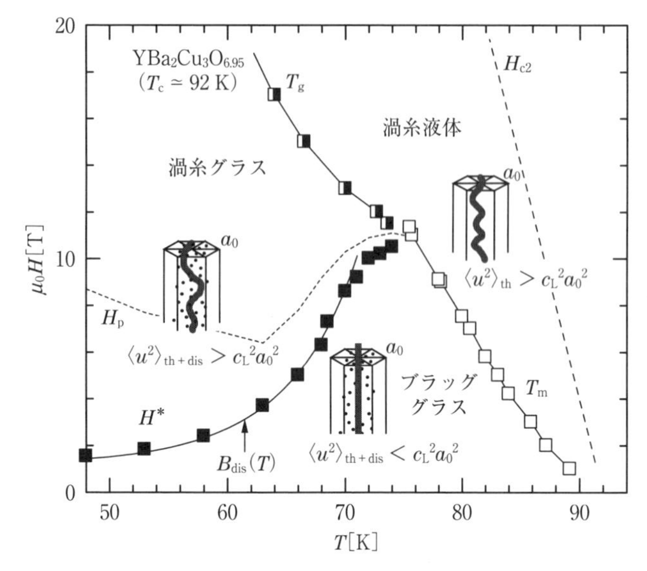

図 3.1　非双晶 $YBa_2Cu_3O_{6.95}$ の $H /\!/ c$ における渦糸相図．渦糸相は渦糸液体，ブラッググラス，渦糸グラスの 3 種類の異なる相に分かれる．$T_m(H)$ は渦糸格子融解線（1 次相転移），$T_g(H)$ は渦糸グラス転移線（2 次相転移），$H^*(T)$ は磁場誘起不規則転移線（1 次相転移）．各渦糸相の模式図は，熱ゆらぎとランダム点欠陥による渦糸の位置ゆらぎを表す．（西嵜照和，小林典男：日本物理学会誌 **55**（2000）782 より許可を得て転載）

にある渦糸液体と渦糸固体（vortex solid）との相境界で起こる．

（1）　渦糸格子融解転移

乱れが存在しない理想的な場合には，渦糸固体はアブリコソフ渦糸格子とよばれる三角格子を組むが，ランダムな点欠陥などの弱い乱れを含む現実の系では，準長距離並進秩序をもったブラッググラス（Bragg glass）相とよばれる渦糸固体が実現する[19-22]．ブラッググラス相は，（1）構造因子が代数的に発散するブラッグピークを示す，（2）渦糸ピン止めが有限であるという意味でグラス的である，（3）転位などのトポロジカルな欠陥を含まない，などの特徴をもつ．このブラッググラス相は，通常の固体の融解と同様に，温度の上昇と共に熱エネルギーによって渦糸が平衡位置からゆらいで渦糸液体相へ融解する 1 次相転移を示し，その相境界は渦糸格子融解相転移線 $T_m(H)$（または，$H_m(T)$）とよばれる[16-18]．

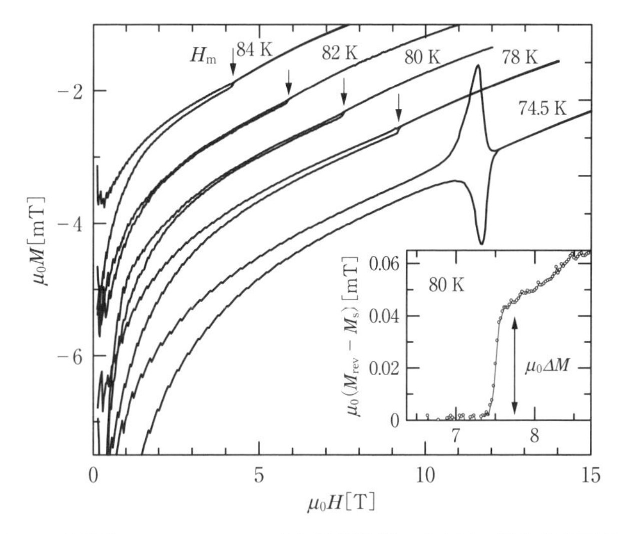

図 3.2 非双晶 $YBa_2Cu_3O_{6.95}$ の磁化曲線[14, 15]．挿入図：渦糸格子融解による平衡磁化（$M_{rev} = (M_{up} + M_{dw})/2$ の飛び．ここで，M_{up} と M_{dw} はそれぞれ増磁と減磁における磁化，M_s は低磁場側からの外挿値である．

図 3.2 に $H_m(T)$ を横切る磁化曲線を示す[12-15]．磁化 $M(H)$ は $H_m(T)$ 以上で可逆であるが，$H_m(T)$ 以下で非常に小さいヒステリシスを示す．挿入図に示すように，平衡磁化 M_{rev} は $\mu_0 H_m \simeq 7.5$ T において 1 次相転移による小さな飛び ($\mu_0 \Delta M \simeq 0.04$ mT) を示す．クラジウス - クラペイロンの関係式 $\Delta s \simeq -d\phi_0(\Delta M/H_m)(dH_m/dT)$ から，1 次相転移におけるエントロピー変化を求めると $\Delta s \simeq 0.59 k_B$/vortex/CuO_2 double layer となり，低磁場における磁化測定[23, 24]，比熱[25, 26]，計算機シミュレーションの結果[27-29]ともよく一致する．ここで，$d(\simeq 12$ Å) は CuO_2 面間の距離である．渦糸格子融解では $dH_m/dT > 0$，$\Delta s > 0$ より $\Delta B, \Delta M > 0$ となるため，渦糸格子は氷の場合と同様に融解すると収縮する．

渦糸格子融解転移では，磁化の飛びが起こる $T_m(H)$ において電気抵抗率も急峻な減少を示す（図 3.3）．本来熱力学量ではない電気抵抗率 ρ にも異常が現れるのは，準長距離並進秩序をもった渦糸格子が $T_m(H)$ で急激に形成されるため，ピン止めが弱い場合でもその効果が顕著になるためである．実際に，$H_m(T)$ 直下のブラッググラス相における臨界電流密度を磁化ヒス

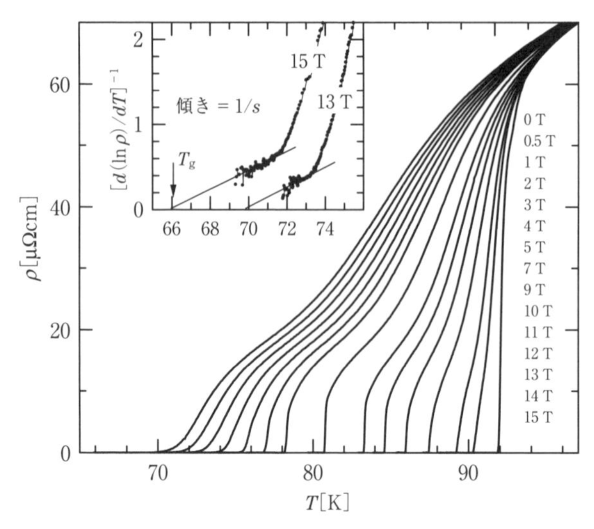

図 3.3　非双晶 $YBa_2Cu_3O_{6.95}$ の電気抵抗率の温度依存性．挿入図：渦糸グラス転移温度 T_g 付近のスケーリングプット，$[d(\ln\rho)/dT]^{-1}$ 対 T．（T. Nishizaki, N. Kobayashi: Supercoud. Sci. Technol. **13** (2000) 1 より許可を得て転載）

テリシス幅から見積もると，$J_c \simeq 10\ \mathrm{A/cm^2}$ 程度と小さく，$J \geq 10\ \mathrm{A/cm^2}$ という小さな輸送電流によって渦糸フローが容易に起こることがわかる．

（2）　渦糸グラス転移

渦糸格子融解1次相転移による磁化の飛びは低温，高磁場で消失し，2次相転移に移り変わる．$T_m(H)$ の高磁場側の終点を上部臨界点 H_{ucp}，低磁場側の終点を下部臨界点 H_{lcp} とよぶ．$YBa_2Cu_3O_{6.95}$ の上部臨界点は $\mu_0 H_{ucp} \simeq 11.4\ \mathrm{T}$ であり，この付近から高磁場側では磁化曲線にピーク効果が顕著になり，電気抵抗率 $\rho(T)$ も緩やかな転移に移り変わる．融解相転移が1次から2次へ移り変わるのは低温，高磁場では渦糸間の相互作用よりも乱れによるピン止め力の方が大きく，ランダムに分布する点欠陥によって渦糸が不規則な位置に凍結されるためである．このような渦糸状態を渦糸グラス相とよぶ[30]．詳細は3.2.1項で述べるが，渦糸液体相から渦糸グラス相への転移では，電気抵抗率は2次相転移のスケーリング理論 $\rho(T) \propto (T - T_g)^s$ に従って緩やかに減少する（図3.3）．ここで，臨界指数 s は7程度の値であり，$T_g(H)$ は渦糸グラス転移線である（図3.1）．

（3）　磁場誘起不規則転移

渦糸液体相から転移した渦糸固体相は，乱れの度合いによってブラッググラス相と渦糸グラス相の2種類に分けられる．低磁場側のブラッググラス相ではピン止め力が弱く準長距離並進秩序をもつが，磁場の増加と共に乱れの効果が強まりトポロジカルな欠陥の生成によって渦糸グラス相へ転移する．この転移を，磁場誘起不規則転移（または，秩序－無秩序転移）とよぶ．図3.4に示すように，磁場誘起不規則転移は磁化曲線が急激に増大する磁場 $H^*(T)$ として定義できるが，低温領域ではブロードなピーク効果のオンセット付近に小さな磁化異常が現れる[11-15]．$YBa_2Cu_3O_{6.95}$ では，磁場誘起不規則転移線 $H^*(T)$ が温度の上昇と共に高磁場側にシフトし，渦糸格子融解1次相転移線 $T_m(H)$ の上部臨界点と連続的につながる（図3.1）．磁場誘起不規則転移も1次相転移と考えられており，図3.4の挿入図に示すようにピン止め力を排除した平衡磁化に飛びが観測されている[14,15]．

上部臨界点近傍ではブラッググラス，渦糸グラス，渦糸液体の各相が隣接することから，これらの相が温度，磁場，乱れの強さなどの微妙なバランスに支配されていることを示している．磁場誘起不規則転移線はブラッググラス相の相境界の一部であり，リンデマン条件を用いた議論から見積もること

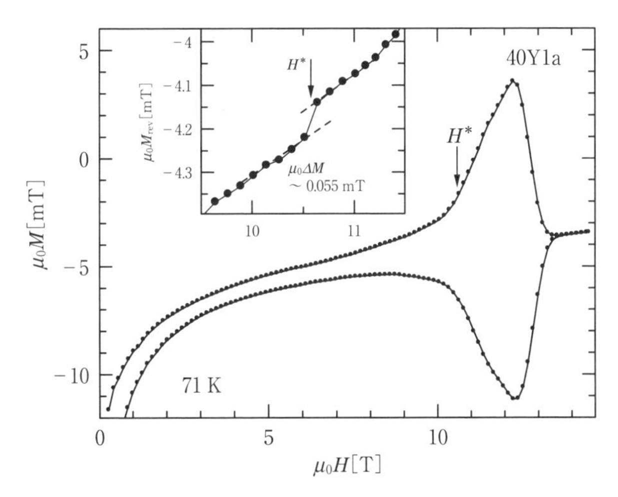

図3.4　非双晶 $YBa_2Cu_3O_{6.95}$ の71 Kにおける磁化曲線[14,15]．挿入図：H^* 近傍での平衡磁化．

ができる[19-21]．リンデマン則は通常の固体の融解に関する経験則であり，その場合と同様に，熱と乱れの両方による渦糸の振動振幅 $(\langle u^2 \rangle_{\mathrm{th+dis}})^{1/2}$ が渦糸間距離 a_0 の c_{L} 倍に達した時に，ブラッググラス相が不安定になる．つまり，ブラッググラス相は熱だけでなく乱れによるゆらぎによっても融解すると見なせる．リンデマン定数 c_{L} は通常 0.1 から 0.3 程度の値である．高温領域では，この条件は渦糸格子融解の条件と一致するため，磁場誘起不規則転移は渦糸格子融解転移の上部臨界点に連続的につながるブラッググラスの相境界となる．単一渦糸のデピニング（depinning）温度 $T_{\mathrm{dp}}^{\mathrm{s}}$ 以上で上部臨界点以下の温度領域では，磁場誘起不規則転移線は $B_{\mathrm{dis}}(T) \simeq B_{\mathrm{dis}}(0) \times (T_{\mathrm{dp}}^{\mathrm{s}}/T)^{10/3} \exp[(2c/3)(T/T_{\mathrm{dp}}^{\mathrm{s}})^3]$ と表される（c は 1 程度の定数）[21]．図 3.1 に示すように，$\mathrm{YBa_2Cu_3O_{6.95}}$ における適正なパラメーターである $T_{\mathrm{dp}}^{\mathrm{s}} = 37.8\,\mathrm{K}$，$B_{\mathrm{dis}}(0) = 0.93\,\mathrm{T}$ を用いると，実験的に求めた $H^*(T)$ が上式でよく記述できる[12,13]．

$B_{\mathrm{dis}}(T)$ が温度と共に増加するのは，デピニング曲線 $H_{\mathrm{dp}}(T) \simeq 8GiH_{c2}(0) \times (T/T_{\mathrm{c}})^2$ [1] の存在と関係している．$H_{\mathrm{dp}}(T)$ より高温側ではピン止め力が極端に弱められピン止め相関長が伸び，温度の増加と共にブラッググラス相は高磁場まで存在できるようになる．一方，熱ゆらぎの効果が無視できる低温領域（$T \ll T_{\mathrm{dp}}^{\mathrm{s}}$）では，$B_{\mathrm{dis}}(T)$ は温度に依存しない一定値 $B_{\mathrm{dis}}(0)$ をとる．

以上では，$\mathrm{YBa_2Cu_3O_{6.95}}$ の渦糸相図の特徴について述べたが，$\mathrm{YBa_2Cu_3O_{7-\delta}}$ では酸素量 $7-\delta$ を僅かに変えるだけでも渦糸相図が劇的に変化する（4.1 節参照）．このように，ブラッググラス，渦糸グラス，渦糸液体の相境界は乱れの量や異方性の変化に敏感であるため，異なる物質系における渦糸相図を系統的に理解することが重要である．

3.1.3　$\mathrm{Bi_2Sr_2CaCu_2O_{8+\delta}}$ 系の磁束状態と相図

（1）　電気抵抗の異常

1986 年，銅酸化物高温超伝導体が発見される以前においては，第 2 種超伝導体の磁場中での相図は単純であった．特徴的なことは，図 3.5 のように，まず，第 1 種超伝導体ではマイスナー効果のために外部磁場が超伝導体内部から完全に排除され，超伝導体内部では $B = 0$ の状態であり，第 2 種

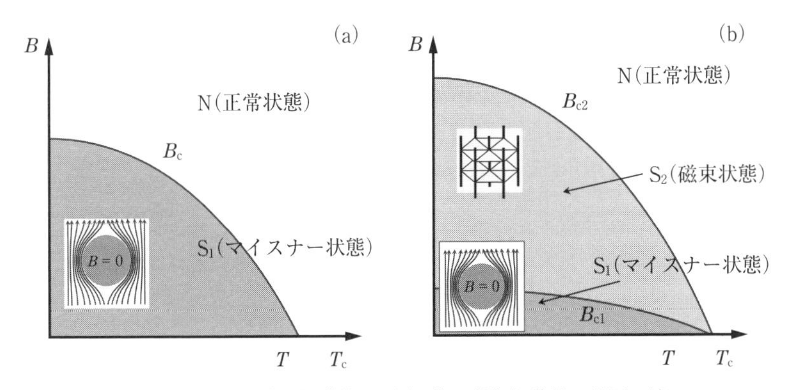

図 3.5　(a) 第 1 種超伝導体と (b) 第 2 種超伝導体の相図の違い

超伝導体では磁場と超伝導状態がエネルギー的に拮抗するので，互いに譲り合って両者が共存する領域，すなわち，超伝導体が磁場を内部に取り込んだ磁束状態（渦糸状態）を形成することにある．超伝導体内部で分割された磁場は，もはや外部から印加されているような均一な磁場として存在することは許されず，超伝導電流の渦を伴う磁束量子 Φ_0 を単位として量子化される[†1]．超伝導体内部に侵入すること，ピン止め力のない理想的な第 2 種超伝導体では磁束量子が三角格子を形成し，安定化すること，などが 1957 年，アブリコソフ（Abrikosov）によって始めて明らかにされた[31]．第 1 種超伝導体でも，超伝導体の表面部分の磁場侵入長 λ 程度の範囲には磁場が存在するので，ある種の超伝導体では局所的にコヒーレンス体積 $\simeq\xi^2$（磁束線の単位長さ当り）程度の空間で超伝導を破壊し，超伝導そのものが自ら不均一になることで磁場による超伝導の破壊エネルギーを最小限にとどめ，かつ表面から磁場を超伝導体内部深く取り込んでエネルギー的に安定化する場合が可能である．すなわち，磁場が超伝導体の表面から $\simeq\lambda$ 程度侵入するので，この分超伝導体は磁場のエネルギーを得する．一方，超伝導状態は磁場によって表面から $\simeq\xi$ 程度超伝導が抑制されるのでエネルギーの損失となる．両者の得失は単位体積当り $(\xi-\lambda)H_c^2/2$ の上昇，すなわち，損失となる．

†1　$\Phi_0 = 2.067833831 \times 10^{-15}$ Wb である．

もし，$\xi \gtrsim \lambda$ なら表面エネルギーは正であり，表面をできるだけなくしたほうが都合がよいことになる（第1種超伝導体）．一方，$\xi \lesssim \lambda$ なら表面を作れば作るほどエネルギーは下がるのでどんどん表面が作られていく（第2種超伝導体）．このことを，第1種超伝導体における中間状態の説明として最初に指摘したのはランダウ（Landau）であり[32, 33]，アブリコソフはこのランダウの表面エネルギーの考えを用いて，超伝導体内部をすべて表面に分割してしまう状態が存在しうることを微視的な理論（ギンツブルグ‐ランダウ理論）で解明し，これを第2種超伝導体とよんだのである†2．この発見により超伝導の応用展開が可能となったのである．

図3.5のように，第2種超伝導体は超伝導状態が磁場と共存する磁束状態と，そうでないマイスナー領域に2分割されている．正常状態と磁束状態の境界は上部臨界磁場 $B_{c2}(B, T)$ とよばれ，マイスナー効果のある領域と磁束状態を区別する境界は下部臨界磁場 $B_{c1}(B, T)$ とよばれている．下部臨界磁場とは，磁場が量子化された磁束線という形で超伝導体内部に侵入することのできる最初の磁場と理解されている．一方，上部臨界磁場は，磁場を増加するとき超伝導体内部の磁束線の数が磁場と共に増え，それ以上磁束線が侵入すると超伝導が破壊されてしまう，ぎりぎりの磁場の値という物理的な意味をもっている．

銅酸化物高温超伝導体は第2種超伝導体であり，磁束のピン止めのない理想的な場合，アブリコソフの渦糸三角格子状態が最も安定である†3．この状態はピン止めがない場合，超伝導体内を貫通し，自在に運動できるから損失が発生し，事実上，電気抵抗ゼロという際立った超伝導の特性が失われてし

---

†2　超伝導状態での渦状態の指摘は1957年のアブリコソフ[31]によるが，それ以前に超流動ヘリウムにおいて，1949年にオンサーガー（Onsagar）および，1955年にファインマン（Fynman）によってすでに指摘されていた．アブリコソフによれば，この問題はすでに1952年の段階で指摘していたが，師であるランダウはその結果を認めずに彼の机の引き出しの中に5年間も眠ったままの状態であったという．ランダウが超流動ヘリウムでの励起状態としてファインマンの渦を認めたことから，アブリコソフがランダウに超伝導渦としての磁束量子の仕事を詰め寄ったところ，その存在を認めたという逸話が残っている．

†3　アブリコソフが1957年に初めて磁束線格子を指摘した際には，三角格子ではなく正方格子であった．両者のエネルギー差は1.7%にすぎない．

まう．磁束状態の発生によって磁場が取り込まれ，それによって磁場による超伝導状態の破壊効果が緩和され，高磁場まで超伝導状態が維持されるという画期的な特性も，磁束線が超伝導体に固定されなければ電気抵抗ゼロの状態を維持できないので元も子もない．第2種超伝導体の重要性は，磁束線の運動を制御し，超伝導体に固定化することで高磁場中でも超伝導状態を安定に実現できる点にある．

したがって，高磁場での超伝導特性を理解することは，磁束線を超伝導体に固定化するピン止め力のなす多彩な技を理解することに他ならない．このピン止め力が実際の物質中でどのように発生して，それによって超伝導状態がアブリコソフの磁束線格子状態からどのように変化していくのかという問題は大変重要な問題で興味深いのであるが，このような話題は，むしろいかにして損失のない超伝導電流を磁場中で流すことができるかという材料研究として捉えられてきた．

高温超伝導体が発見され，その磁束状態のさまざまな特異な現象が発見されるにつれ，この問題は磁束状態固有の問題として超伝導の本質と切り離すことができない重要な問題であると認識され，超伝導研究における基礎物理学の一分野として確立されてきたのである．以降は，その最も重要な問題提起となった磁束線格子の融解と超伝導磁束状態について述べる．

(2) アブリコソフ格子の融解

高温超伝導体が発見された直後，磁場中の電気抵抗の測定から超伝導転移温度を決めようとすると，十分小さな電流で，かつ低磁場で測定しても電気抵抗は大きく広がって裾を引き，どこが真の転移点か決められないという異常現象が多く報告された．当初，試料の質が悪いため，超伝導転移温度にばらつきがあるためと考えられたが，やがて良質の単結晶が得られるようになってもなお改善が見られなかった．それでも，このような異常な転移点の広がりは超伝導転移点が従来の超伝導体より1桁も高いことや，従来の第2種超伝導体と比較し，単にピン止め効果が極端に小さいためであるとされ，従来の超伝導磁束状態の概念の延長線上で取り扱われていた[34-40]．

このような考え方に対して，恒藤（Tsuneto）は磁場中での電気抵抗の広がり現象の重要さをいち早く見抜き，超伝導相転移そのものが磁場によってぼやけたためであるとする，超伝導の熱ゆらぎの理論を新たに提唱した[41]．この理論は，高温超伝導体のような，極めてコヒーレンス長が短い超伝導に対する相転移の一般論から導かれる帰結であるから，普遍的に通用する内容であるため，弱いピン止め力を理由とする従来の延長線上にある考えとは本質的に異なったものであった．事実，実験的には，このような電気抵抗の広がり現象は，通常の超伝導体で予想される電気抵抗の原因となる磁束線のローレンツ力による運動が観測されないという，いわゆるローレンツ力によらない電気抵抗の起源の問題として取り上げられ，まず，$La_{2-x}Sr_xCuO_{4-\delta}$系の単結晶で[42]，続いて$YBa_2Cu_3O_{7-\delta}$系[39,43-46]や$Bi_2Sr_2CaCu_2O_{8+\delta}$系[40,47-49]でその存在が確認された．そして，この原因として，2次元性の強い従来の超伝導体や1次元超伝導体の細線などで議論されてきた，いわゆる超伝導のガウスゆらぎの範囲を超えた新しい超伝導ゆらぎの問題として理解できることが指摘され，大きな関心をよんだ[41,50-54]．この超伝導ゆらぎは巨大超伝導ゆらぎ（Giant Superconducting Fluctuations）ともよばれる．

このガウスゆらぎを超えた恒藤らの理論によれば，もはや，磁場中での上部臨界磁場$B_{c2}(B,T)$は従来の超伝導体のような2次の相転移としては存在せず，単なるクロスオーバーへと移行してしまう．超伝導秩序パラメーターの振幅は$B_{c2}(B,T)$領域で成長し，この領域でエントロピーのほとんどを費やし，ほぼ秩序状態に移行するが，秩序パラメーターの位相はほとんど影響を受けないのである．事実，特に異方性の強い$Bi_2Sr_2CaCu_2O_{8+\delta}$系では，広い温度領域でほとんど正常状態と同じ程度の電気抵抗が，磁束線のローレンツ力による運動とは異なる超伝導の位相ゆらぎのために発生しているのである[55,56]．このような状態は磁束液体状態とよばれ，超伝導磁束状態の多くの部分を占め，高温超伝導体の磁場中での際だった特徴である．

それでは，従来の第2種超伝導体の磁束状態とは何が違うのであろうか？高温超伝導体の磁束状態は真の超伝導状態ではないのだろうか？　従来の超伝導体でも，アブリコソフ格子状態はピン止めがなければどんなに小さな電流であってもローレンツ力を受ければ超伝導状態で動き，散逸を生じるので有限の電気抵抗が発生してしまい，ゼロ抵抗は失われてしまう[55,56]．そこでは超伝導状態も秩序は破壊され，もはや熱平衡状態の相としての範囲を逸脱してしまう．しかしながら，電流がゼロの極限，あるいは十分小さい場合はゼロ抵抗も実現し，超伝導相の存在が保証され，アブリコソフ格子状態が否定されるわけではない．ピン止め効果があれば，さらにこの状況は一変し，従来の超伝導体の磁束状態は十分意味のある秩序状態となるのである．高温超伝導体の場合，問題となるのはアブリコソフ格子自体が熱ゆらぎのために破壊され，超伝導体の $B_{c2}(B, T)$ に相当する磁場と温度で秩序を作ることができない状況が発生することである．電気抵抗のローレンツ力に依存しない転移点近傍での広がり問題の実験的な知見は，その本質を見抜いた恒藤らの的確な指摘と共に進展し，最終的に，これまでの第2種超伝導体の相図を根本から書きかえることになる．

それでは，高温超伝導体の場合，アブリコソフ格子状態は存在するのだろうか？　実験的には B_{c1} が観測されるから，ピン止め効果が十分小さいとすれば，その存在は全領域で液体化しなければ予想は十分可能であろう．それとも格子を形成せず，ずっとゆらぎのまま磁束液体状態で存在するのであろうか？　この点に対する最初の指摘は，シャラランボス（Charalambous）らによる $YBa_2Cu_3O_{7-\delta}$ の良質単結晶における $B /\!/ ab$ の電気抵抗 $\rho_c(B, T)$ の測定であった[57]．彼女らは抵抗の広がりの裾の部分に，$\rho_c(B, T)/\rho_c(B, T_c^+) \simeq 0.12$ 程度で急激に小さくなる折れ曲がり（キンク）を見出し，このキンクより高温側では電気抵抗が電流に対して線形であるが，低温側では非線形であると主張した．そして，その理由は，磁束線がこの温度より低温側で固体状態となったためにピン止め力がはたらくが，高温側では磁束液体状態であり，有効なピン止め力が消失するためである[58, 59]．

このような電気抵抗の異常現象は，$YBa_2Cu_3O_{7-\delta}$ 特有の双晶による磁束線のピン止め効果が原因であるという指摘はすでにあったが，磁束線の融解現象と結びつけた理解は初めてであった．ただ，残念なことに ρ_c の測定であるにも関わらず，磁場はそれと垂直な ab 面内に設定されているので，常にローレンツ力が作用する条件であり，かつピン止め効果を強く反映した抵抗が観測される条件であるので，ピン止め効果がこの温度を境に低温側で強くなる他の理由があってもそれを排除できない．

しかしながら，このような状況でもサファー（Safar）らは，SQUID によるピコボルトに達する高感度な微小抵抗測定法を用いて同様の測定を行い，双晶を除いた$YBa_2Cu_3O_{7-\delta}$で磁束線融解に伴う1次相転移を観測したと報告した[60]．磁束融解転移点は磁場の上昇と共に低温側へ移行し，磁場が約5～10 Tで1次転移は消失し，多重臨界点を経て2次相転移へ移行することを見出し[61]，さらに高磁場側ではガラス転移であることを指摘した[62]．

直接，ピン止め力が関与しない状態で超伝導ゆらぎの効果を観測し，超伝導ゆらぎがT_m前後で大きく変化すれば，磁束線が格子秩序を形成することによって，超伝導ゆらぎが抑制された結果であるというピン止め効果を排除したゆるぎない証拠が得られることになる．ピン止め効果を排除するためには，どうしても磁場$B /\!/ I /\!/ c$軸での測定が必要であるが，$YBa_2Cu_3O_{7-\delta}$において，リー（Li）らはこの実験を行い，電気抵抗の広がり領域の幅は結晶軸に対する磁場方向のみで決まり，ローレンツ力の有無に依存しないこと，電気抵抗にキンクのような異常が現れるのはローレンツ力がはたらく条件の場合であるため，ピニング効果の関与が否定できず，これを相転移と断定するには電気抵抗の測定だけでは決定的とはいえない[44]．シャランボスは先の論文でc軸方向の磁場中でも測定したが，異常はab面内のそれより明瞭ではなかったと記しており，それ以上追求していない[58]．

一方，単結晶$Bi_2Sr_2CaCu_2O_{8+\delta}$においては，この点についてさらに詳細な測定が行われた．$B /\!/ I /\!/ c$でも$B /\!/ c \perp I$でも，ローレンツ力の有無によらず，抵抗の広がりは磁場の結晶軸方向にのみ依存する結果は$YBa_2Cu_3O_{7-\delta}$と同様であるが，$YBa_2Cu_3O_{7-\delta}$の場合のようなキンクは抵抗の裾の部分を精密に測定してようやく発見されはしたが，相転移を主張するにはあまりにも頼りない結果であった[63, 64]．

（3） 微小コイル法による交流応答およびコルビノ法による電気抵抗

このような曖昧な結果は$Bi_2Sr_2CaCu_2O_{8+\delta}$系特有の表面ピニング効果（エッジピニング効果）が原因であることがフックス（Fuchs）らによって明らかにされ[40]，これを排除した実験が望まれていた．それが微小コイルによる交流応答およびコルビノ法による電気抵抗の測定である．

交流帯磁率の測定は，一般に，試料の超伝導転移点など，超伝導特性を簡便に測定する手段として多用されている．通常，この方法は一様な交流磁場の中に試料を置き，超伝導電流による遮蔽電流を誘導してその交流応答を測定する[†4]．特に，高温超伝導体 $Bi_2Sr_2CaCu_2O_{8+\delta}$ 系のようにエッジピニングが強い場合，ほとんどエッジピニングの効果のみが測定され，中心部分の磁束状態の情報はほとんど何も得られない．

このエッジピニング効果を排除する，交流帯磁率の場合，図 3.6 の挿入図 (a) のように，試料サイズより十分小さなコイルを試料の中心に置き，エッジの遮蔽電流の効果を極力排除すればよい[36]．電気抵抗の場合は，通常の短冊状の試料で 4 端子法を使い，巨大な試料のできるだけ中心部分に電極を集中させて，電極間距離を試料のエッジまでの距離より十分小さくすることで，エッジの効果を回避できることは前に述べたが，これを完全に回避する方法がある．それはコルビノ (Corbino) 法である．この方法を使えば，図 3.6 の挿入図 (b) に示したように，試料の中心部から端へ向けて電流が流れるので，エッジの効果が測定に関与しない測定ができる．ただし，注意することは，図 3.6 から容易にわかるように，試料を流れる電流密度が一定でないことである．

図 3.6 はエッジピニング効果を排除して測定された，単結晶 $Bi_2Sr_2CaCu_2O_{8+\delta}$ における微小コイルによる交流応答 $\mu = \mu' - i\mu''$ の測定[66-68] と，コルビノ法による電気抵抗の測定結果の一例である[69-71]．

まず，交流帯磁率は実部 μ' がゼロ磁場で鋭い反磁性遮蔽電流効果を示すが，わずか 1.0 mT 程度の弱い磁場で大きくその裾を引く形が見える．それに加えて，この領域では約 50 mT 程度まで μ' に鋭い落ち込みが見られ，同時に μ'' にもステップ上の飛びが観測される．これは遮蔽効果が突然減少した振舞であり，損失の増加に対応する．これは，それ以下の温度で磁束線にはたらくピン止め力が突然，強くなったことを意味しており，磁束線格子融解転移に相当すると考えられる．やがて，高磁場ではそれもだらけて幅広い転移に移行していく．

一方，コルビノ法で電気抵抗を測定すると，これまでの実験結果と大きく

†4 真のマイスナー効果はこの方法では測定できない．このため磁束状態の研究では，交流磁化率の測定結果はしばしば誤解を招きやすい．

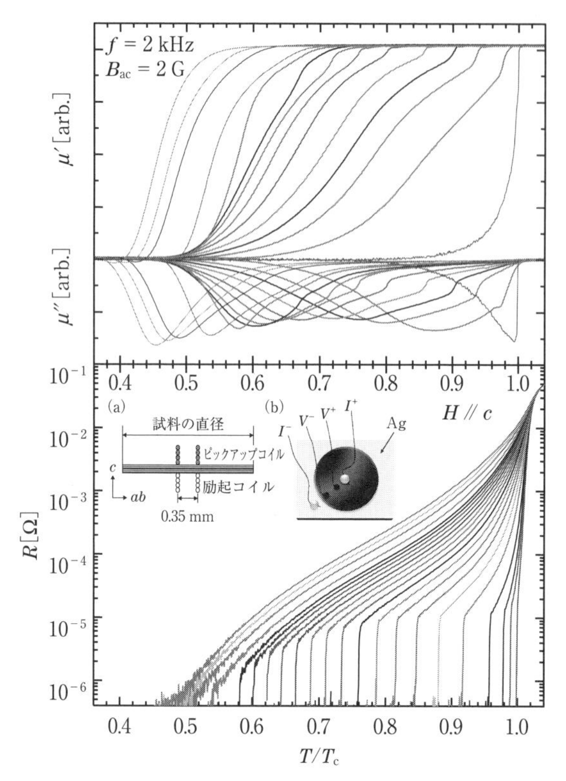

図 3.6 上図は，微小コイル法による磁場中における交流帯磁率 $\mu = \mu' - i\mu_i''$ の測定例．外部磁場は右より，0.0 T，0.18 mT，9.9 mT，14.6 mT，19.7 mT，29.6 mT，39.5 mT，49.0 mT，59.3 mT，79.0 mT，98.1 mT，196.7 mT，295.3 mT，492.7 mT，985.4 mT，1.97 T，2.96 T，4.93 T である．交流励起磁場は周波数 2 kHz で振幅 $\simeq 1 \times 10^{-4}$ T．下図はコルビノ法による ab 面内抵抗の測定例．磁場は右から，0.0 T，0.5 mT，1.0 mT，2.0 mT，4.0 mT，6.0 mT，8.0 mT，10 mT，12 mT，14 mT，16 mT，18 mT，20 mT，22 mT，24 mT，26 mT，28 mT，30 mT，32 mT，36 mT，40 mT，45 mT で，測定周波数は 37 Hz，電流は 10 mA．下図挿入図（a）は，交流帯磁率測定に用いられた微小コイルと試料の位置関係．直径が 50 μm の銅線を直径 0.35 mm の金属線に 20 回ほど巻き，コイルのみを抜きとり薄い試料（厚さ $\simeq$ 40 μm）の上下にアピエゾン N グリスで接着されている．試料を透過した励起コイルからの交流磁場をピックアップコイルで直接検出し，ロックインアンプで増幅する．下図挿入図（b）は，コルビノ法による電極の配置．試料は測定部分を円盤状に残してその他の部分に銀（Ag）を蒸着し，円盤の中心部分と半径方向にさらに 2 つ電極を銀ペーストでとる．(S. Hayama, J. Mirkovic, T. Yamamoto, I. Kakeya and K. Kadowaki: Physica **C412-414** (2004) 478 および R. A. Doyle, D. Liney, W. S. Seow, A. M. Campbell and K. Kadowaki: Phys. Rev. Lett. **75** (1995) 4520 より許可を得て転載)

異なる結果が得られる．図 3.6 下図に見られるように，磁場が約 40 mT 以下では磁束線格子融解現象に対応すると思われる鋭い電気抵抗の飛びが見事に観測される．この場合，ローレンツ力がはたらく場合であるが，コルビノ法を用いて c 軸方向の抵抗を測定しても同様に鋭い転移が観測されることから[70]，ピン止め力が効力を発しない状況でも電気抵抗に寄与する超伝導ゆらぎが急速に抑制されていることがわかる．

特徴的な点はまず第 1 に，電気抵抗 $R_{ab}(B,T)$ の温度依存性は，ゼロ磁場では非常に鋭い転移を示すが，$B \lesssim 400$ mT の低磁場領域を除いては，超伝導転移は磁場によって大きく広がって，連続的にゼロに落ちていくように見える．特に高磁場では一旦，ゼロ磁場の T_c 付近で大きく減少するが，次第に鋭さをなくし，徐々にゼロ抵抗[†5]に向かって小さくなっていく．磁場依存性を $1/T$ で横軸に，縦軸に $\log R_{ab}(B,T)$ をプロットすると負の傾きをもった直線でよく表すことができるから，アレニウス型（Arrhenius type）の活性化エネルギーによる抵抗であることを示している[36, 37]．

第 2 に，図 3.6 下図からわかるように，磁場が 2.5×10^{-4} T $\lesssim B \lesssim 3.6 \times 10^{-2}$ T の領域で電気抵抗の裾の部分，すなわち，$\rho_{ab}(B,T)/\rho_{ab}(B,T_c^+) \lesssim 6 \times 10^{-4}$ 程度より小さな抵抗領域に飛びのような異常がある．しかも，この異常は 2.5×10^{-4} T という小さな磁場から始まり，磁場と共に次第に飛びが明確になり，やがて飛びの大きさが徐々に小さくなりながら 3.6×10^{-2} T で消滅していく．この飛びは c 軸方向の電気抵抗にも同様に観測され，またこの磁場，温度領域は後に述べる磁化の飛び（異常）ともよく一致していて，超伝導磁束格子融解に伴う電気抵抗の異常であることがわかる．電気抵抗そのものは熱力学的な物理量ではないので相転移そのものを測定できないが，相転移に伴う他の物理量の異常を反映するので，超伝導体の場合，特に磁場中での超伝導転移温度や臨界磁場の測定にはよく利用されている．

この場合，超伝導磁束格子が秩序状態を作るために，秩序相では磁束線に

---

†5 温度を絶対零度に延長してみると，ある有限の温度 T_g に向って抵抗は限りなく小さくなっていくように見える．このような転移をガラス転移とよんでいる．ガラス転移は電流に対して抵抗が非線形であり，特殊なスケーリング則が成り立つことが知られている．

対するピン止め力が個別のピン止め力から集団的ピン止め力となるため一気に強くなり，したがって，弱い電流下では磁束線の集団を駆動できず，電気抵抗はゼロに突然変わると理解される．このピン止め力が極めて弱いものであることは，この現象をこのようなきれいな形で見るためには，特別にコルビノ法という試料の端の効果を排除した測定法を用いなければならないことからもわかる[70]．超伝導体の端は，磁場に対して特殊な状態であることはよく知られており，磁場の侵入を阻むためのエッジ（表面）電流が流れているし，また，第2種超伝導体では一度磁場が侵入すると，逃げ出しにくい状態が発生するヒステリシス現象を伴うのが普通である．この効果は試料の形状から発生する反磁場効果と相まって，例えば，平板上の試料に垂直に磁場を印加するとこの効果はさらに顕著に表れる．ピン止め効果がない理想的な試料であってもこの効果から逃れることはできないので，この効果を排除する測定法をとらねばならないのである[72]．

通常の超伝導体では，このような端の効果が顕著に表れる試料は相当順良な単結晶である．このような効果は通常のわずかなバルクのピン止め力によって隠されてしまうので，多くの場合は無視されるが，高温超伝導体，特に$Bi_2Sr_2CaCu_2O_{8+\delta}$の場合，このような端の効果や，さらには磁束線1本1本の挙動を精密に制御し，その効果を観測することが可能となるほどの順良な単結晶が得られていることは，注目に値する[73]．

（4） $Bi_2Sr_2CaCu_2O_{8+\delta}$の磁化の異常

磁束線格子融解転移のより直接的な実験は，熱力学的な物理量を測定することである．最もよく用いられる手法は比熱であるが，$Bi_2Sr_2CaCu_2O_{8+\delta}$の場合，多くの試みはあるものの磁束線格子融解に伴う比熱の異常はこれまで観測されていない†6．

これに代わってゼルドフ（Zeldov）らは，熱力学的物理量である超伝導体の磁化$M(H_a, T)$†7を，マイクロホールプローブアレイをバルク超伝導体

†6　その理由は，転移が起こる磁場$B_m \lesssim 0.045$ Tにおいて，磁束線の数が少なすぎ，実験の限界を超えているためと思われる．これに対し，$YBa_2Cu_3O_{7-\delta}$においては$B_m \simeq 1 \sim 10$ Tとなり，磁場中では比熱で磁束線格子融解に伴う鋭い1次転移が観測されている[74-78]．

†7　H_aは外部から印加されている磁場を表す．

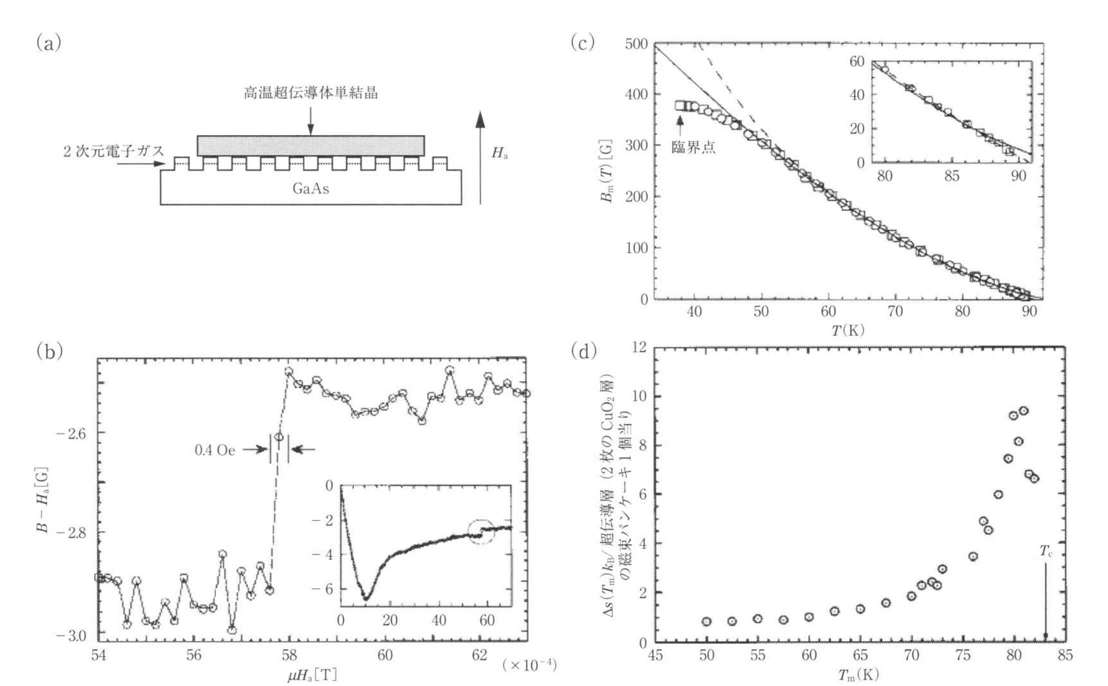

図 3.7 (a) GaAs/AlGaAs ヘテロ構造上に形成された，厚さ約 1000 Å の 2 次元電子ガスを利用した微小ホールセンサーのアレイと，その表面上に置かれた高温超伝導体 $Bi_2Sr_2CaCu_2O_{8+\delta}$ の単結晶．ホールセンサーは 10 個，1 次元的に配列しており，その間隔は 10 μm で，動作領域は約 3 μm × 3 μm である．外部磁場 H_a は単結晶（幅 0.3 mm，長さ 0.7 mm，厚さ 0.1 mm）の *ab* 面に垂直に印加されている．(b) 局所磁化 $M = B - H_a$ の値が，$\mu H_a = 5.8 \times 10^{-3}$ T で約 0.4×10^{-4} T の鋭い飛びを示している（温度は 80 K）．挿入図は磁化 $M(H_a)$ の全体像．(c) 磁束線格子の融解曲線．挿入図は $T_c = 90$ K 近傍を拡大して示す．(d) パンケーキ磁束 1 個当りの磁束線格子融解に伴うエントロピーの飛び (Δs) の温度依存性．(E. Zeldov, D. Majer, M. Konczykowski, V. B. Geshkenbein, V. M. Vinokur and H. Shtrikman: Nature **375** (1995) 373 および K. Kadowaki and K. Kimura: Phys. Rev. **B57** (1998) 11674 より許可を得て転載)

単結晶 $Bi_2Sr_2CaCu_2O_{8+\delta}$ の ab 面に張りつけ，局所的な磁束密度の変化 ΔB を測定することで，見事に磁束線格子融解現象を検出した[79]．図 3.7(a)～3.7(c) にその結果を示す．ゼルドフらによって行われた実験では，GaAs/AlGaAs ヘテロ構造の表面上に形成された，2次元電子ガス系を微細加工して作製された微小ホールセンサーアレイが使われた．これを図 3.7(a) に示す．彼らの実験で得られた磁束線格子融解に伴う磁化の飛びを図 3.7(b) に，磁束融解曲線 $B_{\mathrm{m}}(H_{\mathrm{a}}, T)$ を図 3.7(c) に示す．

図 3.7(b) で見られるように，局所磁化は幅が 4×10^{-5} T 程度の鋭い飛びを示し，磁束液体状態から磁束固体状態に転移する際，磁束線の密度が増えることを明確に示している．これは熱力学的にも明らかである．この図からわかるように，$YBa_2Cu_3O_{7-\delta}$ の場合とは異なり，磁束線格子融解線 B_{m} は温度，磁場に関してほとんどヒステリシスがない†8．また，$B_{\mathrm{m}}(T)$ の温度・磁場依存性は，リンデマンの評価（Lindemann criterion）を用いた熱振動による磁束線格子の融解†9と，磁束線が CuO_2 面間で途切れ，パンケーキ磁束へと変化するデカップリング（decoupling）機構†10が議論され，大局的にはどちらでも大きな違いがなく説明ができることが示された．図 3.7(c) で，実線は磁束線格子融解モデルであり，点線はデカップリング転移を表す．T_{c} 付近は，デカップリングモデルの方が実験値とよく合うことが指摘されている[80]．

磁束格子融解線は低温では急にフラットになり，1次転移の特徴である磁化の飛び ΔM が消滅して，連続的な2次転移である不可逆線 B_{irr} に移行すると同時に，低磁場の磁束線格子状態が磁場 B_{2D} においてコレクティブピニングによってデカップリング転移し，ランダムに ab 面内で格子が崩れた2次元パンケーキ状態へと移行する3重点（triple point）を形成する[79,80]．

図 3.8 は，このデカップリング転移を模式的に示したものである．これは

---

†8　$YBa_2Cu_3O_{7-\delta}$ の場合，単結晶であっても双晶があるので，これを完全に除いて測定すればヒステリシスは大きく減少すると思われる．

†9　この場合，$B_{\mathrm{m}}(T) \propto (1 - T/T_{\mathrm{c}})^{\alpha}$ で，$\alpha = 0.55$，$T_{\mathrm{c}} = 94.2$ K が最適値となる．ただし，T_{c} より低温側では一致がよくない．

†10　$B_{\mathrm{D}}(T) \propto (T_{\mathrm{c}} - T)/T$ の最適値は $T_{\mathrm{c}} = 90.9$ K であり，T_{c} 付近は B_{m} より実験値に近い．

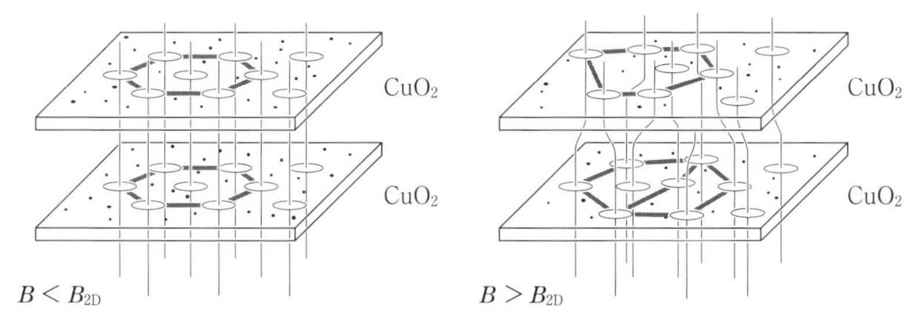

図 3.8 磁場を増加する時，磁束線格子状態（$B < B_{2D}$）からコレクティブピニングが原因となり起こる，2次元デカップリング転移（$B > B_{2D}$）後の様子を模式的に示す．CuO_2 面内の小さな点は点欠陥であり，弱いピン止め効果を発現する．その数は磁束線の数より圧倒的に多い．（門脇和男：応用物理 **63**（1994）354 より許可を得て転載）

磁束線格子状態を形成するエネルギーとランダムなピン止め効果に，個々の磁束線パンケーキが捕らえられるエネルギーとが拮抗し，磁場の高い領域ではコレクティブピニングによるピン止めのエネルギーが勝るために起こると考えられる．事実，磁束線格子のエネルギーは格子の剪断力，すなわち，スティッフネス定数 C_{66} に比例し，$C_{66} \propto (1-b)^2$ で変化するのに対し，個々のピン止め力は $b(1-b)$ に比例することから，$b \to 1$ では必ず個別ピン止め力が勝る磁場の領域が存在する．ここで $b = B/B_{c2}$ である．

この転移は，通常の純良単結晶超伝導体における B_{c2} 近傍でよく見られるピーク効果の原因と基本的に同じであるが[81]，$Bi_2Sr_2CaCu_2O_{8+\delta}$ の場合，$B > B_{2D}$ では，磁束線はランダムなピン止め力により，アブリコソフ格子状態からランダムに乱れたパンケーキ磁束に再配列すると同時に CuO_2 面間の結合も分断され，2次元的に分断されたパンケーキ磁束の固体状態となる．この状態をパンケーキ磁束の渦糸グラス（Vortex Glass）状態とよんでいて，$B_{2D} \simeq \phi_0/(d\gamma)^2$ である[82]．ここで，d は CuO_2 面間の距離で，γ は異方性パラメーターである．この渦糸グラス状態は温度や磁場によって不可逆であり，磁化はヒステリシスを示すが，温度上昇によって不可逆磁場 B_{irr} を経てピン止め効果が有効でない磁束液体状態へと連続的に移行する[62, 82]．

1次相転移におけるクラウジウス－クラペイロン（Clausius－Clapeyron）の関係から，エントロピーの飛び ΔS は一般に

$$\Delta S = -\frac{\Delta B}{4\pi}\frac{dH_\mathrm{m}}{dT}$$

が成り立つ．これより $L = T_\mathrm{m}\Delta S$ から融解の潜熱が得られる．実験より ΔB, dH_m/dT は直接求まるから，パンケーキ1個当りCuO$_2$層1層当りのエントロピー変化は $\Delta s = \Delta Sd/(B_\mathrm{m}/\phi_0)$ で求まる．ただし，$d \simeq 15$ Å は CuO$_2$ の層間距離である．

図 3.7 (d) は，門脇と木村が SQUID 磁束計を用いることで単結晶 $Bi_2Sr_2CaCu_2O_{8+\delta}$ の磁化を直接測定して，パンケーキ1個当りのエントロピー変化 Δs を求めた結果である[80]．この結果から，Δs は低温で $\Delta s \simeq 0.6 \sim 0.7k_\mathrm{B}$ であり，温度と共に急激に増え，80 K 付近で $\Delta s \simeq 9k_\mathrm{B}$ にも達する鋭いピークを示し，やがて $T_\mathrm{c} = 83$ K に向かって急速に減少していく様子がわかる．この結果は，ゼルドフらが発表した Δs とは絶対値が大きく異なること，温度依存性も高温で急速に増大するという点では大ざっぱには一致しているが，かなり高温側で異なっていること，など，初期の実験結果は問題が多かった．後にそれを改善したモロゾフらの結果が出されるが[68]，これは定量的にも門脇－木村の結果とよい一致を示している†11．

Δs の値は他の銅酸化物高温超伝導体である $YBa_2Cu_3O_{7-\delta}$[74-77, 83, 84] でも $La_{1.85}Sr_{0.15}CuO_{4-\delta}$[85] でも，温度にほとんど依存しない $\Delta s \approx 0.5k_\mathrm{B}$ の値が実験的に得られていることは興味深い．この比較において，$Bi_2Sr_2CaCu_3O_{8+\delta}$ における Δs の T_c 付近の鋭いピーク現象は特異であり，B_m が単なる磁束格子融解現象ではないことを強く示唆している．この点について，さまざまな原因が検討されているがこれ以上は立ち入らない．理論的には磁束線格子融解の存在の指摘をはじめ多くの研究があるが[86-89]，融解相転移に伴うエントロピー変化についてはパンケーキ磁束1個当り $\Delta s \approx 0.5k_\mathrm{B}$ との結果が得られている[90, 91]．

（5）　他の観測手段で見た磁束線融解現象

超伝導磁化 ΔM の測定は熱力学的な測定であるから，相転移の存在につ

---

†11　ただし，モロゾフらの結果では T_c に向かって発散的に Δs が増大しているが，門脇－木村の結果は T_c に向かって急速に小さくなって，T_c 直下で鋭いピークをとっている点が異なる．

いて知ることができるが，マクロな測定であるため，例えば磁束線格子構造がどのようなものであるかに関する微視的な情報は得られない．電気抵抗や磁気帯磁率の測定も，直接的には微視的情報を与えてはくれない．

（a） **デコレーション法**

この方法は，強磁性体の微粉末を超伝導体の磁束状態にゆっくりとふりかけることによって，試料表面上の磁束線が貫通している部分は強い磁場勾配のため，強磁性体微粉末が堆積する．これを取り出して顕微鏡で観察すると，磁束線がどのように試料表面を貫通しているかに関する情報が得られる．ちょうど，カメラでスナップ写真を撮るようなものである．シャッタースピードは露光時間に相当するが，通常，数秒から数十秒間堆積させるので，その間に磁束線が移動すると像がぼやけてしまう．磁束線の静的な配列状態を観察するには，装置が簡単で短時間に実験できるというメリットがある．

図 3.9(a) はマレー（Murray）らによって行われた単結晶 $Bi_2Sr_2CaCu_2O_{8+\delta}$ に関するデコレーションの実験結果である[92]．図 3.9(b) はボーレ（Bolle）らによって行われた同様の実験であるが[93]，磁場を c 軸方向から 70° だけ傾けて行った結果である．この傾斜磁場下での説明は後述するが，c 軸方向に磁場を印加した際，このように磁束線格子が観測され，乱れてはいるが 6 回対称軸をもったヘキサティック秩序（hexatic order）が明瞭に得られている[94-97]．しかし，通常の超伝導体で見られる長距離の並進対称性の秩序は，温度が $T_c = 88.5\,\mathrm{K}$ より十分下であるにもかかわらず見られない．これはこの系の磁束状態が熱ゆらぎのみならず，強い 2 次元性からくる量子ゆらぎ

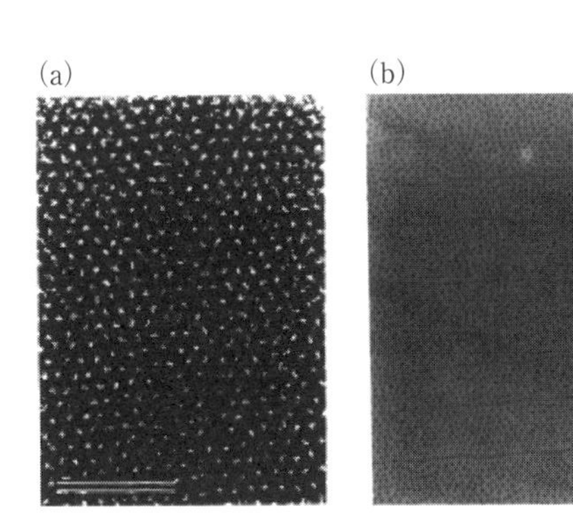

図 3.9 単結晶 $Bi_2Sr_2CaCu_2O_{8+\delta}$ のデコレーションイメージ．(a) 温度 $T = 4.2\,\mathrm{K}$，磁場 0.02 T 中で，写真左下はスケールバーで長さ 10 μm．(b) $T = 4.2\,\mathrm{K}$，$B = 0.035\,\mathrm{T}$ を c 軸方向から 70° 傾けた場合．

が大変強いことを示唆している．特に，ヘリウム温度から高温になると急速に観測が難しくなり，磁束線格子融解現象が期待できる温度領域では磁束線の明瞭なイメージは得られない．測定する温度領域が同様の実験結果は $YBa_2Cu_3O_{7-\delta}$ 系でも観測されている[98]．

(b) 中性子小角散乱（SANS）

磁束線構造の詳細を知るには，微視的観測手段がどうしても必要である．この意味で，中性子小角散乱やミューオン回転の実験は，磁束線の静的構造のみならず動的構造も含めて知る上で極めて強力な実験手段である．

キュビット（Cubitt）らは大型の純良単結晶を用いて $Bi_2Sr_2CaCu_2O_{8+\delta}$ 系の中性子小角散乱実験を磁場中で行い，磁束線格子からの散乱がアブリコソフの三角格子であることを初めて観測した[99]．その上，2次元性が強い系で

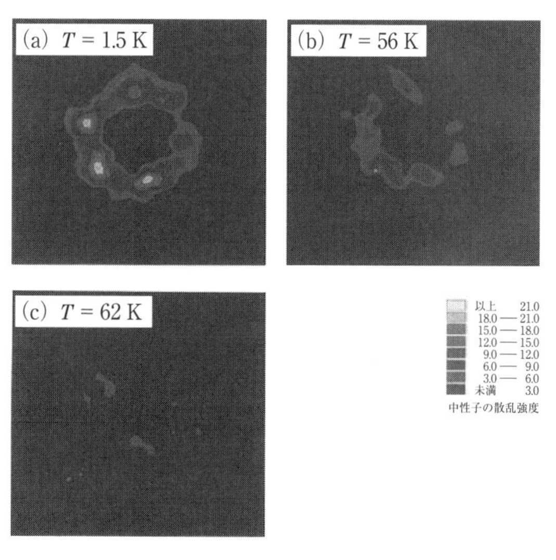

図 3.10　磁場 47.5 mT 中における中性子小角散乱による，磁束線の格子構造とその温度依存性．(a) $T = 1.5$ K で得られた六角形のパターンは，アブリコソフ格子ができていることを強く示唆する．(b) $T = 56$ K ではアブリコソフ格子像（六角形をなすスポット）が観測されず，ほとんどリングパターン（磁束線が真直で単に格子構造ができない状態ではリング状の散乱パターンが期待される）も見られない．(c) $T = 62$ K ではさらに (b) の状態が進行し，ほとんど何も見えない．(R. Cubitt, E. M. Forgan, G. Yang, S. L. Lee, D. Mck, H. A. Mook, M. Yethiraj, P. H. Kes, T. W. Li, A. A. Menovsky, Z. Tarnarski and K. Mortensen: Nature **365** (1993) 407 より許可を得て転載)

は，理論的に磁束線格子の融解が予想されてはいたが，実験的にその兆候をはっきり捕らえることができた．彼らは長さ約 10 mm，幅約 8 mm，厚さ約 0.3 mm もある矩形で大型の，極めて品質の高い単結晶 $Bi_2Sr_2CaCu_2O_{8+\delta}$ を用いて，c 軸方向の磁場中で磁束線が作るアブリコソフ格子によるブラッグ (Bragg) 反射像を初めて観測したのである．その反射像は図 3.10 に示す．

中性子線は試料全体に照射されているので，この六角形のパターンが観測されるということは，磁束線格子が結晶全体にわたってアブリコソフ格子の長距離秩序が形成されていることに他ならない．ブラッグスポットの線幅が装置の分解能より広いことは明らかであるが，この広がりは格子の乱れを意味しており，Nb 単結晶などの磁束線格子からの反射と比較すれば一目瞭然である[100]．しかし，ここで重要なことは，キュビットらはこのアブリコソフの磁束線格子構造を反映した六角形の回折パターンが，磁場中では T_c よ

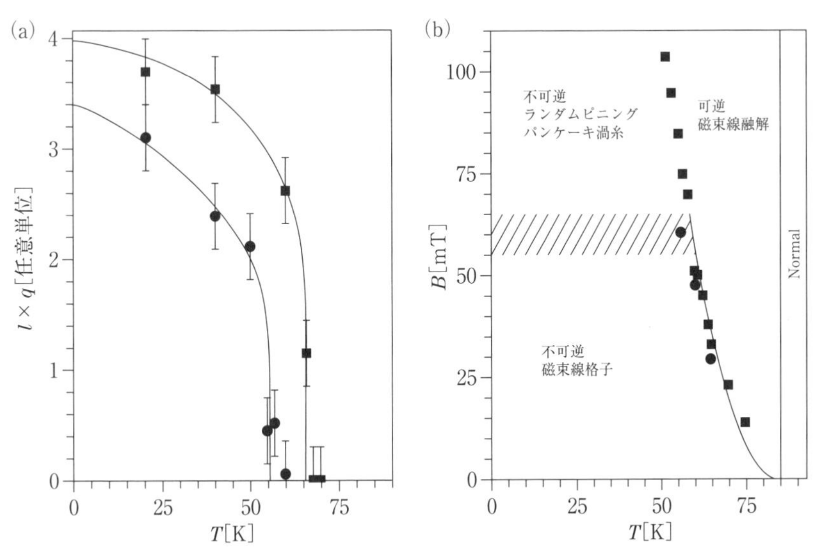

図 3.11 (a) 磁場中で測定されたブラッグ散乱スポットの散乱強度の温度依存性．記号 (■) は 30 mT および (●) は 60 mT を表す．(b) 中性子小角散乱による磁束線の格子構造が消滅する磁場 B_m の温度依存性 (B - T 相図)．実線は理論式を表す．パラメーターは $\gamma = 140$，$\lambda_{ab} = 1{,}800$，$c_L = 0.2$，$T_c = 84$ K，$n = 3.3$ が用いられた[101]．(R. Cubitt, E. M. Forgan, G. Yang, S. L. Lee, D. Mck. Paul, H. A. Mook, M. Yethiraj, P. H. Kes, T. W. Li, A. A. Menovsky, Z. Tanawski and K. Mortensen: Nature **365** (1993) 407 より許可を得て転載)

りずっと低温側で急速に消滅することを見出し，磁束線格子が消滅したことを突き止めたことである（図3.11(a)）．そして，この実験結果を磁束線格子が T_c よりはるかに低い温度で融解する現象と解釈した（図3.11(b)）．これは理論的な予測ともよく一致する．

ブラッター（Blatter）らは，これまでの多くの磁束線格子融解現象の解析に用いられてきた磁束線格子の弾性理論に，CuO_2 面間のジョセフソン結合の強さとパンケーキ磁束から得られる電磁場エネルギーによる結合エネルギーを取り入れ，拡張した理論を与えた[102]．その結果，

$$B_m(T_m) \propto \left(1 - \frac{T}{T_c}\right)^{\alpha} \tag{3.1}$$

を得た．ここで $\alpha = 1.5$ である．一方，パンケーキ磁束のデカップリングを考慮すると

$$B_m(T_m) \propto \left(\frac{T_c}{T} - 1\right) \tag{3.2}$$

で与えられ，実験結果とよく一致する[80]．

同様の実験は鈴木らによっても行われ，より鮮明なブラッグスポットをもつアブリコソフの三角格子像が得られている[103]．

(c) ミューオン回転

μ^+ 中間子（ミューオン）は質量が電子の206.7倍で正の電荷 e と，陽子の3.2倍の磁気モーメントをもち，寿命が2.2 μsで，電子とニュートリノに崩壊する．これは，レプトンとよばれる粒子の仲間である．この反粒子は μ^- である．崩壊の際，電子はミューオンのスピン方向に対して非対称であるから，電子の放射分布を測定することで，ミューオンスピンの方向の時間スペクトルを測定すればスピンの向きの時間変化を求めることができる．物質中にこれを打ち込むと内部に留まり，その位置における局所的な磁場中でラーマー（Lamor）回転を行う．この回転の周波数を測定することで局所的な磁場を知ることができる．

この手法を用いて，リー（Lee）らは単結晶 $Bi_2Sr_2CaCu_2O_{8+\delta}$ でアブリコソフ格子から期待される内部磁場の分布関数を低温で観測することができた[104]．また，この関数は予想される磁束線格子融解線を越え高温側に入る

と，分布関数が変化し高磁場側の裾が消失し，より対照的な関数形となった．これは，磁束線格子融解線でアブリコソフ格子が消失したためであると解釈される．また，さまざまな磁場中で同様の実験を行うことによって磁束格子融解曲線を求め，それが他の実験方法で求めたものとよく一致することを突き止めた．ヘロン（Heron）らはさらに詳細な実験を行って，磁束状態の相図をミューオン回転法を基に決定した[105]．

（d） 高 Q 値機械振動子法

ギャメル（Gammel）らは，厚さ 0.25 mm の p タイプの Si ウエハをフォトリソグラフィ技術を使って図 3.12 のように梁構造をもつ振動子に加工し，表面に金を蒸着して静電容量的に動作させる機械式共振法を開発した[106]．この方法で，磁場中で YBCO，および BSCCO の共振器の周波数シフトと Q 値の変化を，温度の関数として測定した．さらに，H_{c2} より十分に低温側で大きな周波数の増加とその開始温度付近で鋭い共振器の散逸ピークを観測し，彼らは，磁束融解転移ではないかと初めて指摘した[107, 108]．

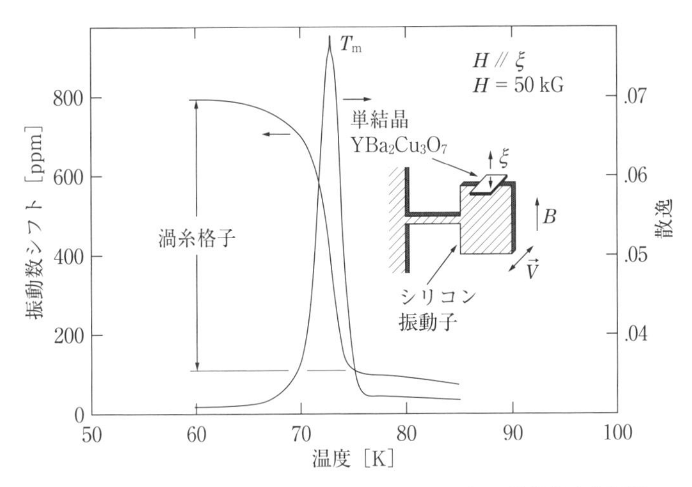

図 3.12 p 型ドープ Si ウエハを加工し，作製された高 Q 値機械式共振器による YBCO の磁束線融解曲線の測定結果．縦軸（右）は共鳴振動数のシフト量を，縦軸（左）は共鳴の Q 値の変化（散逸に比例する）を示す．散逸の鋭いピークは相転移を示唆している．挿入図は，Si ウエハを加工して作製された機械式高 Q 値振動型共振器の模式図．単結晶試料はエポキシ樹脂で振動板に固定され，周波数 f は 2 KHz，磁場は 6 T 以下で測定された．（P. L. Gammel, L. F. Schneemeyer, J. V. Waszczak and D. J. Bishop: Phys. Rev. Lett. **61** (1988) 1666 より許可を得て転載）

（6）　$Bi_2Sr_2CaCu_2O_{8+\delta}$ の磁場中での相図（H // c 軸）

高温超伝導体の際立った特徴は，超伝導を担う2次元的な CuO_2 面とそれを上下から挟み込む絶縁体的，あるいは金属的な層構造体が交互に積層した構造を作っていることである．必ずしも CuO_2 の面間距離が超伝導面間の結合度に比例しないが，面内方向と面間方向のさまざまな超伝導に関する物理量の違いを異方性パラメーター γ として表現する．$Bi_2Sr_2CaCu_2O_{8+\delta}$ の場合，オーバードープ側では $\gamma \simeq 80$ と比較的小さい値であるが（最適ドープ状態の $YBaCu_2O_{7-\delta}$ では $\gamma \simeq 7$），アンダードープになるほど大きくなり，500を超すようになる．

この異方性パラメーター γ は，超伝導状態での有効質量 m，コヒーレンス長 ξ，磁場侵入長 λ との間に $\gamma = (m_c/m_{ab})^{1/2} = \xi_{ab}/\xi_c = \lambda_c/\lambda_{ab}$ の関係が成り立つ．この関係は，電気伝導度の異方性 $\sigma_{ab}/\sigma_c(=\rho_c/\rho_{ab})$ にも相当している．ab 面内（CuO_2 面内）では，抵抗値はほぼ温度に比例して増大し，これはほとんどドーピングによらないが，一方で c 軸方向（CuO_2 面に垂直方向）では金属的な振舞から半導体的な振舞へと大きく変化する．最適ドーピングの領域では温度依存性がほとんど見られない．

このような銅酸化物固有の結晶構造に由来した特有の性質が高温超伝導体には内在しており，本質的に c 軸方向に超伝導電子の波動関数に不均一性があることを示している．CuO_2 面間の結合が十分弱い時，固有ジョセフソン接合（Intrinsic Josephson junctions）とよばれる．一方，典型的な高温超伝導体である $YBa_2Cu_3O_{7-\delta}$ は最適ドープ状態で異方性パラメーターが $\gamma \simeq 7$ であることから，このような固有ジョセフソン接合的な性質はなく，バルクの3次元的超伝導体としての特性を示している[†12]．

これまでに得られた磁束状態の相図を図3.13に示す．M - T は磁化の温度依存性から，M - B は磁化曲線から求めた．B_{irr} は不可逆曲線を，B_{F} は液体状態でピン止め効果が有効になる境界線を，B_{M} は磁束線格子融解線を，B_{SP} は磁化に現れる第2ピーク位置をそれぞれ表す．また，L_{A} および L_{B} は

†12　ただし，アンダードープ領域では，$\gamma \simeq 30$ 程度まで大きくなることが知られている．これは，もう1つの典型的な高温超電導体 $La_{2-x}(Ca, Sr, Ba)_xCuO_{4-\delta}$ 系とほぼ同じ値である．

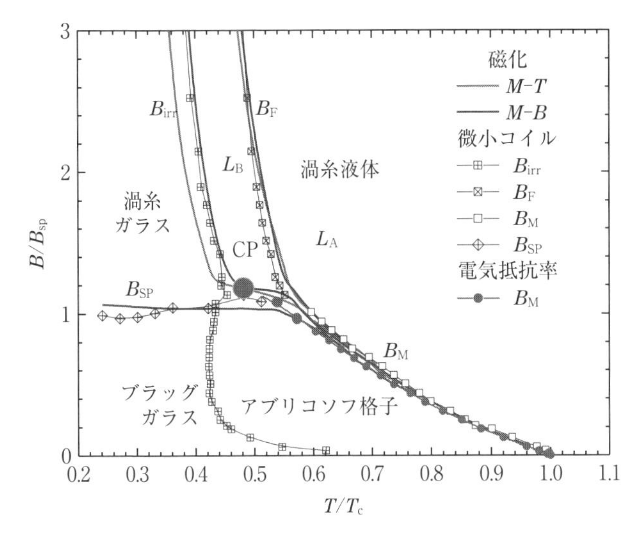

図 3.13 外部磁場 c 軸方向に印加した際のさまざまな測定法によって決定された，$Bi_2Sr_2CaCu_2O_{8+\delta}$ の磁束状態の相図．

それぞれ磁束液体状態を表すが，前者は完全な液体状態でピン止め効果がないが，後者は液体状態にも関わらずピン止め効果が観測される液体を表す．B_F は 2 つの液体状態を区別するが，ピン止め効果がない理想的な超伝導体の場合は消失すると考えられている．

B_{irr} は渦糸ガラスへの転移線であり，測定時間スケールによって異なる．渦糸ガラス相では，緩和時間に物理量は依存する．渦糸ガラス（vortex glass）相，ブラッグガラス（Bragg glass）相はピン止め効果がなければ存在しないと考えられている．B_{SP} はパンケーキ渦糸がデカップリング転移（クロスオーバー）する磁場であり，$B_{2D} \simeq \phi_0/(d\gamma)^2$ で与えられる．ここで，d は CuO_2 面間距離である．この時，$B \gtrsim B_{2D}$ の領域が真の超伝導状態かどうかはよくわかっていない．また，超伝導状態の異方性がドーピングレベルによって大きく変化するので，それに伴って各相の位置や境界線は相対的に移動することに注意が必要であるが，トポロジーは変化しない．

(7) 傾斜磁場下での $Bi_2Sr_2CaCu_2O_{8+\delta}$ の相図

これまで，外部磁場は c 軸，すなわち，CuO_2 層に垂直に印加されていた．これを CuO_2 面内方向に傾けたらどうなるだろうか？ 2 次元性が強く，し

かも CuO_2 層間が非常に弱く結合した超伝導体の磁束状態は，当初の予想をはるかに超えた多彩な興味ある現象を数々発現することになる．その片鱗が高温超伝導体が発見されてまもなく，ボーレ（Bolle）らによって行われたデコレーションの実験において $Bi_2Sr_2CaCu_2O_{8+\delta}$ 単結晶で発見された，磁束線が通常の磁束線格子間隔 a_0 の半分ほどの距離に，一直線上に密に並ぶ，磁束線鎖（vortex chain）の発見である[93]．この磁束線鎖は $\simeq 10a_0$ 程度の間隔で，結晶軸とは無関係で回転軸に垂直な面内で平行に並ぶ．

彼らはこの理由として，ブズディン（Buzdin）とシモノフ（Simonov）やコーガン（Kogan）らの理論で以下のように解釈した[109, 110]．まず，2次元的な異方性が強い場合，c 軸から傾けると磁束線が斜めに貫通するようになるが，それより面に垂直に磁束のパンケーキを作る方が安定なのでその状態を維持しようとする．よって，角度が大きくなるにつれ一部，その状態を壊し，より密に直線的に並ぶことで磁場のエネルギーを部分的には損をするが，残りの部分は依然として2次元面に垂直に磁束線が貫通した状態を維持するとした．

このような傾斜磁場下で磁束線格子の秩序がどのように変化するかを，特に異方性の強い $Bi_2Sr_2CaCu_2O_{8+\delta}$ 系で調べることは大変興味深い．まず，中性子小角散乱を使って調べる実験が行われた[111-113]．ここでは鈴木らの結果を図3.14に示す．

図3.14(a)～3.14(c) は，傾斜磁場 0.05 T 中で得られた中性子小角散乱の測定結果である．c 軸からの傾斜角 $\theta \lesssim 15^\circ$ ではブラッグ点の散乱強度は θ と共に次第に弱まるが，六角パターンは $\theta = 0^\circ$ とほとんど変化しない．同時にバックグラウンドとして弱い円環状の散漫散乱が観測されるが，大きな変化は見られない．格子定数も変化しないから，この領域におけるこの程度の傾き角では，アブリコソフの三角格子は磁場を傾けてもゼロ磁場の時から変化しないことを意味している．

$\theta \gtrsim 15^\circ$ ではブラッグ点の強度はゼロに達する．また，図3.14(d) から散漫散乱も $\theta \simeq 15^\circ$ で突然消滅するように見える．これらのことは，$\theta \simeq 15^\circ$ 以上ではアブリコソフの三角格子は存在しないだけでなく，磁束線自体が層間で相関を失い，その結果，散漫散乱も観測できない別の磁束状態相へ変化

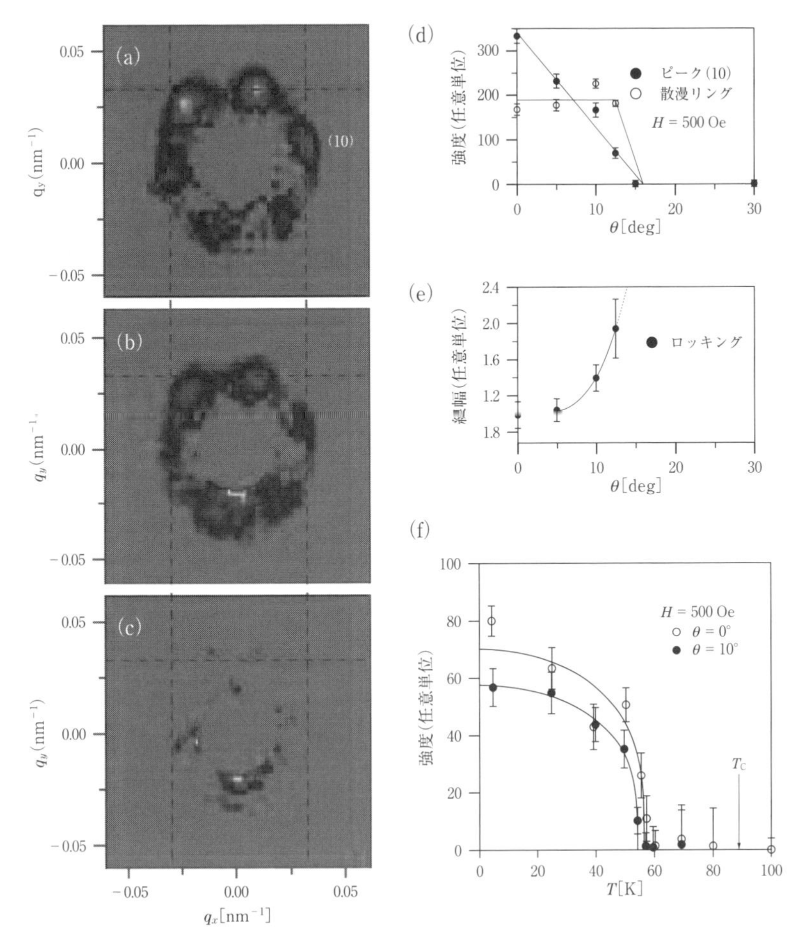

図 3.14 傾斜磁場 0.05 T 下での中性子小角散乱の結果．c 軸からの傾き角 θ は (a) 0°，(b) 12.5°，(c) 15° である．(d) はブラッグ点およびリング状の散漫散乱の強度の θ 依存性．(e) はブラッグ点のロッキング幅の角度依存性．(f) は $\theta = 0°$ および 10° でのブラッグ点の強度の温度依存性．

したと考えられる．$\theta \simeq 15°$ に向かって発散的に増大するブラッグ点のロッキングカーブの幅の増加は，この解釈を支持している．一方，温度依存性は，低温では鮮明に観測されるブラッグ点も温度と共にその強度が徐々に減少し，$T_{\rm m} \simeq 58$ K に向かって急速にゼロに落ちていく．これは磁場が傾斜していても，$B = 0.05$ T では 58 K 付近で磁束線格子状態が消滅することを示しており，磁束線格子融解現象として理解される．B_{c2} はこのような低磁場では不変であると考えられるから，結局，わずかな磁場で磁束線格子融解線が大きく低温側にシフトすることを示している．中性子小角散乱ではこれ以上高い傾斜確度では散乱を観測できない．

（8） 傾斜磁場下での微小コイル法による交流応答およびコルビノ法による電気抵抗の測定

図 3.15 はコルビノ法による電気抵抗の磁束融解に伴う1次相転移の測定結果で，角度を c 軸方向から ab 面内に傾けた場合の様子である[114, 115]．ここでは，相転移に伴う電気抵抗の飛び部分を拡大して示している．角度 θ を ab 面方向へ傾けていくと，磁束格子融解点 B_m はそのまま平行移動するように高磁場側へ移行していき，86.0° まで続くが（領域 A），88.60° から突然転移点の裾の部分が広がりを示す（領域 B）．やがて，89.80° ～ 89.89° で再びその裾が消滅すると同時に，1次相転移に伴う飛びが急速に消滅し，c 軸から 0.1° の範囲（領域 C）で2次相転移のような振舞へドラマチックに

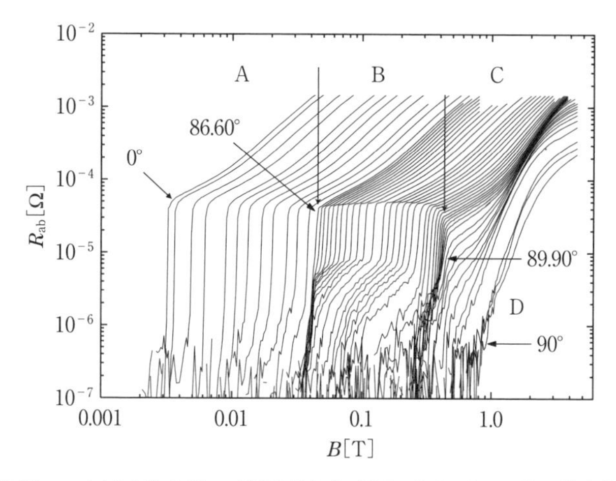

図 3.15　コルビノ法を用いて測定された $Bi_2Sr_2CaCu_2O_{8+\delta}$ 系の磁束格子融解転移に伴う1次相転移の角度依存性．相転移に伴う電気抵抗の飛びを拡大して示す．角度 θ は c 軸方向を 0° とし，ab 面内で 90° ととる．左から，0°，30°，50°，60°，70°，75°，80°，82°，84°，85°，86°，86.6° から 89.0° までは 0.2° ごと，89.10°，89.38°，89.52°，89.54°，89.60°，89.64°，89.68°，89.72°，89.75°，89.78°，89.80° で，これより 0.02° ごとで 89.88° まで，89.89° から 90.00° まで 0.01° ごと回転した．測定温度は 82.0 K，電流 I は 5 mA．試料の直径は D = 1.9 mm，厚さ 20 μm．

変化していく様子がわかる．磁場が完全に *ab* 面内の場合では，磁束線は CuO_2 面間に入り込み，*ab* 方向に大きく延びた（逆に *c* 軸方向に極端に縮んだ）アブリコソフ格子の生成が理論的に予想される．このような磁束線をジョセフソン磁束とよんでいる（領域 D）．このように，磁束系は磁場の回転によって少なくとも 2 回，明瞭な相転移を示すことが明らかになった．これを横軸を磁場の *ab* 面内成分，縦軸を *c* 軸成分に分解して図 3.16 に示す．

この図 3.16 から，領域 A は *c* 軸磁場がほぼ直線的に *ab* 面内磁場により抑制されており，これはコシェレフ（Koshelev）によれば交叉磁束状態（crossing vortex lattice）の証であるとされている．この状態は $\theta \lesssim 86.6°$ の広い範囲で観測され，磁場はパンケーキ磁束を形成する *c* 軸方向成分とジョセフソン磁束を形成する *ab* 面内の磁場に分解され，ほとんど独立な 2 つの磁束系として振舞う．傾斜角が大きくなればジョセフソン磁束の数も密になり，パンケーキ磁束は背景として存在するジョセフソン磁束格子上に存在する方がより安定なため，結局，磁束線鎖状態が現れるのである．さらに磁場を傾斜した場合，なぜ B から C のような突出した状態が現れるのかよく

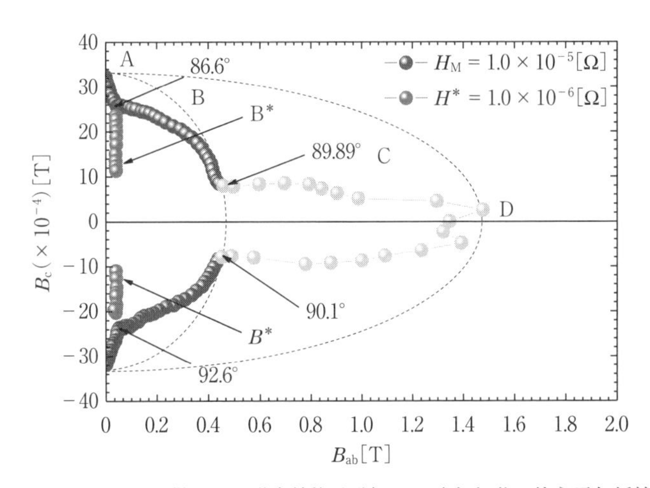

図 3.16　図 3.15 で得られた磁束線格子融解の 1 次相転移に伴う電気抵抗の飛びについて，横軸を *ab* 面内磁場，縦軸を *c* 軸磁場に分解して示す．領域 A〜領域 D で磁場依存性の違いが明瞭にわかる．（J. Mirković, S. E. Savel'ev, E. Sugahara and K. Kadowaki: Phys. Rev. **B66**（2002）132505 より許可を得て転載）

わかっていない．磁束状態Dは磁束線がすべて ab 面内に閉じ込められてしまうロックイン現象として理解できるが，直径が1.9 mmもあるような系で実際に完全なジョセフソン磁束状態となることは驚きに値する．

3次元異方的超伝導体の場合，臨界磁場の角度依存性は異方的GLスケーリング則（anisotropic GL scaling law）が成り立つので，

$$B_{\mathrm{M}}(\theta)=\frac{B_{\mathrm{M}}(0)}{\{\cos^2\theta+\gamma^{-2}\sin^2\theta\}^{1/2}} \tag{3.3}$$

と表すことができる．この場合，異方性パラメーターはBの領域で求めると $\gamma=136$ であり，領域Dまで含めれば $\simeq 450$ である．異方性パラメーターを相転移の磁場の異方性と見なせば，$\gamma_{\mathrm{VLMT}}=B_{ab}^{*}/B_{c}(\theta=0)$ と表されるから，この値は $T/T_{\mathrm{c}}\lesssim 0.7$ で $\gamma_{\mathrm{VLMT}}\simeq 92$ であり，T_{c} に近づくにつれ次第に大きくなり，$T/T_{\mathrm{c}}\simeq 0.97$ で最大値 $\gamma_{\mathrm{VLMT}}=188$ をとり，T_{c} に向かって急速にゼロに近づくように見る．

一方，純粋に磁束液体状態での電気抵抗の角度依存性を(3.3)でフィットして求めた異方性パラメーター γ_{L} は，$T/T_{\mathrm{c}}\lesssim 0.8$ では $\gamma_{\mathrm{L}}\simeq 70$ 程度であるが，T_{c} に近づくにつれ発散的に大きくなり，T_{c} 直下では $\gamma_{\mathrm{L}}\simeq 450$ を超える[116]．ここで求めた異方性パラメーターの値は，試料のドーピングレベルによって大きく異なるし，結晶に含まれる不純物など，ピニング状態によっても大きく異なることは注意が必要である．

電気抵抗はピン止め力が強くなるとゼロになるので，磁束固体状態ではほとんど無力である．ところが，微小コイルによる交流応答はこのような状態でも有効であるから，電気抵抗法とは相補的である．図3.17にその一例を示す．このように，交流帯磁率によっても磁束線格子融解 B_{m} に伴う鋭い飛びが実部の μ'，虚部の μ'' に見られることはすでに述べた．

磁場の傾斜角を次第に大きくしていくと突然，$\theta=86^{\circ}$ 付近から強いピン止め効果がはたらく状態（B^{*} と表す）が磁束固体相に現れることがわかる．これは先の電気抵抗で求めた B^{*} と同じものである．さらに，角度を回転していくと次第にこのピン止め力は消失すると同時に，新たなピン止め効果が $\theta\gtrsim 89^{\circ}$ の領域から徐々に強くなっていく様子が見られる．やがて，磁場が ab 面内から $\pm 0.1^{\circ}$ の領域で顕著となり，$B\,/\!/\,ab$ でもピン止め効果が有効

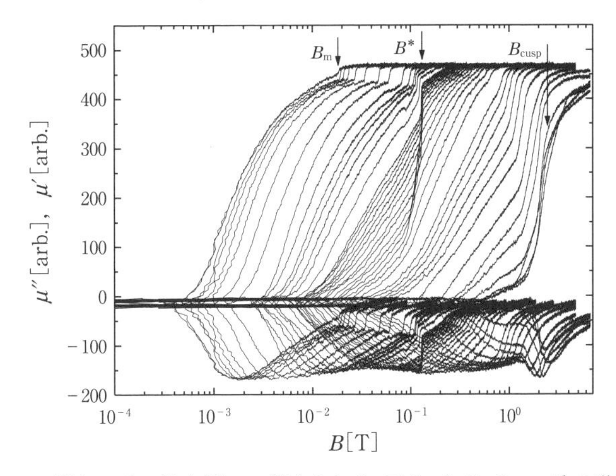

図 3.17 微小コイル法を用いて測定された $Bi_2Sr_2CaCu_2O_{8+\delta}$ 系の磁束格子融解転移に伴う 1 次相転移の角度依存性．相転移に伴う電気抵抗の飛びを拡大して示す．角度 θ は c 軸方向を 0° とし，ab 面内で 90° ととる．左から，0° から 70° まで 10° ごと，75°，79.06°，81.06° から 86.06° まで 1° ごと，86.26° から 89.06° まで 0.2° ごと 89.16° から 89.76° までは 0.1° ごと，89.80° から 90.00° まで 0.04° ごと回転した．測定温度は 70.0 K．試料は 3 mm × 3 mm，厚さ 20 μm，T_c = 84 K，交流磁場 b_{ac} = 1.3 × 10^{-4} T．

な領域とそうでない領域が明確に区別できることがわかる．これを B_{cusp} とすると，この B_{cusp} が磁束液体状態と磁束固体状態を区別する磁場と考えられる．

(9) $B \parallel ab$ 面内での磁束状態の相図

傾斜磁場下での微小コイル法による交流磁化率とコルビノ法による電気抵抗の測定結果を，特に，$B \parallel ab$ 面内のごく近傍で詳細に解析した結果を相図にまとめて図 3.18 に示す．この図からわかるように，T_c 直下では $0.98T_c$ 程度までの非常に狭い温度で，帯磁率や電気抵抗に飛びが観測されるため 1 次相転移であろう．それを超えると電気抵抗が線形な領域から非線形な領域が区別され，非線形な領域をスメクティック相（Smectic phase）とよんでいる．B^{**} 線以下は磁束固体相で電気抵抗はゼロであるが，その中に B^* 相が存在している状況は図 3.17 からもわかる．このように，磁束状態の相図は $B \parallel c$ の場合と $B \parallel ab$ の場合では大きく異なっていることが明らかとなった．しかしながら，実験例がまだ少なく，確固たる結論に至るためにはさらに高磁場での精密測定が望まれる．

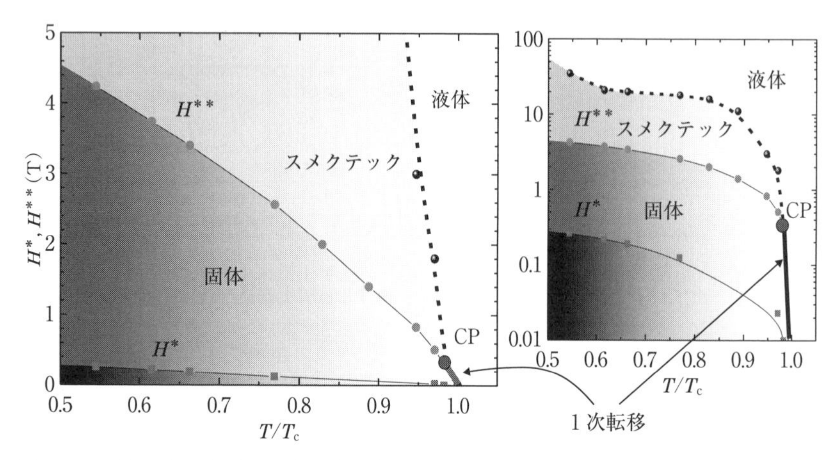

図 3.18 微小コイルを用いた交流帯磁率と，コルビノ法を用いた電気抵抗の測定結果から得られた $B /\!/ ab$ 面内の磁束相図．右図は縦軸が対数スケールで，左図はリニアスケールである．温度軸は T_c で規格化した温度である．CP は臨界点を意味し，それ以下の磁場領域では1次転移のように振舞うが，それ以上では連続転移となる．

(10) ピン止め効果の影響

これまで述べてきた物理的に興味ある磁束状態に関する話題のほとんどは，応用上の観点からすれば，技術的に改善せねばならない大きな研究課題そのものである．例えば，線材応用では高い臨界電流ができるだけ高磁場で必要となる．このためには，磁束線のピン止め効果を最大限に導入して臨界電流を向上させねばならない．このような観点から，粒子線を照射し欠陥を導入する試みがなされてきた．特に柱状欠陥が導入されると，磁束液体状態は大幅に変更を受けることになる．

図 3.19 に，柱状欠陥を c 軸方向に導入した場合の相図の変化の様子を示す[117]．まず，重要なことは柱状欠陥が導入されていない試料で見られた磁束線格子融解線は，わずか $B_\phi \simeq 5\,\mathrm{mT}$ 程度の柱状欠陥量で1次相転移から連続相転移（2次相転移，あるいはガラス転移と同様の相転移）へ移行し，それ以上では B_F 線がどんどん照射量と共に高温高磁場側へ移動していくが，低温になるとちょうど照射磁場 B_ϕ の付近で飽和する傾向が見られる．図 3.19 からわかるように，1次転移が消失することから，次第に高磁場領域では B_{irr} と B_ϕ は区別がつかなくなってしまう．このような状況は $B_\phi \simeq 8$

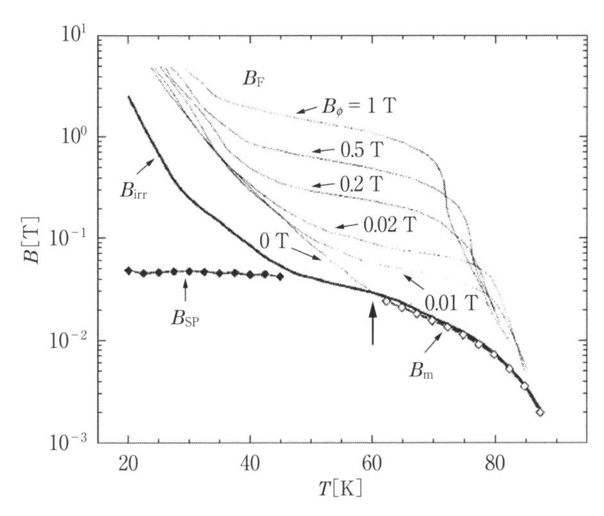

図 3.19 単結晶 $Bi_2Sr_2CaCu_2O_{8+\delta}$ に柱状欠陥を導入した時の相図.（K. Kimura, R. Koshida, W. K. Kwok, G. W. Crabtree, S. Okayasu, M. Sataka, T. Kazumata and K. Kadowaki: J. Low Temp. Phys. **117** (1999) 1471 より許可を得て転載）

T 程度まで続くが，10 T を超えると T_c への効果が顕著となって，もはや柱状ピン止めの効力は限度に達してしまう.

この他照射効果としては電子線や陽子線，高速中性子線などの実験も行われているが，詳細はここでは文献に譲ることにする.

3.1.4 ジョセフソン磁束系の相図

図 3.20 に示したような超伝導体/絶縁体/超伝導体接合構造からなるジョセフソン接合[118] の接合面に，平行な磁場を印加すると磁束が量子化され，この量子化された磁束をジョセフソン磁束量子 (Josephson Vortex，JV と略す) とよぶ. ジョセフソン接合では $\lambda_j(=(\hbar/2e\mu_0 sJ)^{1/2}$，ここで，$\hbar$ は

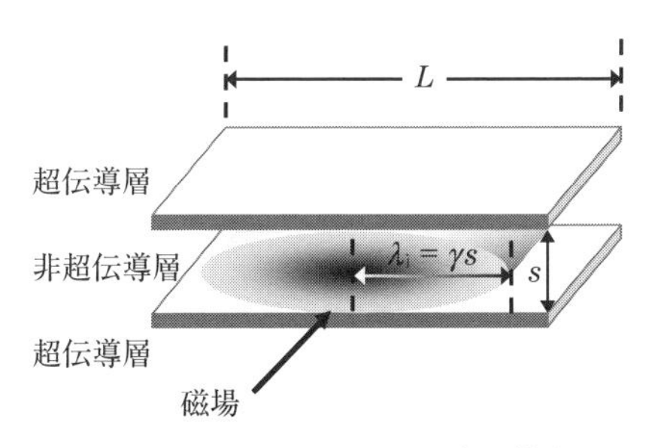

図 3.20 単一ジョセフソン素子接合面に平行な磁場によるジョセフソン磁束量子.

プランク定数，e は電子の電荷，μ_0 は真空透磁率，s は超伝導層間の距離で上下超伝導層の磁場侵入長の和 λ と絶縁体層の厚さの和，J はジョセフソン電流の最大値）はジョセフソン侵入長とよばれ，JV の接合面内でのジョセフソン磁束の広がりを示す．また，接合面に垂直方向の超伝導体層への磁場侵入長 λ はジョセフソン接合では $\lambda_j \gg \lambda$ の関係にあり，JV は図 3.20 で模式的に示したように層面に対して垂直方向に圧縮された磁場分布をとる．ジョセフソン接合の長さ L が $L \gg \lambda_j$，かつ，人工的に多数積層された多接合ジョセフソン接合構造の場合，大きな平行磁場を印加すると量子化された JV が接近することになり，互いに相互作用を及ぼし合い，エネルギー的に安定な分布をとるようになる．このような JV の集合体をジョセフソン磁束系とよぶ．

ジョセフソン磁束系は磁場の大きさに依存して磁気相を形成する．これまで，ジョセフソン多接合構造で均一な超伝導層間距離 s を有する試料を作製することは難しく，異なる λ_j を有する接合系となり，ジョセフソン磁束系の磁気相図を実験的に求めることは非常に困難と考えられていた．ところが，1980 年代後半に発見された一連の酸化物高温超伝導体は結晶構造そのものが自然に原子レベルで層状構造をなしており，かつ，超伝導層（Cu-O 層）と非超伝導層とが交互に積層していることにより，結晶構造内にジョセフソン接合を形成していることがわかった[119]．

図 3.21 は，酸化物高温超伝導体の一例である $Bi_2Sr_2CaCu_2O_{8+\delta}$（以下，Bi2212 と略す）の結晶構造である．結晶本来の構造がもっているジョセフソン多接合構造を，固有ジョセフソン接合とよんでいる．多くの酸化物高温超伝導体は，このような層状構造に由来して，超伝導層に平行方向と垂直方向とでは超伝導状態の電気・磁気的特性が大きく異なる．磁場を超伝導層に平行にかけると，絶縁体層に侵入した磁束量子は面内でジョセフソン侵入長 $\lambda_j = \gamma s$（γ は超伝導層間の結合を表す異方性パラメーター γ で，$\gamma = \xi_{ab}/\xi_c$；ξ_{ab}, ξ_c は，それぞれ，ab 面内，c 軸方向のコヒーレンス長，s は超伝導層間の距離）程度の広がりを有し（図 3.20 参照），マイスナー効果により絶縁層を通して超伝導層間に超伝導（ジョセフソン）電流が流れ，磁場が遮蔽される．中心部はジョセフソン磁束コアとよばれ，通常の超伝導体中の磁束量子

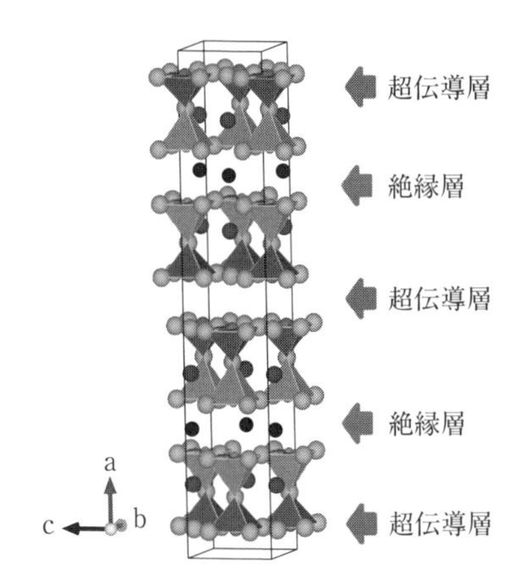

図 3.21 酸化物高温超伝導体 $Bi_2Sr_2CaCu_2O_{8+\delta}$ の結晶構造．

コアで見られるような超伝導オーダーパラメーターが減少する常伝導状態ではなく，位相コアともよばれている[120]．このため，JV は低温では c 軸方向の電流によって層方向に駆動された時のエネルギー損失が少なく，光速に近い速度で移動することが可能で[121]，JV フロー素子として応用がある[122]．一方，超伝導層に垂直な方向には JV は動きにくく，超伝導磁石，超伝導送電などの応用では磁束線のピン止め中心（固有ピニングとよんでいる[123]）として利用されている．

酸化物高温超伝導体中の多数の JV 系は互いに相互作用を及ぼし合い，エネルギー的に極小状態をとるように分布することになる．酸化物高温超伝導体は超伝導転移温度が高く，JV 系は熱的なゆらぎを強く受ける．層に平行に磁場をかけた時には JV が面内でゆらぐだけでなく，対をなしたパンケーキ磁束量子 PV（Pancake Vortex，PV と略す）と反 PV が JV の上あるいは下に位置する超伝導層に誘起され，しかもそれが多くの超伝導層にわたって PV－反 PV 対が形成されることもある．この様子の一例をジョセフソン 2 接合の場合について図 3.22 に示す．

当然であるが，PV と反 PV は JV と相互作用があり，JV の上下にちょうど串を通すように配列する構造が安定であることは理論的にも支持されている．この相互作用は JV を引き伸ばし，PV と反 PV 対を作るのであるが，この対と JV との相互作用はそれぞれの渦電流であるため，PV と反 PV は近づき合い，消滅する方向に力がはたらく．エネルギー的には JV は短い方

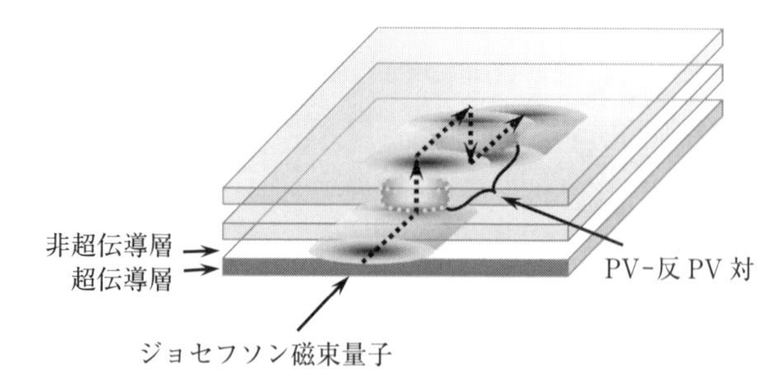

図3.22　熱励起されたPV-反PV対を伴った，ジョセフソン磁束量子の一例．

が低いので，PV-反PV対を消滅させる方向に力がはたらくといってもよい．このように，高温では多数のPV-反PV対はJV上に配列した構造として熱的に励起されることで発生する．ジョセフソン磁束が運動するとこれらのPV-反PV対を引きずりながら動くことになるので，PV-反PV対が励起されると，もはや，JVは理想的なJVの運動とは異なり，大きなエネルギー損失を伴うことになる．

高温超伝導体発見以前から，弱く結合したジョセフソン接合系のJV状態が議論されていた[124-126]．高温超伝導体発見以後，層状構造を基にJV系の議論は復帰し，大きく進展したが理論が先行していた[127,128]．JV系は熱励起によりPV-反PV対を生成しやすく，秩序状態であるアブリコソフ格子状態はほとんど存在せず，磁気相図の大半を無秩序状態の液体相が占めていることが初期に予想された[129]．また，高磁場において層間のJVせん断応力がなくなり，スメクテック相がコステリッツ-ザウレス（Kosterlitz-Thouless：K-T）型の相転移を起こすことが指摘された[130]．さらに，スメクテック相の存在や融解転移曲線が振動する振舞など[131]が理論的に提唱された．ここで，スメクテック相とは液晶の棒状分子の配列の一種に由来し，面内では秩序を形成するが，面間では相関を失った状態となる物質相の一形態をいう．

JV系が3次元的な秩序をもった格子を組むことは多くの理論家が予想していた（文献[120]参照）．その場合，JV系がすべての超伝導層間にλ_jの間隔で入り込み，飽和状態になる特徴的な磁場$B_0=\mu_0 H_0=\mu_0\Phi_0/(2\pi\gamma s^2)$

（ここで，Φ_0 は磁束量子で 2.07×10^{-7} T/m^2 である）があり，この磁場以上で磁束線が格子を組み始めるといわれていた．しかしながら，数値的な解析により秩序相が示されたのは最近であり，胡（Hu）ら[132]による XY モデルを用いたモンテカルロシミュレーション結果がそれに相当する．

図 3.23 に，胡ら[133]によって求められた JV 系磁気状態図を模式的に示す．JV 系は低温低磁場側ではそのほとんどが 3 次元長距離秩序相で占められ，JV 系は c 軸方向に圧縮された三角格子（その底辺の長さは，$2\sqrt{3}\gamma s$）をなしている．その相の高温側は 1 次相転移の磁束線液体相と接し，その境界は振動の振舞を示し，多重臨界点まで続いている．臨界点より低温，高磁場側の境界は 2 次元準長距離秩序相と接し，高温高磁場中での K－T 相に相当する．また，磁場がない時の，熱的な励起による PV－反 PV 対生成である K－T 転移が起こる温度（$T_{\mathrm{KT}}{}^{\mathrm{bare}}$）を図 3.23 の破線矢印で示してあり，1 次相転移曲線が多重臨界点を越えて連続した融解曲線である 2 次相転移の相境界となる．

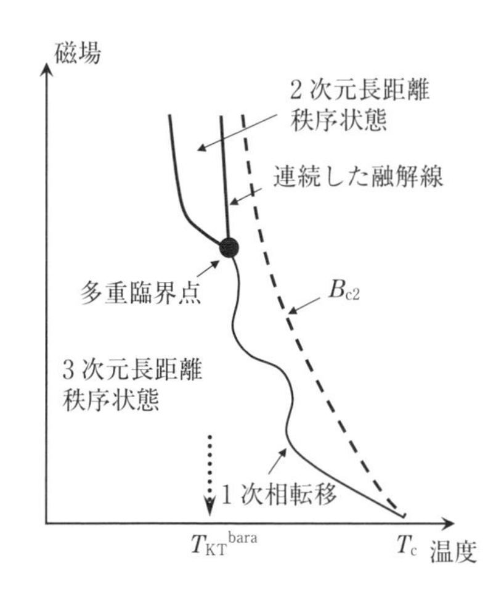

図 3.23　理論解析により求められた，ジョセフソン磁束の磁気相図[130]．

3 次元長距離秩序相の低磁場境界である飽和磁場 B_0 以下の磁場領域では，池田[134]によって，ローレンス－ドニアック（Lawrence－Doniach）モデル[135]を用いた，最小ランダウエネルギー計算による基底状態の数値計算・解析がなされ，JV が非超伝導層に 2 層以上ごとに入ったような JV 配列構造の秩序相をとることが示された．

実験的には異方性の小さい $YBa_2Cu_3O_{7-\delta}$(YBCO) 系が進んでおり，格子融解現象が抵抗測定によって確認され[136]，また，格子融解曲線が振動していることが異方性の強い 60 K の試料で確認されている[137]．Bi2212 系では，最初に相図を議論したのはフューラー（Fuhrer）ら[138]であり，彼らは面間の電流 - 電圧特性から，固体・液体相の存在と相境界で面間 PV - 反 PV 対の K - T 転移による格子融解が生じていると説明した．また，ミルコヴィッチ（Mirkovic）ら[139]はコルビーノ法による面内抵抗測定を行い，磁場を面内に近づけるにつれて PV 系の磁束線格子融解から，2 次の磁束線格子相・スメクテック相への相転移を示唆した．しかしながら，実験的な側面から見ると，JV 系磁気相図については PV 系で観測された熱力学的な比熱の飛びのような，JV 系の磁束線格子融解現象を捉えた確固たる実験結果はこれまで存在していない．間接的な測定である抵抗の急激な変化から，融解現象が起こっているものと推測している．先に述べたように，熱力学的な測定方法（例えば，比熱測定など）では相境界での JV 系のエネルギー変化が小さく，測定限界を超えて直接的に検証することができないためと考えられる．

間接的な検証法として，JV フロー抵抗測定にて JV 系が 3 次元長距離秩序を有していることが提唱された．Bi2212 バルク単結晶を微細加工し，超伝導層に垂直に電流を流して JV フローを生じさせ，フロー抵抗を観測する方法である[140]．JV フロー抵抗に周期的振動が観測される磁場・温度領域は，JV 系が 3 次元長距離秩序となることを，町田（Machida）の数値計算[141]，および，コシェレフ（Koshelev）の解析的解明[142]により証明されている．詳細はジョセフソン磁束フロー抵抗振動を述べている 5.4.2 項に譲り，以下，その抵抗の周期的振動を利用して求めた JV 系の磁気的相図について述べる．

図 3.24 は，JV フロー抵抗測定から得られた Bi2212 単結晶の JV 系の磁気的相図である[143]．図には 2 種類の試料（超伝導転移温度 $T_c = 78.0$ K と 82.8 K：いずれも過剰キャリア添加）の測定結果が示されている．試料 A の方がより過剰添加であり，異方性 γ は減少する．両試料とも JV フローの周期的振動が始まる磁場 B_s は，各絶縁層に JV が入った状態でほとんど温

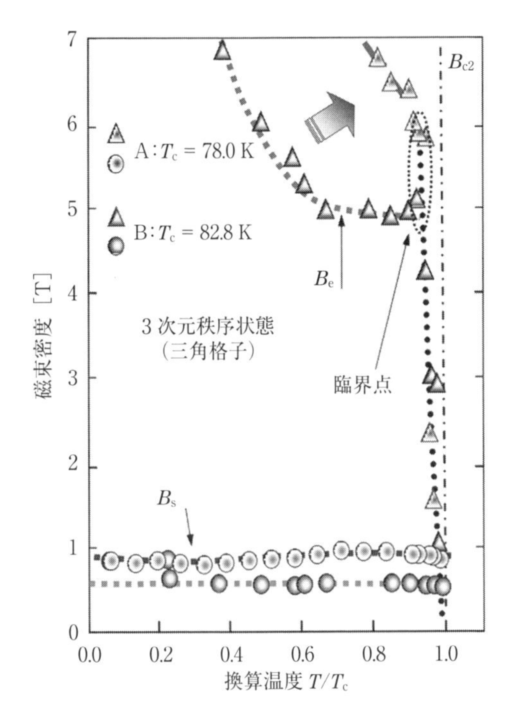

図 3.24 ジョセフソン磁束フロー抵抗測定より求めた，ジョセフソン磁束磁気相図．

度依存性がない．これは，B_s を $B_s = B_0 = \mu_0\Phi_0/(2\pi\gamma s^2)$ と表すことができ，それぞれのパラメーターに温度依存性はないためである．また，試料 A の方が異方性 λ は小さいため，試料 B の B_s より高磁場側にあることになる．振動が止まる磁場 B_e は高温部で急激な減少を示している．キャリア濃度が増加するにつれ（異方性パラメーター γ は減少），両磁場とも増加する傾向にあり，さらに異方性 γ が小さい YBCO 系磁気相図に漸近する傾向を示している．

フロー抵抗の周期的な振動が消滅する磁場 B_e は，磁場の角度が超伝導層面からずれているために生じているわけではない．すなわち，高磁場側では角度のずれによって c 軸方向の実行磁場が増加し，c 軸方向の第 1 臨界磁場 B_{c1} を超えると PV が侵入することになり，フロー抵抗が減少すると予想される．しかしながら，測定では高磁場の磁束線フロー状態に特徴的な性質であり，有限な値に留まっている．振動が観測される最大磁場付近で角度を変化しても振動が止まる磁場，およびフロー抵抗の大きさに変化は少ないことが確認されており，3次元秩序相の高磁場で相境界を示しているといえる．これらの特徴的な磁場 B_s と B_e で囲まれた領域が3次元長距離秩序相と結論づけて間違いないであろう．また，理論的な計算結果，図3.22とも一致する．

フロー抵抗測定では秩序相を特定できるが，相境界の転移の次元性，臨界点の存在・性質などの詳細を解明するには他の測定手段を講ずる必要があろう．また，理論的に提唱されている飽和磁場 B_e 以下の磁場領域で提案されているJVの秩序分布に関しても，現在のところ観測した例はなく，今後の課題として残っている．

JV系の磁気相図は，特に異方性の強い高温超伝導体に関して，理論的には解明が進んでいるものの，実験的には未解決な問題が多く残っている．異方性の強い高温超伝導体には超伝導転移温度の高い材料が多く，応用的にも重要ではあるが，層状性が強く，測定用試料の作製・加工が困難な場合が多い．JVフロー抵抗測定は磁気相図解明の一手段であり，今後，小傾角中性子散乱などの直接的な観測手段の開発と，それに伴う試料作製技術が進展することを期待したい．

3.1.5　磁束コアの電子状態と磁束フロー

（1）　磁束量子コア内の準粒子のエネルギー準位

第1章で述べられたように，第2種超伝導体では磁束が量子化された形で侵入する．その場合，図3.25(a)のように，その中心から ξ 程度の距離で超伝導が破れており，一方磁場は，磁場侵入長 λ の特徴的距離で指数関数的に減衰し，したがって，磁束量子の周りには，超伝導の遮蔽電流が環状に流れている．その意味で，磁束量子を磁束渦糸（magnetic vortex）ともよぶ．磁束量子の中心の超伝導の破れた部分（磁束量子のコア）には準粒子（常伝導キャリア）が存在し，この状況はポテンシャル中の準粒子と見なすことができる．この状況を量子論で正確に扱うためには，ボゴリューボフ‐ド・ジャンヌ（Bogoliubov‐de Gennes）方程式を解くことになり，その結果，コア内には離散的な準粒子のエネルギー準位が形成され，最低励起エネルギーならびに準位間隔は，

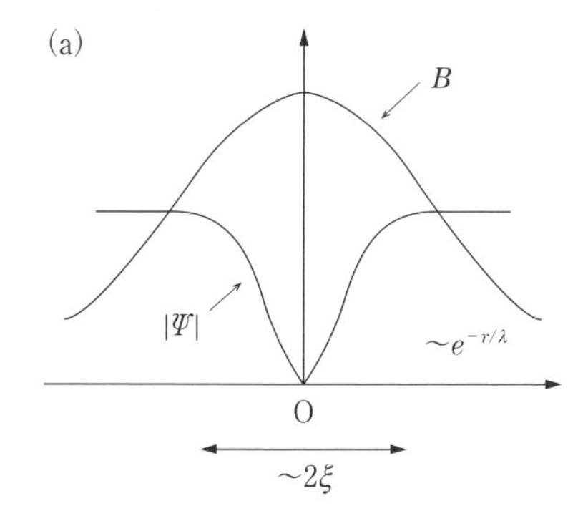

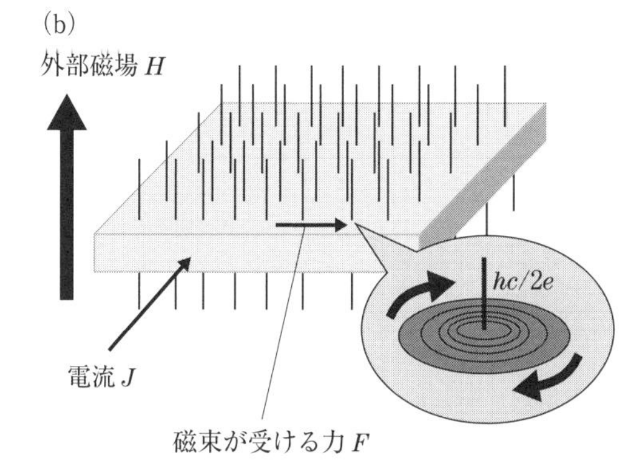

図 3.25　(a) 磁束量子の断面図．中心から半径 ξ 程度の領域では超伝導秩序が壊れており，準粒子が存在する．また，磁場は磁場侵入長 λ の特徴的距離で減衰する．(b) 磁束量子は駆動電流下では，ローレンツ力を受ける．また，磁束量子の周囲には超伝導の遮蔽電流が環状に流れている．

$$E = \left(n + \frac{1}{2}\right)E_0, \qquad E_0 = \frac{\Delta^2}{E_F} \equiv \hbar\omega_0 \tag{3.4}$$

のようになり（Δ は超伝導ギャップ，E_F はフェルミエネルギー），また局所的な状態密度はエネルギーゼロに向けて発散することが知られている[144]．コア内に束縛状態ができることは，コア境界でのアンドレーエフ（Andreev）反射（クーパー対と準粒子の相互変換）を考えると，より明確に理解できる[145]．

準粒子は有限の寿命 τ をもつので，量子準位は幅 $\delta E \simeq \hbar/\tau$ をもち，

$$\frac{E_0}{\delta E} = \omega_0\tau \tag{3.5}$$

が成り立つ．したがって，準粒子の寿命 τ の値に依存して，さまざまな状況が生ずる．$\omega_0\tau \gg 1$ であれば，量子準位が明瞭に形成されるが（clean），逆

に，$\omega_0\tau \ll 1$ であれば（dirty），量子準位の概念が意味を失い，電子状態はエネルギーの関数として連続的に分布し，磁束量子コアは通常の金属のように見なすことができる．両者の中間の状況（$\omega_0\tau \simeq 1$）を moderately clean とよぶことにする．

従来超伝導体では，$E_{\rm F} \simeq 1\,{\rm eV}$，$\Delta \simeq 1\,{\rm meV}$ 程度であるので，$E_0 \simeq 1\,\mu{\rm eV}$ となり，通常到達できる温度では $\omega_0\tau \ll 1$ の状況しか実現されない．実際，$NbSe_2$ に対して行われた STM/STS 実験[146] では，磁束量子コアの位置における準粒子の局所状態密度のエネルギー依存性は図 3.26 のようになっており，電圧ゼロが最大になるような状態密度の包絡線が見えている．加えて，不純物を部分置換して系をより dirty にすると，ゼロバイアスのピークが消失していく様子が捉えられている[147]．

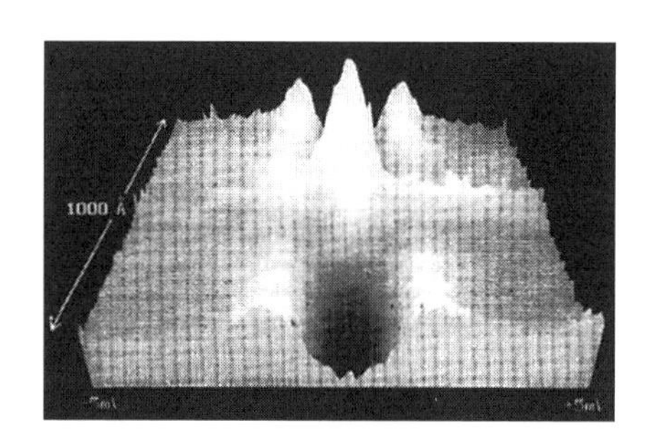

図 3.26　STM を用いた微分コンダクタンスのバイアス依存性を，磁束量子コアを通る直線状でとったデータ．コアから離れるとバルクのギャップが開くのに対し，コア直上ではゼロバイアス付近で準粒子の束縛状態に対応するコンダクタンスの増大が見える．（H. F. Hess, *et al.*: Phys. Rev. Lett. **62** (1989) 214 より許可を得て転載）

一方，銅酸化物高温超伝導体では，$E_{\rm F}$ が従来の金属系の超伝導体よりも 1 桁くらい小さく，超伝導ギャップ Δ は 1 ～ 2 桁大きいため，$E_0 \simeq 10\,{\rm meV}$ となり，量子準位が実験で観測可能な大きさになってくる．実際，YBCO, BSCCO それぞれにおいて，そのコアの位置で，準位のような構造が報告されている[148, 149]（図 3.27，図 3.28）．高温超伝導体は超伝導波動関数が d 波の対称性をもつとされており，このようにギャップにノードがある場合にはコア内に束縛準位が存在するか否かを含めて，準粒子の励起スペクトルについて多くの理論計算が行われた[150-154] が，少なくともその後の実験[155] によれば，d 波超伝導体でも離散的な準位が存在することは確立しているといってよい．しかし，束縛状態の空間構造については，s 波超伝導体に対する文献 [144] の予言とかなり異なることがわかってきた．特に，量子極限にある

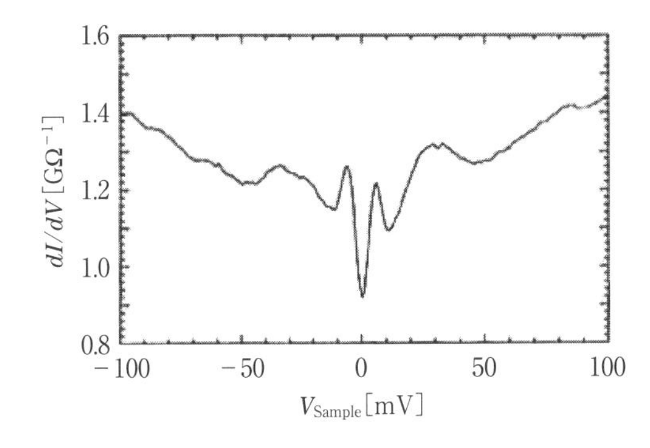

図 3.27 高温超伝導体 YBCO の磁束量子コアでの STS スペクトル．(I. Maggio-Aprile, *et al.*: Phys. Rev. Lett. **75** (1995) 2754 より許可を得て転載)

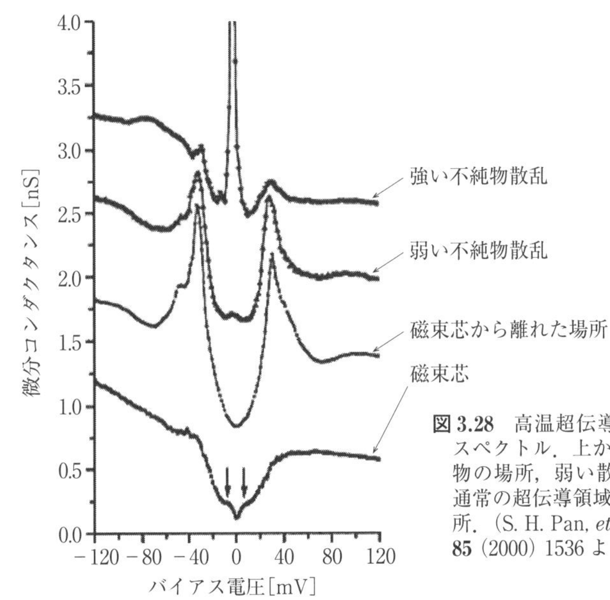

図 3.28 高温超伝導体 BSCCO の STS スペクトル．上から，強い散乱の不純物の場所，弱い散乱の不純物の場所，通常の超伝導領域，磁束量子コアの場所．(S. H. Pan, *et al.*: Phys. Rev. Lett. **85** (2000) 1536 より許可を得て転載)

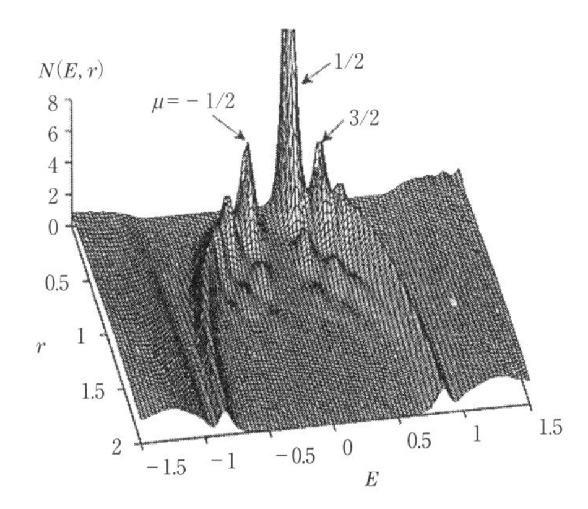

図 3.29 エネルギー E および磁束コアからの距離 r で分解した準粒子局所状態密度スペクトル．エネルギーは超伝導ギャップ Δ を，距離はコヒーレンス長 ξ を単位とした値（温度は T_{c} の 5%，$k_{\mathrm{F}}\xi = 8$）．(N. Hayashi, *et al.*: Phys. Rev. Lett. **80** (1998) 2921 より許可を得て転載)

コアでは，準粒子の準位がエネルギー正負で交互に振動していく様子が理論計算で明確に示されているが[152]（図3.29），この振舞は，鉄系超伝導体 LiFeAs[156]，FeSe[157] などで観測されている．

ノードの有無に関わらず，超伝導ギャップに異方性がある場合はしばしばあり，この場合，それを反映して，準粒子の状態密度に方向依存性が現れることが期待されるが，この現象も実験[158]，理論[159] 両面から確認されている．

STM像が磁束量子コア内に一定のパターンを示すことが2002年に報告され，これは，フェルミ面上での準粒子の散乱による干渉パターンであることが明らかにされた[160, 161]．磁束量子コア内の準粒子干渉を利用して，銅酸化物高温超伝導体 BSCCO の超伝導秩序パラメーターの位相を観測し，d波であると結論する研究も行われている[162]．

（2）　磁束フロー（フラックスフロー）

磁束量子コア内の準粒子の状態密度のスペクトル，あるいは励起スペクトルを直接得ることができなくても，温度や磁場に対する応答を調べれば準粒子の性質を知ることができる．そのためには，超伝導状態でもゼロでない物理量を測定する必要がある．その候補として，比熱，熱伝導，磁束フロー（フラックスフロー）抵抗（あるいは磁束量子の粘性係数）が挙げられる．このなかで，コア内の準粒子の情報のみを選択的に得ることができるのは，磁束フロー抵抗である．以下で，磁束フロー抵抗からどのような情報が得られるかを簡単に見てみよう．

磁束量子が入っている状態で，磁束量子の軸方向に対して垂直に電流を流すと，磁束は電流から力を受けて動く．これが磁束フロー（フラックスフロー）であり，磁束フローを定量的に議論すると，その詳細を決めているのは磁束量子コア内における準粒子の電子状態であることがわかる．以下では，まずそれを示そう．

図3.25(b) のように，磁束が侵入した状態の超伝導体に電流を流すと，磁束は，ローレンツ力 $\boldsymbol{F}_{\mathrm{L}} = \boldsymbol{j} \times \Phi_0 \hat{\boldsymbol{z}}$ を受ける．ただし，$\boldsymbol{j}$ は駆動電流密度，$\hat{\boldsymbol{z}}$ は磁束線方向の単位ベクトルである．これが駆動力となり，磁束が動き出す．これにより，電流の方向に電圧 $\boldsymbol{E} = \boldsymbol{v} \times \boldsymbol{B}$ が発生する．すなわち，駆

動電流下では超伝導（抵抗ゼロ）は破れる．すると，速度ゼロの状態では磁束の芯を避けていた電流が，磁束が動き出すことにより生ずる電圧の発生に呼応して磁束芯を流れ，これにより，散逸が生ずる．速度 $\boldsymbol{v}$ が小さいときは，この現象を，磁束量子が粘性抵抗力 $\boldsymbol{F}_{\boldsymbol{v}} = -\eta\boldsymbol{v}$ を受けながら運動すると表現できるので，力のつり合いの式 $\boldsymbol{F}_{\mathrm{L}} + \boldsymbol{F}_{\boldsymbol{v}} = 0$ から，

$$\boldsymbol{j} \times \Phi_0 \hat{\boldsymbol{z}} = \eta \boldsymbol{v} \tag{3.6}$$

が成り立つ．これから，

$$\boldsymbol{E} = \frac{B\Phi_0}{\eta}\boldsymbol{j} \equiv \rho_{\mathrm{f}}\boldsymbol{j} \tag{3.7}$$

が成り立つことがわかり，電流と電圧の比例関係，すなわち，オームの法則が成立する．この ρ_{f} が磁束フロー抵抗である．

もし $\omega_0\tau \ll 1$ の場合，磁束芯は半径 ξ の金属の円柱のように考えられるので，磁束フロー抵抗は磁束量子の数に比例する．すなわち，常伝導状態の抵抗率を ρ_f，上部臨界磁場を B_{c2} とすると，

$$\rho_{\mathrm{f}} = \rho_{\mathrm{n}}\left(\frac{B}{B_{\mathrm{c2}}}\right) \tag{3.8}$$

である（バーディーンとスティファンによる，正確な議論は文献 [163] を参照のこと）

これに対して，$\omega_0\tau \gg 1$ の場合でも，流れの方向に渦が運動することにより，流体力学的なマグナス力（野球のボールで変化球が曲がるのと同じ力）$\boldsymbol{F}_{\mathrm{M}} = \alpha_{\mathrm{H}}\boldsymbol{v} \times \hat{\boldsymbol{z}}$ がはたらき，同程度の散逸が発生することがノジエール - ヴィーネン（Nozieres - Vinen）により示された[164]．これ以降，磁束量子にどのような力がはたらくかという問題に関しては，錚々たる理論家たちが取り組んできたが，今に至って，コンセンサスが得られていないというのは驚くべきことである（例えば，文献 [165-169]）．しかしながら，実用上は，上述の 2 つの両極端な提案を連続的につなぐ理論がコプニン（Kopnin）らによって TDGL 方程式を解くことにより得られており[165]，それによると，磁束量子の運動による粘性係数は，キャリア密度を $\boldsymbol{n}$ とすると，

$$\eta = \pi\hbar n \frac{\omega_0\tau}{1 + (\omega_0\tau)^2} \tag{3.9}$$

$$\alpha_{\rm H} = \pi\hbar n \frac{(\omega_0\tau)^2}{1+(\omega_0\tau)^2} \tag{3.10}$$

のように与えられる．(3.9) が縦成分，これに対して，(3.10) はホール成分を表しており，ホール角 θ が

$$\tan\theta \equiv \frac{\alpha_{\rm H}}{\eta} = \omega_0\tau \tag{3.11}$$

となる．ホール角が $\omega_0\tau$ の関数として簡潔に与えられることからわかるように，ホール角が磁束量子コア中の cleanness を表している．

一般に磁束量子は，欠陥や不純物などによりピン止めを受けるため，直流の電気抵抗測定から磁束フロー抵抗を求めることは，限られた条件下以外は困難である．これに対して，角振動数 ω の交流電流に対しては，磁束量子の変位を $\boldsymbol{u}$，ピン止めの力の定数を κ_0，熱ゆらぎによるランダム力を $\boldsymbol{f}(t)$ とすると，運動方程式は

$$\eta\dot{\boldsymbol{u}} + \kappa_0\boldsymbol{u} = \boldsymbol{j}e^{-i\omega t} \times \Phi_0\hat{\boldsymbol{z}} + \boldsymbol{f}(t) \quad (\dot{\boldsymbol{u}} = \boldsymbol{v}) \tag{3.12}$$

となり，駆動交流電流に比例する解として，

$$\boldsymbol{u} = \frac{\Phi_0/\kappa_0}{1-i(\omega/\omega_{\rm cr})}\boldsymbol{j} \quad (\omega_{\rm cr} \equiv \kappa_0/\eta) \tag{3.13}$$

が得られる．これからわかるように，$\omega \gg \omega_{\rm cr}$ であれば，あるいは，周波数依存性をきちんと調べることにより，磁束フロー抵抗を求めることができる．$\omega_{\rm cr}$ は，従来超伝導体では典型的には数 MHz 程度[166] であるのに対して，銅酸化物高温超伝導体[167] や鉄系超伝導体（後出）[168] では，数 GHz ～数十 GHz 程度である[169]．したがって，これらの超伝導体で磁束フローに関する情報を得ようとするならば，最低限マイクロ波以上の周波数での交流伝導度の測定が必須であることがわかる．マイクロ波領域の測定でしばしば行われる，円電流に対する散逸を測定する手法の場合，測定されるのは，縦方向，横方向両方の散逸を合わせた実効的散逸

$$\eta_{\rm eff} \equiv \eta + \frac{\alpha_{\rm H}^2}{\eta} = \pi\hbar n(\omega_0\tau) \tag{3.14}$$

であり，(3.14) から $\omega_0\tau$ が直接評価できることがわかる．

実際に，さまざまな cleanness の超伝導物質で磁束フロー抵抗を測定する

と，どの超伝導体でも，測定される $\omega_0\tau$ は 0.1 ～ 1 程度であるという結果が得られる（例えば，文献 [168, 174]）．このことから，磁束量子コア内の準粒子の平均自由行程 l を評価すると，$l \simeq \xi$ のように，常に磁束量子コアの半径程度になってしまうことがわかる．超伝導体中には磁束量子コア内以外にも，熱的に励起された準粒子が多数存在しており，それらの平均自由行程は，多くの場合，コア内準粒子のそれよりもはるかに長いことが知られている．同じ準粒子でも，磁束コア内の準粒子とコア外の準粒子の振舞が大きく異なるということは驚くべきことではあるが，この結果は，磁束量子コア内の準粒子の平均自由行程が，何らかの普遍的メカニズムによって，コア半径程度に頭打ちされてしまっているということを示唆している．

コア内の準粒子の平均自由行程を決める機構については，古くからさまざまな考えが提案されている[163-165, 175-181]．一例を抜き出すと，秩序パラメーターの緩和[175]，コア境界でのアンドレーエフ反射[164, 176, 180]，コア内準粒子準位間の遷移（スペクトラルフロー）[178, 179]，秩序パラメーターの集団励起モードの励起[180] などが挙げられる．しかし，これらのいずれの理論も，上述の普遍的側面の説明には成功していない．これは，今後に残された大きな課題である．

（3） そ の 他

ここまでは，スピン 1 重項のクーパー対をもつ超伝導体，特に磁束フローについてはすべて，s 波の超伝導体を念頭に議論を行ってきた．これに対して，d 波の超伝導体に対しても，具体的な計算が行われている[182]．スピン 3 重項超伝導体（特にカイラル p 波）の磁束量子コアは，スピン 1 重項超伝導体にない面白さが基礎・応用それぞれにあることが指摘されている．また，最近では，空間反転対称性の破れた超伝導が盛んに議論されるようになり，磁束量子コア中における準粒子の問題の研究が今後ますます広がりを見せてくれることであろう．本項ではページ数の制約から説明を省かざるを得なかった．そして，完全に割愛した，磁束量子コアが局部的に帯電する効果や，混合状態でのホール効果，さらに両者の関連といった問題とも併わせて，より丁寧な日本語の解説として，文献 [145] を参照されることをお勧めする．

3.2 人工構造をもつ超伝導体の磁束状態

3.2.1 超伝導薄膜・多層膜

(1) 超伝導薄膜における渦糸グラス－液体相転移

(a) 3次元渦糸グラス転移

前節で見た乱れの少ない純良単結晶試料に比べ，高温超伝導体の薄膜試料には，単結晶と遜色ない強い面内結晶配向性を見せるエピタキシャル成長薄膜であっても，ランダムなピン止め点が多数存在する．この乱れが由来となるピン止めエネルギー U_0 が磁束線にはたらく時，渦糸格子には，磁場方向に対する曲げや格子面内でのずれ変形や転位（dislocation）が生じ，格子としての位置の長距離相関が失われる．このような状態を渦糸グラス状態とよぶ．渦糸グラス状態から渦糸液体状態への転移は乱れの影響により2次相転移となるが，液体状態においても相転移直後では渦糸にピン止め力がはたらき動きにくくなっているため，転移温度 T_G 直上でも温度・磁場の増加と共に物理量に急激な変化が起きない．このような緩和時間の長い渦糸系での相転移を調べるには，電流に対する渦糸の応答（例えば電流－電圧（I－V）特性や複素伝導度）のスケーリング則を調べるのが有効である[183]．

スケーリング則とは，相転移の臨界状態において，物理量がその相転移を特徴づける長さと時間によってスケールされる現象である．ランダムな点欠陥（等方的な欠陥）を含む系での渦糸グラス相－液体相転移では，この特徴的長さと時間は，渦糸グラス転移温度 T_G で発散する磁束相関長 ξ_G と磁束緩和時間 τ_G であり，それぞれ $\xi_\mathrm{G} \propto |T - T_\mathrm{G}|^{-\nu}$，$\tau_\mathrm{G} \propto \xi_\mathrm{G}^{z} \propto |T - T_\mathrm{G}|^{-z\nu}$ と表される．ここで，ν は静的臨界指数，z は動的臨界指数とよばれる．ξ_G は3.6.1項および3.6.2項で述べるラーキン（Larkin）長 L_c，R_c と同じく渦糸相関の特性長であるが，L_c や R_c が T_G から十分離れた低温において，急激な温度変化を伴わない系のピン止め力を反映した相関長であるのに対し，ξ_G は渦糸系の相変化を特徴づける長さ（臨界領域での長さで等方的に T_G で発散）という点で区別される．

代表例として，電流－電圧（E－J）特性のスケーリング則を求める．マックスウェルの関係式から電場 $\boldsymbol{E}$ はベクトルポテンシャル $\boldsymbol{A}$ を用いて $\boldsymbol{E}=$

$-\partial \boldsymbol{A}/\partial t = -\partial(\boldsymbol{\nabla} \times \boldsymbol{B})/\partial t$ と表せるため，$\Phi_0/\xi_G\xi_G^z(1/(\text{長さ} \times \text{時間}))$ でスケールされる（磁束密度 B が Φ_0/ξ_G^2 でスケールされることを参照）．電流密度 $\boldsymbol{J}$ は自由エネルギー密度 F を用いて，$\boldsymbol{J} = -\partial F/\partial \boldsymbol{A}$ と表されるため，$(k_BT/\xi_G^D)/(\Phi_0/\xi_G) = k_BT/\Phi_0\xi_G^{D-1}$ でスケールされる（D は次元である）．

よって，スケーリング則は

$$E\xi_G^{z+1} = \tilde{\varepsilon}_{\pm}\left(\frac{J\Phi_0\xi_G^{D-1}}{k_BT}\right) \tag{3.15}$$

と表せる．ここで，$\tilde{\varepsilon}_+(x)$ と $\tilde{\varepsilon}_-(x)$ はそれぞれ $T > T_G$ と $T < T_G$ でのスケーリング関数であり，$x \to 0$ において一般的な磁束フロー抵抗より $\tilde{\varepsilon}_+(x) \propto x$，3.6.2 項の (3.55) より $\tilde{\varepsilon}_-(x) \propto \exp(-a/x^{\mu})$ である（a は定数）．(3.15) の左辺は $\propto E(xT/J)^{(z+1)/(D-1)}$ と変形でき，E が発散しない条件より $x \to \infty$ で $\tilde{\varepsilon}_{\pm}(x) \propto x^{(z+1)/(D-1)}$ となる．T_G 近傍での温度の変化に対し，ξ_G の温度変化が他に比べて十分に急であること，$\tilde{\varepsilon}_{\pm}(x) = x\varepsilon_{\pm}(x)$，および $D = 3$ を用いると (3.15) は

$$\left(\frac{E}{J}\right)\xi_G^{z-1} = \frac{E}{JR_{\mathrm{lin}}} = \varepsilon_{\pm}\left(\frac{J\Phi_0\xi_G^2}{k_BT_G}\right) \tag{3.16}$$

と変形することもできる．この場合，$\varepsilon_+(x) \simeq \text{constant}(x \to 0)$ となり，オーミック抵抗 R_{lin} は $(T - T_G)^{\nu(z-1)}$ でスケールされることになる．

図 3.30 に，$YBa_2Cu_3O_{7-\delta}$ のエピタキシャル薄膜（厚さ 100 nm）を用いて測定された，渦糸グラス転移温度近傍の電流 - 電圧（E - J）特性の両対数プロットを示す[184]．低電流領域で (3.15) の $\tilde{\varepsilon}_+(x)$ に相当する線形な振舞から，$\tilde{\varepsilon}_-(x)$（(3.6.2 項の (3.55)) で予測された上凸の曲率をもった振舞への変化が，T_G（点線部）において観測され，渦糸グラス相と渦糸液体相の境界の存在が確認される（ここで薄膜を用いているのは，10^5 A/cm 以上といった高い電流密度を流すことによって発生するであろう大きな発熱を十分抑えて実験を行うためであり，系は 3 次元と考えてよい）．また図 3.31 に示すように，図 3.30 で観測された電流 - 電圧特性は，(3.16) に従って再プロットすると $\varepsilon_+(x)$ と $\varepsilon_-(x)$ に相当する 2 つの関数に集約される．これは，相転移近傍でのスケーリング則が成り立っていること（T_G が確かに相転移温度であること）を示している．これらのスケーリング則を満たす臨界指数は，

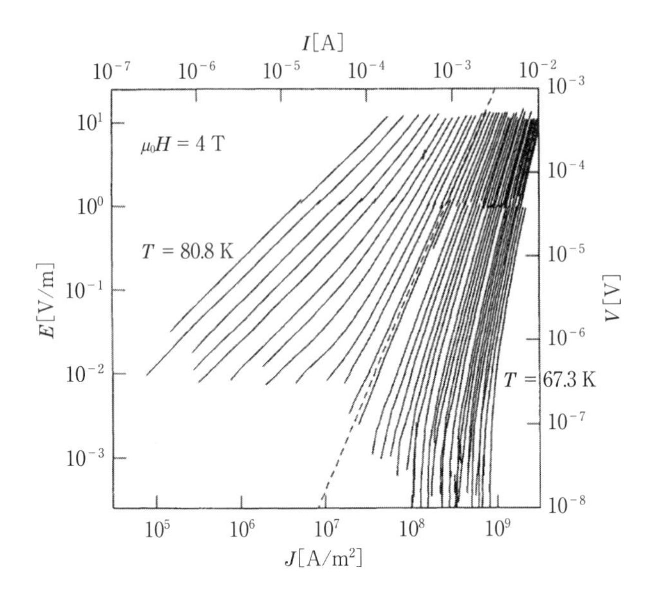

図 3.30　コッホら[184]によって渦糸グラス転移として最初に報告された $YBa_2Cu_3O_y$ エピタキシャル薄膜の電流-電圧（$E-J$）特性．（R. H. Koch, V. Foglietti, W. J. Gallagher, G. Koren, A. Gupta and M. P. A. Fisher: Phys. Rev. Lett. **63** (1989) 1511 より許可を得て転載）

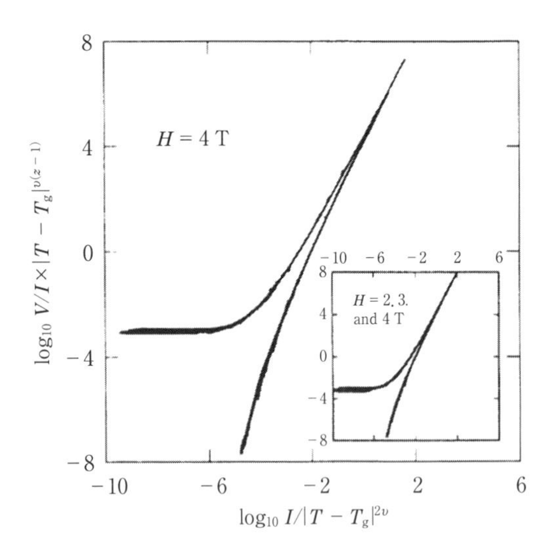

図 3.31　図 3.30 のデータを用いたスケーリングプロット．（R. H. Koch, V. Foglietti and M. P. A. Fisher: Phys. Rev. Lett. **64** (1990) 2586 より許可を得て転載）

試料形態にもよるが実験的に$\nu = 1 \sim 2, z = 4 \sim 5$と求まっている[184, 185].

同様なスケーリング則は，複素伝導度の周波数依存性$\sigma(\omega)$に対しても

$$\sigma(\omega) = \xi_{\mathrm{G}}^{z+2-D} \tilde{S}_{\pm}(\omega \xi_{\mathrm{G}}^{z}) \tag{3.17}$$

と表せる[183, 186]. ここで，$\tilde{S}_{+}(x)$と$\tilde{S}_{-}(x)$は$T > T_{\mathrm{G}}$と$T < T_{\mathrm{G}}$でのスケーリング関数であり，$x \to 0$において$\tilde{S}_{+}(x) \to$実数定数，$\tilde{S}_{-}(x) \to 1/(-ix)$，$x \to \infty$で$\tilde{S}_{\pm}(x) \propto x^{-(z+2-D)/z}$である．実験的に$T_{\mathrm{G}}$と$z$は，$\sigma = |\sigma| e^{i\varphi}$で表される位相$\varphi$の温度依存性が1点で交わる温度と，そこでの$\varphi(T_{\mathrm{G}}) = (\pi/2)(z + 2 - D)/z$より求まる．

上記の議論では，ピン止めポテンシャルU_0とT_{G}の関係は導くことはできない．ランダムなピン止めにより渦糸系の熱振動は抑えられるが，弾性変形のエネルギーは上昇するため，T_{G}は渦糸格子融解転移温度T_{m}から多少減少すると予想される（第2章の議論を参照）．試料によるU_0の違いはむしろ，ξ_{G}の大きさに反映される．U_0が小さい場合，3.6.2項の(3.46)と同じ考えでξ_{G}は大きくなり，グラス転移はよりシャープになることで1次相転移へ近づくことになる．

一方，次の3.2.2項で述べる柱状欠陥を含む系でのボーズグラス転移の場合は，欠陥により縦方向の相関が助長されるため転移温度T_{BG}が上昇する．この場合のE-J特性のスケーリング則は，欠陥方向と垂直方向の相関長$\xi_{/\!/} \propto |T - T_{\mathrm{BG}}|^{-2\nu}$，$\xi_{\perp} \propto |T - T_{\mathrm{BG}}|^{-\nu}$を用いて

$$\frac{E}{J} \xi_{\perp}^{z} \xi_{/\!/}^{-1} = \varepsilon_{\pm}\left(\frac{J \xi_{/\!/} \xi_{\perp} \Phi_0}{k_{\mathrm{B}} T_{\mathrm{BG}}}\right) \tag{3.18}$$

となる．欠陥方向に相関が速く発達することを反映して，$\xi_{/\!/}$の静的臨界指数が$\xi_{\perp}$の2倍になることを除き，(3.16)と似た形となる．

（b） **2次元渦糸グラス転移**

試料の厚さdが縦方向のコヒーレンス長ξより短い超薄膜や，層方向に相関の切れた層状超伝導体において，磁場を超伝導2次元面に垂直にかける場合，渦糸はパンケーキ磁束として試料中に侵入することになる．2次元の渦糸系は，縦方向の相関が存在しないため3次元系とは異なる性質を示す．

まず2次元超伝導薄膜は，秩序パラメーターの振幅が発達した平均場的超伝導転移温度T_{c0}以下において，2次元XYスピン系などと同様な位相モデ

ルで扱える．第2章でも述べられている通り，このような系では，$T=0\,\mathrm{K}$ まで秩序パラメーターの長距離秩序を形成できない．ゼロ磁場中においては，熱的に励起された渦 - 反渦対のトポロジカル相転移であるベレジンスキー - コステリッツ - サウレス（Berezinskii - Kosterlitz - Thouless：BKT）転移によって位相の長距離相関が発達する（オーミックな電気抵抗がゼロになる）が，ランダムな U_0 が存在する系において磁場中で侵入するパンケーキ磁束は，BKT 的な位相相関を壊すことになる．この結果，オーミック電気抵抗がゼロになる渦糸グラス転移は，2次元系では存在しても $T=0$ の極限にあるものと推測される．

フィシャー（Fisher）[183, 187] らの議論を用いると，2次元系で渦糸グラス転移が起こる時，磁束相関長は静的臨界指数 ν_{2D} を用いて，$\xi_G \propto T^{-\nu_{2D}}$（$T_G \to 0$ に相当）と表される．電流 - 電圧特性（または電気抵抗の電流依存性）のスケーリング則は，(3.15) に $D=2$ を代入して

$$\frac{E}{JR_{\mathrm{lin}}} = \varepsilon_{\pm}\left(\frac{J\Phi_0\xi_G}{k_B T}\right) \tag{3.19}$$

と表せる．この式は $J > J_{\mathrm{nl}} = k_B T/(\Phi_0\xi_G)$ の電流で，渦 - 反渦励起が相関をもった磁束相関のサイズ ξ_G より短いスケールで起こり，電流 - 電圧特性が非線形になることを意味する（BKT 状態での I - V 特性と同じ考えである）．2次元渦糸グラス臨界領域の特徴として，ξ_G の温度依存性を考慮すると $J_{\mathrm{nl}} \propto T^{1+\nu_2}$ になることが挙げられる．同様な議論を後述する熱活性磁束フローモデルで考えると，3.6.2項の (3.50) より $J_{\mathrm{nl}} \propto T$ となるため，この違いがモデルの妥当性を判断する1つの材料となる．また (3.17) の R_{lin} は2次元系において，パンケーキ磁束バンドルの熱活性的（または可変領域ホッピング的）な動きを考慮して

$$R_{\mathrm{lin}} \propto \exp\left[-\left(\frac{T_0}{T}\right)^p\right] \tag{3.20}$$

と理論的に予測される（熱活性的に運動する時は $p \geq 1$，量子力学的なトンネリングによって磁束が運動する時は $p \leq 1$ となる）[187]．

図3.32に，厚さ1.6 nm の YBCO 超薄膜における電圧 - 電流 (E - J) 特性のデータを示す[188]．すべての温度域において下凸の関数が観測され，有

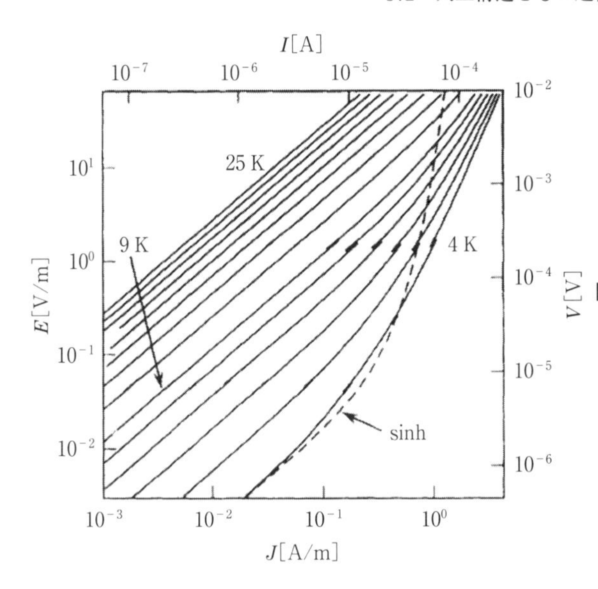

図 3.32 厚さ 1.6 nm の $YBa_2Cu_3O_{7-\delta}$ 超薄膜における電圧-電流(E-J)特性．(C. Dekker, P. J. M. Wöltgens, R. H. Koch, B. W. Hussey and A. Gupta: Phys. Rev. Lett. **69** (1992) 2717 より許可を得て転載)

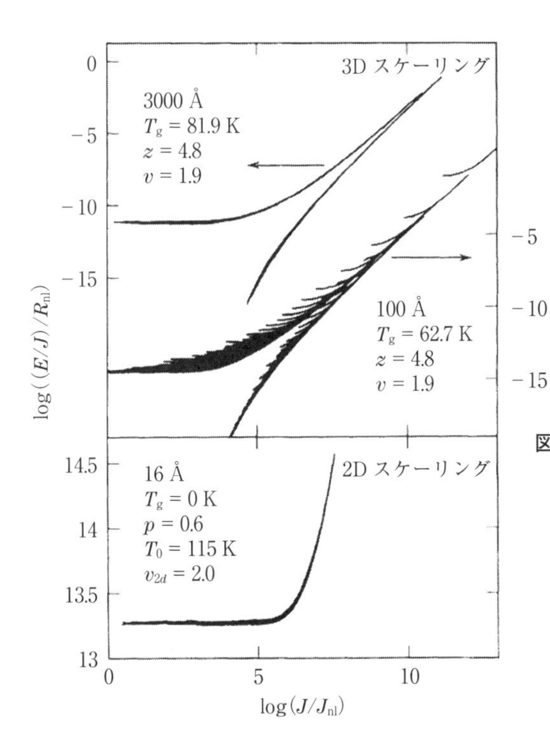

図 3.33 さまざまな厚さの $YBa_2Cu_3O_{7-\delta}$ 薄膜における電圧-電流(E-J)特性のスケーリング則（膜厚は上から 300 nm, 10 nm, 1.6 nm）．(C. Dekker, P. J. M. Wöltgens, R. H. Koch, B. W. Hussey and A. Gupta: Phys. Rev. Lett. **69** (1992) 2717 より許可を得て転載)

限温度では磁束液体状態であることがわかる．$\partial \ln E/\partial \ln J = 1.2$ となる電流密度で実験的に定義された J_{nl} は，T^3 に比例する．この振舞は $\nu_{2D} \simeq 2.0$ とした時の2次元渦糸グラス転移の予言とよく一致する．さらに，図3.32のデータは $p = 0.6$，$\nu_{2D} = 2.0$ とおいた場合，(3.17) のスケーリング則に従うことも示されている（図3.33）．

（c）超伝導体－絶縁体（S－I）転移

2次元超伝導体において，乱れの度合いを大きくしていくと，ゼロ磁場中において超伝導S状態（BKT状態）から絶縁I状態への量子転移が起こる．これは乱れ（disorder）誘起S－I転移とよばれ，クーパー対が乱れの周りで局在化することによる現象である．2つの相の境界における面抵抗は，$R_Q = h/(2e)^2$ と物質や系によらない値になることが理論的に予言される．同様なクーパー対の局在化は，垂直磁場中でも現れる．(b) で述べたように，上部臨界磁場 B_{c2} より十分小さい磁場中では $T = 0$ において $R = 0$ の2次元渦糸グラス状態が現れる．この状態から磁場を増加させていくと，ある臨界磁場 $B_C (\leq B_{c2})$ において，面抵抗が R_Q となり，それ以上の磁場で絶縁体化する[189]．この現象は磁場誘起S－I転移，または2次元ボーズグラス転移とよばれる（この名前が，次の3.2.2項の柱状欠陥を含む系での渦糸グラス転移と同じであることに注意したい）．この転移の存在は乱れを含む2次元超伝導体の基底状態が $B = B_C$ の金属状態（ボーズメタルとよぶ）を除いて，超伝導か絶縁状態のどちらかになることを意味する．

上記のS－I転移には，渦糸グラス転移と同様なスケーリング則が存在する[190]．超伝導相（または絶縁体相）を特徴づける長さとエネルギー（時間）スケールは，それぞれ $\xi_{SI} \propto |x - x_c|^{-\nu}$，$h/\tau \propto h\xi_{SI}^{-z}$ と表される．ここで $\nu \geq 1$ は静的臨界指数，$z = 1$ は動的臨界指数，x は乱れの度合い Δ（乱れ誘起の場合）または磁場 B（磁場誘起の場合）である．電場 E と電流密度 J は長さスケール L を用いてエネルギースケールと，$2eEL$ と $\phi_0 JL$ でそれぞれ関連づけられるため，E－J 特性のスケーリング則は

$$E = \left(\frac{h}{2e}\right)\xi_{SI}^{-1}\tau^{-1}\tilde{\varepsilon}_{\pm}\left(\frac{J\xi_{SI}\tau}{2e}\right) \tag{3.21}$$

と表される（$\tilde{\varepsilon}_{\pm}(y)$ は $x > x_c(+)$ と $x < x_c(-)$ でのスケーリング関数であ

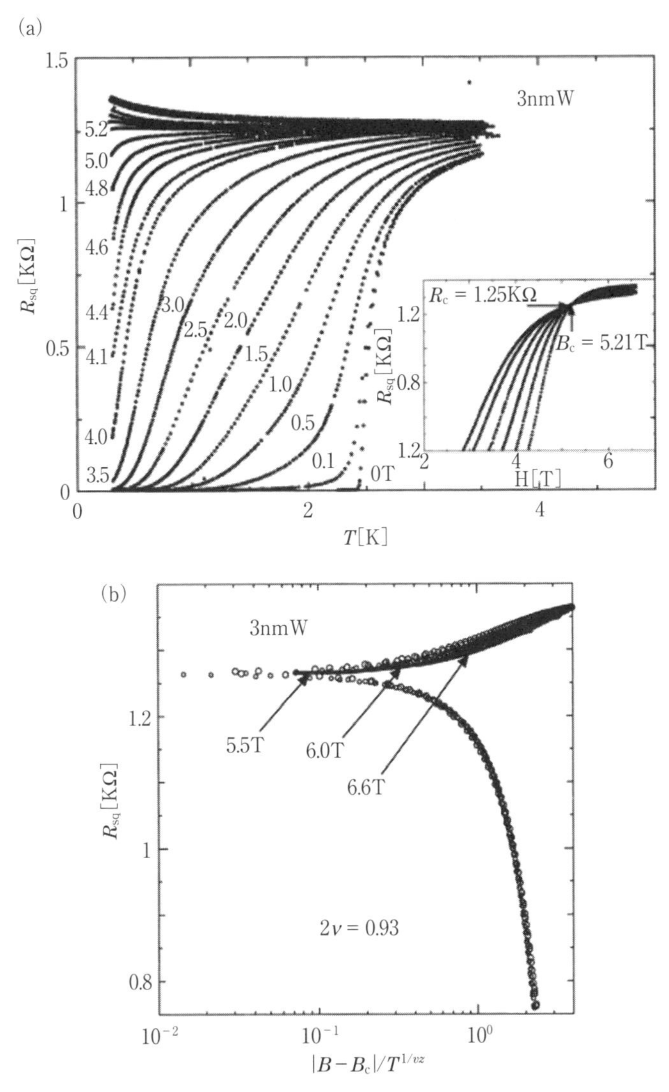

図 3.34　(a)アモルファス W 超薄膜における面抵抗の温度依存性に観測される磁場誘起 S-I 転移．(b)同データのスケーリングプロット．(Y. Kuwasawa, K. Kato, M. Matsuo amd T. Nojima: Physica **C305** (1998) 95 より許可を得て転載)

る）．(3.15) の場合と同様，E が発散しない条件より $y \to \infty$ で $\tilde{\varepsilon}_{\pm}(y) \propto y$ が得られる．これは，$x = x_{\rm c}$ において線形な E-J 特性（つまりオーミックな電気抵抗）が得られることを意味している．また $\tilde{\varepsilon}_{\pm}(y) = y\varepsilon_{\pm}(y)$ と変形して，$\varepsilon_{\pm}(y \to \infty) \simeq 1$ とおくと $x = x_{\rm c}$ の面抵抗として $R = E/Jd = R_{\rm Q}$ が得られる．

(3.21) は，$T = 0$ における E-J 特性のスケーリング則であることに注意したい．$T \to 0$ の転移点 $x_{\rm c}$ 近傍において，$k_{\rm B}T$ は h/τ でスケールされるため，$J \to 0$ での有限温度でのオーミック面抵抗は

$$R = \frac{E}{Jd} = \left(\frac{h}{4e^2}\right)\tilde{R}_{\pm}\left(\frac{|x-x_{\rm c}|}{T^{1/z\nu}}\right) \tag{3.22}$$

と表すことができる（$\tilde{R}_{\pm}(y)$ は $x > x_{\rm c}$ と $x < x_{\rm c}$ での電気抵抗のスケーリング関数である）．ここで，$y \to 0$（転移点）において $\tilde{R}_{\pm}(y) \simeq R_{\rm Q}$ であり，$y \to \infty$ において，$\tilde{R}_{+}(y) \propto \exp(y^{z\nu/2})$ は絶縁状態でのクーパー対の可変領域ホッピング，$\tilde{R}_{-}(y) \propto \exp[y^{z\nu}\ln y]$ は超伝導状態での渦の可変領域ホッピングを表す．

(3.22) のスケーリング則は，乱れを含むさまざまな超伝導薄膜において実験的に確認されている（図 3.34）[191, 192]．しかし，磁場誘起 S-I 転移の場合は，臨界面抵抗の値が理論予測の $R_{\rm Q}$ より若干小さくなる傾向がある．さらに，常伝導状態での面抵抗が $R_{\rm Q}$ に比べ十分小さくなると，超伝導状態と絶縁体状態の間に，有限な金属状態が出現し，(3.22) からの逸脱が観測されることもある[193, 194]．このような金属状態は，磁束系の量子トンネルによるホッピング[195]，量子液体状態[196]，ある種のボーズメタルが広がった状態[197, 198] などのモデルで議論されているが，その描像はまだはっきりしていない．

(2)　超伝導多層膜

厚さ d の超伝導膜 S と d' の異種物質（絶縁体 I，常伝導金属 N，磁性金属 M，パラメーターの違う別の超伝導体 S′ など）を交互に積層させた人工試料を超伝導多層膜[199-204] とよぶ．このような試料は，単層薄膜やバルク試料では見られない特有の超伝導現象を示し，さらにそれらを人工制御させるという特徴をもつ．加えて，銅酸化物超伝導体などのように積層構造を有す

る物質のモデル系にもなり得る．代表的な事象として次元クロスオーバー，層状ピン止め，局所的空間対称性の破れた超伝導などが挙げられる．（空間対称性の破れた超伝導は現在発展中のホットな話題であるが，紙面の都合上割愛する．バルクの同現象については 4.8 節を参照されたい．）．

（a） 次元クロスオーバー

超伝導多層膜において各超伝導層 S 同士は，ジョセフソン効果や近接効果によってカップルする．特に，$d+d'>\xi(0)\gtrsim d$ の多層膜の場合，温度の減少と共に積層方向のコヒーレンス長が短くなるのに伴い，カップリングが消失し，系が 3 次元から 2 次元へとクロスオーバーすることになる（図 3.35）．次元クロスオーバー温度 T^* は，$d\ll d'$ の S/I 多層膜の超伝導状態では，第 2 章で述べられているローレンス - ドニアック（LD）モデルによりうまく記述でき，$\sqrt{2}\xi(T^*)=d'$ となる温度で決定される（(2.53) を参照）．d が有限な厚さをもつ場合も，定性的には同様な議論ができる[205]．S/N 多層膜の場合は S 層と N 層の拡散係数 $D_{\mathrm{S,N}}$，状態密度 $N_{\mathrm{S,N}}(0)$，電子対相互作用 $V_{\mathrm{S,N}}$，d と d' のコヒーレンス長 $\xi(0)$ との比によってさまざまであるが，例えば $V_{\mathrm{N}}=0$ の場合，$N_{\mathrm{N}}(0)/N_{\mathrm{S}}(0)$ や $\xi(0)/d'$ が大きいほど，より低温まで 3 次元性が保たれることになる（詳細は文献 [206] を参照されたい）．

S/M 多層膜では，S/N 多層膜の条件に加え，さらに M 層中でのスピン反転散乱（散乱時間 τ_{M}），または交換ポテンシャル I_{M} の寄与が加わる[207, 208]．

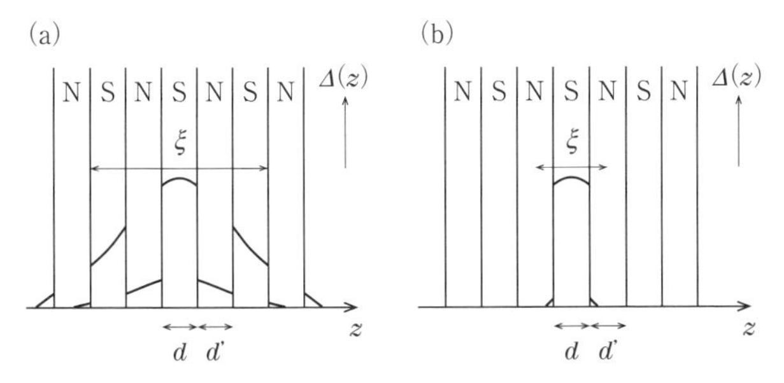

図 3.35 S/N 多層膜における H_{c2} 直下での秩序パラメーター振幅の空間依存性 $\Delta(z)$ と，コヒーレンス長 ξ の関係．(a)3 次元状態（高温）．(b)2 次元状態（低温）．

一般的には $1/\tau_{\rm M}$, $I_{\rm M}$ が大きければ大きいほど，より高温で2次元へのクロスオーバーが起こる．ただし近年，0 - π 転移[209]や強磁性ハーフメタルを用いたスピン3重項長距離近接効果[210]に見られるように，S/M 多層膜での超伝導現象は豊富であり，現在も議論が盛んに行われている．

次元クロスオーバーを実験的に観測する手段として，上部臨界磁場の温度依存性 $H_{c2}(T)$ が挙げられる．多層膜における層平行と垂直（z 方向）の GL コヒーレンス長をそれぞれ，$\xi_{/\!/}(T)$ と $\xi_{\perp}(T)$ とすると，系が3次元的な場合の層平行方向の上部臨界磁場は

$$\mu_0 H_{c2/\!/}(T) = \frac{\Phi_0}{2\pi\xi_{/\!/}(T)\xi_{\perp}(T)} = \frac{\Phi_0}{2\pi\xi_{/\!/}(0)\xi_{\perp}(0)}\left(1 - \frac{T}{T_c}\right) \quad (3.23)$$

と表せる．一方，系が2次元的になると温度依存性が

$$\mu_0 H_{c2/\!/}(T) = \frac{\alpha\Phi_0}{2\pi\xi_{/\!/}(T)d} = \frac{\alpha\Phi_0}{2\pi\xi_{/\!/}(0)d}\left(1 - \frac{T}{T_c}\right)^{1/2} \quad (3.24)$$

と変わるため，T^* で $H_{c2/\!/}(T)$ のアップターンが現れる（図3.36）[200]．ここで μ_0 は真空の透磁率である．α は系により異なる定数で，S/I 多層膜の場合，$d\Delta(z)/dz|_{z=\pm d/2} = 0$ の境界条件より $\alpha = \sqrt{12}$，S/M 多層膜の強磁性極限での境界条件 $\Delta(z)|_{z=\pm d/2} = 0$ より $\alpha = 5.53$ が導かれている．

多層膜にすることにより，T_c もバルクの値から変化することにも注意したい．S 層内部のペアポテンシャル（秩序パラメーター）の空間変化が $\simeq C\cos(k_S z)\,(k_S < 2\pi/d)$ で近似できるような場合，T_c は

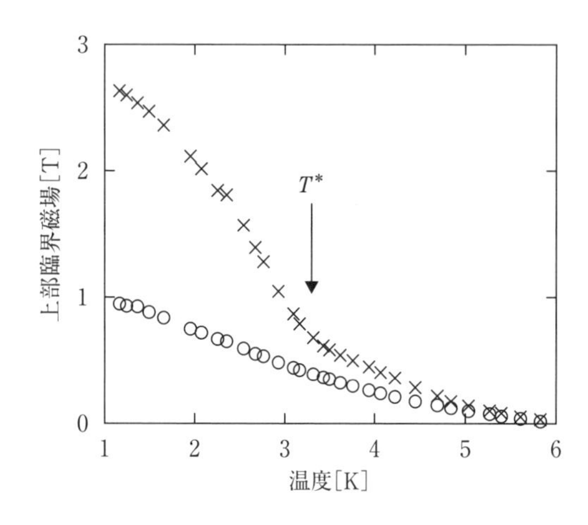

図3.36 Nb/Cu 超伝導多層膜の上部臨界磁場 $H_{c2}(T)$ に見られる次元クロスオーバー（矢印）．（C. S. L. Chun, G.- G. Zheng, J. L. Vincent and I. K. Schuller. Phys. Rev. **B29** (1984) 4915 より許可を得て転載）

$$\ln\left(\frac{T_{cS}}{T_c}\right) = \Psi\left(\frac{1}{2} + \frac{\delta_S}{2}\right) - \Psi\left(\frac{1}{2}\right) \tag{3.25}$$

によって与えられる．ここで，$\Psi(x)$ はダイガンマ関数，T_{cS} はバルク状態での超伝導転移温度である．$\delta_S \equiv (T_{cS}/T_c)(2k_S\xi(0)/\pi)^2$ は対破壊パラメーターであり，秩序パラメーターが N(M) 層に染み出すことよって生じる S 層内での対破壊の大きさを示す．δ_S の詳細については文献 [206-208, 211] を参照されたい．

(b) 層状ピニング

$d + d' \simeq \xi(T)$ の超伝導多層膜では，図 3.37 に示すように秩序パラメーターが空間的に振動する．この場合，渦糸はオーダーパラメーターの小さな層に優先的に侵入するため，層状構造自体が強いピン止めの原因となる．これは超伝導多層膜に限らず，層状の結晶構造を有する銅酸化物高温超伝導体でも観測されることから，固有ピン止め (intrinsic pinning) ともよばれる[212]．層状ピニングがはたらく系において，層平行方向に対し，試料にある角度 θ 方向をもった磁場 B を印加する時，図 3.38 のように磁場が階段上に磁束線が入る状況が考えられる（特に，$d < \xi$ の場合や双晶面や粒界のような層と垂直に向いたピン止め場所がある場合に起こりやすい）．

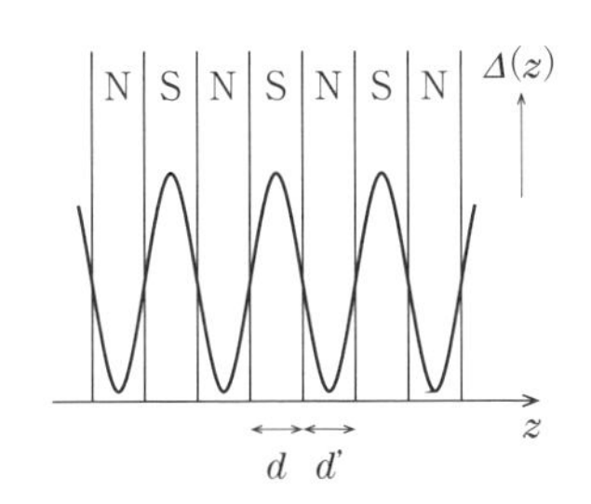

図 3.37 $d + d' \simeq \xi(T)$ で予想される S/N 超伝導多層膜中における秩序パラメーター振幅の空間変化 $\Delta(z)$．

このような場合，層平行方向の臨界電流密度 J_c ($J \perp B$ の配置を想定) は，層状ピニング力で決まる値 $J_{c,\,\mathrm{intrin}}(|B\cos\theta|)$ と層と垂直成分の磁束（パン

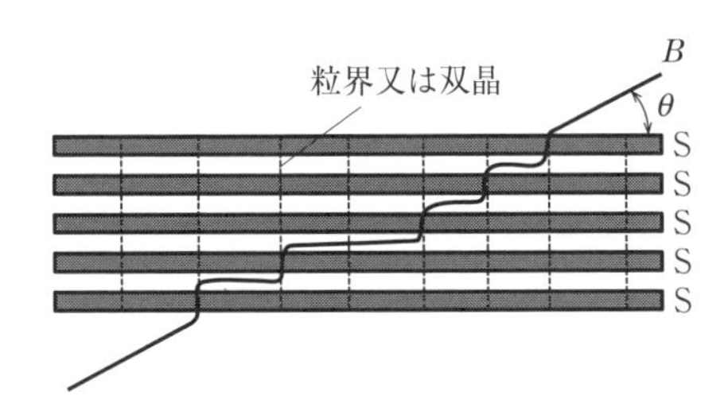

図 3.38 層状構造を有する超伝導体中へ侵入する渦糸の観念図．S は秩序パラメーターの大きな層，黒線が渦糸，θ は磁場と層平行方向のなす角度．

ケーキ磁束）へのピニング力（双晶面や粒界といった外的要因）で決まる値 $J_{\mathrm{c,extrin}}(|B\sin\theta|)$ のうち，小さい方によって決まることになる．今，強いピン止め効果で $J_{\mathrm{c,intrin}}(B)\simeq J_{\mathrm{c}}(0)$ の磁場依存性が弱く，$J_{\mathrm{c,extrin}}(B)$ のみが（$B^{-\alpha}$ のような減少関数で）強い磁場依存する場合，$J_{\mathrm{c}}(\theta)$ は，ほとんどの角度領域で $J_{\mathrm{c,extrin}}(|B\sin\theta|)$ によって決まることになり，$\theta=0^\circ$ に向かって鋭いピークをもつ振舞になる．このような振舞は，多層膜超伝導体や銅酸化物超伝導体でたびたび観測される[213-215]．

3.2.2　照射欠陥をもつ超伝導体

粒子線照射による欠陥導入は，超伝導体のピン止め特性を改善するのに有効な方法の１つであることは広く知られている．ここでいう粒子線とは，電子線，中性子線，高エネルギー重イオンなどを指す．これら粒子線の物質に対する照射効果については，『もともと原子炉や核融合炉などの構造材料が，高放射線下でどのような影響を受けるか』といった観点から盛んに研究が行われており，現在ではどんな物質にどんな粒子線照射を行うと，どういった欠陥がどの程度生成されるかということが半定量的にわかっている．このことは，照射により生成される欠陥の素性がはっきりしており，かつ欠陥の生成量を照射量によって制御できることを意味している．超伝導体への粒子線照射は，欠陥の種類および量を新たなパラメーターとして制御した状態で，磁束量子系のピン止めについて研究する手段を与えてくれる．

では，照射によってどのような理由でどのような欠陥が試料中に導入されるかを簡単に見ておこう[216]．

照射によって試料中を通過する入射粒子は主に２つの経路を通じてそのエネルギーを失い，それぞれの過程において異なる形状の欠陥が生成される．１つは入射粒子と試料中の原子との弾性核衝突で，これは入射粒子が比較的低いエネルギーのイオン（電子線を含む）や中性子の場合に支配的になる．もう１つは原子核を取り巻く価電子との相互作用（電子励起）によるもので，高エネルギー重イオン照射による円柱状欠陥生成はこちらに相当する．したがって，入射粒子の試料内部でのエネルギー減衰（阻止能，Stopping power）はこれら２つの成分の和として次のように表される．

$$\left(-\frac{dE}{dx}\right)_{\mathrm{total}}=\left(-\frac{dE}{dx}\right)_{\mathrm{nuclear}}+\left(-\frac{dE}{dx}\right)_{\mathrm{electronic}}$$

ここでEは入射粒子の運動エネルギー，xは粒子の移動経路に沿って測った距離である．

前者（右辺第1項）の場合，弾性衝突によって弾き出された「1次弾き出し原子（Primary Kockon Atom：PKA）」がさらに周囲の原子を弾き出すことによって欠陥生成がなされるため，このPKAがもつエネルギーの大きさが重要になる．例えば電子線の場合，PKAのもつ平均エネルギーE_{p}はターゲット原子の質量をMとすると

$$E_{\mathrm{p}}=E_{\mathrm{d}}\left\{\ln\left(\frac{E_{\mathrm{p\_max}}}{E_{\mathrm{d}}}\right)-1+Z\pi\alpha\right\}$$

$$E_{\mathrm{p\_max}}=\frac{2E(E+2m_ec^2)}{Mc^2}$$

と表される．ここでZはターゲット原子の価数，αは微細構造定数（$e^2/4\pi\varepsilon_0\hbar c=1/137$），$E_{\mathrm{d}}$は結晶中の原子の束縛エネルギー（20～30 eV）である．この式を用いて3 MeVの電子線照射の場合を考えてみよう．E_{d}は30 eVとして上式を適用すると，酸素原子をPKAとすれば$E_{\mathrm{p}}\simeq 3E_{\mathrm{d}}$となる．鉄以上の重い元素では$E_{\mathrm{d}}\simeq 2E_{\mathrm{p}}$となる．PKAのもつエネルギーは束縛エネルギーの2～3倍程度なので周囲の元素が数個はじき出されるだけで，欠陥は点状のものになる．一方，中性子照射は中性子の各元素に対する散乱断面積が小さいため，PKAが生成される確率は低いがそのエネルギーは$\simeq$1 MeV程度になるため，周囲の原子をさらに数万個はじき出すことができる．欠陥はカスケード状になり，電子顕微鏡でも観測が可能になる．さらに中性子をMgB_2に照射する場合は注意が必要である．この場合には，欠陥生成の中心は核衝突ではなく$^{10}\mathrm{B}(\mathrm{n},\alpha)^7\mathrm{Li}$といういわゆる$(\mathrm{n},\alpha)$反応が主となる．これは熱中性子の^{10}Bに対する極めて大きな反応断面積（3800 barn）による．このため超伝導を担うホウ素のネットワークが選択的に壊されてしまい，少ない照射量でT_{c}が激減してしまう[217]．

後者（右辺第2項）は，高エネルギー（$\simeq$100 MeV以上）の重イオン照射の場合，第1項と比較して2桁以上も大きくなり，欠陥生成の支配的要因

となる．通常，高温超伝導体に限らず，半導体や絶縁体においても，$(-dE/dx)_{\mathrm{electronic}}$ がある閾値（≃1 keV/Å）を超えると照射試料内部に直径数 nm の円柱状欠陥が生成されることが知られている．この閾値は文献によって異なるが，ここでは便宜上，1 keV/Å とする．通常，この条件を満たすのは高エネルギー重イオン照射（鉄以上の重い元素）の場合だけである．図 3.39 に，SRIM[218] で計算した Bi2212 に照射した金イオンと酸素イオンの阻止能の結果を示す．

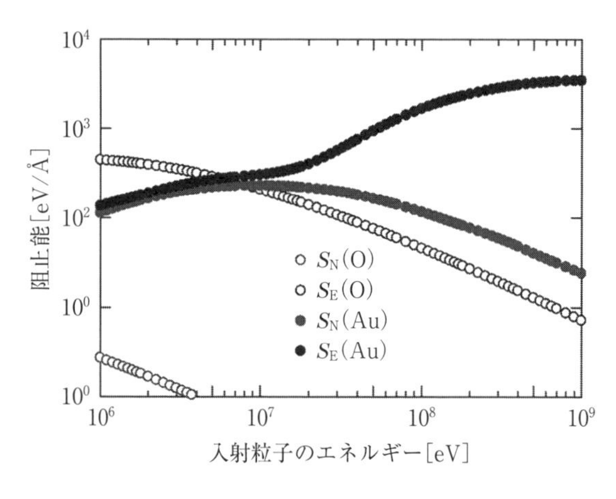

図 3.39 SRIM[218] を用いて計算した，Bi2212 に照射した金イオンおよび酸素イオンの阻止能のエネルギー依存性．S_N は核的阻止能，S_E は電子励起を表す．

この図によると，酸素イオン照射の S_E は全エネルギーで閾値の 1 keV/Å を超えない．したがって，酸素イオン照射では円柱状欠陥は形成されない．金イオン照射では，イオンのエネルギーが 100 MeV 以上の領域で閾値を超える．固体中での照射イオンエネルギーが閾値を超えている間は，円柱状欠陥が形成される．[219]

以下では，照射欠陥を導入した超伝導体におけるいくつかの具体例を見ていく．図 3.40 は，銅酸化物高温超伝導体の $YBa_2Cu_3O_{7-\delta}$ 単結晶に 3 MeV のプロトンを $10\times10^{16}\,\mathrm{cm}^{-2}$ 程度まで照射した場合の磁化 - 磁場曲線である[220]．不可逆磁化が臨界電流密度（J_c）に比例することに注意すると，自己磁場下における臨界電流密度（J_c）が 5 K において約 6 倍に，77 K では 10 倍以上に大幅に増強されていることがわかる．同様のプロトン照射による J_c の増強は，鉄系超伝導体でも試みられている[221, 222]．図 3.40 (c) は

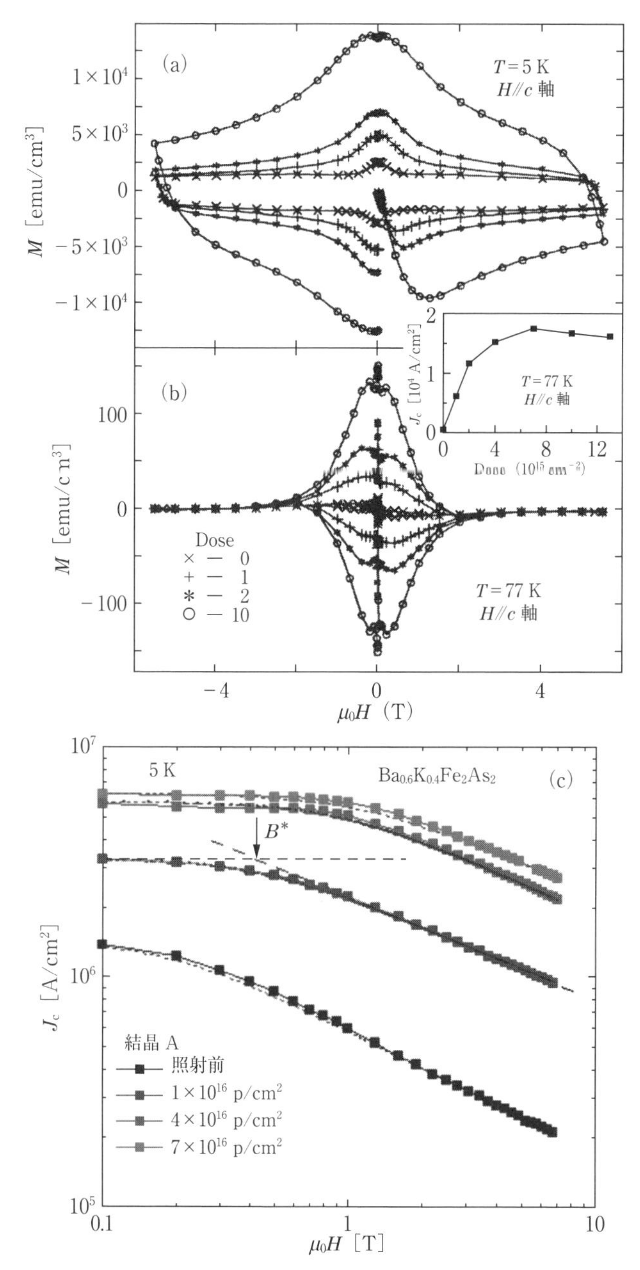

図 3.40 $YBa_2Cu_3O_{7-\delta}$ 単結晶に，3 MeV のプロトンを 10×10^{16} cm^{-2} 程度まで照射した時の磁化－磁場曲線．(a) 5 K，(b) 77 K，(c) (Ba, K)Fe_2As_2 単結晶に，3 MeV のプロトンを 7×10^{16} cm^{-2} 程度まで照射したときの J_c の磁場依存性．(L. Civale, A. D. Marwick, M. W. McElfresh, T. K. Worthington, A. P. Malozemoff, F. H. Holtzberg, J. R. Thompson and M. A. Krik : Phys. Rev. Lett. **65** (1990) 1164 および K. J. Kihlstrom, L. Fang, Y. Jia, B. Shen, A. E. Koshelev, U. Welp, G. W. Crabtree, W.-K. Kwok, A. Kayani, S. F. Zhu and H.-H. Wen : Appl. Phys. Lett. **103** (2013) 202601 より許可を得て転載)

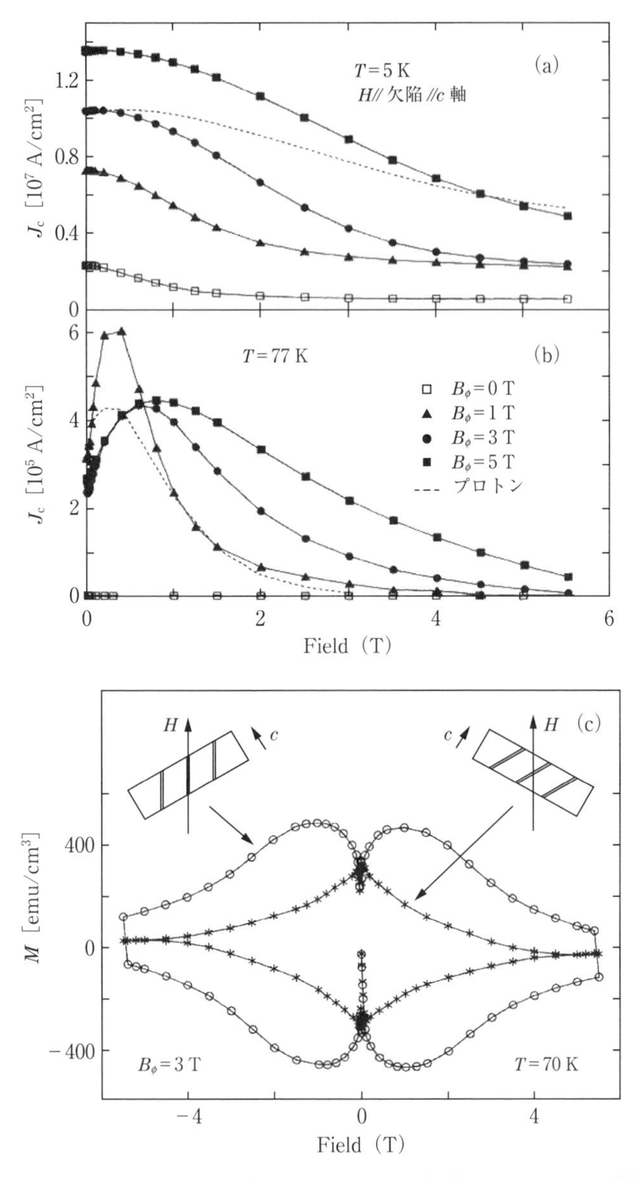

図 3.41　580 MeV の Sn イオンを照射した $YBa_2Cu_3O_7$ 単結晶における J_c の磁場依存性．(a) 5 K，(b) 77 K，(c) c 軸から 30° 傾けて照射した $B_\phi = 3$ T の試料における不可逆磁化の磁場方向依存性（$T = 70$ K）．（L. Civale, A. D. Marwick, T. K. Worthington, M. A. Krik, J. R. Thompson, L. Krusin-Elbaum, Y. Sun, J. R. Clem and F. Holtzberg : Phys. Rev. Lett. **67** (1991) 648 より許可を得て転載）

(Ba, K)Fe_2As_2 単結晶に 7×10^{16} cm^{-2} 程度まで照射した例である[222]．5 K では，自己磁場下において J_c が未照射時 3 倍以上増強されている．

超伝導体への重イオン照射による柱状欠陥の導入は，銅酸化物高温超伝導体の発見以降に行われた．図 3.41 は $YBa_2Cu_3O_7$ 単結晶に 580 MeV の Sn イオンを照射した例である[223]．柱状欠陥においては，照射量をマッチング磁場 $B_\Phi = \Phi_0 n$ で表すのが通例である．ここで，Φ_0 $(= 2.07 \times 10^{-7}$ cm^{2}G$)$ は磁束量子，n は柱状欠陥の面密度である．点状欠陥の時と同様に J_c の大幅な増大が実現されている．$B_\Phi = 5$ T の照射では，5 K においても 5 倍，77 K では数十倍以上の増大が見られている．$YBa_2Cu_3O_7$ においては，柱状欠陥の直径は 8 〜 10 nm であり，$B_\Phi = 5$ T における欠陥の平均間隔 20 nm に近くなっており，この数倍の柱状欠陥を導入するとすでに超伝導が大幅に破壊され，J_c の減少が始まる．

柱状欠陥の最も特徴的な点はその方向性であり，図 3.41(c) に示すように c 軸から 30° 傾けて柱状欠陥を導入した場合，磁場をその方向に印加した場合とその反対方向に 30° 傾けて印加した場合では，その効果が大きく異なる[223]．すなわち，後者において柱状欠陥は磁束量子との交点のみにおいて相互作用する点状欠陥としてはたらく．鉄系超伝導体においても，重イオン照射による柱状欠陥の生成と J_c の増大が確認されている[224]．

柱状欠陥を導入した超伝導体においては，その配置・磁場の強さ・熱ゆらぎの大きさなどにより，さまざまな新奇な相が実現すると考えられている．典型例として，図 3.42(a) に示すように柱状欠陥に磁束がトラップされた“ボーズグラス相”が実現する[225]．これは，柱状欠陥方向を時間軸と考えた場合に，磁束量子の配置・ダイナミクスが 2 次元ランダムポテンシャル中のハードコアボソンの振舞の時間発展にマップできることから，こうよばれる．この系で熱ゆらぎを強めるとボーズグラスは融解し“磁束液体相”となる（図 3.42(b)）．また，柱状欠陥の数と磁束量子の数が一致した場合には，磁束量子はその運動を著しく制限されると考えられる．強相関系との類推から，この状態は“モット絶縁体相”とよばれている（図 3.42(c)）．一方，柱状欠陥の方向に分散をもたせた系では，磁束量子が運動するためには絡み合いを解消しなくてはならない．このため，磁束量子の運動はボーズグラス

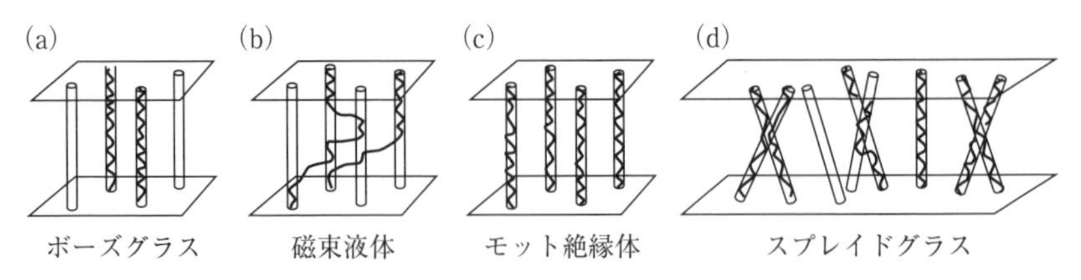

図 3.42 柱状欠陥を導入した超伝導体で実現されるさまざまな相. (a) 磁束液体相, (b) ボーズグラス相[225], (c) モット絶縁体相, (d) スプレイドグラス相[226].

の場合より強く抑制される. このような系における磁束状態を, “スプレイドグラス相”とよんでいる (図 3.42(d))[226].

柱状欠陥の場合, その方向と超伝導体中の磁束量子の方向との競合により, 多様な物理現象が生じることが予想される. そのうちの1つがロックイン現象であり, 相関のあるピン止めである柱状欠陥や双晶境界が導入された系において, 磁束量子の傾きに関する弾性定数 c_{44} が非常に大きくなることに起因する. 具体的には, 外部磁場を柱状欠陥方向からある角度 θ 傾けて印加した場合, θ がある臨界値より小さければ磁束量子は柱状欠陥にトラップされ, 外部磁場とは異なる方向を向く[227, 228]. また, 柱状欠陥に対し外部磁場を印加した場合に, 試料全体の磁化に特徴的な角度依存性が発生することがある. この現象の1つの解釈として, 外部磁場を傾けた方向の臨界電流が増強されると考えることができる[229].

外部磁場と柱状欠陥の方向が一致している場合にも, 試料の磁化に特徴的な磁場依存性が見られる場合がある. 図 3.43 は, $Ba(Fe, Co)_2Fe_2$ 単結晶の c 軸方向に柱状欠陥を導入した試料における磁化の磁場依存性である[230]. ゼロ磁場ではなくある有限の磁場において, 臨界電流密度が最大値をとる. これは, ゼロ磁場下における試料中の磁束量子の分布を検証することにより理解できる. すなわち, 板状超伝導体の短軸方向に磁場を印加して取り除いた後の臨界状態において, 磁力線は図 3.43(b) のように大きく曲がっている. したがって, c 軸方向に導入した柱状欠陥によるピン止めが有効に効かない. 一方, 自己磁場程度の外部磁場を印加すると, 図 3.43(c) のように磁束線が外部磁場方向に引き伸ばされ, 柱状欠陥が有効になり J_c が増大することになる.

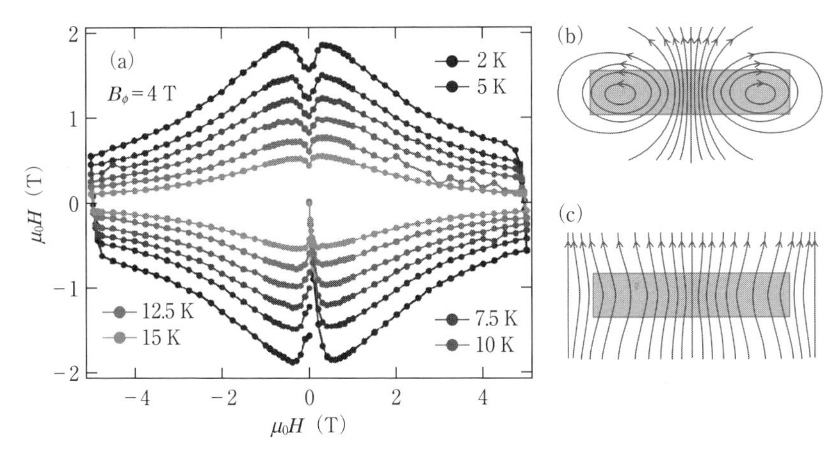

図 3.43 (a) 柱状欠陥を導入した $Ba(Fe, Co)_2Fe_2$ 単結晶の磁化 - 磁場曲線．低磁場に特徴的なピーク構造が見られる．板状超伝導体中の磁場分布の模式図：(b) $H=0$ および (c) $H \simeq H_{sf}$ (自己磁場)．(T. Tamegai, T. Taen, H. Yagyuda, Y. Tsuchiya, S. Mohan, T. Taniguchi, Y. Nakajima, S. Okayasu, M. Sasae, H. Kitamura, T. Murakami, T. Kambara and Y. Kanai: Supercond. Sci. Technol. **25** (2012) 084008 より許可を得て転載)

柱状欠陥を導入した系では，そのダイナミクスにおいても特徴的な現象が見られる．図 3.44(a) 挿入図は，c 軸方向に柱状欠陥を導入した $YBa_2Cu_3O_7$ 単結晶における規格化緩和率 $S(=d \ln J/d \ln t)$ の温度依存性である[231]．通常の $YBa_2Cu_3O_7$ 単結晶では，集団的クリープを反映して，中間温度域において S は温度に依存しない 0.03 程度の一定値をとるが[232]，柱状欠陥を導入することにより，$\mu_0 H < B_\Phi$ における中間温度域で S が 0.1 程度まで大きくなる．同じ温度域で図 3.44(a) に示すように，J_c は大きな減少を示す．これは，温度が上昇するにつれ図 3.44(b) に示すように，柱状欠陥にトラップされた磁束量子の一部が隣接した柱状欠陥に達するようになるためであると考えられている．一旦，このような励起が起こると，柱状欠陥間にある磁束量子がローレンツ力により反対方向に移動することにより，磁束量子の実効的な並進運動を助長するため，S が増大し J_c が減少すると考えられる．

柱状欠陥を導入した系に見られている上記 2 つの現象は，本来すべての柱状欠陥を導入したすべての系で見られる普遍的な現象であると考えられるが，前者は主に鉄系超伝導体で，後者は $YBa_2Cu_3O_7$ でしか観測されていな

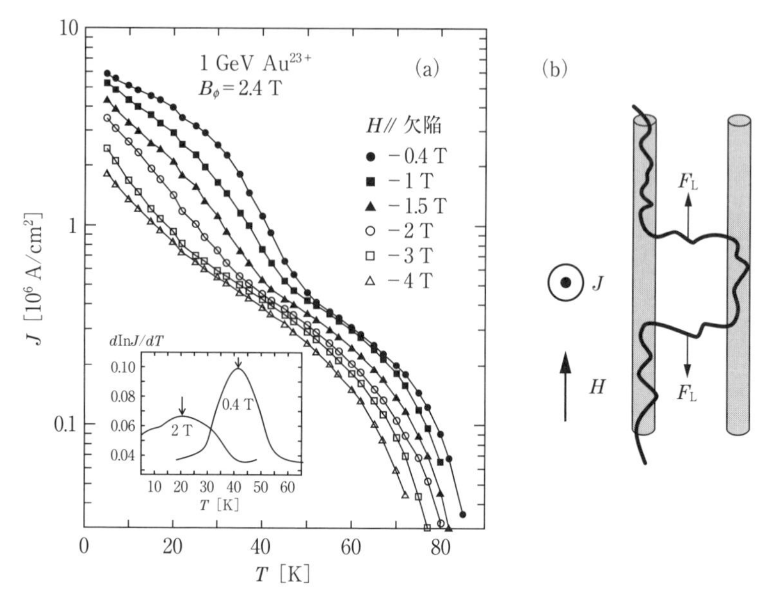

図 3.44　(a) 柱状欠陥を導入した $YBa_2Cu_3O_7$ 単結晶における J_c の温度依存性．中間温度域で J_c の急激な減少が見られる．同じ温度域で規格化緩和率がピークをとる．(b) 柱状欠陥を導入した系における熱ゆらぎによる磁束量子の励起．(L. Krusin-Elbaum, L. Civale, J. R. Thompson and C. Feild: Phys. Rev. **B53** (1996) 11744 より許可を得て転載)

い．これらの現象が起こるための条件について，今後の研究が待たれている．

最後に，本項で取り上げることのできなかった，柱状欠陥を導入した超伝導体で観測される興味ある現象を紹介しておく．柱状欠陥の密度と磁束量子の密度が等しい時，マッチング効果による何らかの現象の発生が期待される．しかし，柱状欠陥はランダムに導入されるため，磁束量子間の相互作用と磁束量子と柱状欠陥間の競合が起こるため，一般には，外部磁場が B_Φ よりも小さい時に現象が現れると考えられる．この広義のマッチング効果に起因する現象として，可逆磁化の異常[233]や，磁束量子の長さ方向の相関の増大[234]などが観測されている．

3.2.3 周期的ナノ欠陥構造をもつ超伝導体

前項で見たように，欠陥がランダムに多数存在する場合の渦糸系では，ボーズグラス相といった新たな渦糸相や相転移の存在が明らかにされ，応用上はピン止め効果，すなわち臨界電流密度の著しい向上が図れることがわかった．では，欠陥構造を規則的に配置した場合には，渦糸状態はどのような変更を受けるであろうか？

数 nm から数十 nm の微細な欠陥を導入できるメリットがある高エネルギー粒子線照射であるが，マイクロメートル以下の正確さで位置を制御して打ち込むことは現状において容易ではない．一方で，リソグラフィーを中心とした微細加工では，技術の進歩と共に高い加工精度の装置が比較的容易に利用できるようになってきており，サブミクロンサイズの孔や磁性体ドットなどを用いた周期的ピン止めについての研究が，特に従来超伝導体薄膜において盛んである．その他，リソグラフィー以外の興味深い加工法として，規則的なナノサイズの孔をもつ陽極酸化アルミナや配列した微小粒子をテンプレートとしてその表面に蒸着する方法や[235, 236]，ビッター装飾法による渦糸格子のパターン自体を周期的磁性ピン止めとして用いる方法[237]など，さまざまな試みがある．

周期的に欠陥を導入した系では，渦糸間相互作用で形成されるアブリコソフ三角格子と欠陥格子との間の整合性により，集団としてのピン止め力が大きく変化する．最も顕著な変化は，欠陥密度と渦糸密度が一致するマッチング磁場 $H_\Phi(=B_\Phi/\mu_0)$ やその整数倍の nH_Φ （n は整数），場合によっては，分数倍の磁場において起こるマッチング効果によるピン止め力の増大である．格子間隔とマッチング磁場の対応は，$1\,\mu$m 間隔の正方格子状の欠陥格子がある場合で，$B_\Phi = \Phi_0/(1\,\mu\mathrm{m})^2 \simeq 2.07\,\mathrm{mT}$ である．すでに 1970 年代に，電子線リソグラフィーにより正三角格子状に $0.5\,\mu$m 径の孔を開けた Al 薄膜を用いた実験がなされており，マッチング効果による電気抵抗の減少，臨界電流密度 J_c の増大が観察された[238]．空間的にランダムな欠陥分布をもつ場合とは異なり，マッチングによる J_c 増大効果は磁場に敏感で，マッチング磁場から外れると，急激にピン止め力が弱くなるのと高次のマッチングが見られるのが特徴的である．

ひとえに周期的ピン止めといっても，ピン止め中心のサイズや形状，ピン止め格子の対称性・格子間隔，対象物質の超伝導コヒーレンス長ξや磁場侵入長λ，薄膜の膜厚，さらに温度や磁束密度（渦糸密度）などさまざまなパラメーターが絡むため，状況によってマッチングの起こり方も変わる．その中でまず重要になってくるのは，1つのピン止め中心に何本の渦糸が入るかである．無限大の超伝導体に半径rの円柱孔が1つだけ存在する場合に，エネルギー的に許容される最大の渦糸数は$N_s = r^2/(\xi^2 + 2\xi r) \simeq r/2\xi$と与えられ[239]，飽和数（saturation number）とよばれる．式からわかるように，ピン止めの径とコヒーレンス長の比でおよそ決まる．実際には膜厚は有限で，周囲には多数の孔と渦糸が存在するので，状況はかなり異なるが，およその目安として実験との比較によく用いられる．

単純な場合として，超伝導体薄膜に円形孔の正方格子を設けた場合に渦糸がどのような配置をとるか考えてみよう（図3.45）．人工孔のピン止めポテンシャルが十分大きい時，渦糸数をゼロから増やすと，まず渦糸は孔の中に捕捉され，第1マッチング磁場B_1ですべての孔に1本ずつ渦糸が収まる（図3.45(a)）．このようなマッチング磁場で渦糸が動けなくなった状態は，モットの金属絶縁体転移のアナロジーからモット絶縁体状態と見ることもできる[240]．

$N_s = 1$の場合，さらに磁場を増加すると渦糸は孔外へ溢れ，孔に強くピ

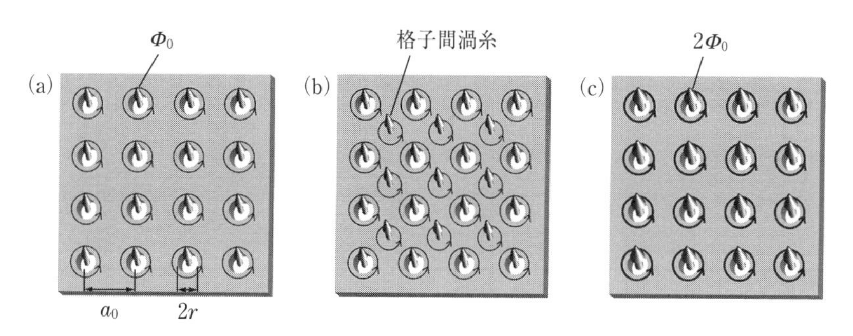

図3.45　人工的に導入された円形孔格子をもつ超伝導体薄膜中の渦糸配置．(a) マッチング磁場B_Φでのピン止めされた渦糸格子，(b) 孔にピン止めされた渦糸と格子間渦糸の複合渦糸格子（$B \simeq 2B_\Phi$），(c) 1つの孔に2本の渦糸が入った多重量子渦糸格子（$B=2B_\Phi$）．

ンされた渦糸による囲いの中に緩く束縛された格子間渦糸（interstitial vortex）が現れ始め，$B = 2B_\Phi$ で孔に捕捉された渦糸と格子間渦糸からなる複合渦糸格子（composite vortex lattice）が形成される（図 3.45(b)）．一方，$N_s = 2$ の場合は，$2B_\Phi$ まですべての渦糸が孔に入ることができ，1 つの孔に 2 つ分の渦糸が入った $2\Phi_0$ のフラクソイドをもつ多重量子渦糸（multiquanta vortex）が格子を形成する（図 3.45(c)）．さらに，磁場を増加させると，図 3.45(b) と同様，孔の間に格子間渦糸が現れる．

ここでは，飽和数が磁場依存しない前提で渦糸配置を考えたが，図 3.45 (b) のように格子間サイトがすべて占有されると，新たに追加された渦糸が再び孔へと捕捉される場合もありうる[241,242]．また，飽和数は温度に依存するので，温度によってもその配置は変わりうる．さらに $3B_\Phi, 4B_\Phi, \cdots$ と磁場が増加すると，1 つの孔に捕捉される渦糸の本数に応じてマッチング磁場での渦糸配置はさまざまに変化するであろう．例えば，飽和数が 1 で孔に収まらない格子間渦糸が多数存在すると，孔格子と整合するように格子間渦糸が格子を形成し，マッチングを起こすと考えられる（supermatching）[243]．

以上の渦糸配置の変化の中で，格子間渦糸の存在はダイナミクスに大きな影響を与える．格子間渦糸があると，孔にピンされた渦糸より動きやすいため，マッチング効果によるピン止め力の増強効果が弱められることが予想される[244]．実験的には，Pb/Ge 多層膜試料の磁化緩和測定で磁場依存性に見られた急激な緩和率の増大や[241,245]，ある特定の整数マッチング磁場でのマッチング効果の消失[242] といった現象が，格子間渦糸によって説明されている．孔格子の代わりに微小な金属・磁性体ドット格子を用いても，同様のマッチング効果を観察できる[246]．

高温超伝導体においては，大きな熱ゆらぎの効果や短いコヒーレンス長といった要因が加わり，渦糸格子融解現象が H_{c2} から十分離れた温度・磁場で起こる．そのような環境で，ピン止めされた多重量子渦糸格子や格子間渦糸を含む複合渦糸格子の融解が果たして起こるのか，重イオン照射などによるランダムな欠陥の場合と渦糸相図がどのように異なるかなど，周期的ポテンシャル中の多体系における融解現象と関連して興味深い[247]．

実験的には，表面に非貫通孔配列をもつ $Bi_2Sr_2CaCu_2O_{8+\delta}$ 単結晶で渦糸相図が調べられたが[248]，融解相転移の存在など未解明な点があり今後の課題であろう．マッチング効果自体は$YBa_2Cu_3O_{7-\delta}$薄膜や，$Bi_2Sr_2CaCu_2O_{8+\delta}$などで観察されている．特に，$Bi_2Sr_2CaCu_2O_{8+\delta}$においては，単結晶からへき開により高品質の薄膜状試料を取り出すことができるため，図3.46(a)のような収束イオンビーム（FIB）で孔格子を導入した試料では，明瞭な整数マッチング効果と，場合によっては綺麗な分数マッチング効果が現れる（図3.46(b)）[249]．

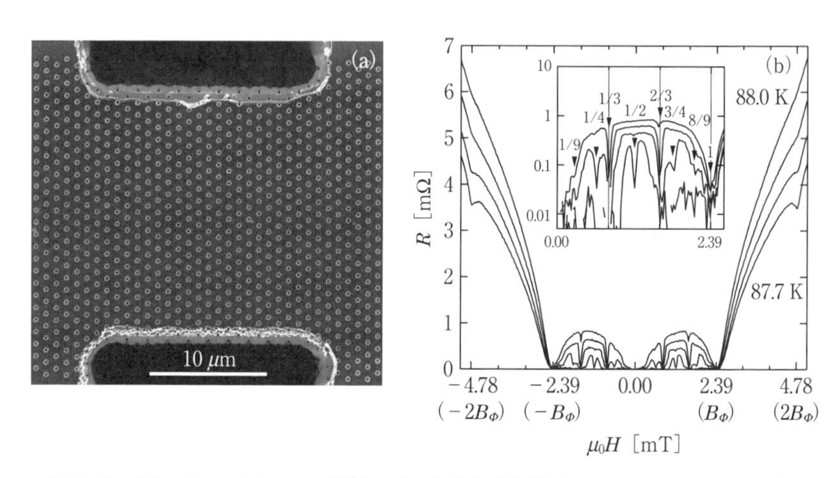

図3.46　(a) FIBにより1 μm間隔の正三角孔格子を導入した$Bi_2Sr_2CaCu_2O_{8+\delta}$単結晶薄膜，(b) T_c近傍での整数マッチング効果と分数マッチング効果（挿入図）．

多くの場合，電気抵抗や臨界電流，もしくは磁化測定により渦糸状態が調べられたが，渦糸の配置に関しては直接観察するのが最善である．例えば，外村らが開発した電子線ホログラフィー法により，FIBで加工した微細孔正方格子上の$N_s=1$に対応する渦糸配置や格子間渦糸の運動が，直接かつ動的に観察された[250]．マッチング磁場の分数値での渦糸配置も明らかである．

ピン止め格子の対称性を少し落として長方格子とすると，正方格子・正三角格子の場合と異なり，ある磁場を境にマッチング磁場の周期が明瞭に変化するという興味深い現象が起こる[251, 252]．例として図3.47に，長方形状に孔格子を導入したNbNにおける抵抗の磁場依存性に見られたマッチング効

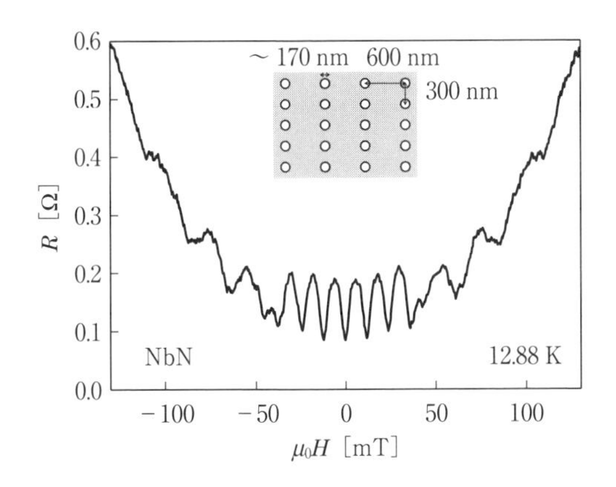

図 3.47 600×300 mm 間隔の長方形の孔格子(挿入図)をもつ，NbN におけるマッチング効果[253]．2 種類の周期が見られる．

果を示す[253]．低磁場側の周期は，ピン止め格子の単位胞の面積で決まる磁場周期となっている一方，高磁場側は，短い方の格子間隔で作る正方形の面積に対応する磁場周期に近い．ピン止めエネルギーと渦糸格子の弾性エネルギーの競合により，低磁場側ではピン止め力が優勢ですべての渦糸がピン止めサイトに収まろうとするのに対し，高磁場側ではある閾値磁場を境に，渦糸間の弾性力が優ることで，長辺方向では一部ピン止めサイトから外れ，短辺方向の格子間隔で決まるマッチング周期に変化するとされた[251]．ただし，高磁場側では動的秩序の可能性も指摘されており[252]，完全な解明には至っていない．

その他，さまざまなピン止め格子でマッチング効果が調べられているが，回転対称性が 5 回対称なペンローズパターンでは，マッチング磁場周辺の狭い範囲だけでなくより広い磁場で，かつ場合によってはランダムな場合よりも J_c を増大させられることがシミュレーションにより指摘され[254]，実際に実験で確認された[255]．

応用に向けた観点からは，渦糸のダイナミクスを人工欠陥構造で制御する試みがある．例えば，1 次元状に並べた孔により，ローレンツ力と異なる向きへ渦糸を運動させるガイド効果が $YBa_2Cu_3O_{7-\delta}$ で見出された他[256]，電流の向きに依存してピン止め力が異なるように孔の形状を空間的に非対称とすることで，渦糸を一方向のみに移動させる渦糸ラチェット（vortex ratchet）が研究された[257]．いまだ整流作用はそれほど大きくないが，渦糸版ダイオードという1つのデバイスの形として興味深い．また，孔形状は円形でも，孔の配置を非対称化にすることで渦糸ラチェットを実現できることが電子線ホログラフィーにより直接観察されている[258]．

3.3　微小超伝導体中の磁束構造と超伝導

3.3.1　微小超伝導体の超伝導理論

超伝導体を小さくしていくと何が起こるだろうか？　一般に金属を小さくしていくと，その中の電子は，量子力学に従って，束縛状態を作り，そのエネルギーは離散的となる．この効果は微小超伝導体でも生じる．第1章で見たように，超伝導体は，電子状態のエネルギースペクトル中で，フェルミエネルギーにおいて超伝導エネルギーギャップが生じるため安定となるが，このエネルギーギャップが離散化した電子のエネルギーの飛びより小さくなった時，超伝導が壊れる[259]．また，微小超伝導体ではバルクの超伝導体とは異なって電子数が重要となり，クーパー対が形成する時に，総電子数が奇数の場合では，孤立電子が存在するため総電子数が偶数か奇数かで転移温度が変化する[260]．このような総電子数の偶奇性で超伝導の安定性が変化することは，量子ビットの候補であるクーパー対ボックスにおいて利用されている[261]．さらに，超伝導体のサイズが小さくなると，電子の数密度が大きくなり，超伝導転移に必要な状態密度も大きくなって，転移温度が上昇する[262, 263]．

微小超伝導体において，このような電子の閉じ込めによる効果の他に，量子渦糸の閉じ込めによって，渦糸状態においてバルクと異なる性質が現れる．第1章で示されたようにバルクの超伝導体では，外部磁場を印加した場合に単一量子渦糸がアブリコソフ格子とよばれる三角格子を形成する．ところが，超伝導微小円形板に磁場を垂直に印加した場合には，中心部に量子磁束の数倍の大きさの巨大磁束の出現や[264-266]，正方形や三角形の超伝導体では超伝導転移温度直下において，巨大磁束や反磁束の出現が理論的に予測され実験的にも報告されている[267, 268]．

このような微小超伝導体について，まず，理論的に何が期待されるかをここでは見ていく．微小超伝導体の理論においては，空間的な超伝導電子の分布や磁場分布をあらわに扱う必要がある．そのために，空間依存性を取り入れた理論を用いる．現象論的なギンツブルグ - ランダウ（GL）方程式や，微視的には電子の閉じ込めによる超伝導転移温度の変化を取り扱うために，ボゴリューボフ - ドジャン（BdG）方程式を利用することができる．

ここでは，まず現象論的な GL 方程式により，磁束の閉じ込め効果を見ていこう．第 2 章で導入された GL 方程式において，外部磁場を $\boldsymbol{H}_0$ とすると，

$$\alpha\psi(\boldsymbol{r}) + \beta|\psi(\boldsymbol{r})|^2\psi(\boldsymbol{r}) + \frac{1}{4m_{\mathrm{e}}}\left(\frac{\hbar}{i}\boldsymbol{\nabla} - 2e\boldsymbol{A}\right)^2\psi(\boldsymbol{r}) = 0 \quad (3.26)$$

$$\mathrm{rot}(\mathrm{rot}\,\boldsymbol{A} - \mu_0\boldsymbol{H}_0)$$
$$= \left\{\mu_0\frac{2e\hbar}{4m_{\mathrm{e}}i}(\psi(\boldsymbol{r})^*\boldsymbol{\nabla}\psi(\boldsymbol{r}) - \psi(\boldsymbol{r})\boldsymbol{\nabla}\psi(\boldsymbol{r})^*) - \mu_0\frac{4e^2}{2m_{\mathrm{e}}}\psi(\boldsymbol{r})^*\psi(\boldsymbol{r})\boldsymbol{A}\right\} \quad (3.27)$$

が得られる．まず，超伝導転移温度直下の磁束量子構造を考えよう．転移温度直下では，超伝導秩序変数は十分小さく，(3.27) における超伝導電流は無視できるため，$\mathrm{rot}\,\boldsymbol{A} = \mu_0\boldsymbol{H}_0$ とできる．(3.26) において，第 2 項は無視できるため，シュレーディンガー方程式のような方程式，

$$\frac{1}{4m_{\mathrm{e}}}\left(\frac{\hbar}{i}\boldsymbol{\nabla} - 2e\boldsymbol{A}\right)^2\psi(\boldsymbol{r}) + \alpha\psi(\boldsymbol{r}) = 0 \quad (3.28)$$

を得る．これは永年方程式であり，自明でない超伝導秩序変数 $\psi(\boldsymbol{r})$ が存在するためには，この方程式の係数行列の行列式がゼロになる必要がある．これは，係数行列の固有値がゼロになることを意味する．係数行列の中には $\alpha = \alpha_0(T/T_{\mathrm{c}} - 1)$ が含まれるため，最小固有値は温度が減少すると共に減少する．したがって，最小固有値がゼロとなる温度があり，それが転移温度となる．さらに，最小固有値の固有ベクトルが秩序変数の分布 $\psi(\boldsymbol{r})$ を与える．

このようにして，例えば正方形に関して転移温度を求めてみると，図 3.48(a) のようになる．ここで，横軸は磁場の強さ，縦軸は転移温度を表している．転移温度の曲線は，いくつかのピークがつながった構造をもつ．この構造は，図 3.48(b) に示すように，方程式 (3.28) の固有値が磁場と共に変化し，最小固有値が入れかわるために生じている．その固有値に属する固有ベクトルである秩序変数が最も安定となる磁場の値において，転移温度が

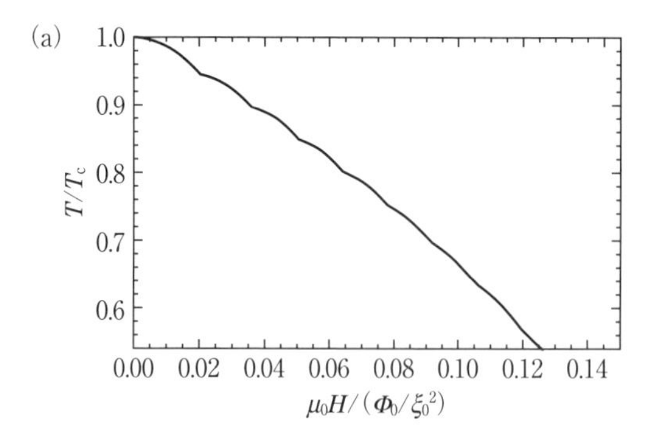

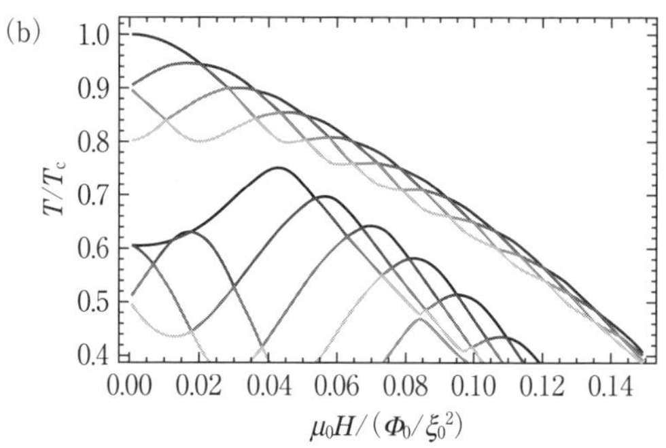

図 3.48　(a) 1辺の長さがコヒーレンス長の10倍の超伝導正方形板に，垂直に磁場を印加した時の超伝導転移温度の磁場変化と，(b) 方程式 (1.3) の固有値を温度換算したものの磁場変化を示している．

ピークをもつ．

その秩序変数の構造は，特徴的な磁束構造をもっており，それを磁場の大きさの順番に，超伝導秩序変数の大きさと位相の分布（0から2πの変化をグレースケールで表している）を図3.49に示した．秩序変数の大きさと位相の分布から，磁束構造がわかる．例えば，図3.49(c) と (d) から，正方形板の中心の周りに位相が4π回転していることから，量子磁束の2倍の大きさをもつ磁束が現れていることがわかる．図からわかるように，単一量子磁束が三角格子を形成するバルクとは全く異なり，磁場の強さをゼロから増加していくと，マイスナー状態，量子磁束が1本入った状態（(a) と (b)），磁束量子の2倍の磁束をもつ巨大磁束状態（(c) と (d)），磁束量子の3倍の磁束をもつ巨大磁束状態（(e) と (f)），量子磁束が4本正方形状に入った状態（(g) と (h)），正方形とその中心に量子磁束が5本入った状態（(i) と (j)）と変化していく．すべての構造は4回対称性をもっており，磁束量子

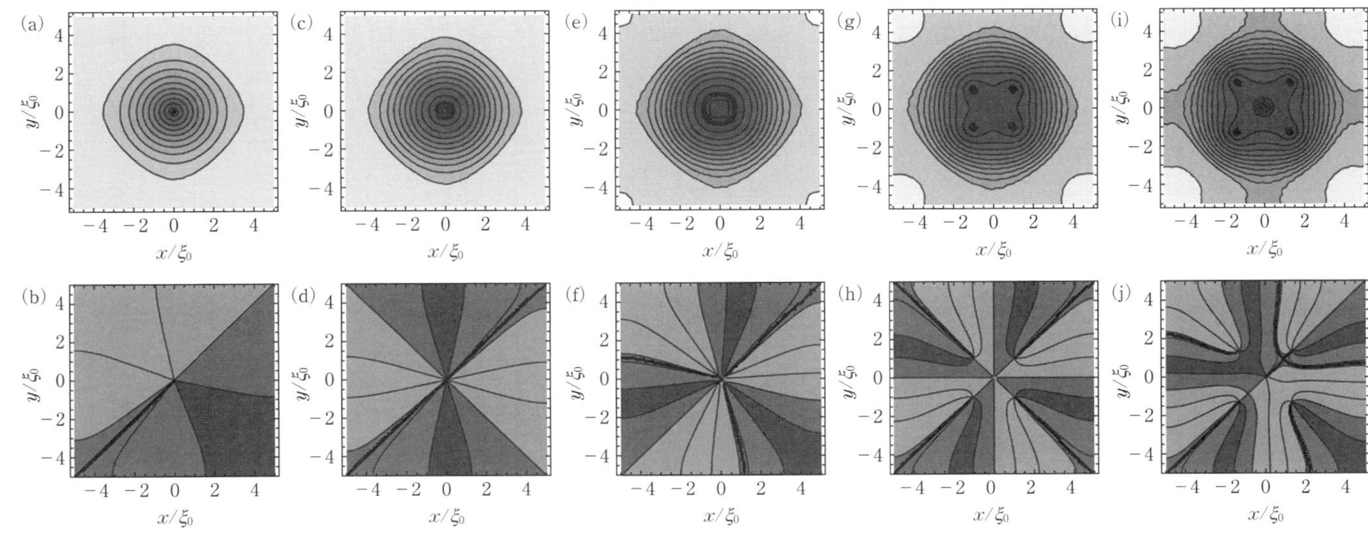

図 3.49 1 辺の長さがコヒーレンス長の 10 倍の超伝導正方形板に，垂直に磁場を印加した時の磁束構造を示している．それぞれの図は，(a) 超伝導秩序変数の，外部磁場が $\mu_0 H/(\Phi_0/\xi_{02})=0.03$ の時の大きさの分布，(b) (a) の時の位相の分布，(c) $\mu_0 H/(\phi_0/\xi_{02})=0.045$ の時の大きさの分布，(d) (c) の時の位相の分布，(e) $\mu_0 H/(\phi_0/\xi_{02})=0.06$ の時の大きさの分布，(f) (e) の時の位相の分布，(g) $\mu_0 H/(\phi_0/\xi_{02})=0.07$ の時の大きさの分布，(h) (g) の時の位相の分布，(i) $\mu_0 H/(\phi_0/\xi_{02})=0.09$ の時の大きさの分布，(j) (i) の時の位相の分布，を表している．

が閉じ込められるために，閉じ込めの形状によって，現れる磁束の種類や，その構造が変化することがわかる．例えば，正三角形状の超伝導体においては，正方形状の超伝導体とは，異なる磁束構造を示す．

以上は，転移温度直下での磁束構造であるが，転移温度より充分温度を下げると，その構造は，徐々に超伝導体の形状の対称性を破っていく．これは，GL 方程式に非線形項があって，対称性の異なる状態同士で混じり合うことが可能となりうるためである．例えば，図 3.49(c) と (d) のような巨大磁束は，2 つの単一磁束量子に分かれる．具体的な観測例については，3.3.2 項で紹介する．

次に，ゼロ磁場下での超伝導体の転移温度における振舞を見ていこう．

s 波超伝導体に対して BdG 方程式は，

$$\left(-\frac{\hbar^2}{2m}\boldsymbol{\nabla}^2-\mu\right)u(\boldsymbol{r})+\Delta(\boldsymbol{r})v(\boldsymbol{r})=Eu(\boldsymbol{r}) \tag{3.29}$$

$$-\left(-\frac{\hbar^2}{2m}\boldsymbol{\nabla}^2-\mu\right)v(\boldsymbol{r})+\Delta^*(\boldsymbol{r})u(\boldsymbol{r})=Ev(\boldsymbol{r}) \tag{3.30}$$

となる．超伝導秩序変数は，準粒子波動関数の電子成分 $u(\boldsymbol{r})$ とホール成分 $v(\boldsymbol{r})$ を用いて，

$$\Delta(\boldsymbol{r})=g\sum_{n}^{E_n<E_{\mathrm{c}}}u_n(\boldsymbol{r})v_n^*(\boldsymbol{r})(1-2f(E_n,T)) \tag{3.31}$$

と与えられる．ここで，g は超伝導を生じる電子間の引力相互作用の大きさであり，E_{c} はその相互作用のカットオフエネルギーである．微小超伝導体では，電子の波動関数は境界において，

$$u_n(\boldsymbol{r})=v_n(\boldsymbol{r})=0\quad（境界で） \tag{3.32}$$

という境界条件を課す必要がある．

超伝導転移温度を求めるためには，転移温度近傍で超伝導秩序変数が 0 に近づくからそのことに注意すると，(3.29) より $u_n(\boldsymbol{r})$ と $E_n=\varepsilon_n-\mu$ は閉じ込められた電子の波動関数とその固有エネルギーとなる．さらに (3.30) より，

$$v_n(\boldsymbol{r})=\frac{\Delta^*(\boldsymbol{r})}{2E_n}u_n(\boldsymbol{r}) \tag{3.33}$$

となるため，自己無撞着方程式 (3.31) は，

$$\Delta(\boldsymbol{r}) = g\sum_n |u_n(\boldsymbol{r})|^2 \frac{\Delta(\boldsymbol{r})}{2E_n}(1-2f(E_n, T)) \tag{3.34}$$

となる．この方程式は，秩序変数に関しての連立方程式

$$\left[g\sum_n |u_n(\boldsymbol{r})|^2 \frac{(1-2f(E_n, T))}{2E_n} - 1\right]\Delta(\boldsymbol{r}) = 0 \tag{3.35}$$

となる．

(3.35) において自明でない秩序変数の解，すなわち超伝導状態になるためには，その係数行列の行列式がゼロでなければならない（永年方程式）．係数行列の固有値はすべて高温では正であり，そのため，係数行列の最小固有値がゼロとなる温度が超伝導転移温度となる．また，最小固有値に対応する固有状態は，転移点における超伝導秩序変数の分布を与える．このようにして，超伝導転移温度のサイズ効果や形状効果を調べることができる．

例えば，正方形状 $(L \times L)$ と長方形状 $(L \times 2L)$ の超伝導板について，転移温度を求めたものを図 3.50 に示した[269]．横軸は，超伝導体の 1 辺の長さ (L) を超伝導体の絶対零度でのコヒーレンス長で規格化した大きさを表しており，縦軸は転移温度を電子間の引力相互作用のカットオフエネルギーで規格化したものを表示している．この図からわかるように，超伝導体の大きさを小さくすると超伝導転移温度が振動しながら上昇していく．

ここで，なぜ転移温度が振動するかを以下で考えてみよう．小さな超伝導体中では，電子がその中に閉じ込められ，量子力学の基本原理に従って離散的なエネルギー固有値をもち，超伝導体がより小さくなると，このエネルギ

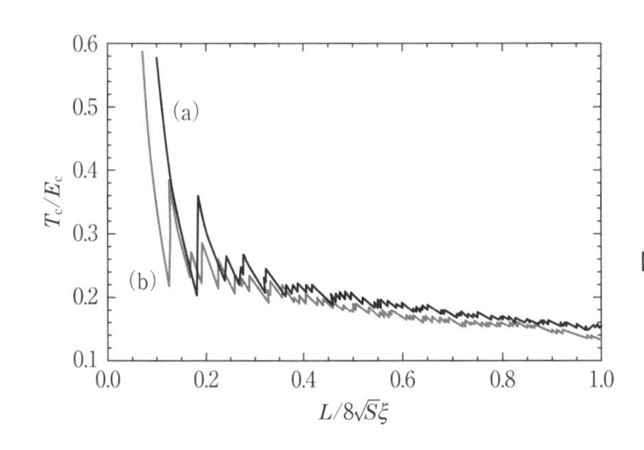

図 3.50　(a) 正方形 $(L\times L)$ と (b) 長方形 $(L\times 2L)$ の超伝導板における超伝導転移温度のサイズ L 依存性．

ー固有値が大きくなり，そのエネルギー固有値の間隔も大きくなる．すると，超伝導に寄与する超伝導電子は引力相互作用がはたらくエネルギー範囲のものに限られるため，超伝導体の大きさが減少すると超伝導電子の数が離散的に減少し，そこで転移温度が急に減少する．超伝導電子数が一定の間は，超伝導体の体積当りの超伝導電子数が実質的に増加するため，転移温度が増加する．例えば，図3.51に示した秩序変数の空間分布（(a) $L/8\xi_0 = 0.169$ と (b) $L/8\xi_0 = 0.170$）は，転移温度が上昇している時には一定のままであり，超伝導電子数が一定であることを反映している．

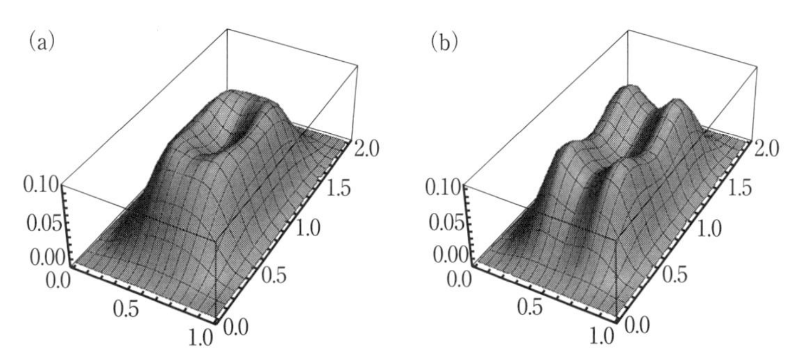

図 3.51　転移温度における長方形超伝導板（$L\times 2L$）の超伝導秩序変数の大きさの分布を，(a) $L/8\xi_0 = 0.169$ と (b) $L/8\xi_0 = 0.170$ の場合に示した．

このように転移温度は，超伝導体の大きさの減少と共に，ノコギリの歯状に振動しながら増加していく．長方形の超伝導板では，短辺方向により閉じ込めが強く起こり，電子の固有エネルギーの間隔に部分的に大きな場所が現れるため，転移温度の振動間隔が開き，その間の転移温度が増加している．このため，長方形の超伝導板の方が正方形板より転移温度が上昇している．このように，微小超伝導体の転移温度は電子の閉じ込め効果と密接に関連しているため，その形状によっても変化する．

微小超伝導における転移温度の実験は，3.3.3項で紹介していく．

3.3.2　幾何学的に閉じ込められた磁束の配列

本項では，円形，正方形，正三角形状の微小超伝導体に閉じ込めた多重渦糸状態を取り上げ，各形状に現れる渦糸配列の特徴を説明する．

円板（円形）は，微小系特有の渦糸状態を調べる最も基本的な幾何学的形状である．三角格子を組もうとする渦糸の斥力相互作用が形状による閉じ込めと常に競合するため，渦糸数によらず形状を反映した渦糸配列が現われる[270]．渦糸の数（渦度）$\mathcal{L}$を1つずつ増加させ，その際に現れる渦糸配列を順に見ていくと，最初の渦糸は円板の中心付近に現れるが（図3.52(a)），その後，渦糸はペア（図3.52(b)），三角形（図3.52(c)），四角形（図3.52(d)），五角形（図3.52(e)）を形成する．さらに渦糸を増やすと，その五角形の中に新たな渦糸が侵入し（図3.52(f)），内外の渦糸数を交互に増しながら同心円状の多重リング構造を形成する．これを渦糸の殻構造（シェル構造）とよぶ[271]．

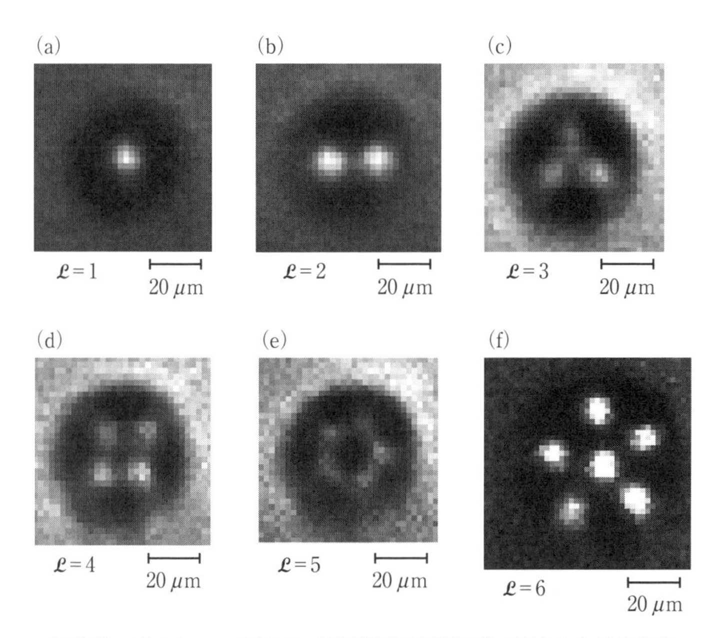

図3.52　アモルファス MoGe 超伝導膜の円板試料で得られた渦糸状態の磁気イメージ．直径 34 μm の円板膜で観測された渦度 $\mathcal{L}=1\sim5$ における結果を，(a)～(e) に示す．(f) は直径 56 μm の円板膜で観測された $\mathcal{L}=6$ における渦糸配列を示す．（N. Kokubo, S. Okayasu, A. Kanda and B. Shinozaki : Phys. Rev. **B82** (2010) 014501 より許可を得て転載）

表3.1にまとめたように，それぞれの殻を構成する渦糸数を使って表すのが一般的である．例えば，渦度$\mathcal{L}=6$の配列は(1,5)となる．渦度の増加と共に，殻を構成する渦糸数は増加し，やがて$\mathcal{L}=17$で3重の殻構造(1,5,11)となる．殻に入る渦糸数には限界があり，最初の殻（第1殻）には最大5，次の殻（第2殻）には最大11とされる．したがって，$\mathcal{L}=5$の(5)や$\mathcal{L}=16$の(5,11)は閉殻な配列である．渦糸を加えるには新たな殻が必要となるので，$\mathcal{L}=6$の(1,5)や$\mathcal{L}=17$の(1,5,11)のように，円板の中心に新たな殻（第1殻）が形成され，既存の殻の次数が増える．

表3.1　アモルファスMoGe超伝導膜の円板試料で得られた渦度と渦糸配列の関係（*円板の縁にトラップされた渦糸を除く）(N. Kokubo, S. Okayasu, A. Kanda and B. Shinozaki: Phys. Rev. **82** (2010) 014501より)

$\mathcal{L}$	配列	$\mathcal{L}$	配列	$\mathcal{L}$	配列
1	(1)	7	(1, 6)	13	(3, 10)
2	(2)	8	(1, 7)	14	(4, 10)
3	(3)	9	(2, 7)	15	(5, 10)
4	(4)	10	(2, 8)	16	(5, 11*)
5	(5)	11	(3, 8)	17	(1, 5, 11*)
6	(1, 5)	12	(3, 9)		

渦糸の殻構造やその充填規則は，正方形状の微小超伝導体でも調べられてきた[272]．円板との違いは，まず正方形の試料形状と渦糸配列との間に幾何学的なつり合いが生じるところにある．これは形状と一致する配列構造を安定化させるため，渦度が4，9，16という四角数を満たすと，図3.53(d)，図3.53(g)，図3.53(h)に示すように，渦糸の四角格子が現われる．しかし，それ以外の渦度では，ほとんどの場合，渦糸配列は試料形状と幾何学的につり合わない．閉じ込め形状に従った変形により，弾性エネルギーが渦糸配列に蓄えられ，基底状態が明確に定まらないことが指摘されている[273]．例えば，渦度$\mathcal{L}=5$では，図3.53(e)に示すように，四角配列の中央に渦糸が1つ入るが，図3.53(f)に示すような五角形状の配列も観測される．計算機実験[273]によると，前者が基底状態であるのに対し，後者が準安定状態とされる．しかし，これらの配列状態の自由エネルギーの差はわずかであり，実

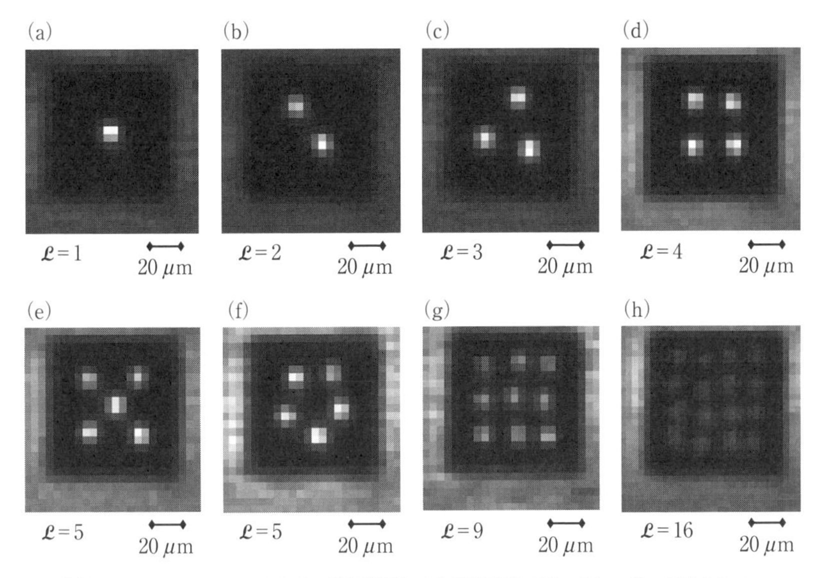

図 3.53　アモルファス MoGe 超伝導膜の正方形試料（76×76 μm^2）で得られた，渦糸状態の磁気イメージ．（N. Kokubo, S. Okayasu, T. Nojima, H. Tamochi and B. Shinozaki: J. Phys. Soc. Jpn. **83** (2014) 083704 より許可を得て転載）

際の試料形状の不完全性などを考慮すると，どちらが基底状態であるのか区別がつかない．双安定な渦糸状態といえる．

表 3.2 に，殻構造の概念を使って整理した渦糸配列を示す．渦糸は四角形状の殻を組むため，構成する渦数に 4，8，12 という 4 の整数倍が現れやすい．閉殻となる渦糸数は第 1 殻が 4，第 2 殻が 12 とされるので，$\mathcal{L}=4$ の

表 3.2　アモルファス MoGe 超伝導膜の正方形試料で得られた渦度と渦糸配列の関係（N. Kokubo, S. Okayasu, T. Nojima, H. Tamochi and B. Shinozaki : J. Phys. Soc. Jpn. **83** (2014) 083704 より）

$\mathcal{L}$	配列	$\mathcal{L}$	配列	$\mathcal{L}$	配列
1	(1)	7	(1, 6)	13	(4, 9)
2	(2)	8	(1, 7)	14	(4, 10)
3	(3)	9	(1, 8)	15	(4, 11)
4	(4)	10	(2, 8)	16	(4, 12)
5	(5), (1, 4)	11	(3, 8)	17	(1, 4, 12)
6	(1, 5)	12	(4, 8)	18	(1, 5, 12)

(4) と $\mathcal{L} = 16$ の (4, 12) は閉殻な渦糸配列である．これらは正方形の形状と幾何学的につり合う四角格子であることに着目すると，幾何学的つり合いは充填規則と密接に関係することがわかる．新たな殻が生じる渦度は $\mathcal{L} = 5$ と 17 となるが，幾何学的なつり合いにより，いずれの渦度でも双安定な渦糸配列が現れる[274]．

多重渦糸状態に与える幾何学的つり合い効果は，正三角形状の微小超伝導体でも調べられてきた[275]．図 3.54(c)，図 3.54(f) に示すように，渦度が 3 や 6 という三角数を満たす時，形状と一致した渦糸の三角配列（または三角格子の一部）が現われる．これは幾何学的に安定な渦糸配列で，正三角形の対称性を伴う．一方，その他の渦度では，ほとんどの場合，正三角形の対称性を満たすような配列を組むことができない．図 3.54(e) に示すように，二等辺三角形の試料に現れるような低い対称性で特徴づけられる渦糸配列となる．したがって，幾何学的つり合いにより渦糸配列の対称性も変化する[276]．

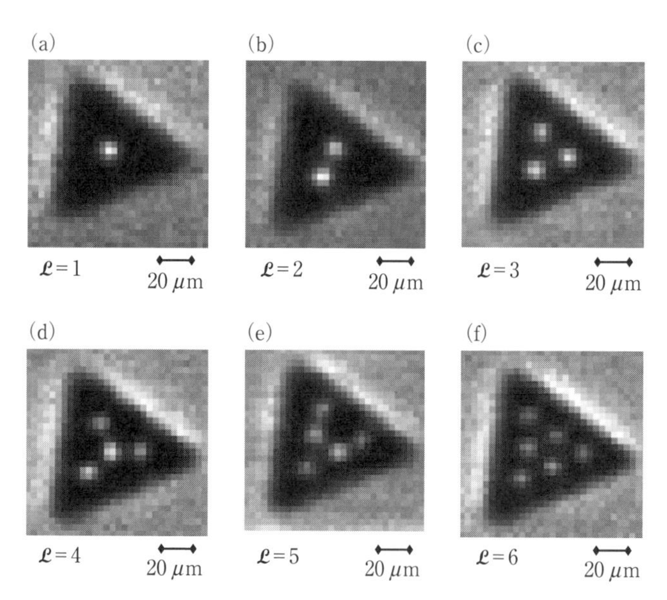

図 3.54　アモルファス MoGe 超伝導膜の正三角形試料（一辺 75 μm）で得られた，渦糸状態の磁気イメージ．（N. Kokubo, H. Miyahara, S. Okayasu and T. Nojima: J. Phys. Soc. Jpn. **84** (2015) 043704 より許可を得て転載）

正三角形に閉じ込めた渦糸配列を三角形状の殻を想定して整理すると，$\mathscr{L}=3$ のつり合い配列は1重の殻構造と見なせる．渦度を増すと，図3.54(d)に示すように，(1,3)で特徴づけられる2重の殻構造を $\mathscr{L}=4$ で形成するが，さらに渦度を増すと，$\mathscr{L}=6$ のつり合い配列のように1重の殻構造に戻る[277]．殻構造の次数が渦度の増加に対して低下する不自然な振舞は，上記の円板や正方形の閉じ込めでは見つかっていない．正三角形の閉じ込めに特有な現象であるかどうかを判断するには，他の正多角形における充填規則[278]を含めて理解する必要がある．

正三角形または正方形の閉じ込めでは，図3.55に示すように，対称性誘起の反渦糸を伴う多重渦糸状態が期待されている[279, 280]．正三角形では，渦糸の三角配列の中央に反渦糸が誘起され，$\mathscr{L}=3-1$ と表される．正方形も $\mathscr{L}=4-1$ と表されるように，渦糸の四角配列の中央に反渦糸が現れる．いずれも幾何学的な対称性から議論された多重渦糸状態で，微小なアルミニウムドットが示す超伝導転移温度の僅かな振動から実験的に見出されてきた．しかし，解釈が数値計算の結果に強く依存し，その計算に問題があることが指摘されている．強い幾何学的な閉じ込めがはたらく極小試料が必要であるとの指摘もあり，量子閉じ込めとの関連性も含めて議論が続いている[281]．

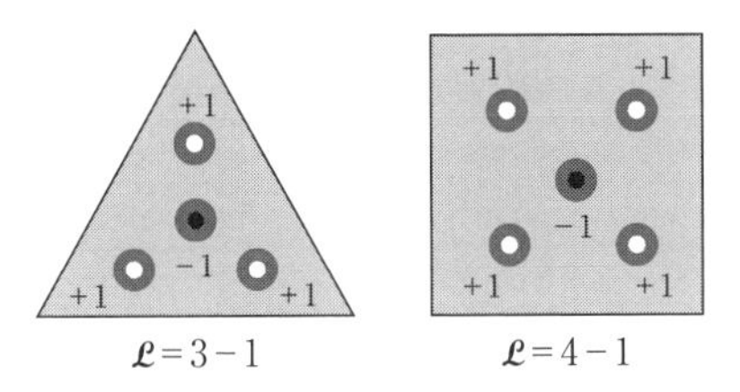

図3.55 提案されている反渦糸状態

超伝導物質にランダムに内在する不純物・格子欠陥などは，渦糸のピン止め中心として渦糸状態を乱す厄介な存在であるが，これが新たな渦糸状態を創り出すことがある．例えば，ピン止めが1つある円形試料では，渦糸の平行四辺形（図3.56(d)）やサイコロの6の目（図3.56(f)）のような独特な渦糸配列が現われる．いずれも，ピン止めされた渦糸を起点とする興味深い渦糸配列である[270]．また，小さな穴やくぼみを微細加工することにより人工的にピン止め中心を導入することも可能である．超伝導体の形状に合わせてピン止めを巧みに取り入れれば，対称性誘起の反渦状態を比較的大きな試料で観測できるかもしれない[282]．また，正方形状の微小超伝導体に現れる

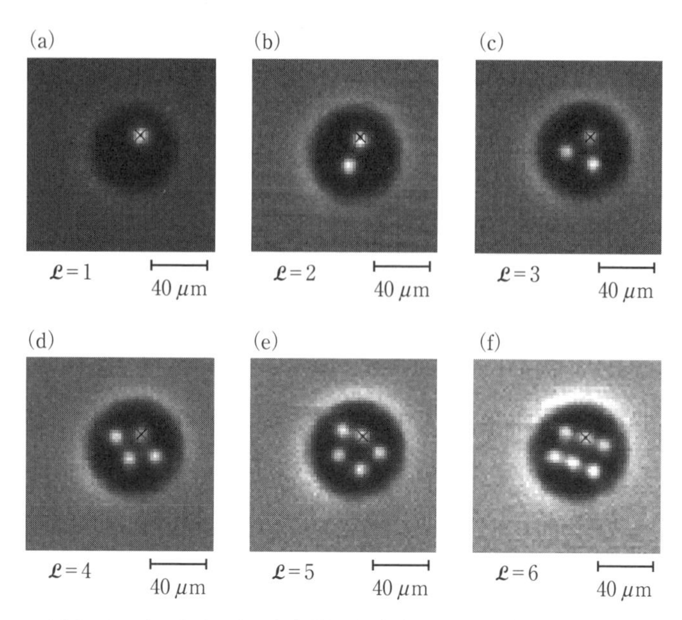

図 3.56　ピン止めのある超伝導円板膜（直径 56 μm）で得られた，渦糸状態の磁気イメージ．ピン止めのおおよその位置を×で表した．（N. Kokubo, S. Okayasu, A. Kanda and B. Shinozaki: Phys. Rev. **B82** (2010) 014501 より許可を得て転載）

渦糸配列をピン止めで制御することにより，渦糸配列を使って情報の基本単位を表現し，論理ゲート（磁束セルオートマトン）を構築する興味深い提案もある[283]．微小超伝導体における渦糸状態の制御とその応用が今後加速するものと期待される．

3.3.3　ナノ構造体の超伝導状態

前項までは，超伝導体を微小化することで発現する特異な超伝導状態の理論的記述と，渦糸構造に対する幾何学的閉じ込めの効果について述べた．本項では，超伝導体自体がナノスケールである場合やナノスケールの微細構造をもつ場合について説明する．このようなナノ構造超伝導体では，3.2 節のナノ欠陥構造（多層膜構造，照射欠陥，微細孔など）をもつ比較的大きい超伝導体とは異なる系である．3.3.1 項で述べたように，ナノ構造超伝導体では均質なバルク超伝導体とは異なる超伝導特性や渦糸状態を示す．その理由は，試料サイズや試料中の微細構造が小さくなることで表面または境界の体積分率が増加し，その効果が超伝導秩序パラメーターの形成や渦糸の配置に大きな影響を与えるためである．この時，目安となるサイズがコヒーレンス長 ξ や磁場侵入長 λ である．

超伝導体のサイズ効果として古くから知られているのは，酸素ガス分圧中で真空蒸着して作製された粒状薄膜の実験であり，結晶粒径の減少に伴い臨界温度 T_c が増加する[284, 285] 現象である．例えば，通常 $T_c \simeq 1.2\,\mathrm{K}$ の臨界温度をもつ Al では，結晶粒径 $\simeq 4\,\mathrm{nm}$ の薄膜にすることで T_c が 2.6 倍も増加する[284]．その機構についてはさまざまな議論が行われてきたが[284-288]，結晶粒界で電子 - フォノン相互作用が増加することがその原因の 1 つと考えられた[284, 286, 287]．粒状薄膜における T_c の振舞とナノ構造の相関を議論することは興味深い問題であるが，これらの粒状薄膜では結晶粒界で酸化膜が形成されるという難しさもあり，物質による T_c の変化（例えば Pb の粒状薄膜では T_c が変化しない[284]）を含めて，現在でも完全に理解できたとはいえない．

近年の成膜技術，微細加工技術の進歩により，単独のナノ構造超伝導体の作製も可能になってきた．例えば，試料幅を数十 nm まで細くした Al[289, 290] や Sn[291] のナノワイヤーの作製が行われており，Al では試料幅の減少と共に T_c が増加する振舞が観測されている[289, 290]．また，膜厚を原子レベルで制御した Pb 超薄膜では，次頁の図 3.57 に示すように，T_c や上部臨界磁場 $H_{c2}(T)$ の T_c における傾き $(dH_{c2}/dT)_{T_c}$ が膜厚と共に振動する現象が観測された[292]．この振動現象は状態密度の振動と関連づけて議論され，電子がナノ構造に閉じ込められて起こる量子サイズ効果と解釈された．

超伝導体をナノサイズまで微小化した効果は渦糸状態にも現れる．超伝導体のサイズがコヒーレンス長 ξ に近づくと，3.3.2 項で議論された多重渦糸構造は試料の中心部に押し込められて合体し，巨大渦糸を形成する[293]．巨大渦糸では，渦糸周りで秩序パラメーターの位相が $2\pi L$（L は渦度）変化し，1 つの渦糸芯に $L\Phi_0$ の磁束を伴う渦糸が形成される．このような巨大渦糸状態は磁場による T_c の振動効果[294]，微小ホール素子による磁化測定[295]，複数の微小トンネル接合を用いた実験[296] などで確認されている．特に，微

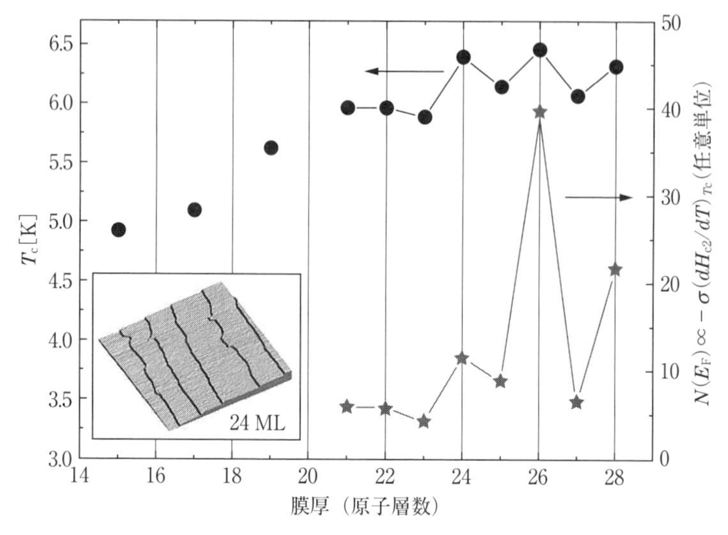

図 3.57　Pb 超薄膜の臨界温度 T_c と状態密度 $N(E_F)$ の膜厚依存性．H_{c2} は上部臨界磁場，σ は常伝導状態の電気伝導率．挿入図は 24 原子層数の薄膜の STM 像．(Y. Guo, Y.-F. Zhang, X.-Y. Bao, T.-Z. Han, Z. Tang, L.-X. Zhang, W.-G. Zhu, E. G. Wang, Q. Niu, Z. Q. Qiu, J.-F. Jia, Z.-X. Zhao and Q.-K. Xue: Science **306** (2004) 1915 より許可を得て転載)

小トンネル接合の実験[296]では，Al ディスク試料の周囲における接合電圧の対称性を測定することで，多重渦糸と巨大渦糸の区別や磁場による両者の移り変わりが観測された．

微細結晶粒をもつバルク超伝導体もナノ構造超伝導体として興味深い研究対象であるが，これまでは多結晶のバルク超伝導体の結晶粒サイズ（$2r$）を微細化することは難しかった．しかし，近年，巨大ひずみ加工を用いることで，ナノスケールの微細結晶粒をもつバルク金属材料（バルクナノメタルとよぶ）の作製が可能になった[297, 298]．ここでは，高圧ねじり（HPT）法で Nb に巨大ひずみを与えて作製したバルクナノ Nb の超伝導特性を紹介する[299]．HPT 法とは，図 3.58 の挿入図に示すように，ディスク状の試料をアンビルに挟み込み，数 GPa の高圧力下でねじり変形（回転数 N）を与える方法であり，与えられた巨大ひずみにより結晶粒がナノスケールまで微細化される．Nb では，$r = 70\,\mu\text{m}\,(\simeq 2800\xi)$ の多結晶試料が $N = 2$ の加工で

$r = 125$ nm ($\simeq 5\xi$) まで微細化される[300]．HPT 法では，ひずみや転位などの欠陥の蓄積によって微細な結晶粒が形成されるため，粒状薄膜[284, 285]の場合に問題となる粒界の酸化や粒内への酸素の侵入のように，不純物が試料内へ取り込まれることはない．

図 3.58 に，6 GPa の圧力下で HPT 加工を行ったバルクナノ Nb の超伝導特性を示す．加工前の Nb 試料 ($N = 0$) は純度 99.9% の多結晶試料であり，その臨界温度 $T_c = 9.25$ K はバルク単結晶[301]と同じ値をもつ．このような原料を用いて HPT 加工を行うと，T_c は加工度（つまり N）と共に増

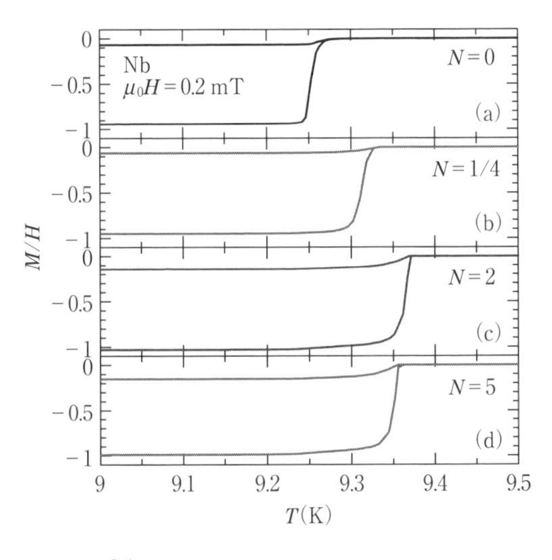

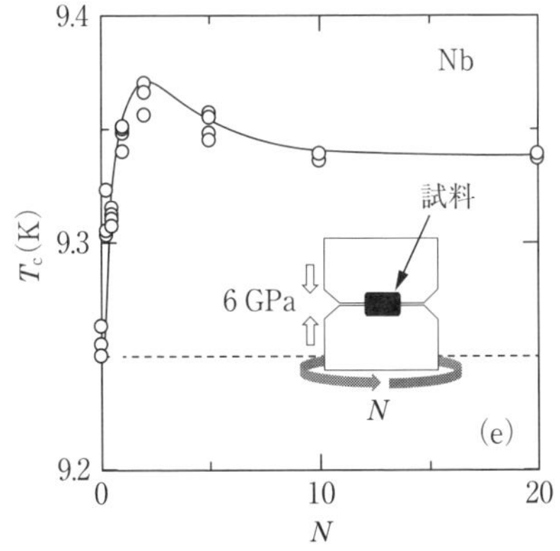

図 3.58　回転数 (a) $N=0$, (b) $N=1/4$, (c) $N=2$, (d) $N=5$ で HPT 加工を行った Nb の磁化の温度依存性[301]．(e) HPT 加工を行った Nb の臨界温度 T_c の N 依存性．点線は，通常のバルク単結晶（HPT 加工なし）における T_c を示す．挿入図は，HPT加工法の概念図．

加し，$N = 2$ で最大値 ($T_c = 9.37$) をとった後わずかに減少する．T_c の増加が大きい $0 < N \leq 2$ は，結晶粒の微細化が急激に進む領域に相当し[300]，超伝導体のナノ構造化と T_c の増加が相関していることを示している．

T_c が低い金属元素超伝導体（例えば，Mo など）の薄膜では，非平衡化やアモルファス化により T_c が増加する場合があるが，平衡状態ですでに超伝導体として最適な結晶構造と電子状態をとる Nb の場合には，このような手法は T_c の増加に効果がないことが知られている[302]．バルクナノ Nb で結晶粒のサイズが $r \simeq 5\xi$ まで微細化されていることに着目すると，3.3.1 項で議論されたように，T_c 増加の起源の1つとして超伝導秩序パラメーターの結晶粒内への閉じ込め効果を挙げることができる．この場合，粒界の影響で粒内の状態密度が増加するため T_c の増加が説明できる．3.3.1 項では，T_c のサイズ依存性が計算されており $r \simeq 5\xi$ でも T_c の増加が予測されているが，バルクナノメタルと直接比較できる系についての理論の進展を期待したい．

ここでは，詳細について触れないが，バルクナノ Nb では T_c の増加に加えて上部臨界磁場 H_{c2} や臨界電流密度 J_c も増加する．HPT 加工のみで超伝導の重要な3つのパラメーター T_c，H_{c2}，J_c が増加することは興味深い結果であり，他の超伝導体の結果も含めて系統的な理解が望まれる．

3.4　多バンド超伝導体の磁束状態

3.4.1　超伝導異方性のロンドンモデルと磁気トルク

異方性を有する超伝導体の磁気トルク τ は，渦糸格子の自由エネルギー F の角度微分 $\tau(\theta_c) \equiv -\partial F(\theta_c)/\partial\theta_c$ として定義でき，自由エネルギーの計算法はコーガンにより与えられた[303]．ここで，θ_c は c 軸と磁場 $\boldsymbol{B}$ のなす角度とした．コーガンの理論による渦糸格子のもつ自由エネルギーは，渦糸格子における逆格子空間ベクトル $\boldsymbol{G}$ 内で1つの渦糸に着目した場合の z 軸方向の磁束分布関数 $h_z(\boldsymbol{G})$ を用いて，

$$8\pi F(\theta_c) = \frac{B^2}{\Phi_0}\sum_{\boldsymbol{G}_{pq}\neq 0} h_z(\boldsymbol{G}_{pq}) \tag{3.36}$$

と表される．ここで Φ_0 は磁束量子である．渦糸格子の逆格子空間ベクトル

$\boldsymbol{G}$ は $\boldsymbol{G}_{pq}$（p, q は整数）と離散化でき，格子渦糸の逆格子ベクトルを $\boldsymbol{g} = (\Phi_0/B)^{1/2}\boldsymbol{G}$ と無次元化し，自由エネルギーを $(\Phi_0/B)\lambda^2$ に関して1次のべきまでとると

$$8\pi F = B^2 + B^2 \frac{m_{zz}L^2}{\lambda^2 m_a} \Sigma' \frac{1}{m_{zz}g_x^2 + m_c g_y^2}$$
$$= B^2 + \frac{\Phi_0}{4\pi\lambda^2}\sqrt{m_a B_x^2 + m_c B_z^2}\,\ln(\eta H_{c2}/B) \qquad (3.37)$$

を得る[304]．ここで，渦糸コアに関する現象論的パラメーター（$\eta \simeq 1$）が導入された．この近似では，$\boldsymbol{M} = (\boldsymbol{B} - \boldsymbol{H})/4\pi$ に関して，$M_{ab}/M_c = (1/\gamma^2) \times B_{ab}/B_c$ の関係が証明できる．この式の物理的意味は，ロンドンの式 $\boldsymbol{J}_s(\boldsymbol{r}) = -(c/4\pi\lambda^2)\boldsymbol{A}(\boldsymbol{r}) = -(n_s e^2)/(mc)\boldsymbol{A}(\boldsymbol{r})$（$n_s$ は超伝導キャリア密度）ではベクトルポテンシャル $\boldsymbol{A}(\boldsymbol{r})$ を駆動力として超伝導電流が誘起され，その大きさは有効質量 m の異方性を反映し，さらにビオ‐サバールの式を考慮すれば磁化 $\boldsymbol{M}$ も異方的になるのである．単位体積当りの磁気トルク $\tau = |\boldsymbol{M} \times \boldsymbol{H}|$ は，異方性パラメーター γ を用いて次のコーガンのトルク公式を得る[305]．

$$\tau(\theta_c) = \frac{\Phi_0 B}{64\pi^2\lambda^2}\frac{\gamma^2 - 1}{\gamma^{1/3}}\frac{\sin 2\theta_c}{\varepsilon(\theta_c)}\ln\left(\frac{\gamma\eta H_{c2}^{/\!/c}}{B\varepsilon(\theta_c)}\right) \qquad (3.38)$$

ここで，$\lambda^3 = \lambda_{ab}^2\lambda_c = \gamma\lambda_{ab}^3$，$\varepsilon(\theta_c) = (\sin^2\theta_c + \gamma^2\cos^2\theta_c)^{1/2}$ である．

他にも，イブレフ（Ivlev）ら[306]は90°近傍での磁束を扱うトルク理論，ブラエフスキー（Bulaevskii）ら[307]はローレンス‐ドニアックモデルに基づくトルク理論，ブラッター（Blatter）ら[308]は90°近傍の効果を取り入れたトルク理論を与えた．しかし，全角度域でトルク曲線を解析できる理論はコーガンモデルだけであったことから，数々の新規超伝導体の磁気トルクの解析に使われてきた．

コーガンは，多バンドのトルク理論に拡張するために異方性パラメーター γ を，磁場侵入長 λ の異方性 γ_λ と上部臨界磁場 H_{c2} の異方性 $\gamma_{H_{c2}}$ に分離する処方箋により，多バンド超伝導に対応できるトルク理論式を以下のように導出した[309]．

$$\tau(\theta_c) = \frac{\Phi_0 B}{64\pi^2\lambda^2}\frac{\gamma_\lambda^2 - 1}{\gamma_\lambda^{4/3}}\frac{\sin 2\theta_c}{\Theta_\lambda(\theta_c)}\alpha(\theta_c) \qquad (3.39)$$

ここで，多バンドコーガンモデルの対数因数を含む関数αは次式となる．

$$\alpha(\theta_c) = \ln\left(\frac{\eta H_{c2}^{/\!/c}}{B}\frac{4\Theta_\lambda(\theta_c)}{(\Theta_\lambda(\theta_c) + \Theta_\xi(\theta_c))^2}\right) - \frac{2\Theta_\lambda(\theta_c)}{(\Theta_\lambda(\theta_c) + \Theta_\xi(\theta_c))}\left(1 + \frac{d\Theta_\xi(\theta_c)/d\theta_c}{d\Theta_\lambda(\theta_c)/d\theta_c}\right) + 2 \tag{3.40}$$

ここで，$\varepsilon_\lambda(\theta_c) = (\sin^2\theta_c + \gamma_\lambda^2\cos^2\theta_c)^{1/2}$，$\Theta_\lambda = \varepsilon_\lambda(\theta_c)/\gamma_\lambda$，$\varepsilon_\xi(\theta_c) = (\sin^2\theta_c + \gamma_\xi^2\cos^2\theta_c)^{1/2}$，$\Theta_\xi = \varepsilon_\xi(\theta_c)/\gamma_\xi$，$e \simeq 2.718$は自然対数の底のことである[309]．

3.4.2　渦糸コアの寄与を考慮した新しいトルクモデル

上述した2つのコーガンモデルの欠点は，磁気トルクに対する渦糸コアの寄与を考えていないことにある．その弱点を克服するために，ヤワンック（Yaouanc）ら[310]の$h_z(\boldsymbol{G})$の表式と，ハオ（Hao）ら[311]の渦糸コア半径ξ_vの議論を取り入れ，久保田（Kubota）ら[312]は多バンド性も考慮した新しいトルク公式を以下のように導出した．

$$\tau(\theta_c) = -\frac{B}{8\pi}\sum_{(p,q)\neq(0,0)}\left[\frac{1}{p^2 - pq + q^2}\frac{\partial}{\partial\theta_c}(h_0(1 - b^4)v_{pq}K_1(v_{pq}))\right] \tag{3.41}$$

ここで，K_1は第2種変形ベッセル関数，$h_0(\theta_c) = \sqrt{3}\Phi_0\varepsilon_\lambda(\theta_c)/2\pi^2\lambda^2\gamma_\lambda^{1/3}$，$v_{pq}(\theta_c)^2 = 4\pi b(\theta_c)(1 + b(\theta_c)^4)[1 - 2b(\theta_c)(1 - b(\theta_c))^2][\omega_{\xi\lambda}(\theta_c)(q - p/2)^2 + p^2/\omega_{\xi\lambda}(\theta_c)]$，$\omega_{\xi\lambda}(\theta_c) = 2\gamma_\xi\varepsilon_\lambda(\theta_c)/\sqrt{3}\gamma_\lambda\varepsilon_\xi(\theta_c)$である．単一バンド理論は，$\gamma = \gamma_\lambda = \gamma_\xi$とおいて，(3.6) は

$$\tau(\theta_c) = \frac{\sqrt{3}\Phi_0 B}{16\pi^3\lambda^2\gamma^{1/3}}\frac{\gamma^2 - 1}{2\varepsilon(\theta_c)}\sin 2\theta_c\sum_{\substack{(p,q)\\ \neq(0,0)}}\frac{v_{pq}}{p^2 - pq + q^2}\left[(1 - 5b^4)K_1(v_{pq}) - \frac{1 - b^4}{2}\left(\frac{1 + 5b^4}{1 + b^4} - \frac{2b(3b - 1)(b - 1)}{1 - 2b(1 - b)^2}\right)v_{pq}K_0(v_{pq})\right] \tag{3.42}$$

と解析的表式で書き下せる[312]．ここで，K_0は第1種変形ベッセル関数である．

久保田らのトルク公式 (3.42) は，現象論的なパラメーターであるη因子

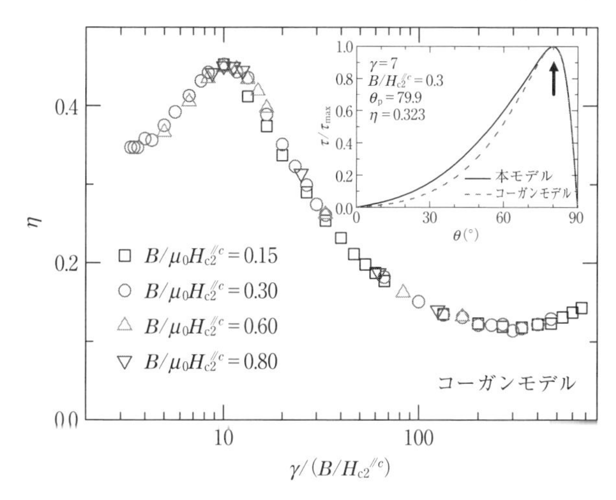

図 3.59　挿入図は，コーガンモデルのトルク曲線が，$\eta = 0.323$ の時の新しい理論のトルク曲線と一致させた例を示している．$\gamma/(B/H_{c2}^{/\!/c})$ に対する関数としての η 因子は，1 つの曲線によるスケーリング則に従うことを見出した．

を含まない．多くの研究者は，η は大きさが 1 程度の一定の値と見なしていた．ファレル（Farrell）ら[313]は磁化 $M = -\Phi_0/32\pi^2\lambda^2 \ln(\eta H_{c2}/B)$ に従うとして T_c 近傍の磁化測定から $\eta \simeq 1.2 \sim 1.5$ と決めている．久保田ら[312]は，新しいモデルから計算されるトルクカーブとコーガンモデルのトルクピーク角度が一致するように η の値を決定し，図 3.59 示すようにすべての η は $\gamma/(B/H_{c2}^{/\!/c})$ の関数として 1 つの曲線にまとめられることを初めて示した．

3.4.3　MgB_2 単結晶の磁気トルク

多バンドのコーガン理論では磁場侵入長 λ の異方性 $\gamma_\lambda = \lambda_c/\lambda_a = \sqrt{m_c/m_a}$ に加えて，コヒーレンス長 ξ の異方性 $\gamma_\xi = \xi_a/\xi_c$ の 2 つを解析パラメーターとして扱い，多バンド超伝導体の場合には γ_λ と γ_ξ が異なるとしている．

久保田らは，多バンド超伝導体として知られる MgB_2 を化学気相輸送法で成長させた単結晶で磁気トルクの系統的測定を行った．図 3.60(a) に MgB_2 単結晶のトルク曲線（$\mu_0 H = 1$ T，$T = 10$ K）を示す．単一バンドモ

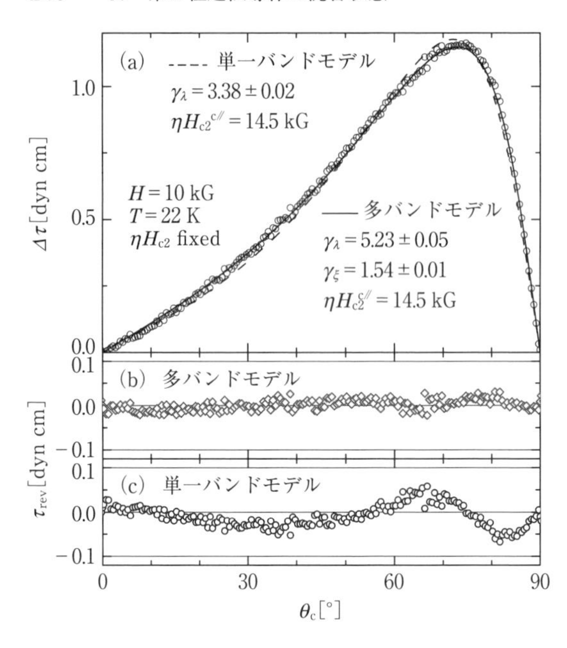

図 3.60　(a) 温度 22 K と磁場 10 kG の磁気トルク曲線 $\tau_{\rm rev}(\theta_c)$ と，単一バンドの理論式 (3.3)（点線）と多バンドの理論式 (3.4)（実線）による解析結果を示す．(b) 多バンド理論における実験値と計算値の差 $\Delta\tau(\theta_c) = \tau_{\rm rev}(\theta_c) - \tau_{\rm calc}(\theta_c)$．(c) 単一バンド理論における実験値と計算値の差 $\Delta\tau(\theta_c)$．

デルで解析すると $\gamma_\lambda = 3.38 \pm 0.02$ となり，多バンドモデルで解析すると $\gamma_\lambda = 5.23 \pm 0.05$ と $\gamma_\xi = 1.54 \pm 0.01$ が得られた．初期のトルク実験と解析で，2つの異方性パラメーター $\gamma_\xi \simeq \gamma_\lambda \simeq 4(\mu_0 H = 1\,\mathrm{T},\ T = 10\,\mathrm{K})$ に目立った差がないと報告されている[314, 315]．リアド（Lyard）ら[314]も，MgB_2 の γ_ξ と γ_λ の値に大きな差がないとした．ミラノビチら[316]は低温では σ バンドと π バンドの両方の寄与が効いてきて，系全体の性質が等方的になり，小さな γ_λ が実現するとしている．

異なる条件下で測定したトルクを系統的に解析した結果を見てみよう．コヒーレンス長 ξ の異方性 γ_ξ についての磁場 - 温度平面の図 3.61 については，等高線図に対して山の尾根が連なった山脈の間に形成された峡谷のような構造が見えている．この谷構造は，2つの異方性がその温度と磁場で差が大きくなった時に得られる．γ_ξ は，コヒーレンス長が渦糸コア半径 ξ_v 程度だと仮定すれば，渦糸コアの円からの歪みの程度を表す．渦糸コア内では多バンドを反映した準粒子が存在し，その挙動が異方性 γ_ξ に反映する．この谷底線に沿って，著しく γ_ξ が小さくなる領域が見られるが，π バンド超伝

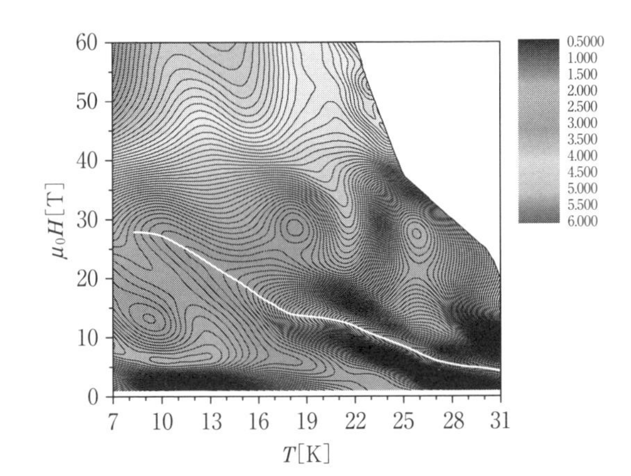

図 3.61　系統的に，温度－磁場平面で磁気トルクを解析結果から導出した γ_ξ の 2 次元相図を示している．また，谷の底を示す線は各温度に対して最も低い γ_ξ の値を結んだものである．

導の上部臨界磁場 H_{c2}^{π} が谷底線に沿っている可能性がある．すなわち，π バンド超伝導性が H_{c2}^{π} 付近でバンド間混成が強くなり，γ_ξ と γ_λ の差異が大きくなるとする解釈である．

理論的には，マンソーら[317] による MgB_2 の 2 バンド超伝導モデルを用いた上部臨界磁場に関する計算により，π バンドと σ バンド間とで超伝導クーパー対が強く混じり合うため $\gamma_\xi(T)$ に，その効果が表れると解釈した．同様の等高線を γ_λ についても描いてみたが，γ_ξ で見られた特異な振舞は見られなかったことに注意したい．これらの解析は，コーガンの多バンドモデルによるものであるが，久保田らによる新しい多バンドトルク理論による解析が進められている．

3.4.4　多バンド系の磁束状態

MgB_2 における超伝導性の発見により，多バンド超伝導の研究が精力的に行われるようになった．現在まで，単バンド系と多バンド系の超伝導状態の差異についてさまざまな報告がなされている．では，多バンド系の磁束状態はどのような特徴をもつのであろうか．ここでは，多バンド系の磁束状態について概括する．より詳しくは原論文を参照されたい．

多バンド超伝導体[318, 319] について最もシンプルな説明をしたい時，どのようなモデルを使ったらよいだろうか．おそらく最適なモデルは，図 3.62 に示されているようなモデルではないだろうか．これは，図3.62で見られるように，2つの薄い同種の超伝導体が接合されている2バンド超伝導体モデルである．接合面に薄い絶縁層が挟まれているため，2つの超伝導体（バンド）の間にはジョセフソン相互作用がはたらく．一見するとジョセフソン素子であるが，そうではない．このモデルとジョセフソン素子との違いは，全体の厚さがコヒーレンス長程度であるということである．このため，超伝導転移温度以下でバンド内はもちろんバンド間においても電子対が形成され，この系は超伝導状態になる．

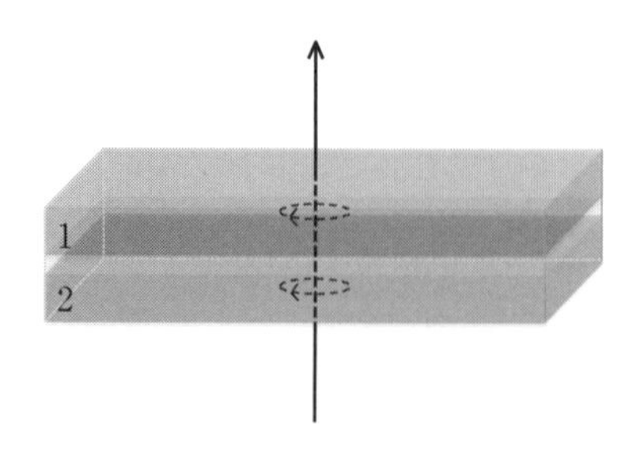

図 3.62　2バンド超伝導体と等価なモデル．超伝導体1と超伝導体2が絶縁層を挟んで接合されている．一般的に1と2は異なる超伝導物質であり，超伝導転移温度などがそれぞれ異なる．全体の厚さは2つの超伝導体のコヒーレンス長程度である．磁束コアの周りの位相変化はそれぞれの超伝導体で 2π となり，この場合磁束は通常見られるようなアブリコソフ型のものとなる．

単バンド超伝導体では見ることができないこの系の性質は何であろうか．上記の系に対するレゲット（Leggett）[320] の理論的な考察によると，最も際立った性質は，バンド間の電子間相互作用がバンド内より十分小さい場合に現れる．この時，電子対は主にバンド内で形成される．そのため，電子の位相はそれぞれのバンドで独立してそろうことになる．バンド間相互作用が負である場合，基底状態においては2つのバンドの電子位相は揃っているが，励起すると集団モードの素励起として位相差が現れる．つまり，バンド間の位相差ゆらぎが存在しているのである．このゆらぎはレゲットモードとよばれている．実際に，MgB_2 においてレゲットモードが観測されたという報告例がある[321]．

レゲットモードがもつ位相差は小さいのであるが，位相差が 2π であるような素励起の存在も理論的に明らかにされている[322]．このような大きな位相差の場合，位相差はソリトン型の波動となって物質中を伝播する．実験におけるソリトンの観測例は，今のところ限定的である．ブルーム（Bluhm）ら[323] は，図3.62のような人工的な2バンド超伝導薄膜からなる微小なリングを作製し，リングを流れる超伝導電流の磁場依存性において位相スリップを見出している．すでに，ソリトン型の位相差を発生させるためのデバイス[324]が考案されており，ソリトンの検出および制御が待ち望まれている．

さて，2バンド超伝導体に磁場をかけて磁束量子を導入すると，どのような磁束量子が見られるであろうか．基本的にはバンド1とバンド2のそれぞれにおいて磁束が形成されるのであるが，通常2つの磁束は重なって存在している．磁束コアの周りの位相変化はそれぞれのバンドで 2π となり，この時の磁束は従来のアブリコソフ型のものとなる．もし，上記の位相差ソリトンがコアの周りで生成されるとどうなるであろうか．図3.63で見られるように，コアの周りの位相が1つのバンドで右回りに変化し，他方のバンドで左回りに変化する．この時，2つの位相を示す矢印は始めと異なる位置で再び重なることになる．循環電流や磁場により矢印は重なったまま，その位置から始めの位置まで押し戻される[322]．ソリトンの位相差による電流は，バンド1とバンド2で逆向きに打ち消し合うように流れるので，コアを貫く磁束には寄与しない．このため，磁束の分数量子化が起こると予想されている[322, 325]．

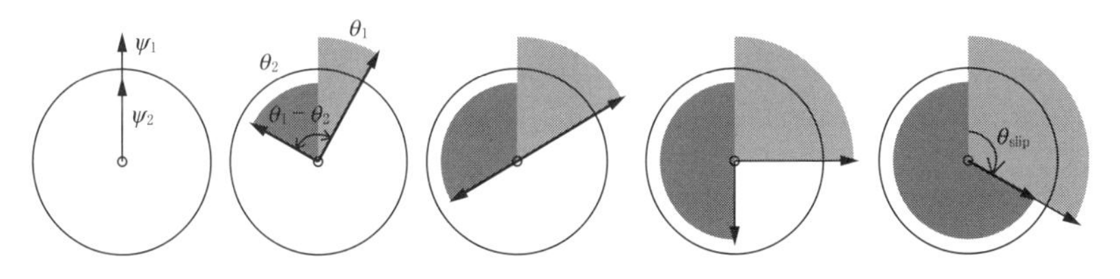

図 3.63　ソリトンが生成された時のそれぞれのバンドにおける位相変化．ψ_1，ψ_2 はそれぞれバンド1と2の位相を表す．Ⓒ2011AIST

このソリトンは，位相差をもっているためソリトンの帯を横切ると位相が変化する．ちょうど，位相ドメインの壁のようなものである．このドメイン壁にアブリコソフ型の磁束が引っかかると，磁束は2つの分数磁束に分かれ，磁束分子を形成することが指摘されている[326]．分かれたことによる磁場エネルギーの利得がドメイン壁の生成エネルギーを上回れば，この状態は安定化する．御領（Goryo）ら[327]は，有限温度においてエントロピーの増加により，重なっていたバンド1とバンド2の磁束がドメイン壁を介して

2つに分裂することを，計算から導き出している．

ドメイン壁を誘起しなくても，バンド1とバンド2の磁束が分数磁束へと分裂する可能性がある．チボタル（Chibotaru）ら[328]は，バンド1とバンド2の超伝導転移温度またはコヒーレンス長などが異なる場合，微小な2バンド超伝導体の円板において現れる磁束状態の相図にて，バンド間で違いが現れることを明らかにした．磁束は，超伝導体の形状による影響を受けて最適な位置を占めるのであるが，違いが現れる相において，2つのバンドの磁束の最適な位置が異なるため，バンド1とバンド2の磁束は分裂して，それぞれ最適な位置を占めるようになる．実験的な検証が必要であるが，直接観測するためには測定技術の進歩を待たなければならない．2バンド超伝導体に電流を流し，磁束を動かすことによって磁束を分裂させることも提案されている[329]．バンド1と2の磁束コアの大きさが異なる時，ある電流値より大きな電流を流すと，バンド1と2の磁束が異なる速度で試料中を流れるため，磁束が2つに分裂する．計算によれば，分裂の影響が試料の電流 - 電圧特性に現れる．こちらも実験的な検証が必要である．

バンド1と2において，それぞれ第1種，第2種超伝導が起こるような2バンド超伝導体の存在も指摘されている[325, 330]．バンド1と2で独立なGLパラメーター$\kappa_1(<1/\sqrt{2})$，$\kappa_2(>1/\sqrt{2})$をもつと仮定すると，2成分GL方程式により，この系は第1種と第2種超伝導体の中間にあるような超伝導体となる．中間の性質は例えば磁束の構造に現れる．2成分GL方程式を使った計算によると，磁束コアが2重構造をもつことになる．外側にあるコアにより長距離で磁束間の相互作用が引力，短距離で磁束線の重なりにより斥力となり，磁束のクラスター構造が現れる．第2種超伝導体では磁束間の相互作用は斥力であり，もし，第1種超伝導体に磁束が入ると相互作用は引力になるであろう．したがって，ちょうどそれらを併わせもつような磁束が生成することになる．

2成分GL方程式を用いると，このような性質が現れるのであるが，コーガン[331]は超伝導転移温度近傍において，2成分GL方程式が通常の1成分GL方程式に還元できることを指摘している．GL理論は転移温度近傍で有効であるので，つまり，この場合コアは2重構造をもたないことになり，上記のような性質は現れないことになる．シラエフ（Silaev）ら[332]は，アイレンバーガー（Eilenberger）方程式を用いて，転移温度以下のすべての温度で磁束が2重構造をもつことを示した．実験的な検証が必要であるが，すでにいくつか報告例がある．モシャルコフ（Moshchalkov）ら[330]は，MgB_2が上記の条件を満たしていることを指摘し，低磁場下で冷却した単結晶において，磁束のクラスター構造を直接観測した．西尾（Nishio）ら[333]やグティエレス（Gutierrez）ら[334]もMgB_2において同様な結果を得ている．コッテ（Cottet）ら[335]はローレンツ電子顕微鏡を用いて比較的高い磁場でMgB_2単結晶の表面を観測したが，クラスター構造を見出すには至っていない．モシャルコフら[330]の指摘によれば，磁束の密度が高くなると，磁束間の斥力が優勢になり，磁束は通常のアブリコソフ格子を形成する．比較的高い磁場において，クラスター構造が現れることはないと考えられている．また，結晶の質によってGLパラメーターは変化するため，非常に高品質な単結晶でなければクラスター構造は現れないであろう．現在のところ，未解決な問題がまだ残っており，今後の研究の進展を見守りたい．

この他にも，p波超伝導体の有力な候補であるSr_2RuO_4において，2成分超伝導が実現しているのではないかと考えられている．理論[336]によれば，この物質は2つのオーダーパラメーター$p_x + ip_y$と$p_x - ip_y$をもっており，これにより縮退した2つのカイラル状態が導かれる．この物質に磁場をかけると縮退が解け，2つのカイラルドメインが現れる．これらの間のドメイン壁を横切ると位相が反転するので，ドメイン壁で磁束がピンされた場合は磁場エネルギーを稼ぐために，磁束が2つの分数磁束に分かれることが予想されている[337]．多くの研究者によって分数磁束の観測が試みられているが，現在のところ直接観測したという結果は，まだ報告されていない．

このように，多バンド超伝導は，上記のp波超伝導，多成分原子ガスのボーズ-アインシュタイン凝縮さらに素粒子論，宇宙論とも深く関連しており，この研究はすでに新しい研究分野の1つにまで成長した．上で述べた通り，多成分・多バンド超伝導の研究においては実験より理論が先行している．実験研究を活発化することにより，この分野のさらなる進展を期待したい．

3.4.5 鉄系超伝導体

(1) 多ギャップ超伝導体の磁束量子

2008年に神原（Kamihara）らによって発見された鉄系超伝導体[338]は，超伝導の天敵である磁性をもつ元素として最も有名な鉄を伝導面の基本構造として含むにも関わらず，50 K前後で超伝導性を示すことから，世界中の研究者に衝撃を与え，今なお，その発現機構を巡って活発な議論が続いている．本項では，その超伝導状態，特に磁束量子に注目して，その特徴を概観する．

鉄系超伝導体としての最大の特徴は，フェルミ面を横切る複数のバンド（多くの場合5個）のすべてにおいて，超伝導ギャップが開いている多ギャップ超伝導体であるということである．したがって，前項の記述が適用されるが，加えて，鉄系超伝導体では，化学相図上で超伝導相に磁気秩序相が隣接していることと関連して，それぞれのバンドでのギャップの符号が必ずしも同じではない超伝導状態（例えば，どのバンドにも，ノードのないギャップが開いているが，その符号は異なる，いわゆる$s_{\pm}$型など）の可能性も検討されている点が，それ以前にない新しさであるといえよう[339]．

ギャップの符号が互いに異なる場合に，超伝導状態の諸現象に新しい側面が現れるか否か，初期の頃から検討されてきた．例えば，STSスペクトルで新しいピーク構造が出現する[340]，半整数の磁束量子が観測される[341]，面内に磁場をかけて回転させた場合の磁束フロー抵抗の角度依存性が特殊になる[342]などであるが，今に至って，少なくとも実験的報告から確立したという状況ではない[343, 344]．初期の頃は，不純物効果[345]や中性子散乱スペクトル[346]なども有力な判定方法であると提案されたが，その後の研究によって，それほど単純には議論できないことも常に提唱されてきた[例えば，347, 348]．

さて，本項の主題は，多ギャップ超伝導体のメンバーである鉄系超伝導体の磁束量子である．超伝導状態で試料に侵入した磁束量子は，単一ギャップ超伝導体と同様に磁束格子を形成することが予想されるが，鉄系超伝導体では試料の質の問題などによって，磁束格子が実験で捉えられた例は極めて少ない．古川と川野（Furukawa - Kawano）らによる中性子小角散乱の実験[349]では，Kドープ122系で見事な磁束の三角格子形成に対応する回折パターンが捉えられている．このように，静的な磁束量子を考える限りは特に変わったことは起こらない．

ところが，磁束量子を駆動することにより，新しい現象の発生が予言されている．例えば，2 種類の秩序パラメーター（超伝導ギャップ）をもつ超伝導体を考えよう．この場合，1，2 それぞれの成分に対応する磁束量子が存在し，磁束量子化は両者合わせたものに対して成立している．これを駆動す

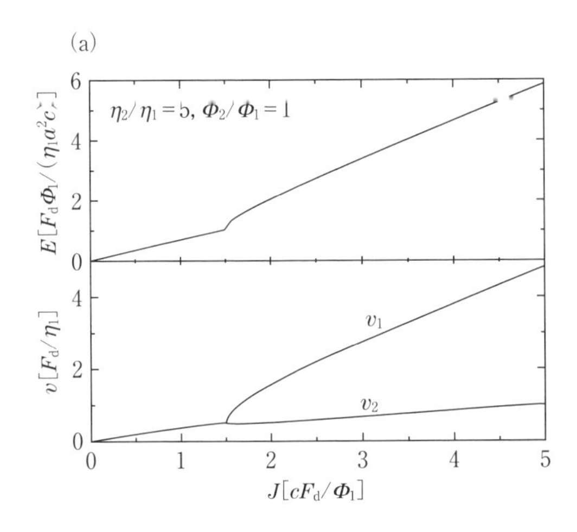

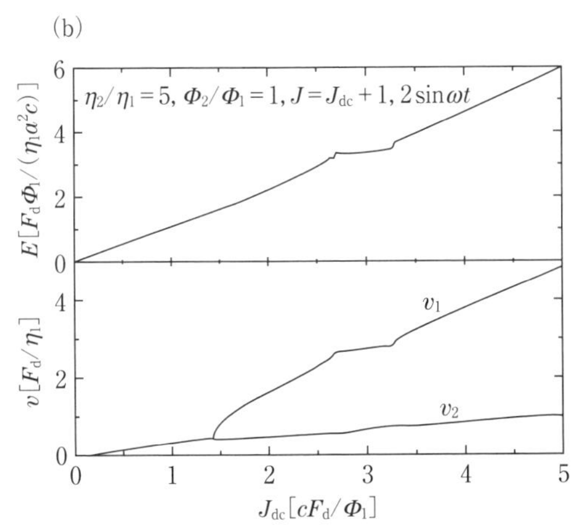

図 3.64　2 成分超伝導体の磁束量子における解離による電流-電圧特性．(a) 直流の電流-電圧特性．磁束量子の解離が起こるところで，電流-電圧特性にキンクが現れる．(b) 交流と直流の駆動力を両方加えた場合の電流-電圧特性．電流-電圧特性にジョセフソン効果のようなプラトーが現れる．(S.-Z. Lin and L. N. Bulaevskii : Phys. Rev. Lett. **110** (2013) 087003 より許可を得て転載)

ると，各成分は異なる駆動力を受けるために，速度がある臨界値に達すると，それ以上では，各成分の解離が起こる．これは電流－電圧特性のキンクとして現れる．さらに，解離状態で交流駆動力を加えると，ステップのような構造が現れる（図3.64）[350]．この現象は，現時点でも理論的予言にとどまっており，実験的な報告はまだない．

（2）　磁束量子の相図

銅酸化物高温超伝導体の出現が，磁場下の超伝導状態の理解を深めたことは本書にすでに記されている通りである．鉄系超伝導体でも，磁場下の超伝導状態の相図の問題がようやく議論され始めたところであり，磁束格子の相転移などについて，現時点で確立した特別な描像というべきものはない．

（3）　磁束量子コアの電子状態

STMを用いて，鉄系超伝導体における磁束量子コアのアンドレーエフ束縛状態の観測に初めて成功したのは，ヴェン（Wen）のグループで，やはり，Kドープ122系においてである[351]．最近では，すでに3.1.5項で述べたように，LiFeAs[352]やFeSe[353]において，アンドレーエフ束縛状態のフリーデル（Friedel）振動的な空間分布も観測されている．

（4）　鉄系超伝導体の磁束フロー

鉄系超伝導体の磁束量子による磁束フローについては，磁場を伝導面に垂直に印加した場合についてのみ，岡田（Okada）らにより系統的に調べられている[354]．

図3.65は磁束フロー抵抗の磁場依存性を，いくつかの鉄系超伝導体に対して測定した結果をまとめたものである（磁場は測定温度での上部臨界磁場B_{c2}で，磁束フロー抵抗率は常伝導状態の抵抗率（測定温度に外挿した値）ρ_nで規格化されている）．破線は，バーディーンとステファンの理論による振舞（3.1.5項(3.8)）である．2点の特徴が挙げられて，①いずれも低磁場で磁場に対して線形であり，$FeSe_{1-x}Te_x$以外は，どれも，上凸の振舞をしているが，②増大の仕方は物質によってさまざまな値を示している．

ここで，

$$\alpha \equiv d\left(\frac{\rho_f}{\rho_n}\right) \Big/ d\left(\frac{B}{B_{c2}}\right)\Bigg|_{B\to 0} \tag{3.43}$$

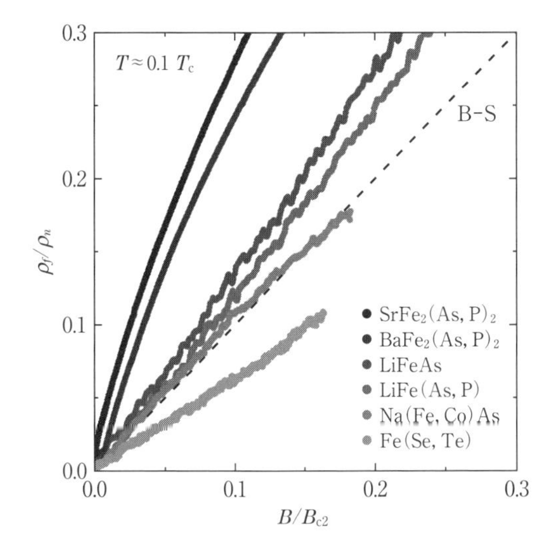

図 3.65　T_c の 0.1 倍の温度で比較した，さまざまな鉄系超伝導体に対する磁束フロー抵抗率の磁場依存性．データの順番は凡例の順番に同じ．破線はバーディーン-スティファンモデルの結果を表している．磁束フロー抵抗率は常伝導状態の抵抗率で，磁場は上部臨界磁場で規格化されている．(T. Okada, *et al.*, Phys. Rev. **B86** (2012) 064516 より許可を得て転載)

という量，すなわち，図の初期勾配の値に注目すると，①，②で述べたことは，$FeSe_{1-x}Te_x$ 以外は，どれも，α が 1 以上（バーディーン - ステファンモデルでは 1）であり，かつ，その値は物質によってまちまちで，中には，α が非常に大きい（$\simeq 3$）もの（122 系など）もある．コプニン - ヴォロヴィク（Kopnin - Volovik）[355] によれば，この傾きは，

$$\alpha \simeq \frac{{\Delta_0}^2}{\langle \Delta^2(\boldsymbol{k}) \rangle} \tag{3.44}$$

のように与えられる．ここで，$\langle \Delta^2(k) \rangle$ はフェルミ面上での各方向の超伝導ギャップ

$$\Delta(\boldsymbol{k}) = \Delta_0 f(\boldsymbol{k}) \quad (f(\boldsymbol{k}) \text{ は最大が 1 になる，方向依存性を表す関数}) \tag{3.45}$$

の 2 乗を，フェルミ面上で平均したものである．もし，超伝導ギャップに何らかの異方性があれば，α は必ず 1 より大きくなるはずであり，その詳細によって，α の値が決まることになる．

したがって，図 3.65 の結果は広く，鉄系超伝導体のギャップ構造が異方的であることを示している．特に，α の大きい 122 系では，線状ノードのある単一ギャップの場合よりも大きな α が得られており，ここにも多ギャップ超伝導体としての特徴が表れている[356]．そこで，さらに一歩踏み込んで，これらのデータと，ゼロ磁場における超流体密度の温度依存性の測定結果を組み合わせ，かつ，角度分解光電子分光で得られたバンド構造のデータを利用することで，超伝導ギャップ関数の具体的構造を議論することが行われている[357]．

図3.65の中で，唯一の例外は1より小さいαを示す$FeSe_{1-x}Te_x$である．1より小さいαは，ギャップの異方性というシナリオでは理解できない．これに対しては，通常の方法で作製された$FeSe_{1-x}Te_x$は比較的dirtyな超伝導体であるということに注目して，超流体のbackflowの効果[358]でよく理解できるということが示されている[359]．（backflowの効果は平均自由行程が短いか，もしくはGLパラメーターが小さい場合に顕著になることが予想され，$FeSe_{1-x}Te_x$は前者の場合に相当する．後者の場合に相当する報告例も最近現れている[360]．）実際，最近作製されつつある気相成長による非常に純良なFeSe単結晶では，$\alpha \simeq 2$が得られており，上述のシナリオすべてと整合する．

以上で，鉄系超伝導体の磁束量子とその運動に関する現状の概要を紹介した．鉄系超伝導体でのこの問題はまだまだ発展途上であり，さまざまな進展がこれから期待される分野である．

3.5　磁束ダイナミクス

3.5.1　磁束系の動的相図と非平衡ダイナミクス

（1）　はじめに

本節では，ランダムなピン止めポテンシャルの下で駆動させた超伝導磁束格子系が，速さと共にどのような動的状態変化を示すかを論じる．これは，弾性格子と乱れた媒質とからなる散逸系における非平衡問題であり，超伝導磁束系の他，電荷密度波（CDW）やウィグナー結晶などさまざまな系で広く観測される．これはまた，固体の塑性変形・プラスチックフロー，あるいは固体間の摩擦現象とも関連する極めて普遍性の高い現象ともいえる．

以下ではまず，駆動された超伝導磁束系の示す動的秩序化現象について説明した後，駆動力の大きさによって，定常状態のフロー状態が変化していく

様子 — 動的相図 — を概観する．次に，動的秩序化を検出する実験手法の例として，モードロック（ML）共鳴法を取り上げる[361]．最後に，直流または交流駆動された磁束系が定常状態へ至るまでに示す過渡現象と，そこに現れる新しい非平衡相転移に関する最近の研究成果を紹介する．試料はアモルファス膜に代表される，弱い点状のピン止めセンターがランダムに分布する一様な超伝導体を考える．

(2) 磁束系の動的秩序化と動的相図

ランダムなピン止めポテンシャルの下では，超伝導体に侵入した磁束配列の周期性は乱され，磁束固体格子は局所的な歪み力を受ける．印加電流を少しずつ増加させていくと，ピン止めされていた磁束は徐々にピン止めから外れフロー運動に加わる．もし，試料内に強くピン止めされた磁束固体のドメインが存在すると，その境界をフローするフィラメントフローやチャンネルフローが現れる．さらに電流を増加させ，多くの磁束がフローに加わるようになると，プラスチックフロー（plastic flow）とよばれる，磁束の流れが空間的・時間的にゆらいでいる乱れたフロー状態となる．電流をさらに増加させ，ピン止め力の影響が駆動力に比べて無視できるようになると，磁束系自身がもつ弾性が回復し，磁束格子の再結晶化が起こる．これを動的秩序化という[362-364]．定常的な運動状態では，磁束に対して，電流による駆動力と周囲の磁束からの斥力，およびピン止めセンターからの引力がはたらき，これらの合力が粘性力とつり合ったフロー運動を行う．

定常状態における磁束のフローパターンを，駆動力（印加電流）および磁束密度（印加磁場）の関数として見ていく．低駆動力，すなわち低速域では，比較的秩序の度合いの低い複数の磁束フロー状態が現れる．低磁場ではプラスチックフロー，あるいはフローチャンネルの横方向のみに秩序をもつスメクティックな流れ（smectic flow）状態が，高磁場ではより秩序性の高い移動格子（moving lattice）状態が現れる．一方，高電流（高速）域では広い磁場域にわたって移動格子か，それよりもやや結晶性の劣る，移動ブラッググラス（moving Bragg glass）とよばれる秩序ある磁束フロー状態が現れる．これらは，ビッター（Bitter）のデコレーション実験[365]などによって実際に観測されている．計算機シミュレーション[363, 364]によると，磁束間の相互作用の強さ，すなわち磁束格子の弾性が，電流駆動された磁束フローの振舞を支配している．図3.66に，電流（駆動力）と磁場（磁束間の相互作用の強さ）を変数として描いた，磁束系の動的相図の概念図とフローパターンの模式図を示す[361, 363]．

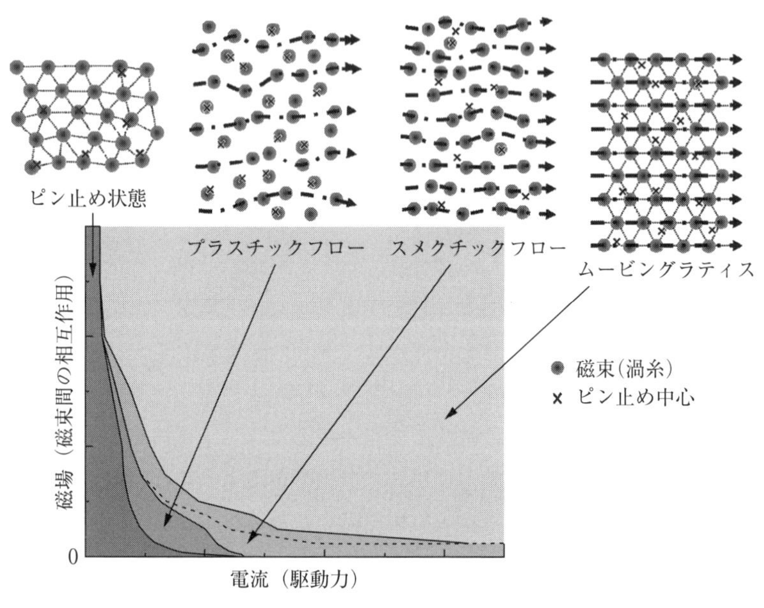

図 3.66　シミュレーションから導かれた電流（駆動力）と磁場（磁束間の相互作用の強さ）に対する，磁束系の動的相図と磁束のフローパターンの模式図．（大熊哲，井上甚，小久保伸人：固体物理 **44**（2009）1より許可を得て転載）

磁束格子の動的秩序化，あるいは磁束格子のフロー状態は，中性子小角散乱[366]，μSR[367]，走査型トンネル分光顕微鏡（STM/STS）[368, 369]，電圧ノイズ[370]，ML共鳴測定[371]などによって観測されている．観測される現象は，超伝導体の種類や形状によらない普遍性の高いものが多い．しかし，実験的にすべての超伝導体に適用できる汎用的観測手法はなく，また，観測可能な時間および空間スケールも測定法によって大きく異なる．ここでは，輸送現象測定に絞って述べる．

電圧ノイズ測定では，ランダムなピン止めポテンシャルの下で直流駆動された磁束系が，動的秩序化によって周期的な速度変調を受けることで発生す

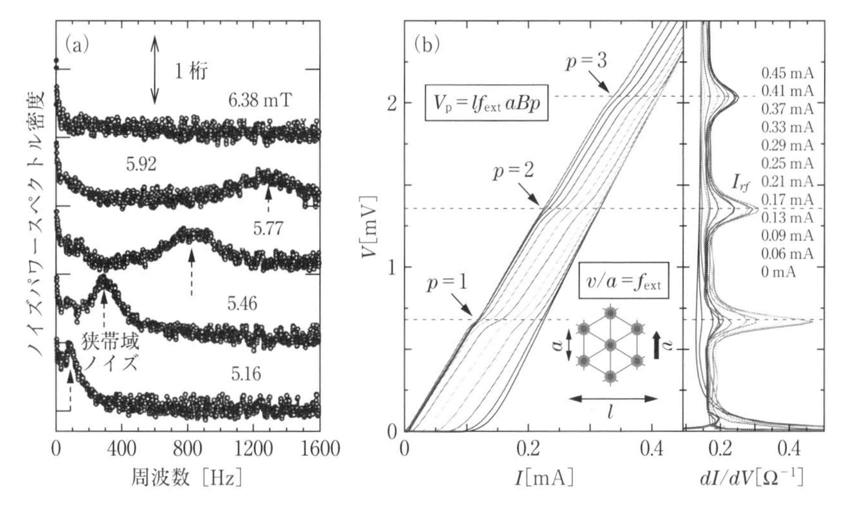

図 3.67 磁束の動的秩序化を示す (a) 狭帯域ノイズ（上向き矢印）と，(b) ML 共鳴 (p=1, 2, 3 の矢印) の測定例．挿入図：ML 共鳴電圧値 V_p から得られる格子フローの模式図．(Y. Tagawa, R. Abiru, K. Iwaya, H. Kitano and A. Maeda: Phys. Rev. Lett. **85** (2000) 3716 および大熊哲，井上甚，小久保伸人：固体物理 **44** (2009) 1 より許可を得て転載)

る狭帯域電圧ノイズ，いわゆる washboard noise の検出を目指す．図 3.67 (a) はその測定例である[370]．ただし実際には，理想に近い格子フローが実現し，かつ高感度の測定ができないと信号の検出は難しい．これに対し ML 共鳴法では，直流に交流を重畳させることによってすべての磁束チャンネルを強制的に同一位相で振動させる．この状態で直流電流，すなわち並進速度を少しずつ変化させ共鳴を起こさせるため，動的秩序化をより確実に捉えることができる．以下に，その概要を述べる．

(3) 磁束格子フローの観測－モードロック共鳴法－

一般に周期的ポテンシャル中を，直流駆動力 F を受けて運動する弾性体に交流駆動力を重畳させると，直流駆動力と並進速度 ($F-v$) の特性に，シャピロステップとよく似たステップ構造が現れる．この現象を ML 共鳴という[371-384]．ML 共鳴は超伝導磁束系をはじめ，CDW[372, 374] やスピン密度波[375] といった多自由度をもつ物理系で広く観測される．この $F-v$ 曲線上のステップ構造は，物体の並進速度 v と進行方向の周期ポテンシャルの周期

aの比で決まる周波数 ($=v/a$) が，外から加えた交流の周波数 f_{ext} にロックした時に現れる．重要なことは，ML 共鳴はあらかじめ周期的なピン止めポテンシャルを導入した系[376] だけでなく，本項で扱うようなランダムなピン止めポテンシャル下でも観測されるということである．この場合，周期性は，駆動された磁束系が自ら秩序化することにより動的に導入される．実際に，ML 共鳴の初期の観測は，周期的なピン止めセンターを導入していない，一様な Al 膜で行われた[371]．

図 3.67(b) は，アモルファス超伝導膜で観測された ML 共鳴の測定例である．直流電流 I に交流電流 I_{rf} を重畳すると，I - V および dI/dV - V 特性に，基本振動 ($p=1$) の整数倍に対応する ML 共鳴ステップが現れる．このステップ電圧 V_{p} は，磁束の速さ v，磁場の大きさ B，および電圧端子間の距離 l の積 $V_{\mathrm{p}}=vBl$ に一致する．また，$pf_{\mathrm{ext}}=v/a$ の関係から，$V_{\mathrm{p}}=(lf_{\mathrm{ext}}aB)p$ と表すことができる．このように，ステップ電圧 V_{p} を実測することにより，磁束格子のフロー方向の格子定数 a が直ちに求まる．この例の場合，フローしている格子は図 3.67(b) の挿入図に示すように，三角格子で，フローの向きは三角形の1辺に平行な方向（平行方位）であることがわかる[379-382, 384]．

（a）　**格子方位の問題**

ところで，駆動されたアブリコソフ格子がフロー方向に対していかなる格子方位をとるかという問題は，1973 年のシュミットとホイガー（Shmidt - Heuger）の理論[385] 以来の問題である．しかしこれまで，この問題を調べるための適切な実験手法がなかった．最近，ML 法によって格子方位の速度・磁場依存性が詳しく測定された．それによると，ある臨界速度あるいは臨界磁場を超えると格子方位が垂直方位から平行方位へと回転する，すなわち速度または磁場誘起の再配向（reorientation）が起こることがわかってきた[380, 384-386]．現在，この実験結果を説明するためのいくつかのメカニズムが提案されている．

（b）　**動的融解現象**

磁束格子のフローに関連するもう1つの興味あるテーマとして，動的融解現象がある．平衡状態における磁束固体相で，磁場または温度を増加させると，ある臨界磁場または臨界温度を境に，磁束固体は液体に融解転移する[387-390]．同様にフロー状態にある磁束格子系においても，磁場または温度を増大させると，格子固体フローから液体フローへの融解転移が起こると考えられる．この現象を動的融解という[378, 379, 382, 384]．コシェレフ（Koshelev）とビノクール（Vinokur）の理論[391]によると，低速域では，磁束系はピン止めポテンシャルから大きな振動を受けることにより，磁束系の実効的温度は上昇する．このため動的融解温度は，ピン止めの影響がない時に比べ低温

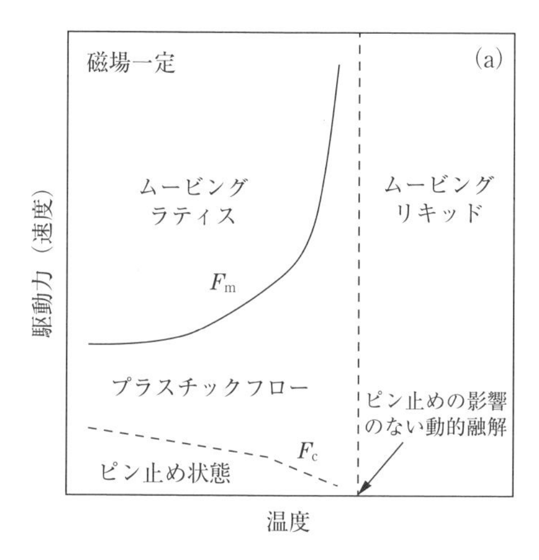

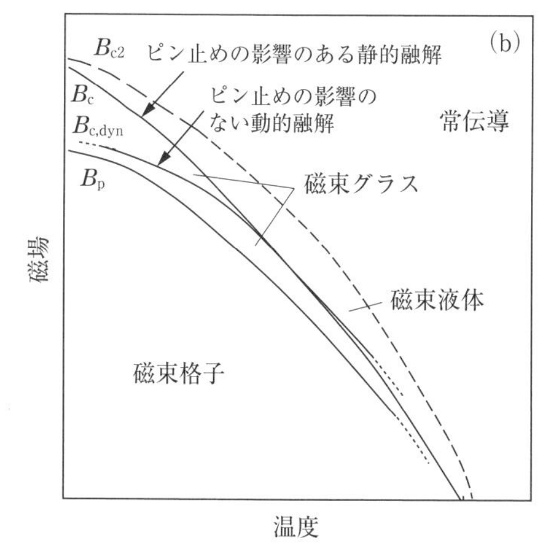

図 3.68 (a) 理論で得られた温度と，駆動力を変数とする磁束系の動的相図の概念図[391]．縦の破線がピン止めの影響を見ない動的融解温度を表す．(b) アモルファス膜で得られた静的および動的温度-磁場相図．$B_{c2}(T)$，$B_c(T)$，$B_p(T)$ は，それぞれ上部臨界磁場，静的融解磁場，秩序-無秩序転移磁場を，$B_{c,dyn}(T)$ は動的融解磁場を表す[383]．

側にシフトする．逆に高速になれば，磁束系はピン止めポテンシャルの影響を受けにくくなるため，磁束系固有の真の融解転移を観測できるようになる．

前頁の図 3.68(a) は理論的に導かれた，駆動力（駆動速度を反映）と温度の平面内で描いた磁束系の動的相図である[391]．$F_c(T)$ はピン止め（または熱的クリープ）領域とプラスチックフロー領域の境界を，$F_m(T)$ はプラスチックフローとムービングラティス領域の境界，すなわち動的融解線を表す．駆動力を小さくしていくと，磁束格子の動的融解温度は低温にシフトすることがわかる．実際にこの振舞は，実験で観測されている[378, 382, 392]．

図 3.68(b) に，アモルファス超伝導膜で得られた磁束系の静的および動的温度 - 磁場相図を示す．$B_c(T)$ は平衡状態における磁束固体の静的融解線を，$B_{c,\,dyn}(T)$ は高速駆動させた磁束格子の動的融解線を表す[383]．低温域では $B_{c,\,dyn}(T)$ が $B_c(T)$ より大きく抑制され，ピーク効果から求めた磁束格子 - 磁束グラス（秩序 - 無秩序）転移線 $B_p(T)$ に近づくことがわかる．これらの実験結果は，絶対零度近傍の磁束状態に対する強い量子ゆらぎの効果，あるいは磁場誘起量子相転移の問題と関連する．さらに，2次元系の超伝導絶縁体転移の物理を理解する上でも重要な情報を与える．

(4) 磁束フローの過渡現象と非平衡相転移

最後に，直流または交流で駆動された磁束系が，定常状態へ至るまでに示す過渡現象について考える．

(a) 直流応答

まずは，直流駆動力に対する電圧応答に注目する．これは非平衡ディピニング転移という基本的物理現象と関連する．ディピニング現象は CDW やコロイド系，ウィグナー結晶，吸着粒子系など自然界で広く見られる現象で，古くから多くの研究がある．近年では磁壁やフラックスの運動を利用するスピントロニクス，あるいは超伝導のデバイス応用の観点からも注目されている[393-396]．学術的には，ディピニング転移は，これまでは平衡状態の枠内で議論がなされてきたが，最近になってこの現象は，臨界緩和を伴う非平衡（動的）相転移の一種である可能性が理論的に指摘された[397]．この予想は直ちに，超伝導磁束系を用いた実験によって検証された[398, 399]．以下に，その概要を述べる．

まず，多くの磁束がピン止めされている，乱れた磁束系を初期状態として準備し，平衡状態でのディピニング力 F_c（図 3.69(a)）を超える直流駆動力 F を時刻 $t=0$ で印加する．すると一部の磁束が運動を始め，時間と共に運動に加わる磁束の数が徐々に増大する，一種の動的秩序化が起こる．そして，ある緩和時間 τ_1 の後に定常状態へ落ち着く（図 3.69(a) の挿入図）．定

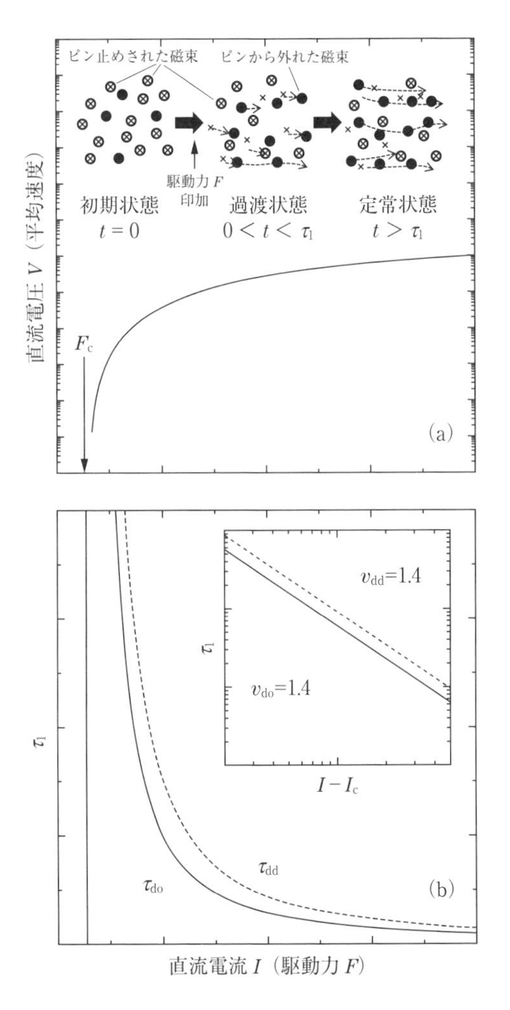

図 3.69 (a) 定常状態における直流電流 I（駆動力 F）- 電圧 V（平均速度）特性，F_c はディピニングの臨界駆動力．挿入図：乱れた初期状態で，F を印加した後の磁束フローが変化する様子．(b) 緩和時間 τ_1 の F 依存性．実線が乱れた初期状態，破線が秩序ある初期状態に対応．挿入図：τ_1 が F_c でべき乗発散する様子[399]．

常状態における磁束系の平均速度を，F に対してプロットしたのが図 3.69 (a) である．この τ_1 は F が小さいほど大きくなり（図 3.69(b) の実線の曲線)，ちょうど閾値 F_c で，理論的に予想されているべき乗の臨界発散をすることがわかった（図 3.69(b) 挿入図の実線)．こうして非平衡ディピニング転移の存在が実証された[398, 399]．

一方，多くの磁束がピン止めからはずれている，秩序ある磁束系を初期状態とした場合には，先ほどとは逆に，時間と共に運動している磁束のピン止めが進み，フロー運動する磁束の数が徐々に減少し定常状態へ達する，一種の動的無秩序化が起こる．しかしこの場合も，緩和時間 τ_1 は F に対して同様の臨界現象を示すことがわかった（図 3.69(b) の破線)．これらの実験結果より，ディピニング転移が初期状態の詳細によらない，普遍性の高い動的相転移現象であることが明らかになった[399, 400]．

(b)　**交流応答**

次に，せん断的な交流駆動力を乱れた磁束系に加えた時の過渡現象を考える[398, 401]．駆動力印加直後は，磁束同士は互いに激しく衝突するため，各サイクル後には多くの磁束は元の位置に戻らない不可逆フロー状態をとる．ところが交流駆動のサイクルを重ねていくと，次第に次の衝突を回避するように磁束配置の自己組織化が起こる．これをランダム組織化という[402]．興味深いことに，十分なサイクルが経過した後の定常的状態を見ると，駆動振幅 d がある臨界値 d_c より小さい時には，各サイクル後にすべての粒子は元の位置に戻る可逆フロー状態となるが，$d > d_c$ であると，元の位置に戻らなくなる粒子が存在する不可逆フロー状態となる．この時，定常的状態へ向かう緩和時間 τ_2 が存在し，$\tau_2(d)$ はこの臨界値 d_c の両側から，べき乗の臨界発散をする．これらの事実は，可逆不可逆転移（Reversible - Irreversible Transition（RIT））とよばれる非平衡相転移[402-406] の強い証拠となる[398, 401]．

この相転移は，周期駆動されたコロイド粒子系[403-405] において初めて報告され，その後，超伝導磁束系[398, 401] でも検証され，この現象の普遍性が実証された．さらに RIT は，前述の非平衡ディピニング転移，および最近液晶系で見出された，吸収状態転移（absorbing transition）[407-409] とよく似た相転移であることが議論されている[398, 402]．さらに最近では，磁束系の特徴を生かして，磁束配置を制御したRITに関する発展的研究が行われている．そこでは，弾性固体中の不可逆性の始まりが，格子欠陥の発生と一致するといった，より広い物理現象に迫る研究が展開されている[401]．

このように超伝導磁束系は，超伝導分野にとどまらず，新しい非平衡現象や動的相転移といった，より普遍性の高い物理現象を探究する上でも極めて重要な物理系となりつつあることがわかる．

3.5.2 メゾスコピック系の磁束ダイナミクス

試料サイズが，超伝導体の特徴的な長さであるコヒーレンス長ξや磁場侵入長λと同程度（メゾスコピックサイズ）になると，バルク試料では出現しない特徴的な興味深い物性が出現する[410]．これは，超伝導の波動関数が試料形状（境界条件）に大きく依存するようになるためである．超伝導アルミニウムでは，$\xi = 0.13\,\mu$m，$\lambda = 0.1\,\mu$m 程度であるので，サブミクロン程度の大きさの試料がこの場合に相当する．

図3.70は，シリコン基板にアルミニウム金属を異なる形状で真空蒸着した試料（厚さは30 nm）における，電気抵抗Rの磁場依存性を示している[411, 412]．図3.70(a)は幅0.1 μmの細線試料で，電流・電圧端子も同じ細線で構成されている．この幅はξと比較して十分に細いので，試料のどこにも磁束は侵入できない．磁場を細線の面の垂直方向にかけると，超伝導が壊れる時に単純に抵抗は増加し，常伝導状態の値R_{N}に達する．常伝導状態では，抵抗は磁場に依存せず一定となる．一方，図3.70(b)に示すディスク試料では，磁場の増加と共に抵抗は激しく上昇し，R_{N}よりもずっと大きな最大値をとった後，さらに高磁場でR_{N}に戻ってくる．バルクのアルミニウムは典型的な第1種超伝導体であるが，メゾスコピックサイズになると，第2種的な超伝導体として振舞うようになり，磁場中で磁束状態が出現することになる．また，微細試料では転移温度はバルク試料（$T_{\mathrm{c}} = 1.2$ K）よりも若干高くなり，この試料では$T_{\mathrm{c}} = 1.3$ K程度である．

このディスク試料のような微細構造体では，磁場を加えていくと，侵入する磁束の数を1本ずつ数えることができ，その数は渦度（vorticity）とよばれる．図3.71で模式的に示すように，異なる渦度$\boldsymbol{L}$の状態における超伝導

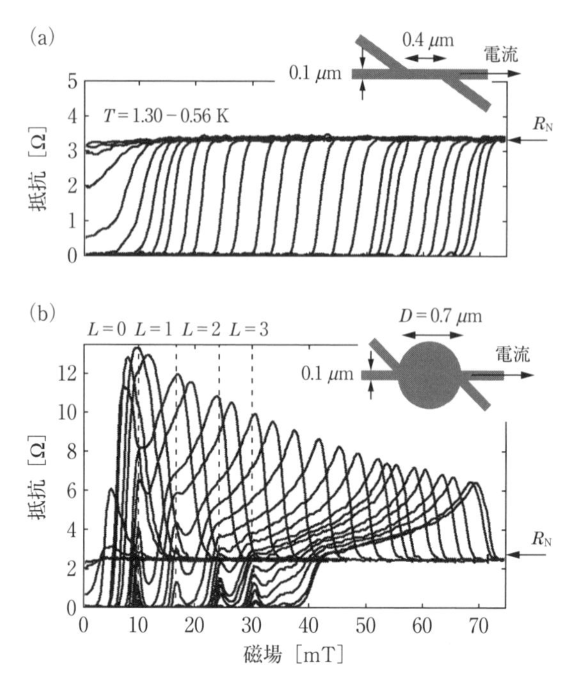

図 3.70 シリコン基板に，アルミニウム金属を異なる形状で蒸着した試料（厚さは 30 nm）における，電気抵抗の磁場依存性．(a) 細線試料，および (b) ディスク試料の場合．挿入図は試料の模式図で，横に伸びているのが電流端子，斜めに伸びているのが電圧端子である．両試料共に測定電流は 50 nA で，磁場は基板に垂直な方向にかけている．温度は，1.30 K から 0.56 K まで約 0.025 K の間隔で測定している．R_N は常伝導状態の抵抗値を示す．（A. Harada, K. Enomoto, T. Yakabe, M. Kimata, H. Satsukawa, K. Hazama, K. Kodama, T. Terashima and S. Uji: Phys. Rev. **B81** (2010) 174501 より許可を得て転載）

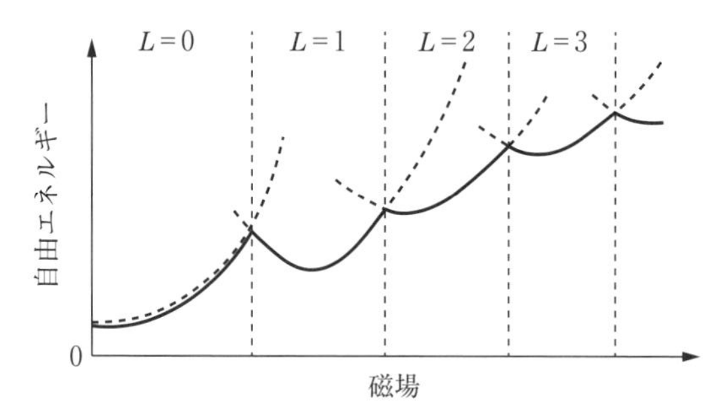

図 3.71 メゾスコピック超伝導体における，自由エネルギーの磁場変化の模式図．それぞれのカーブは，侵入する磁束の数 (vorticity, L) に対応した自由エネルギーである．磁場の増加と共に，安定な状態の L は（侵入する磁束の数は）1 つずつ増え，系のエネルギーはその磁場での最小値（太線）をたどることになる．

状態の自由エネルギーは，異なる磁場で極小値をとる（その磁場で安定となる）．磁場が増加すると，最も安定な状態（太線）をたどりながら$\mathcal{L}$が1つずつ増加する．$\mathcal{L}$から$\mathcal{L}+1$の状態へ相転移する磁場では，両者の状態の自由エネルギーは縮退しており，そこでは系の自由エネルギーは極大値をとる．つまり，その磁場では超伝導状態がその前後の磁場よりも不安定となっているために，T_cが若干低くなり，抵抗がわずかに大きくなる．このディスク試料では（図3.70(b)），点線の磁場で渦度が転移しており，そこで抵抗が小さな極大を示す様子がわかる．

試料中の磁束の安定な配置は，試料形状（境界条件）に大きく影響を受けるので，渦度の転移磁場は必ずしも等間隔にはならない．図3.70(b)に示す試料では，渦度$\mathcal{L}=4$まで相転移する様子がわかるが，この温度ではせいぜい$\mathcal{L}=5$までしか観測できない．これは，試料が小さいため，第2臨界磁場に到達する前に，磁束がせいぜい5本しか入れないということを意味している．細線試料では，幅が狭すぎて磁束は侵入できないため，渦度の相転移は見られない．

ディスク試料では，渦度の転移磁場での抵抗の極大の他，大きな抵抗の増加（$R>R_N$）が観測できる．抵抗の最大値は温度が高くなると高磁場にずれていく．この現象$R>R_N$は細線試料では見られず，ディスク試料（磁束が侵入できる試料）でのみ観測される．一般に，温度が上昇しT_cに近づくと，超伝導秩序変数は小さくなるため，磁束を排除しづらくなる．そのため，渦度の転移磁場は，T_cのごく近傍では一般に小さくなる．例えば直径$d=0.7\,\mu$mのディスク試料では，その面積は$S=0.38\,\mu\mathrm{m}^2$であるので，最初に磁束の侵入する磁場（$L=0\to1$の転移磁場）は，T_c近傍では$S/\Phi_0=5.4$ mTに漸近するはずである．ここで，$\Phi_0=h/2e$は磁束量子である．実際にT_c近傍では，5.0 mT程度の磁場で抵抗の最大値が観測できている．$R>R_N$という現象はゼロ磁場では観測できず，磁束が侵入している磁場領域でのみ観測できることから，この現象には磁束が（特にそのダイナミクス）密接に関わっていることは明らかである．

図3.70のデータから，ディスク試料の相図は図3.72のように決められる．挿入図に示すようにT_{onset}，T_{zero}を定義している．比較のため，細線試

料の $T_{\rm onset}$ もプロットしてある．ディスク試料の $T_{\rm zero}$ が振動しながら小さくなるのは，渦度の相転移によるものである．ディスク試料と細線試料で $T_{\rm onset}$ がほぼ一致していることがわかる．このことは，$T_{\rm onset}$ 以上では，ディスク試料全体（電極部分も含め）で完全に超伝導が壊れていることを意味している．

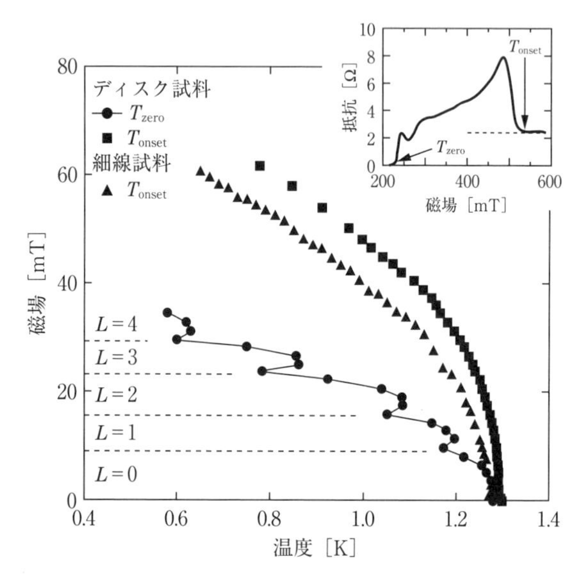

図 3.72　ディスク試料の超伝導相図．挿入図は抵抗の磁場変化で，$T_{\rm onset}$，$T_{\rm zero}$ が定義されている．比較のため，細線試料の $T_{\rm onset}$ もプロットしてある．点線は渦度の転移磁場を示す．（A. Harada, K. Enomoto, T. Yakabe, M. Kimata, H. Satsukawa, K. Hazama, K. Kodama, T. Terashima and S. Uji: Phys. Rev. **B81** (2010) 174501 より許可を得て転載）

図 3.70(a) のデータをよく見ると，抵抗が $R > R_{\rm N}$ の領域でも渦度の相転移（例えば，$\mathcal{L} = 1 \rightarrow 2$ の相転移での抵抗の小さな極大）が見られるので，この磁場範囲でもディスク状態は超伝導状態にあることがわかる．超伝導状態であるにも関わらず有限な抵抗が観測できる理由は，磁束のダイナミクスによるものと考えられる．

図 3.73 は，ディスク試料の $\mathscr{L}=1$ の状態の時の電流 - 電圧特性である．試料に電流が流れていない時は，ディスクに侵入している磁束 ($\phi_0 = h/2e$) は，試料端で生じているポテンシャルのため，試料内に閉じ込められている (図 3.74)．定電流を流すと，磁束は電流と磁場に垂直な方向にローレンツ力を受けることになり，これは磁束の感じるポテンシャルカーブがその方向に傾くことに相当する．磁束が試料内に留まっている限り電圧は生じない (領域 I)．

電流が十分に大きければ，磁束は試料内に留まれず，端から外に出ていく

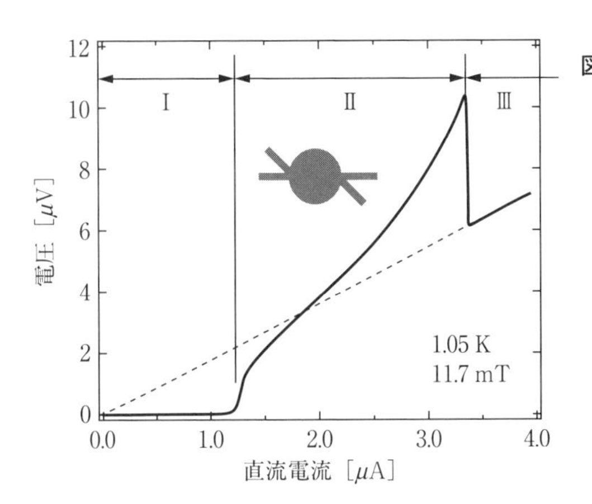

図 3.73　ディスク試料の $\mathscr{L}=1$ の状態における電流-電圧特性．領域 I では，磁束はディスク内で動かず，電圧は生じない．領域 II では磁束が電流で駆動され，ディスク内を出入りするようになるため電圧が生じる．さらに電流を上げ電極（細線部分）の臨界電流を超えると，超伝導が壊れ発熱する．その発熱がディスク部分の超伝導も壊し，常伝導状態の電流-電圧特性と一致すると考えられる（領域 III）．

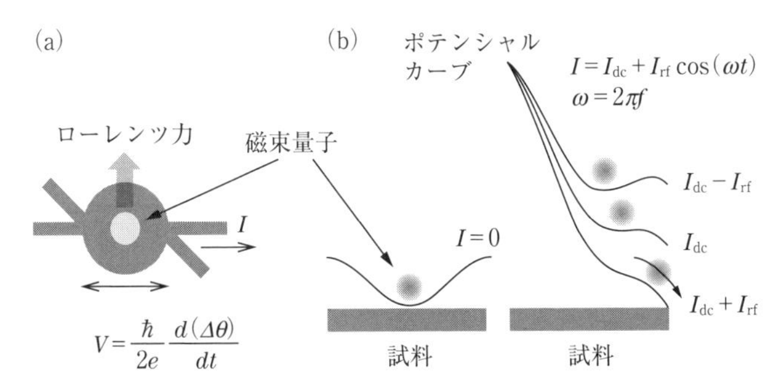

図 3.74　(a) ディスク試料の $\mathscr{L}=1$ の状態の模式図．ディスクに電流が流れると，電流の垂直な方向に磁束はローレンツ力を受ける．(b) ディスク内に電流が流れていない時と流れている時の磁束における，感じるポテンシャルカーブの模式図．

が，それと同時に反対端から磁束が侵入するはずである．この時，磁束を挟んだ試料の両側（電圧端子間）で，超伝導秩序変数 $\Psi = |\Psi| e^{i\theta}$ の位相 θ が 2π だけ変化することになる（ボーア－ゾンマーフェルトの量子化条件）[413]．この位相の変化は，ジョセフソン関係式 $\dot{\theta} = 2eV/\hbar$ で決まる電圧を（電圧端子間に）生じさせる（領域Ⅱ）．試料内を磁束が運動している限り，位相は時間変化する（電圧が生じる）ので，磁束のコアの部分（超伝導が壊れて常伝導状態になっている部分）に常伝導電流が流れる．ここで，エネルギー散逸が起こる（電力を消費する）のである[414]．電流を増やすと，磁束はより素早く試料に出入りする（試料を通過する）ので，電圧はより大きくなる．領域Ⅱでは，常伝導状態における電流－電圧特性（点線）より大きな電圧（エネルギー散逸）が生じている様子がわかる．さらに電流が増加すると，電極（細線部分）の臨界電流を超えてしまうために，電極が常伝導に戻ると同時に発熱する．この発熱がディスク部分の超伝導も壊し，常伝導状態の電流－電圧特性と重なると考えられる（領域Ⅲ）．

上記のエネルギー散逸のメカニズムでは，超伝導状態であるにも関わらず $R > R_{\mathrm{N}}$ となってよいということにはならない．バルク試料では，磁束状態で $R > R_{\mathrm{N}}$ となるような結果は得られないので，図 3.70(b) のような大きなエネルギー散逸はメゾスコピック試料ならではの現象である．磁束の運動速度が速くなればなるほど電圧は大きくなり，$R > R_{\mathrm{N}}$ となることに明確な矛盾はないかもしれないが，無制限に磁束の速度は速くはならないはずで，どこかで上限が決まっているはずである．（磁束の運動エネルギーは超伝導ギャップを超えられないだろう．）現在でも，過大抵抗 $R > R_{\mathrm{N}}$ の詳細なメカニズムは理解されていない．

試料に侵入した磁束の運動は，高周波電流（周波数 f）で制御できる[415]．試料に流す電流を直流成分（dc）と交流成分（rf）に分け，$I = I_{\mathrm{dc}} + I_{\mathrm{rf}} \times \cos(\omega t)$，$\omega = 2\pi f$ と書く．この高周波電流のために，ポテンシャルカーブは図 3.74(b) のように周期的に傾くことになる．直流と高周波電流が弱め合う時（$I = I_{\mathrm{dc}} - I_{\mathrm{rf}}$），磁束が試料内部に留まっていても，強め合う時（$I = I_{\mathrm{dc}} + I_{\mathrm{rf}}$）には，磁束は試料から出ていく（反対側から磁束が入る）ことになるであろう．つまり，高周波電流の周波数と完全に同期して，磁束が試料内を出入りする状況が作られるはずである（3.5.2 項(3) のモードロック共鳴法を参照）．十分に $I_{\rm rf}$ が大きい場合には，$I = I_{\rm dc} + I_{\rm rf}$ の時に 1 個以上（n 個）の磁束が出入りできるはずである．その時の電圧は

$$V_n = n\frac{\hbar}{2e}\dot{\theta} = n\frac{h}{2e}f$$

となる．この値は，物質によらず（物質固有のパラメーターを含まない）普遍的なものである．$f = 483.6\,\rm MHz$ の時に，$V_{n=1} = 1\,\mu\rm V$ となる．

磁束の運動が高周波電流と同期している限りは，多少 $I_{\rm dc}$ が変化しても電圧は V_n のままであろう．つまり，高周波電流を印加している状況で直流 I - V 特性を測定すると，ある直流電流の範囲で電圧 V が一定となる振舞が予想される．次頁の図 3.75(a) には，ディスク試料に 1 つの磁束が入っている状況 ($\mathcal{L} = 1$) で，さまざまな大きさの高周波電流（dBm で表示）を重畳した時の直流の I - V 特性を示してある．$I_{\rm rf}$ がほぼゼロの時（-16 dBm)，$I_{\rm dc} \simeq 1.3\,\mu\rm V$ で電圧は急に立ち上がり（磁束が動き出し），そのまま電流の増加と共に単調に大きくなる．ところが，$I_{\rm rf}$ が大きくなると，磁束は低い $I_{\rm dc}$ から動き出し，その後 I - V 特性に特徴的な平らな部分が出現する．これが，上記で述べた高周波電流に同期した磁束の運動によるものである．よく見ると，V_4 までほぼ平らな部分が確認できる．V_4 の観測は，$I_{\rm rf}$ で一度ポテンシャルカーブが傾くと，磁束が 4 回ディスク内を出入りすることを意味する．図 3.75(a) の点線は，この試料が常伝導状態にある時の I - V 特性（抵抗 $R_{\rm N}$ を与える）を示したもので，$I_{\rm rf}$ が大きい時には，この点線を越えていることがわかる．つまり，磁束のダイナミクスが $R_{\rm N}$ を越えるような大きなエネルギー散逸の発生を明確に示している．

この磁束の運動を定量的に取り扱うためには，ディスク内でのポテンシャルカーブの形を仮定し，磁束の運動方程式を立て，評価しなければならない．その取扱いは複雑であるので，ここでは結論だけを示す[416-418]．ディスク内でのポテンシャルが十分小さい（磁束が試料内を素早く運動している）と仮定すると（$n \geq 1$ の場合に対応），直流の I - V 特性で電圧（V_n）が一定となる電流領域は $\Delta I_n \propto |J_n(I_{\rm rf}/I_{\rm dc})|$ と計算できる．ここで，J_n は n 次のベッセル関数である．図 3.75(b) には，ΔI_n の $I_{\rm rf}$ 依存性を示している．試料に

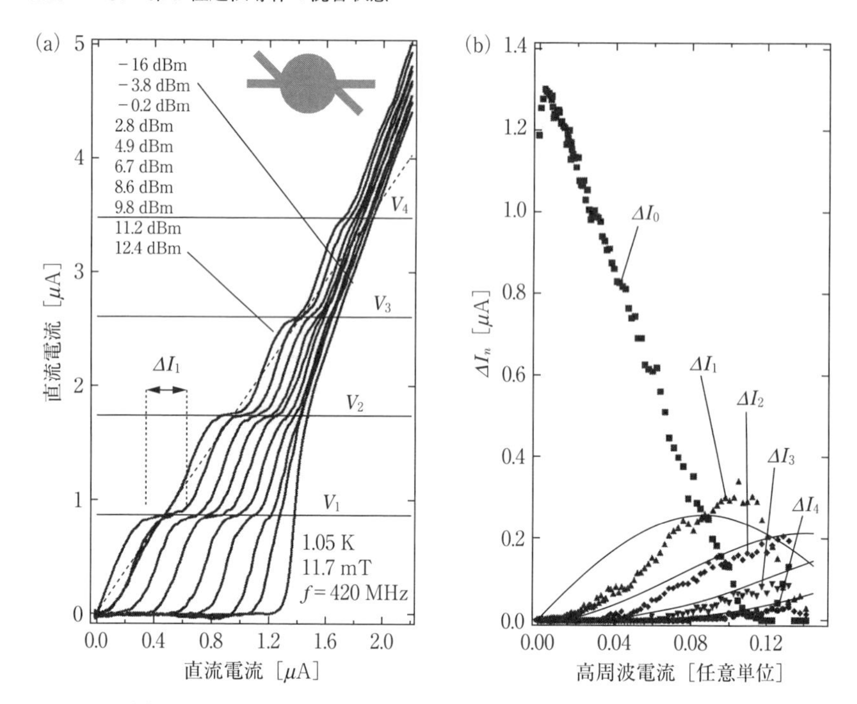

図 3.75　(a) ディスク試料に 1 つの磁束が入っている状況（$L=1$）で，さまざまな大きさの高周波電流（出力を dBm で表示）を重畳した時の直流の I-V 特性．点線は，この試料が常伝導状態にある時の I-V 特性（抵抗 R_N を与える）．(b) ΔI_n の I_{dc} 依存性．横軸は高周波電源の出力 P を用い I_{rf} としている．実線は計算値（本文を参照）．(A. Harada, K. Enomoto, Y. Takahide, M. Kimata, T. Yakabe, K. Kodama, H. Satsukawa, N. Kurita, S. Tsuchiya, T. terashima and S. Uji: Phys. Rev. Lett. **107** (2011) 077002 より許可を得て転載)

実際に流れている I_{rf} を実験的に知ることはできないので（配線に入っている周波数フィルターのため），横軸は高周波電源の出力 P を用い $I_{rf} \propto \sqrt{P}$ と仮定して，任意単位としてある．実線は上式による計算値であり，実験結果をほぼ再現していることがわかる．

図 3.75(a) は $\mathscr{L}=1$ の状態（磁場が 11.7 mT の時）の結果であるが，実験的に $\mathscr{L} \leq 4$ の範囲まで，同様の I-V 特性が観測できる．すなわち，ディスク内に $\mathscr{L}$ 個の磁束が侵入している状態でも，I_{rf} により磁束の運動を 1 つ 1 つ制御できる．それぞれの磁場では，エネルギー的には，試料内に $\mathscr{L}$ 個の磁束が常に存在している状態が安定である．つまり $n=1$ の時，磁束が

1つ試料から出る時，内部には $\mathcal{L}-1$ 個の磁束を残したまま，反対側から同時に1つ磁束が侵入することを意味している．これは磁束があたかも1つ1つ押し出しているように見えるため，磁束のビリヤード現象として捉えられている．

3.6　渦糸ピン止めと臨界電流

3.6.1　渦糸のピン止めと相互作用

（1）　凝縮エネルギー相互作用

超伝導体の臨界電流密度を決めている渦糸のピン止め中心として，空孔，転位，析出物，双晶境界，結晶粒界，組成のゆらぎなど，さまざまな結晶欠陥を挙げることができる[419, 420]．このような超伝導体中の不均質部分では，超伝導秩序パラメーター $|\Psi|$ が局所的に減少するため，コヒーレンス長 ξ の範囲で $|\Psi|\simeq 0$ となる渦糸芯が欠陥と重なり合って，自由エネルギーの損失が小さくなり，渦糸は欠陥に捕えられてピン止めされる．このような相互作用を凝縮エネルギー相互作用（または，コア相互作用）とよぶ．渦糸ピン止めの微視的機構を分類すると，電子密度，組成のゆらぎ，電子－フォノン相互作用などの空間変化によって，臨界温度が局所的に変化するために起こる δT_{c} ピン止め機構と，電子の平均自由行程 l の局所的な変化による δl ピン止め機構（GL パラメーター κ の変化を通して $\delta\kappa$ ピン止めとよばれることもある）に分けることができる．常伝導析出物によるピン止めは δT_{c} ピン止め，結晶粒界によるピン止めは δl ピン止めに該当する．

結晶粒界では電子は散乱を強く受けるので l が短くなり，その結果 ξ も短くなる．そのため，結晶粒界付近の渦糸コアの体積が減少するために，自由エネルギーの損失が小さくなり渦糸は結晶粒界から引力を受ける[421]．金属系超伝導体の場合に，結晶粒界が，ピン止め中心として有効であるが，ξ が短い酸化物高温超伝導体では弱結合としての効果の方が強く，有効なピン止め中心とは考えられていない[422]．

（2）　磁気的相互作用

渦糸はコアの周りに磁場侵入長 λ 程度の長さで磁場が分布しているため，λ 程度の不均質部分から磁気的相互作用を受ける．真空に接する超伝導体表面に平行に磁場が印加された状況を考えると，表面付近の渦糸周りにおける環状の超伝導電流はひずみを受け磁場分布も変化する．この状況は，表面に対称な鏡像から渦糸に引力がはたらいていることと同等であり，渦糸の出入りに対する表面バリア（ビーン－リビングストン（Bean－Livingston）バリア）となる[423]．表面バリアが有効な状況で磁場を印加した場合，熱力学的に決まる下部臨界磁場 H_{c1} を超えても渦糸は超伝導体内部に侵入せず，$H_s \simeq H_c/\sqrt{2}$ になって初めて侵入するため[423]，実験的に H_{c1} を見積もる場合には注意が必要である．

このような磁気的相互作用を凝縮エネルギー相互作用と比較するために，渦糸1本当りにはたらく要素的ピン止め力の比を計算すると，弱磁場の場合に f_p(磁気)$/f_p$(凝縮)$= 8/\kappa$ となる[419, 420]．この結果は，κ が大きい超伝導体では，磁気的相互作用よりも凝縮エネルギー相互作用の方が重要であることを示している．

（3） 要素的ピン止め力と体積的ピン止め力

常伝導状態の点欠陥による渦糸ピン止めの場合，点欠陥の半径を $r(\leq \xi)$ とすると，渦糸のピン止めエネルギーは $U_p = (4/3)\pi r^3(\mu_0 H_c^2/2)$ で表される．この時，渦糸にはたらく要素的ピン止め力 f_p は U_p の空間変化の最大値で与えられるため，$f_p = |\partial U_p/\partial r|_{max} \simeq 4\pi r^2(\mu_0 H_c^2/2)$ となる．さまざまなタイプのピン止め中心について f_p を理論的に求める試みがなされているが[419, 420]，実験的には，臨界電流密度 J_c の測定を通して単位体積当りのピン止め力（体積的ピン止め力）$F_p = J_c B$ を求めることになる．渦糸1本当りの f_p と渦糸の集団による F_p の間の関係を求める場合，多数のピン止め中心と弾性をもった渦糸格子を集団的に取り扱う必要があり，複雑な多体問題になる[419, 420, 424]．

単純な例として，ピン止めが弱い極限と強い極限について渦糸格子がランダムな点欠陥から受ける力を考える．f_p が弱く，渦糸格子が硬いために全く変形しない場合，渦糸格子にはたらく力はランダムであり，その和はゼロとなる．これとは逆に，f_p が強く，かつ渦糸格子が自在に変形できる場合には，ピン止め中心は渦糸を確実に捕え，$F_p = \sum f_p = n_p f_p$ となる．なお，この式は線形和モデルとよばれ，n_p は単位体積当りで相互作用しているピン止め中心の数である．渦糸間の距離 a_0 が点欠陥の平均距離 L よりも長い場合（$a_0 \gg L$，弱磁場に相当）は，作用するピン止め密度は $n_\mathrm{p} \simeq B/L\phi_0$ となる．逆に，$a_0 \ll L$（強磁場に相当）の場合は，すべてのピン止め中心が作用するため $n_\mathrm{p} \simeq 1/L^3$ となる．

現実の超伝導体のピン止めの強さは前述で考えた極限の中間であるため，弾性エネルギーとピン止めエネルギーの競合によって，エネルギーが最小になるように渦糸は相関をもって集団的にピン止めされる．1つのピン止め中心の力が及ぶ範囲 r_p は ξ 程度であると考えると，距離 r 離れた渦糸の変位の2乗平均 $B(r) = \overline{\langle[u(0) - u(r)]^2\rangle}$ が $B(R_\mathrm{c}) \simeq \xi^2$，$B(L_\mathrm{c}) \simeq \xi^2$ となる，特徴的な長さ R_c（横方向）と L_c（長さ方向）がそれぞれ定義できる[425]．このピン止め相関距離はラーキン（Larkin）長ともよばれ，次項で詳述するように，相関体積 $V_\mathrm{c} = R_\mathrm{c}^2 L_\mathrm{c}$ 中の渦糸が1つの単位（バンドル）になってピン止めされる，集団ピン止め理論の基になっている．

3.6.2 集団的ピン止めと磁束クリープ

（1） 集団的ピン止めと渦糸グラス状態

前項で述べたように，ランダムな要素ピン止め力 f_p のある系における，渦糸集団（バンドル）のサイズは，弾性変形エネルギー F_L とピン止めエネルギー U_0 の競合によって生じる自由エネルギー密度が，最小になるように決まると考えるのが現実的である．このよう描像は集団的ピン止め（collective pinning）モデルとよばれ[426]，比較的弱いピン止め（点欠陥など）がランダムに多数存在する系において有効であることが知られている．このモデルによると，3次元系での渦糸格子としての相関は

$$L_\mathrm{c} = \frac{2C_{44}C_{66}\xi^2}{n_\mathrm{p} f_\mathrm{p}^2}, \qquad R_\mathrm{c} = \frac{\sqrt{2}\, C_{66}^{3/2} C_{44}^{1/2} \xi^2}{n_\mathrm{p} f_\mathrm{p}^2} \tag{3.46}$$

で表される渦糸の線（縦）方向と垂直（横）方向の相関長 L_c，R_c（これらをラーキン長とよぶ）の範囲までしか続かないことが導かれる．ここで C_{44} はまげ（縦）弾性定数（tilt modulus），C_{66} はずり（横）弾性定数（shear modulus），n_p はピン止め中心密度である．(3.46) の導出には，相関体積 $V_\mathrm{c} \simeq L_\mathrm{c} R_\mathrm{c}^2$ 当りにはたらくピン止めポテンシャル U_0 がランダム系では統計

的に $f\xi\sqrt{n_\mathrm{p}V_\mathrm{c}}$ で表され，これにより V_c がコヒーレンス長 ξ 程度の弾性変形を起こすこと，つまり，F_L が $C_{44}(\xi/L_\mathrm{c})^2V_\mathrm{c}/2+C_{66}(\xi/R_\mathrm{c})^2V_\mathrm{c}/2$ だけ上昇することを用いた．この結果は，渦糸系が L_c と R_c で特徴づけられる位置的短距離秩序しか示さず，これらより長いスケールで見ると渦糸グラスとよばれる状態に分類できることを意味している．実際，(3.46) より f_p が強く n_p が高いほど，また磁束弾性が弱いほどグラス化が進むこと（相関長が短くなること）がわかる．また，(3.46) より単位体積当りの最大のピン止め力 $f_\mathrm{p}\sqrt{n_\mathrm{p}/V_\mathrm{c}}$ を求めることにより，臨界電流密度 J_c は

$$J_\mathrm{c}B=\frac{n_\mathrm{p}^2f_\mathrm{p}^4}{2C_{44}C_{66}^2} \tag{3.47}$$

となる．

2次元系の場合，C_{44} によるまげ弾性の変形エネルギーをゼロ，および相関体積 $V_\mathrm{c}\simeq dR_\mathrm{c}^2$ とおきかえることにより，3次元系と同様な考え方で，パンケーキ磁束間の相関長 R_c として

$$R_\mathrm{c}=\frac{C_{66}\xi^2d^{1/2}}{n_\mathrm{p}^{1/2}f_\mathrm{p}} \tag{3.48}$$

が求まる．また同様に，臨界電流密度 J_c は

$$J_\mathrm{c}B=\frac{n_\mathrm{p}f_\mathrm{p}^2}{C_{66}\xi^2d} \tag{3.49}$$

となる．2次元系では，J_c やラーキン長の $n_\mathrm{p}f_\mathrm{p}^2$ 依存性が3次元系に比べ弱い．これは，2次元系では縦方向の弾性がないことに起因して，ランダムなピン止めポテンシャルに対する弾性変形が起こりやすいことを示している．

上記の集団的ピン止めモデルは渦糸系の弾性とピン止め効果のみを考慮したもので，低温での臨界電流を求めるには有効である．しかし，渦糸の熱的励起や各相関領域の境界近傍で生じる渦糸格子の転位の運動は考慮されていないことに注意したい．よって，これらが顕著になる銅酸化物高温超伝導体や2次元超伝導体の有限温度における渦糸状態（特に，低電流極限での電気抵抗や磁化緩和）を記述するには，渦糸の熱的クリープ現象も加味する必要がある．

（2）磁束クリープ

（a）熱活性磁束フロー

渦糸の熱的な励起による運動を扱ったモデルとして，古くから熱活性磁束フロー（thermally activated flux flow：TAFF）モデル[427]が知られている．これは，U_0 のポテンシャルでピン止めされた渦糸（またはバンドル）が各ポテンシャル間を独立に（互いの相互作用なしに），時間的な頻度 ν で熱的にホッピングする状況を想定したモデルである．これに従うと，磁場に垂直方向の電流密度 J によって生じる電場 E は，ピン止めポテンシャル間の平均距離 R とホッピングする渦糸（またはバンドル）の有効体積 V_c を用いて

$$E = \nu RB = BL\left\{\nu_0 \exp\left(-\frac{U_0 - JBV_cR}{k_BT}\right) + \nu_0 \exp\left(-\frac{U_0 + JBV_cR}{k_BT}\right)\right\}$$
$$= 2\nu_0 BR \exp\left(-\frac{U_0}{k_BT}\right)\sinh\left(\frac{JBV_cR}{k_BT}\right) \quad (3.50)$$

となる．ここで，ν_0 は試行振動数である．(3.50) は，$\boldsymbol{E} = \boldsymbol{B} \times \boldsymbol{v}_f$（$v_f = \nu R$ は磁束の運動平均速度）の関係と，U_0 が有限で三角関数的な空間依存性をするという仮定を用いて導かれる．この TAFF モデルにおいて，電気抵抗率 ρ は，電流密度が小さい極限では以下となる（$\sinh x \simeq x (x \to 0)$）．

$$\rho = \frac{E}{J} = 2v_0 \frac{B^2R^2V}{k_BT} \exp\left(-\frac{U_0}{k_BT}\right) \quad (3.51)$$

TAFF モデルは，銅酸化物高温超伝導体の広がった電気抵抗転移の裾を定性的に説明するモデルとして用いられてきた．これは銅酸化物超伝導体では，ξ が短いことに起因して U_0 が小さく，測定する T が高い（指数関数の寄与が大きくなる）ためである．注意すべき点は，(3.51) では ρ が温度の減少と共に指数関数的に小さくはなるものの，有限温度で有限値をもつことである．これは，TAFF モデルでは $\rho = 0$ で定義される真の超伝導状態が記述できないことを意味する．これは，ホッピングの際，渦糸（バンドル）間の相互作用（弾性）が部分的にしか考慮されていないことに起因する．よって，TAFF モデルは，ピン止めがはたらく渦糸液体状態や 2 次元渦糸系での低電流領域，または渦糸グラス状態でも弾性的な渦糸相関がローレンツ力で失われる高電流領域での渦糸ダイナミクス，といったものを記述するモ

デルと見なしてもよい.

(b) 集団的磁束クリープ (3次元)

渦糸グラス (固体) 状態での低電流領域の熱的運動を考える場合, 渦糸の弾性体的な性質を考慮する必要があるだろう. 今は簡単のため, 図3.76に示すような1本の無限に長いピン止めされた弾性体的な渦糸があり, それが熱的励起によって縦 (磁場) 方向に $L_{/\!/}$, 横方向に $L_\perp$ の範囲に及んで変形する場合を考える[428]. このような変形は, 図3.76中の点線で示すようなループ状の渦糸が励起した場合の終状態と同じあることから, 渦糸ループ励起 (vortex loop excitation) とよばれる. この変形によって, 渦糸には弾性エネルギー

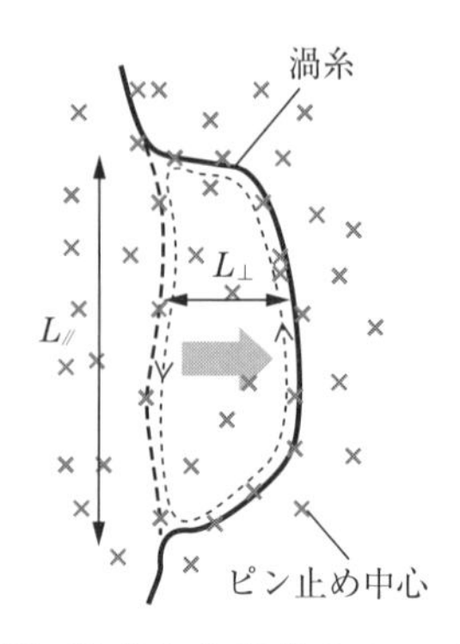

図 3.76 孤立した渦糸のループ励起 (vortex loop excitation) による運動. 破線が初期状態, 実線が終状態を, 点線がループ励起を示す.

$$F_L \propto \frac{GL_\perp^2}{L_{/\!/}} = GL_\perp^\theta \quad \left(\theta = 2 - \frac{1}{\zeta}\right) \tag{3.52}$$

の上昇が生じる. ここで G は渦糸の弾性定数であり, 今考えている系では線張力エネルギー ε_0 に, 多数の磁束線がある系では C_{44} に相当する. 詳細な説明は割愛するが, 図3.76のような弾性的な渦糸の運動は, ランダムな力を受ける1次元ポリマーの運動[429] と等価であり, この場合の数値計算よって, 大きな変形に対し $L_\perp \propto L_{/\!/}^\zeta (\zeta \simeq 2/3)$ であることがわかっている.

F_{L} は $L_\perp$ の単調増加関数であるため, 電流がない場合, この変形が起こってもエネルギー的に損となり元に戻る (よって正味の渦糸の運動はない). 一方, この渦糸と垂直方向 (図3.76の面に垂直方向) に電流が密度 J で流れている場合は, この変形に対して電流の仕事 $W \propto J\phi_0 L_\perp L_{/\!/} = J\phi_0 L_\perp^\kappa$ によるエネルギー利得が生じる $(\kappa = 1 + 1/\zeta)$. よって, F_{L} と W がバランスするような $L_\perp$

$$L_\perp(J) \propto \left(\frac{1}{J}\right)^{1/(\kappa-\theta)} \tag{3.53}$$

において, 渦糸ループ励起による変形に対する復元力がなくなることにな

る．これと同様な変形が熱的確率で1本の磁束線のあちらこちらで連続して起こる場合，磁束線は全体として $L_\perp(J)$ だけ移動できることになる．また，図3.76からも直観的にわかるように，この励起の前後において，U_0 はほとんど変更を受けない．

この時の磁束ループ励起に必要なバリアエネルギー $B(J)$ を

$$B(J) = C[L_\perp(J)]^\phi \tag{3.54}$$

とおく（ここで，C は定数である．本書の議論では変形にかかる自由エネルギー $F_\mathrm{L} - W$ の極大値を用いて $\phi = \theta$ で表されるが，一般的に $\phi \geq \theta$ と予測がされている[428]）．電場 E はこの $B(J)$ を超える熱的な確率を用いて，(3.50) と同じ議論で

$$E \propto \exp\left[-\left(\frac{B(J)}{k_\mathrm{B}T}\right)\right] = \exp\left[-\left(\frac{J_\mathrm{T}}{J}\right)^\mu\right], \quad J_\mathrm{T} \propto G\left(\frac{C}{k_\mathrm{B}T}\right)^{1/\mu} \tag{3.55}$$

と表されることになる．ここで，$\mu = \phi/(\kappa - \theta) \leq 1$ である．

以上の議論では，1本の弾性的な渦糸について考えた．現実の3次元系のように多数の渦糸がある場合でも，図3.77のような多数本にわたる渦糸ループ励起を考え，その結果渦糸の束が $L_\perp(J)$ の領域内で $a \simeq \sqrt{\phi_0/B}$ だけ移動すると考えれば，同様な議論が成り立つ．このループ励起による運動は，3.6.2項(1)の集団的ピン止めモデルにおける臨界電流密度 J_c より十分小さな J 中で，$L_\perp(J)$ が R_c，L_c より大きなスケールにわたって起こることから，集団的クリープとよばれる．

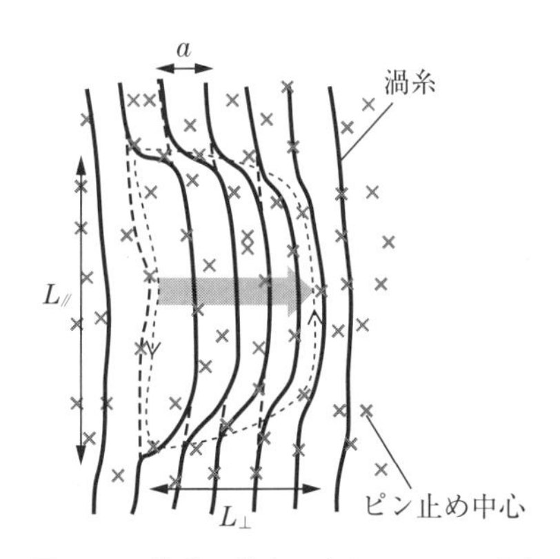

図 3.77 複数の渦糸にまたがるループ励起による集団運動．破線が初期状態，実線が終状態を，点線がループ励起を示す．$a \simeq \sqrt{\phi_0/B}$ は渦糸間隔を示す．

(3.55) の重要な点は $J \to 0$ の極限において，$\rho = E/J \to 0$ となることである．これは，渦糸グラス状態が真の超伝導状態であることを示す．

(3.55) と $\boldsymbol{E} \propto \partial\boldsymbol{J}/\partial t$ より，J の時間依存性も求まる．(3.54) において，$B(J) = U_0 = f\xi\sqrt{n_\mathrm{p}V_\mathrm{c}}$ となる J を集団的ピン止め状態の臨界電流密度 J_c と

近似的におくと，(3.55) の右辺は $\exp[-(U_0/k_BT)(J_c/J(t))^{\mu}]$ と変形でき，$J \ll J_c$（長時間の極限）において，

$$J(t) \simeq J_c\left(\frac{k_BT}{U_0}\ln\frac{t}{t_0}\right)^{-1/\mu} \tag{3.56}$$

を得る ($t_0 \ll 1$)．また $J \simeq J_c$（短時間の極限）では，$(J_c/J)^{\mu} \simeq 1 + \mu(1 - J/J_c)$ よりアンダーソン - キム（Anderson - Kim）的[427] な減衰

$$J(t) \simeq J_c\left[1 - \frac{k_BT}{\mu U_0}\ln\left(1 + \frac{t}{t_0}\right)\right] \tag{3.57}$$

が期待できる．実際の実験では，両者の内挿式である

$$J(t) \simeq \left[1 + \frac{k_BT}{U_0}\ln\left(1 + \frac{t}{t_0}\right)\right]^{-1/\mu} \tag{3.58}$$

に従うことになる[428]．これらは，磁化の時間緩和 $M(t)\,(\propto J(t))$ を示す．

(c)　集団的磁束クリープ（2 次元）

2 次元集団的クリープモデルによると[430]，弱いピン止めがある系の場合，1 つの渦 - 反渦励起（3 次元系での渦糸ループ励起に相当）によって転位対が発生するが，これによる磁束格子の変位は簡単な議論により $R_0 \sim a^2/\xi$ 程度の距離においてなくなる．これは，あるサイズ R_0 以上の磁束対の励起エネルギーが電流ゼロの極限においても有限値となることを意味する（3 次元系での渦糸ループ励起では，(3.52) で示される縦弾性による復元力でこのような現象は起こらないことに注意したい）．この転位の励起エネルギーは，距離 R_0 の転位対間の相互作用エネルギー E_d を用いて

$$\frac{E_d}{2} = \frac{C_{66}a^2d}{2\pi}\ln\left(\frac{R_0}{a}\right) = \frac{\Phi_0^2 d}{32\pi^2\mu_0\lambda^2}\ln\left(\frac{a}{\xi}\right) = \frac{\Phi_0^2 d}{64\pi^2\mu_0\lambda^2}\ln\left(\frac{H_0}{H}\right) \tag{3.59}$$

と見積もられる．ここで $H_0 \simeq H_{c2}$ である．よって，転位を多数含むような 2 次元渦糸系では，有限温度で熱活性型のオーミックな電気抵抗である $\exp(-E_d/2k_BT)$ に比例する項が現れることが予想される．実際，数多くの超伝導超薄膜において，$\lambda^{-2} \propto (1 - T/T_c)$ と $-\ln H$ に比例する活性化エネルギーをもつ磁束クリープ抵抗が観測されている[431, 432]．

(3.59) を活性化エネルギーとする転位対のクリープは $T \to 0$ で 3.2.1 項

の2次元渦糸グラス転移へ連続的に移行することが想像されるが，2次元渦糸系の基底状態については，3.2.1項でも述べたようにまだわからないことが多い．

参考文献

[1] G. Blatter, M. V. Feigel'man, V. B. Geshkenbein, A. I. Larkin and V. M. Vinokur：Rev. Mod. Phys. **66** (1994) 1125.

[2] E. H. Brandt：Rep. Prog. Phys. **58** (1995) 1465.

[3] G. W. Crabtree and D. R. Nelson：Physics Today **45** (1997) 38.

[4] T. Giamarchi and P. Le Doussal："*Spin Glasses and Random Fields*", Series on Directions in Condensed Matter Physics - Vol. 12, Eds. A.P. Young (World Scientific Publishing, 1997) p. 321.

[5] T. Nattermann and S. Scheidl：Adv. Phys. **49** (2000) 607.

[6] G. Blatter and V. B. Geshkenbein："*The Physics of Superconductors*", Vol. 1 Conventional and High - T_c Superconductors, Eds. K. H. Bennemann and J. B. Ketterson (Springer - Verlag, 2003) p. 725.

[7] 池田隆介：固体物理 **32** (1997) 369, 459, 637, 811, 955；**33** (1998) 19, 421, 510.

[8] 立木昌，藤田敏三 共編：「高温超伝導の科学」(裳華房，1999年)

[9] 福山秀敏，秋光純 共編：「超伝導ハンドブック」(朝倉書店，2009年)

[10] A. A. Abrikosov：Zh. Eksp. Teor. Fiz. **32** (1957) 1442. (Sov. Phys. JETP **5** (1957) 1174.

[11] T. Nishizaki, Y. Onodera, N. Kobayashi, H. Asaoka and H. Takei：Phys. Rev. **B53** (1996) 82.

[12] T. Nishizaki, T. Naito and N. Kobayashi：Phys. Rev. **B58** (1998) 11169.

[13] T. Nishizaki and N. Kobayashi：Supercond. Sci. Technol. **13** (2000) 1.

[14] T. Nishizaki and N. Kobayashi："*Studies of High Temperature Superconductors*", Vol. 48, Vortex Physics and Flux Pinning, ed. by A. Narlikar, (Nova Science Publishers, Inc. New York, 2003) p. 1.

[15] 西嵜照和，小林典男：固体物理 **38** (2003) 515.

[16] D. R. Nelson and S. H. Seung：Phys. Rev. **B 39** (1989) 9153；D. R. Nelson：

Phys. Rev. Lett. **60** (1988) 1973.

[17] A. Houghton, R.A. Pelcovits and A. Sudbø：Phys. Rev. **B40** (1989) 6763.

[18] E. H. Brandt：Phys. Rev. Lett. **63** (1989) 1106.

[19] T. Giamarchi and P. Le Doussal：Phys. Rev. Lett. **72** (1994) 1530；Phys. Rev. **B52** (1995) 1242；**55** (1997) 6577.

[20] T. Nattermann：Phys. Rev. Lett. **64** (1990) 2454.

[21] D. Ertas and D. R. Nelson：Physica **C272** (1996) 79.

[22] R. Ikeda：J. Phys. Soc. Jpn. **65** (1996) 3998.

[23] R. Liang, D. A. Bonn and W. N. Hardy：Phys. Rev. Lett. **76** (1996) 835.

[24] U. Welp, J. A. Fendrich, W. K. Kwok, G. W. Crabtree and B. W. Veal：Phys. Rev. Lett. **76** (1996) 4809.

[25] A. Schilling, R. A. Fisher, N. E. Phillips, U. Welp, D. Dasgupta, W. K. Kwok and G. W. Crabtree：Nature (London) **382** (1996) 791.

[26] M. Roulin, A. Junod, A. Erb and E. Walker：Rhys. Rev. Lett. **80** (1998) 1722.

[27] R. E. Hetzel, A. Sudbø and D.A. Huse：Phys. Rev. Lett. **69** (1992) 518.

[28] S. Ryu, S. Doniach, G. Deutscher and A. Kapitulnik：Phys. Rev. Lett. **68** (1992) 710.

[29] X. Hu, S. Miyashita and M. Tachiki：Phys. Rev. Lett. **79** (1997) 3498；X. Hu, S. Miyashita and M. Tachiki：Phys. Rev. **B58** (1998) 3438.

[30] M. P. A. Fisher：Phys. Rev. Lett. **62** (1989) 1415；D. S. Fisher, M. P. A. Fisher and D. A. Huse：Phys. Rev. **B43** (1991) 130.

[31] [10]と同じ文献

[32] L. D. Landau：Phys. Z. SowjetUn. **11** (1937) 129, English translation；L. D. Landau："On the theory of superconductivity", in "*Collected Papers of L. D. Landau*" ed. by D. Ter Haar, Gordon and Breach (Science Publishers, 1965) p. 217.

[33] L. D. Landau：J. Phys. Moscow, U. S. S. R **7** (1943) 99, English translation；L. D. Landau："On the theory of the intermediate state of superconductors", in "*Collected Papers of L. D. Landau*" ed. by D. Ter Haar, Gordon and Breach (Science Publishers, 1965) p. 365.

[34] Y. Iye, T. Tamegai, H. Takeya and H. Takei：Jpn. J. Appl. Phys. **26** (1987)

L1057.

[35] Y. Iye, T. Tamegai, T. Sakakibara, T. Goto, N. Miura, H. Takeya and H. Takei：Physica **C153－155** (1988) 26.

[36] T. T. M. Palstra, B. Batlogg, L. F. Schneemeyer and J. V. Waszczak：Phys. Rev. Lett. **61** (1988) 1662.

[37] T. T. M. Palstra, B. Batlogg, R. B. van Dover, L. F. Schneemeyer and J. V. Waszczak：Appl. Phys. Lett. **54** (1989) 763.

[38] Y. Hidaka, M. Oda, M. Suzuki, A. Katsui, T. Murakami, N. Kobayashi and Y. Muto：Physica **B148** (1987) 239.

[39] W. K. Kwok, U. Welp, G. W. Crabtree, K. G. Vandervoort, R. Hulscher and J. Z. Liu：Phys. Rev. Lett. **64** (1990) 966.

[40] D. T. Fuchs, E. Zeldov, M. Rappaport, T. Tamegai, S. Ooi and H. Shtrikman：Nature **319** (1998) 373.

[41] T. Tsuneto：J. Phys. Soc. Jpn. **57** (1988) 3499.

[42] K. Kitazawa, S. Kambe, M. Naito, I. Tanaka and H. Kojima：Jpn. J. Appl. Phys. **28** (1989) L555.

[43] B. Oh, K. Char, A. D. Kent, M. Naito, M. R. Beasley, T. H. Geballe, R. H. Hammond, A. Kapitulnik and J. M. Graybeal：Phys. Rev. **B37** (1988) 7861.

[44] J. N. Li, K. Kadowaki, M. J. V. Menken, A. A. Menovsky and J. J. M. Franse：Physica **C161** (1989) 313.

[45] K. C. Woo, K. E. Gray, R. T. Kampwirth, J. H. Kang, S. J. Stein, R. East and D. M. McKay：Phys. Rev. Lett. **63** (1989) 1877.

[46] K. Kadowaki, J. N. Li and J. J. M. Franse：Physica **C170** (1990) 298.

[47] K. Kadowaki, A. A. Menovsky and J. J. M. Franse：Physica **B165－166** (1990) 1159.

[48] K. Kadowaki, J. N. Li and J. J. M. Franse：J. Magn. Magn. Mater. **90－91** (1990) 678.

[49] K. Kadowaki, N. J. Li, F. R. de Boer, P. H. Frings and J. J. M. Franse：Supercond. Sci. Technol. **4** (1991) S88.

[50] R. Ikeda, T. Ohmi and T. Tsuneto：J. Phys. Soc. Jpn. **58** (1989) 1377.

[51] R. Ikeda, T. Ohmi and T. Tsuneto：J. Phys. Soc. Jpn. **60** (1991) 1051.

[52] R. Ikeda and T. Tsuneto：J. Phys. Soc. Jpn. **60** (1991) 1337.
[53] R. Ikeda, T. Ohmi and T. Tsuneto：Physica **C162－164** (1989) 1693.
[54] R. Ikeda, T. Ohmi and T. Tsuneto：Physica **B165－166** (1990) 1359.
[55] K. Kadowaki, Y. Songliu and K. Kitazawa：Supercond. Sci. Technol. **7** (1994) 519.
[56] 門脇和男：応用物理 **63** (1994) 354.
[57] M. Charalambous, J. Chaussy and P. Lejay：Physica **B169** (1991) 637.
[58] M. Charalambous, J. Chaussy and P. Lejay：Phys. Rev. **B45** (1992) 5091(R).
[59] M. Charalambous, J. Chaussy and P. Lejay：Appl. Phys. Lett. **60** (1992) 1759.
[60] H. Safar, P. L. Gammel, D. A. Huse, D. J. Bishop, J. P. Rice and D. M. Ginsberg：Phys. Rev. Lett. **69** (1992) 824.
[61] H. Safar, P. L. Gammel, D. A. Huse, D. J. Bishop, W. C. Lee, J. Giapintzakis and D. M. Ginsberg：Phys. Rev. Lett. **70** (1993) 3800.
[62] H. Safar, P. L. Gammel, D. J. Bishop, D. B. Mitzi and A. Kapitulnik：Phys. Rev. Lett. **68** (1992) 2672.
[63] K. Kadowaki：Physica **C263** (1996) 164.
[64] S. Watauchi, H. Ikuta, J. Shimoyama and K. Kishio：Physica **C259** (1996) 373.
[65] K. Kimura, S. Kamisawa and K. Kadowaki：Physica **C357－360** (2001) 442.
[66] S. Hayama, J. Mirković, T. Yamamoto, I. Kakeya and K. Kadowaki：Physica **C412－414** (2004) 478.
[67] R. A. Doyle, D. Liney, W. S. Seow, A. M. Campbell and K. Kadowaki：Phys. Rev. Lett. **75** (1995) 4520.
[68] N. Morozov, E. Zeldov, D. Majer and M. Konczykowski：Phys. Rev. **B54** (1996) R3784.
[69] J. Mirković and K. Kadowaki：Physica **C341－348** (2000) 1273.
[70] J. Mirković, S. Savel'ev, E. Sugahara and K. Kadowaki：Physica **C378－381** (2002) 428.
[71] J. Mirković, K. Kimura and K. Kadowaki：Phys. Rev. Lett. **82** (1999) 2374.
[72] J. Mirković and K. Kadowaki：Physica **B284－288** (2000) 759.
[73] J. Mirković, S. Savel'ev and K. Kadowaki：Physica **C388－389** (2003) 759.
[74] [25]と同じ文献

[75]　M. Roulin, A. Junod and E. Walker：Science **273** (1996) 1210.

[76]　M. Roulin, A. Junod, A. Erb and E. Walker：J. Low Temp. Phys. **105** (1996) 1099.

[77]　A. Schilling, R. A. Fisher, N. E. Phillips, U. Welp, W. K. Kwok and G. W. Crabtree：Phys. Rev. Lett. **78** (1997) 4833.

[78]　F. Bouquet, C. Marcenat, E. Steep, R. Calemczuk, W. K. Kwok, U. Welp, G. W. Crabtree, R. A. Fisher, N. E. Phillips and A. Schilling：Nature **411** (2001) 448.

[79]　E. Zeldov, D. Majer, M. Konczykowski, V. B. Geshkenbein, V. M. Vinokur and H. Shtrikman：Nature **375** (1995) 373.

[80]　K. Kadowaki and K. Kimura：Phys. Rev. **B57** (1998) 11674.

[81]　K. Kadowaki, H. Takeya and K. Hirata：Phys. Rev. **B54** (1996) 462.

[82]　[1]と同じ文献

[83]　[23]と同じ文献

[84]　[24]と同じ文献

[85]　T. Naito, T. Nishizaki, F. Matsuoka, H. Iwasaki and N. Kobayashi：Czechoslovak J. Phys. **46** (1996) Suppl. S3 1585 (Proceedings of the 21st International Conference on Low Temperature Physics, Prague, Aug. 8 – 14, 1996).

[86]　D. R. Nelson：Phys. Rev. Lett. **60** (1988) 1973.

[87]　E. H. Brandt：Phys. Rev. Lett. **63** (1989) 1106.

[88]　[17]と同じ文献

[89]　D. S. Fisher, M. P. A. Fisher and D. A. Huse：Phys. Rev. **B43** (1991) 130.

[90]　A. E. Koshelev：Phys. Rev. **B56** (1997) 11201.

[91]　H. Nordborg and G. Blatter：Phys. Rev. Lett. **79** (1997) 1925.

[92]　C. A. Murray, P. L. Gammel, D. J. Bishop, D. B. Mitzi and A. Kapitulnik：Phys. Rev. Lett. **64** (1990) 2312.

[93]　C. A. Bolle, P. L. Gammel, D. G. Grier, C. A. Murray, D. J. Bishop, D. B. Mitzi and A. Kapitulnik：Phys. Rev. Lett. **66** (1991) 112.

[94]　D. G. Grier, C. A. Murray, C. A. Bolle, P. L. Gammel, D. J. Bishop, D. B. Mitzi and A. Kapitulnik：Phys. Rev. Lett. **66** (1991) 2270.

[95]　P. Kim, Z. Yao and C. M. Lieber：Phys. Rev. Lett. **77** (1996) 5118.

[96] I. V. Grigorieva：Supercond. Sci. Technol. **7** (1994) 161.

[97] D. J. Bishop, P. L. Gammel, D. A. Huse and C. A. Murray：Science **255** (1992) 165.

[98] P. L. Gammel, D. J. Bishop, G. J. Dolan, J. R. Kwo, C. A. Murray, L. F. Schneemeyer and J. V. Waszczak：Phys. Rev. Lett. **59** (1987) 2592.

[99] R. Cubitt, E. M. Forgan, G. Yang, S. L. Lee, D. McK. Paul, H. A. Mook, M. Yethiraj, P. H. Kes, T. W. Li, A. A. Menovsky, Z. Tarnawski and K. Mortensen：Nature **365** (1993) 407.

[100] J. W. Lynn, N. Rosov, T. E. Grigereit, H. Zhang and T. W. Clinton：Phys. Rev. Lett. **72** (1994) 3413.

[101] クビット (Cubitt) らは，磁束線格子の熱ゆらぎによる融解に関するHoughton らの理論 (A. Houghton, *et al.*：Phys. Rev. **B40** (1989) 6763.) を用いて解析しており，$B_{\mathrm{m}}(T)$ の温度依存性として $B_{\mathrm{3D}} \propto \{T_{\mathrm{c}}/T-(T/T_{\mathrm{c}})^{n-1}\}^2$ (n はフィティングパラメーターで3.3としている) を採用しているが，実際の温度依存性は (3.1) や (3.2) と大変似ている．

[102] G. Blatter, V. Geshkenbein, A. Larkin and H. Nordborg：Phys. Rev. **B54** (1996) 72.

[103] 長村光造，宮田成紀，古坂道弘，鈴木淳市：応用物理 **65** (1996) 367.

[104] S. L. Lee, P. Zimmermann, H. Keller, M. Warden, I. M. Savić, R. Schauwecker, D. Zech, R. Cubitt, E. M. Forgan, P. H. Kes, T. W. Li, A. A. Menovsky and Z. Tarnawski：Phys. Rev. Lett. **71** (1993) 3862.

[105] D. O. G. Heron, S. J. Ray, S. J. Lister, C. M. Aegerter, H. Keller, P. H. Kes, G. I. Menon and S. L. Lee：Phys. Rev. Lett. **110** (2013) 107004.

[106] R. N. Kleiman, G. K. Kaminsky, J. D. Reppy, R. Pindak and D. J. Bishop：Rev. Sci. Instrum. **56** (1985) 2088.

[107] P. L. Gammel, L. F. Schneemeyer, J. V. Waszczak and D. J. Bishop：Phys. Rev. Lett. **61** (1988) 1666.

[108] その後，この実験は継続されず，初期における実験結果の解釈の間違いや，実験データの不足が多々あるが，高温超伝導体で磁束融解転移を初めて指摘したという意味で記念碑的な仕事である．磁束系の交流応答による磁束線格子融解現象の研究は交流帯磁率の測定や，微小コイルにより透磁率の測

定[36-38]などの研究につながっていく．

[109] A. I. Buzdin and A. Yu Simonov：JETP Lett. **51** (1990) 191.

[110] V. G. Kogan, N. Nakagawa and S. L. Thiemann：Phys. Rev. **B42** (1990) 2631(R).

[111] E. M. Forgan, M. T. Wylie, S. Lloyd, S. L. Lee and R. Cubitt：Czechoslovak J. Phys. **46** (1996) 1571, Suppl. S3, "Proc. 21st Int. Nat. Conf. Low Temp. Phys." Prague, August 8 - 14, (1996), Part SIII, Superconductivity 2：HTS Vortices (Experiment).

[112] J. Suzuki, N. Metoki, S. Miyata, M. Watahiki, M. Tachiki, K. Kimura, N. Kataoka and K. Kadowaki："*Advances in Superconductivity (XI)*", ed. by N. Koshizuka and S. Tajima (Springer - Verlag, 1999) p 553 - 557, "Proc. 11th Int. Symp. Superconductivity", Nov. 16 - 19, 1998, held in Fukuoka, Japan.

[113] J. Suzuki, N. Metoki, S. Miyata, M. Watahiki, M. Tachiki, K. Kimura, N. Kataoka and K. Kadoaki：JAERI - Review 99 - 003, p. 53.

[114] J. Mirković, S. E. Savel'ev, E. Sugahara and K. Kadowaki：Phys. Rev. Lett. **86** (2001) 886.

[115] J. Mirković, A. Buzdin, T. Kashiwagi, T. Yamamoto and K. Kadowaki：Physica **C484** (2013) 77.

[116] J. Mirković, S. E. Savel'ev, E. Sugahara and K. Kadowaki：Phys. Rev. **B66** (2002) 132505.

[117] K. Kimura, R. Koshida, W. K. Kwok, G. W. Crabtree, S. Okayasu, M. Sataka, Y. Kazumata and K. Kadowaki：J. Low Temp. Phys. **117** (1999) 1471.

[118] B. D. Josephson：Phys. Lett. **1** (1962) 251.

[119] R. Kleiner, F. Steinmeyer, G. Kunkel and P. Müller：Phys. Rev. Lett. **68** (1992) 2394.

[120] [1]と同じ文献

[121] A. Fujimaki, K. Nakajima and Y. Sawada：Phys. Rev. Lett. **59** (1987) 2895.

[122] K. K. Likharev："*Dynamics of Josephson Junctions and Circuits*" (Gordon and Breach Publishers, New York, 1986).

[123] M. Tachiki and S. Takahashi：Solid State Commun. **70** (1989) 291.

[124] L. N. Bulaevskii：Sov. Phys. JETP **37** (1973) 1133.

［125］ L. N. Bulaevskii：Sov. Phys. JETP **38**（1974）634.

［126］ L. N. Bulaevskii：Sov. Phys. JETP **39**（1974）1090.

［127］ J. R. Clem and M.W. Coffey：Phys. Rev. **B42**（1990）6209.

［128］ L. Bulaevskii and J.R. Clem：Phys. Rev. **B44**（1991）10234.

［129］ S. Chakravarty, B. I. Ivlev and Y. N. Ovchinnikov：Phys. Rev. Lett. **64**（1990）3187.

［130］ G. Blatter, B. I. Ivlev and J. Rhyner：Phys. Rev. Lett. **66**（1991）2392.

［131］ L. Balents and D. R. Nelson：Phys. Rev. **B52**（1995）12951.

［132］ X. Hu and M. Tachiki：Phys. Rev. Lett. **85**（2000）2577.

［133］ X. Hu and M. Tachiki：Phys. Rev. **B70**（2004）064506.

［134］ R. Ikeda：J. Phys. Soc. Jpn. **71**（2002）587.

［135］ W. E. Lawrence and S. Doniach："*Proc. 12th Int. Conf. Low Temperature Physics, Kyoto*", ed. by E. Kanda, 1971（Keigaku, Tokyo, 1971）p. 361.

［136］ W. K. Kwok, S. Fleshler, U. Welp, V. M. Vinokur, J. Downey, G. W. Crabtree and M. M. Miller：Phys. Rev. Lett. **69**（1992）3370.

［137］ T. Naito, H. Iwasaki, T. Nishizaki, S. Haraguchi, Y. Kawabata, K. Shibata and N. Kobayashi：Phys. Rev. **B68**（2003）224516.

［138］ M. S. Fuhrer, K. Ino, K. Oka, Y. Nishihara and A. Zettl：Solid State Commun. **101**（1997）841.

［139］ ［114］と同じ文献

［140］ S. Ooi, T. Mochiku and K. Hirata：Phys. Rev. Lett. **89**（2002）247002.

［141］ M. Machida：Phys. Rev. Lett. **90**（2003）037001.

［142］ A. Koshelev：Phys. Rev. **B66**（2002）224514.

［143］ K. Hirata, S. Ooi, S. Yu and T. Mochiku：Physica **C426－431**（2005）56.

［144］ C. Caroli, P. G. de Gennes and J. Matricon：Phys. Lett. **9**（1964）307.

［145］ 加藤雄介：固体物理 **48**（2013）445，**49**（2014）67，**49**（2014）395，**50**（2015）101，**50**（2015）531，**51**（2016）275.（2017年2月末現在，連載継続中）

［146］ H. F. Hess, *et al.*：Phys. Rev. Lett. **62**（1989）214.

［147］ Ch. Renner, *et al.*：Phys. Rev. Lett. **67**（1991）1650.

［148］ I. Maggio－Aprile, *et al.*：Phys. Rev. Lett. **75**（1995）2754.

［149］ S. H. Pan, *et al.*：Phys. Rev. Lett. **85**（2000）1536.

[150]　N. Schopohl and K. Maki：Phys. Rev. **B52**（1995）490.

[151]　M. Ichioka, *et al.*：Phys. Rev. **B53**（1996）15316.

[152]　N. Hayashi, *et al.*：Phys. Rev. Lett. **80**（1998）2921.

[153]　M. Franz and Z. Tesanovic：Phys. Rev. Lett. **80**（1998）4763.

[154]　A. Himeda, *et al.*：J. Phys. Soc. Jpn. **66**（1997）3367.

[155]　K. Matsuba, *et al.*：J. Phys. Soc. Jpn. **76**（2007）063704.

[156]　T. Hanaguri, *et al.*：Phys. Rev. **B85**（2012）214505.

[157]　S. Kasahara, *et al.*：Proc. Natl. Acad. Sci. USA **111**（2014）16309.

[158]　H. F. Hess, *et al.*：Phys. Rev. Lett. **64**（1990）2711.

[159]　F. Gygi, *et al.*：Phys. Rev. Lett. **65**（1990）1820.

[160]　J. Hoffman, *et al.*：Science **297**（2002）1148.

[161]　K. McElroy, *et al.*：Nature **422**（2003）592.

[162]　T. Hanaguri, *et al.*：Science **323**（2009）923.

[163]　J. Bardeen and M. J.Stephen：Phys. Rev. **140**（1965）A1197.

[164]　P. Nozieres and W. F. Vinen：Phil. Mag. **14**（1966）667；W. F. Vinen and A. C. Warren：Proc. Rhys. Soc.（London）**91**（1967）399, *ibid.* 409.

[165]　N. B. Kopnin and V. E. Kravtsov：Pis'ma Zh. Eksp. Teor. Fiz. **23**（1976）631 [JETP Lett. **23**（1976）578].

[166]　J. I. Gittleman and B. Rosenblum：Phys. Rev. Lett. **16**（1966）734.

[167]　Y. Tsuchiya, *et al.*：Phys. Rev. **B63**（2001）184517.

[168]　T. Okada, *et al.*：Phys. Rev. **B86**（2012）064516，およびその中の引用文献.

[169]　M. Golosovsky, *et al.*：Supercond. Sci. Tech. **9**（1996）1.

[170]　A. I. Larkin and Yu N. Ovchinikov：Pis'ma Zh. Eksp. Teor. Fiz. **23**（1976）210.

[171]　P. Ao and D. J. Thouless：Phys. Rev. Lett. **70**（1993）2158.

[172]　N. B. Kopnin and V. Vinokur：Phys. Rev. Lett. **83**（1999）4864；N. B. Kopnin and V. M. Vinokur：Phys. Rev. Lett. **87**（2001）017003.

[173]　Y. Kato, *et al.*：unpublished.

[174]　A. Maeda, *et al.*：J. Phys. Soc. Jpn. **76**（2007）094708 およびその中の引用文献.

[175]　M. K. Tinkham：Phys. Rev. Lett. **13**（1964）804.

[176]　S. Hoffmann and R. Kümmel：Phys. Rev. **B57** (1998) 7904.

[177]　J. Bardeen：Phys. Rev. **B17** (1978) 1472.

[178]　G. E. Volovik：JETP **77** (1993) 435.

[179]　M. Hayashi：J. Phys. Soc. Jpn. **67** (1998) 3372.

[180]　M. Eschrig, J. A. Sauls and D. Rainer：Phys. Rev. **B60** (1999) 10447.

[181]　M. A. Skvortsov, D. A. Ivanov and G. Blatter：Phys. Rev. **B67** (2003) 014521.

[182]　N. B. Kopnin and G. E. Volovik：Phys. Rev. Lett. **79** (1997) 1377.

[183]　[30]と同じ文献

[184]　R. H. Koch, V. Foglietti, W. J. Gallagher, G. Koren, A. Gupta and M. P. A. Fisher：Phys. Rev. Lett. **63** (1989) 1511；R. H. Koch, V. Foglietti and M. P. A. Fisher：Phys. Rev. Lett. **64** (1990) 2586.

[185]　P. L. Gammel, L. F. Schneemeyer and D. J. Bishop：Phys. Rev. Lett. **66** (1991) 953.

[186]　H. K. Olsson, R. H. Koch, W. Eidelloth and R. P. Robertazzi：Phys. Rev. Lett. **66** (1991) 2661.

[187]　M. P. A. Fisher, T. A. Tokuyasu and A. P. Young：Phys. Rev. Lett. **66** (1991) 2931.

[188]　C. Dekker, P. J. M. Wöltgens, R. H. Koch, B. W. Hussey and A. Gupta：Phys. Rev. Lett. **69** (1992) 2717.

[189]　D. B. Haviland, Y. Liu and A. M. Goldman：Phys. Rev. Lett. **62** (1989) 2180.

[190]　M. P. A. Fisher：Phys. Rev. Lett. **65** (1990) 923.

[191]　A. Yazdani and A. Kpitulnik：Phys. Rev. Lett. **74** (1995) 3037.

[192]　Y. Kuwasawa, K. Kato, M. Matsuo and T. Nojima：Physica **C305** (1998) 95.

[193]　N. Mason and A. Kapitulnik：Phys. Rev. Lett. **82** (1999) 5341.

[194]　Y. Qin, C. L. Vicente and J. Yoon：Phys. Rev. **B73** (2006) 100505(R).

[195]　E. Shimshoni, A. Auerbach and A. Kapitulnik：Phys. Rev Lett. **80** (1998) 3352.

[196]　G. Blatter and B. Ivlev：Phys. Rev. Lett. **70** (1993) 2621；G. Blatter, B. Ivlev, Y. Kagan, M. Theunissen, Y. Volokitin and P. Kes：Phys. Rev. **B50** (1994) 13013.

[197] P. Philips and D. Dalidovich：Science **302** (2003) 243.

[198] D. Das and S. Doniach：Phys. Rev. **B64** (2001) 134511.

[199] S. T. Ruggiero, T. W. Barbee, Jr. and M. R. Beasley：Phys. Rev. Lett. **45** (1980) 1299.

[200] C. S. L. Chun, G.‐G. Zheng, J. L. Vincent and I. K. Schuller：Phys. Rev. **B29** (1984) 4915.

[201] K. Kanoda, H. Mazaki, T. Yamada, N. Hosoito and T. Shinjo：Phys. Rev. **B 33** (1986) 2052.

[202] P. Koorevaar, Y. Suzuki, R. Coehoorn and J. Aarts：Phys. Rev. **B49** (1994) 441.

[203] T. Nojima, E. Touma, M. Fukuhara and Y. Kuwasawa：Physica **C226** (1994) 293.

[204] M. G. Karkut, V. Matijasevic, L. Antognazza, J.‐M. Triscone, N. Missert M. R. Beasley and Ø. Fischer：Phys. Rev. Lett. **60** (1988) 1751.

[205] G. Deutscher and O. Entin‐Wohlman：Phys. Rev. **B17** (1978) 1249.

[206] S. Takahashi and M. Tachiki：Phys. Rev. **B33** (1986) 4620.

[207] J. J. Hauser, H. C. Theuerer and N. R. Werthamer：Phys. Rev. **142** (1966) 118.

[208] Z. Radović, L. Dobrosavljević‐Grujić, A. I. Buzdin and J. R. Clem：Phys. Rev. **B38** (1988) 2388；Z. Radović, M. Ledvij ,L. Dobrosavljević‐Grujić, A. I. Buzdin and J. R. Clem：Phys. Rev. **B44** (1991) 759.

[209] T. Kontos, M. Aprili, J. Lesueur, F. Genêt, B. Stephanidis and R. Boursier：Phys. Rev Lett. **89** (2002) 137007.

[210] R. S. Keizer, S. T. B. Goennenwein, T. M. Klapwijk, G. Miao, G. Xiao and A. Gupta：Nature **439** (2006) 825.

[211] N. R. Werthamer：Phys. Rev. **132** (1963) 2440.

[212] M. Tachiki and S. Takahashi：Solid State Commun. **72** (1989) 1083.

[213] T. Nishizaki, T. Aomine, I. Fujii, K. Yamamoto, S. Yoshii, T. Terashima, Y. Bando：Physica **C181** (1991) 223.

[214] Y. Kuwasawa, T. Yamaguchi, T. Tosaka, S. Aoki and S. Nakano：Physica **C169** (1990) 39.

[215]　T. Nojima, M. Kinoshita, S. Nakano and Y. Kuwasawa：Physica **C206**（1993）387.

[216]　石野栞 著：「原子力工学シリーズ８ 照射損傷」（東京大学出版会，1979年）

[217]　S. Okayasu, *et al.*：Physica **C426**（2005）360.

[218]　James F. Ziegler：SRIM & TRIM（http://www.srim.org/）

[219]　D. Huang, *et al.*, Phys. Rev **B57**（1998）13907.

[220]　L. Civale, A. D. Marwick, M. W. McElfresh, T. K. Worthington, A. P. Malozemoff, F. H. Holtzberg, J. R. Thompson and M. A. Kirk：Phys. Rev. Lett. **65**（1990）1164.

[221]　T. Taen, Y. Nakajima, T. Tamegai and H. Kitamura：Phys. Rev. **B86**（2012）094527.

[222]　K. J. Kihlstrom, L. Fang, Y. Jia, B. Shen, A. E. Koshelev, U. Welp, G. W. Crabtree, W.-K. Kwok, A. Kayani, S. F. Zhu and H.-H. Wen.：Appl. Phys. Lett. **103**（2013）202601.

[223]　L. Civale, A. D. Marwick, T. K. Worthington, M. A. Kirk, J. R. Thompson, L. Krusin-Elbaum, Y. Sun, J. R. Clem and F. Holtzberg：Phys. Rev. Lett. **67**（1991）648.

[224]　Y. Nakajima, Y. Tsuchiya, T. Taen, T. Tamegai, S. Okayasu and M. Sasase：Phys. Rev. **B80**（2009）012510.

[225]　D. R. Nelson and V. M. Vinokur：Phys. Rev. Lett. **68**（1992）2398.

[226]　T. Hwa, P. Le Doussal, D. R. Nelson and V. M. Vinokur：Phys. Rev. Lett. **71**（1993）3545.

[227]　A. A. Zhukov, G. K. Perkins, J. V. Thomas, A. D. Caplin, H. Küpfer and T. Wolf：Phys. Rev. **B56**（1997）3481.

[228]　T. Taen, H. Yagyuda, Y. Nakajima, T. Tamegai, O. Ayala-Valenzuela, L. Civale, B. Maiorov, T. Kambara and Y. Kanai：Phys. Rev. **B89**（2014）024508.

[229]　A. A. Zhukov, G. K. Perkins, L. F. Cohen, A. D. Caplin, H. Küpfer, T. Wolf and G. Wirth：Phys. Rev. **B58**（1998）8820.

[230]　T. Tamegai, T. Taen, H. Yagyuda, Y. Tsuchiya, S. Mohan, T. Taniguchi, Y. Nakajima, S. Okayasu, M. Sasase, H. Kitamura, T. Murakami, T. Kambara and Y. Kanai：Supercond. Sci. Technol. **25**（2012）084008.

[231]　L. Krusin - Elbaum, L. Civale, J. R. Thompson and C. Feild：Phys. Rev. **B53** (1996) 11744.

[232]　A. P. Malozemoff and M. P. A. Fisher：Phys. Rev. **B42** (1990) 6784(R).

[233]　C. J. van der Beek, M. Konczykowski, T. W. Li, P. H. Kes and W. Benoit：Phys. Rev. **B54** (1996) R792(R).

[234]　M. Sato, T. Shibauchi, S. Ooi, T. Tamegai and M. Konczykowski：Phys. Rev. Lett. **79** (1997) 3759.

[235]　U. Welp, Z. L. Xiao, J. S. Jiang, V. K. Vlasko - Vlasov, S. D. Bader, G. W. Crabtree, J. Liang, H. Chik and J. M. Xu：Phys. Rev. **B66** (2002) 212507.

[236]　W. Vinckx, J. Vanacken and V. V. Moshchalkov：J. Appl. Phys. **100** (2006) 044307.

[237]　Y. Fasano, J. A. Herbsommer, F. de la Cruz, F. Pardo, P. L. Gammel, E. Bucher and D. J. Bishop：Phys. Rev. **B60** (1999) R15047(R).

[238]　A. T. Fiory, A. F. Hebard and S. Somekh：Appl. Phys. Lett. **32** (1978) 73.

[239]　G. S. Mkrtchyan and V. V. Shmidt：JETP. **34** (1972) 195.

[240]　D. R. Nelson and V. M. Vinokur：Phys. Rev. **B48** (1993) 13060.

[241]　M. Baert, V. V. Metlushko, R. Jonckheere, V. V. Moshchalkov and Y. Bruynseraede：Phys. Rev. Lett. **74** (1995) 3269.

[242]　L. Horng, T. J. Yang, R. Cao, T. C. Wu, J. C. Lin and J. C. Wu：J. Appl. Phys. **103** (2008) 07C706.

[243]　V. Metlushko, U. Welp, G. W. Crabtree, R. Osgood, S. D. Bader, L. E. DeLong, Z. Zhang, S. R. J. Brueck, B. Ilic, K. Chung and P. J. Hesketh：Phys. Rev. **B60** (1999) R12585(R).

[244]　I. B. Khalfin and B. Ya. Shapiro：Physica **C207** (1993) 359.

[245]　V. V. Moshchalkov, M. Baert, V. V. Metlushko, E. Rosseel, M. J. Van Bael, K. Temst, R. Jonckheere and Y. Bruynseraede：Phys. Rev. **B54** (1996) 7385.

[246]　M. Vélez, J. I. Martín, J. E. Villegas, A. Hoffmann, E. M. González, J. L. Vicent and I. K. Schuller：J. Magn. Magn. Mater. **320** (2008) 2547.

[247]　C. Dasgupta and O. T. Valls：Phys. Rev. Lett. **87** (2001) 257002.

[248]　S. Goldberg, Y. Segev, Y. Myasoedov, I. Gutman, N. Avraham, M. Rappaport, E. Zeldov, T. Tamegai, C. W. Hicks and K. A. Moler：Phys. Rev.

B79 (2009) 064523.

[249] S. Ooi, T. Mochiku and K. Hirata：J. Phys.：Conf. Ser. **150** (2009) 052203.

[250] K. Harada, O. Kamimura, H. Kasai, T. Matsuda, A. Tonomura and V. V. Moshchalkov：Science **274** (1996) 1167.

[251] J. I. Martín, M. Vélez, A. Hoffmann, I. K. Schuller and J. L. Vicent：Phys. Rev. Lett. **83** (1999) 1022.

[252] O. M. Stoll and M. I. Montero and J. Guimpel and J. J. Åkerman and I. Schuller：Phys. Rev. **B65** (2002) 104518.

[253] A. D. Thakur, S. Ooi, S. P. Chockalingham, J. Jesudasan, P. Raychaudhuri and K. Hirata：Physica **C470** (2010) S873.

[254] V. Misko, S. Savel'ev and F. Nori：Phys. Rev. Lett. **95** (2005) 177007.

[255] M. Kemmler, C. Gürlich, A. Sterck, H. Phler, M. Neuhaus, M. Siegel, R. Kleiner and D. Koelle：Phys. Rev. Lett. **97** (2006) 147003.

[256] R. Wördenweber, P. Dymashevski and V. R. Misko：Phys. Rev. **B69** (2004) 184504.

[257] C. C. de Souza Silva, J. Van de Vondel, M. Morelle and V. V. Moshchalkov：Nature **440** (2006) 651.

[258] Y. Togawa, K. Harada, T. Akashi, H. Kasai, T. Matsuda, F. Nori, A. Maeda and A. Tonomura：Phys. Rev. Lett. **95** (2005) 087002.

[259] P. W. Anderson：J. Phys. Chem. Solids. **11** (1959) 26.

[260] J. von Delft, A. D. Zaikin, D. S. Golubev and W. Tichy：Phys. Rev. Lett. **77** (1996) 3189.

[261] Y. Nakamura, Y. A. Pashkin and J. S. Tsai：Nature **398** (1999) 786.

[262] R. H. Parmenter：Phys. Rev. **166** (1968) 392.

[263] Y. N. Ovchinnikov and V. Z. Kresin：Eur. Phys. J. **B45** (2005) 5.

[264] B. J. Baelus, L. R. E. Cabral and F. M. Peeters：Phys. Rev. **B69** (2004) 064506.

[265] L. R. E. Cabral, B. J. Baelus and F. M. Peeters：Phys. Rev. **B70** (2004) 144523.

[266] A. Kanda, *et al.*：Phys. Rev. Lett. **93** (2004) 257002.

[267] L. F. Chibotaru, A. Ceulemans, V. Bruyndoncx and V. V. Moshchalkov：

Nature **408** (2000) 833.

[268] L. F. Chibotaru, A. Ceulemans, V. Bruyndoncx and V.V. Moshchalkov：Phys. Rev. Lett. **86** (2001) 1323.

[269] M. Umeda, M. Kato and O. Sato：IEEE Trans. Appl. Supercond. **26** (2016) 8600104.

[270] N. Kokubo, S. Okayasu, A. Kanda and B. Shinozaki：Phys. Rev. **B82** (2010) 014501.

[271] [264]と同じ文献

[272] N. Kokubo, S.Okayasu, T. Nojima, H. Tamochi and B. Shinozaki：J. Phys. Soc. Jpn. **83** (2014) 083704.

[273] H. J. Zhao, V. R. Misko and F. M. Peeters, V. Oboznov, S. V. Dubonos and I. V. Grigorieva：Phys. Rev. **B78** (2008) 104517.

[274] V. R. Misko, H. J. Zhao, F. M. Peeters, V. Oboznov, S. V. Dubonos and I. V. Grigorieva：Supercond. Sci. Technol. **22** (2009) 034001.

[275] N. Kokubo, H. Miyahara, S.Okayasu and T. Nojima：J. Phys. Soc. Jpn. **84** (2015) 043704.

[276] L. R. E. Cabral and J. Albino Aguiar：Phys. Rev. **B80** (2009) 214533.

[277] 小久保伸人：固体物理 **80** (2015) 437.

[278] H. T. Huy, M. Kato and T. Ishida：Supercond. Sci. Technol. **26** (2013) 065001.

[279] [267]と同じ文献

[280] [268]と同じ文献

[281] L.-F. Zhang, L. Covaci, M. V. Milošević, G. R. Berdiyorov and F. M. Peeters：Phys. Rev. **B88** (2013) 144501.

[282] R. Geurts, M. V. Milošević and F. M. Peeters：Phys. Rev. **B79** (2009) 174508.

[283] M. V. Milošević, G. R. Berdiyorov and F. M. Peeters：Appl. Phys. Lett. **91** (2007) 212501.

[284] B. Abeles, R. W. Cohen and G. W. Cullen：Phys. Rev. Lett. **17** (1966) 632.

[285] R. W. Cohen and B. Abeles：Phys. Rev. **168** (1968) 444.

[286] V. L. Ginzburg：Phys. Lett. **13** (1964) 101.

[287] M. Strongin, A. Paskin, O.F. Kammerer and M. Garber：Phys. Rev. Lett. **14**

(1965) 362.
[288] [262]と同じ文献
[289] M. Savolainen, V. Touboltsev, P. Koppinen, K.－P. Riikonen and K. Arutyunov：Appl. Phys. **A79** (2004) 1769.
[290] M. Zgirski, K.－P Riikonen, V. Touboltsev and K. Arutyunov：Nano Lett. **5** (2005) 1029.
[291] M. Tian, J. Wang. J. S. Kurtz, Y. Liu, M. H. W. Chan, T. S. Mayer and T. E. Mallouk：Phys. Rev. **B71** (2005) 104521.
[292] Y. Guo, Y.－F. Zhang. X.－Y. Bao, T.－Z. Han, Z. Tang, L.－X. Zhang, W.－G. Zhu, E. G. Wang, Q. Niu, Z. Q. Qiu, J.－F. Jia, Z.－X. Zhao and Q.－K. Xue：Science **306** (2004) 1915.
[293] V. A. Schweigert, F. M. Peeters and P. S. Deo：Phys. Rev. Lett. **81** (1998) 2783.
[294] V. Bruyndoncx, J. G. Rodrigo, T. Puig, L.Van Look, V. V. Moshchalkov and R. Jonckheere：Phys. Rev. **B60** (1999) 4285.
[295] A. K. Geim, I. V. Grigorieva, S. V. Dubonos, J. G. S. Lok, J. C. Maan, A. E. Filippov and F. M. Peeters：Nature **390** (1997) 259.
[296] [266]と同じ文献
[297] M. J. Zehtbauer and Y. T. Zhu：“*Bulk Nanostructured Materials*” (Wiley－VCH, Weinheim, 2009).
[298] 堀田善治：鉄と鋼 **94** (2008) 599.
[299] T. Nishizaki, S. Lee, Z. Horita, T. Sasaki and N. Kobayashi：Physica **C493** (2013) 132.
[300] S. Lee and Z. Horita：Mater. Trans. **53** (2012) 38.
[301] D. K. Finnemore, T. F. Stromberg and C. A. Swenson：Phys. Rev. **149** (1966) 231.
[302] 伊原英雄，戸叶一正 共著：「材料テクノロジー 19 超伝導材料」(東京大学出版会，1987年).
[303] V. G. Kogan, A. Gurevich, J. H. Cho, D. C. Johnston, M. Xu, J. R. Thompson and A. Martynovich：Phys. Rev. **B54** (1996) 12386.
[304] L. J. Campdell, M. M. Doria and V. G. Kogan：Phys. Rev. **B38** (1988) 2439.

[305]　V. G. Kogan：Phys. Rev. **B38** (1988) 7049.

[306]　B. I. Ivlev, N. B. Kopnin and M. M. Salomaa：Phys. Rev. **B43** (1991) 2896.

[307]　L. N. Bulaevskii：Phys. Rev. **B44** (1991) 910(R).

[308]　[1]と同じ文献

[309]　V. G. Kogan：Phys. Rev. Lett. **89** (2002) 237005.

[310]　A. Yaouanc, P. Dalmas de Réotier and E. H. Brandt：Phys. Rev. **B55** (1997) 11107.

[311]　Z. Hao, J. R. Clem, M. W. Mc Elfresh, L. Civale, A. P. Malozemoff and F. Holtzberg：Phys. Rev. **B43** (1991) 2844.

[312]　D. Kubota, N. Hayashi and T. Ishida：Phys. Rev. **B83** (2011) 184518.

[313]　D. E. Farrell, J. P. Rice, D. M. Ginzberg and J. Z. Liu：Phys. Rev. **B42** (1990) 6758(R)；Phys. Rev. Lett. **64** (1990) 1573.

[314]　L. Lyard, P. Szabó, T. Klein, J. Marcus, C. Marcenat, K. H. Kim, B.W. Kang, H. S. Lee and S. I. Lee：Phys. Rev. Lett. **92** (2004) 057001.

[315]　T. Atsumi, M. Xu, H. Kitazawa and T. Ishida：Physica **C412－414** (2004) 254.

[316]　P. Miranović, K. Machida and V. G. Kogan：J. Phys. Soc. Jpn. **72** (2003) 221.

[317]　M. Mansor and J. P. Carbotte：Phys. Rev. **B72** (2005) 024538.

[318]　H. Sulh, B. T. Matthias and L. R. Walker：Phys. Rev. Lett. **12** (1959) 552.

[319]　J. Kondo：Prog. Theor. Phys. **29** (1963) 1.

[320]　A. J. Leggett：Prog. Theor. Phys. **36** (1966) 901.

[321]　G. Blumberg, *et al.*：Phys. Rev. Lett. **99** (2007) 227002.

[322]　Y. Tanaka：Phys. Rev. Lett. **88** (2002) 017002.

[323]　H. Bluhm, *et al.*：Phys. Rev. Lett. **97** (2006) 237002.

[324]　A. Gurevich and V. Vinokur：Phys. Rev. Lett. **97** (2006) 137003.

[325]　E. Babaev：Phys. Rev. Lett. **89** (2002) 067001.

[326]　Y. Tanaka, *et al.*：Jpn. J. Appl. Phys. **46** (2007) 134.

[327]　J. Goryo, S. Soma and H. Matsukawa：Euro. Phys. Lett. **80** (2007) 17002.

[328]　L. F. Chibotaru, V. H. Dao, A. Ceulemans：Euro. Phys. Lett. **78** (2007) 47001.

[329]　S.－Z. Lin and L. N. Bulaevskii：Phys. Rev. Lett. **110** (2013) 087003.

[330] V. V. Moshchalkov, *et al.*：Phys. Rev. Lett. **102** (2009) 117001.

[331] V. G. Kogan and J. Schmalian：Phys. Rev. **B83** (2011) 054515.

[332] M. Silaev and E. Babaev：Phys. Rev. **B85** (2012) 134514.

[333] T. Nishio, *et al.*：Phys. Rev. **B81** (2010) 020506(R).

[334] J. Gutierrez, *et al.*：Phys. Rev. **B85** (2012) 094511.

[335] M. J. G. Cottet, *et al.*：Phys. Rev. **B88** (2013) 014505.

[336] V. P. Mineev and K. V. Samokhin："*Introduction to unconventional superconductivity*" (Gordon and Breach, New York, 1998).

[337] M. Sigrist and D. F. Agterberg：Prog. Theor. Phys. **102** (1999) 965.

[338] Y. Kamihara, *et al.*：J. Am. Chem. Soc. **130** (2008) 3296.

[339] 例えば，細野秀雄ら：日本物理学会誌 **64** (2009) 807，石田憲二ら：日本物理学会誌 **64** (2009) 817，黒木和彦ら：日本物理学会誌 **64** (2009) 817，前田京剛ら：固体物理 **46** (2011) 453.

[340] P. Seidel：Supercond. Sci. Technol. **24** (2011) 043001.

[341] C. T. Chen, *et al.*：Nat. Phys. **6** (2010) 260.

[342] Y. Higashi, *et al.*：Physica **C471** (2011) 828；Y. Higashi, *et al.*：Phys. Rev. **B88** (2013) 224511.

[343] P. J. Hirschfeld, *et al.*：Rep. Prog. Phys. **74** (2011) 124508.

[344] K. Tanabe and H. Hosono：Jpn. J. Appl. Phys. **51** (2000) 010005.

[345] S. Onari and H. Kontani：Phys. Rev. Lett. **103** (2009) 177001.

[346] S. Onari, *et al.*：Phys. Rev. **B81** (2010) 060504(R).

[347] D. V. Efremov, *et al.*：Phys. Rev. **B84** (2011) 180512.

[348] M. Ishikado, *et al.*：Phys. Rev. **B84** (2011) 144517.

[349] H. Kawano-Furukawa, *et al.*：Phys. Rev. **B84** (2011) 024507.

[350] [329]と同じ文献

[351] L. Shan, *et al.*：Nat. Phys. **7** (2011) 325.

[352] [156]と同じ文献

[353] [157]と同じ文献

[354] T. Okada, *et al.*：Phys. Rev. **B86** (2012) 064516, H. Takahashi, *et al.*：Phys. Rev. **B86** (2012) 144525, T. Okada, *et al.*：Physica **C494** (2013) 109, T. Okada, *et al.*：Physica **C504** (2014) 24.

[355]　[182]と同じ文献

[356]　V. Mishra, S. Graser and P. J. Hirschfeld：Phys. Rev. **B84** (2011) 014524.

[357]　A. Maeda, *et al.*：Quantum Matter **4** (2015) 308, T. Okada, *et al.*：unpublished.

[358]　C. R. Hu and R. S. Thompson：Phys. Rev. **B6** (1972) 110；C. R. Hu and R. S. Thompson：Phys. Rev. Lett. **31** (1973) 217.

[359]　T. Okada, *et al.*：Phys. Rev. **B91** (2015) 054510.

[360]　T. Okada, *et al.*：unpublished.

[361]　大熊哲，井上甚，小久保伸人：固体物理 **44** (2009) 1.

[362]　L. Balents, M. C. Marchetti and L. Radzihovsky：Phys. Rev. **B57** (1998) 7705.

[363]　C. J. Olson, C. Reichhardt and F. Nori：Phys. Rev. Lett. **81** (1998) 3757.

[364]　A. B. Kolton, D. Domínguez and N. Grønbech－Jensen：Phys. Rev. Lett. **83** (1999) 3061.

[365]　F. Pardo, F. de la Cruz, P. L. Gammel, E. Bucher and D. J. Bishop：Nature **396** (1998) 348.

[366]　U. Yaron, *et al.*：Nature **376** (1995) 753.

[367]　D. Charalambous, *et al.*：Phys. Rev. **B73** (2006) 104514.

[368]　A. M. Troyanovski, J. Aarts and P. H. Kes：Nature **399** (1999) 665.

[369]　K. Uchiyama, S. Suzuki, A. Kuwahara, K. Yamasaki, S. Kaneko, H. Takeya, K. Hirata and N. Nishida：Physica **C470** (2010) S795.

[370]　Y. Togawa, R. Abiru, K. Iwaya, H. Kitano and A. Maeda：Phys. Rev. Lett. **85** (2000) 3716.

[371]　A. T. Fiory：Phys. Rev. Lett. **27** (1971) 501.

[372]　S. N. Coppersmith and P. B. Littlewood：Phys Rev. Lett. **57** (1986) 1927.

[373]　S. Bhattacharya, J. P. Stokes, M. J. Higgins and R. A. Klemm：Phys Rev. Lett. **59** (1987) 1849.

[374]　M. J. Higgins, A. A. Middleton and S. Bhattacharya：Phys Rev. Lett. **70** (1993) 3784.

[375]　E. Barthel, G. Kriza, G. Quirion, P. Wzietek, D. Jérome, J. B. Christensen, M. Jørgensen and K. Bechgaard：Phys Rev. Lett. **71** (1993) 2825.

[376]　L. Van Look, E. Rosseel, M. J. Van Bael, K. Temst, V. V. Moshchalkov and Y. Bruynseraede：Phys. Rev. **B60** (1999) R6998(R).

[377]　N. Kokubo, R. Besseling, V. M. Vinokur and P. H. Kes：Phys. Rev. Lett. **88** (2002) 247004.

[378]　N. Kokubo, K. Kadowaki and K. Takita：Phys. Rev. Lett. **95** (2005) 177005.

[379]　S. Okuma, J. Inoue and N. Kokubo：Phys. Rev. **B76** (2007) 172503.

[380]　N. Kokubo, B. Shinozaki and P. H. Kes：Physica **C468** (2008) 581.

[381]　S. Okuma, Y. Yamazaki and N. Kokubo：Phys. Rev. **B80** (2009) 220501(R).

[382]　S. Okuma, H. Imaizumi and N. Kokubo：Phys. Rev. **B80** (2009) 132503.

[383]　S. Okuma, H. Imaizumi, D. Shimamoto and N. Kokubo：Phys. Rev. **B83** (2011) 064520.

[384]　S. Okuma, D. Shimamoto and N. Kokubo：Phys. Rev. **B85** (2012) 064508.

[385]　A. Schmid and W. Hauger：J. Low Temp. Phys. **11** (1973) 667.

[386]　N. Kokubo, T. Yoshimura and B. Shinozaki：J. Phys. Soc. Jpn. **82** (2013) 094702.

[387]　Xiao Hu, S. Miyashita and M. Tachiki：Phys. Rev. **B58** (1998) 3438.

[388]　A. Soibel, E. Zeldov, M. Rappaport, Y. Myasoedov, T. Tamegai, S. Ooi, M. Konczykowski and V. B. Geshkenbein：Nature **406** (2000) 282.

[389]　[79]と同じ文献

[390]　Y. Nonomura and X. Hu：Phys. Rev. Lett. **86** (2001) 5140.

[391]　A. E. Koshelev and V. M. Vinokur：Phys. Rev. Lett. **73** (1994) 3580.

[392]　[71]と同じ文献

[393]　M. Oda and M. Ido：Bussei Kenkyu **41** (1984) 161.

[394]　Z. Z. Wang and N.P. Ong：Phys. Rev. Lett. **58** (1987) 2375.

[395]　U. H. Pi, Y. J. Cho, J. Y. Bae, S. C. Lee, S. Seo, W. Kim, J. H. Moon, K. J. Lee and H. W. Lee：Phys. Rev. **B84** (2011) 024426.

[396]　D. P. Daroca, G. Pasquini, G. S. Lozano and V. Bekeris：Phys. Rev. **B84** (2011) 012508.

[397]　C. Reichhardt and C.J. Olson Reichhardt：Phys. Rev. Lett. **103** (2009) 168301.

[398]　S. Okuma, Y. Tsugawa and A. Motohashi：Phys. Rev. **B83** (2011) 012503.

[399]　S. Okuma and A. Motohashi：New J. Phys. **14** (2012) 123021.

[400]　S. Okuma, A. Motohashi and Y. Kawamura：Phys. Lett. **A377** (2013) 2990.

[401]　S. Okuma, Y. Kawamura and Y. Tugawa：J. Phys. Soc. Jpn. **81** (2012) 114718.

[402]　N. Mangan, C. Reichhardt and C. J. Olson Reichhardt：Phys. Rev. Lett. **100** (2008) 187002.

[403]　D. J. Pine, J. P. Gollub, J. F. Brady and A. M. Leshansky：Nature **438** (2005) 997.

[404]　J. Gollub and D. Pine：Phys. Today **59** (2006) 8.

[405]　L. Corté, P. M. Chaikin, J. P. Gollub and D. J. Pine：Nat. Phys. **4** (2008) 420.

[406]　C. Reichhardt and C. J. Olson Reichhardt：Proc. Nat. Acad. Soc. USA **108** (2011) 19099.

[407]　K. A. Takeuchi, M. Kuroda, H. Chaté and M. Sano：Phys. Rev. Lett. **99** (2007) 234503.

[408]　Hatem Barghathi and Thomas Vojta：Phys. Rev. Lett. **109** (2012) 170603.

[409]　K. A. Takeuchi：J. Stat. Mech. (2014) P01006.

[410]　V. V. Moshchalkov, L. Gielen, C. Strunk, R. Jonckheere, X. Qui, C. Van Haesendonck and Y. Bruynseraede：Nature **373** (1995) 319.

[411]　K. Enomoto, T. Yamaguchi, T. Yakabe, T. Terashima, T. Konoike, M. Nishimura and S. Uji：Physica **E29** (2005) 584.

[412]　A. Harada, K. Enomoto, T. Yakabe, M. Kimata, H. Satsukawa, K. Hazama, K. Kodama, T. Terashima and S Uji：Phys. Rev. **B81** (2010) 174501.

[413]　M. Tinkham：“*Introduction to Superconductivity*” (McGraw-Hill, New York, 1996).

[414]　[163]と同じ文献

[415]　A. Harada, K. Enomoto, Y. Takahide, M. Kimata, T. Yakabe, K. Kodama, H. Satsukawa, N. Kurita, S. Tsuchiya, T. Terashima and S. Uji：Phys. Rev. Lett. **107** (2011) 077002.

[416]　J. R. Waldram, *et al.*：Phil. Trans. R. Soc. **A268** (1970) 265.

[417]　P. Martinoli：Phys. Rev. **B17** (1978) 1175.

[418]　N. Kokubo, R. Besseling and P. H. Kes：Phys. Rev. **B69** (2004) 064504.

[419]　A. M. Campbell and J. E. Evetts："*Critical Currents in Superconductors*"（Taylor & Francis, London, 1972）

[420]　H. Ullmaier："*Irreversible Properties of Type II Superconductors*"（Springer - Verlag, Berlin, Heidelberg, New York, 1975）.

[421]　G. Zerweck：J. Low Temp. Phys. **42**（1981）1.

[422]　[8]と同じ文献

[423]　C. P. Bean and J. D. Livingston：Phys. Rev. Lett. **12**（1964）14.

[424]　松下照男 著：「磁束ピニングと電磁現象」（産業図書，1994年）

[425]　A. I. Larkin：Sov. Phys. JETP **31**（1970）784；A. I. Larkin and Y. N. Ovchinnikov：J. Low Temp. Phys. **34**（1979）409.

[426]　[424]と同じ文献

[427]　P. W. Anderson and Y. B. Kim：Rev. Mod. Phys. **36**（1964）39.

[428]　[30]と同じ文献

[429]　M. Kardar and Y. - C. Zhang：Phys. Rev. Lett. **58**（1987）2087.

[430]　M. V. Feigel'man, V. B. Geshkenbein and A. I. Larkin：Physica **C167**（1990）177.

[431]　O. Brunner, L. Antognazza, J. - M. Triscone, L. Miéville and Ø. Fischer：Phys. Rev. Lett. **67**（1991）1354.

[432]　D. Ephron, A. Yazdani, A. Kapitulnik and M. R. Beasley：Phys. Rev. Lett. **76**（1996）1529.

第4章

さまざまな超伝導体

4.1　銅酸化物高温超伝導体

4.1.1　Bi 系超伝導体

(1)　構　造

銅酸化物の中でも最も大きな異方性をもつものが，Bi 系超伝導体である．単位となる CuO_2 層の数により区別され，通常の作製法では1層から3層の試料が作製される．それぞれ $Bi_2Sr_2CuO_{6+\delta}$，$Bi_2Sr_2CaCu_2O_{8+\delta}$，$Bi_2Sr_2Ca_2Cu_3O_{10+\delta}$ の組成式をもち，Bi2201，Bi2212，Bi2223 とよばれている．Bi2212，Bi2223 は $YBa_2Cu_3O_{7-\delta}$ に次ぐ液体窒素の沸点以上の T_c をもつ超伝導体として，1987 年に金属材料研究所の前田らにより発見された[1]．実は，1層のものはそれ以前に発見されていたが，$T_c \simeq 8$ K と低かったた

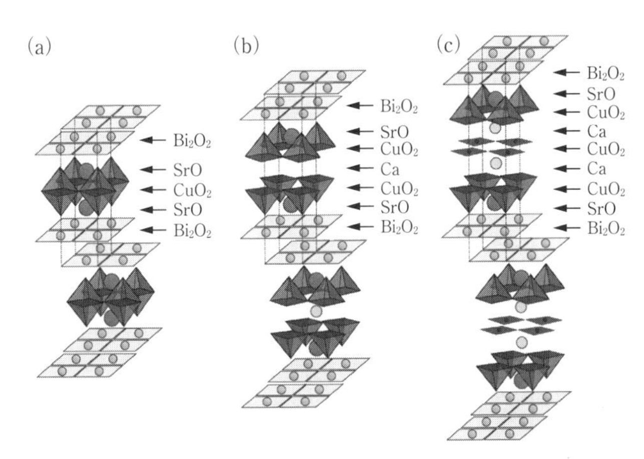

図 4.1　Bi 系高温超伝導体の結晶構造 (a) Bi2201，(b) Bi2212，(c) Bi2223.

め，あまり注目を集めていなかった[2]．Bi 系超伝導体の結晶構造を図 4.1 に示す．どの構造も Bi_2O_2 からなる絶縁層により CuO_2 面が c 軸方向に隔てられている．Bi_2O_2 層には，過剰酸素が存在し，さまざまな長周期構造の原因となっている．

(2) 電子相図

他の銅酸化物高温超伝導体と同様，キャリアドープにより，その電子状態が，反強磁性を示す絶縁体から超伝導を示す金属状態へと変化する．最も研究が行われている 2 層系の $Bi_2Sr_2CaCu_2O_{8+\delta}$ の場合，Ca を Y などの 3 価希土類イオンに置換したものが母物質と考えられており[3]，μSR の実験などから反強磁性が確認されている[4]．123 系や 214 系銅酸化物高温超伝導体と同様に，母物質にホールをドープすることにより反強磁性は急速に抑制され，ホール濃度に対しドーム状の T_c の依存性を示す[5]．1 層系の $Bi_2Sr_2CuO_{6+\delta}$ においても，Sr の一部を La に置換した試料において μSR の実験から反強磁性が報告されている[6] と同時に，最大の T_c が 30 K を超えるドーム状の変化も見られている[7]．3 層系の $Bi_2Sr_2Ca_2Cu_3O_{10+\delta}$ は，110 K を超える T_c をもつことから実用面では活発に研究が行われているが，単結晶作製の難しさや Bi2212 の混入の影響により信頼できる基礎物性データの蓄積は多くない[8]．

(3) 異方性

他の銅酸化物高温超伝導体と比較して，Bi 系超伝導体は大きな異方性をもつことが特徴である．異方性パラメーターの値は，大まかには Bi2201 ＞ Bi2212 ＞ Bi2223 の順であるが，それぞれドーピング量に大きく依存し，ドーピングが増えるほど異方性パラメーターは減少する．大きな異方性パラメーターは，可逆磁化の角度依存性をトルク測定から求めることにより評価される[9]．また，面内に磁場を印加した場合，ジョセフソン磁束格子が形成され，その格子定数から決定することもできる．Bi2212 の場合，最適ドープ付近で $\gamma \simeq 500$ と報告されている[10]．

(4) 磁束格子融解転移

高い超伝導臨界温度と大きな異方性は，磁束格子の安定領域を極端に狭くし，通常アブリコソフ格子と捉えられている磁束格子状態が融解した磁束液体相を実現させると考えられる（2.3.3 項，3.1.2 項参照）[11]．磁束格子融解転移が実験的に確たるものとして観測されたのは，Bi2212 における微小ホール素子を用いた局所磁化測定による[12]．この現象の概要については 3.1.1 項に記述されているので，ここでは磁束格子融解転移の別の側面について記述する．図 4.2 は，Bi2212 単結晶における磁束格子融解転移を磁気光学差像法により観測した例である[13]．ピン止めの大変弱い Bi2212 薄片状単結晶の c 軸方向に磁場を印加した場合，侵入した磁束量子は試料中心付近にドーム状に溜まる[14]．磁場をさらに増加していくと，試料中心部の局所磁場が初めに磁束格子融解磁場を超え，磁束融解転移が開始し，しだいに磁束液体領域が試料端に向かい広がっていくと考えられる．しかし，実際には図 4.2 の磁気光学差像に示されるように，試料中に欠陥やさまざまな不均一性があるため，磁束液体領域（色の濃い部分）は不規則な形状のまま試料端に向かい広がっていく．また，磁束系の場合，原子・分子の融解転移と異なり，磁束液体や磁束固体状態における磁束量子数が極端に少ないのが特徴である．

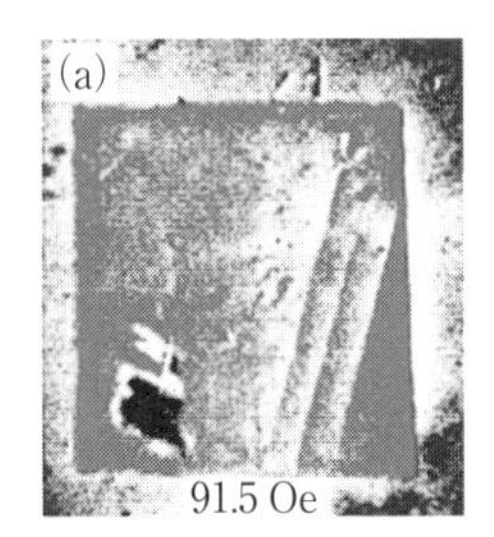

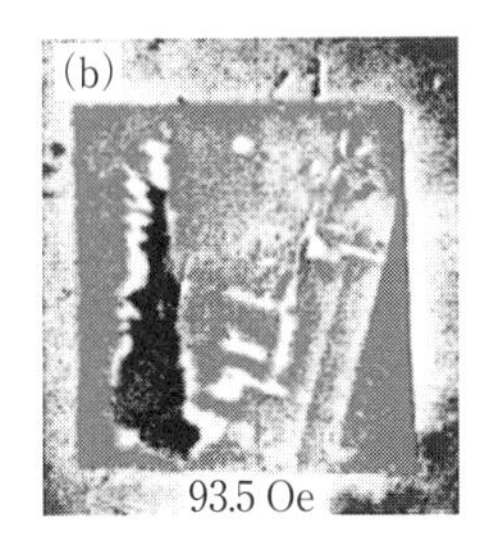

図 4.2 磁気光学イメージングにより観測した，Bi2212 単結晶における磁束格子融解転移[13]．

（5） 固有ジョセフソン効果

Bi 系超伝導体は上述のように，CuO_2 面間が Bi_2O_2 の絶縁層により隔てられているため，自然に SIS（超伝導－絶縁体－超伝導）接合が多数内包された系と見なすことができ，固有接合とよばれている．このような系の c 軸方向の電流－電圧特性は，各接合が別々のバイアス電流で電圧状態へスイッチングするため，多岐構造をもつ[15]．このような固有接合を多数内包する超伝導体に，電場が超伝導面と垂直な c 軸方向に向いたマイクロ波を入射すると，温度・磁場などの条件により，c 軸方向のクーパー対の集団運動であるジョセフソンプラズマ振動数と一致した時，強い共鳴吸収（ジョセフソンプラズマ共鳴）が観測される[16]．Bi2212 は，非常に大きな異方性をもつので，c 軸方向のプラズマ周波数が超伝導ギャップよりずっと小さくなるためダンピングが小さく，非常に急峻なジョセフソンプラズマ共鳴が観測される．ジョセフソンプラズマ共鳴振動数 ω_{p} は隣接層間のゲージ不変な位相差 $\phi_{n,n+1}$ に関係し，$\omega_{\mathrm{p}}{}^2 = \langle\phi_{n,n+1}\rangle$ の関係で結ばれる[17]．ここで，〈　〉は乱れに対する平均を表す．逆に，ジョセフソンプラズマ共鳴を用いて，他の方法では測定することの難しい，隣接層間の位相差に関する情報を得ることができる．この手法を用いて，磁束格子融解転移において，隣接層間の位相コヒーレンスが急峻に失われていることが確認されている[18]．

（6）照射効果

高温超伝導体に重イオンを照射すると柱状欠陥が導入され，磁束量子のピン止めとして有効に作用し，臨界電流密度が増大するのは 3.2.2 項に述べた通りである．一方，これ以外にも柱状欠陥を導入することによって，磁束量子系に以下のようなさまざまな現象が誘起される．（1）可逆磁化の磁場依存性の異常[19]，（2）磁束液体相における c 軸相関の回復[20]，（3）c 軸方向の臨界電流密度の磁場依存性の異常[21]，の 3 つが挙げられる．

可逆磁化は自由エネルギーの磁場微分であり，ロンドンモデルの範囲では $\ln H$ に比例する．しかし，柱状欠陥を導入した Bi2212 では，柱状欠陥による磁束量子のピン止めエネルギーと磁束量子のエントロピー項が自由エネルギーに加わるため，柱状欠陥の密度に対応するマッチング磁場 B_{Φ} 付近で，可逆磁化の磁場依存性に大きな異常が観測される．この現象は，高温で磁束量子のピン止めの弱い Bi2212 で顕著に観測されている．

一方，（2）と（3）は同じ効果の別の側面と見ることができる．すなわち，c 軸方向の臨界電流密度 $J_{\mathrm{c}}{}^{c}$ は層間の位相コヒーレンスの平均値 $\langle\cos\phi_{n,n+1}\rangle$ に比例するので，層間位相コヒーレンスが特定の磁場で増大すれば，同じ磁場域で $J_{\mathrm{c}}{}^{c}$ が増大し，磁気抵抗が減少することになる．この場合，磁束格子融解転移により一旦不連続に減少した位相コヒーレンスが，液体相において回復したものと理解できる．実際には，複数の柱状欠陥の効果が競合するため，位相コヒーレンスの回復は B_Φ ではなく，$1/5\,B_\Phi \sim 1/3B_\Phi$ で観測される．

（7） 交差格子状態

異方性の大きな層状超伝導体では，超伝導層に垂直な方向（c 軸）から磁場を傾けた時（傾斜磁場下）の磁束の構造にも大きな変化が生じうる．すなわち，異方性の小さな超伝導体では，磁場を傾けても磁束は線状の構造を保ち，多くの物理量は異方的 GL 理論により記述される．一方，異方性の大きな超伝導体では，c 軸からある程度以上磁場を傾けると，磁束量子は線状の構造をとるよりも，c 軸方向の磁場成分に比例した円盤状の磁束（パンケーキ磁束）と，ab 面に平行な常伝導コアをもたないジョセフソン磁束に分解したほうがエネルギーが低くなる[22]．後者の状態を交差格子状態とよぶ．

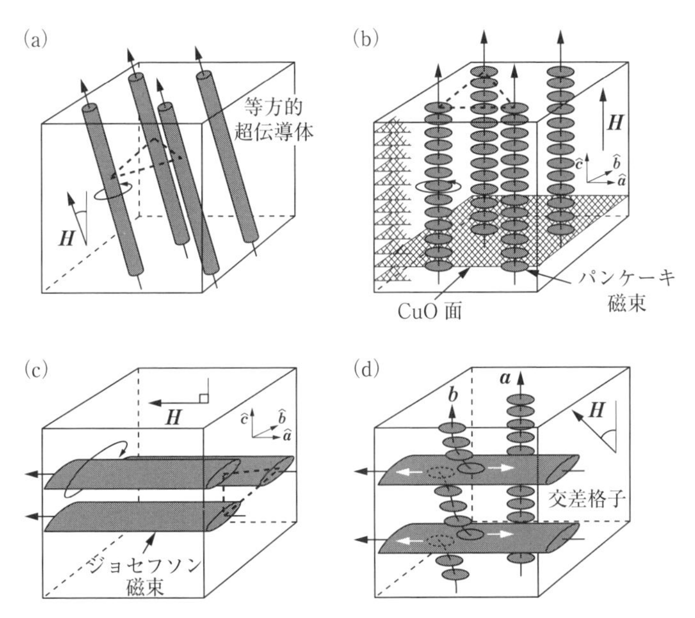

図 4.3 (a) 等方的な超伝導体における傾斜磁場下での磁束量子の配置．異方性の大きな超伝導体に傾斜磁場を印加すると c 軸に平行なパンケーキ磁束 (b) と ab 面に平行なジョセフソン磁束 (c) が生成され，両者間の引力相互作用により，パンケーキ磁束が主にジョセフソン磁束上に配置した交差格子状態 (d) が実現する[25]．

交差格子状態では，自由エネルギーが面内磁場に比例するため，磁束系の相転移磁場が面内磁場に対し線形に変化する[23]．これは，異方性 GL 理論に基づく面内磁場の 2 乗に比例する依存性とは異なる．磁場を大きく傾け，*ab* 面とほぼ平行になる付近までもっていくと，再び磁場依存性が異なってくる[24]．この角度領域では，再び線状の磁束状態に変化したものと考えられている．交差格子状態で共存するパンケーキ磁束とジョセフソン磁束の間には弱い引力がはたらくため，パンケーキ磁束はジョセフソン磁束の上に並び磁束鎖を形成する[25]．この状態を c 軸方向から観測すると，パンケーキ磁束がジョセフソン磁束を装飾しているため，通常は観測が難しいジョセフソン磁束の位置を可視化できる．しかし，ジョセフソン磁束上のパンケーキ磁束の密度が大きくなりすぎると，パンケーキ磁束間の斥力のため，一部のパンケーキ磁束が 1 次元鎖の間にあふれ三角格子を形成し，磁束鎖とアブリコソフ格子が共存した状態が実現する．図 4.4 は傾斜磁場下における，磁束鎖 + アブリコソフ格子の状態を磁気装飾法により可視化したものである[26]．同様の状態は，ローレンツ顕微鏡[27] や磁気光学イメージング[10, 28] によっても観測されている．

また，交差格子状態におけるパンケーキ磁束とジョセフソン磁束の間の引力相互作用を利用して，一方の磁束で他方の磁束を制御することが可能となる．その一例として，空間的な非対称ポテンシャルを全く導入せずにジョセフソン磁束の時間非対称な動きだけで，パンケーキ磁束の分布を制御することに成功している[29]．

図 4.4　磁気装飾法により可視化された，Bi2212 における交差格子状態における磁束量子配置（c 軸から 70° に $H=3.5$ mT）．ジョセフソン磁束上の 1 次元的磁束鎖とその間のアブリコソフ格子が観測される．（C. A. Bolle, P. L. Gammel, D. G. Grier, C. A. Murray, D. J. Bishop, D. B. Mitzi and A. Kapitulnik : Phys. Rev. Lett. **66** (1991) 112 より許可を得て転載）

4.1.2 $YBa_2Cu_3O_{7-\delta}$ の渦糸状態

(1) 酸素量と渦糸状態のパラメーター

Y 系酸化物超伝導体 $YBa_2Cu_3O_{7-\delta}$ は，臨界温度 T_c が初めて液体窒素温度(77.3 K) を超えた高温超伝導体であり，図 4.5 に示すような層状ペロブスカイト構造をもつ．$YBa_2Cu_3O_{7-\delta}$ は酸素不定比性が大きく，酸素量は雰囲気の酸素分圧や温度に対して連続的に変化する[30]．酸素量 $7-\delta$ は，CuO 鎖の酸素の出入りによって $7-\delta=6.0$ から 7.0 まで変化し，その変化に応じて酸素（または，酸素欠損）の分布も変化する．

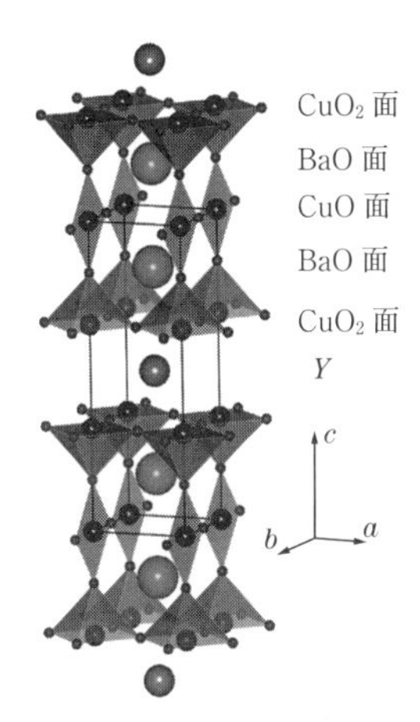

図 4.5 $YBa_2Cu_3O_{7-\delta}$ の結晶構造．

図 4.6 に $YBa_2Cu_3O_{6.94}$ の CuO 鎖面における原子配列の走査型トンネル顕微鏡（STM）像[31, 32] を示す．CuO 鎖方向の 1 次元的な原子配列の中に酸素欠損が存在するが，酸素欠損は単一の欠損（図 4.6(c)）として存在することは稀で，多くの場合，図 4.6(d) のように，CuO 鎖方向にクラスターを形成しランダムに分布する．酸素欠損クラスターは，b 軸方向に 5 ～ 10 格子定数（2 ～ 4 nm）程度の欠損からなり，a 軸方向には $\simeq 3$ 格子定数の範囲に歪みをもたらす．$YBa_2Cu_3O_{6.94}$ では比較的 3 次元性が強いため，CuO 鎖面にも超伝導性が存在し，また，酸素欠損クラスターのサイズがコヒーレンス長 ξ_{ab} 程度であることから，単結晶試料における弱い点状ピニング中心としてはたらく．酸素欠損クラスターの存在は，陽電子消滅法や核磁気共鳴法からも確認されており，磁化曲線との関係から渦糸ピニング効果が議論され

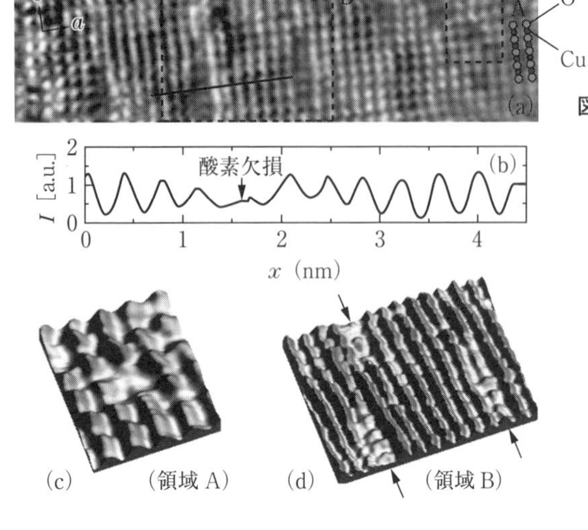

図 4.6　(a) $YBa_2Cu_3O_{6.94}$ の CuO 鎖面における原子配列の走査型トンネル顕微鏡（STM）像．(b) 図(a)の直（黒）線に沿ったラインプロファイル．(c)，(d) 領域 A と B における 3 次元プロット．(d) の矢印は酸素欠損クラスター．(T. Nishizaki, K. Shibata, M. Maki and N. Kobayashi: J. Low. Temp. Phys. **131** (2003) 931 より許可を得て転載)

ている[33]．

$YBa_2Cu_3O_{7-\delta}$ は酸素量が少ない時は正方晶であるが，酸素の取り込みにより斜方晶に転移するため，結晶中に (110) 面を双晶面とする双晶構造を形成する．双晶面付近では超伝導特性が局所的に変化するため，3.2 節で説明したような 2 次元的な相関をもったピニング中心としてはたらくが[34]，1 軸歪み下での熱処理や結晶成長法の工夫などで，双晶のない $YBa_2Cu_3O_{7-\delta}$ を作製することが可能である[32, 35]．

酸素量を広い範囲で制御した $YBa_2Cu_3O_{7-\delta}$ では，異方性パラメーター $\gamma = \xi_{ab}/\xi_c$ も変化し渦糸状態にも大きな影響を与える[36, 37]．$YBa_2Cu_3O_{7-\delta}$ の異方性パラメーターは，酸素欠損がなく少しオーバードープ側の $\delta \simeq 0$ ($T_c \simeq 87.5$ K) で $\gamma \simeq 5$ 程度，最適ドープ ($\delta \simeq 0.08$, $T_c \simeq 93.0$ K) で $\gamma \simeq 7$，アンダードープ側の 60 K 相 ($\delta \simeq 0.45$) では $\gamma \simeq 25 \sim 30$ である．$T_c \simeq 30$ K ($\delta \simeq 0.55$) までアンダードープが進むと，異方性はさらに $\gamma \simeq 50 \sim 60$ まで増加する[36]．このように，$YBa_2Cu_3O_{7-\delta}$ では酸素量を調整することで，異方性を 10 倍以上変化させることができ，異方的 3 次元から $Nd_{2-x}Ce_xCuO_4$ ($\gamma \simeq 15$) や $La_{2-x}Sr_xCuO_4$ ($\gamma \simeq 15 \sim 60$) のように，準 2 次元まで超伝導特性の制御が可能である．実際に，ヘビーアンダードープ $YBa_2Cu_3O_{7-\delta}$

では，3.1.3 項で述べた $Bi_2Sr_2CaCu_2O_{8+\delta}$（$\gamma \simeq 150$）と同様に，平行磁場中（$H /\!/ ab$ 面）ではジョセフソン渦糸相図を示し，相転移線やフロー抵抗にジョセフソン渦糸と層状構造との整合/不整合に対応した振動現象が観測される[36, 38, 39].

（2）$YBa_2Cu_3O_{7-\delta}$ の渦糸相図の酸素量依存性

3.1 節では，酸化物高温超伝導体の典型的な渦糸相図として非双晶 $YBa_2Cu_3O_{6.95}$ を例にとり，渦糸液体相，ブラッググラス相，渦糸グラス相とそれらの間の相転移について説明した．渦糸格子融解 1 次相転移を示す酸化物超伝導体では，酸素量の変化，Cu サイトの元素置換，各種照射などで渦糸相図が劇的に変化する．これは，渦糸状態が熱エネルギー，ピニングエネルギー，弾性エネルギーのバランスで規定されており，これらのバランスの微妙な変化によって相境界が移動するためである．

図 4.7 に，最適ドープ付近で酸素量 $7-\delta$ をわずかに変化させた非双晶 $YBa_2Cu_3O_{7-\delta}$ の渦糸相図を示し[40]，ブラッググラス相境界（つまり，磁場誘起不規則転移線 $H^*(T)$ と渦糸格子融解線 $T_m(H)$）の安定性について述べる（図 4.7(b) に対応する渦糸相図の詳細は，3.1 節を参照のこと）．酸素欠損がほとんど存在しない $YBa_2Cu_3O_{7-\delta}$（図 4.7(a)）では，ブラッググラス相は渦糸固体中の広い領域を占め，渦糸液体相からの 1 次相転移は 30 T の高磁場まで観測される．点状乱れである酸素欠損の増加と共に，ブラッググラス相は抑制され $H^*(T)$ 線と上部臨界点 H_{ucp} は低磁場側に移動する（図 4.7(b)，図 4.7(c)）．酸素欠損が増加すると，渦糸グラス相は高温・低磁場領域まで広がるが，同様な振舞は，電子線照射により人工的に点状乱れを導入した場合にも観測されている[41]．酸素欠損量がさらに多いアンダードープ側（図 4.7(d)，図 4.7(e)）では，ブラッググラス相と渦糸格子融解相転移線は完全に消失し，渦糸固体は渦糸グラス相のみになる．この時，渦糸液体相は渦糸グラス相へ 2 次の相転移を経て転移するが，その振舞は乱れを多く含む薄膜における渦糸相図[42] と類似している．

（3）渦糸スラッシュ領域

ブラッググラス相が消失していく過程（$\delta \simeq 0.08 \sim 0.10$）では，上部臨界点 H_{ucp} 近傍に，渦糸スラッシュ（vortex slush）領域とその相転移線 $T_L(H)$

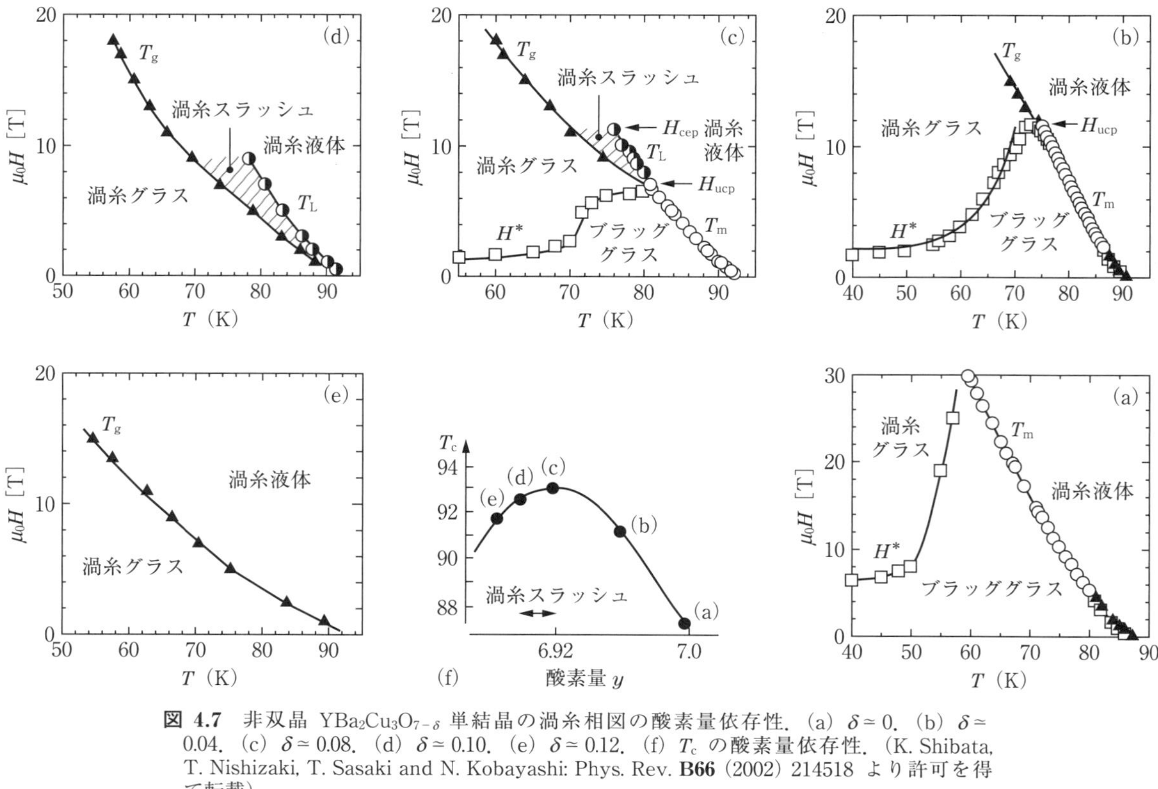

図 4.7　非双晶 $YBa_2Cu_3O_{7-\delta}$ 単結晶の渦糸相図の酸素量依存性．(a) $\delta \simeq 0$．(b) $\delta \simeq 0.04$．(c) $\delta \simeq 0.08$．(d) $\delta \simeq 0.10$．(e) $\delta \simeq 0.12$．(f) T_c の酸素量依存性．(K. Shibata, T. Nishizaki, T. Sasaki and N. Kobayashi: Phys. Rev. **B66** (2002) 214518 より許可を得て転載)

が現れる（図 4.7(c)～4.7(d)）．$T_L(H)$ は渦糸格子融解線 $T_m(H)$ の延長線上に存在する 1 次相転移線であり，$T_L(H)$ を横切り電気抵抗率 $\rho(T)$ や磁化が不連続な飛びを示す[40]．しかし，$T_L(H)$ 直下では，$\rho(T)$ が有限の値をもち渦糸グラス融解線 $T_g(H)$ で 2 次相転移を示すことと，$T_L(H)$ が高磁場側で臨界終点 H_{cep} をもつことから，渦糸スラッシュ領域は固体相ではなくピニングの影響が強くなった渦糸液体（pinned liquid）と解釈すべきである．

$T_L(H)$ 以上の渦糸液体は，H_{cep} の上側から相転移を経ずに渦糸スラッシュに移り変わることが可能であり，水の場合の気相と液相間の 1 次相転移と類似している．渦糸スラッシュ領域への相転移線 $T_L(H)$ は，乱れが存在しない場合の渦糸格子融解線 $T_m(H)$ の名残であり，$T_L(H)$ を横切り渦糸液体の一部は短距離秩序をもった渦糸格子へ 1 次相転移すると考えられている[43]．実際に，$T_L(H)$ における磁化の飛びやエントロピー変化は，渦糸格子融解の場合と比べ 1 桁以上小さい[40]．

渦糸スラッシュ領域は，渦糸格子が $T_L(H)$ で長距離並進秩序をもてずに，温度の低下と共に渦糸グラス相へ 2 次相転移することによるため，ブラッググラスが消失する中間的な乱れをもつ場合や H_{ucp} 近傍で観測される．渦糸スラッシュ領域の電流－電圧の応答は，低電流において渦糸液体の性質を反映して線形であるが，電流の増加と共に渦糸格子の性質により非線形性が現れるなどの特徴をもつ[40, 43]．このような渦糸スラッシュを含む相図は，理論やシミュレーションによっても支持されている[44, 45]．

（4） 渦糸構造の観測

高温超伝導体では複雑な渦糸相図を示すことから，渦糸構造と相図の相関を明らかにすることは重要である．$YBa_2Cu_3O_{7-\delta}$ では，デコレーション法[46]と中性子小角散乱（SANS）[47] から三角格子とブラッグピークが，STM による実験[48] からは歪んだ四角格子が観測されている．渦糸相図に着目して，$YBa_2Cu_3O_{6.96}$ 単結晶（図 4.7(b) に相当）の非双晶領域において STM 測定を行った結果を図 4.8 に示す[49]．磁場誘起不規則転移線 $H^*(T)$ 直下のブラッググラス相では，渦糸格子に歪みはあるがほぼ 6 回対称であり，転位などのトポロジカル欠陥は含まれていない（図 4.8(a)，図 4.8(b)）．これに対し，渦糸グラス相では渦糸構造は極度に乱れており，$H^*(T)$ 直上の磁場

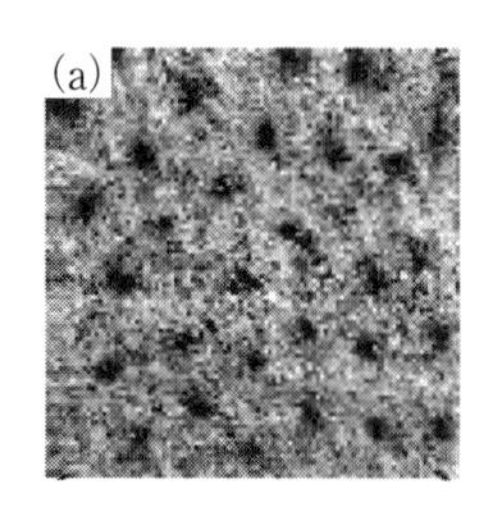

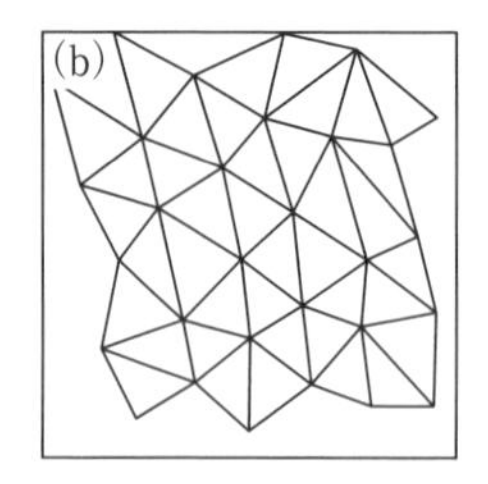

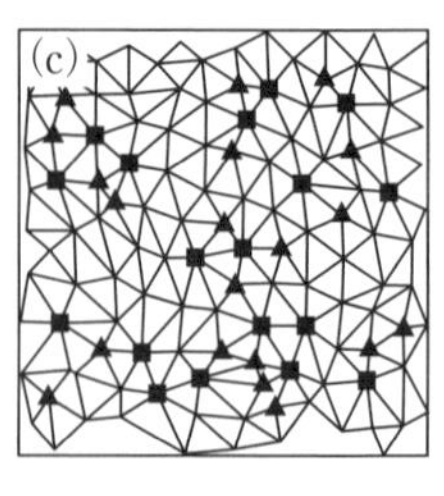

図 4.8　(a) STM によって測定されたブラッググラス相における $YBa_2Cu_3O_{6.96}$ の渦糸構造 ($260 \times 260\ nm^2$, $T = 30\ K$, $\mu_0 H = 1\ T$)．(b) (a) の渦糸配置図．(c) 渦糸グラス相 ($T = 40\ K$, $\mu_0 H = 3\ T$) における渦糸配置図 ($250 \times 250\ nm^2$)．5 配位(三角)と 7 配位(四角)の渦糸対は転位を表す．(K. Shibata, T. Nishizaki, M. Maki and N. Kobayashi: Phys. Rev. **B72** (2005) 014525 より許可を得て転載)

において転位は 50% 程度に急増する（図 4.8(c)）．このような渦糸構造の変化はピニング力の増大とも関連しており，3.1 節で説明したように磁化曲線のピーク効果の起源となる．また，トポロジカル欠陥は渦糸集団に塑性をもたらすので，塑性が始まる磁場 $H^*(T)$ において局所ループ法を用いた磁化曲線に履歴効果が観測される[50]．

（5） **CuO_2 面内の乱れの効果**

以上で説明した酸素欠損の効果は，クリーンな $YBa_2Cu_3O_{7-\delta}$ 単結晶の渦糸相図が，弱い点状の乱れによってどのように変更されるかを示すよい例であった．酸素欠損はブラッググラス相や渦糸格子融解 1 次相転移を抑制するには十分な強さをもつが，CuO 鎖における乱れであるため，臨界電流密度を大きく上昇させるには効果的ではない．これに対し，凝縮エネルギーが大きい CuO_2 面に，乱れを導入できる Cu サイトの元素置換効果（例えば，Fe, Co, Ni, Zn などによる置換）のほうがピニング力が強くなる．

非双晶 $YBa_2(Cu_{1-x}Zn_x)_3O_{6.96}$ 単結晶を例にとると，$x = 0.001$ の置換でも渦糸格子融解 1 次相転移が消失し[32, 51]，強い点状乱れとしてはたらくことを示している．実際に，同じ規格化温度 $t = 0.82$ で臨界電流密度 J_c を比べると（図 4.9），低濃度の Zn 置換によって J_c が 3 桁以上も上昇する．$x = 0.001 \sim 0.009$ における J_c のブロードな第 2 ピークは，いわゆるフィッシュテールともよばれ，渦糸グラス相におけるピニング効果の増大がその起源であり，磁場誘起不規則転移によるものではない．

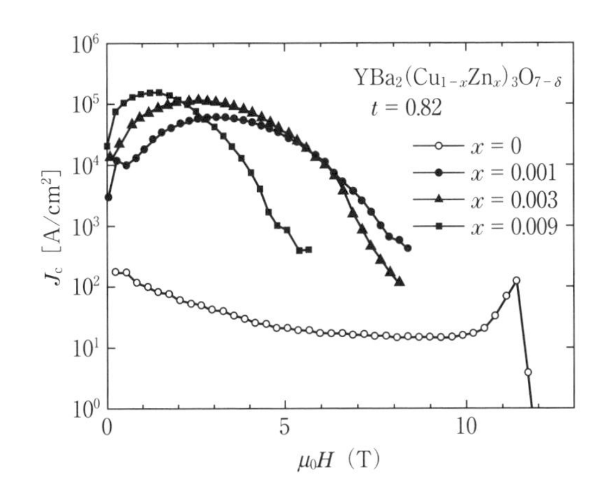

図 4.9 $T/T_c = 0.82$ における非双晶 $YBa_2(Cu_{1-x}Zn_x)_3O_{7-\delta}$ 単結晶の臨界電流密度の磁場依存性．

(6) その他のピニング中心と渦糸状態

以上では，$YBa_2Cu_3O_{7-\delta}$ の渦糸相図と相図に影響を及ぼすピニング中心(酸素欠損，双晶面，Cu サイトの元素置換）について説明した．ここでは，その他のピニング中心について簡潔に紹介する．

$YBa_2Cu_3O_{7-\delta}$ では，超伝導性が強い CuO_2 面と弱いブロック層が積層しているため，超伝導秩序パラメーターが c 軸方向に変調している．また，c 軸方向のコヒーレンス長 ($\xi_c(0) \simeq 0.2$ nm) が CuO_2 2 重層間の距離（$\simeq 1.2$ nm）よりも短いため，ab 面に平行な渦糸が結晶の層状構造によってピニングされる．この効果は乱れが存在しない場合にも起こるため，固有ピニング (intrinsic pinning) とよばれ，J_c の磁場 H 方向依存性は $H /\!/ ab$ 面で最大値をとる[52]．$YBa_2Cu_3O_{7-\delta}$ における固有ピニングの効果は，薄膜試料を用いた輸送臨界電流の特性によって議論されている[53]．

$YBa_2Cu_3O_{7-\delta}$ や $REBa_2Cu_3O_{7-\delta}$（RE は希土類）薄膜において，$BaZrO_3$ や $BaSnO_3$ などをナノロッド状に析出させることによって，ピン止め力が大幅に増加することが報告されている[54, 55]．ナノロッドはコヒーレンス長程度の径をもつ 1 次元的な非超伝導領域であるため，重イオン照射の場合と同様に，相関をもったピニング中心となり渦糸固体相はボーズグラス (Bose glass) 相（詳細は 3.2 節）と考えられる．

以上の他に，電子線，中性子線，重イオンなどによる各種照射の効果は

3.2.2 項を，溶融凝固したバルク超伝導体における析出物や，希土類元素によるBaサイトの一部置換によるピニング効果は，6.3 節を参照いただきたい．

4.1.3 $La_{2-x}Sr_xCuO_4$

銅酸化物高温超伝導体の代表的な物質に $La_{2-x}Sr_xCuO_4$ が挙げられる．高温超伝導研究はベドノルツとミュラーによる類縁物質の La - Ba - Cu - O 系におけるゼロ抵抗の観測に始まり，マイスナー効果と結晶構造の確認によって研究フィーバーに火がついた．図 4.10(a) に示すように，超伝導を担う 2 次元 CuO_2 シートの 1 層系で，結晶構造は単純である．Sr 系は Ba 系と比較し，超伝導転移温度の最高値が高い，固溶限界値が大きい，高品質な単結晶の育成が比較的容易，などの優れた点をもつ．La^{3+} の Sr^{2+} 置換によりホールキャリアがドープされ，Cu の有効価数が+2 におけるモット絶縁体と約+2.3 における通常金属との狭間で，超伝導が出現する（図 4.10(b)）．

$La_{2-x}Sr_xCuO_4$ は，良質でセンチメートル級の大型単結晶が溶媒浮遊帯域移動（TSFZ）法で育成できる（図 4.11）．このような単結晶試料を用いてノンドープからオーバードープまでの幅広い組成についての研究が可能なた

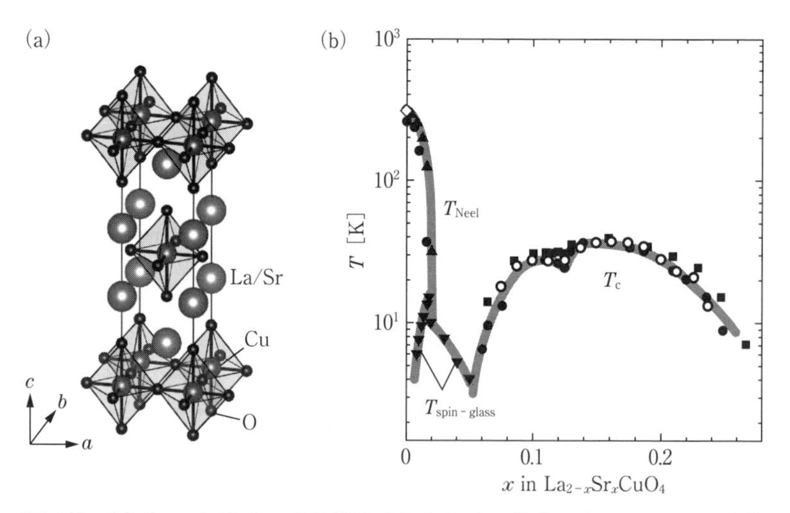

図 4.10　(a) $La_{2-x}Sr_xCuO_4$ の結晶構造 (b) および Sr 濃度 x（= ホールドープ量）と温度の電子相図．$T_{\rm Neel}$，$T_{\rm spin-glass}$，$T_{\rm c}$ はそれぞれ反強磁性，スピングラス，超伝導の転移温度［元データの詳細は文献 [56] を参照］．

め，電子状態や超伝導特性が最も詳しく調べられている物質系である．大型結晶ゆえに，物性の異方性を評価することも容易である．抵抗率の温度依存性について測定した結果を，例として図 4.12 に示す．

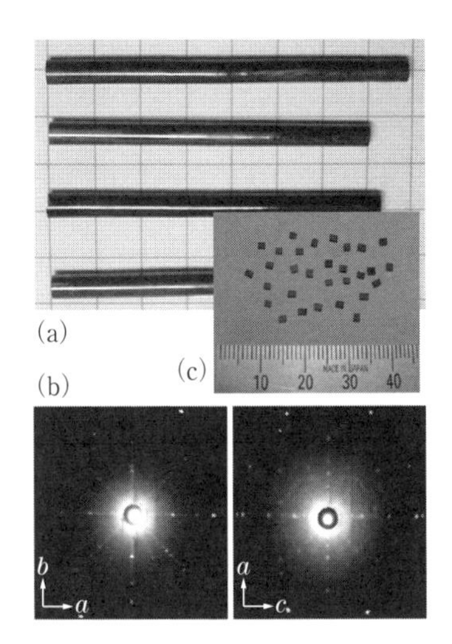

図 4.11　(a) 溶媒浮遊帯域移動 (TSFZ) 法によって育成された $La_{2-x}Sr_xCuO_4$ の単結晶棒，(b) 結晶軸方向の決定のために撮影された X 線ラウエ像，(c) 結晶軸位方向に沿って整形された単結晶試料．

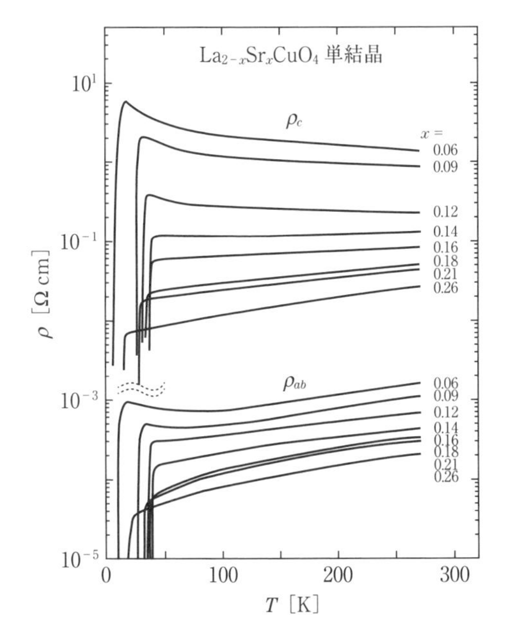

図 4.12　さまざまに Sr 濃度 x（= ホールドープ量）を変化させた $La_{2-x}Sr_xCuO_4$ 単結晶の CuO_2 面直方向の抵抗率 ρ_c と，面内方向の抵抗率 ρ_{ab} の温度依存性．

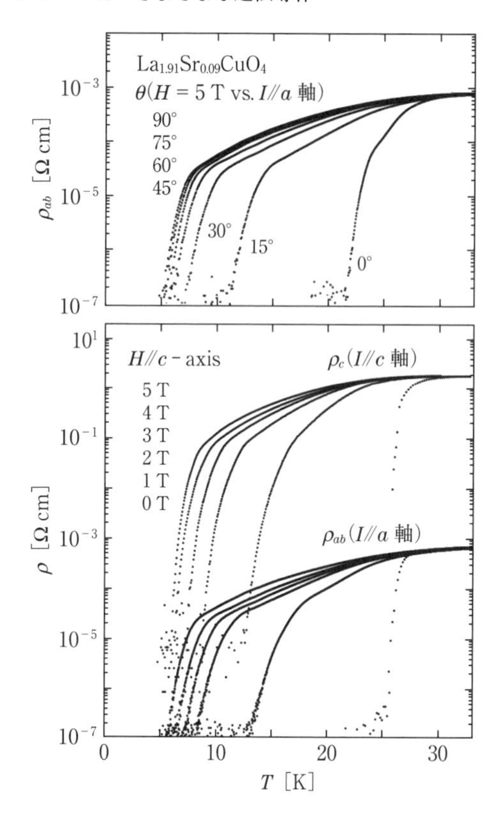

図 4.13　$La_{2-x}Sr_xCuO_4$ ($x = 0.09$) 単結晶において，さまざまな電流・磁場方向の場合に，抵抗率の温度変化から観察される超伝導転移の様子．(a) 面内電流に対して一定磁場を面直方向に回転させた場合．(b) 面間および面内電流の配置で面直磁場を変化させた場合．

異方性の大きさの目安は，$\gamma^2 = m_c{}^*/m_{ab}{}^* = \rho_c/\rho_{ab}$ として，CuO_2 面に垂直方向の抵抗率 ρ_c と面に沿った方向の抵抗率 ρ_{ab} との比から評価できる．抵抗から求めた超伝導転移の直上における異方性は，超伝導直下において磁気トルク測定から求めた値とよく一致することが確認されている[57]．$La_{2-x}Sr_xCuO_4$ は $\gamma^2 = 5000 \sim 200$ であり，キャリアドープと共に異方性は系統的に小さくなる．異方性の大きさは，磁束状態に大きな影響を与えることがわかっているが，$Bi_2Sr_2CaCu_2O_{8-\delta}$ ($\gamma^2 \simeq 10000$) と $YBa_2Cu_3O_{7-\delta}$ ($\gamma^2 \simeq 50$) との中間の値をもつ $La_{2-x}Sr_xCuO_4$ は，後ほど述べるように物質間での系統性や普遍性を調べる上で重要な存在になっている．

高温超伝導体では，熱揺動，磁束の弾性（縦方向の結合も含む），磁束ピン止めなどのエネルギースケールが近いため，磁場中の挙動に従来の超伝導体には見られない多様性が生まれる．物質の発見当初から異常な振舞として注目されたのが，磁場中の抵抗に見られる超伝導転移のブロードニングである[58]．上部臨界磁場 H_{c2} よりはるかに小さな磁場中でゼロ抵抗ではなくなり，転移は裾を引いた緩慢なものになる．図 4.13 に示すように，磁束にかかるローレンツ力（磁場と電流の角度）は抵抗発生の主たる原因にはなっておらず，磁場が CuO_2 面に垂直の場合にブロードニングは顕著になる．

抵抗が発生して臨界電流がゼロとなっている磁場・温度範囲を，可逆領域とよぶ．純良な結晶ほど可逆領域が広くなる傾向があり，その境界線である不可逆磁場・温度は物質固有の物理量ではない．純良結晶では，不可逆曲線近傍の可逆領域において，抵抗率の急激な落ち込みが観測され（図 4.13：$La_{2-x}Sr_xCuO_4$ や $Bi_2Sr_2CaCu_2O_{8-\delta}$ では対数プロットでないと判別できない[59]），同じ磁場・温度において，熱力学量である磁化にも不連続な変化が観測される[59, 60]．これは，磁束状態が固体から液体（あるいは気体）へと 1 次相転移する現象と考えられている．

図 4.14(a) にまとめたように，磁束が相転移する磁場（H_{pt}）や温度は，物質の種類やドープ量に応じてさまざまである．一方で，磁場と温度の軸をそれぞれ変換することで，図 4.14(b) のように，すべての相転移曲線が 1 本の直線上にスケーリングすることが見出されている[59, 60]．この結果は，相転移を支配する物質パラメーターが異方性 γ^2，CuO_2 面間距離 s，臨界温度 T_c の 3 つだけであることを教えてくれる．

相図を T_c で規格化してプロットすると，γ^2 の増加と共に不可逆磁場は低くなる経験則が知られている[61]．図 4.14(c) のように相転移磁場にも同様な系統性が見られるが，これはスケーリング則の一面を如実に表している．磁束相転移で磁束ピン止めも大きく変化するので，不可逆磁場が相転移にある程度連動して動くことが経験則の由来といえる．

磁束の 1 次相転移は，オーバードープ組成では観測されなくなる．一方で，アンダードープ組成にはなかったセカンドピーク効果とよばれる新たな磁化異常が現れる[62]．これは，図 4.15 に示すように磁化曲線が高磁場にピークをもち，磁化ヒステリシスの大きさに比例する臨界電流密度 J_c が磁場

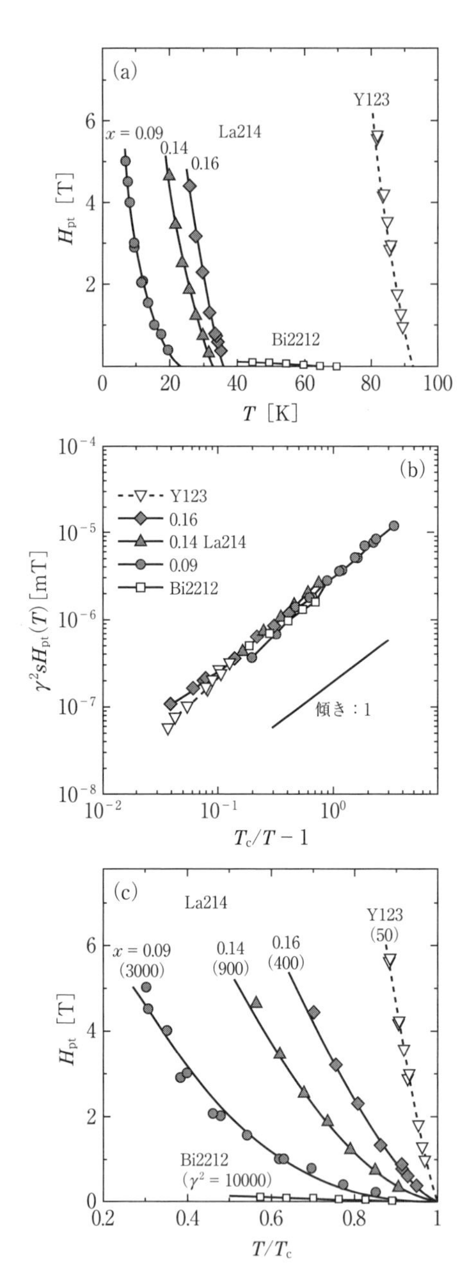

図 4.14　銅酸化物高温超伝導体における磁束状態の1次相転移.(a) $La_{2-x}Sr_xCuO_4$ (La214), $YBa_2Cu_3O_{7-\delta}$ (Y123), $Bi_2Sr_2CaCu_2O_{8-\delta}$ (Bi2212) のそれぞれにおいて相転移が観測される磁場(HPT)と温度の相図.(b) 相転移曲線のスケーリングプロット.(c) 規格化温度の相図上で,相転移曲線が異方性によって系統的に変化している様子.

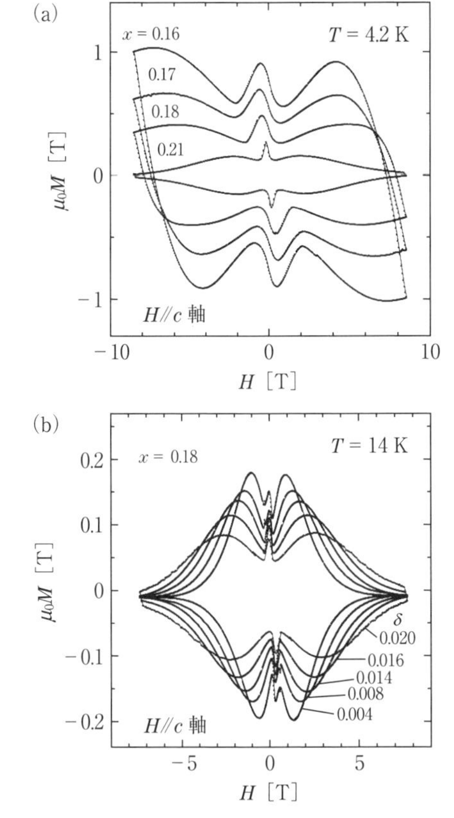

図 4.15 オーバードープ $La_{2-x}Sr_xCuO_4$ 単結晶において観測される磁化曲線のセカンドピーク現象.(a) Sr 組成依存性.(b) 酸素欠損量依存性.

の増大で向上する現象である.$La_{2-x}Sr_xCuO_4$ で観測されるピーク磁場は温度上昇で低磁場に移動することから,Sr 組成や酸素欠損の局所空間的なゆらぎが関与した磁場誘起型ピン止め点の発生などが,ピーク効果の起源として議論されている[63].

以上の他,$La_{2-x}Sr_xCuO_4$ の大型単結晶を用いた実験から,磁束のコア部分は通常金属にならずに反強磁性秩序が観測される[64, 65] という結果も報告されており,高温超伝導体に特有な現象として興味深い.

4.1.4 Tl 系,Hg 系,多層系(Cu 系,頂点フッ素系)など

「超伝導転移温度(T_c)は高くできる.しかし,毒性が強い,もしくは,

合成が難しい[66-71].」これが，本項で取り扱う銅酸化物高温超伝導材料の総括である．Hg 系，Tl 系についてはそれぞれ総説がある[72,73]．また，1 層系，2 層系については，La 系，Y 系，Bi 系に準ずる形になるので，ここでは，これ以上立ち入らない．

単位格子に CuO_2 面が 3 層以上ある多層型高温超伝導体では，1～2 層系と一線を画す特徴的な物理が現れる[74]．これらの物理に，銅酸化物高温超伝導体の本質を求める場合もある[75]．また，多層型高温超伝導体を超伝導の量子位相が複数ある「多成分型超伝導」のモデル材料として扱うことで，新しい超伝導研究の方向性を見出すこともできる[76,77,97]．本節では，CuO_2 面の層数が増えた場合に，どのような物理が出てくるのか，層数ごとに紹介する．

（1） **3 層 系**

代表的な Tl1223 の結晶構造を図 4.16(c) に示す[79]．電荷供給層が同じ場合，T_c が最高になることが 3 層系の特徴である[78]．Hg1223，Tl1223 では T_c は 130 K を超える．加圧で T_c がさらに上がることは Hg1223 の発見当初から知られており[80,81]，高 T_c 化の努力は継続的に行われている[82]．圧力

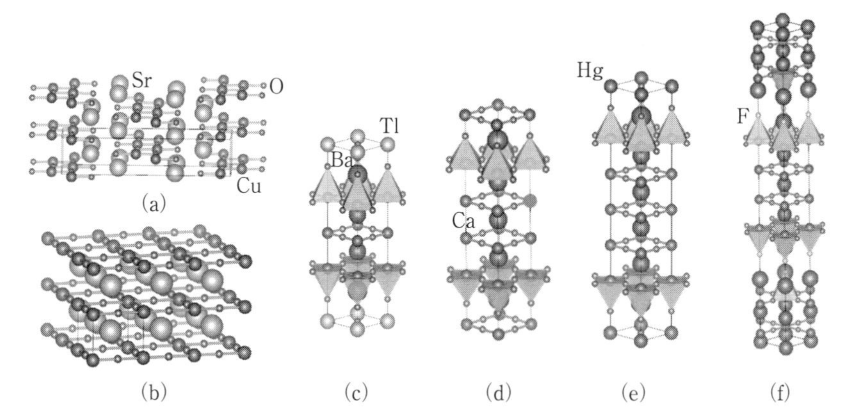

図 4.16　(a) 多層構造をもつ銅酸化物の代表例 $SrCuO_2$ は常圧バルク合成では層構造にならないが[69]，(b) 高圧合成や薄膜合成で CuO_2 面の多層構造が作れる[68]．(c) $TlBa_2Ca_2Cu_3O_y$ (Tl1223)[79] (d) $CuBa_2Ca_3Cu_4O_y$ (Cu1234)[86] (e) $HgBa_2Ca_4Cu_5O_y$ (Hg1245)[99] (f) $Ba_2Ca_3Cu_4O_8(O,F)_2$ (F0234)[92]．結晶構造の描画は VESTA 3[109] による．

は，CuO_2 面内・面間の圧縮，正孔濃度の変化，均一性の向上などを通して，T_c に影響を及ぼす[83, 84]．

磁場を CuO_2 面に垂直にかけた場合，渦糸の並進運動による磁束格子融解で交流磁化率に散逸ピークが出る．(Cu, C)1223†1 では，より低温でもう 1 つ散逸ピークがある（図 4.17）[88]．次の 4.1.5 項で述べるように，多層型銅酸化物では，超伝導が多成分化している[75]．成分ごとに渦糸ができ，これ

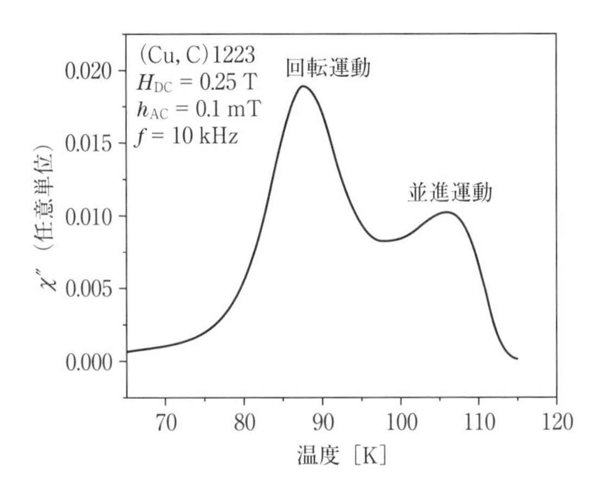

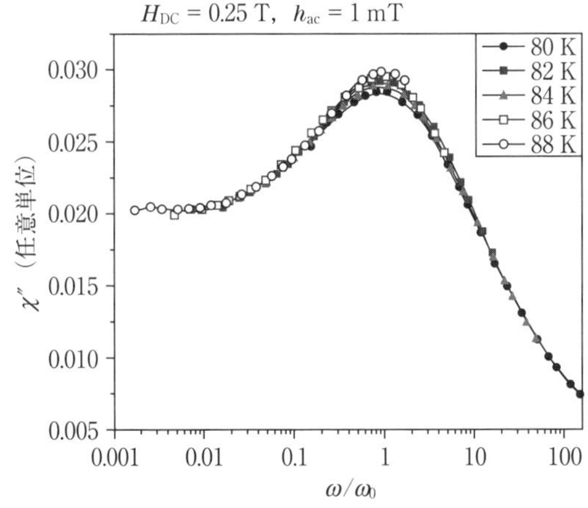

図 4.17 交流帯磁率に見られる (Cu, C)1223 の磁束格子の 2 つの散逸ピーク．上図は周波数を一定にして温度を変化させた場合．107 K 付近のピークは従来の磁束格子融解現象（渦糸の並進運動が激しくなって磁束格子が融解する現象）に相当し，85 K 付近のピークは，渦糸分子の回転運動の臨界減速に相当すると考えられている．下図に示すように，低温側ピーク付近はスケーリングでよく整理される．(D. D. Shivagan, *et al.*: J. Phys.: Conf. Ser. **97** (2008) 012212 より許可を得て転載)

†1 Cu12(n − 1)n の電荷供給層の Cu のサイトが一部 C でおきかわっている場合，(Cu, C)12(n − 1)n と記述する場合がある．置換の有無に関わらず，Cu12(n − 1)n と総称する場合もある．

が渦糸分子を作ると，渦糸分子の回転の臨界減速現象が起こる．低温側のピークは，スケーリングによりよく整理されるので，臨界減速の証拠と考えられている．

（2） **4 層 系**

代表的な 4 層系の Cu1234 の結晶構造を図 4.16(d) に示す[86]．4 層系の特徴は，T_c の正孔濃度依存性が大変小さいことである．正孔の多くは電荷供給層に近い CuO_2 面（OP とよばれる）に留まり，電荷供給層から離れた CuO_2 面（IP とよばれる）の正孔濃度に大きな変化をもたらさない（選択的ドーピング[87, 88]）．IP の正孔濃度が最適値に近い場合には，T_c がそこで決まってしまい，正孔総量を変えても，その変化は，OP の正孔濃度の変化に吸収され，IP の正孔濃度は大きく変化することはなく，T_c は変わらない．

このため，Tl1234 や Cu1234 は，発見当時から，それぞれ 120 K[93]，117 K[92] と T_c は高かった．120 K を超える T_c を得るために，キャリア数の微調整が必要であった Tl1223，Cu1223 とは対照的である．選択的ドーピングは，Cu1234 の T_c がホール係数に全く依存しない実験事実から発見された[89]．その後，バンド計算などにより，T_c が変わらないのは選択的ドーピングによるものであることが明らかにされた（図 4.18）[87, 88]．

選択的ドーピングでは，IP を最適ドープ付近に保ったまま，OP を過剰ドープから電子ドープまで変えることができる．電子ドープは，Cu1234 とは電荷供給層の構造が異なる 4 層系，$Ba_2Ca_3Cu_4O_8(O, F)_2$(F0234) で実現しているのではないかと考えられている[92-94][92, 94]．OP が過剰ドープ状態になると，OP の本来の T_c（その正孔濃度を 1 層系の銅酸化物高温超伝導体で仮想的に実現した場合の T_c）が大きく下がる．その痕跡の観測が，NMR の実験から指摘された（図 4.19）[95]．理論的にはバンド間ジョセフソン相互作用がとても弱い時に（バンド内の相互作用に比較して数％以下）限って，このような痕跡が残ることが示唆されていたが[96]，これが実際に観測されたのは Cu1234 が初めてである．弱いバンド間相互作用は，多層型高温超伝導体の一般の性質と考えられる[97]．超伝導は多成分化し，複数の超伝導量子位相があるため，分数磁束量子の発生など新しい物理現象が議論されている[76]．

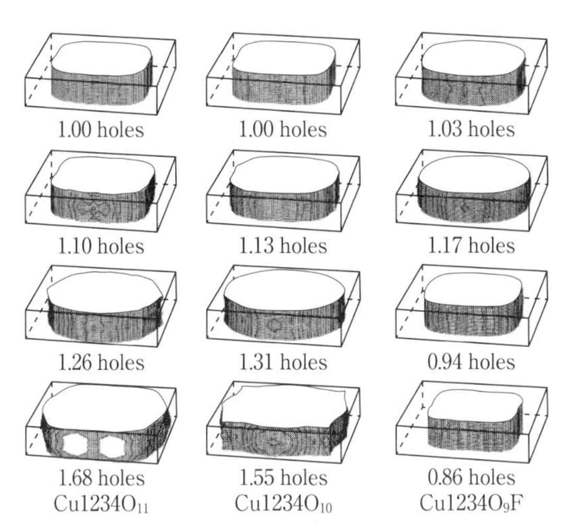

図 4.18　第一原理計算によるドープ量を変えた時の Cu1234 のフェルミ面と正孔濃度の変化. 長方形はブルリアンゾーン. 中心はS点. 各列は, 酸素濃度の異なる Cu1234 に続く O の下添え字が酸素量を示す. F は頂点酸素の半分をFに置換することを示す. 上2行は IP 由来のフェルミ面. 下2行が OP 由来のフェルミ面. OP 上のキャリア数は大きく変化し, F 置換の時には電子ドープとなる. それに比較し, IP の正孔濃度の変化は小さい. (N. Hamada and H. Ihara : Physica **B284-288** (2000) 1073 および N. Hamada and H. Ihara : Physica **C357-360** (2000) 108 より許可を得て転載)

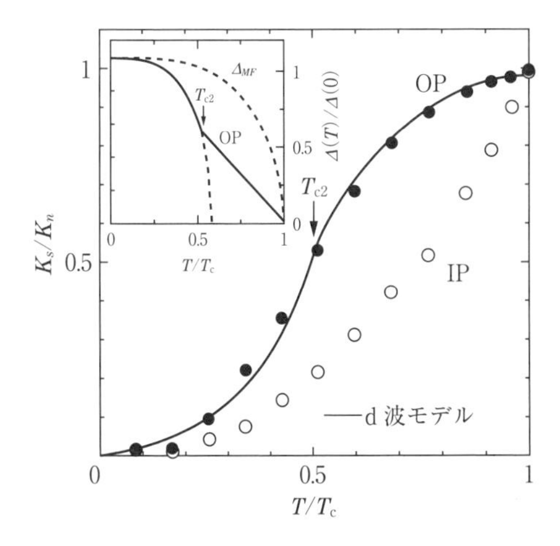

図 4.19　^{63}Cu のナイトシフトに観測された OP 本来の T_c の痕跡. 挿入図は, ナイトシフトの温度依存性から見積もった OP での超伝導ギャップ発達の温度依存性. バンド内での対相互作用が大きく異なる2バンド型2成分超伝導の振舞を示す. (Y. Tokunaga, *et al.*: Phys. Rev. **B61** (2000) 9707 より許可を得て転載)

(3) 5 層 系

図 4.16(e) に，代表的な 5 層系 Hg1245 の結晶構造を示す†2 [98, 99]．超伝導と反強磁性の秩序の共存が実現するということが，5 層系の特徴である[100]．選択的ドーピングの傾向は，5 層系ではさらに強まる．電荷供給層から一番遠い CuO_2 面（IP*）には，正孔はあまり入らなくなり，理想的な不足ドープの状態を実現できる．このような不足ドープの実現した CuO_2 面を，超伝導と反強磁性の協奏と拮抗を考える上での理想的な CuO_2 面と捉えた研究がなされている[75]．

一方で，多成分超伝導としてこの系を捉えることもできる．複数の CuO_2 面に由来する複数の超伝導位相は，必ずしも同一である必要はなく，位相差ゆらぎや，位相差が発生する可能性もある．例えば，1 つの単位胞の中で，CuO_2 面 1 層おきに超伝導位相を反転させるような状態が基底状態に起こることを否定する理由はどこにもない[101]．この内部位相差が関与すると考えられる新しい相転移が，Hg1245 では報告されている[102]．T_c が 108 K の Hg1245 で，40 K に 1 次相転移が観測されている（図 4.20）．40 K の転移温度以下で超伝導性が失われるということもなく，外部磁場もかけていない．このような相転移は，理論的には内部自由度をもつ量子凝縮系で見られるこ

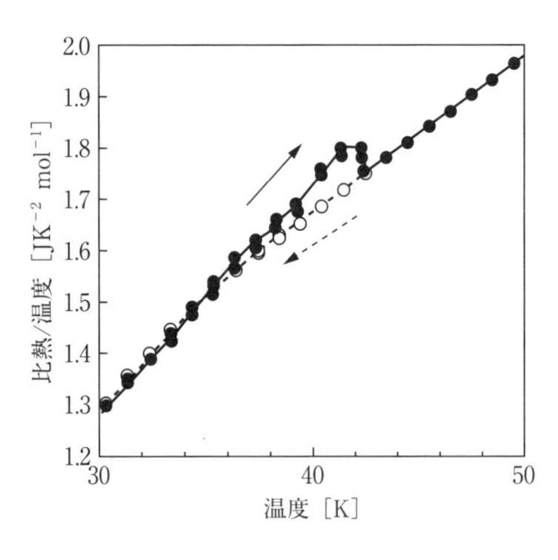

図 4.20　Hg1245 の 40 K 付近の比熱のヒステレシス．1 次相転移の存在を意味している．磁場はかけていない．この相転移で超伝導性も失われない．（Y. Tanaka, *et al.*: J. Phys. Soc. Jpn. **83** (2014) 074705 より許可を得て転載）

†2　描画用のデータとして (Cu, Hg)1245[99] のものを使っている．

とが知られている[103]．しかし，実験例は，超流動ヘリウム 3 の AB 転移[104]（異方的な秩序関数から，等方的な秩序関数への相転移）だけで，超伝導では前例がない．

（4） **6 層系以上**

IP* が増えることで，IP* を介した OP 間の「ジョセフソン」結合より，電荷供給層を介した OP 間の「ジョセフソン」結合が大きくなる．この特徴は，磁束格子の融解現象に特徴的に現れる．電荷供給層を挟んだ 2 つの OP 上のパンケーキ渦糸は，「パンケーキ渦糸分子」となり，この「渦糸分子」が IP* を介して c 軸方向に連なっているというモデルが提出されている[105]．このとき「渦糸分子」を c 軸方向に連ねているのは，ジョセフソン

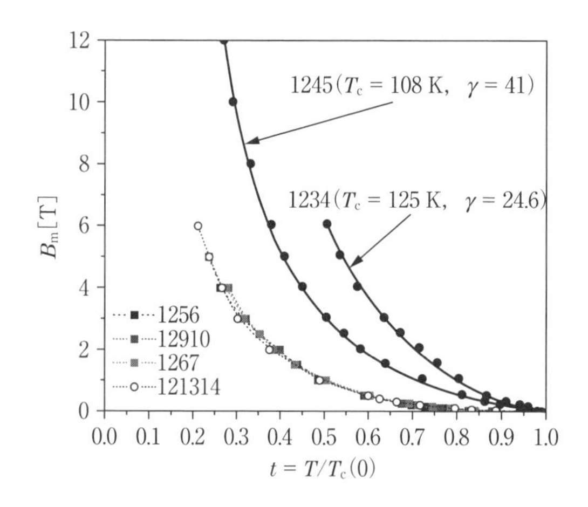

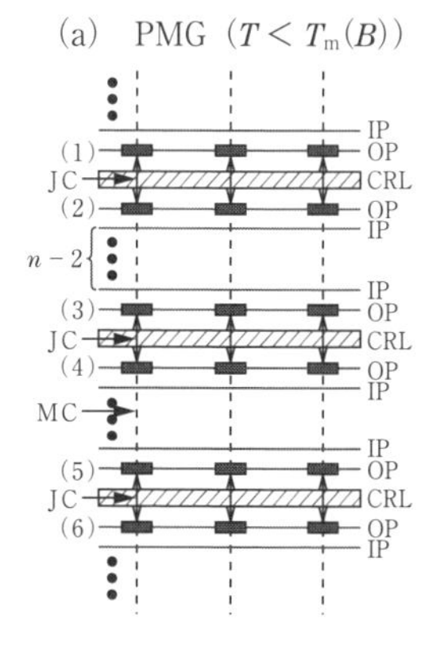

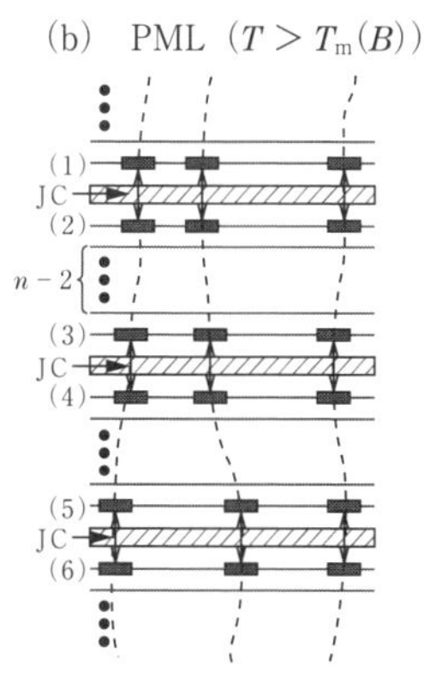

図 4.21 Hg12($n-1$)n の磁束格子融解曲線（上図）．下の (a) と (b) の図は，$n \geq 6$ での磁束格子融解モデル．（A. Crisan, *et al.*: Phys. Rev. **B77** (2008) 144518 より許可を得て転載）

結合ではなく，むしろ，磁束線がなるべくまっすぐになろうとする電磁気学的な力のほうであると考えられている．磁束融解曲線は，5層系までは，異方的なギンツブルグ-ランダウ理論で解析可能であるが，6層系以上になると，むしろ，電磁気学的な力によって連なっているパンケーキ渦糸のモデルに近くなってくる．さらに，6層系以上では，CuO_2面の層数を変えても磁束融解曲線が大きく変化しなくなることも，このモデルの有効性を示唆している．

また，T_cも層数を変えたからといって特に急激に下がることはない．正孔総数を調整すると，選択的ドーピング機構がはたらき，OPや電荷供給層に近いIPが，T_cを支え，Hg12$(n-1)n$では，100 K以上のT_cが保たれる．

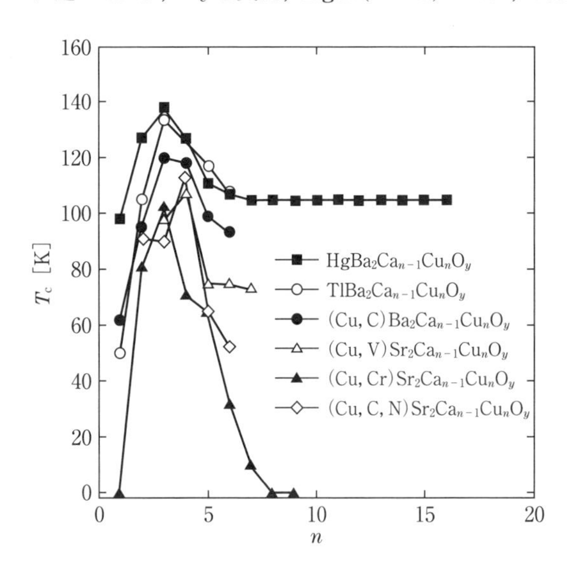

図 4.22　Hg12$(n-1)n$などのT_cのn依存性．(A. Iyo, *et al.*: J. Phys. Soc. Jpn. **76** (2007) 094711 より許可を得て転載)

(5)　薄膜材料

多層型銅酸化物高温超伝導体の薄膜開発は，100 K以上のT_cの実現，内部位相差を使ったデバイス実現といった観点から進められている．稀少性のない金属のみを使っても，60 K以上で抵抗値がゼロになる薄膜も得られるようになっている[70,71]．Tlを使えば，100 Kを超えるT_cをもつ薄膜が得られる[106]．このような膜で，多バンド超伝導エレクトロニクスの基礎研究も進められている[107,108]．

4.2 MgB_2

4.2.1 MgB_2 超伝導体

2001 年，永松（Nagamatsu）らは，金属間化合物二ホウ化マグネシウム（MgB_2）が $T_c = 39$ K の転移温度をもつ超伝導体であることを発見した[110]．39 K は銅酸化物系より低いが，従来の金属系超伝導体の最高記録である Nb_3Ge（$T_c = 23$ K[111]）の約 2 倍で，四半世紀ぶりに記録を塗りかえたことになる．また，MgB_2 は原料となる Mg，B が資源的に豊富，かつ安価で，合成も比較的容易な化合物であり，従来からその存在は知られていたが超伝導は発見されていなかった．新超伝導物質開発で知られる米プリンストン大のキャヴァ（Cava）は，長年試薬瓶の中に眠っていたことから“試薬ビンから現れた魔神（Genie in a bottle）”とよんだ[112]．

MgB_2 に対する初期の興味は，39 K が BCS 理論の予想する T_c（≦ 30 K）の限界（いわゆる BCS の壁）を超えていたため，この超伝導発現機構が従来の BCS 理論に基づく電子 - フォノン相互作用で説明できるのか，それとも新しい機構が存在するのかという点にあった．現在では，BCS 機構に基づく軽元素 B の高いフォノン周波数による s 波超伝導と説明されるが，2 つの超伝導ギャップがフェルミ面上に開く，従来とは異なるマルチバンド超伝導体であることがわかった[113-115]．この 2 ギャップ（$\Delta_\pi(0) = 2.2$ meV[116]，$\Delta_\sigma(0) = 7.1$ meV[113, 117]）のため，MgB_2 は従来型超伝導体では見られなかった性質を示す．複数のギャップをもつ超伝導体の存在は，1959 年にマティアス（米ベル研）らにより予言され[118]，Nb ドープ $SrTiO_3$[119] の例はあるが，明瞭に 2 ギャップ効果を示す超伝導体は発見されていなかった．

4.2.2 MgB_2 の磁気相図

マルチバンド効果は超伝導の物性として興味深いだけでなく[122]，その特徴の 1 つである特異な上部臨界磁場（H_{c2}）は，低温で高い H_{c2} を示すなど応用の観点からも注目すべきである．図 4.23 に，MgB_2 の H - T 相図を示す．MgB_2 単結晶の ab 面方向の $H_{c2}^{/\!/ab}(0)$ は 14.5 T，c 軸方向の $H_{c2}^{/\!/c}(0)$ は約 3.2 T であり，層状結晶構造に由来して異方性（$\gamma_H(0) \simeq 4.55$）を示す[120]．一方，固溶した MgB_2 薄膜においては，H_{c2} の大幅な増加（$\mu_0 H_{c2}^{/\!/ab}(0) \simeq 48$ T，

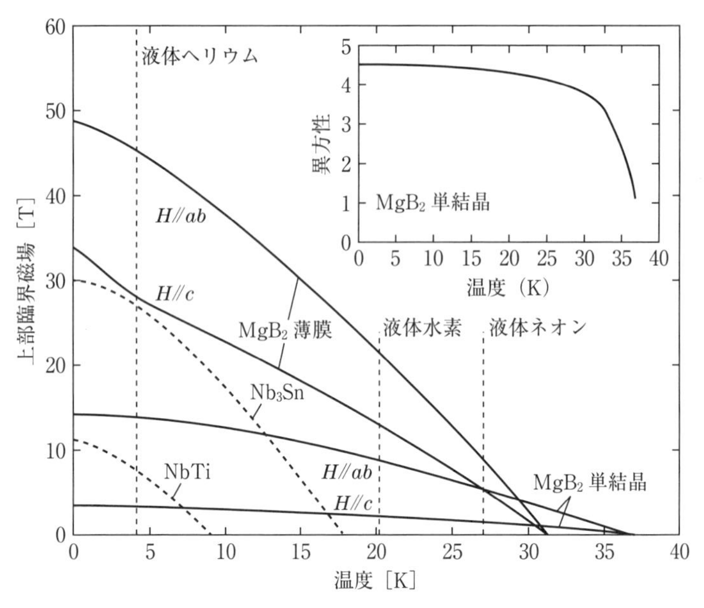

図 4.23　MgB_2 単結晶，薄膜の磁気相図．内挿図は MgB_2 単結晶の異方性 $\gamma_H = H_{c2}^{/\!/ab}/H_{c2}^{/\!/c}$.（M. Zehetmayer, *et al.*: Phys. Rev. **B66** (2002) 052505 および V. Braccini, *et al.*: Phys. Rev. **B71** (2005) 012504 より許可を得て転載）

$\mu_0 H_{c2}^{/\!/c}(0) \simeq 33$ T）と異方性の減少（$\gamma_H(0) \simeq 1.5$）が報告されている[121]．この値は実用金属系超伝導材料の $H_{c2}(0)$，例えば Nb－Ti における $\simeq 15$ T，Nb_3Sn における $\simeq 30$ T と比較しても高い．固溶に由来する構造欠陥が電子散乱を誘引し，H_{c2} 上昇をもたらしたと考えられる．

γ_H の温度依存性や，$H_{c2}(T)$ の T_c 近傍と低温領域における正の曲率は，2 ギャップに由来する．σ，π バンドギャップの温度，磁場に対する応答の違いを反映して，T_c 近傍では 3 次元的な π バンドが，低温では擬 2 次元的な σ バンドが支配的影響を及ぼす．そのため T_c 近傍では γ_H が低く，低温では σ バンドの寄与と共に γ_H が増加する．また，電子散乱の効果が増加すると，例えば上述の固溶した薄膜のように，$H_{c2}(T)$，$\gamma_H(T)$ の挙動は σ，π バンドそれぞれのバンド内電子散乱の比やバンド間電子散乱によって，広範に変化しうることがグレビッチ（Gurevich，米ウィスコンシン大）により示されている[123]．これは，WHH 理論で $H_{c2}(0) \simeq 0.69 T_c dH_{c2}/dT|_{T=T_c}$ と記述さ

れる従来型金属系とは異なり，バンド内電子散乱，電子拡散の制御により，$H_{c2}(T)$ の新規な相図の開発が可能であることを示している．

4.2.3 MgB_2 の磁束構造と磁束状態の特徴

MgB_2 では σ，π バンドのギャップそれぞれで異方的な ξ，λ をもつため，磁束構造を特徴づけるパラメーターは実質的に 4 つ（$\xi_\pi(0) = 51$ nm，$\xi_\sigma(0) = 13$ nm，$\lambda_\pi(0) = 34$ nm，$\lambda_\sigma(0) = 48$ nm[124]）に増えることが従来の単一バンド超伝導体と異なるところである．その特徴的な例として，MgB_2 単結晶では，$\xi_1 > \sqrt{2}\lambda_1$ の第 1 種超伝導と $\xi_2 < \sqrt{2}\lambda_2$ の第 2 種超伝導の両状態を同時に満たす，第 1.5 種超伝導が報告されている[124]．

単結晶におけるマルチギャップと磁束構造の関係については他章に譲るが，応用に用いられるのは結晶方位が無配向で，かつ結晶粒界を有する多結晶体であるため，従来の単一バンド超伝導体と比較して磁束状態や輸送機構が複雑になり，これを理解することは重要である．最近，σ，π バンドギャップの次元性の違いを応用し，ab 面が傾斜したエピタキシャル薄膜上に σ，π 両クーパー対と近似的に π クーパー対のみに由来する 2 種の臨界電流を実現し，粒界輸送特性に及ぼすマルチバンド効果を解明する試みも始まっている[125]．

多結晶体の磁束状態の特徴として，MgB_2 は高い T_c をもちながら，銅酸化物系のような結晶粒界における弱結合がないことが挙げられる．ラバレスティエ（Larbalestier，米国立強磁場研究所）らは磁気光学観察などから，MgB_2 多結晶体中で，臨界電流が減衰なく流れる領域が複数の結晶粒にわたっていることを見出した[126]．これは高いキャリア濃度とクーパー対の対称性，および長いコヒーレンス長に由来し，多結晶体の磁束密度分布がビーンの巨視的臨界状態をとると共に，結晶配向を要さずに高い J_c が得られることを意味する．

一方，結晶方位が無配向であることに由来し，多結晶体では $H_{c2}^{/\!/ab} > H > H_{c2}^{/\!/c}$ の高磁場下において，臨界電流に寄与する結晶粒が減少し，パーコレーション伝導における有効経路が抑制される．電磁的異方性[127]に加え，構造欠陥の影響（コネクティビティ）[128, 129]が加わるため，輸送臨界電流が消失する不可逆磁場（H_{irr}）は $H_{irr} \simeq 0.5H_{c2}^{/\!/ab}$ に抑制されるので，$H_{irr} \simeq H_{c2}$ の等方的な従来型金属系材料と異なることになる．

4.2.4 MgB_2 多結晶体の磁束ピニング機構

MgB_2 の混合状態において，結晶粒界が磁束ピニングセンターとしてはたらくことが知られている．粒の表面積は粒径と反比例の関係にあるため，粒界による磁束ピニング力密度を F_p^{GB}，平均粒径を D_g とすると，$F_p^{GB} \propto 1/D_g$ の関係となる．松下（Matsushita，九州工業大学）らは MgB_2 多結晶バルク体において，電流パーコレーションの影響（コネクティビティ）を導入することで，真の残留抵抗 ρ_0，および結晶粒径の評価を行い，J_c が粒径 D_g に対して逆比例することを定量的に示した[128]．これは多結晶 MgB_2 の主要な磁束ピニング機構が粒界であることを示し，巨視的最大磁束ピニング力密度 F_p^{max} は約 100 GN/m^3 に達し，Nb_3Sn に匹敵するポテンシャルをもつことが指摘された．

MgB_2 の粒界における磁束ピニングの起源は，ツェルウェック（Zerweck，独マックス・プランク研）ら[130]やイェッター（Yetter，米コーネル大）ら[131]により提唱された，粒界電子散乱ピニング（いわゆる $\Delta\kappa$ ピニング）の効果である[128, 132]．結晶界面は電子に不規則なポテンシャルの変化を与えるため電子散乱を生じ，電子の平均自由行程 l，コヒーレンス長 ξ が短縮することに由来して，磁束線の常伝導核が界面近傍に来たときにエネルギー変化を感じる．すなわち，バルクのコヒーレンス長 $\xi_b(\kappa_b)$ と粒界近傍におけるコヒーレンス長 $\xi(\kappa)$ の変調 $\Delta\xi/\xi(\Delta\kappa/\kappa)$ が，結晶界面と磁束線格子間との相互作用エネルギーに作用し，磁束ピニング力を生む．この際に，バルクが clean - limit（清浄極限）($l \gg \xi$) から dirty - limit（不純極限）($\xi \gg l$) のいずれの状態にあるかが ξ の変調に大きく影響し，指標として不純物パラメーター $\alpha_i = 0.882\xi/l$ が用いられる．

4.2.5 MgB_2 多結晶体の磁束状態の制御

主に欠陥導入により，MgB_2 多結晶体の磁束状態を制御する試みがなされてきた．ここでは，粒子線照射と元素置換を取り上げる．タランティーニ（Tarantini，伊ジェノバ大）ら[135]は，^{11}B 同位体を濃縮した MgB_2 多結晶体に対して $10^{15} \sim 10^{20}$ cm^{-2} の線量の中性子を照射したところ，T_c は 39.1 K から 9.1 K まで低下，残留抵抗は 1.6 $\mu\Omega$cm から 130 $\mu\Omega$cm に増大し，

RRR は 11 から 1.1 まで低下が見られた．$H_{c2}(0)$ は線量 $\simeq 10^{18}\,cm^{-2}$ で極大を示し，照射前の約 2 倍の 37 T に達した．また，J_c は照射と共に減少する傾向が見られたが，$\simeq 10^{17} \sim 10^{19}\,cm^{-2}$ の線量の照射試料では，J_c の磁場依存性においてプラトーが生じ，点欠陥による磁束ピニングが導入されたことが示唆された．

一方，発見初期からキャリア量制御による T_c 向上，欠陥導入による H_{c2} や磁束ピニング力改善を目的として，周辺物質の探索や MgB_2 への異種元素置換，化合物のドーピングが精力的に行われてきた．MgB_2 はシンプルな結晶構造であるが，置換可能な元素は少なく，Mg サイトへの Al[136] や Mn，B サイトへの C[133] といった置換が確認されている．Mg サイト置換は T_c，H_{c2} の低下を招く．一方，B サイトの C 置換は，H_{c2} と高磁場下における J_c を改善する．

図 4.24(a) に，C 置換 $Mg(B,C)_2$ 単結晶[133]，多結晶[134] における T_c の a 軸長依存性を示す．イオン半径の小さな炭素の置換により a 軸長は短縮し，電子ドープにより T_c は減少する．このため，T_c と a 軸長の間には C 源ドーパントによらない相関が見られる．一方，C 置換により電子散乱中心が増加するため，ρ_0，$H_{c2}(0)$ は上昇し，5% 置換で極大の 33 T に達する[137]．また，磁束ピニング力が大きく向上し，磁場下における J_c と H_{irr} 共に増加することが知られる．

図 4.24(b) にノンドープ，および C 置換 MgB_2 多結晶について，MgB_2 面内方向の結晶性に対応する粉末 X 線 $MgB_2(110)$ 面のピーク半値幅と，不可逆磁場 H_{irr} の関係[133] を示す．両者には C 置換の有無によらずユニバーサルな相関が見られる．これによると，C 置換による磁束ピニング力の改善は，既存のピニング機構が強化されたことに由来し，結晶内のホウ素ハニカム格子への歪み導入が起源であることを示唆する．すなわち，C 置換はバンド内電子散乱を誘引し，粒界電子散乱ピニングモデルにおいて，より有効に α_i を増加させ，粒界近傍の ξ の変調を増強する効果があると考えられる．なお，炭素含有物のドープは，本質的な結晶内パラメーターへの効果以外に，反応性（実効 C 置換量の増加），不純物生成，微細組織に及ぼす影響も考慮する必要があり，優れた C 置換手法の研究が重要なトピックの 1 つとなっている．

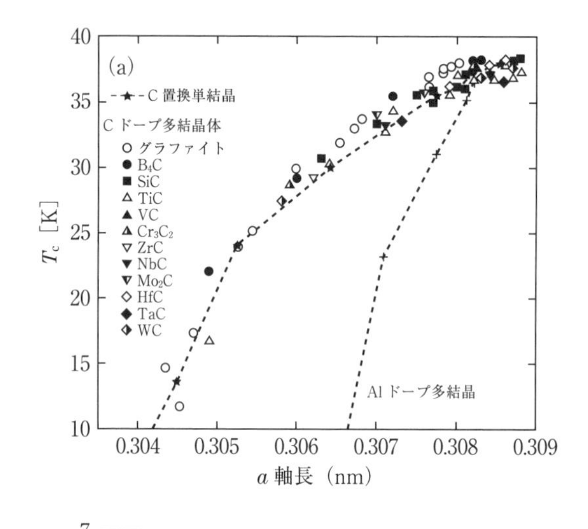

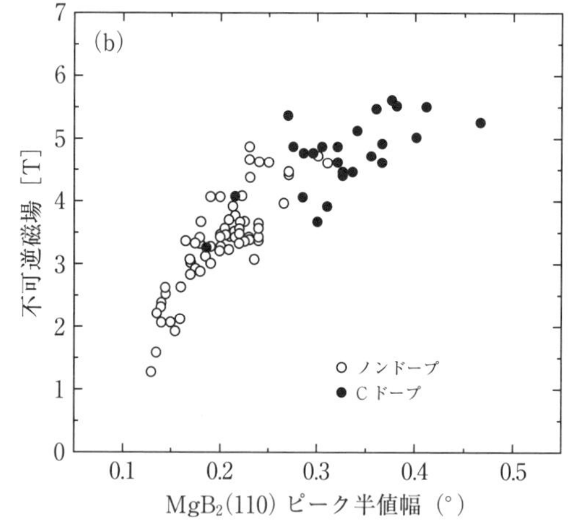

図 4.24　(a) $Mg(B, C)_2$ 単結晶，多結晶における T_c の a 軸長依存性．(b) ノンドープ，炭素置換 MgB_2 多結晶における X 線半値幅と 20 K における不可逆磁場の関係．(S. Lee, *et al.*: Physica **C397** (2003) 7, A. Yamamoto, *et al.*: Supercond. Sci. Technol. **18** (2005) 1323, A. Yamamoto, *et al.*: Appl. Phys. Lett. **86** (2005) 212502 より許可を得て転載)

4.2.6　MgB_2 多結晶体の磁束状態の応用

近年，MgB_2 を用いた多結晶超伝導バルク磁石の応用検討がなされている．MgB_2 多結晶バルクは，粉末の成型，熱処理のみで比較的簡単に作製することができ，また大型化（100 mm 以上），量産も容易である．銅酸化物系の REBCO 単結晶バルクと比較して，MgB_2 多結晶バルクでは，弱結合がないことに由来して，高い J_c の超伝導電流がバルク内を一様に流れるため，マクロな超伝導電流分布が均一であるという利点を有する[139]．これは，定比金属間化合物である MgB_2 において，化学組成ずれによる空間的な超伝導特性のゆらぎがほぼ起こらず，また結晶粒径が微細であることに由来する．このため，着磁後の MgB_2 多結晶バルクにおける捕捉磁場の空間的均一性が著しく高い[138]．超伝導バルク磁石の磁場発生の原理はスピンをベースとした永久磁石とは異なるが，B-H ヒステリシスループ（図 4.25(a)）において，T_c 以下の温度で強磁性体と同様に，残留磁束密度 B_r，保磁力 H_c，最大エネルギー積 $(BH)_{max}$ などの巨視的パラメーターが明確に定義可能である．

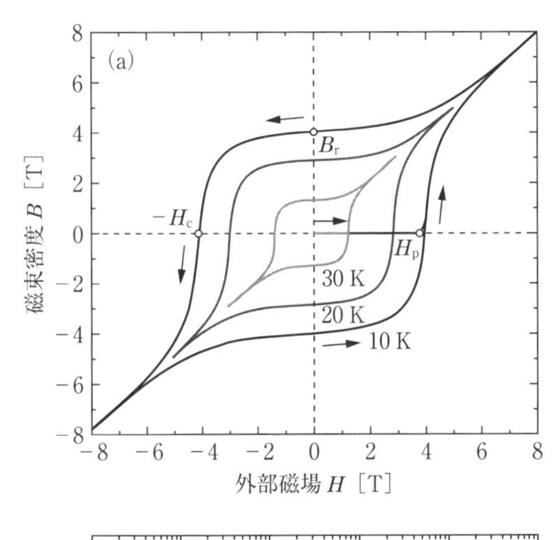

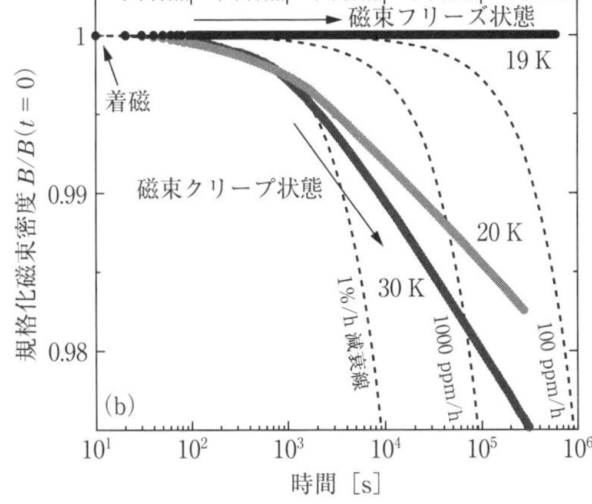

図 4.25 (a) MgB_2 超伝導バルクの磁石特性．(a) B-H ヒステリシスループ．(b) 規格化捕捉磁場の経過時間依存性．(A. Yamamoto, *et al.*: Appl. Phys. Lett. **105** (2014) 032601 より許可を得て転載)

英ケンブリッジ大，オクスフォード大[140]，独IFWドレスデンなどのグループは，高圧法を用いることで数T級の高捕捉磁場を実現しており，寒剤不要の新しい小型クライオマグネットとして期待されている．

MgB_2 クーパー対の対称性が高いことは，粒界における超伝導秩序パラメーターの深刻な抑制が生じないことを意味し，巨視的磁束状態の時間的均一性を実現する上で有利である．2005年に，高橋（Takahashi，日立製作所）らは超伝導接続を介した MgB_2 ソレノイドコイルの永久電流モード運転を行い，温度4.2Kで約1.5Tの磁場を12hにわたって保持することに成功した[141]．山本（Yamamoto，東大）らは，約20Kで約3Tの磁場を1週間にわたって，減衰率1ppm/h以下の極めて高い安定性で保持することに成功している（図4.25(b)）．これらはMRI，NMRなどの磁気計測の根幹となる絶対安定磁場を，現在確立されている液体ヘリウム（沸点4.2K）温度以上の温度で実現可能なことを示唆しており，冷凍機冷却により到達可能で，液体水素温度にも相当する15～20Kでの MgB_2 磁石応用が期待されている．

4.2.7　MgB_2 関連物質

（1）　AlB_2 型構造物質

MgB_2 は，AlB_2 型構造をとる六方晶の層状物質である．この結晶構造は，Bによるグラファイトのような蜂の巣格子が積層した間を，Mgが三角格子を形成しながらインターカレートした構造である．C以外でも，Bの他にSiやGe，Snなどのp電子元素で構成された蜂の巣格子を有する AlB_2 型構造の物質が複数存在する．本節では，超伝導を示す AlB_2 型構造の物質を紹介する．

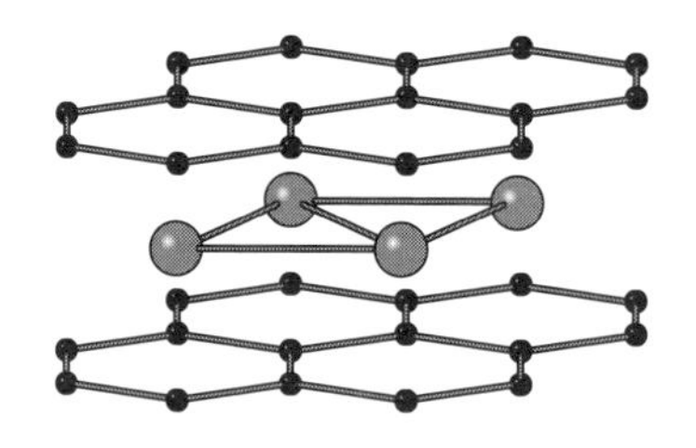

図 4.26　AlB_2 型構造．黒色球はBのサイトにおける原子が作る蜂の巣格子を，灰色球はAlのサイトにおける原子が作る三角格子を形成する．

（a） **ホウ化物（AlB_2 型）**

炭素(C) よりもさらに軽い元素であるホウ素(B) を主成分とするホウ化物は，炭化物よりも強い電子－格子相互作用による BCS 超伝導の T_c 増大に有利であると推測される．MgB_2 発見以前から，2 元系ホウ化物超伝導体として NbB_2(T_c = 0.62 K) や $MoB_{2.5}$(T_c = 7.45 K) などが知られていた[142, 143]．MgB_2 発見以降，再びこれらの系において物質探索が進められている．例えば，MgB_2 と同構造である AlB_2 型結晶構造をとるホウ化物超伝導体として，ZrB_2(T_c = 5.5 K)，TaB_2(T_c = 9.5 K) などが報告されている[144, 145]．また，既知超伝導体である NbB_2 に欠損を加えた $Nb_{1-x}B_2$ が，$x \simeq 0.2$ で最大 T_c = 8.1 K の超伝導を示す[146]．最大の T_c を示す欠損量では，格子パラメーターの急激な変化が示されており，構造不安定性と超伝導の関係が示唆され，興味深い．

（b） **$AESi_2$(AE = Ca, Sr, Ba)**

アルカリ土類ケイ化物 $AESi_2$ (AE = Ca, Sr, Ba) は，Si 元素の多彩なネットワークにより，六方晶の AlB_2 型構造，斜方晶の $BsSi_2$ 型，正方晶の α－

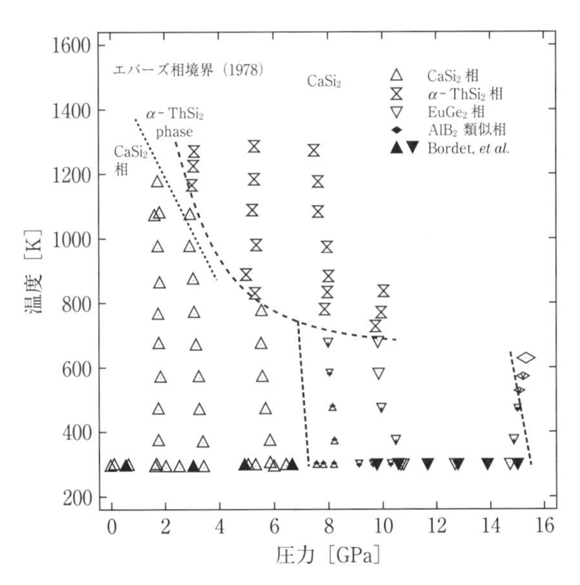

図 4.27 $CaSi_2$ の圧力－温度相図．(M. Imai and T. Kikegawa: Chem. Mater. **15** (2003) 2543 より許可を得て転載)

$ThSi_2$ 型などのさまざまな結晶構造をとる．これらは，温度および圧力の変化により構造相転移を起こす．$CaSi_2$ と $BaSi_2$ は高圧下で AlB_2 構造をとることが報告されている．図 4.27 に示したように，$CaSi_2$ は温度および圧力変化により 4 種類以上の結晶構造をとる[147]．常圧下での構造では $T_c = 1.3$ K の超伝導を示すが，図 4.27 に示すように，14 MPa 以上で現れる AlB_2 型構造では，$T_c = 14$ K のケイ化物として高い T_c の超伝導を示す[148]．

（c）　CaAlSi 関連物質

上述の通り，$AESi_2$ は高圧下で AlB_2 型構造をとるが，Si サイトが Al や Ga などの p 電子元素や遷移金属元素で置換されたいくつかの物質は，常圧下でも AlB_2 型構造をとる．また，Si のみでなく Ge や Sn の場合でも，それらが蜂の巣格子を組む AlB_2 型構造の物質が報告されており，それらのいくつかは超伝導が発現する[149]．また，p 電子元素以外にも Ni，Pd，Pt などの 10 族，Cu，Ag，Au などの 11 族遷移金属元素の置換によっても，超伝導の発現が報告されている[150-152]．これらの周辺物質の多くは，MgB_2 発見以降，AlB_2 型構造周辺物質の探索の結果発見されたもので，その初期に $Sr(Ga_{0.37}Si_{0.63})_2$ ($T_c = 3.5$ K)[153] と CaAlSi ($T_c = 7.7$ K)[154] が報告されている．

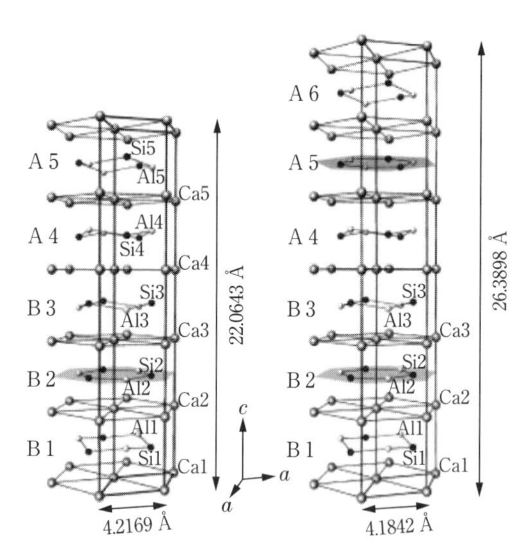

図 4.28　CaAlSi の 5 H（左），6 H（右）構造．（H. Sagayama, *et al.*: J. Phys. Soc. Jpn. **75** (2006) 043713 より許可を得て転載）

これらの超伝導体のうち，CaAlSi は MgB_2 と同じ構造をもつ物質として，いくつかの研究の報告がなされている．CaAlSi は，比熱測定の結果から強結合の BCS 超伝導体と考えられている[155]．その構造が異方的であることに対応して，上部臨界磁場 H_{c2} は面内で 1.68 T，面間で 0.86 T と異方的な値をとること[156]，磁束ピニング機構も面内と面間で異なり異方的であることがわかっている[157]．μSR 測定からは磁場侵入長の磁場依存性から磁束状態が調べられ，異方的なギャップ構造が論じられている[158]．また，CaAlSi の構造は簡単には AlB_2 構造と表されるが，厳密には，Ca 層の 1 層分が 1 周期になった 1 H 構造と，Al と Si の原子座標などの違いによって，5 層もしくは 6 層分が 1 周期となる 5 H ($T_c = 6.0$ K) および 6 H ($T_c = 8.2$ K) 構造の計 3 構造の存在が報告されている（図 4.28）[159, 160]．

（2） 炭化物およびホウ化物超伝導体

MgB_2 は，非常に軽い元素であるマグネシウム(Mg) とホウ素(B) によって構成される物質である．このような軽い元素が形成する硬い結晶格子は，強い電子 - 格子相互作用を予想させる．実際，MgB_2 における超伝導のメカニズムは極めて BCS 的であることが明らかになっており，それによって，$T_c = 39$ K の超伝導を実現していると考えられている．

電子 - 格子相互作用は電子の局在化による T_c の限界 (=「BCS の壁」) への懸念も大きく，従来，このような系統の物質探索はそれほど積極的に行われていなかった．しかし，MgB_2 の発見以降，金属間化合物，特に炭化物，ホウ化物などの軽元素を有する化合物に，新超伝導体や銅酸化物とは別の「高温超伝導体」発見の糸口として，再び研究者たちの興味を集めている．グラファイトやボロン添加ダイヤモンドなどがよく知られているが，ここでは，その他のいくつかの炭化物およびホウ化物超伝導体を簡単に紹介する．

MgB_2 の発見後，同様な軽元素を有する 2 元系超伝導体として，炭化物超伝導体 Y_2C_3 が発見・報告されている．Y_2C_3 は Pu_2C_3 型の結晶構造をとる．この結晶構造の特徴は，Y 元素が［111］方向に沿って配列していて C 元素が C - C ダイマーを形成していることである．Y_2C_3 は MgB_2 の発見以前から，T_c が組成比に依存して 6 ～ 11.5 K の間で変化すると共に，Y サイトの Th 置換によって，T_c が 17 K まで上昇することが報告されていた．その後，これらの超伝導転移温度が，さまざまな焼成条件による格子パラメーターの調整によって大きく変わり，最大 18 K の超伝導を示すことが見出された[161]．Y_2C_3 と同様に，同構造で Y サイトが La で置換された La_2C_3 においても，$T_c \simeq 11$ K の超伝導が発現する．MgB_2 と同様に，Y_2C_3 および La_2C_3 も 2 ギャップ超伝導体であると主張されていて，μSR によって評価された超流動電子密度の温度依存性は，2 ギャップ超伝導体の典型例である MgB_2 のものとよく似た振舞をすることが報告されている[162]．

炭化物の他にホウ化物超伝導も，上述の AlB_2 型構造のものも，多くの報告がある．例えば，MB_{12} と表されるドデカボライド超伝導体がいくつか報告されており，その中で最も高い $T_c = 6$ K をもつ ZrB_{12} については，磁化，抵抗，比熱測定などがなされている[163]．これらについては，通常の BCS 超伝導体と考えられている．比熱および磁化測定から見積もられた状態密度は，その T_c の割にはとても小さいが，B に由来する硬さ（デバイ温度は 1000 K 程度）のために比較的高い T_c をもつと考えられる．

その他，B，C どちらの原子でも同じ構造をとる超伝導体として，$A_7Re_{13}X$ ($A = W, Mo$，$X = B, C$) がある．$W_7Re_{13}X$ は β-Mn 型結晶構造をとり，W と歪んだ八面体を形成する Re によって構成され，B や C は結晶構造中の空孔に存在することが示唆されている．この物質は以前から知られていたが，不純物が多く含まれる問題があり，最近の単相試料の物性測定の結果，$W_7Re_{13}X$ が $T_c = 7.1$ K ($X = B$)，7.3 K ($X = C$) の超伝導体であることが示された[164]．また，磁場中抵抗測定から上部臨界磁場 $H_{c2} = 11.4$ T ($X = B$)，12,6 T ($X = C$) が報告されている．比熱測定からは，電子比熱係数の飛び $2\Delta/k_BT_c$ がそれぞれ 4.28 ($X = B$)，4.02 ($X = C$) と評価されており，強結合 s 波超伝導体であることが示唆される．この系では，W サイトを Mo で置換した $Mo_7Re_{13}B$ においても超伝導性 ($T_c = 8.3$ K) が確認されている[165]．

4.3　鉄系超伝導体

4.3.1　122 系

鉄系超伝導体は多彩な結晶構造をもつことが知られている．その中で，

AFe_2As_2（A = Ca, Sr, Ba）の組成式をもつ化合物は122系とよばれ，最もよく研究されている物質群である．この系は，純良でかつミリメートルサイズの単結晶の育成が比較的容易なこと，空気中でも安定であること，結晶構造が正方晶 $ThCr_2Si_2$ 型構造（I4/*mmm*）をもち[166]，対称性の高い電子状態をもつことなどが特徴である．この結晶構造は，中間温度領域で斜方相へ変化し，電子状態が変わることに注意する必要がある．また，この物質は伝導層である FeAs 層とブロック層である A 層が交互に積層した層状構造をしている（図 4.29(a)）．FeAs 層は Fe 原子を中心とし，As 原子を頂点とした四面体が稜を共有するような局所構造をもっている．このような構造を反映して，Fe の 3d 軌道によって構成されたフェルミ面は準 2 次元的であり，ブリルアンゾーンの Γ 点周りに 3 枚のホールポケット，X 点周りに 2 枚の電子ポケットをもつ，いわゆるマルチバンド系をなす（図 4.29(b)）[167]．

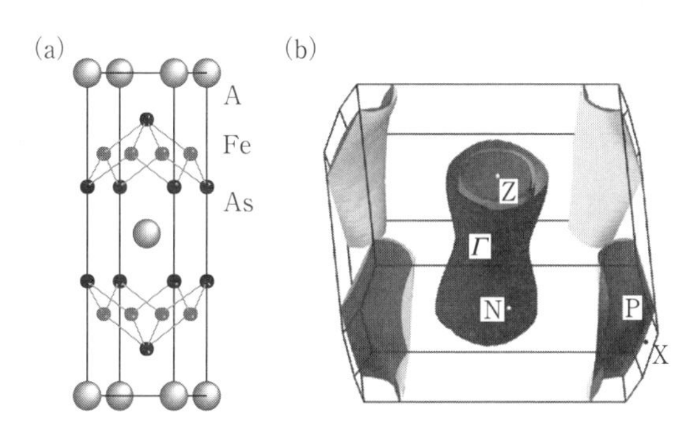

図 4.29 AFe_2As_2 の（a）結晶構造と（b）バンド構造（S. Kasahara, *et al*.: Phys. Rev. **B81**（2010）184519 より許可を得て転載）．X 点周りの 2 枚の電子面は，Fe の $3d_{yz}$，$3d_{zx}$ および $3d_{x^2-y^2}$ 軌道から構成される．Γ 点周りの 3 枚のホール面のうち 2 枚も同様に構成されるが，残りの 1 枚はそれらの軌道に加え，Z 点近傍で $3d_{3z^2-r^2}$ 軌道の成分をもつことが理論的に指摘されている[206, 207]．

AFe_2As_2 は低温（T_s = 171 K (Ca), 200 K (Sr), 142 K (Ba)）で構造相転移によって結晶の対称性が低下し，斜方晶の反強磁性金属となる[168-170]．この構造相転移を伴う反強磁性秩序は，FeAs 層あるいは A 層の元素置換や，圧力の印加によって抑制され，それに伴って $\simeq 20 \sim 40$ K という比較的高い T_c をもつ超伝導が発現する（図 4.30）[171-173]．このような反強磁性相に隣接する超伝導相の存在に加え，2 次元的なフェルミ面など，鉄系超伝導体

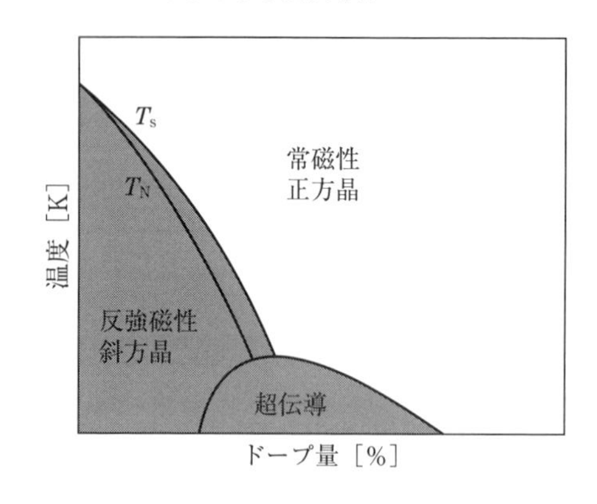

図 4.30　AFe_2As_2 の模式的な温度‐ドープ量相図.

は窒素温度以上の T_c をもつ銅酸化物高温超伝導体といくつかの類似点をもつ一方，マルチバンドであること，伝導層の元素の置換をしても T_c がほとんど減少しないことなど，電子構造や超伝導特性に大きな違いもある.

特に興味深いのは，鉄系超伝導体の発現機構，およびその超伝導ギャップ関数の対称性である．フォノンを媒介としてクーパー対を組み，ギャップがフェルミ面上で等方的に開く従来の s 波超伝導体とは異なり，理論的には，電子バンドとホールバンドの間に斥力がはたらき，それぞれのバンドで，超伝導ギャップ関数の符号が異なるような s＋－波とよばれる特異な状態が予言されている（図 4.31(a))[174]．しかしながら，実験的には多彩なギャップ構造が報告され，いまだ統一的に理解されてはいない.

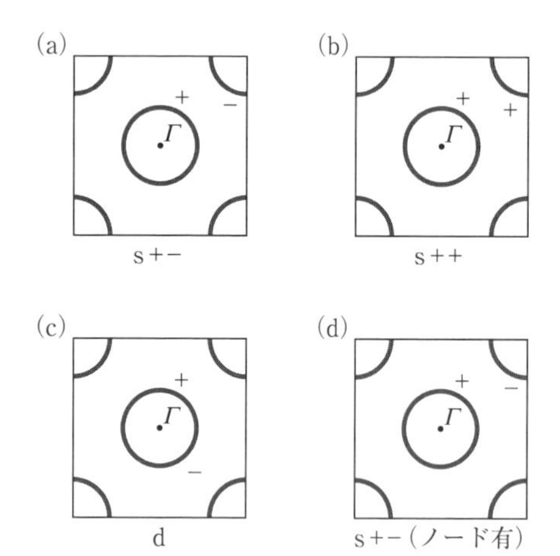

図 4.31　鉄系超伝導体のギャップ構造の模式図．(a) s＋－波状態 (b) s＋＋波状態 (c) d 波状態 (d) s＋－波状態（ノード有）.

(1)　温度－ドーピング相図

AFe_2As_2は構成する元素を置換することによって，磁気・構造相転移が抑制され超伝導が発現する（図4.30）．Aサイトに K などのアルカリ金属を置換するとホールドープとなり，$(K,Ba)Fe_2As_2$の最適ドープでは$T_c=38$ K[171] となる．また，伝導を担う Fe サイトに，Co や Ni などの Fe よりも d 電子数が多い遷移金属を置換すると電子ドープとなる．$Ba(Fe,Co)_2As_2$の最適ドープでは$T_c=22$ K を示す[172]．一方，Cr，Mn，Cu といった遷移金属元素による置換は，他の遷移金属などと同様，磁気・構造相転移を抑制する一方，超伝導を誘起しない[175-177]．122 系におけるキャリアドープによる電子状態の変化は，リジットバンド模型でおおよそ理解できる[177]．また，122 系ではキャリアドープのみでなく，Fe サイトを Ru に[178]，あるいは As サイトを P で置換するといった等電価置換によっても超伝導が発現する[173, 175]．$BaFe_2(As,P)_2$の最適ドープの場合，伝導層の元素を置換するにも関わらず，比較的高い転移温度（$T_c=31$ K）を示す[173, 179]．やや特殊な例として，$CaFe_2As_2$では，Ca サイトを 3 価の希土類 R（R = La, Ce, Pr, Nd）で置換すると，結晶の対称性を保ったまま c 軸長が収縮する格子コラプス転移を示し，$T_c=40$ K 以上の超伝導が誘起される[180]．しかし，その超伝導体積分率は数%と小さいことから，この超伝導や発現機構が，他の鉄系超伝導体と関係するかどうかは明らかにされていない．

(2)　磁　性

AFe_2As_2は構造相転移を伴って反強磁性（スピン密度波）転移を$T_N=$ 172K（Ca），200K（Sr），135 K（Ba）で示す[166, 168, 181]．その磁気構造は図4.32のようになる[170]．図のように同一平面上にある Fe 原子は正方格子を形成する．この時，2 方向ある再近接の Fe 原子に沿って，一方は強磁性的に，もう一方は反強磁性的に磁気モー

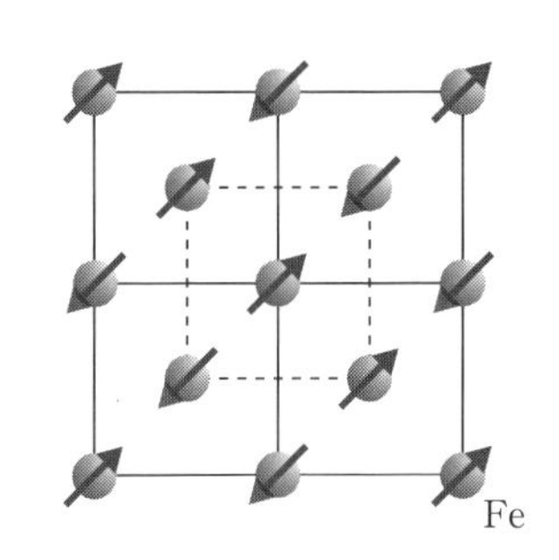

図 4.32　AFe_2As_2の ab 面内における磁気構造の模式図．破線は単位格子，矢印は Fe の磁気モーメントの向きを表す．この磁気モーメントは c 軸方向には反強磁性的である．つまり，この層の1つ上（あるいは下）の Fe 層では，それぞれの Fe の磁気モーメントがこの図の逆の向きを指し示している．

メントが配列する．この磁気秩序は，Γ 点周りのホール面と X 点周りの電子面が，正方晶における磁気ベクトル $\boldsymbol{Q}=(0.5, 0.5)$ で結ばれるネスティングに起因すると考えられている．このようなネスティングによる磁気構造は 11 系を除き，鉄系超伝導体で共通のものであるが，その磁気励起は単純な遍歴モデルや局在モデルでは説明できない[182]．低温での $BaFe_2As_2$ の磁気モーメントの大きさは鉄 1 原子当り $0.87\,\mu_B$ であると報告されているが[170]，この中性子実験で得られたモーメントの大きさは，電子相関を取り入れていない密度汎関数理論に基づいて得られた計算結果（$\simeq 2\,\mu_B$）よりも極めて小さい[183]．

（3） 構造相転移とその転移点以上での回転対称性の破れ

122 系では構造相転移点 T_s 以下の斜方晶相において，1 軸圧力下で非双晶化した単結晶での輸送係数測定[184]や分光測定[185]などから，面内異方性が観測されている．しかし，奇妙なことに，この 4 回対称性を破る異方性は T_s 以上の正方晶相においても観測される．例えば，ピエゾ素子を用いて非双晶化した単結晶の抵抗の弾性応答測定や[186]，双晶ドメインによる異方性の相殺が不十分な微小単結晶試料を用いた磁気トルク測定では[187]，T_s 以上の温度で，はっきりとした 2 回対称成分が観測されている．これらの結果は，電子系が結晶の回転対称性を破るような電子ネマティック相の存在を示唆している．このような 4 回対称性を破る電子状態の起源は，いまだ定かではないが，角度分解光電子分光測定[188]や X 線 2 色性測定[189]によって示唆された軌道秩序の存在との関連が指摘されている[190, 191]．

（4） 超伝導対称性と発現機構

超伝導発現機構の詳細を解明する上で，超伝導波動関数の対称性は極めて重要である．この波動関数は，スピン－軌道相互作用が弱い場合，電子対のスピン部分と軌道部分の積によって表される．核磁気共鳴によるナイトシフトの測定から，122 系だけでなく他の鉄系超伝導体においても，スピン部分の対称性は 1 重項であることが示されている[192]．一方，軌道部分の対称性は物質によって大きく異なり，122 系の中でさえ，さまざまな対称性が報告されている．例えば，$Ba(Fe, Co)_2As_2$ の最適ドープでは，熱伝導度[193]，磁場侵入長[194]，角度分解光電子分光[195]などの実験から，等方的なフルギャップ，つまりs波的であることが報告されている．一方，等電価ドープである$BaFe_2(As,P)_2$では，ギャップが線状にゼロとなるラインノードの存在が示唆されている[196]．さらに，$(Ba,K)Fe_2As_2$の最適ドープ付近ではフルギャップである一方[197]，ホール過剰ドープのKF_2As_2では，ラインノードの存在が報告されている[198]．

鉄系超伝導体の多彩なギャップ構造を説明するため，理論的にはスピン密度波の不安定性に基づく機構[174]と，軌道のゆらぎに基づく機構[199]が提案されてきた．前者の場合，電子面とホール面のネスティングによりバンド間で斥力が生じ，それぞれのバンドでギャップが開き，そのギャップ関数の符号が異なるs+−波状態（図4.31(a)）が期待される．一方，後者の場合は，バンド間で符号が同じであるs++波状態（図4.31(b)）が期待される．また，過剰にホール・電子をドープした系では，d波状態（図4.31(c)）が安定化することも指摘されている[200]．しかしながら，d波のようにノードが対称性により守られている場合だけでなく，s波のようにギャップ関数が結晶の対称性を破らない場合も，相互作用の詳細により，ノードが「偶然に」現れる可能性がある（図4.31(d)）．このように，122系のギャップ構造の現状は混沌としており，これらを区別する決定的な実験が待たれる．

（5） 量子臨界点と非フェルミ液体的振舞

量子相転移とは絶対零度において，圧力，元素置換，磁場などの物理量を変化させた時に起こる相転移である．このような相転移の次数が2次である場合，その転移点を量子臨界点とよぶ．この量子臨界点の近傍では，量子ゆらぎに起因する異常な振舞が見られる．この振舞は臨界点を中心に温度－パラメーター相図において，扇状に有限温度にまで広がった領域で観測され，単純金属の物理量をよく記述するランダウのフェルミ液体論で説明できない．このような非フェルミ液体的振舞は，銅酸化物[201]や重い電子系化合物[202]などの強相関電子系において観測されることが知られている．このような系では，非従来型の超伝導が観測されることから，その超伝導と量子臨界点との関係性を明らかにすることが，現在の凝縮系物理学において重要な課題となっている．実際，銅酸化物と類似した相図をもつ122系において，非フェルミ液体的振舞が観測されている．$BaFe_2(As,P)_2$では，最適ドープ近傍で，低温での電気抵抗率が温度に比例し ($\rho = \rho_0 + AT, \rho_0$：残留抵抗率)[179]，核磁気共鳴による P 原子核のスピン格子緩和時間 T_1 がキュリー－ワイス的振舞 ($1/T_1T = B + C/(T + \theta)$，$\theta$：ワイス温度) を示す[203]．これらの振舞は，フェルミ液体で見られる電気抵抗率 $\rho = \rho_0 + AT^2$，およびコリンガ（Korringa）則 (TT_1 = 一定) と大きく異なる．また，量子振動から得られた有効質量 m^*[204] およびロンドン磁場侵入長の 2 乗 $\lambda_L{}^2(\propto m^*)$ のドープ量依存性が[205]，最適ドープ付近に向かって急激な増大を示す．このことは，最適ドープ付近に量子臨界点が存在することを示唆している．

4.3.2　11 系

鉄系超伝導体の多くは As，P などのニクトゲンを含むが，FeSe を代表物質とする 11 系は，図 4.33 に示すように FeCh（Ch はカルコゲン）のみからなる単純な結晶構造をもつ．最初に発見されたのは FeSe であり，T_c は約 8 K であった[208]．しかし，T_c の圧力効果が大きく，5 GPa 程度の高圧下で，抵抗率の落ち始めで定義される T_c は 37 K 程度まで上昇する[209]．しかし，超伝導性が化学組成の変化に大変敏感であることが見出され[210]，また良質の単結晶もできなかったことから，一時注目を失った．一方，Se サイトに Te 置換することでより高い T_c を示すことが明らかにされ[211]，再び研究が活発となった．さらにその後，$SrTiO_3$ 基板上に作製された単層膜が 40 K を超える高い T_c を示すことや[212]，良質の FeSe 単結晶を合成できることが明らかとなり[213]，再び大きな注目を集めている．

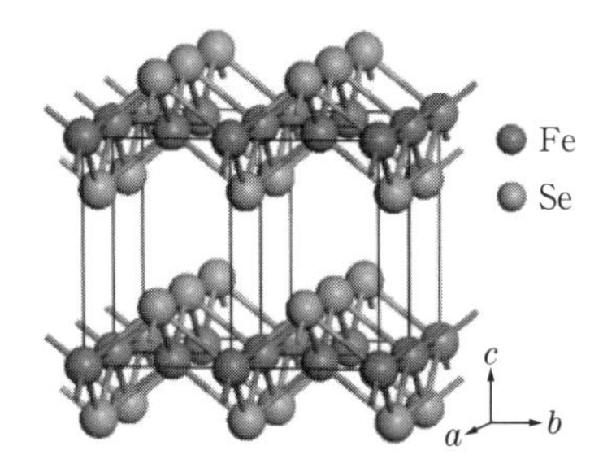

図 4.33　FeSe の結晶構造．(F.-C. Hsu, *et al.*: Proc. Nat. Acad. Soc. USA **105** (2008) 14262 より許可を得て転載)

なお，Fe とカルコゲンを含む超伝導体として，FeSe 層間に K が挿入された KFe_2Se_2 ($T_c \simeq 30$ K) も報告されている[214]．ただし，KFe_2Se_2 として作製された試料の多くが $K_2Fe_4Se_5$ の組成式をもち，鉄の空孔を含む絶縁体であるとの報告もある．また，$K_2Fe_4Se_5$ 絶縁体表面に超伝導体である蜘蛛

の巣状の KFe_2Se_2 が生成されるのみだとの報告もある．K 以外にも他のアルカリ金属やアルカリ土類金属を挿入しても $T_c \simeq 40$ K に達する超伝導が報告されている[215]．さらに，FeSe の層間に，Li などのアルカリ金属と NH_3 や他のさまざまな有機物をインターカレーションした試料においても，$T_c \simeq 40$ K に達する超伝導が報告されている[216]．

(1) 相　図

FeSe は上述のように超伝導体であり，FeTe は反強磁性体（$T_N \simeq 70$ K）である．$Fe(Te_{1-x}Se_x)$ の一般式で示される 11 系の相図に関しては，さまざまな報告がある[211, 217-219]．$Fe(Te_{1-x}Se_x)$ 単結晶などのバルク体の場合，$0.5 < x < 1$ では結晶成長ができないとされている．相図および物性の多様性の最も根本的な原因は，Te/Se 層に存在する過剰鉄の存在である．化学式通りの組成から出発し，徐冷法またはブリッジマン（Bridgman）法で作製された単結晶は，多くの場合大変弱い超伝導しか示さない[220]．このようにして作製された単結晶は 10% 以上の過剰鉄を含んでおり，それらが対破壊を起こしていると考えられる．超伝導を破壊する過剰鉄の除去のためにさまざまな方法が試された．その中でも，酸素や他の陰イオンとなるガス中でのアニール処理が有効である[221-223]．このようにして，過剰鉄を可能な限り除去した $Fe(Te_{1-x}Se_x)$ の相図を図 4.34 に示す．

(2) 基礎特性

FeSe に関しては良質な単結晶が作製されたため，基礎物性についてばら

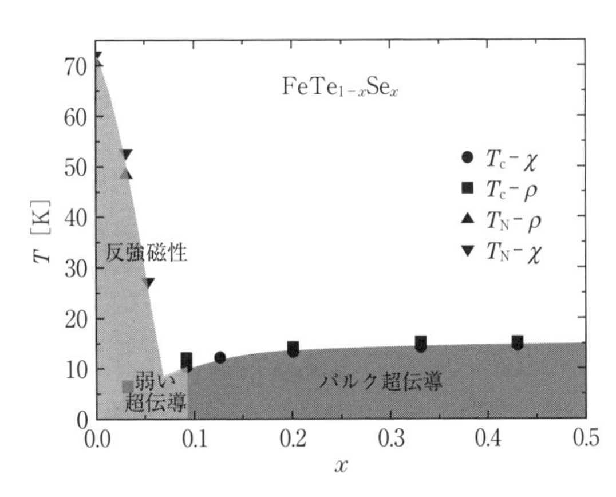

図 4.34 過剰鉄を可能な限り除去した $Fe(Te_{1-x}Se_x)$ において電気抵抗率（ρ）および帯磁率（χ）の温度依存性から決めた相図．

つきは少なく，室温での面内抵抗率 $\rho_{ab} \simeq 200\,\mu\Omega\mathrm{cm}$，$H /\!/ c$ 軸の場合の上部臨界磁場として $\mu_0 H_{c2}^{/\!/c}(0) \simeq 17\,\mathrm{T}$，が報告されている[224]．$H_{c2}$ から評価されたコヒーレンス長は，それぞれ $\xi_{ab} \simeq 100\,\text{Å}$，$\xi_c \simeq 50\,\text{Å}$ である．また，面内の磁場侵入長は $\lambda_{ab} \simeq 4000\,\text{Å}$ である．

一方，$Fe(Te_{1-x}Se_x)$ に関しては，過剰鉄の影響で基礎物性値のばらつきが大きい．過剰鉄の影響が最も少ないと思われる試料においては，T_c での面内抵抗率 $\rho_{ab} \simeq 200\,\mu\Omega\mathrm{cm}$ が報告されている．また，高磁場での電気抵抗測定から決定した，上部臨界磁場の温度依存性を図 4.35 に示す[225]．他の鉄系超伝導体と同様に T_c 付近では 2 程度の異方性をもつが，ab 面内に磁場をかけた場合の H_{c2} が抑制され，低温ではほぼ等方的となる．面内のコヒーレンス長は $\xi_{ab} \simeq 26\,\text{Å}$ と見積もられる．トンネルダイオードを用いた測定から決定された面内の磁場侵入長は $\lambda_{ab} \simeq 5000\,\text{Å}$[226] である．

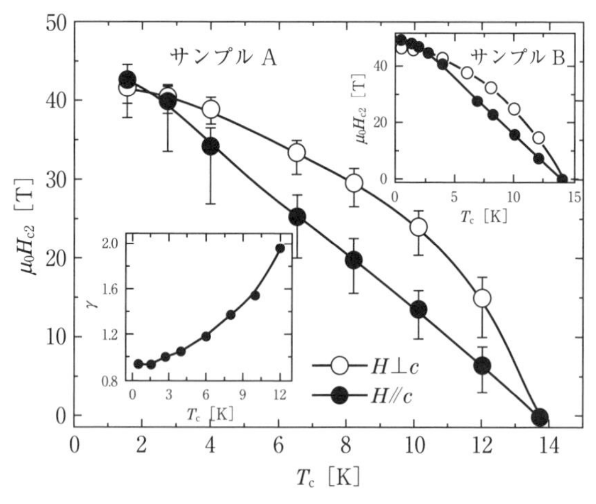

図 4.35　$Fe(Te_{1-x}Se_x)$ における上部臨界磁場の温度依存性．(M. Fang, J. Yang, F. F. Balakirev, Y. Kohama, J. Singleton, B. Qian, Z. Q. Mao, H. Wang and H. Q. Yuan: Phys. Rev. **B81** (2010) 020509(R) より許可を得て転載)

(3)　超伝導ギャップ

11 系の超伝導ギャップの構造，大きさに関してはさまざまな実験結果が報告されており，フルギャップであるか，異方性もしくはノードがあるかについて結論が出ていないのが現状である．ここでは，$Fe(Te_{1-x}Se_x)$ における典型的な実験結果を紹介する．磁場侵入長は超流体密度に関係している（$\lambda \propto n^{-1/2}$）ため，その温度変化から，超流体密度の温度依存性を決める超伝導ギャップを見積ることができる．磁場侵入長の測定からは，2つのギャップ（$\Delta_1/k_BT_c = 1.93$，$\Delta_s/k_BT_c = 0.9$）の存在が示されている[226]．比熱測定からは$2\Delta_s/k_BT_c \simeq 5$程度の強結合を示唆するデータが多く[227,228]，磁場方位依存性からは4回対称をもつ異方性が報告されている[229]．$Fe(Te_{1-x}Se_x)$においてSTM測定を行うと，ゼロバイアス付近の状態密度に比例する微分伝導度はゼロであり，フルギャップを示唆している[230]．一方，FeSeにおける測定結果は，偶発的なノードの存在を示唆している[224]．また，$Fe(Te_{1-x}Se_x)$におけるARPESによる測定では，Γ点周りのホール面において，等方的[231]または4回対称[232]の異なるギャップ構造が観測されている．

（4） 臨界電流密度

過剰鉄を適切に除去したFe(Te, Se)単結晶は，図4.36に示すように低温，自己磁場下において，5×10^5 A/cm^{2}程度の臨界電流密度（J_c）をもつ[221,233]．この値は，よりT_cの高い122系の鉄系超伝導体と比較すると，半分程度の値となっている．J_cは磁場の印加方向によらずほぼ等方的であり，均一であることが示されている．また，中間磁場域でJ_cが弱い極大を示すピーク効果が観測される．その形状から，フィッシュテール効果ともいわれるこの非単調なJ_cの磁場依存性は，多くの鉄系超伝導体や銅酸化物高

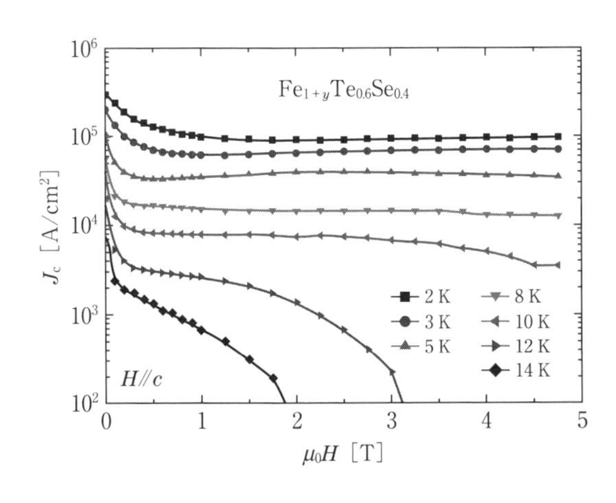

図 4.36 $Fe(Te_{1-x}Se_x)$単結晶におけるJ_cの磁場依存性．（Y. Sun, T. Taen, Y. Tsuchiya, Q. P. Ding, S. Pyon, Z. X. Shi and T. Tamegai : Appl. Phys. Express **6** (2013) 043101 より許可を得て転載）

温超伝導体で観測される．広い意味での試料の不均一性が関わった現象であると考えられるが，その真の起因に関してはいまだに明らかにはされていない．粒子線照射などによる J_c の増強も試みられている[234]．例えば，重イオン照射の場合，柱状欠陥の生成は確認されているが，鉄ヒ素系超伝導体の場合ほどの J_c の増大は実現されていない．

（5） **薄 膜**

11 系や 122 系の多くの鉄系超伝導体では，パルスレーザー堆積法などにより，良質な薄膜が得られている．上述の FeSe の単層膜と別な例であるが，興味深いことに，同じ組成でも単結晶の場合よりも高い 20 K 程度の T_c が報告されている場合が多い[235, 236]．また，銅酸化物高温超伝導体用に開発されたテープ状基板の上に成膜された薄膜は，低磁場では 5×10^6 A/cm^2，また 30 T の高磁場下でも 1×10^6 A/cm^2 膜を超える大きな J_c を記録している[237, 238]．

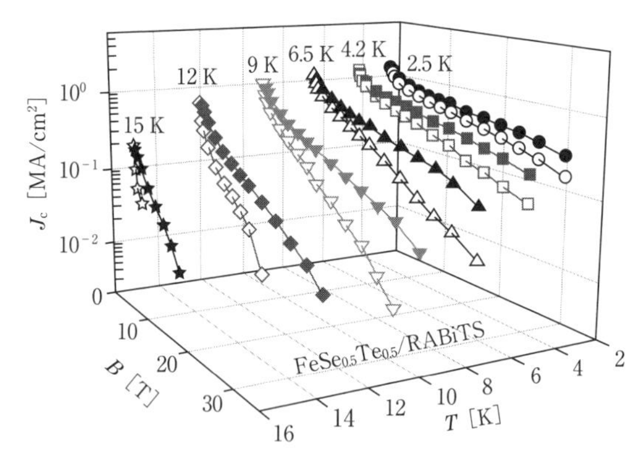

図 4.37 テープ状基板の上に成膜された $FeTe_{0.5}Se_{0.5}$ 薄膜における J_c の磁場および温度依存性．（W. D. Si, S. J. Han, X. Y. Shi, S. N. Ehrlich, J. Jaroszynski, A. Goyal and G. Li : Nat. Commun. **4** (2013) 1347 より許可を得て転載）

4.3.3 1111 系

（1） **はじめに**

鉄を含む化合物 LaFeAsO において，ドーピングにより転移温度 $T_c = 26$ K の高温超伝導の出現が，2008 年に東京工業大学の細野（Hosono）グループから発表された[239]．間もなく，La は Pr や Sm などの他の希土類元素に置換され，T_c は短期間で 50 K を突破した[240,241]．LaFeAs(O, F) に代表される構成元素の比から“1111 系”とよばれる物質は，バルクで 50 K 以上の T_c を示す唯一の鉄系超伝導体であり，物質的にも物理的にも多彩な内容を含んでいることから，より高 T_c 物質の探索や超伝導メカニズム解明，応用に向けた研究が現在も盛んに行われている．

(2)　結晶構造/電子相図

図 4.38(a) に示すように，LnFeAsO（Ln は希土類元素）は，$FeAs_4$ 四面体の辺共有 2 次元ネットワーク（FeAs 層）と，蛍石構造のブロック層（LnO 層）とが交互に積層した結晶構造を有している．LnFeAsO は，金属（補償金属）ではあるものの，低温での正方晶から斜方晶への構造相転移と，それに伴う反強磁性秩序のために超伝導を示さない．ところが，ブロック層内の酸素(O^{2-}) のフッ素(F^-) 置換（FeAs 層への電子ドーピング）により，図 4.38(b) に示すように構造相転移（反強磁性秩序）が抑制され，低温で超伝導領域が現れる[239,242]．1111 系では，物質やドーピング方法の違いによって，超伝導相と反強磁性相の共存領域が現れたり，2 つの超伝導ドームが現れたりと多様な相図が報告されている[243-247]．

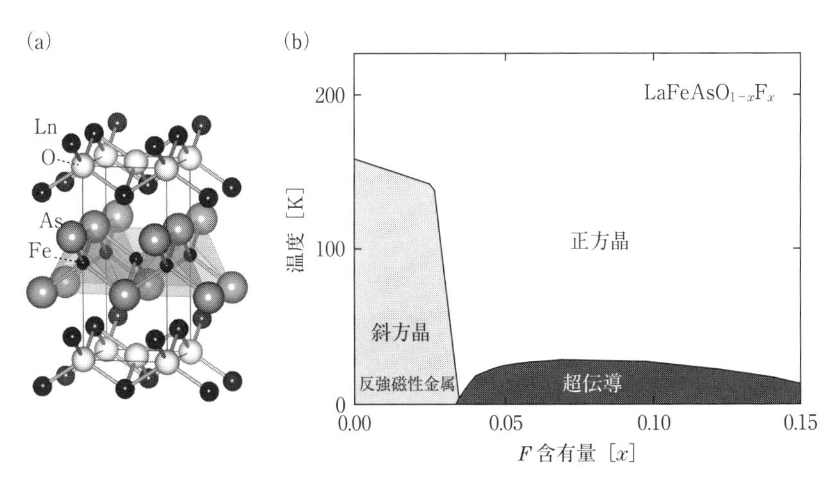

図 4.38　(a) LnFeAsO の結晶構造，(b) $LaFeAsO_{1-x}F_x$ の電子相図[242]．

（3） **物質/T_c バリエーション/試料作製法**

LnFeAsO は，O サイトへの F 置換以外に，酸素欠損導入や H 置換による電子ドーピングによっても超伝導化する[248-250]．鉄系の T_c は，銅酸化物と同様にドーピング量で大きく変化する．また，各々の物質における T_c の最大値は，Ln（a 軸長）に強く依存する．図 4.39 に，LnFeAsO 系超伝導体の T_c の Ln（a 軸長）依存性を示す．a 軸長は，Ln のイオン半径が小さくなる（原子番号が増える）に従い短くなる．T_c の最大値は，Ln = Sm を中心にドーム状に変化する[250, 252]．このドームにおいて，T_c が最大となる a 軸長（≃3.92 Å）の時，結晶構造中の $FeAs_4$ がほぼ正四面体となることから[253, 254]，構造と超伝導メカニズムとの関係が議論されている[255, 256]．上記のドーピング法以外にも，Ln サイトへの異価数原子置換[257] や Fe サイトの Co 置換[258]，As サイトの P 置換[247]，母物質への圧力印加[259] などによっても，1111 系に超伝導が誘起される．また，1111 系には，SrFeAsF や CaFeAsH を母物質とする超伝導体も見出されている[260, 261]．

1111 系の多結晶試料は，石英封管法や高圧合成法によって比較的容易に作製されている．一方，1111 系の単結晶試料は，その融点が高いために作

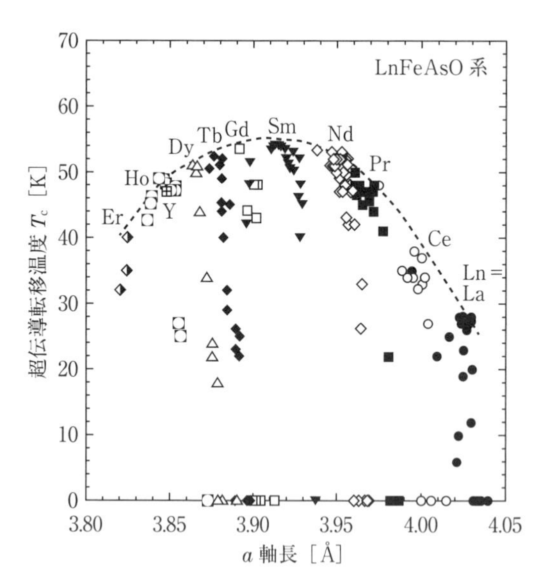

図 4.39 LnFeAsO 系超伝導体の T_c の Ln（a 軸長）依存性．酸素サイトへの酸素欠損および F/H 置換試料の T_c の a 軸長に対するプロット[251, 252]．

製が困難であるものの，高圧下で最大 1 mm 程度の単結晶が育成されている[262-265]．これは，大型単結晶（≃1 cm）の育成が可能な $BaFe_2As_2$（122 系）や FeSe（11 系）とは対照的である．薄膜については，分子線エピタキシー法を用いて，CaF_2 基板上にバルクと同等な T_c を有する高品質試料が作製されるようになっている[266, 267]．

(4) 上部臨界磁場

鉄系超伝導体は，他の多くの化合物超伝導体と同様に，第 2 種超伝導体である．図 4.40 に，代表的な鉄系の上部臨界磁場（H_{c2}）の温度依存性を示す．層状的な結晶構造を反映して，結晶軸に対して磁場を印加する方向によって H_{c2} に異方性が生じる．表 4.1 にも示すように，1111 系において，c 軸および ab 軸に平行に磁場をかけた場合，H_{c2} はそれぞれ 50～100 T，>100 T という銅酸化物に匹敵する極めて高い値が報告されている．このため，コヒ

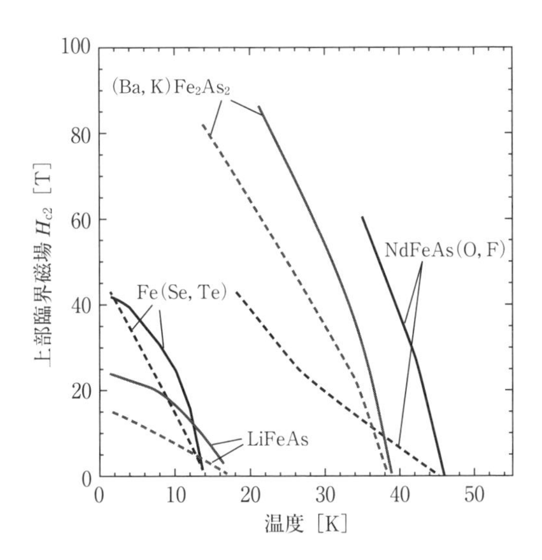

図 4.40 主な鉄系超伝導体の上部臨界磁場 H_{c2} の温度依存性[271-274]．実線と点線はそれぞれ $H_{c2}^{\parallel ab}$ と $H_{c2}^{\parallel c}$ に対応する．

表 4.1 単結晶を用いて測定された 1111 系の物性

物質	T_c	$-\mu_0 dH_{c2}^{\parallel ab} dT$	$-\mu_0 dH_{c2}^{\parallel c} dT$	$H_{c2}^{\parallel ab}$	$H_{c2}^{\parallel c}$	γ	x_{ab}	x_c	Ref.
$NdFeAsO_{0.7}F_{0.3}$	47 K	10 T/K	2.1 T/K	>100 T	≃100 T	≃5(34 K)	18 Å	4.5 Å	32
$PrFeAsO_{1-y}$	47	≃5.0	≃1.0	>100	≃50	4～5	—	—	24, 37
$SmFeAsO_{1-y}$	57.5	≃23	≃8.0	—	—	3.5(50 K)	—	—	27

ーレンス長ξは約 10 Å オーダーであり，銅酸化物と同程度に短い[268-270]．

(5) 異方性

1111系の上部臨界磁場やトルク測定から見積もられた異方性γは，T_c近傍で約10，低温で約5と見積もられている[270, 275, 265]．この値は，結晶構造中のブロック層がより薄い122系($\gamma \simeq 2$)に比べ高いものの，銅酸化物系で異方性が最も低い$YBa_2Cu_3O_{7-\delta}$系($\gamma \simeq 10$)と比べるとやや小さな値である．低いγと高いH_{c2}により，1111系が線材応用に有望な材料であるといえる．1111系では，より大きな異方性を反映して，122系では観測されない磁場中で，電気抵抗率のブロードニングが生じる[276, 262, 265]．これは，銅酸化物超伝導体の振舞と似ており，超伝導ゆらぎの効果が大きいことを示している．

(6) 臨界電流特性

鉄系超伝導体では，低い異方性を反映して，結晶の方向に対してほぼ等方的でかつ非常に高い臨界電流密度（J_c）が報告されている[277]．図4.41に示すように，$SmFeAsO_{0.75}F_{0.25}$($T_c = 48$ K)単結晶は，5 Kにおいて，15 Tまで結晶の方向にあまり依存しない高い輸送$J_c \simeq 10^6$ A/cm^{2}を示す[278, 279]．J_cの温度依存性も比較的小さく，1 Tの磁場下では25 Kまで$\simeq 10^6$ A/cm^{2}もの高J_cを保っている．SmFeAs(O, F)薄膜($T_c = 54.2$ K)においては，結晶に対する磁場の向きによらず，45 Tかつ4.2 Kにおいて10^5 A/cm^{2}もの

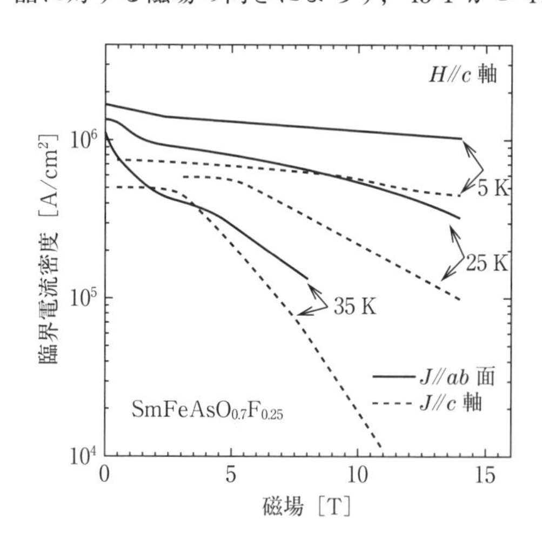

図 4.41　単結晶 $SmFeAsO_{0.7}F_{0.25}$で測定された臨界電流密度J_c[278]．

高い J_c が観測されるようになっている[280].

(7) **応 用**

鉄系材料の高磁場下での応用への期待から，122 系および 1111 系の鉄系超伝導線材が，Powder - in - Tube (PIT) 法により作製されている[281]. SmFeAs(O, F) を用いた銀シース PIT 線材では，自己磁場で 3000 ～ 4600 A/cm^2，5 T で 2 ～ 300 A/cm^2 の J_c が報告された[282, 283]. また，SmFeAs(O, F) に錫を添加した鉄シース PIT 線材では，自己磁場で $J_c = 3.45 \times 10^4$ A/cm^2 まで上昇している[284, 285]. 1111 系の J_c 値は，(Ba, K)Fe_2As_2 など 122 系の材料の性能[286] に比べると 2 桁程度低いものの，線材内材料の F 量の制御性や異相の析出の問題などの解決により，J_c は改善するであろう.

また，SmFeAs(O, F) 薄膜のピニング特性の解析から，銅酸化物のような固有ジョセフソン接合の存在が指摘されている. 1111 系では，テラヘルツ発信源や量子ビットなどへのデバイス応用への可能性がある[280]. 1111 系の応用研究は，単結晶が作製しやすい 122 系や 11 系と比べると，1111 系の研究はやや遅れているものの，鉄系のバルク材料で 50 K 以上の T_c を示す唯一の系という魅力がある. 基礎だけでなく応用の観点からも，今後の研究の進展が期待される[287].

4.3.4 その他の鉄系超伝導体

鉄系超伝導体は，超伝導層である逆蛍石型の FePn (Pn = P, As) 層・FeCh (Ch = S, Se, Te) 層と，ブロック層との積層で構成される 2 次元的な層状構造を有する. 銅酸化物高温超伝導体と同様にブロック層が置換可能で，これまでに述べられてきた 122 系，11 系，1111 系以外にもさまざまな物質が存在する. ブロック層はイオン結合的な酸化物層のみならず，ファン・デル・ワールス結合，金属原子層，共有結合的なヒ化物層など化学結合形態が多彩であることも特徴で，超伝導特性のみならず生成温度域や化学的性質なども物質ごとに異なっている. 具体的な結晶構造例を図 4.42 に示す. 図の (a) の LiFeAs(111系)[288] は FeAs 層間に Li イオンが挿入された構造をもつ. 図の (b)，(c) の化合物[289] は FePn 層間にペロブスカイト層が挟まれた結晶構造を有しており，図に示した以外にもさまざまな構造をもつ化

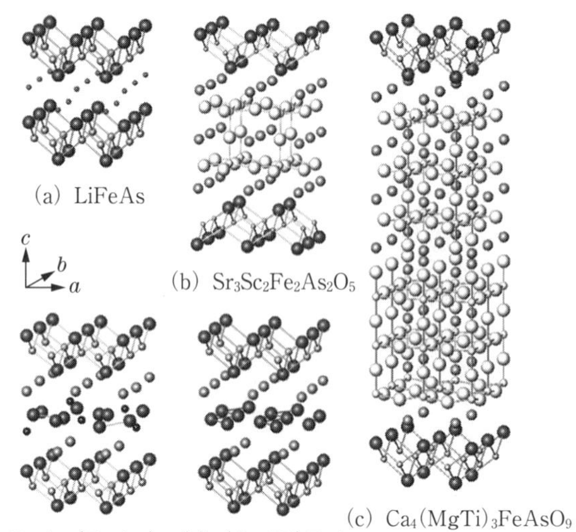

図 4.42　さまざまな結晶構造をもつ鉄系超伝導体

合物が報告されている．図の (d), (e) は共有結合的なヒ化物ブロック層をもつ $Ca_{10}Pt_4As_8(Fe_2As_2)_5$[290] および (Ca, RE)$FeAs_2$[291] で，ブロック層中の As はそれぞれ As 同士のボンドを作り -3 価以外の価数をとる．この他にもいくつかの物質系が報告されているが，いずれの化合物においても Fe の価数は基本的には $+2$ で，この Fe^{2+} と Pn^{3-} もしくは Ch^{2-} が $FePn_4$ ($FeCh_4$) 四面体を形成する局所構造は，すべての鉄系超伝導体で共通となっている．なお，FePn 層と同様に逆蛍石型の FeS 層・FeSb 層・FeSi 層・FeGe 層などをもつ化合物も多数報告されている[292] ものの，これまでのところ明確なバルク超伝導の報告はない．

（1）　**111 系**

111 系は 122 系と同様に FeAs 層間に金属元素が挿入された構造を有するが，イオン半径の小さい Li^+ や Na^+ と FeAs 層との組み合わせの場合は，$ThCr_2Si_2$ 構造ではなく CeFeSi 型構造をとる．LiFeAs は正規組成で超伝導を示し，T_c は約 18 K である．H_{c2} は c 軸に並行に磁場をかけた場合で 14 T，ab 面に平行の場合で 24 T（1.4 K）と他の鉄系超伝導体と比べて低く，また H_{c2} の温度依存性は比較的 WHH モデルに従う振舞を示す[293]．H_{c2} の異方性 γ は温度依存し，14 K での約 2.5 から 1.5 K では約 1.5 に低下する．

$H /\!/ c$ 軸の場合には低温で J_c に第2ピークが現れるが，これは磁束格子の相転移によるものと報告されている[294]．一方，NaFeAs は約 10 K でゼロ抵抗が観測されるが，超伝導体積分率が小さく本質的な超伝導ではないと考えられる．Fe サイトに Co や Ni をドープした場合は最高 21 K のバルク超伝導が発現する[293]．

（2） ペロブスカイトブロックを含む系

$Sr_3Sc_2Fe_2As_2O_5$，$Sr_2ScFePO_3$，$Sr_2VFeAsO_3$ など，FePn 層間がペロブスカイト類縁構造となっている物質が多数報告されている[296]．化学式は $AE_{n+1}M_nFe_2Pn_2O_{3n-1}$ もしくは $AE_{n+2}M_nFe_2Pn_2O_{3n}$($n = 1 \sim 6$)(AE：Ca ～ Ba, M：Al, Sc, V, Cr, (Al, Ti), (Mg, Ti), (Sc, Ti)) で表され，構造・構成元素共に多彩であることが特徴である．$Sr_3Sc_2Fe_2As_2O_5$ は正方格子の FeAs 層をもちながらも超伝導や磁気秩序，構造相転移のいずれも示さない．$Sr_2ScFeAsO_3$，$Sr_2CrFeAsO_3$ などいくつかの化合物でも同様に超伝導や磁気秩序を示さないが，FeAs 層をもちながら超伝導を示さない化合物は，今のところこの系に限られる．一方で $Sr_2ScFePO_3$，$Ca_2AlFePO_3$ は LaFePO ($T_c \simeq 9$ K)[297] の 2 倍近い $T_c \simeq 17$ K で超伝導を示し，これは FeP 層をもつ鉄系超伝導体としては最も高い．$Sr_2VFeAsO_3$ は $T_c \simeq 40$ K の超伝導を発現して，高圧下では 46 K まで上昇する[298]．Ca-(Sc, Ti)-Fe-As-O, Ca-(Mg, Ti)-Fe-As-O，Ca-(Al, Ti)-Fe-As-O の組成系では，同じ構成元素でもブロック層であるペロブスカイト類縁層の厚みが 1 層ずつ異なるホモロガス相が生成する[299]．最大でペロブスカイト層の枚数が 6 枚，FeAs 層間距離にして 30 Å までの化合物が存在し，他の鉄系超伝導体と比べ非常に厚いブロック層をもつ．この他，FeAs 層をもつ化合物で最も a 軸長の短い $Ca_2AlFeAsO_3$($T_c = 28$ K)[300] や最も長い $Ba_3Sc_2Fe_2As_2O_5$[301] など特徴的な構造をもつ化合物も多く，T_c は最高で $Ca_4(Mg, Ti)_3Fe_2As_2O_8$ の 47 K に達する．

鉄系超伝導体は一般的に銅酸化物系よりも異方性が低いとされているが，この系の化合物は厚いブロック層をもつことから異方性が高くなり，$Ca_5(Sc, Ti)_4Fe_2As_2O_{11}$ など非常にブロック層の厚い化合物では γ が 100 を超えると推定され[302]，比較的ブロック層の薄い（超伝導面間距離 (d) $\simeq$ 16

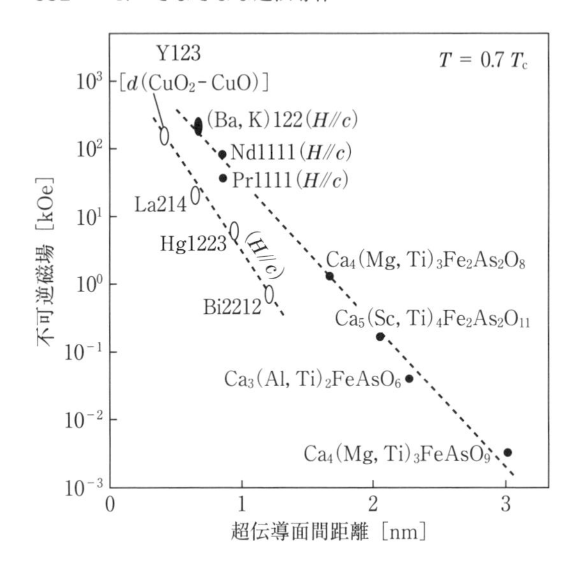

図 4.43　鉄系超伝導体と銅酸化物高温超伝導体の超伝導面間距離と，0.7 T_c での H_{irr} との関係

Å）$Sr_2VFeAsO_3$ 単結晶での実測値でも，γ は 32 K で 25，20 K でも 15 と大きな値をとる[303]．また，前述のようにペロブスカイト層の枚数が異なる化合物が複数あることから，超伝導層間距離と不可逆磁場（H_{irr}）との関係を系統的に評価することが可能である．図 4.43 は，銅酸化物高温超伝導体および鉄系超伝導体における，$0.7T_c$ での H_{irr} と d との関係を表したものである[302]．どちらの系も d が長くなると H_{irr} が低下してしまい，例えば $Ca_4(Mg, Ti)_3FeAsO_9$ は厚いブロック層を反映して H_{irr} が非常に低いが，同じ d で比較すると鉄系超伝導体の方が高い H_{irr} の値を示す．これは同じ d において，鉄系超伝導体の方がピニング力密度が高いことを示している．この系の臨界電流特性はまだほとんど研究されていないが，シン（Singh）らは $Ca_4(Mg, Ti)_3Fe_2As_2O_8$ および $Ca_5(Sc, Ti)_4Fe_2As_2O_{11}$ の多結晶体には弱結合が存在し，H_{c2} は 1111 系より高いものの H_{irr} が非常に低いことを報告している[304]．

（3）　**ヒ化物ブロック層をもつ系**

$Ca_{10}(Pt_nAs_8)(Fe_{2-x}Pt_xAs_2)_5$ はヒ化物ブロック層をもつ初めての鉄系超伝導体で，その T_c は $n = 4$ で 38 K となる．ほとんどの鉄系超伝導体が超伝導となる組成では正方晶であるのに対し，$n = 3$ の化合物は超伝導となる組成でも三斜晶であり，そのため同一化合物中で Fe - As 間の距離にばらつきがある．鉄系超伝導体中の As 原子は通常 As^{3-} であるが，この化合物のヒ化物ブロック中の As 原子は $(As_2)^{4-}$ ダイマーを形成し，形式価数は −2 価と，同一化合物中であっても FeAs 層の As（−3 価）とは異なる価数をもつ．また Fe サイトへの Pt 置換量 x により T_c が変化し，$n = 3$ の相の場合，$x < 0.03$ では超伝導は現れず，x の増加と共に T_c は上昇し，最高で 15 K を示す．逆に $n = 4$ の相では，$x = 0$ で $T_c = 38$ K の超伝導を示し，x が増えるに従い T_c は減少する[305]．$Ca_{10}(Pt_4As_8)(Fe_{2-x}Pt_xAs_2)_5$ 単結晶の J_c の磁場依存性には第 2 ピーク効果が観測され，また H_{c2} の異方性は T_c 近傍で約 10 と報告されている[306]．

ヒ化物ブロック層をもつ化合物として他に，$(Ca, RE)FeAs_2$ が報告されている．この化合物はブロック層中に As のジグザグチェーンを有しており，As 1 原子ごとに 2 本のボンドをもつことから形式価数は −1 である．RE フリーの $CaFeAs_2$（形式価数 $Ca^{2+}Fe^{2+}As^{1-}As^{3-}$）が形式上の母物質となるが，実際には Ca サイトへ RE(La 〜 Gd) がドープされた場合のみ相が生成する．また As サイトへ Sb を共ドープすることで T_c は 47 K に達する[307]．$(Ca, La)FeAs_2$ については単結晶の H_{c2} の異方性が報告されており，T_c 近傍で $2 < \gamma < 2.42$ となっており，構造および構成元素が非常に類似した $Ca_{10}(Pt_nAs_8)(Fe_{2-x}Pt_xAs_2)_5$ の $\gamma \simeq 10$ や，1111 系（NdFeAs(O, F)：$5 < \gamma < 9.2$）[308] よりも低い．$(Ca, La)FeAs_2$ の構造的異方性（$d \simeq 10.35$ Å）は 1111 系（NdFeAs(O, F)：$d \simeq 8.5$ Å）より高いものの，超伝導特性の異方性は逆転していることになり，これが本質的なものかどうか，他グループによる続報が待たれる．

（4） その他の系

鉄系超伝導体のブロック層は多彩で，上記に挙げた以外にもさまざまな物質が報告されている．$BaTi_2As_2O$ と $BaFe_2As_2$ が積層した構造をもつ化合物 $Ba_2Ti_2Fe_2As_4O$[309] は，約 20 K の T_c を示す．ブロック層に含まれる Ti_2O 層は $Ba_2Ti_2Sb_2O$ などの化合物中において超伝導層となることが知られており，同一化合物中に 2 種の超伝導層をもつ化合物でもある．また最近 1111 系と RE_2O_2Te が積層した構造をもつ，$RE_4Fe_2As_2TeO_4$[310] が報告されている．Te の部分欠損のためキャリアドープなしに超伝導が発現しており，O サイトの F 置換や RE を Gd など中希土類とすることにより 45 K まで T_c が上昇する．この他，FeSe とさまざまなアルカリ金属やアルカリ土類金属を液体アンモニア中で反応させることや，Fe・LiOH および Se 化合物を 200℃程度で水熱合成することにより，FeSe 層間に有機物をはじめとするさまざまな層がインターカレートされた化合物の生成が報告されている[311]．T_c は最高で $Li_x(C_2H_8N_2)_yFe_{2-z}Se_2$ の 45 K に達する他，挿入する層の種類により超伝導層間距離を制御できることなどから注目を集めている．

4.4　遷移金属ダイカルコゲナイドの磁束状態

遷移金属 M とカルコゲン X が形成する層状ダイカルコゲナイド MX_2 は，低次元系に特徴的な電子物性を調べるためのモデル物質として，古くから研究されている．特に，第 5 族 (M = Nb, Ta) の MX_2 は金属であり，低温で電荷密度波や超伝導を示すことから興味深い．MX_2 は，2 枚の X 層の間に M 層が共有結合したものを基本単位とし，それがファン・デル・ワールス結合で積み上がった構造をもつ．M に対する X の配位の仕方には八面体型と三角プリズム型があり，さらに積層パターンにもいくつかの種類があるので，MX_2 には多くの多形が存在する．MX_2 の代表的な結晶多形構造を図 4.44 に示す．

1 T は八面体型配位をもち，比較的高温で電荷密度波を形成する．2 H, 3 R はいずれも三角プリズム型配位だが，プリズムの向きが 2 H では 1 層ごとに互い違いであるのに対し，3 R では一方にそろっている．このため，3 R は空間反転対称性をもたず，いわゆるバレートロニクス材料として最近注目されている．これらの多形のうち，超伝導は 2 H でのみ観測され，NbS_2 の場合を除き電荷密度波と共存する．M = Ta の物質は 1 K 以下の極低温にならないと超伝導を示さず，NbS_2 ($T_c \simeq 6$ K) は 2 H の試料作製が難しいことから，MX_2 における超伝導研究は $NbSe_2$ ($T_c \simeq 7$ K) にほぼ限定される．本節では，$NbSe_2$ の磁束状態と磁束芯電子状態の特徴について概説する．

$NbSe_2$ は層状構造をもつので，超伝導の異方性が磁束状態に与える影響を調べるための舞台を提供し，同じく層状構造をもつ銅酸化物高温超伝導体の

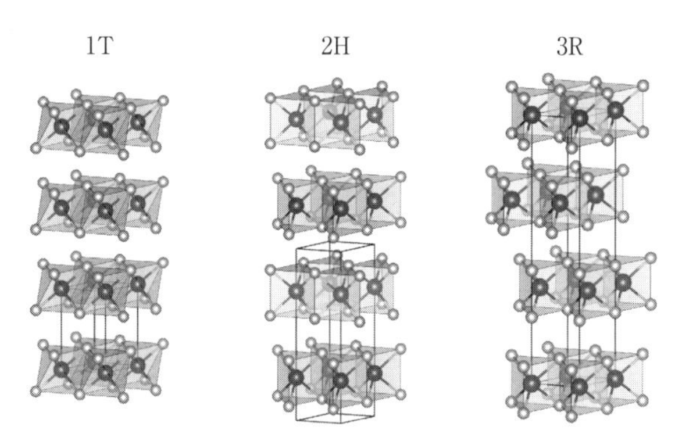

図 4.44　MX_2 の代表的結晶構造．多面体の中心の原子は M，頂点の原子は X である．黒い実線は単位格子を表す．構造の略号の数字は単位格子内の M 原子数を，アルファベットは単位格子の種類を表す．（T：Trigonal, H：Hexagonal, R：Rhombohedral）これらの図は VESTA（K. Momma and F. Izumi：J. Appl. Crystallogr. **44**（2011）1272）によって作成した．

比較対象として用いられることも多い．しかし，銅酸化物の場合は，磁束状態で重要な役割を果たす 3 つのエネルギースケール，磁束格子の弾性エネルギー，ピン止めエネルギー，熱エネルギーが，磁場温度相図の広い範囲で同程度になり得るために，多彩な磁束相が生まれるのに対し，$NbSe_2$ では，銅酸化物より T_c が 1 桁低くコヒーレンス長 ξ が 1 桁長いため，熱ゆらぎの強さを表すギンツブルグ数 $Gi=(k_B T_c/H_c^2\xi_{ab}^2\xi_c)^2/2$ が，10^{-4} 程度と銅酸化物より 2 桁以上小さい．ここで k_B はボルツマン定数，H_c は熱力学的臨界磁場，ξ_{ab} と ξ_c はそれぞれ面内と面間のコヒーレンス長である．

したがって，熱エネルギーが重要になることはほとんどなく，クリーンな銅酸化物における磁束状態の著しい特徴である 1 次の磁束格子融解転移は，$NbSe_2$ では観測されていない．また，$NbSe_2$ は，化学気相輸送法による単結晶作製方法が確立されており，欠陥が非常に少ない純良な試料（残留抵抗比が 100 以上）を比較的容易に作製できる．すなわち，ピン止めの影響は通常小さく，磁場温度相図上の広い範囲で，よく相関したアブリコソフの三角磁束格子が実現されることになる．

三角格子を保つためには，磁束格子のせん断変形の弾性定数 C_{66} が十分大きい必要があるが，磁束密度が増えると，C_{66} は H_{c2} に向かって減少する．したがって，H_{c2} のごく近傍では，弾性エネルギーが小さなピン止めエネルギーや熱エネルギーと拮抗するようになり，非自明な磁束状態が実現されることが期待される．$NbSe_2$ では，磁場の上昇に伴い臨界電流が H_{c2} 直下で減少から上昇に転じピークをもつ，いわゆるピーク効果が観測されるが，これはエネルギーバランスの変化に伴う非自明な現象の1つである．

ここで，ピーク効果の起源は次のように説明される．H_{c2} 近傍で C_{66} が減少すると，1本1本の磁束をピン止め中心に近づけるように，磁束格子が変形できるようになる．その結果，磁束格子全体に対するピン止めがより有効にはたらくようになり，臨界電流が上昇する．しかし，さらに C_{66} が小さくなると，もはや磁束格子を保つことができなくなるために臨界電流は減少する．したがって，ピーク効果が起こる磁場領域では，磁束格子の弾性変形だけでなく塑性変形も重要となり，複雑な磁束構造が実現されると考えられる．実際，磁束相が臨界電流の異なる2領域に相分離するといった，興味深い現象が観測されている[312]．

H_{c2} 近傍で磁束状態を特徴づけるエネルギースケールが小さいことは，外部からの摂動で磁束状態を制御しやすいことも意味する．例えば，電流で磁束を駆動すると，ピン止めによる磁束格子の乱れの効果を抑制することができるが，そのような状況の下で，弾性エネルギーと熱エネルギーの拮抗により引き起こされる磁束融解転移を観測した例が報告されている[313]．

$NbSe_2$ は，磁束相の研究以外に，磁束芯の電子状態の理解に極めて大きな役割を果たしてきた．磁束芯の電子状態は超伝導ギャップの構造など，超伝導状態の個性を反映すると考えられ，興味深い研究対象である．しかし，その実験的研究には，磁束芯半径である ξ よりも高い空間分解能と，超伝導ギャップ Δ よりも高いエネルギー分解能をもつ分光手法が必要である．これは走査型トンネル顕微鏡法/分光法（STM/STS）を用いれば実現できるが，STM/STS は表面敏感な測定法なので，清浄で平坦な表面である試料でなければ測定が難しい．$NbSe_2$ は層状構造を有するので容易にへき開し，このような表面が簡単に作製できるだけでなく，比較的 T_c が高く Δ が大きいので分光実験が容易である．実際，$NbSe_2$ へき開面において，ヘス（Hess）らは，

1989年に世界で初めてSTM/STSによる磁束格子観測を行い[314]，その後の低温STMの発展に大きな影響を与えた．

$NbSe_2$のデータを説明する前に，磁束芯の電子状態について簡単にまとめておく．準粒子にとって磁束芯は，半径がξ程度で，高さがΔの一種のポテンシャル井戸である．したがって，磁束芯内部には角運動量を量子数とする離散的な束縛準位が形成される．しかし，準粒子の平均自由行程lがξよりも短いダーティ極限にある超伝導体では，散乱による準位の広がりがΔより大きくなるために磁束芯の電子状態は事実上連続で，常伝導状態と変わらない．これが磁束芯を常伝導芯と見なす根拠である．一方$NbSe_2$の場合は，通常lがξ_{ab}（$\simeq 8$ nm）より1桁程度長いので，クリーンな磁束芯が実現される．このような場合は，磁束芯における離散束縛準位の影響を実験的に調べることができる．

図4.45に，STM/STSを用いてフェルミ準位E_Fでのトンネルコンダクタンス（局所状態密度にほぼ比例）をマッピングすることにより得られた$NbSe_2$の磁束格子像と，磁束芯近傍におけるトンネルスペクトルを示す．常伝導芯であれば，磁束芯でのスペクトルはエネルギーによらない平坦なもの

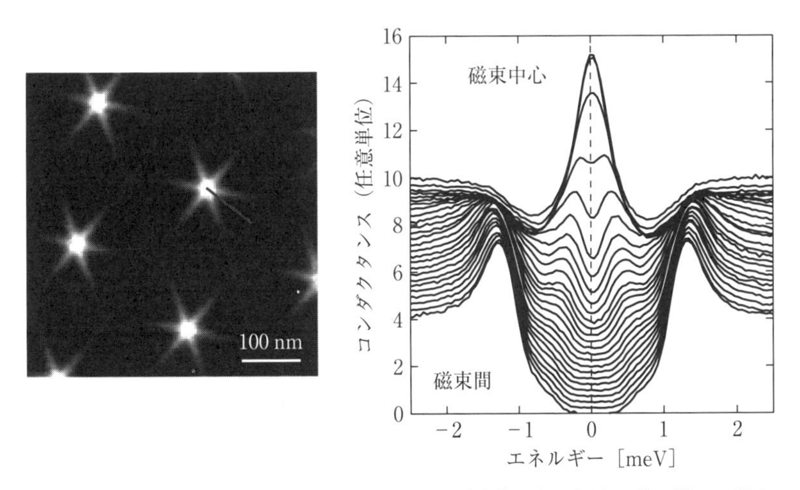

図 4.45 STM/STSによって解像した$NbSe_2$の磁束格子と，図中の線に沿って得られたトンネルスペクトル．見やすくするために，各スペクトルは縦方向にオフセットをつけている．へき開面に垂直な0.04 Tの磁場中で測定したもの．測定温度は0.4 K.

になるのに対し，$NbSe_2$ の磁束芯のスペクトルは E_F に鋭いピークをもっている．このピークは中心から離れるに従って分裂し，十分遠方では準粒子ピークの発達した超伝導ギャップを示すスペクトルへと変化する．

この振舞は，次のように解釈される．磁束の中心付近には，角運動量の小さな状態，すなわちエネルギーの低い状態が局在している．トンネルスペクトルはこれらの状態が支配するために，磁束中心でのスペクトルは E_F にピークをもつ．中心から離れると，より大きな角運動量をもち，よりエネルギーが高い状態がスペクトルに寄与するようになるため，E_F のピークは徐々に高エネルギー側にシフトする．超伝導状態では，電子的励起とホール的励起が対称なので，結果としてピークは分裂することになる．すなわち，磁束中心において E_F に局所状態密度のピークが観測されることは，クリーンな磁束芯の特徴といえる．実際，Nb サイトに Ta をドープして l を短くしていくと，このピークが系統的に消失していく振舞が観測されている[315]．

このようなクリーンな磁束芯状態の空間分布とそのエネルギー依存性は，超伝導ギャップに関する豊富な情報を含んでいる．図 4.45 の磁束像から明らかなように，$NbSe_2$ の磁束芯は 6 回対称の星形をしているが，これは，超伝導ギャップが面内で等方的ではないことを示している．実際，最大値と最小値が 3 倍程度異なる 6 回対称をもつ超伝導ギャップの面内異方性を仮定することで，$NbSe_2$ の磁束芯形状とそのエネルギー依存性は，理論的によく再現されている[316]．興味深いことに，同程度の T_c をもつが電荷密度波を示さない NbS_2 では磁束芯形状は等方的である[317]．これは，$NbSe_2$ の超伝導ギャップの異方性が電荷密度波との共存に関連していることを示唆する．

4.5　ボロカーバイド系超伝導体

1994 年に発見された金属間化合物超伝導体 ReT_2B_2C (Re = Er, Y, Lu, Ho, Nd, Pr などの希土類原子，T = Ni, Co, Pt, Pd などの遷移金属原子)[318, 319] は，希土類原子の磁性と超伝導性という，相反する性質が共存する系として注目された[320]．その結晶構造は I4/mmm に属しており，その $Re(Ni, Co)_2B_2C$ の原子配置を図 4.46 に示す．この系の中で，YPd_2B_2C が最も高い超伝導転移温度 25 K を有する．多くの系はアーク溶解法によって作製することができるが，得られる試料は多結晶体に限られてしまう[320]．セルフフラックス法において純良な単結晶が得られているが，サイズ的には小さい[321]．これらの系の中で，YNi_2B_2C は純良な大型単結晶が竹屋（Takeya）ら[322]により帯溶融法によって作製され，大きな体積を必要とする中性子散乱などを含む種々の物理特性の測定が可能となり，その超伝導特性が詳細に調べられた．

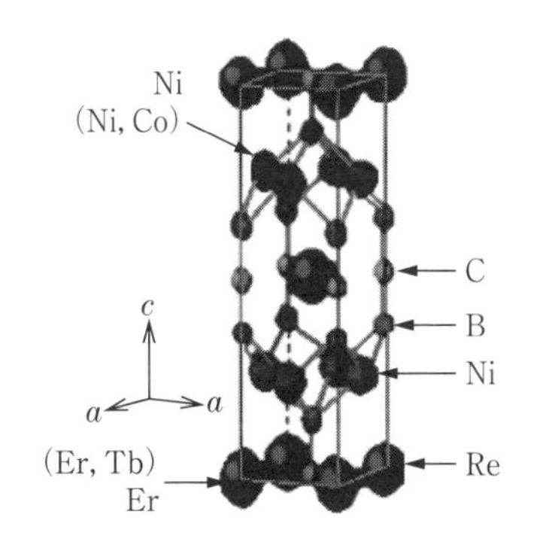

図 4.46 $ReNi_2B_2C$ 系超伝導体の結晶構造．

同位体元素を置換した $YNi_2{}^{11}B_2C$ 単結晶を用いた非弾性中性子散乱実験では，超伝導状態でフォノン異常が観測され[323]，この系が電子－フォノン相互作用の強い，BCS 的な超伝導状態であることがわかっている．また，YNi_2B_2C，$LuNi_2B_2C$ では，小傾角中性子散乱実験（SANS）により混合状態で磁束量子が四角構造をとることが確認され[324]，磁場の強度，温度により，磁束量子が三角格子から四角格子へと変化することが，走査型トンネル顕微鏡観察によっても確認されている[325]．図 4.46 に示した結晶構造では，正方晶系で *ab* 面内では等方的，*ac* あるいは *bc* 面内で若干の異方性を有すると予想されるが，*ab* 面におけるフェルミ面の構造により，磁束量子の分布は，四角格子から次第に三角格子へと構造変化することが理論的に解明されている[326]．本節では主に，YNi_2B_2C 単結晶の磁気的な性質・相図について述べる．

YNi_2B_2C 単結晶の a 軸方向に磁場を印加した場合の，各温度にて磁化－磁場依存性を測定した例を図 4.47(a), (b) に示す[326]．超伝導転移温度は 15.6 K である．低磁場側では磁場の増加に従って，最初にマイスナー効果が観測され，第 1 臨界磁場を超えると，磁束線が侵入する典型的な第 2 種超伝導体の磁化曲線を示している．しかしながら，高磁場の第 2 臨界磁場 B_{c2} 付近ではヒステリシスが急に現れる，いわゆる，ピーク効果が顕著に観測されている．ピーク効果が顕著に現れる超伝導体としては，V_3Si[327]，$CeRu_2$[328, 329]，UPd_2Al_3[329] などが知られており，特に，磁束線のピン止め中心が

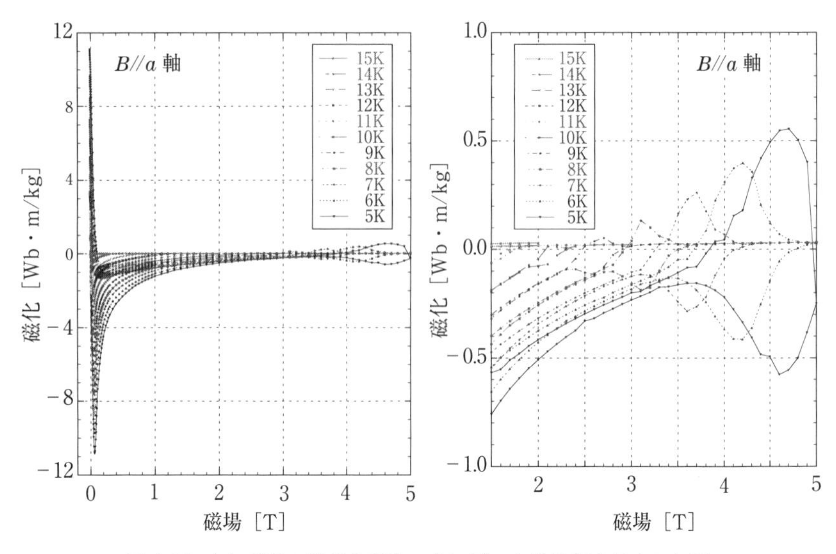

図 4.47　(a) 磁化の磁場依存性，(b) ピーク効果部を拡大した図．

少ない純良な単結晶では，ピーク効果の低磁場側でヒステリシスが完全に消えており，磁場の増減に対して磁化は可逆である．ピーク効果は c 軸方向の磁場に対しても観測されている（図 4.48）．

磁化測定から求めた YNi_2B_2C の磁気的相図を，図 4.49 に示す．図には，磁化の磁場依存性から求めた不可逆磁場 B_{irr}，第 2 臨界磁場 B_{c2}，ピーク効果が出始める磁場 B_{pi}，ピーク効果が閉じる磁場 B_{pf} が示されており，磁化の温度依存性から求めたそれぞれの磁場も示されている．ピーク効果は直流磁化測定で，1.8 T 以上，11 K 以下の破線部で現れており，さらに，微弱な磁化変化を観測できる交流磁化測定では，0.5 T，13.3 K 付近から現れていることが実験的に検証されている[330]．ほとんど可逆な低磁場低温領域から磁場を増加，あるいは，温度を上昇させると，ピーク効果という磁化の不可逆な領域が現れており，その起源は何であろうか？

起源について述べる前に，ピーク効果領域が高温低磁場で終わり（図 4.49 の破線部下側の境界領域），超伝導転移温度へとつながる．この中間領域で観測されたのが，磁束線格子の 1 次相転移である[330]．すると，この 1 次相転移からピーク効果領域の境界点は理論上，量子臨界点に相当すると

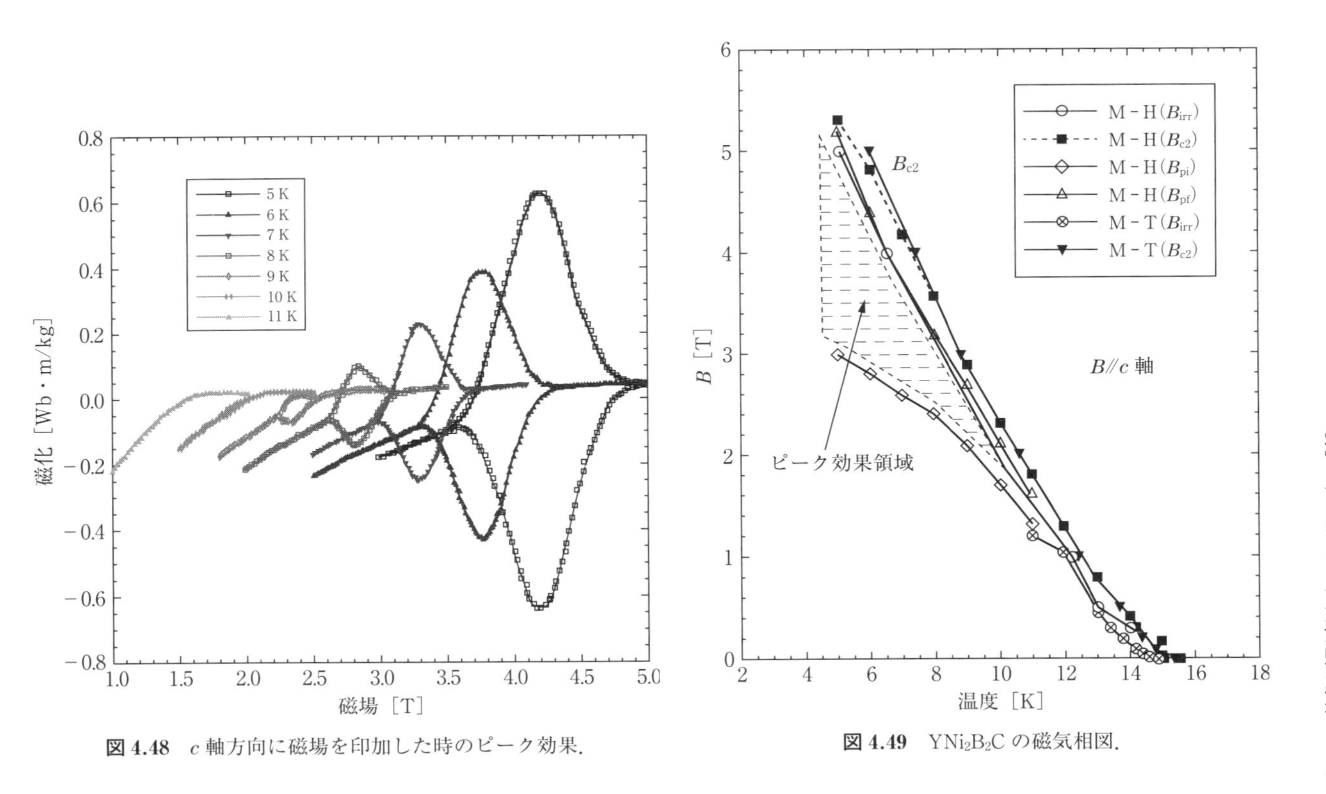

図 4.48　c 軸方向に磁場を印加した時のピーク効果．

図 4.49　YNi_2B_2C の磁気相図．

考えられる．また，欠陥の非常に少ない $CeRu_2$ 試料では，ピーク効果の始まる磁場の増加・減少で，それぞれ，ピーク効果の出現・消滅に磁化のヒステリシスが現れ，かつ，磁歪測定によって捕獲された磁束線ピン止めによる応力の増大が観測されており，これらは，非常に弱いピン止め領域からピーク効果という強いピン止め領域への 1 次の相転移であるという報告もある[329]．磁束線のピン止めの少ない試料では，1 次の相転移境界が連続して存在する可能性もあり，試料内のピン止め中心の強弱によって現れる磁気相が異なってきて，相境界ではそれに従って 1 次あるいは 2 次の相転移を示すと考えられている．

ピーク効果は古くから知られている現象であり，多くの超伝導体で観測されている．この起源として，フルデ－フェレル－ラーキン－オプチニコフ（Fulde－Ferrell－Larkin－Ovchnikov：FFLO）モデル[331]，ピパード（Pippard）モデル[332]，マッチングとシンクロナイゼーションモデル[333]，FFLO を一般化した立木（Tachiki）モデル[334] などが提唱されている．FFLO に関するモデルでは常磁性帯磁率が大きく，ピパードの磁場リミットを超えた場合に FFLO 状態が現れることになるが，YNi_2B_2C の常磁性帯磁率は小さく，測定磁場範囲内ではピパードの磁場リミットを超えることはなく，これらのモデルでは説明しがたい．現在のところ，YNi_2B_2C の場合におけるピーク効果の起源は明らかにされていない．

4.6　C_{60} および有機物質

4.6.1　フラーレン超伝導体

フラーレン（C_{60}）化合物超伝導体は A_3C_{60}（A：アルカリ金属）の組成をもつ物質群で[335]，有機物を含む分子性物質の中では最も高い超伝導転移温度 T_c をもつ（最高で 38 K）[336]．1991 年における超伝導の発見以降[337]，20 年以上にわたり BCS 理論の枠内での超伝導と考えられてきたが[335]，近年の実験的・理論的研究の進展により，「強相関電子系の超伝導」に分類される場合が増してきた[336, 338-340]．

一方，長い研究の歴史と比較的高い T_c にも関わらず，超伝導磁束状態の理解はほとんど進展していないといってよい[342]．なぜなら，均一かつ純良な単結晶育成が困難であるだけでなく，大気中で極めて不安定であることが原因である．

（1）　**フラーレン超伝導体とは**

C_{60}分子の高い対称性（正二十面体対称性）のために，分子軌道の多くが高い縮重度を有する．最高占有軌道（HOMO）は5重に，2つの非占有軌道（LUMO）はそれぞれ3重に縮退している（図4.50(a)）．したがって，C_{60}当り最大12個の電子を受け取ることが可能である．C_{60}はファン・デル・ワールス力によって凝縮して結晶を形成し，立方晶の構造をとる．A_3C_{60}ではアルカリ金属はC_{60}間の隙間に挿入され，その電子は完全にC_{60}に移動するために，原理的には電子数$n = 6$，12の時のみバンド絶縁体となるはずである[335]．しかしながら実際には，$n = 2$，4でも絶縁体となる．これは，電子相関効果による電子の局在とそれを安定化させる分子の歪みに起因する（モット－ヤーン－テラー（Mott－Jahn－Teller）効果）[343]．$T_c > 10$ K の超伝導は，LUMOに電子が3つ詰まったハーフフィルドの場合にのみ生じ，結晶は例外なく立方晶である（図4.50(b)）[335]．

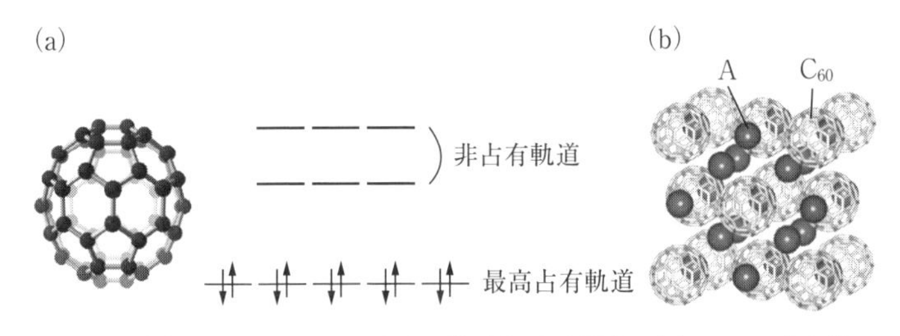

図4.50　(a) フラーレンC_{60}分子の構造と分子軌道．(b) A_3C_{60}化合物の結晶構造（面心立方）．[335]

電子状態を決定する要因として，C_{60}間距離，すなわちバンド幅が挙げられる．C_{60}間距離は，アルカリ金属のイオン半径によって変化させることができる．異なるアルカリ金属について，T_cとバンド幅の関係を示したものが図4.51(a)である（ここでは，C_{60}当りの格子体積を横軸にとってある）．いずれの物質でも最密充填構造の面心立方格子（fcc）構造を保っており，体積と共にT_cが増加している．バンド幅が狭くなりフェルミ準位ε_Fでの状態密度$D(\varepsilon_F)$が増加することによってT_cが増大するという，BCS理論の定

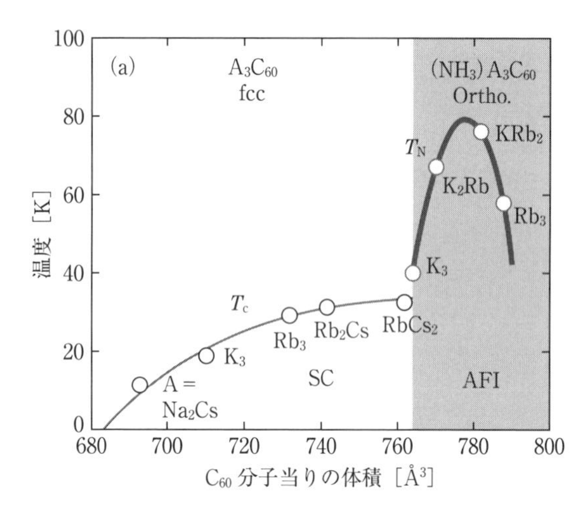

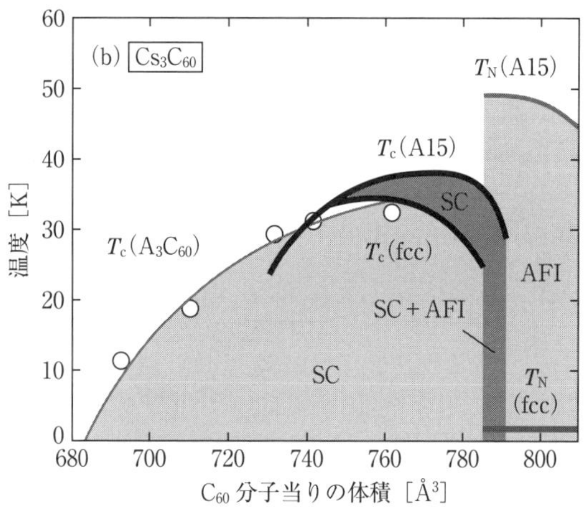

図 4.51　フラーレン超伝導体の転移温度とフラーレン当りの体積との関係. (a) アルカリ金属ドープ A_3C_{60} およびアンモニアドープ $(NH_3)A_3C_{60}$[346]. (b) 圧力測定によって得られた fcc および A15 構造をもつ Cs_3C_{60} の相図[338, 339]. SC, AFI はそれぞれ超伝導相, 反強磁性絶縁体相を表す.

式 $T_c = 1.14\Theta_D \exp(-1/VD(\varepsilon_F))$ (Θ_D はデバイ温度, V は電子間の引力相互作用) によく従うため, BCS 超伝導を象徴する結果として捉えられてきた[335].

この経験則に従えば, 最も高い T_c が Cs_3C_{60} で見込まれる. 実際に 40 K の超伝導も報告されたが, 再現性に乏しかった[344]. 代わりに行われたのが, 中性分子であるアンモニアをインターカレートすることである[345]. 一部の例外を除いて, T_c は大きく減少ないしは消失する. 超伝導が消失する物質の基底状態は反強磁性モット絶縁体であり，超伝導相とモット絶縁体相が隣接することが明らかとなった（図 4.51(a)）[346]．しかしながら，アンモニアを含む物質はすべて非立方晶であり，相境界の連続性が問題となっていた．

そのような中，2008 年になって英国のグループが新しい合成ルートを開拓し，体心立方格子（通称 A15 構造）および fcc の Cs_3C_{60} の合成に成功した．Cs_3C_{60} は，常圧では反強磁性秩序をもったモット絶縁体であるが，加圧により構造相転移を伴うことなくモット絶縁体から超伝導体に相転移することが明らかにされた[338, 339]．T_c は体積に対して増加し続けるのではなく，ドーム型の形状をとる．得られた相図（図 4.51(b)）は銅酸化物や 2 次元有機超伝導体などと類似の相図となっており，強相関電子系の絶縁体近傍に現れる特異な超伝導と見ることができるだろう．興味深いのは，電子相関と分子自由度（動的ヤーン－テラー歪み）が密接に関係していることであり，これらの協奏・競合関係と超伝導発現機構との関係を解明することは，今後の興味深い課題である．

（2） 超伝導磁束状態

超伝導磁束状態の基本的性質として明らかにされているのは，下部臨界磁場 H_{c1}，上部臨界磁場 H_{c2}，そして臨界電流を含む磁束ダイナミクスである．キンツブルク－ランダウ理論によれば，H_{c1} および H_{c2} の定式は次のように与えられる．

$$H_{c1} = \frac{\Phi_0}{2\pi\lambda^2}\ln\kappa, \quad H_{c2} = \frac{\Phi_0}{2\pi\xi^2}, \quad \kappa = \lambda/\xi$$

なお，Φ_0 は量子磁束，λ は磁場侵入長，ξ はコヒーレンス長，κ は GL パラメーターを表している．

フラーレン超伝導体は，先に示した温度－体積相図の全域において s 波超伝導であることが明らかにされており，この点については，従来型超伝導の枠内で理解できるだろう．しかしながら，モット絶縁体近傍では常伝導状態の電子状態と共に超伝導状態の性質も変化し，磁束状態の性質にも影響することもあるだろう．

（a） 下部臨界磁場および磁場侵入長

H_{c1} もしくは λ の決定は，モット転移近傍では行われていない．Cs_3C_{60} では圧力下の測定が必要であり，H_{c1} 決定のための弱磁場での測定や表面敏感な測定手法は困難であるためである．物質は，100% 近くの遮蔽体積分率をもつ結晶が得られる K_3C_{60} と Rb_3C_{60} にほぼ限定されている．最も多く行われてきたのは磁化測定であるが，測定の多くが多結晶試料で行われているために，結晶粒界（グレイン）や解析のモデル依存性の影響を無視できない．実際に，報告されている H_{c1} には幅が見られ，1 mT から 10 mT 程度と見積もられている[342]．一方で，λ の決定には直接的な方法であるミューオンスピン緩和の実験が行われており，K_3C_{60} で 480 nm，Rb_3C_{60} で 420 nm である．ここから見積もられる H_{c1} はそれぞれ 4.0 mT，4.9 mT であり，T_c および格子体積と共に H_{c1} は増加する傾向にあることがわかる[342]．$\lambda^{-2} \propto n_s/m^*$（$n_s$ は超伝導電子密度，m^* は電子有効質量）の関係があるが，キャリア数は変化しないはずであるから，λ の減少は単純ではなく，非 BCS 超伝導の表れとしての議論がなされている[347]．λ は分子および結晶のサイズよりも十分大きく，平均グレインサイズ（約 1 μm）に近い．したがって，結晶全体として起こるバルク超伝導であるが，超伝導体積分率の評価には注意が必要である．

（b） 上部臨界磁場およびコヒーレンス長

H_{c2} の報告も近年までわずかに留まっており，K_3C_{60} および Rb_3C_{60} については精力的に調べられていたものの，常圧で最も高い T_c をもつ $RbCs_2C_{60}$ ではわずか一例しか報告例がなかった．多くの実験は磁化測定によって行われているが，多結晶試料ゆえのグレインサイズの問題から，シールディングによって H_{c2} を定義することは大変困難である．数ある実験の中で，最も信頼性があるのは高周波（ラジオ波，マイクロ波）を用いた実験であろう．グレイン間の接触が十分であれば，高周波による磁場侵入長の精密測定から H_{c2} を決定できることが明らかになっている．

H_{c2} は K_3C_{60} でも少なくとも 10 T 以上であることが判明しており，ξ は 10 nm 以下である．したがって，フラーレン超伝導体は $\kappa > 10$ の典型的な第 2 種超伝導体であり[342]，この点だけを見れば磁束状態を調べる上で適した系に見える．実験室系では完全に超伝導を破壊することができないため，多くの測定では，T_c 近傍の H_{c2} の温度依存性から絶対零度の値を外挿して

H_{c2}を決定している．しかしながら，この方法では誤差が大きい．そのため，パルス強磁場などを用いて低温におけるH_{c2}を直接的に決定することが必要不可欠となってくる．

興味がもたれるのは，H_{c2}のバンド幅依存性である．ごく最近になって，パルス強磁場中の高周波測定により，先の相図（図4.51(b)）の超伝導相全領域におけるH_{c2}が決定された（図4.52）[348]．純良なRb/Cs混晶物質($Rb_xCs_{3-x}C_{60}$，特に$x < 1$）の作製に成功し，常圧でもモット転移近傍の超伝導体が実現したためである．H_{c2}はT_cの増加と共に明らかに増大し，T_cの最大値をもつ$RbCs_2C_{60}$からモット転移近傍の$Rb_{0.35}Cs_{2.65}C_{60}$にかけては，T_cの半分程度にも関わらずH_{c2}は60 Tを明らかに超える．絶対零度では90 T近くにも到達すると見積もられる．

興味深いことに，観測されたH_{c2}は，同等のT_cをもつ2次元系物質の鉄系超伝導体(Ba, K)Fe_2As_2[349]やMgB_2[350]と同程度かそれ以上である．通常，2次元系では超伝導層に垂直方向のコヒーレンス長が短くなるために高いH_{c2}をもつのに対し，フラーレン超伝導体は3次元系であるにも関わらず

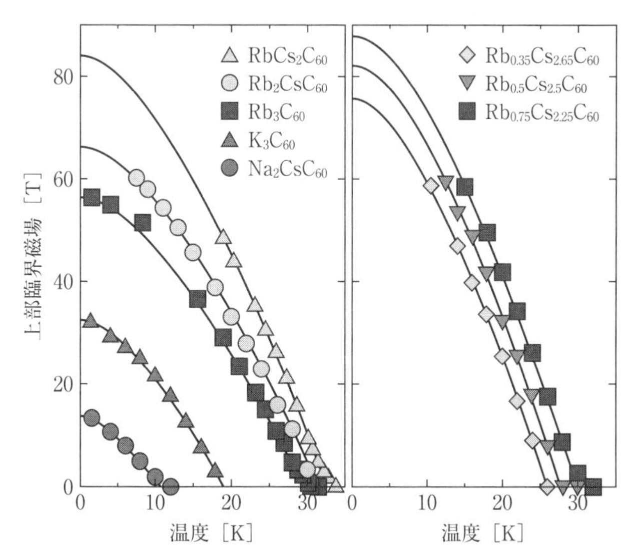

図 4.52 フラーレン超伝導体の上部臨界磁場[348]．実線はスピン 1 重項超伝導体におけるH_{c2}の一般式[351]．

極めて大きな H_{c2} をもつといえる．超伝導線材としてよく知られたNbTi（$T_c \simeq 9$ K，$H_{c2} \simeq 11$ T），Nb_3Sn（$T_c \simeq 17$ K，$H_{c2} \simeq 30$ T）と比べても明らかであろう[350]．フラーレン超伝導体に限っては，現状，応用はほとんど期待できないが，この結果は，分子性超伝導体であっても応用に資する物質開発が可能であることを示しているといえるのではないだろうか．

もう1つの知見は，モット転移近傍で T_c は減少するにも関わらず，H_{c2} はほとんど変わらず大きな値を保ち続けていることである．このことは，超伝導状態または常伝導状態における電子状態が，モット転移近傍で著しく変化していることを意味している．実際に，K_3C_{60} や Rb_3C_{60} では弱結合極限（$2\Delta_0/k_BT_c = 3.54$，Δ_0 は超伝導ギャップの大きさ，k_B はボルツマン定数）であるのに対し，モット転移近傍になると銅酸化物と同様，強結合状態へと移行することが明らかになっている．その起源は明らかではないが，通常金属からモット絶縁体へと移行する過程における電子相関効果が影響していると推察される．

(c) 磁束ピニングと関連現象

フラーレン超伝導体では，臨界電流の直接的な決定手法である輸送測定が困難であり，臨界電流はほぼ磁化測定から見積られている．臨界電流の見積りにはビーン（Bean）モデルが用いられている．多結晶試料とはいえども，純良試料が作製可能な K_3C_{60} および Rb_3C_{60} でしか行われていない．臨界電流密度はそれぞれ $J_c \simeq 10^5$ A/cm^2（K_3C_{60}），10^6 A/cm^2（Rb_3C_{60}）と，T_c が高いものほど大きな値をもつ傾向にある[342]．

磁束ダイナミクスについても，マイクロ波などの手法を用いることは困難であるため，最も基礎的な手段としての磁化緩和によって調べられている．磁化緩和はアンダーソン－キム（Anderson－Kim）の磁束クリープモデルによってよく記述できる．磁束のピニングポテンシャル，すなわち活性化エネルギーは10～100 meV程度であり，銅酸化物高温超伝導体と同程度である[342]．一方，銅酸化物と異なって2次元系ではなく3次元系であるため，磁束はパンケーキ磁束ではなく円筒状の磁束線と見なすことができ，ゆらぎはむしろ小さいと予想されるだろう．実際，多結晶試料においては磁化の磁場中冷却およびゼロ磁場冷却での差が小さいことや，磁化の磁場依存性においてヒステリシスが大きいことを考慮すると，ピニングは強く，主にピニングはグレイン境界で決まっているといえるだろう．

4.6.2　有機超伝導体

有機（超）伝導体結晶の基本構成単位は分子である．分子を構成する原子同士は共有結合で強く結びついている．一方で，分子同士は，主にファン・デル・ワールス力という共有結合と比べると非常に弱い力によって結合し，結晶となる．このため有機導体の電気的，磁気的性質は分子間の移動積分が重要となり，分子を基本単位と見なすことができる．有機導体は単位格子中に多数の原子を含むため，一見複雑に見えるが，分子を基本単位にとることでモデル化，単純化できるものが多い．

多くの有機伝導体は電子を出しやすい分子（ドナー分子：D）と受領しやすい分子（アクセプター分子：A）を適当な比で組み合わせることによりバンド充填を中途な状態，すなわち伝導性を実現している．このため多くの有機導体の組成は D_mA_n となり，その中でも多いのは $m=2$，$n=1$（または $m=1$，$n=2$）の塩である．そこで，話を D_2A の組成に限定すると，ドナー分子 D は分子 2 つ当り電子を 1 個放出し，その電子を 1 つのアクセプター分子 A が受領することとなる．この時，ドナー分子の分子上に広がった軌道（分子軌道）は 1/4 フィリングのバンドを作り伝導性が期待される．（D_2A 組成の場合，アクセプター分子 A は閉殻構造をとることが多く伝導には寄与しない．フラーレンなどを除き有機導体を構成する分子の分子骨格の対称性が低いため，そこに広がる分子軌道の縮退はない．）

ここで，有機導体の結晶構造について簡単に述べたい．ドナー分子とアクセプター分子の配置には，大きく分けると 2 つの場合が考えられる．1 つはドナー分子とアクセプター分子がそれぞれ独立に層を作り，それらが重なり合う分離積層型，もう 1 つは，1 つの層内にドナー分子とアクセプター分子が DADADA のように交互に並ぶ交互積層型である．ここでは，超伝導をはじめ伝導性の高い物質が数多く見つかっている分離積層型を紹介する．

例として，転移温度が 12 K の超伝導体 κ-(BEDT-TTF)$_2$Cu[N(CN)$_2$]Br の構造を図 4.53 に示す[352]．（BEDT - TTF は分子の略称でドナー分子であ

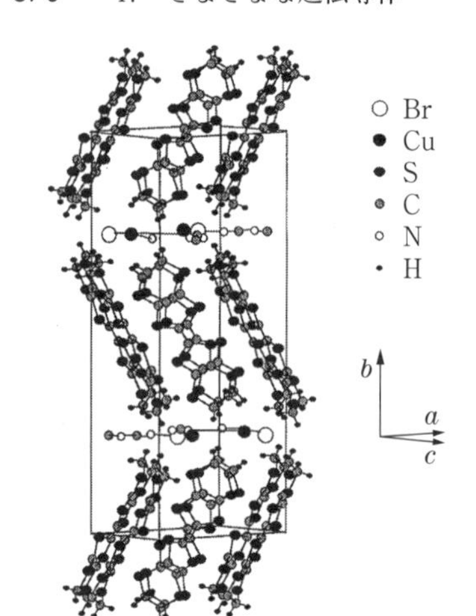

図 4.53　κ-(BEDT-TTF)$_2$Cu[N(CN)$_2$]Br の結晶構造．ギリシャ文字 κ は BEDT-TTF 分子の配列様式を表している．BEDT-TTF 伝導層を Cu[N(CN)$_2$]Br 絶縁層が挟む構造をとることによって擬 2 次元電子系となっている．(W. Y. Ching, *et al.*: Phys. Rev. **B55** (1997) 2780 より許可を得て転載)

る．分子骨格は図 4.57 を参照のこと．）BEDT-TTF 分子は平板状の形状のため，分子配列に自由度があり，最初のギリシャ文字 κ はその配列様式を表している．分子配列には α や β など他の様式もあって超伝導体も見出されているが，ここではその詳細は省略する[353, 354]．

Cu[N(CN)$_2$]Br はマイナス 1 価のアニオンとなって閉殻構造をとり，非磁性絶縁層を形成する．一方で，BEDT-TTF 分子は 2 分子当り電子 1 個を Cu[N(CN)$_2$]Br に供給することになる．この時，前述のように BEDT-TTF の分子軌道からなるバンドはホールで 1/4 フィリングとなり，中途なバンドフィリングが実現して金属状態となる．(実際には，κ 型配列は強いダイマー構造によって実効的な 1/2 フィリングと見なすことができる．)[355] すなわち，BEDT-TTF 層が伝導層になる．

電流は BEDT-TTF 分子の端から端まで均一に流れるのではない．キャリア密度は（分子軌道計算によれば）BEDT-TTF 分子の中心付近，具体的には中心部分の硫黄原子付近までが高くここをキャリアが移動する．したがって，薄い BEDT-TTF 伝導層をアニオン層を含めた分厚い絶縁層がサンドイッチする構造になり，擬 2 次元電子系を形成する．実際に電気伝導度の値は面内と面間で大きく異なる．例えば，κ-(BEDT-TTF)$_2$Cu(NCS)$_2$ という 10 K の転移温度をもつ超伝導体での室温での電気伝導度は，伝導面内で $\sigma_b = 17$ S/cm，$\sigma_c = 32$ S/cm になるのに対して，伝導面間は，$\sigma_a =$

0.022 S/cm と 1000 倍近く小さな値となっている[356]. 2 次元性はフェルミ面の形状にも反映される. 有機導体では強束縛近似を用いたバンド計算がよく当てはまることが多い. 計算結果は 2 次元系に期待される円筒形状のものとなっており, ド・ハース (de Haas) 効果など量子振動実験によって計算との整合性がいくつかの物質で確認されている[357].

この 2 次元性は, 超伝導状態においても維持されている. コヒーレンス長

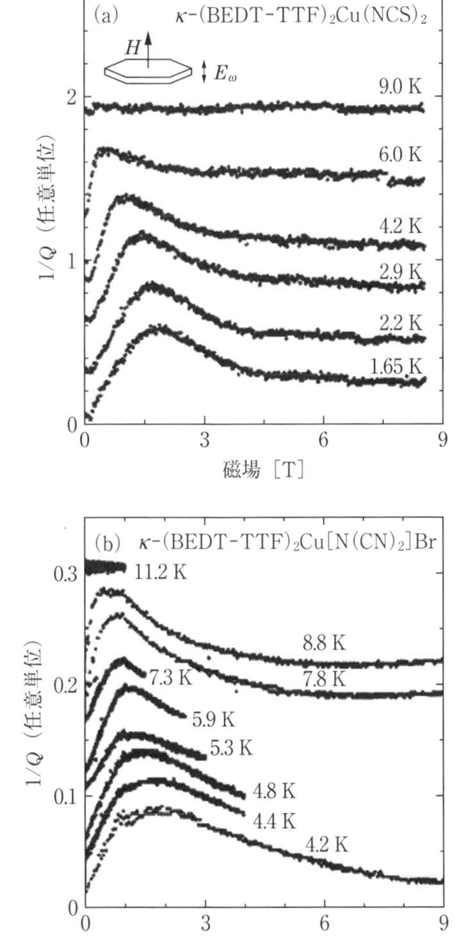

図 4.54 κ 型 BEDT-TTF 塩で観測されたジョセフソンプラズマ共鳴. (T. Shibauchi, *et al.*: Physica **C293** (1997) 73 より許可を得て転載)

は超伝導面内（BEDT－TTF 層の中心部）の値に比べて超伝導面間はその10分の1程度で，数Å程度である．この面間のコヒーレンス長は，超伝導層を隔てている絶縁層（主にアニオン層）の厚みと同程度か，それよりも短いと考えられ，擬2次元超伝導体となることが期待される．このため，同時期に発見された擬2次元超伝導体である酸化物超伝導の磁束状態との類似性と相違点に興味が集まるようになった．実際に，酸化物超伝導体で観測されたジョセフソンプラズマ共鳴が有機超伝導体でも報告されている（図4.54，文献[359]）．

表4.2に谷口（Taniguchi）らがまとめた超伝導体のパラメーターを示す[358]．有機超伝導体は酸化物超伝導体のBi系と同程度の異方性をもつものだけでなく，1桁大きな物質 α－$(BEDT-TTF)_2NH_4Hg(SCN)_4$ も存在する．この塩では，磁束格子融解の観測だけではなく，超伝導転移に伴う抵抗の減少が見られる温度は面内と面間で異なっている．これに関しては，系の強い2次元性によるコステリッツ－サウレス（KT）転移の可能性が指摘されている[358]．

表4.2　有機物超伝導体と酸化物超伝導体の超伝導パラメーターの比較．（H. Taniguchi, *et al.*：Phys. Rev. **B57**（1997）3623より許可を得て転載）

超伝導パラメーター	α－$(ET)_2NH_4Hg(SCN)_4$	κ－$(ET)_2Cu(NCS)_2$	$Bi_2Sr_2CaCu_2O_{8+\delta}$
T_c(K)	0.95	9.5	91
$\xi_{/\!/}$(Å)	500	60	30
$\lambda_{/\!/}$(μm)	0.7	0.8	0.26
$\lambda_{\perp}$(μm)	1400	200	40
γ	2000	250	150
s(Å)	20	15	15
γs(μm)	4	0.4	0.2

有機超伝導体の磁束に関する研究は，κ－$(BEDT-TTF)_2X$ 塩を中心に行われている．これは超伝導転移温度が10K程度と有機超伝導体の中では高いこと，ミリメーター角程度の比較的大型の結晶が得られるためであり，ここでも κ 型塩の結果を中心に記述していく．

よく知られているように，擬2次元超伝導体の磁束状態は磁場方向によって変化する．磁場を超伝導面に対して垂直方向に印加した時にはパンケーキ磁束が，平行に印加した時にはジョセフソン磁束が，それぞれ出現する．パンケーキ磁束，ジョセフソン磁束の順番で記載していく．

(1) パンケーキ磁束格子の研究

図 4.55 は，κ-(BEDT-TTF)$_2$Cu[N(CN)$_2$]Br 塩におけるさまざまな強さの外部磁場下での磁化の温度依存性である[360]．磁場は 2 次元伝導面（超伝導層）に垂直に印加されている．上部臨界磁場よりも低い静磁場における磁化の飛び（ΔM）は，磁束格子融解の 1 次相転移を表している．このような磁束格子融解現象は，同じ κ 型塩の κ-(BEDT-TTF)$_2$Cu(NCS)$_2$ 塩でも観測されている[361]．

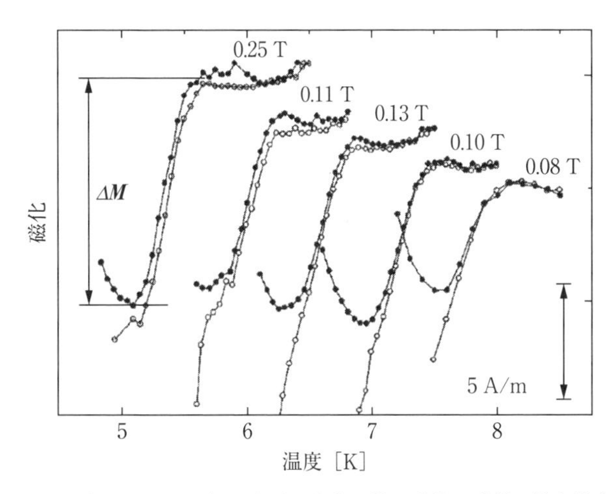

図 4.55 κ-(BEDT-TTF)$_2$Cu[N(CN)$_2$]Br 塩の磁化の磁場，温度依存性．磁化の飛びが磁束格子融解現象に対応している．（L. Fruchter, *et al.*: Phys. Rev. **B56** (1997) R2936 より許可を得て転載）

磁束格子融解は磁化測定以外でも観測されており，図 4.56 はその 1 つである[362]．これは，磁場の値を増加させながら，超伝導体（κ-(BEDT-TTF)$_2$Cu(NCS)$_2$）の試料温度を測定している．磁場方向は伝導面垂直である．低磁場では磁束格子が実現しており，磁束がピンから外れることよって発熱，やがて冷却され，温度が下がるためスパイク状の振舞が見えるが，ある磁場（図 4.56 の B_m）からはなくなる．これは磁束格子の状態から変化し，磁束がピン止めされることなく移動可能な状態，すなわち

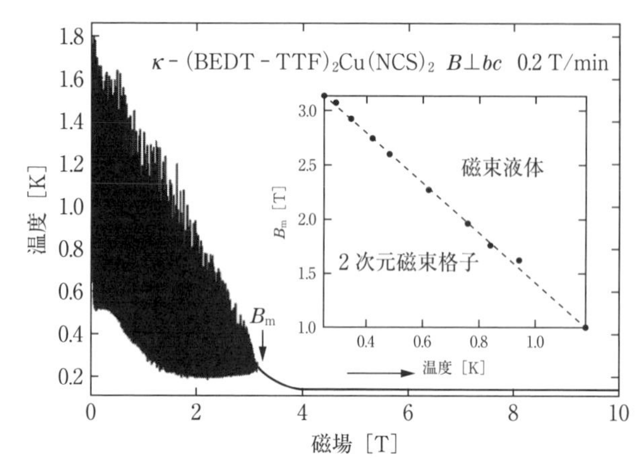

図 4.56　磁場変化させた時の試料の温度．磁場を変化させ磁束格子融解がある磁場 B_m で起こると，それ以上の磁場下ではスパイク上の温度上昇が消失する．(T. Konoike, *et al.*: J. Phys.: Conf. Ser. **51** (2006) 335 より許可を得て転載)

磁束格子融解に関連するものだと考えられている[362]．

有機超伝導体のパンケーキ磁束の運動に関しては，核磁気共鳴（NMR）測定によっても研究が進められている．通常，混合状態で NMR 測定を行うと，測定量には準粒子と磁束の両方の寄与が観測される．スピン‐格子緩和率 $1/T_1$ は原子核サイトでの磁場のゆらぎによって決まる．この磁場には磁束によるものも含まれるため，観測される $1/T_1$ は準粒子からのもの $((1/T_1)_{準粒子})$ と磁束によるもの $((1/T_1)_{磁束})$ の和として書くことができる．このため実測値からそれぞれの寄与を伺い知るのは難しいが，BEDT‐TTF 塩の場合には事情が少し異なっている．前述のように，BEDT‐TTF 塩ではキャリア密度は分子の中央に集中している．分子の末端に位置する水素（^{1}H）サイトでは準粒子密度は非常に小さく，準粒子からの寄与 $((1/T_1)_{準粒子})$ を無視することが可能となる．すなわち，^{1}H サイトでの $1/T_1$ は磁束格子の運動を選択的に観測するプローブとなる．

図 4.57 に BEDT‐TTF の中心の ^{13}C(^{13}C(中心))，外側の ^{13}C(^{13}C(エチレン))，末端の ^{1}H NMR の緩和率の温度依存性を示す[363]（試料 κ‐(BEDT‐TTF)$_2$Cu(NCS)$_2$ のキャリア密度は，前述のように BEDT‐TTF 分子の中心に近いほど高い．キャリア密度の高い ^{13}C サイト（図 4.57 の ^{13}C(中心))

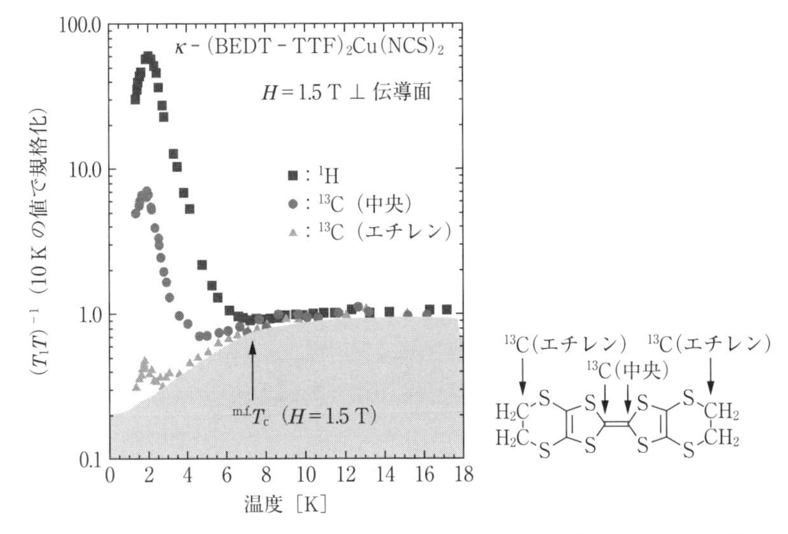

図 4.57 BEDT-TTF 分子の各サイトでのスピン-格子緩和率の温度依存性[357]. 磁場は超伝導面に垂直に印加されている. ^{13}C (中央) のキャリア密度が最も高く, ^{1}H サイトではほとんどない. このため, ^{13}C (中央) では超伝導転移に伴って緩和率の減少が見られるのに対して, ^{1}H サイトは主に磁束の運動によって緩和が決まっているためそのような減少は観測されていない.

では, 超伝導転移に伴うスピン1重項状態のクーパー対形成によって緩和率が減少しているのに対して, ^{1}H サイトでは, そのような依存性は見られずピークを作る.

この ^{1}H サイトでの緩和率のピークに関して, κ-(BEDT-TTF)Cu[N(CN)$_2$]Br 塩でいくつかの強度の磁場下で行われた結果を図 4.58 に示す[364]. 超伝導転移温度よりも, 低い温度で $1/T_1$ がピークを作っている. $1/T_1$ が超伝導状態でピークをとるものとして, s 波超伝導体での準粒子によるヘーベル-スリクター (Hebel-Slichter) ピークがある. しかし, 図 4.58 に見られるようにピーク温度は磁場の値を小さくすると高くなり, ピーク値も大きくなることから, 超伝導の準粒子による緩和ではないことがわかる. この緩和はパンケーキ磁束の運動によるものであり, $1/T_1$ のピークは磁束格子融解に対応していると考えられている. 実際, $1/T_1$ のピークが観測される点を, 温度-磁場相図上にプロットすると他の測定点とよい一致を見せる[364]. 同様の磁場依存性は, κ-(BEDT-TTF)$_2$Cu(NCS)$_2$ 塩でも観

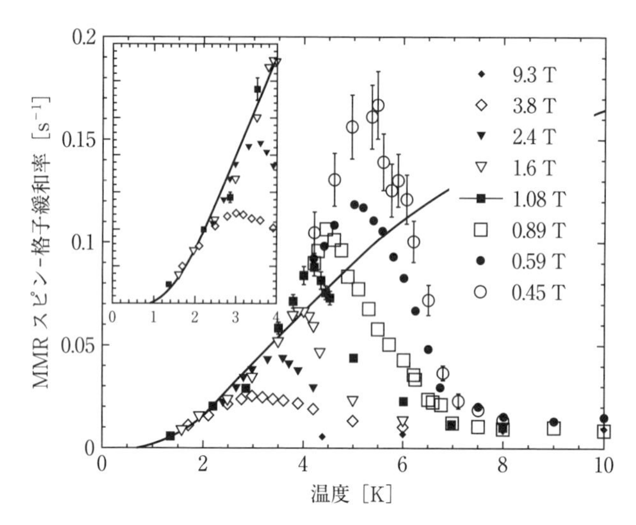

図 4.58　κ-(BEDT-TTF)$_2$Cu[N(CN)$_2$]Br 塩での ^{1}H NMR の緩和率の磁場依存性．ピークをとる温度が磁場に依存していることから，このピークは Hebel-Slichter ピークではないことがわかる．(H. Mayaffre, *et al.*: Phys. Rev. Lett. **76** (1996) 4951 より許可を得て転載)

測されている[365]．一方で，バン－クイン（Van－Quynh）らは κ－(BEDT－TTF)$_2$Cu(NCS)$_2$ 塩の ^{1}H NMR スペクトルに 2 つの成分が存在することを報告した[366]．この物質は，モット絶縁体近傍に位置する超伝導体であることから，酸化物超伝導体で議論された磁気秩序をもつ磁束コアが期待されたが，成分比が磁場に対して単調な依存性を示さないことから，その可能性はないと，彼らは結論づけている．

佐々木（Sasaki）らは電気抵抗測定を極低温域まで拡張した．その結果から提案された相図を示す（図 4.59，文献[367]）．高温側は，前述のように H_{c2} よりも低い磁場に磁束格子の融解線があり，H_{c2} と磁束格子の間には磁束液体状態（TVL）が存在している．極低温域での抵抗の温度依存性を図 4.60 に示す[367]．比較的急激に，抵抗の減少の見えるところ（T_L）が磁束液体－固体転移に相当する．彼らは 3.32 T の緩やかなゼロ抵抗への漸近の様子は，液体－ガラス転移ではないかと推測している．T_L を有しながら抵抗がゼロにならない領域があることに着目しており，この領域は量子的に磁束

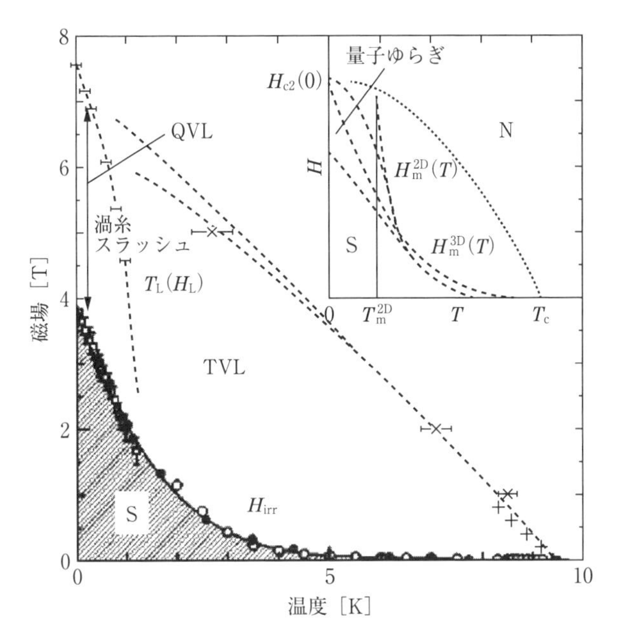

図 4.59　電気抵抗測定から提案された κ-(BEDT-TTF)$_2$Cu(NCS)$_2$ 塩での超伝導面垂直磁場下での磁束状態の相図．TVL と QVL は熱ゆらぎと量子ゆらぎによる磁束液体状態をそれぞれ表している．（T. Sasaki, *et al.*: Phys. Rev. **B66** (2002) 224513 より許可を得て転載）

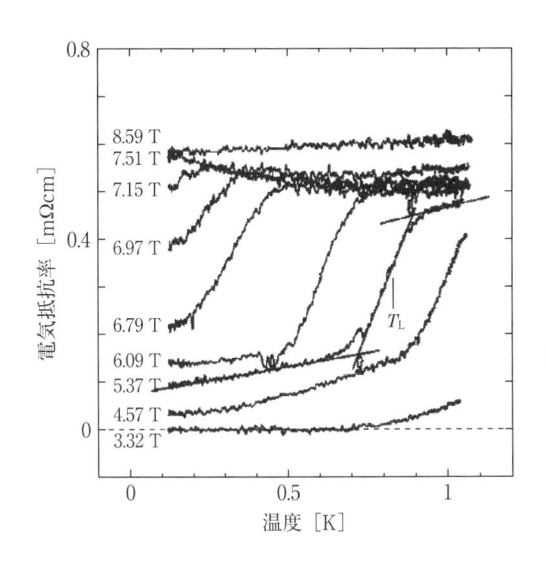

図 4.60　極低温域で超伝導面垂直磁場下での κ-(BEDT-TTF)$_2$Cu(NCS)$_2$ 塩の電気抵抗．（T. Sasaki, *et al.*: Phys. Rev. **B66** (2002) 224513 より許可を得て転載）

が融解している（QVL）と述べている．さらに，量子融解領域と熱的な融解領域の間には，渦糸スラッシュ状態とよばれる状態があると指摘している．これは電気抵抗の温度依存性が，T_L 以下では半導体的（温度の低下に従って増大する）であることから指摘している．H_{c2} 以上では，このような抵抗の増大は観測されていない．浦野（Urano）らは ^{1}H NMR 測定を行い，核磁化の緩和曲線を特徴づけるパラメーターが低温で変化しており，これが渦糸スラッシュ相と矛盾していないとの報告をしている[368]．

（2） ジョセフソン磁束の研究

擬 2 次元超伝導体の磁束状態でパンケーキ磁束と並んで重要なものに，超伝導層に対して平行に磁場が印加された際のジョセフソン磁束がある．図 4.61 は，マンスキー（Mansky）らによって得られた交流磁化率の磁場角度

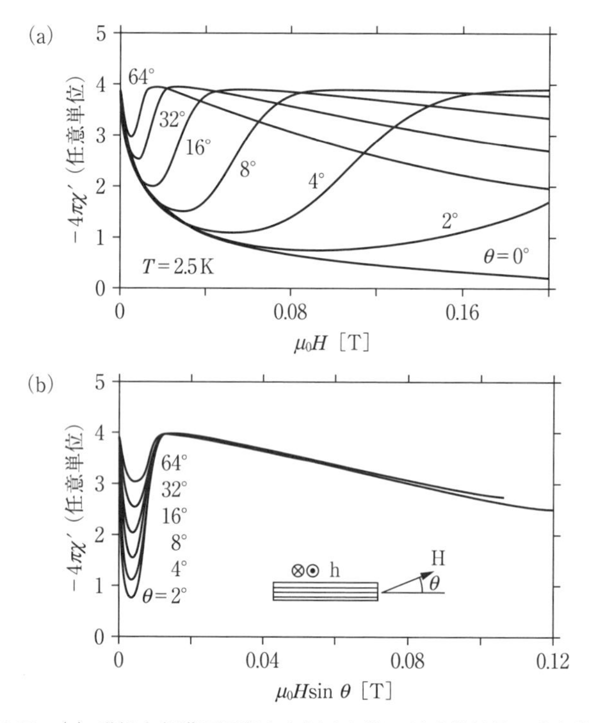

図 4.61　(a) 磁場を伝導面平行から傾けた際の反磁性信号の強度依存．(b) 横軸を面垂直成分（$H\sin\theta$）に換算すると振舞がスケールする．（P. A. Mansky, *et al.*: Phys. Rev. **B50** (1994) 15929 より許可を得て転載）

依存性である[369]．交流磁場は超伝導面平行に印加されており，静磁場を試料に対して回転させている．磁場の値によってさまざまな振舞が観測されているが，それが $H\sin\theta$ でスケールされる．静磁場が超伝導面に対して平行の時には磁場を強くしていくとジョセフソン磁束が増える．この磁束はコアをもたないため，交流磁場を追随することが可能である．これに対して，静磁場が傾き伝導面を貫くようになると，磁束はピン止めされるため，有限の散逸があり反磁性信号が出るということで観測された振舞を理解することができ，これらに加えて，詳細な交流磁化率の実験からジョセフソン磁束実現を示した[369]．

ジョセフソン磁束は，上述のようにパンケーキ磁束や3次元超伝導体の磁束などにある磁束芯（ノーマルコア）をもたない．さらに，磁束は絶縁層に選択的に侵入する．このため，NMR 緩和率への磁束の運動の寄与 $(1/T_1)_{磁束}$ がなくなる．この性質を利用して，有機超伝導体では，その超伝導の対称性の決定にジョセフソン磁束状態を実現して緩和率の温度依存性を測定する．図 4.62 にその一例を示す[370]．磁場を伝導面平行に印加した時には $1/T_1$ は T^3 の寄与を見せるのに対して，わずかにずれると温度依存性が変化しパンケーキ磁束の寄与が見えてくる．

宇治（Uji）らは，ジョセフソン磁束を利用して FFLO 状態とよばれる超伝導状態を議論している[353, 363]．λ-(BEDT-TSeF)$_2$FeCl$_4$ は，印加磁場を伝導面へ平行に印加されるように配置し，温度一定のまま磁場を印加してい

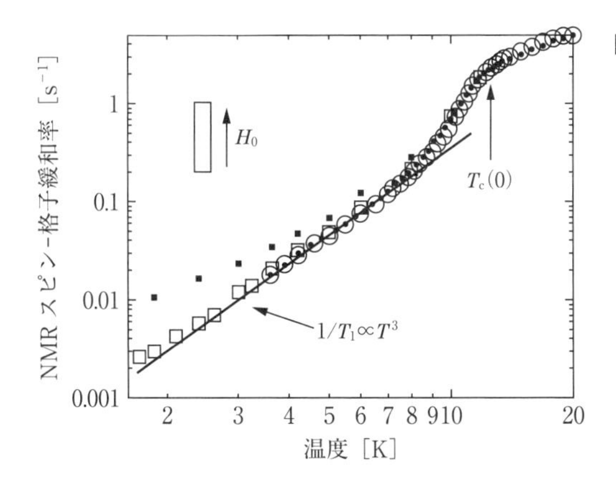

図 4.62 κ-(BEDT-TTF)$_2$Cu[N(CN)$_2$]Br 塩でのスピン格子緩和率の温度依存性．静磁場が超伝導面と平行に印加されジョセフソン磁束状態であれば，緩和は準粒子の寄与になる．平行条件からわずかにずれて（図の■，平行から約2度）パンケーキ磁束が出現すると，緩和にパンケーキ磁束の寄与が現れてくる．（H. Mayaffre, *et al.*: Phys. Rev. Lett. **75** (1995) 4122 より許可を得て転載）

くと，図 4.63[371] に示すようにある磁場下で超伝導が発現する．この磁場誘起超伝導現象は，$FeCl_4$ の Fe のモーメントによる電子への内部磁場を外部磁場が打ち消すことによる，ジャカリーノ-ピーター（Jaccarino-Peter）効果であると考えられている．宇治らは磁場 c 軸に平行に印加し（伝導面は ac 面），ジョセフソン磁束が期待される状態で，抵抗がゼロ抵抗に向かって落ち始めるところにディップがあることを見出した．（図 4.63[371]，抵抗を磁場で 2 回微分することにより，同様の異常がゼロ抵抗から有限抵抗になる途中にあることが示されている．）このディップ位置は電流依存性がなく，さらに磁場を a 軸方向に印加すると抑制される．この抵抗の振舞は，ジョセフソン磁束の格子周期と FFLO 超伝導の秩序変数の変調方向および周期が整合するかどうかによって決まると考え，擬 2 次元系における FFLO 状態の特徴であると結論している．

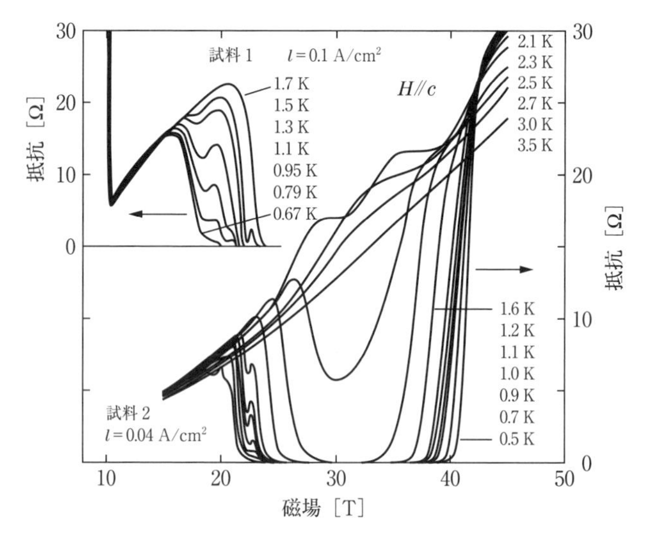

図 4.63　λ-(BEDT-TSeF)$_2$FeCl$_4$ 塩における磁場誘起超伝導．温度を固定し磁場を印加していくと，20 T 付近で超伝導状態が観測される．抵抗がゼロ抵抗になる途中にディップが観測される．（S. Uji, *et al.*: Phys. Rev. Lett. **97** (2006) 157001 より許可を得て転載）

4.7 重い電子系超伝導体

重い電子系化合物とは，Ce など希土類元素や U などのアクチノイド元素を含む化合物で，局在性の強い f 電子が近藤効果により伝導電子と混成し，有効質量の非常に重い金属状態が低温で実現する強相関電子系物質である．この重い電子が対を組み，超伝導状態を示す重い電子系超伝導体では，超伝導転移温度 T_c は低いものが多いが，時には自由電子の約千倍にも達する非常に重い有効質量のために，さまざまな興味深い渦糸の性質を示す．

4.7.1 渦糸格子融解転移

重い電子系超伝導体では低い T_c のため，高温超伝導体に比べると熱エネルギー自体ははるかに小さい．しかし，2.1 節で見たように，熱的超伝導ゆらぎが現れる臨界領域の幅は（d 次元の）ギンツブルグ数 $Gi_{(d)}$ で与えられるため，有効質量が大きくかつキャリア数が小さい系では，磁場侵入長が長くなるので，ギンツブルグ数が大きくなり熱ゆらぎの効果が顕著に現れる可能性がある．

ウラン化合物 URu_2Si_2 では，重い電子状態が形成された金属状態において，17.5 K で「隠れた秩序」相への相転移を示し，キャリア数が非常に少ない半金属の電子状態になることが知られている．さらに低温の 1.4 K で，

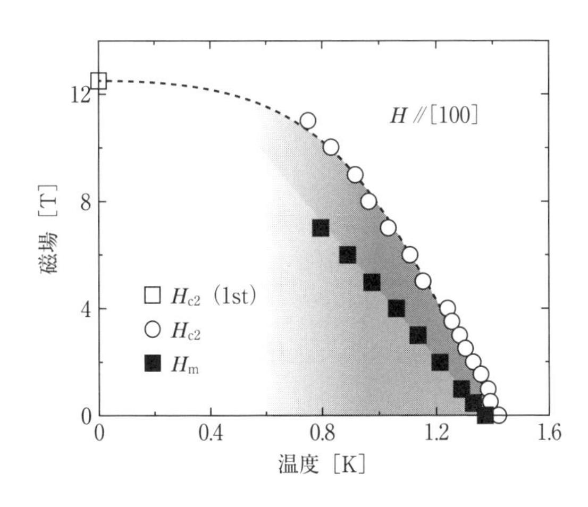

図 4.64 URu_2Si_2 における磁場-温度相図[372]．磁場の方向は [100] 方向で，白丸および白四角は熱伝導率測定から決めた平均場の上部臨界磁場 H_{c2}（点線はガイド）．低温では熱伝導が飛びを示すことから，1 次相転移が示唆されている[376]．黒四角は電気抵抗が飛びを示す 1 次相転移の磁束格子融解磁場 H_m．H_{c2} と H_m で囲まれる部分で渦糸液体状態が実現していると考えられる．（S. Tonegawa, *et al.*: Phys. Rev. **B88** (2013) 245131 より許可を得て転載）

このような少数の重い電子が対を組み，超伝導を示す．この系では，非常に長い磁場侵入長をもつため，同程度の T_c をもつ従来型超伝導体と比べ桁違いに大きなギンツブルグ数 $Gi_{(3)}$ が見積もられている[372]．その結果，熱ゆらぎが顕著になり，図 4.64 に示すように，渦糸液体状態と渦糸格子融解による 1 次相転移が，1 K 程度の低温でも観測されている[372]．

さらに URu_2Si_2 では，残留抵抗比が 600 を超える純良単結晶について，渦糸格子融解転移温度以下で準粒子の散乱時間が長くなることが，磁場中熱伝導率測定[372] とサイクロトロン共鳴[373] により観測されている．この結果は，クリーンな系では転移温度以下で渦糸格子の周期性が現れることにより，散乱が抑制された準粒子のブロッホ状態が実現している可能性を示唆している．

4.7.2 パウリ効果と渦糸の構造

希土類系重い電子系超伝導体の中で最も高い転移温度 $T_c = 2.3\,\text{K}$ をもつ $CeCoIn_5$ では，自由電子の 1000 倍程度にも達する有効質量の重い電子状態において超伝導が実現している．このような非常に重い電子の超伝導では，コヒーレンス長は短くなるため，軌道対破壊による上部臨界磁場は大きくなり，スピンによる対破壊効果がより重要になる．実際 $CeCoIn_5$ では，低温での上部臨界磁場が，ほぼパウリ極限で決まっていることが知られている．

また，通常は 2 次相転移である上部臨界磁場であるが，この系の低温においては 1 次相転移へと次数が変化することが観測された[374, 375]．このような 1 次相転移はパウリ効果が強く不純物散乱の少ない場合に期待され，現在までに $CeCoIn_5$ の他，URu_2Si_2[376]（図 4.64 参照）や $NpPd_5Al_2$[377] などでも同様な現象が議論されている．

さらに，$CeCoIn_5$ の中性子小角散乱の実験では，渦糸状態における磁場分布の振幅に関連する形状因子が磁場の増加と共に増大するという異常な結果を報告している[378]．これはパウリ極限の近くでは，通常の渦糸周りの磁場分布の形状からかなり変更を受け，磁場が渦糸中心に集中して分布することを示している．

4.7.3 FFLO 状態の可能性

前項で述べた，$CeCoIn_5$ における 1 次転移の上部臨界磁場よりも少し低磁場側に，新しい 2 次相転移線が発見され[375]，渦糸相図内に異なる 2 つの超伝導状態が存在することが示された．この 1 次転移と 2 次転移で囲まれた低温高磁場領域では，フルデ - フェレル（Fulde - Ferrell）およびラーキン - オブチニコフ（Larkin - Ovchinnikov）により理論的に予言された，パウリ効果が強い状態で期待される超伝導状態（FFLO 状態）の可能性が示唆された．

FFLO 状態では，ゼーマン分裂したバンド構造により，図 4.65 左に示すような有限の重心運動量をもつクーパー対が形成され，それに伴い，超伝導秩序パラメーターである超伝導ギャップが，磁場方向で符号反転を繰り返すようなエキゾチックな超伝導状態となることが期待される．符号反転する位置では，ギャップがゼロとなるノード面が形成され，同じく超伝導が壊れている渦糸コアの部分と，織り目構造のような状態（図 4.65 右）ができると考えられている．$CeCoIn_5$ の低温高磁場領域では，このような FFLO 状態に期待される超伝導ギャップの構造に伴う低エネルギー準粒子の励起や，渦糸の弾性定数の変化が観測されている[379]．

しかしその後，中性子散乱により，スピン密度波の磁気秩序が観測さ

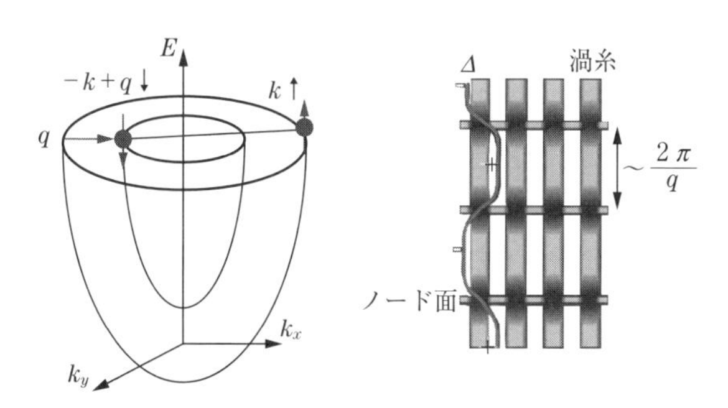

図 4.65　FFLO 状態の概念図．高磁場中ではゼーマン効果により，アップスピンとダウンスピンの電子バンドが分裂し，（k↑，−k+q↓）の電子対が形成され，重心の運動量がゼロではない超伝導が可能となる（左図）．この場合，超伝導ギャップ Δ は有限の波数で符号を変化させ，ギャップがゼロとなる平面（ノード面）を形成し，低エネルギーの準粒子励起が起こる．FFLO 状態では，このノード面と渦糸が織り目構造をもつような超伝導状態が実現する（右図）．

れ[380]，この磁気秩序が H_{c2} での超伝導の破壊と同時に消失することが報告された．最近の NMR の結果では，この磁気秩序と FFLO が共存するという，より複雑な超伝導状態の可能性が示唆されており[381]，今後のさらなる研究による展開が期待される．

4.7.4　強磁性超伝導体における自発的渦糸状態

多くの重い電子系超伝導体では，$CeCoIn_5$ などに代表されるように反強磁性相の近傍に超伝導相が出現し，反強磁性ゆらぎを媒介とした非従来型の超伝導である可能性が高いと考えられている．一方で，いくつかのウラン化合物では強磁性相近傍に超伝導が現れる場合も報告されており[382]，強磁性ゆらぎを媒介とする超伝導の可能性が議論されている．この強磁性ゆらぎを基にする超伝導では，スピン 3 重項状態が期待されるが，実際に，これらのウラン系超伝導体では，パウリ極限を超える非常に高い上部臨界磁場の値が観測されている．

また，強磁性と超伝導が共存する領域も存在し，その状態では，ゼロ磁場においても強磁性モーメントにより，自発的な渦糸の発生が期待される．このような自発的渦糸状態の可能性は，UCoGe のマクロな磁化測定において，マイスナー状態が存在しないことから示唆されており[383]，ミクロなプローブによるより直接的な観測が望まれる．

4.7.5　時間反転対称性の破れた超伝導体における渦糸状態

ウランを含む重い電子系超伝導体 URu_2Si_2 や UPt_3 では，超伝導の対称性が複素数で記述されるような超伝導状態である可能性が示唆されている[376, 384]．量子力学においては，時間反転操作は複素共役をとることに対応するため，このような複素数で記述される状態は時間反転対称性を破った状態となっており，その虚部の符号の自由度に関連したカイラルドメイン構造をもつことが期待される．このカイラルドメイン構造ができると，ドメイン内部とドメイン間の境界部分では，渦糸のピン止め力が異なることが期待される．実際に，渦糸のダイナミクスの異常が UPt_3 において観測され，時間反転対称性の破れに伴うカイラルドメイン形成との関連性が示唆されている[385].

また，URu_2Si_2 では，渦糸が試料中に侵入し始める磁場である下部臨界磁場 H_{c1} が，c 軸方向の磁場配置でのみ T_c 以下の温度でキンク構造を示すことが観測され，この系のカイラルドメインがこの温度で形成される可能性が議論されている[386].

しかし，これらのカイラルドメイン構造を直接観測した例は今のところ皆無であり，今後の実験による進展に期待したい.

4.7.6　重い電子系超伝導に関するその他の話題

その他，重い電子系超伝導に関する話題として，空間反転対称性をもたない結晶構造を示す物質がいくつか知られており，特に重い電子系のような電子相関の強い系では，その対称性の破れの効果が顕著になることが理論的に示唆されている．このような反転対称中心をもたない超伝導体では，スピン-軌道相互作用により，フェルミ面が分裂し，分裂したフェルミ面上でスピン構造がロックされるため，スピン1重項とスピン3重項状態が入り混じった新しい超伝導状態が期待されている．それに関連した上部臨界磁場 H_{c2} の異常が，$CePt_3Si$ や $CeRhSi_3$ などで実験的に観測されていると考えられている[387].

また，最近では，重い電子系超伝導体のエピタキシャル薄膜化技術が進み，重い電子系超伝導超格子の作製が現実のものとなっている[388]．このような超格子構造では，局所的に空間反転対称性の破れが超伝導の電子状態に及ぼすとして，その効果の重要性が指摘されており，原子レベルでの構造を工夫することによって，反転対称性の破れ方を制御する試みも行われている[389].

このような空間反転対称性の破れによるフェルミ面の分裂は，4.7.3項で述べたFFLO状態との類似性も指摘されており，これに関連したヘリカル渦糸状態などの新しい状態なども理論的に示唆されるなど[387]，今後大いに発展が期待される分野である.

4.8　空間反転対称性のない超伝導体

従来知られている超伝導体の多くは，空間反転対称性がある結晶構造をとるが，近年，空間反転対称性がない結晶構造をとる超伝導体がいくつか報告され，注目を集めている．

空間反転対称性がある状態とは，原点に関して座標変換 $r \to -r$ を行った場合に変換前と同等状態である．この原点を反転中心とよぶ．これに対して，空間反転対称性がない物質においては反転中心がない．具体例として，後述する空間反転対称性の破れた超伝導研究のさきがけになった物質 $CePt_3Si$ を見てみる（図 4.66）．$CePt_3Si$ の単位格子は正方晶であり，c 軸は他の a 軸，b 軸とは区別される．この単位格子の中心を原点として座標変換した場合に，Ce 原子は変換後も同一の位置に収まるが，Pt 原子および Si 原子は変換の前後で原子位置が変化してしまう．したがって，この単位格子中には反転中心は存在しない．

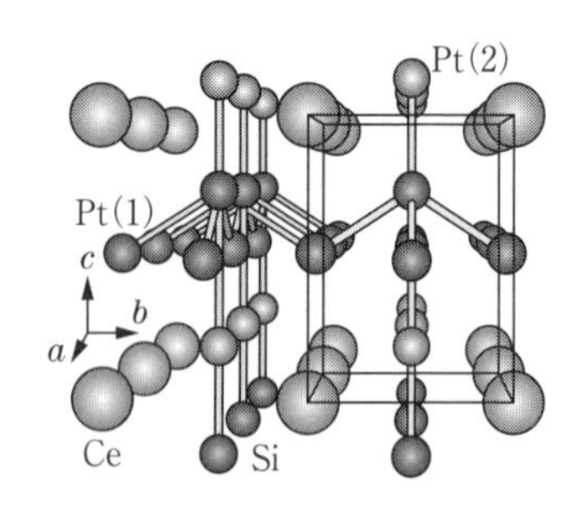

図 4.66　$CePt_3Si$ の結晶構造．（E. Bauer, *et al.*: Phys. Rev. Lett. **92**（2004）027003 より許可を得て転載）

空間反転対称性のない超伝導体の面白い点の１つは，これまで知られているスピン１重項超伝導やスピン３重項超伝導とは異なる，特異な超伝導状態が実現される可能性がある点である．固体中の電子の状態を波動関数として記述する際，スピンと軌道の他に，厳密には両者の結合であるスピン－軌道相互作用を考える必要がある．これは，クーパー対が形成される超伝導状態でも同様である．スピン－軌道相互作用は，結晶の単位格子中で電子が感じる電場ポテンシャルを用いて表される．

空間反転対称性がある場合，ポテンシャルが反転中心をもつことで，スピン－軌道相互作用の単位格子中の平均はほぼゼロとなる．この場合，スピン部分と軌道部分を分けることができ，波動関数をそれらの積として考えることができる．この時，超伝導の対関数（クーパー対）を考えると，通常，スピン成分（スピン１重項・スピン３重項）と軌道成分（s 波・p 波など）を分けて考えられる．クーパー対を形成する２つの電子は入れかえに対して反対称でなければならないことを考慮すると，スピン１重項（電子の入れかえに対して符号を変える）の場合は，軌道成分が偶パリティである s 波や d 波の対称性をもつことになり，スピン３重項（電子の入れかえに対して符号を変えない）の場合は，軌道成分が奇パリティの p 波，f 波の対称性をもつことになる．

例えば，従来型 BCS 超伝導体の場合，スピン部分はスピン 1 重項で軌道部分は s 波である．また，報告例が少ないスピン 3 重項超伝導体の代表例として知られる Sr_2RuO_4 では，軌道部分は p 波である．しかし，結晶構造に空間反転対称性の破れがあると，スピン－軌道相互作用の効果が顕著に現れ，上述のような分類ができなくなる．スピン 1 重項とスピン 3 重項が混合するような超伝導状態が実現する可能性があり，巨大上部臨界磁場などの特異な現象が現れうる．

このような空間反転対称性がない超伝導体が，近年いくつか報告されている．これらは以下の 2 種類に大別される．1 つ目は電子相関の強い重い電子系物質であり，$CePt_3Si$，$CeRhSi_3$，UIr などが例として挙げられる．2 つ目は電子相関が極めて弱い物質であり，$Mg_{10}Ir_{19}B_{16}$，Li_2Pt_3B，Ir_2Ga_9，$CaIrSi_3$ などがある．これらについて簡単に紹介する．

（1） $CePt_3Si$

$CePt_3Si$ は 2004 年に新しく発見された超伝導体であり，重い電子系超伝導体として初めて報告された空間反転対称性がない超伝導体である[390]．$CePt_3Si$ の T_c は 0.75 K であり，これから予想される上部臨界磁場 H_{c2} はパウリ極限を考慮すると 1 T 程度である．しかし，実際に報告された測定値はこれを超える約 5 T であったことから，従来のスピン 1 重項超伝導ではないことが示唆され注目された．

この物質では Ce 原子サイトには磁気モーメントが存在していると考えられ，中性子散乱回折によると，モーメントは ab 面内に向いており，その面内で強磁性的，c 軸方向に沿って反強磁性的にオーダーしている．この磁気オーダーは $T_N = 2.2$ K 以下で起き，T_c 以下では超伝導と共存している．

（2） $CeTX_3$ 系（$CeRhSi_3$ など）

$CeTX_3$ 系は正方晶 $BaNiSn_3$ 型の結晶構造をとり，c 軸方向に垂直な鏡映面をもたず，空間反転対称性が破れている．超伝導を示す物質が $CeRhSi_3$，$CeIrSi_3$，$CeCoGe_3$ などいくつか報告されている．いずれも常圧で反強磁性を示し，圧力印加に伴って，反強磁性が抑制されると同時に超伝導が誘起される．また，$CeTX_3$系に見られる巨大な上部臨界磁場は，空間反転対称性のない超伝導の特異性をよく示す一例である．

それらの詳細を，$CeRhSi_3$を例にとって紹介する．図4.67に示すように，常圧下で電気抵抗の温度依存性を見ると，1.6 K で反強磁性秩序転移に伴う抵抗の変化が見られ，0.2 K 以下の低温で超伝導に伴う抵抗の落ち込みの兆候が見られる[391]．圧力を印加していくと，反強磁性秩序転移温度 T_N は一旦上昇した後減少に転じ，約 1 K 辺りで一定値に落ち着いてしまうように見える．一方，超伝導転移による抵抗の落ち込みは圧力と共に鋭くなり，転移温度 T_c も上昇する．26 kbar で T_c は最大約 1.1 K となり，抵抗の落ち込みも最も鋭くなる．この圧力近傍で，$T_c > T_N$ となって反強磁性転移が見えなくなる．また，この圧力下では，上部臨界は非常に大きな値をとる．磁場が a 軸に平行な場合の $H_{c2}(T=0)$ は約 7.5 T で，パウリ極限の約 2 T より

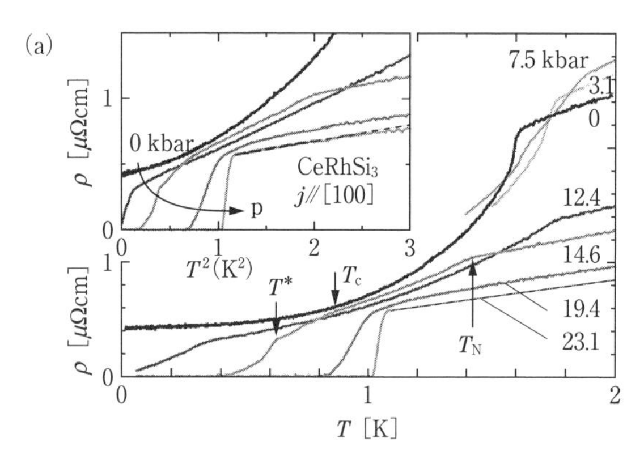

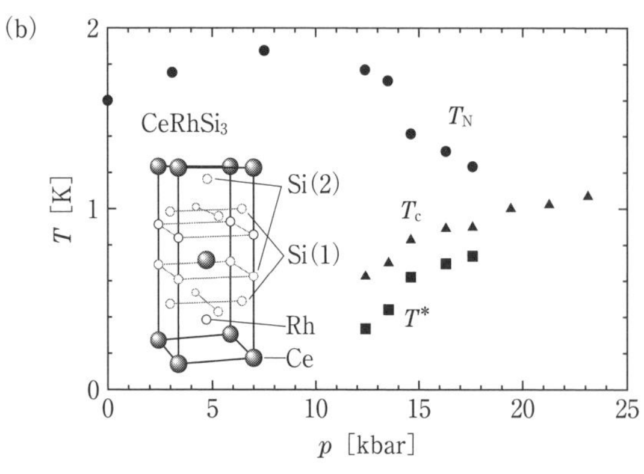

図 4.67　（上）$CeRhSi_3$ のさまざまな圧力下における電気抵抗率の温度または(温度)^2 依存性．T_N，T_c，T^* はそれぞれネール温度，超伝導転移温度，抵抗が急激に減少する温度を指す．（下）$CeRhSi_3$ の圧力相図．インセットは $CeRhSi_3$ の結晶構造．(N. Kimura, K. Ito, K. Saitoh, Y. Umeda and H. Aoki: Phys. Rev. Lett. **95** (2005) 247004 より許可を得て転載)

も高い値となる．さらに，磁場が c 軸に平行な場合の $H_{c2}(T=0)$ は少なくとも 20 T を超えるような非常に大きな値となる[392]．$H_{c2}(T=0)/T_c$ の高さは他の超伝導物質と比較しても突出しており，これが空間反転対称性のないことに起因しているかどうか，極めて興味深い．

（3） **UIr**

UIr は PdBi 型結晶構造をもち，U または Ir でできた歪んだ四面体が回転しながら積み重なっているような複雑な構造を形成している．UIr も $CeTX_3$ 系と同様に圧力誘起超伝導である．UIr は常圧で強磁性を示す遍歴電子強磁性体である．圧力を印加すると，常圧とは異なる強磁性相に 2 回相転移した後，3 つ目の強磁性相が消失する近傍の 2.6 GPa で超伝導が発現する[393]．ただし，この圧力では，強磁性秩序は完全には消失せず，超伝導相と共存している．上述の $CePt_3Si$ や $CeTX_3$ 系が反強磁性と超伝導が共存しているのに対して，UIr では強磁性と超伝導が共存している点で興味深い．しかし，T_c は 0.14 K と低く，上部臨界磁場も 25.8 mT と他の重い電子系超伝導体と比べても低い．また，加圧によってわずかに構造相転移を起こす

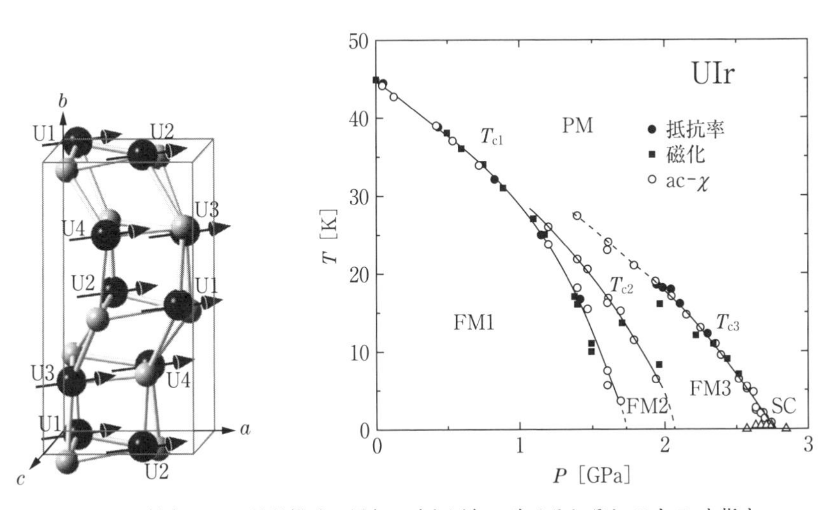

図 4.68　（左）UIr の結晶構造．黒色の球と灰色の球はそれぞれ U と Ir を指す．矢印はスピンが[1 0 −1]方向に向くことを示している．（右）UIr の圧力相図．FM は強磁性相，SC は超伝導相を示す．（T. C. Kobayashi, A. Hori, S. Fukushima, H. Hidaka, H. Kotegawa, T. Akazawa, K. Takeda, Y. Ohishi and E. Yamamoto: J. Phys. Soc. Jpn. **76** (2007) 051007 より許可を得て転載）

ため，超伝導状態で，空間反転対称性がない構造が維持されているかどうかは明らかでない．UIr において，どのような超伝導状態が実現されているかまだ明らかにされておらず，今後の研究が期待される．

（4）$Mg_{10}Ir_{19}B_{16}$

$Mg_{10}Ir_{19}B_{16}$ は，T_c が約 5 K，Mg－Ir－B の 3 元系で最初の超伝導体として報告された[394]．立方晶（空間群 $I\bar{4}3m$）の複雑な構造をとる物質で，同様の構造をとる物質は過去には報告されていなかった．上述した重い電子系物質とは異なり，f 電子をもつランタノイド元素を含まない空間反転対称性がない超伝導体として報告された．ランタノイドは含まないものの，原子番号が比較的大きい 5d 元素の Ir を含むため，スピン－軌道相互作用の影響は大きくなりうることが予想される．磁場中電気抵抗測定の温度依存性より上部臨界磁場は約 1.4 T と見積もられており，パウリ極限の 8.2 T を超えない．また，超伝導状態に関して，比熱測定からは s 波超伝導，トンネルコンダクタンス測定からはマルチギャップ超伝導の可能性があると報告されている[395]．

（5）$Li_2(Pd, Pt)_3B$

Li_2Pd_3B（$T_c \simeq 7$ K）および Li_2Pt_3B（$T_c \simeq 3$ K）は共にアンチペロブスカイト構造をとり，Pd（Pt）が B を囲む八面体が歪んでいるために，どの結晶軸の方向に沿っても空間反転対称性が破れている．

NMR 測定よって，Li_2Pd_3B は典型的な BCS 超伝導体であるのに対して，Li_2Pt_3B はスピン 3 重項超伝導が支配的であることが報告されている[396]．Li_2Pd_3B の場合，スピン格子緩和率 $1/T_1$ の温度依存性は，等方的なギャップの存在を示すコヒーレンスピークが T_c 直下で観測されている．これに対して，Li_2Pt_3B の場合はコヒーレンスピークがなく，T_c 以下で $1/T_1$ が T^3 則に従うことから，超伝導ギャップにおけるノードの存在が示唆される．また，Li_2Pd_3B では，T_c 以下でスピン帯磁率の減少を意味するナイトシフトの増大が観測されることから，スピン 1 重項超伝導状態であると考えられる．これに対して Li_2Pt_3B ではシフトが T_c 以下で変化せず，スピン 3 重項超伝導状態であると考えられている．この両者の違いはスピン－軌道相互作用の違いで説明されている．原子番号が Pd より大きい Pt では，スピン－軌道

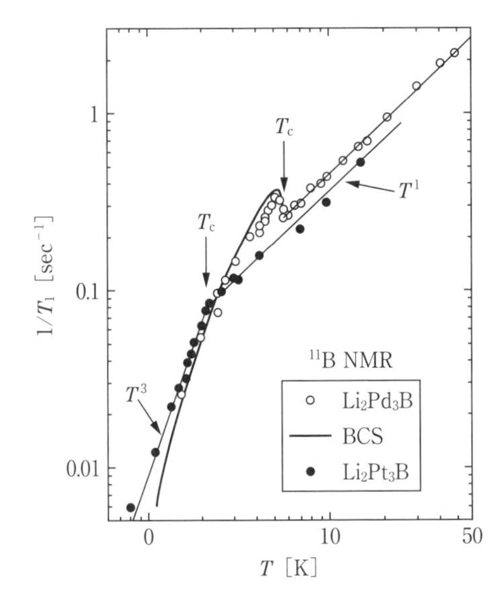

図 4.69　Li_2Pd_3B と Li_2Pt_3B におけるスピン格子緩和率の温度依存性（M. Nishiyama, Y. Inada and G. Zheng: Phys. Rev. Lett. **98** (2007) 047002 より許可を得て転載）

相互作用が大きく，それによってスピン 1 重項とスピン 3 重項の混合が大きくなる．この効果によって，Li_2Pt_3B においてスピン 3 重項の成分が支配的になったと考えられる．

（6）　**$(Rh, Ir)_2Ga_9$**

Rh_2Ga_9 および Ir_2Ga_9 は，Rh－Ga，Ir－Ga の 2 元系化合物においては初めて発見された超伝導であり，その T_c はそれぞれ 1.9 K，2.2 K である[397]．結晶構造は歪んだ Co_2Al_9 型構造をとる．通常の Co_2Al_9 型構造の場合，遷移金属元素の周りに Al（または Ga）が取り囲んだ多面体を c 軸方向に積み重ねた構造で，反転中心が存在する．これが歪んだ $(Rh, Ir)_2Ga_9$ の場合は，Ga 原子位置が反転中心から変位することで空間反転対称性がなくなっている．$CeRhSi_3$ や $Mg_{10}Ir_{19}B_{16}$ と同様に 4d 元素である Rh と 5d 元素である Ir を含み，スピン－軌道相互作用が比較的大きいと考えられる．しかし，比熱測定からは，両物質とも等方的なギャップをもつ BCS 弱結合超伝導体であることが報告されている．磁化測定によって，Rh_2Ga_9 および Ir_2Ga_9 はそれぞれ，H_{c2} = 130 Oe の第 1 種超伝導体，H_{c2} = 250 Oe の第 2 種超伝導体であることが確かめられている．

(7) $BaNiSn_3$ 型（重い電子系以外）

上述した $CeRhSi_3$ と同じ空間反転対称性がない $BaNiSn_3$ 型構造をとる超伝導体として，ランタノイドを含む重い電子系物質ではないものがいくつか報告されている．例えば，$BaPtSi_3$（$T_c = 2.25$ K）[398] や $CaIrSi_3$（$T_c = 3.6$ K），$CaPtSi_3$（$T_c = 2.3$ K）[399] などがある．これらは比熱測定の結果から，スピン 1 重項の従来型 BCS 超伝導体であると考えられており，上部臨界磁場も低い．空間反転対称性の破れは超伝導状態にあまり影響していないと考えられるが，重い電子系物質と比較して弱相関の非磁性体であるために，磁気秩序の影響を考慮しなくてもよいという特徴を有する点で興味深い．

4.9 特殊環境下での超伝導体

4.9.1 高圧下における超伝導体

これまで超伝導とは無縁であった物質が高圧力下で超伝導を示すなど，最近の圧力技術の進展[400] と相まって，近年，多くの圧力誘起超伝導体が報告されている．また，超伝導の起源となっている電子系のさまざまな性質の圧力効果は大きいため，超伝導の研究手段として圧力効果の研究は興味深い．本節では，特殊環境下の中でも高圧力下で発現する超伝導を紹介する．圧力という物理パラメーターは，一般に原子間距離を変化させ，波動関数の重なりを増加させることで，物質をより金属的にする．一方で，電子間相互作用を大きく変化させるため，磁気秩序や電荷秩序などの大きな圧力効果が観測されている．このように，圧力効果を利用した研究は，新物質を合成し，新しい超伝導体を探すことと同様の可能性を秘めていることになる．また，高圧下で結晶は，エネルギー的に安定な方向に構造相転移を示す．充填率や配位数が大きくなる方向，また，マーデルング（Madelung）エネルギーやフェルミエネルギーを得する方向など，物質により多彩な変化を示す．

(1) 圧力による絶縁体の金属化

高圧力下で発現する超伝導について，昔より関心がもたれている物質として，水素が挙げられる．高圧下でバンドギャップが閉じ，金属化できれば，軽元素であるため，理論的に高温超伝導が予測されている[401]．多くの高圧実験が試みられてきたが，金属化の明確な確証はまだ得られていない．同様の指針で多くの物質の高圧力実験が行われており，酸素[402]，ホウ素[403] などの軽元素や，SiH_4[404] などの水素化物による圧力誘起超伝導が報告されている．

（2） 圧力による構造相転移

圧力印加による構造相転移はしばしば見られる．圧力効果を利用した研究は，元素置換によって実現できない結晶構造や電子状態を見ることに相当する．1960 年代に典型的な半導体の Si や Ge などが高圧下で調べられ，ダイヤモンド構造 - β スズ構造 - fcc 構造のように充填率，配位数の大きくなる方向へ一連の構造相転移を起こし，金属化し，超伝導を示すことが報告された．カルコゲンの S，Se，Te[405] やアルカリ土類金属の Ba，Sr，Ca[406, 407] なども，高圧下で構造相転移を示した後に超伝導を示すことが報告されている．六方晶の Se，Te は高圧下で，単斜晶 - 斜方晶 - β ポロニウム型 - bcc のように，一連の構造相転移を起こし単斜晶構造で金属化し超伝導を示す．それぞれ，最高の T_c は 11 K，7.4 K と報告されている．S も高圧下で β ポロニウム型に構造相転移し，100 GPa で 17 K という高い T_c を示すことが報告された．Se，Te と合わせて高圧下で対称性の高い構造に相転移している．一方，Ba，Sr は，高圧下で充填率の低くなる方向に構造相転移を示し，s - d 電子遷移の増加により，電子 - 格子相互作用が増加し超伝導を示すことが

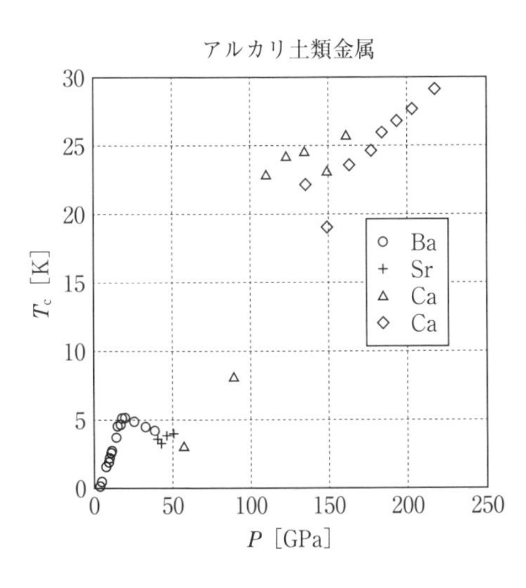

図 4.70 アルカリ土類金属の圧力下の T_c. Ba，Sr のデータは K. J. Dunn, *et al.*: Phys. Rev. **B25** (1982) 194 および H. L. Skriver: Phys. Rev. Lett. **49** (1982) 1768 より，Ca のデータは M. Sakata, *et al.*: Phys. Rev. **B83** (2011) 220512 (R) より，それぞれ許可を得て転載．なお，ダイヤ（◇）は引用論文著者らのデータ，三角（△）は論文中で引用されている先行研究によるデータを指す．

指摘されている[406]. Caも類似の構造相転移を示し，圧力誘起伝導を示す. 200 GPa以上の圧力でT_cが29 Kまで上昇することが報告され，高温超伝導として注目されている[407]. 図4.70にBa，Sr，CaのT_cの圧力効果を示す.

(3) 圧力によるキャリア分布変化

高温超伝導体である銅酸化物は，反強磁性を示す母物質の絶縁体にキャリアをドープすることで反強磁性秩序が抑制され，超伝導が現れる. Cu－O面が伝導面となる層状構造をとり，Cu－O面に隣接するブロック層の元素置換効果によりCu－O面にキャリアが導入され，超伝導が現れる（アンダードープ）. T_cはベル型のドープ量依存性を示す. 層状物質であるので，圧力下で格子は一様に圧縮されず，層間が大きく圧縮される. このような異方的圧縮のため，電荷分布に変化が生じ，結果としてCu－O面のキャリア濃度が圧力で増加し，アンダードープ状態からオーバードープ状態まで圧力だけで1つの物質のT_cを変化させることができる. また，T_cより高温の電子状態は，スピンギャップとよばれるスピンの励起にギャップのある振舞が観測されており，高温超伝導の発現機構と関連して議論されている. 同様に，スピンギャップを示す銅酸化物として，2本足梯子構造のCu_2O_3面をもつスピンラダーとよばれている物質がある. ラダー面とCu－Oチェーン面が交互に重なった構造をもつ$(Ca_{1-x}Sr_x)_{14}Cu_{24}O_{41}$は，Sr濃度を増加させることで，チェーン面からラダー面への電荷移動が進み伝導性が増加する. これに圧力を加えることで，さらに電荷移動が進み，圧力誘起超伝導を示す. ラダー物質は理論的に超伝導が予想された物質で，高圧力下で初めて超伝導が確認された[408].

銅酸化物に次ぐ高T_cを示す鉄系超伝導体は，反強磁性を示す母物質の半金属にキャリアをドープすることで反強磁性秩序が抑制され，超伝導が現れる. Fe－As面が伝導面となる層状構造をとり，銅酸化物と同様に層状物質であるため，圧力下で格子は異方的に圧縮され，電荷移動によりFe－As面のキャリアが増加する. 鉄系超伝導体は全般的に大きな圧力効果が報告されているが[409]，その要因として，圧力による電荷移動に加え，FeとAsで作られる四面体のボンド角度やボンド長などの局所的な構造変化が，電子状態に大きな変化を及ぼしているとして，理論計算などから指摘されている.

鉄系超伝導体の中で 1111 型，122 型とよばれる構造の母物質である LaFeAsO，CaFeAsH や $SrFe_2As_2$ などで圧力誘起超伝導が報告されている．図 4.71 に，CaFeAsH と CaFeAsF の構造相転移と反強磁性転移温度 T_0 と T_c の圧力効果を示す[410]．T_0 が圧力で抑制され超伝導が出現しており，As－F 層よりも As－H 層をもつ物質の方が，圧力効果の大きい傾向がある．また，鉄をベースとした梯子構造をもつ $BaFe_2S_3$ が，圧力誘起超伝導を示すと最近報告されている[411, 412]．常圧では反強磁性絶縁体であるが，約 11 GPa を超える高圧力下で金属転移と同時に 20 K クラスの超伝導を示す．

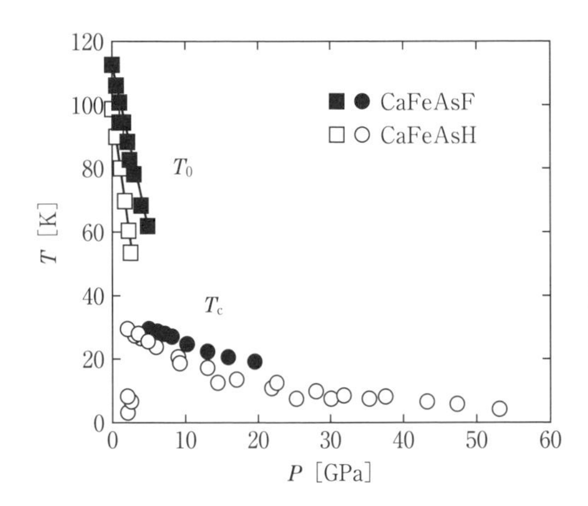

図 4.71　CaFeAsH の反強磁性転移温度 T_0 と T_c の圧力効果．（H. Takahashi, *et al.*: J. Supercond. Nov. Magn. **25** (2012) 1293 より許可を得て転載）

4.9.2　電場誘起超伝導体

電場誘起超伝導とは，電界効果によって試料（多くの場合絶縁体）表面に静電的に形成・制御された，2 次元電子系で起こる特殊環境下での超伝導である．半導体デバイスの電気伝導制御において，多くの成功を収めてきた電界効果トランジスタ（Field Effect Transistor：FET）構造を用いたこの静電的なキャリア制御法は，元素置換などの化学的キャリア制御法に比べ，不規則性の導入がなく，かつ単一試料で連続的な物性制御が可能であるという利点をもつ．このため，従来型の金属－絶縁体－半導体（Metal－Insulator－Semiconductor：MIS）FET が発明された 1960 年当初より，同手法を超伝導体の基礎および応用研究へ適用する試みがなされてきた[413]．しかし，超伝導を示すほとんどの物質の有効なキャリア密度が半導体に比べ 1 桁以上大きく，絶縁破壊電場（約 1 GV/m）で決定される MISFET のキャリア制御範囲（$<10^{18}\,\mathrm{m}^{-2}$ の面密度）を超えてしまうことから，MISFET を用いた超伝導制御は，比較的低キャリア密度で，すでに超伝導になっている薄膜試料の T_c を変調することで研究が止まっていた[414-417]．

ところが近年，従来の FET 構造を発展させた，電気 2 重層トランジスタ（Electric Double Layer Transistor：EDLT）構造において，MISFET を大幅に超える大キャリア密度（$10^{18}\sim10^{19}\,\mathrm{m}^{-2}$）の誘起が可能となり[418-421]，これを用いた電場誘起超伝導が実現できるようになってきた[422-425]．この EDLT によるキャリア制御法は，超伝導のみならず，さまざまな物質の強磁性転移や金属－絶縁体転移といった電子相制御にも用いられるようになってきている．

図 4.72(a) と (b) に，MISFET と EDLT の概念図を示す．MISFET は，金属のゲート(G) 電極と，ソース(S)，ドレイン(D) 電極のついた試料（半導体）の間に，絶縁体層（典型的には厚さ数百 nm）を挟んだ構造をもつ．G－S 間にゲート電圧 V_G を印加すると，ある閾値（電場によって曲げられた試料表面の伝導バンドの端が，フェルミ面を横切る電圧）以上において，試料表面に電荷（V_G が正の時は電子，負の時はホール）がキャパシタの原理により蓄積される．この電荷が伝導キャリアとなり，S－D 間の電気伝導

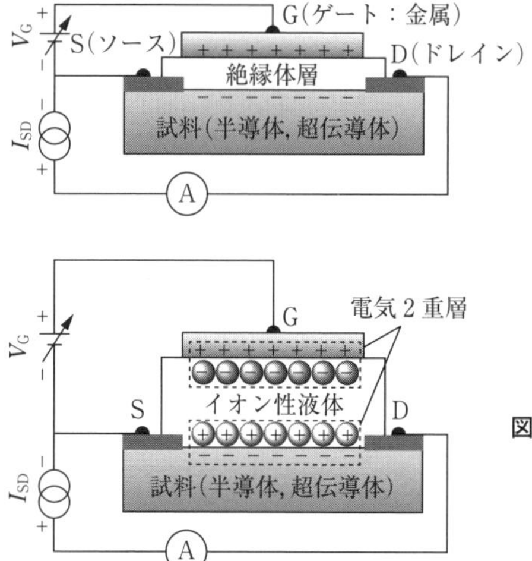

図 4.72　(a) 従来型電界効果トランジスタ MISFET と (b) 電気 2 重層トランジスタ EDLT の模式図．

が V_G により制御できる．一方，EDLT では，MISFET の絶縁体層が電解液やイオン液体といったイオン性液体におきかわった構造をもつ（液体物質はさまざまなものがあるが，例えば電解液としては $AClO_4$ (A = Li, K, Cs) ポリエチレングリコール液，イオン液体としては *N*, *N* - diethyl - *N* - (2 - methoxyethyl) - *N* - methylammonium bis - (trifluoromethylsulfonyl) - imide (DEME - TFSI)， *N*, *N* - diethyl - *N* - methyl - *N* - (2 - methoxyethyl) ammonium tetrafluoroborate (DEME - BF_4) などがよく用いられる[426]）．この構造で V_G を印加すると，試料と G 電極の両表面上に正負の各イオンの移動が起き，電気 2 重層（Electric Double Layer）とよばれるキャパシタ構造が形成される．このキャパシタは，厚さが電解液中の溶媒やイオン液体の分子サイズ程度（<1 nm）の極薄であることと，誘電率が大きいこと（比誘電率で 10 程度）によって，数百 mF/m^2 といった大電気容量をもつ．これにより，数 V の V_G 印加により MISFET の 10 ～ 100 倍のキャリア誘起が可能となるわけである．

電場誘起超伝導は，比較的低キャリアドープで超伝導になることが知られる，$SrTiO_3$ の単結晶(100) 表面に作製された EDLT 構造（$SrTiO_3$ - EDLT）において最初に発見された[422]．その後，電場誘起超伝導は $SrTiO_3$ と同じペロブスカイト構造をもつ $KTaO_3$[423] や，層状構造をもつ ZrNCl[424] や，MoS_2[425] といったバンド絶縁体，モット絶縁体を出発組成にもつ銅酸化物の EDLT 構造[427] においても見出されている．特に $KTaO_3$ では，化学的ドープでは到達できなかったキャリア密度領域まで静電的ドープを行い，超伝導が出現したことから，EDLT は新物質開発にもポテンシャルを発揮することが示されている．

ほとんどの電場誘起超伝導は，原子レベルで平坦な表面上に作製された FET 構造で出現する．このため，電場誘起した電子系はピニングの効果が弱く，clean（平均自由行程の長い）な究極の 2 次元超伝導体となり得る．この特徴は多くの場合，強ピニング，dirty の極限と見なされる金属薄膜超伝導体とよい対比をなす．図 4.73 に，STO - EDLT の V_G = 3.5 V(キャリア面密度 = 1×10^{18} m^{-2}) の面直磁場中での超伝導転移を示す[428]．V_G = 0 V において室温から絶縁体であった STO - EDLT が，有限の V_G 印加により金属となり，さらに，化学ドープしたバルクでの T_c の最高値（0.4 K）とほぼ同じ温度で超伝導転移する．注目したいのは，数十 mT というわずかな磁場印加によっても，電気抵抗転移がブロードになり，抵抗ゼロにむけて長い裾を引くことである（これに対し面平行な磁場中では，転移幅はゼロ磁場中のものと同様である）．これは，2 次元性による大きな超伝導ゆらぎと弱ピニングの効果による現象であると考えられる．

実際，図 4.74 に示すように，この系の電気伝導面に垂直と平行方向の上部臨界磁場 $H_{c2}^{\perp}$，$H_{c2}^{/\!/}$ の温度 T 依存性は，

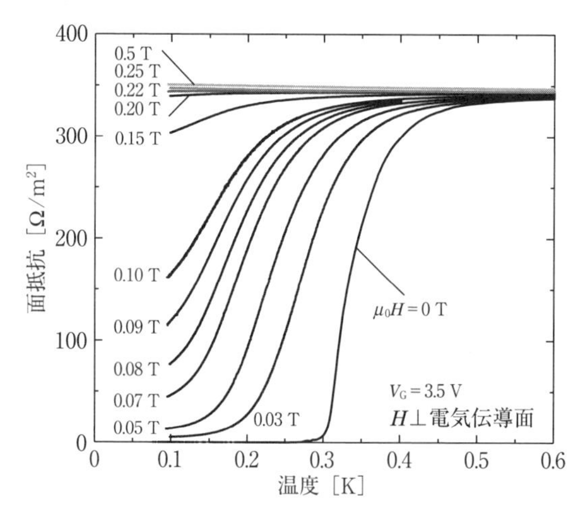

図 4.73　$V_G = 3.5$ V（キャリア面密度 $= 1 \times 10^{18}$ m^{-2}）における $SrTiO_3$-EDLT の磁場中電気抵抗転移．（K. Ueno, *et al.*: Phys. Rev. **B89**（2014）020508（R）より許可を得て転載）

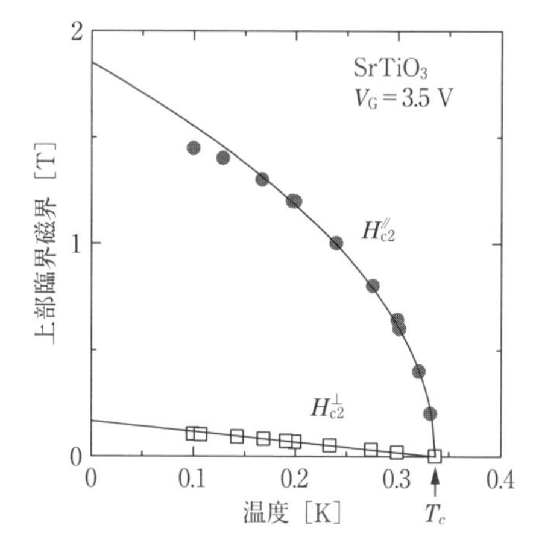

図 4.74　$V_G = 3.5$ V（キャリア面密度 $= 1 \times 10^{18}$ m^{-2}）における $SrTiO_3$-EDLT の電気伝導面に垂直と平行方向の上部臨界磁場 $H_{c2}^{\perp}$，$H_{c2}^{/\!/}$ の温度依存性．（K. Ueno, *et al.*: Phys. Rev. **B89**（2014）20508（R）より許可を得て転載）

$$\mu_0 H_{c2}^{\perp}(T) = \frac{\Phi_0}{2\pi\xi(0)^2}\left(1 - \frac{T}{T_c}\right), \qquad \mu_0 H_{c2}^{/\!/}(T) = \frac{\sqrt{12}\,\Phi_0}{2\pi d_{\mathrm{eff}}\xi(0)}\left(1 - \frac{T}{T_c}\right)^{1/2} \tag{4.1}$$

といった 2 次元 GL 理論でうまく説明ができる[428]．ここで，$\Phi_0 = h/2e$ は磁束量子，$\xi(0)$ は 0 K での面内でのコヒーレンス長，d_{eff} は超伝導層の有効厚さである．(4.1) によるフィッティングにより，$\xi(0) = 45 \sim 50$ nm，$d_{\mathrm{eff}} = 11 \sim 13$ nm が求まり，確かに，系が $d_{\mathrm{eff}} \ll \xi(0)$ の成り立つ典型的 2 次元超伝導体であることがわかる．（$1 \times 10^{18}\ \mathrm{m}^{-2}$ 程度のキャリア密度をもつ電子系の d_{eff} が 10 nm 以上もあることは，通常の FET を考えると異常に感じられるかもしれない．これは，量子常誘電性によって低温での誘電率が極度に増大するという $SrTiO_3$ の特殊性のためで，他の EDLT では $d_{\mathrm{eff}} = 1 \sim 2$ nm に収まることを指摘したい．）

図 4.73 において強磁場中で超伝導が壊れた後，絶縁体とはならず，電気抵抗がほぼ温度依存しない金属状態になることも電場誘起超伝導体の特徴であろう．通常，強いピニング効果で dirty な 2 次元超伝導体では，磁場をかけると，渦糸グラス（超伝導）状態からボーズグラス（クーパー対が局在した絶縁体）状態に量子相転移することが実験・理論の両面から広く認識されているが，上記の結果は，弱ピニングである程度 clean な系では同じタイプの量子相転移が存在しないことを意味する．今後，電場誘起超伝導体を用いて擬 2 次元超伝導体の基底状態に対する理解がさらに進むことが期待される．

試料表面に垂直電場をかけることによって実現する 2 次元電子系では，この電場の存在により，必然的に空間反転対称性が破れている．よって，電場誘起超伝導体は，スピン－軌道相互作用の効果を大きく受けた超伝導体ということもできる．どのようなスピン－軌道相互作用がはたらくかということは，系の電子状態にも依存するが，例えば $SrTO_3$ では，電子スピンが運動量に応じて面内配向するラシュバ（Rashba）型の相互作用がはたらくことが予想されている．スピン－軌道相互作用の効果が超伝導特性に反映されるとどのような特徴が出るかということは，まだ実例も少ないことから明確ではない．図 4.74 において，$H_{c2}^{/\!/}$ の値が低温で常磁性極限の値（$\simeq 0.7$ T）

を大きく超えることは，スピン－軌道相互作用の効果が現れた１つの例といわれている．

4.10　その他の超伝導体

4.10.1　トポロジカル超伝導

これまで，トポロジーという数学的概念が物性研究の中で話題の中心としてとり上げられることはほとんどなかったが，トポロジカル絶縁体が物質の新しい電子状態として初めてとり上げられてから，非常に大きな関心がもたれ，数多くの研究が行われている．ここではどのような物質がなぜトポロジカル絶縁体になるのか，といったより根源的な議論はトポロジカル絶縁体の専門書や文献に譲り[429-434]，トポロジカル絶縁体が超伝導状態とどのように関係するのか，あるいはトポロジカル超伝導体とよばれる物質について，現在までに理解されている範囲でとり上げてみたい[435-441]．これらの話題は，急速に進歩しているので不確定な部分や矛盾するような内容も多々あるが，ここではできる限り確定している問題に限って記述するよう努めた．

（1）　トポロジカル絶縁体

まず，トポロジカル絶縁体（TI）とはどのような物質かを簡単に説明しよう．3次元物質の場合，バルクは通常のバンド絶縁体であるが，表面状態に量子力学的な対称性の要請により特殊な伝導状態が形成され，その表面伝導状態のエネルギー分散関係が直線的な，いわゆるディラックコーン型で伝導帯と価電子帯を結ぶように交差する形をとる．このような直線的な分散関係をもつ電子状態が物質の表面に現れるのであるが，この状態は時間反転対称性（Time Reversal Symmetry（TRS））のため，スピンのアップバンドとダウンバンドが分離して分極しており，互いに逆向きに運動するが，散乱を受けないヘリカル状態を形成しているという特徴をもつ[†3]．この時，伝導電子のスピンは，運動方向と直角をなしているヘリカルスピン偏極状態にある．この様子を図4.75にエネルギーバンド図を使って模式的に示す．平衡

†3　2次元系では，スピン反転を起こさない後方散乱は完全に禁止される．3次元系では180°後方散乱は禁止されるが，その他の場合の散乱は，抑制されるが禁止されるわけではない．

状態では互いに反対向きの電流が流れているので平均としてゼロであるが，電流を強制的に流し，特定の方向へ流れる電流を増やすと，バランスが崩れ，スピン偏極が現れることになる†4．この原理を用いれば，これまでにない全く新しい動作原理でスピンを制御するデバイスが構築できる可能性を秘めていることから，トポロジカル絶縁体はスピントロニクス分野の新材料として大変期待されている．

トポロジカル絶縁体の表面（エッジ）伝導を特徴づける交差する直線型の分散関係は，ちょうど相対論的電子論（ディラックの電子論）における電子の分散関係と類似しており，トポロジカル表面の電子は質量ゼロのディラック電子と見ることができる．このような性質は最近，グラフェン†5でも見つかっており注目されているが，重要な点は，キャリア濃度が少なくても移動度が高いこと，電界制御によって電子とホールが切り分けられること，量子力学的な秩序によって電子（ホール）の局在が抑制されていること，ディラック電子にはない電子のスピン偏極が存在すること，バルクのバンドギャップが十分大きければ，常温でこのような特徴的なトポロジカル状態が実現されていることなどから，トポロジカル絶縁体物質は新たな量子物質相としての特長にあふれている．この特長を利用した新しい動作原理に基づく新デバ

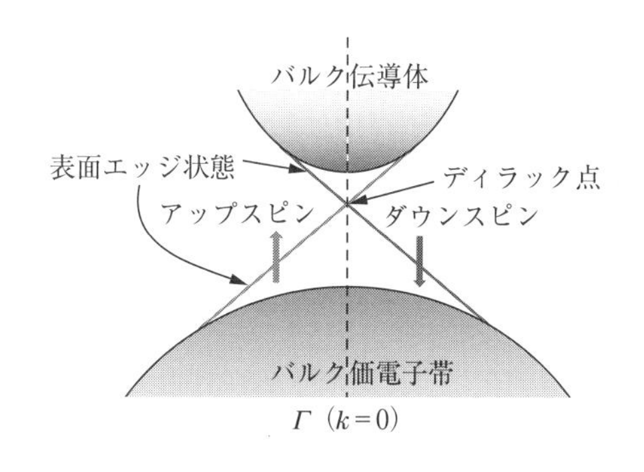

図 4.75 トポロジカル絶縁体（TI）のバルクバンド図と，表面におけるディラック型の直線的なエネルギー分散関係

†4 このような現象は量子スピンホール効果（Quantum Spin Hall Effect（QSHE））といい，2次元トポロジカル絶縁体で実現されている[442]．

†5 グラファイトは炭素からなる六角ハニカム構造（水素のないベンゼン環構造）が2次元平面上に無限に広がった構造で，その2次元炭素面が多数積層した物質である．ただし，炭素面が積層する際，上下の炭素原子が互いに避け合い，ちょうど六角構造の中心位置に上下の炭素原子がずれて積層している．グラフェンは，その中の炭素1原子層だけを取り出した網の目状物質をいう．

イスが期待できることから，基礎と応用の両面から大変注目されている．

(2) トポロジカル超伝導体

最近，トポロジカル絶縁体にキャリアをドープすると超伝導を示す物質が発見された．それは，Bi_2Se_3 に金属の銅（Cu）をドープした物質 $Cu_xBi_2Se_3$（ただし x は $0.10 \lesssim x \lesssim 0.4$ の範囲）である†6 [443]．トポロジカル絶縁体はバルク状態が絶縁体であるから，それ自体超伝導体になることはない．ディラックコーン状態を形成している表面電子が超伝導化することも，通常は考えられない．そうなると，ディラック表面電子状態とバルク超伝導体（ドープされたトポロジカル絶縁体の超伝導状態か，あるいは通常のバルク金属超伝導体）との接合を形成し，近接効果で超伝導を誘起する以外，そもそもトポロジカル絶縁体が超伝導化することはないように思われる．トポロジカル絶縁体と通常の金属超伝導体との接合実験はすでになされていて，大変興味深い[447, 448]．この問題は，後に別途とり上げることにする．

トポロジカル絶縁体が超伝導である場合，正常状態のバルクの電子状態にはすでにドーピングが起こっており，金属化している．例えば，$Cu_xBi_2Se_3$ はその典型的な例であり，そもそも Bi_2Se_3 自体が Se の欠損のために電子ドープ状態にあり，通常，$\simeq 10^{19}$ 個/cm^3 程度の電子が伝導帯に存在する金属状態にある．Cu を $x = 0.1$ 程度までドープすると，Cu は Cu^+ となり電子 1 個をバンドに放出するから電子密度が約 1 桁上昇し，超伝導領域では $\simeq 2 \sim 3 \times 10^{20}$ 程度となり，超伝導状態に入る．したがって，この超伝導状態はバルクの超伝導である．

この超伝導状態が異方的超伝導状態であり，エネルギーゼロの状態にアンドレーエフ励起状態をもてばトポロジカル超伝導といえるが，もし，s 波の超伝導状態であり，トポロジカル絶縁体に特有の表面状態が消失すれば，トポロジカル超伝導体ではないということになる．しかし，トポロジカル絶縁体のヘリカルスピン表面状態はバルクの超伝導の発生と強く相関し，フー（Fu）とベルグ（Berg）の 2 人はバンドの対称性を考慮した理論計算によっ

†6　Sr や Nb をドープした $Sr_xBi_2Se_3$，$Nb_xBi_2Se_3$ でも $T_c = 2.5\,K \sim 3.5\,K$ で超伝導になることが最近，発見されている[444-446]．

て，$Cu_xBi_2Se_3$は奇パリティのトポロジカル超伝導体であると結論した[449]．しかるに，問題はこのトポロジカル超伝導状態がアンドレーエフ励起状態を伴う異方的超伝導状態かどうか，また，もしそのようなトポロジカル超伝導体が実現されているとすれば，一体どのような超伝導を示すのかに議論は集中することになる．

（3） **$Cu_xBi_2Se_3$**

Bi_2Se_3は，一般に$M_2^{V-B}N_3^{VI-B}$ (M = Sb, Bi, N = S, Se, Te) と表される化合物半導体であり，テトラジマイト（tetradymite）型物質とよばれる層状物質として古くから知られており，1950年代後半から1990年代にわたり膨大な研究がある[450-477]．この物質の基本構造を図4.76に示す．この構造はBiとSeが{-Se(I)-Bi-Se(II)-Bi-Se(I)-}のように5層が単位となってc軸方向へ層状に積層した構造で[†7]，このユニット間の接合部分のSe(I)-Se(I)の2重層間は，ファン・デル・ワールス（van der Waals）力で弱く結合していることが知られている．この物質にCuをドープすると，この弱結合Se(I)-Se(I)の層間にインターカレートし，Cu^{+1}となってCu原子1つ当り1個の電子をバンドに放出するので，結局，電子ドープが起こると考えられている．

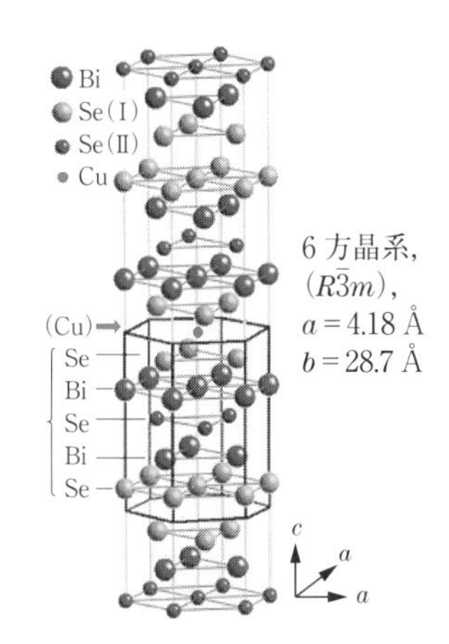

図4.76 Bi_2Se_3の結晶構造

この物質がCuのドープ量xの増加に伴い超伝導化することから，トポロジカル超伝導体としての可能性があることは2010年，ホール（Hor）ら[443]によって初めて指摘された．ところが，この物質の超伝導には大きな問題があることもその後次第に明らかになってきた．それは，この物質の良質な超伝導単結晶体を得ることが極めて困難なことである．この問題は現在でも解消されたとはいえず，この物質の理解が進展しない大きな理由となっている．

†7 この5層の積層単位を1QL（quintuple layer）と表す．

例えば，電気抵抗は T_c 以下でゼロにならないことや，超伝導状態での反磁性磁化が 100% に達せず，遮蔽効果が高々 10% 程度かそれ以下であること，また，X 線構造解析によれば，特定できない不純物相が検出される場合もしばしばあるなど，さまざまあるが，最も深刻な問題は超伝導領域ではキャリアをドープすることが極めて困難なことである．つまり，Cu 量 x を増加すると $0 \leq x \leq 0.11$ では x に比例して電子ドープが進むが，それ以上 Cu を増加してもキャリアは増加せず，一定となるか，またはむしろ減少に転ずる．これは，高温で Cu を反応させて作製した試料でも，電気化学的に Cu をドープした試料でも同じである[478]．ただし，電気化学的手法を使えば $x = 0.4$ 程度までドープできるといわれている[478]．このことは，Cu の添加によって，$x = 0.11$ 付近を境としてキャリアのドーピング機構が異なることを意味している．超伝導はちょうど $0.11 \leq x$ から始まるため，超伝導は Cu の高濃度側のドーピング機構と深く関係していると考えられている．

Cu 濃度が $x \leq 0.11$ の領域では，Cu は Bi_2Se_3 の Se(I)-Se(I) の 2 重層間にインターカレートすると考えられるが（図 4.76），$0.11 \leq x$ では，もはや Cu はインターカレーションではなく，別のサイトに置換されるか，あるいは，置換されず格子間（interstitial）に固溶し残留するのか，あるいは固溶限界に達し，粒界に析出してしまうかであり，その場合，具体的な Cu の状態については明確な知見は得られていないのが現状である．

Cu のドーピングに関し，クリーナー（Kriener）らは電気化学的に Cu をドープすることで $x \leq 0.4 \sim 0.6$ まで到達し，超伝導による遮蔽効果が 40% に達したことから，バルク超伝導状態が得られたとしてさまざまな物性の評価を行った[478-480]．さらに，佐々木らは超伝導状態にある高 Cu ドープ $Cu_xBi_2Se_3$ の単結晶の表面に銀ペーストで金線を接続し，ポイントコンタクトによるトンネル分光の実験を行い，T_c 以下でゼロバイアスコンダクタンスに異常なピークを観測したと報告した（図 4.77(a)）[481]．この実験結果は，トポロジカル超伝導体の理論で予測されるゼロバイアスコンダクタンスの異常とよく一致していることから，彼らは $Cu_xBi_2Se_3$ はトポロジカル超伝導体であり，ゼロバイアス状態ではマヨラナフェルミオン（Majorana fermion†8）状態としての証拠を見出したと結論した．

ポイントコンタクトスペクトルスコピーでは，金属探針と超伝導体との接点が実験結果に本質的に重要である．金属探針は先端を細く鋭利にした金属針で，超伝導体に1点で接触させて実験を行う．また，探針の位置を移動させ，異なった場所で再現性のよい結果を得る必要がある．佐々木らの実験で

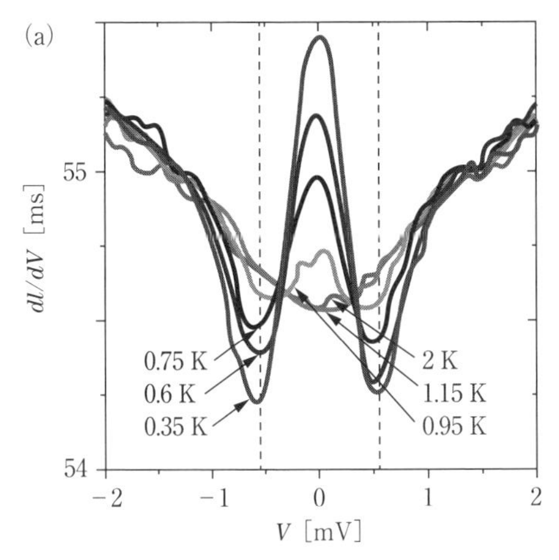

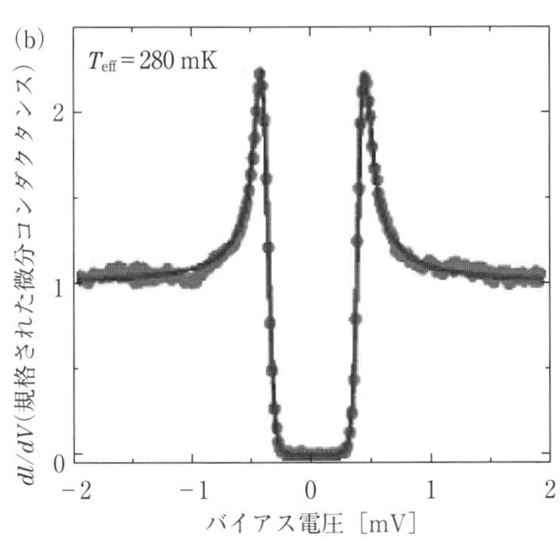

図 4.77 (a) ゼロバイアスコンダクタンスにアンドレーエフ反射の異常を見出したとするポイントコンタクトスペクトロスコピーの実験結果と，(b) STS による s 波超伝導を支持する超伝導ギャップ．黒色の実線は T_{eff} = 280 mK，BCS 理論 s 波モデルでフィットしたギャップカーブ．(S. Sasaki, M. Kriener, K. Segawa, K. Yada, Y. Tanaka, M. Sato and Y. Ando: Phys. Rev. Lett. **107** (2011) 217001 および N. Levy, T. Zhang, J. Ha, F. Sharifi, A. A. Talin, Y. Kuk and J. A. Stroscio: Phys. Rev. Lett. **110** (2013) 117001 よりそれぞれ許可を得て転載)

---

†8 E. Majorana：Nuovo Cimento **14** (1937) 171－184, Ettore Majorana によって1937年，素粒子ニュートリノの存在を説明するために考案された粒子で，粒子そのものが反粒子であるという奇妙な粒子．この予言後，彼は失踪し行方不明となり，2度と戻らなかったことはあまりにも有名である．

は最も肝心な部分を銀ペーストで接続しているため，銀粒子やその他の銀ペーストに含まれる有機溶媒などを介した接合であると思われる．また，接点はミクロンサイズの大きさであり，とても1点での接合とは考えられない．このように，彼らの実験条件は，理想的なポイントコンタクトスペクトロスコピーの条件からかけ離れているように見える．ところが，Auのチップを用いて，このような状況を改善したと思われる佐々木らと同様のポイントコンタクトの実験がその後なされ[482, 483]，それらの結果は，ギャップの大きさなど詳細はかなり佐々木らの結果と異なるが，ゼロバイアスコンダクタンスの異常という点に関しては，佐々木らの実験を支持した結果が得られている．

一方，レビ（Levy）ら[484]は超伝導状態の$Cu_{0.2}Bi_2Se_3$単結晶でSTS†9の実験を行い，ポイントコンタクトトンネルスペクトロスコピーの結果と全く異なる結果を得た．図4.77(b)に，$T = 15$ mK（有効温度$T_{\rm eff} = 280$ mK）で行われた実験結果を示す．規格化されたトンネルコンダクタンスは，超伝導ギャップが完全に開いた典型的なs波のスペクトルを示しており，図4.77(b)の実線はs波に対するBCS理論で実験値を解析した曲線であり，極めてよい一致を示している．また，彼らはSTSの探針の距離を変化させ，コンダクタンスがトンネル抵抗値によらないことを確認し，一連の結果の再現性などをチェックしがら注意深い実験をしている．STSの測定時，探針を試料に衝突させた場合，ゼロバイアスピークが観測され，トンネルスペクトルの落ち込み幅が広がることも示している．結局，レビらの実験は$Cu_xBi_2Se_3$は通常のs波超伝導体であり，期待されたようなトポロジカル超伝導体ではないことを示している．現状ではどちらが正しいか，あるいは両者が正しくないかもしれないという可能性も含めて今後，実験的に解決する必要がある．

レビらはさらにもう一歩踏み込んで，磁場中でのSTM（STS）を実行し，磁束線のコア状態を詳細に調べた．その結果を図4.78にまとめて示す[484]．この結果は，磁束線のコア状態にも異常は見当たらず，トポロジカル超伝導

---

†9　Scanning Tunneling Spectroscopy：走査型トンネル分光

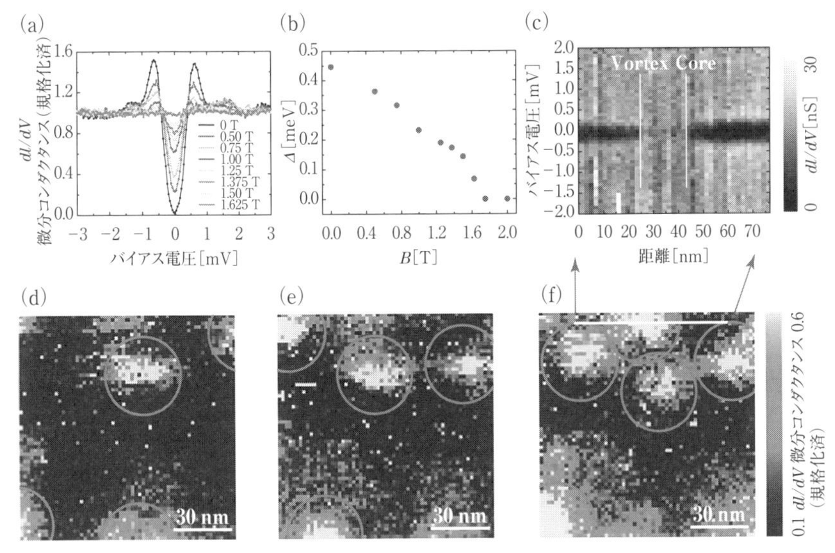

図 4.78 磁場中での $Cu_{0.2}Bi_2Se_3$ の超伝導体のトンネルスペクトル．(a) 高磁場（B＝1.75 ～ 2 T）で規格化したトンネルスペクトルの磁場変化．有効温度 T_{eff}＝0.95 K．(b) (a) で得られたスペクトルを，BCS 理論で解析して得られた超伝導ギャップパラメーター Δ の磁場依存性．(c) 図(f) の白線上で得られた dI/dV スペクトルマップ．ボルテックス上を通過すると，超伝導ギャップが消失しているため，トンネルスペクトルの変化をしなくなる様子が明瞭に見える．(d) ～ (f) 2 次元 dI/dV マップ．グレースケールは 0 ～ 30 nS に対応する．(d) は 0.5 T，(e) は 0.75 T，(f) は 1 T 中での像．有効温度 T_{eff} ＝280 mK．（N. Levy, T. Zhang, J. Ha, F. Sharifi, A. A. Talin, Y. Kuk and J. A. Stroscio: Phys. Rev. Lett. **110** (2013) 117001. より許可を得て転載）

状態での磁束線コア内で期待される，マヨラナフェルミオンの存在を示す異常現象は確認できなかった．

その他，トポロジカル超伝導体としての異方的超伝導状態の可能性を示唆する実験結果としては，上部臨界磁場に関する実験結果がある．ベイ（Bay）ら[485]は，ゼロ抵抗が得られている単結晶 $Cu_{0.3}Bi_2Se_3$[†10] で，上部臨界磁場 B_{c2} の温度依存性をさまざまな圧力下で測定し，超伝導一般論から得られる結果と比較検討した結果，パウリ極限には従わないこと，すなわち，s 波以外の超伝導であること，温度依存性は p 波（poler state）とすると s 波や

†10 ただし，x は試料作成時の仕込み値なので実際はかなり少ないと思われる．キャリア数は 1.2×10^{20} 個/cm^3 である．

d 波など，その他の対称性の超伝導状態と比較してより実験結果とよい一致を見ることから，この物質の超伝導は p 波であると結論している．

また，ワン（Wang）ら[448]は，原子層レベルで平坦で良質な 2H - $NbSe_2$ 単結晶（s 波の超伝導体で $T_c = 7.5$ K）の上に，Bi_2Se_3 超薄膜を 5 層{-Se(I)-Bi-Se(II)-Bi-Se(I)-}単位（1 QL）で MBE 成長させ，STS により $NbSe_2$ の超伝導の近接効果を調べた．測定は 4.2 K で行われた．その結果，3 QL 薄膜でのゼロバイアスで微分コンダクタンスがほとんどゼロとなる s 波タイプの超伝導ギャップスペクトルを示し，層数をそれ以上に増やすと，次第にゼロバイアスで微分コンダクタンスの値が大きくなり（すなわち，超伝導ギャップを示すコンダクタンスの変化が小さくなって），やがて，8 QL 程度でこのスペクトルが消失していくことがわかった．1 QL の厚さが約 9.7 Å なので，c 軸方向へ $\simeq 78$ Å もの超伝導コヒーレンスが得られることになる．また，同じ試料で角度分解光電子分光（ARPES）の実験を行い，3 QL ではディラックコーンが見えないが（その理由は，薄膜が薄すぎて上下の面が干渉する効果としている），6 QL，9 QL，12 QL ではディラックコーンとフェルミエネルギー E_F より，約 0.45 eV 下にディラックポイントが明瞭に観測された．このことから，s 波の超伝導が誘起されている状況でもトポロジカル表面状態がそのまま維持されていると主張している．これは明らかに，先のフーとベルグの理論[449]と対立する．

その他，フェルドホルスト（Veldhorst）ら[447]は，Bi_2Te_3 の単結晶フレーク上に s 波超伝導体である Nb を電極として蒸着し，Nb の超伝導電子の近接効果でジョセフソン電流を測定した．s 波超伝導体として Sn を用いた Bi_2Se_3 への近接効果の実験[486]や，Al/Ti 電極を単結晶 Bi_2Se_3 フレーク上に作製し，ジョセフソン電流を測定した実験[487]など，同様の実験が報告されているが，共通していえることは，いずれもトポロジカル絶縁体の表面状態を経由したジョセフソン電流がかなり長距離にわたって流れることである．問題は，これらの実験では，トポロジカル絶縁体のヘリカルスピン状態を経由した近接効果を確かに測定しているが，同時に，バルクのキャリアの伝導も測定していると考えられる点である．圧倒的に多いはずのバルクの伝導効果をゲート電圧で制御しようとする試みがサセペ（Sacépé）らによってなされたが，十分な制御ができていない．結局，バルクの伝導を排除し，真に表面伝導だけを測定した結果は今のところない．

トポロジカル絶縁体が主題ではないので詳細を割愛するが，トポロジカル表面（エッジ）状態を実験的に明確に観測できているのは，現在までのところ，光電子分光の実験だけである．その結果の一例を図 4.79 に示す[488]．図 4.79 から，$x = 0.0$ ですでにキャリアがドープされており，伝導帯がわずかに満たされていること，この状態ですでにしっかりとした表面エッジ状態が観測されていて，ディラックポイント E_{DP} がフェルミ面の下，約 0.25 eV に明瞭に見えること，$x = 0.1$ では電子ドープが進み伝導電子が増え，その分フェルミ面が上昇し，（相対的に）ディラックポイントはフェルミ面から約 0.47 eV まで下がる．また，$x = 0.15$，$x = 0.25$ とさらにドーピングが進むが，もはやフェルミ面の位置も，ディラックポイントの位置もほとんど動かずフェルミ面下 0.47 eV 程度に留まっている．このことは，x を増加してもキャリア数は増加しないことを意味しており，バルクの測定から求めた結果とよく一致している．$x = 0.15$ と $x = 0.25$ は低温で超伝導状態になる領域であるが，ディラックコーン状態が依然と明瞭に存在している．重要なことは，この表面エッジ状態が伝導帯と重なる領域であっても，フェルミエネルギー程度まではバルクの状態と交わることがなく，明瞭に区別でき

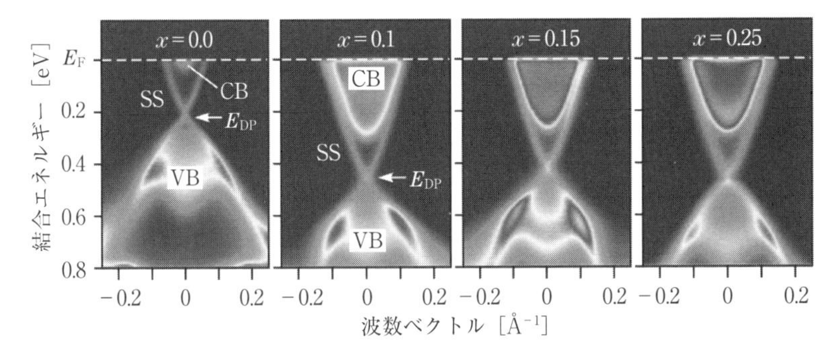

図 4.79　$Cu_xBi_2Se_3$（$x = 0.0, 0.1, 0.15, 0.25$）の光電子分光によって得られた $\bar{\Gamma}$ 点付近のエネルギー状態図．SS は表面（エッジ）状態，CB は伝導帯，VB は価電子帯，E_{F} はフェルミエネルギーを，E_{DP} はディラックポイントを表す．測定温度は 30 K．（Y. Tanaka, K. Nakamura, S. Souma, T. Sato, N. Xu, P. Zhang, P. Richard, H. Ding, Y. Suzuki, P. Das, K. Kadowaki and T. Takanashi: Phys. Rev. **B85**（2012）125111 より許可を得て転載）

る点である．このことは，ディラックコーン表面状態がバルク電子とは独立に存在していることを示唆している．

電気伝導としてこの表面状態を検出しようとする試みが，ド・ハース－ファン・アルフェン（de Haas－Van Alphen）効果の測定やシュブニコフ－ド・ハース（Shubnikov－de Haas）振動の実験で行われている．トポロジカル絶縁体特有の表面状態を観測したとの主張もあるが，結果の多くは曖昧な結論がほとんどである．表面状態の電子は2次元系であるから，バルクの3次元電子系と異方性の測定で区別ができると考えられるが，これまで，表面電子とバルク電子に対応する2つの電子系が同時に観測された例はない．すなわち，これまでの結果ではバルクしか観測されていないと考えるのが妥当である．バルクの電子密度をできるだけ減少させる試みもなされ，$\simeq 5 \times 10^{-17}$ cm^{-3} 程度の単結晶 Bi_2Se_3 試料も作製され，測定されているが，決定的なデータが得られていない．Bi_2Se_3（電子ドープ）と Bi_2Te_3（ホールドープ）の混晶で，ちょうど5 QL ユニットの表面にある Se を Te で置換した Bi_2Te_2Se は電子とホールが補償し合い，キャリア濃度が少なくなる．低温で，バルクのキャリア密度 $n \simeq 2.6 \times 10^{16}$ cm^{-3}，電気抵抗率 $\rho \simeq 6\,\Omega \cdot$cm を超える試料も得られている[493, 494]．

シオン（Xiong）らは4.2 K で，シュブニコフ－ド・ハース振動とホールコンダクタンスの測定結果に，2つの接近した周期をもつ振動成分を見出し，表面伝導が全体の $\simeq 60\%$ 程度であると結論した．彼らは，さらに分数量子ホール効果のような現象も観測している．

このように，トポロジカル超伝導体に関しては近年，多くの研究結果があるが，コンセンサスが得られている内容は多くない．その核心部分は試料の質の問題であると考えられる．Bi_2Se_3 母体そのものにある欠陥量を，10^{18} cm^{-3} 以下にすることは極めて困難であることもさることながら，Cu のドーピング機構が単純なインターカレーションではないことなど，物質面で解決しなければならない問題点が多々あると思われる．この点について，最近，Sr や Nb をドープした Bi_2Se_3 の超伝導が発見され，注目されている[444-446]．なぜなら，これらの物質は x が超伝導領域でもマイスナー反磁性が大きいことが指摘され，物質として，Cu ドープ系より質がよいのではないかと考えられているからである．また，$Sn_{1-x}In_xTe$ も $T_c \approx 4.5\,K$[489] で超伝導になることが報告されている[490].

最後に，化合物 $Ba_{1-x}K_xBiO_3$（$0.35 \lesssim x \lesssim 0.50$ で最高 $T_c \simeq 30\,K$）や $BaPb_{1-x}Bi_xO_3$（$0.10 \lesssim x \lesssim 0.35$ で最高 $T_c \approx 11\,K$）は，銅酸化物高温超伝導体が発見される以前から超伝導体として知られていたが，これらの物質も超伝導状態とフェルミエネルギーから $\simeq 1\,eV$ 程度離れた位置でトポロジカル絶縁体に特徴的なバンド反転があり，ディラック電子的な分散関係が表面電子状態に現れることが指摘されている[495, 496].

(4) $(Ag_xPb_{1-x}Se)_5(Bi_2Se_3)_{3m}$，$Cu_x(PbSe)_5(Bi_2Se_3)_{3m}$ $(m = 1, 2, 3)$ ホモロガス系

先にも述べたように，テトラジマイト型化合物 $M_2^{V-B}N_3^{VI-B}$ (M = Sb, Bi, N = S, Se, Te) は，多くのホモロガス系を形成することが知られている[497, 498]．その中でも $Cu_xBi_2Se_3$ の超伝導が発見され，Cu などの金属元素をドープしたホモロガス系の超伝導体の探索が行われた．その結果，立方晶の結晶構造をもつ PbSe と六方晶構造をとる Bi_2Se_3 は，構造の違いを超えて規則的に配列した連晶†11 ホモロガス相を形成することが明らかにされ，しかも，Ag の Pb への置換や Cu のインターカレーションをすることによって，それぞれ $T_c = 1.7\,K$（$m = 1$ の場合で $m = 2$ は超伝導は見つかっていない）[499]，および 2.85 K（$m = 2$ の場合）[500] で超伝導が発見された．前者は超伝導による反磁性は極めて小さく，転移幅が $\Delta T_c \simeq 0.2\,K$ とやや広いが，電気抵抗はゼロになる．超伝導は $0.1 \leq x \leq 0.25$ で発現する．

超伝導体としてのパラメーターは，$dB_{c2}^{c}/dT \approx -0.67\,T/K$，$dB_{c2}^{ab}/dT \approx -1\,T/K$，$B_{c2}^{c}(0) \approx 0.74\,T$，$B_{c2}^{ab}(0) \approx 1.1\,T$，$\xi_{ab} = 21.7\,nm$，$\gamma = \sqrt{m_c/m_{ab}} = \xi_{ab}/\xi_c = B_{c2}^{ab}/B_{c2}^{c} = 1.5$ が得られている[499]．ab 面内における電気抵抗の温度依存性は金属的（ただし，$RRR \sim 1.5$ と小さい.）であるが，c 軸方向は温度の減少と共に単調に増大する．$\rho_c(2K)/\rho_{ab}(2K) \approx 25 (x = 0)$ および $28 (x = 0.2)$ である．

†11 intergrowth を指す．通常は無秩序に他の相が挿入された構造を指すが，規則的に配列する場合を意味する．

ARPESの実験によれば[501]，この系の特徴的なこととして，$m = 1$の系はトポロジカル絶縁体に特有の特異な表面状態（ディラックコーン状態）が見られないことで，この系はトポロジカル絶縁体ではないといえる．一方，$m = 2$の系はARPESのスペクトルに明瞭にディラックコーン状態が観測されており，トポロジカル絶縁体であることを示している．さらに，この$m = 2$の状態はBi_2Se_3そのものよりバルク状態のバンドギャップがさらに開き，約0.5 eVに達する．$m = 1$が超伝導を示し，$m = 2$は超伝導を示さないことは興味深い．

Cuをインターカレーションした$Cu_x(PbSe)_5(Bi_2Se_3)_{2m}$系では電気化学的にCuをドープしており，$0.3 \leq x \leq 2.3$で超伝導化し，$1.3 \leq x \leq 1.7$で100%の反磁性シールディング信号が得られ，$Cu_xBi_2Se_3$以上に超伝導性は改善している[500]．また，比熱の温度依存性の結果から，低温で指数関数的な急速に減少する振舞が見られず，温度に対しべき乗の振舞をすること，$T/T_c \ll 1$の領域における比熱の磁場依存性は$C_p \propto \sqrt{B}$のように変化し，ギャップに線上のノードが存在することを示した[500]．Cuの濃度$x = 1.66$の試料では，電子比熱係数$\gamma_N = 6$ mJ/mol・K^{2}である．

$x = 1.66$でのCuドープ試料で得られた超伝導パラメーターは，$B_{c2}^{c}(0) = 2.6$ T，$B_{c2}^{ab}(0) = 4.3$ T，$\xi_{ab} = 11.3$ nm，$\xi_c = 6.8$ nm，$\lambda_{ab} = 1.3\,\mu$m，$\lambda_c = 2.2\,\mu$m，$B_c(0) = 16.6$ mT，$B_{c2,\mathrm{Pauli}} = 1.84\,T_c = 5.3$ Tで，実測された上部臨界磁場より高いことから，上部臨界磁場がパウリの常磁性効果で抑制されていないとされている．

この物質は，トポロジカル絶縁体Bi_2Se_3の基本構造{-Se(I)-Bi-Se(II)-Bi-Se(I)-}（1 QL）がm層積層し，5層の（PbSe）ブロックと交互に積み重ねた形の結晶構造をしている．mの値がいくらになるかは組成比と結晶生成時において熱力学的に決まるが，mの値が変わっても結晶生成温度が大きく変化しないので近いmの値をもつ相が混じって成長する可能性が高い．これは結晶の欠陥となり，質の低下を招くが，これを避けることはこの物質の相図から判断すると大変難しいように思われる[502-504]．

(5) Sr_2RuO_4

この物質の超伝導は，銅酸化物高温超伝導研究の口火となった物質である

$La_{2-x}Ba_xCuO_4$ と類似の層状ペロフスカイト型結晶構造をもつが，Cu 以外の金属元素を含む初めての超伝導体として前野らによって発見された[505]．その直後，ライス（Rice）とジークリスト（Sigrist）は，この物質が強磁性近傍にあるとして，^{3}He の A 相と同様のスピン 3 重項 p 波超伝導体の可能性を理論的に指摘したことから[506]，T_c は 1.5 K と低いものの，銅酸化物高温超伝導体の d 波超伝導体と並んで，いわゆる異常な超伝導体†12 として大きな注目を集めてきた．これまで膨大な研究がなされており，それらすべてを網羅できないが，優れたレビューや解説があるのでそれらを参考にして欲しい[507-516]．また，p 波や d 波超伝導体は異常な超伝導体を特徴づけるアンドレーエフ反射にゼロバイアス異常をもち，トポロジカル超伝導体としても近年注目を集めている．特に，トポロジカル超伝導体については優れた総合報告があるのでそれらを参照して欲しい[435-441]．

結晶構造は全温度領域で正方晶の K_2NiF_4 型（空間群 I4/mmm）であり，$La_{2-x}Ba_xCuO_4$ などの Cu 系とは異なり高温側で構造相転移を伴わない[517]．これは Ru 系はヤーン‐テラー（Jahn‐Teller）原子ではないことに起因している．格子定数は 295 K で $a = 3.87100(9)$ Å，$c = 12.7397(4)$ Å である．結晶構造を図 4.80 に示す．Ru を囲む 6 個の酸素を頂点とする八面体は，正八面体から 6.6%(295 K)‐7.26%(0.35 K) ほど z 軸方向に伸びており，

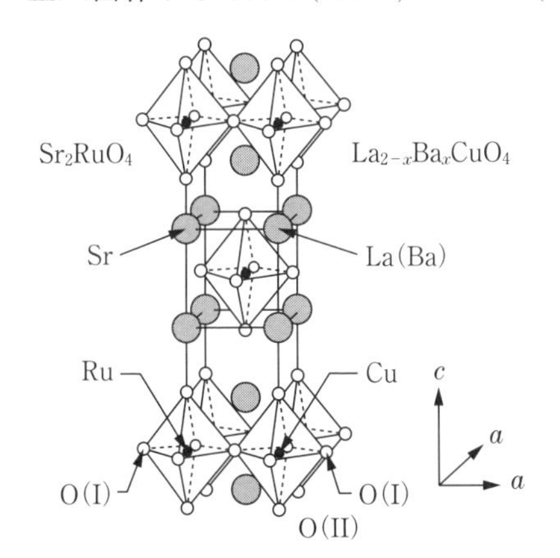

図 4.80 Sr_2RuO_4 の結晶構造（Y. Maeno, H. Hashimoto, K. Yoshida, S. Nishizaki, T. Fujita, J. G. Bednorz and F. Lichtenberg: Nature **372** (1994) 532 より許可を得て転載）

†12 “unconventional superconductors” の意味だが日本語では適当な術語がない．“unconventional” は「異常な」，あるいは「尋常でない」と訳される場合もある．

完全な立方対称性からわずかに正方対称性へと歪んでいる．*ab* 面方向の原子間距離 Ru-O(I) の温度変化は単調に減少し，100 K 以下でほぼ一定となるが，*c* 軸方向 Ru－O(II) の距離は一旦 150 K 付近で極小をとり，再び増加に転じ，低温では常温以上の値まで増大する特異な温度依存性を示す．この異常な温度依存性が *c* 軸電気抵抗の極大と一致することから，*c* 軸方向の電気抵抗の異常は，この異常な Ru-O(II) 間の温度依存性に起因すると解釈されている[517]．

Sr_2RuO_4 の電子状態についてはバンド計算がなされ[518-520]，Ru^{4+} のもつ 4d 電子 4 個は立方晶の結晶場で分裂した $e_g(d\gamma)$，および $t_{2g}(d\varepsilon)$ のうち，$t_{2g}(d\varepsilon)$ の 3 つの軌道 d_{xy}，d_{yz}，d_{zx} に分配され，酸素の 2p 軌道と反結合軌道を形成する．図 4.81 に，実験的に求められたフェルミ面を[508]，図 4.82 には局所密度近似†13 を使い，スピン－軌道相互作用を取り入れた FLAPW 法†14 によって計算されたフェルミ面を，それぞれ示す[520, 521]．フェルミ面は，軌道 d_{xy} に由来する Γ 点の周りにある大きな 2 次元的な断面をもつフェルミ面 γ（電子）と，2 つの軌道 d_{yz}，d_{zx} に由来する電子面 β とホール面 α に別れ，Γ 点と X 点の周りにそれぞれ存在する．このように，Sr_2RuO_4 は多バンド超伝導体でもある．状態密度は γ 面で最も大きく，全体の 57% を占めていて，有効質量も 16 倍と重く，バンド計算値から得られるバンド質量の約 5.5 倍である．

電気抵抗は，25 K 以下の低温で T^2 比例し，フェルミ液体的である[522]．その比例係数 A は *ab* 面内と *c* 軸方向でそれぞれ $A_{ab} = 4.5 \sim 7.5\,\mathrm{n\Omega \cdot cm}$，$A_c = 4 \sim 7\,\mu\Omega \cdot \mathrm{cm}$ であり，ゾンマーフェルトの電子比熱係数との比は，*c* 軸方向で門脇－ウッズ（Kadowaki－Woods）則[523] から大きく外れることが指摘されている[522]．その理由は明らかでない．1300 K までの高温の電気抵抗は，モット－イオッフェ（サウレス）－レゲル極限†15 を超え，*ab* 面内の平均自由行程が 1 Å より短くなるにも関わらず，抵抗の飽和現象が見られ

---

†13　local density approximation：密度汎関数理論による近似法．

†14　“Full potential Linear Augmented Plane Wave” 法の略．第一原理計算の手法の中で最も精度の高い計算結果を与える計算方法．

†15　$k_F l \ll 1$ となる場合，Mott－Ioffe（Thouless）－Regel limit という．

ない異常金属の様相を示す[524]．電子比熱係数は $\gamma = 38\ \mathrm{mJ/mol \cdot K^2}$ であり，バンド計算から得られる電子相関による増大が見られる[432, 518]．しかし，正常状態の γ は温度依存性や磁場依存性をもたないので，重い電子系とはだいぶ事情が異なっている[522, 525]．磁気帯磁率は弱い常磁性を示し，300 K で $\chi_{ab} = 0.88 \times 10^{-3}$ emu/mol，$\chi_c = 0.98 \times 10^{-3}$ emu/mol である[522]．

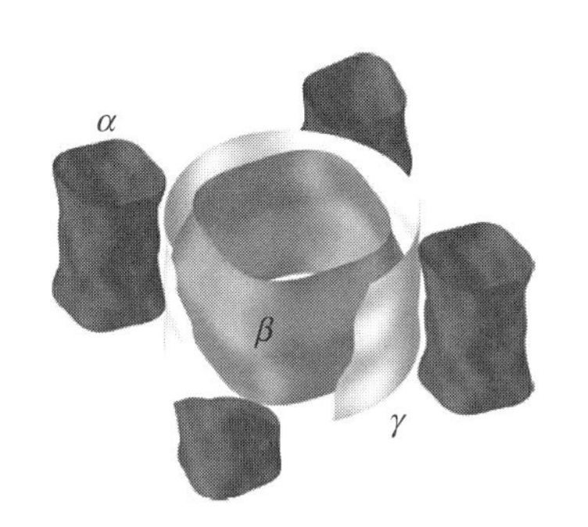

図 4.81 Sr_2RuO_4 のフェルミ面（C. Bergemann, A. P. Mackenzie, S. R. Julian, D. Forsythe and E. Ohmichi: Adv. Phys. **52** (2003) 639 より許可を得て転載）

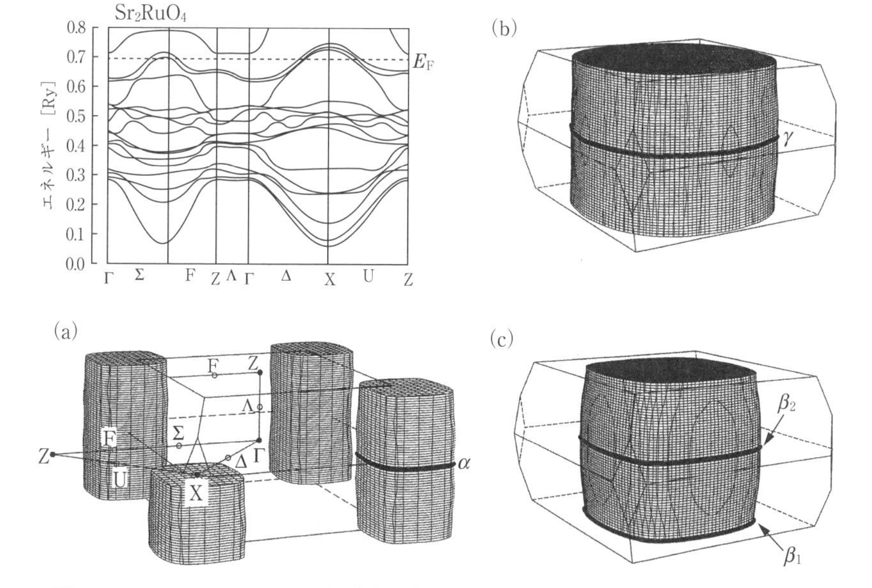

図 4.82 Sr_2RuO_4 のフェルミ面．(a) は第 17 バンドのホール面，(b) は第 18 バンドの電子面，(c) は第 19 バンドの電子面を表す．（Y. Yoshida, R. Settai, Y. Ōnuki, H. Takei, K. Betsuyaku and H. Harima: J. Phys. Soc. Jpn. **67** (1998) 1677 より許可を得て転載）

超伝導転移点は $T_c = 1.50$ K で，不純物量（したがって残留抵抗値）に敏感で，$1\,\mu\Omega\cdot$cm 以上の残留抵抗値をもつ試料では超伝導を示さないことが指摘されている[526]．上部臨界磁場は $B_{c2}^{/\!/ab}(0) = 1.43 \sim 1.48$[527, 528] T，$B_{c2}^{/\!/c}(0) = 0.075$ T で，臨界磁場の異方性パラメーター値は $\Gamma \simeq 20$ である．一方，下部臨界磁場は $B_{c1}^{/\!/c}(0) = 5 \sim 7$ mT[432, 529]，$B_{c1}^{/\!/ab} = 1$ mT[529] である．また，上部臨界磁場より求まるコヒーレンス長は，$\xi_{ab} = 660$ Å，$\xi_c = 33$ Å，磁場侵入長は $\lambda_{ab} = (1.8 \sim 1.9) \times 10^3$ Å[529, 530]，$\lambda_c = 3.7 \times 10^4$ Å となっている．したがって，ギンツブルグ - ランダウパラメーターは $\kappa_{ab} = 55$，$\kappa_c = 2.7$ と与えられている[529]．

通常の第 2 種超伝導体での上部臨界磁場は，正常状態と超伝導磁束状態を

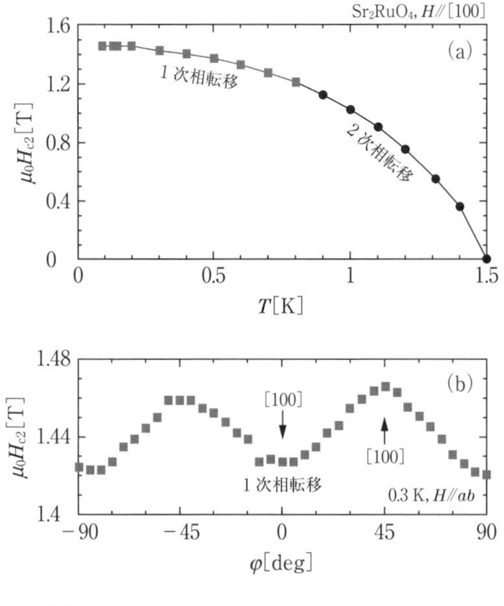

図 4.83　(a) $B_{c2}^{/\!/ab}$ 温度依存性，(b) と (c) $B_{c2}^{/\!/ab}$ の ab 面内角度依存性と ab 面から c 軸へ傾けた場合の角度依存性（S. Yonezawa, T. Kajikawa and Y. Maeno: J. Phys. Soc. Jpn. **83** (2014) 083706 より許可を得て転載）

区別する2次相転移線である．ところが，この Sr_2RuO_4 では，磁場が ab 面内の場合，$B_{c2}^{/\!/ab}$ は約0.8 K以上において通常と同様に2次の相転移であるが，それ以下の温度では1次の相転移となることが発見された[531]．詳細な実験によれば，磁場の方向には少し許容範囲があり，ab 面内から c 軸方向へ約 ±2° の範囲では1次相転移で，それ以外では2次相転移となる[532]．図4.83に，上部臨界磁場が1次相転移を示す範囲の近傍の実験結果を示す．このような低温での上部臨界磁場の異常現象は $CeCoIn_5$ でも見られ，パウリの常磁性極限による効果で説明されているが，最近，天野（Amano）らは Sr_2RuO_4 の場合もパウリの常磁性効果と考えると，1次相転移に伴う比熱の飛びや磁化曲線の飛び，および中性子小角散乱から得られる磁束線格子の異方性の値などを見事に説明できることを示した[533]．しかし，パウリの常磁性極限がはたらくということはs波超伝導であることを前提としているので，この解釈はこれまでのカイラルp波超伝導とする考えとは真っ向から対立する．

p波超伝導を最も明瞭に示す実験事実としてはNMRによるナイトシフト（Knight shift）の測定結果がある．ナイトシフトは原子核の位置における電子スピン帯磁率を直接反映するので，s波超伝導体では秩序パラメーター 2Δ の発達と共に消失するはずであるが，T_c の上下で温度に依存しない一定値をとることが知られている．その典型的な例として，次頁の図4.84(a)に RuO_2 面内にある酸素 ^{17}O 核のナイトシフト（$H/\!/ab$）[534]，および図4.84(b)に ^{101}Ru 核のナイトシフトの温度変化，磁場変化を示す[535]．この矛盾は，この Sr_2RuO_4 の超伝導状態を決定する上で解決しなければならない重要な問題点である．

核磁気共鳴の実験から得られるもう1つの重要な物理量に，核磁気緩和率 T_1 がある．石田（Ishida）らによる純良な単結晶 Sr_2RuO_4 の ^{101}Ru 核のNQR（核4重極共鳴）によれば，$1/T_1$ は T_c 以下で $\simeq T^3$ に比例し，T_c 直下でs波超伝導で特徴的なコヒーレンスピーク†16が見られないことから，この物質の超伝導状態はフェルミ面上に線上のノードをもつp波超伝導で

†16　Hebel－Slichter（coherence）peakともいわれる．T_1 が T_c の直下で異常を示し，一時的に短くなる現象で，s波超伝導体なら必ず起こるという訳ではないことに注意．

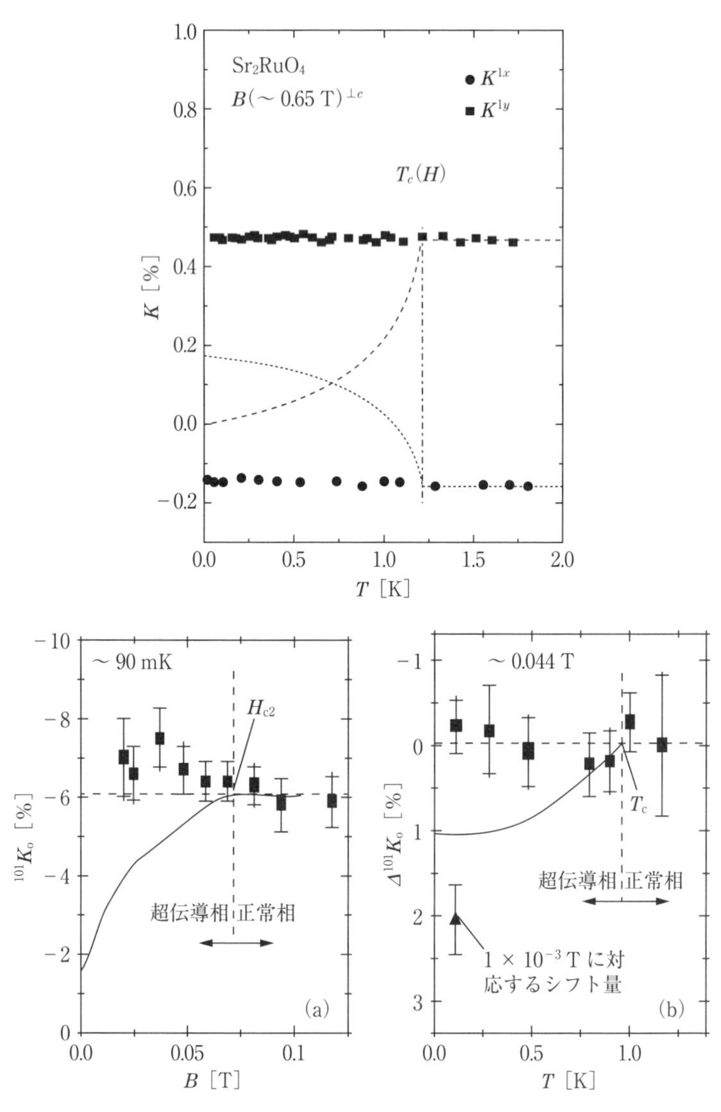

図 4.84　(a) RuO_2 面内の酸素 ^{17}O のナイトシフト，(b) ^{101}Ru のナイトシフトの磁場依存性（左）と温度依存性（右）(K. Ishida, H. Mukuda, Y. Kitaoka, K. Asayama, Z. Q. Mao, Y. Mori and Y. Maeno: Nature **396** (1998) 658 および H. Murakawa, K. Ishida, K. Kitagawa, Z. Q. Mao and Y. Maeno: Phys. Rev. Lett. **93** (2004) 167004 よりそれぞれ許可を得て転載)

あると結論された[536]．さらに，T_c 以上の常伝導状態では T_1T = 一定で（コリンハの関係式†17），フェルミ液体状態の金属に特徴的な温度に依存しない領域が 50 ～ 60 K 付近まで続き，この様子は重い電子系の UPt_3 の T_1 の振舞と温度領域に少し違いはあるものの大変似ていることも指摘されている．ちなみに，UPt_3 は p 波超伝導体としてよく知られている物質である．

その他，もし，Sr_2RuO_4 の超伝導状態がカイラル p 波超伝導状態であるとすると，それは対称性の議論から時間反転対称性が破れた状態である．その場合，自発的な内部磁場の発生が予想されるため，この内部磁場を検出して，時間反転対称性の破れた超伝導状態を立証しようとする実験がある．その 1 つが，ミューオン（μ 中間子）を用いたゼロ磁場下での緩和時間の測定であり，もう 1 つは磁気カー効果の測定である．これらの測定は両者とも，T_c 以下で時間反転対称性の破れによると思われる内部磁場の発生を検出したと報告している[530, 537-539]†18 さらに，弱磁場下（0.015 T）でのミューオンスピン回転の実験から，超伝導体内の磁束線格子による内部磁場の分布がわかるが，Sr_2RuO_4 では通常予想される三角格子とは異なって四角格子が実現していることがわかった[530]．

超伝導状態の理解につながる手がかりとして，中性子小角散乱による磁束状態の研究がある．Sr_2RuO_4 の中性子小角散乱法による磁束線格子像は $H /\!/ c$ 軸の場合，磁束状態のほぼ全領域で正方格子であり，それは，時間反転対称性の破れた p 波超伝導体の可能性を強く示唆する結果とされてきた[542, 543]．なぜならば，典型的な s 波超伝導体のアブリコソフ格子が三角格子であるためであるが，s 波超伝導の場合でも，YNi_2B_2C などのニッケルホウ化物のように必ずしも三角格子とは限らない場合があり[544, 545]，p 波超伝

†17 Korringa relation. 自由電子による核磁気モーメントの緩和時間の逆数 T_1^{-1} は，フェルミ面上で励起される電子の数に比例するから温度に比例し，その積 T_1T はほぼ一定となる．

†18 この状態は群論の分類で Eu 状態（Γ_5^- 状態）といわれ，液体 ^{3}He の超流動相の A 相に類似する．ちなみに，銅酸化物高温超伝導体でも同様の実験が行われ，$YBa_2Cu_3O_7$ や $Bi_2Sr_2CaCu_2O_{8+\delta}$ では，このような内部磁場は検出されていない[540]．一方，重い電子系の超伝導体，例えば，典型的な p 波超伝導体と目されている UPt_3 では，超伝導状態で内部磁場が観測されている[541]．

導体の証拠としては不十分である．三角格子と四角格子のエネルギー差は理想的な場合でも 2% 程度と小さく，場合によっては，むしろバックグラウンドとして存在する原子の格子構造，すなわちフェルミ面の形状などの影響がより強いことが知られている．

中性子小角散乱をうまく利用すると，磁束線格子状態の異方性 Γ_{VL} を測定することができる．実験結果[546] によれば，常伝導状態のフェルミ速度の異方性（$\simeq 57$）とほぼ等しい値 $\Gamma_{\mathrm{VL}} \simeq 60$ を示すが，実測された臨界磁場の異方性の値 $\Gamma_{B_{c2}} \simeq 20$ よりずっと大きい．この違いの解釈についてはいくつかの理由が考えられるが，$B_{c2}^{/\!/}$ がパウリの常磁性限界によって抑えられることで，$B_{c2}^{/\!/}(0)$ の値も大きく抑制され，その結果として臨界磁場が小さくなっていると考えるのが最も素直に受け入れやすい理由のように思われる．しかしながら，これを受け入れると，もはや Sr_2RuO_4 の超伝導状態はカイラル p 波超伝導ではなくなるので，これまでの多くの研究結果と矛盾することになる．この矛盾を回避するためには，まず，パウリ効果が本当に有効的に作用しているのか，あるいは p 波超伝導体となり得る特殊な超伝導状態があるのかなど検討されているが，実験的確証がないため決着がついていない．

Sr_2RuO_4 のトンネルスペクトルに関する研究はこれまで多数報告されているが，そのいくつかについてのみ限定して述べる．まず，ラウベ（Laube）らは Sr_2RuO_4－Pt ポイントコンタクトスペクトルスコピーによりゼロバイアスコンダクタンス（ZBC）異常（アンドレーエフ反射と推測）を観測し，スピントリプレット（3 重項）超伝導（p 波超伝導）と主張した[547]．ジン（Jin）らは，Pb/Sr_2RuO_4/Pb からなる接合を単結晶 Sr_2RuO_4 の表面上に Pb を蒸着し，作製した．そして，Pb 電極間に近接効果で流れる超伝導臨界電流の温度依存性を測定し，Sr_2RuO_4 が超伝導になる $T_c = 1.3 \sim 1.5$ K で臨界電流の突然の落ち込み（抑制）現象が観測され，その理由として，Sr_2RuO_4 の超伝導状態における波動関数の対称性が Pb の s 波超伝導状態と異なる（p 波超伝導の）ためと解釈した[548]．柏谷（Kashiwaya）らは Sr_2RuO_4 の単結晶を粉砕し，その微小結晶片に Au を *in situ* で蒸着し，FIB でパターニングして接合を作製した．オーミックな接合は *in situ* で作製しなければ得られないという．その弱接合の I－V 関係から，超伝導状態でゼロバイアスコンダクタンスの異常を観測した．その形状を理論と比較解析することで，カイラル p 波であると結論した[549]．この結果は先のラウベらの結果と定性的に似ている．

これらの結果に反して，スデロウ（Suderow）らは Al を探針とした STM, STS により超伝導ギャップの構造を測定し，全開した“ノードのない”s 波型のトンネルスペクトルを観測した[550]．他の実験結果がゼロバイアスコンダクタンスの異常を示し，（カイラル）p 波超伝導を主張する結果であるのに対し，Sr_2RuO_4 が s 波型であることを明確に示した唯一の例である．図 4.85 に，典型的なトンネルスペクトルの温度依存性を示す．s 波に基づく BCS 理論を適用することによって，Sr_2RuO_4 の超伝導ギャップは $\Delta_S(0) = 0.28$ meV と見積もられている．これより $2\Delta/k_BT_c = 4.33$ となり，BCS 弱結合での値 3.53 より少し大きい．これは，電子相関が比較的強い系であることを考慮すれば理解できる範囲にある．同様の結果が，Pt/Ir チップを用いた STS の測定から得られている[551]．この場合，ゼロバイアスコンダクタンスの異常は見られないが，$2\Delta/k_BT_c \simeq 5.4 \sim 6.5$ 程度であり，スデロウらの結果とむしろよい一致を示しているが，ラウベらのポイントコンタクトス

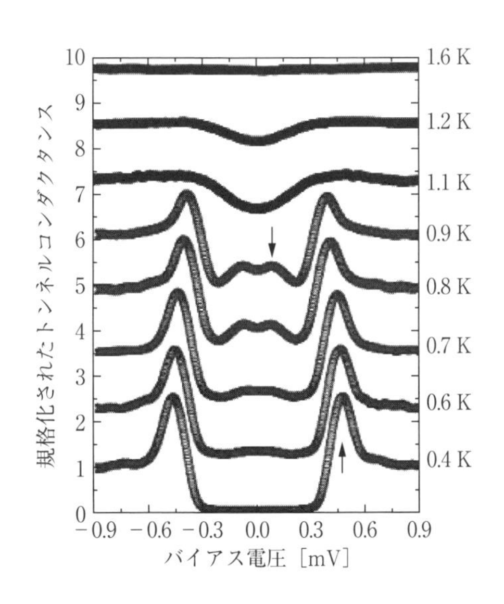

図 4.85 Al チップを用いた STM による Sr_2RuO_4 のトンネルスペクトルの温度依存性．下向きおよび上向き矢印はそれぞれ Δ_S（Sr_2RuO_4 の超伝導ギャップ）$-\Delta_T$（Al の超伝導ギャップ）および $\Delta_S+\Delta_T$ を表す．$\Delta_S = 0.28$ meV, $\Delta_T = 0.17$ meV である．(H. Suderow, V. Crespo, I. Guillamon, S. Vieira, F. Servant, P. Lejay, J. P. Brison and J. Flouquet: New J. Phys. **11** (2009) 093004 より許可を得て転載)

ペクトルから得られた値 $2\Delta/k_{\rm B}T_{\rm c} \simeq 20$ と比較して余りにも小さすぎるため，その理由探しに腐心している．

さらに，Sr_2RuO_4 と s 波超伝導体である $Au_{0.5}In_{0.5}$ の合金との間で π-SQUID を形成し，外部磁場による SQUID 特性を調べた結果，外部磁場がゼロの時，接合の臨界電流の極小が観測され，通常の s 波超伝導体同士による SQUID の場合の極大値とは位相が π ずれていることが報告された[512, 552]．しかしながら，この実験結果は臨界電流の温度依存性，位相特性の温度依存性などの点で再現性にかなりのばらつきがあること，同じ条件で作製した接合でも特性に大きな違いがあることなど，実験結果の信頼性に乏しいのが欠点である．その理由はこの物質特有の表面状態に問題がありそうで，接合作成時の表面処理に何らかの適切な工夫が必要と思われる．ここで参考までに，この π-SQUID（コーナー接合型）の方法は銅酸化物高温超伝導体の $YBa_2Cu_3O_{7-\delta}$ の超伝導対称性の決定にも用いられ，$YBa_2Cu_3O_{7-\delta}$ が d 波超伝導体であるとする有力な証拠となっている．この場合も，同様の再現性の問題は解決されているとはいいがたい．

超伝導状態での波動関数の対称性を調べる上で，接合特性は重要な情報を与えてくれる．しかし，実験的にはさまざまな制約のため，物質によっては信頼のおける結果がなかなか得られない場合がある．例えば，トンネル接合のゼロバイアス異常は異方的（異常な）超伝導体の特徴であるが，接合を作製した時の条件によって，再現性や信頼性に欠ける結果となる場合がある．信頼性のある理想的な接合が得られない理由として，たとえ単結晶をへき開しても原子レベルできれいな試料表面がなかなか得られない場合が多いこと，また，単結晶へき開面がたとえ原子レベルで平坦であったとしても，へき開された表面はもはやバルクとは異なること，特に表面が再構成されるような物質では，得られた結果に再現性があったとしてもバルクの超伝導状態を観測していない可能性があること，などに注意する必要がある．実験の際，試料を超高真空中でへき開することが多いが，酸化物では通常，へき開された表面から酸素が脱離するので表面はもはやバルクの状態の延長上にない場合がある．このため，コヒーレンス長の短い超伝導体の場合は，特に表面敏感となる傾向が強い．

(6) Sr_2RuO_4 の磁束状態と半量子化磁束 $\Phi_0/2$

トポロジカル超伝導体では，通常の s 波超伝導体にない大きな特徴として，量子化磁束が Φ_0 を単位とせず，半量子化磁束（Half Quantum Vortex：HQV）$\Phi_0/2$ となることが理論的に指摘されている[553]．この HQV を検出するため，数 μm 程度の小さな単結晶 Sr_2RuO_4 片に直径 1 μm 程度の穴を開けた，リング状の試料を作成し，Si カンチレバーを用いた方法でその試料の高感度磁化測定が行われた．結果は，磁場を ab 面内方向に印加すると，磁場の侵入によって起こる磁化の飛びが $\Phi_0/2$ となる，2 つのステップに分裂する現象を観測した[554]．磁場を c 軸方向に印加したときは観測できないが，磁場がほぼ ab 方向で $\Phi_0/2$ を観測したので，これは Sr_2RuO_4 がカイラル p 波超伝導状態の証拠であるとした．確かに，実験結果は $\Phi_0/2$ に対応する磁化の飛びを示しているが，なぜ磁場がほぼ ab 面内にある時しか観測できないのかが依然として謎である．

一方，個々の磁束を SQUID†19 顕微鏡や，マイクロホールセンサーによる走査型ホールプローブ顕微鏡（Scanning Hall Probe Microscope：SHPM）で直接観察しようとする試みがなされている．カラン（Curran）らによるその一例を図 4.86 に示す[555]．彼らの結果によれば，まず，個々の磁束線は独立に観測できるが，$B \lesssim 5 \times 10^{-4}$ T の弱磁場領域ではいくつかが集まり，集団を形成する傾向があること，さらに磁場が上昇すると図 4.86(b) の 0.54 mT の場合のように，変形した三角格子を形成し，やがて磁場が 1.2 mT 以上では正方格子へと移行していく様子がわかる．これは，中性子小角散乱やミューオンスピン回転の実験で観測された正方格子像と一致している[537, 538, 542, 543]．また，SQUID による実験からも同様の結果が得られている[556, 557]．ここで観測された磁束は，実験誤差内ですべて Φ_0 に量子化されており，$\Phi_0/2$ や中途半端な値の磁束は観測されていない．

1 本の磁束の内部磁場分布を，測定装置の特性因子を考慮し，実験値にフィットさせることで磁場侵入長 λ_{ab} を求めることができ，$\lambda_{ab} = 1650 \sim 1750$ Å を得た．この値はバルクの測定から得られた $\lambda_{ab} = 1800 \sim 1900$ Å の値に

†19 Superconducting Quantum Interference Devices の略

(a)

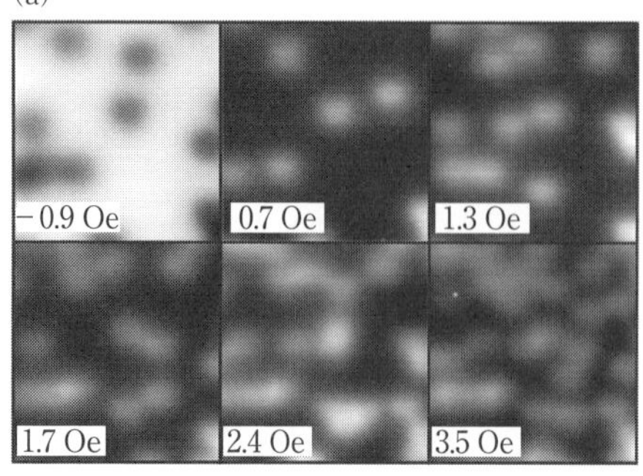

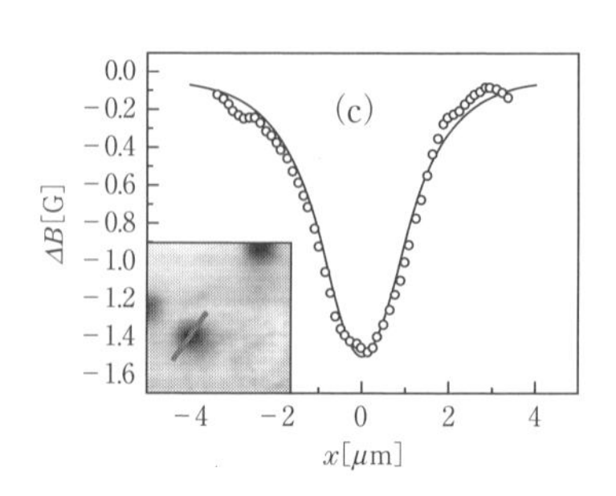

(b)

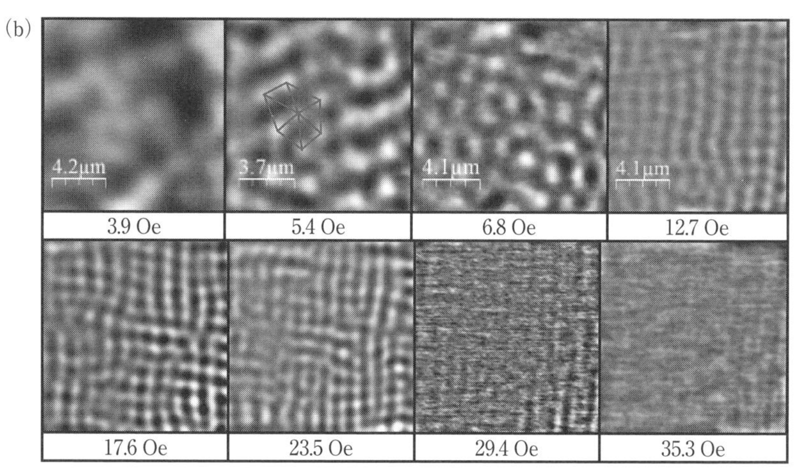

図 4.86　Sr_2RuO_4 の SHPM による磁束線の侵入の様子．$H /\!/ c$，$\sim 14\ \mu m \times \sim 14\ \mu m$ のエリア内でのスキャン．$T = 330$ mK．(a) 磁場範囲 $-0.9 \times 10^{-4}\ T \leq B \leq 3.5 \times 10^{-4}\ T$．(b) 磁場範囲 $-3.9 \times 10^{-4}\ T \leq B \leq 36.3 \times 10^{-4}\ T$．(c) 磁束線の磁場分布．(P. J. Curran, V. V. Khotkevych, S. J. Bending, A. S. Gibbs, S. L. Lee and A. P. Mackenzie: Phys. Rev. **B84** (2011) 104507 より許可を得て転載)

近く，一致は悪くない．

また，ドロカン (Dolocan) らは，走査型 SQUID 顕微鏡を用いて TRS の破れから起こる表面電流に伴う自発磁化や，p 波超伝導で可能とされる 2 つの秩序パラメーター $p^+ = p_x + ip_y$ と $p^- = p_x - ip_y$ に対応したドメイン構造は，$\lesssim 1\ \mu m$ 程度の空間スケールの範囲内では，それぞれ観測されず，その存在は否定的であると結論した．この結果は，Sr_2RuO_4 が p 波の奇パリティをもつカイラル超伝導という他の実験結果に抵触する．磁束線が集まってクラスターを作る現象は，いわゆる第 1.5 種超伝導特有の現象として MgB_2 などで見られ，多バンド系超伝導の特徴として知られているが[558, 559]，図 4.86 に見られるこの現象は MgB_2 などで見られる現象に大変よく似ている．

ドロカンらは，外部磁場 $H /\!/ c$ を与えておき，それに加え $H /\!/ ab$ 成分を徐々に増加する時，ab 面上で直線上に磁束線が集中し，ストライプ状のパターンを形成する現象を見出した．また，$H /\!/ c$ でも，カランらは品質のやや劣る Sr_2RuO_4 単結晶では，直線上に磁束線が並ぶ現象を独立に見出している．この現象と実に驚くほど類似の現象が，高温超伝導体 $La_{2-x}Sr_xCuO_4$ のオーバードープ領域ですでに知られていることは大変興味深い[560]．比較のため，図 4.87 に長谷川によって観測された $La_{2-x}Sr_xCuO_4$ のオーバードープ領域 $(x = 0.20)$ での実験結果と，カランらによって観測された Sr_2RuO_4 の場合をそれぞれ図 4.87(a) と図 4.87(b) に比較して示す．

$La_{2-x}Sr_xCuO_4$ の場合，磁束線が直線的に並ぶ理由は，結晶ができる過程で結晶中の Sr や酸素の濃度に微妙な濃淡が周期的に起こり，それによって T_c がわずかに異なるためであり，その結果，ピン止め力が直線的に空間変化するので，磁束線がその変化に応じて直線的に並ぶ現象として理解されている．この現象は，最適ドープ領域では見られず，Sr の高濃度側でのみ観測される $La_{2-x}Sr_xCuO_4$ 系の特徴的な現象である．長谷川によれば，Co を 2% ドープした $Bi_2Sr_2CaCu_{0.98}Co_{0.02}O_{8+\delta}$ でも，同様の周期的に直線状に磁束線が並ぶ現象が観測されると報告している[560]．結晶中に，このような組成濃度の空間的変化がなぜ現れるのかについてはほとんど理解されていないが，酸化物特有で，しかも結晶成長時に融点直下の高温で試料内部に発生するスピノダル分解現象，あるいはそれに類似の組成ゆらぎの発生に起因しているのではないかと考えられている．銅酸化物においては，融点直下で酸素が脱離し，多くの酸素欠損が発生することが知られている．融点が銅酸化物よりはるかに高い Sr_2RuO_4 においては，Ru が金属相として直線状に偏析することが知られている[562]．

完全な偏析ではないにせよ，スピノダル分解によって組成の空間的なゆらぎが起こるなら，銅酸化物の場合と同様に，T_c のわずかな変化がピン止め力の違いを引き起こし，結局，高温超伝導体 $La_{2-x}Sr_xCuO_4$ のオーバードー

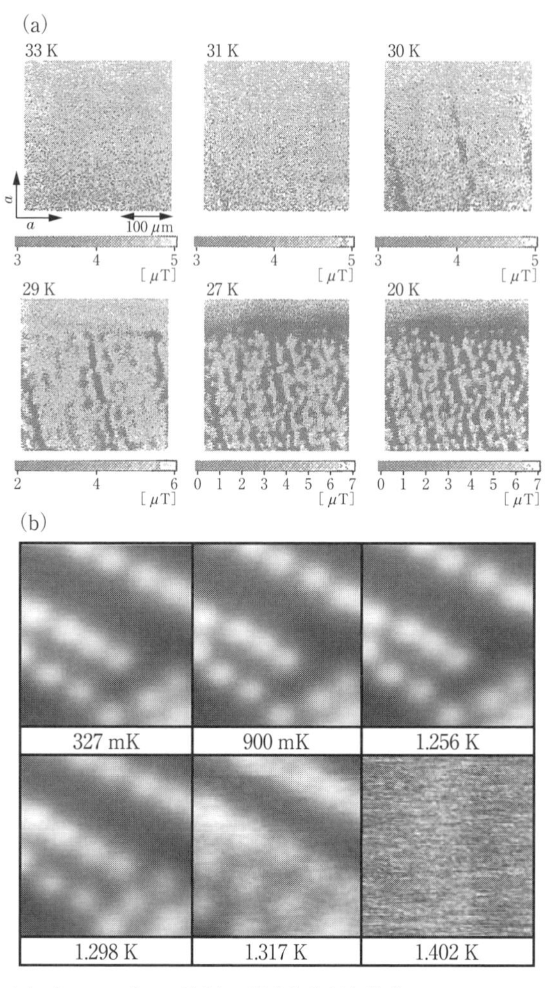

図 4.87　(a) オーバードープ領域の銅酸化物超伝導体 $La_{1.80}Sr_{0.20}CuO_4$ 単結晶における走査型 SQUID 顕微鏡による磁束線の T_c 近傍での分布．(b) Sr_2RuO_4 の走査型ホールプローブ顕微鏡による磁束線の分布の温度依存性．（長谷川哲也：JAERI-Review 2001-008, p.54 および P. J. Curren, V. V. Khotkevych, S. J. Bending, A. S. Gibbs, S. L. Lee and A. P. Mackenzie: Phys. Rev. **B84** (2011) 104507 よりそれぞれ許可を得て転載）

プ側で見られる現象と類似の現象が現れるのではなかろうか．組成の微妙なゆらぎ，組織内の酸素量の分布，格子欠陥によるストレスなど，T_c が敏感に変化する要因が組織的に関与しているかどうかを調べることは，このような現象を理解する上で大変重要と思われる．参考として，Sr_2RuO_4 の一軸性の圧縮と引っぱりに対する T_c のストレス効果[561] や結晶育成[562] についての文献も，参照してほしい．

4.10.2 かご状超伝導体

多面体のクラスターを基本構造とする超伝導体が存在する．4.6.1 項で扱うフラーレン超伝導体（A_xC_{60}）もその一例である．Si_{20}，Si_{24} の多面体とアルカリ土類金属からなるクラスレート化合物 Ba_8Si_{46}（$T_c \simeq 8$ K）[563] や $Ba_{24}Si_{100}$（$T_c \simeq 1.55$ K）[564] が，それにあたる．これらの化合物には比較的大きな空隙がある（図 4.88(a)）．また，β パイロクロア型化合物の KOs_2O_6 にも大きな隙間があり，K イオンの動きの振幅が大きい（図 4.88(b)）[565]．さらに，充填型スクッテルダイト化合物 $PrOs_4Sb_{12}$ も大きなかご状構造をとる（図 4.88(c)）[566]．

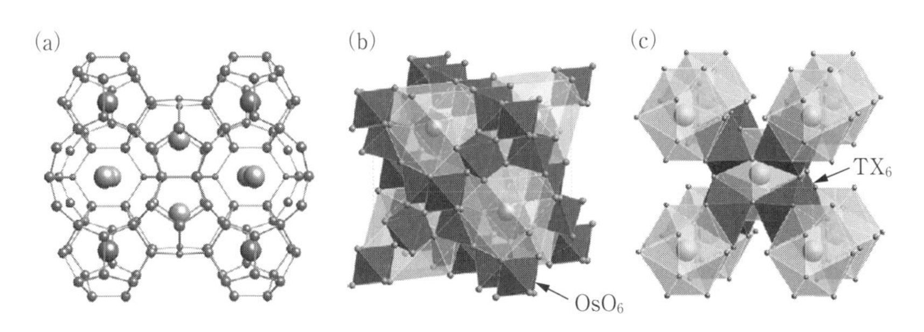

図 4.88 かご状化合物の結晶構造の例．(a) Ba_8Si_{46}（クラスレート化合物），(b) KOs_2O_6（β パイロクロア構造），(c) $PrOs_4Sb_{12}$（スクッテルダイト化合物）．(Z. Hiroi, J. Yamaura and K. Hattori: J. Phys. Soc. Jpn. **81** (2012) 011012 より許可を得て転載)

まず，クラスレート化合物について見ていく．Ba_8Si_{46} 単結晶は高圧合成により作製され，この種の化合物の中では高い $T_c \simeq 8$ K をもつ[563]．一定磁場下での磁化率の温度依存性から，上部臨界磁場が見積もられており，$H_{c2}(0) \simeq 5.5$ T と報告されている[568]．ここから見積もられるコヒーレンス長は $\xi \simeq 50$ Å であり，μSR 測定から見積もられる磁場侵入長は $\lambda \simeq 4000$ Å である[569]．Ba サイトへ Sr[570]，Si サイトへ Al[571]，Ga[572] などのさまざまな元素置換が試みられているが，いずれの場合も T_c は単調に減少している．

一方，構造中の比較的大きな空隙にドーパント原子が入り込み，格子振動の非調和性を利用して，高い T_c を実現していると考えられる物質もある．パイロクロア構造をとる $Cd_2Re_2O_7$ は $T_c \simeq 1$ K の超伝導体である[573]．一方，β パイロクロア構造をもつ KOs_2O_6 では $T_c \simeq 9.6$ K の超伝導が実現している[565]．これは，同じ構造をもつ $RbOs_2O_6$ ($T_c \simeq 6.3$ K)[574] や $CsOs_2O_6$ ($T_c \simeq 3.3$ K)[575] が，従来型の超伝導体と考えられているのと対照的である．KOs_2O_6 では，大きな K の大振幅のラットリング運動により，大きな電子－格子相互作用がもたらされ高い T_c が実現していると考えられている[574]．実現している超伝導状態はフルギャップであると考えられている．強磁場下での測定から $H_{c2}(0) \simeq 30$ T が報告されている[576]．また，H_{c2} の温度依存性が，広い温度範囲にわたり直線的であるという異常も報告されている[577]．さらに，磁場下での抵抗測定から磁束ピン止めの異常も観測されている[578]．試料の純良性を反映して J_c は小さく，$RbOs_2O_6$ において $\simeq$ 3500 A/cm^2 ($T = 4.5$ K) が報告されている[579]．

充填型スクッテルダイトとして知られる RT_4Pn_{12}（R：希土類，T = Fe, Ru, Os, Pn：ニクトゲン）の組成式で表される物質群は，強磁性，半強磁性，超伝導などのさまざまな物性を示すことが知られている．結晶構造は図 4.88(c) のようであり，ラットリングを許す大きな空間があることが特徴となっている．この中で，以下の物質で超伝導が発現する．$LaFe_4P_{12}$ ($T_c \simeq 4.0$ K)[580], YRu_4P_{12} ($T_c \simeq 8.5$ K)[581], $LaRu_4P_{12}$ ($T_c \simeq 7.0$ K)[582], $LaRu_4As_{12}$ ($T_c \simeq 10.3$ K)[583]，$PrRu_4As_{12}$ ($T_c \simeq 2.4$ K)[583]，$LaOs_4As_{12}$ ($T_c \simeq 3.2$ K)[584]，$LaOs_4Sb_{12}$ ($T_c \simeq 0.74$ K)[585]，$PrOs_4Sb_{12}$ ($T_c \simeq 1.8$ K)[586, 587]．この中でも，$PrOs_4Sb_{12}$ は多くの特異な物性を示すことが報告されている．その 1 つが，μSR 測定により示された超伝導状態における自発磁化の存在である[588]．また，熱伝導度の磁場角度依存性の測定から，超伝導オーダーパラメーターが温度域により 4 回対称から 2 回対称へと相転移することが報告されている[589]．しかし，その後の比熱測定では，2 回対称状態への相転移は確認されていない[590]．また，$LaFe_4P_{12}$ は，鉄系超伝導体発見以前には数少ない鉄を含む超伝導体の 1 つであった．一方，骨格がニクトゲンではなく

Ge からなるものも発見されている．$SrPt_4Ge_{12}$ ($T_c \simeq 5.1$ K)[591]，$BaPt_4Ge_{12}$ ($T_c \simeq 5.35$ K)[591], $LaPt_4Ge_{12}$ ($T_c \simeq 8.3$ K)[592], $PrPt_4Ge_{12}$ ($T_c \simeq 7.9$ K)[592], $ThPt_4Ge_{12}$ ($T_c \simeq 4.6$ K)[593] などである．$SrPt_4Ge_{12}$ と $BaPt_4Ge_{12}$ はほぼ同じ T_c であるものの，上部臨界磁場は試料のクリーンさの違いにより，$H_{c2}(0) \simeq 1$ T ($SrPt_4Ge_{12}$)，$H_{c2}(0) \simeq 2$ T ($BaPt_4Ge_{12}$) となっている[591]．

1 - 2 - 20 の組成式をもつかご状化合物でも，超伝導が観測されている．$PrIr_2Zn_{20}$ が $T_c = 0.05$ K[594]，$PrTi_2Al_{20}$ が $T_c = 0.2$ K と報告されている[595]．また，$PrTi_2Al_{20}$ の T_c は圧力印加と共に増大し，8.7 GPa で $T_c = 1.1$ K に達する[596]．しかし，いずれの化合物においても磁束状態に関する詳細な研究はまだない．

4.10.3 ダイヤモンドの超伝導・渦糸状態

ダイヤモンドはバンドギャップ 5.5 eV をもつ絶縁体として知られているが，ボロン（ホウ素，B）をドープすることで p 型半導体となる．ダイヤモンド半導体は，現在主流のシリコンよりもバンドギャップが大きく，対高温用の次世代高周波高出力デバイス用の材料としても期待されている．また，高振動数のフォノンに起因した高い熱伝導率に加え，ボロンを高濃度にドープすることで金属化できることも特徴である．

2004 年にエキモフ（Ekimov）らは 10 万気圧，2500 ～ 2800℃の条件下の高圧合成を用いて，グラファイトと B_4C の境界で合成された多結晶ダイヤモンドのボロン濃度が高い (5×10^{21} cm^{-3}) 領域で，超伝導が示されることを発見した[597]．図 4.89(a) に示すように，電気抵抗率の測定から臨界温度のオンセットが $T_c^{\mathrm{on}} \simeq 4$ K，ゼロ抵抗が $T_c^{\mathrm{zero}} \simeq 2.3$ K の超伝導転移が観測されている．磁場中の電気抵抗率の相転移（図 4.89(a) 挿入図）と磁化曲線（図 4.89(b)）の振舞から，ボロンドープダイヤモンドは第 2 種超伝導体と考えられ，臨界温度 T_c における上部臨界磁場 $H_{c2}(T)$ の傾き ($d\mu_0 H_{c2}/dT = -1.7$ T/K) から，$\mu_0 H_{c2}(0) = 3.4$ T とコヒーレンス長 $\xi_{\mathrm{GL}}(0) = 10$ nm が得られた．磁化 $M(H)$ 曲線のヒステリシスループの幅から見積もった臨界電流密度は，$T = 1.8$ K において $J_c \simeq 145$ A/cm^2 であった．臨界電流密度が小さいのは，試料が多結晶であるために，粒界の弱結合による超伝導電流の

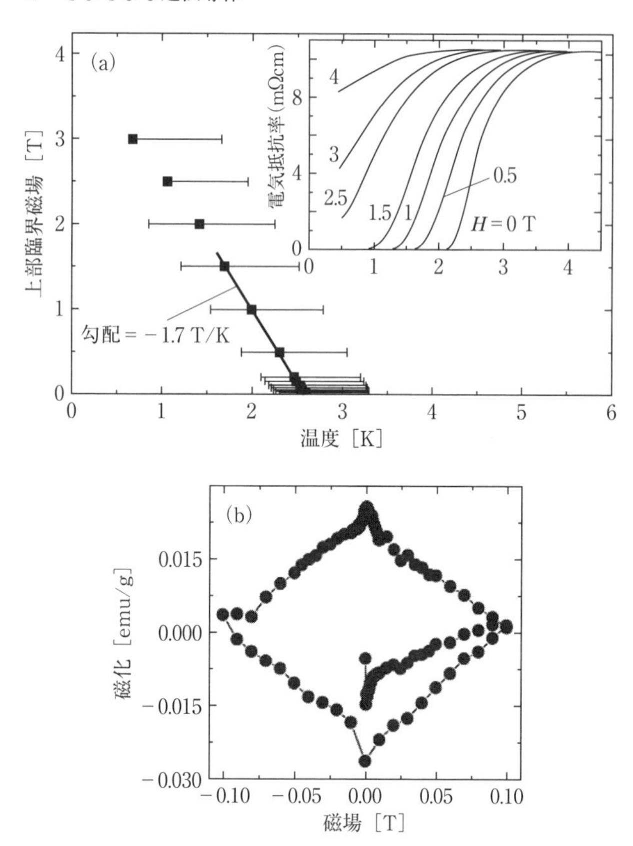

図 4.89　(a) ボロンドープダイヤモンド多結晶の上部臨界磁場 $\mu_0 H_{c2}$ [T]. 挿入図：磁場中電気抵抗率の温度依存性. (b) $T = 1.8$ K における磁化ヒステリシス曲線. (E. A. Ekimov, V. A. Sidorov, E. D. Bauer, N. N. Mel'nik, N. J. Curro, J. D. Thompson and S. M. Stishov: Nature **428** (2004) 542 より許可を得て転載)

制限が原因と考えられる. この振舞は, 酸化物高温超伝導体の多結晶焼結体の結果と類似しているが, 粒界が渦糸のピニング中心となる金属や合金系の超伝導体とは異なっている.

ボロンドープ超伝導ダイヤモンドのバルク多結晶試料は, グラファイトをダイヤモンドに直接変換する条件で合成されるため[597], 大型の単相試料や単結晶の合成は難しい. これに対して, 化学気相成長 (CVD) 法を用いて成膜時にメタンガスとトリメチルボロンを原料ガスとすることで, ボロン濃度や配向性を制御した超伝導ダイヤモンド薄膜が作製できる[598-600]．図 4.90 に，異なるボロン濃度のダイヤモンド薄膜における電気抵抗率の温度依存性を示す[600]．絶縁体領域から金属－絶縁体転移（ボロン濃度 $B = 3 \times 10^{20}$ cm^{-3}）を経て超伝導に至るまで，ボロン濃度と共に電気抵抗率は減少し，超伝導領域では臨界温度 T_c が増加する．

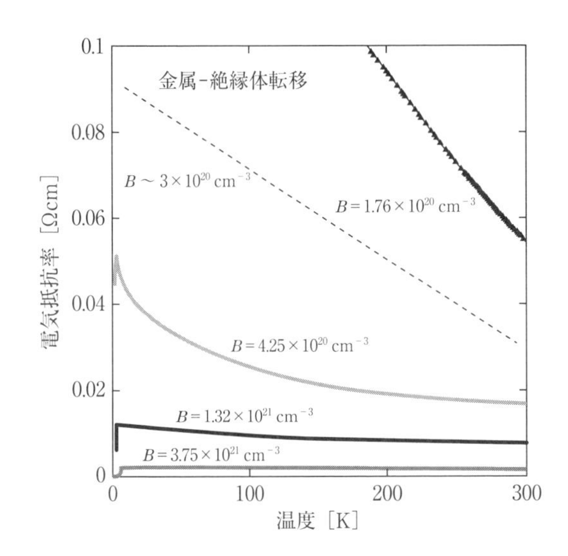

図 4.90 異なるボロン濃度をもつダイヤモンド薄膜の電気抵抗率の温度依存性．（高野義彦，川原田洋：固体物理 **41** (2006) 457 より許可を得て転載）

ボロンドープダイヤモンド薄膜における T_c は，ボロン濃度だけではなく，薄膜の配向方向（成長方向）にも依存する（図 4.91 挿入図）．(111) 配向薄膜では，ボロン濃度と共に臨界温度が増加し $T_c \simeq 7\,\mathrm{K}$ に達しているが，同じボロン濃度でも (100) 配向薄膜では $T_c \simeq 3\,\mathrm{K}$ 付近で飽和傾向を示す．配向方向に依存した T_c の起源として，結晶格子の歪みやボロンの状態などいくつかの要因が議論されていたが，成膜中に取り込まれた水素とボロンがペアを作る場合には，キャリアドープが有効ではないことが NMR[601] や第一原理計算[602] によって示された．NMR 実験[603] から，水素とペアを作らない単独のボロン濃度から有効キャリア量を求めた結果，配向に依存しない単一の超伝導相図が得られた（図 4.91）．T_c はボロン濃度に対して上昇傾向を示しているため，有効キャリア量を増やすことができれば T_c はさらに増加すると期待できる．現時点で，高い T_c をもつホモエピタキシャル (111)

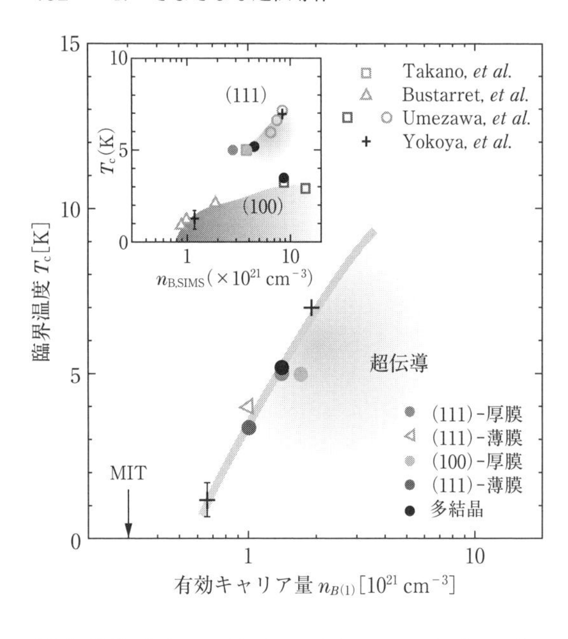

図 4.91　有効キャリア量で整理したボロンドープダイヤモンドの超伝導の相図．挿入図：(100)-と(111)-配向薄膜における臨界温度 T_c のボロン濃度依存性．（H. Mukuda, *et al*.: Phys Rev. **B75** (2007) 033301 より許可を得て転載）

配向薄膜（$T_c^{on} \simeq 11.4$ K，$T_c^{zero} \simeq 7.4$ K）では，$\mu_0 H_{c2}(0) = 10.4$ T，$\xi_{GL}(0) = 5.5$ nm となり[600]，バルク多結晶[597]の場合と比べ高磁場まで超伝導状態が実現できる．

超伝導のエネルギーギャップは，走査型トンネル顕微/分光（STM/STS）[603-605]や光電子分光[606]で確認されている．図 4.92(a) は，$T_c = 1.9$ K のボロンドープダイヤモンド薄膜のトンネルコンダクタンス dI/dV を示す[603]．dI/dV スペクトル（図 4.92(a)）とギャップパラメーター $\Delta(T)$ の温度依存性（図 4.92(b)）は，弱結合の BCS 理論とよく一致することが示され，ギャップ比として $2\Delta/k_B T_c = 3.48$ が得られた．これに対し，T_c が高い (111) 配向薄膜（$T_c \simeq 5.4 \sim 6.6$ K）では，STM/STS[604] と光電子分光[606] の両方において，ギャップ端のコヒーレンスピークがブロードになり，フェルミエネルギーでの状態密度も高くなる．このようなエネルギースペクトルは，対破壊の効果を現象論的に取り入れたブロードニングパラメーター Γ を含んだダインズ（Dynes）関数 $N(E, \Gamma) \propto |\mathrm{Re}[(E - i\Gamma)/\sqrt{(E - i\Gamma)^2 - \Delta^2}]|$ でよく記述でき，得られた Δ から求めたギャップ比は BCS 理論の範囲内であった[604, 606]．この結果は，高い T_c をもつ薄膜では乱

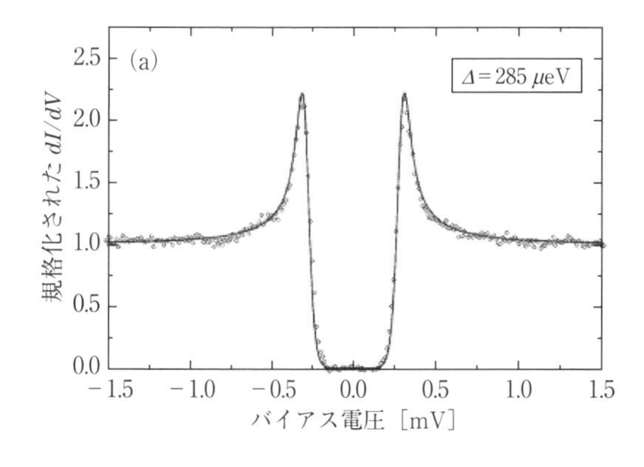

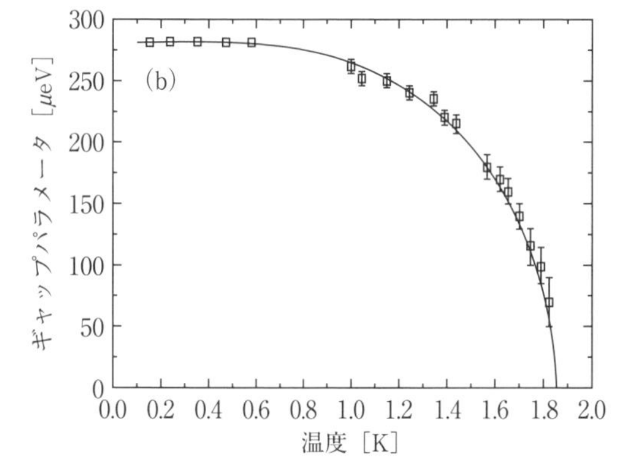

図 4.92 (a) 規格化されたトンネルコンダクタンス dI/dV. (b) ギャップパラメーター Δ の温度依存性. (a) (b) 共に実線は BCS 理論によるフィット.（B. Sacépé, *et al.*: Phys. Rev. Lett. **96** (2006) 097006 より許可を得て転載）

れの影響が大きいことを示唆している.

実際に，これらの間の T_c をもつ薄膜 ($T_c \simeq 4.8$ K) では，コヒーレンスピークが鋭い（ゼロバイアスコンダクタンス ZBC は低い）スペクトルと，コヒーレンスピークがブロードな（ZBC は高い）スペクトルが，30 ～ 100 nm のスケールで分布している[605]. 以上の結果は，ボロンドープによって超伝導化して T_c を増加させた場合には，乱れも同時に導入していることを示している. 今後，キャリア量と乱れを独立に制御することができれば，乱れによるアンダーソン局在の影響下での超伝導に関して重要な知見が得られるばかりでなく，さらに高い T_c を目指すことも可能になるであろう. ボロンドープ以外の手法として，電気 2 重層トランジスタを用いてキャリアドープを行い，絶縁体ダイヤモンドを金属化することが可能になっており[607],

今後の進展が期待される．

図 4.93(a) は，ボロンドープダイヤモンドの (111) 配向薄膜における渦糸構造を STM/STS で測定した結果である[608]．渦糸は三角格子からずれた乱れた格子構造をとり，理想的な三角格子であるアブリコソフ渦糸格子（または，ブラッググラス）とは異なる渦糸グラス状態となる．渦糸構造と同時に測定した STM 表面像を比較した結果，表面の微細構造と渦糸配置には明瞭な相関は見られず，渦糸ピン止め中心に関する情報は得られていない．同様な渦糸構造は (100) 配向薄膜においても観測されている[603]．図 4.93(b) に，輸送電流法で測定した臨界電流密度 J_c の磁場依存性を示す[600]．(111) 配向したホモエピタキシャル薄膜では，多結晶試料と比べて高い J_c($\simeq 5.7 \times 10^4$ A/cm^2) を示すが，磁場中の超伝導特性をさらに改善するためには，弱磁場で J_c が急減する原因を明らかにする，(100) 配向薄膜での J_c 決定要因を明らかにする，渦糸ピン止め機構を解明する，などが重要である．

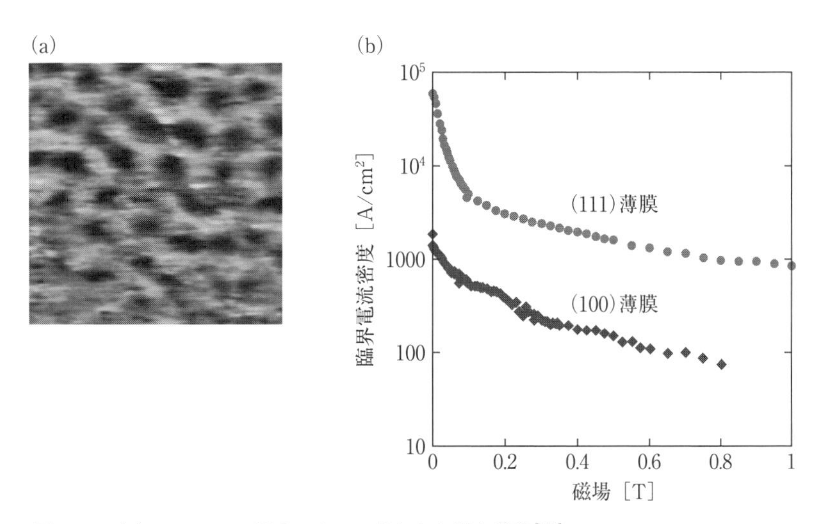

図 4.93　(a) STM/STS 測定によって得られた渦糸構造[607]．$T=0.35$ K, $\mu_0H=0.95$ T, 285×285 nm^2．(b) ホモエピタキシャル薄膜の臨界電流密度の磁場依存性．((b) については，高野義彦，川原田洋：固体物理 **41** (2006) 457 より許可を得て転載)

4.10.4　その他の超伝導体

（1）　マルチバンド・マルチギャップ超伝導

複数のエネルギーバンドのそれぞれで異なる超伝導ギャップが開いているマルチバンド・マルチギャップ超伝導は，MgB_2 においてはっきりとした証拠が確認された．マルチギャップの超伝導状態がどのような形で目に見える超伝導の性質として現れるかについては非自明な点も多く，超伝導現象を深く理解する上でも重要なテーマと考えられている．MgB_2 の他にマルチバンド超伝導体として，$NbSe_2$，鉄系超伝導体，ボロカーバイドなどが知られている．これらの詳細のいくつかはすでにこの本に述べられている．以下では，その他の超伝導体または候補物質についてマルチギャップ性に着目して紹介する．

（a）　Sr_2RuO_4

Sr_2RuO_4 は 1994 年に発見された超伝導体である[609]．Sr_2RuO_4 は銅酸化物の La_2CuO_4 に似た層状ペロブスカイト構造をとる．Sr_2RuO_4 の超伝導は $T_c = 1.5$ K，上部臨界磁場は面内で 1.5 T，面間で 0.075 T と強い異方性を示す．Sr_2RuO_4 の超伝導は，スピン 3 重項超伝導体の代表例として多くの研究がなされ，その物性についてはレビューに詳しく記述されている[610, 611]．

Sr_2RuO_4 は NMR のスピン磁化率の測定よりスピン 3 重項超伝導体であることが報告されており，その代表例として知られている．ミュオンスピン回転の実験から超伝導状態で自発的内部磁場の発生が検出され，それにより時間反転対称性を破る超伝導状態が示唆された．この結果は，クーパー対の軌道状態が $L = +1$ または -1 である超伝導カイラルドメインの存在による時間反転対称性の破れと，その軌道磁気モーメントに伴う自発的な磁場の発生のためと解釈されている．スピン 3 重項超伝導や時間反転対称性の破れなどから，Sr_2RuO_4 の超伝導状態として，図 4.94 に示すような，ベクトル秩序変数 $d = z\Delta(k_x + ik_y)$ で記述されるカイラル p 波超伝導状態が有力な候補と考えられている．

Sr_2RuO_4 のフェルミ面近傍の電子状態は，Ru^{4+} の $4d^4$（低スピン状態）に基づく t_{2g} 軌道と酸素の p 軌道が混成した反結合 π 軌道からなる．Sr_2RuO_4

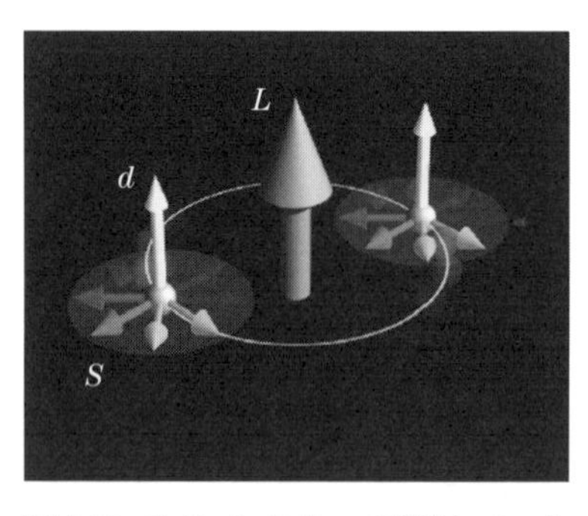

図 4.94　Sr_2RuO_4 において実現していると考えられている，ベクトル秩序変数 $d=z\Delta(k_x+ik_y)$ のスピン 3 重項超伝導 p 波超伝導の基底状態．L は軌道角運動量，S はクーパー対のスピン，d は d-ベクトルを指す．（Y. Maeno, S. Kittaka, T. Nomura, S. Yonezawa and K. Ishida: J. Phys. Soc. Jpn. **81** (2012) 011009 より許可を得て転載）

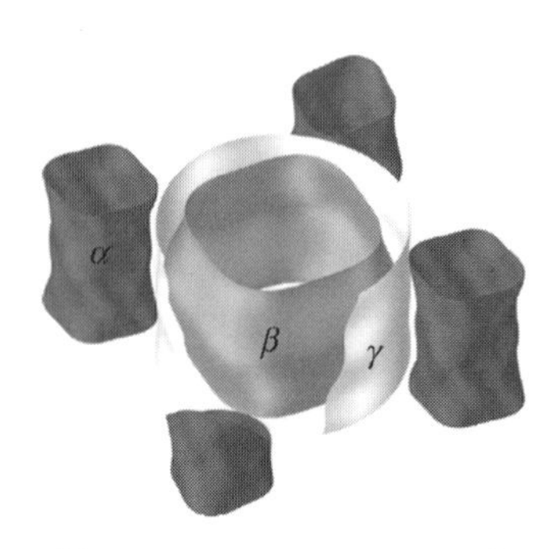

図 4.95　Sr_2RuO_4 のフェルミ面．（A. P. Mackenzie and Y. Maeno: Rev. Mod. Phys. **75** (2003) 657 より許可を得て転載）

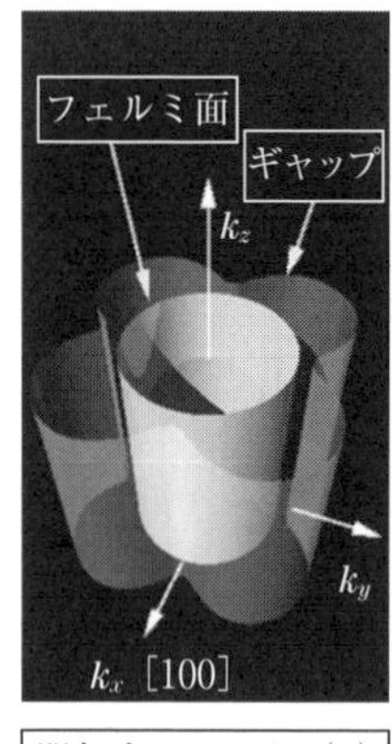

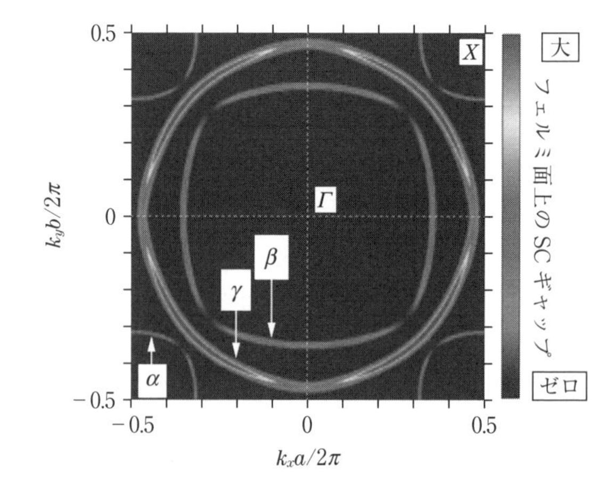

図 4.96　Sr_2RuO_4 の超伝導ギャップとして有力な構造．（左）γフェルミ面とその超伝導ギャップ．（右）γ, β, α フェルミ面における超伝導ギャップ（（左）K. Deguchi, Z. Q. Mao, H. Yaguchi and Y. Maeno: Phys. Rev. Lett. **92** (2004) 047002, および（右）K. Deguchi, Z. Q. Mao and Y. Maeno: J. Phys. Soc. Jpn **73** (2004) 1313 より許可を得て転載）

のフェルミ面は量子振動の測定から，図 4.95 と図 4.96 に示すように，t_{2g} 軌道のうち d_{xy} に由来する γ フェルミ面（電子）と，d_{yz} と d_{zx} に由来する β フェルミ面（電子），α フェルミ面（ホール）とに分かれると考えられている[610]．比熱測定からの分析から，これらのフェルミ面が形成する超伝導ギャップについて論じられている[612,613]．状態密度の57% を占めるγフェルミ面にはT_cの大きさに対応する大きなギャップが開くが，Γ－M 方向([100])に最少となる異方性をもつ．また，残りの状態密度を占めるβ，αフェルミ面にはT_cのエネルギースケールの数分の一程度の小さなギャップがあり，Γ－X 方向([110])ではギャップの大きさがほぼゼロになっていると推測される．バンドごとに超伝導ギャップの大きさが異なる原因として，電子対形成に主導的になるγフェルミ面とその他のフェルミ面との軌道対称性の違いによるものと考えられる．

（b）　**$Lu_2Fe_3Si_5$**

3 元型鉄ケイ化物$Lu_2Fe_3Si_5$は 1980 年に発見された$T_c \simeq 6$ K の超伝導体であり，発見当時は鉄を含む超伝導体の中で最大のT_cを有するものであった．$Lu_2Fe_3Si_5$は正方晶$Sc_2Fe_3Si_5$型構造をとる．Fe 原子と Si 原子それぞれが，c軸方向に 1 次元鎖，ab面内に 2 次元正方形ネットワークをそれぞれ形成する点が，この物質の結晶構造の特徴である．バンド計算からは Fe の 3d 電子が伝導を担うと考えられている．$Lu_2Fe_3Si_5$は，鉄を含む超伝導として比較的高いT_cを有することで注目されていたが，それに加えて非従来型超伝導の可能性も指摘されていた．例えば，弱結合 BCS 超伝導の場合の予測とは異なり，転移点での比熱の飛びが小さく，転移点の 3 分の 1 程度の温度でも電子比熱係数が常伝導状態の半分以上残る．また，上部臨界磁場が極めて高い．このような超伝導状態における異常な振舞が知られていたが，その起源は 30 年ほど明らかにされてこなかった．2008 年に$Lu_2Fe_3Si_5$純良単結晶の比熱測定によって，図 4.97 で見られるように，明確な 2 ギャップの存在が実験的に明らかにされ，その振舞について説明された[614]．電子比熱係数の温度依存性は転移点で飛びを示すと同時に，さらに低温側でキンクを示す．これは，BCS 弱結合超伝導体の電子比熱係数の温度依存性とは異なり，典型的な 2 ギャップ超伝導体であるMgB_2の電子比熱係数の温度依存性と非常に似ている．すなわち，小さいギャップと大きいギャップの存在が示されている．この振舞は，大きさの異なる 2 つの超伝導ギャップが同じ転移温度をもち，そのギャップの温度依存性が BCS 的であるとするαモデル

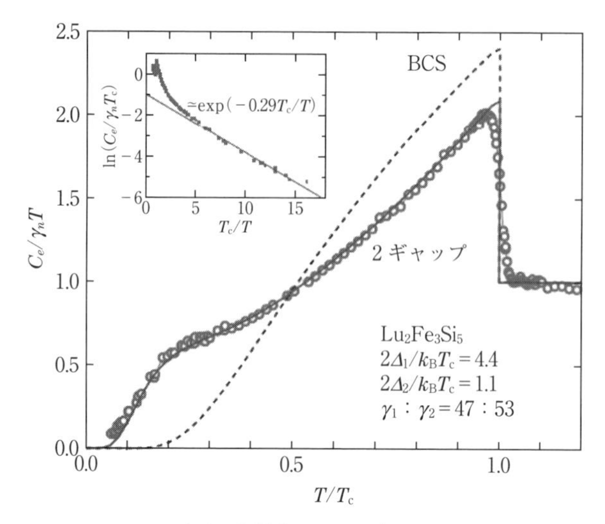

図 4.97　$Lu_2Fe_3Si_5$ の電子比熱係数の温度依存性．破線は弱結合 BCS 超伝導体の電子比熱係数の温度依存性．挿入図は電子比熱係数に対するアレニウスプロット．（Y. Nakajima, T. Nakagawa, T. Tamegai and H. Harima: Phys. Rev. Lett. **100**（2008）157001 より許可を得て転載）

で説明された．また，電子比熱係数のアレニウスプロットによると，比熱は $\exp(-0.29T_c/T)$ に比例しているが，この係数 0.29 は BCS 超伝導の場合の 5 分の 1 程度の値であり，低温で小さなギャップが存在することを示唆している．電子比熱係数の他に，トンネルダイオード共鳴[615]や μSR[616]による超流動電子密度の測定からも，$Lu_2Fe_3Si_5$ におけるマルチギャップ超伝導が示唆されている．

また，他の興味深い研究として不純物効果の実験がある[617]．$Lu_2Fe_3Si_5$ は，伝導に寄与しない Lu サイトを非磁性元素の Sc，Y や磁性元素の Er，Tm などに置換することができるが，このような不純物置換によって超伝導転移温度は急激に減少する．この起源は明らかでないが，例えば，ギャップの符号が異なる d 波，$s_\pm$ 波超伝導体においては，わずかな不純物置換によって超伝導転移温度が減少することが知られており，同様な非従来的超伝導状態が実現している可能性が示唆される．

（c）　$\mathbf{Na_xCoO_2\cdot nH_2O}$

$Na_xCoO_2\cdot nH_2O$（$x\simeq 0.35$，$n\simeq 1.3$）は，2003 年に報告された $T_c\simeq 5$ K

の超伝導体である[618]．図 4.98 に示すように，母物質の Na_xCoO_2 は Na と CoO_2 層の積層構造をとる物質で，この 2 つの層間に H_2O 分子が挿入されることによって超伝導が発現する．CuO_2 層をもつ銅酸化物高温超伝導体との類似性や，水の分子が層間に入ることによって超伝導が発現すること，スピン 3 重項超伝導の可能性が初期に指摘されたこと（NMR の実験より，現在はスピン 1 重項超伝導と考えられている[619]．）などから注目された超伝導体である．バンド計算の結果から，いくつかフェルミ面の候補が考えられており，複数のフェルミ面が生じる可能性が指摘されている[619]．

図 4.99 に示すように，$Na_{0.3}CoO_2 \cdot 1.3H_2O$ のマルチギャップを示唆する

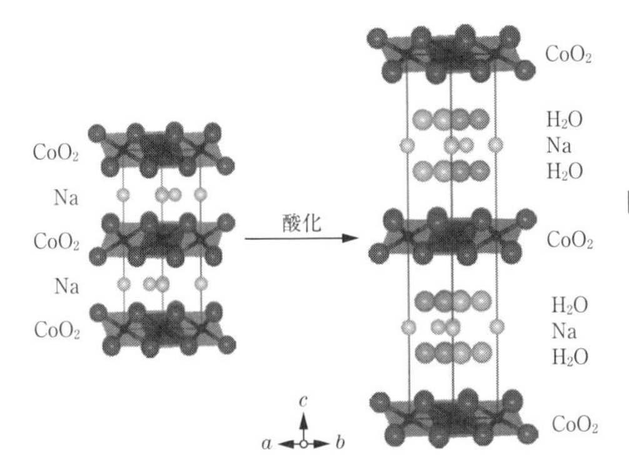

図 4.98 $Na_{0.7}CoO_2$（左）と $Na_xCoO_2 \cdot yH_2O$（右）の結晶構造．(K. Takada, H. Sakurai, E. Takayama- Muromachi, F. Izumi, R. A. Dilanian and T. Sasaki: Nature **422** (2003) 53 より許可を得て転載)

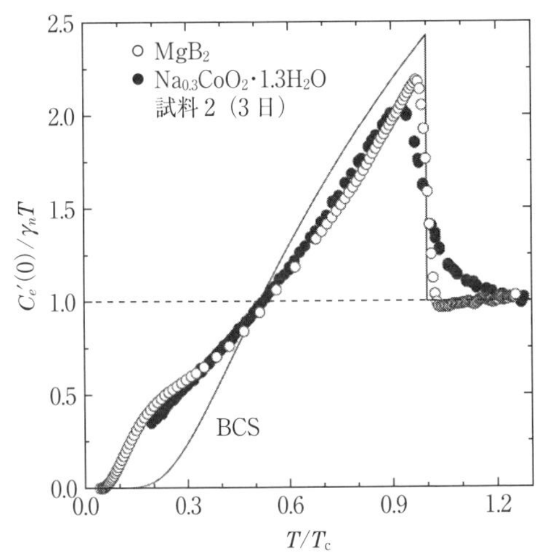

図 4.99 $Na_{0.3}CoO_2 \cdot yH_2O$ と MgB_2 の電子比熱の温度依存性．（N. Oeschler, R. A. Fisher, N. E. Phillips, J. E. Gordon, M.-L. Foo and R. J. Cava: Phys. Rev. **B78** (2008) 054528 より許可を得て転載）

実験結果が報告されている[620]．室温で数日放置することによって超伝導特性が若干変化した $Na_{0.3}CoO_2 \cdot 1.3H_2O$ 試料において，電子比熱係数の温度依存性に，MgB_2 と同様なキンクが現れていることがわかる．

（2）**最近報告された層状化合物超伝導体**

これまで層状物質において，2次元的な結晶構造に由来した特異な電子状態が数多く報告されている．その代表例が，高温超伝導体とよばれる銅酸化物超伝導体や鉄系超伝導体である．これらは，超伝導が発現する「超伝導層」（銅酸化物超伝導体の CuO_2 層，鉄系超伝導体の FeAs，FeCh（Ch：Se, Te）層など）と超伝導層間に挟まった「ブロック層」の積層構造をとる（図4.100）．ブロック層の構造や超伝導層の枚数を変化させたり，ブロック層に元素置換を施すことによってさまざまな物質や物理現象が発見されている．この CuO_2 層や FeAs 層などのように，共通の超伝導層を新たに発見することは，新しい超伝導物質の探索に有効な指針を与えると共に，超伝導や磁性相などのさまざまな秩序相の物理に大きな知見を与える．このような観点の下，2種類の層状化合物超伝導体を紹介する．

（a）**BiS_2 系超伝導体**

BiS_2 系超伝導体は，2012年に Bi－O－S の3元系化合物における T_c 約5Kの超伝導として発見された[621]．後に，この超伝導物質の組成は $Bi_4O_4S_3$ であることがわかった．$Bi_4O_4S_3$ は欠陥がある $Bi_6O_8S_5$ 構造と考えられるこ

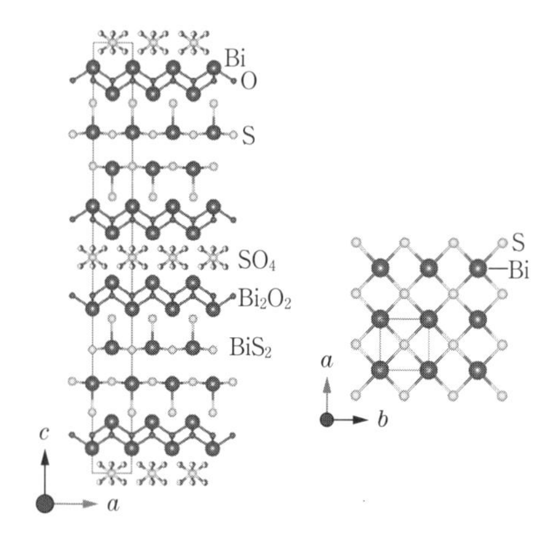

図 4.100　（左）$Bi_6O_8S_5$ の結晶構造．SO_4 サイトの O サイトは占有率が 50% であり，実際に合成された $Bi_4O_4S_3$ は SO_4 サイトに 50% 程度の欠損があると考えられる．（右）BiS_2 正方格子（Y. Mizuguchi, H. Fujihisa, Y. Gotoh, K. Suzuki, H. Usui, K. Kuroki, S. Demura, Y. Takano, H. Izawa and O. Miura: Phys. Rev. **B86** (2012) 220510 より許可を得て転載）

とから，$Bi_4O_4(SO_4)$ 層（SO_4 サイトが 50% 欠損）がブロック層となっている．その後，この BiS_2 層を有する物質がいくつか発見され，$LnO_{1-x}F_xBiS_2$ (Ln = La, Ce, Pr, Nd, Yb, $T_c \leq 10.6$ K) や $La_{1-x}M_xOBiS_2$ (M = Ti, Zr, Hf, Th, $T_c \leq 2.8$ K) などいくつかの物質は元素置換によって超伝導を示す．この $LaOBiS_2$ の場合は La_2O_2 層がブロック層となる．また S を Se で置換した $LaO_{1-x}F_xBiSe_2$ ($T_c = 2.6$ K) や，酸素ではなくフッ素を含む $Sr_{1-x}La_xFBiS_2$ ($T_c = 3$ K) および $EuFBiS_2$ ($T_c = 0.3$ K) も，同様な結晶構造をとると共に超伝導が発現する．

最も詳細な研究がなされている，$LaOBiS_2$ における超伝導の発現について紹介する．$LaOBiS_2$ はブロック層として La_2O_2 層を有するが，このブロック層は鉄系超伝導体 LaOFeAs と非常に類似しており，F ドープ LaOFeAs ($T_c = 26$ K) との類似性から，「O^{2-} サイトの F^- 部分置換による電子ドープ」が可能であることが示唆され，実際に超伝導が発現することが見出された[622]．母物質である $LaOBiS_2$ は半導体的な電気伝導を示す．O サイトを F 置換した $LaO_{1-x}F_xBiS_2$ においては F ドープすると半導体的なままではあるが，電気抵抗率の値は減少する．そして $x = 0.5$ で超伝導が発現する．

ここでさらに，高温高圧アニールを施すことによって T_c が向上する．$LaO_{0.5}F_{0.5}BiS_2$ を 600 度，2 GPa，1 時間の条件下で高温高圧アニールすると，

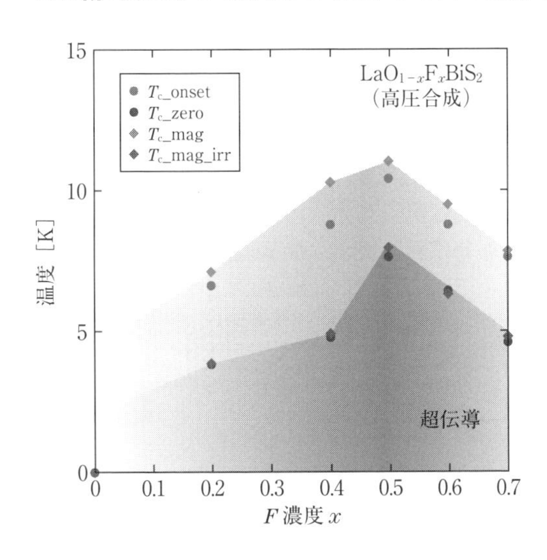

図 4.101　$LaO_{1-x}F_xBiS_2$ の電子相図．(K. Deguchi, Y. Mizuguchi, S. Demura, H. Hara, T. Watanabe, S. J. Denholme, M. Fujioka, H. Okazaki, T. Okazaki, H. Takeya, T. Yamaguchi, O. Miura and Y. Takano: Europhys. Lett. **101** (2013) 17004 より許可を得て転載)

転移温度は著しく向上する．これにより，高圧アニールが超伝導の発現に有効であることがわかる．図 4.101 に，x を 0～0.7 の範囲で変化させた $LaO_{1-x}F_xBiS_2$ 高圧アニール試料（HP）の電子相図を示す[623]．T_c は，電気抵抗率および磁化の温度依存性から求められた．この実験結果によると，$x = 0.2 \sim 0.7$ の範囲で超伝導を示し，$x = 0.5$ で T_c は最大となり約 10 K となる．さらに，$x = 0.5$ を頂点としたドーム状の相図となる．また，高圧アニールした試料（HP）は as‐grown（AS）試料と異なり，a 軸長が $x = 0.5$ で最大値をとる．これらの結果は，O/F 置換による電子ドープと共に，格子長の変化が超伝導の発現と何らかの関連があることを示唆する．

$LaOBiS_2$ 系について，バンド計算による電子状態の評価も行われている[624]．母物質の $LaOBiS_2$ はバンドギャップが空いているが，F ドープによって金属化する．また，T_c が最高になる $x \simeq 0.5$ の E_F は，Bi‐6p 軌道の状態密度のピーク近傍に位置する．$Bi_4O_4S_3$（$Bi_6O_8S_5$ の 50% の SO_4 サイト欠損を仮定）のバンド構造の計算結果もこれと同様の結果を示す．これらの理論計算から，伝導に寄与するのは BiS_2 層（2 つの Bi‐6p 軌道）であり，母物質に電子ドープを行うことによって金属化して，超伝導が発現するという共通の性質が見出された．また一方で，バルク超伝導を示す F ドープ $LaOBiS_2$ の電気抵抗率が半導体的な振舞を示すことから，キャリアを局在させる何らかの要因があり，それが超伝導特性と強く相関している可能性がある．

（b）　Ti 系ニクタイド酸化物 $BaTi_2Pn_2O$（Pn = Sb, Bi）

$BaTi_2Sb_2O$ における超伝導は，2012 年に報告された[625, 626]．母物質である $BaTi_2Sb_2O$ は $T_c = 1.2$ K の超伝導体であり，Ba サイトに Na をドープした $Ba_{1-x}Na_xTi_2Sb_2O$ では T_c は最大 5.5 K まで上昇する．その後，$BaTi_2Bi_2O$（$T_c = 4.6$ K），$(Sr, F)_2Ti_2Bi_2O$（非超伝導）などの類縁物質も報告されている．

図 4.102 に示すように，$BaTi_2Sb_2O$ は Ba 層と Ti_2Sb_2O 層が積層した構造をとる．この Ti_2Sb_2O 層は Ti_2O 2 次元正方格子を含む．この構造は CuO_2 正方格子を含む銅酸化物の構造と類似しており，Ti_2O 正方格子は CuO_2 正方格子のカチオンとアニオンを反転させた関係にある．また，銅酸化物の CuO_2 正方格子では Cu^{2+} の $3d^9$ 電子状態をとるのと対照的に，$BaTi_2Sb_2O$

において Ti^{3+} が $3d^1$ 電子状態をとると考えられる．以上のように，これらは銅酸化物と結晶構造が類似し，かつ電子状態が逆となる「電子－ホール対称」の物質と捉えることができる．

Ti_2Pn_2O 層を含む物質は，超伝導発見以前からいくつか報告があった．例

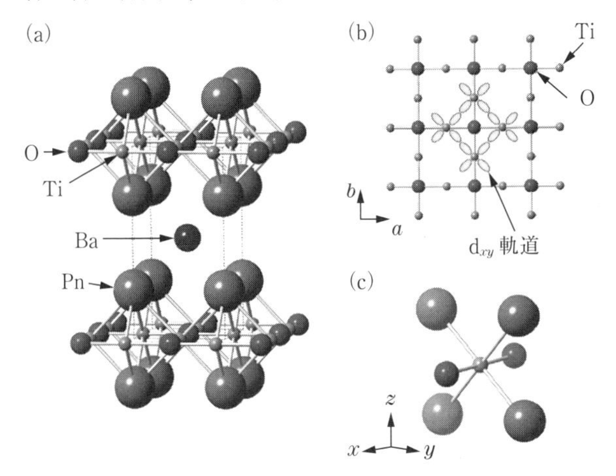

図 4.102　(a) $BaTi_2Pn_2O$ (Pn＝As, Sb) の結晶構造．(b) Ti_2O 正方格子．(c) TiO_2Pn_4 八面体の構造．(T. Yajima, K. Nakano, F. Takeiri, T. Ono, Y. Hosokoshi, Y. Matsushita, J. Hester, Y. Kobayashi and H. Kageyama: J. Phys. Soc. Jpn. **81** (2012) 103706 より許可を得て転載)

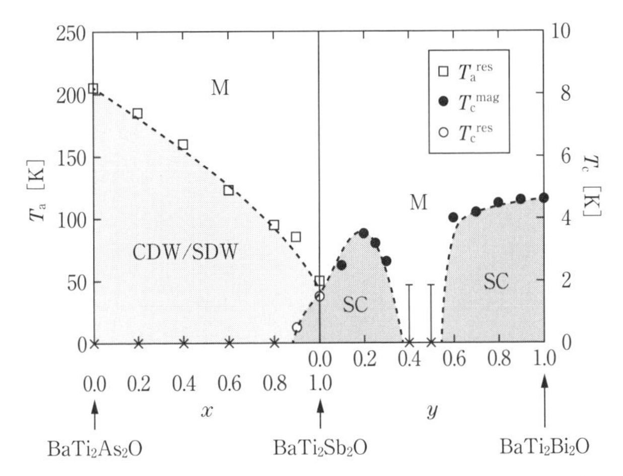

図 4.103　$BaTi_2(As_{1-x}Sb_x)_2O$ および $BaTi_2(Sb_{1-y}Bi_y)_2O$ の電子相図（T. Yajima, K. Nakano, F. Takeiri, Y. Nozaki, Y. Kobayashi and H. Kageyama: J. Phys. Soc. Jpn. **82** (2013) 033705 より許可を得て転載）

えば，$NaTi_2Pn_2O$ (Pn = As, Sb)，$BaTi_2As_2O$，$(SrF)_2Ti_2Pn_2O$ (Pn = As, Sb)，$(SmO)_2Ti_2Sb_2O$ などがある．これらの物質は超伝導を示さないが，共通して磁化や抵抗に異常を示し，電荷密度波またはスピン密度波などの何らかの秩序状態が形成されている可能性が議論されている．この秩序状態と超伝導の関連性が議論されている．上述の秩序状態の形成は，電気抵抗率や磁化率の温度依存性にキンクとして現れるが，図 4.103 に示すように元素置換によって秩序状態が抑制されると超伝導状態が増強される[627]．また，$BaTi_2(Sb_{1-y}Bi_y)_2O$ においては，相図上で超伝導相が 2 つのドームを形成しており，2 つの超伝導相がそれぞれ異なるバンドに関与している可能性が指摘されている．

参考文献

[1] H. Maeda, Y. Tanaka, M. Fukutomi and T. Asano：Jpn. J. Appl. Phys. **27** (1988) L209.

[2] J. Akimitsu, A. Yamazaki, H. Sawa and H. Fujiki：Jpn. J. Appl. Phys. **26** (1987) L2080.

[3] T. Tamegai, A. Watanabe, K. Koga, I. Oguro and Y. Iye：Jpn. J. Appl. Phys. **27** (1987) L1074.

[4] N. Nishida, H. Miyatake, S. Okuma, T. Tamegai, Y. Iye, R. Yoshizaki, K. Nishiyama and K. Nagamine：Physica **C156** (1988) 625.

[5] T. Tamegai, K. Koga, K. Suzuki, M. Ichihara, F. Sakai and Y. Iye：Jpn. J. Appl. Phys. **28** (1989) L112.

[6] A. Yamazaki, J. Akimitsu, H. Miyatake, S. Okuma and N. Nishida：J. Phys. Soc. Jpn. **59** (1990) 1921.

[7] R. Yoshizaki, H. Ikeda, L. X. Chen and M. Akamatsu：Physica **C224** (1994) 121.

[8] T. Fujii, T. Watanabe and A. Matsuda：J. Crystal Growth **223** (2001) 175.

[9] V. G. Kogan：Phys. Rev. **B38** (1989) 7049.

[10] M. Tokunaga, M. Kobayashi, Y. Tokunaga and T. Tamegai：Phys. Rev. **B66** (2002) 060507(R).

[11] D. R. Nelson：Phys. Rev. Lett. **60** (1988) 1973.

[12] E. Zeldov, D. Majer, M. Konczykowski, V. B. Geshkenbein, V. M. Vinokur and H. Shtrikman：Nature **375** (1995) 373.

[13] A. Soibel, E. Zeldov, M. Rappaport, Y. Myasoedov, T. Tamegai, S. Ooi, M. Konczykowski and V. B. Geshkenbein：Nature **406** (2000) 282.

[14] E. Zeldov, A. I. Larkin, V. B. Geshkenbein, M. Konczykowski, D. Majer, B. Khaykovich, V. M. Vinokur and H. Shtrikman：Phys. Rev. Lett. **73** (1994) 1428.

[15] R. Kleiner, F. Steinmeyer, G. Kunkel and P. Müller：Phys. Rev. Lett. **68** (1992) 2394.

[16] Y. Matsuda, M. B. Gaifullin, K. Kumagai, K. Kadowaki and T. Mochiku：Phys. Rev. Lett. **75** (1995) 4512.

[17] L. N. Bulaevskii, M. P. Maley and M. Tachiki：Phys. Rev. Lett. **74** (1995) 801.

[18] T. Shibauchi, T. Nakano, M. Sato, T. Kisu, N. Kameda, N. Okuda, S. Ooi and T. Tamegai：Phys. Rev. Lett. **83** (1999) 1010.

[19] C. J. van der Beek, M. Konczykowski, R. J. Drost, P. H. Kes, N. Chikumoto and S. Bouffard：Phys. Rev. **B61** (2000) 4259.

[20] M. Sato, T. Shibauchi, S. Ooi,T. Tamegai and M. Konczykowski：Phys. Rev. Lett. **79** (1997) 3759.

[21] N. Morozov, M. P. Maley, L. N. Bulaevskii and J. Sarrao：Phys. Rev. **B57** (1998) R8146.

[22] A. E. Koshelev：Phys. Rev. Lett. **83** (1999) 187.

[23] S. Ooi, T. Shibauchi, N. Okuda and T. Tamegai：Phys. Rev. Lett. **82** (1999) 4308.

[24] M. Tokunaga, M. Kishi, N. Kameda, K. Itaka and T. Tamegai：Phys. Rev. **B 66** (2002) 220501(R).

[25] A. Grigorenko, S. Bending, T. Tamegai, S. Ooi and M. Henini：Nature **414** (2001) 728.

[26] C. A. Bolle, P. L. Gammel, D. G. Grier, C. A. Murray, D. J. Bishop, D. B. Mitzi and A. Kapitulnik：Phys. Rev. Lett. **66** (1991) 112.

[27] A. Tonomura, H. Kasai, O. Kamimura, T. Matsuda, K. Harada, T. Yoshida, T. Akashi, J. Shimoyama, K. Kishio, T. Hanaguri, K. Kitazawa, T. Masui, S. Tajima,

N. Koshizuka, P. L. Gammel, D. Bishop, M. Sasase and S. Okayasu：Phys. Rev. Lett. **88** (2002) 237001.

[28] V. K. Vlasko - Vlasov, *et al.*：Phys. Rev. **B66** (2002) 014523.

[29] D. Cole, S. Bending, S. Savel'ev, A. Grigorenko, T. Tamegai and F. Nori：Nat. Mater. **5** (2006) 305.

[30] K. Kishio, J. Shimoyama, T. Hasegawa, K. Kitazawa and K. Fueki：Jpn. J. Appl. Phys. **26** (1987) L1228.

[31] T. Nishizaki, K. Shibata, M. Maki and N. Kobayashi：J. Low Temp. Phys. **131** (2003) 931.

[32] T. Nishizaki and N. Kobayashi："*Studies of High Temperature Superconductors*", Vol. 48 Vortex Physics and Flux Pinning, ed. by A.Narlikar (Nova Science Publishers, Inc. New York, 2003) p. 1.

[33] A. Erb, A. A. Manuel, M. Dhalle, F. Marti, J. - Y. Genoud, B. Revaz, A. Junod, D. Vasumathi, S. Ishibashi, A. Shukla, E. Walker, Ø. Fischer, R. Flükiger, R. Pozzi, M. Mali and D. Brinkmann：Solid State Commun. **112** (1999) 245.

[34] E.M. Gyorgy, R.B. van Dover, L.F. Schneemeyer, A.E. White, H.M. O'Bryan, R. J. Felder, J. V. Waszczak, W. W. Rhodes and F. Hellman：Appl. Phys. Lett. **56** (1990) 2465.

[35] T. Naito, T. Nishizaki, Y. Watanabe and N. Kobayashi："*Advances in Superconductivity IX*", ed. by S. Nakajima and M. Murakami (Springer - Verlag, Tokyo, 1997) p. 601.

[36] T. Nishizaki, Y. Takahashi and N. Kobayashi：Physica **C468** (2008) 664.

[37] B. Lundqvist, A. Rydh, Y. Eltsev, Ö. Rapp and M. Anderson：Phys. Rev. **B57** (1998) R14064.

[38] S. N. Gordeev, A.A. Zhhukov, P.A.J. de Groot, A.G.M. Jansen, R. Gangon and L. Taillefer：Phys. Rev. Lett. **85** (2000) 4594.

[39] Y. Takahashi, M. - B. Luo, T. Nishizaki, N. Kobayashi and X. Hu：J. Nanosci. Nanotechnol. **14** (2014) 2859.

[40] K. Shibata, T. Nishizaki, T. Sasaki and N. Kobayashi：Phys. Rev. **B66** (2002) 214518.

[41] T. Nishizaki, T. Naito, S. Okayasu, A. Iwase and N. Kobayashi：Phys. Rev. **B**

61 (2000) 3649.

[42] R. H. Koch, V. Foglietti, W.J. Gallagher, G. Koren, A. Gupta and M.P.A Fisher：Phys. Rev. Lett. **63** (1989) 1511.

[43] T. K. Worthington, M. P. A. Fisher, D. A. Huse, J. Toner, A. D. Marwick, T. Zabel, C. A. Feild and F. Holtzberg：Phys. Rev. **B46** (1992) 11854.

[44] R. Ikeda：J. Phys. Soc. Jpn. **70** (2001) 219；"*Studies of High Temperature Superconductors*", Vol. 37, ed. by A. Narlikar (Nova Sci. Publishers, NY, 2001) p. 39.

[45] Y. Nonomura and X. Hu：Phys. Rev. Lett. **86** (2001) 5140.

[46] P. L. Gammel, D. J. Bishop, G. J. Dolan, J. R. Kwo, C. A. Murray, L. F. Schneemeyer and J. V. Waszczak：Phys. Rev. Lett. **59** (1987) 2592.

[47] S. T. Johnson, E. M. Forgan, S. H. Lloyd, C. M. Aegerter, S. L. Lee, R. Cubitt, P. G. Kealey, C. Ager, S. Tajima, A. Rykov and D. McK. Paul：Phys. Rev. Lett. **82** (1999) 2792.

[48] I. Maggio - Aprile, Ch. Renner, A. Erb, E. Walker and Ø. Fischer：Phys. Rev. Lett. **75** (1995) 2754.

[49] K. Shibata, T. Nishizaki, M. Maki and N. Kobayashi：Phys. Rev. **B72** (2005) 014525.

[50] S. Kokkaliaris, P. A. J. de Groot, S. N. Gordeev, A. A. Zhukov, R. Gagnon and L. Taillefer：Phys. Rev. Lett. **82** (1999) 5116.

[51] N. Kobayashi, T. Sato, T. Nishizaki, K. Shibata, M. Maki and T. Sasaki：J. Low Temp. Phys. **131** (2003) 925.

[52] M. Tachiki and S. Takahashi：Solid State Commun. **72** (1989) 1083.

[53] T. Nishizaki, T. Aomine, I. Fujii, K. Yamamoto, S. Yoshii, T. Terashima and Y. Bando：Physica **C181** (1991) 223.

[54] J. L. MacManus - Driscoll, S. R. Foltyn, Q. X. Jia, H. Wang, A. Serquis, L. Civale, B. Maiorov, M. E. Hawley, M. P. Maley and D. E. Peterson：Nat. Mater. **3** (2004) 439.

[55] P. Mele, K. Matsumoto, T. Horide, A. Ichinose, M. Mukaida, Y. Yoshida, S. Horii and R. Kita：Supercond. Sci. Technol. **21** (2008) 032002.

[56] M. Imada, A. Fujimori and Y. Tokura：Rev. Mod. Phys. **70** (1998) 1039.

[57] J. Hofer, T. Schneider, J. M. Singer, M. Willemin, H. Keller, T. Sasagawa, K. Kishio, K. Conder and J. Karpinski：Phys. Rev. **B62** (2000) 631.

[58] K. Kitazawa, S. Kambe, M. Naito, I. Tanaka and H. Kojima：Jpn. J. Appl. Phys. **28** (1989) L555.

[59] T. Sasagawa, Y. Togawa, J. Shimoyama, A. Kapitulnik, K. Kitazawa and K. Kishio：Phys. Rev. **B61** (2000) 1610.

[60] T. Sasagawa, K. Kishio, Y. Togawa, J. Shimoyama and K. Kitazawa：Phys. Rev. Lett. **80** (1998) 4297.

[61] K. Kishio, J. Shimoyama, T. Kimura, Y. Kotaka, K. Kitazawa, K. Yamafuji, Q. Li and M. Suenaga：Physica **C235‒240** (1994) 2775.

[62] T. Kimura, K. Kishio, T. Kobayashi, Y. Nakayama, N. Motohira, K. Kitazawa, and K. Yamafuji：Physica **C192** (1992) 247.

[63] T. Sasagawa, M. Okuya, J. Shimoyama, K. Kishio and K. Kitazawa：J. Low Temp. Phys. **105** (1996) 1201.

[64] B. Lake, H. M. Rønnow, N. B. Christensen, G. Aappli, K. Lefmann, D. F. McMorrow, P. Vorderwisch, P. Smeididl, N. Mangkorntong, T. Sasagawa, M. Nohara, H. Takagi and T. E. Mason：Nature **415** (2002) 299.

[65] B. Lake, K. Lefmann, N. B. Christensen, G. Aeppli, D. F. McMorrow, H. M. Ronnow, P. Vorderwisch, P. Smeibidl, N. Mangkorntong, T. Sasagawa, M. Nohara and H. Takagi：Nat. Mater. **4** (2005) 658.

[66] I. Nagai, *et al.*：Physica **C338** (2000) 84.

[67] I. Yazawa, *et al.*：Jpn. J. Appl. Phys. **29** (1990) L566.

[68] A. Podlesnyak, *et al.*：Physica **C230** (1994) 311.

[69] Y. Matsushita, *et al.*：J. Solid State Chem. **114** (1995) 289.

[70] T. Yamamoto, *et al.*：Physica **C470** (2010) S71.

[71] D. Di. Castro, *et al.*：Supercond. Sci. Technol. **27** (2014) 044016.

[72] "*Studies in High Temperature Superconductors*", Volume 23 & 24, Hg‒based High T_c Superconductors, ed by A. V. Narikar (Nova Science Publishers, New York, 1997).

[73] "*Thallium‒Based High‒Tempature Superconductors*", ed. by A. Hermann (CRC Press, London, 1993).

[74]　田中康資：応用物理 **79**（2010）43.
[75]　H. Mukuda, *et al.*：J. Phys. Soc. Jpn. **81**（2012）011008.
[76]　Y. Tanaka：Phys. Rev. Lett. **88**（2002）017002.
[77]　田中康資ほか：日本 MRS ニュース **27**（2015）4.
[78]　S. Mikusu, *et. al.*：Supercond. Sci. Technol. **21**（2008）085014.
[79]　A. Iyo, *et al.*：J. Phys. Soc. Jpn. **76**（2007）094711.
[80]　L. Gao, *et al.*：Physica **C213**（1993）261.
[81]　H. Ihara, *et al.*：Jpn. J. Appl. Phys. **32**（1993）L1732.
[82]　N. Takeshita：J. Phys. Soc. Jpn. **82**（2013）023711.
[83]　D. Tristan Jover, *et al.*：Phys. Rev. **B54**（1996）4265.
[84]　T. Watanabe, *et al.*：J. Low Temp. Phys. **131**（2003）681.
[85]　D. D. Shivagan, *et al.*：J. Phys.：Conf. Ser. **97**（2008）012212.
[86]　J. Akimoto, *et al.*：Physica **C242**（1995）360.
[87]　N. Hamada and H. Ihara：Physica **B284－288**（2000）1073.
[88]　N. Hamada and H. Ihara：Physica **C357－360**（2001）108.
[89]　H. Ihara, *et al.*：Nature **334**（1988）510.
[90]　H. Ihara, *et al.*：Jpn. J. Appl. Phys. **33**（1994）L300.
[91]　M. Ogino, *et al.*：Physica **C258**（1996）384.
[92]　A. Iyo, *et al.*：Supercond. Sci. Technol. **17**（2004）143.
[93]　伊豫彰：固体物理 **41**（2006）279.
[94]　Y. Chen, *et al.*：Phys. Rev. Lett. **103**（2009）036403.
[95]　Y. Tokunaga, *et al.*：Phys. Rev. **B61**（2000）9707.
[96]　H. Suhl, B. T. Matthias and L. R. Walker：Phys. Rev. Lett. **3**（1959）552.
[97]　Y. Tanaka：Supercond. Sci. Technol. **28**（2015）034002
[98]　K. Tokiwa, *et al.*：Czech. J. Phys. **46**［Suppl. 3］（1996）1491.
[99]　J. Akimoto, *et al.*：Physica **C281**（1997）237.
[100]　H. Kotegawa, *et al.*：Phys. Rev. **B69**（2004）014501.
[101]　T. Yoshida, M. Sigrist and Y. Yanase：Phys. Rev. **B86**（2012）134514.
[102]　Y. Tanaka, *et al.*：J. Phys. Soc. Jpn. **83**（2014）074705.
[103]　Y. Imry：J. Phys. C：Solid State Phys. **8**（1975）567.
[104]　J. C. Wheatley：Physica **69**（1973）218.

[105]　A. Crisan, *et al.*：Phys. Rev. **B77**（2008）144518.

[106]　A. Sundaresan, *et al.*：Supercond. Sci. Technol. **16**（2003）L23.

[107]　Y. Tanaka, *et al.*：Solid State Commun. **201**（2015）95.

[108]　Y. Tanaka, *et al.*：Physica **C516**（2015）10.

[109]　K. Momma and F. Izumi：J. Appl. Crystallogr. **44**（2011）1272.

[110]　J. Nagamatsu, N. Nakagawa, T. Muranaka, Y. Zenitani and J. Akimitsu：Nature **410**（2001）63.

[111]　J. R. Gavaler：Appl. Phys. Lett. **23**（1973）480.

[112]　R. J. Cava：Nature **410**（2001）23.

[113]　H. J. Choi, D. Roundy, H. Sun, M. L. Cohen and S. G. Louie：Nature **418**（2002）758.

[114]　A. Y. Liu, I. Mazin, and J. Kortus：Phys. Rev. Lett. **87**（2001）087005.

[115]　S. Souma, Y. Machida, T. Sato, T. Takahashi, H. Matsui, S. C. Wang, H. Ding, A. Kaminski, J. C. Campuzano, S. Sasaki and K. Kadowaki：Nature **423**（2003）65.

[116]　M. R. Eskildsen, M. Kugler, S. Tanaka, J. Jun, S. M. Kazakov, J. Karpinski and Ø. Fischer：Phys. Rev. Lett. **89**（2002）187003.

[117]　M. Iavarone, G. Karapetrov, A. E. Koshelev, W. K. Kwok, G. W. Crabtree, D. G. Hinks, W. N. Kang, E. M. Choi, H. J. Kim, H. J. Kim and S. I. Lee：Phys. Rev. Lett. **89**（2002）187002.

[118]　[96]と同じ文献

[119]　G. Binnig, A. Baratoff, H. E. Hoenig and J. G. Bednorz：Phys. Rev. Lett. **45**（1980）1352.

[120]　M. Zehetmayer, M. Eisterer, J. Jun, S. M. Kazakov, J. Karpinski, A. Wisniewski and H. W. Weber：Phys. Rev. **B66**（2002）052505.

[121]　V. Braccini, A. Gurevich, J. E. Giencke, M. C. Jewell, C. B. Eom, D. C. Larbalestier, A. Pogrebnyakov, Y. Cui, B. T. Liu, Y. F. Hu, J. M. Redwing, Q. Li, X. X. Xi, R. K. Singh, R. Gandikota, J. Kim, B. Wilkens, N. Newman, J. Rowell, B. Moeckly, V. Ferrando, C. Tarantini, D. Marre, M. Putti, C. Ferdeghini, R. Vaglio and E. Haanappel：Phys. Rev. **B71**（2005）012504.

[122]　例えば，田島節子：固体物理 **40**（2005）1.

[123]　A. Gurevich：Phys. Rev. **B67** (2003) 184515.

[124]　V. Moshchalkov, M. Menghini, T. Nishio, Q. H. Chen, A. V. Silhanek, V. H. Dao, L. F. Chibotaru, N. D. Zhigadlo and J. Karpinski：Phys. Rev. Lett. **102** (2009) 117001.

[125]　A. A. Polyanskii, F. Kametani, D. Abraimov, A. Gurevich, A. Yamamoto, I. Pallecchi, M. Putti, C. Zhuang, T. Tan and X. X. Xi：Phys. Rev. **B90** (2014) 214509.

[126]　D. C. Larbalestier, L. D. Cooley, M. O. Rikel, A. A. Polyanskii, J. Jiang, S. Patnaik, X. Y. Cai, D. M. Feldmann, A. Gurevich, A. A. Squitieri, M. T. Naus, C. B. Eom, E. E. Hellstrom, R. J. Cava, K. A. Regan, N. Rogado, M. A. Hayward, T. He, J. S. Slusky, P. Khalifah, K. Inumaru and M. Haas：Nature **410** (2001) 186.

[127]　M. Eisterer, M. Zehetmayer and H. W. Weber：Phys. Rev. Lett. **90** (2003) 247002.

[128]　T. Matsushita, M. Kiuchi, A. Yamamoto, J.-I. Shimoyama and K. Kishio：Supercond. Sci. Technol. **21** (2008) 015008.

[129]　A. Yamamoto, J. I. Shimoyama, K. Kishio and T. Matsushita：Supercond. Sci. Technol. **20** (2007) 658.

[130]　G. Zerweck：J. Low Temp. Phys. **42** (1981) 1.

[131]　W. E. Yetter, D. A. Thomas and E. J. Kramer：Phil. Mag. **B46** (1982) 523.

[132]　A. Yamamoto, J. Shimoyama, S. Ueda, Y. Katsura, I. Iwayama, S. Horii and K. Kishio：Appl. Phys. Lett. **86** (2005) 212502.

[133]　S. Lee, T. Masui, A. Yamamoto, H. Uchiyama and S. Tajima：Physica **C397** (2003) 7.

[134]　A. Yamamoto, J. Shimoyama, S. Ueda, I. Iwayama, S. Horii and K. Kishio：Supercond. Sci. Technol. **18** (2005) 1323.

[135]　C. Tarantini, H. U. Aebersold, V. Braccini, G. Celentano, C. Ferdeghini, V. Ferrando, U. Gambardella, F. Gatti, E. Lehmann, P. Manfrinetti, D. Marré, A. Palenzona, I. Pallecchi, I. Sheikin, A. S. Siri and M. Putti：Phys. Rev. **B73** (2006) 134518.

[136]　J. S. Slusky, N. Rogado, K. A. Regan, M. A. Hayward, P. Khalifah, T. He, K. Inumaru, S. M. Loureiro, M. K. Haas, H. W. Zandbergen and R. J. Cava：Nature

410 (2001) 343.

[137] E. Ohmichi, T. Masui, S. Lee, S. Tajima and T. Osada：J. Phys. Soc. Jpn. **73** (2004) 2065.

[138] A. Yamamoto, A. Ishihara, M. Tomita and K. Kishio：Appl. Phys. Lett. **105** (2014) 032601.

[139] 山本明保，アレクサンダー・グレビッチ，デビッド・ラバレスティィエ，下山淳一，岸尾光二：応用物理 **79** (2010) 48.

[140] J. H. Durrell, C. E. J. Dancer, A. Dennis, Y. Shi, Z. Xu, A. M. Campbell, N. H. Babu, R. I. Todd, C. R. M. Grovenor and D. A. Cardwell：Supercond. Sci. Technol. **25** (2012) 112002.

[141] M. Takahashi, K. Tanaka, M. Okada, H. Kitaguchi and H. Kumakura：IEEE Trans. Appl. Supercond. **16** (2006) 1431.

[142] L. Leyarovska and E. Leyarovski：J. Less Common Metals **67** (1979) 249.

[143] A. S. Cooper, E. Corenzwit, L. D. Longinotti, B. T. Matthias and W. H. Zachariasen：Proc. Nat. Acad. Sci. USA **67** (1970) 313.

[144] V. A. Gasparov, N. S. Sidorov, I. I. Zver'kova and M. P. Kulakov：JETP Lett. **73** (2001) 532.

[145] D. Kaczorowski, A. J. Zaleski, O. J. Żogał and J. Klamut, arXiv：0103571 (2001).

[146] R. J. Xiao, K. Q. Li, H. X. Yang, G. C. Che, H. R. Zhang, C. Ma, Z. X. Zhao and J. Q. Li：Phys. Rev. **B73** (2006) 224516.

[147] M. Imai and T. Kikegawa：Chem. Mater **15** (2003) 2543.

[148] S. Sanfilippo, H. Elsinger, M. Núñez‐Regueiro, O. Laborde, S. LeFloch, M. Affronte, G. L. Olcese and A. Palenzona：Phys. Rev. **B61** (2000) R3800(R).

[149] M. J. Evans, Y. Wu, V. F. Kranak, N. Newman, A. Reller, F. J. Garcia‐Garcia and U. Häussermann：Phys. Rev. **B80** (2009) 064514.

[150] W. J. Hor, H. H. Sung and W. H. Lee：Physica **C434** (2006) 121.

[151] S. Pyon, K. Kudo and M. Nohara：J. Phys. Soc. Jpn. **81** (2012) 023702.

[152] K. Kawashima, K. Inoue, T. Ishikawa, M. Fukuma, M. Yoshikawa and J. Akimitsu：J. Phys. Soc. Jpn. **81** (2012) 114717.

[153] M. Imai, E. Abe, J. Ye, K. Nishida, T. Kimura, K. Honma, H. Abe and H.

Kitazawa：Phys. Rev. Lett. **87** (2001) 077003.
[154] M. Imai, K. Nishida, T. Kimura and H. Abe：Appl. Phys. Lett. **80** (2002) 1019.
[155] B. Lorenz, J. Cmaidalka, R. L. Meng and C. W. Chu：Phys. Rev. **B68** (2003) 014512.
[156] A. K. Ghosh, M. Tokunaga and T. Tamegai：Phys. Rev. **B68** (2003) 054507.
[157] A. K. Ghosh, Y. Hiraoka, M. Tokunaga and T. Tamegai：Phys. Rev. **B68** (2003) 134503.
[158] S. Kuroiwa, K. H. Satoh, A. Koda, R. Kadono, K. Ohishi, W. Higemoto and J. Akimitsu：J. Phys. Chem. Solids. **68** (2007) 2124.
[159] H. Sagayama, Y. Wakabayashi, H. Sawa, T. Kamiyama, A. Hoshikawa, S. Harjo, K. Uozato, A. K. Ghosh, M. Tokunaga and T. Tamegai：J. Phys. Soc. Jpn. **75** (2006) 043713.
[160] S. Kuroiwa, H. Sagayama, T. Kakiuchi, H. Sawa, Y. Noda and J. Akimitsu：Phys. Rev. **B74** (2006) 014517.
[161] G. Amano, S. Akutagawa, T. Muranaka, Y. Zenitani and J. Akimitsu：J. Phys. Soc. Jpn. **73** (2004) 530.
[162] S. Kuroiwa, Y. Saura, J. Akimitsu, M. Hiraishi, M. Miyazaki, K. H. Satoh, S. Takeshita and R. Kadono：Phys. Rev. Lett. **100** (2008) 097002.
[163] R. Lortz, Y. Wang, S. Abe, C. Meingast, Y. B. Paderno, V. Filippov and A. Junod：Phys. Rev. **B72** (2005) 024547.
[164] K. Kawashima, A. Kawano, T. Muranaka and J. Akimitsu：J. Phys. Soc. Jpn. **74** (2005) 700.
[165] K. Kawashima, A. Kawano, T. Muranaka and J. Akimitsu：Physica **B378－380** (2006) 1118.
[166] M. Rotter, *et al.*：Phys. Rev. **B78** (2008) 020503(R).
[167] D.J. Singh：Phys. Rev. **B78** (2008) 094511.
[168] F. Ronning, *et al.*：J. Phys.：Condens. Matter **20** (2008) 322201.
[169] C. Krellner, *et al.*：Phys. Rev. **B78** (2008) 100504(R).
[170] Q. Huang, *et al.*：Phys. Rev. Lett. **101** (2008) 257003.
[171] M. Rotter, *et al.*：Angew. Chem. Int. Ed **47** (2008) 7949.

[172] N. Ni, *et al.*：Phys. Rev. **B78** (2008) 214515.

[173] S. Jiang, *et al.*：J. Phys.：Condens. Matter **21** (2009) 382203.

[174] I. I. Mazin, *et al.*：Phys. Rev. Lett. **101** (2008) 057003.

[175] A. S. Sefat, *et al.*：Phys. Rev. **B79** (2009) 224524.

[176] Y. Liu, *et al.*：Physica **C470** (2010) S513.

[177] P. C. Canfield, *et al.*：Phys. Rev. **B80** (2009) 060501(R).

[178] F. Rullier‐Albenque, *et al.*：Phys. Rev. **B81** (2010) 224503.

[179] S. Kasahara, *et al.*：Phys. Rev. **B81** (2010) 184519.

[180] S. Saha, *et al.*：Phys. Rev. **B85** (2012) 024525.

[181] J. Zhao, *et al.*：Phys. Rev. **B78** (2008) 140504(R).

[182] M. D. Lumsden, *et al.*：J. Phys.：Condens. Matter **22** (2010) 203203.

[183] I. I. Mazin, *et al.*：Nat. Phys. **5** (2009) 141.

[184] J.‐H. Chu, *et al.*：Science **329** (2010) 824.

[185] M. Yi, *et al.*：Proc. Natl. Acad. Sci. USA **108** (2010) 6878.

[186] J.‐H. Chu, *et al.*：Science **337** (2012) 710.

[187] S. Kasahara, *et al.*：Nature **486** (2012) 382.

[188] T. Shimojima, *et al.*：Phys. Rev. Lett. **104** (2010) 057002.

[189] Y. K. Kim, *et al.*：Phys. Rev. Lett. **111** (2013) 217001.

[190] F. Krüger, *et al.*：Phys. Rev. **B79** (2009) 054504.

[191] W. Lv, *et al.*：Phys. Rev. **B80** (2009) 224506.

[192] F. Ning, *et al.*：J. Phys. Soc. Jpn. **77** (2008) 103705.

[193] M. A. Tanatar, *et al.*：Phys. Rev. Lett. **104** (2010) 067002.

[194] R. T. Gordon, *et al.*：Phys. Rev. **B79** (2009) 100506(R).

[195] K. Terashima, *et al.*：Proc. Natl. Acad. Sci. USA **106** (2009) 7330.

[196] K. Hashimoto, *et al.*：Phys. Rev. **B81** (2010) 220501(R).

[197] K. Hashimoto, *et al.*：Phys. Rev. Lett. **102** (2009) 207001.

[198] J.‐P Reid, *et al.*：Phys. Rev. Lett. **109** (2012) 087001.

[199] H. Kontani, *et al.*：Phys. Rev. Lett. **104** (2010) 157001.

[200] R. Thomale, *et al.*：Phys. Rev. Lett. **107** (2011) 117001.

[201] N. P. Ong：“*Physical Properties of High Temperature Superconductors II*”, ed. by D. M. Ginsberg (World Scientific, Singapore, 1992).

[202]　Y. Nakajima, *et al.* : J. Phys. Soc. Jpn. **76** (2007) 024703.

[203]　Y. Nakai, *et al.* : Phys. Rev. Lett. **105** (2010) 107003.

[204]　H. Shishido, *et al.* : Phys. Rev. Lett. **104** (2010) 057008.

[205]　K. Hashimoto, *et al.* : Science **336** (2012) 1554.

[206]　K. Suzuki, *et al.* : J. Phys. Soc. Jpn. **80** (2011) 013710.

[207]　L. Wang, *et al.* : Phys. Rev. Lett. **110** (2013) 037001.

[208]　F.-C. Hsu, J.-Y. Luo, K.-W. Yeh, T.-K. Chen, T.-W. Huang, Phillip M. Wu, Y.-C. Lee, Y.-L. Huang, Y.-Y. Chu, D.-C. Yan and M.-K. Wu : Proc. Nat. Acad. Soc. USA **105** (2008) 14262.

[209]　S. Margadonna, Y. Takabayashi, Y. Ohishi, Y. Mizuguchi, Y. Takano, T. Kagayama, T. Nakagawa, M. Takata and K. Prassides : Phys. Rev. **B80** (2009) 064506.

[210]　T. M. McQueen, Q. Huang, V. Ksenofontov, C. Felser, Q. Xu, H. Zandbergen, Y. S. Hor, J. Allred, A. J. Williams, D. Qu, J. Checkelsky, N. P. Ong and R. J. Cava : Phys. Rev. **B79** (2009) 014522.

[211]　B. C. Sales, A. S. Sefat, M. A. McGuire, R. Y. Jin, D. Mandrus and Y. Mozharivskyj : Phys. Rev. **B79** (2009) 094521.

[212]　C.-L. Song, Y.-L. Wang, P. Cheng, Y.-P. Jiang, W. Li, T. Zhang, Z. Li, K. He, L. Wang, J.-F. Jia, H.-H. Hung, C. Wu, X. Ma, X. Chen, Q.-K. Xue : Science **332** (2011) 1410.

[213]　J.-Y. Lin, Y. S. Hsieh, D. A. Chareev, A. N. Vasiliev, Y. Parsons and H. D. Yang : Phys. Rev. **B84** (2011) 220507(R).

[214]　J. G. Guo, S. F. Jin, G. Wang, S. C. Wang, K. X. Zhu, T. T. Zhou, M. He and X. L. Chen : Phys. Rev. **B82** (2010) 180520(R).

[215]　T. P. Ying, X. L. Chen, G. Wang, S. F. Jin, T. T. Zhou, X. F. Lai, H. Zhang and W. Y. Wang : Sci. Rep. **2** (2012) 426.

[216]　M. Burrard-Lucas, D. G. Free, S. J. Sedlmaier, J. D. Wright, S. J. Cassidy, Y. Hara, A. J. Corkett, T. Lancaster, P. J. Baker, S. J. Blundell and S. J. Clarke : Nat. Mater. **12** (2013) 15.

[217]　P. L. Paulose, C. S. Yadav and K. M. Subhedar : Europhys. Lett. **90** (2010) 27011.

［218］ C. H. Dong, H. D. Wang, Z. J. Li, J. Chen, H. Q. Yuan and M. G. Fang：Phys. Rev. **B84** (2011) 224506.

［219］ Y. Kawasaki, K. Deguchi, S. Demura, T. Watanabe, H. Okazaki, T. Ozaki, T. Yamaguchi, H. Takeya and Y. Takano：Solid State Commun. **152** (2012) 1135.

［220］ T. Taen, Y. Tsuchiya, Y. Nakajima and T. Tamegai：Phys. Rev. **B80** (2009) 092502.

［221］ Y. Sun, T. Taen, Y. Tsuchiya, Z. X. Shi and T. Tamegai：Supercond. Sci. Technol. **26** (2013) 015015.

［222］ Y. Sun, Y. Tsuchiya, T. Yamada, T. Taen, S. Pyon, Z. X. Shi and T. Tamegai：J. Phys. Soc. Jpn. **82** (2013) 093705.

［223］ Y. Sun, Y. Tsuchiya, T. Yamada, T. Taen, S. Pyon, Z. X. Shi and T. Tamegai：J. Phys. Soc. Jpn. **82** (2013) 115002.

［224］ S. Kasahara, T. Watashige, T. Hanaguri, Y. Kohsaka, T. Yamashita, Y. Shimoyama, Y. Mizukami, R. Endo, H. Ikeda, K. Aoyama, T. Terashima, S. Uji, T. Wolf, H. von Löhneysen, T. Shibauchi and Y. Matsuda：Proc. Natl. Acad. Sci. USA **111** (2014) 16309.

［225］ M. Fang, J. Yang, F. F. Balakirev, Y. Kohama, J. Singleton, B. Qian, Z. Q. Mao, H. Wang and H. Q. Yuan：Phys. Rev. **B81** (2010) 020509(R).

［226］ K. Cho, H. Kim, M. A. Tanatar, J. Hu, B. Qian, Z. Q. Mao and R. Prozorov：Phys. Rev. **B84** (2011) 174502.

［227］ T. Klein, D. Braithwaite, A. Demuer, W. Knafo, G. Lapertot, C. Marcenat, P. Rodière, I. Sheikin, P. Strobel, A. Sulpice and P. Toulemonde：Phys. Rev. **B82** (2010) 184506.

［228］ Y. Sun, Y. Tsuchiya, T. Taen, T. Yamada, S. Pyon, A. Sugimoto, T. Ekino, Z. X. Shi and T. Tamegai：Sci. Rep. **4** (2014) 4585.

［229］ B. Zeng, G. Mu, H. Q. Luo, T. Xiang, I. I. Mazin, H. Yang, L. Shan, C. Ren, P. C. Dai and H.-H. Wen：Nat. Commun. **1** (2010) 112.

［230］ T. Hanaguri, S. Niitaka, K. Kuroki and H. Takagi：Science **328** (2010) 474.

［231］ K. Nakayama, T. Sato, P. Richard, T. Kawahara, Y. Sekiba, T. Qian, G. F. Chen, J. L. Luo, N. L. Wang, H. Ding and T. Takahashi：Phys. Rev. Lett. **105** (2010) 197001.

[232] K. Okazaki, Y. Ito, Y. Ota, Y. Kotani, T. Shimojima, T. Kiss, S. Watanabe, C.-T. Chen, S. Niitaka, T. Hanaguri, H. Takagi, A. Chainani and S. Shin：Phys. Rev. Lett. **109** (2012) 237011.

[233] Y. Sun, T. Taen, Y. Tsuchiya, Q. P. Ding, S. Pyon, Z. X. Shi and T. Tamegai：Appl. Phys. Express **6** (2013) 043101.

[234] T. Tamegai, T. Taen, H. Yagyuda, Y. Tsuchiya, S. Mohan, T. Taniguchi, Y. Nakajima, S. Okayasu, M. Sasase, H. Kitamura, T. Murakami, T Kambara and Y. Kanai：Supercond. Sci. Technol. **25** (2012) 084008.

[235] E. Bellingeri, I. Pallecchi, R. Buzio, A. Gerbi, D. Marrè, M. R. Cimberle, M. Tropeano, M. Putti, A. Palenzona and C. Ferdeghini：Appl Phys Lett. **96** (2010) 102512.

[236] Y. Imai, Y. Sawada, F. Nabeshima and A. Maeda：Proc. Natl. Acad. Sci. USA **112** (2015) 1937.

[237] W. D. Si, S. J. Han, X. Y. Shi, S. N. Ehrlich, J. Jaroszynski, A. Goyal and Q. Li：Nat. Commun. **4** (2013) 1347.

[238] Y. Sun, Y. Tsuchiya, S. Pyon, T. Tamegai, C. Zhang, T. Ozaki and Q. Li：Supercond. Sci. Technol. **28** (2015) 015010.

[239] Y. Kamihara, T. Watanabe, M. Hirano and H. Hosono：J. Am. Chem. Soc. **130** (2008) 3296.

[240] X. H. Chen, T. Wu, G. Wu, R. H. Liu, H. Chen and D. F. Fang：Nature **453** (2008) 761.

[241] Z. A. Ren, W. Lu, J. Yang, W. Yi, X. L. Shen, C. Zheng, G. C. Che, X. L. Dong, L. L. Sun, F. Zhou and Z. X. Zhao：Chin. Phys. Lett. **25** (2008) 2215.

[242] Y. Kamihara and H. Hosono：The Review of High Pressure Science and Technology **19** (2009) 97 (in Japanese).

[243] H. Luetkens, H.-H. Klauss, M. Kraken, F. J. Litterst, T. Dellmann, R. Klingeler, C. Hess, R. Khasanov, A. Amato, C. Baines, M. Kosmala, O. J. Schumann, M. Braden, J. Hamann-Borrero, N. Leps, A. Kondrat, G. Behr, J. Werner and B. Büchner：Nat. Mater. **8** (2009) 305.

[244] J. Zhao, Q. Huang, Clarina de la Cruz, S. Li, J. W. Lynn, Y. Chen, M. A. Green, G. F. Chen, G. Li, Z. Li, J. L. Luo, N. L. Wang and P. Dai：Nat. Mater. **7** (2008)

953.

［245］ A. Martinelli, A. Palenzona, M. Tropeano, M. Putti, C. Ferdeghini, G. Profeta and E. Emerich：Phys. Rev. Lett. **106**（2011）227001.

［246］ S. Iimura, S. Matsuishi, H. Sato, T. Hanna, Y. Muraba, S. W. Kim, J. E. Kim, M. Takata and H. Hosono：Nat. Commun. **3**（2012）943.

［247］ K. T. Lai, A. Takemori, S. Miyasaka, F. Engetsu, H. Mukuda and S. Tajima：Phys. Rev. **B90**（2014）064504.

［248］ H. Kito, H. Eisaki and A. Iyo：J. Phys. Soc. Jpn. **77**（2008）063707.

［249］ K. Miyazawa, S. Ishida, K. Kihou, P. M. Shirage, M. Nakajima, C. H. Lee, H. Kito, Y. Tomioka, T. Ito, H. Eisaki, H. Yamashita, H. Mukuda, K. Tokiwa, S. Uchida and A. Iyo：Appl. Phys. Lett. **96**（2010）72514.

［250］ T, Hanna, Y. Muraba, S. Matsuishi, N. Igawa, K. Kodama, S. Shamoto and H. Hosono：Phys. Rev. **B84**（2011）024521.

［251］ K. Miyazawa, K. Kihou, P. M. Shirage, Chul‐Ho Lee, H. Kito, H. Eisaki and A. Iyo：J. Phys. Soc. Jpn. **78**（2009）034712.

［252］ P. M. Shirage, K. Miyazawa, K. Kihou, C.H. Lee, H. Kito, K. Tokiwa, Y. Tanaka, H. Eisaki and A. Iyo：Europhys. Lett. **92**（2010）57011.

［253］ C.‐H. Lee, A. Iyo, H. Eisaki, H. Kito, M. T. Fernandez‐Diaz, T. Ito, K. Kihou, H. Matsuhata, M. Braden and K. Yamada：J. Phys. Soc. Jpn. **77**（2008）083704.

［254］ C.H. Lee, K. Kihou, A. Iyo, H. Kito, P.M. Shirage and H. Eisaki：Solid State Commun. **152**（2012）644.

［255］ K. Kuroki：Solid State Commun. **152**（2012）711.

［256］ T. Saito, S. Onari and H. Kontani：Phys. Rev. **B82**（2010）144510.

［257］ C. Wang, L. Li, S. Chi, Z. Zhu, Z. Ren, Y. Li, Y. Wang, X. Lin, Y. Luo, S. Jiang, X. Xu, G. Cao and Z. Xu：Europhys. Lett. **83**（2008）67006.

［258］ A. S. Sefat, A. Huq, M. A. McGuire, R. Jin, B. C. Sales, D. Mandrus, L. M. D. Cranswick, P. W. Stephens and K. H. Stone：Phys. Rev. **B78**（2008）104505.

［259］ N. Takeshita, T. Yamazaki, A. Iyo, H. Eisaki, H. Kito, T. Ito, K. Hirayama, H. Fukazawa and Y. Kohori：J. Phys. Soc. Jpn. **77**（2008）SC. 131.

［260］ S. Matsuishi, Y. Inoue, T. Nomura, M. Hirano and H. Hosono：J. Phys. Soc.

Jpn. **77** (2008) 113709.
[261] Y. Muraba, S. Matsuishi and H. Hosono：J. Phys. Soc. Jpn. **83** (2014) 033705.
[262] M. Ishikado, S. Shamoto, H. Kito, A. Iyo, H. Eisaki, T. Ito and Y. Tomioka：Physica **C469** (2009) 901.
[263] H. - S. Lee, J. - H. Park, J. - Y. Lee, J. - Y. Kim, N. - H. Sung, T. - Y. Koo, B. K. Cho, C. - U. Jung, S. Saini, S. - J. Kim and H. - J. Lee：Supercond. Sci. Technol. **22** (2009) 075023.
[264] N. D. Zhigadlo, S. Weyeneth, S. Katrych, P. J. W. Moll, K. Rogacki, S. Bosma, R. Puzniak, J. Karpinski and B. Batlogg：Phys. Rev. **B86** (2012) 214509.
[265] M. Fujioka, S. J. Denholme, M. Tanaka, H. Takeya, T. Yamaguchi and Y. Takano：Appl. Phys. Lett. **105** (2014) 102602.
[266] H. Uemura, T. Kawaguchi, T. Ohno, M. Tabuchi, T. Ujihara, Y. Takeda and H. Ikuta：Solid State Commun. **152** (2012) 735.
[267] S. Takeda, S. Ueda, S. Takano, A. Yamamoto and M. Naito：Supercond. Sci. Technol. **25** (2012) 035007.
[268] P. J. W. Moll, R. Puzniak, F. Balakirev, K. Rogacki, J. Karpinski, N. D. Zhigadlo and B. Batlogg：Nat. Mater. **9** (2010) 628.
[269] M. Putti, I. Pallecchi, E. Bellingeri, M. R. Cimberle, M. Tropeano, C. Ferdeghini, A. Palenzona, C. Tarantini, A. Yamamoto, J. Jiang, J. Jaroszynski, F. Kametani, D. Abraimov, A. Polyanskii, J. D. Weiss, E. E. Hellstrom, A. Gurevich, D. C. Larbalestier, R. Jin, B. C. Sales, A. S. Sefat, M. A. McGuire, D. Mandrus, P. Cheng, Y. Jia, H. H. Wen, S. Lee and C. B. Eom：Supercond. Sci. Technol. **23** (2010) 034003.
[270] Y. J. Jo, J. Jaroszynski, A. Yamamoto, A. Gurevich, S. C. Riggs, G. S. Boebinger, D. Larbalestier, H. H. Wen, N. D. Zhigadlo, S. Katrych, Z. Bukowski, J. Karpinski, R. H. Liu, H. Chen, X. H. Chen and L. Balicas：Physica **C469** (2009) 566.
[271] J. Jaroszynski, F. Hunte, L. Balicas, Youn - jung Jo, I. Raičević, A. Gurevich, D. C. Larbalestier, F. F. Balakirev, L. Fang, P. Cheng, Y. Jia and H. H. Wen：Phys. Rev. **B78** (2008) 174523.
[272] C. Tarantini, A. Gurevich, J. Jaroszynski, F. Balakirev, E. Bellingeri, I.

Pallecchi, C. Ferdeghini, B. Shen, H. H. Wen and D. C. Larbalestier：Phys. Rev. **B84** (2011) 184522.

[273]　J. L. Zhang, L. Jiao, F. F. Balakirev, X. C. Wang, C. Q. Jin and H. Q. Yuan：Phys. Rev. **B83** (2011) 174506.

[274]　[225]と同じ文献

[275]　D. Kubota, T. Ishida, M. Ishikado, S. Shamoto, H. Eisaki, H. Kito and A. Iyo：J. Supercond. Nov. Mag. **23** (2010) 1067.

[276]　Y. Jia, P. Cheng, L. Fang, H. Luo, H. Yang, C. Ren, L. Shan, C. Gu and H. H. Wen：Appl. Phys. Lett. **93** (2008) 032503.

[277]　I. Pallecchi, M. Tropeano, G. Lamura, M. Pani, M. Palombo, A. Palenzona and M. Putti：Physica **C482** (2012) 68.

[278]　[268]と同じ文献

[279]　N.D. Zhigadlo S. Katrych, Z. Bukowski, S. Weyeneth, R. Puzniak and J. Karpinski：J. Phys.：Condens. Matter **20** (2008) 342202.

[280]　K. Iida, J. Hänisch, C. Tarantini, F. Kurth, J. Jaroszynski, S. Ueda, M. Naito, A. Ichinose, I. Tsukada, E. Reich, V. Grinenko, L. Schultz and B. Holzapfel：Sci. Rep. **3** (2013) 2139.

[281]　Y. Ma：Supercond. Sci. Technol. **25** (2012) 113001.

[282]　M. Fujioka, T. Kota, M. Matoba, T. Ozaki, Y. Takano, H. Kumakura and Y. Kamihara：Appl. Phys. Express **4** (2011) 063102.

[283]　C. Wang, C. Yao, X. Zhang, Z. Gao, D. Wang, C. Wang, H. Lin, Y. Ma, S. Awaji and K. Watanabe：Supercond. Sci. Technol. **25** (2012) 035013.

[284]　C. Wang, C. Yao, H. Lin, X. Zhang, Q. Zhang, D. Wang, Y. Ma, S. Awaji, K. Watanabe, Y. Tsuchiya, Y. Sun and T. Tamegai：Supercond. Sci. Technol. **26** (2013) 075017.

[285]　Q. Zhang, C. Yao, H. Lin, X. Zhang, D. Wang, C. Dong, P. Yuan, S. Tang, Y. Ma, S. Awaji, K. Watanabe, Y. Tsuchiya and T. Tamegai：Appl. Phys. Lett. **104** (2014) 172601.

[286]　Z. Gao, K. Togano, A. Matsumoto and H. Kumakura：Sci. Rep. **4** (2014) 4065.

[287]　K. Tanabe and H. Hosono：Jpn. J. Appl. Phys. **51** (2012) 010005.

［288］ M. J. Pitcher, *et al.*：Chem. Commun.（2008）5918.；D. R. Parker, *et al.*：Phys. Rev. Lett. **104**（2010）057007.

［289］ X. Zhu, *et al.*：Phys. Rev. **B79**（2009）024516.；H. Ogino, *et al.*：Supercond. Sci. Technol. **24**（2011）085020.

［290］ S. Kakiya, *et al.*：J. Phys. Soc. Jpn. **80**（2011）093704.；N. Ni, *et al.*：Proc. Natl. Acad. Sci. USA **108**（2011）E1019.

［291］ N. Katayama, *et al.*：J. Phys. Soc. Jpn. **82**（2013）123702.；H. Yakita, *et al.*：J. Am. Chem. Soc. **136**（2014）846.

［292］ M. Uda：Z. Anorg. Allg. Chem. **361**（1968）94.；D Rossi, *et al.*：J. Less Common Met. **58**（1978）203.；M. Noack, *et al.*：Z. Anorg. Allg. Chem. **620**（1994）1777.

［293］ ［273］と同じ文献

［294］ A. K. Pramanik, *et al.*：Phys. Rev. **B83**（2011）094502.

［295］ D. R. Parker, *et al.*：Phys. Rev. Lett. **104**（2010）057007

［296］ H. Ogino, *et al.*：Supercond. Sci. Technol. **22**（2009）075008.；H. Ogino, *et al.*：Supercond. Sci. Technol. **22**（2009）085001.；M. Tegel, *et al.*：Z. Anorg. Allg. Chem. **635**（2009）2242.；X. Zhu, *et al.*：Phys. Rev. **B79**（2009）220512（R）.；N. Eguchi, *et al.*：J. Phys. Soc. Jpn **82**（2013）045002

［297］ Y. Kamihara, *et al.*：J. Am. Chem. Soc. **128**（2006）10012.

［298］ H. Kotegawa, *et al.*：J. Phys. Soc. Jpn **80**（2011）014712.

［299］ H. Ogino, *et al.*：Appl. Phys. Lett. **97**（2010）072506.；H. Ogino, *et al.*：Appl. Phys. Express **3**（2010）063103.；H. Ogino, *et al.*：Supercond. Sci. Technol. **23**（2010）115005.

［300］ P. M. Shirage, *et al.*：Appl. Phys. Lett. **97**（2010）172506.

［301］ N. Kawaguchi, *et al.*：Appl. Phys. Express **3**（2010）063102.

［302］ J. Shimoyama, *et al.*：Sol. Stat. Comm. **152**（2012）640.

［303］ 片桐隆雄，笹川崇男：日本物理学会講演概要集 **67**（2012）542.

［304］ S. J. Singh, *et al.*：Supercond. Sci. Technol. **26**（2013）105020.

［305］ T. Stürzer, *et al.*：Phys. Rev. **B86**（2012）060516（R）.

［306］ Q.－P. Ding, *et al.*：Phys. Rev. **B85**（2012）104512.

［307］ A. Sala, *et al.*：Appl. Phys. Express **7**（2014）073102.；K. Kudo, *et al.*：J.

Phys. Soc. Jpn. **83** (2014) 093705.

[308] Y. Jia, *et al.*：Appl. Phys. Lett. **93** (2008) 032503.；J. Jaroszynski, *et al.*：Phys. Rev. **B78** (2008) 174523.

[309] Y.L. Sun, *et al.*：J. Am. Chem. Soc. **134** (2012) 12893.

[310] S. Katrych, *et al.*：Phys. Rev. **B87** (2013) 180508(R).；S. Katrych, *et al.*：Phys. Rev. **B89** (2014) 024518.

[311] T. P. Ying, *et al.*：Sci. Rep. **2** (2012) 426.；E.-W. Scheidt, *et al.*：Eur. Phys. J. **B85** (2012) 279.；T. Hatakeda, *et al.*：J. Phys. Soc. Jpn **82** (2013) 123705.；X. F. Lu, *et al.*：Phys. Rev. **B89** (2014) 020507(R).

[312] M. Marchevsky, M. J. Higgins and S. Bhattacharya：Nature **409** (2001) 591.

[313] N. Kokubo, K. Kadowaki and K. Takita：Phys. Rev. Lett. **95** (2005) 177005.

[314] H. F. Hess, *et al.*：Phys. Rev. Lett. **62** (1989) 214.

[315] Ch. Renner, *et al.*：Phys. Rev. Lett. **67** (1991) 1650.

[316] N. Hayashi, M. Ichioka and K. Machida：Phys. Rev. Lett. **77** (1996) 4074.

[317] I. Guillamón, *et al.*：Phys. Rev. Lett. **101** (2008) 166407.

[318] R. Nagarajan, C. Mazumnder, Z. Hossain, S.K. Dhar, K.V. Gopalakrishnan, L. C. Gupta, B. D. Padalia and R. Vijayaraghavan：Phys. Rev. Lett. **72** (1994) 274.

[319] R. J. Cava, H. Takagi, B. Batlogg, H. W. Zandbergen, J. J. Krajewski, W. F. Peck Jr, R. B. van Dover, R. J. Felder, T. Siegrist, K. Mizuhashi, J. O. Lee, H. Eisaki, S. A. Carter and S. Uchida：Nature **367** (1994) 146.

[320] C. C. Lai, M. S. Lin, Y. B. You and H. C. Ku：Phys. Rev. **B51** (1995) 420.

[321] M. Xu, P. C. Canfield, J. E. Ostenson, D. K. Finnemore, B. K. Cho, Z. R. Wang and D.C. Johnston：Physica **C227** (1994) 321.

[322] H. Takeya, K. Kadowaki, K. Hirata, T. Hirano and K. Togano：J. Magn. Magn. Mater. **157-158** (1996) 611.

[323] H. Kawano, H. Yoshizawa, H. Takeya and K. Kadowaki：Physica **B241-243** (1997) 874.

[324] M. Yethiraj, D. Mck. Paul, C. V. Tomy and E. M. Forgan：Phys. Rev. Lett. **78** (1997) 4849.

[325] H. Sakata, M. Oosawa, K. Matsuba, N. Nishida, H. Takeya and K. Hirata：Physica **C341-348** (2000) 1015.

[326]　N. Nakai, P. Miranović, M. Ichioka and K. Machida：Phys. Rev. **B70** (2004) 100503(R).

[327]　M. Isino, T. Kobayashi, N. Toyota. T. Fukase and Y. Muto：Phys. Rev. **B38** (1988) 4457.

[328]　K. Kadowaki, H. Takeya and K. Hirata：Phys. Rev. **B54** (1996) 462.

[329]　R. Modler, P. Gegenwart, M. Lang, M. Deppe, M. Weiden, T. Lühmann, C. Geibel, F. Steglich, C. Paulsen, J. L. Tholence, N. Sato, T. Komatsubara, Y. Onuki, M. Tachiki and S. Takahashi：Phys. Rev. Lett. **76** (1996) 1292.

[330]　M.-O. Mun, S.-I. Lee, W. C. Lee, P. C. Canfield, B. K. Cho and D. C. Johnston：Phys. Rev. Lett. **76** (1996) 2790.

[331]　P. Fulde and R.A. Ferrell：Phys. Rev. **135** (1964) A550.；A.I. Larkin and Yu. N. Ovchinnikov：Zh. Eksp. Teor. Fiz. **47** (1964) 1136.

[332]　A. B. Pippard：Phil. Mag. **19** (1969) 217.

[333]　A. M. Campbell and J. E. Evetts：Adv. Phys. **21** (1972) 199.

[334]　M. Tachiki, S. Takahashi, P. Gegenwart, M. Weiden, M. Lang, C. Geibel, F. Steglich, R. Modler, C. Paulsen and Y. Ōnuki：Z. Phys. **B100** (1996) 369.

[335]　例えば，O. Gunnarsson：Rev. Mod. Phys. **69** (1997) 575.

[336]　A. Y. Ganin, Y. Takabayashi, Y. Z. Khimyak, S. Margadonna, A. Tamai, M. J. Rosseinsky and K. Prassides：Nat. Mater. **7** (2008) 367.

[337]　A. F. Hebard, M. J. Rosseinsky, R. C. Haddon, D. W. Murphy, S. H. Glarum, T. T. M. Palstra, A. P. Ramirez and A. R. Kortan：Nature **350** (1991) 600.

[338]　Y. Takabayashi, A. Y. Ganin, P. Jeglič, D. Arčon, T. Takano, Y. Iwasa, Y. Ohishi, M. Takata, N. Takeshita, K. Prassides and M. J. Rosseinsky：Science **323** (2009) 1585.

[339]　A. Y. Ganin, Y. Takabayashi, P. Jeglič, D. Arčon, A. Potočnik, P. J. Baker, Y. Ohishi, M. T. McDonald, M. D. Tzirakis, A. McLennan, G. R. Darling, M. Takata, M. J. Rosseinsky and K. Prassides：Nature **466** (2010) 221.

[340]　M. Capone, M. Fabrizio, C. Castellani and, E. Tosatti：Rev. Mod. Phys. **81** (2009) 943.

[341]　R. Akashi and R. Arita：Phys. Rev. **B88** (2013) 054510.

[342]　V. Buntar and H. W. Weber：Supercond. Sci. Technol. **9** (1996) 599.

[343]　M. Capone, M. Fabrizio, P. Giannozzi and E. Tosatti：Phys. Rev. **B62**（2000）7619.

[344]　T. T. M. Palstra, O. Zhou, Y. Iwasa, P. E. Sulewski, R. M. Fleming and B. R. Zegarski：Solid State Commun. **93**（1995）327.

[345]　M. J. Rosseinsky, D. W. Murphy, R. M. Fleming and O. Zhou：Nature **364**（1993）425.

[346]　Y. Iwasa and T. Takenobu：J. Phys.：Condens. Matter **15**（2003）R495.

[347]　Y. J. Uemura, A. Keren, L. P. Le, G. M. Luke, W. D. Wu, J. S. Tsai, K. Tanigaki, K. Holczer, S. Donovan and R. L. Whetten：Physica **C235－240**（1994）2501.

[348]　笠原裕一，K. Prassides，岩佐義宏：日本物理学会第 69 回年次大会概要集第 4 分冊（2014）822.

[349]　H. Q. Yuan, J. Singleton, F. F. Balakirev, S. A. Bally, G. F. Chen, J. L. Luo and N. L. Wang：Nature **457**（2009）565.

[350]　A. Gurevich, S. Patnaik, V. Braccini, K. H. Kim, C. Mielke, X. Song, L. D. Cooley, S. D. Bu, D. M. Kim, J. H. Choi, L. J. Belenky, J. Giencke, M. K. Lee, W. Tian, X. Q. Pan, A. Siri, E. E. Hellstrom, C. B. Eom and D. C. Larbalestier：Supercond. Sci. Technol. **17**（2004）278.

[351]　N. R. Werthamer, E. Helfand and P. C. Hohenberg：Phys. Rev. **147**（1966）295.

[352]　W. Y. Ching, *et al.*：Phys. Rev. **B55**（1997）2780.

[353]　鹿野田一司，宇治進也 編著：「分子性物質の物理－物性物理の新潮流－」（朝倉書店，2015 年）.

[354]　T. Ishiguro, K. Yamaji and G. Saito：“*Organic Superconductors*”（Springer－Verlag, 1998）.

[355]　H. Kino and H. Fukuyama：J. Phys. Soc. Jpn. **65**（1996）2158.

[356]　G. Saito：Physica **C162－164**（1989）577.

[357]　J. Wasnitza：“*Fermi Surfaces of Low－Dimensional Organic Metals and Superconductors*”（Springer－Verlag, 1996）.

[358]　H. Taniguchi, *et al.*：Phys. Rev. **B57**（1997）3623.

[359]　T. Shibauchi, *et al.*：Physica **C293**（1997）73.

[360]　L. Fruchter, *et al.*：Phys. Rev. **B56**（1997）R2936(R).

[361] M. Inada, *et al.* : J. Low. Temp. Phys. **117** (1999) 1423.

[362] T. Konoike, *et al.* : J. Phys. : Conf. Ser. **51** (2006) 335.

[363] K. Kanoda, *et al.* : Physica **C282 - 287** (1997) 2063.

[364] H. Mayaffre, *et al.* : Phys. Rev. Lett. **76** (1996) 4951.

[365] T. Takahashi, *et al.* : Physica **C185 - 189** (1991) 366.

[366] A. Van - Quynh, *et al.* : Phys. Rev. **B59** (1999) 12064.

[367] T. Sasaki, *et al.* : Phys. Rev. **B66** (2002) 224513.

[368] M. Urano, *et al.* : Phys. Rev. **B76** (2007) 024505.

[369] P. A. Mansky, *et al.* : Phys. Rev. **B50** (1994) 15929.

[370] H. Mayaffre, *et al.* : Phys. Rev. Lett. **75** (1995) 4122.

[371] S. Uji, *et al.* : Phys. Rev. Lett. **97** (2006) 157001.

[372] R. Okazaki, *et al.* : Phys. Rev. Lett. **100** (2008) 037004.

[373] S. Tonegawa, *et al.* : Phys. Rev. **B88** (2013) 245131.

[374] K. Izawa, *et al.* : Phys. Rev. Lett. **87** (2001) 057002.

[375] A. Bianchi, *et al.* : Phys. Rev. Lett. **91** (2003) 187004.

[376] Y. Kasahara, *et al.* : Phys. Rev. Lett. **99** (2007) 116402.

[377] D. Aoki, *et al.* : J. Phys. Soc. Jpn. **76** (2007) 063701.

[378] A. D. Bianchi, *et al.* : Science **319** (2008) 177.

[379] See, for a review, Y. Matsuda and H. Shimahara : J. Phys. Soc. Jpn. **76** (2007) 051005.

[380] M. Kenzelmann, *et al.* : Science **321** (2008) 1652.

[381] K. Kumagai, *et al.* : Phys. Rev. Lett. **106** (2011) 137004.

[382] D. Aoki, and J. Flouquet : J. Phys. Soc. Jpn. **83** (2014) 061011.

[383] K. Deguchi, *et al.* : J. Phys. Soc. Jpn. **79** (2010) 083708.

[384] E. R. Schemm, *et al.* : Science **345** (2014) 190.

[385] A. Amann, *et al.* : Phys. Rev. **B57** (1998) 3640.

[386] R. Okazaki, *et al.* : J. Phys. Soc. Jpn. **79** (2010) 084705.

[387] "*Non - Centrosymmetric Superconductors - Introduction and Overview*", ed. by. E. Bauer and M. Sigrist (Springer - Verlag, 2012).

[388] Y. Mizukami, *et al.* : Nat. Phys. **7** (2011) 849.

[389] M. Shimozawa, *et al.* : Phys. Rev. Lett. **112** (2014) 156404.

［390］ E. Bauer, G. Hilscher, H. Michor, Ch. Paul, E. W. Scheidt, A. Gribanov, Y. Seropegin, H. Noël, M. Sigrist and P. Rogl：Phys. Rev. Lett. **92**（2004）027003.

［391］ N. Kimura, K. Ito, K. Saitoh, Y. Umeda and H. Aoki：Phys. Rev. Lett. **95**（2005）247004.

［392］ 木村憲彰：固体物理 **47**（2012）593.

［393］ T. C. Kobayashi, A. Hori, S. Fukushima, H. Hidaka, H. Kotegawa, T. Akazawa, K. Takeda, Y. Ohishi and E. Yamamoto：J. Phys. Soc. Jpn. **76**（2007）051007.

［394］ T. Klimczuk, Q. Xu, E. Morosan, J. D. Thompson, H. W. Zandbergen, and R. J. Cava：Phys. Rev. **B74**（2006）220502(R).

［395］ T. Klimczuk, F. Ronning, V. Sidorov, R. J. Cava and J. D. Thompson：Phys. Rev. Lett. **99**（2007）257004.

［396］ M. Nishiyama, Y. Inada and G. Zheng：Phys. Rev. Lett. **98**（2007）047002.

［397］ T. Shibayama, M. Nohara, H. A. Katori, Y. Okamoto, Z. Hiroi and H. Takagi：J. Phys. Soc. Jpn. **76**（2007）073708.

［398］ E. Bauer, R. T. Khan, H. Michor, E. Royanian, A. Grytsiv, N. Melnychenko－Koblyuk, P. Rogl, D. Reith, R. Podloucky, E.－W. Scheidt, W. Wolf and M. Marsman：Phys. Rev. **B80**（2009）064504.

［399］ G. Eguchi, D. C. Peets, M. Kriener, Y. Maeno, E. Nishibori, Y. Kumazawa, K. Banno, S. Maki and H. Sawa：Phys. Rev. **B83**（2011）024512.

［400］ 毛利信男 他編：「高圧技術ハンドブック」（丸善出版，2009年）

［401］ N.W. Ashcroft：Phys. Rev. Lett. **21**（1968）1748.

［402］ K. Shimizu, *et al.*：Nature **393**（1998）767.

［403］ M. I. Eremets, *et al.*：Science **293**（2001）272.

［404］ M. I. Eremets, *et al.*：Science **319**（2008）1506.

［405］ Y. Akahama, *et al.*：Solid State Commun. **84**（1992）803.；E. Gregoryanz, *et al.*：Phys. Rev. **B65**（2002）064504.

［406］ K. J. Dunn and F. P. Bundy：Phys. Rev. **B25**（1982）194.；H. L. Skriver：Phys. Rev. Lett. **49**（1982）1768.

［407］ M. Sakata, *et al.*：Phys. Rev. **B83**（2011）220512(R).

［408］ M. Uehara, *et al.*：J. Phys. Soc. Jpn. **65**（1996）2764.

[409] H. Takahashi, *et al.*：Nature **453** (2008) 376.

[410] H. Takahashi, *et al.*：J. Supercond. Nov. Magn. **25** (2012) 1293.

[411] H. Takahashi, A. Sugimoto, Y. Nambu, T. Yamauchi, Y. Hirata, T. Kawakami, M. Avdeev, K. Matsubayashi, F. Du, C. Kawashima, H. Soeda, S. Nakano, Y. Uwatoko, Y. Ueda, T. J. Sato and K. Ohgushi：Nat. Mater. **14** (2015) 1008.

[412] T. Yamauchi, Y. Hirata, Y. Ueda and K. Ohgushi：Phys. Rev. Lett. **115** (2015) 246402.

[413] R. E. Glover, III and M. D. Sherrill：Phys. Rev. Lett. **5** (1960) 248.

[414] C. H. Ahn, S. Gariglio, P. Paruch, T. Tybell, L. Antognazza and J.-M. Triscone：Science **284** (1999) 1152.

[415] C. H. Ahn, J.-M. Triscone and J. Mannhart：Nature **424** (2003) 1015.

[416] K. S. Takahashi, D. Matthey, D. Jaccard, J.-M. Triscone, K. Shibuya, T. Ohnishi and M. Lippmaa：Appl. Phys. Lett. **84** (2004) 1722.

[417] K. S. Takahashi, M. Gabay, D. Jaccard, K. Shibuya, T. Ohnishi, M. Lippmaa and J.-M. Triscone：Nature **441** (2006) 195.

[418] A. S. Dhoot, J. D. Yuen, M. Heeney, I. McCulloch, D. Moses and A. J. Heeger：Proc. Natl. Acad. Sci. USA **103** (2006) 11834.

[419] M. J. Panzer and C. D. Frisbie：Adv. Funct. Mater. **16** (2006) 1051.

[420] R. Misra, M. McCarthy and A. F. Hebard：Appl. Phys. Lett. **90** (2007) 052905.

[421] H. Shimotani, H. Asanuma, A. Tsukazaki, A. Ohtomo, M. Kawasaki and Y. Iwasa：Appl. Phys. Lett. **91** (2007) 082106.

[422] K. Ueno, S. Nakamura, H. Shimotani, A. Ohtomo, N. Kimura, T. Nojima, H. Aoki, Y. Iwasa and M. Kawasaki：Nat. Mater. **7** (2008) 855.

[423] K. Ueno, S. Nakamura, H. Shimotani, H. T. Yuan, N. Kimura, T. Nojima, H. Aoki, Y. Iwasa and M. Kawasaki：Nat. Nanotech. **6** (2011) 408.

[424] J. T. Ye, S. Inoue, K. Kobayashi, Y. Kasahara, H. T. Yuan, H. Shimotani and Y. Iwasa：Nat. Mater. **9** (2010) 125.

[425] J. T. Ye, Y. J. Zhang, R. Akashi, M. S. Bahramy, R. Arita and Y. Iwasa：Science **338** (2012) 1193.

[426]　イオン液体は国内の薬品会社でも入手可能：DEME－TFSI は和名 N, N－ジエチル－N－メチル－N－(2－メトキシエチル）アンモニウムビス（トリフルオロメタンスルホニル）イミド，DEME－BF_4 は和名 N, N－ジエチル－N－メチル－N－(2－メトキシエチル）アンモニウムテトラフルオロボレートである．

[427]　A. T. Bollinger, G. Dubuis, J. Yoon, D. Pavuna, J. Misewich and I. Božović：Nature **472**（2011）458.

[428]　K. Ueno, T. Nojima, S. Yonezawa, M. Kawasaki, Y. Iwasa and Y. Maeno：Phys. Rev. **B89**（2014）020508(R).

[429]　C. L. Kane and E. J. Mele：Phys. Rev. Lett. **95**（2005）226801.

[430]　C. L. Kane and E. J. Mele：Phys. Rev. Lett. **95**（2005）146802.

[431]　M. Z. Hasan and C. L. Kane：Rev. Mod. Phys. **82**（2010）3045.

[432]　K. Deguchi, Z. Q. Mao and Y. Maeno：J. Phys. Soc. Jpn. **73**（2004）1313.

[433]　Y. Ando：J. Phys. Soc. Jpn. **82**（2013）102001.

[434]　B. Andrei Bernevig：“*Topological Insulators and Topological Superconductors*”（Princeton Univ. Press, 2013).

[435]　表面科学 **32**（2011）174－225“特集 トポロジカル絶縁体”.

[436]　佐藤昌利：固体物理 **46**（2011）399.

[437]　佐藤昌利：物性研究 **94**（2010）311.

[438]　Y. Tanaka, M. Sato and N. Nagaosa：J. Phys. Soc. Jpn. **81**（2012）011013.

[439]　固体物理 **45**（2010）565－765，“特集号 ディラック電子系の固体物理”.

[440]　山影相，矢田圭司，佐藤昌利，田仲由喜夫：日本物理学会誌 **70**（2015）356.

[441]　安藤陽一 著：「トポロジカル絶縁体入門」（講談社サイエンティフィク，2014 年).

[442]　M. König, S. Wiedmann, C. Brüne, A. Roth, H. Buhmann, L. W. Molenkamp, X.－L. Qi and S.－C. Zhang：Science **318**（2007）766.

[443]　Y. S. Hor, A. J. Williams, J. G. Checkelsky, P. Roushan, J. Seo, Q. Xu, H. W. Zandbergen, A. Yazdani, N. P. Ong and R. J. Cava：Phys. Rev. Lett. **104**（2010）057001.

[444]　Z. Liu, X. Yao, J. Shao, M. Zuo, L. Pi, S. Tan, C. Zhang and Y. Zhang：J. Am. Chem. Soc. **137**（2015）10512.

[445] Shuruti, V. K. Maurya, P. Neha, P. Srivastava and S. Patnaik, arXiv：1505.05394.

[446] K. Ohara, Y. Suzuki, T. Kashiwagi and K. Kadowaki, to be published.

[447] M. Veldhorst, M. Snelder, M. Hoek, T. Gang, V. K. Guduru, X. L. Wang, U. Zeitler, W. G. van der Wiel, A. A. Golubov, H. Hilgenkamp and A. Brinkman：Nat. Mater. **11** (2012) 417.

[448] M.-X. Wang, C. Liu, J.-P. Xu, F. Yang, L. Miao, M.-Y. Yao, C. L. Gao, C. Shen, X. Ma, X. Chen, Z.-A. Xu, Y. Liu, S.-C. Zhang, D. Qian, J.-F. Jia and Q.-K. Xue：Science **336** (2012) 52.

[449] L. Fu and E. Berg：Phys. Rev. Lett. **105** (2010) 097001.

[450] J. Black, E. M. Conwell, L. Seigle and C. W. Spencer：J. Phys. Chem. Solids **2** (1957) 240.

[451] E. Mooser and W. B. Pearson：J. Phys. Chem. Solids **7** (1958) 65.

[452] J. R. Drabble and C. H. L. Goodman：J. Phys. Chem. Solids **5** (1958) 142.

[453] J. R. Drabble, R. D. Groves and R. Wolfe：Proc. Phys. Soc. **71** (1958) 430.

[454] N. Fuschillo, J. N. Bierly and F. J. Donahoe：J. Phys. Chem. Solids **8** (1959) 430.

[455] G. Offergeld and J. van Cakenberghe：J. Phys. Chem. Solids **11** (1959) 310.

[456] J. R. Wiese and L. Muldawer：J. Phys. Chem. Solids **15** (1960) 13.

[457] K. Hashimoto：J. Phys. Soc. Jpn. **16** (1961) 1970.

[458] R. Sehr and L. R. Testardi：J. Phys. Chem. Solids **23** (1962) 1219.

[459] S. Nakajima：J. Phys. Chem. Solids **24** (1963) 479.

[460] S. Misra and M. B. Bever：J. Phys. Chem. Solids **25** (1964) 1233.

[461] D. L. Greenaway and G. Harbeke：J. Phys. Chem. Solids **26** (1965) 1585.

[462] H. Gobrecht and S. Seeck：Z. Phys. **222** (1969) 93.

[463] H. Köhler and G. Landwehr：Phys. Stat. Sol. (b) **45** (1971) K109.

[464] H. Köhler：Solid State Commun. **13** (1973) 1585.

[465] G. R. Hyde, R. O. Dillon, H. A. Beale, I. L. Spain, J. A. Woollam and D. J. Sellmyer：Solid State Commun. **13** (1973) 257.

[466] G. R. Hyde, H. A. Beale, I. L. Spain and J. A. Woollam：J. Phys. Chem. Solids **35** (1974) 1719.

[467] A. von Middendorff, H. Köhler and G. Landwehr：Phys. Stat. Sol.（b）**57**（1973）203.

[468] H. Köhler and C. R. Becker：Phys. Stat. Sol.（b）**61**（1974）533.

[469] K. Paraskevopoulos, E. Hatzikraniotis, K. Chrisafis, M. Zamani, J. Stoemenos, N. A. Economou, K. Alexiadis and M. Balkanski：Mater. Sci. and Eng. **B1**（1988）147.

[470] J. Horák, Z. Starý, P. Lošťák and J. Pancíř：J. Phys. Chem. Solids **51**（1990）1353.

[471] M. Stordeur, K. K. Ketavong, A. Priemuth, H. Sobotta and V. Riede：Phys. Stat. Sol.（b）**169**（1992）505.

[472] J. Horák, J. Navrátil and Z. Starý：J. Phys. Chem. Solids **53**（1992）1067.

[473] M. Carle, P. Pierrat, C. Lahalle－Gravier, S. Scherrer and H. Scherrer：J. Phys. Chem. Solids **56**（1995）201.

[474] S. K. Mishra, S. Satpathy and O. Jepsen：J. Phys.：Condens. Matter **9**（1997）461.

[475] V. A. Kulbachinskii, N. Miura, H. Nakagawa, H. Arimoto, T. Ikaida, P. Lostak and C. Drasar：Phys. Rev. **B59**（1999）15733.

[476] Y. Sugama, T. Hayashi, H. Nakagawa, N. Miura and V. A. Kulbachinskii：Physica **B298**（2001）531.

[477] S. Augustine and E. Mathai：Mater. Res. Bull. **36**（2001）2251.

[478] M. Kriener, K. Segawa, Z. Ren, S. Sasaki, S. Wada, S. Kuwabara and Y. Ando：Phys. Rev. **B84**（2011）054513.

[479] M. Kriener, K. Segawa, Z. Ren, S. Sasaki and Y. Ando：Phys. Rev. Lett. **106**（2011）127004.

[480] M. Kriener, K. Segawa, S. Sasaki and Y. Ando：Phys. Rev. **B86**（2012）180505(R).

[481] S. Sasaki, M. Kriener, K. Segawa, K. Yada, Y. Tanaka, M. Sato and Y. Ando：Phys. Rev. Lett. **107**（2011）217001.

[482] T. Kirzhner, E. Lahoud, K. B. Chaska, Z. Salman and A. Kanigel：Phys. Rev. **B86**（2012）064517.

[483] X. Chen, C. Huan, Y. S. Hor, C. A. R. Sá de Melo and Z. Jiang, arXiv：

1210.6054v1.

[484] N. Levy, T. Zhang, J. Ha, F. Sharifi, A. A. Talin, Y. Kuk and J. A. Stroscio：Phys. Rev. Lett. **110** (2013) 117001.

[485] T. V. Bay, T. Naka, Y. K. Huang, H. Luigjes, M. S. Golden and A. de Visser：Phys. Rev. Lett. **108** (2012) 057001.

[486] F. Yang, Y. Ding, F. Qu, J. Shen, J. Chen, Z. Wei, Z. Ji, G. Liu, J. Fan, C. Yang, T. Xiang and L. Lu：Phys. Rev. **B85** (2012) 104508.

[487] B. Sacépé, J. B. Oostinga, J. Li, A. Ubaldini, N. J. G. Couto, E. Giannini and A. F. Morpurgo：Nat. Commun. **2** (2011) 575.

[488] Y. Tanaka, K. Nakayama, S. Souma, T, Sato, N. Xu, P. Zhang, P. Richard, H. Ding, Y. Suzuki, P. Das, K. Kadowaki and T. Takahashi：Phys. Rev. **B85** (2012) 125111.

[489] V. K. Maurya, Shruti, P. Srivastava and S. Patnaik：Europhys. Lett. **108** (2014) 37010.

[490] これらの物質はトポロジカル超伝導体であるという確固たる実験結果は今のところないが，常伝導状態ではトポロジカル絶縁体としての証拠は得られている物質である．また，$Sn_{1-x}In_xTe$ は $Pb_{1-x}Sn_xSe$[63] や $Pb_{1-x}Sn_xTe$[64] と同様にトポロジカル結晶絶縁体（topological crystalline insulators）とよばれ，結晶の組成を同族の結晶と混晶を作ることによって変えることでバンド反転を起こし，通常の絶縁体からトポロジカル絶縁体へ（あるいはその逆もあり）転移する系である．

[491] P. Dziawa, B. J. Kowalski, K. Dybko, R. Buczko, A. Szczerbakow, M. Szot, E. Łusakowska, T. Balasubramanian, B. M. Wojek, M. H. Bernsten, O. Tjernberg and T. Story：Nat. Mater. **11** (2012) 1023.

[492] Y. Tanaka, Z. Ren, T. Sato, K. Nakayama, S. Souma, T. Takahashi, K. Segawa and Y. Ando：Nat. Phys. **8** (2012) 800.

[493] Z. Ren, A. A. Taskin, S. Sasaki, K. Segawa and Y. Ando：Phys. Rev. **B82** (2010) 241306(R).

[494] J. Xiong, A. C. Petersen, D. Qu, T. S. Hor, R. J. Cava and N. P. Ong：Physica **E44** (2012) 917.

[495] B. Yan, M. Jensen and C. Felser：Nat. Phys. **9** (2013) 709.

[496]　G. Li, B. Yan, R. Thomale and W. Hanke：Sci. Rep. **5** (2015) 10435.

[497]　R. J. Cava, H. Ji, M. K. Fuccillo, Q. D. Gibson and Y. S. Hor：J. Mater. Chem. **C1** (2013) 3176.

[498]　M. G. Kanatzidis：Acc. Chem. Res. **38** (2005) 359.

[499]　L. Fang, C. C. Stoumpos, Y. Jia, A. Glatz, D. Y. Chung, H. Claus, U. Welp, W.-K. Kwok and M. G. Kanatzidis：Phys. Rev. **B90** (2014) 020504(R).

[500]　S. Sasaki, K. Segawa and Y. Ando：Phys. Rev. **B90** (2014) 220504(R).

[501]　K. Nakayama, K. Eto, Y. Tanaka, T. Sato, S. Souma, T. Takahashi, K. Segawa and Y. Ando：Phys. Rev. Lett. **109** (2012) 236804.

[502]　L. E. Shelimova, O. G. Karpinskii, P. P. Konstantinov, E. S. Avilov, M. A. Kretova, G. U. Lubman, I. Yu. Nikhezina and V. S. Zemskov：Inorg. Mater. **46** (2010) 120.

[503]　V. S. Zemskov, L. E. Shelimova, P. P. Konstantinov, E. S. Avilov, M. A. Kretova and I. Y. Nikhezina：Inorg. Mater.：Applied Res. **2** (2011) 405.

[504]　F. N. Guseinov, K. N. Babanly, I. I. Aliev and M. B. Babanly：Russian J. Inorg. Chem. **57** (2012) 100.

[505]　Y. Maeno, H. Hashimoto, K. Yoshida, S. Nishizaki, T. Fujita, J. G. Bednorz and F. Lichtenberg：Nature **372** (1994) 532.

[506]　T. M. Rice and M. Sigrist：J. Phys.：Condens. Matter **7** (1995) L643.

[507]　A. P. Mackenzie and Y. Maeno：Rev. Mod. Phys. **75** (2003) 657.

[508]　C. Bergemann, A. P. Mackenzie, S. R. Julian, D. Forsythe and E. Ohmichi：Adv. Phys. **52** (2003) 639.

[509]　Y. Maeno, S. Kittaka, T. Nomura, S. Yonezawa and K. Ishida：J. Phys. Soc. Jpn. **81** (2012) 011009.

[510]　C. Kallin：Rep. Prog. Phys. **75** (2012) 042501.

[511]　[438]と同じ文献

[512]　Y. Liu：New J. Phys. **12** (2010) 075001.

[513]　柳瀬陽一：物性研究 **97** (2011) 99.

[514]　田仲由喜夫，柏谷聡：日本物理学会誌 **64** (2009) 527.

[515]　固体物理 **40** (2005) 667-836, "特集号 超伝導接合の物理と応用"

[516]　S. Kashiwaya and Y. Tanaka：Rep. Prog. Phys. **63** (2000) 1641.

[517] T. Vogt and D. J. Buttrey：Phys. Rev. **B52** (1995) R9843(R).

[518] T. Oguchi：Phys. Rev. **B51** (1995) 1385(R).

[519] D. J. Singh：Phys. Rev. **B52** (1995) 1358.

[520] I. Hase and Y. Nishihara：J. Phys. Soc. Jpn. **65** (1996) 3957.

[521] Y. Yoshida, R. Settai, Y. Ōnuki, H. Takei, K. Betsuyaku and H. Harima：J. Phys. Soc. Jpn. **67** (1998) 1677.

[522] Y. Maeno, K. Yoshida, H. Hashimoto, S. Nishizaki, S. Ikeda, M. Nohara, T. Fujita, A. P. Mackenzie, N. E. Hassey, J. G. Bednorz and F. Lichtenberg：J. Phys. Soc. Jpn. **66** (1997) 1405.

[523] K. Kadowaki and S. B. Woods：Solid State Commun. **58** (1986) 507.

[524] A. W. Tyler, A. P. Mackenzie, S. Nishizaki and Y. Maeno：Phys. Rev. **B58** (1998) R10107(R).

[525] A. P. Mackenzie, S. Ikeda, Y. Maeno, T. Fujita, S. R. Julian and G. Lonzarich：J. Phys. Soc. Jpn. **67** (1998) 385.

[526] A. P. Mackenzie, R. K. W. Haselwimmer, A. W. Tyler, G. G. Lonzalich, Y. Mori, S. Nishizaki and Y. Maeno：Phys. Rev. Lett. **80** (1998) 161.

[527] J. A. Duffy, S. M. Hayden, Y. Maeno, Z. Mao, J. Kulda and G. J. McIntyre：Phys. Rev. Lett. **85** (2000) 5412.

[528] S. Kittaka, A. Kasahara, T. Sakakibara, D. Shibata, S. Yonezawa, Y. Maeno, K. Tenya and K. Machida：Phys. Rev. **B90** (2014) 220502(R).

[529] T. Akima, S. Nishizaki and Y. Maeno：J. Phys. Soc. Jpn. **68** (1999) 694.

[530] G. M. Luke, Y. Fudamoto, K. M. Kojima, M. I. Larkin, B. Nachumi, Y. J. Uemura, J. E. Sonier, Y. Maeno, Z. Q. Mao, Y. Mori and D. F. Agterberg：Physica **B289 - 290** (2000) 373.

[531] S. Yonezawa, T. Kajikawa and Y. Maeno：Phys. Rev. Lett. **110** (2013) 077003.

[532] S. Yonezawa, T. Kajikawa and Y. Maeno：J. Phys. Soc. Jpn. **83** (2014) 083706.

[533] Y. Amano, M. Ishihara, M. Ichioka, N. Nakai and K. Machida：Phys. Rev. **B91** (2015) 144513.

[534] K. Ishida, H. Mukuda, Y. Kitaoka, K. Asayama, Z. Q. Mao, Y. Mori and Y.

Maeno：Nature **396** (1998) 658.

[535] H. Murakawa, K. Ishida, K. Kitagawa, Z. Q. Mao and Y. Maeno：Phys. Rev. Lett. **93** (2004) 167004.

[536] K. Ishida, H. Mukuda, Y. Minami, Y. Kitaoka, Z. Q. Mao, H. Fukuzawa and Y. Maeno：Phys. Rev. **B64** (2001) 100501(R).

[537] C. M. Aegerter, S. H. Lloyd, C. Ager, S. L. Lee, S. Romer, H. Keller and E. M. Forgan：J. Phys.：Condens. Matter **10** (1998) 7445.

[538] G. M. Luke, Y. Fudamoto, K. M. Kojima, M. I. Larkin, J. Merrin, B. Nachumi, Y. J. Uemura, Y. Maeno, Z. Q. Mao, Y. Mori, H. Nakamura and M. Sigrist：Nature **394** (1998) 558.

[539] J. Xia, Y. Maeno, P. T. Beyersdorf, M. M. Fejer and A. Kapitulnik：Phys. Rev. Lett. **97** (2006) 167002.

[540] R. F. Kiefl, J. H. Brewer, I. Affleck, J. F. Carolan, P. Dosanjh, W. N. Hardy, T. Hsu, R. Kadono, J. R. Kempton, S. R. Kreitzman, Q. Li, A. H. O'Reilly, T. M. Riseman, P. Schleger, P. C. E. Stamp, H. Zhou, L. P. Le, G. M. Luke, B. Sternlieb, Y. J. Uemura, H. R. Hart and K. W. Lay：Phys. Rev. Lett. **64** (1990) 2082.

[541] G. M. Luke, A. Keren, L. P. Le, W. D. Wu, Y. J. Uemura, D. A. Bonn, L. Taillefer and J. D. Garrett：Phys. Rev. Lett. **71** (1993) 1466.

[542] T. M. Riseman, P. G. Kealey, E. M. Forgan, A. P. Mackenzie, L. M. Galvin, A. W. Tyler, S. L. Lee, C. Ager, D. McK. Paul, C. M. Aegerter, R. Cubitt, Z. Q. Mao, T. Akima and Y. Maeno：Nature **396** (1998) 242.

[543] P. G. Kealey, T. M. Riseman, E. M. Forgan, L. M. Galvin, A. P. Mackenzie, S. L. Lee, D. McK. Paul, R. Cubitt, D. F. Agterberg, R. Heeb, Z. Q. Mao and Y. Maeno：Phys. Rev. Lett. **84** (2000) 6094.

[544] [324]と同じ文献

[545] H. Kawano-Furukawa, S. Ohira-Kawamura, H. Tsukagoshi, C. Kobayashi, T. Nagata, N. Sakiyama, H. Yoshizawa, M. Yethiraj, J. Suzuki and H. Takeya：J. Phys. Soc. Jpn. **77** (2008) 104711.

[546] C. Rastovski, C. D. Dewhurst, W. J. Gannon, D. C. Peets, H. Takatsu, Y. Maeno, M. Ichioka, K. Machida and M. R. Eskildsen：Phys. Rev. Lett. **111** (2013) 087003.

[547]　F. Laube, G. Goll, H. v. Löhneysen, M. Fogelström and F. Lichtenberg：Phys. Rev. Lett. **84** (2000) 1595

[548]　R. Jin, Yu. Zadorozhny, Y. Liu, D. G. Schlom, Y. Mori and Y. Maeno：Phys. Rev. **B59** (1999) 4433.

[549]　S. Kashiwaya, H. Kashiwaya, H. Kambara, T. Furuta, H. Yaguchi, Y. Tanaka and Y. Maeno：Phys. Rev. Lett. **107** (2011) 077003.

[550]　H. Suderow, V. Crespo, I. Guillamon, S. Vieira, F. Servant, P. Lejay, J. P. Brison and J. Flouquet：New J. Phys. **11** (2009) 093004.

[551]　M. D. Upward, L. P. Kouwenhoven, A. F. Morpurgo, N. Kikugawa, Z. Q. Mao and Y. Maeno：Phys. Rev. **B65** (2002) 220512(R).

[552]　K. D. Nelson, Z. Q. Mao, Y. Maeno and Y. Liu：Science **306** (2004) 1151.

[553]　S. D. Sarma, C. Nayak and S. Tewari：Phys. Rev. **B73** (2006) 220502(R).

[554]　J. Jang, D. G. Ferguson, V. Vakaryuk, R. Budakian, S. B. Chung, P. M. Goldbart and Y. Maeno：Science **331** (2011) 186.

[555]　P. J. Curran, V. V. Khotkevych, S. J. Bending, A. S. Gibbs, S. L. Lee and A. P. Mackenzie：Phys. Rev. **B84** (2011) 104507.

[556]　V. O. Dolocan, C. Veauvy, F. Servant, P. Lejay, K. Hasselbach, Y. Liu and D. Mailly：Phys. Rev. Lett. **95** (2005) 097004.

[557]　P. G. Björnsson, Y. Maeno, M. E. Huber and K. A. Moler：Phys. Rev. **B72** (2005) 012504.

[558]　[124]と同じ文献

[559]　T. Nishio, V. H. Dao, Q. Chen, L. F. Chibotaru, K. Kadowaki and V. V. Moshchalkov：Phys. Rev. **B81** (2010) 020506(R).

[560]　長谷川哲也：JAERI－Review 2001－008, p. 54.

[561]　C. W. Hicks, D. O. brodsky, E. A. Yelland, A. S. Gibbs, J. A. N. Bruin, M. E. Barber, S. D. Edkins, K. Nishimura, S. Yonezawa, Y. Maeno and A. P. Mackenzie：Science **344** (2014) 283.

[562]　Z. Q. Mao, Y. Maeno and H. Fukazawa：Mater. Res. Bull. **35** (2000) 1813.

[563]　S. Yamanaka, E. Enishi, H. Fukuoka and M. Yasukawa：Inorg. Chem. **39** (2000) 56.

[564]　R. Viennois, P. Toulemonde, C. Paulsen and A. San－Miguel：J. Phys.：

Condens. Matter **17** (2005) L311.

[565] S. Yonezawa, Y. Muraoka, Y. Matsushita and Z. Hiroi：J. Phys.：Condens. Matter **16** (2004) L9.

[566] E. D. Bauer, N. A. Frederick, P.－C. Ho, V. S. Zapf and M. B. Maple：Phys. Rev. **B65** (2002) 100506(R).

[567] Z. Hiroi, J. Yamaura and K. Hattori：J. Phys. Soc. Jpn. **81** (2012) 011012.

[568] T. Rachi, R. Kumashiro, H. Fukuoka, S. Yamanaka and K. Tanigaki：Sci. Tech. Adv. Mater. **7** (2006) S88.

[569] I. M. Gat, Y. Fudamoto, A. Kinkhabwala, M.I. Larkin, G.M. Luke, J. Merrin, B. Nachumi, Y. J. Uemura, K. M. Kojima, E. Eiji and S. Yamanaka：Physica **B289－290** (2000) 385.

[570] P. Toulemonde, Ch. Adessi, X. Blase, A. San Miguel and J. L. Tholence：Phys. Rev. **B71** (2005) 094504.

[571] Y. Li, J. Garcia, N. Chen, L. Liu, F. Li, Y. Wei, S. Bi, G. Cao and Z. S. Feng：J. Appl. Phys. **113** (2013) 203908.

[572] Y. Li, R. Zhang, Y. Liu, N. Chen, Z. P. Luo, X. Ma, G. Cao, Z. S. Feng, C.－R. Hu and J. H. Ross, Jr.：Phys. Rev. **B75** (2007) 054513.

[573] M. Hanawa, Y. Muraoka, T. Tayama, T. Sakakibara, J. Yamaura and Z. Hiroi：Phys. Rev. Lett. **87** (2001) 187001.

[574] S. Yonezawa, Y. Muraoka, Y. Matsushita and Z. Hiroi：J. Phys. Soc. Jpn. **73** (2004) 819.

[575] S. Yonezawa, Y. Muraoka and Z. Hiroi：J. Phys. Soc. Jpn. **73** (2004) 1655.

[576] E. Ohmichi, T. Osada, S. Yonezawa, Y. Muraoka and Z. Hiroi：J. Phys. Soc. Jpn. **75** (2006) 045002.

[577] T. Shibauchi, L. Krusin－Elbaum, Y. Kasahara, Y. Shimono, Y. Matsuda, R. D. McDonald, C. H. Mielke, S. Yonezawa, Z. Hiroi, M. Arai, T. Kita, G. Blatter and M. Sigrist：Phys. Rev. **B74** (2006) 220506(R).

[578] Z. Hiroi and S. Yonezawa：J. Phys. Soc. Jpn. **75** (2006) 043701.

[579] P. Legendre, Y. Fasano, I. Maggio－Aprile, Ø. Fischer, Z. Bukowski, S. Katrych and J. Karpinski：Phys. Rev. **B78** (2008) 144513.

[580] G. P. Meisner：Physica **B＋C108** (1981) 763.

[581] I. Shirotani, N. Araseki, Y. Shimaya, R. Nakata, K. Kihou, C. Sekine and T.

Yagi：J. Phys.：Condens. Matter **17** (2005) 4383.

[582] L. E. DeLong and G. P. Meisner：Solid State Commun. **53** (1985) 119.

[583] I. Shirotani, T. Uchiumi, K. Ohno, C. Sekine, Y. Nakazawa, K. Kanoda, S. Todo and T. Yagi：Phys. Rev. **B56** (1997) 7866.

[584] I. Shirotani, K. Ohno, C. Sekine, T. Yagi, T. Kawakami, T. Nakanishi, H. Takahashi, J. Tang, A. Matsushita, T. Matsumoto：Physica **B281－282** (2000) 1021.

[585] H. Sugawara, S. Osaki, S. R. Saha, Y. Aoki, H. Sato, Y. Inada, H. Shishido, R. Settai, Y. Ōnuki, H. Harima and K. Oikawa：Phys. Rev. **B66** (2002) 220504(R).

[586] M. B. Maple, P.－C. Ho, N. A. Frederick, V. S. Zapf, W. M. Yuhasz, E. D. Bauer, A. D. Christianson and A. H. Lacerda：J. Phys.：Condes. Matter **15** (2003) S2071.

[587] [566]と同じ文献

[588] Y. Aoki, A. Tsuchiya, T. Kanayama, S. R. Saha, H. Sugawara, H. Sato, W. Higemoto, A. Koda, K. Ohishi, K. Nishiyama and R. Kadono：Phys. Rev. Lett. **91** (2003) 067003.

[589] K. Izawa, Y. Nakajima, J. Goryo, Y. Matsuda, S. Osaki, H. Sugawara, H. Sato, P. Thalmeier and K. Maki：Phys. Rev. Lett. **90** (2003) 117001.

[590] T. Sakakibara, A. Yamada, J. Custers, K. Yano, T. Tayama, H. Aoki and K. Machida：J. Phys. Soc. Jpn. **76** (2007) 051004.

[591] E. Bauer, A. Grytsiv, Xing－Qiu Chen, N. Melnychenko－Koblyuk, G. Hilscher, H. Kaldarar, H. Michor, E. Royanian, G. Giester, M. Rotter, R. Podloucky and P. Rogl：Phys. Rev. Lett. **99** (2007) 217001.

[592] R. Gumeniuk, W. Schnelle, H. Rosner, M. Nicklas, A. Leithe－Jasper and Yu. Grin：Phys. Rev. Lett. **100** (2008) 017002.

[593] D. Kaczorowski and V. H. Tran：Phys. Rev. **B77** (2008) 180504(R).

[594] T. Onimaru, K. T. Matsumoto, Y. F. Inoue, K. Umeo, Y. Saiga, Y. Matsushita, R. Tamura, K. Nishimoto, I. Ishii. T. Suzuki and T. Takabatake：J. Phys. Soc. Jpn. **79** (2010) 033704.

[595] A. Sakai, K. Kuga and S. Nakatsuji：J. Phys. Soc. Jpn. **81** (2012) 083702.

[596] K. Matsubayashi, T. Tanaka, A. Sakai, S. Nakatsuji, Y. Kubo and Y. Uwatoko：Phys. Rev. Lett. **109** (2012) 187004.

[597] E. A. Ekimov, V. A. Sidorov, E. D. Bauer, N. N. Mel'nik, N. J. Curro, J. D. Thompson and S. M. Stishov：Nature **428** (2004) 542.

[598] Y. Takano, M. Nagao, I. Sakaguchi, M. Tachiki, T. Hatano, K. Kobayashi, H. Umezawa and H. Kawarada：Appl. Phys. Lett. **85** (2004) 2851.

[599] E. Bustarret, J. Kačmarčik, C. Marcenat, E. Gheeraert, C. Cytermann, J. Marcus and T. Klein：Phys. Rev. Lett. **93** (2004) 237005.

[600] 高野義彦, 川原田洋：固体物理 **41** (2006) 457；Y. Takano：J. Phys.：Condens. Matter **21** (2009) 253201.

[601] H. Mukuda, T. Tsuchida, A. Harada, Y. Kitaoka, T. Takenouchi, Y. Takano, M. Nagao, I. Sakaguchi, T. Oguchi and H. Kawarada：Phys. Rev. **B75** (2007) 033301.

[602] T. Oguchi：Sci. Tech. Adv. Mater. **7** (2006) S67.

[603] B. Sacépé, C. Chapelier, C. Marcenat, J. Kačmarčik, T. Klein, M. Bernard and E. Bustarret：Phys. Rev. Lett. **96** (2006) 097006.

[604] T. Nishizaki, Y. Takano, M. Nagao, T. Takenouchi, H. Kawarada and N. Kobayashi：Sci. Technol. Adv. Mater. **7** (2006) S22.

[605] T. Nishizaki, T. Sasaki, N. Kobayashi, Y. Takano, M. Nagao and H. Kawarada：Int. J. Mod. Phys. **B27** (2013) 1362014.

[606] K. Ishizaka, R. Eguchi, S. Tsuda, T. Yokoya, A. Chainani, T. Kiss, T. Shimojima, T. Togashi, S. Watanabe, C.-T. Chen, C. Q. Zhang, Y. Takano, M. Nagao, I. Sakaguchi, T. Takenouchi, H. Kawarada and S. Shin：Phys. Rev. Lett. **98** (2007) 047003.

[607] T. Yamaguchi, E. Watanabe, H. Osato, D. Tsuya, K. Deguchi, T. Watanabe, H. Takeya, Y. Takano, S. Kurihara and H. Kawarada：J. Phys. Soc. Jpn. **82** (2013) 074718.

[608] 西嵜照和, 高野義彦, 長尾雅則, 竹之内智大, 川原田洋, 小林典男：日本物理学会第65回年次大会での講演［講演番号：23pGD-7］(2010).

[609] [505]と同じ文献

[610] [507]と同じ文献

[611] [509]と同じ文献

[612] K. Deguchi, Z. Q. Mao, H. Yaguchi and Y. Maeno：Phys. Rev. Lett. **92** (2004) 047002.

[613]　[432]と同じ文献

[614]　Y. Nakajima, T. Nakagawa, T. Tamegai and H. Harima：Phys. Rev. Lett. **100** (2008) 157001.

[615]　R. T. Gordon, M. D. Vannette, C. Martin, Y. Nakajima, T. Tamegai and R. Prozorov：Phys. Rev. **B78** (2008) 024514.

[616]　P. K. Biswas, G. Balakrishnan, D. McK. Paul, M. R. Lees and A. D. Hillier：Phys. Rev. **B83** (2011) 054517.

[617]　T. Watanabe, H. Sasame, H. Okuyama, K. Takase and Y. Takano：Phys. Rev. **B80** (2009) 100502(R).

[618]　K. Takada, H. Sakurai, E. Takayama-Muromachi, F. Izumi, R. A. Dilanian and T. Sasaki：Nature **422** (2003) 53.

[619]　M. Mochizuki and M. Ogata：J. Phys. Soc. Jpn. **75** (2006) 113703.

[620]　N. Oeschler, R. A. Fisher, N. E. Phillips, J. E. Gordon, M.-L. Foo and R. J. Cava：Phys. Rev. **B78** (2008) 054528.

[621]　Y. Mizuguchi, H. Fujihisa, Y. Gotoh, K. Suzuki, H. Usui, K. Kuroki, S. Demura, Y. Takano, H. Izawa and O. Miura：Phys. Rev. **B86** (2012) 220510(R).

[622]　Y. Mizuguchi, S. Demura, K. Deguchi, Y. Takano, H. Fujihisa, Y. Gotoh, H. Izawa and O. Miura：J. Phys. Soc. Jpn. **81** (2012) 114725.

[623]　K. Deguchi, Y. Mizuguchi, S. Demura, H. Hara, T. Watanabe, S. J. Denholme, M. Fujioka, H. Okazaki, T. Ozaki, H. Takeya, T. Yamaguchi, O. Miura and Y. Takano：Europhys. Lett. **101** (2013) 17004.

[624]　H. Usui, K. Suzuki and K. Kuroki：Phys. Rev. **B86** (2012) 220501.

[625]　T. Yajima, K. Nakano, F. Takeiri, T. Ono, Y. Hosokoshi, Y. Matsushita, J. Hester, Y. Kobayashi and H. Kageyama：J. Phys. Soc. Jpn. **81** (2012) 103706.

[626]　P. Doan, M. Gooch, Z. Tang, B. Lorenz, A. Möller, J. Tapp, P. C. W. Chu and A. M. Guloy：J. Am. Chem. Soc. **134** (2012) 16520.

[627]　T. Yajima, K. Nakano, F. Takeiri, Y. Nozaki, Y. Kobayashi and H. Kageyama：J. Phys. Soc. Jpn. **82** (2013) 033705.

第 5 章

高温超伝導体と固有ジョセフソン効果

5.1　はじめに

高温超伝導体の結晶構造（本章では銅酸化物高温超伝導体を指す）は，超伝導を発現する 2 次元的銅酸素層と，超伝導とは直接関与しないと考えられているバッファー層とが，交互に積層した層状構造をとる．こうして，高温超伝導体は多層積層型超伝導体と見なすことが可能であり，バッファー層が絶縁層である場合には結晶構造に起因する多層積層型ジョセフソン接合系となり，特有のジョセフソン効果（固有ジョセフソン効果とよばれ本章の主題である）が出現することが，これまでの研究により明らかにされてきた．

ここで，特有のジョセフソン効果と記したが，それは積層系に由来する単なるジョセフソン効果の足し算ではなく，超伝導現象の本質的な発展と位置づけられ，高温超伝導体を詳細に研究する中で新たに見出された超伝導現象と見ることが妥当である．本章にて詳述するが，この新たな現象を実現させる要因は，超伝導層が 2 次元的銅酸素層という原子スケールの層であるということに尽きる．従来型のジョセフソン効果では，絶縁層を十分に厚い超伝導体で挟んだサンドイッチ型の構造をとっていたため，接合部に発生した電場や磁場は，接合部内に完全に閉じ込められると仮定することができた．

しかし，高温超伝導体では，ある接合内で発生した電場や磁場は，超伝導層が薄いため隣接する接合に浸み出してしまい，接合間には必然的に結合が生じる．これが固有ジョセフソン効果のエッセンスであり，その結合こそが新たな超伝導現象の起源となる．その意味ではナノスケールの構造に起因する超伝導現象ともいえる固有ジョセフソン効果だが，現れる現象は広範囲に及び，高温超伝導体の全く新たなデバイス応用の可能性さえ引き出すことができる（5.2節および5.3節参照）.

ジョセフソン効果の発見は1960年代に遡るが，高温超伝導体の精力的な研究により，その本質的な刷新が20世紀終わりから今日に至るまで行われた．この固有ジョセフソン効果の解明にあたり，日本の研究者が果たした役割は大きく，さまざまな新概念の構築に大きく貢献してきた．本章では，この固有ジョセフソン接合の理論と，その固有ジョセフソン効果の実験および観察結果を，実際にそれらの現象を研究してきた著者らによる解説を通して，その新奇性そして新たな応用可能性について説明する．

まず5.2節では，従来のジョセフソン効果を概説し，その後，固有ジョセフソン効果の特徴的性質を説明し，何故新たな超伝導現象といえるかについて明らかにする．次に5.3節では，固有ジョセフソン効果の最たる特徴的性質であり，デバイス応用への可能性が最も期待されているテラヘルツ領域の電磁波発振現象について，理論・数値シミュレーションと実験研究の現状を説明し，最後に5.4節では，原子スケールの固有ジョセフソン接合に特有な，その他の種々の固有ジョセフソン効果を紹介する．本章を読むことで読者は，高温超伝導体にて発見された新たな超伝導現象である固有ジョセフソン効果研究の全体像を把握し，その物理を理解できるだろう．

5.2　固有ジョセフソン接合の理論

固有ジョセフソン接合とは，原子スケールの薄い超伝導層（≃ 数 Å）と絶縁層（≃10 Å）が交互に積層した層状構造をもち，かつ超伝導層間に流れる電流がジョセフソン電流と見なせる積層超伝導系である．その典型的な物質として，大きな異方性をもつ銅酸化物高温超伝導体 $Bi_2Sr_2CaCu_2O_{8-\delta}$ が挙げられる．従来型のジョセフソン接合系の超伝導層はマクロな厚さをもつのに対し，固有ジョセフソン接合系では1 nm以下になっていることが大きな特徴である．このため，固有ジョセフソン接合系では，従来型のジョセフソン接合系に現れるジョセフソン効果とは大きく様相の異なる新しいジョセフソン効果が観測される．

本節では比較のため，まず，従来型の超伝導接合で観測されるジョセフソン効果を概観した後，固有ジョセフソン接合系でのジョセフソン効果の理論を紹介し，その違いを明らかにする．

5.2.1 単一ジョセフソン接合とジョセフソン効果

超伝導体が超伝導転移温度以下で示す超伝導秩序は，複素数値をとる超伝導秩序パラメーター $\Psi = |\Psi| e^{i\theta}$ で特徴づけられる．ただし，θ は位相である．2つの超伝導体が，薄い絶縁膜を挟んで接しているトンネル接合を考えよう（図5.1）．今，この接合を構成する2つの超伝導体 S_1 と S_2 の秩序パラメーターが，$\Psi_1 = |\Psi_1| e^{i\theta_1}$ と $\Psi_2 = |\Psi_2| e^{i\theta_2}$ のように異なる位相 θ_1 と θ_2 をもつとする．この場合，接合間には電位差がない場合でも

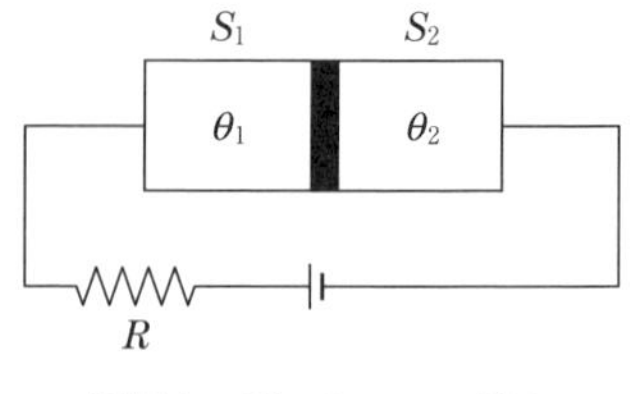

図 5.1　ジョセフソン接合

$$j = j_c \sin(\theta_1 - \theta_2) \tag{5.1}$$

のように，位相差に依存するトンネル電流が流れることをジョセフソンは指摘した（ジョセフソン効果）[1]．

この電流は，超伝導準粒子が運ぶ電流ではなく，凝縮した超伝導対（クーパー対）がトンネルすることにより流れる電流で，ジョセフソン電流とよばれる．ジョセフソン電流は (5.1) からわかるように最大値 j_c をもつ．接合を外部回路につなぎバイアス電流 I を流し込む場合，$I < j_c$ であれば $I = j_c \sin(\theta_1 - \theta_2)$ を満たすように位相差が生じ，直流のジョセフソン電流が接合を流れることが可能となる．しかし $I > j_c$ であれば，電流保存則を満たすために準粒子によるトンネル電流も接合を流れなければならない．この場合，接合には準粒子のトンネルを可能にする電位差が現れる．

ここで，電位差が現れたジョセフソン接合を考えよう．接合に現れる電位差 V は，超伝導体 S_1 と S_2 の位置でのスカラーポテンシャル $\varphi(d)$ と $\varphi(0)$ を用いて，

$$V = -(\varphi(d) - \varphi(0)) \tag{5.2}$$

と表すことができる．ただし，d は絶縁層の厚さである．この式に含まれるスカラーポテンシャルは，以下の考察から位相差で表すことができる．クーパー対の密度がゆらいで，超伝導体内に電荷分布 $\rho(\boldsymbol{r}, t)$ の電荷が現れたと

しよう．この電荷が作るスカラーポテンシャルを $\varphi(\boldsymbol{r}, t)$ とすると，$\rho(\boldsymbol{r}, t)$ と $\varphi(\boldsymbol{r}, t)$ の間にゲージ不変性を考慮して線形応答の範囲内で，

$$\rho(\boldsymbol{r}, t) \propto \varphi(\boldsymbol{r}, t) + \frac{\hbar}{e^*}\partial_t\theta(\boldsymbol{r}, t) \tag{5.3}$$

なる関係式が成り立つ．ただし，e^* はクーパー対の電荷（$2e$）である．

(5.3) から電荷が現れない場合，$\varphi(\boldsymbol{r}, t) = -(\hbar/e^*)\partial_t\theta(\boldsymbol{r}, t)$ なる関係が示唆される．接合は，平行平板コンデンサーに類似した構造をもつことを考慮すると，電圧が生じた接合では，絶縁層に接する超伝導体界面に電荷が現れることがわかる．この電荷を表面電荷と見なし，電荷が現れる表面の層の厚さを無視すれば，超伝導体内には電荷は現れないことになり，(5.2) 中のスカラーポテンシャルを $\varphi(d) = -(\hbar/e^*)\partial_t\theta_1$ および $\varphi(0) = -(\hbar/e^*)\partial_t\theta_2$ とすることが許される．このことから，ジョセフソン効果で最も重要となる次の関係式が得られる．

$$V = \frac{\hbar}{e^*}\partial_t(\theta_1 - \theta_2) \tag{5.4}$$

すなわち，電圧が生じたジョセフソン接合では，超伝導位相差は時間変化しなければならない．そして (5.4) から，定電圧が出ている接合では，

$$\theta_1 - \theta_2 = \frac{e^*}{\hbar}Vt + \mathrm{const.} \tag{5.5}$$

であることがわかる．(5.5) を (5.1) に代入すると

$$j = j_{\mathrm{c}}\sin\left(\frac{e^*}{\hbar}Vt + \mathrm{const.}\right) \tag{5.6}$$

となり，ジョセフソン電流は交流電流となる．

また，電圧 V が交流成分をもつ場合，(5.4) から興味深い共鳴現象が導かれる．例えば，接合に角周波数 ω のマイクロ波を照射するなどして，電圧を $V(t) = V_0 + v\cos\omega t$ のように変調したとする．この時，ジョセフソン電流は

$$j(t) = j_{\mathrm{c}}\sin\left(\frac{e^*}{\hbar}Vt + \frac{e^*v}{\hbar\omega}\sin\omega t\right) \tag{5.7}$$

となる．この式は，ベッセル関数 $J_n(x)$ を用いて

$$j(t) = \sum_{n=-\infty}^{\infty} J_n\left(\frac{e^*v}{\hbar\omega}\right)\sin\left[\left(\frac{e^*V_0}{\hbar} - \omega\right)t + \theta_0\right] \tag{5.8}$$

と展開できる．この式から，もし，マイクロ波の角周波数 ω が，接合に現れる直流電圧 V_0 と $\omega = (e^*/\hbar)V_0$ なる関係を満たす場合，ジョセフソン電流は直流成分 $(J_n(e^*v/\hbar\omega)\sin\theta_0))$ をもつことがわかる．この直流成分により，ジョセフソン接合の電流－電圧特性に，シャピロステップとよばれるステップ構造が現れることが知られている．

次に，ジョセフソン接合の磁場に対する性質を考察しよう．接合面を z 軸に垂直にとり，外部磁場を接合面に平行な y 軸方向に加える．この磁場は，絶縁層に接する超伝導体界面から，z 軸方向にロンドン侵入長 $\lambda_{\rm L}$ 程度超伝導体内に侵入する．接合に侵入する磁束の線密度 $\Phi(x)$ は，次のように定義できる．

$$\Phi(x) = \int_{-\infty}^{\infty} dz\, B_y(x, z) = A_x(x, \infty) - A_x(x, -\infty) \qquad (5.9)$$

ただし，$A_x(x, z)$ はベクトルポテンシャルの x 成分である．また，超伝導体 S_1 と S_2 は $\lambda_{\rm L}$ より十分厚いとして，z 積分を無限大にとっている．さらに，超伝導体の十分内部では，超伝導電流は存在しない．

したがって，ゲージ不変なロンドン方程式

$$\boldsymbol{j}(\boldsymbol{r}) = -\frac{c}{4\pi\lambda_{\rm L}^2}\left(\boldsymbol{A}(\boldsymbol{r}) - \frac{\hbar c}{e^*}\boldsymbol{\nabla}\theta(\boldsymbol{r})\right) \qquad (5.10)$$

からわかるように，(5.9) に含まれるベクトルポテンシャルは，$A_x(x, \infty) = (\hbar c/e^*)\partial_x\theta_1(x)$，および，$A_x(x, -\infty) = (\hbar c/e^*)\partial_x\theta_2(x)$ ととることができる．この関係を用いると，(5.9) から，(5.4) に類似の関係

$$\Phi(x) = \frac{\hbar c}{e^*}\partial_x[\theta_1(x) - \theta_2(x)] \qquad (5.11)$$

が導かれる．この式から，一様に磁場が侵入している場合，接合のサイズを L とし，全磁束を Φ とすれば $\Phi(x) = \Phi/L$ となるので，位相差は

$$\theta(x) \equiv \theta_1(x) - \theta_2(x) = \frac{e^*\Phi}{\hbar c}\frac{x}{L} + \theta_0 \qquad (5.12)$$

で与えられることがわかる．よって，この場合，接合を流れるジョセフソン電流は

$$j(x) = j_x \sin\left(\frac{2\pi\Phi}{\Phi_0}\frac{x}{L} + \theta_0\right) \qquad (5.13)$$

となり，空間的に変調した電流が接合を流れることになる．ただし，$\Phi_0 = hc/e^*$ は単位磁束である．

この接合を流れる全電流の値は，(5.13) を x で積分して

$$I = j_c \left| \frac{\sin(\pi\Phi/\Phi_0)}{\pi\Phi\Phi_0} \right| \sin\theta_0 \tag{5.14}$$

となる．この式から，臨界電流値の磁束依存性がフラウンホーファー (Fraunhofer) パターンを描くこと，および，接合に含まれる全磁束が単位磁束の整数倍 ($\Phi = n\Phi_0$) である時，臨界電流値はゼロとなることがわかる．

以上の議論を踏まえると，接合の電磁気的ダイナミクスを記述する位相差 $\theta(x, t)$ の運動方程式を導くことができる．そのためには，絶縁層領域での電磁場のダイナミクスを記述する以下のマックスウェル方程式を考えよう．

$$\partial_x B_y(x, t) = \frac{4\pi}{c} j_z(x, t) + \frac{\varepsilon}{cd} \partial_t V(x, t) \tag{5.15}$$

ただし，ε は絶縁層の誘電率，j_z は接合を流れるトンネル電流 (5.1) である．この接合に磁束が存在する場合，磁束は絶縁層とロンドン侵入長程度の超伝導層界面領域，すなわち，$\tilde{d} = 2\lambda_L + d$ の幅をもつ帯状領域に閉じ込められる．

このことを考慮し，トンネル電流をジョセフソン電流 (5.1) とすれば，方程式 (5.15) は次のように書きかえられる．

$$\partial_x \Phi(x, t) = \partial_x[\tilde{d}B(x)] = \frac{4\pi\tilde{d}j_c}{c} \sin\theta(x, t) + \frac{\varepsilon\tilde{d}}{dc} \partial_t V(x, t) \tag{5.16}$$

さらに，ジョセフソンの関係 (5.4) と (5.11) を用いると，(5.16) から次のような位相差に対する方程式が導かれる．

$$\left[\partial_x^2 - \frac{1}{\bar{c}^2} \partial_t^2\right] \theta(x, t) = \frac{1}{\lambda_J^2} \sin\theta(x, t) \tag{5.17}$$

ただし，$\bar{c} = (d/\varepsilon(2\lambda_J + d))^{1/2} c$，$\lambda_J = (\hbar c^2/4\pi e^*(2\lambda_L + d) j_c)^{1/2}$ である．$\bar{c}$ はスウィハート (Swihart) 速度，λ_J はジョセフソン侵入長とよばれる．方程式 (5.17) は，サイン - ゴルドン (sine - Gordon) 方程式の形をしている．準粒子トンネル電流も考慮する場合は，(5.17) の右辺に電圧に比例する項 ($\propto \partial_t\theta(x, t)$) を加える．この項は，位相差の動的モードを減衰させる効果を与える．

ここで，方程式 (5.17) のいくつかの解を与える．この方程式は微小振動解をもつ．微小振動解は，(5.17) を線形化した方程式

$$\left[\partial_x^2 - \frac{1}{\bar{c}^2}\partial_t^2\right]\theta(x,t) = \frac{1}{\lambda_{\mathrm{J}}^2}\theta(x,t) \tag{5.18}$$

から求められる．解は $\theta(x,t) \propto e^{i(qx-\omega_q t)}$ で，$\omega_q = \bar{c}\sqrt{\lambda_{\mathrm{J}}^{-2}+q^2}$ の分散をもつ．このモードは接合を伝わる平面波モードで，ジョセフソンプラズマとよばれる．

次に (5.17) の静的解，すなわち次の方程式

$$\partial_x^2\theta(x) = \frac{1}{\lambda_{\mathrm{J}}^2}\sin\theta(x) \tag{5.19}$$

の解を考えよう．この方程式は，$\theta(-\infty) = 0$，$\theta(\infty) = 2\pi$ のように位相差が 2π 変化するソリトン解をもつ．解は解析的に次のように与えられる．

$$\theta(x) = 4\tan^{-1}(e^{(x-x_0)/\lambda_{\mathrm{J}}}) \tag{5.20}$$

このソリトンは，$x = x_0$ に中心をもち，芯の大きさは大体 λ_{J} の 2 倍ほどである．また，接合に含まれる全磁束は

$$\Phi = \int_{-\infty}^{\infty} dx \frac{\hbar c}{e^*}\partial_x\theta(x) = \frac{hc}{e^*} = \Phi_0 \tag{5.21}$$

つまり，単位磁束となる．さらに，方程式 (5.19) は，位相差が $2n\pi$ 変化する n ソリトン解ももつ．この場合，接合に存在する全磁束は $n\Phi_0$ となる．すなわち，ジョセフソン接合では磁束の量子化が起き，量子化された磁束はジョセフソン磁束とよばれる．

また，動的方程式 (5.18) は，“光速”を $\bar{c}$ とした場合のローレンツ変換に対して不変な形をしている．このため，静止解 (5.20) からローレンツ変換 ($x \to (x - vt)/\sqrt{1-(v/\bar{c})^2}$) により，一定速度 v で動くジョセフソン磁束の解

$$\theta(x,t) = 4\tan^{-1}\left[\exp\left(\frac{x - vt}{\tilde{\lambda}_{\mathrm{J}}}\right)\right] \tag{5.22}$$

が得られる．ただし，$\tilde{\lambda}_{\mathrm{J}} = \lambda_{\mathrm{J}}\sqrt{1-(v/\bar{c})^2}$ である．この結果は，ジョセフソン磁束の芯の大きさが，ローレンツ収縮して $\lambda_{\mathrm{J}} \to \tilde{\lambda}_{\mathrm{J}}$ になると解釈できる．

5.2.2 固有ジョセフソン接合間相互作用

一般に，ジョセフソン接合は超伝導体薄膜と絶縁体薄膜を人工的に積み上げることにより作製される．この場合，超伝導層の厚さはロンドン磁場侵入長より十分厚く巨視的となっている．前節で扱ったジョセフソン効果の理論も，そのような系を対象にしている．1986 年に発見された層状構造をもつ銅酸化物高温超伝導体の中には，$Bi_2Sr_2CaCu_2O_{8+\delta}$ などのように，単結晶自体がジョセフソン効果を示す超伝導体が存在する[2,3]．この系は準 2 次元系で，超伝導が発現する CuO_2 層間の結合が弱く，c 軸方向の輸送は CuO_2 層間のトンネル効果によりもたらされる．このため，転移温度以下において，c 軸方向に流れる超伝導電流はジョセフソン電流となり，ジョセフソン効果が観測される．

高温超伝導体は，超伝導 CuO_2 層と絶縁体ブロック層が積層する SIS 型のジョセフソン多重接合と見なせるが，各超伝導層は厚さ数 Å しかなく原子スケールでのジョセフソン多重接合となっている．このことから，原子スケールで積層するジョセフソン多重接合は，従来型の多重接合系と区別され固有ジョセフソン接合とよばれている．以下，本章では，固有ジョセフソン接合系のジョセフソン効果の理論を与え，従来型ジョセフソン接合で観測されるジョセフソン効果との違いを明らかにする．

固有ジョセフソン接合を N 枚の超伝導層で構成されるとし，l 番目の超伝導層の位相を $\theta_l(x,t)$ とする $(l=1,2,\cdots,N)$．ただし，超伝導層の積層方向を z 軸方向とし，簡単のために，以下では y 方向の空間依存性は無視する．

固有ジョセフソン接合においても，超伝導層間に (5.1) と同じ形の位相差依存性をもつジョセフソン電流

$$j_{l,l-1}(x,t) = j_c \sin\theta_{l,l-1}(x,t) \tag{5.23}$$

が流れるとする．ただし，ここでは位相差 $\theta_{l,l-1}(x,t)$ を，次のようにベクトルポテンシャルの z 成分を含めてゲージ不変な形で定義する．

$$\theta_{l,l-1}(x,t) = \theta_l(x,t) - \theta_{l-1}(x,t) - \frac{e^*d}{\hbar c} A^z_{l,l-1}(x,t) \tag{5.24}$$

なお，$A^z_{l,l-1}(x,t)$ は

$$A^{z}_{l,l-1}(x,t) = \frac{1}{d}\int_{z_{l-1}}^{z_l} dz\, A^z(x,z,t) \tag{5.25}$$

で与えられる．z_l は超伝導 l 層の z 座標である．以下に見るように，磁場下の固有ジョセフソン接合系では，超伝導層内にも磁場が存在するので，(5.23) のようにベクトルポテンシャルを含めた形で位相差を定義するのが便利である．

位相差 $\theta_{l,l-1}(x,t)$ が従う運動方程式を導出しよう．固有ジョセフソン接合系では，超伝導層内の面内方向に流れる電流 $\boldsymbol{j}_l^{/\!/}$ は，現象論的だが，超伝導体内で一般に成立するロンドン方程式

$$\boldsymbol{j}_l^{/\!/}(x,y,t) = -\frac{c}{4\lambda_{ab}^2}\left(\boldsymbol{A}^{/\!/}(x,y,t) - \frac{\hbar c}{e^*}\boldsymbol{\nabla}\theta_l(x,y,t)\right) \tag{5.26}$$

を用いて記述できる．ここで，λ_{ab} は面内方向のロンドン侵入長である．電流 (5.26) は，面に平行方向の磁場を λ_{ab} 程度の長さで遮蔽する．銅酸化物高温超伝導体では，λ_{ab} は 10^3 Å のオーダーであることが知られている．このことは，超伝導層間の絶縁層に磁場が存在する場合，この磁場を電流 (5.26) で遮蔽するには 100 枚以上の超伝導層を必要とすることを意味する．このことから，従来型ジョセフソン接合で成立する関係式 (5.11) については，このままの形で固有ジョセフソン接合系に適応できないことがわかる．

では，電磁場と位相差の間の関係を与えるもう 1 つの関係式 (5.4) はどうであろうか．この関係式は，電圧が生じた接合に現れる電場を，1 枚の超伝導層の表面電荷で完全に遮蔽できるという仮定の下で成立している．電場の遮蔽長は，トーマス－フェルミ（Thomas－Fermi）遮蔽長）とよばれ，通常極めて短く，キャリア密度が小さい銅酸化物超伝導体でも数 Å 程度であると考えられるが，しかし超伝導層の厚さも同程度である．この事実から，1 つの接合が電圧状態にある場合，その接合内に生じた電場が，同じ接合内で完全には遮蔽できず隣の接合に漏れ出す可能性があることがわかる．このような場合，関係式 (5.4) は修正されなければならない．

こうして，固有ジョセフソン接合系ではジョセフソンの関係式 (5.4) と (5.11) がどのように修正されるか，を考える必要がある．以下では，簡単のために，1 枚の超伝導層内部および絶縁層内部の厚さ方向（z 軸方向）の

空間変化は無視する．

l 番目と $(l-1)$ 番目の超伝導層間ブロック層内の電場 $E^z_{l,l-1}$ と磁場 $B^y_{l,l-1}$ は，離散化したベクトルポテンシャルを用いて，次のように表すことができる．

$$E^z_{l,l-1} = -\frac{1}{c}\partial_t A^z_{l,l-1} - \frac{1}{d}(\varphi_l - \varphi_{l-1}) \tag{5.27}$$

$$B^y_{l,l-1} = \frac{1}{d}(A^x_l - A^x_{l-1}) - \partial_x A^z_{l,l-1} \tag{5.28}$$

ただし，A^x_l と φ_l は，それぞれ超伝導 l 層上のベクトルポテンシャルの x 成分とスカラーポテンシャルである．ここで，ゲージ不変量

$$a^x_l = A^x_l - \frac{\hbar c}{e^*}\partial_x\theta_l \tag{5.29}$$

$$a^0_l = \varphi_l + \frac{\hbar}{e^*}\partial_t\theta_l \tag{5.30}$$

を導入し，(5.24) に注意して (5.27) と (5.28) を書きかえると

$$V_{l,l-1} = dE^z_{l,l-1} = \frac{\hbar}{e^*}\partial_t\theta_{l,l-1} - (a^0_l - a^0_{l-1}) \tag{5.31}$$

$$\Phi_{l,l-1} = dB^z_{l,l-1} = \frac{\hbar c}{e^*}\partial_x\theta_{l,l-1} + (a^x_l - a^x_{l-1}) \tag{5.32}$$

となることがわかる．ここで，$V_{l,l-1}$ と $\Phi_{l,l-1}$ は，超伝導 l 層と $(l-1)$ 層間の電位差と磁束である．これらの式を従来型接合系におけるジョセフソンの関係 (5.4) および (5.11) と比べると，(5.31) と (5.32) の第 2 項が固有ジョセフソン接合系で現れる補正項となっていることがわかる．

次に，この補正項を電位差と磁束で表そう．超伝導 l 層に電荷密度 ρ_l の電荷が現れたとする．ただし，超伝導層の厚さを電場の遮蔽長程度として，電荷は超伝導層内に一様に分布していると見なす．したがって，超伝導層に現れる電荷の面密度は，超伝導層の厚さを s とすれば，$\sum_l s\rho_l\delta(z-z_l)$ で与えられることになる．さらに，ρ_l は，超伝導 l 層上でのスカラーポテンシャルを用いて，線形応答の範囲で

$$\rho_l = -\frac{1}{4\pi\mu^2}\left(\varphi_l + \frac{\hbar}{e^*}\partial_t\theta_l\right) = -\frac{1}{4\pi\mu^2}a^0_l \tag{5.33}$$

と表現できる．この関係は，BCS 理論を用いて微視的にも導出できる[4]．この場合，係数に含まれるパラメーター μ は，トーマス‐フェルミの遮蔽長に一致する．さらに，離散化したポアッソン方程式に (5.33) を代入すると

$$E^z_{l+1,l} - E^z_{l,l-1} = \frac{4\pi s}{\varepsilon}\rho_l = -\frac{s}{\varepsilon\mu^2}a^0_l \tag{5.34}$$

なる関係が得られる．ここでは，電場は z 成分のみをもつとしていることに注意する．(5.34) は，電場を $E_z(z) = \sum_l E_{l,l-1}[\Theta(z-z_{l-1}) - \Theta(z-z_l)]$，電荷密度を $\rho(z) = \sum_l s\rho_l\delta(z-z_l)$ として，ポアッソン方程式 $\partial_z E_z(z) = 4\pi\rho(z)$ に代入すると容易に導ける．ただし，$\Theta(z)$ はステップ関数である．

したがって，(5.34) を用いることにより，(5.33) 内の補正項は次のように電位差で表されることがわかる．

$$a^0_l - a^0_{l-1} = -\alpha\Delta^{(2)}V_{l,l-1} \tag{5.35}$$

なお，$\alpha = \varepsilon\mu^2/sd$，また，$\Delta^{(2)}$ は，$\Delta^{(2)}f_l = f_{l+1} - 2f_l + f_{l-1}$ で定義される 2 階の差分演算子である．

次に (5.32) に現れる補正項を求めよう．超伝導 l 層上の電流に対するロンドン方程式の x 成分は (5.26) から

$$j^x_l = -\frac{c}{4\pi\lambda^2_{ab}}a^x_l \tag{5.36}$$

と表される．さらに，離散化したマックスウェル方程式から

$$B^y_{l+1,l} - B^y_{l,l-1} = -\frac{4\pi s}{c}j^x_l = \frac{s}{\lambda^2_{ab}}a^x_l \tag{5.37}$$

なる関係が得られるので，(5.32) に現れる補正項は

$$a^x_l - a^x_{l-1} = \eta\Delta^{(2)}\Phi_{l,l-1} \tag{5.38}$$

である．ただし，$\eta = \lambda^2_{ab}/sd$ である．

以上の結果から，固有ジョセフソン接合系で成り立つジョセフソンの関係式は，(5.31)，(5.32)，(5.35)，(5.38) から

$$\frac{\hbar}{e^*}\partial_t\theta_{l,l+1} = V_{l,l-1} - \alpha\Delta^{(2)}V_{l,l-1} \tag{5.39}$$

$$\frac{\hbar c}{e^*}\partial_x\theta_{l,l+1} = \Phi_{l,l-1} - \eta\Delta^{(2)}\Phi_{l,l-1} \tag{5.40}$$

となる．(5.39) と (5.40) は，固有ジョセフソン接合系内の各接合での電位差と位相差，および，磁束と位相差の間の関係を与える．パラメーター α と η は物質に依存すること，電位差と磁束が一様な場合には，補正項は消えることに注意する．位相差 $\theta_{l,l-1}$ のダイナミクスは，(5.39) と (5.40) を離散化したマックスウェル方程式

$$\partial_x \Phi_{l,l-1} = \frac{4\pi d}{c} j_c \sin\theta_{l,l-1} + \frac{\varepsilon}{c}\partial_t V_{l,l-1} \tag{5.41}$$

と連立させることにより記述できる．

これらの連立方程式から，α と η が接合間の結合をもたらす結合定数となっていることがわかる．固有ジョセフソン接合系における接合間の結合は，(5.39) と (5.40) の導出から明らかなように，超伝導層に現れる電荷と電流に起因する．電荷間の相互作用による結合はキャパシティヴ結合，一方，電流間の相互作用による結合はインダクティヴ結合とよばれている．α はキャパシティヴ結合の結合定数，η はインダクティヴ結合の結合定数となっていることに注意する．

ここで，方程式 (5.39) ～ (5.41) の微小振動解を求めてみよう．これらの連立方程式は，すべての接合が in - phase で運動する解をもっていることは容易にわかる．この場合，(5.39) と (5.40) の右辺の第 2 項は消えることに注意して，(5.41) を線形化すると

$$\partial_x^2\theta_{l,l-1} - \frac{\varepsilon}{c^2}\partial_t^2\theta_{l,l-1} = \frac{1}{\lambda_c^2}\theta_{l,l+1} \tag{5.42}$$

となる．すなわち，単一接合の場合と同じ型の方程式に帰着する．ただし，$\lambda_c^{-2} = 4\pi e^* d j_c/\hbar c^2$ である．この解は in - phase モードであって，分散 $\omega_q^t = \omega_{\mathrm{Jp}}\sqrt{1 + \lambda_c^2 q^2}$ をもち接合に沿って進む．この平面波モードは横電磁場を励起するので，横ジョセフソンプラズマとよばれる．ただし，ω_{Jp} は，プラズマ振動数で $\omega_{\mathrm{Jp}} = c/\sqrt{\varepsilon}\lambda_{\mathrm{J}}$ である．また，この方程式系は積層方向に伝播する縦モード解ももつ．このモードでは，電場のみ励起され，磁場は励起されないので $\Phi_{l,l-1} = 0$ である．この場合，(5.39) と (5.41) から，線形化した方程式

$$\partial_t^2\theta_{l,l-1} = \omega_{\mathrm{Jp}}^2[\theta_{l,l-1} - \alpha\Delta^{(2)}\theta_{l,l-1}] \tag{5.43}$$

が導かれる．

この方程式は，分散 $\omega_q^L = \omega_{\mathrm{Jp}}\sqrt{1 + 2\alpha(1 - 1\cos qd)}$ をもつ平面波解を与える．このモードは，縦ジョセフソンプラズマとよばれるモードで，固有ジョセフソン接合系でのみ存在するモードである．このような縦プラズマモードは，Bi 系高温超伝導体のマイクロ波共鳴吸収実験で観測されている[5]．$q = 0$ の極限で横プラズマモードと縦プラズマモードの分散は一致していることに注意する．また，主軸以外の任意の方向に伝播する平面波モードも存在するが，このようなモードでは縦電場と横電磁場が混じったモードとなる．なお，$\boldsymbol{q} = (q_x, q_y)$ 方向に伝播する平面波モードは，

$$\omega(q_x, q_z) = \omega_{\mathrm{Jp}}\sqrt{1 + 2\alpha(1 - \cos q_z d)}\sqrt{1 + \frac{\lambda_{\mathrm{c}}^2 q_x^2}{1 + 2\eta(1 - \cos q_z d)}} \tag{5.44}$$

の振動数をもつ．

次に，磁場下の固有ジョセフソン接合を考えよう．単一接合系と同様に，固有接合系においても量子化されたジョセフソン磁束が存在する．これを見るために，電圧が現れない静的な場合を考える．この場合，方程式 (5.40) と (5.41) を用いると，位相差に対する方程式

$$\partial_x^2 \theta_{l,l-1}(x) = \frac{1}{\lambda_{\mathrm{c}}^2}\sin\theta_{l,l-1} - \frac{\eta}{\lambda_{\mathrm{c}}^2}[\sin\theta_{l+1,l} - 2\sin\theta_{l,l-1} + \sin\theta_{l-1,l-2}] \tag{5.45}$$

が導かれる．

ここで，図 5.2 に示すようなジョセフソン磁束が三角格子を組む解を考察しよう．この場合，隣り合う 2 枚の接合をユニットとして積層方向に周期性をもつことから，2 つの位相変数，$\theta_{\mathrm{A}}(x) = \theta_{l,l-1}(x)$ ($l =$ 偶数) と $\theta_{\mathrm{B}}(x) = \theta_{l,l-1}(x)$ ($l =$ 奇数) で，方程式 (5.45) は以下のように閉じる．

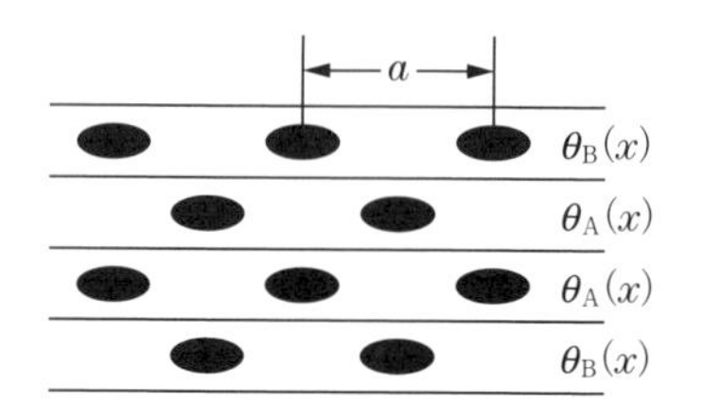

図 5.2　三角配列したジョセフソン磁束格子

$$\partial_x^2 \theta_{\mathrm{A}}(x) = \frac{1}{\lambda_{\mathrm{c}}^2}\sin\theta_{\mathrm{A}}(x) + \frac{2\eta}{\lambda_{\mathrm{c}}^2}[\sin\theta_{\mathrm{A}}(x) - \sin\theta_{\mathrm{B}}(x)] \tag{5.46}$$

$$\partial_x^2\theta_{\mathrm{B}}(x) = \frac{1}{\lambda_{\mathrm{c}}^2}\sin\theta_{\mathrm{B}}(x) - \frac{2\eta}{\lambda_{\mathrm{c}}^2}[\sin\theta_{\mathrm{A}}(x) - \sin\theta_{\mathrm{B}}(x)] \quad (5.47)$$

さらに，x 方向の格子の周期が a とすれば，位相差を次のように表現することが可能である．

$$\theta_{\mathrm{A}}(x) = \frac{2\pi}{a}x + g(x) + f(x) \quad (5.48)$$

$$\theta_{\mathrm{B}}(x) = \pi + \frac{2\pi}{a}x + g(x) - f(x) \quad (5.49)$$

ただし，$g(x)$ と $f(x)$ は周期 a の周期関数で，接合内の非一様な磁場分布を記述する．また，(5.49) の右辺第 1 項の π は，A 接合と B 接合でジョセフソン磁束の位置が $a/2$ シフトしていることを考慮して導入した．

(5.48) と (5.49) を用いると，(5.46) と (5.47) から，関数 $f(x)$ と $g(x)$ に対する方程式

$$\partial_x^2 f(x) = \frac{4}{\lambda_{\mathrm{J}}^2}\sin\left(\frac{2\pi}{a}x + g(x)\right)\cos f(x) \quad (5.50)$$

$$\partial_x^2 g(x) = \frac{1}{\lambda_{\mathrm{c}}^2}\cos\left(\frac{2\pi}{a}x + g(x)\right)\sin f(x) \quad (5.51)$$

が得られる．なお，$\lambda_{\mathrm{J}} = \lambda_{\mathrm{c}}/(\eta + 1/4)$ である．方程式 (5.50) と (5.51) は解析的に解けないので，ここでは近似解を考察しよう．インダクティヴ結合定数 η は，その定義から明らかなように，典型的な固有ジョセフソン接合系において，10^4 から 10^5 の非常に大きな値をとる．このため，$\lambda_{\mathrm{J}} \ll \lambda_{\mathrm{c}}$ である．したがって，$\lambda_{\mathrm{c}}^{-2}$ のオーダーを無視する近似では，(5.51) の右辺は無視できるので，$g(x) \simeq g_0$ と近似できる．

さらに，ジョセフソン磁束の数が少ない低密度領域を考えると $\lambda_{\mathrm{J}} \ll a$ となるので，$x = 0$ の周りの λ_{J} のオーダーの領域では方程式 (5.50) は

$$\partial_x^2 f(x) \simeq \frac{4}{\lambda_{\mathrm{J}}^2}\sin(g_0)\cos f(x) \quad (5.52)$$

と近似される．ここで，$f(x) \to f(x) - \pi/2$ のように位相をシフトさせると，方程式 (5.52) は単一接合系でのソリトン解を与える (5.19) と同じ形になる．すなわち，固有ジョセフソン接合系でも，λ_{J} 程度の空間スケールで位相差が 0 から 2π に変化する量子化されたジョセフソン磁束が存在するこ

とがわかる．

従来型の単一接合系での λ_J は，$10^2\,\mu$m から数 mm である．一方，固有接合系の λ_J は極めて短くサブミクロンのオーダーである．また，固有接合系は，λ_c と λ_J の長さが大きく異なる 2 つの空間スケールをもつことに注意する．インダクティヴ結合がはたらかないインフェーズモードの空間スケールは λ_c であるが，接合間に位相のずれが生じ，インダクティヴ結合がはたらくと空間スケールは λ_J に変わる．運動方程式 (5.39)，(5.40)，(5.41) に従う，固有ジョセフソン接合系の位相差のダイナミクスは，λ_c と λ_J のスケールのモードが絡まり複雑である．

これらの運動方程式は，ジョセフソン磁束格子状態における位相差の微小振動モードに対応する解をもっている．この解は，静止解 (5.48) と (5.49) からのずれに関して，方程式を線形化して求めることができる[6]．このモードは，ジョセフソンプラズマの磁場依存性として，マイクロ波共鳴吸収実験で観測されている[7]．

磁場中のジョセフソンプラズマモードのスペクトルには，ω_{Jp} 以下の領域にゼロ磁場では観測されない新たな低周波モードが現れる．また，電流バイアス下の固有ジョセフソン接合系の電圧状態では，テラヘルツ領域の電磁発振が観測される[8]．この電磁発振現象の解明に向けて運動方程式 (5.39)，(5.40)，(5.41) に対して数値シミュレーションが行われているが，固有ジョセフソン接合系で強い電磁発振をもたらす位相差のダイナミクスはかなり複雑である[9,10]．この発振の問題は，5.3 節で詳しく取り上げる．

5.2.3　電流 - 電圧特性と多重ブランチ構造

ジョセフソン接合は，電流バイアス下で特徴的な電流 - 電圧 $(I-V)$ 特性を示す．外部磁場がない場合，電流をゼロから増加させると臨界電流値 j_c まで，接合には電圧が生じずジョセフソン電流のみ流れる．しかし，電流が j_c を超えると，接合は有限の電圧値をもつ電圧状態に不連続的に転移する．電圧状態では，接合を流れる電流の直流成分は主として準粒子のトンネル電流が担う．逆に，電圧状態でバイアス電流を減少させると，準粒子電流による減衰効果が小さい接合では，j_c 以下でもある電流値まで電圧状態が維持される．すなわち，$I-V$ 特性にヒステリシスが現れる．

このようなヒステリシスは，典型的な固有ジョセフソン接合系であるBi系高温超伝導体でも観測される[2,3]．ただし，この系は，電圧状態に多数の $I-V$ 曲線が存在する多重ブランチ構造を示す．このため，j_c で電圧状態に転移する場合，どのブランチに飛ぶか測定ごとに異なる結果が得られる．さらに，ブランチ間の遷移も観測される．本項では，前項で導いた固有ジョセフソン接合系の位相差の運動方程式に基づいて，このような $I-V$ 特性のブランチ構造がどのように理解されるかを見る．

小さな接合面をもつ固有ジョセフソン接合系を考えよう．このような系では，外部磁場がない場合，接合面方向の位相差の空間変化は無視できる．接合を流れるトンネル電流が，ジョセフソン電流と準粒子トンネル電流の和で与えられるとしよう．準粒子トンネル電流がオームの法則に従うとすれば，マックスウェル方程式 (5.41) は次のように拡張される．

$$\partial_x \Phi_{l,l-1} = \frac{4\pi d}{c} j_c \sin\theta_{l,l-1} + \frac{4\pi\sigma}{c} V_{l,l-1} + \frac{\varepsilon}{c}\partial_t V_{l,l-1} \tag{5.53}$$

ただし，σ は準粒子トンネル電流の電気伝導度である．外部磁場がない場合，(5.53) の左辺の磁束 $\Phi_{l,l-1}$ は，接合を流れる全電流が作る自己磁場から生じる．

今，この接合を流れる電流が一様であるとすれば，$\Phi_{l,l-1} = 4\pi Ix/c$ と表すことができる．この場合，(5.44) は，

$$I = j_c \sin\theta_{l,l-1} + \sigma V_{l,l-1} + \frac{\varepsilon}{4\pi}\partial_t V_{l,l-1} \tag{5.54}$$

となるが，この方程式は，多重接合系の電流保存を表していると解釈できる．したがって，バイアス電流で駆動された固有ジョセフソン接合系を考える場合，上式左辺の I はバイアス電流と見なせる．(5.54) は，単一接合系におけるRCSJモデルと同じ関係を与えているが，固有ジョセフソン接合では，以下で見るように接合間にキャパシティヴ結合がはたらくため，各接合は独立に振舞うわけではない．ジョセフソンの関係 (5.39) を用いると電圧 $V_{l,l-1}$ を位相差で表現できるので，方程式 (5.54) から位相差に対する方程式が導ける[11]．

ここで，時間をプラズマ振動数を用いて無次元化 ($\tau = \omega_{\mathrm{Jp}}t$) した場合，この方程式は

$$\partial_\tau^2 \theta_{l,l-1} + \beta \partial_\tau \theta_{l,l-1} + \sin \theta_{l,l-1} = \frac{I}{j_{\mathrm{c}}} + \alpha \Delta^{(2)} \sin \theta_{l,l-1} \quad (5.55)$$

となる．ここで，β は減衰を与える無次元パラメーターで，$\beta = 4\pi\sigma\lambda_{\mathrm{c}}/\sqrt{\varepsilon}c$ のように定義される．この方程式は，固有ジョセフソン接合に含まれる全位相差 $(\cdots, \theta_{l,l-1}, \theta_{l+1,l}, \cdots)$ に対する連立方程式になっていることに注意する．また，この方程式は，結合定数 α で非線形的に結合した，連結振り子の回転角に対するニュートン（Newton）の運動方程式と等価であることもわかる．この場合，左辺第 2 項は摩擦項，電流 I は振り子にはたらくトルクに対応する．振り子の運動は，振動か回転である．回転運動するサイトの $\theta_{l,l-1}$ は，t に比例する項を含む．この場合，ジョセフソン接合系では直流電圧が生じることに対応する．したがって，このサイトの接合は電圧状態にあることになる．

方程式 (5.55) を数値的に解くことにより，固有ジョセフソン接合系の I - V 特性を計算することができる．周期的境界条件を課した 10 接合系に対する計算例を図 5.3 に示す．この系の I - V 特性は，複数の I - V 曲線から構成されるブランチ構造をとることがわかる．これらのブランチは，初期値の違いに対応している．1 つのブランチ上の電流・電圧値から出発して電流を増減する場合，ある電流値の範囲で同一のブランチに沿って電圧値は変化する（図 5.3(a)）．しかし，この範囲を超えると，このブランチは不安定化し，別なブランチへの遷移が起こる．

計算結果から，弱結合領域 ($\alpha < 1$) のブランチ構造は，電圧状態にある接合の個数の違いから生じることが示されている[12]．すなわち，同一のブランチ上では，電圧状態にある接合数は一定で変化しない．この場合，図 5.3 に見るように，ブランチの数は接合数に一致している．典型的な固有ジョセフソン接合系である $\mathrm{Bi_2Sr_2CaCu_2O_{8+\delta}}$ の I - V 特性においても，類似の多重ブランチ構造が観測されている．また，このような多重ブランチ構造は，1 次元の非線形連結振り子のダイナミクスでも知られている．この系では，「局在回転モード」，より一般的には，離散的非線形系における「固有局在モ

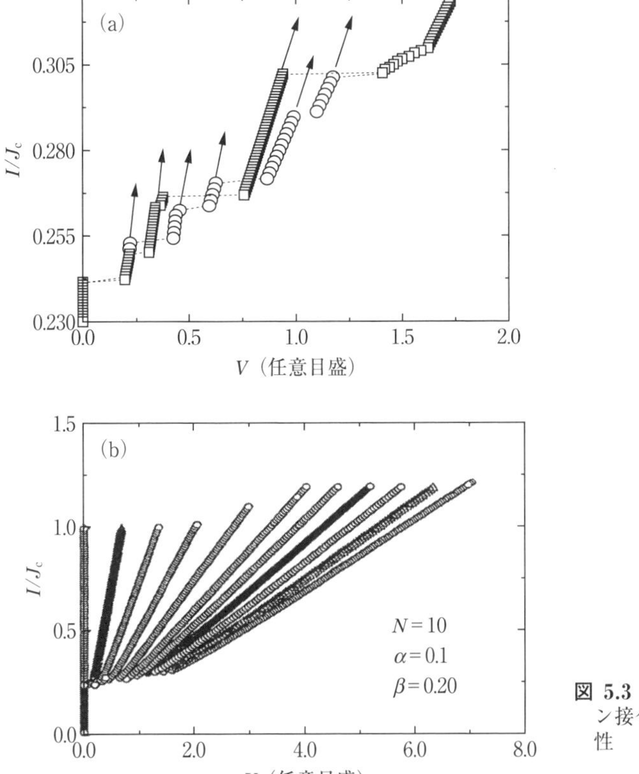

図 5.3 固有ジョセフソン接合の電流–電圧特性

ード」とよばれるモードが存在する[13]．このモードは，回転する振り子と振動ないし静止した振り子が共存するモードである．各ブランチは，回転する振り子の個数で分類される．方程式 (5.55) は，このような非線形系の局在モードの研究に用いられた連立方程式系と極めて類似した形をしている．

5.2.4 固有ジョセフソン接合系における巨視的量子効果

固有ジョセフソン接合系では，低温で巨視的量子トンネル効果などの巨視的量子効果が観測されることが知られている．前項で与えた位相差 $\theta_{l,l-1}$ の古典ダイナミクスは，正準量子化法を用いて量子化できる．キャパシティヴ結合した固有ジョセフソン接合系で観測される巨視的量子効果は，このような量子論で記述できることが期待される．以下では，固有ジョセフソン接合系の量子論を簡単に紹介する．表記を簡単化するため，以後，位相差を $\varphi_l \equiv \theta_{l,l-1}$ と表記することにする．

ここで，天下り的ではあるが次のハミルトニアンを考える[14]．

$$H = \sum_l \left\{ \left(\frac{e^*}{\hbar} \right)^2 \frac{2\pi d}{\varepsilon W} [(1 + 2\alpha) u_l^2 - 2\alpha u_l u_{l-1}] + \frac{\hbar j_c W}{e^*} [1 - \cos \varphi_l] - \frac{\hbar W}{e^*} I \varphi_l \right\} \tag{5.56}$$

ただし，u_l は，位相差 φ_l に正準共役な運動量，W は接合面の面積である．このハミルトニアンに対して，ハミルトンの方程式，$\partial_t \varphi_l = \partial H / \partial u_l$，$\partial_t u_l = -\partial H / \partial \varphi_l$ を用いると，位相差に対する古典的運動方程式

$$\partial_t^2 \varphi_l = -\omega_{\mathrm{Jp}}^2 \left[\sin \varphi_l - \alpha \Delta^{(2)} \sin \varphi_l - \frac{I}{j_c} \right] \tag{5.57}$$

が容易に導ける．この方程式は (5.55) で散逸を無視 ($\beta = 0$) した場合の方程式に一致していることがわかる．すなわち，ハミルトニアン (5.56) は，キャパシティヴ結合した固有ジョセフソン接合系のハミルトニアンと解釈できる．また，運動エネルギー項に対応する第 1 項の係数は，1 つの接合のキャパシタンス $C = \varepsilon W / 4\pi d$ を用いて $e^{*2}/2C$ と書けることに注意する．すなわち，この運動エネルギー項は，固有ジョセフソン接合系の帯電エネルギーに対応していると解釈できる．

この系の量子化は，位相差 φ_l を正準座標にとり，それに共役な運動量 u_l との間に正準交換関係

$$[\varphi_l, u_m] = i\hbar \delta_{lm} \tag{5.58}$$

を設定することにより行える．超伝導秩序パラメーターの位相に対する正準共役量は，クーパー対の数であることはよく知られている．しかし，ここで正準座標に選んだ φ_l は位相ではなく位相差であるので，u_l はクーパー対の数そのものにはならないことに注意する．

ハミルトニアン (5.56) で記述される多自由度力学系では，通常の力学系と異なり，運動エネルギー項で自由度間の結合が起きることに注意する．こ

のため，速度 $\partial_t\varphi_l$ と運動量 u_l の関係は通常のものと異なり，非局所的な関係

$$\partial_t\varphi_l=\frac{i}{\hbar}[H,\varphi_l]=\frac{1}{C}\left(\frac{e^*}{\hbar}\right)^2[u_l-\alpha\Delta^{(2)}u_l] \tag{5.59}$$

で結びつけられる．この関係を用いると，ハミルトニアン (5.56) から，ラグランジアンを導くことができる．このために，(5.59) を

$$\partial_t\varphi_l=\frac{1}{C}\left(\frac{e^*}{\hbar}\right)^2\sum_m\Gamma_{lm}u_m \tag{5.60}$$

と書き，行列 $\Gamma_{lm}=(1+2\alpha)\delta_{l,m}-\alpha(\delta_{l,m-1}+\delta_{l,m+1})$ を導入する．ラグランジアンは，$L=\sum_l\partial_t\varphi_lu_l-H$ から計算され，

$$L=\left(\frac{\hbar}{e^*}\right)^2\frac{C}{2}\sum_l\sum_m\partial_t\varphi_l\Gamma_{lm}^{-1}\partial_t\varphi_m-\sum_lU(\varphi_l) \tag{5.61}$$

で与えられる．ただし，上式の $U(\varphi_l)$ は，(5.56) のポテンシャル項である．このラグランジアンを虚時間表示 $(t\to i\tau)$ したものは，固有ジョセフソン接合系の有効作用の計算に用いることができる．

ハミルトニアン (5.56) を用いて，この系の微小振動を量子論的に扱ってみよう．交換関係 (5.58) は，φ_l と u_l をボソン型の生成消滅演算子 b_l と $b_l^\dagger$ を用いて

$$\varphi_l=\xi^{-1}\sqrt{\frac{\hbar}{2}}(b_l+b_l^\dagger),\qquad u_l=-i\xi\sqrt{\frac{\hbar}{2}}(b_l-b_l^\dagger) \tag{5.62}$$

と表現すると満たされる．ただし，$\xi=\hbar^3j_cW^2\varepsilon/4\pi de^{*2}(1+2\alpha)^{1/4}$ である．さらに，フーリエ変換

$$b_l=\frac{1}{\sqrt{N}}\sum_q(u_qc_q+v_{-q}c^\dagger_{-q})e^{ipz_l},\qquad b_l^\dagger=\frac{1}{\sqrt{N}}\sum_q(v_qc_q+u_{-q}c^\dagger_{-q})e^{ipz_l} \tag{5.63}$$

により，波数空間での生成消滅演算子 $c_q, c_q^\dagger$ を導入する．ポテンシャル項を調和近似 $(1-\cos\varphi_l\simeq\varphi_l^2/2)$ したハミルトニアン (5.56) に対して，(5.62)，(5.63) を用いると，$I=0$ の場合，u_q と v_q を適当に選ぶことにより

$$H=\frac{1}{2}\hbar\omega_{\mathrm{Jp}}\sum_q\sqrt{1+2\alpha(1-\cos qd)}\,(c_q^\dagger c_q+c_qc_q^\dagger) \tag{5.64}$$

のように，対角化されたハミルトニアンを導くことができる．

この系の励起エネルギーは，古典的な縦ジョセフソンプラズマの振動数 ω_q^L と一致している．また，ハミルトニアン (5.56) は，接合面の面積 W を含んでいるが，系の古典ダイナミクス，および，調和近似の量子ダイナミクスにサイズ依存性が現れないことに注意する．ただし，この結果は，固有ジョセフソン接合系の量子効果にサイズ依存性がないことを意味するものではない．実際，調和近似を超えた近似では，サイズに依存した量子ダイナミクスが現れることが示されている．ハミルトニアン (5.56) は，W が小さくなると，ジョセフソン結合エネルギーは減少し，帯電エネルギーは逆に増大することを示している．このことから，微小な接合面をもつ固有ジョセフソン接合系において，ハミルトニアン (5.56) は，クーパー対のトンネル効果が帯電エネルギーにより抑制され，量子効果であるクーロンブロッケード現象が起こることを示唆している．

ジョセフソン接合系では，熱ゆらぎが無視できる低温領域で，電圧状態へのスイッチング電流に巨視的量子トンネル効果によるゆらぎが観測される．この現象は，単一接合系では次のように理解されている．電流バイアス下のジョセフソン接合のポテンシャルは

$$U(\varphi) = \frac{\hbar j_c}{e^*}(1 - \cos\varphi) - \frac{\hbar I}{e^*}\varphi \qquad (5.65)$$

と表される．このポテンシャルは，図 5.4 に示すように，$I < j_c$ の場合，$\varphi = \sin^{-1}(I/j_c)$ を満たす位相差の値で極小となる．電圧が出ていない低温の状態は，位相差がこのポテンシャルの極小点の 1 つに留まってゼロ点振動している状態と解釈される．バイアス電流を増大させると，極小点は $I = j_c$ で消失し，電圧状態に転移する．しかし，トンネル効果を考えると，$I < j_c$ の場合でもポテンシャルをトンネルし

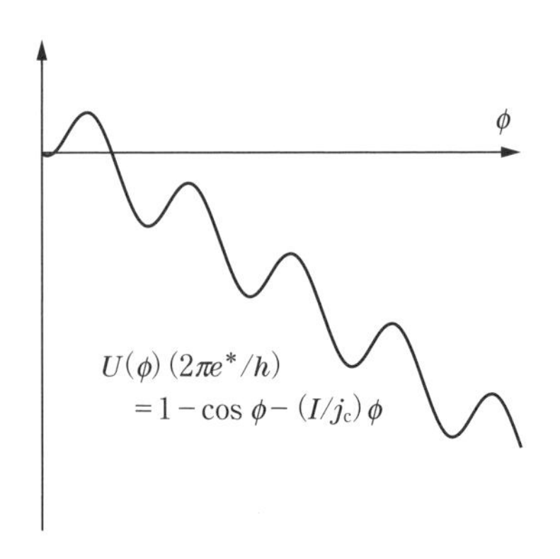

図 5.4　バイアス電流下のジョセフソン接合のポテンシャルエネルギー

て電圧状態に転移する確率はゼロではない．このため，スイッチング電流は確率的に j_c 以下の値をとることになる．この現象が，ジョセフソン接合系に現れる巨視的量子トンネル効果（MQT）である．

固有ジョセフソン接合系においても，このようなMQTが観測された[15]．多重ブランチ構造をとる固有ジョセフソン接合系では，スイッチング現象は多様で複雑である．Bi2212固有ジョセフソン接合では，現在までのところ，ゼロ電圧状態から1つの接合が電圧状態に変わるスイッチング[15]，1つの接合が電圧状態にある第1ブランチから2つの接合が電圧状態にある第2ブランチへのスイッチング[16]，および，ゼロ電圧状態からすべての接合が電圧状態にある一様ブランチへのスイッチング[17]に，MQTが観測されている．キャパシティヴ結合した固有ジョセフソン接合系のMQTの理論は，本項で与えた量子論に基づき構築できることが期待されるが，現在までのところ満足のいく理論はできていない．なぜなら，結合した多自由度系の量子ダイナミクスを理論的に記述することは基本的に難しいからである．

ここでは，キャパシティヴ結合が固有ジョセフソン接合系のMQTにどのような効果を及ぼすかを，3接合系を例にとって考察しよう．ハミルトニアン (5.56) は，3接合系 ($l = 0, \pm 1$) に対して，次のようなハミルトニアンを与える．

$$H = E_c\left[\frac{1}{2}(1 + 2\alpha)(u_0^2 + u_1^2 + u_{-1}^2) - \alpha u_0(u_1 + u_{-1})\right] + \sum_{l=-1}^{1} U(\varphi_l) \tag{5.66}$$

ここで，上式右辺第2項はジョセフソン結合エネルギー $U(\varphi_l) = E_J(1 - \cos\varphi_l)$，ただし，バイアス電流は簡単のためゼロとした ($I = 0$)．

今，$l = 0$ の接合のみ有限電圧状態にスイッチングする状況を考えよう．この場合，$l = \pm 1$ の接合の位相差 $\varphi_{\pm 1}$ は微小振動しているとし

$$\sum_{l=-1}^{1} U(\varphi_l) \simeq \frac{1}{2}E_J(\varphi_1^2 + \varphi_{-1}^2) + U(\varphi_0) \tag{5.67}$$

と近似する．ここで，新しい正準変数

$$\varphi^{(\pm)} = \frac{\varphi_1 \pm \varphi_{-1}}{\sqrt{2}}, \qquad u^{(\pm)} = \frac{u_1 \pm u_{-1}}{\sqrt{2}} \tag{5.68}$$

を導入しよう．(5.66) からわかるように，$u^{(+)}$ のみ u_0 と結合する．このため，$(\varphi^{(-)}, u^{(-)})$ の自由度は分離でき，(5.66) は

$$H = \frac{1}{2}E_c(1+2\alpha)u_0^2 + U(\varphi_0) + E_c(1+2\alpha)u^{(+)2} + E_J\varphi^{(+)2} - \sqrt{2}\alpha E_c u_0 u^{(+)} \tag{5.69}$$

と表現される．さらに，$\varphi^{(+)}$ と $u^{(+)}$ を (5.62) と同様に生成消滅演算子 b, $b^\dagger$ で表すと，(5.69) は

$$H = \frac{1}{2}E_c(1+2\alpha)u_0^2 + U(\varphi_0) + \Omega(\alpha)\left(b^\dagger b + \frac{1}{2}\right) + ig(\alpha)u_0(b - b^\dagger) \tag{5.70}$$

と書きかえられる．ただし，

$$\Omega(\alpha) = \sqrt{4E_cE_J(1+2\alpha)}, \qquad g(\alpha) = \alpha\sqrt{E_cE_J/(1+2\alpha)} \tag{5.71}$$

である．

位相差 φ_0 は，大きな振幅でゆっくり振動しているとし，この段階では古典的な自由度とする．この場合，(5.70) の最後の項を摂動とすれば，基底状態のエネルギーのシフトは 2 次摂動で

$$E^{(2)} = -\frac{g(\alpha)^2}{\Omega(\alpha)}u_0^2 = -\frac{\alpha^2}{(1+2\alpha)^{3/2}}\sqrt{E_cE_J}\,u_0^2 \tag{5.72}$$

となる．したがって，このエネルギーを，$l=0$ の運動に繰り込むと，$l=0$ 接合の位相差の運動を記述する有効ハミルトニアンは，α^2 までのオーダーで

$$H = \frac{1}{2}(E_c(1+2\alpha) - 2\alpha^2\sqrt{E_cE_J})u_0^2 + U(\varphi_0) \tag{5.73}$$

となることがわかる．摂動展開が許される α の小さい領域において，(5.73) は，キャパシティヴ結合により系の運動エネルギーが増大することを示している．このことから，キャパシティヴ結合によって固有ジョセフソン接合系では，MQT におけるエスケープレートが増大すると期待される．

5.3 固有ジョセフソン接合からのテラヘルツ電磁波発振

5.3.1 固有ジョセフソンテラヘルツ電磁波発振の理論

(1) 電磁波発振

我々が毎日その恩恵にあずかっている電磁波とは，いったいどのような仕組みで発生しているだろうか．コンデンサーとコイルが入っている電気回路を作ると，特徴的な振動数をもつ交流電流が流れ，それに伴って電磁波が発振される．しかし，この方法で生成される電磁波の周波数は低く，パワーも小さいので実際に使われている電磁波の多くは，周波数によって別々の方法で励起されている．

例えば，マグネトロンという電磁波を発振させるデバイスがある．陰極になっている軸線から放出される電子が，陽極になっている外側の筒状に到着する間に，軸線に平行な磁場からローレンツ力を受けて，サイクロトロン運動をしながら電磁波を放射する．マグネトロンによって発振される電磁波の特徴的な周波数は，数 GHz（1 GHz は 10^9 Hz）程度で，電子レンジの中で使われている．

また，ガンダイオードとよばれる半導体デバイスも電磁波を発振する．ある種の半導体は電場が大きくなると，電流が通常とは反対に小さくなる，いわゆる負の微分抵抗を示す．この状態にある電子は不安定であり，電場と電流が正比例する安定な状態との間を行ったり来たりすることになる．これによって電流と電圧の振動が生まれ，電磁波が発生する．ガンダイオードによって生成される電磁波の周波数は，最大で 100 GHz 程度になり，自動車の走行スピードの測定などに使われている．

そして，誰もがその存在を知っているレーザーは，主に可視光周波数領域（400 THz ～ 750 THz，ただし 1 THz は 10^{12} Hz）の電磁波を生成する方法である．電子が異なるエネルギー準位間に移る際，そのエネルギー差に相当する周波数の電磁波を吸収したり，放出したりする．なんらかの方法で多くの電子をエネルギーの高い状態に吸い上げておいて，一斉にエネルギーの低い状態への遷移を誘導すれば，強くてコヒーレントな電磁波が放射される．これはレーザー発振である．

このように，人類はこれまで，さまざまな電磁波発振メカニズムを発見してきた．それらはそれぞれの特徴をもち，その利用で私たちの生活が豊かになっている．現代の生活の豊かさに電磁波が果たしている役割を考えた時，私たちは改めて電磁波の重要性，そして電磁波発振の物理現象の巧妙さに驚く．本項では，21 世紀になって発見された固有ジョセフソン効果を利用する全く新しい電磁波発振メカニズムを紹介する[1, 8, 18-21]．

(2)　ジョセフソン接合の位相ダイナミクス

5.2 節にて説明されているように，ジョセフソン接合を作る 2 つの超伝導体の間には，超伝導位相差の正弦関数に比例して超伝導トンネル電流が流れ，直流ジョセフソン効果が現れる．一方，接合に電圧がかかると，その電圧に比例して超伝導位相差が時間的に変化し，交流ジョセフソン効果が現れる．位相は 2π 周期をもっているため，このような状況では，ジョセフソン接合に周期的な振動が生まれることがわかる．近似的には 1 mV の電圧は周波数 0.5 THz に対応している．テラヘルツ電磁波は多くの重要な応用が期待される高周波電磁波帯域にあたり，その発振が非常に重要な課題である．

しかし，交流ジョセフソン効果だけでは，電磁波発振が保証されないことがわかる．なぜなら，交流ジョセフソン関係式は，クーパー対が 2 つの超伝導体の間を行ったり来たりすることを記述するだけで，時間的に平均すれば，直流電圧から振動するクーパー対にわたるエネルギーはゼロとなり，外部への電磁エネルギー輻射がないからである．超伝導現象による電磁波発振において，直流ジョセフソン効果が果たす役割も重要である．

ジョセフソン効果による電磁波発振のメカニズムを理解するためには，接合における超伝導位相のダイナミクスと電流注入の関係を調べなければいけない．このため，次式で与えられるジョセフソン接合の RCSJ（resistor and capacitor shunted junction）モデルを考える[20, 21]．

$$\frac{I_{\mathrm{ext}}}{I_{\mathrm{c}}} = \frac{1}{\omega_{\mathrm{J}}^2}\frac{d^2\gamma}{dt^2} + \frac{\beta}{\omega_{\mathrm{J}}}\frac{1}{\omega_{\mathrm{J}}}\frac{d\gamma}{dt} + \sin\gamma \tag{5.74}$$

ただし，γ は 2 つの超伝導体間の超伝導位相差（以下，しばしば単に位相とよぶ），I_{c} はジョセフソン接合の臨界電流，ω_{J} は接合固有のジョセフソンプラズマ周波数，$\beta = 4\pi\sigma/\varepsilon$（$\sigma$ はジョセフソン接合の直流電気伝導度で，ε は誘電率）である．(5.74) はジョセフソン接合を流れる電流の並列回路モデルと考えることができる．右辺の第2項目はオームの法則に従う正常電流からの寄与である．なぜなら，交流ジョセフソン効果によれば，位相の時間に関する1階微分は，電圧を与えるからである．第1項目は変位電流とよばれ，電圧の時間変化（位相の2階微分）に伴って電流が流れるというマックスウェル方程式の帰結そのものであり，電気回路の言葉でいうとコンデンサーにあたる．第3項目は直流ジョセフソン効果による超伝導トンネル電流である．微分方程式(5.74)には正弦関数が入っており，その非線形性から以下に説明するように興味深い挙動が現れる．

位相γの時間発展を記述する(5.74)は，γを粒子の位置座標と見なせば，粒子の運動に関するニュートン方程式に他ならない．この場合，粒子は洗濯板型ポテンシャルを感じながら運動すると理解できる．図5.4に示されているように，洗濯板型ポテンシャルは電流I_{ext}によって傾く．粒子が最初止まっているとすると，ある程度の傾きでは粒子はその位置を微調整する程度でポテンシャルの最小値にあたる場所で止まる．しかし，傾きがある閾値を超えると，ポテンシャルの極小値がなくなり，粒子が動き出す．傾きの閾値はジョセフソン臨界電流I_{c}になっていることが簡単にわかる．粒子が止まっている状態は位相が時間変化しないことにあたり，電圧がゼロとなり，接合に注入された電流は全部超伝導チャンネルを流れる．

これに対して，粒子が走り出すと位相が時間的に変化するので，電圧が有限になり，超伝導電流以外に正常電流も流れる．この様子は図5.5に描かれ

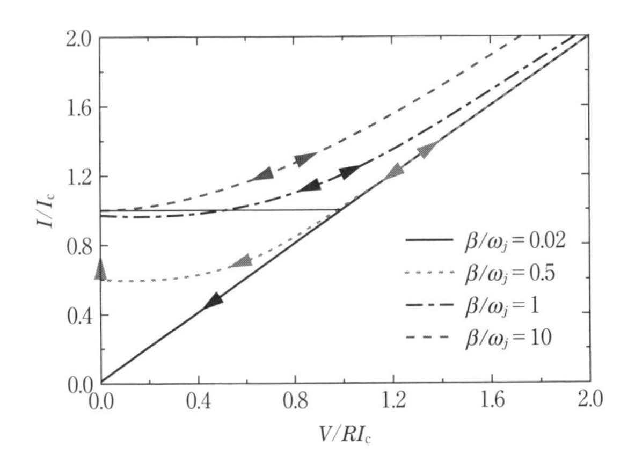

図5.5　ジョセフソン接合のRCSJモデルによる電流-電圧特性．ただし，ここでは電圧の単位に接合の直流電流抵抗$R=s/\sigma$を用いた（sは接合の厚さ）[21]．

ている．

次に電流値を上昇させた後に，その値を下げ戻すことを考えよう．その際，すでに運動エネルギーをもっているため，洗濯板型ポテンシャルの傾きが閾値 I_c を下回っても，粒子は慣性によってポテンシャルの山を越えることができる．粒子の感じる有効的な摩擦（ジョセフソン接合の直流電気伝導度）が小さい場合，1つの山を越えて次の山の頂点に到達する間に得るポテンシャルエネルギーは，摩擦によるエネルギー散逸を補えることができるため，粒子がずっと運動を続けられる．この場合，洗濯板型ポテンシャルの周期性を反映して，粒子の速度は早かったり，遅かったりしながら，ある平均速度で運動することがわかる．ジョセフソン接合系の言葉に翻訳すると，電圧がある平均値の上下での振動を続けることになる．外部からの電流注入が止まらない限り，この過程が続くので，それに伴って継続的に電磁波が放射される．

図5.5の中で，電流の値が臨界電流より小さくなっているにも関わらず，電圧が有限な値をとる領域では，系が準安定状態にある．この場合の安定状態は，全電流が超伝導チャンネルを流れ，電圧がゼロで，エネルギー散逸がない状況にあたる．つまり，今考えている接合において，安定状態と準安定状態の両方が存在している．一般的に，安定状態だけからは，継続的な振動が得られないことが知られている．ガンダイオードやレーザーのどちらも準安定状態を利用した発振であることはすでに説明した通りである．ジョセフソン接合による電磁波発振も準安定状態を利用しないといけない．この準安定状態では，接合が超伝導状態にあるにも関わらず，有限な電圧を受け入れることで超伝導位相は振動状態をとり，それに伴って，接合に注入された直流電流エネルギーの一部が電磁波発振に割り振られる．このように，超伝導ジョセフソン接合における電磁波発振にとって，直流ジョセフソン効果と交流ジョセフソン効果の両方が不可欠であることがわかる．

以上の議論で超伝導ジョセフソン効果による電磁波発振の基本原理がわかったことになる．しかし，また大きな課題が残っている．それは，1個のジョセフソン接合から得られる電磁波エネルギーは十分ではないからである．特にテラヘルツ周波数領域では，電圧振動の振幅およびそれに伴う電磁波発振の強度は非常に小さく，その利用価値はほとんどないと見なされてきた．読者は，大きな面積をもつ接合を使えば電磁波エネルギーを大きくすることができると思うかもしれない．しかし，接合にわたって一様な超伝導位相差をもつ状態（McCumber 状態とよぶ）に頼る限り，電圧振動の振幅を大きくすることができない．多くのジョセフソン接合を並べて，電磁輻射のパワーを向上させる試みもなされた[21]．ある程度パワーの向上を得られたが，大きな進展がなかった．その主な原因は，微細加工による，均一の超伝導特性を示す大面積接合の製作と数多くの接合の集積が非常に難しいことにある．

ところが，1986 年に発見された銅酸化物高温超伝導体が示す固有ジョセフソン効果は，この分野の研究に大きな転機をもたらした．銅酸化物高温超伝導体は層状構造をもち，特に $Bi_2Sr_2CaCu_2O_{8+\delta}$ (Bi2212) は 2 次元性が極めて強く，超伝導は CuO 層内に限られ，層間物質は絶縁体と見なすことができる．この場合，超伝導体自身が原子レベルに集積した，物質結晶固有の固有ジョセフソン接合系になっていると見なすことができる[2]．研究者たちは，すぐに，このことの重要性に気づき，固有ジョセフソン接合からの強い電磁波発振を期待して研究を始めた．この方向での実験探索は 2007 年にようやく大きなブレークスルーを迎えた[8]．実験研究の詳細およびそれまでの経緯の説明は次項にゆずり，ここでは，重要な実験結果だけをまとめておく．Bi2212 単結晶のメサにおいて，結晶 c 軸方向に印加されたバイアス電圧を調整したところ，メサの幅で決まる共振器モードの共鳴周波数をもつ電磁波輻射が観測された．輻射された電磁波はコヒーレントなもので，その周波数とバイアス電圧の間に，交流ジョセフソン関係が成り立つこともわかった．

これらの実験結果を理解するには，それまでの理論では不十分であった．実験的ブレークスルーに触発されて，理論研究が活発に行われた．そして，単一接合にはない強い発振の可能な状態が，接合間の強い結合によって，固有ジョセフソン接合に誘起されることが判明した[21]．

(3)　固有ジョセフソン接合の位相ダイナミクス

固有ジョセフソン接合系において，隣接する超伝導層同士の間隔 s (= 1.5 nm) は原子スケールで非常に小さいため，ある超伝導層で電流が流れると，上下の隣の層にも電流が誘起される．このため，固有ジョセフソン接合の間に強いインダクティブな結合がはたらく．その強さは定量的に無次元化された量 $\zeta = (\lambda_{ab}/s)^2$（$\lambda_{ab}$ は z 軸方向での磁場侵入長）によって表され，オーダーとして 10^4 程度の大きな値になっている．詳細な導出は論文に譲るが[21]，固有ジョセフソン接合の位相ダイナミクスを理解するためには，(5.74) のかわりに，以下の強結合サイン - ゴルドン方程式を考えなくてはならない．

$$\varDelta\boldsymbol{\gamma} = \boldsymbol{M}(\sin\boldsymbol{\gamma} + \partial_t^2\boldsymbol{\gamma} + \beta\partial_t\boldsymbol{\gamma} - J_{\mathrm{ext}}\boldsymbol{I}) \tag{5.75}$$

ただし，物理量はすべて無次元化されている

ここで，ベクトルの元 $(\boldsymbol{\gamma})_l = \gamma_l(x, y)$ は l 番目の接合の場所依存超伝導位相差であり，$\varDelta$ は結晶 ab 面内のラプラス演算子，$(\sin\boldsymbol{\gamma})_l \equiv \sin\gamma_l$，$\beta = 4\pi\lambda_{\mathrm{c}}/c\sqrt{\varepsilon}$（$\simeq 0.02$）($\lambda_{\mathrm{c}}$ は ab 面内の磁場侵入長）は規格化された電気伝導度，$\boldsymbol{M}$ はジョセフソン接合間のインダクティブ結合行列，$(\boldsymbol{M})_{l,l+1} = (\boldsymbol{M})_{l,l-1} = -\zeta$，$(\boldsymbol{M})_{l,l} = 1 + 2\zeta$，それ以外はゼロ，$\boldsymbol{I} = (1, 1, \cdots, 1)^t$ は単位ベクトルである．行列のサイズとベクトルの長さは接合の個数になっている．ただし，電磁波発振に与える影響が小さいとして，接合間のキャパシティブ結合（前項参照）を無視している．

単一ジョセフソン接合の RCSJ モデル (5.74) に対して，連立偏微分方程式 (5.75) は固有ジョセフソン接合系の RCLSJ（resistor, capacitor and inductor shunted junction）モデルとして理解できる．ここでインダクターの役割を表すのは，(5.75) の左辺にある位相の空間微分項である．なぜならば，超伝導位相差の空間に関する 1 階微分は磁場を，さらに磁場の 1 階微分は電流を与えるため，(5.75) の左辺は誘導電流になっているからである．

偏微分方程式 (5.75) の解を求めるためには，境界条件を付与する必要がある．境界条件は実験で使われるデバイスの形状によって決まるため，ここでは，幅 w，厚さ L_z の十分に長い矩形の超伝導体について議論する[8]．典型的な実寸法として $w = 80\,\mu\mathrm{m}$，$L_z = 2\,\mu\mathrm{m}$ を考える．電流を注入するために，銅酸化物超伝導体を上と下両方から伝導性のよい金属電極で挟み，その厚さは十分に大きいとする．

図 5.6 のような高温超伝導体のメサ構造において，2 つの側面での電場成

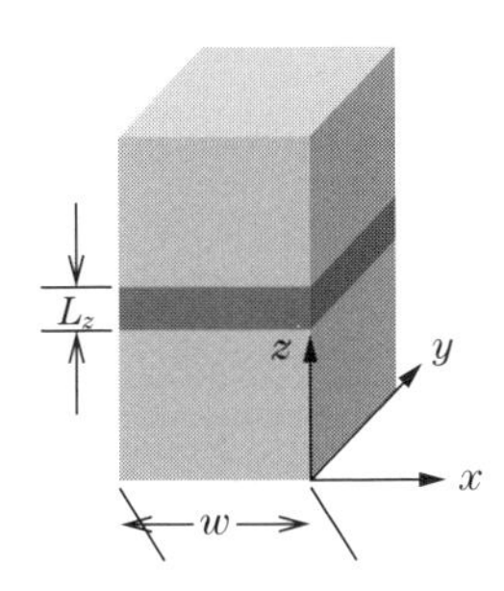

図 5.6 テラヘルツ発振をする固有ジョセフソン接合の 1 つのモデルの模式図．高温超伝導体 BSCOO の単結晶（濃い灰色）を，厚い金属電極（薄い灰色）で挟むサンドイッチ構造をとると仮定する．ただし，y 方向での長さは十分に大きく，電場分布はその方向において，一様な解を求めるものとする．

分と磁場成分を考える．ただし，ここでは簡単のため，$(1,0)$ 共振器モードに対応する，y 方向に一様な解を考え，$B_z=0$ とする．テラヘルツ電磁波の波長は大気の中で $\lambda \simeq 300\,\mu$m であり，実験で用いられた高温超伝導体単結晶の厚さはそれに比べてずっと小さい．この場合，固有ジョセフソン接合系の側面での電場と磁場の関係は $B_y \propto (L_z/\lambda)E_z$ になり[22]，磁場成分は電場成分と比べて非常に小さいことがわかる．

磁場と超伝導位相の関係 $B_y = \partial_x \gamma$ から，図 5.6 のようなデバイス構造の場合，偏微分方程式 (5.75) の境界条件はノイマン（Neumann）型

$$\left.\begin{aligned} &\partial_x \gamma_l = 0 \\ &x = 0, w \end{aligned}\right\} \tag{5.76}$$

になっていることがわかる．上記の境界条件の下で得られる解の電磁波放射はゼロになっているが，共振器モードに伴う電磁波放射を含む解における超伝導位相ダイナミクスは，本質的にそれと同じものになっていることが確認されている[23]．このため，固有ジョセフソン接合の位相ダイナミクスに関する議論は，(5.76) を用いて進める．

一般的に，(5.75) のように，強結合をもつ非線形連立偏微分方程式を解くのは，容易ではない．我々は大規模で精度の高い計算機シュミレーションを行い，その結果の考察から次の解を見つけた[21, 23]．

$$\boldsymbol{\gamma} = \left[\omega t + A\cos\frac{\pi x}{w}\sin(\omega t + \varphi)\right]\boldsymbol{I} + \gamma^{\mathrm{s}}(x)\boldsymbol{I}_2 \tag{5.77}$$

ただし，$\boldsymbol{I}_2 = (1, -1, 1, -1, \cdots)^t$，$\gamma^{\mathrm{s}}(x)$ は時間に依存しない微分方程式

$$\frac{d^2\gamma^s}{dx^2} = 4A\zeta\cos\varphi\cos\frac{\pi x}{w}\sin\gamma^{\mathrm{s}} \tag{5.78}$$

を満たし，境界条件は (5.76) で与えられる．(5.77) 右辺の第 1 項目は時間と共に線形的に増える位相に相当する一方，第 2 項目は共振器モードに相当し，その波長は高温超伝導体単結晶の幅の 2 倍に等しい．ただし，振動周波数 ω はバイアス電圧から交流ジョセフソン効果関係によって決まっている．この 2 つの項は共に c 軸方向において一様であるのに対して，第 3 項目は時間に依存しないが，ジョセフソン接合の番号の奇と偶で符号が逆になっていることがわかる．この物理的意味は，(5.78) を解いた結果を見ることで理解することができる．

図 5.7 に示すように，$\gamma^{\mathrm{s}}(x)$ は超伝導体の中心付近で 0 から π に変化する．こうして，接合にわたって，$\gamma^{\mathrm{s}}(x)$ の余弦関数が共振器モードの電場分布 $\cos(\pi x/w)$ と同じ符号を有することがわかる．計算によれば，接合に注入される電流の平均密度は

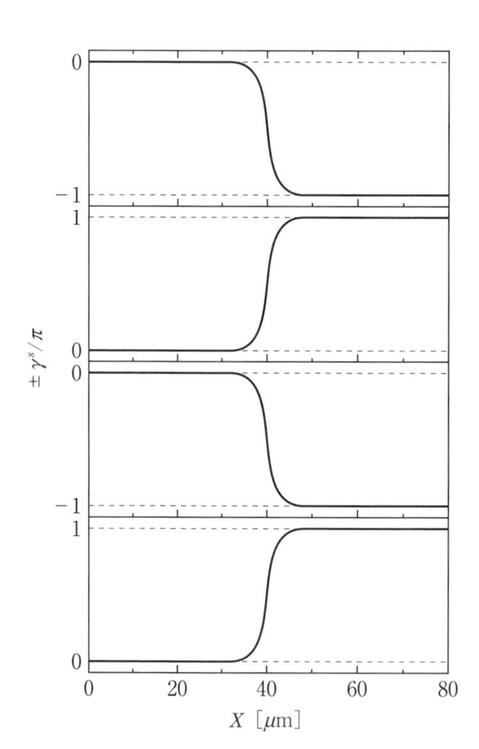

図 5.7　正の負の π キンク γ^s が z 軸方向に交互に配列する様子[21]．

$$J_{\text{ext}} = \beta\omega + \frac{A\sin\varphi}{w}\int_0^w \cos\frac{\pi x}{w}\cos\gamma^{\text{s}}\,dx \tag{5.79}$$

で与えられる[21,23]．被積分関数が全積分領域で正の値をもつため，大きな積分値が得られる．しかし，もしγ^{s}がなかったら，(5.79) にある積分がゼロになり，電流はオームの法則に従う正常電流のみになり，大きなエネルギー注入が不可能であることがわかる．こうして$\gamma^{\text{s}}(x)$ は，金属電極から結晶面内方向にわたって一様に接合に注入される電流と，共振器モードを結合させていることが判明する．γ^{s}が共振器モードの電場のノードにあたる位置でπだけ変化するため，(5.77) で与えられた解は位相のπキンク状態とよばれている[21,23]．

単一ジョセフソン接合のサイン - ゴルドン方程式の解でよく知られているソリトンは，2πの位相変化を伴う．それに対して，πキンク状態は，固有ジョセフソン接合のように，強いインダクティブ結合で結ばれる多数のジョセフソン接合が，バイアス電流によって駆動される場合に初めて実現可能な解である．実際，位相πキンクが固有ジョセフソン接合の集積方向で正と負のものが交互に配列する解は，連立サイン - ゴルドン方程式 (5.75) での結合行列$\boldsymbol{M}$が非自明な固有ベクトルをもつことに由来する．

$$\boldsymbol{M}\boldsymbol{I}_2 = -(4\zeta + 1)\boldsymbol{I}_2 \tag{5.80}$$

この固有ベクトルがもつ固有値は負の値をとり，その絶対値が非常に大きい．これに対して

$$\boldsymbol{M}\boldsymbol{I} = \boldsymbol{I} \tag{5.81}$$

からわかるように，単位ベクトルも結合行列$\boldsymbol{M}$の固有ベクトルであるが，その固有値は1で，正の値であり，絶対値も相対的に非常に小さい．

正と負のπキンクは隣接する接合に位相差をもたらすので，余分のエネルギーが生じるが，位相差が大きな変化を示すのは，共振器モードの電場のノードにあたるごく一部の場所に限られるため，そのエネルギーは系全体から見れば，それほど大きなものではない．また，位相πキンクによって作られた磁場B_yはc軸方向で“反強磁性的”に並んでおり，系から大きな漏れ磁場を生み出すことがなく，大きな電磁エネルギーを伴わないことがわかる．なお，これらのエネルギー増加分は駆動電流から提供されることができ

る．その一方，位相πキンクの存在は，系のダイナミクスに決定的な影響を与える．連立偏微分方程式 (5.75) を見ればわかるように，ab 面内に一様な McCumber 状態を考えると，(5.75) の左辺がゼロになり，接合間の結合は実質ゼロになってしまう．それに対して，位相πキンク状態では，(5.75) の左辺が有限な値をもち，その結果，接合間の位相は大きなインダクティブ結合によって強くロックされる．こうして，固有ジョセフソン接合系は，単一ジョセフソン接合の単なる寄せ集めではなく，強い結合そのものによって，結合系に特徴的な物理現象が新たに誕生することが示された．

この新しい物理が，どのように系の電磁応答特性に反映されるかを見るには，位相πキンク状態の電流－電圧特性を調べればよい．図 5.8 の直線的部分は，オームの法則に従う正常電流からの寄与に相当するのに対して，直線からはずれたピーク構造を示す部分はジョセフソン効果からの寄与である．高温超伝導体単結晶の c 軸方向にかかる電圧が，共振器モードの共振周波数の対応する電圧値に近づくと，超伝導位相の振動に共鳴が起こり，次式で与えられるように，大きな電流が固有ジョセフソン接合に注入される[21, 23, 24]．

$$J_{\text{ext}} \simeq \beta\omega\left\{1 + \frac{1/\pi^2}{[\omega^2 - (\pi/w)^2]^2 + (\beta\omega)^2}\right\} \tag{5.82}$$

ここで，この効果を RCL 並列回路の共鳴現象と比較してみると面白い．電気回路での共鳴は次式で与えられる．

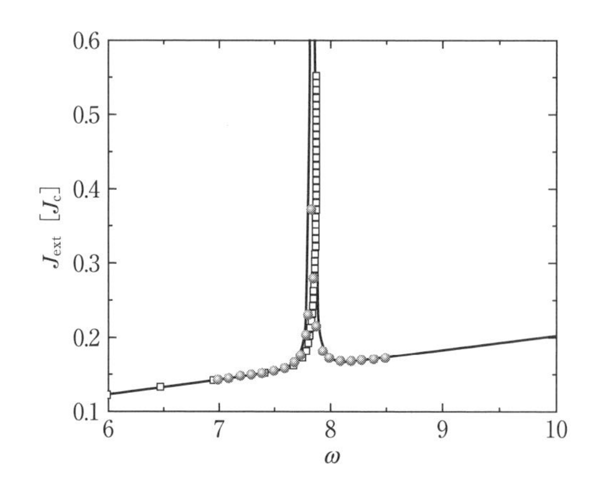

図 5.8　位相 π キンク状態の電流-電圧特性．ただし，電圧は交流ジョセフソン効果より周波数と等価であることを用いている[21]．

$$\langle VI \rangle = \frac{\langle V \rangle^2}{R} + \frac{I^2/R}{(\omega C - 1/L\omega)^2 + 1/R^2} \tag{5.83}$$

共振器の (1,0) モードに対応する π キンク状態は，インダクター $L = (w/\pi)^2$ の役割を果たしていることがわかる．このことは，(5.75) において，ラプラス演算子の入っている項がインダクターにあたることと直接関連している．

ここまでで，閉じた共振器内での位相 π キンク状態が強く結合したジョセフソン接合系特有の振動解を与えることがわかった．次に境界が開放された場合の振舞を考える．これは，位相 π キンク状態に電磁波放射による摂動を加えて考えればよい．なぜなら，放射される電磁エネルギーは，系全体がもつエネルギーに対して十分に小さいと見なせるからである．閉じた系は Q 値が無限大になっている共振器に対応する一方，電磁波放射がある場合の固有ジョセフソン接合系は，大きな Q 値をもつ共振器として捉えることができる．位相 π キンク状態が安定に存在する限り，固有ジョセフソン接合系への大きな直流電気エネルギー注入が依然として可能である．この場合，ジョセフソン効果のはたらきによって注入される大きな直流電気エネルギーが，図 5.8 のピーク部分の面積から見積もられ，その一部がテラヘルツ電磁波として放射されることがわかる．Q 値が下がれば，テラヘルツ電磁波放射が大きくなるが，Q 値がさらに小さくなると，今度は共鳴現象が弱くなり，エネルギー注入が小さくなるため，放射される電磁波の強度も減ることとなる．一番大きな電磁波放射エネルギーを得るために，どのような Q 値を選べばいいかは応用上重要な問題であり，その詳細な議論は論文を参照されたい[25]．

以上，固有ジョセフソン接合系からの電磁波発振のメカニズムの要点を紹介した．残されている重要な問題点について触れておこう．すでに述べたように，実験に用いられている固有ジョセフソン接合系では，接合が非常に高い密度で集積されており，1 μm の厚さの結晶の中に約 700 個の接合が含まれている．それぞれの接合の超伝導位相の間に同期がとれなければ，コヒーレントで強力なテラヘルツ電磁波発振は望めない．本項で説明した位相 π キンク状態は，強いインダクティブ結合を生かし，隣接接合間の位相をロックするため，系全体の同期を保つのに極めて有利である．しかし，如何にして効率的に系をその状態に持ち込むかは，実際に強い電磁波発振を得る上で重要な課題であり，その過程は完全には解明されていない．

大規模計算機シミュレーションによると，系が一様な状態から出発すると，位相πキンク状態にたどり着くのが困難であり，むしろ，少し乱雑な位相配置から出発した方が，いち早く位相πキンク状態に収束することがわかっている．

こうして，理論的には超伝導体の温度を上げて熱ゆらぎを利用するか，あるいは接合に少量の欠陥を導入するなどの方法が考えられる一方，現実の系では，すでにそれらが自然に導入されているとも考えられ，現在，さまざまな側面からその状態に移行する過程が調べられている．

本項にて示した内容をまとめよう．これまでの実験および理論研究によって，固有ジョセフソン接合を利用することで，強力なテラヘルツ電磁波発振が可能であることがわかってきた．理論的には，共振器モードの共鳴周波数に対応するバイアス電圧の近傍で，c軸方向で交合に配列される正と負の位相πキンクが現れ，大きな直流電流が固有ジョセフソン接合に注入可能となる．

この位相πキンク状態によって，強力なテラヘルツ電磁波が発振されるメカニズムは，ナノスケールの風車に喩えることができる（図5.9参照）．そこでは，直流電流の注入が吹く風に，位相のπキンク構造は風車の羽に，風に当たって風車の羽が回ることは，直流電流による超伝導位相の回転に相当する．風車は風を受けて交流電流を生成するように，位相πキンクは固有ジョセフソン接合自身が作る共振器の共振モードを励起させ，それによってテラヘルツ電磁波を放射する．このことを可能にしているのは，ナノスケ

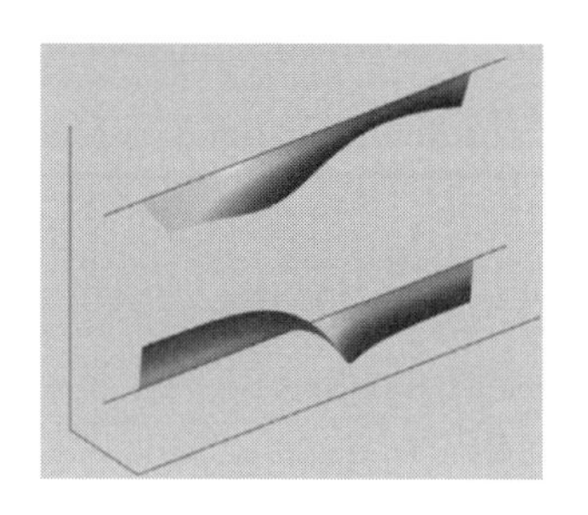

図5.9　位相πキンク（下）によって共振器モード（上）が励起されることの模式図．直流電流の注入によって位相πキンクが回転し，共振器モードを励起する．このメカニズムは風車による発電に喩えることができ，位相πキンクは風車の羽に，直流電流は吹く風に，テラヘルツ電磁波は交流電流に相当する．

ールにて積層することで初めて現れる接合間の強結合効果であり，テラヘルツ電磁波発振は固有ジョセフソン接合特有の新しいナノ超伝導現象の興味深い一例ともいえる．

5.3.2　固有ジョセフソンテラヘルツ電磁波発振の観測

(1)　はじめに

人類の歴史において，新たな光源すなわち電磁波源の開発は文明に革命的進歩をもたらした．人類はろうそくやたいまつの火を利用することで活動の時間を夜間へと拡大したが，電球の開発によって照明は極めて安定なものとなり，活動の自由度は飛躍的に増大した．また，高周波電流を制御し，空中へと放射する電波を手にしたことで，無線通信を実現させ，世界中の人々と瞬時に情報を交換できる世界を作り出したのである．加えて20世紀前半における量子力学の成立以降は，量子準位間の遷移を利用した電磁波放射源が数多く開発され実用化された．中でも半導体のバンドギャップに代表される，固体における電子の量子準位間の遷移による赤外から可視光領域の電磁波放射は，半導体レーザーや発光ダイオードとして現代の生活を鮮やかに彩っている．

これらの固体には，取り扱いやすい数Vの電圧が印加されるが，その電圧はちょうどそれらの固体のバンドギャップに相当するため，可視光を容易に励起することができる．人類は，可視光を自在に操る一方，電波とよばれる長波長側の領域でも量子効果を間接的に応用する半導体発振器を開発し，通信装置の小型化によって現在の携帯電話を作り上げた．

ところが，人類はすべての電磁波の帯域を自在に使い尽くしているわけではなく，可視光と電波の領域に挟まれた波長1 mmから0.01 mmのテラヘルツ帯では発振源や検出器開発が比較的進んでいない．このことから，「テラヘルツギャップ」とよばれ，今後の研究開発の焦点となっている[26]．その理由として，テラヘルツ周波数帯域になると半導体中のキャリアの上限により動作スピードが制限され，ある振動数以上ではもはやキャリアが追随できなくなる他，レーザー発振に必要な準位間隔をテラヘルツ帯とすることが，固体では根本的に難しい上に，室温での熱ゆらぎの領域と重なるため，量子効果の優位性を活かすことができなくなることが挙げられる．しかし，テラヘルツ領域の電磁波は極めて有用であり，非破壊イメージング，医療診断，スペクトル測定による化学物質の同定，極微量分析，量子計算への活用などのさまざまな応用が期待されており，その研究開発の成果は未来社会の豊かさの実現と直結しているといっても過言ではない．

5.3.2 項では，5.3.1 項を受け，このテラヘルツ帯の発振が固有ジョセフソン接合においてどのように発見され，その後の実験研究がどう進展しているかを説明する．

まず，基本的なジョセフソン効果から説明を始めよう．これから述べる電磁波の発振の研究は，この効果の発見[1]以来の歴史がある．超伝導体を用いたジョセフソン接合では，ジョセフソン関係式

$$V = \frac{h}{2e}\frac{d\phi}{dt} \tag{5.84}$$

により直流を交流に変換することができる．ここで，ϕ はジョセフソン接合を構成している 2 つの超伝導体における巨視的な波動関数のもつ，量子力学的な位相 ϕ_1 と ϕ_2 の位相差 $\phi_1 - \phi_2$ であり，V は超伝導体間に発生する直流電圧，h はプランク定数，e は素電荷である．右辺の係数 $h/2e$ は磁束量子 Φ_0 と同一であり，その逆数はジョセフソン定数 K_{J} (= 483.597891 (12) GHz/mV) とよばれ，サブテラヘルツ帯域の電磁波が容易に発振されると期待される．しかしながら，T_{c} が 10 K 未満の金属系超伝導体では，超伝導ギャップが数 meV 程度であることから，得られる周波数の上限は超伝導ギャップ以下に限られ，発振周波数は 1 THz 未満となる．また，たとえ上限の周波数を励起したとしても，十分な発振強度を単一の接合で得ることは難しく，代わりに多重アレイ構造を人工的に作製し，接合間の同期をとることで強い発振を得ることが考えられた．

しかし，そのような構造を自在に作ることは，前項でも記したが，現代においても極めて難しい．実際，こうしたさまざまな制約の下，1970 ～ 80 年代には，発振素子としての可能性を追求する数多くの研究がなされた．にもかかわらず，テラヘルツ波の強力な発振源としては，一部の例外を除いて成功しなかったのである．報告された例外としては，単一ジョセフソン接合薄

膜を利用し，ジョセフソン磁束フロー発振器として数百 GHz 帯にて電波天文学での局部発振器として用いられたという事例と，Nb のジョセフソン接合で 2 次元アレイ構造を作製することにより，240 GHz，160 μW のパワーが得られたという報告がある[27] だけである．

人工ジョセフソン接合を利用する発振源開発が停滞する中，高温超伝導体 $Bi_2Sr_2CaCu_2O_{8+\delta}$（Bi2212）などに内在する固有ジョセフソン接合[2,3,28,29] を利用しようという気運が，固有ジョセフソン効果の観測により一気に高まった．Bi2212 では，1 THz を大きく上回る超伝導ギャップ（$2\Delta \simeq 60$ meV）と，超伝導層 CuO_2 面が 2 次元的に積層した固有の結晶構造をもつため，ナノスケールで高密度に積層した構造を有することから，テラヘルツ波の発振源としての可能性を十分にもつ材料と目され，大いに期待されたのである．特に，超伝導電子対の集団励起モードであるジョセフソンプラズマが安定に存在することが実証された[5,30] 後は，これを外部に取り出して，ミリ波からテラヘルツ波の発振源にするといった理論的な提案や実験的な試みが数多くなされてきた．

しかし，それらの提案の多くは従来の磁束フロー発振器と同類の磁場下でジョセフソン磁束のフロー状態を利用するものであったが，磁場下での強い発振の観測は困難であった．2007 年に筑波大と米国アルゴンヌ国立研究所のグループにより，Bi2212 からのマイクロワットオーダーのテラヘルツ波発振がゼロ磁場下での実験で見出された[8,31]．その現象は，独立して研究を行ってきた複数のグループによって次々と確認され[32]，発振は特殊な事例でなく，固有ジョセフソン接合が示す重要な物理現象の 1 つとして，その地位を確立したのである[21,33,34]．

（2） 実験および観測研究の進展

ここまで，発振現象の歴史的背景を簡単に記したが，以下では固有ジョセフソン接合による発振について詳しく見ていこう．固有ジョセフソン接合発見直後，発見者グループによる先駆的な研究として，ヘテロダイン検波によるマイクロ波発振が報告されているが，周波数が最高 10 GHz 強である上，強度は数 pW 程度で非常に弱かった[35]．これは，単一接合でも考えられていたジョセフソン関係式から予想される自励発振が，積層系でも単純に確認できたものと位置づけられたが，系全体が同期するような強い発振は得られなかった．

その後，立木（Tachiki）らは，高温超伝導体のジョセフソンプラズマ周波数

$$\omega_{\mathrm{Jp}} = \sqrt{\varepsilon}/\lambda_{\mathrm{c}} \tag{5.85}$$

が，超伝導ギャップエネルギー 2Δ に対応する周波数より十分低いため，ジョセフソンプラズマモードは安定に存在することを明らかにした．また CuO_2 層に平行な有限の波数 k をもち，すべての接合においてジョセフソン電流の空間変化がコヒーレントである横プラズマモードは，

$$\omega_{\mathrm{Jp}}(k) = \omega_{\mathrm{Jp}}\sqrt{1+(k\lambda_{\mathrm{c}})^2} \tag{5.86}$$

の分散関係をもち，$\hbar\omega_{\mathrm{Jp}}/2e$ を超える電圧を加えて横プラズマモードを励起することにより，ω_{Jp} を超える高周波（THz 帯も含む）の強力な発振源になり得ることを提案した[36]．どのような条件で強いテラヘルツ発振が可能になるかについての詳細な知見が予見される程，機は熟していなかったものの，十分研究者を動機づける契機になったといえる．

（3）　**ジョセフソンプラズマ共鳴**

高温超伝導体におけるジョセフソンプラズマは，当初 $La_{2-x}Sr_xCuO_4$ において遠赤外光の吸収端として観測された[37]．その後，異方性の強い，すなわち ω_{Jp} の低い Bi 系超伝導体でも観測されたが，観測手段は，上記と異なり，c 軸方向の磁場下でマイクロ波の強力な共鳴現象として観測された[38]．ジョセフソンプラズマ周波数は，c 軸方向の磁場により減少し，$\sqrt{J_{\mathrm{c}}}$ に比例することから，ジョセフソンプラズマ共鳴は，CuO_2 層間のコヒーレンスを測定する手法として磁束系相転移の研究に用いられた[39, 40]．マイクロ波測定では，分散が弱く磁場中でもシャープな共鳴として観測される $k /\!/ E_{ac} /\!/ c$ の縦モードが主に研究された．掛谷（Kakeya）らは空胴共振器を用いて縦モードと横モードを分離し，結晶のサイズ依存性から横モードの分散関係を確認している[30]．これは，マイクロ波によってすべての接合にわたってコヒーレントな電磁波（種々のモード）が内部に励起されていることを意味する．

（4）　**直流バイアスによるジョセフソンプラズマ励起**

固有振動との共鳴により，各モードの存在を確認できた一方，自励発振に

おける課題は，個々の接合で励起されるプラズマモードを如何にして同期させ，強い励振状態を得るかである．この目的に最も適した設定として，超伝導層に平行なジョセフソン磁束を導入してフローさせることで，位相の空間変化を動的に同期させてコヒーレントな横プラズマを励起できるとした，理論的な提案がなされた[41,42]．

図5.10は，ジョセフソン磁束フローによるジョセフソンプラズマ励起の概念図である．図5.10(a)のように，ジョセフソン磁束が四角格子を形成して，隣接する接合のジョセフソン電流が同位相で変調されている時，強力な電磁波が放射されるが，図5.10(b)のように，三角格子を形成する際は，ジョセフソン電流は逆位相で変調されるため，電磁波の放射は期待できない．これを確かめるために行われた実験の多くは，c 軸方向への均一な電流を実現するために単結晶の ab 面の一辺の長さを侵入長 λ_c より十分短い10 μm以下に微細加工した試料についてであった．そのような試料（5.4.5項参照）では，フィスケ共鳴とよばれる試料内部での電磁波の励起を示す現象が高磁場で明確に観測された[43,44]が，強い電磁波の放射は観測されなかった．この時，図5.10(b)に近い状態が実現されていたと考えられる．

2007年初頭，バエ（Bae）らは，同一の結晶上に作製した固有接合素子の一方を発振器，他方を検出器として，ジョセフソン磁束フローによる0.6～1 THzの電磁波を検出したと報告した[45]．この方法では，外部磁場によって決まるジョセフソン磁束の周期により，励起されるプラズマの波数が制御できると考えられていたことから，接合間の同期を十分にとることができれば，発振周波数を制御できるテラヘルツ源として非常に期待がもたれる結果

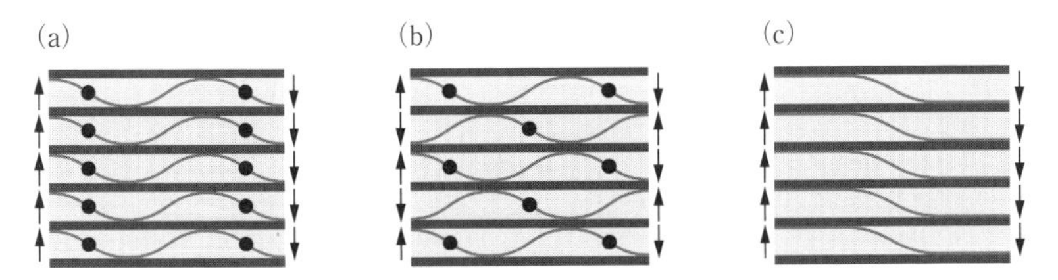

図 5.10 固有ジョセフソン接合に励起されたジョセフソンプラズマ波．(a)ジョセフソン磁束四角格子および(b)三角格子状態．黒丸は磁束芯を示す．(c) 発振が観測されている状態．

であった．また，ゼロ磁場の条件でも報告があった．バトフ（Batov）らは，3 μm 幅の固有接合素子から，500 GHz，1 pW の発振を対向させた SIS ミキサーを用いて検出することができた[44]．しかしながら，いずれの場合も継続的な進展は報告されておらず，新しい着想に基づく革新的成果が待たれていた．

オジューザ（Ozyuzer）らによって報告された 2007 年の発見[8] は，先の理論的提案とは逆の発想でもたらされたといえる．ジョセフソン電流の振動を層間で同期させるために，あえてゼロ磁場で空間的な変調を導入したのである．彼らの発見に至るまでは，固有接合におけるジョセフソン磁束状態の研究が背景にあり，さまざまなサイズの結晶におけるジョセフソン磁束フロー抵抗の測定から，以下の 2 点が明らかになっていた．

- 結晶端でのジョセフソン電流の増大による磁束のピン止めは，かなり大きい．
- 隣接層の磁束間斥力が強く，高磁場では三角格子となって外部への強い電磁波の放射は期待できない．
- 高磁場で四角格子を形成させ，同期による強い発振を得るためには高電圧を印加する必要がある．

そこで，位相の空間変調を誘起するため，数十 μm を超える比較的大きな接合を作製して，磁場を印加せずに発振を得ることを試みたのである．部分的に柱状欠陥（3.2.2 項参照）を導入して J_c の空間変化を与えるなどのいくつかの試行の末，次に示す特徴をもった 0.3 ～ 0.8 THz の周波数の電磁波発振を検出することに成功している[47]．

（5）固有ジョセフソン接合からのテラヘルツ発振の特徴

（a）動作環境

初期に発振が検出された[31] メサ型素子の顕微鏡写真を図 5.11(a) に，断面の概念図を図 5.11(b) に各々示す．図 5.12(a) に示されているように，発振はゼロ磁場下，電流－電圧特性の有限電圧状態（準粒子ブランチ）において観測される．発振温度範囲は，超伝導転移温度 T_c より低い温度であるが，強度と温度との相関については完全には明らかになっていない．積層固有接合に臨界電流を超える電流を加えて，積層するすべての接合を電圧状態

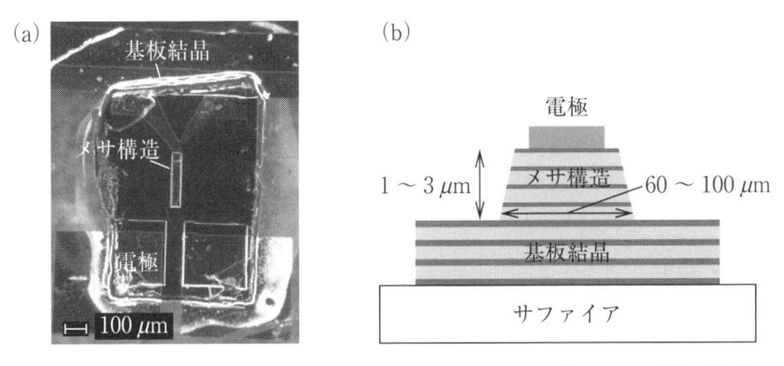

図 5.11 (a) 高温超伝導テラヘルツ素子の光学顕微鏡写真および (b) 断面図.

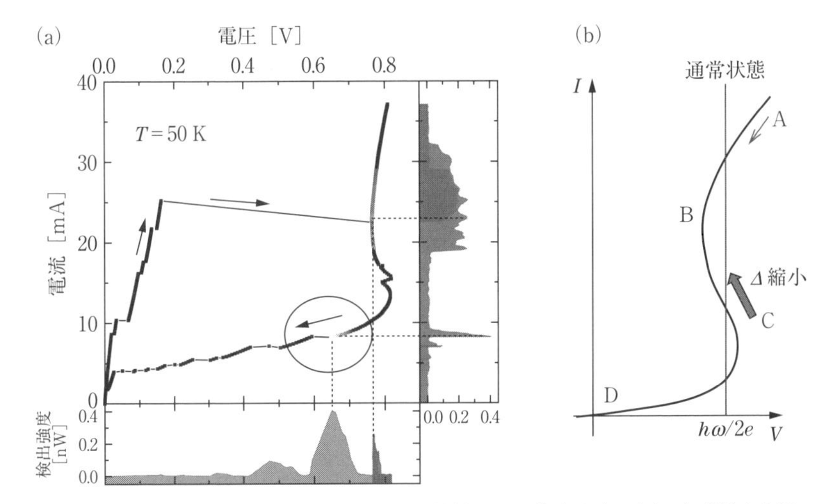

図 5.12 (a) テラヘルツ光源の電流−電圧特性および検出強度. (b) 素子温度上昇による S 字型電流−電圧特性の概念図. 電流の増加による発熱で超伝導ギャップ Δ が縮小し, 電圧が減少する.

にした後, 電流を減少させていくと臨界電流を下回る電流になっても, 5.3.1 項で説明したように電圧状態は維持される (A → B). そのような状態で, さらに電流を減少させていくと, 超伝導状態に戻る接合が出てくるため, 電圧は不連続的に減少し始める (丸囲み ; 位相運動が静止することからリトラッピングとよばれる).

最初の報告では, リトラッピングの直前で電磁波が発振され, 発振の強度は電圧状態にある積層数の 2 乗に比例することから, 積層する固有接合がコヒーレントに振動して発振に寄与していることが指摘された[8]．その直後，高電流側の電圧状態においても，バイアスの上げ下げに対して可逆的な発振が観測された[31]．

（b）　**電流－電圧特性と発振**

超伝導体は一般に熱伝導率が低いため，電圧状態で発生したジュール熱は素子内の温度上昇をもたらす．発振素子程度の大きさの固有接合スタックがすべて電圧状態に到達した状態では，その電流－電圧特性は線形な形からずれ，S字状になる．実際のデータと概念図を図5.12に示す．最も高い電流領域では，超伝導は完全に消失して，直線的な電流－電圧特性となるが，これは常伝導状態での定常的状態である．

この状態から，電流を下げていくと，超伝導ギャップが出現し始めるため（A → B），常伝導状態での関係が破れ，電圧減少は鈍り，やがて電圧変化がなくなる．しかしながら試料の温度は，熱の発生により熱浴よりも高く維持されてしまうため，実際は熱浴の温度から推定される超伝導ギャップより小さな電圧が観測され，電流をさらに下げていくと，試料の温度が下がってくるため，電圧は上昇する（B → C）．そして最終的には，準粒子伝導率に従って電流－電圧特性の原点に近づくこととなる（C → D）．上記のように，熱の発生と熱伝導の不十分さが相まって，結果としてS字状の電流－電圧特性が得られる．このようなS字状の準粒子ブランチは，ある範囲で同じ電圧を3度通過することになるので，各々において発振の可能性がある．実際には，電流の低い方の2点で発振が多く観測されるが，3カ所で観測される場合も報告されている．

（c）　**空胴共振効果**

発振された電磁波に対してFT－IR分光を実施した結果，発振周波数はメサの短辺の幅 w の逆数におおむね比例するということがわかった．この事実から，メサを構成する個々の固有接合内部では，図5.10(c)に示すように，短辺方向にノードを1つもつ(1, 0)モードの多数の定在波が，お互いに同期して励起されていることが推察された．その後，正方形や円形などの対称性の高いメサ構造において，多様な空胴モードを考えることで説明できる周波数の発振が次々と見出された[48, 49]．このような状況は，種々の数値計算によっても再現される[23, 50, 51].

ジョセフソン接合における位相差に空間変化を与えた時，電圧状態において各接合での位相差はお互いに同期して振動するために，メサ表面にマクロな振動電流が現れる．この時，メサはパッチアンテナとしてはたらくために，遠方においてテラヘルツ領域の電磁波が観測される．したがって，固有ジョセフソン接合からのテラヘルツ波発振は，交流ジョセフソン効果とアンテナの共振現象と理解できることがわかってきた．図5.11(b)に示すように，実際のメサ構造は台形の断面をもち，固有接合の長さは最上部と最下部で10%程度異なり，共振器としてのQ値はせいぜい10程度であるが，観測された固有接合からのテラヘルツ発振スペクトルの線幅は1 GHz未満であることから，積層する接合で励起される振動の同期による強い引き込み現象が起きていることがわかる．この引き込み現象をもたらす相互作用を明らかにすることは，一般の同期現象との比較から興味深い問題である．

(d) 形状効果

アスペクト比の高い長方形のメサ構造だけでなく，円盤，三角形，正方形に近いメサ構造からも発振が検出された[48, 52]．これらの素子からの発振周波数と指向性の測定結果は，メサ内部で励起されている定在波を推測する根拠となった．アスペクト比の低い正方形に近いメサ構造からは，バイアス電流・電圧に強く依存する広い周波数範囲での発振が観測されている．これは，種々の共振モードが近接しているためだと説明できる．

(e) 指向性，パッチアンテナ理論

放射強度に着目すると，その強度の方向依存性については，ab方向でなく，c軸方向に強いことがわかった．これは，メサをパッチアンテナと見なすことで理解できる．メサab表面に振動電流が現れることで，振動磁場が発生し，メサ外の電磁場と結合して放射が起きる．矩形メサで放射強度が最も強いのは，メサの長さ方向に垂直な面内でc軸方向から20°程度傾いた方向である．メサは超伝導体単結晶の基板をもつので，発振された電場の一部が基板によって反射され，直接放射する電磁波と干渉することで有限のオフ角において検出値の極大が観測されていると理解できる．

(f) 発振強度

当初，南（Minami）らによる発振電磁波の指向性の測定から発振の積分強度が推測され，5 μW と見積もられた[53]．これまでに報告された単一固有ジョセフソン接合スタックからの発振強度は最大で 30 μW[54] であり，一般には電圧状態の接合数 N が多い状態での発振が強い．また，素子の温度上昇が少ない低バイアス領域での発振強度が強く，超伝導体の物性パラメーターとしては，T_c，I_c の高い素子からの発振強度が強いという傾向にある．一方，複数のスタックを同期させる実験も行われ，3 つのスタックを同時にバイアスすることにより，600 μW の積分出力が得られたという報告があり[55]，今後の発展が期待されている．

(g) 発振周波数

発振周波数は，温度・バイアス条件によって大きく変化する．1 つの素子における発振周波数は，バイアス電圧 V にほぼ比例し，電圧状態の固有接合の層数 N を使って

$$V = NV_{\mathrm{IJJ}} \tag{5.87}$$

とした時，f と V_{IJJ} は交流ジョセフソン関係式 (5.84) を満たす．このことから，メサのサイズ効果によって，共振が起こる比較的広い周波数範囲が与えられ，固有接合間の同期現象としては，各接合にかかる電圧によって周波数が決定されている．このため，非常に狭い線幅のスペクトルが観測されている．

(h) 発振周波数の温度依存性

温度を変化させた時の発振周波数の変調は，数十%にも及ぶ．また，一定の温度においてもバイアス電流により発振周波数は変調される．一例を図 5.13 に示す．これほど広い発振周波数の変化は，上記のメサ構造の上下の幅の違いによる共振周波数の分布では説明ができない．1 つの理由として，ジョセフソン接合両端に現われる電圧は超伝導体のギャップ 2Δ に比例するため，この Δ が温度上昇と共に小さくなることが挙げられる．

(i) ホットスポット

高温超伝導テラヘルツ光源では，自己発熱による温度上昇だけでなく，空間的な温度勾配も重要であると考えられている．当初，ワン（Wang）らは，

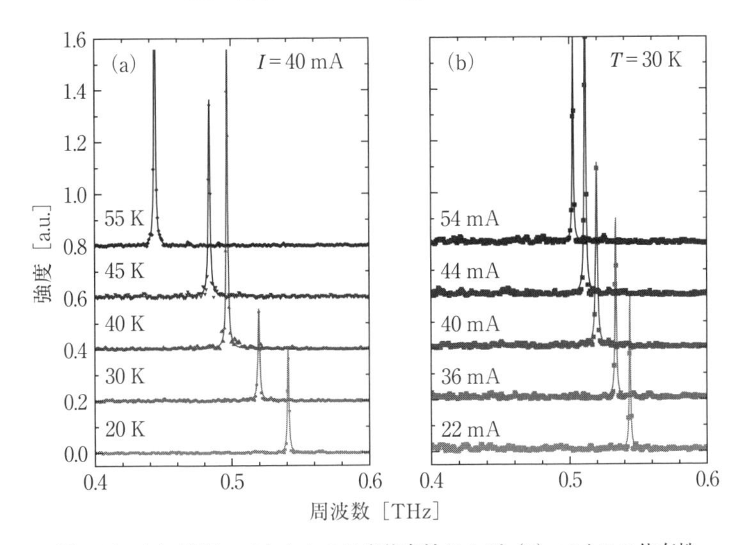

図 5.13 (a) 発振スペクトルの温度依存性および (b) バイアス依存性

低温走査型レーザー顕微鏡（LTSLM）の観測から，素子の一部の温度が局所的に T_c を超える部分（ホットスポット）が現れることを報告した[56]．ユルゲンス（Yurgens）は，電流印加がもたらす自己発熱により，メサの中心付近が局所的に温度上昇をして T_c を超えることを数値計算により示した[57]．これは，固有ジョセフソン接合の c 軸抵抗の温度依存性が負の温度係数をもっているために，温度が上昇した部分に電流が集中するという正のフィードバックがかかっているためである．

その後，蛍光物質を用いた温度分布イメージングが行われ，高バイアス領域においてホットスポットの出現が実際に報告されている．ホットスポットはメサ上の厚い電極で覆われている部分では観測されず，厚い電極はホットスポットを抑制する効果があると考えられる[58,59]．南らは，高バイアス発振ではホットスポットが観測されるが，低バイアス発振では温度分布は，ほぼ一様であり，ホットスポットは発振に関して本質的ではないと指摘している[60]．その後，辻本（Tsujimoto）らは，ホットスポットが大きくなる電流注入条件で発振強度が小さくなることを発見し，発振強度が超伝導部分の体積に依存していることが示唆された[61]．

(j) 線幅，コヒーレンス

単色性とコヒーレンスは，通信応用を考える際の必須条件であるが，固有ジョセフソン接合テラヘルツ光源では，原理的にこれが約束されている．発振線幅の観測において，一般に用いられる市販の FTIR 分光器の分解能は通常 10 GHz 程度である一方，1 GHz の分解能を有する自作分光器を用いた結果でも，有意な線幅は観測されておらず，その線幅は極めて小さいと結論づけられる．また，柏木（Kashiwagi）らはガン発振器を局部発振器に用いたヘテロダイン分光により，線幅を 0.5 GHz 以下と報告している[49]．さらにリー（Li）らは，超伝導フラックスフロー発振器を併用したヘテロダイン分光により，高バイアス領域の発振について，線幅が 10 MHz 程度であると報告している[62]．いまだ，線幅を与える原因は特定されておらず，今後の解決すべき重要な課題の 1 つである．

(6) 高温超伝導テラヘルツ光源の応用

(a) 他のテラヘルツ光源との比較

1 THz 前後の周波数帯の固体光源として，高温超伝導テラヘルツ光源の比較対象となるものは，量子カスケードレーザー（QCL）と共鳴トンネルダイオード（RTD）発振器である．

QCL は，レーザーと同様の 2 準位間の量子遷移を用いた光源である．MBE を用いて GaAs と GaInAs の原子層を制御することにより，積層させた量子井戸に現れる量子化準位間の遷移からレーザー動作を得る方法である．量子井戸の前後にキャリアを注入および引き抜く領域を加えた構造を 1 ユニットとして，これを多段に接続した構成をとるため，カスケードという名前がついている．1994 年に中赤外領域の光源として原理が実証された[63]．量子井戸を制御することにより，周波数は調整できるが，テラヘルツ領域への拡張は，導波路損などの問題により容易ではなかったが，ケーラー（Köhler）によって 4.4 THz での発振が 2002 年に実証された[64]．しかし，周波数を低くすると，反転分布を維持するために冷却が必要となり，動作温度は $k_B T < \hbar\omega$ を満たす場合に限られる．例えば，1 THz を与えるエネルギー間隔で反転分布を維持するためには 50 K 以下の低温が必要となるので，サブテラヘルツの連続発振は原理的に極低温に限られる．

一方，RTD 発振器は，数百 GHz の発振器として，低周波側から発展してきた．量子井戸に電圧を印加すると，エミッタのフェルミ面と量子井戸の離散化準位との共鳴により，微分負性抵抗領域が生じ，この領域が発振に用いられる．発振周波数は，メサ構造素子のキャパシタンスの大きさとアンテナの長さによって決まり，1 THz を発振させるためには，数 μm 角の素子が必要になる．バイアス電圧によって数%の周波数チューニングが可能であり，出力は，500 GHz で 100 μW であるが，電流量の減少により周波数が増加するに従って指数関数的に減少する．ごく最近，1.4 THz で 1 μW の発振出力が報告されている[65]．

これらの光源と比較した時，高温超伝導テラヘルツ光源の優位性は以下の通りである．

・超伝導ギャップにより熱ゆらぎから守られているため，T_c 以下では温度に関わらず発振が可能になる．

・数十%におよぶ広帯域の周波数チューニングが可能である．

・原理的にコヒーレンスが保証されている．

・天然の結晶構造に由来し，人工格子が不要である上に，高度な微細加工も不要であるので，生産が容易である．

(b) デバイス作製法

発振デバイスの作製では，浮遊帯域溶融法により育成された Bi2212 単結晶が主に用いられる．Bi2212 単結晶を接着剤で基板に固定し，フォトリソグラフィと Ar イオンミリングないしは集束イオンビームなどで結晶の表面に高さ 1 ～ 3 μm のメサ構造を形成し，バイアス用の電極を取りつける．このプロセスを図 5.14(a) に示す．中島（Nakajima）らは，Capped LPE 法によって，MgO 単結晶基板上に成長させた Bi2212 単結晶薄膜を基に作製した素子からの発振を検出している．図 5.14(b) のように，単独メサとよばれる超伝導基板をもたず，スタックだけを基板に直接固定して発振を得る方法も行われている．この場合，自己発熱が熱浴となっている基板に逃げやすく，温度上昇が抑えられるため，発振強度が強くなり，発振周波数が高くなる結果が得られている．さらに放熱効率を上げるために，図 5.14(c) のように，メサを基板で挟んだ形のデバイスもごく最近になって作製されてい

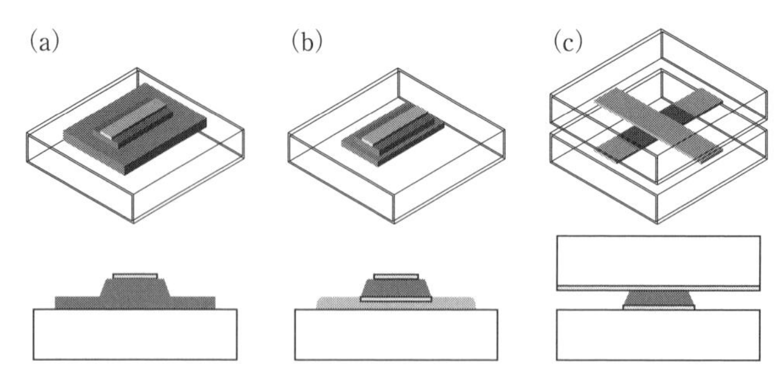

図 5.14　高温超伝導テラヘルツ光源のデバイス構造概念図.
(a) メサ型. (b) 単独型. (c) サンドイッチ型.

る[66, 67].

(c) テラヘルツ光の検出

テラヘルツ波帯の電磁波検出には，主に液体ヘリウムで冷却されたシリコンボロメータ，InSb ホットエレクトロンボロメータが使用されており，高強度の発振には冷却不要の焦電センサー，ゴーレイセルなどが使用されている．ショットキーバリアダイオードはマイクロ波帯の小型で簡便な検出器として多用されてきたが，最近高周波での特性が大きく改善され，テラヘルツ領域に使用できるタイプも市販されている．Bi2212 固有接合そのものを検出に使用しているグループもある．発振周波数の同定には市販の FTIR 分光器による測定だけでなく，ラメラミラーによる簡易なもの[32]，ワイヤーグリッドや Si ウェハーのビームスプリッタを用いた高分解能の FTIR 分光器が研究室で独自に構築されて[68]，使用されている．

(d) 高出力化，高周波化の取り組み

発振強度の高出力化には，複数のメサを同期させる方法がまず試みられた．1 つのメサ単独での発振強度の和よりも協調動作による発振強度が強いことが示され[69]，前述の通り 3 個のメサの協調動作により約 0.6 mW の出力を検出している[55]．一方，高周波での発振のためには，接合当り，高いバイアス電圧を加える必要がある．当初，空胴共振効果に注目して狭い幅のメサ構造において高周波発振が試みられたが，1 THz を超えることはできなかった．最近ではむしろ，高いバイアス電圧を加えるために，超伝導ギャップの抑制をもたらす温度上昇を抑える工夫がなされた結果，2.4 THz で

の発振が観測されている[70,71].

(e) イメージングへの応用

現在までに，高温超伝導テラヘルツ光源を用いたイメージングとしては，透過イメージング[72]，反射イメージング[73]，反射を用いた2次元CTイメージング[74]が報告されている．いずれも，強度によるマッピングであり，分解能は波長以下である．単色性が高いことから，透過イメージングにも干渉縞が観測されている．これを利用した波長未満の高分解能イメージングは原理的に可能であり，開発が待たれる．

(f) 超伝導検出器との統合

高温超伝導薄膜の粒界ジョセフソン接合を検出器として，固有接合からのテラヘルツ発振を検出することも報告されている．ジョセフソン接合に高周波を照射すると，シャピロステップが観測される．シャピロステップから電磁波の周波数と相対強度が判明するため，ジョセフソン接合の検出器は非常に有用である．YBCOの粒界接合を作製し，シャピロステップの観測から周波数を見積もり，FTIR分光との比較が試みられている[75].

(g) 実用化に向けた課題と展望

これまで述べてきたように，高温超伝導テラヘルツ光源の研究は，まだ発展途上ではあるものの，原理の実証から10年にも満たないわずかな時間のうちに制御性を向上させることで，設計が検討できる段階となった．これは，半導体素子の原理実証当初にクリーンルームなしで素子を作製していた時代と比較すると，能動素子としては驚くべきスピードであり，結晶構造に由来する固有ジョセフソン接合という自然の恩恵を十分に享受しているといえる．さらに，高温超伝導体の応用という観点では，1986年の発見から30年が経とうとしている現在，材料開発がようやく完成の域に達し，デバイス設計に耐えうる結晶が複数の拠点で得られるようになった．これは，新規材料の開発には，地道な努力と時間が必要であるという事実を如実に示している．今後，さらなる材料開発としての課題は，より高い制御性のために，ドープ量や陽イオン比と発振特性との関係を明らかにすることである．

ここまで優れた特性のみを挙げてきたが，高温超伝導テラヘルツ光源の応用上の最大の弱点は，冷却が必要であるという点に尽きる．Bi2212の超伝

導転移温度 $T_c \simeq 90$ K より温度を下げる必要はあるが，ごく最近，液体窒素で実現できる 77 K を超える温度での発振が相次いで報告されている[76,77]．高温超伝導体単結晶を乗せた基板や周辺部材を工夫して，素子の温度を熱浴の温度に近づけることにより，比較的高温で安定した発振を得ることができる．高温での発振は，発振周波数の高周波化と同一の起源であるので，同一の素子で 1 THz を超える高周波での発振と 77 K を超える高温での発振が実現している．

このような高温での発振を利用して，乾電池によって動作する可搬式の光源ユニットを作製したとの報告がある．70 K より高温での安定動作の実現により，最低到達温度が 60 K の小型冷凍機（体積 10 L 程度）を用いることが可能となり，研究室外での使用が容易となるだろう．この温度領域で動作する YBCO の薄膜を用いたバンドパスフィルターは気象レーダー用に実用化されており，高温超伝導テラヘルツ光源の動作温度と重なることは，今後の発展を十分に期待させるものである．

最後に応用として最も重要な例を記したい．著者が考えているのは，テラヘルツシンセサイザーの開発である．これが実現されれば，前述の冷却が問題とならない超伝導ミキサーを用いた天文観測や，消費電力に制限のある衛星搭載用のテラヘルツ領域の局部発振器として極めて重要な技術になると考えられる．今後は，基準信号とフィードバックループを加えるために，発振のバイアス条件の再現性を高める努力が必要である．民生用としては，非圧縮映像などの大容量通信ネットワークの「ラスト 1 マイル」をつなぐ無線技術としての期待が高い．例えば，携帯端末や自動車などに高速にワイヤレスデータ転送を行うことが可能になり，災害時のバックアップネットワークとしての社会の要請がある．こうして，通信に必要な変調を加える必要性から，同期現象の解明が不可欠となることがわかる．特に，変調の制御が実用化にとって，避けては通れない道といえよう．

これまで，超伝導がもたらす巨視的波動関数が織りなす多様な現象は，多くの物理学者を魅了してきたが，高温超伝導テラヘルツ光源は，その巨視的波動関数の性質を積極的に利用することで，社会に豊かさをもたらす可能性を十分に秘めており，新しい未来を開く鍵となる技術といえる．

5.4 固有ジョセフソン接合特有の現象

はじめに

固有ジョセフソン接合が示す固有ジョセフソン効果の特筆すべき研究成果として，テラヘルツ帯域での電磁波発振現象の理論と，その実験および観測について5.3節にて説明してきた．テラヘルツ発振は，基本的にはACジョセフソン効果とキャビティ共振が相乗することで生起されるものと理解できるが，出現する発振モードは，固有ジョセフソン接合の位相ダイナミクスを記述する強結合サイン－ゴルドン方程式の特徴的な解となっていると考えられ，固有ジョセフソン接合間の強いインダクティブ結合に起因する現象と見ることができる．つまり，固有ジョセフソン接合では，従来の単一接合の理論では記述できない結合系特有の位相ダイナミクスが現れ，それが単一接合ジョセフソン効果では見られない新たな現象を発現する．テラヘルツ発振現象はその代表例であり，高温超伝導体のユニークな応用を可能にすると考えられる．

第5.4節では，テラヘルツ発振現象以外の固有ジョセフソン効果について記す．固有ジョセフソン発見以後，世界中でその研究が精力的に行われ，さまざまな固有ジョセフソン接合特有の現象が明らかにされてきた．本書では，5.4.1項にて，固有ジョセフソン効果の代表的な観測事実を紹介し，5.4.2項では，特に重要と見られるジョセフン磁束のフローダイナミクスにおいて見られたフロー抵抗の周期振動を説明する．ジョセフソン接合自身の理論は超伝導を代表する現象として前世紀に確立されたが，多数のジョセフソン接合が織りなす結合の効果が現れる固有ジョセフソン効果は，新たな超伝導現象の宝庫となっていることがわかる．今後もさらなる研究が必要であることはいうまでもない．

5.4.1 固有ジョセフソン接合の代表的実験と観測結果

半導体プロセスの微細化に伴って進歩したナノテクノロジーを固体物理研究一般にも利用し，ナノ構造特有の物理現象を探索する試みが1990年代の後半から進んできた．超伝導体での研究では，コヒーレンス長や侵入長に代表される1μm程度の特徴的な長さがあるため，微細化された超伝導体（構造）の特性を測定することにより，バルクな超伝導では決して観測することができない新しい現象を見つけようという目論みがあった．その1つに微細構造に由来する巨視的量子効果を観測しようという狙いがあった．こうした目的を達成するために，集束イオンビーム（FIB）法や電子線リソグラフィーなどを用いて超伝導体の微細構造が作製されるようになった．

サブミクロンの構造を作ることが技術的に可能になった現在，さらなる研究の進展が大いに期待されている．

（1）　**電流－電圧特性**

電流－電圧特性を正確に測定するためには，微細加工が必要である．なぜなら，超伝導状態で電流を流すと，加えた電流は表面からロンドン侵入長の長さしか侵入できず，侵入した領域における電流密度が臨界電流密度を超えると電圧状態になる．このため，見かけ上の臨界電流密度は接合の面積が大きくなるほど小さくなる．同時に，固有ジョセフソン接合においては，メサの面積が大きいと，電圧の発生によるジュール熱が大きくなり，測定試料の温度が，温度計で測定している熱浴の温度に比べて無視できないほど高くなることがある．この時，電流－電圧特性がS字カーブを示すことは5.3.2項にて述べた．

図5.15に電流－電圧特性を測定するためのメサ構造の概念図と，これにより測定されたBi2223の2層接合の電流－電圧特性を示す．垂直なブランチではすべての接合が超伝導状態にあり，隣接する第1準粒子ブランチでは1つの接合，さらに高い電圧の第2準粒子ブランチでは2つの接合が同時に電圧状態にあることを示している．メサの面積はおおむね1 μm^2 であり，この場合は発熱の効果はほぼ無視できる．異方性の小さい銅酸化物高温超伝導体では接合面積を小さくするほど，大きなヒステリシスと多数のブランチといった固有ジョセフソン接合に特徴的な現象が観測しやすいことからも，発熱の効果は，マイクロメートルサイズ以下のサンプルでは，マイナーな役割しか果たしていないことがわかる．以下，5.4.1項ではマイクロメートルサイズの試料で初めて観測可能となった固有ジョセフソン接合が示す，さまざまな固有ジョセフソン効果について説明する．

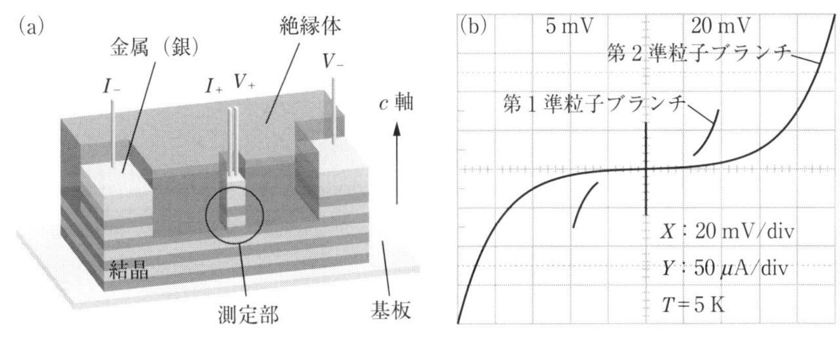

図 5.15 (a) メサ構造素子の概念図．I_+-I_-端子間に電流を加え，V_+-V_-端子間に生じる電圧を測定する．電圧降下は円で囲んだ微小メサ構造部だけで発生し，他の部分は超伝導状態にあるので，微小メサ構造部の電流–電圧特性が測定できる．(b) Bi2223 固有ジョセフソン接合メサ構造の電流–電圧特性に見られる複数準粒子ブランチ．垂直なブランチでは，すべての接合が超伝導状態，第 1，第 2 準粒子（有限電圧）ブランチでは，メサ構造に含まれるそれぞれ 1 層，2 層の接合が電圧状態にある．

(2) 固有トンネル分光

超伝導電子対を励起して，相互作用を繰り込んだ準粒子に分裂させたものを（ボゴリューボフ）準粒子とよぶ．絶縁層を介して結合した超伝導体間の電流 - 電圧特性から，超伝導ギャップの存在を明らかに示す準粒子状態密度が得られることを，初めて確認したのはギエバー (Giaever)[78] であり，ジョセフソン，江崎 (Esaki) と共に 1973 年のノーベル物理学賞を受賞している．

固有ジョセフソン接合においては，ブロック層がバリアの役割を果たし，電圧状態において準粒子トンネルによる電流が得られるため，電流 - 電圧特性から CuO_2 層における準粒子状態密度を調べることができる．高温超伝導体では，1990 年以降，走査型トンネル顕微鏡や角度分解光電子分光によって，実空間や波数空間で分解しうる準粒子スペクトルが得られたが，固有トンネル分光は超伝導ギャップと最大ジョセフソン電流が同時にわかる唯一の手法であり，その有用性は現在でも失われていない．

固有ジョセフソン接合の電流 - 電圧特性の全体図を，図 5.16 に示す．超伝導状態は太線で示されたゼロ電圧領域に相当し，曲線で示された有限電圧状態では，準粒子トンネルによる電圧が生じている．また，臨界電流以上の高電流の印加下では，金属と同じようにオーミックな電流 - 電圧特性が得ら

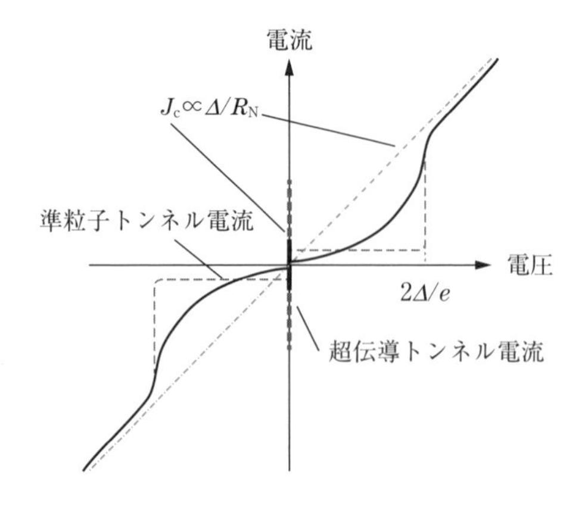

図 5.16　固有ジョセフソン接合の電流-電圧特性の全体概念図．横軸は，1 接合当りの電圧．太い破線で示す s 波超伝導体のジョセフソン接合の電流-電圧特性（スケールされていない）と比べて，準粒子トンネル電流が低電圧から流れている．これは，ノード準粒子に由来していると考えられている．

れる．超伝導ギャップ Δ と最大ジョセフソン電流密度 J_c の関係は，アンベガオカとバラトフ（Ambegaokar and Baratoff）[79] によって，

$$J_c^{AB} \approx \pi\Delta/2eR_NS \tag{5.88}$$

という関係をもつことが指摘された．固有トンネル分光では，T_c 以下での Δ および J_c と通常状態の抵抗（準粒子抵抗）R_N を独立に測定できるので，既知の接合面積 S を用いて，高温超伝導体固有ジョセフソン接合でも (5.88) が成り立つかチェックできる．

しかし，これらの物理量を正確に測定するためには，種々の工夫を凝らして測定を行う必要がある．R_N は超伝導が完全に壊れた状態での抵抗に相当するため，電流 - 電圧特性において，超伝導ギャップを十分に超える高電流域から見積もる必要がある．その目的を達するためには，発熱を十分に抑制する必要があり，幅 1 μs 以下のパルス電圧の印加を繰り返し，発熱の影響のない電流 - 電圧特性を得る方法を採用するなどの工夫が必要である．さらに，素子全体に対しても，自己発熱を最小化し，散逸させる仕組みを作ることが必要であり，こうした工夫の下，超伝導ギャップを超える電流域で電流 - 電圧特性は原点を通る直線に漸近していくことがわかった．

このようにして測定された R_N および Δ から，(5.88) を用いて得られた値に比べて，電流 - 電圧特性で見られる J_c は一桁以上小さい[80] ことが知られている．この理由については，STS などで見られている超伝導の不均一性や波数空間におけるフェルミアークとの関連が議論されているが，まだ明

らかとはなっていない．実験的には，Bi を一部 Pb に置換した固有接合でその乖離が小さくなることから，バリア層の性質が影響していることは間違いないといえる[81]．

(3)　固有トンネル分光による準粒子状態密度の研究

有限電圧状態の電流 - 電圧特性から，超伝導体が有する準粒子状態密度のエネルギー依存性を実験的に得ることができる．得られた準粒子状態密度のピーク構造から，超伝導ギャップがわかり，Bi2212 では 50 meV 程度のギャップと，そのギャップはアンダードープ側で大きい傾向にあることが知られている．ここで，図 5.17 に SIS 接合のモデルを示す．なお，超伝導体は d 波などのノードをもつ超伝導ギャップ（ノーダルギャップ）を仮定している．

ゼロバイアス状態では，フェルミ粒子である準粒子はトンネル効果を示すことができないが，超伝導ギャップがもつノードの存在により，わずかな電圧で準粒子トンネルが起こる．このため，c 軸方向の電流 - 電圧特性は低電圧の極限でも有限の傾きをもち，dI/dV - V のプロットは，$V = 0$ で丸い底となる[80]．バイアス電圧が超伝導ギャップに相当する時，トンネル確率および dI/dV は最大になる．なお，s 波超伝導体では，超伝導ギャップ以下の電圧において，準粒子トンネル電流は熱ゆらぎに起因する程度の電流し

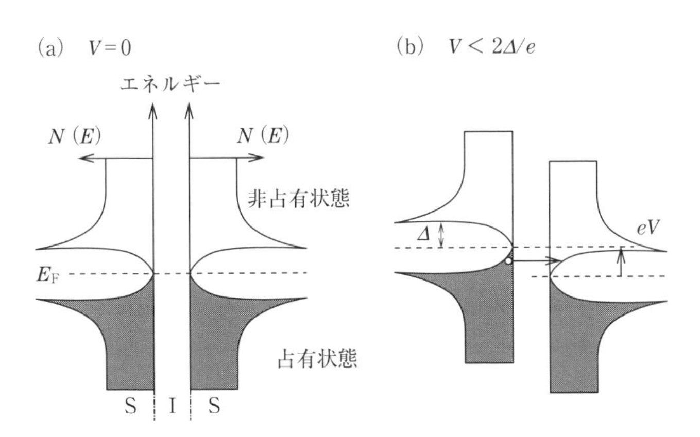

図 5.17　ノーダルギャップ SIS 接合のトンネルモデル．(a) ゼロバイアス状態では準粒子トンネルは起こらないが，(b) 超伝導ギャップより小さい有限バイアス状態ではノード準粒子トンネルが起こる．

か流れないため，dI/dV - V のプロットは，$V = 0$ 付近で平らな底を示す[20]．

なお，固有ジョセフソン接合では，超伝導ギャップより高いエネルギー領域でもギャップ由来のピーク構造は観測され，T_c よりも十分高い温度まで消失しないことから，これは，擬ギャップによるものと解釈されている．固有トンネル分光は，表面測定の ARPES や STS と異なり，試料内部の状態をも観測しているため，バルクの特性を反映していると考えられている．準粒子状態密度のゼロエネルギー状態である c 軸抵抗率についても，超伝導ギャップおよび擬ギャップのドーピング依存性が議論されている．さらに，温度や強磁場で超伝導状態を抑制することでも準粒子状態が調べられている[82]．

（4）　ジョセフソン磁束状態におけるプラズマ共鳴

高温超伝導体の ab 面に平行な磁場を加えた時，磁束量子は超伝導が抑制されているブロック層にその中心を据えることで，ジョセフソン磁束として超伝導体内に侵入することが知られている．ジョセフソン磁束は，ジョセフソン接合の位相差を空間的に変調させるため，位相励起の 1 つと見なせることから，同じく位相励起モードであるジョセフソンプラズマと強く結合する．したがって，ジョセフソンプラズマ周波数は c 軸方向磁場印加時とは異なり，単調に減少するだけでなく，複雑な振舞を示すことが期待できる．

当初，共鳴磁場が ab 面近傍では急激に減少し異方的超伝導モデルから大きくずれることと，磁場スイープにおいて異常なヒステリシスを示すことが報告され，ロックイン現象によるものであることが議論された[83]．さらに，周波数を変化させた系統的な測定により，プラズマ周波数の面内磁場依存性が明らかにされ，ジョセフソン磁束格子により変調されたジョセフソンプラズマモードに加えて，有限磁場だけに存在し，ジョセフソン磁束の振動に由来する共鳴モードが見出された[84]．前者は，ジョセフソン磁束格子の存在によって，励起されるジョセフソンプラズマ振動の周波数が決定されることを意味しており，固有接合からの電磁波発振について，周波数を外部磁場で自在に制御できるアイディアの根拠となった．これらの現象の理論的な説明については，5.1 節を参照されたい．

（5） 微小固有ジョセフソン接合における現象

（a） ロックイン現象

ab 面の微小な固有ジョセフソン接合においては，ジョセフソン磁束のロックイン現象とよばれる現象が観測されており，磁束と多層ジョセフソン積層系との相互作用を理解する上で重要な現象に位置づけられる．Bi2212 のように，異方性の強い固有ジョセフソン接合系に加える磁場を，*c* 軸方向から *ab* 面方向に近づけていく場合を考えよう．

c 軸平行磁場下では，磁束線が，超伝導層に強く誘起される渦電流によるパンケーキ磁束（高磁束密度）と，ブロック層での弱い渦電流による部分からなり，パンケーキ磁束間の相関は超伝導層間のジョセフソン接合と磁気的結合エネルギーによって決まる．磁場依存性は，おおむね *c* 軸方向の磁場成分によって決まる．磁場を *ab* 面に平行な方向へと近づけていくと，*ab*面方向の磁場成分を与えるジョセフソン磁束と *c* 軸方向の磁場成分を与えるパンケーキ磁束の混合系が現れる．この領域では，パンケーキ磁束とジョセフソン磁束は引力相互作用を及ぼし合い，互いに影響し合う[85]．

さらに *ab* 面方向に近づけ，*c* 軸成分が下部臨界磁場 H_{c1} を下回った時，パンケーキ磁束は消失してジョセフソン磁束だけの状態になる．これをロックイン現象とよぶ．ロックイン状態においては，ジョセフソン磁束は *ab* 面方向に自由に動けるようになるため，*c* 軸方向のバイアス電流によって *ab* 方向にフローすることができる．この場合，ジョセフソン効果によって *c* 軸方向に電圧が与えられるので，電圧は磁場と電流におおむね比例する[86]．これがジョセフソン磁束のフロー抵抗である．したがって，ロックイン状態では，*ab* 面近傍磁場下で *c* 軸抵抗が急激に増大し，その範囲では，抵抗が磁場角度に依存しない．

このようなロックイン現象は，バルク試料において，反磁場のために H_{c1} よりかなり値の小さい外部磁場の *c* 軸成分によってパンケーキ磁束が侵入するため，ロックイン状態の観測は困難であった．しかし，微細加工を用いて，測定試料の *ab* 面面積を *c* 軸厚さに比べて十分に小さくすることによって，反磁場係数を小さくすることができ，熱力学的な H_{c1} に近い外部磁場でパンケーキ磁束が侵入可能となった．このため，幅広い角度範囲でロックイン状態が実現できるようになった．

（b）フィスケステップ

長さ L，バリア層の厚さ S の単一ジョセフソン接合のバリア層に平行に磁場を加えて，磁束密度 $B = \Phi/Ls$ が誘起された場合を考える．この時，臨界電流の磁場依存性 $I_c(\Phi)$ は，図 5.18(a) に示すように量子化磁束 Φ_0 の周期で振動する（フラウンホーファーパターン）．図 5.18(b) に示す有限電圧における電流ステップ（矢印）はフィスケ（Fiske）ステップとよばれ，ジョセフソン磁束の周期と外部磁場に垂直な試料の幅とにマッチングが起きた時，バイアス電流を増加させても，散逸（電圧）が増加しない状態となる．このような状態では，微弱な電磁波の放射が観測されている[87]．

同様の電流－電圧特性は固有ジョセフソン接合のロックイン状態でも観測されているが，固有ジョセフソン接合は積層系であるため，ジョセフソン磁

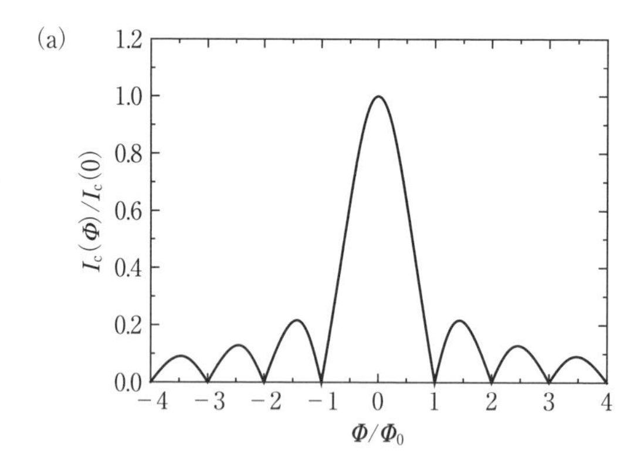

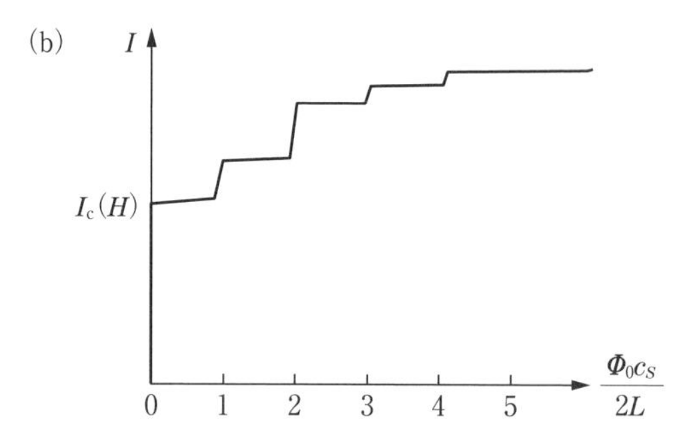

図 5.18　(a) 臨界電流 I_c の磁場依存性を示すフラウンホーファーパターンと (b) 電流－電圧特性に見られるフィスケステップ．

束が2次元格子を形成し，磁束間斥力によって隣接ジョセフソン接合に存在するジョセフソン磁束列は逆位相に配置する．よって，ジョセフソン三角格子を形成するため，励起される電磁波も位相が隣接接合間で逆位相となり，フィスケステップに伴う強い電磁波の放射は検出されていない．磁場により周波数を制御できる電磁波が直流バイアスによって励起されれば，応用上魅力的である．そこで周波数を磁場により制御し，かつ接合を同期させて強力な電磁波を放射させるアイディアが提案されてきた．実際に，*ab* 面に平行に磁場を加えた条件でのナノワットレベルのテラヘルツ波の検出がバエらによって報告された[45]．これは，ジョセフソン磁束接合列の位相が部分的にそろったために電磁波の放射が起きたと解釈された．如何にして，位相を同位相にそろえた状態を実現できるかは今後の課題である．最近，クラスノフ（Krasnov）らは，この話題と関連し，少ない積層数の固有接合スタックにおいて，フィスケステップを精密に測定し，スイハート速度の温度依存性からテラヘルツ光源としての周波数チューニングの議論を行っている[88]．

（c） **単一磁束侵入**

超伝導体に侵入する磁束が Φ_0 単位になることを示した最初の実験は，ドール（Doll）ら[89]とディエーバー（Deaver）ら[90]による．彼らは，ほぼ同時に，Pb に微細な穴を開けた試料の磁化が Φ_0 単位でステップ状に変化することを示した．微小高温超伝導体固有ジョセフソン接合でも，Φ_0 の侵入に対応する変化が c 軸抵抗にて観測されている．最初に，*ab* 面内面積 $S \simeq 1\,\mu\mathrm{m}^2$ の微小固有ジョセフソン接合スタックの *ab* 面に平行に磁場を加えた時のロックイン状態から，c 軸方向の磁場成分を増やしていくと，c 軸抵抗に表れていたフラックスフロー抵抗がほぼ Φ_0/S の周期で振動する現象が観測された[91]．これは，c 軸成分磁場により誘起された量子化渦糸がジョセフソン磁束をピン止めし（交差磁束），フローが妨げられているからと考えることができる[85]．このパンケーキ磁束侵入は，試料表面から起こり，c 軸伝導率を上昇させるので，ロックイン転移幅の温度依存性からパンケーキ磁束のゆらぎを評価することもできる[92]．ジョセフソン磁束フローが主要ではない c 軸方向の磁場下でも，Φ_0/S 周期に相当する c 軸抵抗の周期的な変化が観測される．

（d） **電流注入効果**

アンダードープ状態の固有ジョセフソン接合に，ジョセフソン臨界電流を大きく超える電流を長時間注入すると，接合スタックの T_c および J_c が上昇することが報告されている[93]．これは，電界効果とは異なり，注入を止めてもその状態が維持される．注入時の温度が高いほど，効果が大きいことから，注入されるキャリアのエネルギーによって化学的に活性化されるためと考えられている．

5.4.2 ジョセフソン磁束フロー抵抗振動

固有ジョセフソン接合の超伝導面に平行に磁場を印加すると，試料幅がジョセフソン磁場侵入長 λ_J より十分広い場合には，超伝導層間にジョセフソン磁束が侵入する．磁場の方向が超伝導面に平行な方向からある小さな角度以内であれば，ジョセフソン磁束は面間にロックインされる（ロックイン現象については 5.4.1 項参照）．ロックイン状態では，Bi2212 でのジョセフソン磁束は，試料中の不均質性の影響をあまり受けることなく，微小な面間（c 軸）方向の電流でも，容易に超伝導面に平行方向にフローする．ジョセフソン磁束を高速で駆動することで，テラヘルツ電磁波を励起できることが指摘（5.3.2 項参照）されており，高電流バイアス下でのジョセフソン磁束フローの動的性質は非常に興味深い．低電流側では，その一方，ジョセフソン磁束の配置など静的な性質を反映した特性が見られると期待できる．しかし，Bi2212 メサ型試料において，面内磁場の下，臨界電流 I_c やジョセフソン磁束フロー抵抗 R_c の磁場依存性を測定した初期の実験では，そのような振舞は観測されていなかった[35, 86]．

その後，半導体基板切削に用いられるダイシングソーを使用し，数十 μm 幅に細くした Bi2212 単結晶バーを，集束イオンビームにより図 5.19(a) のような S 字型形状へ加工した試料において，大井らは，R_c の磁場依存性を低電流で注意深く測定することで，図 5.19(b) のような比較的大きな振幅をもつ周期的な磁気抵抗振動現象を見出すことに成功した[94, 95]．この振動は，$\simeq 0.5 \sim 1$ T 付近から始まり，広い磁場領域で観察される．また，振動開始磁場の温度依存性は弱い．いくつかの異なるサイズの試料での系統的

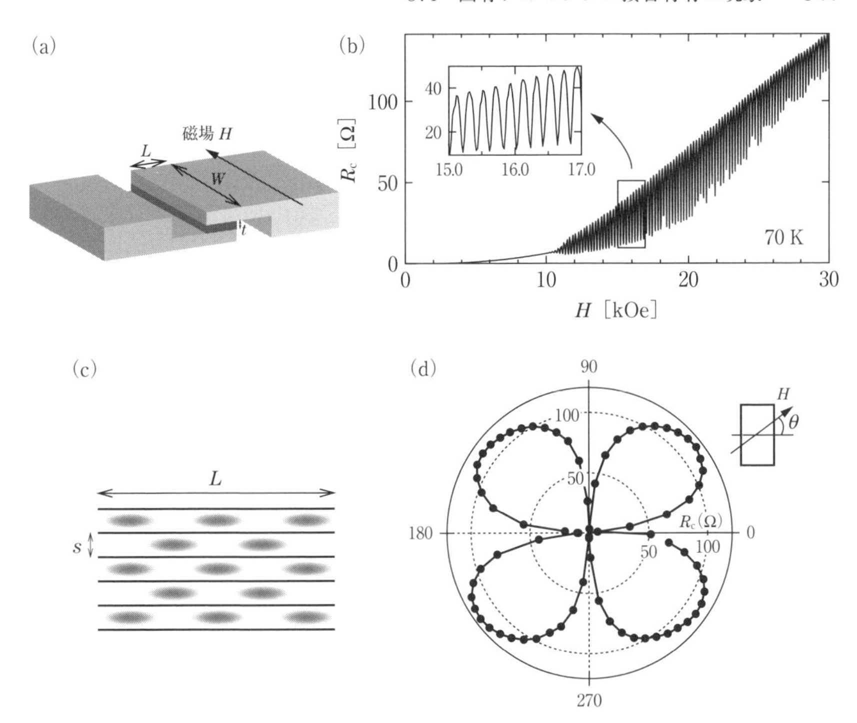

図 5.19 (a) S字型試料の模式図. (b) $L = 38.5\ \mu$m 試料での c 軸抵抗の磁気振動. (c) 固有接合スタック中のジョセフソン磁束三角格子. (d) c 軸抵抗の面内磁場角度依存性. (S. Ooi, *et. al.*: Physica **C408–410** (2004) 545 より許可を得て転載)

な測定から，振動の周期は，試料幅 L に反比例し，かつ 1 つの接合中に 1 個のジョセフソン磁束が入るのに必要な磁束密度 $B_\phi = \Phi_0/Ls$ の約 1/2 の値であることがわかった．1 つの固有接合中の磁束量を $\Phi = BLs$ とすると，この周期は $\Phi = \Phi_0/2$ である．また，$\Phi = n\Phi_0/2$ (n は整数) の時に振動は極小値になることも同時に示された．

観測された振動周期は，2 接合分につき 1 個のジョセフソン磁束が入る磁場に対応することから，振動が見られる磁場領域では，ジョセフソン磁束が図 5.19(c) のような三角格子の配置をとっていることが予想される．第 3 章にあるように，ジョセフソン磁束系の最も高磁場側の相は，すべての層間にジョセフソン磁束が入り，図 5.19(c) のように面内方向に引き伸ばされた三角格子相である．この三角格子相の始まる磁場はおよそ $B_{\mathrm{cr}} = \Phi_0/2\pi\gamma s^2$ に相当し[96, 97]，Bi2212 の場合 $\simeq 0.5\,\mathrm{T}$ である．これは，実験で見られる振動開始磁場とおよそ一致する．実際，三角格子のフローにより抵抗が振動することは，2 接合の積層方向に周期的境界条件を課した町田（Machida）などによる数値シミュレーションにより確かめられ，振動の原因は，スタック両端に存在する表面ポテンシャルとジョセフソン磁束格子との整合性による，動的なマッチング効果であることが明らかにされた[98]．この振動現象が試料端の影響を強く受けていることは，図 5.19(d) に示すように，磁束フロー抵抗の面内角度依存性の実験からも見てとれる．磁束線の方向と試料境界面が平行の時にフロー抵抗は強く抑制され，この時，磁気振動が現れること[99]，そして平行な方向からわずかに角度がずれてくると，磁束線に垂直方向の試料幅が分布をもち，振動にうなりが見られること[100] からも，上記のメカニズムの妥当性が確認された．その後，このような抵抗振動は，層間のジョセフソン結合が弱い不足ドープ域の Y123 や鉄系超伝導体においても広く観察され，積層固有ジョセフソン接合，そして異方性の強い超伝導体の普遍的現象であることがわかってきた[101, 102]．

では，試料端での表面ポテンシャルの原因は何であろうか？　無限に幅のある試料では，図 5.19(c) のようなジョセフソン磁束三角格子を，面内方向へ平行移動しても，エネルギー変化は生じない．しかし，試料端ではその限りでない．試料端付近では，境界面の法線方向の面内電流がゼロという境界条件があり，そのためジョセフソン磁束は境界面に平行にそろおうとする．この傾向ゆえに，試料端では，ジョセフソン磁束の配置は規則的な三角格子の位置から面内方向にずれることがわかる．実際，コシュレフ（Koshelev）は，試料境界付近での三角格子の歪みを考慮した上で，三角格子全体の面内平行移動（位相シフト α）に関して試料端での超伝導電流（エッジ電流）の変化を計算した．その結果，三角格子の歪みがないとエッジ電流は流れないこと[97, 103]，歪みが試料中央まで及んでいない長い接合の場合，試料の両端でのエッジ電流の和の位相シフト α についての最大値が，スタック全体での臨界電流となり，$I_{\mathrm{c}}(B) = I_{\mathrm{J}}\Phi_0/2\pi\Phi \cdot f(2\pi\Phi/\Phi_0)$ と表される[97] ことを明らかにした．ここで，I_{J} は定数で，$f(x)$ は $x = n\pi$ の時に極大で

$(n+1/2)\pi$ に極小をもつ周期関数である（n は整数）．こうして，図 5.20 (a) に示すように，I_c の磁場依存性は，短い単一接合の場合におけるフラウンホーファー型の磁場依存性と異なることがわかる．

単一接合も長い積層型固有ジョセフソン接合も，I_c は $1/B$ で減少するが，ジョセフソン磁束三角格子では振動周期がフラウンホーファー型の場合の 1/2 であり，フラウンホーファー型で I_c が極大になる時に，極小をとる点が異なっている．以上は，静的な場合の理論的帰結だが，微小電流で駆動され

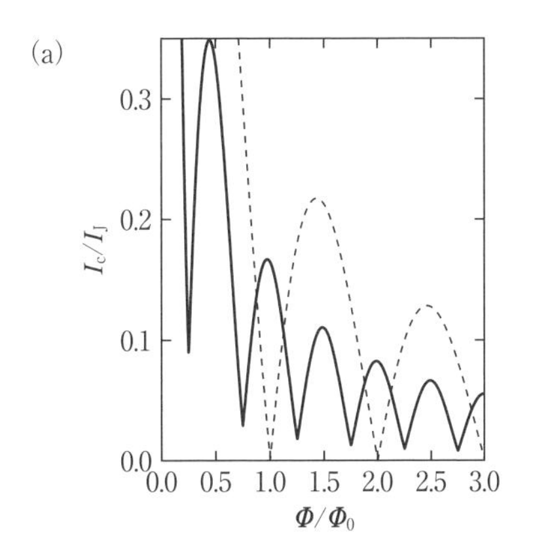

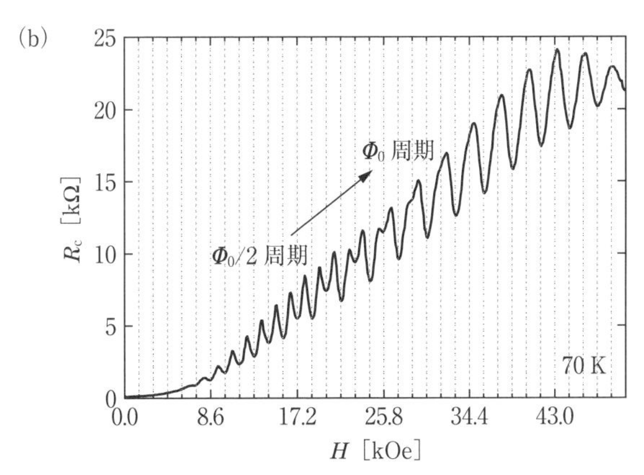

図 5.20 (a) $L \gg LB$ の場合の臨界電流密度の磁場依存性（実線）とフラウンホーファーパターン（破線）．(b) $L=5.8\,\mu$m 試料でのジョセフソン磁束フロー抵抗振動．振動周期にクロスオーバーが見られる．

たジョセフソン磁束フローにとってのポテンシャルの原因は，このエッジ電流であり[97]，エッジ臨界電流が大きいほどジョセフソン磁束三角格子はフローしにくくなり，フロー抵抗は減少する．

振動の原因となる，境界面との相互作用による三角格子の歪みの大きさは，試料端からある特徴的な長さ $L_{\mathrm{B}} = \pi\gamma^2 s^3 B/\sqrt{2}\Phi_0$ で指数関数的に減衰する[97]．試料の幅が $2L_{\mathrm{B}}$ と同程度かそれより短くなると，試料端の影響が試料中央まで及ぶようになり，徐々に短い接合と見なせる状態へクロスオーバーする．この様子は，試料を小さくする，もしくは，L_{B} が磁場に比例するため，図 5.19(b) のような磁場を大きくした場合に実際に観察される．この図において，低磁場での $\Phi_0/2$ 振動がある磁場から徐々に Φ_0 振動に移り変わるのがわかる．Φ_0 の振動周期から，この原因を四角（長方形）格子によるマッチングと考えたいところだが，短い試料では端の影響がスタック全体に及んでおり，すでに表面付近だけの問題ではない．実際，高磁場での Φ_0 振動の極大がちょうど $n\Phi_0$ に対応する点は，単純なマッチングでは説明しづらい．実験的にはより幅の狭い試料での系統的なサイズ依存性は，羽多野（Hatano）らや，掛谷（Kakeya）らにより調べられ，Φ_0 振動へのクロスオーバーが確認された[104, 105]．また，異方性によっても L_{B} は変化するので，Bi2212 の酸素量を制御することで異方性を変えて，このクロスオーバーの振舞が調べられた[106]．サイズ・磁場・異方性依存性は，およそ理論から予想される振舞と一致する．また逆に，このクロスオーバー磁場を異方性の評価に用いることもできる[103, 105]．

理論的には，短いスタックでの振動周期のクロスオーバーとジョセフソン磁束配置について，熱ゆらぎを考慮した数値シミュレーションが町田や入江（Irie）らにより行われ，静的・動的な性質が調べられた[107, 108]．また，解析的な考察はコシュレフにより与えられた[103]．それらによると，十分幅が短い試料では，ほとんどの磁場範囲で磁束が境界面に沿って並んだ四角格子が安定となり，振動周期は Φ_0 となることが示される．ただし，$\Phi = n\Phi_0$ 付近では境界からの影響が消失するため，$\Phi = n\Phi_0$ 近傍の磁場では四角格子が不安定化し，磁気的な斥力相互作用のために三角格子が現れる．I_{c} の磁場依存性はフラウンホーファーパターンと同様の振舞となるが，三角格子が実現

するちょうど $\Phi = n\Phi_0$ において，臨界電流は小さな極大をもつ．これもまた，多重接合特有の性質であることがわかる[103]．

5.4 節では，固有ジョセフソン接合が示すさまざまな物理現象（テラヘルツ発振以外）を説明した．これらの現象は，いずれも超伝導層が原子スケールである固有ジョセフソン接合の特異性に起因するが，その現象の豊かさは，従来のジョセフソン効果の教科書を丸ごと刷新して余りあるほどである．その上，いまだに解明されていない現象もあると考えられ，今後の研究によっては，これまでに知られていない新たな現象が見つかる可能性も高い．固有ジョセフソン接合は，相互作用し合う集団がもつ物理の豊かさを，超伝導現象（ジョセフソン効果）においても示した系として極めて興味深い対象といえる．

参考文献

[1] B. D. Josephson：Phys. Lett. **1** (1962) 251.

[2] R. Kleiner, F. Steinmeyer, G. Kunkel and P. Müller：Phys. Rev. Lett. **68** (1992) 2394.

[3] G. Oya, N. Aoyama, A. Irie, S. Kishida and H. Tokutaka：Jpn. J. Appl. Phys. **31** (1992) L829.

[4] M. Machida, T. Koyama, A. Tanaka and M. Tachiki：Physica **C331** (2000) 85.

[5] Y. Matsuda, M. B. Gaifullin, K. Kumagai, K. Kadowaki and T. Mochiku：Phys. Rev. Lett. **75** (1995) 4512.

[6] T. Koyama：Phys. Rev. **B68** (2003) 224505.

[7] K. Kadowaki, T. Wada and I. Kakeya：Physica **C362** (2001) 71.

[8] L. Ozyuzer, A. E. Koshelev, C. Kurter, N. Gopalsami, Q. Li, M. Tachiki, K. Kadowaki, T. Yamamoto, H. Minami, H. Yamaguchi, T. Tachiki, K. E. Gray,W. K. Kwok and U. Welp：Science **318** (2007) 1291.

[9] S. Lin and X. Hu：Phys. Rev. **B78** (2008) 134510.

[10] T. Koyama, H. Matsumoto, M. Machida and Y. Ota：Supercond. Sci. Technol. **24** (2011) 085007.

[11] T. Koyama and M. Tachiki：Phys. Rev. **B54** (1996) 16183.

[12]　M. Machida, T. Koyama and M. Tachiki：Phys. Rev. Lett. **83**（1999）4618.

[13]　S. Takeno and M. Peyrard：Physica **D92**（1996）140.

[14]　T. Koyama：J. Phys. Soc. Jpn. **70**（2001）2114.

[15]　K. Inomata, S. Sato, K. Nakajima, A. Tanaka, Y. Takano, H. B. Wang, M. Nagao, H. Hatano and S. Kawabata：Phys. Rev. Lett. **95**（2005）107005.

[16]　H. Kashiwaya, T. Matsumoto, H. Shibata, S. Kashiwaya, H. Eisaki, Y. Yoshida, S. Kawabata and Y. Tanaka：J. Phys. Soc. Jpn. **77**（2008）104708.

[17]　X. Y. Jin, J. Lisenfeld, Y. Koval, A. Lukashenko, A. V. Ustinov and P. Müller：Phys. Rev. Lett. **96**（2006）177003.

[18]　B. D. Josephson：Rev. Mod. Phys. **36**,（1964）216.

[19]　B. D. Josephson：Adv. Phys. **14**（1965）419.

[20]　A. Barone and G. Paterno："*Physics and Applications of the Josephson Effect*"（John Wiley & Sons, 1982).

[21]　X. Hu and S.-Z. Lin：Supercond. Sci. Technol. **23**（2010）053001.

[22]　L. N. Bulaevskii and A. E. Koshelev：Phys. Rev. Lett. **97**（2006）067001.

[23]　S.-Z. Lin and X. Hu：Phys. Rev. Lett. **100**（2008）247006.

[24]　A. E. Koshelev：Phys. Rev. **B78**（2008）174509.

[25]　F. Liu, S.-Z. Lin and X. Hu：Supercond. Sci. Technol. **26**（2013）025003.

[26]　M. Tonouchi：Nat. Photonics **1**（2007）97.

[27]　P. Barbara, A. B. Cawthorne, S. V. Shitov and C. J. Lobb：Phys. Rev. Lett. **82**（1999）1963.

[28]　K. Kadowaki and T. Mochiku：Physica **B194-196**（1994）2239.

[29]　A. A. Yurgens: Supercond. Sci. Technol. **13**（2000）R85.

[30]　I. Kakeya, K. Kindo, K. Kadowaki, S. Takahashi and T. Mochiku：Phys. Rev. **B57**（1998）3108.

[31]　K. Kadowaki, H. Yamaguchi, K. Kawamata, T. Yamamoto, H. Minami, I. Kakeya, U.Welp, L. Ozyuzer, A. E. Koshelev, C. Kurter, K. E. Gray and W. K. Kwok：Physica **C468**（2008）634.

[32]　H. B. Wang, S. Guénon, B. Gross, J. Yuan, Z. G. Jiang, Y. Y. Zhong, M. Grünzweig, A. Iishi, P. H. Wu, T. Hatano, D. Koelle and R. Kleiner：Phys. Rev. Lett. **105**（2010）057002.

[33]　U. Welp, K. Kadowaki and R. Kleiner：Nat. Photonics **7** (2013) 702.

[34]　I. Kakeya and H.－B. Wang：Supercond. Sci. Technol. **29** (2016) 073001.

[35]　R. Kleiner and P. Müller：Phys. Rev. **B49** (1994) 1327.

[36]　M. Tachiki, T. Koyama and S. Takahashi：Phys. Rev. **B50** (1994) 7065.

[37]　K. Tamasaku, Y. Nakamura and S. Uchida：Phys. Rev. Lett. **69** (1992) 1455.

[38]　O. K. C. Tsui, N. P. Ong, Y. Matsuda, Y. F. Yan and J. B. Peterson：Phys. Rev. Lett. **73** (1994) 724.

[39]　T. Shibauchi, T. Nakano, M. Sato, T. Kisu, N. Kameda, N. Okuda, S. Ooi and T. Tamegai：Phys. Rev. Lett. **83** (1999) 1010.

[40]　M. B. Gaifullin, Y. Matsuda, N. Chikumoto, J. Shimoyama and K. Kishio：Phys. Rev. Lett. **84** (2000) 2945.

[41]　M. Machida, T. Koyama, A. Tanaka and M. Tachiki：Physica **C330** (2000) 85.

[42]　M. Tachiki, M. Iizuka, K. Minami, S. Tejima and H. Nakamura：Phys. Rev. **B71** (2005) 134515.

[43]　S. M. Kim, H. B. Wang, T. Hatano, S. Urayama, S. Kawakami, M. Nagao, Y. Takano, T. Yamashita and K. Lee：Phys. Rev. **B72** (2005) 140504(R).

[44]　I. Kakeya, T. Yamzaki, M. Kohri, T. Yamamoto and K. Kadowaki：Physica **C437－438** (2006) 118.

[45]　M.－H. Bae, H.－J. Lee and J.－H. Choi：Phys. Rev. Lett. **98** (2007) 027002.

[46]　I. E. Batov, X. Y. Jin, S. V. Shitov, Y. Koval, P. Müller and A. V. Ustinov：Appl. Phys. Lett. **88** (2006) 262504.

[47]　T. Kashiwagi, K. Sakamoto, H. Kubo, Y. Shibano, T. Enomoto, T. Kitamura, K. Asamura, T. Yasui, C. Watanabe, K. Nakade, Y. Saiwai, T. Katsuragawa, M. Tsujimoto, R. Yoshizaki, T. Yamamoto, H. Minami, R. A. Klemm and K. Kadowaki：Appl. Phys. Lett. **107** (2015) 082601.

[48]　M. Tsujimoto, K. Yamaki, K. Deguchi, T. Yamamoto, T. Kashiwagi, H. Minami, M. Tachiki, K. Kadowaki and R. A. Klemm：Phys. Rev. Lett.：**105** (2010) 037005.

[49]　T. Kashiwagi, K. Yamaki, M. Tsujimoto, K. Deguchi, N. Orita, T. Koike, R. Nakayama, H. Minami, T. Yamamoto, R. A. Klemm, M. Tachiki and K. Kadowaki：J. Phys. Soc. Jpn. **80** (2011) 094709.

[50] A. E. Koshelev and L. N. Bulaevskii：Phys. Rev. **B77** (2008) 14530.

[51] T. Koyama, H. Matsumoto, M. Machida and K. Kadowaki：Phys. Rev. **B79** (2009) 104522.

[52] K. Kadowaki, T. Kashiwagi, H. Asai, M. Tsujimoto, M. Tachiki, K. Delfanazari and R. A. Klemm：J. Phys.：Conf. Ser. **400** (2012) 022041.

[53] H. Minami, I. Kakeya, H. Yamaguchi, T. Yamamoto and K. Kadowaki：Appl. Phys. Lett. **95** (2009) 232511.

[54] S. Sekimoto, C. Watanabe, H. Minami, T. Yamamoto, T. Kashiwagi, R. A. Klemm and K. Kadowaki：Appl. Phys. Lett. **103** (2013) 182601.

[55] T. M. Benseman, K. E. Gray, A. E. Koshelev, W.-K. Kwok, U. Welp, H. Minami, K. Kadowaki and T. Yamamoto：Appl. Phys. Lett., **103** (2013) 022602.

[56] H. B. Wang, S. Guénon, J. Yuan, A. Iishi, S. Arisawa, T. Hatano, T. Yamashita, D. Koelle and R. Kleiner：Phys. Rev. Lett. **102** (2009) 017006.

[57] A. Yurgens：Phys. Rev. **B83** (2011) 184501.

[58] I. Kakeya, Y. Omukai, T. Yamamoto, K. Kadowaki and M. Suzuki：Appl. Phys. Lett. **100** (2012) 242603.

[59] T. M. Benseman, A. E. Koshelev, W.-K. Kwok, U. Welp, K. Kadowaki, J. R. Cooper and G. Balakrishnan：Supercond. Sci. Technol. **26** (2013) 085016.

[60] H. Minami, C. Watanabe, K. Sato, S. Sekimoto, T. Yamamoto, T. Kashiwagi, R. A. Klemm and K. Kadowaki：Phys. Rev. **B89** (2014) 054503.

[61] M. Tsujimoto, H. Kambara, Y. Maeda, Y. Yoshioka, Y. Nakagawa and I. Kakeya：Phys. Rev. Appl. **2** (2014) 044016.

[62] M. Li, J. Yuan, N. Kinev, J. Li, B. Gross, S. Guénon, A. Ishii, K. Hirata, T. Hatano, D. Koelle, R. Kleiner, V. P. Koshelets, H. Wang and P. Wu：Phys. Rev. **B86** (2012) 060505(R).

[63] J. Faist, F. Capasso, D. L. Sivco, C. Sirtori, A. L. Hutchinson and A. Y. Cho：Science **264** (1994) 553.

[64] R. Köhler, A. Tredicucci, F. Beltram, H. E. Beere, E. H. Linfield, A. G. Davies, D. A. Ritchie, R. C. Iotti and F. Rossi：Nature **417** (2002) 156.

[65] H. Kanaya, R. Sogabe, T. Maekawa, S. Suzuki and M. Asada：J. Infrared, Millimeter, Terahertz Waves **35** (2014) 425.

[66] T. Kitamura, T. Kashiwagi, T. Yamamoto, M. Tsujimoto, C. Watanabe, K. Ishida, S. Sekimoto, K. Asanuma, T. Yasui, K. Nakade, Y. Shibano, Y. Saiwai, H. Minami, R. A. Klemm and K. Kadowaki：Appl. Phys. Lett. **105** (2014) 202603.

[67] M. Ji, J. Yuan, B. Gross, F. Rudau, D. Y. An, M. Y. Li, X. J. Zhou, Y. Huang, H. C. Sun, Q. Zhu, J. Li, N. Kinev, T. Hatano, V. P. Koshelets, D. Koelle, R. Kleiner, W. W. Xu, B. B. Jin, H. B. Wang and P. H. Wu：Appl. Phys. Lett. **105** (2014) 122602.

[68] I. Kakeya, N. Hirayama, T. Nakagawa, Y. Omukai and M. Suzuki：Physica **C491** (2013) 11.

[69] N. Orita, H. Minami, T. Koike, T. Yamamoto and K. Kadowaki：Physica **C470** (2010) S786.

[70] T. Kashiwagi, T. Yamamoto, T. Kitamura, K. Asanuma, C. Watanabe, K. Nakade, T. Yasui, Y. Saiwai, Y. Shibano, H. Kubo, K. Sakamoto, T. Katsuragawa, M. Tsujimoto, K. Delfanazari, R. Yoshizaki, H. Minami, R. A. Klemm and K. Kadowaki：Appl. Phys. Lett. **106** (2015) 092601.

[71] T. Kashiwagi, K. Sakamoto, H. Kubo, Y. Shibano, T. Enomoto, T. Kitamura, K. Asanuma, T. Yasui, C. Watanabe, K. Nakade, Y. Saiwai, T.Katsuragawa, M. Tsujimoto, R. Yoshizaki, T. Yamamoto, H. Minami, R. A. Klemm and K. Kadowaki：Appl. Phys. Lett. **107** (2015) 082601.

[72] M. Tsujimoto, H. Minami, K. Delfanazari, M. Sawamura, R. Nakayama, T. Kitamura, T. Yamamoto, T. Kashiwagi, T. Hattori and K. Kadowaki：J. Appl. Phys. **111** (2012) 123111.

[73] T. Kashiwagi, K. Nakade, B. Marković, Y. Saiwai, H. Minami, T. Kitamura, C. Watanabe, K. Ishida, S. Sekimoto, K. Asanuma, T. Yasui, Y. Shibano, M. Tsujimoto, T. Yamamoto, J. Mirković and K. Kadowaki：Appl. Phys. Lett. **104** (2014) 022601.

[74] T. Kashiwagi, K. Nakade, Y. Saiwai, H. Minami, T. Kitamura, C. Watanabe, K. Ishida, S. Sekimoto, K. Asanuma, T. Yasui, Y. Shibano, M. Tsujimoto, T. Yamamoto, B. Marković, J. Mirković, R. A. Klemm and K. Kadowaki：Appl. Phys. Lett. **104** (2014) 082603.

[75] D. Y. An, J. Yuan, N. Kinev, M. Y. Li, Y. Huang, M. Ji, H. Zhang, Z. L. Sun, L. Kang, B. B. Jin, J. Chen, J. Li, B. Gross, A. Ishii, K. Hirata, T. Hatano, V. P.

Koshelets, D. Koelle, R. Kleiner, H. B. Wang, W. W. Xu and P. H. Wu：Appl. Phys. Lett., **102**（2013）092601.

［76］ L. Y. Hao, M. Ji, J. Yuan, D. Y. An, M. Y. Li, X. J. Zhou, Y. Huang, H. C. Sun, Q. Zhu, F. Rudau, R. Wieland, N. Kinev, J. Li, W. W. Xu, B. B. Jin, J. Chen, T. Hatano, V. P. Koshelets, D. Koelle, R. Kleiner, H. B. Wang and P. H. Wu：Phys. Rev. Appl. **3**（2015）024006.

［77］ H. Minami, C. Watanabe, T. Kashiwagi, T. Yamamoto, K. Kadowaki and R. A. Klemm：J. Phys.：Condens. Matter **28**（2016）025701.

［78］ I. Giaever, H. R. Hart, Jr. and K. Megerle：Phys. Rev. **126**（1962）941.

［79］ V. Ambegaokar and A. Baratoff：Phys. Rev. Lett. **11**（1963）104.

［80］ M. Suzuki, T. Hamatani, K. Anagawa and T. Watanabe：Phys. Rev. **B85**（2012）214529.

［81］ H. Kambara, I. Kakeya and M. Suzuki：Phys. Rev. **B87**（2013）214521.

［82］ T. Shibauchi, L. Krusin－Elbaum, M. Li, M. P. Maley and P. H. Kes：Phys. Rev. Lett. **86**（2001）5763.

［83］ O. K. C. Tsui, S. P. Bayrakci, N. Ong, K. Kishio and S. Watauchi：Phys. Rev. **B56**（1997）R2948(R).

［84］ I. Kakeya, T. Wada, R. Nakamura and K. Kadowaki：Phys. Rev. **B72**（2005）014540.

［85］ A. E. Koshelev：Phys. Rev. Lett. **83**（1999）187.

［86］ G. Hechtfischer, R. Kleiner, K. Schlengo, W. Walkenhorst, P. Müller and H. L. Johnson：Phys. Rev. **B55**（1997）14638.

［87］ D. N. Laugenberg, D. J. Scalapino, B. N. Taylor and R. E. Eck：Phys. Rev. Lett. **15**（1965）294.

［88］ S. O. Katterwe, A. Rydh, H. Motzkau, A. B. Kulakov and V. M. Krasnov：Phys. Rev. **B82**（2010）024517.

［89］ R. Doll and M. Näbauer：Phys. Rev. Lett. **7**（1961）51.

［90］ B. S. Deaver, Jr. and W. M. Fairbank：Phys. Rev. Lett. **7**（1961）43.

［91］ I. Kakeya, K. Fukui, K. Kawamata, T. Yamamoto and K. Kadowaki：Physica **C468**（2008）669.

［92］ A. E. Koshelev, A. I. Buzdin, I. Kakeya, T. Yamamoto and K. Kadowaki：Phys. Rev. **B83**（2011）224515.

[93] Y. Koval, X. Jin, C. Bergmann, Y. Simsek, L. Özyüzer, P. Müller, H. Wang, G. Behr and B. Büchner：Appl. Phys. Lett., **96** (2010) 082507.

[94] S. Ooi, T. Mochiku and K. Hirata：Phys. Rev. Lett. **89** (2002) 247002.

[95] K. Hirata：“*Superconductors - properties, technology, and applications*” ed. by Y. Grigorashvili (http://www.intechopen.com/books/superconductors-properties-technology-and-applications) chap. 7.

[96] L. Bulaevskii and J. R. Clem：Phys. Rev. **B44** (1991) 10234.

[97] A. E. Koshelev：Phys. Rev. **B66** (2002) 224514.

[98] M. Machida：Phys. Rev. Lett. **90** (2003) 037001.

[99] S. Ooi, T. Mochiku, S. Yu, E. S. Sadki, N. Ishikawa and K. Hirata：Physica **C408 - 410**, (2004) 545.

[100] S. Ooi, T. Mochiku, S. Yu, E. S. Sadki, H. Ishikawa and K. Hirata：Physica **C412 - 414**, (2004) 454.

[101] M. Nagao, S. Urayama, S. M. Kim, H. B. Wang, K. S. Yun, Y. Takano, T. Hatano, I. Iguchi, T. Yamashita, M. Tachiki, H. Maeda and M. Sato：Phys. Rev. **B74**, (2006) 054502.

[102] P. J. W. Moll, X. Zhu, P. Cheng, H. - H. Wen and B. Batlogg：Nat. Phys. **10** (2014) 644.

[103] A. E. Koshelev, Phys. Rev. **B75** (2007) 214513.

[104] T. Hatano, H. Wang, S. Kim, S. Urayama, S. Kawakami, S. - J. Kim, M. Nagao, K. Inomata, Y. Takano, T. Yamashita and M. Tachiki：IEEE Trans. Appl. Supercond. **15** (2005) 912.

[105] I. Kakeya, Y. Kubo, M. Kohri, M. Iwase, T. Yamamoto and K. Kadowaki：Phys. Rev. **B79** (2009) 212503.

[106] S. Yu, S. Ooi, T. Mochiku and K. Hirata：Physica **C426 - 431** (2005) 51.

[107] M. Machida：Phys. Rev. Lett. **96** (2006) 097002.

[108] A. Irie and G. Oya：Supercond. Sci. Technol. **20** (2007) S18.

第6章

基礎から応用へ

6.1 巨視的量子トンネル現象と量子ビット

6.1.1 巨視的量子トンネル現象

トンネル効果は，微視的な世界で起こる量子力学的現象の1つである．ところが1980年代に入って，ジョセフソン接合の位相差ϕのような巨視的物理量も，トンネル効果を示すという驚くべき事実が明らかになってきた．この現象は，巨視的量子トンネル（Macroscopic Quantum Tunneling：MQT）[1,2]とよばれる．巨視的自由度は，それを取り巻く多数の微視的自由度との相互作用が不可避である．つまり，巨視的自由度は，これらの微視的自由度とエネルギーのやりとりをしながら運動を行うことになる．その結果，エネルギーが微視的自由度の総体である環境系へ不可逆的に流れる過程，つまり散逸が生じる．カルデイラ（Caldeira）とレゲット（Leggett）は，散逸が存在する場合のトンネル問題を虚時間ファインマン経路積分法に基づいて定式化し，散逸によってMQTが抑制されることを理論的に示した[3]．その後この研究が発端となり，ジョセフソン接合を舞台として巨視的自由度および散逸系の量子力学の研究が発展するようになった．

まず初めに，ジョセフソン接合においてMQTを観測する方法について説明する．そこで，図6.1(a)のように定電流源$I_{\rm ext}$に接続されたSISジョセフソン接合について考える．ここでSは超伝導体，Iは絶縁体である．この時，巨視的位相差ϕの古典ダイナミクスは，接合に抵抗RとキャパシタンスCを並列接続したRCSJ（Resisitively and Capasitively Shunted Junction）モデルとよばれる等価回路を用いて記述できる（図6.1(b)）．この等価回路に対して，キルヒホッフの法則およびジョセフソン加速方程式を適応する

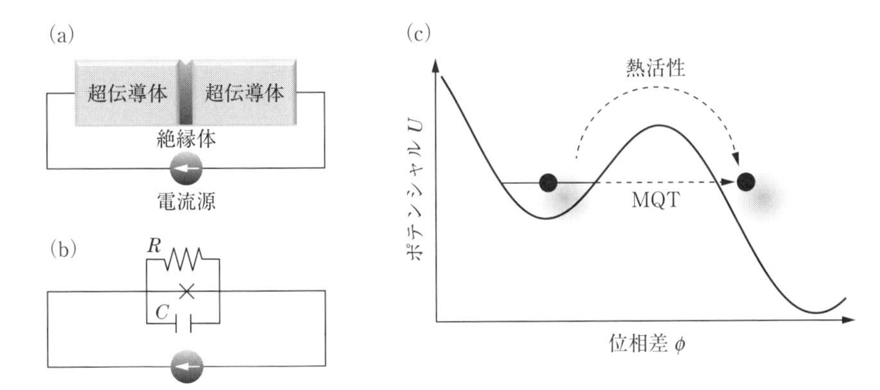

図 6.1 (a) 電流バイアス SIS ジョセフソン接合の模式図と (b) その等価回路.(c) 位相差 ϕ に対する傾いた洗濯板ポテンシャル U. 低温領域においては,巨視的量子トンネル (MQT) によって準安定状態からのスイッチ事象が生じる.

と,ϕ に対する非線形微分方程式が得られる.

$$C\left(\frac{\hbar I_C}{2e}\right)^2\frac{d^2\phi}{dt^2}+\left(\frac{\hbar I_C}{2e}\right)^2\frac{1}{R}\frac{d\phi}{dt}+\frac{\hbar I_C}{2e}\left(\sin\phi-\frac{I_{ext}}{I_C}\phi\right)=0 \quad (6.1)$$

ここで,I_C は接合のジョセフソン臨界電流である.この方程式は,傾いた洗濯板ポテンシャル $U(\phi)=-(\hbar I_C/2e)\{\cos\phi+(I_{ext}/I_C)\phi\}$ (図 6.1(c)) 中を運動する,質量 $M=C(\hbar/2e)^2$ の仮想粒子に対する運動方程式と同じである.この式からわかるように,外部電流 I_{ext} を増大していくとポテンシャル U がどんどん傾くようになる.熱ゆらぎが支配的な高温領域においては,熱活性過程によって (ϕ が一定の) ゼロ電圧状態から (ϕ が時間と共に変化する) 有限電圧状態への脱出 (スイッチ事象) が起こる.この熱活性過程による脱出率は,クラマース (Kramers) 理論を用いて

$$\Gamma_{TA}=\frac{\omega_p}{2\pi}\exp\left(-\frac{U_0}{k_BT}\right) \quad (6.2)$$

で与えられる[2].ここで,$\omega_p=\omega_{po}\{1-(I_{ext}/I_C)^2\}^{1/4}$ はジョセフソンプラズマ振動数 ($\omega_{po}=\sqrt{2\pi I_C/\Phi_0 C}$),$U_0$ はトンネル障壁の高さである.

一方,温度 T を下げていくと量子ゆらぎ,すなわち MQT によってこのスイッチ事象が起こるようになる.散逸がない場合の MQT による脱出率は,インスタントン法を用いて

$$\Gamma_{\mathrm{MQT}} = 12\omega_{\mathrm{p}}\sqrt{\frac{3U_0}{2\pi\hbar\omega_{\mathrm{p}}}}\exp\left(-\frac{36U_0}{5\hbar\omega_{\mathrm{p}}}\right) \tag{6.3}$$

で与えられる[1]．なお，熱活性過程からMQT過程へ移り変わる温度はクロスオーバー温度T_{co}とよばれ，散逸がない場合は$T_{\mathrm{co}} = \hbar\omega_{\mathrm{p}}/2\pi k_{\mathrm{B}}$で与えられる．もし散逸が存在すると，$T_{\mathrm{co}}$は散逸がない場合に比べて減少する[2]．

これまで，MQTの実験研究は，主としてNbやAlなどの金属系BCS超伝導体ジョセフソン接合を利用して行われてきた．1986年にIBMのヴォス（Voss）とウエッブ（Webb）は，世界で初めてジョセフソン接合におけるMQTの観測に成功した[4]．彼らの画期的成果によって，量子力学が巨視的スケールでも成立することが定性的にではあるが示された．その後クレランド（Cleland）らは，ジョセフソン接合にシャント抵抗を並列接続し，シャント抵抗での散逸によるMQT抑制を定量的に検証した[5]．一方，シャント抵抗が存在しない理想的なジョセフソン接合においては，散逸は熱的準粒子のトンネルによって生じる．しかし，有限の超伝導ギャップのため，低温領域においては非常に弱い準粒子散逸しか生じないことがアンベガオカ（Ambegaokar）らによって理論的に示されている[6]．

最近では，鉄系超伝導体やMgB_2などの多ギャップ超伝導体接合へのMQT理論の拡張が行われている[7,8]．また，MQTの研究は1980年後半以降大きな発展を遂げ，量子化エネルギー準位や巨視的量子コヒーレンス[1]の観測を経て，超伝導量子ビット[9]や複合量子回路[10]の実現，さらにはD-Wave社による超伝導量子アニーリング機械の商用化[11]へとつながっていった．

6.1.2　高温超伝導体接合における巨視的量子トンネルの理論

前節で述べたBCS超伝導体におけるMQTは，現在ではよく理解されており，巨視的位相差ϕが量子力学的に振舞うことは十分に確立している．それでは，高温超伝導体ではどうであろうか．素朴に考えると，高温超伝導体のI_{C}はBCS超伝導体よりも桁違いに大きいので，クロスオーバー温度$T_{\mathrm{co}} \simeq \sqrt{I_{\mathrm{C}}}$も高くなると思われる．しかしながら高温超伝導体においては，超伝導ギャップΔの対称性がd波的であることに注意しなければならない．

量子散逸の点から見ると，d 波高温超伝導体には s 波 BCS 超伝導体と大きく異なる点が 2 つある．1 つは，超伝導ギャップにおけるノード（節）の存在である．ノードの存在によって，いくら極低温であってもノード方向に無限小のエネルギーで準粒子励起が可能となる．そのため，ノード準粒子によって MQT が抑制されると考えられる．

さらにもう 1 つは，ゼロエネルギー状態（Zero Energy State：ZES）の存在である．CuO_2 面に平行な ab 面内ジョセフソン接合においては，超伝導体とトンネル障壁との界面近傍に ZES が形成される[12]．ZES は，フェルミ面直上に形成される準粒子束縛状態であり，散逸の原因となる準粒子トンネルを助長する．そのため，ZES によって MQT が大きく抑制されると考えられる．本節においては，まず，高温超伝導体ジョセフソン接合における準粒子散逸効果と MQT の理論について紹介し，d 対称性に起因して極めて多彩な量子散逸が発現することを示す（表 6.1）．

ジョセフソン接合の分配関数 $\mathscr{Z}$ は，ϕ の虚時間経路積分として次式のように表せる[2]．

$$\mathscr{Z} = \int \mathscr{D}\phi(\tau) \exp\left[-\frac{\mathscr{S}_{\mathrm{eff}}[\phi]}{\hbar}\right] \tag{6.4}$$

表 6.1　さまざまなジョセフソン接合における記憶関数 $\alpha(\tau)$ と量子散逸の型[13]．超伝導ギャップが d 波的である高温超伝導体接合においては，接合の種類に依存して多彩な量子散逸が生じる．

Δ の対称性	接合モデル	記憶関数 α	散逸の型
s 波	SIS 接合	指数関数	質量繰り込み
s 波	SNS 接合	$1/\|\tau\|^2$	オーム型
d 波	c 軸接合（コヒーレント）	$1/\|\tau\|^3$	超オーム型
d 波	c 軸接合（インコヒーレント）	$1/\|\tau\|^4$	超オーム型
d 波	固有ジョセフソン接合	$1/\|\tau\|^5$	超オーム型
d 波	ab 面内型接合（ZES 無）	$1/\|\tau\|^3$	超オーム型
d 波	ab 面内型接合（ZES 有）	$1/\|\tau\|^2$	オーム型
d 波	s 波/d 波接合	指数関数	質量繰り込み

$$\mathscr{S}_{\mathrm{eff}}[\phi] = \int_0^{\hbar\beta} d\tau \left[\frac{M}{2} \left(\frac{\partial \phi(\tau)}{\partial \tau} \right)^2 + U(\phi) \right] - \int_0^{\hbar\beta} d\tau \int_0^{\hbar\beta} d\tau' \, \alpha(\tau - \tau') \cos \frac{\phi(\tau) - \phi(\tau')}{2} \tag{6.5}$$

ここで，有効作用 $\mathscr{S}_{\mathrm{eff}}$ の第 1 項目は，傾いた洗濯板ポテンシャル $U(\phi)$ 中を運動する質量 M の仮想粒子に対する作用である．一方，第 2 項目は散逸作用とよばれ，位相差 ϕ に対する遅延効果を表す．また，積分核の $\alpha(\tau)$ は記憶関数であり，準粒子散逸の影響を記述する[2]．

例えば，シャント抵抗のない理想的 s 波 SIS 接合においては，準粒子励起にギャップ 2Δ が存在するため，記憶関数は短時間で指数関数的に減衰する関数 $[\alpha(\tau) \propto \exp(-2\Delta|\tau|/\hbar)]$ となる[6]．その結果，遅延効果は非常に弱くなるため，準粒子散逸は質量繰り込み程度の効果しか与えない．一方，SNS 接合（N は金属）や N がシャントされた SIS 接合の場合は，記憶関数が極めてゆっくりと減衰する関数 $[\alpha(\tau) \propto |\tau|^{-2}]$ となる．この場合遅延効果は非常に大きくなり，強いオーム型散逸が生じる．

それでは，ノード方向にのみ準粒子励起ギャップが閉じている d 波高温超伝導体の場合，どのような準粒子散逸が生じるのであろうか．まず，2 枚の高温超伝導体を c 軸方向に接合した c 軸接合について考えてみる．この接合の記憶関数 $\alpha(\tau)$ は，電子が I 層をトンネルする際に CuO_2 面内運動量を保存するかどうかに依存する．例えば，面内運動量を保存するコヒーレントトンネルの場合は $\alpha(\tau) \propto |\tau|^{-3}$ となり，保存されないインコヒーレントトンネルの場合は $\alpha(\tau) \propto |\tau|^{-4}$ となる[14-16]．したがって c 軸接合の記憶関数は，オーム型の場合よりも早く減衰する関数となる．このような散逸は超オーム型散逸とよばれ，オーム型に比べて定性的に弱い散逸効果しか与えない[2]．一方，CuO_2 面が天然積層した固有ジョセフソン接合の場合，電子の層間トンネル行列要素の異方性[17] のために，散逸カーネルは $\alpha(\tau) \propto |\tau|^{-5}$ となる．

上記のモデルに基づいて，c 軸および固有接合の MQT 率を評価すると，ノード準粒子による MQT 抑制の効果は無視できるぐらい弱いことが川畑

(Kawabata) や横山 (Yokoyama) らにより理論的に示されている[14,13]. したがって，高温超伝導体接合においては，BCS 超伝導体ジョセフソン接合よりも高温領域においては MQT の観測が可能になると期待される．実際，BCS 超伝導体ジョセフソン接合の T_{co} は高々 300 mK 程度[18] であるが，高温超伝導体 $Bi_2Sr_2CaCu_2O_y$(Bi2212) 固有ジョセフソン接合の物性パラメーターに基づいて T_{co} を見積もると，約 1 K となる．このことは，次項で示すように猪股 (Inomata) らの Bi2212 固有ジョセフソン接合を用いた MQT 実験によって確認された[19].

それに対し，超伝導面に平行な ab 面内型ジョセフソン接合においては，表 6.1 に示すように接合のモデルに依存して極めて多彩な量子散逸が生じうる[13]. 例えば，ZES が発現する接合においては，オーム型の準粒子散逸が生じるために MQT は強く抑制される[20]. このように，高温超伝導体ジョセフソン接合は，量子散逸の物理を系統的に研究するための格好の舞台となる．

一方，ジョセフソン接合が天然積層した固有ジョセフソン接合においては，各超伝導層の厚さが数 Å であるため，単一の超伝導層だけでは電場および磁場の遮蔽が不完全となる．その結果，超伝導層から浸み出した電磁場が遠くの超伝導層に影響を与え，接合間に強い電磁気的な相互作用が生じる[21]. このような接合間相互作用は MQT に甚大な影響を与える．実際，固有ジョセフソン接合においては，すべての N 個の接合が同時に MQT を起こす一斉スイッチ事象がジン (Jin) らによって観測された[22]. そして，その事象に対する MQT 率は，単一接合の場合に比べて $O(N^2)$ 倍に増大することが実験的に示されている．

その後小山 (Koyama) らは，キャパシティブ結合が存在する固有ジョセフソン接合の MQT を理論的に定式化し，1 つの接合がスイッチすると他の接合も逐次的に MQT を起こすことを示した[23]. さらに彼らは，この過程の MQT 率は単一接合の場合の $O(N^2)$ 倍になることも明らかにした．一方，フィストゥル (Fistul) は，外部環境回路と結合したジョセフソン接合列の MQT 理論を構築し，接合列全体に広がった電荷インスタントンが誘起されることによって，MQT 率が大きく増大することを示している[24]. またサベレフ（Savelev）らは，インダクティブ結合モデルに基づいて，フラクソンのトンネルという描像によってジンらの実験結果を定量的に再現している[25]．

また次項で紹介するように，1つの接合が有限電圧状態にスイッチした後に，別の接合がMQTを起こす現象（第2スイッチ事象）も実験的に観測されている[26-28]．この事象に対するMQT率も単一接合の場合に比べて桁違いに増大することがわかっているが，その物理的起源は現段階では不明である．理論的には，キャパシティブに結合した固有ジョセフソン接合においては，1つの接合が有限電圧状態の場合，別の接合の洗濯板ポテンシャル U が周期的に時間変動することがわかっている[29]．また，次節で紹介するように，接合が有限電圧状態に変化することでジュール熱や非平衡準粒子注入も発生する[27]．したがって，今後この興味深い現象を理解するために，熱およびダイナミクスの効果を取り入れたMQT理論の構築が望まれる．

6.1.3　固有ジョセフソン接合系における巨視的量子トンネル現象の実験

銅酸化物高温超伝導体において，超伝導層間が互いにジョセフソン結合した固有ジョセフソン接合が形成されることを最初に示した実験は，1992年のクライナー（Kleiner）らによるBi2212単結晶で観測された固有ジョセフソン効果の実験である[30,31]．その後，この系におけるMQTが2005年に猪股らによって初めて報告された[19]．

彼らが用いた微小な固有ジョセフソン接合素子の形状を図6.2に示す．集束イオンビーム（FIB）によってBi2212単結晶から作製されたこの素子では，CuO_2 面に平行な電流に対する電気抵抗率（ρ_{ab}）と垂直な電流に対する電気抵抗率（ρ_c）における強い異方性（$\rho_c/\rho_{ab} \gg 1$）を利用して，

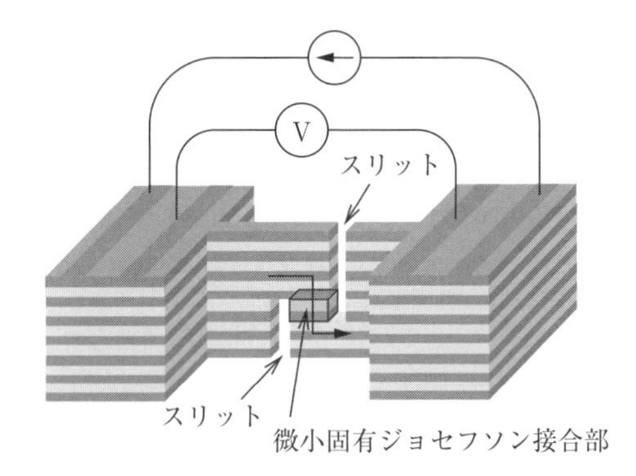

図6.2　固有ジョセフソン接合素子の模式図

2つのスリットに挟まれた微小な固有ジョセフソン接合部分（$\simeq 1 \times 1 \times 0.1$ μm^3）の電流－電圧特性を調べることができる.

MQTの観測には，一定の掃引速度で増大する電流バイアスの関数として，スイッチ事象の発生確率分布 $P(I)$ の測定が必要である．スイッチ事象が起こる電流（スイッチング電流 I_{SW}）は，ジョセフソン接合の電流－電圧特性の説明によく用いられるRCSJモデル（6.1.1項）において，熱ゆらぎや量子ゆらぎの影響を考えなければ厳密に臨界電流 I_C に一致するが，ゆらぎを考慮すると，I_C よりも小さい電流バイアス値でも確率過程に支配されたスイッチ事象が発生するため，$I_{SW} < I_C$ となる.

複数のジョセフソン接合が含まれる固有ジョセフソン接合素子の電流－電圧特性には，各ジョセフソン接合が電圧状態にスイッチしていく振舞に対応して，図6.3のような多重ブランチ構造が現れる．このうち，猪股らが調べたのはゼロ電圧状態から第1電圧状態へのスイッチ（第1スイッチ）事象に対する $P(I)$ である．彼らは，まず4.2 Kから1.1 Kまでの $P(I)$ の温度変化が，古典的熱ゆらぎの効果を考慮したクラマース理論（6.1.1項）でよく説明されることを示した．これは，複数のジョセフソン接合を含む固有ジョセフソン接合系においても従来の単一接合モデルが十分有効なことを示しており，ジョセフソン接合の特性パラメーターである臨界電流密度 j_{c0} やジョセフソンプラズマ周波数 ω_{p0} などが，このモデルから評価できることを示している．ただし，固有ジョセフソン接合系では，$\omega_{p0} = \sqrt{2ej_{c0}d/\hbar\varepsilon_r\varepsilon_0}$ のように ω_{p0} が物質定数となることに注意すべきである．ここで，d および ε_r はキャリア供給層ブロックの厚さおよび比誘電率である.

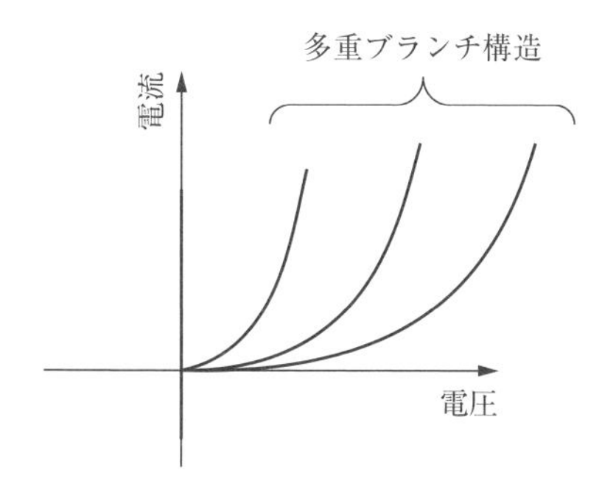

図 6.3 固有ジョセフソン接合素子の電流－電圧特性の模式図．この図は，固有ジョセフソン接合に含まれる複数のジョセフソン接合のうち，3つの接合が電圧状態にスイッチした場合を表している.

I_C の異なる２つの素子に対する $P(I)$ 分布の標準偏差 σ を，各温度でプロットした図として図 6.4 に示す．いずれの素子においても，約 1 K より高温領域では $P(I)$ 分布の標準偏差が温度減少と共に減少するのに対し，1 K より低温領域では標準偏差が温度によらず一定の値を示すことから，MQT クロスオーバー温度 T_{co} が共に約 1 K であることが判明した．この値は，クラマース理論による解析から得られる ω_p を用いた T_{co} の理論値とよい一致を示し，銅酸化物系の固有ジョセフソン接合の方が金属系従来超伝導体のジョセフソン接合よりも１桁程度高い T_{co} を示すことが判明した．また，この結果は，MQT に対するノード準粒子散逸の影響は無視できるほど小さいという理論予測[14] とも一致する．

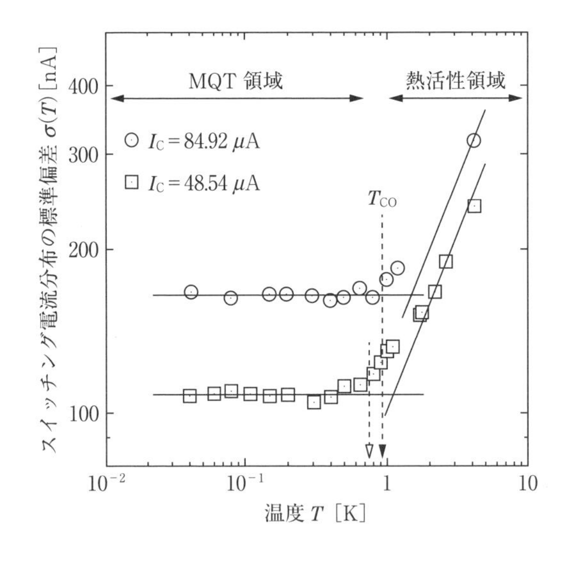

図 6.4 Bi2212 固有ジョセフソン接合におけるスイッチング電流分布 $P(I)$ の標準偏差 σ の温度 T 依存性（K. Inomata, S. Sato, K. Nakajima, A. Tanaka, Y. Takano, H. B. Wang, M. Nagao, H. Hatano and S. Kawabata: Phys. Rev. Lett. **95** (2005) 107005 より許可を得て転載）．

さらに，固有ジョセフソン接合系の巨視的量子現象は，マイクロ波照射による量子化エネルギー準位（Energy Level Quantization：ELQ）の観測実験からも検証された．T_{co} 以下の MQT 領域では，ゼロ電圧状態を表す仮想粒子はポテンシャル井戸中に束縛された量子力学的定常状態として記述され，そのエネルギーは $\hbar\omega_p$ 間隔で離散化する．したがって，外部から $\omega_p/2\pi$ 程度のマイクロ波を入射すると，基底状態からの MQT に加え，マイクロ波を吸収して基底状態から第１励起状態に励起された仮想粒子による

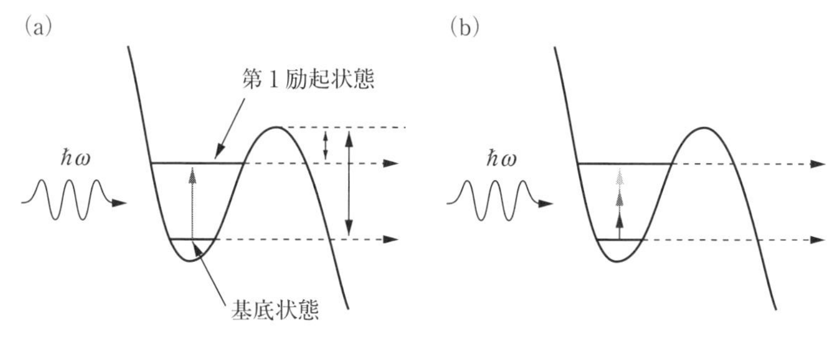

図 6.5　マイクロ波吸収による励起状態からの MQT．(a) 単一光子励起過程および (b) 多光子励起過程（3 光子の場合）．

MQT がマイクロ波照射強度の増大と共に観測される（図 6.5(a)）．このとき，第 1 励起状態に対するポテンシャル障壁の高さは，基底状態に対する障壁に比べて小さいので，第 1 励起状態からの MQT は基底状態からの MQT よりも低いバイアス電流で生じる．

従来超伝導体の Nb ジョセフソン接合に対する ELQ は，1985 年にマルティニスらにより観測された[32, 33]．一方，固有ジョセフソン接合系に対しては，基底状態から第 1 励起状態への多光子励起過程（図 6.5(b)）を利用したジンらの実験によって，2006 年に初めて報告された[22]．これは，固有ジョセフソン接合系の $\omega_{\mathrm{p}}/2\pi$ が 100 GHz を超える場合，基底状態から第 1 励起状態への励起を単一光子過程で実現させることが実験的に困難だったからである．

彼らは Bi2212 単結晶の良好なへき開性を利用した両面イオンビーム加工によって作製された固有ジョセフソン接合素子を用い，ゼロ電圧状態から第 1 電圧状態への第 1 スイッチ事象だけではなく，ゼロ電圧状態からすべての接合が同時に電圧状態にスイッチする一斉スイッチ事象に対する MQT と ELQ を観測した．さらに，第 1 スイッチ事象に比べて一斉スイッチ事象では MQT 率が大幅に増大すると主張し，6.1.2 項で説明したように固有ジョセフソン接合系の MQT 現象に対する接合間相互作用の重要性[23-25]に着目するきっかけを与えた．

第 1 スイッチや一斉スイッチなどゼロ電圧状態からのスイッチ事象に対する MQT に関しては，その後もメサ形状に微細加工された固有ジョセフソン接合素子を用いた実験[27, 34, 35]や，マイクロ波照射実験によるELQ観測（多光子励起だけでなく単一光子励起も含む）の追試実験[27, 36, 37]の他，ゼロ電圧状態から第2電圧状態や第3電圧状態への逐次スイッチ事象を調べた実験[38]などが報告されており，Bi系銅酸化物についてはほぼ確立された状況にあると考えられる．

一方，Bi系銅酸化物以外の固有ジョセフソン接合については，マイクロ波照射によるELQの観測はまだ報告されておらず，$P(I)$測定のみ報告されている[39-41]．いずれもBi系よりもj_{c0}が大きく，より大きなω_{p0}をもつため，より高いT_{co}が期待される銅酸化物が用いられている．ただし，j_{c0}の増大に伴うジョセフソン侵入長λ_Jの減少と固有ジョセフソン接合系のλ_J $(=(\lambda_c/\lambda_{ab})\sqrt{(s+d)s/2})$が物質定数となる点に注意する必要がある[30]．ここで，sは超伝導層の厚みであり，λ_{ab}およびλ_cはCuO_2面に平行および垂直な超伝導電流に対する磁場侵入長である．固有ジョセフソン接合系では$\lambda_c=\sqrt{\Phi_0/2\pi\mu_0(s+d)j_{c0}}$となることが知られている[30, 42]．

j_{c0}の増大によりλ_Jが減少し，接合サイズLよりも小さくなると（$L\gg\lambda_J$，「大きい接合」とよばれる），ジョセフソン電流を駆動する超伝導位相差がLに沿って空間変化する効果が無視できなくなる．その結果，仮想粒子が1次元的に運動する従来の描像は破綻し，代わりに超伝導位相差の空間変化を表す位相ひも[43]またはフラクソン[44]が運動する描像が適用される．この描像ではポテンシャル障壁の高さが実効的に減少するため，一般に$P(I)$の標準偏差σが増大する振舞が観測される[45]．

このためBi系以外の固有ジョセフソン接合では，より複雑な解析が求められる場合が多い．本格的な解析に成功した例として，久保（Kubo）らによって調べられた$La_{1.91}Sr_{0.09}CuO_4$単結晶の固有ジョセフソン接合素子の実験結果が挙げられる[41]．彼らは，FIB微細加工技術を駆使して0.45×0.95 μm^2という微小な固有ジョセフソン接合素子を作製し，フラクソンの寄与を数値計算から求めることにより$T_{co}\simeq2$ Kという結果を得た．La系固有ジョセフソン接合のもう1つの特徴は，Bi系に比べCuO_2面間隔が短いため，接合間相互作用がより強くなることである．実際，彼らの実験結果では50程度の接合が一斉に電圧状態にスイッチする一斉スイッチ事象が観測されている．

図 6.6 に，これまでに報告された実験結果を基に，ゼロ電圧状態からのスイッチ事象に対する T_{co} を j_{c0} に対してプロットした図を示す．図の直線は，$T_{co} \propto \omega_{p0} \propto \sqrt{j_{c0}}$ を表しており，固有ジョセフソン接合系の MQT 実験においても概ねこの傾向が見られることがわかる．しかしながら，Bi 系と La 系の T_{co} がほぼ同じ最高値（$\simeq$2 K）を示すなど，バルク測定[46, 47] から期待される ω_{p0} の違いが必ずしも反映されていないことがわかる．これは，La 系における「大きい接合」効果と散逸効果による T_{co} の抑制が影響していると考えられる．また，ジンらが報告した一斉スイッチ事象に対する T_{co}($\simeq$ 0.7 K)[22] が最高値よりも小さい理由も，接合サイズが比較的大きい (2 × 3 μm^2) ことによる「大きい接合」効果の影響と考えられる．接合サイズや接合形状による T_{co} への影響を実験的に調べた報告[48] もあるが，固有ジョセフソン接合系の T_{co} がどこまで上昇し得るかという素朴な疑問には，まだ答えられていないのが現状である．

最後に，もう 1 つの重要な未解決問題として，第 1 電圧状態から第 2 電圧

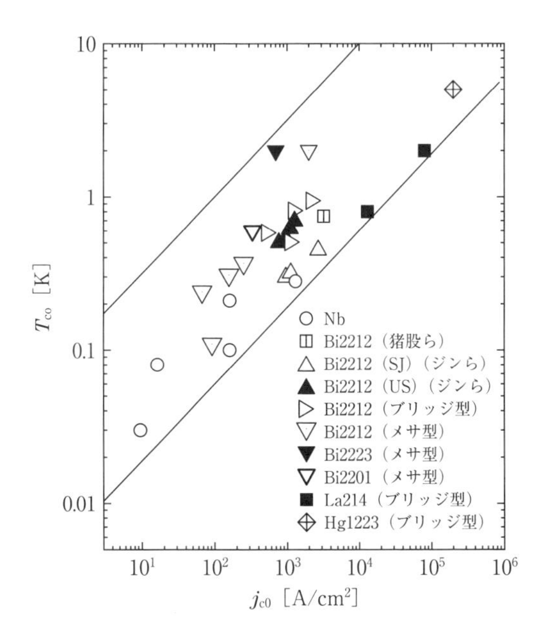

図 6.6 BCS 超伝導体および高温超伝導体固有ジョセフソン接合に対する，クロスオーバー温度 T_{co} の臨界電流密度 j_{c0} 依存性．

状態へスイッチする第2スイッチ事象に関する実験結果とその解釈について触れておく．第2スイッチ事象や第3スイッチ事象など高次のスイッチ事象では，ゼロ電圧からのスイッチ事象と異なり，スイッチ前の段階ですでに電圧状態になった接合での散逸が発生している．この散逸効果が他の接合で生じるMQTにどんな影響を及ぼすかという問題が議論されている．この問題は，固有ジョセフソン接合系のMQT現象に特徴的な接合間相互作用の解明に役立つと共に，応用面では固有ジョセフソン接合の特徴を生かした多重量子ビット（6.1.4項参照）の実現可能性を決する極めて重要な問題である．

第2スイッチ事象の$P(I)$を最初に報告したのは2008年の柏谷らによる実験である[26]．彼らは，猪股らと同様なブリッジ形状の微小なBi2212固有ジョセフソン接合素子をFIB加工で作製し，第1および第2スイッチ事象に対する$P(I)$測定を行った．その結果，第1スイッチ事象の$T_{co}(\simeq 0.5\,\mathrm{K})$よりも10倍程度高い約6.5 K以下で，第2スイッチ事象のσが温度依存しなくなるMQT的挙動が観測された．彼らは，この振舞を第1スイッチ事象で電圧状態になった接合における強い自己発熱効果の影響であると解釈した．

一方，太田（Ota）らはブリッジ型とメサ型の2種類の形状をもつBi2212固有ジョセフソン接合素子を作製し，第1および第2スイッチ事象に対する詳細な$P(I)$測定とマイクロ波照射実験を行った[27]．その結果，第2スイッチ事象の$P(I)$測定にパルス幅依存性や待ち時間依存性が見られないことから，自己発熱効果だけでは第2スイッチ事象のMQT的挙動を説明できないと結論した．さらに，準粒子注入による電子温度上昇を考察し，その大きさが高々0.1 mK程度であることを示した．しかしながら，第2スイッチ事象に対するマイクロ波照射実験ではELQは観測されなかった．

ごく最近，野村（Nomura）らは，単位包に含まれるCuO_2面の枚数nが異なる3種類のBi系銅酸化物高温超伝導体単結晶から微小なメサ型固有ジョセフソン接合素子を作製し，第1および第2スイッチ事象の$P(I)$測定を行った[28, 35]．その結果，$n = 1$と$n = 2$では第1スイッチ事象のT_{co}よりも高温で第2スイッチ事象がMQT的挙動を示すが，$n = 3$では両者ほぼ同じ温度でMQT的挙動を示すことが判明した．結晶構造のわずかな違いだけで電圧状態において発生する自己発熱効果が劇的に変化するとは考えにくいため，この実験は，第2スイッチ事象に対するMQT現象の発現を裏づける実験結果として注目されている．さらに，彼らは各スイッチ事象における脱出の有効温度 T_{eff} を $P(I)$ の解析から求め，MQT的挙動を示す低温領域のみ第2スイッチ事象の T_{eff} が増大することを見出した．この結果を Γ_{TA} と Γ_{MQT} の表式（6.1.1項）に含まれる指数関数部分に着目して考察すると，トンネル障壁の高さ U_0 は Γ_{TA} と Γ_{MQT} の双方に寄与するのに対し，ジョセフソンプラズマ周波数 ω_{p} は Γ_{MQT} にのみ寄与することがわかる．インダクティブな接合間相互作用の場合，その効果は U_0 と ω_{p} の両方に影響するのに対し，キャパシティブな接合間相互作用の場合には，ω_{p} にのみ影響することが期待されることから，彼らはキャパシティブな接合間相互作用が支配的であると主張した．

第2スイッチ事象など高次のスイッチ事象におけるMQT的挙動については，ここで取り上げた報告以外にもELQを示唆するマイクロ波共鳴現象の観測など，いくつかの実験報告が続いており，今後の研究進展が期待される．さらに，多重超伝導ギャップ系でありながら銅酸化物系と同様な層状構造をもつ鉄系超伝導体に対する固有ジョセフソン効果の実験も最近活発化しており[49, 50]，今後新たなMQT現象が発見される可能性もある．したがって，固有ジョセフソン接合系のMQTとその周辺現象に関しては，今後未知の現象が発見される可能性が高い．

6.1.4 量子コンピューターおよび量子デバイスへの応用

高温超伝導体固有ジョセフソン接合においてMQTが観測されて以降，その量子情報処理などへの応用に関して，理論的提案が行われるようになってきた．本項においては，固有ジョセフソン接合の量子コンピューターや量子デバイスへの応用および将来展望について紹介する．

図6.7(a)に示したのは，高温超伝導体 c 軸接合から構成される位相量子ビットである[51, 52]．量子ビットは，準安定ポテンシャル中の量子化エネルギー準位（$|0\rangle$ と $|1\rangle$）である．ラビ振動は，基底状態 $|0\rangle$ と第1励起状態 $|1\rangle$ とのエネルギー差に共鳴するマイクロ波 $\hbar\omega_{\mathrm{p}}$ を照射することで実現される．また，状態の観測には $|1\rangle$ と第2励起状態 $|2\rangle$ に共鳴するマイクロ波の印加，

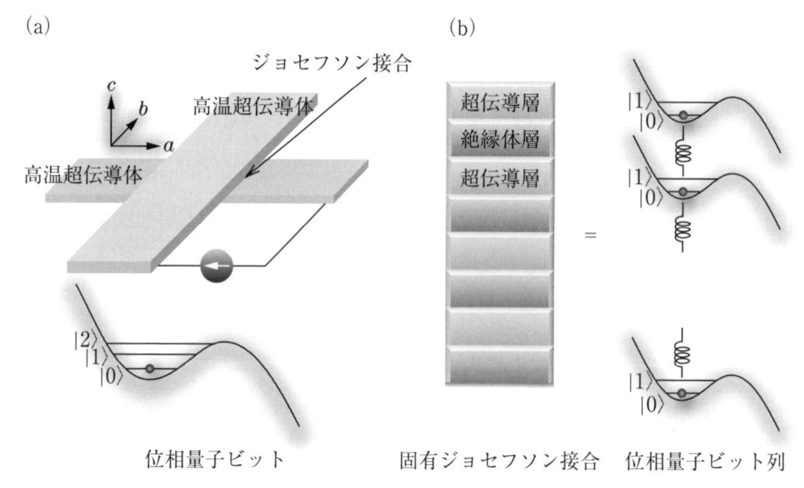

図 6.7　高温超伝導体量子ビットの概念図.（a）高温超伝導体 c 軸接合を用いた位相量子ビット.（b）固有ジョセフソン接合を利用した位相量子ビット列.

および状態 $|2\rangle$ からの MQT を利用する.

一方，固有ジョセフソン接合自身は，図 6.7(b) のように位相量子ビットが天然に積層した系と見なすことができる．したがって，量子コンピューターへの応用の観点から見ると，固有ジョセフソン接合には数千から数万個程度の大量の量子ビットが簡単に用意できるという，従来型超伝導量子ビットにはない魅力的なメリットがある．しかしその一方で，個別量子ビットの識別や観測が困難であることや，量子ビット間の結合を制御できないという，量子コンピューターとして致命的な欠点もある．そのため，（制御や観測はできないが）多重量子ビット系であることを積極的に利用した応用を考える必要がある．例えば，固有接合を用いた量子メタマテリアルがザゴスキン（Zagoskin）によって提唱されており，新しい光デバイスとしての応用が期待されている[53]．また固有接合は，ハバード模型やハルデン模型のような低次元強相関量子系に対する量子シミュレーター[54]として利用できる可能性がある．それにより，量子相転移や超放射といった興味深い量子協力現象が発現し，それを応用した新たな強相関量子デバイスが実現可能になるであろう.

さらに，よく知られているように，ジョセフソン接合の古典ダイナミクスは古典非線形振動子と等価である．そのためジョセフソン接合アレイは，結合非線形振動子と見なすことができる．その結果，このような系においては，蛍の集団発光や体内時計の概日リズムのような同期現象が発現する[55]．したがって，微小固有接合系においては量子同期現象が創発すると期待される．そして，この非線形量子現象を利用した新奇量子デバイスも実現するかもしれない．このように高温超伝導体固有ジョセフソン接合に関する研究は，これまでにない新しい量子デバイスの創出につながると考えられる．

6.2 トポロジカル超伝導デバイス

6.2.1 トポロジカル超伝導接合

この節では，トポロジカル超伝導接合に関する最近の進展を紹介する．トポロジカル超伝導体（系）とは非自明なエッジ状態（表面状態）を有する超伝導体（系）であり，エッジ状態の起源はバルクの波動関数あるいはハミルトニアンのもつトポロジカル不変量（ある種の整数）として理解できる．以下，トポロジカル超伝導，マヨラナフェルミオン，人工的に制御したトポロジカル超伝導系について最近の進展を解説したい．

（1） アンドレーエフ束縛状態とエッジ状態

接合系や磁束芯などの不均一な超伝導系では，電子とホールの干渉によりアンドレーエフ束縛状態（ABS）とよばれるギャップ内状態の存在が古くから知られていた[56]．ABSの中には，銅酸化物超伝導体などの異方的超伝導体表面に形成される表面アンドレーエフ束縛状態（SABS）のように，ゼロエネルギー（ミッドギャップ）に形成されるものが存在する[57,58]．ゼロエネルギー状態は，トンネル分光におけるゼロバイアス電圧のコンダクタンスピークとして現れて，その存在は異方的超伝導体を特徴づけるものとして今日広く知られている[58,12]．

このようなSABSは，フェルミ面上で符号変化（位相変化）する異方的ペアポテンシャルに由来して，ボゴリューボフ‐ドジャンヌ（BdG）方程式を解くことで得られるが，最近の研究により，BdG方程式を直接解かなくてもバルクのハミルトニアンあるいは波動関数のもつトポロジカルな性質により，その存否は理解できることが明らかになった[59]．実際に表面に平行な運動量を指定することで，巻きつき数とよばれる数が定義され，この数が 0 でない時に，フラットバンド型エッジ状態が形成される[59,60]．これはまさに，バルクエッジ対応ともよばれている．図 6.8 には典型的な 2 次元超伝導体の SABS が示されている．この図の（a）は，分散をもたないフラットバンド型 SABS が銅酸化物超伝導体で実現されることを示している[57,58]．カイラル型 SABS はスピン 3 重項超伝導体である Sr_2RuO_4 で実現されていると考えられ[61]，実際に SABS がトンネル分光で観測されている[62]．

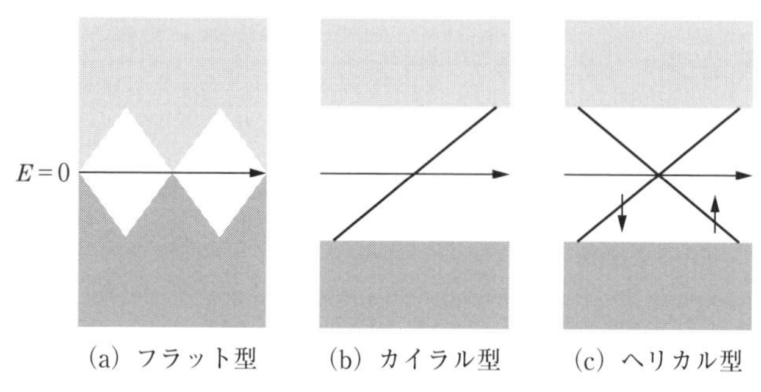

図 6.8　典型的な表面アンドレーエフ束縛状態（SABS）．(a) 分散をもたないフラットバンド型，(b) カイラル型（時間反転対称性の破れた超伝導で実現される），(c) ヘリカル型．

(2)　トポロジカル超伝導

固体物理において，トポロジカル不変量が最初に議論された系は量子ホール系である．量子ホール状態が実現される強磁場下においては，ホールコンダクタンスが

$$\sigma_{\mathrm{H}} = -\frac{e^2}{h} C_1 \tag{6.6}$$

と与えられ，$C_1 = -n$ はチャーン（Chern）数とよばれるベリー（Berry）位相から決まるトポロジカル数で任意の整数をとりうる．チャーン数は，ゼロでない値をとる時には，エッジに n 本のエッジ状態が形成され，トポロジカル不変量として Z（整数）が現れる[63]．これに対してトポロジカル絶縁体においては，波動関数のパリティに由来するトポロジカル数が存在する．より正確には，空間反転対称性のある系では，ブリルアンゾーンで時間

反転対称性を破らない運動量の点における波動関数のパリティの積を $(-1)^{\nu}$ と表したとき，ν が1か0かを区別する Z_2 というトポロジカル数が存在する．ν が1の場合にエッジ状態が存在し，スピンの向き（より正確にはクラマース対の2つの固有状態）によって逆符号の分散をもつエッジ状態が形成されることが知られている[64-67]．

2次元トポロジカル絶縁体は，HgTe/CdTe 超格子で観測され，エッジ状態が1次元ディラック型分散をもつ[68]．3次元トポロジカル絶縁体は，Bi_2Se_3 など多くの物質で実現されて，2次元ディラック型分散の表面状態をもち光電子分光の実験で観測されている[69]．

絶縁体あるいはバルクでギャップをもつ超伝導体において現れる典型的なハミルトニアンを，トポロジーの観点から整理した分類表が2008年に提案された．このトポロジカル周期表では，時間反転対称性，電子－ホール対称性，その2つの組み合わせのカイラル対称性を用いてエッジ状態の存在がホモトピー群を使って分類され，10のグループに整理された[70,71]．

その結果，量子ホール系，トポロジカル絶縁体（2D, 3D），超流動ヘリウム ^{3}He のB相，などがこの理論に基づいて分類された．この分類表では議論されなかったノードをもつ超伝導体においても，運動量を固定することで上述のフラットバンドのSABSのようにトポロジカル数は定義できる．さらに，結晶のもつミラー対称性を用いることでSABSは解析され[72]，最近ではより詳しい分類表が提案された[73]．これにより，超伝導におけるエッジ状態はさまざまな対称性に基づいて俯瞰的に整理されるに至っており，今後多バンドトポロジカル超伝導体の理解に貢献することが期待されている．ここで，前述したSABSとトポロジカル不変量を表6.2にまとめる[74]．面白いのは，同じトポロジカル不変量をもつ絶縁体・半金属の例がそれぞれの

表 6.2 QSH，QAHSはそれぞれ量子ホール，量子スピンホール系を表す．ジグザグエッジ端のグラフェンでフラットバンドエッジ状態が現れる．

SABSのタイプ	時間反転対称性	トポロジカル不変量	例	絶縁体(半金属)
フラット型	あり	Z	銅酸化物	グラフェン
カイラル型	なし	Z	Sr_2RuO_4	QHS
ヘリカル型	あり	Z_2	NCS 超伝導	QSHS

SABS に対して存在することである．

(3)　マヨラナフェルミオン

マヨラナフェルミオンとは，生成と消滅とが区別できない特殊な粒子で

$$\Psi = \Psi^\dagger \tag{6.7}$$

を満たす．マヨラナフェルミオンがスピンレス（例えば完全スピン分極した系で実現可能）p 波超伝導の 1 次元のモデルで実現することがキタエフ（Kitaev）によって示された．キタエフの 1 次元格子モデルのハミルトニアンは

$$H = \sum_j \left[-t(c_j^\dagger c_{j+1} + \text{h.c.}) - \mu c_j^\dagger c_j + (\Delta c_j^\dagger c_{j+1}^\dagger + \text{h.c.}) \right] \tag{6.8}$$

で与えられる．t，μ，Δ，c_j，$c_j^\dagger$ は移動積分，化学ポテンシャル，p 波ペアポテンシャル，消滅演算子，生成演算子をそれぞれ表している．

このハミルトニアンで $2|t| > |\mu|$ を満たす時に，トポロジカル超伝導の条件が実現され，有限の 1 次元鎖を考えれば，そのエッジにマヨラナフェルミオン（マヨラナ型準粒子励起）が存在することが示されている[75, 76]．このマヨラナフェルミオンはゼロエネルギー SABS に他ならず，銅酸化物超伝導体や p 波超伝導体などフラットゼロエネルギー状態の 1 次元版と見なすこともできる．図 6.9 には，アンドレーエフ束縛状態とマヨラナフェルミオンの関係を示す．マヨラナフェルミオンとは，特殊なアンドレーエフ束縛状態であることが理解できる．

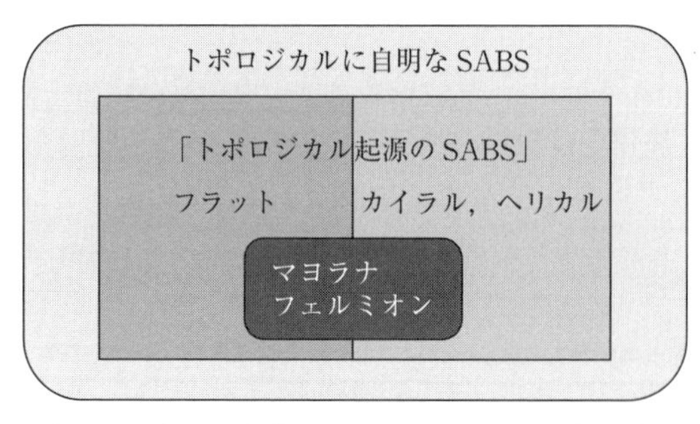

図 6.9　アンドレーエフ束縛状態（SABS），バルクエッジ対応のあるトポロジカル起源のアンドレーエフ束縛状態，マヨラナフェルミオンの関係．

(4)　スピン－軌道相互作用によるトポロジカル超伝導の理論設計

ここまでの議論を振り返ると，トポロジカル超伝導には異方的ペアポテンシャルが必要で強相関電子系が不可欠であるように見える．しかし，スピン

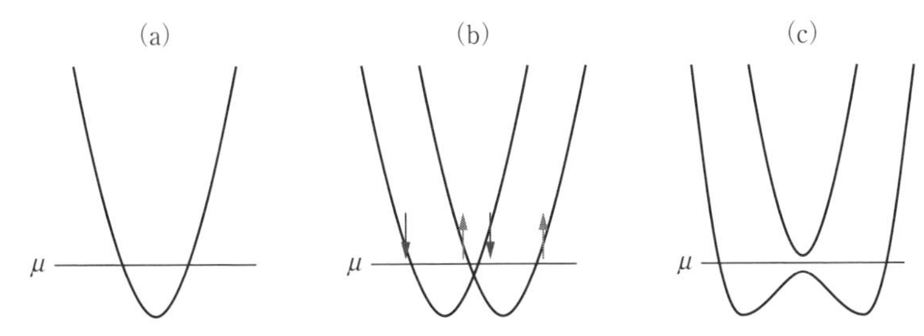

図 6.10 自由電子モデルとヘリカル金属.(a)自由電子モデルの分散,(b)スピン－軌道相互作用によりスピン分裂した分散,(c)さらにゼーマン磁場を入れた時の分散.

－軌道相互作用などを用いてスピン回転対称性を壊して,固体中の電子のもつ自由度を低下させることで,従来型のスピン 1 重項 s 波超伝導体接合を用いてマヨラナフェルミオンを作り出せることが明らかになっている.例えば,図 6.10 に示すように,自由電子モデルにラシュバ型スピン－軌道相互作用を加えることで電子の分散は 2 つに分裂する.さらにゼーマン磁場を印加すると,片方のバンドがエネルギーギャップをもつ.化学ポテンシャルの位置を調節することで,片方のフェルミ面は消失して,ヘリカル金属という電子のもつスピンの自由度が半分になった系として形成されうる.ここに,スピン 1 重項超伝導のペアポテンシャルを導入した時に,あたかも p 波の超伝導が実現したような状況を作り出すことができる[77].

その結果,キタエフモデルと等価なモデルが,半導体 1 次元ナノワイヤーを s 波超伝導体に載せた系で実現できるという理論提案がなされた[78, 79].ただちに実験研究も始められ,ゼロ電圧コンダクタンスピークの観測が行われ,マヨラナフェルミオン検出の可能性が指摘されている[80].またこの系とは独立に,磁性不純物原子をスピン 1 重項 s 波超伝導体に並べた系において,マヨラナフェルミオンが原子鎖の両端に形成されることが理論的に指摘され,最近の走査型トンネル電子顕微鏡(STM)の実験で観測されている[81].これらの研究が進展すれば,マヨラナフェルミオンのもつ非可換統計性を用いた量子演算の始まりが期待できそうである.

こうした研究とは別に,トポロジカル絶縁体表面に,強磁性体と従来型 s 波超伝導体を積層した接合が考案された(図 6.11 参照).

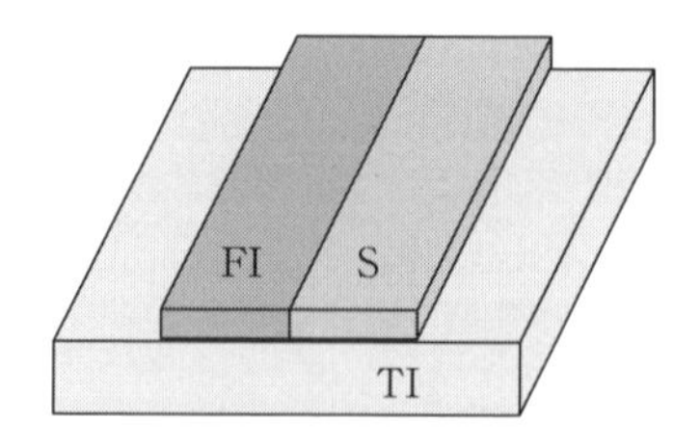

図 6.11 トポロジカル絶縁体（TI）表面に積層された強磁性体（FI）−超伝導体（S）接合．マヨラナフェルミオンが，トポロジカル絶縁体表面上の強磁性体・超伝導体の境界に形成される．

ここでも，トポロジカル絶縁体上の表面ディラック電子系における強いスピン−軌道相互作用によるヘリカル金属が，非自明な状況を作り出す．その結果，トポロジカル絶縁体表面上に積層した強磁性体に，超伝導体の境界に1次元マヨラナフェルミオンがカイラルエッジ状態として現れることがフー（Hu）らにより指摘された[82]．トポロジカル絶縁体上のトンネルコンダクタンスは，2次元カイラルp波超伝導体と同様の電圧依存性をもつことが理論的に予言されている[83, 84]．このような観点から，トポロジカル絶縁体表面上の強磁性体−超伝導体接合系は，いわば人工的に作り出したカイラルp波超伝導ともいえる．

以上の系では，時間反転対称性が磁場により破られているが，時間反転対称性が保たれているトポロジカル超伝導の研究も盛んになっている．トポロジカル絶縁体 Bi_2Se_3 に Cu をドープした系は3次元トポロジカル超伝導の候補物質で，表面にマヨラナフェルミオンの出現が指摘されている．ポイントコンタクトを用いたトンネル効果の実験で見られるゼロ電圧ピークは，この物質のトポロジカル超伝導性を支持するものである[85]．時間反転対称性を破らない2次元トポロジカル超伝導，1次元トポロジカル系も理論的に予言されている[86, 87]．

また，こうした研究とは独立にマヨラナフェルミオンが存在する時には，必ず奇周波数クーパー対が存在することも明らかになっている[88]．

6.2.2　強磁性体/超伝導体接合の物理と奇周波数対

以下で，強磁性体/超伝導体接合の物理を列挙して解説する．この分野のレヴューとして文献 [89-92] がある．以下に挙げたもの以外にも，強磁性体/銅酸化物超伝導体接合，強磁性ジョセフソン接合における第2高調波，スピン分裂した状態密度に起因したスピン偏極輸送，スピン偏極ジョセフソン電流によるスピン移行トルク（および磁化反転，磁壁移動など），超伝導体へのスピン注入（およびスピン緩和），トポロジカル絶縁体表面に形成された強磁性体/超伝導体接合におけるマヨラナフェルミオンなどの話題がある．

（1）アンドレーエフ反射

強磁性体/超伝導体接合では，アンドレーエフ反射が抑制される[93]．これは強磁性体中において，フェルミエネルギー上でアップスピンとダウンスピンの電子数が異なるためである．例えば，多数スピンの電子が超伝導体に入射した場合，少数スピンのホールを作ることによりアンドレーエフ反射が起こるが，少数スピンの数が多数スピンより少ないためにアンドレーエフ反射が抑制される．このアンドレーエフ反射の抑制を利用した強磁性体のスピン偏極度の測定も行われている[94, 95]．

（2）近接効果

強磁性体中では，バンドが交換場によってスピン分裂している．そのため，近接効果により強磁性体に侵入するクーパー対は有限の重心運動量をもち，その対振幅は空間的に振動しながら減衰する[96-98]．この振動の帰結として，空間振動によりクーパー対の波動関数の符号が変わるため，超伝導体/強磁性体/超伝導体接合においてジョセフソン電流の符号が変わる（位相がπずれる）π接合が現れる[99]．

また，強磁性体/超伝導体接合や強磁性体/超伝導体の多層構造における超伝導転移温度が，強磁性体の厚さの関数として非単調な振舞をすることが知られている[100, 101]．強磁性体/超伝導体接合を応用して，φ_0接合が実現されている．φ_0接合とは，接合系の自由エネルギーが位相差φ_0（0やπとは限らない）で最小値をとる接合のことである．実際，0接合とπ接合を並列した系において，φ_0接合が現れることが実験的にも示されている[102]．

（3）スピン－軌道相互作用をもつ強磁性体における近接効果

ラシュバ型スピン－軌道相互作用をもつ強磁性体を挟んだジョセフソン接合において，φ_0接合が現れることが予言されている[103]．ここで，位相のずれφ_0は，交換場，およびラシュバ型スピン－軌道相互作用の大きさと，強磁性体の長さに比例することが示されている．また，このことを利用してジョセフソン効果により強磁性体の磁化を制御することが提案されている[104]．拡散的な金属中では，対振幅はウサデル方程式という拡散方程式に従うことが知られており広く用いられている[105]．ウサデル（Usadel）方程式にスピン－軌道相互作用を取り込んだ方程式が導出され，スピン拡散方程式との類似性から，スピン－軌道相互作用をもつ強磁性体中に長距離にわたって侵入する（これを長距離近接効果という．詳しくは後述する．）3重項対が誘起されることが示されている[106, 107]．

（4）**逆近接効果**

強磁性体/超伝導体接合において，磁性の超伝導体への侵入が知られている．これを逆近接効果とよぶ．超伝導の逆スピン対の相関により，超伝導体の界面付近に強磁性体の磁化と反平行のスピンが蓄積することが予言され[108, 109]，実験的にも確認されている[110, 111]．また，接合界面における散乱がスピン依存性をもつ場合は，超伝導体の界面付近に強磁性体の磁化と平行のスピンが蓄積しうることも予言されている[112]．近接効果が強い場合，超伝導体の界面付近で超伝導ギャップが強く抑制される（その分が強磁性体側に侵入する）ので，逆近接効果も強くなる傾向にある．

（5）**長距離近接効果**

強磁性体/超伝導体接合において，強磁性体に侵入した1重項対は，強磁性体の交換場によって破壊される．したがって，交換場の大きい（スピン偏極度の大きい）強磁性体中では侵入長はとても小さい．強磁性体の磁化により，スピンが磁化に垂直な面内で回転することで，磁化と垂直方向にスピンがそろった3重項対も誘起される．この3重項対もシングレット同様に強磁性体中で空間的に振動しながら，交換場によって破壊される．したがって，上述の近接効果による対は交換場の大きい強磁性体中では短距離で消滅する．

一方で，強磁性体の磁化が不均一な場合，スピン反転により，強磁性体の磁化と同じ方向にスピンがそろった3重項対も誘起される．この3重項対は交換場の影響を受けないため，強磁性体中を長距離にわたって（非磁性体中と同程度）伝播することができる．この効果を長距離近接効果とよぶ[113, 114]．実際，ハーフメタル CrO_2 を介したジョセフソン接合においてジョセフソン電流が観測されており，長距離近接効果の存在が確認されている[115]．その他にも，長距離近接効果の存在を示すさまざまな実験が報告されている[116-119]．また，近年強磁性細線中で長距離近接効果が観測され[120]，s 波の1 重項対[121] や p 波の 3 重項対[122] による可能性も指摘されている．

(6) **奇周波数対**

奇周波数対とはクーパー対の波動関数（異常グリーン関数）が，虚時間あるいは松原振動数の関数として奇関数であるような対のことである[123, 60]．クーパー対の波動関数は軌道，スピン，(虚) 時間の自由度からなるが，フェルミ統計性から奇周波数対は偶パリティで 3 重項か奇パリティで 1 重項になる．バルク物質における奇周波数対の可能性はこれまで議論されてきたが，いまだ実現していない[124-130]．一方で，接合などの系において奇周波数対の相関が現れることが理論，実験的にも明らかになってきている．実際，強磁性体/超伝導体接合においても奇周波数対が現れる．

前述のように，強磁性体/超伝導体接合では，磁性により 3 重項対が誘起される．今，強磁性体が不純物を含んで拡散的だとする．そうするとクーパー対の軌道対称性は不純物散乱によって等方的になる，つまり s 波の対称性をもつ．このようにして，強磁性体に 3 重項 s 波の奇周波数対が誘起されうる．実際，前述のハーフメタル CrO_2 を介したジョセフソン接合の実験[115]において CrO_2 は拡散的であり，ジョセフソン電流は，3 重項 s 波の奇周波数対によって運ばれていると考えられている[131, 132]．ただし，1 重項奇周波数対は交換場によって破壊されるので，長距離近接効果自体は奇周波数性の直接の帰結ではない．ジョセフソン電流以外の奇周波数対の証拠をいかに見つけるかは，今後の課題である．

強磁性体/超伝導体接合では，磁化によってスピンの対称性を変えることが奇周波数対を作り出す鍵であった．同様に，並進対称性を破ることで偶パリティと奇パリティの混成が起こり，スピンが保存する場合には奇周波数対の発現が期待できる[133, 134]．実際，金属/超伝導体接合において，接合界面付近で奇周波数対が誘起されることが示されている[134]．また，渦糸系も並進対称性が破れた系であるが，やはり，渦糸コアの付近に奇周波数対が誘起されることが示されており，コア内部の状態密度との関連性が議論されている[135-137]．その他，金属/超伝導体接合において接合界面における散乱がスピン依存性をもつ場合[138] や，超流動 ^{3}He[139-141] においても奇周波数対が誘起されることが示されている．

奇周波数対の示す特有の物性として，状態密度にゼロエネルギーピークが現れることが予言されている[131, 134, 142, 143]．また，マイスナー効果が逆符号(つまり常磁性的)[144]であることや，表面インピーダンスの異常[145]も予言されている．これらの予言が実験的に観測されれば，奇周波数超伝導の強い証拠となる．その他の話題として，奇周波数対とマヨラナフェルミオンの関係性も指摘されている[88]．

6.2.3　マヨナラ準粒子の制御と量子計算への応用

(1)　トポロジカル量子計算

量子計算は，量子波動関数の重ね合わせを利用して大量の情報を並列に処理する斬新な計算方法である[146]．最先端の暗号技術，新規物理現象の解明や新規物質の開発のための量子シミュレーションなど，多くの重要な応用が期待されている．しかし，量子状態が壊れやすいため，大規模な量子計算は実現できていない．最近，マヨナラ準粒子の満たす非アーベル統計を利用した，デコヒーレンスのないトポロジカル量子計算の可能性が盛んに調べられている．本項は，この研究の一端について紹介したい．

トポロジカル量子計算は，多数粒子系の量子状態の間のユニタリー変換と見なすことができる．多数粒子系の特性を支配する最も基本的な物理法則は粒子の統計性であり，よく知られているものとしてボーズ－アインシュタイン統計とフェルミ－ディラック統計がある．光子と電子は，それぞれに従う代表例である．しかし，このいずれもアーベル（Abel）統計であり，多数粒子系の基底状態がユニークに決まっている．量子計算を行うためには，非アーベル統計を満たす粒子，あるいは量子状態を見つけることが先決であり，そして多数粒子系の多重に縮退した基底状態間の変換方法を見出す必要がある．量子計算の過程で情報が失われないことは，状態間変換のユニタリー性によって担保される．今までに，分数量子ホール効果に見られる特殊な状態がその候補として調べられてきた[147]．最近，トポロジカル超伝導の準粒子励起状態が非アーベル統計を満たすことが判明したので，トポロジカル量子計算に関する研究が新しい局面を迎えるようになった．

(2) 量子渦とマヨラナ準粒子

6.2.1 項で説明されているように，トポロジカル超伝導のもつカイラルエッジ状態はマヨラナ条件を満たしている[148]．しかし，半無限系の表面にあるマヨラナ状態は連続な分散関係をもち，直接応用に役立つわけではない．ここで超伝導量子渦が登場する．トポロジカル超伝導の量子渦の中で，有限なエネルギーギャップに守られたマヨラナ準粒子（マヨラナ束縛状態ともよばれる）の存在が明らかになった[148, 149]．非アーベル統計を満たすためには，マヨラナ準粒子はエネルギーと共に，角運動量もゼロにならないといけない．超伝導準粒子の角運動量には，整数になっている軌道角運動量とスピン角運動量 1/2 からの寄与がある．量子渦の周りでの超伝導位相変化から，さらに 1/2 の寄与をもらって初めて総角運動量がゼロ，エネルギーもゼロになる状態がとれ，マヨラナ準粒子になる．また，他の準粒子励起状態との間に，量子渦の大きさで決まる励起エネルギー分のギャップがあり，温度が十分に低ければ，マヨラナ準粒子が安定に存在する．

非常に都合のいいことに，トポロジカル超伝導体の中の異なる場所にあり，それぞれマヨラナ準粒子をもつ量子渦同士を位置交換すれば，非アーベル統計が実現されることも判明した[149]．これは，トポロジカル量子計算に向けた研究開発の大きな前進である．しかし，問題も残っている．量子渦を迅速に正確な位置に移動することは思っているほど簡単ではないので，量子計算を実装するためにはさらに工夫が必要である．

(3) マヨナラ準粒子の制御

我々は，以下のようなトポロジカル超伝導のナノデバイスとその準静的な操作を考案した[150]．まず，図 6.12 にあるように量子渦を真ん中にもつトポロジカル超伝導体を用意する[151, 77]．この時，量子渦にマヨラナ準粒子があることは説明した通りである．超伝導では粒子・ホール対称性が成り立ち，準粒子励起は対で現れる．このため，マヨラナ準粒子の個数も偶数でなければいけない．量子渦

図 6.12 s 波超伝導（SC），スピン–軌道相互作用の強い半導体（SOSM），強磁性絶縁体（FMI）のヘテロ構造からなるトポロジカル超伝導体の模式図．黒い丸は超伝導量子渦を表す．

の芯に局在するマヨラナ準粒子（以下，芯マヨラナ準粒子とよぶ）のパートナーは，超伝導サンプルの縁に分布している（以下，縁マヨラナ準粒子とよぶ）．芯マヨラナ準粒子が量子渦に束縛され，動きにくいのに対して，縁マヨラナ準粒子は操作性に富んでいる．

図 6.13 にあるように，3 つのサンプルを接合（くびれ部分）で連結させて並べる．ただし，ここではトポロジカル超伝導状態の舞台になるスピン - 軌道相互作用をもつ半導体層だけを示しており，s 波超伝導体は大きな共通基盤になっていることを注意しておく．初期状態として左側の接合にゲート電圧をオン，右側の接合ゲート電圧をオフにする．左側にあるサンプル（左サンプル）と他の 2 つのサンプルの間に単一電子の行き来が遮断されており，左サンプルにのみ縁マヨラナ準粒子が存在する．他の 2 つのサンプルに縁マヨラナ準粒子がないことは，中サンプルと右サンプルが連結しており，一体になっている縁の中に 2 つの芯マヨラナ準粒子が存在し（図 6.13 には表示されていない），すでに偶数になっていることからわかる．

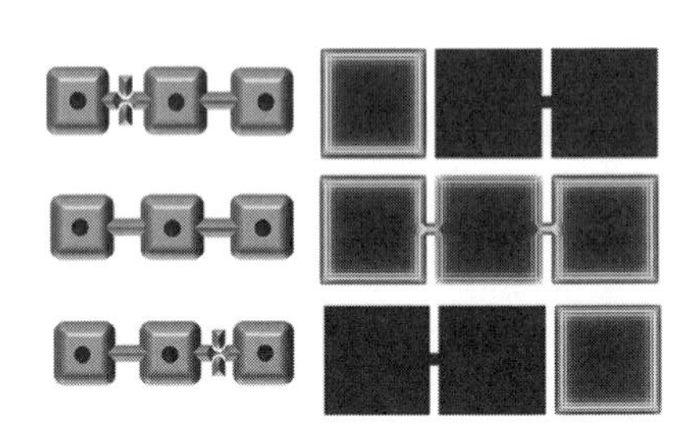

図 6.13　左：接合部でのゲート電圧のオン・オフによってマヨラナ粒子を移動するデバイスと，その操作の模式図．右：それぞれのゲート電圧オン・オフ状態で，BdG 方程式を解いて得られた縁マヨラナ準粒子波動関数の分布．ただし，芯マヨラナ準粒子の波動関数は表示していない [150]．

この状況から，左接合でのゲート電圧を下げ，単一電子の行き来を許すと，系全体が接合を通じて一体となり，縁マヨラナ準粒子は，3 つのサンプルの一体になった縁に広がる．すなわち，縁マヨラナ準粒子波動関数の拡散である．次に，右接合でのゲート電圧をオン状態にし，そこを経由する単一電子の行き来を遮断する．上に述べた考え方から，縁マヨラナ準粒子波動関数が右サンプルに集中しなければいけないことがわかる．すなわち，縁マヨラナ準粒子波動関数の収縮である．この波動関数の収縮は，マヨラナ準粒子のトポロジカル特性から来る特有な現象であり，電子や光子では不可能である．このように，2 か所の接合でのゲート電圧の上げ下げによって，縁マヨラナ準粒子は左サンプルから右サンプルに移動する.

もちろん,マヨラナ準粒子の移動は決まったレールに沿ってのみ可能であるが,マヨラナ準粒子が電気的に中性にも関わらず,ゲート電圧の調整のみで迅速に移動できる点は重要である.これは,トポロジカルナノアーキテクトニクスを理念とした量子ナノデバイス設計の一例である.

さらに,図 6.14(a) に示すように,4 つのサンプルを含むデバイスを用意しておく.初期条件としては,左サンプルと右サンプルが孤立され,中サンプルとトップサンプルは連結状態にある.この場合,左と右サンプルにのみ縁マヨラナ準粒子が存在する.上に説明したプロセスで左縁マヨラナ準粒子を一旦トップサンプルに退避させておいて,右縁マヨラナ準粒子を左サンプルにシフトさせた後に,トップサンプルに格納してあった縁マヨラナ準粒子を右サンプルに移動することができる.この場合,接合は 3 か所あり,計 6 回のゲート電圧の上げ下げで,2 つの縁マヨラナ準粒子の位置交換が完了した.

図 6.13 の例と違って,今の場合ゲート電圧の配置でいうと,系の最初と最後の状態は同じである.しかし,2 つのマヨラナ準粒子の位置が交代している.物理の言葉でいうと,一連の操作を経てハミルトニアンが元に戻って

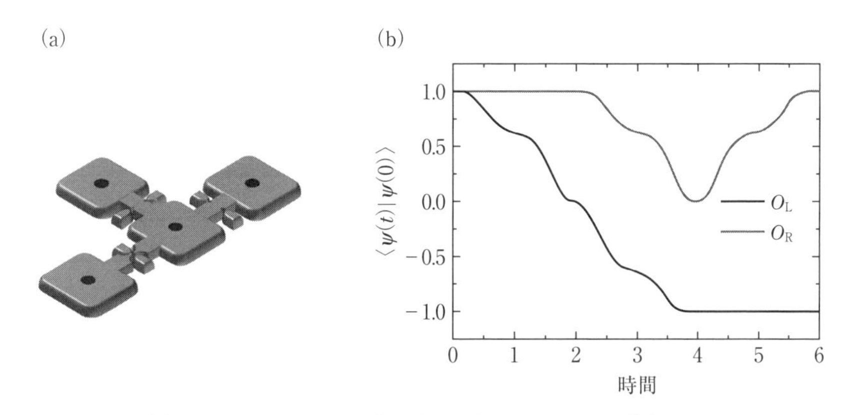

図 6.14 (a) 縁マヨラナ準粒子の位置交換を行うデバイスの模式図.ただし,O_L と O_R は左サンプルと右サンプルからスタートした縁マヨラナ準粒子のものである.(b) 一連の電圧オン・オフに伴う縁マヨラナ準粒子の波動関数の時間発展を,BdG 方程式で解析し,その結果を初期波動関数に射影した結果[150].

いるが，量子状態は異なる固有状態になっている．

縁マヨラナ準粒子の位置交換によって，系の量子状態にどのような変化が生じているだろうか．それは超伝導準粒子を記述する時間依存 BdG 方程式を用いて，系の時間発展を調べればわかる．図 6.14(b) に示しているように，2 つの縁マヨラナ準粒子を位置交換した場合，2 つのマヨラナ準粒子の中の 1 つだけその波動関数の符号を変える．

このことは，マヨラナ準粒子の量子力学特性と深く関わっている．量子力学の第 2 量子化では，粒子の移動はあるサイトの粒子を消滅させてから隣のサイトに粒子を生成させるように表現する．このことは消滅演算子と生成演算子で表され，演算子の並べる順番を変えるとフェルミオンの場合，エネルギーにマイナス符号がつく（6.2.1 項を参照）．しかし，マヨラナ準粒子は特殊で，粒子が反粒子に等価，消滅演算子と生成演算子が同一なものになっている．このため，消滅演算子と生成演算子の並ぶ順序の代わりに，マヨラナ準粒子の移動に方向指標をもたせることが必要となり，運動方向を逆にすれば，ホッピング係数の符号が逆になる．

図 6.14(a) に示されたデバイスでの縁マヨラナ準粒子の位置交換は，計 3 組の逆方向での運動からなる．それぞれ 1 つのマイナス符号を寄与するので，3 回の掛け算の結果，最終的にマイナス符号が残り，図 6.14(b) に示されるように，1 つの縁マヨラナ準粒子の波動関数が符号を逆転することに反映されている．

2 つの実数で 1 つの複素数を構成できるように，2 つのマヨラナ準粒子が 1 つの電子を構成することができる．ただし，この場合，電子の波動関数は空間的に離れた場所にまたがって分布している．例えば，2 つの量子渦，量子渦とサンプル縁，あるいは異なるサンプルの縁にまたがるような感じである．それぞれ異なるトポロジカル量子ビットの構成方法に対応する．2 つのマヨラナ準粒子の片方の符号が変わることは，合成された電子状態の占有数が奇数から偶数に，あるいは偶数から奇数に変わることを意味する．これは探し求めている非アーベル統計であり，トポロジカル量子計算に利用できる．

以上で紹介したトポロジカル超伝導ナノデバイスによるマヨラナ準粒子操

作は，ゲート電圧の上げ下げは十分に遅く，いわゆる準静的に行い，マヨラナ準粒子のエネルギーをゼロに保持したまま移動させることが大事である．図 6.14(b) の計算結果で，波動関数の絶対値が初期状態と最終状態で保存されていることが，マヨラナ準粒子状態が操作の途中で壊れていないことを示している．物質パラメーターを適用した数値計算により，数十 nm 四方のデバイスではナノ秒程度の時間でマヨラナ準粒子の準静的な位置交換が可能であることが判明している[150]．また，上記ナノデバイスを集積することが可能であり，その非アーベル統計は簡単に証明できる．多数のマヨラナ準粒子の運動が残す編み組んだ軌道の集合体が，量子位相を刻んでいる．この物理を数学で定式化すると編み組群になる．

マヨラナ準粒子の操作方法は上で紹介したもの以外に，ナノワイヤの両端にあるものの操作などが考案されている[80, 152, 153]．また，最近量子渦を移動しないで芯マヨラナ準粒子を移動する理論提案もなされている[154]．この原稿を執筆した時点において，マヨラナ準粒子の実験的確認は完璧になされていない[155]．さまざまな試みがなされ[156]，近いうちに大きな進展が期待される．

6.3　金属系高温超伝導体 MgB_2 の中性子検出器への応用

21 世紀初頭に発見された高温超伝導体 MgB_2[157] は，エレクトロニクスをはじめ，さまざまな分野への応用展開が期待されている．この超伝導体のユニークな応用として，中性子検出器の開発が行われており，すでに試験的段階を完了し，さらなる研究開発が進められている．本節では，上記中性子検出器の検出メカニズム，実際の検出試験結果やスーパーコンピューターを利用した検出過程のシミュレーションなどの研究成果を説明し，超伝導応用研究の醍醐味を読者に伝えたい．本節で説明する内容は，1 つの発想を基にその可能性を追求し，実験にてその可能性を確認したという 1 つの研究成果に過ぎないが，実際には材料の加工技術，物性測定技術，原子炉利用技術，そして大規模数値シミュレーションによる事前の検出評価などを，各専門の研究者が自身の技術力を駆使し，互いに協力し合うことで中性子検出試験の成功までこぎつけたという 1 つの物語であり，研究者の日々の努力や興奮をもできる限り伝えたいと考えている．

MgB_2 は，秋光（Akimitsu）らにより発見された超伝導体であるが，発見当初から容易に試料作製や追試が可能であるため，世界中で膨大な研究が直ちに行われ，さまざまな知見が報告された．MgB_2 とは，それほどに安定かつ健全な超伝導体であるといえる．超伝導材料学の立場から見ると，MgB_2 は全く見逃されていた高温超伝導金属化合物であり，その単純な組成からも応用への可能性が大いに期待できる材料である．MgB_2 の発見は，いまだ人知の及ばぬ未開拓だが芳醇な大地が，超伝導研究の前に広々と拡がっている可能性が十分にあると，人々に知らしめた典型的発見ともいえる．

石田（Ishida）らは，この MgB_2 に対し，1つの応用例として中性子検出器という極めてユニークな提案を行った．その提案を説明する前に，少しその背景について以下に記す．

現在，日本ではJ-PARC（Japan Proton Accelerator Research Complex）と名づけられたMW級の大強度陽子ビームを用いたさまざまな統合実験施設が稼働しており，日本原子力研究開発機構がその運用を担当している．その世界有数のビーム利用研究の大きな柱の1つとして，パルス中性子源を用いて物質科学や構造生物学などが研究されている．中性子を利用すると，これまで直接見ることのできなかった水素の位置やダイナミクスが，材料や生体内で観測可能となるため，多大な基礎研究の成果や圧倒的な産業競争力の獲得などが期待されている．しかし，現在一般的に使われている汎用中性子検出器（BF_3 比例計数管など）では，性能（計数率 $10^3 \sim 10^4$ counts/s，位置分解能 $2 \sim 5$ mm）が不足するとされ，より高い計数率（10^5 counts/s 以上）でかつ高い位置分解能（数 μm 以下）をもつ新たな検出器の開発が切望されている．つまり，中性子という優れたプローブを用いたとしても，それを高い時間および空間分解能をもつ検出器にて検出できなければ，宝の持ち腐れになるという構図である．このような背景の下，上記の要求分解能をクリアし，さらに圧倒的な性能向上を実現すると期待されるのが超伝導検出器である．

これまで超伝導体を放射線（光子）の検出器として使う試みは，広く研究されてきた．その検出方法のうち，典型的な2つの例について説明をする[158]．1つは，準粒子生成およびその緩和過程を使用する方法である．もう1つは熱による超伝導破壊と超伝導への復帰緩和過程を利用する方法である．超伝導検出器としては，前者は超伝導トンネル接合（STJ），後者は超伝導転移端センサー（TES）とよばれる．すでに，両者とも実用段階にあり，光子を1個ずつ分別しカウントできるほどの分解能をもつことが，これらの素子のセールスポイントである．前者では，良質かつ再現性の高いトンネル接合の開発が欠かせない一方，後者の超伝導転移端センサーの場合は熱緩和型素子として利用するため，熱の吸収体，温度計，熱浴とのリンクの3要素が必要であり，熱のコントロールが性能向上の鍵となっている．

以上，超伝導を用いた放射線（光子）検出器についてその概略を説明したが，本節で対象とする中性子は電荷をもたないため，透過性が極めて高く，その中性子をどう検出するかは自明ではない．しかし，現在，中性子検出によく利用されている物質が同位体 ^{10}B（ボロン）であることに気づくと，中性子超伝導検出器のアイデアが浮かんでくる．B は周期表で始めから5番目の原子であるが，この原子には質量数10と11の同位体が存在し，自然界での存在割合はそれぞれ約20%と80%である．ただし，同位体 ^{10}B の中性子に対する核反応断面積は，熱中性子に対し極めて大きく，原子力発電における中性子制御物質として利用されていることからも，その核反応確率が高いことが理解できる．

中性子は ^{10}B に衝突すると

$$^{10}B + n \rightarrow {}^{7}Li + {}^{4}He \tag{6.9}$$

という核反応を起こし，Li 粒子と α 粒子（^{4}He）に核変換するが，それらの粒子は決まった運動エネルギーを受け取る．その各運動エネルギーは運動量保存則から，Li 粒子は $E_{Li} = 0.84$ MeV，α 粒子（α 粒子とは ^{4}He の原子核である）は $E_{\alpha} = 1.47$ MeV を受け取るのが主要反応となる．こうして ^{10}B を含む MgB_2 は，中性子照射下に置くと中性子と核反応を起こし，Li 粒子と α 粒子が生成し，それらが固体内を運動することとなる．その際，生成粒子は結晶格子ポテンシャルを感じ，固体内の他の原子に衝突するため，速度は減速し，固体へその分のエネルギーが移動し，最終的には固体内に留まるか，透過して外へ出てしまうと考えらえる．いずれにしても，核反応によ

るエネルギーは MgB_2 内にて熱エネルギーとなることが期待され，その熱発生によって超伝導状態が変化すれば，その変化を観測することで中性子を検知できることがわかる．これが，MgB_2 が中性子検出器として動作するというアイデアであるが，その検知がどれほどの感度で機能するかについては，理論的な検討が必要であることは想像に難くない．以下では，理論的検討の一例として，ギンツブルク－ランダウ理論を用いた熱応答のシミュレーションについて説明し，その結果から検出の時間および空間の分解能をおおよそ見積もれたこと，そして，その結果を基に，検出試験をセットアップし，検出試験を成功に導くことができたことを記す．

上記のアイデアから，中性子検出は核反応により出現する生成粒子が固体内を運動することで，熱が固体に付与され，その熱により，検知できうる範囲内で十分に超伝導状態が変化すればよいことがわかったが，ここで重要な課題は超伝導状態の変化をどうシミュレーションするかである．シミュレーションにより中性子衝突前後の超伝導状態の変化がわかれば，次は，その変化をどのような手段にて検出できるかという問題となる．こうして，熱発生，超伝導状態の変化，そして測定までの一連のシミュレーションの重要性が理解できよう．

従来，超伝導状態の時間変化を理論的に記述するため，おおよそ3つの手法を用いた研究が行われてきた．1つ目は，BCS 理論に基づき，グリーン関数法を用いた超伝導状態の電磁応答の理論である．この理論の特徴は，微視的な電子状態の変化から超伝導状態の変化を読み取るため，理論的な正当性を確認しつつ応答を議論できるという点にある．しかし，取扱いが微視的理論から出発しているため，具体的な構造をもつ細線などの結果を評価するための見通しはあまりよくない．実際，もし電子状態の変化も含めて超伝導細線の超伝導状態の時間変化を自己無撞着に解くためには，膨大な計算量が必要であり，世界有数の計算資源を有するスーパーコンピューター「京」を用いたとしても，困難であることがわかる．

次に考えられるのは，電子状態の変化を直接追跡せず，熱の収支のみを考察する方法である．一般に熱の収支を考えるにあたっては，固体の熱伝導率や熱容量がわかれば，熱の拡散方程式を解くことで固体内の局所温度の上昇や定常状態に復帰する状態をシミュレーションすることができるが，超伝導状態の変化による系の挙動変化を知ることはできない．超伝導状態は電磁場に対する応答が異常であり，その異常性とは，極めて鋭敏に変化するため時空間の分解能が向上するという事実を考えると，上記手法は概略を知るためには適当だが，目的を十分に果たすことができないことがわかる．

以上の考察から，時間依存のギンツブルク - ランダウ理論から導かれる時間依存のギンツブルク - ランダウ方程式，電磁応答を記述するマックスウェル方程式，そして熱応答を記述する熱伝導方程式からなる理論を基にシミュレーションを実施することが適切であると判断した[159]．解くべき方程式群を以下に記す．

$$D^{-1}\left(\frac{\partial}{\partial t}+i\frac{2e\varphi}{\hbar}\right)\Delta+\xi^{-2}(|\Delta|^2-1)\Delta+\left(\frac{\boldsymbol{\nabla}}{i}-\frac{2e}{\hbar c}\boldsymbol{A}\right)\Delta=0 \quad (6.10)$$

$$\boldsymbol{\nabla}\times\boldsymbol{B}=\frac{4\pi}{c}\boldsymbol{j} \quad (6.11)$$

$$\boldsymbol{j}=\sigma\left(-\boldsymbol{\nabla}\varphi-\frac{1}{c}\frac{\partial\boldsymbol{A}}{\partial t}\right)+\mathrm{Re}\left[\Delta^*\left(\frac{\boldsymbol{\nabla}}{i}-\frac{2e}{\hbar c}\boldsymbol{A}\right)\Delta\right]\frac{\hbar c^2}{8\pi e\lambda^2} \quad (6.12)$$

$$C_{\mathrm{n}}\frac{\partial T}{\partial t}+\frac{\partial F_{\mathrm{s}}}{\partial t}+\mathrm{div}(\boldsymbol{j}_{\mathrm{n}}^{\mathrm{Q}}+\boldsymbol{j}_{\mathrm{s}}^{\mathrm{Q}})+W=0 \quad (6.13)$$

ここで，D は拡散定数，φ はスカラーポテンシャル，λ は磁束侵入長，ξ はコヒーレンス長，Δ は超伝導秩序パラメーター，$\boldsymbol{A}$ はベクトルポテンシャル，$\hbar$ はプランク定数，e は電子の素電荷，c は光速，C_{n} は熱容量（正常伝導成分由来），F_{s} は GL 自由エネルギーである．(6.13) のエネルギー保存則はジュール熱（W）による発熱があり，エネルギー伝達は正常伝導 $\boldsymbol{j}_{\mathrm{n}}^{\mathrm{Q}}$ と超伝導部分 $\boldsymbol{j}_{\mathrm{s}}^{\mathrm{Q}}$ の 2 つのチャネルがあるとした．外部からの熱源（中性子と B の核反応やレーザー照射の効果）は，(6.13) の右辺にスポット熱源として導入する．熱源の大きさは，Li や α 粒子の固体内での飛程（数 μm 程度）からスポットサイズを決め，そのスポット内に核反応により放出されるエネルギー（Li および α 粒子の初期運動エネルギーの和）を注入する．

時間依存のギンツブルク - ランダウ方程式 (6.10) は，超伝導秩序パラメーター（Δ）のダイナミクスを記述するため，超伝導状態の時間発展を時々刻々追跡することができる．また，それと呼応する形で，電磁応答と熱応答の両方を上記の方程式の体系は記述できることがわかる．しかしながら，ギンツブルク－ランダウ理論の最小空間スケールがコヒーレンス長であることから，そのスケールは銅酸化物超伝導体においてナノメートル（10^{-9} m）程度，従来型超伝導体においては，そのおよそ 10～100 倍以上であることがわかる．したがって，μm 程度の細線レベルのシミュレーションをするためには，3 次元細線構造をシミュレートする場合，極めて大規模な計算となり，並列計算機が必要となる．それゆえ，実際のシミュレーションには，その当時開発されたばかりの地球シミュレーター（海洋研究開発機構設置 2002 年稼働）を利用した．地球シミュレーターは，研究課題申請を行い，審査を通過したものだけが利用することができる．大規模計算を実施する意義があり，成果が見込まれる課題が優先される．これはどの分野においても共通であり，周到な準備が必要であることはいうまでもない．十分な準備の後，MgB_2 検出器開発のためのシミュレーションプロジェクトは，地球シミュレーターの計算プロジェクトとして採択され，当時（2004 年）として世界一の計算環境が利用できることとなった．地球シミュレーター利用にあたっては，次の 3 つのポイントに絞り大規模計算を実施した．超伝導細線に中性子が衝突し，核反応が 1 度起こったと仮定した場合をシミュレートし，次の 3 つの問いを設定した．

（1）　細線中，どれほどの領域の温度がどれだけ上昇するのか？

（2）（1）の事象と共に，どのような条件が満たされた時，電圧などの観測量に反映されるのか？

（3）（2）の時間応答速度はどれほどの速度か？

この 3 つについての情報が得られれば，実際にどのような実証試験のセットアップが必要となるかがわかる．

シミュレーションにより得られた結果を示す．図 6.15 は，細線の幅が 4 μm（a）と 2 μm（b）の場合，超伝導が破壊された領域（常伝導領域）が最大となった時の超伝導秩序パラメーターのスナップショット（中心の円状の部分では，秩序パラメーターがゼロとなっている．すなわち，超伝導が破壊され常伝導となったことを意味している）である．4 μm の時は，常伝導領域が細線端まで達していないことがわかる一方，2 μm の場合は細線の端

(a)

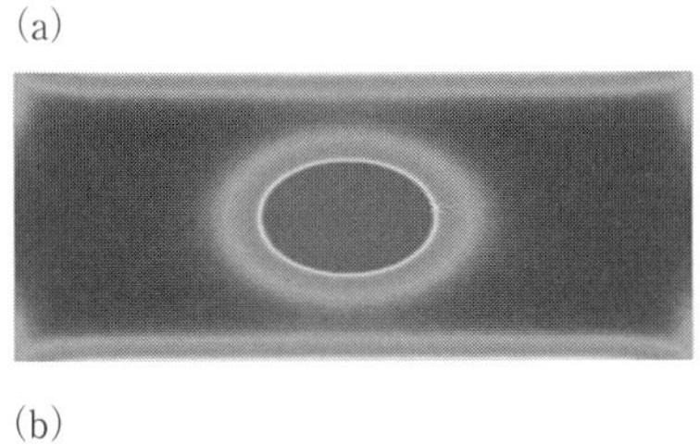

(b)

図 6.15　超伝導秩序パラメーターのシミュレーション結果（スナップショット：本文参照）.

から端まで，一部だが超伝導が破壊されていることがわかる．2 μm のケースはあたかも，導線内に高い電気抵抗をもつ部分が出現し，極端にいえば断線した場合に等しく，一定電流を流し続けるためには，電圧が必要となることがわかる．一方，4 μm のケースでは，超伝導状態が一部残存しているために，超伝導電流がその部分を流れ，電気抵抗は有意には発生しないことがわかる．こうして，中性子による核反応が起こっても，細線が十分に広い場合や厚い場合は，電圧が十分に発生せず検出することが難しいことがわかった．

次に，2 μm のケースの場合に得られた両端電圧の時間経過を見たところ，電圧がパルス状に発生し，元に戻る時間スケールは 10 ns 程度であることがわかった．こうして，MgB_2 の応答時間は 10 ns 程度であり，回復時間が極めて短いことがわかった．この応答時間は従来の検出器の 1 万倍程度の速度であり，如何に超伝導を利用する検出器が優れているかを示している．当初，この時間スケールに多くの研究者が驚愕したが，実際この時間スケールに実証試験の検出分解能を合わせたところ，観測に成功したことから，シミュレーションの有用性がわかる[160].

図 6.16 は，実際に作成された試験用サンプルの写真であり，3 μm 幅の超伝導細線が這うような形で整列させられている．十分な観測を実施するには数 μm 幅の細線が必要だが，中性子をできる限り，広い範囲でキャッチするには，その細線を図のように空間内を蛇のように這わせることによって，中性子をできる限り広い範囲で捕獲できるよう設計している[161].

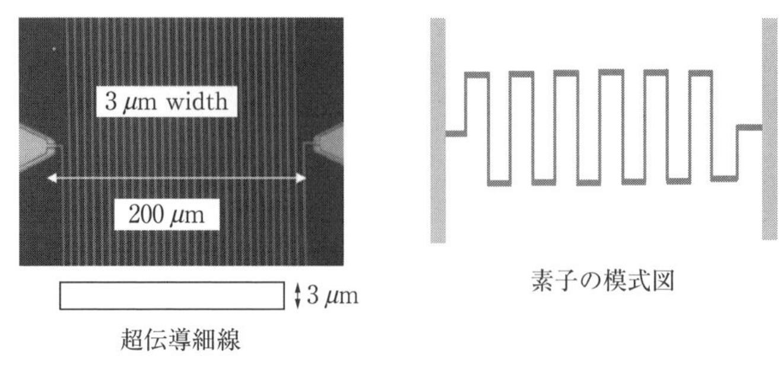

図 6.16 実証試験のため作成された試験用サンプル[162]
(左側：写真，右側：簡略化した模式図).

実際に測定された結果を図 6.17 に示す．図 6.17 は，日本原子力研究開発機構の原子炉にて中性子照射下で測定された信号であり，その応答時間はシミュレーションにより予測された値より多少短く，他の検出器を圧倒する速さであり，超伝導を利用した中性子検出が如何に有効であるかを示している[163].

以上，超伝導状態の鋭敏な応答特性を活用した中性子検出というアイデアを検証した，研究者らの取り組みについて紹介してきたが，このストーリーの背景には多くの研究者の連携協力とたゆまぬ努力があったことを想像して

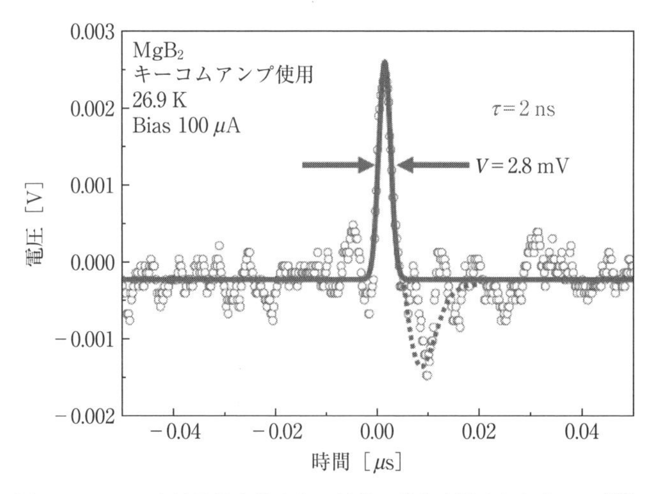

図 6.17 MgB_2 中性子検出器からの信号．動作時間はおよそ 2 ns [162].

ほしい．特に，中性子の実験は，原子炉を利用することから，マシンタイムは限られており周到な準備が必要であった．しかも，超伝導体を用いるため，そのセットアップには困難を極めた．得られるシグナルはシミュレーションによって明らかにされたように極めて速く，マイクロメートルスケールの細線の一部が常伝導状態になるのを捉えなければならない．しかし，この応答の速さや空間スケールは，MgB_2 中性子検出器の最大の武器である．

今後，中性子を利用した物性や生体研究において日本がリードするためには，画期的な空間分解能をもつ中性子検出器が必要であり，本節はその使命を果たそうと努力した研究者たちの取組みの一端を紹介したものである．本節を読まれた読者に研究者らの努力と興奮が伝われば幸いである．

参 考 文 献

[1] 高木伸 著：「巨視的トンネル現象」（岩波書店，1997 年）

[2] U. Weiss：“*Quantum Dissipative Systems*”（World Scientific, Singapore, 2012）.

[3] A. O. Caldeira and A. J. Leggett：Phys. Rev. Lett. **46**（1981）211.

[4] R. Voss and R. Webb：Phys. Rev. Lett. **47**（1981）265.

[5] A. N. Cleland, J. M. Martinis and J. Clarke：Phys. Rev. **B37**（1988）5950.

[6] V. Ambegaokar, U. Eckern and G. Schön：Phys. Rev. Lett. **48**（1982）1745.

[7] Y. Ota, M. Machida and T. Koyama：Phys. Rev. **B83**（2011）060503.

[8] H. Asai, Y. Ota, S. Kawabata, M. Machida and F. Nori：Phys. Rev. **B89**（2014）224507.

[9] 中村泰信：日本物理学会誌 **66**（2011）762.

[10] 久保結丸：日本物理学会誌 **66**（2011）439.

[11] 西森秀稔：情報処理 **55**（2014）716.

[12] Y. Tanaka and S. Kashiwaya：Phys. Rev. Lett. **74**（1995）3451.

[13] T. Yokoyama, S. Kawabata, T. Kato and Y. Tanaka：Phys. Rev. **B76**（2007）134501.

[14] S. Kawabata, S. Kashiwaya, Y. Asano and Y. Tanaka：Phys. Rev. **B70**（2004）132505.

[15]　C. Bruder, A. van Otterlo and G. T. Zimanyi：Phys. Rev. **B51**（1995）12904（R）.

[16]　Y. S. Barash, A. V. Galaktionov and A. D. Zaikin：Phys. Rev. **B52**（1995）665.

[17]　O. K. Andersen, A. I. Liechtenstein, O. Jepsen and F. Paulsen：J. Phys. Chem. Solids **56**（1995）1573.

[18]　A. Wallraff, A. Lukashenko, C. Coqui, A. Kemp, T. Duty and A. V. Ustinov：Rev. Sci. Instrum. **74**（2003）3740.

[19]　K. Inomata, S. Sato, K. Nakajima, A. Tanaka, Y. Takano, H. B. Wang, M. Nagao, H. Hatano and S. Kawabata：Phys. Rev. Lett. **95**（2005）107005.

[20]　S. Kawabata, S. Kashiwaya, Y. Asano and Y. Tanaka：Phys. Rev. **B72**（2005）052506.

[21]　町田昌彦，小山富男，立木昌：日本物理学会誌 **54**（1999）810.

[22]　X. Y. Jin, J. Lisenfeld, Y. Koval, A. Lukashenko, A. V. Ustinov and P. Müller：Phys. Rev. Lett. **96**（2006）177003.

[23]　T. Koyama and M. Machida：Physica **C468**（2008）695.

[24]　M. V. Fistul：Phys. Rev. **B75**（2007）014502.

[25]　S. Savel'ev, A. L. Rakhmanov and F. Nori：Phys. Rev. Lett. **98**（2007）077002.

[26]　H. Kashiwaya, T. Matsumoto, H. Shibata, S. Kashiwaya, H. Eisaki, Y. Yoshida, S. Kawabata and Y. Tanaka：J. Phys. Soc. Jpn. **77**（2008）104708.

[27]　K. Ota, K. Hamada, R. Takemura, M. Ohmaki, T. Machi, K. Tanabe, M. Suzuki, A. Maeda and H. Kitano：Phys. Rev. **B79**（2009）134505.

[28]　Y. Nomura, T. Mizuno, H. Kambara, Y. Nakagawa and I. Kakeya：J. Phys. Soc. Jpn. **84**（2015）013704.

[29]　Y. Chizaki, H. Kashiwaya, S. Kashiwaya, T. Koyama and S. Kawabata：Physica **C471**（2011）758.

[30]　R. Kleiner, F. Steinmeyer, G. Kunkel and P. Müller：Phys. Rev. Lett. **68**（1992）2394.

[31]　R. Kleiner and P. Müller：Phys. Rev. **B49**（1994）1327.

[32]　J. Martinis, M. H. Devoret and J. Clarke：Phys. Rev. Lett. **55**（1985）1543.

[33]　J. Martinis, M. H. Devoret and J. Clarke：Phys. Rev. **B35**（1987）4682.

[34]　S.－X. Li, W. Qiu, S. Han, Y. F. Wei, X. B. Zhu, C. Z. Gu, S. P. Zhao and H. B.

Wang：Phys. Rev. Lett. **99**（2007）037002.

［35］ Y. Nomura, T. Mizuno, H. Kambara, Y. Nakagawa, T. Watanabe, I. Kakeya and M. Suzuki：J. Phys.：Conf. Ser. **507**（2014）012038.

［36］ K. Inomata, S. Sato, M. Kinjo, N. Kitabatake, H. B. Wang, T. Hatano and K. Nakajima：Supercond. Sci. Technol. **20**（2007）S105.

［37］ H. F. Yu, X. B. Zhu, J. K. Ren, Z. H. Peng, D. J. Cui, H. Deng, W. H. Cao, Y. Tian, G. H. Chen, D. N. Zheng, X. N. Jing, L. Lu and S. P. Zhao：New J. Phys. **15**（2013）095006.

［38］ H. Kashiwaya, T. Matsumoto, H. Shibata, H. Eisaki, Y. Yoshida, H. Kambara, S. Kawabata and S. Kashiwaya：Appl. Phys. Express **3**（2010）043101.

［39］ S. Ueda, T. Yamaguchi, Y. Kubo, S. Tsuda, Y. Takano, J. Shimoyama and K. Kishio：J. Appl. Phys. **106**（2009）074516.

［40］ H. Kitano, K. Ota, K. Ishikawa, M. Itoi, Y. Imai and A. Maeda：Physica **C470**（2010）S838.

［41］ Y. Kubo, A. O. Sboychakov, F. Nori, Y. Takahide, S. Ueda, I. Tanaka, A. T. M. N. Islam and Y. Takano：Phys. Rev. **B86**（2012）144532.

［42］ T. Shibauchi, H. Kitano, K. Uchinokura, A. Maeda, T. Kimura and K. Kishio：Phys. Rev. Lett. **72**（1994）2263.

［43］ D. Gulevich and F. Kusmartsev：Physica **C435**（2006）87.

［44］ T. Kato and M. Imada：J. Phys. Soc. Jpn. **66**（1997）1445.

［45］ H. Kitano, K. Ota and A. Maeda：Supercond. Sci. Technol. **20**（2007）S68.

［46］ K. Tamasaku, Y. Nakamura and S. Uchida：Phys. Rev. Lett. **69**（1992）1455.

［47］ M. B. Gaifullin, Y. Matsuda, N. Chikumoto, J. Shimoyama, K. Kishio and R. Yoshizaki：Phys. Rev. Lett. **83**（1999）3928.

［48］ H. Kitano, K. Ishikawa, S. Takekoshi, K. Ota and A. Maeda：Physica **C471**（2011）1210.

［49］ P. J. W. Moll, L. Balicas, V. Geshkenbein, G. Blatter, J. Karpinski, N. D. Zhigadlo and B. Batlogg：Nat. Mater. **12**（2013）134.

［50］ P. J. W. Moll, X. Zhu, P. Cheng, H.－H. Wen and B. Batlogg：Nat. Phys. **10**（2014）644.

［51］ 猪股邦宏：固体物理 **40**（2005）747.

[52]　川畑史郎，柏谷聡：固体物理 **40**（2005）755.

[53]　A. M. Zagoskin：J. Opt. **14**（2012）114011.

[54]　I. Buluta and F. Nori：Science **326**（2009）108.

[55]　ピコフスキー，ローゼンブラム，クルツ 共著，徳田功 訳：「同期理論の基礎と応用 - 数理科学，化学，生命科学から工学まで -」（丸善出版，2009 年）

[56]　W. L. McMillan：Phys. Rev. **175**（1968）537.

[57]　C.-R. Hu：Phys. Rev. Lett. **72**（1994）1526.

[58]　S. Kashiwaya and Y. Tanaka：Reports Prog. Phys. **63**（2000）1641.

[59]　M. Sato, Y. Tanaka, K. Yada and T. Yokoyama：Phys. Rev. **B83**（2011）224511.

[60]　Y. Tanaka, M. Sato and N. Nagaosa：J. Phys. Soc. Jpn. **81**（2012）011013.

[61]　Y. Maeno, H. Hashimoto, K. Yoshida, S. Nishizaki, T. Fujita, J. G. Bednorz and F. Lichtenberg：Nature **372**（1994）532.

[62]　S. Kashiwaya, H. Kashiwaya, H. Kambara, T. Furuta, H. Yaguchi, Y. Tanaka and Y. Maeno：Phys. Rev. Lett. **107**（2011）077003.

[63]　D. J. Thouless, M. Kohmoto, M. P. Nightingale and M. Den Nijs：Phys. Rev. Lett. **49**（1982）405.

[64]　C. L. Kane and E. J. Mele：Phys. Rev. Lett. **95**（2005）146802.

[65]　C. L. Kane and E. J. Mele：Phys. Rev. Lett. **95**（2005）226801.

[66]　L. Fu, C. L. Kane and E. J. Mele：Phys. Rev. Lett. **98**（2007）106803.

[67]　J. E. Moore and L. Balents：Phys. Rev. **B75**（2007）121306.

[68]　M. König, H. Buhmann, L. W. Molenkamp, T. Hughes, C. X. Liu, X. L. Qi and S. C. Zhang：J. Phys. Soc. Jpn. **77**（2008）031007.

[69]　Y. Ando：J. Phys. Soc. Jpn. **82**（2013）102001.

[70]　A. P. Schnyder, S. Ryu, A. Furusaki and A. W. W. Ludwig：AIP Conf. Proc. **1134**（2009）10.

[71]　S. Ryu, A. P. Schnyder, A. Furusaki and A. W. W. Ludwig：New J. Phys. **12**（2010）065010.

[72]　Y. Ueno, A. Yamakage, Y. Tanaka and M. Sato：Phys. Rev. Lett. **111**（2013）087002.

[73]　T. Morimoto and A. Furusaki：Phys. Rev. **B89**（2014）035117.

［74］ 佐藤昌利，柏谷聡，前野悦輝：固体物理 **46**（2011）479.

［75］ A. Y. Kitaev：Physics－Uspekhi **44**（2001）131.

［76］ J. Alicea：Reports Prog. Phys. **75**（2012）076501.

［77］ M. Sato, Y. Takahashi and S. Fujimoto：Phys. Rev. Lett. **103**（2009）020401.

［78］ R. M. Lutchyn, J. D. Sau and S. Das Sarma：Phys. Rev. Lett. **105**（2010）077001.

［79］ Y. Oreg, G. Refael and F. von Oppen：Phys. Rev. Lett. **105**（2010）177002.

［80］ V. Mourik, K. Zuo, S. M. Frolov, S. R. Plissard, E. P. A. M. Bakkers and L. P. Kouwenhoven：Science **336**（2012）1003.

［81］ S. Nadj－Perge, I. K. Drozdov, J. Li, H. Chen, S. Jeon, J. Seo, A. H. MacDonald, B. A. Bernevig and A. Yazdani：Science **346**（2014）602.

［82］ L. Fu and C. L. Kane：Phys. Rev. Lett. **100**（2008）096407.

［83］ Y. Tanaka, T. Yokoyama and N. Nagaosa：Phys. Rev. Lett. **103**（2009）107002.

［84］ J. Linder, Y. Tanaka, T. Yokoyama, A. Sudbø and N. Nagaosa：Phys. Rev. Lett. **104**（2010）067001.

［85］ S. Sasaki, M. Kriener, K. Segawa, K. Yada, Y. Tanaka, M. Sato and Y. Ando：Phys. Rev. Lett. **107**（2011）217001.

［86］ S. Nakosai, Y. Tanaka and N. Nagaosa：Phys. Rev. Lett. **108**（2012）147003.

［87］ S. Nakosai, J. C. Budich, Y. Tanaka, B. Trauzettel and N. Nagaosa：Phys. Rev. Lett. **110**（2013）117002.

［88］ Y. Asano and Y. Tanaka：Phys. Rev. **B87**（2013）104513.

［89］ A. I. Buzdin：Rev. Mod. Phys. **77**（2005）935.

［90］ F. S. Bergeret, A. F. Volkov and K. B. Efetov：Rev. Mod. Phys. **77**（2005）1321.

［91］ I. F. Lyuksyutov and V. L. Pokrovsky：Adv. Phys. **54**（2005）67.

［92］ M. Eschrig：Phys. Today **64**（2011）43.

［93］ M. J. M. De Jong and C. W. J. Beenakker：Phys. Rev. Lett. **74**（1995）1657.

［94］ S. K. Upadhyay, A. Palanisami, R. N. Louie and R. A. Buhrman：Phys. Rev. Lett. **81**（1998）3247.

［95］ R. J. Soulen, Jr., *et al.*：Science **282**（1998）85.

[96]　A. I. Buzdin, L. N. Bulaevskii and S. V. Panyukov：Pis'ma Zh. Eksp. Teor. Fiz. **35** (1982) 147.

[97]　A. I. Buzdin and M. Y. Kupriyanov：Pis'ma Zh. Eksp. Teor. Fiz. **53** (1991) 308.

[98]　E. A. Demler, G. B. Arnold and M. R. Beasley：Phys. Rev. **B55** (1997) 15174.

[99]　V. V. Ryazanov, V. A. Oboznov, A. Y. Rusanov, A. V. Veretennikov, A. A. Golubov and J. Aarts：Phys. Rev. Lett. **86** (2001) 2427.

[100]　Y. Obi, M. Ikebe and H. Fujishiro：Phys. Rev. Lett. **94** (2005) 057008.

[101]　Y. V. Fominov, A. A. Golubov, T. Y. Karminskaya, M. Y. Kupriyanov, R. G. Deminov and L. R. Tagirov：JETP Lett. **91** (2010) 308.

[102]　H. Sickinger, A. Lipman, M. Weides, R. G. Mints, H. Kohlstedt, D. Koelle, R. Kleiner and E. Goldobin：Phys. Rev. Lett. **109** (2012) 107002.

[103]　A. I. Buzdin：Phys. Rev. Lett. **101** (2008) 107005.

[104]　F. Konschelle and A. Buzdin：Phys. Rev. Lett. **102** (2009) 017001.

[105]　K. D. Usadel：Phys. Rev. Lett. **25** (1970) 507.

[106]　F. S. Bergeret and I. V. Tokatly：Phys. Rev. Lett. **110** (2013) 117003.

[107]　F. S. Bergeret and I. V. Tokatly：Phys. Rev. **B89** (2014) 134517.

[108]　F. S. Bergeret, A. F. Volkov and K. B. Efetov：Phys. Rev. **B69** (2004) 174504.

[109]　F. S. Bergeret, A. L. Yeyati and A. Martín-Rodero：Phys. Rev. **B72** (2005) 064524.

[110]　R. I. Salikhov, I. A. Garifullin, N. N. Garif'yanov, L. R. Tagirov, K. Theis-Bröhl, K. Westerholt and H. Zabel：Phys. Rev. Lett. **102** (2009) 087003.

[111]　J. Xia, V. Shelukhin, M. Karpovski, A. Kapitulnik and A. Palevski：Phys. Rev. Lett. **102** (2009) 087004.

[112]　J. Linder, T. Yokoyama and A. Sudbø：Phys. Rev. **B79** (2009) 54523.

[113]　F. S. Bergeret, A. F. Volkov and K. B. Efetov：Phys. Rev. Lett. **86** (2001) 4096.

[114]　A. Kadigrobov, R. I. Shekhter and M. Jonson：Europhys. Lett. **54** (2001) 394.

[115]　R. S. Keizer, S. T. B. Goennenwein, T. M. Klapwijk, G. Miao, G. Xiao and A.

Gupta：Nature **439** (2006) 825.

[116] T. S. Khaire, M. A. Khasawneh, W. P. Pratt, Jr. and N. O. Birge：Phys. Rev. Lett. **104** (2010) 137002.

[117] J. W. A. Robinson, J. D. S. Witt and M. G. Blamire：Science **329** (2010) 59.

[118] N. Banerjee, J. W. A. Robinson and M. G. Blamire：Nat. Commun. **5** (2014) 4771.

[119] N. Banerjee, C. B. Smiet, R. G. J. Smits, A. Ozaeta, F. S. Bergeret, M. G. Blamire and J. W. A. Robinson：Nat. Commun. **5** (2014) 3048.

[120] J. Wang, M. Singh, M. Tian, N. Kumar, B. Liu, C. Shi, J. K. Jain, N. Samarth, T. E. Mallouk and M. H. W. Chan：Nat. Phys. **6** (2010) 389.

[121] F. Konschelle, J. Cayssol and A. Buzdin：Phys. Rev. **B82** (2010) 180509.

[122] A. C. Keser, V. Stanev and V. M. Galitski：Phys. Rev. **B91** (2015) 094518.

[123] V. L. Berezinskii：JETP Lett. **20** (1974) 287.

[124] A. Balatsky and E. Abrahams：Phys. Rev. **B45** (1992) 13125.

[125] E. Abrahams, A. Balatsky, D. J. Scalapino and J. R. Schrieffer：Phys. Rev. **B52** (1995) 1271.

[126] M. Vojta and E. Dagotto：Phys. Rev. **B59** (1998) R713.

[127] Y. Fuseya, H. Kohno and K. Miyake：J. Phys. Soc. Jpn. **72** (2003) 2914.

[128] D. Solenov, I. Martin and D. Mozyrsky：Phys. Rev. **B79** (2009) 132502.

[129] H. Kusunose, Y. Fuseya and K. Miyake：J. Phys. Soc. Jpn. **80** (2011) 054702.

[130] H. Kusunose, M. Matsumoto and M. Koga：Phys. Rev. **B85** (2012) 174528.

[131] Y. Asano, Y. Tanaka and A. A. Golubov：Phys. Rev. Lett. **98** (2007) 107002.

[132] M. Eschrig and T. Löfwander：Nat. Phys. **4** (2008) 138.

[133] M. Eschrig, T. Löfwander, T. Champel, J. C. Cuevas, J. Kopu and G. Schön：J. Low Temp. Phys. **147** (2007) 457.

[134] Y. Tanaka and A. A. Golubov：Phys. Rev. Lett. **98** (2007) 037003.

[135] T. Yokoyama, Y. Tanaka and A. A. Golubov：Phys. Rev. **B78** (2008) 012508.

[136] T. Yokoyama, M. Ichioka and Y. Tanaka：J. Phys. Soc. Jpn. **79** (2010) 034702.

[137] T. Daino, M. Ichioka, T. Mizushima and Y. Tanaka：Phys. Rev. **B86** (2012) 064512.

[138]　J. Linder, T. Yokoyama, A. Sudbø and M. Eschrig：Phys. Rev. Lett. **102** (2009) 107008.

[139]　S. Higashitani, Y. Nagato and K. Nagai：J. Low Temp. Phys. **155** (2009) 83.

[140]　S. Higashitani, S. Matsuo, Y. Nagato, K. Nagai, S. Murakawa, R. Nomura and Y. Okuda：Phys. Rev. **B85** (2012) 024524.

[141]　S. Higashitani, H. Takeuchi, S. Matsuo, Y. Nagato and K. Nagai：Phys. Rev. Lett. **110** (2013) 175301.

[142]　V. Braude and Y. V. Nazarov：Phys. Rev. Lett. **98** (2007) 077003.

[143]　T. Yokoyama, Y. Tanaka and A. A. Golubov：Phys. Rev. **B75** (2007) 134510.

[144]　T. Yokoyama, Y. Tanaka and N. Nagaosa：Phys. Rev. Lett. **106** (2011) 246601.

[145]　Y. Asano, A. A. Golubov, Y. V. Fominov and Y. Tanaka：Phys. Rev. Lett. **107** (2011) 087001.

[146]　C. Nayak, S. H. Simon, A. Stern, M. Freedman and S. Das Sarma：Rev. Mod. Phys. **80** (2008) 1083.

[147]　G. Moore and N. Read：Nucl. Phys. **B360** (1991) 362.

[148]　N. Read and D. Green：Phys. Rev. **B61** (2000) 10267.

[149]　D. A. Ivanov：Phys. Rev. Lett. **86** (2001) 268.

[150]　Q.-F. Liang, Z. Wang and X. Hu：Europhys. Lett. **99** (2012) 50004.

[151]　J. D. Sau, R. M. Lutchyn, S. Tewari and S. Das Sarma：Phys. Rev. Lett. **104** (2010) 40502.

[152]　J. Alicea, Y. Oreg, G. Refael, F. von Oppen and M. P. A. Fisher：Nat. Phys. **7** (2011) 412.

[153]　J. D. Sau, D. J. Clarke and S. Tewari：Phys. Rev. **B84** (2011) 094505.

[154]　L.-H. Wu, Q.-F. Liang and X. Hu：Sci. Technol. Adv. Mater. **15** (2014) 064402.

[155]　T. D. Stanescu and S. Tewari：J. Phys.：Condens. Matter **25** (2013) 233201.

[156]　S. Yoshizawa, H. Kim, T. Kawakami, Y. Nagai, T. Nakayama, X. Hu, Y. Hasegawa and T. Uchihashi：Phys. Rev. Lett. **113** (2014) 247004.

[157]　J. Nagamatsu, N. Nakagawa, T. Muranaka, Y. Zenitani and J. Akimitsu：Nature **410** (2001) 63.

[158] V. Polushkin："*Nuclear Electronics：Superconducting Detectors and Processing Techniques*"（John Wiley & Son, England, 2004）.

[159] M. Machida and H. Kaburaki：Phys. Rev. Lett. **75**（1995）3178.

[160] M. Machida, T. Koyama, M. Kato and T. Ishida：Nucl. Instrum. Methods Phys. Res. **A529**（2004）409.

[161] K. Takahashi, K. Satoh, T. Yotsuya, S. Okayasu, K. Hojou, M. Katagiri, A. Saito, A. Kawakami, H. Shimakage, Z. Wang and T. Ishida：Physica **C392－396**（2003）1501.

[162] 石田武和：戦略的創造研究推進事業 ナノテクノロジー分野別バーチャルラボ 研究領域「高度情報処理・通信の実現に向けたナノ構造体材料の制御と利用」研究課題「超伝導ナノファブリケーションによる新奇物性と応用」研究終了報告書

[163] T. Ishida, M. Nishikawa, Y. Fujita, S. Okayasu, M. Katagiri, K. Satoh, T. Yotsuya, H. Shimakage, S. Miki, Z. Wang, M. Machida, T. Kano and M. Kato：J. Low Temp. Phys. **151**（2008）1074.

第7章

超伝導材料

7.1 単結晶とその成長

銅酸化物超伝導体は短いコヒーレンス長に加え，結晶構造（層状構造）を反映した2次元的異方性をもつ．各系で異方性の大きさは異なるが，特に，c軸方向のコヒーレンス長が超伝導を担うCuO_2面間の距離と同程度かそれより短いと，超伝導秩序パラメーターがc軸方向で大きく変化するため，本質的に不均一な層状超伝導体となることから，単なる異方的超伝導としての特性に加えて，層状的な不均一性に伴う各系特有の磁束状態が出現する．

また，物質によっては双晶や転位などの結晶欠陥が存在し，それらは磁束のピン止めに関与するから，超伝導磁束状態はそのような双晶やさまざまな転移などによって大きく変化する．系に含まれるさまざまな形態の不純物が，超伝導体の磁束状態の性質を大きく変えることはよく知られたことであり，これによって臨界電流密度を高めて超伝導線材として実用化する研究も盛んに行われている．このような高温超伝導体の応用研究のためにも磁束状態の理解が不可欠であり，そのためには，高品質な単結晶を用いた超伝導の本質を理解することが必要である．しかしながら，多くの銅酸化物高温超伝導体は多元素を含む分解溶融型化合物であること，アニオンとカチオン比の不定比性があること，さらには，酸素の欠陥とその秩序状態や不定比性が，温度および酸素分圧で自在に変化することなどの理由により，高品質の単結晶の育成は容易でない．

高温超伝導が発見されてから30年を経てもなお，高温超伝導体の超伝導機構が解明されていない最大の理由の1つは，物性評価に耐えられるようなよくキャラクタライズされた高品質の高温超伝導体単結晶が現在でも得られていないためである．高品質の単結晶を得るためには高度な技術と経験が必要不可欠であり，これを開拓することは，今なお高温超伝導研究の重要な課題である．

この節では，代表的な単結晶育成法の1つである溶液法を用いた単結晶成長の一例を紹介する．特に，物性研究の立場から銅酸化物単結晶の特徴を述べる．酸素の不定比性やアニオン・カチオン比の幅（化学量論比からのずれ）が広く，それに伴って材料特性が大きく変化することについては材料研究として非常に興味深いものがあり，また，そのような複雑性は，現在の人知を振り絞っても完全には制御できない自然現象の奥深さをまざまざと見せつけられる結果となっている．これらをすべて網羅できないので，詳細は文献を参照して欲しい[1]．

7.1.1 溶 液 法

銅酸化物超伝導体の多くは，融点に達する前に別の固相や液相に相分解する分解溶融型化合物であるため，単に目的の物質を溶融し，凝固しただけでは単結晶は得られない．代わりに，溶液（溶媒）から析出させる溶媒晶出法が用いられる．

例えば，図7.1に示したように，化合物Aと化合物Bとで構成される分解溶融型化合物の擬2成分系状態図が明らかになっているとする．ここで，

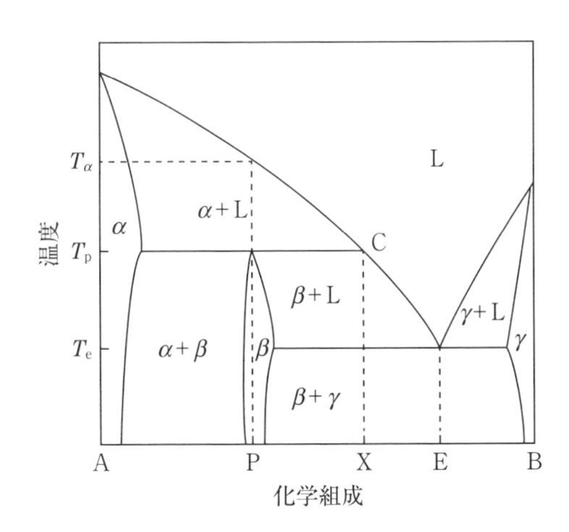

図 7.1 分解溶融型化合物の擬2元系状態図

化学組成Pである固相βを準備し，加熱していくとβ相は温度T_pで固相αと液相Lに分解し，固相βは消失してしまう．さらに温度を上げていくと，固相αは徐々に減少し液相Lが増えていき，やがてT_αに達するとすべてが液相Lになる．

逆に高温の液相Lから徐冷する場合，まず，最初に液相Lから固相αが初晶として晶出する．T_pより温度が下がると，固相αと液相Lの混合組成から固相βが晶出する（包晶反応）．したがって，化学組成Pの単相βを融解し凝固すると，単相βの単結晶ではなく，固相αと固相βとの包晶が得られることになる．

一方，化学組成Xをもつ化合物を融解しT_pより低い温度まで徐冷すると，固相液相線XEを通して固相βの核形成が始まり，共晶点温度T_eまで結晶βの成長が進行する．結晶成長の駆動力は溶媒の過飽和度によって決まる．よって，溶媒組成範囲XEの存在領域，温度範囲が重要な鍵となるが，銅酸化物超伝導体は組成元素が多いため，実用的な状態図は限られた系でしか明らかにされていない[2-10]．

溶媒組成は各研究者でさまざまであり，また，各研究者のノウハウとして公開されていない場合も多い．使用する原料棒組成，あるいは，溶媒組成が各研究者で異なる場合，成長した結晶の組成比（不定比性の度合い）に違いが現れ，この組成比の違いによって超伝導の性質が微妙に（場合によってはかなり大きく）異なるため，単結晶の特性の比較には慎重な取り扱いが必要である．場合によっては，同一の単結晶においても育成条件（例えば育成途中での温度など）が変化すると，その前後で超伝導の特性が微妙に変化してしまう．

現状では，酸素を含めた欠陥の秩序構造やカチオン・アニオンの組成比などを厳密に制御した均一な単結晶を得ることは至難の業であり，それに伴う物性の違いまでを精密に議論できる状況に達していない．同一単結晶といえども，超伝導物性を議論する際には上記のような事情を十分考慮する必要がある．

7.1.2 溶媒移動浮遊帯域法

溶液法の一種に分類される溶媒移動浮遊帯域法（traveling solvent floating zone method：TSFZ）は，銅酸化物超伝導体の良質で大型の結晶成長に適している．実験では，赤外線集光型浮遊帯域装置が主に使用され，光源としてはハロゲンランプ（最大出力 300 ～ 2000 W）が用いられ，赤外光を楕円鏡で集光し，高温帯域で材料を融解し，できた融帯をゆっくり移動することで結晶を成長させる（図 7.2）．

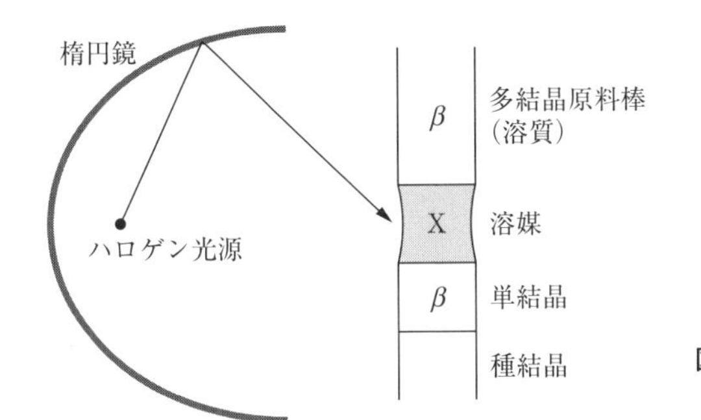

図 7.2 溶媒移動浮遊帯域法

これは原則であって，実際，結晶育成者がそれをどのように実行するかによって育成される結晶は千差万別であり，結晶育成がしばしば芸術（art）といわれる所以である．高品質の単結晶を得るには，勿論，相図などの一般的な知識を情報としてもっていることも重要であるが，それ以上に，育成者の研ぎ澄まされた直感力で育成する結晶のよりよい育成条件を，いかに整えてやることができるかに尽きる．この育成条件をできるだけ早く見つけ，その条件を実現することが成功の鍵である．

例えば，ハロゲンランプは熱エネルギー供給源であるが，そのフィラメントの形状がそのまま溶融帯の部分に投影されるから，フィラメントの形状や構造が溶融帯の温度分布や温度勾配を決めてしまう．フィラメントの形状としてしばしば平板フィラメントが用いられるのは，より温度勾配を強くするためである．また，電源の安定度によって，フィラメントから発せられる熱量が変化するので長時間安定度が要求される．固液界面における高い温度勾配は結晶成長の駆動力となるため，光源にレーザーを使用する場合もある．

成長速度は 0.05 ～ 0.5 mm/h の範囲がしばしば用いられ，空気中や酸素雰囲気下で成長が行われる．原料棒と種結晶との間に挟まれた溶媒のみを融解させ，原料棒と種結晶棒との両方を下方に移動することで，種結晶上に単結晶が成長する．成長中は，融解した物質が垂れ落ちないようにハロゲンランプの出力を調整する．上下シャフトをそれぞれ逆向きに回転（10 ～ 40 rpm）させ，溶融帯を撹拌し，全体をできる限り均一な温度，濃度になるように調節する．物質にもよるが，原料棒の直径が 8 ～ 10 mm を超えると，中心部分と表面部分との温度差を解消できなくなり，結果として結晶育成ができなくなる．これが赤外線集光法による浮遊帯域溶融法の難点である．溶融帯を安定に保つために，通常，直径 5 ～ 7 mm 程度の原料棒が用いられる．

原理的に，図 7.1 の溶媒組成が X から共晶組成 E の間であれば，固相 β の単結晶成長が進行するが，その反応速度は多くの場合，直接液相から得られる場合より 1 桁以上遅いので，結晶成長が一段と困難となる．0.5 mm/h 以下の極端に成長速度が遅い場合，原料棒の作製過程から細心の注意を払い，さらにさまざまな工夫を凝らさなければ安定に溶融帯を長時間同じ条件で維持することが困難となってくる．

例えば，0.5 mm/h 程度になってくると多結晶体である原料棒が長時間融液に触れているため，次第に融液が多結晶粒界に毛細管現象で吸い上げられ，融解し始め，ついにはぼろぼろと崩れ落ちるように融帯に落ちてくる．このような現象が起こると，もはや単結晶育成は諦めなければならない．これを防ぐため，焼結温度を上げ，密度を高くするとか，あらかじめ原料棒を高速で融解固化しておくなど，さまざまな対策を講じる必要がある．このような問題点を克服し，単結晶を得るのが結晶育成者の腕の見せ所でもある．

浮遊帯域溶融法のもう 1 つの特徴は，他の主要な溶液法である（セルフ）フラックス法と比較すると，坩堝（るつぼ）を使わないため，坩堝材料からの不純物の混入を避けられることが挙げられる．多くの酸化物の単結晶は，酸素分圧の高い状態での結晶育成が必須であるため多くの坩堝材は反応してしまう．高温超伝導体は銅酸化物であり，融点は多くの場合，860 ～ 1300℃と比較的低温領域にあるが，CuO は高温で極めて活性であり，ほとんどあらゆる物質と反応してしまう．MgO の坩堝などは坩堝を CuO 液体が透過し，坩堝の底からしたたり落ちてくる驚くべき現象が見られる．これらの点を考慮すると，浮遊帯域溶融法は，銅酸化物高温超伝導体の良質で大型の単結晶を得る最も有望な手法と考えられる．

7.1.3 典型的な高温超伝導体

(1) **$YBa_2Cu_3O_{7-\delta}$（$YBCO_7$ または 1237）**

この物質は超伝導転移温度が約 92 K で，初めて液体窒素の沸点 77 K を超えた物質であり，爆発的な高温超伝導研究が行われるきっかけとなった．先行して発見された $La_{2-x}A_xCuO_4$(A＝Ba, Sr, Ca) 系の最高温度 37 K をはるかに超す，80 ～ 92 K での超伝導をウー（Wu）らが指摘したときは Y－Ba－Cu－O の混晶であったが[10,11]，キャヴァ（Cava）らと門脇らによって単離され $YBa_2Cu_3O_{7-\delta}$ 系であることが判明した[12,13]．その後，相図については数多くの研究がなされており，大型の単結晶も液相からトップシード法を用いて育成されている[14,15]．

図 7.3(a) に $YO_{1.5}$－BaO－CuO の 3 元物質系からなる主な物質とその相関係を[16]，また，図 7.3(b) に $YBa_2Cu_3O_{7-\delta}$ とその周辺の擬 2 元相図を示す[2]．$YBa_2Cu_3O_{7-\delta}$ を析出する共晶温度は，測定者や実験条件によってかな

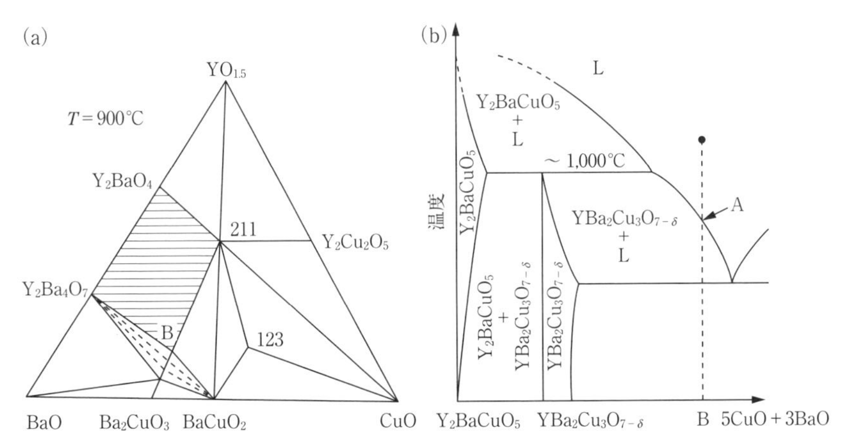

図 7.3 (a) 900℃における $YO_{1.5}$-BaO-CuO 元系相図，(b) 擬 2 元系 Y_2BaCuO_5-$YBa_2Cu_3O_{7-\delta}$ の相図．((a) は，池田靖訓 他：粉体および粉末冶金 **34** (1987) 580，(b) は武居文彦 他：日本結晶学会誌 **29** (1987) 353 より，それぞれ許可を得て転載)

り異なっているので注意が必要である[1]. これらの相図からわかることは, $YBa_2Cu_3O_{7-\delta}$は包晶反応により生成すること, 育成できる温度範囲は約25℃, 組成範囲が極めて狭いことから, 育成条件を長時間にわたり一定に保つことが極めて困難であることが予想される. そのような事情から現実問題として, 大型の単結晶を浮遊帯域溶融法で育成することはほぼ不可能である. 物性研究ではミリメートルサイズの比較的小型の単結晶で十分な場合がほとんどなので, 多くはフラックス法で育成されている.

高品質の単結晶は, リャン (Liang) らの報告によればYSZや$BaZrO_3$坩堝を用いて育成されている[17,18]. これらの結晶はc面の面積約1.5 mm × 1.5 mmで, (0,0,6) 反射でのロッキングカーブの半値幅が0.007°と報告されている[18-20]. また, 3×10^{-4} Tの磁場中冷却時の超伝導転移の幅が$\Delta T_c = 0.2$ K($T_c = 93.0$ K) であり, 双晶を取り除いた単結晶$YBa_2Cu_3O_{6.99}$の試料ではピニング効果が大変小さく, 磁化のヒステリシスから計算された臨界電流密度は70 K, 0.1 Tの磁場下で1.5×10^7 A/m^{2}程度である[18,19]. 同じような質の高い単結晶を, エルブ (Erb) らは同様の$BaZrO_3$の坩堝を使用して得たとの報告がなされている[21,22].

(2)　$Bi_2Sr_2Ca_{n-1}Cu_nO_{2n+4+\delta}$　($n = 1, 2, 3$)

Bi系銅酸化物超伝導体は, 1気圧の大気あるいは酸素下で合成すると$Bi_2Sr_2CuO_{6+\delta}$(Bi2201), $Bi_2Sr_2CaCu_2O_{8+\delta}$(Bi2212), $Bi_2Sr_2Ca_2Cu_3O_{10+\delta}$(Bi2223)の3種類を育成できる. 多くの場合, 多結晶の状態では単層を得ることが難しく, 3相が同時にできてしまう. これらの物質は, $Bi_2O_2/SrO/(CuO_2/CaO)_{n-1}/\ldots/CuO_2/SrO/Bi_2O_2$ ($n = 1, 2, 3 \ldots CuO_2$層の数を表す) と表され, c軸方向に積層した構造をしている. 図7.4は$n = 1, 2, 3$の場合の結晶構造を近似的に正方晶として模式的に示したものである.

実際の結晶構造はBiO_2面が大きく褶曲しており, b軸方向に大体4倍程度 ($b \approx 4.7a$) の周期をもつインコメンシュレートな変調構造をもっており, 格子間酸素の出入りによって, その周期が変化する非常に複雑な構造をなしている[24]. このような変調構造は同様の物質であるTl系やHg系ではない. しかも, Tl系やHg系ではBi系よりT_cが系統的に高い. このことは, Bi系で見られる変調構造によってT_cが低下しているように見える.

図 7.4　Bi2201 相（左），Bi2212 相（中央），Bi2223 相（右）の結晶構造．Bi2201 相では，銅原子は上下に伸びた八面体の中央部における4つの角に位置しており，Bi2212 相では，この八面体に，Ca 原子面が挿入することによって上下のピラミッドに分裂し，その底面の四面体の角に位置する．Bi2223 相では，銅原子が Ca 原子面と共に 2 次元平面的に配列する構造となり，これらがさらにピラミッドの間に挿入された形をとる．Bi_2O_2 層と SrO 層は，$SrO/Bi_2O_2/SrO$ がセットとなって CuO_2 面の複数構造を挟み込んでいる．

非平衡状態から作られる薄膜などでは $n > 3$ も育成されている．特に，Tl 系では $n = 6$ まで報告されている．超伝導転移温度は，一般に CuO_2 層数が増えると上昇する傾向がある．例えば，Bi 系では，Bi2201，Bi2212，Bi2223 の超伝導転移温度は最適ドープ状態で，$T_c = 10$ K，91 K，110 K である．いずれの場合も T_c の値は $n = 3 \sim 4$ でピークをもち，それ以上で再び下降に転じ，CuO_2 層を増加させても T_c は単調に増加しない．この理由は CuO_2 面へのキャリアのドーピング機構にあり，CuO_2 層が 3 層以上になると，中心部の CuO_2 層は外側の CuO_2 ほどドーピングが進まなくなるためと考えられている．

Bi2212 の単結晶成長実験の報告は多いが，化学量論比から Bi/Sr のずれた原料棒組成 $Bi_{2.1}Sr_{1.9}CaCu_2O_x$ がしばしば用いられ，さらに，原料棒組成とは異なる組成の溶媒を使用した TSFZ 法も報告されている．出発材料の違いもさておき，育成された単結晶の化学組成，欠陥量，不純物などを含めた全体の質においてはそれぞれ大きな違いがあり，それぞれの実験報告に対して一概に評価できない．例えば，溶媒物質の組成として，$Bi_{2.5}Sr_{1.9}CaCu_{2.6}O_x$[4]，$Bi_{2.2}Sr_{1.6}Ca_{0.85}Cu_{2.2}O_x$[5]，$Bi_{2.6}Sr_{1.9}CaCu_{2.6}O_x$[6] などの報告がある．なお，図 7.5 に TSFZ 法（空気中，成長速度 0.5 mm/h）で

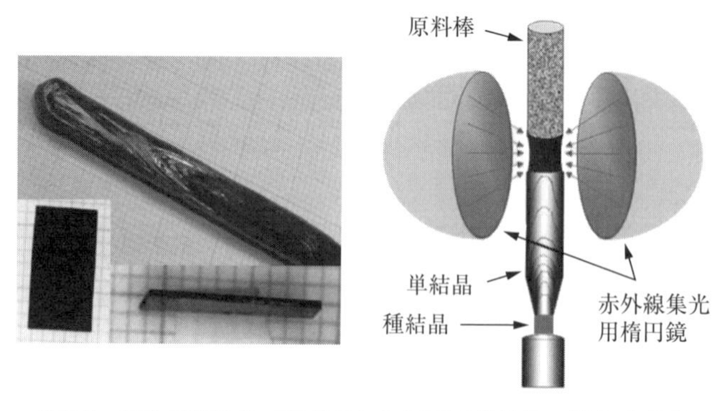

図 7.5　（左）TSFZ 法で育成された Bi2212 単結晶，（右）赤外線集光による浮遊帯域溶融法を用いた単結晶育成の概念図．

成長した，Bi2212 単結晶の写真を示す．大きさ $10 \times 6 \times 0.2\,\mathrm{mm}^3$ 程度の結晶片は，単結晶棒（直径 6 mm，長さ 60 mm 程度）を 10 mm 程度に輪切りにした後，剃刀によるへき開で得られる．磁化測定により不純物層の混入（Bi2223 層と Bi2201 層とのインターグロース）は 10^{-4} 以下（測定限界）である．また，この値は，単結晶を粉砕し，高分解能電子顕微鏡を用いて多数の破片の格子像を観測し得られた平均した不純物層の混入割合と一致する．同様の手法で，フラックス法で育成した単結晶を観測するとその割合は 1 ～ 2 桁以上多く，結晶によっては 10% 程度が不純物相である場合が頻繁にある．

TSFZ 法で作成したからといって必ずしも良質かといえばそうではなく，むしろ不純物相が混入する割合をこの方法では 10^{-4} 程度まで下げられ，この値が現状の不純物相の限界値であるということである．このような結晶は，*ab* 面内の電気抵抗を測定しても，Bi2223 層による 108 ～ 110 K 付近の抵抗の落ちが観測されることはない[24]．この面欠陥は，例えば結晶内部に 1 層あった場合でも，電気抵抗や SQUID によるマイスナー効果の測定によって観測可能であるので，少なくとも Bi2223 層の有無は測定から評価できる．Bi2201 層は $T_c \approx 20$ K と低く，実際には Bi2212 層が超伝導になると電気抵抗がゼロになるし，また大きな反磁性磁化が現れることから，電気抵抗や磁化測定からは判別できない．層数が少ないため，X 線回折法も無力である．

図 7.6 は，Bi2212 相の中に Bi2201 相がインターグロース（連晶）してい

ることを示す，電子顕微鏡による原子像写真の例である．図 7.7 に単結晶 Bi2212 の典型的な電気抵抗を，主要 a，b，c 軸方向で測定した結果と，図 7.8 に T_c 付近での c 軸抵抗の拡大図を示す．図 7.9 には，交流帯磁率の T_c 近傍での磁場依存性の測定結果を示す．電気抵抗は a 軸と b 軸方向では明らかに異なり，ほぼ全温度領域で $\rho_a < \rho_b$ であること，温度依存性は 600 K 付近まではどちらも温度に比例すること，その絶対値はほとんど金属としての最大抵抗値（モットの極小伝導度の逆数 $\rho_{\max} \lesssim 300\,\mu\Omega\mathrm{cm}$）に達していること，$c$ 軸方向の電気抵抗は T_c に近づくにつれ増大し，10 ～ 20 Ωcm にも達すること，したがって，電気抵抗の異方性（ab 面内と c 軸方向の抵抗比）が温度減少と共に急激に増大し，T_c 直上では $\simeq 4 \times 10^5$ にも達することなど，高温超伝導体の特徴的な電気伝導特性が見られる．

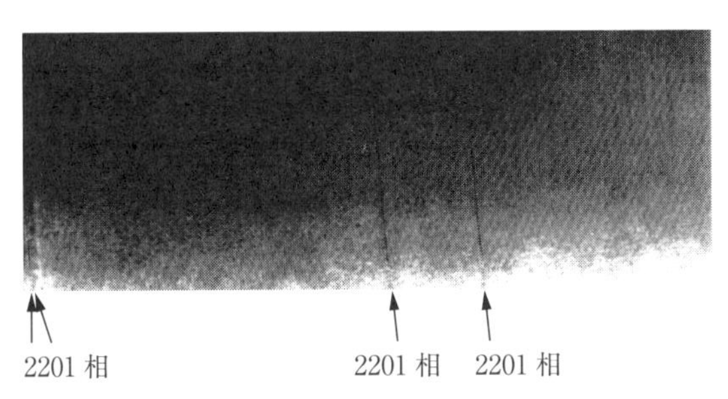

図 7.6　高分解能透過型電子顕微鏡（HRTEM）による，Bi2212 相の中に Bi2201 層がインターグロース（連晶）している様子．この写真中に約 400 層の Bi2212 層があり，4 層の Bi2201 層の連晶が不規則に見られる（含有率約 1%）である．

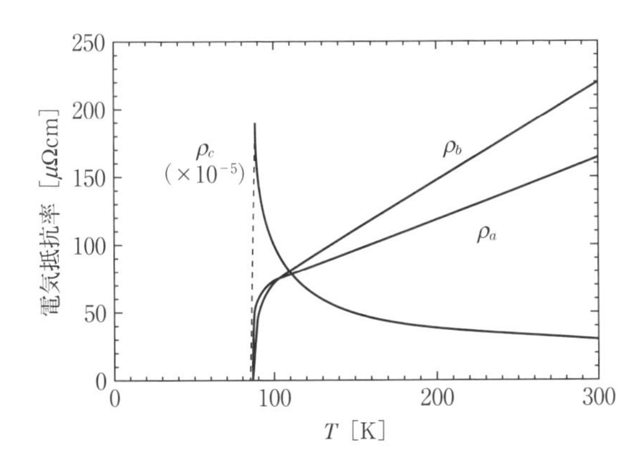

図 7.7　単結晶 Bi2212 の結晶主軸（a, b, c 軸）方向の電気抵抗の温度依存性

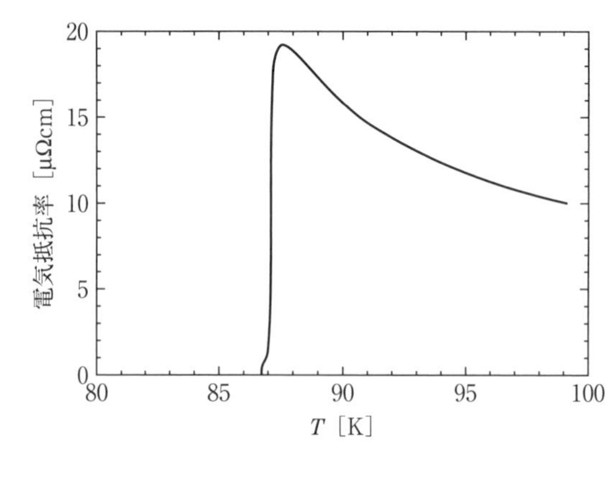

図 7.8　単結晶 Bi2212 における c 軸方向での電気抵抗の温度依存性．T_c 近傍の拡大図

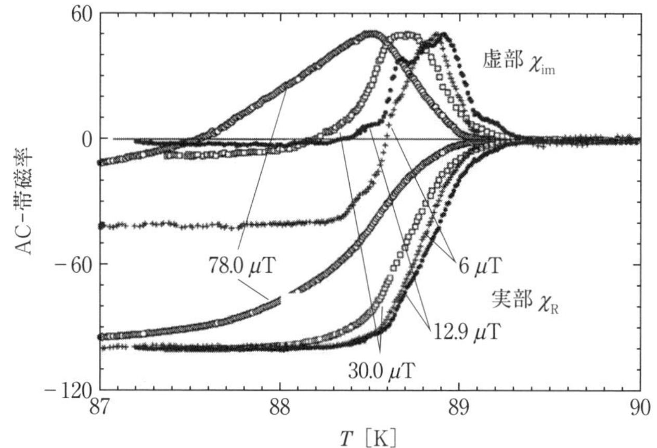

図 7.9　単結晶 Bi2212 における交流帯磁率（実部 χ_R，虚部 χ_{im}）の交流磁場振幅（H_{OSC}）依存性

ab 面内の異方性は変調構造のためと考えられる．当然であるが，温度依存性が低温から高温まで直線的である現象は通常の金属ではあり得ないことで，高温超伝導のキャリアが通常の電子ではない（ホロン）とする主張の根拠となっている．さらに，c 軸方向の電気抵抗の絶対値は明らかに通常の金属の上限値を超えており，伝導機構が金属伝導ではないことを示唆している．また，図 7.9 から c 軸抵抗を見る限り，T_c での転移幅は約 0.5 K 程度である．これは ab 面内の抵抗の幅よりずっと狭いが，図 7.9 からわかるように，c 軸方向の交流帯磁率の磁場依存性ともほぼ一致している．図 7.9 の

意味するところは，交流磁場が12 μT より大きくなると転移幅が広くなっていく様子を示している．さらに，6 μT の測定結果には交流帯磁率の実数部および虚数部に細かい構造が見られ，わずかに T_c の異なる転移が複数重なっているように見える．12 μT へ交流磁場の振幅を増加すると，この細かい構造が見えにくくなり，30 μT では幅が広がった1つの点移転のように見える．

このように交流帯磁率の磁場依存性から，この結晶は，12 μT 以下の低磁場振幅下では転移点幅が0.5 K 程度と見積もられるが，それ以上の磁場振幅では転移点がどんどん広がって，75 μT の磁場下では幅が1.5 K 程度まで広がる．このことは，転移点を決める際に注意が必要であることを意味しているが，弱磁場振幅の際には結晶の質も同時に評価できるメリットがある．複数ピークが観測されることから，単結晶といえども複数のわずかに T_c の異なるサブ結晶から成り立っていて，交流磁場振幅を十分に小さくすることで，それぞれの T_c を分離して観測，評価できるということである．結局，良質の単結晶ではその転移点幅は個々のピーク幅（0.2 K 程度）と同等かそれ以下であると推測することができる．

参考までに，平行ビーム X 線を用いた，単結晶 Bi2212 の（0, 0, 12）反射のロッキングカーブの測定例を図7.10に示す．この例の場合，半値幅が0.025°で，先の YBCO の半値幅と比較すると3倍ほど広いが，結晶 c 面サイズ1 mm × 1 mm から得られた値としては，大変よい結果であるといえる．このピークからはよく見えないが，多くの場合，ロッキングカーブも複数のピークから構成されていること

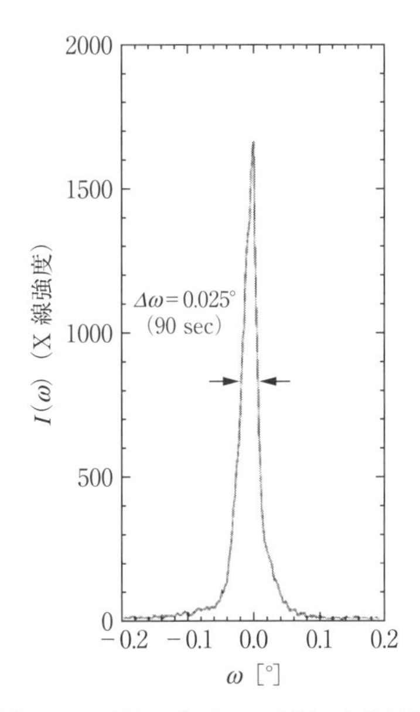

図 7.10 平行 X 線ビームを用いた単結晶 Bi2212 の（0, 0, 12）反射のロッキングカーブ．半値幅は，0.025°で多くの場合複数のピークが重なった多重構造を示す．1 mm×1 mm のスリットを用いた．

がわかる．これは，厚さ方向にわずかに平行軸の異なる結晶がセットになって結晶を構成していることを意味しており，単結晶といえども面欠陥の存在が示唆される．この結果は交流帯磁率の複数転移点の結果と整合する．

また，図 7.11(a) には，中性子線で測定された単結晶 $Bi_2Sr_2CaCu_2O_{8+\delta}$ の (0, 0, 8) 格子点のロッキングカーブを示す．用いられた試料は 8 mm × 10 mm × 0.25 mm の大型単結晶であり，中性子ビームを全面に照射して測定された．半値幅が 0.55° と先の X 線のデータと比較すると 20 倍程度広いが，この値は装置の分解能であり，Bi2212 結晶の半値幅ではないことに注意したい．

図 7.11(b) には，中性子小角散乱によって得られた磁束線格子像（磁場 33 mT，4 K で測定）を示す．このようなきれいな三角格子像が得られることは，結晶全体にわたってアブリコソフ格子（方向も含めて）ができていることを示している．

Bi2223 の単結晶成長は，原料棒組成 $Bi_{2.1}Sr_{1.9}Ca_2Cu_3O_x$ を用いた TSFZ 法 (0.05 mm/h) によって，大きさ 4 × 2 × 0.1 mm^3 の単結晶片が得られてい

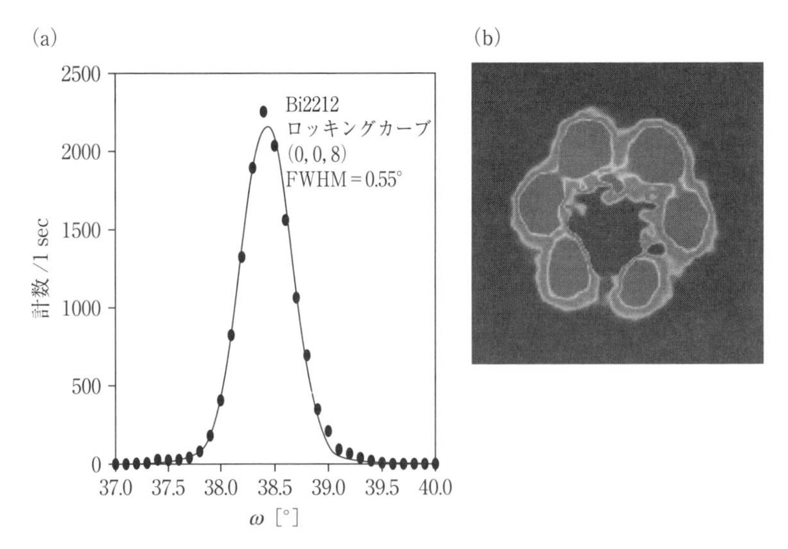

図 7.11　(a) Bi2212 単結晶 $Bi_2Sr_2CaCu_2O_{8+\delta}$ の中性子線による，(0, 0, 8) からの反射のロッキングカーブ．半値幅は 0.55°．(b) 中性子小角散乱法によって得られた Bi2212 のアブリコソフ磁束線格子による散乱像．温度は 4 K．

る[7]．得られたBi2223単結晶の層間には，Bi2212層が2%程度混入しており，この不純物層の形成は成長速度や熱処理によって改善されることが報告されている[8]．Bi2201の単結晶成長は，空気中では非超伝導となることが報告されているが，酸素雰囲気下（>200 kPa），ある特定の原料棒組成（$Bi_{2.2}Sr_{1.9}Cu_{1.2}O_x$ と $Bi_{2.35}Sr_{1.98}CuO_x$）を用いることで，超伝導特性を示す単結晶成長に成功している[9]．

7.2 線　材

7.2.1 はじめに

超伝導を電力・エネルギー分野に応用するためには，いわゆる線材化が達成されなければならない．超伝導線材として重要な特性は，超伝導転移温度 T_c，上部臨界磁場 H_{c2}，臨界電流密度 J_c の3つである．T_c と H_{c2} は超伝導体に固有の値であり，超伝導体が決まるとほぼ決定されてしまう．これに対して，J_c は磁束線ピン止め点も含めた超伝導体の微細組織に極めて敏感である．したがって超伝導線材開発は，優れた T_c と H_{c2} を有する超伝導体に対して微細組織制御を施して J_c を高める，という研究が中心となる．次頁の表7.1に，応用の観点から重要な超伝導材料とその T_c と H_{c2} を示す．

現在，線材化研究が進められている超伝導材料は，金属系超伝導材料と酸化物系超伝導材料，鉄系超伝導材料に大別される．すでに実用化されている超伝導材料は，金属系のNb－TiとNb_3Snに限られている．Nb－Tiは合金系材料で加工性に優れるために線材化が容易であり，医療診断用MRIや磁気浮上列車をはじめとして最も多く使われているが，臨界磁場が11.5 T（液体ヘリウム温度4.2 K）と比較的低く，高磁場中では使用できない．

一方，Nb_3Snは化合物系の超伝導材料であり，Nb－Tiよりも臨界磁場が約25 Tと高いため，高磁場超伝導マグネットの巻き線材として使われているが，そのままでは加工できないので，いわゆるブロンズ法が発明されて線材化が達成されている[25]．この素材は，国際熱核融合実験炉（ITER）のトロイダルコイルの巻き線材としても使用されることが決まっている．

また，2001年に発見されたMgB_2は金属系の超伝導材料であるにも関わらず，T_c が39 Kと金属系超伝導材料としては非常に高く，液体ヘリウムを

表 7.1　応用上重要な超伝導材料（熊倉浩明：応用物理 **80**（2011）392 より許可を得て転載）

	超伝導物質	T_c(K)	$\mu_0 H_{c2}$(T) at 4.2K
酸化物系	$YBa_2Cu_3O_x$	92	> 100
	$Bi_2Sr_2CaCu_2O_y$	90	
	$Bi_2Sr_2Ca_2Cu_3O_z$	110	
	$Tl_2Ba_2Ca_2Cu_3O_w$	125	
	$HgSr_2Ca_2Cu_3O_v$	135	
金属系	Nb－Ti	9.8	11.5
	Nb－Zr	10.5	11
	V_3Ga	16	25
	Nb_3Sn	18	25
	Nb_3Al	18	32
	Nb_3(Al, Ge)	20	43
	Nb_3Ga	20	34
	Nb_3Ge	23	37
	V_2(Hf, Zr)	10.1	23
	NbCN	17.8	12
	MgB_2	39	25
鉄系	$SmFeAsO_{1-x}F_x$	55	> 100
	$(Ba_{1-x}K_x)Fe_2As_2$	38	70

用いず冷凍機を用いて 20 K 程度の温度で使えるので線材化の研究が盛んに行われている[26]．

T_c が 77 K（1 気圧における液体窒素の沸点）を超える一連の高温酸化物超伝導体については，発見以来数多くの線材化研究がなされてきたが，最近になってようやく高性能な長尺線材が得られるようになり，実用化が真剣に議論されている．実用化の観点から，有望な高温酸化物超伝導体は Bi 系酸化物[3, 27] と Y 系酸化物[28] である．一方，2008 年に日本で最初に発見された一連の鉄系超伝導体[29] は，単体では強磁性を示す鉄を構成元素として含んでいるために学術的な関心が高いが，応用を志向した線材化研究も行われている．

以上の現状を踏まえて，本節では，実用的に重要な Bi 系酸化物と Y 系酸化物，MgB_2 ならびに鉄系超伝導体の線材化研究について述べる．

7.2.2 Bi 系超伝導線材

Bi 系酸化物超伝導体で応用上重要なのは，$Bi_2Sr_2CaCu_2O_{8+\delta}$(Bi2212) ならびに $Bi_2Sr_2Ca_2Cu_3O_{10+\delta}$(Bi2223) の 2 つであり[27]，本項ではこの 2 つについて述べる．これらは 1987 年に前田（Maeda）によって発見された我が国初の高温超伝導体である[30]．T_c は酸素量でかなり変化するが，Bi2212 相が 90 K 程度，Bi2223 相が 110 K 程度である．したがって，液体窒素温度（77 K）などの高温応用では，主に Bi2223 を使った研究が進められている．

Bi 系酸化物超伝導体の線材化法としては，Bi2212，Bi2223 共に，図 7.12 に示したように原料粉末を金属管に充填して加工・熱処理を行う方法が最も一般的であり，通常パウダー・イン・チューブ（PIT）法とよばれる．この場合，Bi 系酸化物の構成元素の酸化物や炭酸塩などの出発原料粉末を混合・仮焼して前駆体（プリカーサー）を作製し，この前駆体を金属管に充填する，という手法がとられる．金属管としては，構成元素と反応しにくい銀管が用いられている．酸化物超伝導体の場合は，熱処理中に酸素の出入りが起こるが，酸素は銀を透過することができるので，銀管はこの点でも好都合である．

最近では，ある程度加工をした線材を束ねて再度銀管に挿入し，これをさらに加工することによって得られる，より実用に適した多芯線材が主流であ

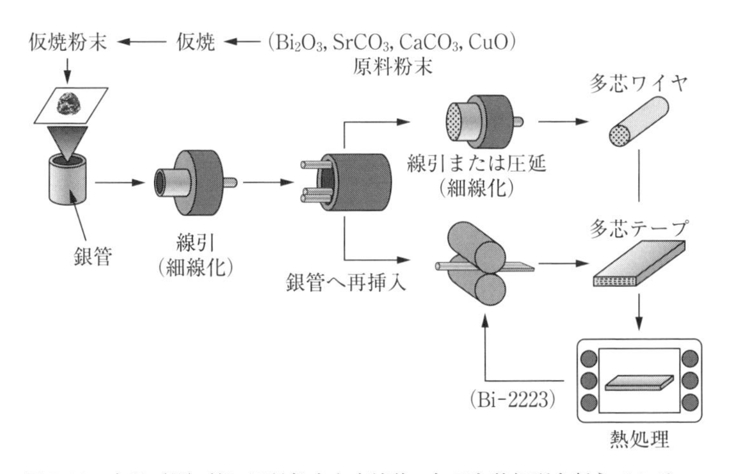

図 7.12　金属（銀）管に原料粉末を充填後，加工と熱処理を行うパウダー・イン・チューブ（PIT）法を適用した Bi 系線材作製法．（熊倉浩明：応用物理 **80** (2011) 392 より許可を得て転載）

る．図 7.13 に一例として，Bi2212 多芯丸線材の断面構造を示した[31]．

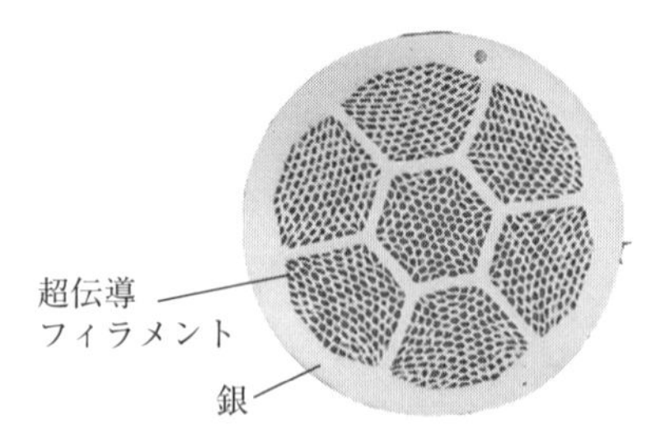

図 7.13 PIT 法による Bi2212 多芯丸線材の断面構造の例．127×7 本の Bi2212 フィラメントが銀基材中に埋め込まれている．線材径は 1 mm．(A. Matsumoto, H. Kitaguchi, H. Kumakura, J. Nishioka and T. Hasegawa: Supercond. Sci. Technol. **17** (2004) 989 より許可を得て転載)

一般的に高温酸化物超伝導体において，結晶の方位がランダムな多結晶体では，結晶粒間の結合が弱く超伝導電流が十分流れない，いわゆる弱結合の問題があり，これを避けるためには，結晶粒の方位をそろえること（配向化）が必要である．この配向化によって結晶粒間の結合が大幅に改善され，大きな超伝導電流が流れるようになる．Bi 系酸化物超伝導体は異方性（2 次元性）が強く，板状に結晶成長するために，結晶粒の配向化が比較的容易である．しかしながら，配向化の手法は Bi2212 と Bi2223 では異なっており，Bi2212 線材においては，熱処理時において温度を Bi2212 の融点の少し上まで上げ，その後ゆっくりと冷却をする，いわゆる部分溶融－徐冷熱処理が適用される[32]．図 7.14 に，Bi2212 テープ線材のテープ長手方法の配向組織を示した．Bi2212 結晶の c 軸がテープ面に垂直に配向しているのがわかる．

一方，Bi2223 では部分溶融－徐冷熱処理が適用できず，圧延加工と熱処理を組み合わせることにより配向させている[33]．図 7.12 に示すように，通常は最初の熱処理の後，さらに圧延を行って 2 次熱処理を行う．このようにして，Bi2212 テープと同様な c 軸配向組織が得られる．Bi2223 線材では溶融法が適用できないために，超伝導体の充填率は Bi2212 線材

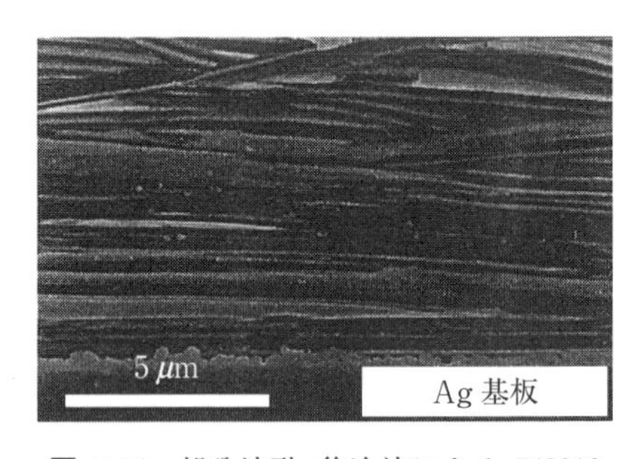

図 7.14 部分溶融－徐冷法による Bi2212 テープの c 軸配向組織．部分溶融－徐冷によって板状の Bi2212 結晶が成長し，c 軸を基板に垂直にして，Bi2212 銀基板上に配列しているのがわかる．

に比べてかなり低かったが，その後，加圧熱処理法が開発されてほぼ 100% の充填率が得られるようになり，優れた J_c 特性の線材が得られるようになった[34]．また，加圧熱処理法は，Bi2223 結晶の c 軸配向度の向上や不純物を低減させる点においても有効であり，これも高 J_c 化に寄与していると考えられる．ここで，Bi2223 多芯テープ線材の例を図 7.15 に示す．J_c を大きく左右する磁束線のピン止め点については，Bi2212，Bi2223 線材共に十分な理解が進んでいないが，磁場をテープ面に平行（CuO_2 面に平行）に印加した場合は，Bi－O のブロッキング層がピン止め点（本質的なピン止め点）になると考えられ，テープ面へ平行に磁場を印加した方が垂直に印加した場合よりも J_c はかなり高い．

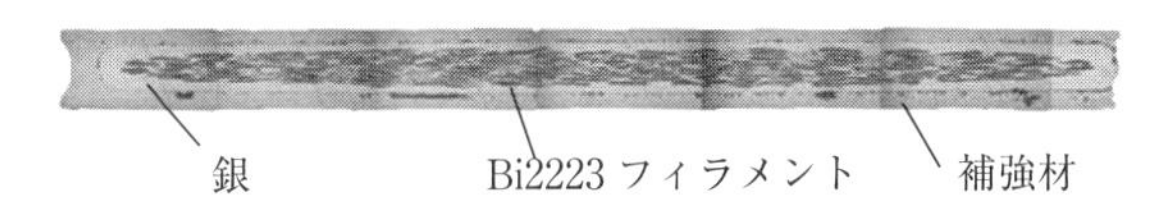

図 7.15　PIT 法による Bi2223 多芯テープの断面構造の例．銀基材中に多数の Bi2223 フィラメントが埋め込まれている．銀基材は熱処理で軟化するので，テープの機械的強度を高めるために両面に補強材が貼り付けてある（住友電工提供）．

上述の製法で作製した Bi 系線材は，$\simeq 20$ K 以下の低温ではその高い H_{c2}（あるいは不可逆磁場 H_{irr}）を反映して，30 T 以上の極めて高い磁場まで J_c の低下がほとんどなく，金属系の線材を大幅に凌ぐ優れた特性を示す．したがって，Bi 系線材の応用の 1 つは，低温で使用する高磁場マグネットであり，その応用の 1 つとして，高磁場 NMR（核磁気共鳴）装置が挙げられる．

また，最近では冷凍機の進歩が目覚しく，$\simeq 20$ K 程度の温度は簡単に低コストで達成できるようになってきている．$\simeq 20$ K でマグネットを運転するメリットは，液体ヘリウム冷却に比べて冷却コストを抑制できるだけでなく，線材の比熱が桁違いに大きくなるので，マグネットの安定性が大きく向上することである．液体ヘリウム不要の冷凍機冷却マグネットが Bi 系線材のもう 1 つの有望な応用である．

一方，さらに温度が上がると，Bi 系線材では磁場中の J_c が急激に低下するという難点がある．これは，Bi 系酸化物が示す大きな異方性と関係しており，本質的な特性であると考えられる．しかしながら磁場が十分に低い場合は，液体窒素温度（77 K）でも相当大きな超伝導電流が流れるために，磁場の影響の少ない送電ケーブルなどへの応用が有望と考えられ，すでにプロトタイプが試作されて送電試験が行われている[35]．

7.2.3 Y 系超伝導線材

Y 系酸化物超伝導体である $YBa_2Cu_3O_{7-\delta}$(Y123) では，T_c が約 90 K と Bi2223 よりも低いが，Bi 系よりも 2 次元性が小さく，77 K での磁場中の J_c 特性は Bi 系酸化物よりも大幅に優れるという利点がある．しかしながら，Y123 の双結晶薄膜の実験結果が示すように，多結晶における結晶粒間の弱結合を克服するためには，PIT 法 Bi 系線材のような 1 軸配向（c 軸配向）だけでは不十分であって，2 軸配向化が必要である[36]．すなわち，実用的に十分な超伝導電流を確保するためには，双結晶のミスアラインメントは 10° 以内に抑える必要がある．

このため，主に気相法を適用して，金属基板テープ上に Y123 の厚膜を形成させる研究が進められており，これらは通常コーテッドコンダクタ (Coated Conductor) とよばれている．コーテッドコンダクタでは PIT 法のような高価な銀シースが不要であり，本質的にはコスト低減が可能で，この点でも有利と考えられている．

Y123 を 2 軸配向化させる方法には 2 つあり，そのうちの 1 つは IBAD (Ion Beam Assisted Deposition) 法とよばれる方法である[37]．この方法は，ニッケル基耐熱合金であるハステロイなどの無配向金属基板テープ上に，$Gd_2Zr_2O_7$(GZO) や MgO などの中間層を 2 軸配向させた状態で成膜させるのがポイントであり，2 軸配向 Y123 膜は，

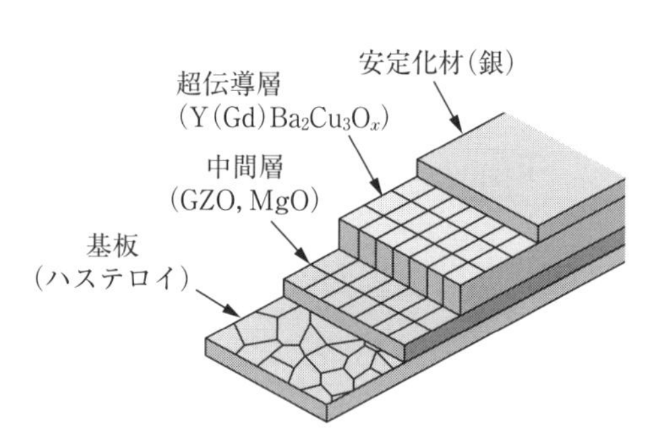

図 7.16 IBAD 法による Y123 系超伝導テープ（コーテッドコンダクタ）の構造模式図．無配向基板上に 2 軸配向した中間層を形成させる．（熊倉浩明：応用物理 **80** (2011) 392 より許可を得て転載）

この配向した中間層の上に PLD (Pulsed Laser Deposition) 法などによって，エピタキシャル成長させて得られる．図 7.16 に IBAD 法によるテープの基本的な構造を示す．もう 1 つの方法は金属の圧延集合組織を利用するもので，RABiTS (Rolling Assisted Biaxially Textured Substrate) 法とよばれる[38]．現在のところ，最も長尺テープの作製が進んでいるのが IBAD 法であり，以下では主に IBAD 法について述べる．

図 7.17 に IBAD 法における中間層の作製法を示す．無配向の金属基板上に GZO をスパッタ法で蒸着させるが，その際に Ar アシストイオンビームを基板に対して 55° の角度で照射すると，GZO の〈111〉方向がイオンビームに平行，〈100〉方向が基板に平行となる状態で蒸着され，GZO の 2 軸配向化が達成される．最近では中間層として MgO を使う場合が多いが，これは GZO に比べて MgO ではるかに薄い層厚で十分であり，その結果，MgO 層のテープ長手方向の形成速度が GZO に比べて大幅に速くできるためである．ただし，MgO の場合は，図 7.17 に示すようにアシストイオンビームを基板に対して 45° の角度で照射する．

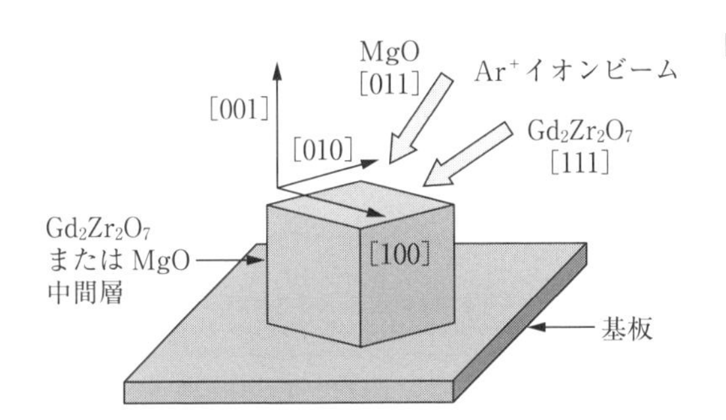

図 7.17 IBAD 法におけるアシスト Ar^+ イオンと中間層の結晶方位の関係．基板に中間層を蒸着させる際に，ある方位でアシストイオンを照射すると，特定の方位をもった結晶だけが成長し，2 軸配向が得られる．（熊倉浩明：応用物理 **80** (2011) 392 より許可を得て転載）

また，この IBAD 法による中間層の上に，さらに CeO_2 膜を PLD 法で蒸着すると（キャップ層），中間層の配向度よりもさらに配向性の優れた CeO_2 層が得られることがわかっており，これを自己配向化現象とよんでいる[39]．そこで，まず高速で薄い IBAD 中間層を形成しておき，この上にさらに PLD 法によって高速で CeO_2 を成膜することにより，短時間で高配向度の中間層を作製することが可能になる．この CeO_2 層の上に，Y123 層を形成すると高い配向性をもった Y123 膜が得られる[39].

IBAD - PLD 法による長尺テープの作製は，図 7.18 に示すような，中間層，Y123 層共に Reel - to - Reel 方式を採用して繰り返して蒸着を行う方法[40,41]が適用されている．ただし，実際に作製されている IBAD 法 Y123 テープは図 7.16 に示したものよりも，もう少し複雑な構造となっている．

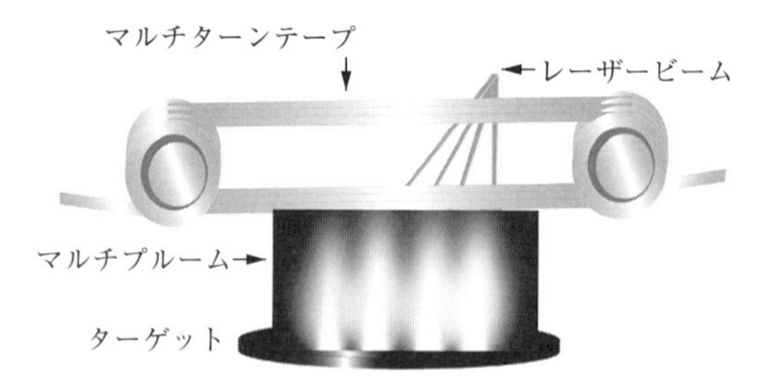

図 7.18　マルチプルーム-マルチターン方式による連続 PLD 蒸着法を適用した，Y123 超伝導層の形成を示す概念図．（(公財) 国際超伝導産業技術研究センター，超伝導工学研究所より）本方法により，長尺テープの作製が可能となる[40].

また，Y を Gd でおきかえた IBAD 法 Gd123 線材は，磁場中の J_c が Y123 線材よりも高く，将来の超伝導機器への応用により有望であると考えられる[42]．Gd123 線材の J_c が Y123 線材よりも高い理由としては，T_c が高いことや，PLD 法で成膜した場合に，積層欠陥など有効なピン止め中心が自然に導入されること，などが考えられる．最近では，同様な方法によって，77 K での I_c が 600 A 以上で 600 m（幅 10 mm）を超える Gd123 長尺テープが作製されている[43].

このような RE123 膜（RE は希土類元素）に，磁束線のピン止め点となるような欠陥を導入して J_c を高める研究も数多く行われている．その中では，ファイバー状の $BaZrO_3$ や $BaHfO_3$ などの人工ピン止め中心点を導入する研究が興味深い[44]．図 7.19 に，$BaHfO_3$(BHO) を 1.5 vol% 添加した，Gd123 薄膜断面の透過型電子顕微鏡写真を示す[45]．ここで薄膜は，Gd123 ターゲットの上に扇状の薄い BHO 焼結体を乗せて PLD 法で成膜している．BHO 焼結体の中心角を変化させることで BHO の体積率を変化させることができ，0.5 ～ 3.3 vol% の BHO を含んだ薄膜を作製している．図 7.19 で母相中に観察されるモアレ縞が BHO ナノロッドであり，これらがピン止め点になると考えられる．

これらの円柱状組織が Gd123 マトリックス中で均一に分散していることから，磁場をテープ面へ垂直にかけた場合は，これらの円柱状 BHO が有効な磁束線ピン止め点として作用することが期待される．実際，BHO ナノロッドを導入するとテープ面へ垂直に磁場を印加した場合に J_c はピークを示し，BHO ナノロッドが有効な磁束線ピン止め点としてはたらいていることがわかる．

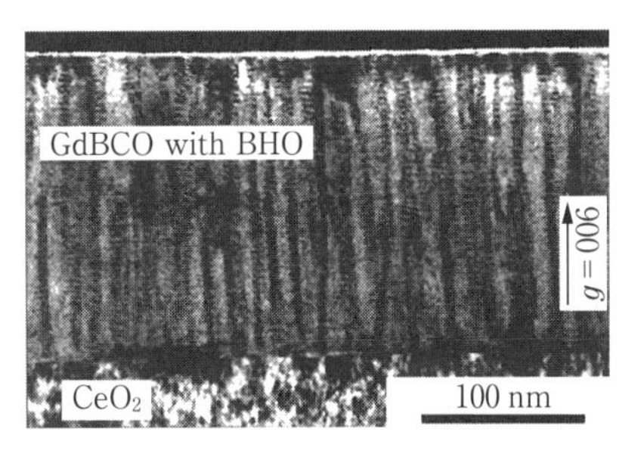

図 7.19 Gd123 ターゲットに 1.5 vol% の $BaHfO_3$（BHO）を添加し，IBAD 中間層上に PLD 法で成膜した Gd123 薄膜の組織．BHO の円柱状ナノ組織が基板に垂直に多数成長しているのがわかる．（樋川一好，吉田隆，一野祐亮，吉積正晃，和泉輝郎，塩原融，加藤丈晴：低温工学 **49**（2014）99 より許可を得て転載）

上述した PLD 法では，大型の真空装置や大出力レーザーなどを使用するために，製造コストが高くなりがちである点は否めない．これに対して，より簡便な塗布法を適用する方法も研究されている．具体的には，IBAD 法などで中間層を形成させたハステロイ基板テープ上に，原料金属のトリフルオロ酢酸塩（TFA 塩（Trifluoro Acetates））などの金属有機酸塩を塗布し，熱処理を行うものである[46]．この方法は MOD 法（Metal Organic Deposition 法）とよばれている．この TFA－MOD 法では簡便に配向厚膜の作製が可能で高特性が期待でき，長尺線材作製法として有望であると考えられる．実際，最近では高い臨界電流特性を有する 500 m 級の長尺テープがこの方法によって得られている[47]．なお，この MOD 法による Y123 薄膜にも BHO 導入の試みが行われ，高い J_c が報告されている．

Y(RE)123 系線材の応用としては，まず超伝導送電ケーブルが挙げられる．すでに，Bi 系を用いたケーブルと同様な超伝導ケーブルが試作され，試験が行われている．また，冷凍機冷却による MRI や NMR も有望な応用と期待される．

7.2.4 MgB_2 線材

MgB_2 超伝導体は，資源が豊富で原料の価格が低いこと，さらに他の金属系超伝導体と比べて T_c が高いにも関わらず，高温酸化物超伝導体の場合のような結晶粒界における弱結合性の問題は小さいために，結晶の配向化は不要と考えられ，この点で実用上有利である．MgB_2 の線材化法として最も一般的なのは Bi 系線材と同様の PIT 法であり，すでに 1 km を超える線材が作製されている．

PIT 法による MgB_2 線材作製法には 2 つある[48]．その 1 つは，Mg と B の混合粉末を金属管に詰めて加工し，熱処理によって MgB_2 を生成する方法であり，これは *in situ* 法とよばれる．もう 1 つは直接 MgB_2 の化合物粉末を金属管に詰めて加工をするもので *ex situ* 法とよばれる．金属管としてはステンレス，純鉄，ニッケル，モネルなどが用いられる．*in situ* PIT 法では，熱処理によって Mg と B が反応して MgB_2 が生成する際に，密度の増大に伴う体積の収縮が起こるので，MgB_2 コアの充填率は 50% 前後と，かなり低いのが普通である．

MgB_2 線材においては，混合粉末に SiC ナノ粉末をはじめとするさまざまな炭素化合物を添加して超伝導特性を向上させる試みがなされている．図 7.20 には，無添加ならびに SiC 微粉末を添加した MgB_2 線材における H_{c2}

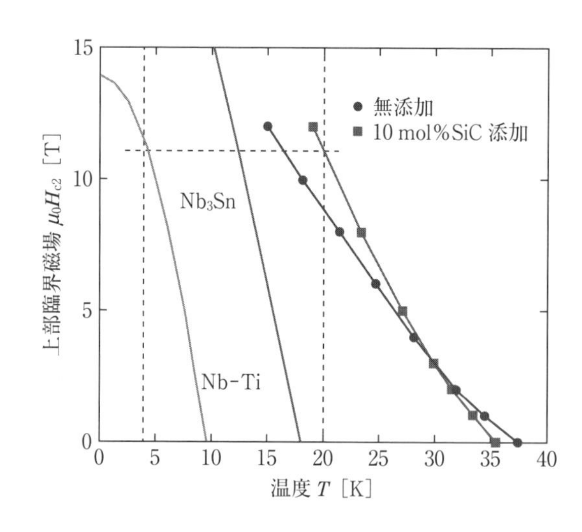

図 7.20 PIT 法 MgB_2 線材と Nb-Ti ならびに Nb_3Sn 実用超伝導線材の H_{c2} の比較．SiC 添加した MgB_2 線材の 20 K における H_{c2} は，液体ヘリウム温度（4.2 K）における Nb-Ti 線材の H_{c2} に匹敵する．（松本明善，熊倉浩明：日本金属学会誌 **71** (2007) 928 より許可を得て転載．）

の温度依存性を，Nb－Ti ならびに Nb_3Sn 実用線材の値と比較して示す[49]．SiC 添加した線材においては，4.2 K に外挿した H_{c2} は ≃ 30 T に達し，この値は実用線材である Nb_3Sn 線材の H_{c2} と同等あるいはそれ以上の値である．このような炭素化合物の添加によって H_{c2} が上昇するのは，MgB_2 における B 原子の一部が C 原子と置換し，これによって電子の平均自由行程が短くなってコヒーレンス長が短くなるためと考えられる．

また，SiC 添加 MgB_2 線材の 20 K における H_{c2}（20 K）は ≃ 11 T であり，これは Nb－Ti 実用線材の 4.2 K における H_{c2} に匹敵する値である．このことは，現在 4.2 K で実用されている Nb－Ti 線材を MgB_2 線材でおきかえ，冷凍機を用いて 20 K 近傍で運転できる可能性があることを示している．これより，MgB_2 線材の応用の 1 つとして，液体ヘリウム不要の，冷凍機で冷却する超伝導機器が考えられる．また，沸点が 20 K の液体水素を冷媒に使うという方法も提案されている[50]．≃ 20 K で超伝導機器を運転するメリットは，液体ヘリウム冷却に比べて冷却コストを抑制できるだけでなく，線材の比熱が桁違いに大きくなるので，安定性が大きく向上することである．

B サイトの C 置換は，J_c の改善にも有効である．しかしながら，*in situ* PIT 法による MgB_2 線材では 4.2 K，10 T の J_c は高い線材でも 3×10^4 A/cm^2 程度で，実用レベルである 10^5 A/cm^2 にははるかに及ばないのが現状である．上述のように *in situ* PIT 法で作製した線材では，MgB_2 コアの充填密度があまり高くないために，高い J_c 値を得るのが難しいという事情がある．このため，MgB_2 の充填率の向上が重要な課題となっており，メカニカルアロイング，冷間プレス加工，ホットプレス加工，内部 Mg 拡散法などによって，J_c の改善が得られつつあるが，ここでは，PIT 法と同様に簡便な内部 Mg 拡散法[51]について紹介する．

in situ PIT 法が Mg ＋ B の混合粉末を用いるのに対して，拡散法は B 粉末層に外部から Mg を拡散・反応させることで，高い MgB_2 の充填率を得ようとするものである．Mg 拡散法による線材作製法を図 7.21 に示す．この方法は金属管の中心に純 Mg 棒を配置し，Mg 棒と金属管との隙間に B 粉末を，なるべく密になるように充填する．これを溝ロールやダイス線引きでワイヤーに加工し，最後に熱処理をする．Mg は六方晶の結晶構造を有し加

工性が悪いことで知られているが，このように Mg が B 粉末に囲まれた状況では，焼鈍などを必要とせずに断線なく加工できることがわかっている．最後に熱処理をすると Mg が B 層に拡散していき，MgB_2 が形成される．また，加工した素線材を複数本束ねてさらに金属管に挿入し，加工と熱処理をすることで多芯線材を作製することも容易である．

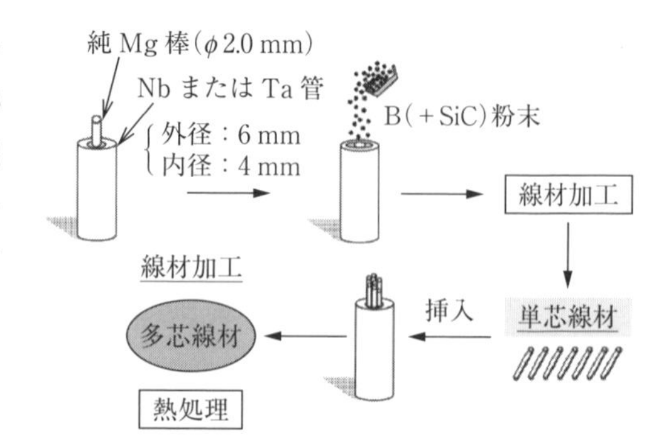

図 7.21　内部 Mg 拡散法による MgB_2 多芯線材の作製法．Mg 粉末の代わりに Mg 棒を使用．多芯線材も容易に作製可能である．

図 7.22 に，このようにして作製した 7 芯ならびに 19 芯線材の熱処理前の断面を示した．Mg 拡散法では Mg は B 層の外側から供給されるために，生成される MgB_2 層は PIT 法で得られる MgB_2 コアよりもはるかに充填率が高く，PIT 法線材よりも大幅に高い J_c 値が得られる．

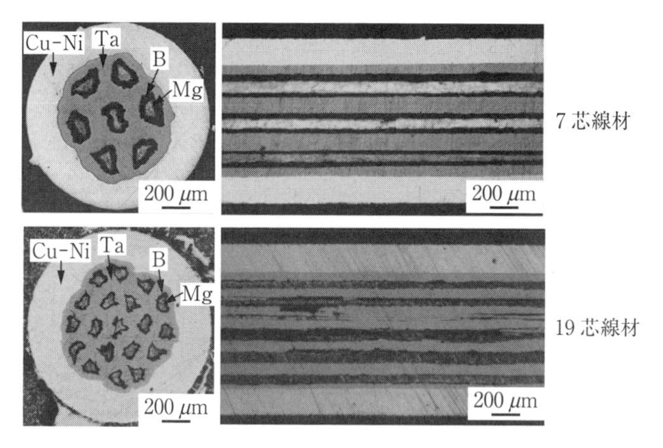

図 7.22　内部 Mg 拡散法により作製した MgB_2 多芯線材（熱処理前）．7 芯および 19 芯線材共に，Mg フィラメントの周囲に B 粉末が存在しており，熱処理によって Mg が B 層に拡散して両者の反応が起こり，MgB_2 が生成される．（熊倉浩明，許子萬，戸叶一正，松本明善，和田正，木村薫：日本金属学会誌 **74**（2010）439 より許可を得て転載）

図 7.23 には，*in situ* 法ならびに内部 Mg 拡散法による代表的な MgB_2 線材の，4.2 K ならびに 20 K における J_c－H 特性を，Nb－Ti および Nb_3Sn 実用線材，ならびに PLD（Pulsed Laser Deposition）法による MgB_2 薄膜の特性[52] と比較して示す．内部 Mg 拡散法による線材は PIT 法による線材と比べてはるかに高い J_c を示し，4.2 K においては 10 T で実用レベルの目安とされる 10^5 A/cm^2 を上回る J_c 値が得られている．一方，20 K においては，4 T で 10^5 A/cm^2 を超える値が得られているが，4.2 K における Nb－Ti 実用線材と比較するとまだ低く，現在広く使用されている Nb－Ti 線材を MgB_2 線材におきかえて 20 K 近傍で運転するためには，今後のさらなる J_c 特性の改善が必要不可欠である．PLD 法による MgB_2 薄膜でも高い J_c が得られているが，これは PLD 法でも高い MgB_2 の充填率が得られるためである．

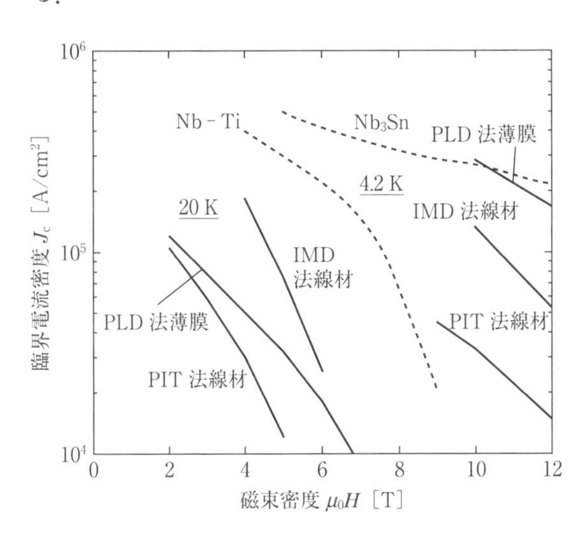

図 7.23 MgB_2 線材と Nb－Ti ならびに Nb_3Sn 実用超伝導線材の J_c-H 特性の比較．Mg 内部拡散法線材は，PIT 法線材に比べてはるかに高い J_c を示す．（熊倉浩明：金属 **85**（2015）212 より許可を得て転載）

超伝導体の J_c を大きく左右する磁束線のピン止めサイトとしては，Nb_3Sn などの A15 型化合物と同様に，結晶粒界が有力な候補である．したがって，MgB_2 結晶の微細化が高 J_c 化のための有効な手法である．実際，低温熱処理によって結晶粒の粗大化を抑制することが，高 J_c 化に有利なことがわかっている[53]．

MgB_2 線材の応用としては，冷凍機冷却の MRI システムが最も有望と考えられているが，液体水素冷却の超伝導エネルギー貯蔵や送電ケーブルなども有望視されている．

7.2.5 鉄系線材

鉄系超伝導体[29]にはさまざまな種類があり，最もT_cが高いのは$SmFeAsO_{1-x}F_x$などでそのT_cは$\simeq 55$ K であるが，この1111系以外にもLiFeAsの111系（$T_c \simeq 18$ K），(Ba, K) Fe_2As_2などの122系（$T_c \simeq 38$ K），さらにはFeSeの11系（$T_c \simeq 8$ K）などがある．鉄系超伝導体は一般的に上部臨界磁場H_{c2}が非常に高いという特長がある[54]．高温酸化物超伝導体も高いH_{c2}を有するが，鉄系超伝導体の中でも，特に122系化合物である(Ba, K)Fe_2As_2（Ba122）や(Sr, K)Fe_2As_2（Sr122）は，H_{c2}の磁場方位による異方性が高温酸化物超伝導体に比べるとはるかに小さく[55]，超伝導マグネットなどの高磁場応用に有望と考えられている．

Ba(Sr)122線材の作製も主としてPIT法が適用されているが，あらかじめ超伝導前駆体を作製し，これを金属管に充填して線材に加工する *ex situ* PIT法が適用される[56, 57]．J_c特性の高い線材を得るためには，高品位の超伝導前駆体を作製するのが極めて重要である．構成元素それぞれの小片や粉末などを原料とし，これらの原料混合物を不活性ガス雰囲気下でボールミルなどを用いて十分に混合を行った後，熱処理を行う．このようにして得た超伝導バルク体を乳鉢などで粉砕して粉末とし，金属管に充填してロール圧延や線引きなどの機械加工により，線材やテープに加工して熱処理をする．金属管としてはBi系線材と同様に銀管が主として用いられるが，これは銀がBa(Sr)122相と反応しないためである．

このようにして作製したBa(Sr)122線材のJ_cは，4.2 K，10 Tでは10^4 A/cm^{2}以下とかなり低い．この原因の1つは，線材中の超伝導体コアの充填率が低いためである．この事情は，前述したPIT法によるMgB_2線材に類似している．超伝導体コアの充填率を上げる方法としては，高温静水圧熱処理（HIP (Hot Isostatic Press)）[58]，室温での1軸冷間プレス[59]，1軸のホットプレス[60]などが適用されている．この中で室温での1軸プレスは，HIPやホットプレスより扱いが簡便であるという利点がある．図7.24に

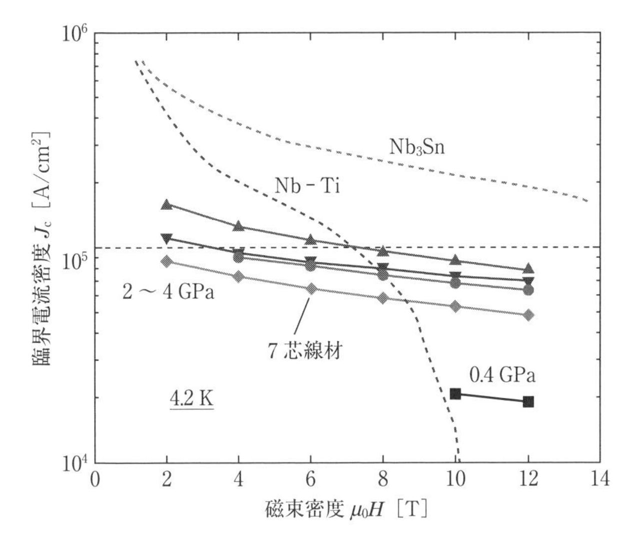

図 7.24　1 軸冷間プレスした Ba122 テープの J_c-H 特性．比較のために，Nb-Ti ならびに Nb_3Sn 実用超伝導線材の特性も示す．1 軸プレス圧を高めると J_c は大幅に向上する．(Z. Gao, K. Togano, A. Matsumoto and H. Kumakura: Sci. Rep. **4** (2014) 4065 より許可を得て転載)

は，1 軸プレスした単芯ならびに 7 芯の Ba122 テープの 4.2 K における J_c-H 特性を示した[59]．比較のために，Nb－Ti ならびに Nb_3Sn 実用線材の特性も示す．プレス圧が高まるに従って J_c は上昇する傾向を示し，通常の圧延加工の場合に比べて 1 桁以上高い J_c 値が得られている．

図 7.25 には，平ロール圧延した Ba122 テープ，ならびに 1 軸プレスしたテープの X 線回折パターンを示す[59]．ただし，テープ表面から銀シース層を機械的に取り除いて測定している．比較のために，結晶方位がランダムな Ba122 前駆体粉末のデータも示した．銀シース材によるピークを除いて，ほとんどすべてのピークは Ba122 相によるものであり，超伝導コアは高品質の Ba122 よりなることがわかる．すべてのテープ材において，(103)面からの反射ピークに対する (00l) 面からの相対的ピーク強度はランダムな粉末に比べて上昇しており，テープにおいては超伝導コアの c 軸配向が得られている．特に，1 軸プレスしたテープにおいては (00l) 面からの反射強度がかなり高くなっており，1 軸プレスが c 軸配向に有効なことがわかる．この

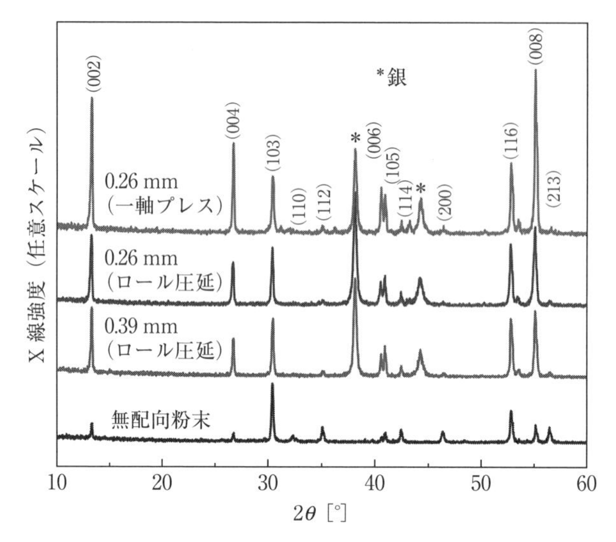

図 7.25　ロール圧延ならびに1軸冷間プレスしたBa122テープのX線回折パターン．比較のために，充填に用いた方位がランダムなBa122前駆体粉末のデータも示す．ロール圧延や1軸プレスによって(00*l*)ピークの相対強度が高くなることから，*c* 軸配向が起こることがわかる．(Z. Gao, K. Togano, A. Matsumoto and H. Kumakura: Sci. Rep. **4** (2014) 4065 より許可を得て転載)

1軸プレスによる *c* 軸配向度の向上が J_c の向上に寄与していると考えられる．しかしながら，1軸プレスしたテープにおいても依然として大きな(103)ピークや(116)ピークが存在していることから，*c* 軸配向度はそれほど高くはなく，1軸プレスによる大幅な J_c の上昇を *c* 軸配向度の向上だけで説明するのは難しく，以下に述べるように，充填率の改善が J_c の向上に寄与していると考えられる．

図 7.26 には，平ロール圧延ならびに ≃ 4 GPa で1軸圧延したテープのSEM写真を示すが[61]，ロール圧延に比べて高圧の1軸プレスによってBa122の充填密度が大きく向上する．4 GPa の1軸プレスによる J_c の大幅な向上は，この大きな充填率の向上が貢献していると考えられる．

一方，中国科学院の電工研究所のグループは，Sr122に対してホットプレスを適用することにより充填率を向上させ，4.2 K，10 T で 1.2×10^5 A/cm^2 とさらに高い J_c を達成している[62]．この場合，ホットプレスによっ

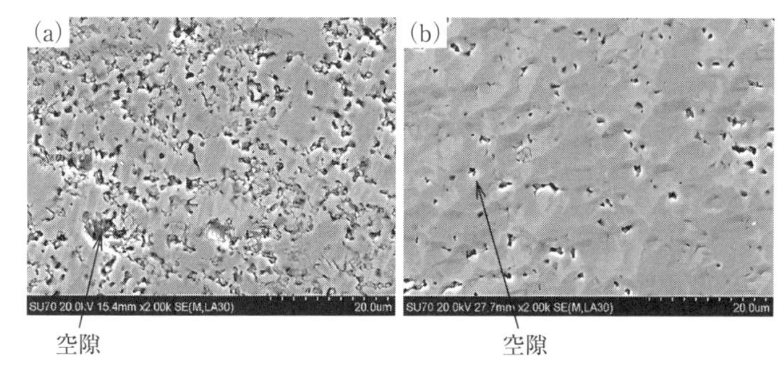

図 7.26 (a) 平ロール圧延ならびに (b) 1 軸冷間プレスした Ba122 テープの走査型電子顕微鏡 (SEM) 組織写真．どちらの場合も Ba122 超伝導層には空隙が観察されるが，1 軸冷間プレスを施すことにより空隙が大幅に減少する．(熊倉浩明，Ye Shujun, Gao Zhaoshim, Zhang Yunchao，松本明善，戸叶一正：日本金属学会誌 **78** (2014) 287 より許可を得て転載)

て c 軸配向度の一層の改善が得られており，充填率の向上の他に，この c 軸配向度の向上が高 J_c 化の要因と考えられる．

以上述べたように，冷間プレスやホットプレスによって J_c を大幅に向上させることができるが，このようなプレスは短尺線材には簡単に適用できるものの，長尺線材に対しては困難である．ロール圧延だけによるテープ線材の作製が望まれるが，銀を金属管（シース材）に用いた場合は，銀の柔らかさのために，ロール圧延で超伝導コアの充填率を十分に高くすることが困難である．この問題点を解決するために，内側に銀，外側にステンレスを配置した 2 重金属シースの Ba122 テープが作製されている[63]．

次頁の図 7.27 には，1 軸プレス，ならびに平ロール圧延だけで作製した 2 重金属管テープの 4.2 K における J_c-H 特性を示す．平ロール圧延だけによるテープは 10 T で 7.7×10^4 A/cm^2 と，銀シースを用いて 1 軸プレスしたテープに匹敵する J_c が得られている．2 重金属管を用いて 1 軸プレスしたテープでは 9×10^4 A/cm^2 とさらに高い J_c が得られるが，ロール圧延で得られる J_c と比べて大差はなくなっている．また，両者共に，J_c の磁場依存性は Nb_3Sn 実用線材や MgB_2 線材などと比べても非常に小さく，高磁場でも高い J_c が得られることから，Ba122 テープは，特に高磁場マグネット用の超伝導線材として有望と考えられる．今後の発展が期待される．

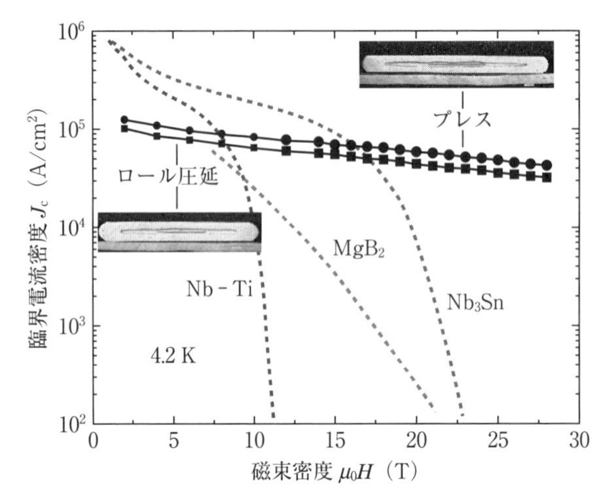

図 7.27　ロール圧延ならびに 1 軸冷間プレスした銀/ステンレス 2 重被覆 Ba122 テープの J_c-H 特性．比較のために，Nb-Ti ならびに Nb_3Sn 実用線材，PIT 法 MgB_2 線材のデータも示す．Ba122 テープの J_c の磁場依存性は，他の超伝導線材に比べてはるかに小さい．(Z. Gao, K. Togano, A. Matsumoto and H. Kumakura: Supercond. Sci. Technol. **28** (2015) 012001 より許可を得て転載)

7.3　バルク超伝導体

7.3.1　作製法

高温超伝導体はコヒーレンス長が短いため，結晶粒界などの格子欠陥が弱結合となって，臨界電流を低下させる原因となる．したがって，原料粉を焼結法によって合成したバルク体では，実用に必要なレベルの臨界電流が得られない．そこで，結晶の配向性を高めるための工夫がなされている．

RE-Ba-Cu-O（RE：Nd, Sm, Eu, Gd, Y, Ho, Yb）系材料は，包晶分解温度が 1000℃近傍にあり，酸化物としては比較的低温で融解する．

そこで，一旦 RE-Ba-Cu-O を 1000℃以上に加熱して RE_2BaCuO_5 (RE211) と液相（Ba-Cu-O）の半溶融状態とした上で，徐冷する．すると，以下の反応により，超伝導相である $REBa_2Cu_3O_y$ (RE123) の結晶が成長する．

$$RE_2BaCuO_5 + Ba_3Cu_5O_x \rightarrow 2REBa_2Cu_3O_y$$

この際，表 7.2 に示すように，RE の種類によって RE123 の分解温度（T_m

表 7.2　RE123 超伝導相の分解温度

RE	Y	Nd	Sm	Eu	Gd	Dy	Ho	Er	Yb
T_m(℃)	1000	1076	1060	1050	1030	1010	990	970	900

℃）が異なるので，作製する RE123 よりも融点の高い RE′123 結晶を種とすることで，種結晶から方位のそろった結晶が生成，成長する．この結果，図 7.28 に示すように，方位のそろった単一ドメイン構造のバルク体が合成できる[64]．この手法を種結晶溶融成長（top - seeded melt - growth：TSMG）法とよんでいる．

図 7.28　種結晶溶融（top- seeded melt- growth）法で作製した Y-Ba-Cu-O 超伝導体の外観写真．中心にあるのが，Nd-Ba-Cu-O 種結晶である．正方晶反映したファセットラインが 4 方向に伸びている．

例えば，Y123 のバルク超伝導体を溶融成長する場合には，それよりも溶融温度の高い Nd，Sm，Eu，Gd，Dy123 を種結晶として使用することができる．

7.3.2　臨界電流特性

バルク超伝導体の応用にとっては，使用温度における臨界電流密度（J_c）が大きいほど有利となる．超伝導体の J_c の大きさは，量子化磁束にはたらくローレンツ力に抗して，磁束の運動をどれだけ阻止できるかに依存している．量子化磁束は，非超伝導領域と正の相互作用を示すため，例えば，量子化磁束程度の大きさの常伝導粒子に捕捉される．これがピニング効果である．

したがって，J_c を向上させるためには，超伝導体内にピン止め中心として機能する常伝導粒子を分散させる必要がある．

ピン止め中心の体積率を V_f[m^{-3}]，大きさを d[m] とすると，J_c[A/m^2] は次式のような関係にある[65]．

$$J_c = C\frac{V_f}{d} \tag{7.1}$$

ただし，C は材料の超伝導パラメーターに依存する定数であり，単位は［A］となる．この式からわかるように，ピン止め中心の密度が大きいほど，また，粒子径が小さいほど J_c は大きくなる．したがって，常伝導相をいかに微細分散するかが J_c 向上の鍵となる．

7.3.3 ピニング効果

（1） RE211 相

RE‐Ba‐Cu‐O 系では，RE211 と Ba‐Cu‐O の包晶反応によって RE123 相が形成されるため，RE123 結晶の中に RE211 相が分散した組織が得られる．この際，Pt あるいは CeO_2 を添加すると，RE123/RE211 界面のエネルギーが低下するなどの効果によって，図 7.29 に示したように RE123 マトリックス中に RE211 が微細分散した組織が得られる．この結果，RE‐Ba‐Cu‐O 系バルク超伝導体では，比較的大きな臨界電流が得られる．

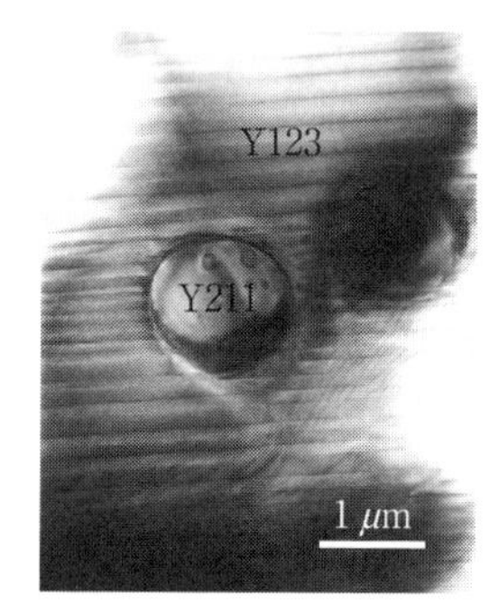

図 7.29 溶融法で作製したバルク Y‐Ba‐Cu‐O 超伝導体の透過型電子顕微鏡写真．超伝導相である $YBa_2Cu_3O_y$ マトリックス中に，常伝導粒子である Y_2BaCuO_5 相が分散している．

（2） RE‐Ba 置換クラスター

RE 半径の比較的大きな Nd，Sm，Eu，Gd では，RE123 構造において Ba サイトを置換し，$RE_{1+x}Ba_{2-x}Cu_3O_y$ 型の固溶相を形成する．この固溶系においては，x の増加と共に T_c が低下する．したがって，通常の溶融法で置換型 RE123 系バルク体を作製すると特性が低下する．

しかし，低酸素分圧下で溶融成長させると，RE‐Ba 固溶が抑制される上，T_c の低い置換相が微細に分散して，一種の組成ゆらぎが生じる．これら置換相は数十 nm 程度のサイズであり，有効なピニング中心として作用する．

最近では，(Nd, Eu, Gd)123 のように RE サイトを複数の元素で置換することにより，図 7.30 に示すように，ナノサイズの組成ゆらぎは規則的なクラスターを形成することが明らかとなっており，77 K での $H /\!/ c$ 軸において 10 T を超える不可逆磁場が報告されている[66]．

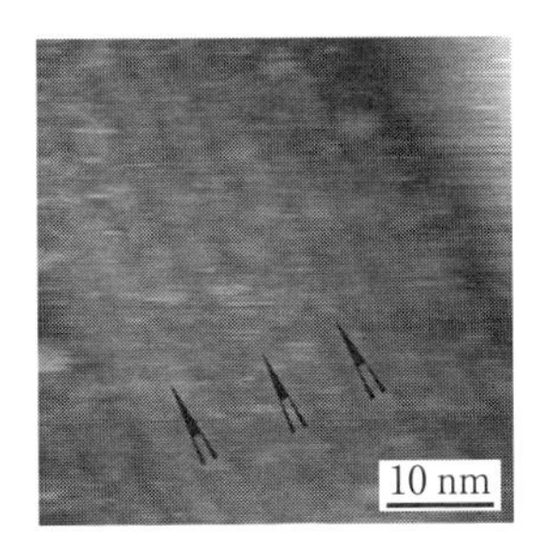

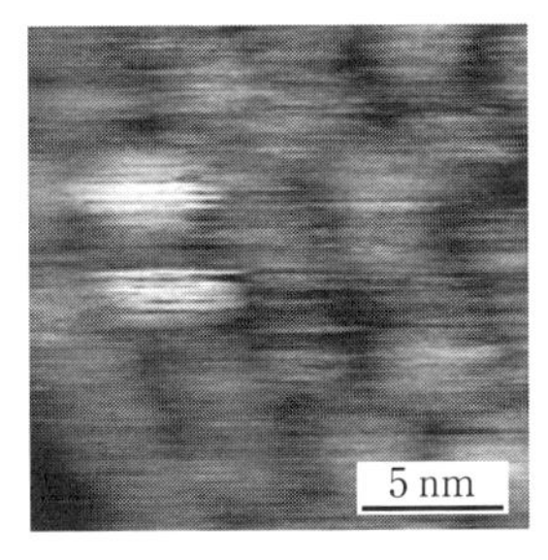

図 7.30　(Nd, Eu, Gd)-Ba-Cu-O 超伝導体内に分散する微細クラスターを示す STM 像.

7.3.4　臨界状態モデルと応用

バルク超伝導体の応用には，浮上応用と磁石応用がある．実は，これら応用は臨界状態モデル[67] によって機能を説明できる．ピニング効果を有する超伝導体では，図 7.31(a) に示すように，磁場のない状態で冷却して超伝導状態にした後に外部磁場 H_a[A/m] を印加する (zero field cooling) と，超伝導体表面に外部磁場を遮蔽するような方向に電流が誘導される．この際，誘導される電流の大きさは，臨界電流密度 J_c[A/m] となる．磁場が侵入する表面からの距離を r[m] とすると

$$H_a = J_c r \tag{7.2}$$

という関係にある．

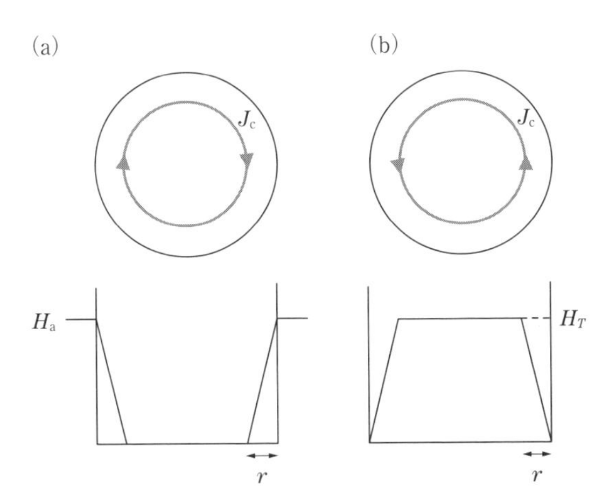

図 7.31　臨界状態モデルによる (a) 反磁性効果と (b) 強磁性効果の説明図

あるいは，臨界電流密度に対応した磁気勾配（量子化磁束の密度変化）が超伝導表面に形成され，磁気遮蔽が生じるという見方もできる．この際，誘導電流が流れている領域では，量子化磁束がピン止め中心に捕捉されている．このピニング効果によって，横方向のずれも抑制されるため，反磁性だけではなく安定浮上が可能となるのである．

一方，図 7.31 (b) に示すように，磁場を印加した状態で超伝導体を冷却 (field - cooling) し，その後，外部磁場を取り去ると，磁場が捕捉された状態ができる．つまり，磁石として機能するのである．この際，超伝導体表面の r[m] のところには，磁場を捕捉する向きに臨界電流と同じ大きさの電流が流れている．ここで，捕捉可能な磁場の大きさ H_T[A/m] は

$$H_T = J_c r \tag{7.3}$$

によって与えられる．

(1) 浮上応用

永久磁石の同極同士は互いに反発するが，これを利用した浮上は不安定であることが知られている．このため，安定化のために機械的な接触が必要となり，回転時に摩擦や磨耗を伴う．

一方，バルク超伝導体と磁場の相互作用を利用すると，図 7.32 に示すように，ピニング効果によって，無制御での安定浮上が可能となる．この第 3 の力により，横方向の安定性が得られ 3 次元空間での安定浮上が可能となる[68]．

図 7.32 液体窒素で冷却したバルク超伝導体による永久磁石の浮上．制御なしに安定浮上している．

このように，無制御で非接触回転が可能であることから，摩擦のないベアリングの開発が可能となる．これを利用した，エネルギー貯蔵型超伝導フライホイールの開発も進められている[69]．永久磁石を円状に配した浮上円盤を，バルク超伝導体を利用して浮上させ，回転させることで電気エネルギーを運動エネルギーに変換してエネルギー貯蔵を行う．電力を取り出す際は，発電電動機を利用する．超伝導浮上では，基本的にはエネルギーロスをかなり低減できるた

め，機械式ベアリングを用いた場合と比べると，エネルギー効率が飛躍的に向上する．

次に，永久磁石を並べた線路上にバルク超伝導体を搭載した車両を置くと，浮上し，磁場が均一な方向には摩擦を生じることなく運動できる．このため，初期の推進や，あるいはリニアモーターなどの推進機構を併用することで，完全非接触の搬送装置を作ることができる．

当初は，半導体工場などにおいて，クリーンな環境でLSIなどを搬送する装置として開発されたが，その後，荷物搬送，さらには，人間を輸送する車両としての開発が進められている．

また，非接触で媒体を攪拌する超伝導ミキサーや，あるいは非接触で液体を搬送する超伝導ポンプなどの開発も進んでいる[70]．

（2） **磁 石 応 用**

バルク超伝導体に電磁誘導による電流を誘導すると，電気抵抗がゼロであるため，誘導された電流が流れ続ける．この作用により，バルク超伝導体は磁場を捕捉することが可能となり，強磁場マグネットとして機能する．

(7.3) からわかるように，J_cが一定の場合には，大型の試料ほど捕捉可能な磁場が大きくなる．ただし，単一ドメイン構造の材料の大型化には限界があり，現時点で直径150 mmが最大である[71]．また，大型化に伴い結晶性やピン止め中心の分布，酸素濃度などが不均一となりやすく，小型試料と同程度のJ_cを維持するのが難しいという課題もある．

温度を低くすると，J_cが飛躍的に向上するので，捕捉磁場も上昇する．直径が2.6 cmのバルクY-Ba-Cu-O体では，図7.33に示すように，50 Kで9 T，29 Kで17 Tという高い磁束密度（B）が記録されている[72]．B [T] と H[A/m] の換算は，$B = \mu_0 H = 4\pi \times 10^{-7} H$ から

$$H \simeq 8 \times 10^5 B \qquad (7.4)$$

となる．したがって，9 Tは7.2×10^6 A/mに，17 Tは1.36×10^7 A/mに相当する．(7.3) と次頁の図7.33からJ_cを求めると，50 Kの捕捉磁場分布から，試料全体にわたって臨界電流が流れているとすると，$r = 1.3$ cm $= 1.3 \times 10^{-2}$ mより$J_c = 5.5 \times 10^8$ A/m^{2}となる．また，29 Kでは臨界電流が流れているのは表面から0.5 mm程度であるので，$J_c = 2.7 \times 10^{10}$

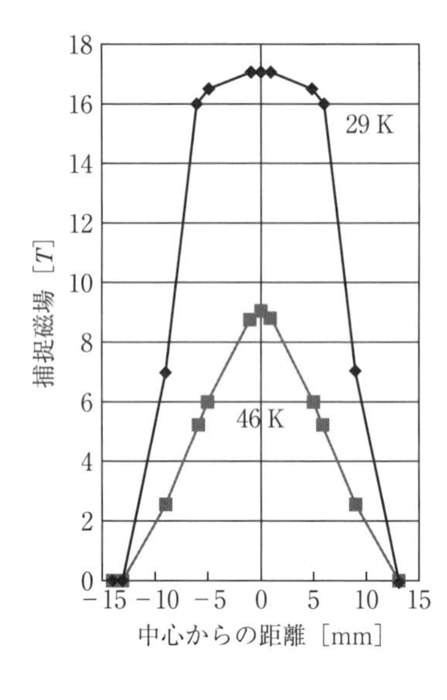

図 7.33　バルク超伝導体の捕捉磁場分布

A/m^2 という値となる．

バルク超伝導磁石は，コンパクトに超強磁場が発生できるため，その特徴を利用した応用に供されている．実用化されている製品としては，バルク超伝導体を磁場源として利用する磁場発生装置[73]，汚染物質に磁性粒子を担磁させ，フィルターで汚れを除いた後，この汚染物質をバルク超伝導磁石でかきとることで連続運転を可能とする水浄化用磁気分離装置[74]，担磁させた薬剤をバルク超伝導磁石の強い磁場で患部に誘導するドラッグデリバリー用誘導装置などが挙げられる．

7.4　薄　膜

7.4.1　はじめに

超伝導薄膜は，デバイス応用のみならず，低次元超伝導，異種物質との接合界面での近接効果，多層膜による次元性の人工制御，超伝導体 - 絶縁体転移，透過型の光実験，トンネル効果，ジョセフソン効果などといった，基礎物理学の研究において不可欠な試料形態である．最近では，単層（または数層）に制御された超薄膜[75,76]や，絶縁体表面に強電場で誘起された電気伝導層（電場誘起超伝導）が示す独特の超伝導も話題になっている[77-80]．一方，銅酸化物高温超伝導体の出現以後，$YBa_2Cu_3O_{7-\delta}$系エピタキシャル薄膜試料が，線材やバルク体に比べ特に大きな臨界電流密度を示したことから，超伝導薄膜は渦糸物理学における強いピニングのモデル系としての役割も果たすようになった．最近では，コーテッドコンダクターへの応用に代表されるように，超伝導薄膜が線材として使用されるまでに至っている[81]．

本節では，超伝導薄膜の作製方法と成長過程について述べる．その後，超伝導薄膜の示す物性の中でも，バルクにない特徴が報告されている超薄膜の超伝導について触れる．他のトピックスである超伝導薄膜や多層膜の磁束状態については3.2.1項，電場誘起超伝導の詳細に関しては4.9.2項，薄膜を用いた線材については7.2.3項を参照されたい．

7.4.2 薄膜の作製方法

基礎・応用研究において高品質な薄膜試料を得るために，現在でもさまざまな作製方法が検討・使用されている．薄膜の作製方法は，気相法と液相法に大きく分類される．代表的な気相法としては，真空蒸着法，スパッタリング法，パルスレーザー蒸着（Pulsed Laser Deposition：PLD）法，化学的気相蒸着（Chemical Vapor Deposition：CVD）法，分子線エピタキシー（Molecular Beam Epitaxy：MBE）法が，液相法としては液相エピタキシャル（LPE）法や溶液塗布熱分解法（代表例としてMetal Organic Deposition：MOD法）などが，それぞれ挙げられる．銅酸化物においてよく使用される気相法は，酸素雰囲気でも簡単に成膜が容易なスパッタリング法，PLD法，CVD（特に有機金属を用いたMO－CVD）法であろう．以下にそれぞれの作製方法の概要を述べる．詳細については，文献[82]を参照されたい．

スパッタリング法は，グロー放電のプラズマ中に生成されたアルゴンなどのイオンを電場で加速することにより原料（ターゲット）に衝突させ，その衝撃により固体表面から原子や分子が叩き出される現象（スパッタリング現象）を利用して，成膜する方法である（図7.34(a)）．放電（電源）の種類によりDCとRFの両方があるが，特にRF放電は交流であることから，絶縁体や粉末のターゲットからでも成膜できる．装置が比較的安価で構造も簡単なため，さまざまな薄膜作製に広く使われている手法といえる．銅酸化物

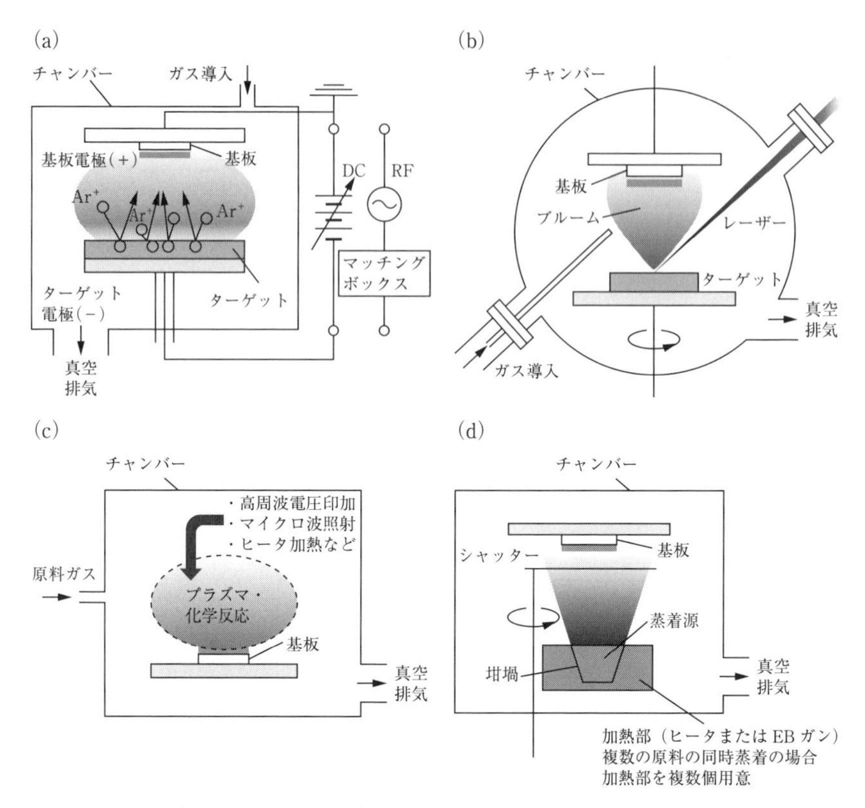

図 7.34　薄膜作製法の概念図.（a）スパッタリング法（DC と RF スパッタリング法の違いは主に電源部分のみである),（b）パルスレーザー蒸着（PLD）法,（c）化学的気相蒸着（CVD）法,（d）真空蒸着法.

の場合，成膜中のガス雰囲気として，通常の金属薄膜作製に使われる不活性ガスの Ar に，O_2 や O_3（オゾン）を混合させる（または，成膜速度が落ちるものの Ar をすべて O_2 におきかえる）ことが多い.

PLD 法は，真空または必要なガス雰囲気中で，ターゲット上に集光したレーザパルスを当て，ターゲット原料がレーザー光のエネルギーによって光励起し，原子，分子，プラズマ，およびそれらのクラスターとなって飛散する現象（アブレーション）を利用することで，薄膜を形成する手法である（図 7.34(b)). この方法はすべての原料が瞬時に気化されるので，ターゲット組成がそのまま基板に転写されるという利点から，多元素から構成される銅酸化物の成膜法として広く普及した.

CVD 法は薄膜の構成原子を含む原料ガスを基板表面で化学反応させ，薄膜を形成する手法である（図 7.34(c)）．特に，銅酸化物超伝導体では，原料として有機金属を用いた MO(Metal Organic)－CVD 法が普及している．CVD 法のメリットとして，成膜速度が速いことから量産性に優れていることが挙げられる．

真空蒸着法（図 7.34(d)）や MBE 法では，通常，超高真空中のチェンバー内で原材料を蒸発させることによって薄膜を形成する（特に MBE 法では，分子線として蒸発を制御しながら基板上での結晶化を進める）．しかし，酸素雰囲気を必要とする銅酸化物の薄膜作製の場合には，酸素ガスが原料蒸発源用のヒーター（加熱用ヒーター線や電子銃（EB ガン）のフィラメント）を酸化・断線させてしまうため，基板表面近辺だけ局所的に酸素分圧を上げたり，活性化（イオン化やオゾン化）させたりといった工夫が必要となる[83, 84]．

銅酸化物に使われる液相法としては，液相エピタキシャル（LPE）法や溶液塗布熱分解法（代表例として Metal Organic Deposition：MOD 法）がよく使われる．LPE 法は原料の融液や溶液に基板を浸して回転しながら，浸漬し堆積させる方法である（図 7.35）．液相を介したプロセスなので，気相法に比べ結晶成長速度が高く，かつ単結晶に近い試料（比較的厚い膜）を作製できるという利点がある．MOD 法は，有機金属溶液を塗布乾燥しゲル化した後に焼結して結晶化させる方法であり，多くの場合，気相法で用いた真空環境を必要としない（よって作製コストが下がる）という利点がある．特に銅酸化物では，構成元素を含む三フッ化酢酸（TriFluoro-Acetates）塩を原料とした方法 TFA－MOD 法により，気相法にも劣らない高品質膜（1 μm 程度）が作製可能となっている[84]．

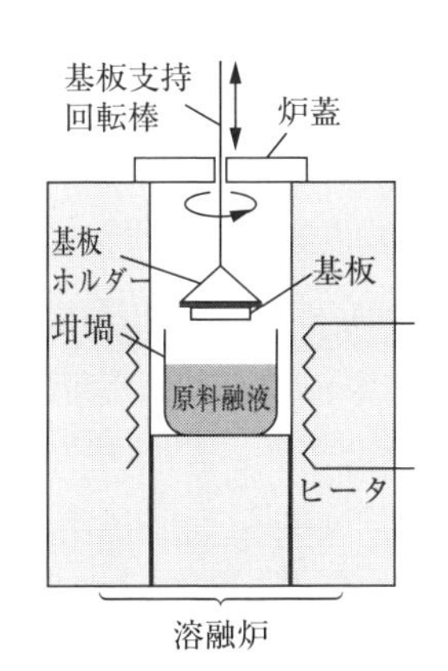

図 7.35　液相エピタキシャル（LPE）法による薄膜作製装置法の概念図．溶融した原料の中に基板を回転しながら浸漬することにより，結晶成長を行う．

7.4.3　薄膜の成長モードと乱れ

一般に，薄膜の気相法での結晶成長過程として，図 7.36 に示すような

（a）2 次元的な層状成長である Frank - van der Mereve（F - M）モード
（b）3 次元的な核生成と島状成長による Volmer - Weber（V - W）モード
（c）初期の（a）から途中で（b）に移行する Stranski - Krastanov（S - K）モード

の 3 つが知られる．薄膜がどのモードで成長するかは，基板と薄膜試料の格子定数のミスマッチや，成長する薄膜の表面エネルギーなどの条件による．YBCO 薄膜作製によく用いられる，格子定数ミスマッチの少ない $SrTiO_3$ (100) 表面では基板温度を適切に選ぶと，最初の 10 ～ 20 nm は 2 次元的な step - by - step（1 ユニットセルの高さずつ）で層状成長し，その後，基板ミスマッチによる歪みを緩和するため 3 次元島状成長に移行する（c）の S - K モード，および格子定数のミスマッチが大きい MgO(100) 基板上では，初期の段階から島状成長する（b）の V - W モードの発現が PLD 法において報告されている[86]．

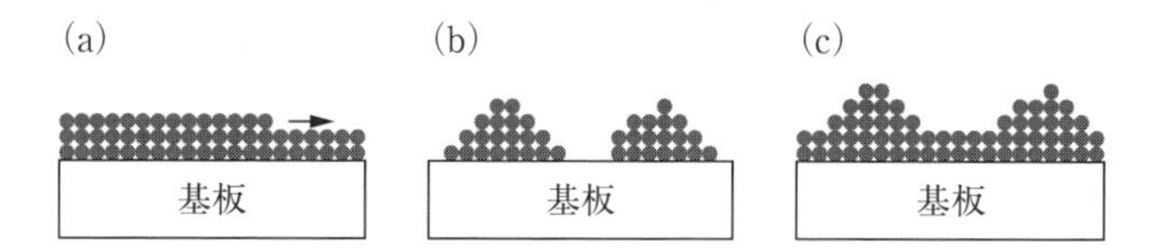

図 7.36　薄膜の成長モードの模式図．(a) Frank - van der Mereve（F - M），(b) Volmer - Weber（V - W），(c) Stranski - Krastanov（S - K）モード．図中の丸は原子（単元素金属薄膜の場合）または 1 ユニットセル（化合物薄膜の場合）を表す．

注意したいのは，薄膜成長は一般に速度の速い非平衡プロセスであるため，各成長過程において，ある程度の格子欠陥（銅酸化物の場合は酸素欠陥が多い）および転位（edge dislocation や screw dislocation）を含むことである[87]．この点が，欠陥や転位といった乱れをほとんど含まない純良単結晶と対比される，超伝導薄膜の特徴となる（特に銅酸化物超伝導薄膜では，現状においてこの傾向が顕著である）．これらの乱れは渦糸のピニングの場所となる．多くの薄膜結晶試料で，特に意識してピニング場所を導入しなく

ても，磁場中において単結晶に比べ高い電流密度（液体窒素温度で 10^{10} A/m^2 以上）が得られるのはこのためである．

一方，アモルファス超伝導薄膜のような乱れがコヒーレンス長よりも短いスケールで導入される場合は，磁束ピニングという観点からは薄膜試料が均一となり逆に弱ピニング系になること，後述する単原子層膜，および電場誘起超伝導体のように乱れが非常に少ない清浄（clean）な2次元系もあることにも注意しておきたい．

7.4.4 超薄膜超伝導

近年，薄膜作製技術の発展と共に，物性測定が可能となるような比較的大きな面積をもつ単一ユニットセル層や，単原子層といった超薄膜試料が作製可能となってきた．このような極限的な2次元超伝導体は，バルク試料では観測できない低次元効果に加え，独自の特性を示すこともあるため，新たな超伝導現象の発見や超伝導機構の理解につながることが期待されている．

銅酸化物超伝導体における1ユニットセル超薄膜は，キャリアドープされた CuO_2 面の単体が超伝導の本質なのか，それとも c 軸方向の CuO_2 面間のカップリングが不可欠なのか，という基礎的な課題への1つの答えを与える．

寺島（Terashima）らは，応性真空蒸着法により，超伝導物質である $YBa_2Cu_3O_{7-\delta}$(YBCO)と同じ結晶構造で非超伝導物質の $PrBa_2Cu_3O_7$(PBCO)を，c 軸方向にユニットセル単位で積層する技術を開発し，$(PBCO)_m/(YBCO)_l/(PBCO)_m$ サンドイッチ膜（$m=6$，l はユニットセル層数）を作製することに成功した（図7.37）[88]．ここで，下のPBCO層は基板との格子定数のミスマッチを緩和するバッファーして，上のPBCO層は大気中での劣化を防ぐ役割をする（上下のPBCOは，l が小さい時はCuO鎖へのキャリアドープ層としてもはたらく）．

この報告によると，超伝導転移温度 T_c は膜厚の減少と共に低くなるものの，$l=1$ の極限でも約30 Kの比較的高い値を示す．この結果は，YBCOの超伝導の実現には，1ユニットセルの CuO_2 面（YBCOでは隣接する CuO_2 面2枚）があれば十分であるという重要な結論を導く．T_c がバルクの

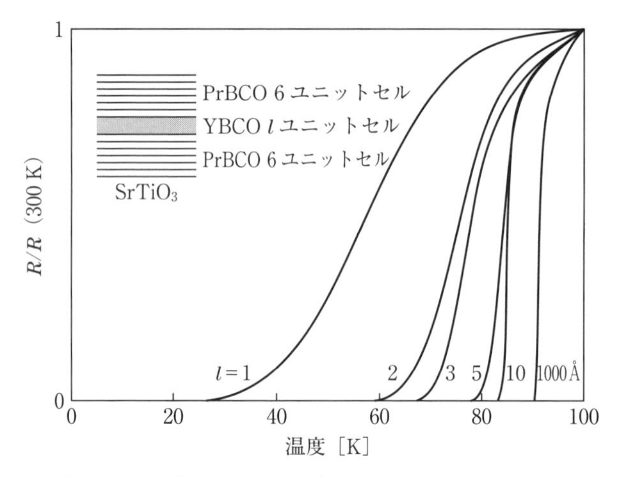

図 7.37　$(PrBa_2Cu_3O_7)_6/(YBa_2Cu_3O_7)_l/(PrBa_2Cu_3O_7)_6$ サンドイッチ膜における電気抵抗転移．l はユニットセルの層数を示す．(T. Terashima, K. Shimura, Y. Bando, Y. Matsuda, A. Fujiyama and S. Komiyama: Phys. Rev. Lett. **67** (1991) 1362 より許可を得て転載)

値 90 K に比べ低いのは，主にキャリアドープが十分でないためと報告されているが，今後キャリア数を制御した研究が期待される．

同様な議論は，YBCO より異方性の大きな $Bi_2Sr_2CaCu_2O_8$ においてもなされている．ボゾビック（Bozovic）らは，ab 面の格子定数が近く T_c の違う $Bi_2Sr_2CuO_6$（$T_c \simeq 15$ K）と，$Bi_2Sr_2CaCu_2O_8$（$T_c \simeq 80$ K）を半ユニットセル（実質 YBCO の 1 ユニットセルと同じ CuO_2 面の数をもつ）単位で積層した $(Bi_2Sr_2CuO_6)_m/(Bi_2Sr_2CaCu_2O_8)_l$ 多層膜を MBE 法により作製した[84]．$l=1$，$m=1\sim5$ のすべての多層膜で $Bi_2Sr_2CaCu_2O_8$ バルクと同じ T_c が観測されたことから，80 K の超伝導は 1 組の CuO_2 面で起きていると結論されている．

3.2.1 項で述べたように，従来型金属超伝導薄膜では，アモルファス薄膜において厚さの減少と共に乱れの効果が強まり，超伝導体から絶縁体へ転移（S－I 転移）する現象が観測されてきた[89]．しかし近年，原子層単位で平坦に制御された Si(111) の表面上にエピタキシャル成長した Pb や In の単原子膜において，有限な温度での超伝導転移が観測されるようになってきた（図 7.38）[75,76]．これらの単原子層結晶膜は，再構成された半導体表面との相互

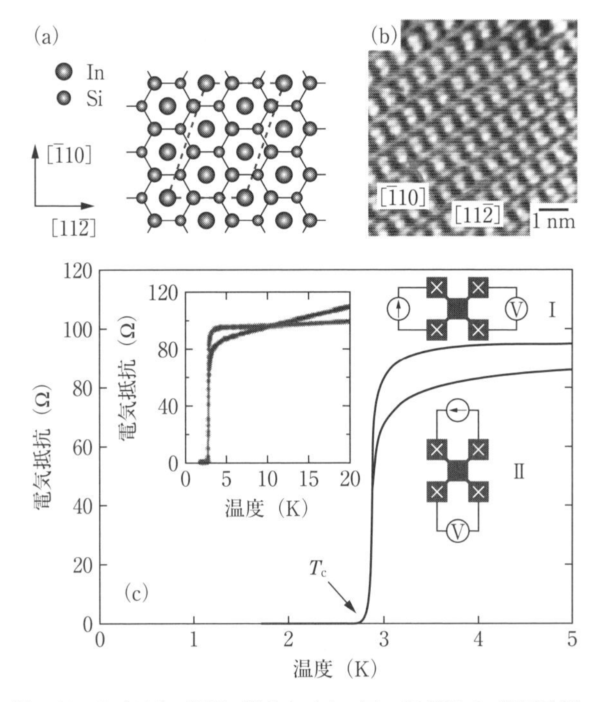

図 7.38　Si (111) 表面に吸着させた $\sqrt{7}\times\sqrt{3}$ 構造 In 単原子膜の (a) 模式図, (b) STM 像, および (c) 電気抵抗の超伝導転移. (T. Uchihashi, P. Mishra, M. Aono and T. Nakayama: Phys. Rev. Lett. **107** (2011) 207001 より許可を得て転載.)

作用を通じて初めて安定化されるため，ある程度の厚さのある通常の Pb や In 薄膜とは区別され，半導体表面の特殊な超伝導体と考えられている．実際，超伝導機構としても，界面の Si ボンドが関わる電子 - 格子相互作用が議論されている[75]．これらの系はその超伝導機構のみならず，量子ゆらぎの影響の大きな 2 次元極限での超伝導体，および空間反転対称性の破れに起因する強いスピン - 軌道相互作用の効果（フェルミ面のスピン分裂）を受ける特殊な超伝導体[90] としても幅広い興味がもたれている．

$LaAlO_3/SrTiO_3$ や $LaTiO_3/SrTiO_3$ といった異なる 2 種類の絶縁体をヘテロエピタキシャル成長させた場合，その界面において起こる電荷の再配列により，金属的な 2 次元電子系が形成される[91]．この特殊な電子系が超伝導を示す実験例も数多く報告されるようになった[92, 93]．このようなヘテロ接合界面における超伝導は，上記の単原子層超薄膜と同様，2次元の極限下でかつ空間反転対称性の破れた超伝導体と見なすことができるため，現在，類似した構造をもつ電場誘起超伝導体（4.9.2項）と共に活発な研究が行われている．

超薄膜化することによって，超伝導転移温度が大幅に上昇する場合もある．鉄系超伝導体の1つ（11系）のFeSe系はバルクや通常の薄膜では $T_c \simeq 8$ K を示す超伝導体であるが，$SrTiO_3$(100) やNbドープした $SrTiO_3$(100) 表面上で1ユニットセルだけ成長させると，約20 meVの大きな超伝導ギャップ（BCS理論を用いて T_c に換算すると65～80 K）を示す[94, 95]．また，電気抵抗も40 Kを超える超伝導転移のオンセット温度を示す[94]．この薄膜化による急激な転移温度の上昇は，界面での強い電子－格子相互作用，薄膜化によるバンド構造の変化，$SrTiO_3$ 基板からの電荷移動などを用いて議論されているが，まだ原因はわかっていない．この系に限らず，超薄膜試料では，多くの場合，大気中に取り出して実験することが困難であるため，実験手段が限られるという課題がある．

参考文献

[1] 総合報告書としては，“*Handbook on the Physics and Chemistry of Rare Earths*”, ed. by K. A. Gschneidner, Jr., L. Eyring and M. B. Maple, Vol. 30 (High Temperature Superconductors－I), vol. 31 (High Temperature Superconductors－II).

[2] 武居文彦，竹屋浩幸：日本結晶学会誌 **29**（1987）353.

[3] John D. Whitler and Robert S. Roth：“*Phase Diagrams for High T_c Superconductors*”（The American Ceramic Society, 1991）.

[4] G. D. Gu, K. Takamuku, N. Koshizuka and S. Tanaka：J. Crys. Growth **130**（1993）325.

[5] T. Mochiku and K. Kadowaki：Physica **C235－240**（1994）523.

[6] T.W. Li, P.H. Kes, N.T. Hien, J.J.M. Franse and A.A. Menovsky：J. Crys. Growth **135**（1994）481.

[7] T. Fujii, T. Watanabe and A. Matsuda：J. Crys. Growth **223**（2001）175.

[8] B. Liang, C.T. Lin, P. Shang and G. Yang：Physica **C383** (2002) 75.

[9] B. Liang, A. Maljuk and C.T. Lin：Physica **C361** (2001) 156.

[10] M. K. Wu, J. R. Ashburn, C. J. Torng, P. H. Hor, R. L. Meng, L. Gao, Z. J. Huang, Y. Q. Wang and C. W. Chu：Phys. Rev. Lett. **58** (1987) 908.

[11] P. H. Hor, L. Gao, R. L. Meng, Z. J. Huang, Y. Q. Wang, K. Forster, J. Vassilious, C. W. Chu, M. K. Wu, J. R. Ashburn and C. J. Torng：Phys. Rev. Lett. **58** (1987) 911.

[12] R. J. Cava, B. Batlogg, R. B. van Dover, D. W. Murphy, S. Sunshine, T. Siegrist, J. P. Remeika, E. A. Rietman, S. Zahurak and G. P. Espinosa：Phys. Rev. Lett. **58** (1987) 1676.

[13] K. Kadowaki, Y. K. Huang, M. van Sprang and A. A. Menovsky：Physica **B145** (1987) 1.

[14] 山田容士，塩原融：応用物理 **62** (1993) 459.

[15] M. Nakamura, Y. Yamada and Y. Shiohara：J. Mater. Res. **9** (1994) 1946.

[16] 池田靖訓，高野幹夫，板東尚周，北口仁，高田潤，三浦嘉也，小坂明義，高橋克明：粉体および粉末冶金 **34** (1987) 580.

[17] R. Liang, P. Dosanjh, D. A. Bonn, D. J. Baar, J. F. Carolan and W. N. Hardy：Physica **C195** (1992) 51.

[18] R. Liang, D. A. Bonn and W. N. Hardy：Physica **C304** (1998) 105.

[19] R. Liang, D. A. Bonn and W. N. Hardy：Phil. Mag. **92** (2012) 2563.

[20] 高品質シリコンの単結晶 (1, 1, 1) では FWHM = 0.002° である.

[21] A. Erb, E. Walker and R. Flükiger：Physica **C245** (1995) 245.

[22] A. Erb. E. Walker and R. Flükiger：Physica **C258** (1996) 9.

[23] このようなインコメンシュレートな変調構造があるため，実際にはX線や中性子線を用いた結晶構造解析がなされているが，いまだ厳密には結晶構造が決められていない.

[24] 面欠陥は a 軸方向に平行にできるので，電気抵抗でそれと垂直方向の b 軸方向で異常が観測されないとしても，a 軸方向は観測されることが多い.

[25] 熊倉浩明：低温工学 **39** (2004) 376 “特集 Nb_3Sn 線材の現状と将来展望 — 発見から50年を記念して — ”

[26] 熊倉浩明，竹内孝夫：応用物理 **76** (2007) 44.

[27] "*Bismuth - based High Temperature Superconductors*", ed. by H. Maeda and K. Togano (Marcel Dekker, Inc., New York, 1996).

[28] 和泉輝郎：応用物理 **79** (2010) 14.

[29] 細野秀雄：応用物理 **78** (2009) 31.

[30] H. Maeda, Y. Tanaka, M. Fukutomi and T. Asano：Jpn J. Appl. Phys. **27** (1988) L209.

[31] A. Matsumoto, H. Kitaguchi, H. Kumakura, J. Nishioka and T. Hasegawa：Supercond. Sci. Technol. **17** (2004) 989.

[32] H. Kumakura："*Bismuth - based High Temperature Superconductors*", ed. by H. Maeda and K. Togano (Marcel Dekker, Inc., New York, 1996) p. 451.

[33] Y. Yamada："*Bismuth - based High Temperature Superconductors*", ed. by H. Maeda and K. Togano (Marcel Dekker, Inc., New York, 1996) p. 289.

[34] T. Nakashima, S. Kobayashi, T. Kagiyama, K. Yamazaki, M. Kikuchi, S. Yamade, K. Hayashi, K. Sato, J. Shimoyama, H. Kitaguchi and H. Kumakura：Physica **C471** (2011) 1086.

[35] T. Masuda, H. Yumura, M. Watanabe, H. Takigawa, Y. Ashibe, C. Suzawa, H. Ito, M. Hirose, K. Sato, S. Isojima, C. Weber, R. Lee and J. Moscovic：IEEE Trans. Appl. Supercond. **17** (2007) 1648.

[36] D. Dimos, P. Chaudhari, J. Mannhart and F.K. LeGoues：Phys. Rev. Lett. **61** (1988) 219.

[37] Y. Iijima, N. Tanabe, O. Kohno, Y. Ikeno：Appl. Phys. Lett. **60** (1992) 769.

[38] A. Goyal, M.P. Paranthaman, U. Schoop：MRS Bull. **29** (2004) 552.

[39] 室賀岳海，宮田成紀，渡部智則，衣斐顕，山田穣，和泉輝郎，塩原融，加藤丈晴，平山司：低温工学 **39** (2004) 529.

[40] 衣斐顕，山田穣，福島弘之，栗木礼二，宮田成紀，渡部智則，塩原融：低温工学 **40** (2005) 585.

[41] 和泉輝郎，山田穣：金属 **79** (2009) 311.

[42] K. Takahashi, Y. Yamada, M. Konishi, T. Watanabe, A. Ibi, T. Muroga, S. Miyata, Y. Shiohara, T. Kato and T. Hirayama：Supercond. Sci. Technol. **18** (2005) 1118.

[43] 藤田真司，大保雅載，竹内友章，中村直識，鈴木龍次，飯嶋康裕，伊藤雅彦，

齊藤隆：低温工学 **48**（2013）172.

[44] J. L. Macmanus - Driscoll, S.R. Foltyn, Q.X. Jia, H. Wang, A. Serquis, L. Civale, B. Maiorov, M.E. Hawley, M.P. Maley and D.E. Peterson：Nat. Mater. **3**（2004）439.

[45] 樋川一好，吉田隆，一野祐亮，吉積正晃，和泉輝郎，塩原融，加藤丈晴：低温工学 **49**（2014）99.

[46] P. C. McIntyre, M. J. Cima, J. A. Smith Jr, R. B. Hallock, M. P. Siegal and J. M. Phillips：J. Appl. Phys. **71**（1992）1868.

[47] 小泉勉，中西達尚，兼子敦，青木裕治，長谷川隆代，飯嶋裕康，齊藤隆，高橋保夫，和泉輝郎，宮田成紀，山田穣，塩原融：第 79 回低温工学・超電導学会講演概要集（2009）p. 115.

[48] 太刀川恭治，熊倉浩明：応用物理 **72**（2003）13.

[49] 松本明善，熊倉浩明：日本金属学会誌 **71**（2007）928.

[50] M. Grant：The Industrial Physicist **7**（2001）22.

[51] 熊倉浩明，許子萬，戸叶一正，松本明善，和田仁，木村薫：日本金属学会誌 **74**（2010）439.

[52] A. Matsumoto, Y. Kobayashi, K. Takahashi, H. Kumakura and H. Kitaguchi：Appl. Phys. Express **1**（2008）021702.

[53] H. Kumakura, H. Kitaguchi, A. Matsumoto and H. Hatakeyama：IEEE Trans. Appl. Supercond. **15**（2005）3184.

[54] A. Gurevich：Rep. Prog. Phys. **74**（2011）124501.

[55] N. Ni, S.L. Bud'ko, A. Kreyssig, S. Nandi, G.E. Rustan, A.I. Goldman, S. Gupta, J.D. Corbett, A. Kracher and P.C. Canfield：Phys. Rev. **B78**（2008）014507.

[56] Y. Ma：Supercond. Sci. Technol. **25**（2012）113001.

[57] K. Togano, Z. Gao, A. Matsumoto and H. Kumakura：Supercond. Sci. Technol. **26**（2013）115007.

[58] J. D. Weiss, C. Tarantini, J. Jiang, F. Kametani, A. A. Polyanskii, D. C. Larbalestier and E.E. Hellstrom：Nat. Mater. **11**（2012）682.

[59] Z. Gao, K. Togano, A. Matsumoto and H. Kumakura：Sci. Rep. **4**（2014）4065.

[60] X. Zhang, C. Yao, H. Lin, Y. Cai, Z. Chen, J. Li, C. Dong, Q. Zhang, D. Wang, Y. Ma, H. Oguro, S. Awaji and K. Watanabe：Appl. Phys. Lett. **104**（2014）202601.

[61] 熊倉浩明，Ye Shujun，Gao Zhaoshim，Zhang Yunchao，松本明善，戸叶一正：日本金属学会誌 **78**（2014）287.

[62] H. Lin, C. Yao, X. Zhang, C. Dong, H. Zhang, D. Wang, Q. Zhang, Y. Ma, S. Awaji, K. Watanabe, H. Tian and J. Li：Scientific Reports **4**（2014）6944.

[63] Z. Gao, K. Togano, A. Matsumoto and H. Kumakura：Supercond. Sci. Technol. **28**（2015）012001.

[64] M. Murakami：“*Melt processed high-temperature superconductors*”（World Scientific, Singapore, 1991）.

[65] T. Takizawa and M. Murakami：Critical Currents in Superconductors（Fuzambo International, Tokyo, 2005）.

[66] M. Muralidhar, *et al.*：Phys. Rev. Lett. **89**（2002）237001.

[67] C. P. Bean：Phys. Rev. Lett. **8**（1962）250.

[68] 村上雅人：低温工学 **42**（2007）414“超伝導浮上”.

[69] K. Matsunaga, *et al.*：Physica **C378－381**（2002）883.

[70] A. Wongsatanawarid, H. Seki and M. Murakami：J. Phys.：Conf. Ser. **234**（2010）012047.

[71] S. Nariki, *et al.*：Supercond. Sci. Technol. **19**（2006）S500.

[72] M. Tomita and M. Murakami：Nature **421**（2003）517.

[73] T. Oka, *et al.*：Physica **C335**（2000）101.

[74] N. Saho, *et al.*：Ceram. Trans. **141**（2003）325.

[75] T. Zhang, P. Cheng, W.－J. Li, Y.－J. Sun, G. Wang, X.－G. Zhu, K. He, L. Wang, X. Ma, X. Chen, Y. Wang, Y. Liu, H.－Q. Lin, J.－F. Jia and Q.－K. Xue：Nat. Phys. **6**（2010）104.

[76] T. Uchihashi, P. Mishra, M. Aono and T. Nakayama：Phys. Rev. Lett. **107**（2011）207001.

[77] K. Ueno, S. Nakamura, H. Shimotani, A. Ohtomo, N. Kimura, T. Nojima, H. Aoki, Y. Iwasa and M. Kawasaki：Nat. Mater. **7**（2008）855.

[78] K. Ueno, S. Nakamura, H. Shimotani, H. T. Yuan, N. Kimura, T. Nojima, H. Aoki, Y. Iwasa and M. Kawasaki：Nat. Nanotech. **6**（2011）408.

[79] J. T. Ye, S. Inoue, K. Kobayashi, Y. Kasahara, H. T. Yuan, H. Shimotani and Y. Iwasa：Nat. Mater. **9**（2010）125.

[80]　J. T. Ye, Y. J. Zhang, R. Akashi, M. S. Bahramy, R. Arita and Y. Iwasa：Science **338** (2012) 1193.

[81]　K. Kakimoto, M. Igarashi, Y. Hanada, T. Hayashida, C. Tashita, K. Morita, S. Hanyu, Y. Sutoh, H. Kutami, Y. Iijima and T. Saitoh：Supercond. Sci. Technol. **23** (2010) 014016.

[82]　薄膜作製の詳細については，權田俊一 監修：「21 世紀版薄膜作製応用ハンドブック」(エヌ・ティー・エス，2003 年)．入門書としては，金原粲 著：「薄膜の基本技術」(東京大学出版会，1987 年)．銅酸化物高温超伝導薄膜の気相法の解説は，鯉沼秀臣，吉本護：応用物理 **60** (1991) 433.

[83]　T. Terashima, K. Iijima,K. Yamamoto,Y. Bando and H. Mazaki：Jpn. J. Appl. Phys. **27** (1988) L91.

[84]　I. Bozovic, J. N. Eckstein, M. E. Klausmeier-Brown and G. Virshup：J. Supercond. **5** (1992) 19.

[85]　T. Araki, I. Hirabayashi, J. Shibata and Y. Ikuhara：Supercond. Sci. Technol. **15** (2002) 913.

[86]　X. - Y. Zheng, D. H. Lowndes, S. Zhu, J. D. Budai and R. J. Warmack：Phys. Rev. **B45** (1992) 7584(R).

[87]　J. M. Huijbregtse, F. C. Klaassen, A. Szepielow, J. H. Rector, B. Dam, R. Griessen, B. J. Kooi and J. Th. M. de Hosson：Supercond. Sci. Technol. **15** (2002) 395.

[88]　T. Terashima, K. Shimura, Y. Bando, Y. Matsuda, A. Fujiyama and S. Komiyama：Phys. Rev. Lett. **67** (1991) 1362.

[89]　D. B. Haviland, Y. Liu and A. M. Goldman：Phys. Rev. Lett. **62** (1989) 2180.

[90]　T. Sekihara, R. Masutomi and T. Okamoto：Phys. Rev. Lett. **111** (2013) 057005.

[91]　A. Ohtomo and H. Y. Hwang：Nature **427** (2004) 423.

[92]　N. Reyren, S. Thiel, A. D. Caviglia, L. Fitting Kourkoutis, G. Hammerl, C. Richter, C. W. Schneider, T. Kopp, A.-S. Rüetschi, D. Jaccard, M. Gabay, D. A. Muller, J. - M. Triscone and J. Mannhart：Science **317** (2007) 1196.

[93]　J. Biscaras, N. Bergeal, A. Kushwaha, T. Wolf, A. Rastogi, R.C. Budhani and J. Lesueur：Nat. Commun. **1** (2010) 89.

[94]　Q.‐Y. Wang, *et al.*：Chin. Phys. Lett. **29** (2012) 037402, Y. Sun, *et al.*：Sci. Rep. **4** (2014) 6040.

[95]　S. Tan, Y. Zhang, M. Xia, Z. Ye, F. Chen, X. Xie, R. Peng, D.Xu, Q. Fan, H. Xu, J. Jiang, T. Zhang, X. Lai, T. Xiang, J. Hu, B. Xie and D. Feng：Nat. Mater. **12** (2013) 634.

事 項 索 引

オ

カ

キ

ク

ケ

タ

チ

ツ

テ

ト

ヒ

フ

へ

ホ

マ

物質索引

数字

ギリシア文字

A

B

C

超伝導磁束状態の物理

2017年4月5日　第1版1刷発行

検印省略

定価はカバーに表示してあります．

編者　門脇和男
発行者　吉野和浩
発行所　〒102-0081東京都千代田区四番町8-1
電話　(03)3262-9166～9
株式会社　裳華房
印刷所　中央印刷株式会社
製本所　牧製本印刷株式会社

社団法人
自然科学書協会会員

ISBN 978-4-7853-2922-8

人名索引